Der seltsamste Mensch

T0073526

Die Zugangsinformationen zum eBook Inside finden Sie am Ende des Buchs.

Graham Farmelo

Der seltsamste Mensch

Das verborgene Leben des Quantengenies Paul Dirac

2. Auflage

Aus dem Englischen übersetzt von Reimara Rössler

 Springer

Graham Farmelo
c/o Faber & Faber Ltd
London, Großbritannien

ISBN 978-3-662-56578-0   ISBN 978-3-662-56579-7   (eBook)
https://doi.org/10.1007/978-3-662-56579-7

Die Deutsche Nationalbibliothek verzeichnet diese Publikation in der Deutschen Nationalbibliografie; detaillierte bibliografische Daten sind im Internet über http://dnb.d-nb.de abrufbar.

Übersetzung der englischen Ausgabe: The Strangest Man, The Hidden Life of Paul Dirac, Quantum Genius von Graham Farmelo, erschienen bei Faber and Faber Ltd 2009, © Graham Farmelo, 2009. Alle Rechte vorbehalten.
© Springer-Verlag GmbH Deutschland, ein Teil von Springer Nature 2016, 2018

Einbandabbildung: Giovanna Blackett
Verantwortlich im Verlag: Frank Wigger
Anregung der Veröffentlichung: Ali Sanayei
Lektorat: Carl Freytag

Gedruckt auf säurefreiem und chlorfrei gebleichtem Papier

Springer ist ein Imprint der eingetragenen Gesellschaft Springer-Verlag GmbH, DE und ist ein Teil von Springer Nature
Die Anschrift der Gesellschaft ist: Heidelberger Platz 3, 14197 Berlin, Germany

Für meine Mutter und zum Andenken an meinen Vater

*Das Ausmaß der Exzentrizität in einer Gesellschaft
stand immer im genauen Verhältnis zu dem Potential
von Genie, Geisteskraft und sittlichem Mut, den sie
enthielt. Dass so wenige wagen, exzentrisch zu sein,
enthüllt die hauptsächlichste Gefahr unserer Zeit.*
John Stuart Mill, On Liberty, 1869 (Über die
Freiheit, übers. B. Lemke, Reclam, 2008)

*Wir sind nichts ohne die Arbeit anderer – unserer
Vorläufer, Lehrer und Zeitgenossen. Selbst
wenn nach Maßgabe unserer Unzulänglichkeit oder
Begnadetheit neue Einsichten entstehen und eine
ganz neue Ordnung, bleiben wir immer noch nichts
ohne andere. Dennoch sind wir auch immer noch
mehr.*
J. Robert Oppenheimer, Reith Vorlesung
(20. Dezember 1953)

Vorwort zur deutschen Ausgabe

Die Quantenmechanik, die größte Revolution in der Physik des zwanzigsten Jahrhunderts, wurde der Welt zuerst in deutscher Sprache vorgestellt. Nur einer der entscheidenden Architekten schrieb in einer anderen Sprache – Paul Dirac, ein stiller und fast völlig unbekannter junger Wissenschaftler, der einen ungewohnt direkten englischen Stil frei von jeder rhetorischen Ausschmückung verwendete. Seine Reputation wuchs rapide und vielleicht schneller als die jedes anderen Pioniers der Theorie, und er ist heute der verehrte Held vieler führender Physiker. Dirac wird oft als „Theoretiker der Theoretiker" bezeichnet.

Bereits kurz nach dem Abschluss seiner Doktorarbeit besuchte er die Universität Göttingen, die mehr als jede andere als die Geburtsstätte der Theorie gilt. Er konnte sich auf deutsch gut verständigen, da er es als Kind von seinem Vater gelernt hatte und fühlte sich bald unter den Physikern und Mathematikern der Stadt zu Hause. In Göttingen lebte Werner Heisenberg, der die erste Arbeit über die Theorie veröffentlicht hatte und eine Reihe bedeutender Beiträge zu ihrer Entwicklung geliefert hat. Trotz ihrer sehr verschiedenen Herangehensweisen wurden die beiden enge Freunde. Heisenberg bewunderte Diracs mathematische Fähigkeiten und seine physikalische Intuition, während Dirac Heisenbergs Kühnheit und Genialität hochschätzte sowie seine Freundlichkeit und Unterstützung in jenen frühen Tagen, in denen der Druck des Konkurrenzdenkens sie leicht hätte auseinander treiben können.

Heisenberg war einer der wenigen deutschen Theoretiker, dessen Bewunderung für Dirac grenzenlos war. Nach Aussage des ungarischen Theoretikers Eugene Wigner, der unter Einsteins Fittichen im Berlin der 1920er-Jahre studiert hatte, waren viele führende Physiker von ihrem englischen Kollegen nicht besonders begeistert – er wurde von ihnen häufig als ein kalter Fisch angesehen – noch schätzten sie seine Art, theoretische Physik zu betreiben. Sie suchten vergeblich nach einer rigorosen mathematischen Grundlage für seine Version der Quantenmechanik, hatten Schwierigkeiten, seinen Argumenten zu folgen und beklagten sich, dass seine Arbeiten schwer lesbar seien. „Was hat er einem unvoreingenommenen deutschsprachigen Leser wirklich zu bieten?" fragten sie sich, wie Wigner sich später erinnerte.

Es dauerte nicht lange, bis sich herausstellte, wie viel Dirac Wissenschaftlern aller Sprachen zu bieten hatte. Seine Kollegen erstarrten in Bewunderung, als er 1928 Quantenmechanik und Relativitätstheorie erstmals miteinander in einer Gleichung zur Beschreibung des Verhaltens des Elektrons verband, die heute seinen Namen trägt. Als er auf diese Theorie gestützt die Existenz des ersten Beispiels von Antimaterie voraussagte, ein Jahr bevor der amerikanische Experimentalphysiker Carl Anderson das Antiteilchen zum Elektron 1932 entdeckte, war er der Urheber für das, was Heisenberg später als „den wohl größten aller Sprünge, die die Physik in unserem Jahrhundert gemacht hat", bezeichnete.

Lass Dich nie verführen, auf einen fahrenden Zug aufzuspringen. Dirac kümmerte sich wenig um die Denkweise anderer Theoretiker. Dies wurde besonders deutlich im Zusammenhang mit seinem Vortrag „Über die Beziehung zwischen Mathematik und Physik" (*On the Relation Between Mathematics and Physics*) an der Universität Edinburgh im Jahre 1939, als er zum ersten Mal sein nicht unumstrittenes Prinzip der mathematischen Schönheit darlegte. Nach diesem Prinzip haben, während die Grundlagenphysik voranschreitet, ihre Theorien immer mehr mathematische Schönheit aufzuweisen. Daher wären theoretische Physiker gut beraten, vor allem auf die ästhetischen Qualitäten ihrer Ideen zu achten, selbst dann, wenn diese anscheinend gegenwärtigen experimentellen Beobachtungen widersprechen. Nur wenige seiner Mitstreiter nahmen dies ernst. Heisenberg und vielen anderen erschien es am besten, sich von den experimentellen Befunden über die Natur leiten zu lassen statt sich dem Risiko auszusetzen, durch mathematische Spekulationen, die auf dem vage definierten Konzept der Schönheit basieren, fehlgeleitet zu werden. Dirac aber wollte keinen Millimeter davon abweichen und das Prinzip wurde zu seiner Obsession – „fast eine Religion".

Diracs Art, theoretische Physik zu betreiben, fand nie universelle Zustimmung, aber sie hatte einige bemerkenswerte Erfolge aufzuweisen. Einer der größten Theoretiker unserer Zeit, der Nobelpreisträger Chen-Ning Yang, ist ein riesiger Bewunderer von Dirac und rühmt gerne den Vorteil seines Vorgehens. Das derzeitige Standardmodell der subatomaren Teilchen beruht auf der außerordentlich wichtigen Einsicht von Yang und seinem amerikanischen Kollegen Robert Mills, die nach den von Dirac vorgeschlagenen Richtlinien vorgegangen waren und eine mathematisch elegante Verallgemeinerung der erfolgreichen Theorie des Elektromagnetismus von James Clerk Maxwell vorgelegt hatten. Auch in jüngster Zeit haben viele der Pioniere ehrgeiziger Theorien über die fundamentalen Teilchen der Materie und ihre Wechselwirkungen Inspiration aus schöner Mathematik gesucht, um die Mechanismen, die die Natur gewählt haben könnte, zu entschlüsseln.

Nachdem *Der seltsamste Mensch* auf Englisch erschienen war, erzählten mir viele führende Physiker, wie sehr sie durch Dirac beeinflusst worden waren, und wie sehr es sie überrascht hatte zu erfahren, dass er zunächst eine Ausbildung zum Ingenieur und Mathematiker durchlaufen hatte, bevor er sich der Physik zuwandte. Vor dem Lesen dieses Buches hatte fast niemand Kenntnis von Diracs bemerkenswertem Leben, seiner alptraumhaften Kindheit, seinem manchmal tragischen Familienleben und von seiner unwahrscheinlichen Heirat mit einer Frau, mit der er so gut wie nichts gemeinsam hatte. Leser mit wenig direktem Kontakt zur Naturwissenschaft haben mir erstaunt geschrieben, wie es sein könne, dass eine so herausragende wissenschaftliche Figur außerhalb der Physik so wenig bekannt ist. Aber Dirac hatte keinerlei Interesse daran, als Berühmtheit gefeiert zu werden und war ganz zufrieden, ein anonymes Alltagsleben führen zu dürfen.

Gegen Ende seines Lebens wohnte Dirac in Tallahassee in Florida und war weitgehend vom Hauptstrom der Physik abgeschnitten. Er fühlte sich fremd unter den jungen Wilden, die das Standardmodell der subatomaren Physik aufbauten, obwohl er für einige ihrer entscheidenden Ideen verantwortlich gewesen war. Im Jahre 1982 legte er auf seiner letzten Reise nach Europa großen Wert darauf, ein paar Tage in Göttingen zu verbringen, zweifellos in dem Wunsch, die Stätte der aufregendsten gemeinsamen Zeiten nochmals aufzusuchen. Als er nach Hause zurückkehrte, erwartete ihn dort ein Brief des führenden amerikanischen theoretischen Physikers John Wheeler, der ihm zum kürzlich begangenen achtzigsten Geburtstag gratulierte. Wheeler machte ihm ganz deutlich, dass viele gerade der jüngeren Generation ebenso wie die Älteren „zu Ihnen aufschauen wie zu einem Helden, als Vorbild, wie man richtig vorgeht aus unbeirrbarer Leidenschaft für Geradheit und Schönheit …“

Etwa zwei Jahre später war Dirac tot. Wie bei allen großen Denkern haben seine Ideen jedoch ein Eigenleben. Ich hoffe, dass diese Biographie dazu beiträgt, ein Licht auf das Leben und die Persönlichkeit dieses bemerkenswerten Menschen zu werfen sowie auf seine noch bemerkenswertere Vision, wie theoretische Physiker die größte Aussicht haben, die tiefsten Geheimnisse der Natur zu ergründen.

London, März 2016   Graham Farmelo

Genealogie
Die Genealogie der Familie Dirac ist unter http://www.dirac.ch (aufgesucht 23. Dezember 2015) aufgeführt. Die Internetseite betreut Gisela Dirac-Wahrenburg.

Inhaltsverzeichnis

Prolog

Ein guter Teil der Lieblosigkeit und Selbstsucht der Eltern gegen ihre Kinder [ist] im Allgemeinen nicht von bösen Folgen für die Eltern begleitet. Sie können viele Jahre lang einen Schatten über das Leben ihrer Kinder werfen.
Samuel Butler, *The Way of All Flesh*, 1903 (*Der Weg allen Fleisches*, übers. Helmut Findeisen, dtv 1991)

Es bedurfte nur eines einzigen Glases Orangensaft, das mit ein paar Tropfen Salzsäure versetzt war, und nur Minuten später war klar, dass sein Verdauungsproblem durch einen chronischen Mangel an Magensäure verursacht worden war. Monatelang war er alle paar Wochen ins Krankenhaus eingeliefert und mit intravenös verabreichten Vitaminen gefüttert worden, aber die Doktoren waren auf keine Idee gekommen, warum seine Verdauung so mangelhaft war. Nun jedoch nach dem Orangensaft-Experiment bestätigte eine Laboruntersuchung der chemischen Bestandteile des Magensaftes die Vermutung, dass sein Magen viel zu wenig Säure produzierte. Die einfache Verschreibung einer Pille, die nach jeder Mahlzeit einzunehmen war, beendete fast acht Jahrzehnte von Verdauungsbeschwerden. Als Folge wurde Kurt Hofer – der 2015 verstorbene Freund, der dieses Experiment vorgeschlagen und die korrekte Diagnose gestellt hatte – zum unfreiwilligen Gesundheitsguru von Paul Dirac, einem der höchst angesehenen und zugleich fremdartigsten Figuren der Wissenschaftsgeschichte.

Hofer und Dirac arbeiteten beide an der Florida-State-Universität, schienen aber sonst wenig gemeinsam zu haben. Hofer, gerade über 40 Jahre alt, war ein anerkannter Zellbiologe und begnadeter Geschichtenerzähler, der jedermann von seinem früheren Leben unter österreichischen Bergbauern erzählte sowie von seinem Ruhm auf der Kinoleinwand als gut bezahlter Statist in dem Film *The Sound of Music* von Robert Wise, dem Film über die Trapp-Familie, der in Deutschland unter dem Titel *Meine Lieder, meine Träume* gezeigt wurde. Hofers Augen glänzten, wenn er seine Geschichten vortrug, seine von einem starken Akzent geprägte Stimme wogte und brauste, wenn er einzelne Worte betonte, und seine Hände zerhackten und formten die Luft, wie wenn sie aus Knete wäre. Selbst in dieser lebhaften Gesellschaft wirkte Dirac jedoch seltsam teilnahmslos und sprach nur, wenn er eine wichtige Frage hatte oder, was noch seltener vorkam, selbst eine Bemerkung machen wollte. Einer seiner Lieblingssprüche war: „Es gibt immer mehr Leute, die lieber reden als zuhören." [1]

Dirac war einer der überragenden Pioniere der Quantenmechanik, der modernen Theorie der Atome, Moleküle und ihrer Bestandteile. Der vermutlich revolutionärste wissenschaftliche Durchbruch des 20. Jahrhunderts – die Quantenmechanik – widerlegte jahrhundertealte Vorurteile über die Natur und über das, was man im Prinzip über das Universum sicher sagen kann. Die Theorie erwies sich auch von enormer Nützlichkeit: Sie ermöglichte die gesamte moderne Mikroelektronik und hat viele grundlegende Fragen beantwortet, die lange keiner direkten Antwort zugänglich waren, wie die, warum Elektrizität leicht durch einen Draht aber nicht durch Holz fließt. Dennoch wurden Diracs Augen immer eisig bei Gesprächen über die praktischen und philosophischen Konsequenzen der Quantenmechanik: Ihn interessierte allein die Suche nach den fundamentalen Gesetzen, die die längsten und wichtigsten Fäden im Gewebe des Universums bilden. Überzeugt, dass diese Gesetze mathematisch schön sein müssen, riskierte er einmal – ganz unerwartet – die unbeweisbare Vermutung, dass „Gott ein Mathematiker von sehr hohem Rang ist".[2]

Kurt Hofers Ambitionen waren sehr viel bescheidener als die von Dirac. Hofer hatte sich einen Namen in der Krebs- und Bestrahlungsforschung erworben, indem er sorgfältig Experimente durchführte und dann versuchte, Theorien zu finden, die seine Ergebnisse erklärten. Das war der übliche Bottom-up-Ansatz (von unten nach oben), wie ihn zum Beispiel der englische Naturforscher Charles Darwin verfolgte, der seinen eigenen Geist „als eine Maschine, die allgemeine Gesetze aus einer großen Ansammlung von Fakten herausdestilliert" ansah.[3] Dirac, das klassische Beispiel eines Top-down-Denkers (von oben nach unten), wählte den entgegengesetzten Ansatz und fasste seinen Geist als ein Gerät zum Hervorzaubern von Gesetzen auf, die die experimentellen Beobachtungen erklären. Bei einer seiner größten Leistungen benutzte Dirac diese Methode, um in einer unwahrscheinlichen Ehe die Quantenmechanik und die Relativitätstheorie zu verbinden: In einer zur Beschreibung des Elektrons aufgestellten Gleichung von unvergleichlicher Schönheit. Bald darauf benutzte er, ohne dass irgendwelche experimentelle Hinweise dies nahegelegt hätten, dieselbe Gleichung, um die Existenz von Antimaterie vorherzusagen: von zuvor unbekannten Teilchen, die dieselbe Masse wie die entsprechenden Materie-Teilchen, aber die entgegengesetzte Ladung besitzen. Der Erfolg dieser Vorhersage bildet nach allgemeiner Ansicht einen der herausragenden Triumphe der theoretischen Physik. Nach der heutigen kosmologischen Standardtheorie – gestützt auf eine Fülle von Beobachtungsdaten – machte die Antimaterie zu Beginn des frühen Universums die Hälfte des Materials aus, das beim Big Bang entstanden war. Von dieser Perspektive aus betrachtet war Dirac der erste Mensch, der allein durch die Kraft seines Verstandes einen Einblick in die andere Hälfte des frühen Universums erhaschte.

Hofer verglich Dirac gern mit Darwin: beide Engländer, beide scheu in der Öffentlichkeit, beide verantwortlich für eine Veränderung des wissenschaftlichen Denkens über das Universum. Ein Jahrzehnt zuvor war Hofer erstaunt gewesen, als er hörte, dass Dirac von einem weltweit führenden Physikinstitut, dem der Universität von Cambridge in England kommend, eine Position an der Florida-State-Universität annehmen wollte, deren Physikabteilung nur den 83. Rang in den USA einnahm. Als die Möglichkeit seiner Berufung erstmals zur Sprache kam, wandten Professoren der Universität ein, es sei unklug, einem alten Mann einen Posten anzubieten. Die Einwände hörten schlagartig auf, als der Direktor des Instituts bei einem Fakultätstreffen erklärte: „Dirac hier zu haben ist so, als würde die anglistische Fakultät Shakespeare anheuern."[4]

Um 1978 begannen Hofer und seine Frau Ridy, meist an Freitagnachmittagen, die Diracs zu besuchen, um für ein paar Stunden von der Arbeitswoche auszuspannen. Die Hofers verließen ihr Haus nahe am Universitätscampus in Tallahassee um etwa 16:30 Uhr für den zweiminütigen Spaziergang zum Chapel Drive 223, wo die Diracs in einem bescheidenen einstöckigen Haus ein paar Schritte von der ruhigen Wohnstraße entfernt wohnten. Vor dem Haus befand sich ein flacher Rasen im englischen Stil mit wenigen Sträuchern und einer Pindo-Palme. Die Hofers wurden immer herzlich von Diracs elegant gekleideter Frau Manci empfangen, die lachte und scherzte, während sie Sherry, Nüsse und den neuesten Fakultätsklatsch ausbreitete. Dirac wirkte verlegen und abweisend, war leger sportlich gekleidet mit offenem Hemdkragen und einer alten Hose. Er saß zufrieden da und lauschte der Unterhaltung um ihn herum, nur gelegentlich unterbrochen durch einen Schluck aus einem Glas Wasser oder Gingerale. Das Geplauder erstreckte sich von familiären Angelegenheiten bis hin zur lokalen Universitätspolitik, sowie von den ernsthaften Äußerungen von Mrs. Thatcher auf den Stufen von Downing Street 10 bis hin zu den neuesten Predigten von Jimmy Carter im Garten des Weißen Hauses. Obwohl Dirac diesen Unterhaltungen gutmütig folgte, war er reserviert und so zurückhaltend, dass Hofer sich oft bei dem Versuch ertappte, ihm eine Antwort zu entlocken – ein Nicken oder Kopfschütteln, ein paar Worte, irgendetwas, um die Unterhaltung weniger einseitig zu machen. Aber nur ganz selten war Dirac dazu zu bewegen, ein paar wenige Worte über eine seiner privaten Liebhabereien zu äußern – über Chopins Walzer, über Mickey Mouse oder irgendeine der Fernsehsendungen über die Sängerin Cher mit ihrer faszinierenden metallischen Stimme.

Während der ersten zwei Jahre und länger zeigte Dirac bei diesen Besuchen keine Anzeichen, dass er über sich selbst oder seine tieferen Gefühle reden wollte. Und so war Hofer schlecht vorbereitet, als an einem Freitagabend im Frühjahr 1980 Diracs wie in Vakuum verpackte Gefühle herausplatzten. „Ich erinnere mich gut. Es war wie bei all meinen früheren Besuchen mit der Ausnahme, dass ich allein kam", sagt Hofer. „Meine Frau hatte beschlossen, nicht mitzukommen, da sie sehr müde und hochschwanger mit unserem ersten Kind war." Am Anfang des Besuchs benahm sich Dirac wie immer und wirkte wach und bereit, die Gespräche um sich herum aufzunehmen. Nach den üblichen Höflichkeitsfloskeln am Eingang überraschten die Diracs Hofer, als sie ihn durch das offizielle vordere Empfangszimmer – wo sie zuvor immer während ihrer Freitaggespräche geplaudert hatten – in das weniger formelle Wohnzimmer im hinteren Teil des Hauses führten, das sich an die Küche anschloss und den Garten überblickte. Die Ausstattung dieses Raumes spiegelte den Vorkriegsgeschmack der Diracs wider. Der Raum war von der hölzernen Diele beherrscht, von einer Holzverkleidung an allen vier Wänden und einem riesigen Büffet aus den Zwanzigerjahren, auf dem mehrere gerahmte Fotografien von Dirac aus seiner besten Zeit standen. Ein nachgemachter Barock-Kronleuchter hing von der Decke, und an den meisten Wänden befanden sich Gemälde ohne einen Anflug von Modernität.

Wie immer plauderten Manci und Hofer gesellig, während der zerbrechlich wirkende Dirac bewegungslos in seinem alten Lieblingssessel saß und gelegentlich durch die Glasschiebetür in den Garten blickte. In der ersten halben Stunde folgte er der Unterhaltung stumm wie gewohnt, reagierte aber kraftvoll und lebendig, als Manci zufällig auf seine entfernten französischen Vorfahren zu sprechen kam. Dirac korrigierte eine der von Manci angeführten historischen Tatsachen und begann über die Abstammung seiner Familie und über seine Kindheit in Bristol zu sprechen. Er redete fließend mit seiner ruhigen klaren Stimme. Wie ein gut rezitierender Schauspieler sprach er selbstsicher in sorgfältig artikulierten Sätzen ohne sich zu unterbrechen oder zu korrigieren. „Ich war ganz überrascht – aus irgendeinem Grund hatte er beschlossen, mich ins Vertrauen zu ziehen", sagt Hofer. „Ich hatte ihn niemals privat so eloquent reden hören."

Dirac beschrieb seine familiäre Herkunft aus ländlichen Dörfern bei Bordeaux im Westen Frankreichs, und wie seine Vorfahren gegen Ende des 18. Jahrhunderts in den Schweizer Kanton Wallis ausgewandert waren. Sein Vater war in Monthey geboren, einer der wenigen Industriestädte dieser Region. Sobald Dirac anfing, von seinem Vater zu erzählen, wurde er ganz aufgeregt, wandte sich von seiner Frau und Hofer ab und richtete seine Haltung so aus, dass er geradewegs in den Kamin starrte. Hofer schaute nun direkt auf die Silhouette der oberen Körperhälfte von Dirac: seine hochgezogenen Schultern, seine hohe Stirn, seine gerade und etwas nach oben gerichtete Nase und den weißen Fleck seines Schnurrbarts. Die Klimaanlage und der Fernseher waren ausgeschaltet, es war still im Raum – abgesehen vom gelegentlichen Poltern des Straßenverkehrs, dem Bellen von Hunden in der Nachbarschaft und dem Geräusch des Deckels auf dem siedenden Kochtopf in der Küche. Nachdem er seine Abkunft mit der Genauigkeit eines Ahnenforschers dargelegt hatte, kam Dirac auf den Teil der Geschichte zu sprechen, in dem sein Vater in Bristol ankam, Diracs Mutter heiratete und eine Familie gründete. Seine Sprache blieb einfach und direkt, aber als er dann von seiner Kindheit zu erzählen begann, wurde sein Tonfall angespannt. Hofer sah fasziniert zu, wie Diracs Silhouette im schwindenden frühen Abendlicht schärfer wurde.

„Ich erfuhr nie Liebe oder Zuneigung, als ich ein Kind war", sagte Dirac mit einem spürbaren Anstrich von Kummer im Ton seiner normalerweise neutralen Stimme. Mit am meisten bedauerte er, dass er, sein Bruder und die jüngere Schwester, kein soziales Leben gehabt hatten, sondern sich die meiste Zeit drinnen aufhielten: „Wir hatten niemals Besuch." Die Familie wurde, wie Dirac sich erinnerte, vom Vater dominiert: ein Tyrann, der seine Frau einschüchterte und tagein, tagaus darauf bestand, dass seine drei Kinder mit ihm in seiner französischen Muttersprache sprechen mussten, niemals auf Englisch. Bei den Mahlzeiten spaltete sich die Familie in zwei Teile auf: Seine Mutter und die Geschwister aßen in der Küche und sprachen Englisch, während Dirac mit seinem Vater im Speisezimmer saß und nur Französisch sprechen durfte. Dies machte jede Mahlzeit zur Qual für ihn: Er hatte kein Talent für Sprachen, und sein Vater war ein unnachsichtiger Schulmeister. Jedes Mal, wenn Dirac ein Schnitzer unterlief – eine falsche Aussprache, ein Substantiv im falschen Genus, ein nicht fehlerfreier Konjunktiv – machte es sein Vater zur Regel, seinen nächsten Wunsch nicht zu erfüllen. Das machte den kleinen Dirac furchtbar unglücklich. Zur selben Zeit hatte er Verdauungsprobleme und fühlte sich häufig schlecht, wenn er etwas zu sich nahm. Doch sein Vater erlaubte ihm nicht, vom Tisch aufzustehen, wenn er einen linguistischen Fehler gemacht hatte. Dirac blieb dann nichts anderes übrig, als stillzusitzen und sich unauffällig zu übergeben. Das passierte nicht nur gelegentlich, sondern immer und immer wieder über Jahre hinweg.

Hofer war sprachlos und traute seinen Ohren kaum. „Ich war zutiefst schockiert, als wäre ich zugegen, wie ein Freund seine schrecklichsten Geheimnisse vor seinem Psychiater ausbreitete", erinnerte er sich. „Da stand vor mir ein Mann, der für seinen Gleichmut und seine fast pathologische Zurückhaltung berühmt war und sprach offen über die Dämonen, die ihn 70 Jahre lang verfolgt hatten. Er war immer noch so verletzt, als ob diese schrecklichen Ereignisse sich erst gestern abgespielt hätten."

Manci reagierte kaum merklich, nur einmal brachte sie Gebäck und Wein und verschob die Vorbereitung des Abendessens. Sie wusste, dass es bei den sehr seltenen Gelegenheiten, bei denen ihr Ehemann sich entschloss, aus seinem Leben zu erzählen, das Beste war, überhaupt nicht zu stören, damit er sich alles von der Seele reden konnte. Als die Abendkühle kam, brachte sie ihm eine Decke und breitete sie über seine Beine, sodass er vom Gürtel bis zu den Knöcheln zugedeckt war. Hofer war bewegt, als Dirac fortfuhr und ihm erklärte, warum er so schweigsam sei und ihm normale Konversation so schwer falle: „Da ich herausfand, dass ich mich auf Französisch nicht ausdrücken konnte, war es besser für mich, stumm zu bleiben."

Dirac brachte dann das Thema auf andere Mitglieder seiner Familie: „Ich war nicht der Einzige, der leiden musste", sagte er, immer noch erregt. Siebenunddreißig Jahre lang war seine Mutter mit einem Mann verheiratet, der sie wie einen Fußabtreter behandelte. Wer am meisten unter dem Mangel an Feinfühligkeit seines Vaters zu leiden hatte, war Diracs Bruder: „Es war eine Tragödie. Mein Vater trieb ihn in die Enge und legte seinen Zukunftswünschen jeden möglichen Stein in den Weg." In scheinbarem Widerspruch hierzu erwähnte Dirac plötzlich, dass sein Vater großen Respekt vor guter Erziehung hatte und von seinen Kollegen wegen seines gewissenhaften Fleißes hoch geschätzt wurde. Aber das war nur ein kurzer Themenwechsel. Sekunden später war Dirac schon wieder bemüht, seine Wut zurückzuhalten, als er versuchte, ein Urteil darüber abzugeben, wieviel er seinem Vater zu verdanken hatte: „Ich schulde ihm absolut nichts." Dieses abschließende scharfe Urteil ließ Hofer erschauern, und er konnte einen missbilligenden Gesichtsausdruck nicht unterdrücken. Dirac hätte kaum je ein unfreundliches Wort über einen anderen Menschen über die Lippen gebracht, aber hier saß er vor ihm und denunzierte seinen Vater mit einer Vehemenz, die andere nur gegen die grausamsten Vergewaltiger aufbringen würden.

Kurz nachdem es dunkel geworden war, beendete Dirac plötzlich seinen Redefluss. Sein Monolog hatte mehr als zwei Stunden gedauert. Hofer wusste, dass jedes Wort von seiner Seite unpassend gewesen wäre, deshalb verabschiedete er sich mit wenigen Worten und ging benommen und erschöpft nach Hause. Er stand kurz davor, selbst Vater zu werden und dachte über seine eigene Jugend inmitten einer in Liebe verbundenen Familie nach: „Ich konnte mir einfach keine fürchterlichere Kindheit vorstellen als die von Dirac."[5] Die Zeit führt dazu, Kindheitserinnerungen schön zu färben und zu verzerren und sogar neu zu erfinden: War es möglich, dass Dirac – der normalerweise so präzise dachte wie ein Computer – hier übertrieb? Hofer musste sich immer wieder die Frage stellen: „Warum war Paul so bitter und so obsessiv auf seinen Vater fixiert?"

Später in der Nacht, nachdem er mit seiner Frau Ridy über Diracs Enthüllungen aus seiner Kindheit gesprochen hatte, nahm sich Hofer vor, mehr darüber herauszufinden. „Ich erwartete, dass er sich bei unseren späteren Zusammenkünften erneut öffnen würde." Aber Dirac berührte das Thema nie wieder.

1

Bis August 1914

Die platte Tatsache ist, dass das englische Familienleben
weder anständig, tugendhaft, gesund, süß, rein noch in
irgendeiner glaubhaften Art besonders englisch ist. Es ist
in mancher Hinsicht ganz offenkundig das Gegenteil [...]
George Bernard Shaw, Vorrede zu *Getting Married*,
1908 (*Heiraten, Vorrede,* übers. S. Trebitsch
und U. Michels-Wenz, Suhrkamp 1991.)

Wie Kurt Hofer bemerkt hatte, war der alternde Paul Dirac auf seinen Vater Charles fixiert. Die meisten Bekannten von Dirac wussten davon jedoch nichts: Im Haus gestattete er es nicht, Fotografien von seinem Vater aufzustellen, und die Briefe und Papiere seines Vaters bewahrte er verschlossen in seinem Schreibtisch auf. Dirac sah sich diese von Zeit zu Zeit an und tauschte sich mit entfernten Verwandten über die Herkunft seines Vaters aus, wobei er offenbar versuchte, die Person zu verstehen, die seiner Ansicht nach sein Leben verdorben hatte.[1]

Dirac wusste, dass sein Vater eine nicht weniger erbarmungswürdige Kindheit durchlebt hatte als er selbst. Im Jahre 1888, als Charles Dirac zwanzig Jahre alt war, hatte er über drei kurze Zeitspannen in der Schweizer Armee gedient, ein Studium an der Universität Genf abgebrochen und das Elternhaus verlassen, ohne der Familie zu sagen, wohin er ging.[2] Er wurde ein reisender Lehrer für moderne Sprachen – das Fach, das er an der Universität studiert hatte – und hatte nacheinander Anstellungen in Zürich, München und Paris, bevor er zwei Jahre später in London landete. Englisch war die einzige Sprache, die er nicht gut beherrschte; deshalb ist es nicht recht einleuchtend, warum er beschloss, in Großbritannien zu leben. Vielleicht lag es daran, dass England die reichste Volkswirtschaft der Welt war und viele freie Lehrerstellen mit relativ hohen Gehältern zu bieten hatte.

Sechs Jahre später hatte Charles Dirac einen Stapel von Anerkennungsschreiben voller Lob angesammelt. Eines, vom Direktor einer Schule in Stafford, besagte, dass Monsieur Dirac „eine sehr große Geduld, gepaart

© Springer-Verlag GmbH Deutschland, ein Teil von Springer Nature 2018
G. Farmelo, *Der seltsamste Mensch*, https://doi.org/10.1007/978-3-662-56579-7_1

mit Beständigkeit besäße [...] Ich glaube, dass er sehr beliebt ist bei seinen Kollegen und Schülern." Sein Arbeitgeber in Paris lobte „seine Fähigkeit zur Analyse und Verallgemeinerung, die es mir ermöglichte, meine eigenen Fehler zu erkennen und mir halfen, wissenschaftlich zu beweisen, warum es Fehler waren." Charles ließ sich in Bristol nieder, einer Stadt, die für die hohe Qualität ihrer Schulen berühmt war, und am 8. September 1896 wurde er zum leitenden Fachlehrer für moderne Sprachen an der rasch wachsenden Merchant-Venturers-Oberschule ernannt, mit der Verpflichtung, vierunddreißig Stunden pro Woche zu unterrichten bei einem Jahresgehalt von 180 £.[3] Er hob sich von den anderen Lehrern durch seine Gewissenhaftigkeit, seinen schweren französisch-schweizerischen Akzent und seine Erscheinung ab: ein kleiner, hölzerner, sich langsam bewegender Mann mit abwärts gerichtetem Schnurrbart, zurückweichendem Haaransatz und einem von einer gewaltigen Stirn beherrschten Gesicht.

Bristol war die anmutigste unter den britischen Industriestädten, bekannt für die Freundlichkeit ihrer Bewohner, für ein mildes und nasses Klima und die hügeligen Straßen, die sich zu den Anlegeplätzen am Fluss Avon hinunterwinden, nur acht Meilen von der Meeresküste entfernt. Bristol war damals ein aufstrebendes Industriezentrum, das Fry-Schokolade, Wills-Zigaretten, Douglas-Motorräder und viele andere Waren und Gebrauchsartikel produzierte. Zusammengenommen übertrafen diese Industrien inzwischen den abnehmenden Schiffshandel, der jahrhundertelang die Hauptquelle für den Reichtum der Stadt gebildet und zum Teil noch auf dem Sklavenhandel basiert hatte.[4] Die meisten der reichen Schiffseigner der Stadt waren Mitglieder der kaufmännischen Handels-Gesellschaft „Merchant Venturers' Society", einer geschlossenen Gruppe von Industriellen mit einer großen philanthropischen Tradition. Es war die Großzügigkeit dieser Gesellschaft, die die Gründung von Charles' Schule mit dem hohen Standard ihrer Werkstätten und Laboreinrichtungen ermöglicht hatte.[5]

Während eines Besuchs der zentralen Stadtbibliothek wenige Monate nach seiner Ankunft in Bristol traf Charles auf Florence Holten, die arglose 19-jährige Bibliothekarin, die seine Frau werden sollte. Obwohl keine Schönheit, war sie doch attraktiv und besaß Fähigkeiten, die sie später an ihr berühmtestes Kind weitergeben sollte. Ihr ovales Gesicht war von dunklem, lockigem Haar umrahmt, und eine geradlinige Nase ragte zwischen zwei dunklen Augen hervor. Aus einer Familie von Methodisten in Cornwall stammend wuchs sie in dem Glauben auf, dass der Sonntag ein Tag der Ruhe sein sollte, dass Glücksspiele eine Sünde und Theater etwas Dekadentes wären, das man besser meidet.[6] Sie war nach der Krankenschwester Florence Nightingale genannt worden, der ihr Vater Richard während des Krim-Krieges begegnet war, als er dort als Soldat diente, bevor er Seemann wurde.[7]

Er war oft monatelang von zu Hause fort und ließ seine Frau mit den sechs Kindern lange allein, von denen Flo die Zweitälteste war.[8]

Flo Holten und Charles Dirac bildeten ein eigenartiges Paar. Sie war zwölf Jahre jünger als er, eine Tagträumerin und ohne Interesse an einer beruflichen Karriere, während sich Charles willensstark, energisch und fleißig seinem Beruf widmete. Das Paar war in verschiedenen, wenig vergleichbaren Religionen aufgewachsen. Sie kam aus einer Familie von ergebenen Methodisten und war somit dazu erzogen, Alkohol zu missbilligen, während Charles aus einem römisch-katholischen Haus kam und ein Glas Wein zu seinen Mahlzeiten liebte. Katholizismus war ein Grund für Ausschreitungen in Bristol und anderen englischen Städten gewesen, sodass Charles zunächst wohl seine Religionszugehörigkeit für sich behalten hat. Wenn er sie offen gelegt hätte, wäre seine Beziehung zu der jungen Flo sicher in ihren Kreisen missbilligt worden.[9]

Unbeeinflusst von möglichen konfessionellen Spannungen verlobten sich Charles und Flo im August 1897, obwohl Flo irritiert war, denn Charles hatte den „Zauber" ihrer Beziehung aufs Spiel gesetzt: Er besuchte seine Mutter Walla, die als Schneiderin in Genf lebte, während seine Auserwählte in Bristols unablässigem Regen schmollte. Charles' Vater war ein Jahr zuvor gestorben. Er hatte sich als Junglehrer nicht durchsetzen können und war dann Stationsvorsteher am Bahnhof von Monthey im Südwesten der Schweiz geworden, wurde aber bald wegen wiederholter Trunkenheit im Dienst entlassen. Dies ließ ihm dann viel Zeit, seinem Interesse am Schreiben romantischer Gedichte nachzugehen.[10] Der Schweizerische Abschnitt des Rhône-Tals war seit dem 18. Jahrhundert die Heimat der Dirac-Familie, nachdem sie – nach der Familienüberlieferung – aus der Gegend von Bordeaux im westlichen Frankreich eingewandert war. Die Namen vieler Orte in dieser Region und Nachbarschaft enden auf *-ac*, wie Cognac, Cadillac und ein kaum bekannter kleiner Ort, etwa zehn Kilometer südlich von Angoulême, Dirac.[11] Charles glaubte, dass seine Familie von dort stammte, aber dafür gibt es keine Hinweise in den Familienbüchern, die nun im Rathaus von Saint-Maurice (bei Monthey) aufbewahrt werden, wo auch das farbenfrohe Wappen der Diracs als eines von vielen an die Wand gemalt ist: Es zeigt einen roten Leoparden auf silbernem Grund mit einem dreiblättrigen Kleeblatt in seiner rechten Pfote unter drei nach unten weisenden Kiefernzapfen auf blauem Grund.[12]

Gelegentliche Postverzögerungen bedingten, dass Charles' Briefe aus der Schweiz unregelmäßig eintrafen, was Flo rasend machte. Sie wünschte sich, dass „Briefe elektrisch laufen müssten wie Straßenbahnen" – ein Jahrhundert musste vergehen, bis voneinander weit entfernte Verliebte von der Art der Kommunikation, die sie sich vage ausmalte, profitierten und sich E-Mails schicken konnten.[13] Einsam und untröstlich las sie wieder und wieder

Charles' Zeilen, und wenn ihre Familie ihr nicht gerade über die Schulter schaute, antwortete sie mit Briefen voller Neuigkeiten, die davon handelten, wie sie unaufhörlich wegen ihres standhaften Festhaltens an ihrem „eigenen Jungen" gehänselt wurde. Im Bemühen, ihre Sehnsucht in Worte zu fassen, sandte sie ihm ein Gedicht voller Leidenschaft. Als Erwiderung schickte er ihr ein Sträußchen aus Alpenblumen, mit denen sie seine Fotografie einrahmte.

Knapp zwei Jahre später wurden Flo und Charles „nach den Riten und Zeremonien der Wesleyan-Methodisten" in der Portland-Street-Kapelle, einer der ältesten und großartigsten der Bristoler Methodisten-Kirchen vermählt. Das Paar zog in Charles' Wohnung in der Cotham Street No. 42, wohl in gemietete Räume – nur ein kurzes Stück Wegs entfernt von Flos Elternhaus in Bishopston im Norden der Stadt. Der Sitte und dem Brauch folgend hörte Flo auf, einer bezahlten Arbeit nachzugehen und blieb zu Hause, um die Hausarbeit zu erledigen. In den Zeitungen konnte sie viel über die Scharmützel von Britanniens neuestem imperialistischem Abenteuer lesen, dem Burenkrieg in Südafrika. Bald hatte sie sich um andere Dinge zu kümmern: Der erste Sohn der Diracs, Felix, wurde am ersten Ostersonntag des neuen Jahrhunderts geboren.[14] Neun Monate später betrauerte das Land das Ende einer Ära, als Königin Victoria, die beispiellose dreiundsechzig Jahre lang regiert hatte, in den Armen ihres Enkels, Kaiser Wilhelm II., starb. Nach einer kurzen Periode nationaler Trauer, nur gemildert durch die Erleichterung über das Ende des Burenkrieges, bereitete sich auch die Familie Dirac auf einen eigenen Neubeginn vor. Im Juli 1902 zogen sie in eine der neuen, erhöht gelegenen Häuserreihen an der Monk Road ein, in ein geräumigeres, zweistöckiges Haus, das Charles nach seinem Geburtsort Monthey benannte. Die Diracs sollten bald zusätzlichen Platz benötigen, da Flo erneut schwanger war und nur noch wenige Wochen bis zur Geburt blieben.[15]

Am Freitag, dem 8. August 1902, richteten sich Bristols Augen auf London, wo König Edward VII. am folgenden Tag gekrönt werden sollte. Tausende nahmen den Zug von Bristol zur Hauptstadt, um die Krönungsprozession zu sehen, aber die Feierlichkeiten waren im Hause Dirac Nebensache. An diesem Freitagmorgen gebar Flo zu Hause einen gesunden zweitausendsiebenhundert Gramm schweren Jungen, Paul Adrien Maurice Dirac. Wie sich seine Mutter später erinnerte, war er ein „ziemlich kleines", braunäugiges Baby, das zufrieden viele Stunden in seiner Wiege auf dem Rasen im Vorgarten schlief.[16] Seine Mutter beunruhigte es, dass er weniger aß als andere Kinder, aber der Hausarzt versicherte ihr, dass Paul „okay" wäre, und „perfekt proportioniert".[17] Seine Eltern gaben ihm den Kosenamen „Tiny" (Zwerg).

Als Felix und Paul klein waren, ähnelten sie einander sehr, jeder ein ruhiger, pausbäckiger Cherub mit dicht-gelocktem schwarzem Haar. Flo kleidete sie stilvoll in warme Wolljacken, verziert mit einem steifen, weiß-gesäumten Eton-Kragen, der bis auf die Schultern herabreichte wie die Flügel eines großen Schmetterlings. Aus den Familienbriefen und späteren Aussagen von Flo geht hervor, dass die Jungen sich nahe standen und gern mit ihrem Vater zusammen waren; es war dessen oberste Priorität, sie zum Lernen zu ermutigen. Aufgrund der fast gänzlichen Abwesenheit von Besuchern und von Gelegenheiten, mit anderen Menschen außerhalb ihrer unmittelbaren Familie Kontakt aufzunehmen, haben Paul und Felix vermutlich nicht bemerken können, dass sie in einer einzigartigen ungewöhnlichen Umgebung aufwuchsen, in einem Treibhaus der privaten Erziehung unter der Aufsicht eines Vaters, der mit ihnen nur Französisch sprach, und einer Mutter, die nur Englisch sprach. Nach Aussage einer Zeugin glaubte der kleine Paul Dirac, dass Männer und Frauen unterschiedliche Sprachen sprechen.[18]

Aber Paul und Felix wurden gelegentlich von der Leine gelassen. Ihre Mutter nahm sie manchmal mit zu den Bristol Downs, sodass sie in der ausgedehnten grasbedeckten Parklandschaft spielen konnten, die sich von den Klippen der Avon-Schlucht bis zum Rand der Vorstadt erstreckt.[19] Von ihrem Lieblingsplatz in den Downs hatten die Dirac-Jungen einen ausgezeichneten Blick auf die Clifton-Hängebrücke, eine der berühmtesten Erfindungen von Isambard Kingdom Brunel, dem charismatischen Ingenieur, der Bristol auch den schwimmenden Hafen (Floating Harbour) und den Bahnhof „Temple-Meads" als zwei ganz besondere Monumente hinterlassen hat.

Im Sommer pflegte die Familie eine Busreise zum Strand beim nahegelegenen Portishead zu unternehmen, wo die Jungen schwimmen lernten. Wie viele Familien mit bescheidenem Einkommen, fuhren die Diracs selten in Urlaub, aber im Jahr 1905 reisten sie nach Genf, um Charles' Mutter zu besuchen, deren Wohnung nur einen Steinwurf vom See und einen zehnminütigen Spaziergang vom Bahnhof entfernt lag.[20] Die Brüder verbrachten Stunden bei der Statue des Philosophen Jean-Jacques Rousseau am Seeufer, spielten zusammen und beobachteten die künstliche Fontäne, deren Wasserstrahl 90 Meter hoch in den Himmel schoss. Wenn der siebzigjährige Dirac diese Geschichte erzählte, eine seiner frühesten Erinnerungen, pflegte er zu betonen, dass diese erste Reise in die Schweiz gerade zu der Zeit stattfand, als Einstein seinen erfolgreichsten Kreativitätsschub in Bern hatte, das nur eine kurze Zugfahrt von Genf entfernt ist. In diesem Jahr schrieb Einstein vier Artikel, die die Art und Weise veränderten, wie Menschen über Raum, Zeit, Energie, Licht und Materie denken, und legte damit die Grundlagen für die Relativitätstheorie. Dreiundzwanzig Jahre später sollte Dirac der erste sein, der die Relativitätstheorie mit der Quantentheorie erfolgreich verband.

Es existieren zwei anschauliche Schnappschüsse vom Familienleben der Diracs vom Sommer 1907, kurz bevor Paul in die Schule kam und ein Jahr nach der Geburt seiner Schwester Betty. Das erste Dokument ist Teil der Korrespondenz zwischen Charles Dirac und seiner Familie, als er im Trinity College in Cambridge war, um einen internationalen Esperanto-Kongress zu besuchen. Früher in diesem Jahr hatte sich Charles qualifiziert, diese Sprache zu unterrichten, für die er sich in Bristol für den Rest seines Lebens engagieren sollte.[21] Während Charles verreist war, überschüttete ihn seine Familie mit liebevollen Zeilen. Flos begeisterte Zuneigung war fast ebenso intensiv wie in der Hitze der Leidenschaft zehn Jahre zuvor. Bis über beide Ohren im Chaos mit der Versorgung von drei Kindern steckend – mit ihnen spazieren gehen, die zahmen Mäuse füttern, Pauls Lieblingsmarmeladekuchen backen – hatte sie die ungeteilte Aufmerksamkeit ihrer Jungen: „Es ist sehr ruhig ohne Dich, zur Abwechslung kleben die Jungs an mir." Sie versicherte ihrem Ehemann, dass seine Familie zu Hause, „alle ein gutes Essen hatten, Hammel, Erbsen und eine süße Quarkspeise [junket genannt]." Die Jungen vermissten Charles schrecklich, berichtete Flo, genauso wie sie es tat: „Ich werde Dich heute Nacht im bye-bye [im Bett] vermissen."[22] Flo fügte ihrem Brief an Charles eigenhändige Notizen von Felix und von Paul hinzu, der in ungelenken Großbuchstaben vom Wohlergehen der Mäuse und, besonders wichtig, von seiner Liebe zu ihm schrieb. „Tiny hofft, dass Daddy den kleinen Tiny nicht vergessen hat" und „Ich habe Dich sehr lieb. Komme bald nach Hause zu deinem Tiny Dirac xxxxx." Charles antwortete mit einer Postkarte, die hauptsächlich auf Englisch geschrieben war, aber auch ein wenig auf Französisch, versprach, etwas von der damals beliebten „Esperanto"-Schokolade mitzubringen und schloss mit den Worten, „ich wäre nicht weggefahren, wenn ich nicht müsste."

Nichts in dieser liebevollen Korrespondenz weist auf das fürchterliche Familienleben hin, das Dirac später gegenüber Kurt Hofer beschrieb. Charles' Verwendung englischer Worte passt offenkundig nicht zu dem „nur-Französisch-Konzept", das laut Paul von seinem Vater praktiziert wurde, und der Tonfall seines Vaters weist keinerlei Anzeichen der Herzlosigkeit auf, an die sich Paul erinnern sollte.

Charles wollte offensichtlich wie fast jeder eine fotografische Dokumentation seiner Kinder erstellen. Gerade zu dieser Zeit kaufte er eine Kamera – wahrscheinlich eine der damals modernen Box-Kameras, der „Brownies" von Kodak – um Bilder von seinen Kindern aufzunehmen, von denen viele zeigen, wie Felix, Paul und Betty eifrig lesen (Abb. 1.1 und 1.2). Charles wünschte sich auch ein Porträt seiner Familie durch einen professionellen Fotografen, um das Ergebnis auf Postkarten für Familie und Freunde drucken zu lassen. Diese Fotografie (Abb. 1.3), die einzige erhaltene Abbildung der ganzen Familie, wurde am 3. September 1907 aufgenommen und gibt uns einen zweiten Einblick auf die Diracs in diesem Jahr.[23] Flo sieht zurückhaltend und ernst aus, ihr langes Haar ist hochgesteckt, Baby Betty sitzt auf

dem Schoß. Felix lehnt sich zu ihr hin, lächelt breit und schaut direkt in die Kamera, ebenso Paul, dessen linker Arm auf dem rechten Bein seines Vaters ruht, offensichtlich Kontakt suchend. Charles lehnt sich eifrig zur Kamera vor, seine regen Augen strahlen. Er stiehlt sozusagen das Bild.

Diese Fotografie einer glücklichen Familie wird durch Diracs spätere Erinnerungen an Traumata und Unglücklichsein untergraben. Nach einer seiner schmerzlichen Erinnerungen brüllten sich seine Eltern in der Küche gegenseitig an, während er und seine Geschwister im Garten standen, verschreckt und verständnislos. Einst bemerkte er in einem Interview, dass seine Eltern „gewöhnlich getrennt speisten", doch zwanzig Jahre später schrieben Freunde, er habe ihnen erzählt, er habe „niemals" gesehen, dass seine Eltern

Abb. 1.2 Felix, Betty und Paul Dirac etwa 1909. Ein Französisch-Grammatik-Buch liegt auf Pauls Schoß. (Mit freundl. Genehmigung von Monica Dirac)

Abb. 1.3   Familie Dirac, 3. September 1907. (Mit freundl. Genehmigung von Monica Dirac)

gemeinsam eine Mahlzeit einnahmen – offensichtlich eines der seltenen Beispiele einer Übertreibung.[24] Der Riss zwischen seinen Eltern war nach Ansicht von Dirac verantwortlich für sein Martyrium am Esstisch. Dreimal täglich kündigte das Klingen der Essbestecke, das Klappern der Kochtöpfe auf dem Gasherd und die Welle von Kochdünsten, die durch das Haus zog, das Ritual an, welches er hasste. In keinem der erhaltenen Belege über die Essgewohnheiten erklärt er, warum er allein mit seinem Vater zusammen aß, während sein Bruder und seine Schwester mit der Mutter in der Küche aßen. Die einzige Erklärung, die Dirac jemals gab, war, dass er nicht in der Küche sitzen konnte, weil es nicht ausreichend viele Stühle gab.[25] Aber dies trägt nicht zum Verständnis des Geheimnisses bei, warum Charles ihn für die spezielle Behandlung ausgewählt hat und nicht Felix oder Betty.

Das Mahlzeitenritual war in Diracs Erinnerung besonders quälend beim Frühstück im Winter: Er saß gemeinsam mit seinem Vater am Tisch in einem stillen Raum, der durch ein brennendes Kohlefeuer im offenen Kamin gewärmt und durch einzelne Öllampen erhellt wurde. Charles hatte seinen dreiteiligen Anzug an, bereit, zur Merchant-Venturers-Schule zu radeln, immer besorgt, nicht zu spät zur Lehrerversammlung zu kommen. Seine Frau, die aufgeregt und unorganisiert in der Küche hantierte, verstärkte seine Unruhe, während sie – viel zu spät, um in Ruhe essen zu können – das Frühstück zubereitete, gewöhnlich große Portionen von siedend heißem Haferbrei. Während er auf sein Frühstück wartete, erteilte Charles seinem jüngeren Sohn seine erste Französisch-Lektion des Tages. Ganz abgesehen von seinem Hass auf dieses Ritual entwickelte Dirac eine Abneigung gegen das Essen, hauptsächlich deshalb, weil seine Eltern insistierten, dass er seinen Teller bis auf den letzten Happen leer essen musste, auch wenn er keinen Appetit mehr hatte oder krank war.[26]

Für den jungen Dirac war das alles die Normalität. In seinen frühen Dreißigern schrieb er einem guten Freund über die Freudlosigkeit seines familiären Umfelds: „Ich kannte keinen einzigen, der jemand anderen mochte – ich dachte, das käme nur in Romanen vor."[27] In einem anderen Brief schrieb er: „Ich fand als Kind heraus, dass es die beste Taktik war [..], mein Glück nur von mir selbst abhängig zu machen und nicht von anderen Menschen."[28] Nach Diracs Meinung war seine beste Verteidigung gegen die Unfreundlichkeit und Feindseligkeit, die er um sich herum wahrnahm, sich in den Bunker seiner Fantasie zurückzuziehen.

Dirac erlebte die Gesellschaft von Kindern außerhalb seiner Familie zum ersten Mal nach seinem fünften Geburtstag, als er in die kleine nahe gelegene Grundschule an der Bishop Road kam.[29] Dies war die erste Gelegenheit zur Sozialisierung, ein Gefühl für das Leben anderer Kinder zu bekommen, sowie von anderen häuslichen Bräuchen und Umgangsformen zu erfahren. Aber er machte anscheinend keinen Versuch, mit anderen Kindern zu reden, sondern blieb schweigsam und lebte weiterhin in seiner eigenen privaten Welt.

Die Schule lag sozusagen nur um die Ecke von seinem Elternhaus, so nahe, dass er ihre Klingel zum Unterrichtsbeginn läuten hören konnte. Ungeachtet der täglichen Hast bei der Frühstücksroutine kamen er und sein Bruder immer rechtzeitig.[30] Diracs Klasse bestand typischerweise aus etwa fünfzig Kindern, eingepfercht in einen Raum von etwa sechzig Quadratmetern. Die Schüler saßen in Reihen von gleichgebauten Holzbänken, lernten in einer Atmosphäre, die verglichen mit heutigen Standards extrem disziplinbetont und wettbewerbsorientiert war.[31] Am Ende ihrer Schulzeit mussten die Schüler um ein Stipendium konkurrieren, das ihnen bei der Bezahlung einer weiterführenden Ausbildung helfen konnte. Erfolg hieß, dass die Eltern des Kindes wenig oder nichts zu zahlen brauchten; Versagen hieß meist, dass das Kind ins Erwerbsleben fortgeschickt wurde.

Paul und Felix waren erkennbar Brüder, aber Felix hatte ein runderes Gesicht, war einige Zentimeter größer und kräftiger gebaut.[32] Er war friedfertig und wohlerzogen, wenn auch manchmal unkonzentriert, wie sein Klassenlehrer betonte, als er quer über ein Schulzeugnis schrieb: „Der Junge scheint mir ein fortwährender Träumer zu sein. Er muss aufwachen!" Felix scheint den Rat befolgt zu haben, da er sich bald verbesserte und in den meisten Fächern gut dastand, besonders im Zeichnen.[33]

Aus Diracs späteren Beschreibungen seiner Kindheit könnte man schließen, dass er ein unglückliches Kind war, aber dafür gibt es keinerlei Anzeichen in den ausführlichen Beschreibungen über ihn aus dieser Zeit. Siebenundzwanzig Jahre später, als seine Mutter voll Freude ein kurzes Gedicht über ihn verfasste, beschrieb sie ihn als „fröhlichen kleinen Schuljungen" und fügte hinzu, dass er „zufrieden" und „glücklich" war.[34] In einem offiziellen Bericht, geschrieben als er 8 Jahre alt war, kommentierten die Lehrer in der Bishop Road nicht sein Verhalten, sondern sagten nur, er sei „gut erzogen", ein „intelligenter Junge" und „ein sehr zuverlässiger Arbeiter". Doch es gab Hinweise, dass Dirac sein Potential nicht ausschöpfte. Ein paar Lehrer deuteten dies an, und der Schulleiter, dem aufgefallen war, dass Dirac es nur knapp geschafft hatte, im ersten Drittel der Klasse eingestuft zu werden, schrieb in seinem Bericht vom November 1910, „Ich hatte erwartet, Dich auf einem höheren Rang zu finden."[35]

Unter den Jungen, die Dirac an der Bishop-Road-Schule *nicht* kennenlernte, war Cary Grant, der damals unter dem Namen Archie Leach ungefähr eine halbe Meile von der Monk Road entfernt in ärmlichen Verhältnissen aufwuchs. Im Klassenzimmer und auf dem Spielplatz der Bishop-Road-Schule erwarb Dirac den charakteristischen warmen Bristol-Akzent, dessen Klang leicht hinterwäldlerisch auf andere englische Muttersprachler wirkt, vergleichbar dem bäuerlichen Akzent im Südwesten des Landes. Wie andere aus Bristol stammende Jugendliche fügten Dirac und Grant ein L zu der Aussprache der meisten Wörter hinzu, die auf den Buchstaben A enden – eine Praxis, die heute ausstirbt, obwohl viele Engländer noch heute Bristol als die einzige Stadt wahrnehmen, die in der Lage ist, ideas (Ideen) in ideals (Ideale), und areas (Gebiete) in aerials (Luftiges) zu verwandeln.[36] Cary Grant legte diesen Akzent ab, als er in die Vereinigten Staaten auswanderte, aber Dirac behielt ihn lebenslang bei. Er sprach mit sanftem Tonfall und bescheidener Direktheit, was viele Leute überraschte, die erwarteten, er werde mit der klischeehaften sonoren Stimme eines englischen Intellektuellen auftreten.

Wie bei seinem Bruder verbesserte sich Diracs Notenstand in der Klasse schrittweise. Er war in Arithmetik gut, wenn auch nicht außergewöhnlich gut, und er war in den meisten anderen Fächern gut, die nicht seine dürftigen praktischen Fähigkeiten überstiegen. Bald nach seinem achten Geburtstag beschrieb ihn sein Lehrer als „einen intelligenten Jungen, der aber an seiner motorischen Fähigkeit arbeiten sollte", womit er auf die mäßigen Noten für Handschrift (45 %) und Zeichnen (48 %) aufmerksam machte. Sein enttäuschter Lehrer kommentierte, er könnte besser sein als nur der Dreizehnte in der Klasse. Zwei Jahre später war Dirac durchgehend Primus oder nahe daran; seine Gesamtbeurteilung verminderte sich gelegentlich infolge seiner relativ schwachen Leistungen in Geschichte und beim Malen mit dem Pinsel.[37] Zu Hause verfolgte er sein außerschulisches Hobby, die Astronomie, indem er nachts im hinteren Garten stand und die Positionen der sichtbaren Planeten und Sternbilder überprüfte und indem er gelegentlich die Bahn eines Meteoriten verfolgte, der über den Himmel zog.[38]

Die Schule lehrte keine Naturwissenschaften, aber gab Unterricht in freiem Zeichnen und auch im technischen Zeichnen, ein Fach, das für Dirac später zur Grundlage für seine einzigartige Denkweise in der Wissenschaft wurde. Seine Mutter wies auf seine „wunderschönen Hände" hin und meinte, dass seine langen, knochigen Finger ihn zu einem künstlerischen Beruf prädestinierten.[39] Technisches Zeichnen, das Ingenieure benützen, um dreidimensionale Objekte auf einem Stück flachen Papiers darzustellen, wird heutzutage nur an wenigen englischen Grundschulen und selten an weiterführenden Schulen unterrichtet. Es war jedoch am Anfang des zwanzigsten Jahrhunderts ein Pflichtfach für die Hälfte der Schüler: Für ein paar Stunden in jeder Woche wurde die Klasse zweigeteilt, die Mädchen wurden in Handarbeit unterwiesen, die Jungen im technischen Zeichnen. In diesen Unterrichtsstunden lernte Dirac, idealisierte Darstellungen verschiedener industrieller Produkte anzufertigen, indem er unter Ausschluss jeder perspektiven Verzerrung die Vorderansicht, Draufsicht und Seitenansicht zeichnete.[40]

Großbritannien war eines der letzten unter den reicheren europäischen Ländern, die das technische Zeichnen in ihren Schulen einführten, und dies erst im Gefolge der „Great Exhibition" von 1851, die in Deutschland auch als Londoner Industrieausstellung bezeichnet wurde. Obwohl die Ausstellung ein großer populärer Erfolg war, erkannten die scharfsichtigsten unter den 6,2 Millionen Besuchern, dass sich die breite technische Bildung in Großbritannien substantiell verbessern musste, wenn das Land seine ökonomische Führungsrolle gegenüber der wachsenden Konkurrenz aus den USA und Deutschland beibehalten wollte. Die Regierung stimmte zu und gestattete der treibenden Kraft hinter der Weltausstellung, Sir Henry „King" Cole, den Lehrplan der englischen Schulen zu verändern, sodass die Jungen im technischen Zeichnen unterrichtet wurden und ihnen ein Verständnis für die Schönheit von industriellen Objekten sowie natürlichen Formen vermittelt werden konnte.[41] Es gab jedoch eine heftige Reaktion gegen diese praktische Vorstellung von Schönheit durch die Ästhetik-Bewegung, die seit Mitte der 1850er-Jahre in England blühte. Der Anführer dieser Bewegung in Frankreich war der extravagante Dichter und Kritiker Théophile Gautier, ein Gewichtheber und Stammgast der griechischen Galerien im Louvre.[42] Seine Formulierung „l'art pour l'art" – „Kunst um der Kunst willen" - wurde das Motto der englischen Ästhetiker, darunter Oscar Wilde, der Gautiers Glauben teilte, formale, ästhetische Schönheit sei der einzige Zweck eines Kunstwerks. Diese Ansicht sollte später einen fernen Widerhall in Diracs Philosophie der Wissenschaft finden.

Sir Henry Coles Reform war von Dauer: Die von ihm und seinen Mitarbeitern herausgegebenen Leitlinien wurden in der Bishop-Road-Schule immer noch angewendet, als Dirac seine formale Ausbildung begann.

Im Jahr 1909 fasste der Pädagoge F. H. Hayward die vorherrschende, dem zeitgenössischen Kunstunterricht zugrundeliegende Philosophie zusammen: „Zeichnen zielt auf die Wahrhaftigkeit des Entwurfs und des Ausdrucks, Liebe zur Schönheit, Leichtigkeit der Erfindung und Übung der Geschicklichkeit [...]. Naturstudien und wissenschaftlicher Unterricht können ohne dies nicht weit vorankommen."[43] Hayward drängte darauf, dass die Schüler ihre zeichnerischen Fähigkeiten übten, indem sie akkurat sowohl natürliche als auch künstliche Objekte wiedergaben, inklusive Blumen, Insekten, Tische, Gartenlauben und Taschenmesser. Im Herbst 1912 wurde Dirac aufgefordert, ein Taschenmesser zu zeichnen, und er tat dies so fachkundig wie in allen seinen anderen Zeichnungen, ohne dass auch nur eine einzige Nachbesserung nötig war.[44]

Die Schule legte großen Wert darauf, ihren Schülern eine leserliche Schrift beizubringen. Dazu dienten Regeln in einem Lehrbuch, das Dirac und sein Bruder offenbar genau studierten.[45] Sie entwickelten einen ähnlichen Stil in ihrer Handschrift – streng nach den Regeln in ihrem Lehrbuch – sauber, leicht zu lesen und praktisch ohne Schnörkel, mit Ausnahme einer ungewöhnlichen Gestaltung des D, mit einem charakteristischen Häkchen links oben. Dirac wich von dieser Kalligrafie für den Rest seines Lebens nicht um ein Jota ab.

Im Frühsommer 1911 bestätigten die Schulinspektoren, dass „die besonders begabten und aufgeschlossenen Knaben beim Erwerb von Selbstvertrauen und Arbeitseifer sorgfältig trainiert werden". Knapp drei Jahre später, als Dirac in seinem letzten Schuljahr war, besuchten die Inspekteure die Bishop-Road-Schule erneut und äußerten sich sehr positiv über diese „fortschrittliche" Schule und die in ihr angebotene praktische Ausbildung: „ein kühner, tatkräftiger und besonnener Schulleiter. Das Kollegium [ist] gewissenhaft, sorgfältig [...]. Zeichnen wird gut gelehrt, und die handwerkliche Ausbildung ist einfallsreich, die Jungen fertigen eine Anzahl von nützlichen Modellen an, wobei ihnen eine beträchtliche Wahlfreiheit eingeräumt wird; die Arbeit ist darauf ausgerichtet, sie in Selbstbewusstsein, Beobachtungsgabe und sorgfältigem Messen und Rechnen zu trainieren."[46]

Die Bishop-Road-Schule wollte ihren Schülern die Fertigkeiten vermitteln, die sie zum Erlangen eines guten Berufs benötigten. Für Dirac jedoch bestand die wichtigste Konsequenz der praktischen Anleitung darin, dass sie ihm half, sein Denken über die Funktionsweise des Universums zu entwickeln. Während er an seinem Tisch in dem winzigen Bristol-Klassenzimmer saß und eine Abbildung eines einfachen hölzernen Objekts anfertigte, musste er geometrisch über die Beziehungen zwischen Punkten und Linien nachdenken, die in einer flachen Ebene liegen. In seinem Mathematikunterricht hatte er diese Art von Geometrie gelernt,

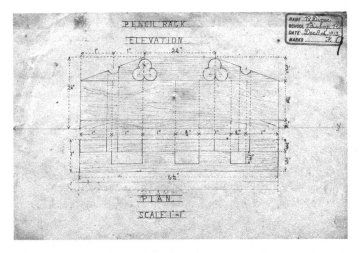

Abb. 1.4 Technische Zeichnung von Paul Dirac an der Bishop-Road-Schule, Bristol, 9. Dezember 1913. (© Paul A. M. Dirac Papers, courtesy of the Florida State University Libraries, Special Collections and Archives)

die nach Euklid, dem antiken griechischen Mathematiker benannt ist, der sie entdeckt hat. So studierte Dirac Geometrie, indem er sowohl visuelle Abbildungen als auch abstrakte mathematische Symbole verwendete. Innerhalb eines Jahrzehnts würde er diesen geometrischen Ansatz von der konkreten technischen Anwendung auf die abstrakte theoretische Physik übertragen – von einer idealisierten, visuellen Darstellung eines hölzernen Füllfederhalterständers zu einer idealisierten, mathematischen Beschreibung des Atoms (Abb. 1.4).

Später im Leben würde Dirac sagen, dass er niemals eine Kindheit hatte. Er wusste nichts von den Abenteuern und Initiationsriten der meisten anderen Jungen – lange Wochenendnachmittage mit dem Versuch zuzubringen, Eier aus Vogelnestern zu stehlen, in fremden Obstgärten zu wildern oder vor Straßenbahnen hervorzustürmen. In vielerlei Hinsicht scheint er sich als Kind wie Newton benommen zu haben. „Ein nüchterner, stiller, nachdenklicher Bursche [...], der nie auf die Idee gekommen wäre, mit den Jungen auf der anderen Seite der Straße zu spielen", lautete die Beschreibung Newtons durch einen seiner Freunde. Diese Beschreibung passt genauso gut auf den kleinen Dirac.[47]

Dirac hatte kein Interesse an Sport, mit der Ausnahme von Schlittschuhlaufen, das er zusammen mit Betty und Felix auf der nahe gelegenen Coliseum Eisbahn erlernte, die in Bristol das große Thema war, als sie 1910 eröffnete.[48] Jahrzehnte später erinnerte sich seine Mutter, dass er meist ruhig dasaß, Bücher las, die er ordentlich um sich herum platzierte, und lange Gedichte lernte, die er vor seiner Familie auswendig vortrug.[49]

Sie warf etwas Licht auf seine abgeschirmte Kindheit, als sie 1933 mit Reportern sprach: Das Motto seines Vaters war „immer zu arbeiten, arbeiten, arbeiten, und wenn der Junge irgendwelche anderen Neigungen gezeigt hätte, dann wären diese erstickt worden. Aber das war nicht notwendig. Der Junge war an nichts anderem interessiert."[50] Es gibt kaum einen Zweifel, dass Charles Dirac seine emsige Arbeitsethik auf seinen jüngeren Sohn übertragen hat, der sich später bewundernd über die Gewissenhaftigkeit seines Vaters äußerte:

> Eines Tages, als er einmal mit dem Rad auf dem Weg [zur Schule war, fiel mein Vater vom Rad], weil er versuchte einem Kind auszuweichen, das ihm vor das Rad lief, und brach sich einen Arm. Er war so gewissenhaft, dass er den Schulweg fortsetzte und auch ungeachtet des gebrochenen Armes seinen Unterricht fortführte. Schließlich fand es der Schulleiter heraus und schickte ihn nach Hause und trug ihm auf, nicht wiederzukommen, bis es ihm besser ginge.[51]

Paul war sich auch bewusst, dass sein Vater außergewöhnlich sorgfältig mit Geld umging. Im April 1913 traf Charles die größte finanzielle Entscheidung seines Lebens, als er ein besseres und geräumigeres Haus kaufte. Die Familie zog aus der beengten Häuserreihe an der Monk Road in eine hübsche Doppelhaushälfte, ein paar Gehminuten entfernt, in einem etwas wohlhabenderen Teil von Bristol um: Julius Road Nummer 6. Die Diracs hatten nun ein Heim, das zu Charles' gesellschaftlichem Status passte, mit getrennten Zimmern für ihre beiden Buben, sodass Dirac nun einen Rückzugsort hatte, einen privaten eigenen Raum, wo er allein arbeiten konnte (Abb. 1.5). Die Familie blieb weiterhin unter sich, lud keine Besucher in ihr Haus ein, ausgenommen Flos Familie und Gäste von Flo – alles Damen – zur monatlichen

Abb. 1.5 Julius Road 6, Bristol, wo Dirac mit seiner Familie von April 1913 bis er 1923 nach Cambridge ging, lebte. Er kam regelmäßig nach Hause und begann seine Arbeit über die Quantenmechanik hier in seinem Zimmer. (© Graham Farmelo)

nachmittäglichen Tee-Party und ein ständiger Strom von Schülern, die privaten Sprachunterricht bei ihrem Ehemann nahmen.[52]

Wie viele andere Eltern meldete Charles alle seine Kinder zum Examen
für ein Stipendium an. Als Felix neun Jahre alt war, versagte er in einer
dieser Prüfungen, was seinen Vater veranlasste, eine Erklärung von seinem
Lehrer zu fordern. Auch Betty verfehlte ein paar Jahre später das Examen.
Paul hatte keine derartigen Probleme: Er bestand jede Stipendiumsprüfung
mit fliegenden Fahnen und stellte so sicher, dass er im Unterschied zu Felix
und Betty ausgebildet wurde, ohne die Eltern viel zu kosten.

Dirac konnte mitverfolgen, wie eine neue Technologie Bristol ihren
Stempel aufzudrücken begann. Das Stadtzentrum war ein Flickenteppich
von jahrhundertealten und brandneuen Gebäuden, viele davon auffällig verziert mit großen Anzeigen für neue Dienstleistungen und
Produkte.[54] Automobile mit offenem Verdeck wetteiferten um freien
Raum auf den Straßen mit Pferdekutschen, klapprigen Fahrrädern und den
Straßenbahnen auf ihrem ratternden Weg durch die Stadt. Nachdem ein
Straßenbauprogramm in den ersten Jahren des Jahrhunderts aufgelegt worden war, begannen Autos die Stadt zu beherrschen. Ende des Jahres 1910
wurde Dirac Zeuge des Beginns der Flugzeugindustrie in Bristol, einer der
ersten und größten in Großbritannien. Prominenter Leiter dieser neuen
Industrie in Bristol war der lokale Unternehmer Sir George White, der die
British and Colonial Aeroplane Company gründete und für den Bau einiger der frühesten Flugzeuge überhaupt verantwortlich war. Die Fabrik war
in einer Straßenbahnhalle in Filton untergebracht, nur wenige Kilometer
nördlich vom Haus der Diracs gelegen. Viel später erzählte Dirac seinen
Kindern, dass er immer in den hinteren Gartenteil lief, um zuzusehen, wie
Flugzeuge unsicher von dem neuen Flugfeld abhoben, kaum anderthalb
Kilometer entfernt.[55] Es scheint, dass er mehr über diese neue Technologie
herausfinden wollte: Zwischen den Unterlagen, die er seit seiner Jugend aufbewahrte, befanden sich Ausschnitte eines Programms der lokalen technischen Hochschule, beginnend Dezember 1917: „Zehn Unterrichtsstunden
zur Aeronautik."[56]

Dirac und sein Bruder stachen unter den Jungen in Bishopston dadurch
hervor, dass sie beide fließend Französisch sprachen, bevor sie in die Schule
kamen. Es wird berichtet, dass es vorkam, dass Jungen aus der Nachbarschaft
die Dirac-Brüder auf der Straße anhielten und sie baten, ein paar Sätze auf
Französisch zu sagen.[57] Diese Französischkenntnisse fielen auch noch den
Mitschülern an ihrer nächsten Schule auf, wo diese Sprache von dem am
meisten gefürchteten Zuchtmeister gelehrt wurde – ihrem Vater.

2

August 1914 – November 1918

> *In der hohen Welt des Handels, in den Zünften und den*
> *Künsten, verdienen sich die Söhne Ehre, spielen nobel ihre*
> *Rollen; während sie sich in Sport und Freizeit einen*
> *Namen machen, geübt den Cricket-Schläger zu führen*
> *und im Fairplay.*
>
> Vers aus der Hymne der Merchant-Venturers-Schule[1]

Am 4. August 1914, als sich Dirac auf den Start an der höheren Schule vor-
bereitete, hörte er, dass Großbritannien sich im Krieg befand – dem ersten
Kampf, der jedes industrialisierte Land Europas einbezog. „Der europäische
Krieg", der mehr britische Menschenleben kosten würde als jeder andere,
stand im Hintergrund seiner gesamten gymnasialen Ausbildung an der
Merchant-Venturers-Schule.

Wie die meisten Städte im Vereinigten Königreich stellte sich Bristol
schnell auf den Krieg ein, wobei die Hektik der Kriegsvorbereitungen
durch die Äußerung von Lord Kitchener, dem Helden des Burenkrieges,
noch verstärkt wurde, dass dieser Konflikt am Ende durch die letzte verblei-
bende Million englischer Soldaten entschieden werden würde. Am letzten
Augusttag sandte Kitchener in seiner Funktion als Verteidigungsminister
ein Telegramm an das Einberufungskomitee für Bürger in Bristol, in dem
er bat, ein Bataillon aus „jungen Männern der gehobenen Klasse" zu bilden; und innerhalb von 14 Tagen meldeten sich etwa 500 Angehörige der
höheren Berufe freiwillig für die „Twelfth Gloucesters", eine Unterabteilung
von „Kitcheners Armee".[2] Binnen weniger Wochen hatte sich der industrielle Schwerpunkt der Stadt vom Geldverdienen zum Versorgen des Militärs
gewandelt, was alles einschloss: von Stiefeln und Bekleidung bis zu Autos
und Flugzeugen. Sogar die Coliseum-Eisbahn wurde beschlagnahmt, um
dort Kriegsflugzeuge zu montieren.

Die ersten Gefallenenlisten wurden kaum einen Monat nach der
Kriegserklärung veröffentlicht. Die Zeitungen von Bristol berichteten, dass
die Alliierten den anfänglichen deutschen Angriff zum Stillstand gebracht

© Springer-Verlag GmbH Deutschland, ein Teil von Springer Nature 2018
G. Farmelo, *Der seltsamste Mensch*, https://doi.org/10.1007/978-3-662-56579-7_2

hätten, und dass die Frontlinien sich in Form einer Kette von miteinander verbundenen Befestigungen verhärteten, die sich von der französisch-belgischen Grenze an der Küste bis zu der französisch-schweizerischen Grenze erstreckte, nahe dem Ort, wo Charles Dirac aufgewachsen war. Nachdem das Parlament das Gesetz zur Registrierung von Ausländern erlassen hatte, war Bristol eine der Städte im Vereinigten Königreich, die zum „verbotenen Gebiet" erklärt wurden. Charles musste sich bei den Behörden als Ausländer registrieren lassen, obwohl er kaum ein Risiko für die britische Sicherheit darstellte. Zu dem Zeitpunkt, als sein älterer Sohn in die nur für Jungen bestimmte Höhere Schule, die „Merchant Venturers' School", kam, hatte Charles fast ein Drittel seiner achtundvierzig Jahre dort als Leiter des Fachs Französisch verbracht und mehr als jeder andere Lehrer dazu beigetragen, den exzellenten Ruf der Schule von den technischen Fächern auch auf die modernen Sprachen auszudehnen.

Charles benötigte etwa fünfzehn Minuten, um von seinem Zuhause in die Schule in der Unity Street im Herzen der Stadt zu radeln. Vom Schulgebäude ging es um die Ecke zum Hippodrome, Bristols neuester und protzigster Musikhalle, wo der junge Cary Grant, kurz nachdem Paul in diese Schule gekommen war, seine erste Anstellung als Elektrikerlehrling fand und bei der Bedienung der Lichtanlage helfen durfte. Das im neugotischen King-Edward-Stil gehaltene Schulgebäude war im April 1909 eröffnet worden, nachdem die vorherige Schule an dieser Stelle einem Brand zum Opfer gefallen war. Jeder in der Nachbarschaft der neuen Schule hörte die Klapper- und Rumpelgeräusche aus den Werkstätten im Kellergeschoss. Die Vibrationen waren so heftig, dass sich der Nachbar der Schule, Harveys Weinhandlung, über die dauernden Störeinflüsse auf ihren Weinkeller beklagte.[3]

Das Verhalten von Charles Dirac, dessen Schüler ihm den Spitznamen „Dedder" gegeben hatten, wird deutlich aus Berichten einiger Lehrerkollegen und Schüler, die der Physiker Dick Dalitz von der Oxford Universität Mitte der 1980er-Jahre erhielt. Ein Mitschüler von Dirac, Leslie Phillips, vermittelte einen Eindruck vom Ruf des „Monsieur Dirac":

> Er war *der* Zuchtmeister der Schule, präzise, unnachgiebig, mit einem akribisch unbeugsamen System von Korrekturen und Strafen. Sein Klassenbuch, in das er alles eintrug, was in der Klasse vorfiel, war fein säuberlich und kabbalistisch; kein Schüler wäre auch nur entfernt in der Lage gewesen, die Bedeutung der Einträge zu verstehen. Später als fortgeschrittener Schüler begann ich, die Humanität und Freundlichkeit dieses Mannes zu erkennen, das verschmitzte Zwinkern seiner Augen. Aber in den unteren Klassen war er für uns Plage und Schrecken zugleich.[4]

Dedder war für seinen altmodischen, strikt methodischen Unterrichtstil mit plötzlichen unangekündigten Tests seiner Schüler bekannt, sodass sie immer gut vorbereitet sein mussten. Wenn er sie beim Schummeln im Test oder bei den Hausaufgaben erwischte, bestrafte er sie mit zweistündigem Nachsitzen an Samstagnachmittagen. „Du hast dies niemals selbst geschrieben. Samstag um vier als Strafe fürs Abschreiben", sagte er zu Cyril Hebblethwaite, der später Oberbürgermeister von Bristol werden sollte. Die meisten Lehrer erteilten regelmäßig körperliche Strafen, indem sie mit einer Begeisterung, die an Sadismus grenzte, den fehlgeleiteten Jungen Schläge mit einem Pantoffel oder Rohrstock auf den Po versetzten. Es gibt aber keinen Beleg dafür, dass auch Charles diese Form der Züchtigung ausübte – sei es in der Schule, sei es zu Hause.

Wenn Monsieur Diracs verschreckte Schüler Paul und Felix ansahen, ist es leicht vorstellbar, dass sie sich fragten, „wie mag er wohl zu Hause sein?" Das strikte Regime ihres Vaters im Klassenzimmer hatte jedoch den Vorteil eines konstanten Nachschubs von Comic-Heften, die er beschlagnahmt hatte und für seine Kinder nach Hause brachte.[5] Der junge Dirac las diese „Groschenromane", schwarz-weiße Comics voll von Slapstick und kindlichem Humor, Detektivgeschichten und soldatischen Abenteuergeschichten, sogar mit gelegentlichen Anspielungen auf die militärische Bedrohung durch Deutschland.[6] Dieses eine Zugeständnis an die populäre Kultur im Hause Dirac hinterließ bei dem jungen Paul eine anhaltende Vorliebe für Comics und Zeichentrickfilme.

Auch die Mutter trug ihren Teil zur seelischen Belastung der beiden Jungen bei, indem sie auf einer lockigen Haartracht bestand und auf Knickerbocker-Hosen, die schon längst nicht mehr modern waren. Sie mussten kurze Kniehosen und Sockenhalter tragen, die so eng waren, dass sie nach dem Abnehmen störende rote Striemen auf den Beinen der Jungen hinterließen. Dirac erinnerte sich noch lange an den Spott seiner Mitschüler darüber, dass er jemand sein musste, den man heute „uncool" nennen würde.[7] Dies war seine Initiation in die so charakteristische englische Ängstlichkeit und Schüchternheit.

Wie alle Eltern zu der damaligen Zeit befürchteten Charles und Flo, dass ihre Kinder an Tuberkulose erkranken könnten, welche damals für jeden achten Todesfall im Vereinigten Königreich verantwortlich war.[8] Besonders brutal traf es junge Männer, wo sie für jeden dritten Tod in der Altersgruppe von 15 bis 44 Jahre verantwortlich war. Die Dirac-Kinder waren alle während der ersten Dekade der Regierungskampagne gegen die Tuberkulose geboren, die alle Bürger aufforderte, sich häufig im Freien aufzuhalten, sich sportlichen Aktivitäten im Freien zu widmen, um viel frische Luft in ihre Lungen zu bekommen. Diese Philosophie mag mit dazu beigetragen haben, dass Charles sich weigerte, die Straßenbahnfahrten seiner Söhne zur Schule und zurück zu bezahlen und sie dadurch zwang, zweimal am Tag den Schulweg zu Fuß zurückzulegen (ihr Mittagessen nahmen sie zu Hause ein). Paul nahm dies übel, weil er glaubte, es sei ein Ausdruck der Niederträchtigkeit seines Vaters, obwohl es vermutlich in ihm den Sinn für lange Spaziergänge geweckt hat, die bald zu einer Besessenheit wurden.

In nur wenigen Wochen etablierte sich Dirac als Star-Schüler in der Merchant-Venturers-Schule. Abgesehen von Geschichte und Deutsch glänzte er in jedem akademischen Fach und war normalerweise der Primus seiner Klasse.[10] Der Lehrplan war ganz angewandt ausgerichtet, ohne Musik und – zu Diracs Erleichterung – auch ohne Latein und Griechisch. Stattdessen konzentrierte sich die Schule auf Fächer, die ihre Schüler so ausstatteten, dass sie ein Gewerbe ausüben konnten, darunter Englisch, Mathematik, Naturwissenschaft (aber keine Biologie), etwas Geographie und Geschichte. Was die Ausbildung an dieser Schule so besonders machte, war die hohe Qualität des Unterrichts in technischen Fähigkeiten, wie Mauern, Gipsen, Schuhherstellung, Metallbearbeitung und technisches Zeichnen. Während der vorausgehenden fünfzig Jahre hatten die Regierungsinspektoren die Schule immer gelobt als eine Lehranstalt, die jedem Kind im Land die beste technische Ausbildung zur Verfügung stellte.[11]

In den Schullabors lernte Dirac, aus Metallstücken einfache Produkte herzustellen, eine Drehbank zu bedienen, zuzuschneiden und zu sägen und eine Schraube herzustellen. Etwas abseits vom Geklapper der Maschinen, den Ölpfützen und den herumliegenden Metallabfällen, vertiefte er sich in die Kunst des technischen Zeichnens. Dieser Unterricht baute auf den Einführungskursen an der Bishop-Road-Schule auf und zeigte Dirac, wie er kompliziertere Objekte entwerfen konnte, indem er seine Fähigkeit weiterentwickelte, sich diese aus verschiedenen Blickwinkeln vorzustellen. In den Unterrichtsstunden für „Geometrisches Zeichnen" betrachtete Dirac Zylinder und Kegel und übte, sich vorzustellen was geschah, wenn sie in unterschiedlichen Winkeln angeschnitten und dann noch aus verschiedenen Perspektiven betrachtet wurden. Er wurde auch angeleitet, sich Objekte geometrisch vorzustellen, die nicht statisch, sondern in Bewegung waren. So lernte er, wie man den genauen Bewegungsverlauf eines Punktes zeichnen kann, der sich zum Beispiel auf der Außenseite eines perfekten Kreises befindet, der entlang einer geraden Linie abgerollt wird – also beispielsweise wie ein Staubkorn außen auf einem Rad, das eine Straße entlang rollt. Für die Schüler, die zum ersten Mal diesen Formen begegneten – gekurvt, symmetrisch und oft verzwickt – stellten sie eine Quelle des Vergnügens dar. Man kann vielleicht annehmen, dass sich Dirac fragte, wie man diese Kurven mathematisch beschreiben kann. Seine Fachlehrer im technischen Zeichnen wären aber vermutlich nicht in der Lage gewesen, ihn darüber aufzuklären, da sie meist ehemalige Handwerker mit geringen oder gar keinen mathematischen Kenntnissen waren.

Obwohl Dirac sich intensiv auf seine Studien konzentrierte, war er sich doch der großen Auswirkungen des Krieges bewusst. Den ganzen Tag lang fuhren Lastwagenkolonnen durch Bristol mit Lieferungen für die Soldaten an der Front, und riesige Kanonen wurden durch die Straßen gezogen und ließen die nahe gelegenen Gebäude erzittern. Nachts wurden die Straßenlampen gelöscht, um die Stadt zu einem schwierigen Ziel für die erwarteten Konvois von deutschen Luftschiffen zu machen, obwohl diese niemals auftauchten. Die rasch expandierende Luftfahrtindustrie der Stadt verdankte ihre Existenz dem Krieg, sodass die Drohung einer Bombardierung aus der Luft für Dirac zu verstehen war, der an der geschäftigen Flugzeugfabrik jedes Mal vorbeikam, wenn er zur Schule ging oder von ihr zurückkam.[12]

Nicht ganz zuverlässige Nachrichten über den Krieg in Form von Zeitungsberichten oder mündlichen Berichten erreichten die Stadt von den Fronten. Die Zensurpolitik der Regierung hinderte die Journalisten daran, über das ganze Ausmaß des Gemetzels zu berichten, aber die Leser konnten sich dennoch ein grobes Bild von dem Konflikt und seinen Weiterungen machen. Im Februar 1916 begannen die Deutschen die Schlacht von Verdun, um die französische Armee in die Knie zu zwingen, und im Juli griff die britische Armee an der Somme an. Die Zahl der Kriegsopfer schoss in die Höhe, obwohl die Frontlinien sich nur langsam verschoben. Im April 1917 begannen die Deutschen den uneingeschränkten U-Boot-Krieg mit dem Ziel, den Nachschub des Vereinigten Königreichs mit Nahrungsmitteln und anderen Gütern zu unterbinden und dadurch den Feind an den Konferenztisch zu zwingen. Dies veranlasste die Vereinigen Staaten, in den Krieg einzutreten, ein Ereignis, das Bristol feierte, indem den Schulkindern am 4. Juli, dem amerikanischen Unabhängigkeitstag, ein halber Ferientag gewährt wurde.[13] Inzwischen war Russland in Aufruhr, da auf den Sturz der Monarchie im Februar neun Monate später die bolschewistische Revolution durch Lenin erfolgte.

Jeden Tag las die Dirac-Familie über diese Ereignisse in den lokalen und nationalen Zeitungen. Die Innenseiten der *Bristol Evening News* zeigten Porträtfotos von Uniformierten im Teenageralter – mit ein paar Zeilen über ihr Regiment, wann sie gefallen waren und wen sie zurückließen. Trotz der deprimierenden Regelmäßigkeit dieser Berichte verzeichneten die Werber der Armee einen konstanten Zustrom von Kriegsfreiwilligen, die jünger als 18 waren, was das Mindestalter war. Einige der Jungen, die zu den Schlachtfeldern verschifft wurden, waren kaum ein Jahr älter als Dirac.

Seine engste Berührung mit dem Militärdienst bestand in einem kurzen Aufenthalt im Kadetten-Korps im Jahr 1917, aber um ihn herum gab es genügend Beispiele für weniger vom Schicksal begünstigte junge Männer. Er sah zweifellos Legionen von verwundeten und verstümmelten Soldaten in der Stadt herumhumpeln, die aus Frankreich zur Behandlung zurückgekehrt waren.[14]

Der Krieg war zugleich ein Segen für Diracs Ausbildung.[15] Der Auszug der älteren Schüler entleerte die höheren Klassenstufen und ermöglichte es Dirac und anderen begabten Kindern, diese Lücken zu füllen und deshalb schnelle Fortschritte zu machen. Er glänzte in den Naturwissenschaften, einschließlich Chemie, die er im Unterricht mit Stillschweigen verfolgte, das er nur bei einer Gelegenheit durchbrach, wie sich ein Mitschüler erinnerte, nämlich, als der Lehrer einen Fehler machte, den Dirac sanft korrigierte.[16] In den übel riechenden Labors lernte Dirac, wie man systematisch das Verhalten von Chemikalien untersucht, und erfuhr, dass alle Materie aus Atomen aufgebaut ist. Der berühmte Wissenschaftler Sir Ernest Rutherford in Cambridge vermittelte eine Vorstellung von der Kleinheit der Atome mit einem schönen Beispiel: Würde jeder Einwohner der Welt täglich zwölf Stunden lang ein Atom nach dem anderen in einen Fingerhut legen, würde ein Jahrhundert vergehen, bis er gefüllt wäre.[17] Obwohl niemand wusste, woraus Atome gemacht sind oder wie sie gebaut sind, behandelten die Chemiker sie so, als ob man sie wie Steine anfassen könnte. Dirac lernte die Reaktionen, die er in den Teströhrchen im Labor sah, als einfache Umgruppierungen der Atome zu interpretieren, aus denen die Chemikalien bestanden – seine erste Berührung mit der Idee, dass das Verhalten von Materie verstanden werden kann, indem man ihre grundlegendsten Bestandteile untersucht.[18]

In seinen Physikstunden erfuhr er, auf welche Weise die materielle Welt erforscht werden kann, zum Beispiel indem man sich auf Wärme, Licht und Klang konzentriert.[19] Aber das Denken des jungen Dirac wagte sich nun weit über den Lehrplan hinaus. Er begann zu verstehen, dass den undurchsichtigen Phänomenen, um die es im Unterricht ging, fundamentale Fragen zugrunde lagen, die es aufzudecken galt. Während die anderen Jungen seiner Klasse Mühe hatten, ihre Hausaufgaben rechtzeitig fertig zu bekommen, saß Dirac zu Hause und dachte stundenlang über die Natur von Raum und Zeit nach.[20] Es kam ihm der Gedanke, dass es „vielleicht eine geheime Verbindung zwischen Raum und Zeit gab, und dass wir sie von einem allgemeinen vier-dimensionalen Blickpunkt aus betrachten sollten."[21] Anscheinend war er ziemlich genau der gleichen Meinung wie der Zeitreisende in der Erzählung *Die Zeitmaschine* von H. G. Wells aus dem Jahr 1895, dessen Science-Fiction-Romane er gelesen hatte: „Der einzige

Unterschied zwischen der Zeit und irgendeiner der drei Dimensionen des Raumes besteht darin, dass unser Bewusstsein sich in ihr bewegt."[22] Eine derartige Ansicht war gegen Ende des neunzehnten Jahrhunderts weit verbreitet, und möglicherweise las Dirac die Worte des Zeitreisenden als Kind.[23] Jedenfalls grübelte der junge Dirac über das Wesen von Raum und Zeit nach, bevor er auch nur von Einsteins Relativitätstheorie gehört hatte.

Diracs Lehrer, Arthur Pickering, verzichtete darauf, ihn zusammen mit dem Rest der Klasse zu unterrichten und schickte ihn stattdessen mit einer Bücherliste in die Schulbibliothek. Einmal gab Pickering dem Wunderkind einen Stapel schwieriger Rechenaufgaben mit, die er am Abend zu Hause lösen sollte, nur um von Dirac auf dem Heimweg an diesem Nachmittag zu hören, dass er sie schon alle gelöst hätte.[24] Pickering eröffnete Dirac auch einen anderen, neuen Blickwinkel, indem er vorschlug, er solle sich über die einfache Geometrie hinaus den Theorien des deutschen Mathematikers Bernhard Riemann zuwenden, der erkannt hatte, dass die Winkel eines Dreiecks nicht unter allen Umständen exakt die Summe von 180 Grad ergeben.[25] Nur wenige Jahre später würde Dirac erfahren, wie Riemanns geometrische Ideen – die auf den ersten Blick keine Bedeutung für die Physik hatten – ein neues Licht auf die Gravitation warfen.

Charles Dirac war es wie jedem anderen bewusst, dass sein jüngerer Sohn über einen besonders scharfen Geist, gekoppelt mit einer unglaublichen Konzentrationskraft, verfügte. Indem Charles ihm zu Hause ein rigoroses Bildungsprogramm auferlegte, hatte er – ganz nach seinem eigenen Bild – einen arbeitswütigen Sohn herangezogen, wie es vermutlich auch seine Absicht war. Was Charles offenbar nicht so deutlich erkannte wie andere Menschen, war Pauls eigenartiges Verhalten. Den Mitschülern erschien der junge Dirac sicherlich etwas seltsam. In mündlichen Zeitzeugnissen, die sechzig Jahre später entstanden, schilderten ihn einige als einen sehr ruhigen Jungen; zwei Berichte sprechen von „einem dünnen, großen, unenglisch aussehenden Jungen in Knickerbockers mit lockigem Haar" und „einem ernsten, etwas einsam wirkenden Jungen, der aus der Bibliothek nicht wegzudenken war".[26] Schon damals hatte er eine monomanische Vorliebe für Physik und Mathematik. Spiele sagten ihm nicht zu, und wenn er verpflichtet wurde zu spielen, schien seine Teilnahme überflüssig zu sein: Einer seiner Mitschüler erinnerte sich später, dass Diracs Art, den Cricket-Schläger zu halten, „eigentümlich ungeschickt war". Als alter Mann führte Dirac seine Unlust am Mannschaftssport darauf zurück, dass er auf den Sportplätzen der Merchant-Venturers-Schule Fußball und Cricket zusammen mit älteren und größeren Jungen spielen musste.[27]

Auch seine Wertschätzung für Literatur hielt sich in sehr engen Grenzen. Er verstand nie die Verführungskraft der Poesie, obwohl er Romane las, die für Jungen geschrieben waren, einschließlich Abenteuergeschichten und Berichten von großen Schlachten, wobei er jeden Text mit der Akribie eines Literaturkritikers analysierte.[28] Als er neun Jahre alt war, verlieh ihm die Bishop-Road-Schule als Preis den *Robinson Crusoe* von Daniel Defoe, eine Erzählung, die bei all denen gut ankommt, die sich gern von der Menge absondern – fast, aber nicht ganz allein auf sich gestellt.[29]

Die Unterrichtsstunden in Mathematik und Physik hatten den größten Einfluss auf Diracs Art zu denken. Jahrzehnte später nahm seine Geschichtslehrerin, Edith Williams, erneut Kontakt zu ihm auf und erzählte ihm, sie habe, als er Schüler in ihrer Klasse war, „immer das Gefühl gehabt, er würde in einem anderen Medium aus Formen und Figuren denken".[30] Jeder Bericht über Diracs Verhalten im mittleren Teenageralter beweist, dass er dieselben Persönlichkeitsmerkmale aufwies wie die heutigen blassgesichtigen, technophilen Jugendlichen, die die neueste Software und Computerspiele dem Zusammensein mit anderen vorziehen und am glücklichsten sind, wenn sie allein vor ihrem Computerschirm sitzen. Von heute aus gesehen, war der junge Dirac ein Computer-Freak oder Nerd der King-Edward-Ära.

An der Merchant-Venturers-Schule schrumpften die Klassengrößen, und die Fächerbreite des Unterrichts wurde enger. Als Dirac im September 1914 in die Schule eintrat, gab es siebenunddreißig Jungen in seiner Klasse; als er sie im Juli 1918 verließ, vier Monate vor Kriegsende, waren es nur noch elf. Bei der Jahresabschlussfeier im Juli 1918 erhielt er einen Preis – wie jedes Jahr – und hörte, wie der Schulleiter bekannt gab, dass im Schuljahr 1916/17 sechsundneunzig Jungen gefallen waren und sechsundfünfzig verwundet wurden.[31] Sein Leben lang würde er diese Litanei des Todes nicht vergessen.

Es gab auch zu Hause keinen Schutzraum vor der bedrückenden Stimmung. In Diracs Augen änderte sein Vater, wenn er von der Schule nach Hause kam, seine Persönlichkeit und verwandelte sich vom gerechten und respektierten Disziplinierer zum schikanierenden Tyrannen. Er setzte weiterhin sein linguistisches Regime am Essenstisch durch, auf dem die kriegsbedingten Einschränkungen und Rationierungen Flos Mahlzeiten einfacher und weniger reichlich gemacht hatten. Seit Anfang 1918 musste man in demoralisierend langen Schlangen für Brot, Margarine, Früchte und Fleischwaren anstehen. Der Preis für ein Hühnchen stieg auf eine Guinee, den Wochenarbeitslohn eines Arbeiters.[32] Die Einschränkungen ermutigten viele Familien und auch die Diracs, Früchte und Gemüse selbst anzubauen. Dies war der Hauptgrund, warum Paul Dirac zu gärtnern begann, aber das neue Hobby bot ihm auch einen weiteren Grund, der Atmosphäre im Haus zu entfliehen.[33]

Eine andere Quelle für das fehlende Glück in der Dirac-Familie war, dass Charles und Flo jeweils ein Lieblingskind hatten: Paul war Liebling der Mutter, Betty Liebling des Vaters, und Felix blieb außen vor.[34] Als Schüler an der Bishop-Road-Schule war Felix fast ebenso gut wie sein jüngerer Bruder gewesen, aber an der höheren Schule wurde der Unterschied ihrer Leistungen so groß, dass ernsthafte Spannungen zwischen ihnen entstanden. Die beiden Brüder gingen nicht mehr zusammen wandern, sondern zankten sich ständig. Im Alter äußerte sich Dirac ungewohnt offen über seinen Bruder und den Grund des Zerwürfnisses: „Einen begabteren, jüngeren Bruder zu haben, muss ihn ganz schön deprimiert haben."[35] Das war eine vielsagende Bemerkung. Dirac war nie sozial einfühlsam, aber als alter Mann war er ungewöhnlich bescheiden und neigte zur Untertreibung; so versuchte er vermutlich zu entschärfen, wie sehr Felix unter der Erfahrung gelitten hatte, von seinem jüngeren Bruder akademisch in den Schatten gestellt zu werden.

Gegen Ende seiner Schulzeit wollte Felix von ganzem Herzen Arzt werden. Sein Vater hatte jedoch andere Pläne: Er wünschte, dass Felix Ingenieurwissenschaften studierte. Dieses Fach war bei jungen Leuten populär, wie Bernard Shaw es in seinem Roman *Die törichte Heirat* vorhergesagt hatte: Eine neue Klasse von erfinderischen Ingenieuren würde „wie eine Dampfwalze über die kraftlosen Bubis der Aristokratie hinwegrollen".[36] Die Zukunft schien damals in den Händen der „naturwissenschaftlichen Samurai" von H. G. Wells zu liegen. Es erschien zweifellos vernünftig, für Felix aufgrund seiner praktischen Fähigkeiten eine Ausbildung zu wählen, die ihm eine sichere berufliche Anstellung garantieren würde. Wie Charles vermutlich erkannt hatte, würde Felix' Ausbildung zum Arzt sechs teure Jahre an der medizinischen Hochschule bedeuten, ohne Aussicht, dass die Kosten durch den Gewinn eines der seltenen medizinischen Stipendien verringert würden. Felix versuchte standhaft auf seinem Wunsch zu bestehen, aber Charles zwang ihn, davon Abstand zu nehmen, wodurch ihre Beziehung zueinander vermutlich mehr beschädigt wurde als er wahrhaben wollte.[37]

Der billigste und bequemste Studiengang für Felix war der an der Fakultät für Ingenieurwissenschaften des Technischen College, das sich die Gebäude und Einrichtungen mit der Merchant-Venturers-Schule teilte.[38] Vermutlich mit einer reichlichen Portion Unmut begann Felix dort im September 1916 das Studium der Mechanik in den Ingenieurwissenschaften, unterstützt durch ein Universitätsstipendium der Stadt Bristol.[39]

Paul erwog jedoch nie, irgendetwas anderes als ein naturwissenschaftliches Fach zu studieren.[40] Er hätte zwischen Dutzenden solcher Studiengänge frei wählen können und dachte ernsthaft daran, einen Abschluss in Mathematik zu machen, entschied sich aber dagegen, nachdem ihm klar geworden war, dass dann das wahrscheinliche Ergebnis eine Karriere als Lehrer sein würde, eine Aussicht, die ihm gar nicht zusagte.[41] Am Ende, in Ermangelung einer eigenen starken Präferenz, entschied er sich, seinem Bruder – und wohl auch dem Rat des Vaters – zu folgen und, unterstützt durch ein großzügiges Stipendium, Ingenieurwissenschaften am Merchant-Venturers-College zu studieren.[42]

Im September 1918 bereitete sich Felix auf das letzte Jahr seines Ingenieurstudiums vor, das ihm die ganze Zeit schwer gefallen war: Er war nicht über eine der hinteren Positionen in seiner Klasse hinausgelangt. Zur gleichen Zeit sollte Paul mit gerade sechzehn Jahren in die Reihen der Ingenieurstudenten aufgenommen werden – zwei Jahre jünger als seine Mitstudenten. Felix war es zweifellos bewusst, dass die anderen seine Fähigkeiten mit denen seines Bruders vergleichen würden, und dass er bei diesem Vergleich nicht gut abschneiden würde.

3

November 1918 – Sommer 1921

Ein Bericht des beratenden Ausschusses und des
Arbeitsamtes der Stadt Bristol vom Anfang des Jahres
1916 gestattet einen Blick auf die Auswirkungen des
Krieges und auf die Beschäftigung junger Menschen
im voraufgehenden Jahr. Er stellt fest, dass junge Männer fast
durchgehend von dem Ehrgeiz beseelt waren, Ingenieur zu
werden [...]

George Stone und Charles Wells (Hrsg.),
Bristol and the Great War (1920)

An einem wolkenverhangenen Montagmorgen, dem 11. November 1918, machte sich Dirac wie gewöhnlich auf den Weg von zu Hause zum Merchant-Venturers-College. Es war der Beginn seiner siebten Woche am College, und der Tag schien wie jeder andere Tag anzufangen. Aber als er eintraf, stellte sich heraus, dass alle Vorlesungen abgesagt waren. Er erfuhr schnell den Grund: Plötzlich und unerwartet war der Krieg zu Ende gegangen.

Um die Mittagszeit war das Zentrum von Bristol zur Bühne eines riesigen, anarchischen Volksfestes geworden. Für einen Tag lärmenden Jubels, wie es ihn seit Menschengedenken nicht gegeben hatte, war die ganze englische Zurückhaltung aufgehoben. Die Kirchenglocken läuteten, die Geschäfte waren geschlossen, jedermann glaubte berechtigt zu sein, sich in die Nationalflagge einzuhüllen, die Straßen entlang zu marschieren und dabei auf leere Keksdosen und Mülleimerdeckel zu schlagen und jede Art von Lärm zu machen.[1] Überall in der Stadt hing der Union Jack aus den Fenstern, von Straßenlampen und an Hunderten von Straßenbahnwagen und Autos – Fahnen, die an diesem Tag zweckentfremdet worden waren, ohne dass die Polizei etwa dagegen hatte. Mitten unter den Marschierenden, die immer wieder das patriotische Lied „Rule Britannia" sangen, war auch eine Gruppe amerikanischer Soldaten, die aus dem Kriegseinsatz kamen und die Ecken des Union Jack festhielten. In der Nähe trug eine Gruppe von Gymnasiasten eine brennbare Puppe von Wilhelm II., dem deutschen Kaiser, der sich früher einmal in Bristol aufgehalten hatte.[2]

© Springer-Verlag GmbH Deutschland, ein Teil von Springer Nature 2018
G. Farmelo, *Der seltsamste Mensch*, https://doi.org/10.1007/978-3-662-56579-7_3

Diracs Kommilitonen vom Merchant-Venturers-College zogen lärmend durch die Stadt und sangen ein Lied, das sie für diesen Anlass komponiert hatten. Dirac erinnerte sich lange an den Refrain, den sie mit voller Lautstärke herausposaunten: „Wir sind die leisesten Burschen der Welt", dem dann ein noch lautereres „oo-ah, oo-ah-ah" folgte.[3]

Der Premierminister David Lloyd George sprach an diesem Tag im Unterhaus des Parlaments über die eigenartige Mischung von Kummer und Optimismus im Land nach dem „grausamsten und schrecklichsten Krieg, der jemals die Menschheit heimgesucht hat. Ich hoffe, wir können an diesem schicksalhaften Morgen sagen, dass er das Ende aller Kriege bedeutet." Das Schicksal hielt jedoch noch eine weitere Grausamkeit bereit: die Pandemie der Spanischen Grippe, die gegen Ende des Ersten Weltkriegs ausbrach und mehr Menschenleben kostete als der Krieg selbst. In der Absicht, die Ausbreitung des Virus zu verlangsamen, wurden Bristols Schulen geschlossen, und Tausende von Schülern wünschten sich nun, am Nachmittag über die neuen lustigen Filme wie die mit Fatty Arbuckle lachen zu dürfen. Aber diese Pläne wurden durch die besserwissenden „Malvolios" der lokalen Ratsversammlung vereitelt, indem die Kinos während der Schulzeit geschlossen wurden.[4]

Der Schriftsteller und Poet Robert Graves bemerkte scharfsichtig, dass vor August 1914 das Land in Regierende und Regierte aufgeteilt war; danach, obwohl weiterhin aus zwei Klassen bestehend, hatte es sich in „die Streitkräfte [..] und den Rest, einschließlich der Regierung verwandelt".[5] Die neue Unterteilung zeigte sich nach dem Krieg auch am Merchant-Venturers-College: Dirac erlebte, wie die jungen Männer, die von der Front zurückkamen, plötzlich die anderen Studenten, deren engste Berührung mit dem Feind im Lesen von Zeitungsberichten bestanden hatte, an Zahl übertrafen. Die Rückkehrer waren kurz gefeiert worden, aber sie mussten rasch wieder in ein normales Leben hineinfinden, unabhängig von ihrer Belastung durch Entstellung, Kriegsschock und andere psychologische Traumata. Diese Männer, von denen die meisten noch Uniform trugen, brachten eine neue Form von Standhaftigkeit und Pragmatismus in die Hörsäle. Dirac bemerkte später: „Die neuen Studenten hatten eine reifere Einstellung zum Leben und waren beim Ingenieurstudium besonders darauf bedacht, Ergebnisse von praktischer Wichtigkeit zu erzielen und hatten wenig Geduld mit der Theorie."[6]

Viele der zurückgekehrten Soldaten waren dann auch unter den Tausenden, die zu einem speziellen Weihnachtsereignis des Jahres nach Bristol strömten: die Gelegenheit, ein erbeutetes deutsches U-Boot vom Typ U86 von außen und innen zu besichtigen. Es lag am Dock vertäut, der Union Jack flatterte an einem seiner Masten über den deutschen Marine-Insignien. Jeder verstand die Bedeutung dieser Schaustellung: Panzer, Maschinengewehre, Flugzeuge, das Radio und Giftgas hatten alle im Krieg eine Rolle gespielt, aber die größte

Bedrohung von allen war das U-Boot gewesen. Nun wurde die am meisten gefürchtete Waffe wie ein machtlos gewordener toter Hai zur Schau gestellt.

Die Ingenieurwissenschaft war offenkundig nicht ideal auf die Fähigkeiten des jungen Dirac zugeschnitten. Der Unterricht am Merchant-Venturers-College war mehr praktisch als theoretisch ausgerichtet und ließ daher seine begrenzte manuelle Geschicklichkeit erkennen, während Diracs mathematisches Talent nicht maximal gefördert wurde. Erwartungsgemäß machte er große Fortschritte in der Mathematik und war „ein Student, der jede Frage exakt korrekt beantworten konnte, aber nicht die geringste Ahnung hatte, wie man mit einem Apparat umgeht".[8] Er war nicht nur ungeschickt, seine Aufmerksamkeit galt vielmehr auch anderen Dingen: Er verbrachte einen Großteil seiner Zeit in der Physikbibliothek, wo er über die Grundlagen der Physik nachdachte.[9] Ohne Geld in der Tasche und ohne tagsüber etwas Besseres zu tun zu haben, ging Dirac zu Fuß vom Haus in der Julius Road zum College, um nachmittags dort sechs Tage in der Woche in den Bibliotheken zu arbeiten.[10] Er gewann dabei einen ersten Freund unter den einunddreißig anderen Mitschülern seiner Klasse: Charlie Wiltshire, ein anderer junger Einzelgänger mit einem Faible für Mathematik.

Sie hatten Mathematikunterricht bei Edmund Boulton, der den Spitznamen „Bandy" trug, weil sein Gang den Eindruck erweckte, als sei er gerade vom Pferd gestiegen. Ohne viel mathematische Strenge zeigte Bandy seiner Klasse, wie Lehrbuchprobleme auf orthodoxe Weise zu lösen waren, was es dann Dirac immer wieder ermöglichte, einfachere und elegantere Lösungen anzubieten. Bald wurden Dirac und Wiltshire in eine eigene Arbeitsgruppe ausgegliedert, damit ihre schnellen Fortschritte die anderen nicht mehr einschüchterten. Dem armen Wiltshire wäre es besser ergangen, wenn er bei den anderen geblieben wäre, da er die Aufgabe, mit den mathematischen Fortschritten seines Freundes Schritt zu halten, als „vollkommen hoffnungslos" empfand. Innerhalb eines Jahres hatten sie die mathematischen Voraussetzungen ihres Studienabschlusses erreicht, aber Wiltshire war dauerhaft verunsichert. Mehr als dreißig Jahre später schrieb er, dass die Erfahrungen beim Versuch, mit Dirac Schritt zu halten, bei ihm einen „ausgeprägten Minderwertigkeitskomplex" hinterlassen hatten.[11]

Die Mathematik machte nur einen kleinen Teil von Diracs Studienplan aus: Er verbrachte die meiste Zeit damit, entweder mit Wiltshire im Labor ohne großes Geschick Versuche zu machen oder sich zu bemühen, während der Vorlesungen nicht einzuschlafen. Anders als die meisten Studenten wollte er nicht mit dem Löffel gefüttert werden, sondern lernte lieber für sich allein, idealerweise ungestört in der Bibliothek, wo er im raschen Wechsel zwischen Buchpassagen und Zeitschriftenartikeln hin und her sprang und dabei seine eigenen Verbindungen und Assoziationen knüpfte. Eine Vorlesung, die Dirac zutiefst interessierte, war die des im Stoff schnell voranschreitenden Leiters der Abteilung für Elektrotechnik, David Robertson, eines theoretisch ausgerichteten Ingenieurs, der nach einer Kinderlähmung an den Rollstuhl gefesselt war.[12] Dirac bewunderte Robertson dafür, dass er sein Leben methodisch organisiert hatte, sowie für die cleveren, arbeitssparenden Einfälle, die ihm halfen, seine Behinderung zu meistern. Es fiel Robertson schwer, eine normale Vorlesung mit Kreide an der Tafel zu halten, deshalb benützte er einen Vorläufer der digitalen Power-Point-Präsentation: eine kontinuierliche Serie von Dias, die – nicht allzu zuverlässig – von einer flackernden Kohlenstoff-Bogenlampe an die Wand geworfen wurden.[13] Robertson raste durch seinen Begleitkommentar ohne auf die begrenzte Aufnahmefähigkeit seiner Zuhörer oder ihr Bedürfnis, sich lesbare Notizen zu machen, Rücksicht zu nehmen. Diracs positive Meinung von ihm wurde von der Mehrheit seiner Kommilitonen nicht geteilt, die frustriert und verzweifelt abgehängt wurden.[14]

Robertson sorgte dafür, dass der Kurs in Elektrotechnik auf einer soliden theoretischen Grundlage fußte. Dirac und seine Kommilitonen hörten die Spezialvorlesung über Elektrotechnik erst im letzten Studienjahr, nachdem sie Grundlagen in Physik, Chemie, technischem Zeichnen und den anderen Ingenieurdisziplinen – Bauingenieurwesen, Maschinenbau und Fahrzeugtechnik – erworben hatten. Niemand konnte dem Lehrplan vorwerfen, keinen Kontakt zum Geschäftsleben aufzuweisen: Dirac wurde in Betriebswirtschaftslehre, Vertragsrecht, Patentrecht, Buchhaltung und Rechnungswesen unterwiesen und erfuhr sogar etwas über die Geheimnisse der Einkommensteuer.[15]

Der Kurs fand im Techniklabor statt. Dirac verbrachte dort jede Woche viele Stunden, um in Zusammenarbeit mit Wiltshire die nötigen Kenntnisse über die mechanischen Strukturen und die Maschinerie hinter der damaligen Industrie zu erwerben, angefangen von Brücken, Flaschenzügen, Pumpen, Verbrennungsmotoren und hydraulischen Ladekränen bis hin zu Dampfturbinen. Er maß die Festigkeit von Materialien, indem er sie dehnte bis sie barsten, und fand heraus, wie stark sie sich unter Belastung verbiegen. Der Kurs in Elektrotechnik war außergewöhnlich gründlich, und Dirac lernte hier alles von der Pike auf – einfache Experimente zu Elektrizität und Magnetismus – bis hin zu den kleinsten Einzelheiten der Konstruktion und der Wirkungsweise der neuesten Hardware bei der industriellen Stromversorgung. H. G. Wells hätte sich keine gründlichere Ausbildung für einen zukünftigen Leiter seines technokratischen Utopia wünschen können.

Die Ingenieurgesellschaft der Universität organisierte Ausflüge zu lokalen Fabriken, auch um den Studenten einen Eindruck vom Lärm und Schmutz zu vermitteln, in dem die meisten von ihnen bald arbeiten sollten. Ein Gruppenfoto von einem dieser Ausflüge im März 1919 zeigt das äußere Erscheinungsbild

Abb. 3.1 Die Sozietät der Ingenieure der Universität Bristol besucht die Fabrik Messrs Douglas Works, Kingswood, 11. März 1919. Dirac steht in der vordersten Reihe, vierter von rechts. (© Paul A. M. Dirac Papers, courtesy of the Florida State University Libraries, Special Collections and Archives)

von Dirac und das seiner Kommilitonen, alles Männer (Abb. 3.1). Jeder trägt eine Krawatte, einen Hut und Mantel, mehrere haben einen Stock, und einige sind noch in Uniform. Der sechzehnjährige Dirac steht vorn, Hände in den Hosentaschen, und blickt mit einem Anflug von jugendlicher Aufmüpfigkeit ausdruckslos in die Kamera. Es ist die erste von zahlreichen Fotografien von ihm als jungem Mann, die Selbstbewusstsein und Entschlossenheit in seinen Augen erkennen lässt.[16]

Das Haus Julius Road No. 6 war für Dirac ein kalter und liebloser Rückzugsort, aber vielen der Nachbarn schien Dirac Teil einer bewundernswerten Hausgemeinschaft zu sein. Charles Dirac gewann immer mehr an Ansehen: Er wurde einer der „Großen Vier", einer der vier Vorstände der Merchant-Venturers-Schule, und seine zu Hause abgehaltenen Sprachkurse entwickelten sich gut (Abb. 3.2). Wenige Minuten nach Beginn jedes Einzelunterrichts in dem schmalen Arbeitszimmer mit Blick auf den Vorgarten klopfte Flo an die Tür und brachte Charles und seinem Schüler eine Kanne Tee und einen Teller mit Keksen – eine Aufmerksamkeit, deretwegen die Schüler diese Adresse schätzten. Flo wandte die meiste Zeit für die Haushaltsführung auf, verbrachte aber gerne die Nachmittage mit der Lektüre von romantischen Romanen und Gedichten von Robert Browning, Robert Burns und Rudyard Kipling. In einem Notizbuch hielt sie ihre Lieblingsverse fest und eine Sammlung von Aphorismen, die ihre Wertschätzung der traditionellen Tugenden widerspiegeln: „Beherrsche dich, sei nachgiebig, sei einfühlsam: diese Dinge sollten gelernt und praktiziert werden: Selbstbeherrschung, Nächstenliebe und Mitgefühl."[17]

Die Tochter Betty war ebenso schüchtern wie ihre Brüder. Die meisten Mädchen ihrer Generation nahmen unmittelbar nach der Grundschule eine einfache Arbeit auf, aber Charles und Flo wünschten, dass sie ihre Schulausbildung an der nahe gelegenen Redlands Mädchenschule fortsetzte, wo

sie ohne besondere Begeisterung oder Belobigung weiterlernte. Seit 1919 konnte ihr Vater sie bequem zu ihrer Schule begleiten, da seine Schule in die Cotham Lawn Road umgezogen war, nur zehn Minuten Fußweg von ihrem Wohnhaus entfernt. Die Lehrer waren über den Umzug der Schule nicht begeistert, für Charles Dirac wurde er immerhin durch die Beförderung auf den lukrativeren Posten eines nebenamtlichen Universitätsdozenten versüßt. Seine Kollegen im Lehrerzimmer respektierten ihn als einen der fähigsten Lehrer in Bristol, obwohl viele ihn als Außenseiter betrachteten. Es tat seiner Reputation keinen Abbruch, dass er einem von ihnen erzählt hatte, er sei einmal trepaniert worden: Vermutlich hatte ein Chirurg ein winziges Loch in seinen Schädel gebohrt, um böse Geister herauszulassen.[18]

Einige von Charles' Lehrerkollegen hatten herausgefunden, dass die Buchstaben *B. ès. L.* (*Baccalauréat universitaire ès lettres*), die er fast immer hinter seinen Namen setzte, nur bedeuten, dass ihn die Universität Genf für fähig hielt, ein Hochschulstudium aufzunehmen: Es gab also einen Hauch von Betrug um Charles. Er hatte nur ein Jahr als Hörer (*auditeur*) an der Universität zugebracht, hatte auch ein wenig mitgeschrieben, aber keinen Abschluss gemacht. Einer seiner Kollegen machte sich später über den Charles betreffenden kleinen Lehrerzimmerskandal lustig und erzählte diese Geschichte: Da er nicht berechtigt war, den Universitätstalar zu tragen, kaufte er eine Robe und bat seine Frau, ihm eine Kapuze in Rot, Weiß und Blau anzufertigen. Sie wusste nichts von der Täuschung und erfuhr erst mehrere Jahre später davon.[19]

Im Frühjahr 1919 bemühte sich Charles Dirac aus nicht näher bekannten Gründen erstmals um die britische Staatsangehörigkeit. Er schrieb drängend an die Schweizer Behörden und legte dar, dass nach dreißig Jahren Lehrtätigkeit im Vereinigten Königreich „berufliche Gründe" es notwendig machten, seine

Schweizer Staatsangehörigkeit abzulegen.[20] Als er seinen Antrag den britischen Behörden vorlegte, gab er an, das Wahlrecht erwerben zu wollen, nachdem die Regierung es ihm infolge des jüngsten Zusatzartikels zum Gesetz zur
Registrierung von Ausländern entzogen hatte. Der Artikel untersagte auch Flo
als Ehefrau eines „ausländischen Staatsangehörigen" bei künftigen allgemeinen Wahlen ihre Stimme abzugeben (sie hatte sechs Monate zuvor zum ersten Mal wählen dürfen, wie alle britischen Frauen über dreißig). Vielleicht
wollte er auch, dass seine Tochter und sein älterer Sohn sich um Stipendien
bewerben konnten, die nur an britische Staatsbürger vergeben wurden? Was
auch immer seine Motivation war: Am 22. Oktober 1919 schwor Charles vor
einem Friedensrichter in Bristol den Treueeid auf König George V.[21] Am selben Tag wurden seine Kinder Briten, während sie vorher als Schweizer Bürger
eingestuft waren, ein Status, der laut Bettys späteren Erinnerungen bewirkt
hatte, dass sie auf dem Spielplatz gehänselt wurde, weil sie „eine von jenen
Europäern" sei.[22] Dirac war nun kein Ausländer mehr, doch in den Augen vieler Engländer würde er immer so wirken.

Im Frühsommer 1919, als Pauls Ergebnisse des ersten Studienjahres
bestätigten, dass er ein erstklassiger Student war, erwarb Felix als erstes
Mitglied der weiteren Verwandtschaft einen Hochschulabschluss, wenn
auch nur mit der Note befriedigend (Abb. 3.3). Die Unterschiede in den
Leistungen der beiden Brüder waren nie so krass gewesen, und so ist es
vielleicht kein Zufall, dass ihre Beziehung zueinander ungefähr zur gleichen Zeit in ernsthafte Schwierigkeiten geriet. In den gequälten und vagen
Kommentaren, die Dirac später über Felix abgab, bemerkte er, sie hätten
sich oft „in die Haare gekriegt", wobei er keine Einzelheiten zu den verbalen Vorwürfen, die fielen, preisgab.[23] Möglicherweise hatten sie ihren
Ursprung in der Eifersucht und dem Unterlegenheitsgefühl von Felix,

Abb. 3.3 Felix Dirac,
1921. (© Paul A. M. Dirac
Papers, courtesy of the
Florida State University
Libraries, Special
Collections and Archives)

das noch durch Pauls Mangel an Empathie seinem Bruder gegenüber und durch seine Unfähigkeit, taktvolle Worte über die Lippen zu bringen, genährt wurde, Worte, die bitter nötig gewesen wären, um das Selbstwertgefühl von Felix zu stärken. In seiner späteren Karriere war Dirac auch unter seinen Kollegen für sein mangelndes Taktgefühl berühmt. Er konnte die Gefühle anderer nicht nachvollziehen, und es ist unwahrscheinlich, dass er als junger Mann anders gewesen ist.

Nachdem Felix seinen Bachelor-Abschluss erhalten hatte, verließ er sein Zuhause und zog nach Rugby um, das ungefähr einhundertfünfzig Kilometer entfernt lag und sich rasch von einer schläfrigen Kleinstadt der Midlands in ein boomendes Zentrum für die neue Elektrotechnik gewandelt hatte. Felix hatte ein dreijähriges Praktikum bei der britischen Thomson-Houston Company angenommen, mit einem Anfangsgehalt von einem Pfund pro Woche, womit er ein gewisses Maß an finanzieller Unabhängigkeit gewann. Mittlerweile setzte sein einkommensloser Bruder das Ingenieurstudium am Merchant-Venturers-College fort – während er nebenbei in die Physik hineinschnupperte. Nachdem er den mathematischen Teil des Lehrplans hinter sich gebracht hatte, schien es sein Schicksal zu sein, die verbleibenden zwei Jahre bis zu seinem Ingenieursabschluss mit ungeschickten Übungen im Labor zu verbringen und den einschläfernden Vorlesungen des vorgeschriebenen Lehrplans zu folgen. Wenn er besonders gelangweilt war, amüsierte er sich damit, in der Bibliothek im technischen Wörterbuch die längsten zusammengesetzten deutschen Fachausdrücke (ohne Bindestrich) aufzustöbern und über das Gebiet nachzulesen, das ihn am meisten interessierte, die Physik.[24] Seine wissenschaftliche Vorstellungskraft war reif für eine Herausforderung, und ein paar Wochen später, als er mit dem zweiten Jahr an der Universität begann, kam diese Herausforderung.

Kein Ereignis in Diracs wissenschaftlichem Leben berührte ihn so tief wie der Augenblick, als die Relativitätstheorie „auf die Welt mit ungeheuerlicher Wucht hereinbrach", wie er sich sechzig Jahre später erinnerte.[25] Einstein wurde am Freitag, dem 7. November 1919, zur Mediengröße, als *The Times* in London etwas veröffentlichte, was zunächst wie eine weitere Nachkriegsausgabe erschien, einschließlich der Nachricht, dass der englische König den Vorschlag eines australischen Journalisten unterstützte, am Jahrestag des Waffenstillstandes eine zweiminütige Stille des Gedenkens abzuhalten. Auf Seite 12 aber fand sich ein sechsspaltiger Artikel aus 900 Worten, den die meisten Leser wohl überblättert hätten, wenn nicht der Titel *Revolution in Science* ihre Aufmerksamkeit geweckt hätte. Der Artikel war eine bedeutsame journalistische Leistung von großer Tragweite und bewirkte, dass Einstein aus seiner relativen Unbekanntheit in Berlin in den Status einer internationalen Berühmtheit katapultiert wurde. Alsbald waren sein schnauzbärtiges Gesicht und seine unordentliche, schwarze Haarmähne allen Zeitungslesern auf der ganzen Welt bekannt. Der Artikel, dessen Verfasser nicht genannt wurde, berichtete über die augenscheinliche Bestätigung einer Theorie von Einstein, die „die akzeptierten Grundlagen der Physik vollkommen revolutionieren würde" und dabei die Ideen von Isaac Newton, die zwei Jahrhunderte lang die Welt beherrschten, umstürzte.[26]

Die Beobachtungen stammten von zwei Teams von britischen Astronomen, die herausgefunden hatten, dass die von Einstein berechnete Ablenkung des Lichts entfernter Sterne durch die Sonne im Verlauf der Sonnenfinsternis, die vor kurzem stattgefunden hatte, bestätigt wurde. Die Ergebnisse waren mit Einsteins Theorie konsistent, aber nicht mit der von Newton. Als alter Mann erinnerte sich Dirac an diese Zeit als an eine Ära voll besonderer Begeisterung: „Plötzlich war Einstein in aller Munde [...]. Jeder hatte genug vom Krieg. Jeder wollte ihn vergessen. Und dann kam die Relativitätstheorie daher als eine wundervolle Idee, die in ein neues Reich der Gedanken wies."[27]

Dirac, Charlie Wiltshire und ihre Kommilitonen waren fasziniert von Einsteins neuer Theorie und versuchten herauszufinden, worum es bei der ganzen Aufregung ging. Das war keine leichte Aufgabe. Ihre Lehrer hatten wie die meisten Akademiker im Vereinigten Königreich von dieser angeblichen wissenschaftlichen Revolution nicht mehr Kenntnisse als ihre Studenten. Von gelegentlichen Artikeln in wissenschaftlichen Zeitschriften wie *Nature* abgesehen, waren die wichtigsten Informationsquellen über die neue Relativitätstheorie Zeitungen und Illustrierte, deren Herausgeber den Kommentatoren Tausende von Spalten zum – nicht ganz ernst gemeinten – Spekulieren über die neue Theorie und ihren angeblichen Widerspruch zum gesunden Menschenverstand zur Verfügung stellten. Am 20. Januar 1920 veröffentlichte *Punch* ein antisemitisches Gedicht, das beispielhaft war für die allgemeine Verwirrung über die Theorie, die außerhalb der Grenzen des Vereinigten Königreichs beim deutschen Erbfeind entstanden war:

> Euklid ist entthront, passé,
> die Schulmeister sagten ade,
> fremdartige Knickungen im Raum
> halten das pfeilschnelle Licht im Zaum,
> ein teutonisch-jüdischer Physik-Knabe
> trägt Newtons Theorien zu Grabe.

Viele Zeitungen und Illustrierte waren nur wenige Monate, nachdem die Theorie öffentliche Aufmerksamkeit gewonnen hatte, voll von Anzeigen für Dutzende halbausgegorener Darstellungen von Einsteins Werk.[28] Zu damaliger Zeit gab es keine Wissenschaftsjournalisten, sodass Dirac und sein Freund Wiltshire sich auf populäre Artikel von Wissenschaftlern verlassen mussten, in erster Linie auf Arthur Eddington, den Quäker-Astronom und Mathematiker der Universität Cambridge, den einzigen Menschen in Großbritannien, der die Theorie gemeistert hatte. Er war sogar aktiv an einer der Sonnenfinsternis-Expeditionen beteiligt gewesen, die einen entscheidenden Beleg zur Bestätigung der Theorie beigetragen hatten.

In einem ganzen Strom von unterhaltsamen Artikeln und Büchern lieferte Eddington witzige lebensnahe Analogien, die selbst die kompliziertesten abstrakten Ideen zugänglich und spannend machten. Seine didaktische Meisterschaft zeigt sich beispielhaft an seiner Darstellung, die er 1918 von Einsteins berühmter Gleichung $E = mc^2$ gab. Andere Autoren brachten nur trockene und kaum verständliche Erklärungen der erstaunlichen Verbindung zwischen der Energie E, der Masse m und der Lichtgeschwindigkeit im Vakuum (symbolisiert durch den Buchstaben c) zustande. Eddington konnte es besser. In seiner Erklärung verwendete er diese Gleichung, um eine Berechnung durchzuführen, die, wie er wusste, seine Leser interessieren würde: Er berechnete die Gesamtmasse des Lichtes, das die Sonne auf die Erde abstrahlt und nutzte das Resultat für einen Kommentar zu der kontrovers diskutierten Frage: Sommerzeit ja oder nein?

> Die Kosten des Lichts, das von Gas- und Elektrizitätsbetrieben bereitgestellt wird, belaufen sich auf etwa 3.000.000 £ pro einem Gramm Licht. Das ist die Moral der Geschichte von der Sommerzeit: Die Sonne überschüttet uns jeden Tag mit 160 Tonnen dieser wertvollen Gabe; und doch missachten wir oft dieses kostenlose Geschenk und ziehen es vor, 3.000.000 £ für ein Gramm Licht von minderer Qualität zu bezahlen.[29]

Eddington und andere Autoren befeuerten Diracs Interesse an der Wirkungsweise des Universums. Aber die meiste Zeit verbrachte er mit dem Studium für seinen Ingenieurabschluss. Er bemühte sich, in den Vorlesungen konzentriert zu bleiben, meisterte die theoretischen Konzepte, führte Experimente durch und schrieb dazu makellose Protokolle, in denen kaum einmal ein Buchstabe korrigiert werden musste. Für moderne Augen sehen sie fast so aus, als ob sie von einer Maschine in einer besonderen Schriftart gedruckt wurden, die erfolgreich eine Handschrift imitiert, sodass jeder sich wiederholende Buchstabe identisch reproduziert ist.[30]

Charlie Wiltshire war einer der ganz wenigen, die einen Blick auf die menschliche Seite von Dirac werfen durften. Den meisten Menschen erschien er wie ein kaltherziger Solipsist, der an menschlichen Kontakten nicht interessiert war und sich nur für Mathematik, Physik und Ingenieurwissenschaften erwärmte. Selbst in der damaligen sehr zurückhaltenden Zeit wirkte Dirac außergewöhnlich einseitig und gehemmt.[31]

Kurz nach seinem achtzehnten Geburtstag musste Dirac zum ersten Mal einige Zeit außerhalb seiner beschützten Umgebung verbringen. Er fuhr nach Rugby, wo sein Bruder Felix als kleiner angehender Ingenieur in den lokalen Fabriken ausgebildet wurde, um dort den Sommer als Ingenieurspraktikant zu verbringen und vielleicht auch, um zu prüfen, ob er selbst für die Tätigkeit in einer Fabrik geeignet war. Am Ende seines einmonatigen Aufenthalts war die Antwort klar.

Dirac arbeitete in der britischen Thomson-Houston-Fabrik für Elektrogeräte, die auf einem 35 Hektar großen Gelände neben dem Bahnhof lag. Die Fabrik beherrschte die Stadt. Man sagte, dass jeder, der in Rugby lebte, entweder selbst dort arbeitete oder jemanden kannte, der es tat. Mit Sicherheit kannte jeder in der Stadt das Sägezahnprofil der Fabrikdächer, von denen eines die Aufschrift „Electrical Machinery" trug. Und jeder, wo er auch immer stand, sah die Rauchschwaden aus den beiden Schornsteinen, die wie schimmernde Lanzen in den Himmel ragten.

Dirac kam in Rugby im stolzen Besitz einer neuen Armbanduhr an, einem Gegenstand, der noch ein Jahrzehnt zuvor bei Männern als unmännlich (und bei Frauen als exaltiert) gegolten hatte, aber nun anerkannt war, nachdem Soldaten ihn im Krieg als nützlich befunden hatten.[32] Er wohnte über einem Textilgeschäft an einer Straßenecke, das der Mittellinie zwischen den beiden Fabriktoren gegenüber lag, nur wenige Gehminuten von der Fabrik entfernt. Dirac war einer von etwa einhundert Ferienstudenten, die während der Urlaubszeit vieler Arbeiter einfache Arbeiten hauptsächlich in den relativ ruhigen Testlabors durchführten, die ein gutes Stück von der Turbinenfertigungsstätte entfernt lagen. Es war ein nachrichtenarmer Sommer, belebt nur durch die dramatische Aussperrung der Mitglieder der Elektrizitätsgewerkschaft, und durch ein lokales Polospiel, bei dem einer der Spieler der Verteidigungsminister, Winston Churchill, war.[33]

Flo schrieb an Paul den ersten von mehreren hundert Briefen, die sie ihm regelmäßig von da ab bis zu ihrem Lebensende schreiben würde. Es scheint, dass er sie alle aufbewahrte. Die ersten Briefe waren warmherzig und voller Neuigkeiten, erzählten ihm von Bettys neuem Hund und wie „Daddy dich vermisste, als er den ganzen Rasen schneiden musste", und von dem neuen Mantel, den sie für ihn fertig machen wollte („ich zeigte ihn Pa & er wollte ihn für sich haben"). Flo beklagte sich wiederholt, dass er der Familie nicht genug berichte, was er tue. „Triffst du jemals Felix?", fragte sie.[34] Die Antwort war, dass sich die beiden Brüder auf den Straßen in Rugby zwar manchmal begegneten, aber kein Wort miteinander sprachen.[35] Ihre Beziehung hatte sich in eine kalte Feindseligkeit verwandelt. Paul bot seinem Bruder den gleichen ausdruckslosen starren Blick, den er auch fast jedem anderen zeigte. Es scheint, als habe ihre Mutter nichts vom Zerwürfnis der Söhne gewusst, oder sie war zu voreingenommen, um es wahrzunehmen.

Von seinen Arbeitgebern in Rugby erhielt Dirac die einzige negative Beurteilung seines ganzen Lebens. David Robertson zeigte ihm später den vernichtenden Kommentar und enthüllte, dass er der einzige Ferienstudent aus Bristol war, der jemals eine so ungünstige Beurteilung erhielt. Dirac wurde als „echte Bedrohung in der Testabteilung für Elektrotechnik" beurteilt, es „mangele ihm an Interesse" und er sei „schludrig", und zwischen den Zeilen ging klar hervor, dass es unklug wäre, wenn Dirac seine Zukunft in der Fabrik suchen würde.[36]

Ende September 1920 kehrte Dirac nach Bristol zurück, um sich auf sein letztes Ingenieurstudienjahr, in dem er sich auf Elektrotechnik spezialisierte, vorzubereiten. Seine Leidenschaft galt jedoch der Relativitätstheorie. Es war für ihn eine Enttäuschung, dass er keine brauchbare fachwissenschaftliche Darstellung der Relativitätstheorie finden konnte, die Schritt für Schritt erklärt, wie sie Einstein entwickelt hatte. Von den akademischen Disziplinen, die zu den Unmengen von Unsinn beitrugen, die Dirac über die Relativitätstheorie verschlang, war keine reichhaltiger als die Philosophie. Ein Kommentator schrieb: „Ein Philosoph, der eine wissenschaftliche Theorie *nicht* zu kennen, *nicht* als hinreichenden Grund ansieht, darüber *kein* Buch zu schreiben, kann nicht des vollständigen Mangels an Originalität bezichtigt werden."[37] Der Verfasser dieser Worte war einer der talentiertesten jungen Philosophen in Großbritannien, Charlie Broad. Nachdem er ursprünglich Ingenieur werden wollte, studierte er in Cambridge sowohl Philosophie als auch Physik, und erwarb sich mehr Fachwissen in der Relativitätstheorie als die große Mehrheit der Physiker, von denen viele kaum mehr als nichts von Einstein und seinem Werk wussten. Im Herbst 1920, kurz nachdem Broad zum Professor für Philosophie an der Universität Bristol berufen worden war, hielt er eine Vorlesungsreihe über wissenschaftliches Denken für die Studenten der Naturwissenschaften im letzten Jahr, darunter auch laut Ankündigung eine Beschreibung von Einsteins Theorie.[38] Dirac und mehrere andere Ingenieurstudenten saßen in diesen Vorlesungen, aber nur wenige hielten mit Dirac bis zum Ende durch, da es schnell anspruchsvoll wurde und der Stoff wenig mit der Ingenieurwissenschaft zu tun hatte. Für Dirac waren diese Vorlesungen eine unvergessliche Erfahrung, ebenso für Broad selbst, der dreißig Jahre später in seiner Autobiographie schrieb:

> Zu diesen Vorlesungen kam einer, dessen Schnürsenkel aufzubinden ich nicht wert war. Das war Dirac, damals ein sehr junger Student, dessen aufblühendes Genie von der Ingenieursfakultät erkannt worden war, und der gerade im Begriff war, von der mathematischen Fakultät gefördert zu werden.[39]

Broad war ein wunderbar eigenwilliger Dozent. Er erschien immer mit einem sorgfältig vorbereiteten Manuskript und las jeden Satz zweimal, ausgenommen die Scherze, die er dreimal vortrug. Obwohl er eintönig sprach, war der Inhalt faszinierend, frei von Fachjargon und gespickt mit witzigen Anspielungen auf Charles Dickens, Conan Doyle, Oscar Wilde und andere Literaturgrößen. Scharfzüngigkeit war eine seiner stärksten Waffen. Im Rahmen einer Warnung vor dem schleichenden Gift der meisten populären Darstellungen der Relativitätstheorie dozierte er, dass „populäre Darstellungen der Theorie immer entweder definitiv falsch wären oder so ungenau formuliert, dass sie gefährlich in die Irre führten; und alle Streitschriften dagegen – sogar wenn sie von bedeutenden Oxford-Dozenten stammten – basierten auf grundlegenden Missverständnissen".[40]

Broads Behandlung der Relativitätstheorie in seiner Vorlesung war sehr unkonventionell, um nicht zu sagen, schrullig. Er lehrte Einsteins Spezielle und Allgemeine Relativitätstheorie gemeinsam, wobei er einen einheitlichen Zugang verwendete und sich auf die Grundideen statt auf die Mathematik konzentrierte. Broads Ziel war es, zu verdeutlichen, dass die beiden Theorien einen „radikal neuen Blick auf die Natur"[41] ergeben. Einsteins zuerst entstandene Theorie wird normalerweise als „Spezielle Relativitätstheorie" bezeichnet, weil sie nur von Beobachtern handelt, die sich in Bezug zueinander mit konstanter Geschwindigkeit auf geraden Wegen bewegen. Ein Beispiel sind Reisende in zwei Eisenbahnzügen, die auf parallelen Schienen fahren. Einstein gründete seine Theorie auf zwei einfache Annahmen: erstens, dass für jeden Beobachter unabhängig von der eigenen Geschwindigkeit die Lichtgeschwindigkeit im Vakuum denselben Wert hat, und zweitens, dass die Messungen, die jeder der Beobachter durchführt, von beiden als mit den Gesetzen der Physik übereinstimmend anerkannt werden können. Einsteins große Erkenntnis war, dass diese Annahmen, wenn sie bis zu den letzten logischen Schlussfolgerungen durchgehalten werden, zu einem neuen Verständnis von Raum, Zeit, Energie und Materie führen.

Ein Opfer von Einsteins Theorie war die weithin akzeptierte Vorstellung, dass das Universum von Äther durchdrungen ist. Der Äther war nun überflüssig geworden, wie Broad argumentierte:

> Es war angenommen worden, dass es eine besondere Art von Materie gibt, die Äther genannt wird und den ganzen Raum ausfüllt. In diesen Theorien wurde angenommen, dass der Äther alle möglichen Effekte auf die gewöhnliche Materie ausübt, und er wurde zu einer Art Haustier bei manchen Physikern. Je mehr die Physik voranschritt, desto weniger Aufgaben fanden sich für den Äther.[42]

Im Gegensatz zu der neuen Theorie implizierte die Existenz einer solchen Substanz, dass es ein einzigartig privilegiertes Bezugssystem in der Physik gibt. Aus der Relativitätstheorie folgt aber nun, dass der Äther eine unnötige Annahme darstellt und sich seine Existenz erübrigt – es sei denn, Experimente zeigen das Gegenteil. Einstein bemerkte auch, dass Messungen von Raum und Zeit nicht, wie fast jeder glaubte, voneinander unabhängig sind, sondern unauflösbar verbunden sind, was zu der Idee einer vereinigten Raum-Zeit führte, zu einem Konzept, das auf seinen ehemaligen Lehrer, Hermann Minkowski, einen deutschen Mathematiker, zurückging. Schließlich zeigte Einstein, dass eine unausweichliche Konsequenz dieses Gedankengangs seine Gleichung $E = mc^2$ war. Aus dieser Gleichung folgt, dass die Masse einer kleinen Münze äquivalent ist zu der gewaltigen Energie, die nötig ist, um eine Stadt über Tage zu versorgen oder auszulöschen. Eine apokalyptische Vision dieser Kraft hatte H. G. Wells kurz vor Ausbruch des Ersten Weltkriegs in seinem Roman *The World Set Free* (in deutscher Übersetzung: *Befreite Welt*) geschildert.

Für die meisten Anwendungen entsprechen die Voraussagen der Speziellen Relativitätstheorie fast exakt denen der entsprechenden Theorie Newtons. Die Voraussagen unterscheiden sich aber deutlich, sobald sich die in Frage kommenden Geschwindigkeiten der Lichtgeschwindigkeit im Vakuum annähern: Einstein behauptete, dass unter diesen Bedingungen seine Theorie genauer sei. Es sollte aber mehrere Jahrzehnte dauern, bis die Überlegenheit der Einstein'schen Theorie überzeugend im Experiment bestätigt werden konnte. Inzwischen macht es Einsteins Theorie möglich, die Beschreibung aller Phänomene, die durch Newtons Theorie erfasst werden, durch die Aufstellung einer „relativistischen" Version zu verbessern, einer Version, die mit den Prinzipien der Speziellen Relativitätstheorie übereinstimmt. Zwei Jahre später hatte Dirac ein neues Hobby gefunden: Er versuchte relativistische Versionen von durch Newtons Gleichungen beschriebenen Theorien zu erstellen – eine Aktivität, die er wie ein Ingenieur verfolgte, der einen bewährten und geprüften Bauplan zu einem aufwerten möchte, der eine höhere Spezifikation aufweist: „Es gab eine Art allgemeines Problem, das man aufgreifen konnte: Immer wenn man ein Stück Physik vorfand, das in nicht-relativistischer Form ausgedrückt war, konnte man es umformulieren, um es der Speziellen Relativitätstheorie anzupassen. Es war eine Art Spiel, dem ich bei jeder Gelegenheit frönte."[43]

Einsteins Allgemeine Relativitätstheorie bezieht sich auf *alle* Beobachter, auch auf Beobachter, die beschleunigt werden wie zum Beispiel Beobachter im freien Fall unter dem Einfluss der Schwerkraft. Einstein schlug ein geometrisches Bild der Gravitation vor, dass Newtons Konzept, wonach ein Apfel und jede andere Masse einer Gravitationskraft unterliegen, durch eine radikal neue Beschreibung der Situation ersetzte. Nach Einstein existiert jede Masse in einer gekrümmten Raum-Zeit – in etwa vergleichbar mit einem gekrümmten Gummituch –, und die Bewegung der Masse in jedem Punkt der Raum-Zeit wird durch die Krümmung der Raum-Zeit an diesem Punkt festgelegt. Weil die Theorie relativistisch ist, kann Information nicht schneller als Licht übertragen werden, und alle Energien tragen (wegen $E = mc^2$) zur Masse und damit zur Gravitation bei. Es stellt sich heraus, dass im Sonnensystem, wo die Materiedichte im Raum vergleichsweise niedrig ist und sich alles sehr viel langsamer als das Licht bewegt, die Voraussagen von Einsteins Gravitationstheorie äußerst gut mit denen von Newton übereinstimmen. Doch in manchen Situationen zeigen die beiden Theorien Differenzen. Ein besonders überzeugender Weg, sie zu zeigen, war die Messung der Ablenkung des Lichts weit entfernter Sterne durch die gravitative Anziehungskraft der Sonne, die bei einer Sonnenfinsternis beobachtet werden kann. Einsteins Theorie sagt voraus, dass diese Ablenkung doppelt so groß ist wie nach den Rechnungen Newtons. Eddington und seine Kollegen glaubten, mit ihren Sonnenfinsternis-Beobachtungen Einsteins Vorhersage bewiesen zu haben.

Während einer der ersten Stunden in Broads Vorlesung hatte Dirac eine Art Offenbarung, was die Natur von Raum und Zeit betraf. Broad sprach davon, wie die Entfernung zweier Punkte berechnet werden kann. Wenn sie in den spitzen Winkeln eines rechtwinkligen Dreiecks liegen, dann weiß jedes Schulkind, dass die Entfernung zwischen den Punkten (die Hypotenuse) durch den Satz von Pythagoras gegeben ist: Das Quadrat dieser Entfernung ist die *Summe* der Quadrate der Längen der beiden anderen Seiten. In der Raum-Zeit der Speziellen Relativitätstheorie liegen die Dinge anders: Das Quadrat der Entfernung zwischen zwei Punkten in der Raumzeit ist gleich der Summe der Quadrate der räumlichen Längen *minus* dem Quadrat der Zeit. Dirac erinnerte sich später an den „überwältigenden Einfluss", den das Minus-Zeichen auf ihn hatte, als es Broad an die Tafel schrieb.[44] Dieser Kreidestrich auf Broads Tafel machte ihm klar, dass seine Schuljungenideen über Raum und Zeit falsch waren. Er hatte angenommen, die Beziehung zwischen Raum und Zeit könne durch die gewohnte euklidische Geometrie in der Ebene beschrieben werden. Aber wenn das so war, hätte jedes Vorzeichen in der Formel für den Abstand zwischen zwei Punkten positiv sein müssen. Raum und Zeit müssen also durch eine andere Art von Geometrie verbunden sein. Pickering, Diracs Mathematiklehrer an der Merchant-Venturers-Schule, hatte ihn schon in die Riemann'sche Geometrie eingeführt, die Einstein benutzt hatte, um die gekrümmte Raum-Zeit zu beschreiben. Bei dieser Art der Betrachtung von Raum und Zeit kann es sein, dass die Winkel des Dreiecks nicht die Summe von 180 Grad ergeben, wie sie es im normalen euklidischen Raum tun. In Einsteins Allgemeiner Relativitätstheorie sind Materie und Energie verquickt mit dem Raum und der Zeit, in denen sie existieren: Materie und Energie bestimmen, wie stark die Raum-Zeit gekrümmt ist, und die Krümmung der Raum-Zeit diktiert, wie sich Materie und Energie bewegen. Auf diese Weise lieferte Einstein eine neue Erklärung, warum der Apfel vom Baum in Newtons Garten herunterfiel: Es war nicht die Schwerkraft der Erde, die ihn zog, sondern die Krümmung der Raum-Zeit des Planeten in der Umgebung des Apfels war verantwortlich.[45]

Inspiriert durch Broads Vorlesungen und durch Eddingtons populär geschriebenes Buch *Space, Time and Gravitation* (in deutscher Übersetzung: *Raum, Zeit und Schwere. Ein Umriss der Allgemeinen Relativitätstheorie*) brachte sich Dirac die Spezielle und die Allgemeine Relativitätstheorie selbst bei – ein weiterer früher Beleg für seine besondere Begabung als Theoretiker. Die mathematische Komplexität von Einsteins Allgemeiner Relativitätstheorie erschreckte die meisten Physiker so sehr, dass sie Entschuldigungen fanden, um sich nicht darum zu bemühen, wohingegen Dirac – ein Student der Ingenieurwissenschaften und kein eingeschriebener Physikstudent – sie gierig studierte. Während andere Neunzehnjährige die Schönheit im Liebesleben suchten, suchte er sie in Gleichungen.

Broad war skeptisch, ob die Philosophie zur Verbesserung des Verständnisses der natürlichen Welt beitragen kann (er nannte es „zielloses Wandern im Kreis"), aber seine Vorlesungen überzeugten Dirac davon, dass es sich lohnt, dem Thema nachzugehen. Ein Buch, das er aus der Bibliothek entlieh, war *A System of Logic* von John Stuart Mill (in deutscher Übersetzung: *System der deduktiven und induktiven Logik*), das auch der junge Einstein etwa fünfzehn Jahre zuvor studiert hatte.[46] Mill war der herausragendste britische Philosoph des neunzehnten Jahrhunderts gewesen, die überzeugendste Stimme des Empirismus, der Lehre, dass der Mensch jeden Begriff auf überprüfbare Erfahrungstatsachen gründen müsse.[47] Sein Ansatz in der Ethik war im Wesentlichen utilitaristisch. Er glaubte, dass das höchste Gut dasjenige ist, welches das meiste Glück für die größte Zahl der Menschen bringt, und dass die Rechtmäßigkeit jeder menschlichen Handlung daran bemessen werden soll, welchen Beitrag sie zum allgemeinen Glück leistet. Mill war durch andere Empiristen beeinflusst, vor allem durch seinen Freund Auguste Comte, den französischen Pionier der positivistischen Auffassung, dass alle wahre Erkenntnis eine naturwissenschaftliche ist, die „Soziologie" eingeschlossen, ein Begriff, den Comte geprägt hatte. Mill hatte nichts für Kants intuitionistische Ansicht übrig, manche Wahrheiten seien von so hohem Rang, dass sie die Erfahrung übersteigen. Er lehnte viele unverifizierbare Verlautbarungen von Bischöfen, Politikern und anderen, die er als versponnene Moralisten ansah, als unsinnig ab. Mills Ansichten und sein lebendiges bodenständiges Auftreten hatten in der viktorianischen Zeit einen enormen Einfluss und waren zum

Kern der liberalen englischen Einstellung geworden. Mill beeinflusste Dirac und viele andere mehr, als ihnen bewusst war.

Das *System der deduktiven und induktiven Logik*, publiziert im Jahre 1843, ist eine in klaren Worten, etwas umständlich formulierte Beschreibung, wie der Empirismus fast jeden Aspekt des menschlichen Lebens gestalten und prägen kann.[48] Das Buch enthält Mills Programm für die Naturwissenschaften, welches davon ausgeht, dass es eine zugrundeliegende „gleichförmige Einheit der Natur" gibt. Das Ziel der Wissenschaftler sollte es sein, immer mehr Beobachtungen durch immer weniger Gesetze zu erklären, jedes einzelne auf Erfahrung gegründet und aus ihr abgeleitet. Für Mill impliziert die Übereinstimmung zwischen einer experimentellen Messung und der entsprechenden theoretischen Voraussage nicht, dass die Theorie korrekt ist, da es sehr wohl viele weitere Theorien geben könnte, die eine ebenso gute Übereinstimmung aufweisen. Er argumentierte, dass Wissenschaftler die niemals endende Aufgabe hätten, Theorien zu finden, die in immer besserer Übereinstimmung mit den empirischen Beobachtungen stehen.

In einer Abhandlung, die Dirac in seinen Siebzigerjahren schrieb, sagte er, dass er sich „viele Gedanken" über die Philosophie gemacht habe, um herauszufinden, was sie zur Physik beitragen könnte. Er erinnerte sich, dass er Mills *System* „ganz durch" gelesen habe. Wir können daraus mit Sicherheit schließen, dass er beim Lesen jedes Wort abwog, wie es seine Art war. Obwohl er es „ziemlich langweilig" fand, brachte es ihn auf den wichtigen Gedanken, es könne hinter den unterschiedlichen wissenschaftlichen Beobachtungen und Theorien eine allem zugrundeliegende Einheit geben. Des Weiteren sollte die Wissenschaft danach suchen, diese Einheit mit möglichst wenigen Naturgesetzen zu beschreiben, die ihrerseits auf die einfachstmögliche Weise formuliert wären. Obwohl dies vermutlich das Denken des jungen Dirac beeinflusste, kam er zu dem Schluss, dass die Philosophie kein effektiver Weg war, um herauszufinden, was die Natur zum Ticken bringt. Im Jahr 1963 sagte er in einem Interview, die Philosophie „ist nur eine Methode, um über bereits gemachte Entdeckungen zu reden".[50]

Der beste Weg, die Regelhaftigkeit der Natur zu verstehen, war, so begann er zu glauben, die Mathematik. Diracs Dozenten in den Ingenieurwissenschaften hatten ihm eingehämmert, dass mathematische Exaktheit unwichtig sei; Mathematik war einfach nur ein Rüstzeug, um nützliche Antworten zu erhalten, die korrekt sind oder zumindest für den anstehenden Zweck genau genug. Ein führender Vertreter dieses pragmatischen Ansatzes in der Ingenieurmathematik war Oliver Heaviside, ein scharfzüngiger Einzelgänger, der eine ganze Batterie wirksamer Techniken erfunden hatte, die es erleichtern, die Effekte von elektrischen Impulsen in Stromkreisen zu untersuchen. Keiner verstand so recht, warum diese Methoden funktionierten, aber ihn kümmerte das nicht:

Für ihn zählte einzig und allein, richtige Resultate mit einer Geschwindigkeit zu erhalten, mit der exaktere Methoden nicht Schritt halten konnten und die nicht zu Widersprüchen mit anderen Bereichen der Mathematik führten. Ingenieure schätzten Heavisides Methoden wegen ihrer Nützlichkeit, doch Mathematiker verspotteten sie wegen Mangels an Exaktheit. Heaviside hatte nichts übrig für Pedanterie („soll ich mein Abendessen ablehnen, weil ich den Verdauungsprozess nicht verstehe?"[51]) und wies die Angriffe seiner Gegner voller Verachtung zurück. Er benannte sogar in seiner begonnenen Autobiographie, die nie erschien, ein Kapitel nach ihnen: „Wicked People I Have Known" (Böse Menschen, die ich gekannt habe).[52]

Dirac studierte Heavisides Techniken und bemerkte später, dass „eine Art von Magie" sie umgebe.[53] Ein anderer geschickter Ingenieurtrick, der Dirac beeindruckte, betraf die Berechnung von Spannungskräften, zum Beispiel, wenn ein Geräteturner auf einem Balken balanciert. Ingenieure berechnen routinemäßig diese Beanspruchungen, indem sie spezielle Diagramme verwenden, die korrekte Ergebnisse sehr viel schneller liefern als gründliche mathematische Berechnungen. In seinen Kursen wandte Dirac diese Methode an, um Belastungen darzustellen und erkannte ihre Stärke. Innerhalb von wenigen Jahren sollte er ähnliche Techniken in einem anderen Zusammenhang anwenden, um Atome zu verstehen.[54]

Eine der Lektionen, die er in seinen Ingenieurkursen lernte, war der Wert von Näherungstheorien. Um zu beschreiben, wie etwas funktioniert, kommt es wesentlich darauf an, die Größen, die am meisten für das Verhalten verantwortlich sind, zu berücksichtigen und die Größen, die unwichtig genug sind, um vernachlässigt zu werden, auszusondern. David Robertson erteilte Dirac eine Lektion, die er später als entscheidend wertete: Sogar Näherungstheorien können mathematische Schönheit besitzen. Als Dirac elektrische Schaltkreise und die Belastungen von Drehachsen in Motoren und Rotoren in elektrischen Dynamos studierte, wurde ihm bewusst, dass die zugrunde liegenden Theorien, ebenso wie Einsteins Allgemeine Relativitätstheorie, mathematische Schönheit haben.

Es war wahrscheinlich Diracs Nachdenken über Einsteins Theorie, das ihn zu der Auffassung brachte, das Ziel der theoretischen Physiker sollte sein, Gleichungen zu finden, die die natürliche Welt beschreiben. Aber seine Ingenieurstudien wurden für ihn zur Quelle für eine Einschränkung: Auch die grundlegenden Gleichungen der Natur sind nur als Annäherungen an die Wahrheit aufzufassen.[55] Es war daher die Aufgabe der Wissenschaftler, immer bessere Approximationen an die Wahrheit zu finden, die immer quälend weit außerhalb ihrer Reichweite liegt.

Abgesehen von der peinlichen Beurteilung, die Dirac in Rugby erhalten hatte, waren seine Beurteilungen während des Ingenieurstudiums fast perfekt:

Nur einmal in den drei Jahren hatte er die Spitzennote seiner Klasse nicht in jedem Fach erreicht (der Spielverderber war der Hilfsdozent im Kurs für Festkörperphysik, der ihm nur die zweitbeste Note gab).[56] Aber es war eindeutig, dass seine eigentliche Stärke in den theoretischen Fächern und in der Mathematik lag. Anfang 1921, wenige Monate nach Abschluss des Ingenieurstudiums, schlug sein Vater vor, er solle ein Studium in Cambridge anstreben.[57] Anfang Februar schrieb Charles an das St. John College, höchst wahrscheinlich auf Anraten von Ronald Hassé, dem Leiter der mathematischen Fakultät der Universität Bristol, der zugleich Mitglied des Netzwerks für Talentsuche der Universität Cambridge war. Hassé war Absolvent und Doktorand am St. John College gewesen und dafür bekannt, als erster Wissenschaftler in Cambridge über Einsteins Relativitätstheorie vorgetragen zu haben.[58]

Charles erkundigte sich, ob das College ihm detaillierte Informationen geben könne über „mögliche Stipendien in Mechanik oder Mathematik", für die sich sein Sohn bewerben könnte.[59] Das College antwortete rasch und arrangierte im Juni 1921 für Dirac eine Fahrt nach Cambridge zur Teilnahme an der Aufnahmeprüfung des College.[60] Diracs Bewerbungsschreiben an das College, das er schrieb, als er gerade neunzehn geworden war, ist das früheste erhaltene Dokument seiner Handschrift als Erwachsener. Es zeigt, dass er mit der Präzision und Klarheit eines Kalligraphen schrieb, jeder Buchstabe stand aufrecht, und einige der Großbuchstaben waren sorgfältig mit einem kleinen Schnörkel verziert.[61]

Dirac bestand die Aufnahmeprüfung problemlos und erhielt jährlich ein kleines Stipendium von 70 £, das aber enttäuschend weit unter dem Minimum von 200 £ im Jahr lag, das er benötigte, um in Cambridge zu leben.[62] Charles behauptete, es sei „ausgeschlossen", dass er für seinen Sohn das zusätzlich benötigte Geld bezahlen könne, da er nur 420 £ im Jahr verdiene und kein anderes Einkommen besäße, wobei er es versäumte, seinen lukrativen Privatunterricht zu erwähnen. Die Stadtverwaltung von Bristol lehnte es ab zu helfen, weil Charles und Paul erst zwei Jahre zuvor britische Staatsbürger geworden waren und deshalb für eine finanzielle Unterstützung nicht infrage kamen. Enttäuscht schrieb Charles daraufhin nach Cambridge und bat darum, informiert zu werden, wenn sich irgendwelche weiteren Möglichkeiten für seinen Sohn auftäten. Er schloss mit dem Satz, „ich bedaure sehr, Ihnen Unannehmlichkeiten zu bereiten, aber ich glaube, der Junge hat einen außergewöhnlichen Kopf für Mathematik und ich versuche, mein Bestes für ihn zu tun."[63] Als ein Beamter des St. John College taktvoll anbot, ihn weiter zu beraten, wenn er mehr Informationen über die finanzielle Lage der Familie vorlegen würde, antwortete Charles nicht.[64]

Obwohl Pauls Bewerbung für Cambridge ins Stocken geraten war, machte er im Juli seinen erstklassigen Abschluss in den Ingenieurwissenschaften, eine Qualifikation, die ihm, wie er und sein Vater hofften, so gut wie sicher eine Erwerbstätigkeit garantieren sollte. Sein Abschluss traf jedoch zeitlich mit der schwersten Depression im Vereinigten Königreich seit der industriellen Revolution zusammen: Die Arbeitslosigkeit war auf zwei Millionen gestiegen. Bei jeder Bewerbung um einen Arbeitsplatz zog Dirac den Kürzeren. Somit war der talentierteste Akademiker, den Bristol jemals produzierte, arbeitslos. Aber das sollte sich bald als ein Glücksfall erweisen …

4

September 1921 – September 1923

*Mathematik [...] liefert die Kraft zu scharfem Denken
und wohlüberlegter Formulierung. Die Wahrheit
auszusprechen ist eine der wertvollsten Eigenschaften, die
ein Mensch besitzen kann. Tratsch, Schmeichelei,
Beleidigung, Täuschung sind die Produkte eines
ungeordneten Geistes, der nicht in der Fähigkeit zu
wahrhaftiger Aussage geschult und geübt ist.*
S. T. Dutton, *Social Phases of Education
in the School and the Home*, London (1900)

Was wäre wohl aus Dirac geworden, wenn er einen der Jobs, für den er
sich beworben hatte, vielleicht in der florierenden Luftfahrtindustrie,
bekommen hätte? Wäre der Verlust für die Physik durch einen Gewinn
gleichen Ausmaßes für die Luftfahrt kompensiert worden? Dass dies nur
rhetorische Fragen in einer virtuellen Geschichte sind, verdanken wir
dem Mathematiker Ronald Hassé, der Diracs Karriere geschickt von der
Ingenieurwissenschaft zur Naturwissenschaft umlenkte. Die Dinge hätten
sich leicht ganz anders entwickeln können. Im September 1921, als Dirac
auf Arbeitssuche war, schlug ihm David Robertson vor, anstatt herumzuhän-
gen ein Projekt in der Elektrotechnik zu beginnen.[1] Dirac beschäftigte sich
oberflächlich mit einigen Experimenten, doch nach wenigen Wochen lockte
ihn Hassé zurück in die Hörsäle der mathematischen Fakultät. Er hatte veranlasst, dass Dirac ein kostenloses vollständiges Mathematikstudium aufnehmen konnte und dabei das erste Jahr überspringen durfte, sodass er es in
zwei Jahren abschließen könnte.

Diracs Kommilitonen in der Mathematik staunten über seine
Pünktlichkeit. Zur Vorlesung, die jeden Morgen um neun Uhr begann, kam
er immer als Erster, setzte sich schweigend in die erste Reihe und beachtete
keinen seiner Mitstudenten. Er sprach nur, wenn er angesprochen wurde, und
dann in abgehackten, sachlichen Sätzen ohne einen Anflug von Emotion.
Einer der Studenten erinnerte sich später, dass keiner auch nur den Namen

© Springer-Verlag GmbH Deutschland, ein Teil von Springer Nature 2018
G. Farmelo, *Der seltsamste Mensch*, https://doi.org/10.1007/978-3-662-56579-7_4

dieses „hochgewachsenen, bleichgesichtigen Jugendlichen" kannte oder sich
für ihn interessierte, bis die Ergebnisse des Weihnachtsexamens zeigten, dass
der neue Student „P. A. M. Dirac" der Beste der Klasse war.

Einige Studenten beschlossen, Nachforschungen über ihren geheimnisvollen Kollegen anzustellen. Es überraschte sie, dass er bereits einen
Ingenieursabschluss hatte, obwohl er achtzehn Monate jünger war als alle
anderen in der Klasse. Eine seiner Charakterisierungen war, dass er, obwohl
übernatürlich schweigsam, lebhaft wurde, wenn er einen ernsthaften wissenschaftlichen Fehler entdeckte. Bei einer derartigen Begebenheit hatte ein
Dozent zweieinhalb Wandtafeln mit Symbolen gefüllt und dabei fast alle
seine eifrig mitschreibenden Studenten abgehängt, als er bemerkte, dass er
einen Fehler gemacht hatte. Er trat von der Tafel zurück und wandte sich an
Dirac: „Ich habe mich verlaufen, können Sie den Fehler finden?" Nachdem
Dirac den Fehler gefunden und erklärt hatte, wie es richtig lauten musste,
bedankte sich der Dozent bei ihm und setzte seine Ausführungen fort.[2]

Im ersten Jahr seines neuen Studiums studierte Dirac reine Mathematik –
den Zweig der Mathematik, der keine Anwendungen verfolgt – und angewandte Mathematik, die auf die Lösung praktischer Probleme ausgerichtet
ist. Einer seiner Dozenten war Peter Fraser, Sohn eines Landwirts aus dem
schottischen Hochland, ein Junggeselle, der einen großen Teil seines Lebens
mit Tagträumen zubrachte, durch die Landschaft trampte und dabei über
die höhere Wahrheit der Mathematik nachdachte. Er nahm an keinem
Forschungsprojekt teil und schrieb niemals einen wissenschaftlichen Aufsatz,
sondern bündelte seine ganze geistige Energie in der Lehre. Dirac meinte, er
sei der beste Lehrer gewesen, den er je hatte.[3]

Kurz vor neun Uhr vormittags an jedem Montag, Mittwoch und Freitag
saß Dirac auf seinem Platz und wartete auf die nächste Episode von Frasers
Unterricht über einen speziellen Zweig der Mathematik, der projektive
Geometrie genannt wurde – eine im Wesentlichen französische Erfindung,
die sich vom Studium der Perspektive, der Schatten und dem technischen
Zeichnen herleitete. Einer ihrer Begründer war Gaspard Monge, ein technischer Zeichner und Mathematiker, der es vorzog, mathematische Probleme
mit geometrischen Überlegungen zu lösen und nicht mit komplizierter
Algebra. 1795 begründete Monge die darstellende Geometrie, die Objekte
in drei zueinander rechtwinkligen Perspektiven darstellt. Dirac hatte sie
in seinen ersten technischen Zeichnungen an der Bishop-Road-Schule
benutzt. Jean-Victor Poncelet, ein Ingenieur in Napoleons Armee, stützte
sich auf Monges Ideen, um die Prinzipien der projektiven Geometrie aufzustellen, als er sich 1812 in russischer Gefangenschaft befand. Seine Ideen
und ihre Konsequenzen sollten die große mathematische Liebe in Diracs
Leben werden.

Die projektive Geometrie erscheint den meisten Studenten, die damit in Berührung kommen, als ein ungewöhnlicher Zweig der Mathematik, weil sie primär ihre Vorstellungskraft herausfordert und keine komplizierten Formeln aufweist. Worauf es in der projektiven Geometrie ankommt, ist nicht das gewohnte Konzept des Abstands zweier Punkte, sondern die *Beziehung* von Punkten zueinander, die auf unterschiedlichen Linien und unterschiedlichen Flächen liegen. Dirac war fasziniert von den Techniken der projektiven Geometrie und von deren Fähigkeit, Probleme sehr viel schneller als mit algebraischen Methoden zu lösen. Zum Beispiel gestatten diese Techniken es den Geometern, Theoreme über Linien aus Theoremen über Punkte hervorzuzaubern und umgekehrt – „das gefiel mir sehr", betonte Dirac vierzig Jahre später.[4] Für ihn, den noch beeindruckbaren jungen Mathematiker, war dies eine machtvolle Demonstration der Kraft des Denkens bei der Erforschung der Natur des Raumes.[5]

Fraser überzeugte Dirac auch vom Wert mathematischer Strenge – eines kompromisslosen Respekts vor Logik, Konsistenz und Vollständigkeit – also genau dessen, was in der Ingenieurausbildung als vernachlässigbar gelehrt worden war.[6] In seiner Ausbildung in angewandter Mathematik lernte Dirac nun, wie Elektrizität, Magnetismus und Flüssigkeitsströmungen mit mächtigen Gleichungen beschrieben werden konnten, die auf glatte Lösungen führten, die alle mit den experimentellen Beobachtungen konsistent waren. Er verwendete auch Newtons Gesetze der Mechanik, um die etwas künstlichen Beispiele zu analysieren, die die Ausbildung jedes angewandten Mathematikers begleiten: starre Leitern, die an der Wand lehnen, Kugeln, die eine schiefe Ebene hinabrollen, und Glasperlen, die in kreisförmigen Bahnen gleiten.[7] Dirac füllte mehrere Notizbücher mit seinen Lösungen, die meisten davon fehlerfrei. Er arbeitete zumeist zu Hause in seinem Zimmer, seiner Fluchtburg vor der Familie, die er als lieblos empfand, und zugleich Zufluchtsort vor Bettys kläffendem Hund. Betty entwickelte sich zu einer wenig ehrgeizigen, bescheidenen jungen Dame, die gern ihre Stunden mit Nichtstun verbrachte und voller Bewunderung für die Klugheit ihres Bruders Paul war. Ihr Vater war in sie vernarrt, wie sich Norman Jones, der immer noch in Bishopston wohnt, sechzig Jahre später deutlich erinnerte: Charles Dirac sei „immer mit einem Regenschirm mühsam den Hügel hinaufgegangen, oft zusammen mit seiner Tochter, die er sehr mochte".[8]

Seinen Bruder Felix sah Dirac nur gelegentlich an den Wochenenden, wenn dieser von seiner Unterkunft in der Kohleregion der Midlands bei Wolverhampton nach Hause kam. Die Brüder redeten immer noch nicht miteinander.

Im letzten Studienjahr hätte Dirac vor der Wahl stehen sollen, sich auf reine oder angewandte Mathematik zu spezialisieren. Er wollte die reine

Mathematik wählen, aber daraus wurde nichts. Eine Kommilitonin im Programm für fortgeschrittene Studenten, Beryl Dent, die willensstarke Tochter eines Schulleiters, konnte sich durchsetzen, weil sie im Gegensatz zu Dirac eine zahlende Studentin war. Sie hatte eine starke Präferenz für die angewandte Mathematik, und ihr Wunsch trug den Sieg davon, vermutlich auch deshalb, weil es leichter für die Dozenten war, ein und denselben Kurs für zwei Studenten zu halten. Zum ersten Mal seit seiner Grundschulzeit musste Dirac Seite an Seite mit einem weiblichen Wesen arbeiten, aber seine Beziehung zu ihr blieb strikt formal, sie sprachen kaum ein Wort miteinander.[9]

Dirac verbrachte das akademische Jahr 1922/23 tief im Studium vergraben, wobei er auf der angewandten Mathematik aufbaute, die er im Jahr zuvor gelernt hatte. Ein Bonus war für ihn, dass dieser Kurs einige Vorlesungsstunden über die Spezielle Relativitätstheorie einschloss, obgleich er vermutlich mehr darüber wusste als sein Dozent.[10] Gegen Ende seines Abschlusses hatte er sich ein beträchtliches Wissen über die Newton'sche Mechanik angeeignet. Obwohl er wusste, dass Einstein an Newtons Gesetzen der Mechanik etwas auszusetzen hatte, funktionierten sie doch außerordentlich gut für alle Anwendungen in der realen Welt, und deshalb war es sinnvoll, sie zu beherrschen wie Zehntausende von anderen Studenten vor ihm – einschließlich Einstein selbst.

Während seines Mathematikabschlusses stieß Dirac auf die Ideen von William Hamilton, eines irischen Mathematikers und Amateurdichters des neunzehnten Jahrhunderts. Er war ein Freund und Briefpartner von William Wordsworth, der der Wissenschaft einen guten Dienst erwies, indem er Hamilton überzeugte, er könne mehr erreichen, wenn er seine Zeit mit Mathematik statt mit der Dichtkunst verbringen würde. Unter seinen vielen mathematischen Entdeckungen liebte Hamilton am meisten die von ihm erfundenen Quaternionen. Das sind mathematische Objekte, die sich merkwürdig verhalten, wenn sie miteinander multipliziert werden. Multipliziert man zwei gewöhnliche Zahlen, erhält man unabhängig von ihrer Reihenfolge bei der Multiplikation dasselbe Resultat: 6×9 hat denselben Wert wie 9×6. Mathematiker sagen, dass solche Zahlen „kommutieren". Aber Quaternionen sind anders: Multipliziert man ein Quaternion mit einem zweiten, ist das Ergebnis anders als wenn das zweite mit dem ersten multipliziert wird. In der Fachsprache heißen Quaternionen deshalb „nichtkommutierend".[11] Hamilton glaubte, dass Quaternionen viele praktische Anwendungen hätten, aber nach dem herrschenden Konsens waren sie zwar mathematisch interessant, aber naturwissenschaftlich unfruchtbar.

Dirac erfuhr auch von Hamiltons neuer Formulierung der Gesetze der Newton'schen Mechanik. Hamiltons Ansatz kam weitgehend ohne die Idee der Kraft aus und ermöglichte im Prinzip die wissenschaftliche Untersuchung jedes materiellen Objekts – vom einfachen Pendel bis zur kosmischen Materie im Weltraum – auf viel einfachere Weise als das mit Newtons Methode möglich war. Der Schlüssel zu Hamiltons Technik war ein ganz spezielles mathematisches Objekt, das das Verhalten des zu untersuchenden Gegenstands umfassend beschreibt und später Hamilton-Funktion genannt wurde. Hamiltons Methoden wurden sozusagen ein Fixpunkt für Dirac und sollten sein bevorzugter Weg werden, um die grundlegenden Gesetze der Physik darzulegen.

Der Mathematikabschluss war keine ausreichend große Herausforderung, um Diracs Beschäftigungsdrang zu stillen; deshalb ermutigte Hassé ihn, an so vielen Physikkursen teilzunehmen wie es seine Zeitplanung zuließ. Wieder einmal wählte Dirac für sein Studium grundlegende Themen aus, die nicht zu seinem Lehrplan gehörten. In einem Kurs beschäftigte er sich mit dem Elektron, dem Teilchen, das fünfundzwanzig Jahre zuvor im Cavendish Labor in Cambridge von J. J. Thomson entdeckt worden war, von einem Wissenschaftler, der gleichermaßen begnadet war, die Natur theoretisch wie experimentell zu erforschen – trotz seiner Ungeschicklichkeit in praktischen Dingen. Einige von Thomsons Kollegen dachten, er würde einen Scherz machen, als er behauptete, das Elektron sei kleiner als das Atom und ein Bestandteil jedes Atoms. Für viele Wissenschaftler war die Annahme unvorstellbar, dass Materieteilchen existieren könnten, die kleiner als das Atom waren. Doch Thomson behielt Recht, und als Dirac zum ersten Mal von Elektronen erfuhr, führten die Lehrbücher schon routinemäßig den elektrischen Strom auf den Fluss von Thomsons Elektronen zurück.

Dirac besuchte auch Vorlesungen über Atomphysik, die Arthur Tyndall abhielt, ein freundlicher, wortgewandter Herr mit einem scharfen Blick für wissenschaftliche Talente. Tyndall machte Dirac mit einer der Einsichten des zwanzigsten Jahrhunderts bekannt, die sich nachmals als zentral herausstellte: mit der Idee, dass die Gesetze der „Quantentheorie", die die Natur im Kleinsten beschreibt, nicht mit den Naturgesetzen identisch sind, die die alltäglichen Gegenstände beschreiben. Tyndall illustrierte dies, indem er beschrieb, wie die Lichtenergie nicht in kontinuierlichen Wellen eintrifft, sondern in separaten, winzigen Mengen, die Quanten genannt werden. Zuerst wurde diese Idee nicht ernst genommen, da fast alle Wissenschaftler überzeugt waren, dass sich das Licht wie eine Welle verhält. Ihr Glaube gründete sich auf den unbestreitbaren Erfolg der Wellentheorie des Lichtes, die einige Jahrzehnte zuvor von dem schottischen Physiker James Clerk Maxwell publiziert worden war, dem ersten Professor am Cavendish Labor. Nach dieser Theorie, die sich in vielen Experimenten bewährt hatte, werden die Lichtenergie und alle anderen Arten von elektromagnetischer Strahlung nicht in Teilchen oder Paketen geliefert, sondern kontinuierlich wie Wasserwellen, die gegen die Hafenmauer peitschen.

Die Quantentheorie war – mehr oder weniger durch Zufall – von Max Planck entdeckt worden, dem in Berlin lebenden Doyen der deutschen Physik. Er stieß zufällig auf die Idee der Quanten, als er die Ergebnisse von mehreren scheinbar obskuren Schreibtisch-Experimenten analysierte, die die Strahlung untersuchten, die zwischen den Wänden im Inneren von heißen Öfen bei konstanter Temperatur hin und her reflektiert wird (Die Experimente zielten darauf ab, der deutschen Industrie bei der Verbesserung der Effektivität von Licht erzeugenden Geräten zu helfen).[12] Das Quant entstieg wundersam aus der Dunkelheit dieser Öfen dank der Genialität von Planck, der auf brillante Weise eine Formel für die Intensitätsänderung der Strahlung in Abhängigkeit von ihrer Wellenlänge bei jeder Temperatureinstellung des Ofens angab. In den letzten Wochen des Jahres 1900 erkannte Planck, dass er die Formel für das „Spektrum der Schwarzkörperstrahlung" nur erklären konnte, wenn er eine Annahme einführte, die scheinbar in vollkommenem Gegensatz zu Maxwells Theorie stand: Die Energie von Licht (und jedem anderen Typ von Strahlung) kann auf Atome *nur* in *Quanten* übertragen werden.

Der konservative Planck wertete diese Quantisierung nicht als revolutionäre Entdeckung über Strahlung, sondern nur als eine „rein formale Annahme", die für seine Berechnungen notwendig war. Einstein erkannte als Erster im Jahre 1905 die wahre Bedeutung der Idee, als er das Konzept der Strahlungsquanten wörtlich nahm und zeigte, dass der Gedankengang, dem Planck gefolgt war, um seine Formel für das Spektrum der Schwarzkörperstrahlung abzuleiten, hoffnungslos fehlerbehaftet war. Die Herausforderung bestand darin, eine bessere logische Ableitung für die Formel als Planck zu finden.

Als Planck das Energiequant entdeckte, bemerkte er auch, dass dessen Größe direkt durch eine neue fundamentale Konstante bestimmt wird, die er mit *h* bezeichnete. Plancks Konstante wird heute als Wirkungsquantum bezeichnet. Sie spielt in fast jeder Gleichung der Quantentheorie eine Rolle, aber nirgendwo in den vormals erfolgreichen Theorien des Lichts und der Materie, die retrospektiv als „klassische Theorien" bezeichnet werden. Die Konstante ist winzig, sie gibt die kleinste mögliche Portion von Wirkung (= Energie × Zeit) an. Die Winzigkeit hat zur Folge, dass die Energie eines typischen Lichtquants äußerst klein ist: Sie entspricht beim sichtbaren Licht nur etwa einem Trillionstel der Energie des Flügelschlags einer Fliege.

In seinen Vorlesungen führte Tyndall Dirac in eine neue Art und Weise ein, über das Licht nachzudenken, eine neue Physik. Doch obwohl Tyndall allgemein für seine klare Darstellungsweise bewundert wurde, war die Quantenphysik damals noch vage, vorläufig und unordentlich, deshalb war es ihm unmöglich, Dirac die sauberen, wohl durchdachten Vorlesungen anzubieten, die dieser so schätzte – untermauert von klaren Prinzipien und präzisen Gleichungen. Dies mag erklären, dass der erste Kurs in Quantentheorie auf Dirac seiner späteren Erinnerung nach so gut wie keinen Eindruck gemacht hatte. Sein Hauptinteresse blieb die Relativitätstheorie.

Ungeachtet des früheren Rückschlags hatte Charles Dirac die Hoffnung nicht aufgegeben, Paul nach Cambridge zu schicken. Ende März schrieb Ronald Hassé an den angewandten Mathematiker, Ebenezer Cunningham, der ein ordentliches Mitglied des St. John College war, und erinnerte ihn daran, dass das Ausbleiben eines ausreichenden Stipendiums Dirac daran gehindert hatte, den Studienplatz einzunehmen, den er zwei Jahre zuvor gewonnen hatte. Hassé betonte, er sei „sicher, dass Dirac im Juni einen erstklassigen Abschluss erzielen würde", und dass er „ein exzellent guter Mathematiker sei", dessen Hauptinteresse den „allgemeinen Fragen galt – Relativität, Quantentheorie usw. –, statt speziellen Einzelheiten, und meiner Meinung nach ist er besonders scharfsinnig, was die logische Seite der Thematik betrifft". Seinen einfühlsamen Bemerkungen fügte Hassé jedoch einige Vorbehalte über den Charakter des jungen Dirac hinzu: „Er ist ein bisschen ungeschliffen, muss etwas zurecht gestutzt werden, ist eher ein Einzelgänger, beteiligt sich nicht an sportlichen Aktivitäten und steht finanziell schlecht da." Von diesen kleineren Einschränkungen abgesehen, empfahl Hassé dem College wärmstens, Dirac aufzunehmen, wenn er die notwendigen Mittel für seinen Lebensunterhalt fände.[13]

Dieses Mal hatte Paul Dirac Erfolg. Nachdem er im August erfahren hatte, dass er einen Studienplatz in Cambridge gewonnen hatte, ersuchte er darum, Relativitätstheorie bei Cunningham studieren zu dürfen, einem Kollegen Eddingtons, der wie dieser Quäker war. Cunningham hatte kurz vor dem Weltkrieg im Vereinigten Königreich eine ungewöhnliche Version von Einsteins Spezieller Relativitätstheorie eingeführt.[14] Zu dieser Zeit waren Cunningham und Eddington der Mehrheit ihrer Kollegen in Cambridge meilenweit voraus, die Einsteins Werk ablehnten, ignorierten oder dessen Signifikanz leugneten. Aber Cunningham stand nicht zur Verfügung: Er hatte es nach dem Krieg aufgegeben, Studenten zu betreuen, da er den Kriegsdienst aus Gewissensgründen verweigert hatte und angeprangert worden war, was besonders verletzend war, weil die Behörden ihm sogar verboten, an Schulen zu arbeiten – mit der Begründung, er sei „keine geeignete Persönlichkeit, um Kinder zu unterrichten".[16] Der für Dirac ausgewählte Betreuer war ebenfalls ein mathematischer Physiker, Ralph Fowler, ein großzügiger, geistreicher Mann von der beleibten Statur Heinrichs VIII., mit der schrillen Stimme eines Feldwebels. Er war kein Meister der Relativitätstheorie, aber der bei weitem führende Quantentheoretiker des Landes und ein Experte, wenn es um die Erklärung der Eigenschaften der

Materie auf der Basis des kollektiven Verhaltens ihrer Atome ging. Für Dirac, der unbedingt die Relativitätstheorie studieren wollte, war dies keine ermutigende Nachricht.

Zwei Stipendien – eines von 70 £ pro Jahr vom St. John College, das andere vom Ministerium für wissenschaftliche und industrielle Forschung von 140 £ jährlich – reichten aus, um Diracs erstes Jahr in Cambridge zu finanzieren, wenn er sparsam lebte, wie er es zu tun pflegte.[17] Die Planungen schienen aufzugehen, aber im September erhielt er eine bittere Nachricht: Die Universität verlangte von den Studenten, ihre finanziellen Verpflichtungen schon bei Trimesterbeginn zu begleichen. Sein ministerielles Stipendium würde dafür zu spät eintreffen, und er fürchtete, dass er wiederum auf seinen Studienplatz verzichten müsse, und das alles wegen 5 £.

Doch sein Vater rettete ihn und gab ihm das verzweifelt benötigte Geld, um seine Zahlungsfähigkeit in Cambridge zu sichern. Dirac war gerührt. Dies war ein entscheidender Akt des Erbarmens, sagte er später, ein Akt, der ihn dazu brachte, seinem Vater für seine Tyrannei am Esstisch und alle anderen früher zugefügten Leiden zu vergeben.[18] Charles Dirac schien im Grunde genommen nicht so böse gewesen zu sein.

5
Oktober 1923 – November 1924

Und wenn ich nachts beim Schein des Mondes oder
Bei hellem Sternenlicht von meinem Kissen
Hinaussah, hatte ich das Vestibül
Vor meinem Blick, in dem die Statue Newtons
Das Prisma hochhält mit verschloss'nem Antlitz:
Das Marmordenkmal eines Geistes, der
Für ewig einsam auf der Reise war.

William Wordsworth, *Präludium*, Buch III 1805
„Studium in Cambridge" (übers. Hermann Fischer, Reclam 1974)

Cambridge war nie ein besonders gastfreundlicher Ort. Besucher, die erstmals mit der Eisenbahn eintreffen, überrascht es häufig, dass der Bahnhof fast eine Meile vom Stadtzentrum entfernt ist. Diese zurückweisende Geste war nicht unbeabsichtigt. Vier Jahrzehnte vor der Eröffnung des Bahnhofs im Jahr 1845 hatte die Stadtverwaltung mitgeholfen, die geplante Kanalverbindung mit London abzuschmettern. Der öffentliche Druck, Cambridge wenigstens an das entstehende Eisenbahnnetz anzuschließen, wurde dann jedoch unwiderstehlich. Die Verwaltung stellte immerhin sicher, dass der Bahnhof zu Fuß etwa 20 Minuten vom nächstgelegenen College entfernt lag, sodass die Studenten weniger leicht verführt wurden, kurz nach London zu verschwinden, und Außenstehende es sich zweimal überlegten, in die Privatsphäre der Stadt einzudringen. Im Jahre 1851 beklagte der Vize-Kanzler der Universität gegenüber den Direktoren der Eisenbahngesellschaft, dass „ihre Regelung, Ausländer und andere Personen nach Cambridge zu einem so niedrigen Fahrpreis zu befördern, leicht Personen, die den Sonntag nicht achten, dazu verführen könnte, an diesem Tag der Ruhe die Universität mit ihrer Anwesenheit zu belästigen".[1]

Sobald Dirac – und jeder andere neue mit Gepäck beladene Student – aus dem Bahnhof heraustrat, musste er sich entweder zu Fuß auf den Weg ins Stadtzentrum machen oder sich in die Schlange für einen der wenigen Busse einreihen, die Passagiere zum Senate House Hill beförderten. Am Montag, dem 1. Oktober 1923, als er durch das große Tudor-Tor ins St. John College

© Springer-Verlag GmbH Deutschland, ein Teil von Springer Nature 2018
G. Farmelo, *Der seltsamste Mensch*, https://doi.org/10.1007/978-3-662-56579-7_5

schritt, trat er in eine ungewohnte Welt von Tradition, Kameradschaft und Privilegien ein.[2] Er wurde von einem der Pförtner des College – in strahlender Uniform mit Zylinderhut – begrüßt, die eigens beauftragt waren, ein Auge auf die Studenten zu haben und verpflichtet waren, jedes abweichende Verhalten zu melden. Das College nahm nur Männer auf, die damals meist Reithosen und flache Mützen trugen und in einer Stimmlage sprachen, die ihre Herkunft betonte. Diracs sozialer Status war unverkennbar durch seinen billigen Anzug – gekauft in Bristols Coop –, sein linkisches Auftreten und seinen Akzent gezeichnet, wenn er bei seltenen Gelegenheiten den Mund aufmachte. Es war auch etwas Außergewöhnliches an seiner Erscheinung. Ein schmaler, gepflegter, schwarzer Schnurrbart lag über seinen vorstehenden Schneidezähnen, sein blasses Gesicht, das von einem lockigen schwarzen Haarschopf gekrönt war, wurde von einer geradlinig spitzen Nase beherrscht. Etwa 180 cm groß und erkennbar seines Vaters Sohn, hatte Dirac strahlende Augen, eine hohe Stirn mit bereits zurückweichendem Haaransatz und einen Rücken, der sich schon leicht krümmte.

Der Sinn für Tradition im College zeigte sich am eindrucksvollsten in seiner Architektur. Einige Gebäude waren vierhundert Jahre alt, finanziert durch die großzügige posthume Spende von Lady Margaret Beaufort, der gelehrten Großmutter väterlicherseits von Heinrich VIII. Die fortdauernde Gegenwart dieser Gebäude gemahnt bis heute die Studenten daran, dass ihr akademisches Zuhause noch stehen wird, wenn alle bis auf die allertalentiertesten von ihnen vergessen sind. Dirac traf ohne großen Ehrgeiz dort ein und war sich seiner im Vergleich zu seinen Mitstudenten bescheidenen Position nicht bewusst, war aber bereits entschlossen, sich nur mit den schwierigsten Grundlagenfragen zu beschäftigen. Diese Tradition geht auf Galilei zurück, den Begründer der modernen Physik, der die ersten Schritte tat, um „das Buch der Natur", wie er es nannte, in die Sprache der Mathematik zu übersetzen. Er tat dies an der Wende zum siebzehnten Jahrhundert, fast ein Jahrhundert nach der Fertigstellung der ersten Collegegebäude. In diesem Sinn ist das St. John College älter als die Physik.

Das Collegeleben spiegelte noch den Ursprung des britischen Universitätswesens wider. Die frühesten Gelehrten waren Mönche, die alle die gleiche Kleidung trugen und ihr beschauliches Leben nach dem Takt festgelegter Zeitpläne und Regeln führten. Im Jahre 1923 waren alle regulären College-Studenten und alle anderen Universitätsmitglieder männlichen Geschlechts verpflichtet, in der Öffentlichkeit Talar und Barett zu tragen. Jeder Student, der nicht korrekt gekleidet in die Stadt ging, wusste, dass er riskierte, von einem der privaten Universitätspolizisten („Progs" genannt) oder von deren Assistenten („Bulldoggen") geschnappt zu werden, die die Straßen nach Einbruch der Dunkelheit durchstreiften.[3] Jede Übertretung der Kleiderordnung wurde mit einer Geldbuße von 6 Shilling und 8 (alten) Pennys bestraft, nicht unerheblich für einen jungen Mann, der auf sein Haushaltsgeld achten musste, aber lange nicht so folgenschwer, wie mit Damenbesuch auf dem Zimmer erwischt zu werden.[4]

Die Studenten wurden von vorn bis hinten bedient. Morgens um sechs warteten die stets weiblichen, sogenannten „Bett-Macher" unten an der Steintreppe, um mit ihrer morgendlichen Arbeit zu beginnen. Die männlichen Diener, die Gyps, standen den ganzen Tag zum Saubermachen und Abwaschen sowie für Botengänge den Studenten und Dozenten (den sogenannten „Dons") zur Verfügung – jedoch noch nicht dem jungen Dirac in seinem ersten Jahr. Er verbrachte es in einem kalten und feuchten, schuhschachtelgroßen Raum in einem vierstöckigen viktorianischen Haus neben zwei anderen Untermietern, fünfzehn Gehminuten von St. John entfernt. Bei einem Mietpreis von fast 15 £ pro Trimester lieferte die Hauswirtin, Miss Josephine Brown, auch Kohle und Holz für die Zimmeröfen und das Gas für die Lampen zur Beleuchtung ihrer muffigen kleinen Räume, versorgte sie mit Geschirr und säuberte die Stiefel der Mieter. Wie alle anderen Vermieterinnen, die von der Universität zugelassen waren, war Fräulein Brown verpflichtet, jedes Mal zu notieren, wenn Dirac nicht bis zehn Uhr abends zurückgekehrt war. Da er immer früh zu Bett ging, dürfte er ihr keinerlei Schwierigkeiten bereitet haben.[5]

Für Dirac war der große Speisesaal, wo er seine Mahlzeiten einnahm, ein Erlebnis.[6] Der Raum war mit einer kunstvoll verzierten hölzernen Decke, bemalten Glasfenstern im gotischen Stil und Wandverkleidungen aus dunklem Holz großartig eingerichtet. An der Wand hingen Porträts einiger besonders bedeutender Alumni des College, unter ihnen William Wordsworth. Der Abend begann formal um 19:30 Uhr mit der Ankunft der Prozession der Tutoren und anderer ranghoher Collegemitglieder an ihrem langen Tisch unter dem ruhigen Blick von Lady Margaret, die auf ihrem Öl-Porträt über alles wachte. Die Studenten in ihren Talaren hatten schon in den sechs Bankreihen zu beiden Seiten der drei langen Tischreihen Platz genommen, die mit strahlend weißen Tischdecken aus Damast mit einge-webtem Wappen des College geschmückt waren.

Es wurde Stillschweigen erwartet, jedes Haupt hatte pflichtgemäß erho-ben zu sein und jedes Händepaar feierlich gefaltet, während das lateinische Tischgebet von einem der Studenten von einem Täfelchen abgelesen wurde. Sobald er geendet hatte, wogten hundertfach die Gespräche auf und erfüllten die Halle.

Die handgeschriebenen Menüs in französischer Sprache gaben die drei Gänge in einem Stil wieder, der auch bei einem Pariser Feinschmecker gut angekommen wäre. Das Mahl konnte mit überbackenem Kabeljau oder einer Linsensuppe beginnen, um zu einem Hauptgang aus Hasenpfeffer oder gekochter Zunge fortzuschreiten und dann mit Stachelbeerkuchen und Sahne oder einer Käseplatte mit Kresse und Radieschen oder gar Sardinen auf Toastbrot abzuschließen.[7] Vieles von diesem reichlichen Essen wurde für Dirac vergebens aufgetischt, da er aufgrund seiner Verdauungsprobleme einfache Speisen bevorzugte, die er langsam und nur in maßvollen Mengen aß.

Diracs Tischnachbarn waren vor allem junge Leute der Brideshead-Generation (in dem Roman *Wiedersehen mit Brideshead* von Evelyn Waugh begann 1922 gerade für Charles Ryder und Sebastian Flyte ihr letztes Studienjahr im nahen Oxford). Viele hatten vorher Privatunterricht genossen, an Schulen wie Eton, Harrow und Rugby, wo sie Latein und Griechisch gelernt hatten sowie die Kunst, locker über modische Tagesthemen zu plaudern wie etwa über die modernistische Dichtung von T. S. Eliot, oder hochmütig über Shaws neueste Provokation zu urteilen. Dirac war kaum in der Lage mitzuhalten.

Jeden Abend kreiste der Alkohol in der Tafelrunde, löste die Zunge der Studenten, entfesselte eine immer lautere Stimmlage, weil niemand bei dem Lärm überhört werden wollte. Inmitten der Kakophonie saß Dirac teilnahmslos da und nippte als Abstinenzler nach methodistischer Tradition schweigend an seinem Wasserglas. Er hatte Bristol verlassen ohne je eine Tasse Tee oder Kaffee getrunken zu haben, sodass seine ersten Kostproben dieser Getränke ein Ereignis für ihn darstellten.[8] Beide Getränke gefielen ihm nicht besonders, gelegentlich trank er einen schwachen milchigen Tee, dessen Koffeingehalt kaum einen homöopathischen Spiegel überstieg. Jahrzehnte später verriet er einem seiner Kinder, dass er Kaffee nur trank, um sich vor einem Vortrag Mut zu machen.[9]

Diracs Verhalten am Esstisch war Stoff für Legenden. Er hatte kein Interesse an oberflächlicher Konversation, äußerte üblicherweise über mehrere Gänge hinweg kein einziges Wort und nahm keinerlei Notiz von den neben ihm speisenden Studenten. Zu sehr in sich gekehrt, um auch nur jemanden zu bitten, Salz oder Pfeffer herüberzureichen, hatte er keine Ansprüche an seine Tischnachbarn und fühlte sich nicht verpflichtet, auch nur die geringste Unterhaltung in Gang zu halten. Jedem versuchten Einstieg in ein Gespräch begegnete er mit Schweigen oder mit einem einfachen Ja oder Nein. Nach einer im St. John College noch immer tradierten Anekdote reagierte Dirac einmal auf die Bemerkung, „es regnet ein bisschen, nicht wahr?", indem er aufstand und zum Fenster ging, dann zurückkehrte, sich setzte und feststellte, „jetzt regnet es nicht".[10] Solch ein Verhalten ließ seine Kollegen rasch erkennen, dass weitere Fragen nicht willkommen und zwecklos waren. Dennoch zog er es vor, in Gesellschaft zu essen und intelligente Menschen über ernsthafte Angelegenheiten reden zu hören. Und es war genau das Zuhören bei solchen Unterhaltungen, aus denen Dirac langsam etwas über das Leben außerhalb der Wissenschaft erfuhr.

Er hatte Glück, dass er gerade zu diesem Zeitpunkt nach Cambridge gekommen war. Die letzten Studenten in Militäruniform hatten soeben das College verlassen, bis zur offiziellen Demobilisierung der Studenten hatten die Uniformen Vorrang vor der akademischen Kleiderordnung gehabt.[11] Nun, da Großbritannien durch keinen internationalen Konflikt mehr bedroht war, befand man sich in einer optimistischen Zeit, und die nächste Studentengeneration war begierig, zur akademischen Arbeit zurückzukehren. Dirac studierte an der größten Fakultät der Universität, der mathematischen, die berühmt war für ihre hohen Anforderungen und ihre Wettbewerbsorientiertheit. Das höchste Prestige galt eindeutig denjenigen Studenten, die sowohl in ihren Studien Spitzenleistungen erbrachten als sich auch im Sport erfolgreich durchsetzen konnten. Dies erklärt, warum Hassé es für nötig befunden hatte, seiner positiven Beurteilung über Dirac hinzuzufügen, dass er sich „nicht an sportlichen Aktivitäten beteiligt". Die meisten Studenten nahmen irgendwie am sozialen Leben in Cambridge teil – plauderten in den neuen Cafés, sangen in einem Chor, schlichen sich abends fort, um ins Kino zu gehen oder ein antikes griechisches Theaterstück zu sehen.[12] Nichts von alledem interessierte Dirac. Selbst vom Standpunkt eines äußerst ehrgeizigen Strebers aus gesehen war er ganz außergewöhnlich stark auf seine Arbeiten fokussiert – obwohl Hingabe und Fleiß keine Garantie für Erfolg sind, wie Tausende von Studenten jedes Jahr erfahren müssen. In der akademischen Provinz von Bristol war er immer der Klassenbeste gewesen, aber er hatte keine Ahnung, ob er mit den besten Studenten in Cambridge konkurrieren konnte. Vom Moment der Ankunft an hatten die Tutoren ein Auge auf Dirac und seine Kommilitonen, auf jeden einzelnen von ihnen, immer auf der Suche nach einem Studenten von außergewöhnlichem Format – im Cambridge-Jargon hieß das: „auf einen Erstklassigen".[13]

Es dauerte nicht lange, bis seinem Betreuer Fowler der außergewöhnliche Grad von Diracs Begabung auffiel. Fowler zeigte ein lebhaftes Interesse an Diracs Fortschritten, gab ihm sorgfältig ausgewählte Aufgaben zu lösen und ermutigte ihn ständig, seine Mathematik weiter auszubauen. Studenten, die eine gute Ausarbeitung vorlegten, wurden von Fowler mit seinem Lieblingsausruf „glänzend!" belohnt, und, gar nicht selten, mit einem Klaps auf den Rücken. Fowlers Anwesenheit in der Abteilung wirkte inspirierend, aber er machte sich manchmal auch unbeliebt, da er einen großen Teil seiner Zeit zu Hause arbeitete oder auf Reisen zu den Physikzentren auf dem Kontinent abwesend war. Damit frustrierte er oft die Studenten, die dringend auf seine Hilfestellung angewiesen waren. Aber Dirac war selbständiger, er war zufrieden mit der spärlichen Betreuung, arbeitete allein und entwarf seine eigenen Projekte. Er erkannte bald, dass er sich glücklich schätzen konnte, dem kompetentesten Betreuer in der theoretischen Physik in Cambridge zugeteilt worden zu sein.

Fowlers Einstellung war in der mathematischen Fakultät einzigartig. Der vorherrschende Umgangsstil war ausgesprochen formell, die Professoren und Dozenten – alle männlich und wie Bankangestellte gekleidet – vergruben sich in ihren Dienstzimmern und in anderen College-Räumen. Der Gebrauch von Vornamen war so gut wie verboten. Selbst Kollegen, die bestens befreundet waren, redeten sich mit Nachnamen an, und außerhalb der Aufenthaltsräume hielt die Unterhaltung nicht länger an, als es die Höflichkeit erforderte. Es gab nur wenige Gelegenheiten, sich außerhalb des College zu treffen, da es keine Tradition von allgemeinen Tee- oder Kaffeepausen und kein Seminarprogramm gab. Noch weniger gab es damals Anflüge eines freundschaftlichen sozialen Umgangs zwischen Universitätsangehörigen und Studenten, wie er heute im modernen Universitätsleben fast vorgeschrieben ist. Abgesehen von Fowlers Anleitung war Dirac auf sich allein gestellt. Schnell entwickelte er eine private Routine, die ihn unter den Tausenden seiner Mitstudenten unsichtbar machte. Er hatte kein eigenes Zimmer in der Abteilung, bearbeitete die von Fowler gestellten Probleme, las die empfohlenen Bücher und die neuesten Zeitschriften und überdachte seine eigenen Notizen, die er sich während der Vorlesungen gemacht hatte. Entspannung gönnte er sich nur an den Sonntagen. Wenn das Wetter gut war, brach er am Morgen zu einem mehrstündigen Spaziergang auf, im selben Anzug wie während der Woche, die Hände auf dem Rücken verschränkt, mit nach außen gerichteten Fußspitzen und metronomischen Schritten die Landschaft durchquerend. Einer seiner Kollegen sagte, dass er wie „der Bräutigam auf einem italienischen Hochzeitsfoto" aussah.[14]

Dirac verbannte am Sonntag seine Berechnungen aus seinem Bewusstsein, um den Kopf frei zu bekommen und am Montagmorgen wieder frisch beginnen zu können. Nur zum Verzehr seines mitgebrachten Vesperbrots legte er eine Pause ein, jeden Zentimeter der lokalen Umgebung inspizierte der feine Herr aus der Stadt: Im Norden war es das geschlängelte Flusstal der großen Ouse und im Osten waren es das geometrische Netzwerk der Entwässerungskanäle des Moores und die Gebäude im Tudorstil mit ihren holländischen Giebeln.[15] Er würde pünktlich zum Abendessen in St. John sein und danach durch die meist unbeleuchteten, nebligen kleinen Seitenstraßen in Cambridge in seine Studentenbude zurückkehren. Am Montagmorgen war er bereit für ein weiteres sechstägiges ununterbrochenes Studium.

Diracs Zurückhaltung verhinderte nicht, dass er bald nach seiner Ankunft viele der berühmtesten Wissenschaftler des Landes kennenlernte, darunter auch denjenigen, der ihn in die fachspezifischen Feinheiten der Relativitätstheorie eingeführt hatte, Arthur Eddington. Dieser war ein jünger aussehender Vierzigjähriger, immer gut gekleidet in seinem dreiteiligen Anzug, der Knoten

seiner dunklen Krawatte schwebte knapp unter dem obersten Knopf seines
gestärkten Hemdes. Für jemanden, der so herausragend war, fehlte es ihm
überraschenderweise an Selbstvertrauen: Er saß oft mit abweisend verschränk-
ten Armen da und wog seine Worte sorgfältig ab. Seine einmalige Stärke als
Wissenschaftler beruhte darauf, dass er die Fähigkeiten eines Mathematikers mit
denen eines Astronomen in sich vereinigte, wodurch er ideal qualifiziert war,
eine führende Rolle bei Tests der Allgemeinen Relativitätstheorie zu spielen. Er
war einer der wenigen Wissenschaftler, die experimentell hatten weiterarbeiten
dürfen, obwohl er als Quäker und damit Kriegsgegner aus Gewissensgründen
registriert worden war. Den meisten seiner Kollegen war nicht bekannt, dass
Eddington seine Reputation dazu eingesetzt hatte, um den Medienrummel in
Gang zu setzen, der im November 1919 auf die Ankündigung gefolgt war, dass
die Resultate bei der Sonnenfinsternis die Voraussage von Einsteins Theorie
stützten und nicht die von Newton.[16]

Dirac besuchte seine Vorlesungen und war, wie die meisten, die ihn zuerst
durch seine blendende Prosa kennengelernt hatten, darüber enttäuscht,
dass er als Redner unzusammenhängende Sätze produzierte – mit der
Angewohnheit, einen Satz nicht zu beenden, so als ob er das Interesse verloren hätte, um dann zum nächsten überzugehen.[17] Aber Dirac bewunderte
Eddingtons mathematische Herangehensweise an die Naturwissenschaft,
die einen besonders starken Einfluss auf ihn ausüben sollte. Eddington und
der zweite Gigant in der Wissenschaft von Cambridge, der aus Neuseeland
stammende Ernest Rutherford, hatten nichts füreinander übrig. Sie waren
grundverschiedene Persönlichkeiten und gingen die Physik auf diametral
entgegengesetzten Wegen an. Während Eddington introvertiert und freundlich zurückhaltend war und die mathematische Abstraktion liebte, war
Rutherford extrovertiert, bodenständig, neigte zu Temperamentsausbrüchen
und lehnte großartiges Theoretisieren ab: „Niemand in meiner Abteilung
lasse sich dabei erwischen, dass er über das Universum redet", knurrte er.[18]

Im Gegensatz zu Eddington sah Rutherford keinesfalls wie ein Intellektueller
aus.[19] Als Dirac zum ersten Mal seinen überraschend kraftlosen Händedruck
verspürte, war Rutherford ein korpulenter Zweiundfünfzigjähriger mit einem
Walross-Schnauzer, stechenden blauen Augen und der Angewohnheit, seine
Pfeife mit so trockenem Tabak zu stopfen, dass sie beim Anzünden wie ein
Vulkan losging. Niemandem blieb verborgen, wenn er im Raum war, da seine
Stimme jede andere übertönte. Wer ihn die Trumpington Street hinunterwat-
scheln sah, glaubte vielleicht, einen selbstsicheren Mann vor sich zu haben,
der im Leben weit vorangekommen war, weil er eine Kette von Wettbüros
betrieb. Aber dieser Eindruck war irreführend: Er war der erfolgreichste lebende
Experimentalphysiker, wie er bereitwillig bestätigt hätte. Seine berühmteste
Entdeckung, die des Atomkerns, war das Ergebnis eines Vorschlags gegenüber

zwei Studenten gewesen, doch einmal nachzusehen, was passierte, wenn sie subatomare Teilchen auf eine dünne Goldfolie schossen. Nachdem er gesehen hatte, dass nur ein paar Teilchen reflektiert wurden, machte sich Rutherford gedanklich auf den Weg in das Herz des Atoms und folgerte, dass der Kern jedes Atoms positiv geladen ist und nur einen winzigen Bruchteil des Raumes einnimmt, „wie eine Mücke in der Royal Albert Hall", wie er sich ausdrückte.[20] Er hatte die Existenz von Atomkernen zuerst im Sommer 1912 festgestellt, während er an der Universität Manchester arbeitete. Das war acht Jahre vor seinem Wechsel nach Cambridge, wo er Nachfolger von J. J. Thomson als Direktor des Cavendish Laboratoriums wurde. Bald nach seiner Ankunft dort machte er eine seiner mutigen Voraussagen über Atomkerne, indem er die Hypothese aufstellte, dass die meisten nicht nur aus positiv geladenen Protonen bestehen, sondern auch aus bisher nicht identifizierten Partikeln von etwa gleicher Masse aber ohne elektrische Ladung. Rutherford ermutigte seine Kollegen, nach diesen „Neutronen" zu fahnden, aber ihre unsystematischen Experimente führten zunächst ins Leere.

Mitte der 1920er-Jahre war Rutherford nicht ganz so produktiv, da er keine bahnbrechenden Entdeckungen machte, sondern seine außerordentliche Energie in die Leitung des Cavendish Labors steckte, das er wie ein absolutistischer, aber wohlwollender Monarch regierte. Das Labor lag versteckt in einer Seitenstraße, der Free School Lane, und nur ein paar Minuten Fußweg von den Arbeitsräumen der Mathematiker entfernt. Es war aber eine Welt für sich. Erbaut im Jahr 1871, war die viktorianisch-gotische Fassade des Labors bei weitem der eindrucksvollste Teil des Gebäudes. Wenn Besucher durch die Vordertür eintraten, kamen sie in einen unansehnlichen Korridor neben einer Halle, die zur Hälfte mit planlos abgestellten Fahrrädern angefüllt war. Aus heutiger Sicht sahen die Laboratorien eher wie eine betriebsame Werkstatt aus, wie sie der britische Karikaturist Heath Robinson eingerichtet haben könnte: kahle Ziegelsteinwände und hölzerne Fußböden, mit Pedalen betriebene Drehbänke, per Hand betriebene Vakuumpumpen, Utensilien für Glasbläser, robuste Werkbänke, bedeckt mit ölverschmiertem Werkzeug und anderen Ausrüstungsgegenständen, die so primitiv waren, wie sie kein Trödelladen verkaufen würde. Die Universitätsleitung in Cambridge hatte Bedenken, ob eine derartige Umgebung für eine Universität mit so vielen angesehenen Wissenschaftlern angemessen sei, aber sie erkannte an, dass das Labor sich als ein außergewöhnlich produktives Zentrum der Physikforschung etabliert hatte, dazu bei nur bescheidenen Kosten. Im Jahre 1925 belief sich der gesamte Etat des Labors, einschließlich aller Gehälter und der gesamten Ausrüstung auf 9628 £.[21]

Obwohl Rutherford mathematische Physiker verachtete – oder so tat als ob –, nahm er gern harmlose Theoretiker auf, die für ihn schwierige

Berechnungen durchführten, wie seinen Schwiegersohn und Golfpartner Fowler, den einzigen Theoretiker mit eigenem Dienstzimmer im Cavendish. Für Theoretiker, die als Besucher kamen, gab es keinen Platz zum Sitzen außer in der unordentlichen, ungeheizten Bibliothek oder in einer schäbigen Teestube, die nach geronnener Milch und alten Keksen roch.[22] Viele der älteren Theoretiker erwiderten Rutherfords Theorie-Verachtung damit, dass sie mit den Aktivitäten im Cavendish nichts zu tun haben wollten, aber einige der jüngeren Studenten nahmen Rutherfords Einladungen zu den regelmäßig stattfindenden Mittwochnachmittags-Seminaren an, denen ein Tee vorausging – der oft von Lady Rutherford eingeschenkt wurde, manchmal mit Chelsea-Hefeschnecken ergänzt.[23] Im Cavendish lernte Dirac zwei von Rutherfords „Boys" kennen, die seine besten Freunde werden sollten: den Engländer Patrick Blackett und den Russen Peter Kapitza. Beide waren ausgebildete Ingenieure, aber ihre Persönlichkeiten waren vollkommen verschieden, sie waren sozusagen Beispiele der beiden Extreme, die Dirac am meisten schätzte: schüchtern introvertiert wie er selbst (Blackett) und ungestüm extrovertiert (Kapitza).[24] Auf ihre unterschiedliche Art sollten beide einen mächtigen Einfluss auf Dirac ausüben, sie befreiten ihn aus dem Schneckenhaus seiner frühen Jahre in Cambridge, hielten ihn über die experimentellen Aktivitäten auf dem Laufenden, sorgten für Dutzende von Bekanntschaften, die er sonst nicht gemacht hätte, und führten ihn in ein Gebiet ein, das ihn zuvor nicht interessiert hatte: die Politik.

Blackett und Kapitza waren erst vor kurzem wie vom Krieg herbeigespültes Treibgut im Cavendish aufgetaucht. Blackett war zuerst angekommen, im Januar 1919 mit einundzwanzig Jahren und noch in Marineuniform. Er hatte eine erstklassige technische Ausbildung an einer Marineakademie absolviert und war, nur Tage nach dem Abschluss, als Sechzehnjähriger in den Krieg gezogen. Am 31. Mai 1916, dem ersten Tag der Skagerrakschlacht, des heftigsten Seegefechts des Krieges, saß er an einem der 38 cm-Zwillingsgeschütze der *HMS Barham*, die schonungslos von außer Sichtweite befindlichen deutschen Kriegsschiffen beschossen wurde. Am Ende des Tages ging er über das Deck – die Luft voller Schwaden von TNT-Dämpfen und Desinfektionsmitteln – auf dem Deck verkohlte Leichen, denen zum Teil die Gliedmaßen abgetrennt waren.[25]

Drei Wochen nach seiner Ankunft im Cavendish quittierte er den Dienst und erwarb einen Abschluss in Physik in Vorbereitung auf ein Leben als Experimentalphysiker. Er fiel als eine charmante, romantische Gestalt auf: 187 cm groß, schlank und gutaussehend wie ein Filmstar, jedoch mit der Aura des gehetzten Auftretens eines Fähnrichs zur See, der das qualvolle Sterben seiner Kameraden hatte mitansehen müssen. Im Labor erwies er sich schnell als genialer Experimentator mit den beiden wissenschaftlichen

Tugenden der Vorstellungskraft und der Skepsis. Ein Kollege bemerkte, dass er „nicht leicht zu überzeugen sei, nicht einmal von seinen eigenen Ideen".[26]

In jedem anderen Laboratorium wäre Blackett als bester Student seiner Generation aufgefallen. In dieser historisch außergewöhnlichen Phase des Cavendish hatte er jedoch eine Menge Konkurrenz, insbesondere in der stämmigen Gestalt von Kapitza, der zuvor Blackett beim Stipendium der Universität für den besten Studenten für das Cavendish Labors geschlagen hatte, einer von mehreren kleinen Siegen, die zu Blacketts Ressentiment ihm gegenüber beitrugen. Kapitza war im Jahre 1921 ins Vereinigte Königreich gekommen und wirkte – wie ein Kollege aus dem Trinity College formulierte – „wie ein trauriger russischer Prinz", unsicher und depressiv nach dem Tod von vier Mitgliedern seiner engeren Familie innerhalb von vier Monaten Ende des Jahres 1919: Scharlach hatte das Leben seines kleinen Sohnes geraubt, nachdem kurz zuvor sein Vater, seine Frau sowie seine Tochter im Säuglingsalter Opfer der Spanischen Grippe geworden waren.[27] Im Sommer 1921, nachdem er einer anfänglichen Ablehnung mutig getrotzt hatte, überzeugte er Rutherford, ihn als Studenten im Cavendish anzunehmen. Kapitza vergötterte Rutherford für seine Direktheit, Energie und unheimliche Gabe, der Natur die richtigen Fragen zu stellen, sodass sie die tiefsten Geheimnisse preisgab. War Rutherford außer Hörweite, nannte er ihn „das Krokodil", das Lieblingsgeschöpf dieses jungen Russen: Kapitza sammelte Gedichte über Krokodile und schweißte sogar ein Modell aus Metall an den Autokühler seines offenen Lagonda-Cabriolets.[28] Kapitzas Spitzname für seinen Boss war vermutlich eine unbewusste Anspielung auf das berühmte Reptil in den Büchern des in der Sowjetunion besonders geschätzten Kinderbuchautors Korney Chukovsky. Wie die meisten anderen Eltern in Russland hatte Kapitza wahrscheinlich seinen Kindern die beliebten Geschichten über das Krokodil vorgelesen, das Menschen und Hunde frisst, aber diese in seiner Gutmütigkeit unverletzt wieder ausspuckt. Chukovsky ermutigte seine Leser, das Krokodil mit einer Mischung aus Furcht und Bewunderung zu respektieren, genauso wie Kapitza es gegenüber Rutherford tat.[29]

Zu der Zeit als Dirac in Cambridge ankam, war Kapitza einer der auffallendsten Persönlichkeiten der Stadt. Obwohl er keine Sprache gut beherrschte – nicht einmal seine eigene, wurde sogar behauptet –, liebte er es zu reden, die Wörter sprudelten unablässig aus seinem Mundwinkel hervor. Er plauderte fröhlich mit seiner hohen Stimme, erfreute die Kollegen mit Kartentricks und amüsanten Geschichten, die er auf „Kapitzaisch" erzählte, eine Sprache, die aus einer Mischung von Russisch, Französisch und Englisch zu etwa gleichen Teilen bestand. Jedes Jahr kehrte er einmal in die Sowjetunion zurück, um seine Familie zu besuchen und um beim Industrialisierungsprogramm zu beraten, das Lenins Nachfolger, Joseph Stalin, angestoßen hatte. Er spielte ein gefährliches

Spiel, wie der Ökonom John Maynard Keynes im Oktober 1925 seiner Frau gegenüber sagte, als Kapitza erwähnte, er plane, nach Russland zu reisen, um Trotzki bei dem Elektrizitätsprogramm des Landes mit seinem Rat zu unterstützen, und dass er das feste Versprechen erhalten habe, nach Cambridge zurückkehren zu dürfen: „Ich fürchte, dass sie ihn früher oder später festsetzen werden […]. Er ist ein wildes, selbstloses, eitles und absolut unzivilisiertes Geschöpf, von Natur aus perfekt geeignet zum ‚Bolshie‘“, zum Bolschewiken.[30]

Dirac hatte keine derartigen Vorbehalte. Gegen Ende seines Lebens schrieb Dirac in einem wehmütigen Bericht über seine Frühzeit mit Kapitza, dass er sofort von dessen Kühnheit und Selbstvertrauen eingenommen war.[31] Sie teilten die Leidenschaft für Physik und Ingenieurwissenschaft, aber vieles trennte sie auch: Kapitza genoss leichtes Geplauder, während es Dirac ignorierte; Kapitza liebte Literatur und Theater, während Dirac für beides wenig Zeit hatte; und Kapitza war skeptisch gegenüber den Abstraktionen der theoretischen Physik, die wiederum Speis und Trank für Dirac waren.

An seinem allerersten Tag im Cavendish war Kapitza überrascht über eine der ersten Anordnungen von Rutherford, nämlich das Verbot, in seinem Labor kommunistische Propaganda zu verbreiten.[32] Kapitza arbeitete emsig an seinem Arbeitstisch, aber in seiner Freizeit machte er nie ein Geheimnis aus seiner Unterstützung von Lenins Politik und seiner Freude über den Fenstersturz der landbesitzenden Aristokratie in Russland während der Revolution im Jahr 1917. Obwohl er niemals der Kommunistischen Partei beitrat, unterstützte er, wie er später schrieb, immer ihre Ziele: „Ich sympathisiere vollständig mit dem sozialistischen Wiederaufbau durch die Arbeiterklasse und mit dem breiten Internationalismus der sowjetischen Regierung unter der Führung der Kommunistischen Partei.“[33]

In den frühen 1920er-Jahren war die britische Regierung um die Stabilität ihrer Institutionen im Land besorgt und hatte Bedenken, dass Kommunisten sie infiltrieren und untergraben könnten.[34] Es ist kaum überraschend, dass nur zwei Jahre nach seiner Ankunft in Cambridge ein anonymer Informant dem Geheimdienst MI5 der Regierung einen Tipp gab, „dass Kapitza ein russischer Bolschewist sei“.[35] In Zusammenarbeit mit einer Spezialabteilung der Londoner Polizei wurde er unter Überwachung gestellt, wobei sorgfältig darauf geachtet wurde, dass er zu keinem Zeitpunkt Verdacht schöpften konnte.

Vermutlich lernte Dirac durch Kapitza die Sowjetideologie kennen, ein Thema, das später ein wesentlicher Bestandteil ihrer Freundschaft werden sollte. Mitte bis Ende der 1920er-Jahre waren derartige Anschauungen in Cambridge nicht in Mode, da die Mehrheit der Studenten und Dozenten nicht ernsthaft an Politik interessiert war.[36] Der einzige prominente marxistische

Dozent war der Ökonom Maurice Dobb, der wie Kapitza dem Trinity College angehörte. Der Tenor der politischen Unterhaltungen im Aufenthaltsraum für Professoren und Dozenten war durch einen Geist der Mäßigung geprägt. Das Gleichgewicht wurde durch die Gemäßigten wie Rutherford und eine Schar von Konservativen garantiert, zu der auch der Dichter und Kenner der Klassik A. E. Housman sowie Charlie Broad gehörte, der nach Cambridge in die einst von Newton bewohnten Räume gezogen war.

Kapitza verglich sich gern mit Dickens' Mr. Pickwick. Das war ein angemessener Vergleich: Beide hatten mit gewinnendem Elan einen Klub gegründet und waren von den Mitgliedern zum permanenten Präsidenten gewählt worden. Indem er im Oktober 1922 den Kapitza-Klub gründete, riss er seine akademischen Kollegen aus ihrer Lethargie und überredete sie zu einem wöchentlichen Seminar über ein aktuelles Thema in der Physik. Diese Gespräche fanden gewöhnlich am Dienstagabend im Trinity College nach einem guten Dinner statt. Die Sprecher waren meist Freiwillige aus dem Klub, sie hielten ihre Vorträge mit nur einem Stück Kreide ausgerüstet an einer schwarzen Tafel, die auf einer Staffelei montiert war, und mussten dauernd auf Unterbrechungen eingestellt sein, die Kapitza mit schnellem Witz und Elan moderierte wie ein moderner Talkmaster.[37]

Die Regeln des Klubs waren, dass ein Student nur Mitglied werden konnte, wenn er einen Vortrag hielt und dass ihm seine Mitgliedschaft entzogen wurde, wenn er ein paar Treffen versäumt hatte. Bald nach seiner Ankunft in Cambridge begann Dirac, den Klub aufzusuchen, und schloss sich dann dem weniger häufig tagenden, mehr theoretisch ausgerichteten Nabla-Quadrat-V-Klub (∇^2V-Club) an, der nach dem Symbol Nabla benannt war, das in der mathematischen Physik gern benützt wird. Dieser Klub – die beste Annäherung der Theoretiker an ein Seminarprogramm – wurde von Dozenten und Studenten besucht, wobei sich der Stil mehr an der steifen Atmosphäre der mathematischen Fakultät orientierte. Rutherford nahm nur selten teil und spottete, dass die Theoretiker „mit ihren Symbolen herumspielen, aber wir im Cavendish bringen die realen Fakten der Natur ans Licht".[38]

Trotz all dieser neuen Erfahrungen zeigten Diracs Postkarten, die er nach Hause schrieb, kaum mehr als die Bestätigung, dass er noch lebte:

Lieber Vater und Mutter
Ich werde am nächsten Donnerstag nach Hause kommen. Ich denke, dass ich mit einem späten Zug eintreffen werde.
Liebe Grüße an alle
Paul[39]

Seine kargen Postkarten wiesen eine sepiagetönte Fotografie einer Cambridge-Szene auf mit etwa einem Dutzend steriler Worte, die ganz aus Fakten und kurzen Zusammenfassungen über das Wetter bestanden. Seine Mutter bestimmte das Tempo der Korrespondenz. Bis zur Mitte von Diracs Karriere schrieb sie ihm fast wöchentlich Briefe, in denen sie ihren Blick auf das Leben in der Julius Road No. 6 und ihre Beziehung zu Charles schilderte. In dieser Phase gab es in den Briefen keine Anzeichen, dass die Familie ungewöhnlich war: Geschwätzig und durchdrungen von mütterlicher Zuneigung wurde in den Briefen fortwährend betont, wie sehr er vermisst wurde – eine Emotion, die Dirac niemals erwiderte. Offensichtlich schrieb Charles Dirac ihm nicht, obwohl Flo sich große Mühe gab zu unterstreichen, dass sein Vater „sehr gespannt" war zu erfahren, wie es ihm erginge.[40]

Flo erzählte ihrem Sohn, wie aufgeregt die Familie über das neue Spielzeug, ein Radio, war. Die Diracs zählten zur ersten Generation von Familien, die einen Empfänger kauften, nur ein knappes Jahr, nachdem ein solches Gerät im Jahre 1922 erhältlich wurde. Ihr Haus hatte noch keinen Gas- und Stromanschluss, und so musste Charles zur lokalen Straßenbahnstation gehen, um den Akku aufzuladen. Es war die Unannehmlichkeit wert: Das neue Gerät brachte Leben in die No. 6 und ersetzte die den ganzen Tag andauernde Stille durch die Programme der neugegründeten BBC mit Gesprächen, Konzerten und Nachrichten. Die Diracs versammelten sich jeden Abend vor dem Radio, um den Nachrichtensprecher feierlich reden zu hören, so als spräche er bei einer Beerdigung. Am 22. Januar 1924 hörten sie, dass Ramsay MacDonald zum ersten Premierminister aus der Labour-Partei in Großbritannien ernannt worden war. Die Partei, die als ein Geschöpf der Gewerkschaften begonnen hatte, war nun in der Downing Street angekommen mit einer Agenda und Rhetorik, die gemäßigt genug war, um die britische Öffentlichkeit, die schnelle Veränderungen scheute, nicht in Panik zu versetzen.[41] Flo berichtete Dirac, sein Vater sei „froh, dass endlich eine Labour-Regierung eingezogen war. Es ist das Beste für die Lehrergehälter."[42]

In ihren Briefen erwähnt Flo Felix nur selten. Im Frühjahr 1924 hatte er als Konstruktionszeichner ein bescheidenes Einkommen, er lebte immer noch in der Nähe von Wolverhampton und fuhr mit dem Fahrrad während seiner kurzen Urlaubszeiten heim nach Bristol.[43] Gebeugt über seinem Zeichenbrett, die randlose Brille auf der Nase, verbrachte er seine Tage mit der Anfertigung von technischen Zeichnungen für eine Schwermaschinenfabrik und beriet Ingenieure in den dortigen Werkstätten. Als fleißiger Mitarbeiter wurde er für seine Höflichkeit und Zuverlässigkeit von seinen Kollegen bewundert, denen – wie zweifellos auch ihm selbst – bewusst war, dass ihm keine höheren Karrierechancen mehr offenstanden, sondern nur ein Berufsleben in Mittelmäßigkeit. In seinem Privatleben begann er Interessen zu verfolgen, die

ihn von seinen Eltern und seinem Bruder absetzten: Er wurde Buddhist, lie-
bäugelte mit Astrologie und suchte die Hilfe eines Gurus, Reverend Sapasvee
Anagami Inyom, der seinen Sitz im entfernten Südwesten von London hatte.
Seinen Mitteilungen an Felix nach zu urteilen, war dieser Ratgeber Theosoph,
jemand, der durch eine Mischung aus hinduistischen und buddhistischen
Lehren Wissen über Gott zu erwerben suchte.[44] Seine Briefe – reich an
Allgemeinplätzen und arm an konkreten Anweisungen – begannen jeweils
mit einem blumigen „Grüße in der glorreichen Liebe, der Freude und dem
Frieden der drei edlen Geheimnisse" und setzten sich mit seitenlangem win-
digem Zuspruch fort. Indem Felix diesen spirituellen Weg einschlug, wandte
er sich sowohl vom Methodismus der Familie seiner Mutter als auch vom
Katholizismus seines Vaters ab, und seine Hinwendung zur Astrologie war
vielleicht ein Stich gegen seinen Bruder, der, wie jeder Wissenschaftler, die
Vorstellung, Sterne und Planeten könnten das menschliche Schicksal beeinflussen, als töricht zurückweisen musste.

Im Gegensatz zu seinem Bruder zeigte Felix Interesse am anderen
Geschlecht. Er hatte eine Freundin gewonnen, und die Beziehung wurde fester, sodass sein Vater vorschlug, Felix solle seine Freundin doch einmal nach
Hause mitbringen, wenn auch Paul anwesend war, damit die ganze Familie sie
kennenlernen könnte. Es hat ihn vermutlich sehr enttäuscht, dass seine Mutter
diese Idee ablehnte, und es scheint, dass auch sein Bruder die Enttäuschung
teilte. Im ersten öffentlichen Interview, das Paul zu seinem Familienleben fast
fünfundvierzig Jahre später gab, lachte er, als er die Worte seiner Mutter zitierte,
mit denen sie die Bitte abschlug – „O, nein, das darf sie nicht, sie könnte sich
Paul zuwenden" – und fügte der Beschreibung dieses Vorfalls, ganz unüblich,
einen Farbtupfer hinzu, indem er den Beschützerinstinkt seiner Mutter mit
den Worten kommentierte: „Ich nahm ihr das übel."[45] Er sagte nicht, ob er
die Einladung zum Treffen mit der jungen Dame angenommen hätte, ließ aber
anklingen, dass sich – in diesem Einzelfall – sein Vater vernünftiger verhalten
hätte als seine Mutter. Pauls Stellungnahme zu ihrem Verhalten scheint die einzige Kritik zu sein, die er ihr gegenüber jemals öffentlich oder privat geäußert
hat. Es war vielleicht ein Zeichen des Ärgers über ihren Besitzanspruch ihm
gegenüber und den gezeigten Mangel an Sensibilität seinem Bruder gegenüber.
Es ist dies ein seltenes Beispiel, dass er in der Erinnerung Empathie gegenüber
seinem Bruder oder irgendjemandem anderen zeigte.

Nach seiner Ankunft in Cambridge stellte Dirac fest, dass er, wenn er an
wahrhaftig fundamentalen Forschungen arbeiten wollte, noch einiges nach-
holen musste. Die Universität von Bristol hatte ihm eine exzellente technische
Ausbildung und ein Basiswissen in Mathematik gegeben, aber es gab mehrere
Lücken in seinem Wissen. Die wichtigste darunter war seine Unkenntnis der
vereinigten Theorie von Elektrizität und Magnetismus, die fünfzig Jahre zuvor

von James Clerk Maxwell aufgestellt worden war. Diese Theorie war zusammen mit Darwins Evolutionstheorie der größte wissenschaftliche Fortschritt der viktorianischen Ära und erreichte für Elektrizität und Magnetismus das, was später Einsteins Allgemeine Relativitätstheorie für die Gravitation tat. Maxwell beschrieb Elektrizität und Magnetismus mit einer Handvoll Gleichungen und konnte mit ihrer Hilfe erfolgreich vorhersagen, dass das sichtbare Licht aus elektromagnetischen Wellen (oder „elektromagnetischer Strahlung") besteht. Diese Lichtwellen fallen in den schmalen Wellenlängenbereich, den das menschliche Auge sehen kann. Elektromagnetische Wellen mit kürzerer Wellenlänge als das sichtbare Licht schließen ultraviolette Strahlung und die Röntgenstrahlen ein, Wellen mit längerer Wellenlänge Infrarotstrahlung und Mikrowellen.

Dirac erfuhr erstmals von Maxwells Gleichungen in den Vorlesungen von Ebenezer Cunningham, dem es gefiel, dass der frühreife Ingenieur-Mathematiker aus Bristol selbstbewusst und schnell bereit war, Fragen über die Physik zu stellen, wenn er etwas nicht verstand.[46] Maxwells Gleichungen müssen für Dirac sehr aufregend gewesen sein: In nur ein paar Zeilen Mathematik konnten sie die Resultate eines jeden Experiments in Elektrizität, Magnetismus und Licht, das er jemals in Bristol durchgeführt hatte, erklären, und noch viel mehr. Als er von den Gleichungen hörte, verstand er, warum Einsteins Lichtquanten bis vor wenigen Jahren so stark belächelt worden waren: Die Idee widersprach einfach der akzeptierten Maxwell'schen Vorstellung, dass Licht aus Wellen besteht und nicht aus Teilchen. Neun Monate vor Diracs Ankunft in Cambridge hatte es jedoch Neuigkeiten aus Chicago gegeben, die nahelegten, dass Einstein recht haben könnte: Der amerikanische Experimentalphysiker Arthur Compton hatte herausgefunden, dass unter bestimmten Umständen elektromagnetische Strahlung – und vermutlich auch sichtbares Licht – tatsächlich sich nicht nur wie eine Wellenerscheinung, sondern auch wie ein Strom diskreter Teilchen verhalten kann.[47] Er hatte Röntgenstrahlen an freien Elektronen gestreut und fand heraus, dass er seine Messergebnisse nur erklären konnte, wenn jedes Streuereignis auf einer Kollision zwischen zwei Teilchen beruhte, wie bei einem Paar von Billardkugeln, die aufeinander treffen. Das entsprach genau dem Vorschlag von Einstein – die Strahlung und die Elektronen verhielten sich beide wie Teilchen – und stand im Widerspruch zu dem Wellenbild. Viele Physiker weigerten sich, diese Resultate zu glauben, aber Dirac war einer der wenigen, dem sie ins Konzept passten, unbelastet durch jahrelange Vertrautheit mit dem irreführenden Erfolg von Maxwells Theorie.

Einer der Naturwissenschaftler, die die neue Photonentheorie des Lichts als Unsinn ablehnten, war der dänische Theoretiker Niels Bohr. Er hatte sich einen Namen gemacht, indem er 1913 auf Rutherfords Vorschlag aufbaute, dass jedes Atom einen winzigen Kern enthält. Rutherfords Bild konnte nicht die experimentelle Entdeckung erklären, dass Atome nur Licht einer bestimmten Wellenlänge emittieren und absorbieren. Es ist, als ob jedes Atom sein eigenes „Lied" hätte, das aus Licht und nicht aus Tönen komponiert ist. Statt musikalischer Noten, die jede mit einer charakteristischen Lautstärke gespielt werden, kann jedes Atom Licht mit seiner eigenen Farbpalette abgeben, wobei jede Farbe von charakteristischer Helligkeit ist. Wissenschaftler müssten irgendwie die Komposition jeder Atommelodie verstehen. Bohr kam auf seine Idee, nachdem er hörte, dass die Farben des von Wasserstoff, dem einfachsten Atom mit nur einem Elektron, emittierten Lichts ein sehr einfaches Muster aufweisen, das zuerst 1885 von Johannes Balmer, einem Schweizer Schullehrer gefunden worden war. Er war auf eine einfache, aber mysteriöse Formel gestoßen, die die Farben des Lichts dieser Atome richtig beschrieb, eine mathematische Formulierung der Leitmelodie des Wasserstoffs. Die anderen Atome waren komplizierter und viel schwerer zu verstehen. Bohrs Leistung war es, sich von den Hinweisen dieses Musters inspirieren zu lassen, um eine Theorie des Wasserstoffatoms aufzustellen und diese dann auf alle anderen Atomarten zu verallgemeinern.

Bohrs Atom hatte einen positiv geladenen Kern, der den größten Teil der Masse des Atoms ausmachte und von negativ geladenen Elektronen umkreist wurde, die durch die Anziehungskräfte zwischen den entgegengesetzten Ladungen festgehalten wurden. In ganz ähnlicher Weise werden die Planeten auf ihrer Umlaufbahn um die Sonne durch die Anziehungskraft der Gravitation gehalten. Er stellte sich vor, dass sich das Elektron in einem Wasserstoffatom nur auf kreisförmigen Umlaufbahnen um seinem Kern bewegen kann – später „Bohr'sche Umlaufbahnen" genannt – von denen jede mit einem ganz bestimmten Energiewert, „einer Energiestufe" verbunden war. Jede dieser Umlaufbahnen hatte ihre eigene ganzzahlige Nummer, die Quantenzahl. Die dem Kern am nächsten liegende Umlaufbahn erhielt die Nummer eins, die nächste Umlaufbahn die Nummer zwei, und so weiter. Bohrs Idee war, dass das Atom Licht abgibt, wenn es von einer höheren zu einer niedrigeren Energiestufe springt (oder, mit anderen Worten, einen Übergang vollzieht). Dabei strahlt es gleichzeitig ein Strahlungsquant ab, das eine Energie hat, die der Differenz der Energien der beiden Energiestufen entspricht. Im Effekt sagte Bohr damit, dass sich Materie auf der Ebene der Atome völlig anders verhält als gewöhnliche Materie: Wenn der Apfel in Newtons Garten beim Fallen fähig gewesen wäre, einen diskreten Satz von erlaubten Energiewerten zu durchlaufen, wäre er nicht gleichmäßig gefallen, sondern auf ruckartigem Weg zum Boden gelangt, so als ob er eine Energietreppe hinunter holperte. Aber die Energiewerte des Apfels sind so nahe beieinander, dass ihre Aufteilung vernachlässigbar ist, und daher scheint die Frucht gleichmäßig die Treppe hinunter zu gleiten. Nur im atomaren

Bereich sind die Differenzen zwischen den Energiewerten signifikant genug für sprunghafte Übergänge.

Bohrs Theorie ermöglichte ein einfaches Verständnis von Balmers mysteriöser Formel. Mit nur wenigen Zeilen Schul-Algebra konnte jeder Physiker die Formel aus Bohrs Annahmen ableiten, und damit entstand der befriedigende Eindruck, man habe das Muster der farbigen Linien des Wasserstoffs nun verstanden. Dennoch war Bohrs Theorie nur ein bedingter Erfolg: Gemäß den Gesetzen des Elektromagnetismus war sie absurd, denn Maxwells Theorie besagte, dass das herumkreisende Elektron kontinuierlich elektromagnetische Strahlung aussenden musste – und somit schrittweise seine gesamte Energie abstrahlen würde. Nach gar nicht langer Zeit würde das kreisende Elektron auf einer Spiralbahn zu seinem Untergang in den Kern hineinstürzen – mit dem Ergebnis, dass das Atom gar nicht mehr existieren würde. Der einzige Weg, wie Bohr dem entgegentreten konnte, war durch ein *Fiat!* zu behaupten, dass die kreisenden Elektronen keine Strahlung abgeben, dass also Maxwells Theorie auf der subatomaren Skala nicht funktioniert.

Mit einer bemerkenswerten Sicherheit der Intuition dehnte Bohr seine Ideen auf alle anderen Atome aus. Er gab ein Modell an, nach dem jedes Atom Energiestufen aufweist, die dabei helfen zu erklären, warum die verschiedenen chemischen Elemente sich so unterschiedlich verhalten – warum zum Beispiel Argon so reaktionslos und träge ist, aber Kalium so reaktionsfreudig. Einstein bewunderte, wie Bohrs Idee die Balmer-Formel erklären und die Unterschiede zwischen den verschiedenen Atomen verständlich machen konnte. Er sah darin einen Hinweis auf die eigentliche Grundlage der Chemie. Wie Einstein in seinen autobiographischen Notizen bemerkte, war Bohrs Theorie ein Beispiel für „höchste Musikalität auf dem Gebiete des Gedankens".[48]

Aber niemand verstand die wahre Beziehung zwischen Bohrs Atom und den großen Theorien von Newton und Maxwell. Diese Theorien wurden später „klassisch" genannt, um sie von ihren Quantennachfolgern zu unterscheiden. Eine Grundfrage war, wie genau die Theorie des sehr Kleinen in die Theorie des vergleichsweise Großen mündet. Um diese Frage zu beantworten, entwickelte Bohr den von ihm Korrespondenzprinzip genannten Ansatz: Die Quantenbeschreibung eines Teilchens ähnelt der klassischen Theorie umso mehr, je größer die Quantenzahl des Teilchens wird. Umgekehrt muss, wenn ein Teilchen rasch vibriert und deshalb eine sehr kleine Quantenzahl hat, die Quantentheorie angewandt werden, um es zu beschreiben. Die klassische Theorie wird hier ziemlich sicher versagen.

Dieses Prinzip erschien Dirac zu vage: Er zog es vor, theoretische Aussagen in einer Gleichung auszudrücken, die eine einzige, lapidare Bedeutung besaß, statt in Worten, die von Philosophen infrage gestellt werden konnten. Aber er war fasziniert von Bohrs Theorie des Atoms. In Bristol hatte er davon nichts gehört, und deshalb waren Fowlers Vorlesungen für ihn eine Offenbarung. Dirac war beeindruckt, dass Bohr die erste anwendbare Theorie für das Geschehen im Innern der Atome vorgelegt hatte. Lange Nachmittage verbrachte Dirac in Bibliotheken, durchdachte seine Aufzeichnungen aus Fowlers Vorlesungen und saß fleißig lernend über das klassische Lehrbuch *Atombau und Spektrallinien* des Münchner Theoretikers Arnold Sommerfeld gebeugt. Es war Pflichtlektüre für jeden Studenten der Quantentheorie, denn es legte Bohrs Modell des Atoms dar und zeigte, wie es präzisiert und verbessert werden konnte. Sommerfeld gab eine detailliertere Beschreibung, in der die möglichen Bahnen des Elektrons nicht kreisförmig waren (wie Bohr angenommen hatte), sondern elliptisch, ähnlich den Planetenbahnen um die Sonne. Er verbesserte außerdem Bohrs Modell, indem er die Bewegung des umkreisenden Elektrons nicht mit Newtons Gesetzen, sondern unter Verwendung von Einsteins Spezieller Relativitätstheorie beschrieb. Das Ergebnis von Sommerfelds Berechnungen war, dass die gemessenen Energiewerte ein wenig von den von Bohr vorausgesagten Werten abwichen, eine Schlussfolgerung, die von den genauesten Experimenten gestützt werden sollte. Bohr wusste so gut wie jeder andere in der Atomphysik, dass seine Theorie schwerwiegende Fehler aufwies und daher nur provisorisch war. Unklar war nur, ob die Nachfolgetheorie auf ein paar kleinen Änderungen von Bohrs Ideen aufbauen würde oder auf einem gänzlich neuen Ansatz beruhen musste.

In dieser Zeit, in der Dirac Bohrs Theorie studierte und anzuwenden begann, versenkte er sich in die Geometrie, die er sowohl privat analysierte als auch bei den wöchentlichen samstäglichen Tee-Partys besser kennenlernte, die von dem Mathematiker Henry Baker, einem engen Freund von Hassé abgehalten wurden. Baker, der kurz vor seiner Pensionierung stand, war immer noch eine einschüchternde Persönlichkeit mit seinem großen Schnurrbart, der zu damaliger Zeit beinahe obligatorisch war. Seine Partys fanden am Samstagnachmittag um vier in der Kunstgewerbeschule statt, einem düsteren Gebäude aus der Edward-Zeit, das nur wenige Schritte vom Cavendish entfernt lag. Abgesehen vom Pförtner und ein Paar Reinigungskräften war diese Schule so ausgestorben wie ein Museum um Mitternacht, bis Dirac und etwa fünfzehn weitere strebsame Scholaren der Geometrie eintrafen und an die Vordertür klopften. Baker betrachtete diese Versammlungen als große Gelegenheit, seinen begabtesten Schülern die Liebe zur Geometrie nahe zu bringen. Das Fach war auf ihn angewiesen: Ungefähr ein Jahrhundert lang war die Geometrie der beliebteste Zweig der Mathematik in England gewesen, aber ihr Stern war im Sinken begriffen, weil der Zeitgeist die Analysis und die Zahlentheorie zu bevorzugen begann.[49]

Die wissenschaftlichen Partys – oder besser Überstunden für Geometrie-Liebhaber – waren freundlich im Ton, folgten aber einem straffen Protokoll. Die Versammlung begann pünktlich um 16:15 Uhr nachmittags und konnte nach alter englischer Universitätsmanier nicht beginnen, ohne dass zuvor jedem eine Tasse Tee und ein Keks gereicht worden war. Die einzigen Studenten, denen es gestattet war zu spät zu kommen, waren die Sportler – Ruderer, Rugby-Spieler und Athleten, die mit roten Gesichtern eintrafen und sich eilig hinsetzten, nachdem sie ihre Rucksäcke mit ihrer verschwitzten Ausrüstung verstaut hatten. Jede Woche legte Baker für einen der Studenten im Voraus fest, ein Referat zu halten, um danach von den Zuhörern in die Mangel genommen zu werden, wobei die meisten mit der einen Hand schrieben und mit der anderen rauchten. Baker war ein begnadeter Lehrer, ein objektiver Diskussionsleiter, aber ein strenger Hausherr – er scheute sich nicht, einen jeden Studenten auszuschimpfen, dessen Aufmerksamkeit das leiseste Zeichen von Abschweifung erkennen ließ. Für einige der jungen Männer waren die Partys eine lästige Pflicht, aber für Dirac waren sie der Höhepunkt der Woche: „Sie trugen sehr dazu bei, mein Interesse an der Schönheit der Mathematik zu formen." Er lernte, dass Mathematiker die Aufgabe haben, ihre Ideen sauber und präzise auszudrücken: „Das Allerwichtigste war, es zu schaffen, die Beziehungen in schöner Form auszudrücken."[50]

Auf einer dieser Partys hielt Dirac sein erstes Seminar über projektive Geometrie. Durch seine Mitstudenten und durch Baker wurde er auch mit einem Zweig der Mathematik, der sogenannten Graßmann-Algebra, bekannt gemacht, benannt nach dem deutschen Mathematiker Hermann Graßmann, der im neunzehnten Jahrhundert lebte. Dieser Typ von Algebra ähnelte Hamiltons Theorie der Quaternionen, da beide nicht-kommutativ sind: Das Ergebnis der Multiplikation zweier Elemente hängt von ihrer Reihenfolge ab. Einige angewandte Mathematiker spotteten, Graßmanns Ideen haben kaum praktische Anwendungen, aber Baker störten diese Bedenken nicht. Er bereitete seine Studenten darauf vor, dass sie kaum jemals eine öffentliche Anerkennung für irgendetwas, das sie in der reinen Mathematik erreichten, erwarten dürften, es sei denn „sie entdeckten damit einen Kometen, dann könnten sie an die *Times* darüber einen Brief schreiben".[51]

Baker war der Typ von Dozent, den Akademikerkreise in Cambridge „zutiefst zivilisiert" nennen würden – ein Fachspezialist dessen Enthusiasmus von hoher Bildung getragen war. Eines seiner Hobbys war die Kultur des antiken Griechenlands, und er war fasziniert von der Schönheitsliebe der Griechen, die nach seiner Meinung genauso gut als Inspirationsquelle für ein wissenschaftliches Leben taugte wie andere Quellen. Dies mag mit ein Grund gewesen sein, warum Dirac in seinem Vortrag in einer von Bakers

Zusammenkünften die Aufmerksamkeit auf den ästhetischen Aspekt der Gravitationstheorie von Einstein lenkte, wobei er betonte, dass der Vorläufer, Newtons Gravitationsgesetz, für den reinen Mathematiker „nicht mehr Interesse – (Schönheit?) – besitzt als jede andere umgekehrte Potenz der Entfernung auch".[52] Dies ist der erste dokumentierte Beleg, dass Dirac das Wort „Schönheit" erwähnte. In Bristol war er zu einem ästhetischen Blick auf die Mathematik ermutigt worden, in Cambridge erkannte er nun, dass das Konzept der Schönheit wieder in Mode war. Die Popularität dieses Konzeptes war zumindest teilweise dem andauernden Erfolg der *Principia Ethica* zuzuschreiben, die 1903 von dem Philosophen George Moore, einem Kollegen von Charlie Broad am Trinity College, veröffentlicht worden war. In seiner erfrischenden Sprache ohne Fachausdrücke machte Moore den einschneidenden Vorschlag, „das Schöne sollte dadurch definiert werden, dass seine bewundernde Betrachtung ein Gut in sich selbst darstellt".[53] Schnell wurden die *Principia Ethica* zum Gesprächsstoff der Intellektuellen und von Virginia Woolf und ihren Kollegen der Bloomsbury-Gruppe bewundert sowie von Maynard Keynes als „besser als Plato" deklariert. Mehr als ein Jahrhundert zuvor hatte Immanuel Kant das Thema Schönheit für die meisten Philosophen zu komplex und einschüchternd erscheinen lassen, aber Moore machte es wieder neu zugänglich, was Respekt verdiente.[54] Obwohl das Buch *Principia Ethica* die Ästhetik der Wissenschaft nicht behandelte, hat Moores vom gesunden Menschenverstand geprägter Versuch über die Schönheit höchstwahrscheinlich seine naturwissenschaftlichen Kollegen am Trinity College beeinflusst, inklusive Rutherford und den berühmtesten reinen Mathematiker des College, G. H. Hardy: Beide ließen sich gerne über die Schönheiten ihres Faches aus. Auch Kapitza betrachtete die Experimentalphysik nicht als „Arbeit" wie die meisten seiner Kollegen, sondern als eine Art „ästhetisches Vergnügen".[55]

Obwohl Dirac nicht an Philosophie interessiert war, löste diese Faszination für die Natur der Schönheit eine mächtige Resonanz in ihm aus. Wie viele andere Theoretiker war er hingerissen von der puren, sinnlichen Freude beim Arbeiten mit Einsteins Relativitätstheorien und Maxwells Theorie. Ihm und seinen Kollegen erschienen diese Theorien genauso schön wie Mozarts *Jupiter-Symphonie*, ein Selbstporträt von Rembrandt oder ein Sonett von Milton. Die Schönheit einer fundamentalen Theorie der Physik teilt mehrere charakteristische Eigenschaften mit einem großen Kunstwerk: fundamentale Einfachheit, Zwangsläufigkeit, Mächtigkeit und Großartigkeit. Wie jedes große Kunstwerk ist eine schöne physikalische Theorie immer anspruchsvoll, nie unbedeutend. Einsteins Allgemeine Relativitätstheorie bemüht sich zum Beispiel, alle Materie im Universum zu beschreiben – über alle Zeiten hinweg, in Vergangenheit und Gegenwart. Ausgehend von einigen wenigen, klar formulierten Prinzipien hatte Einstein eine mathematische Struktur aufgebaut, deren Erklärungsmächtigkeit augenblicklich ruiniert wäre, wenn ein einziges ihrer Prinzipien geändert würde. Seine übliche Bescheidenheit vergessend, schrieb er „die Theorie ist von unvergleichlicher Schönheit".[56]

Dirac war außerordentlich schwer zu durchschauen. Gewöhnlich war sein Blick ausdruckslos, oder er zeigte ein schmales Lächeln, unabhängig davon, ob er Fortschritte bei einem seiner wissenschaftlichen Probleme erzielte oder wegen des Fehlens von Fortschritten deprimiert war. Er schien in einer Welt zu leben, in der es nicht nötig war, Gefühle auszudrücken und Erfahrungen auszutauschen. Er verhielt sich so, als ob er glaubte, nur auf die Erde gekommen zu sein, um Wissenschaft zu betreiben.

Sein Glaube, dass er allein für sich arbeitete, führte zu einer seiner seltenen Meinungsverschiedenheiten mit Fowler. Kurz nachdem Dirac in Cambridge angefangen hatte, prüfte Fowler die Fähigkeit seines neuen Studenten, indem er ihn aufforderte, ein nichttriviales aber behandelbares Problem anzupacken. Es ging darum, eine theoretische Beschreibung für die Verteilung der Gasmoleküle in einer geschlossenen Röhre zu finden, deren Temperatur sich graduell von einem Ende zum anderen ändert.[57] Gute fünf Monate später, als Dirac endlich die Lösung gefunden hatte, wollte er sie zu den Akten legen und vergessen, ein Vorhaben, das Fowler entsetzte: „Wenn Sie nicht bereit sind, Ihre Arbeit veröffentlichungsreif auszuarbeiten, können Sie ebenso gut den Laden zu machen!"[58] Dirac fügte sich und zwang sich selbst dazu, die Kunst des Verfassens von wissenschaftlichen Artikeln zu erlernen. Worte kamen ihm nicht leicht in die Feder, aber schrittweise entwickelte er den Stil, für den er berühmt werden sollte, einen Stil, der durch Direktheit, überzeugende Argumentation, starke Mathematik und ein klares Englisch charakterisiert war. Sein Leben lang hatte Dirac dieselbe Haltung gegenüber dem geschriebenen Wort wie sein Zeitgenosse George Orwell: „Gute Prosa ist wie eine Fensterscheibe".[59]

Jener erste Artikel war nur eine Art akademisches Räuspern, mit wenig Wirkung und ohne Bezug zu den fundamentalen Theorien der Physik, die Dirac liebte. In den nächsten drei Artikeln jedoch bewegte er sich mehr auf dem ihm geistesverwandteren Boden der Relativitätstheorie. In seiner ersten Arbeit zum Thema konnte er einen Punkt in Eddingtons Mathematik-Lehrbuch über Einsteins Allgemeine Relativitätstheorie klarstellen, und in den nächsten beiden wendete er die Spezielle Relativitätstheorie zunächst auf Atome an, in denen die Elektronen zwischen ihren Energiestufen springen, und dann auf eine Mixtur aus Atomen, Elektronen und Strahlung. Es dauerte bis zum Ende des Jahres 1924, bis er eine hervorragende Arbeit produzierte, eine Untersuchung, die unter Verwendung von Bohrs Atomtheorie zeigte, was mit den Energiestufen eines Atoms passiert, wenn sich die Kräfte, die auf es wirken, langsam verändern. Obwohl Dirac zu keinen überraschenden Schlussfolgerungen gelangte, belegte diese wissenschaftliche Publikation seine meisterhafte Beherrschung von Bohrs Theorie und Hamiltons mathematischen Methoden. Aber Dirac begann zu glauben, derartige Übungen seien bedeutungslos. Je mehr er über Bohrs Theorie nachdachte, umso unzufriedener wurde er mit deren Schwächen. Andere teilten diese Unzufriedenheit: Physiker in ganz Europa befürchteten, dass eine logische Theorie des Atoms einfach jenseits der Möglichkeiten des menschlichen Verstandes liege.

6

Dezember 1924 – November 1925

Es ist sehr wahr, mein Gram wohnt innen ganz,
Und diese äußern Weisen der Betrübnis
Sind Schatten bloß vom ungeseh'nen Gram,
Der schweigend in gequälter Seele schwillt.
William Shakespeare, *Richard II.*, 4. Akt, 1. Szene
(übers. A. W. Schlegel, Reclam 1961)

Gegen Ende von Diracs Zeit als Forschungsstudent beschrieb Ebenezer Cunningham ihn als „den originellsten Studenten, der mir je im Fach mathematische Physik begegnet ist" und „als geborenen Forscher".[1] An Weihnachten 1924, als er nach Bristol zurückkam, hatte er jeden Grund, mit sich selbst zufrieden zu sein: Er hatte mit nur geringer Hilfe von Fowler oder anderen älteren Kollegen fünf gute wissenschaftliche Artikel geschrieben – deutlich über dem Durchschnitt der besten Doktoranden. Es bestand kein Zweifel, dass er seine Promotion schaffen würde. Aber Dirac war sich wohl bewusst, dass seine Arbeit bisher im Wesentlichen im Ausarbeiten offen gebliebener Details aus Projekten anderer bestanden hatte und dies keineswegs ausreichte, um einen Platz neben Bohr und Einstein an der Spitze der theoretischen Physik zu verdienen. Im Moment verbrachte Dirac sozusagen noch seine Zeit im Vorbereitungsraum und wartete auf eine Inspiration, um die internationale Bühne zu betreten.

Während des ganzen vorausgegangenen Jahres war es Dirac vielleicht aufgefallen, dass die Briefe seiner Mutter auf eine immer größere Traurigkeit hinwiesen und dass sie ihn in die Position einer engen Vertrauensperson hineinmanövrierte. Im Frühsommer hatte sie geklagt, sie habe zu wenig Geld für sich selbst zur Verfügung, ein Thema, das ein Leitmotiv ihrer Korrespondenz werden sollte. Charles verdiente ein ansehnliches Gehalt und besserte es noch mit dem Erteilen von Privatunterricht auf, machte sich aber immer Sorgen um das Geld und hatte – wie viele Ehemänner der damaligen Zeit – keine Hemmungen, seiner Frau nur das Allernötigste für den Haushalt zu geben. Zu stolz, um sich an Freunde oder Geschwister zu

© Springer-Verlag GmbH Deutschland, ein Teil von Springer Nature 2018
G. Farmelo, *Der seltsamste Mensch*, https://doi.org/10.1007/978-3-662-56579-7_6

wenden, verfiel sie darauf, Paul um Geld zu bitten: „[Pa] jammert über die Rechnungen, derzeit besonders über die aus dem Lebensmittelladen, deshalb frage ich mich, ob du vielleicht in der Lage sein könntest, ein paar Shilling in der Woche abzuzweigen, wenn du das nächste Mal nach Hause kommst?"[2] Dirac hat anscheinend nicht schriftlich geantwortet, aber es ist anzunehmen, dass er darüber beunruhigt war, da er von seinem Stipendium nur sehr karg leben konnte und keine zusätzlichen Einkünfte durch Lehrtätigkeit hatte. Seiner Mutter Geld zu geben, hätte ihn in völlige Armut gestürzt.

Im Juni war er aus seiner Studentenbude in eines der eindrucksvollsten Gebäude des College umgezogen, den neoklassizistischen New Court aus dem frühen neunzehnten Jahrhundert.[3] In seinen Räumlichkeiten im Westflügel des Gebäudes hatte er erstmals den Luxus, ganz für sich allein arbeiten zu können, nur durch die Reinigungskraft und die Bettenmacher gestört. Viele wohlhabende Studenten drückten ihrem Revier im College einen individuellen Stempel auf, indem sie eigene Möbel, orientalische Teppiche, Gemälde und Nippes mitbrachten. Diracs Zimmer war dagegen kahl wie eine Gefängniszelle, aber die Unterkunft gab ihm alles, was er benötigte: Frieden und Ruhe, reguläre Mahlzeiten und Wärme. Die einzige Irritation war für ihn das regelmäßige Läuten der Kapellenglocke. Ein paar Jahre später erzählte er einem Freund, dass „dieses ihm manchmal auf die Nerven gehe" – so sehr, dass er „ein bisschen Angst davor" hatte.[4] Aber seine Mutter wusste, dass er in Cambridge glücklicher als in Bristol war, und sie befürchtete, dass er sich nicht mehr in ihrem bescheidenen und einfachen familiären Zuhause wohl fühlen könnte, nachdem er nun in die Welt hinausgegangen war. Kurz bevor er in den Weihnachtsferien nach Bristol zurückkam, machte sie sein Zimmer für ihn bereit, klopfte den Teppich und scheuerte den Fußboden, „das Beste, was ich für solch ein schäbiges Zimmer noch tun kann".[5]

Felix war nach Birmingham gezogen, lebte in einer Mietwohnung im Südwesten der Stadt und arbeitete im Maschinen-Testlabor einer Fabrik. Ohne Aussicht, seine eigene Karriere weiter verbessern zu können, war es vermutlich nicht leicht für ihn, seine Eltern über die Erfolge seines jüngeren Bruders in Cambridge reden zu hören. Felix hatte jeden Grund, eifersüchtig zu sein: Er war weiterhin an den Schreibtischstuhl im Zeichenbüro gebunden und ging einem Beruf nach, der ihm wenig Geld und wohl auch wenig Zufriedenheit einbrachte. Er bedauerte es immer noch, dass sein Vater ihm nicht erlaubt hatte, Medizin zu studieren und arbeitete nebenbei als Volontär bei einem Rettungsdienst, eine abendliche Tätigkeit, die ihm Einblicke in das Arztleben gab, das er sich so ersehnt hatte. Er ließ seinen Bruder nichts davon wissen – sie lebten getrennte Leben, alle brüderliche Zuneigung war aufgebraucht.

An einem frühen düsteren, kalten Januartag des Jahres 1925 rastete etwas bei Felix aus. Er gab seine Arbeit auf, obwohl er weiter darauf achtete, einen guten Kontakt mit seinem Vorgesetzten zu halten, dem technischen Leiter der Maschinen-Testabteilung. Dieser bescheinigte Felix, dass er immer „zuvorkommend, höflich und gewissenhaft bei der Arbeit war".[6] Felix schrieb keine Briefe mehr an seine Eltern und seine Schwester und informierte weder sie noch seine Vermieterin über diesen Schritt und die Tatsache, dass er nun von seinem Ersparten lebte. Er gab vor, weiter zu arbeiten, verließ seine Wohnung morgens und kam zum Abendessen zurück, gelegentlich besuchte er Kurse am nahegelegenen Midland-Institut. Am Ende des Winters waren seine Ersparnisse aufgebraucht. Seine Vermieterin hegte keinen Verdacht, dass etwas nicht stimmte – bis zum ersten Donnerstagabend im März, als er nicht zum Abendessen erschien.[7]

Der kühle, bewölkte Morgen am 10. März begann für Paul Dirac wie jeder andere Dienstag im Trimester. Es lag ein Hauch von Frühling in der Luft. Wie gewöhnlich ging er vor Beginn seines Tagespensums über den gepflasterten Hof von St. John zum Pförtnerhaus, um nachzusehen, ob Post in seinem Fach lag. Er fand einen winzigen Umschlag – klein genug, um auf einen Handteller zu passen – mit einem Poststempel aus Bristol vom späten Abend der vergangenen Nacht. Es war nicht der wöchentliche Brief seiner Mutter. Er öffnete den gefalteten Brief und sah, dass er von Nell war, der Schwester seiner Mutter. Sie begann umständlich, indem sie ihn bat tapfer zu bleiben für die Nachricht, die sie überbringen müsse, weil seine „Eltern zutiefst bestürzt seien": Felix war tot.[8]

Vier Tage zuvor war seine Leiche unter einem Stechpalmenbusch am Feldrand entdeckt worden, drei Kilometer südlich der Kleinstadt Much Wenlock in Shropshire. Vornehm gekleidet in einem Anzug mit Fliege, hatte Felix einen Schraubenschlüssel in einer seiner Hosentaschen und trug noch die Fahrradklemmen, obwohl kein Fahrrad in Sichtweite war. Die Leute, die ihn gefunden hatten, nahmen an, dass er sich mit Gift getötet hatte, da eine offene Glasflasche neben seiner Leiche lag. Er hatte keinerlei Papiere bei sich und hinterließ keinen Abschiedsbrief; der einzige Hinweis auf seine Identität war seine Brille, die den Namen eines Optikers in Wolverhampton aufwies.[9]

Noch vor gar nicht langer Zeit hatte Dirac seinen Bruder geliebt und zu ihm aufgeblickt, mit ihm das Schlafzimmer geteilt und die gleichen weitergereichten Comics gelesen, war mit ihm durch die Parklandschaft der Bristol Downs gelaufen und ihm dann auf die Universität gefolgt. Was sie getrennt hatte, waren Streitereien, Vorurteile und Eifersucht. Aber das war nun angesichts des Kummers in geradezu pathetischer Weise bedeutungslos geworden. Nun hatte der Selbstmord jede Aussöhnung unmöglich gemacht.

Diracs Gefühle bei all dem sind nicht bekannt, da es keine dokumentierten Belege über seine Reaktion gibt. Wenn er sich seiner Art entsprechend verhalten hat, nahm er die Nachricht mit der Ruhe einer Statue auf und erzählte niemandem in Cambridge davon, Fowler vielleicht ausgenommen. Aber es ist möglich, Mutmaßungen über seine Gefühle anzustellen, denn es gibt Aussagen der wenigen ihm nahe stehenden Familienmitglieder, mit denen er seinen Schmerz Jahrzehnte später teilte, wenn auch nur für ein paar Augenblicke.[10] Projiziert man die geäußerten Gefühle auf das Jahr 1925 zurück, kann man schließen, dass der Tod von Felix im Inneren seines Bruders ein lange nagendes Gefühl aus Ärger, Trauer und Schuld entstehen ließ.

Die Kunde von Felix' Tod erreichte am späten Montagnachmittag ganz Bristol: Die *Evening News* brachte den Tod auf der Titelseite mit der Überschrift „Dead in a Field".[11] Ein Bericht am folgenden Tag hielt fest, dass der Tod von Felix „tief schmerzende Empfindungen in der Stadt" ausgelöst habe, wobei angedeutet wurde, dass die Tragödie umso unverständlicher sei, als der Verstorbene „der Sohn eines der angesehensten Persönlichkeiten im Bildungswesen der Stadt gewesen war".[12] Charles und Flo lasen den Bericht nicht am Tag seiner Veröffentlichung, da sie nach Shropshire fahren mussten, um ihren Sohn zu identifizieren und bei der ersten Phase der Ermittlungen anwesend zu sein. Dirac hatte gerade den Brief seiner Tante erhalten und sich vermutlich gewundert, dass seine Eltern ihm nicht telegrafiert hatten, sobald sie die Nachricht erhalten hatten. Waren sie wirklich der Meinung, dass er nicht unter den ersten sein wollte, die vom Tod seines Bruders erfuhren? Vier Jahrzehnte später erzählte Dirac Freunden, dass er über den Grad der Verzweiflung seiner Eltern schockiert war. Der Tod seines Bruders war „ein Wendepunkt" für ihn: „Meine Eltern waren schrecklich verzweifelt. Ich wusste nicht, dass sie so tiefe Gefühle besaßen […]. Ich hatte nicht gewusst, dass Eltern so an ihren Kindern hängen können, aber seitdem weiß ich es."[13]

Wenn diese und andere Erinnerungen aus seinem frühen Familienleben zutreffen, zeigen sie das Ausmaß seiner emotionalen Distanziertheit. Es scheint, dass er sich vieler Erfahrungen nicht bewusst war, die den größten Einfluss auf die Entwicklung von Kindern haben – die Zuneigung ihrer Eltern, die Wichtigkeit von familiären Ritualen, die tagtäglichen Verflechtungen des Familienlebens. Auch hat er nie die Möglichkeit anklingen lassen, dass die Kälte im Hause Dirac vielleicht zum Teil auch auf seine eigene mangelnde Feinfühligkeit zurückzuführen war. Das erwähnte Zitat ist der stärkste Hinweis darauf, dass er unter einer Art Gefühlsblindheit gelitten hatte.

Aufgrund von Diracs Schilderungen der kaltherzigen Tyrannei seines Vaters und der übertriebenen Bemutterung könnte man vermuten, dass der Selbstmord von Felix seine Mutter sehr viel härter hätte treffen müssen als seinen Vater. Aber es war genau umgekehrt. Charles war wie von einer Axt getroffen. Das war keine normale Trauer: Sein Arzt riet ihm, ein Jahr auszusetzen, seine Familie fürchtete um seinen Geisteszustand und hatte sogar Sorge, dass er sich auch das Leben nehmen könnte.[14] Im Gegensatz zu ihm nahm Flo alles gefasst hin, obwohl sie sich quälte, weil sie Felix so wenig verstanden hatte und das Unglück nicht hatte kommen sehen. In einem Gedicht, das sie dreizehn Jahre später zum Gedenken an ihn verfasste, schrieb sie, „er hatte die Maske fallen lassen".[15]

An einem bitterkalten Sonntag, zwei Wochen nachdem sie vom Tod ihres Sohnes erfahren hatten, nahmen Charles und Flo am Trauergottesdienst für ihn in einer nahegelegenen Kirche teil. Nach ihrer Rückkehr schrieb Flo mit mütterlicher Bestimmtheit an Dirac: „Denke daran, du triffst Pa am Donnerstag & *bleibe die ganze Zeit nach der gerichtlichen Untersuchung bei ihm*, sei ein guter Junge & bringe ihn sicher heim, was auch immer er hören sollte".[16] Dirac folgte ihrem Wunsch und reiste ein paar Tage später zu der Befragung, die weniger als eine Meile entfernt von dem Hügel abgehalten wurde, wo Felix gefunden worden war. Es war zufällig derselbe Landesteil, der sich durch Housmans bitter-nostalgische Gedichte in die englische Vorstellungswelt eingeätzt hat. Bei der Vernehmung saßen Dirac und sein todunglücklicher Vater nebeneinander, während sie dem Bericht des Untersuchungsrichters zuhörten. Er begann damit, dass der Tote am Freitag, den 6. März, gefunden worden war. Die Leiche war die eines etwa fünfundzwanzigjährigen Mannes, 175 cm groß, schmales Gesicht, dunkles Haar, dünner Schnurrbart und gute Zähne. Felix hatte sich das Leben genommen, so schloss der Untersuchungsrichter, indem er „Kaliumcyanid in einem Zustand geistiger Verwirrung eingenommen hat".[17]

Zeuge des tiefen Leids von Charles Dirac zu sein, war für seinen Sohn eine Lehre: Wie schmerzhaft auch immer das Leben werden würde, er würde nie Selbstmord begehen, da der Preis für seine Familie zu groß wäre.[18] Betty war nicht weniger stark getroffen: Sie sprach später im Leben nie über die Umstände von Felix' Selbstmord und bemerkte ihren Kindern gegenüber einmal, dass er bei einem Autounfall ums Leben gekommen sei.[19]

Es ist anzunehmen, dass Dirac seine Arbeit mit der gewohnten Routine fortsetzte. Fowler war auf einem Forschungssemester in Kopenhagen, um mit Bohr zu arbeiten und hatte Dirac in die Obhut des jungen Astrophysikers Edward Milne gegeben. Dieser stellte Dirac die Aufgabe, Prozesse auf der Oberfläche von Sternen wie der Sonne zu untersuchen, ein Problem, das Dirac geschickt löste, aber er gelangte wiederum nicht zu aufsehenerregenden Schlussfolgerungen.[20] Mehrere Monate lang sank Diracs Produktivität stark ab. Er erklärte nie warum, aber man kann spekulieren, dass der Kummer ihn hemmte, und vielleicht auch, dass er seine Aufmerksamkeit von schnell lösbaren Problemen abwandte, um nach echten fundamentalen Forschungsthemen zu suchen. Dirac musste noch zeigen, dass er die Fähigkeit besaß, eine solche Herausforderung, das Gütezeichen eines großen Wissenschaftlers, zu bestehen. Es war jedoch eindeutig, dass er das Talent dazu hatte: Er kehrte zu einer ungeklärten Frage im Verständnis der Schwarzkörperstrahlung zurück, die ursprünglich Planck auf die Idee der Energiequanten geführt hatte.

Dirac untersuchte eine gewagte neue Idee, die zuerst von einem sechsundzwanzigjährigen französischen Studenten, Louis de Broglie, in seiner Dissertation geäußert worden war. De Broglie benutzte die Spezielle Relativitätstheorie, um mit erstaunlicher Kühnheit und Originalität zu argumentieren, dass jedes subatomare Teilchen – inklusive Elektron – auch Welleneigenschaften bisher unbekannter Natur habe.[21] Dirac war es gewohnt, sich das Elektron als ein Teilchen vorzustellen, das zum Beispiel auf einer Bahn einen Atomkern umkreiste, deshalb schien de Broglies Begriff eines wellenähnlichen Elektrons eine mathematische Fiktion zu sein, die ohne Bedeutung für die Physik war.[22] Er führte einige erste Berechnungen durch, legte aber die Arbeit zur Seite, nachdem er festgestellt hatte, dass er nichts Publikationswürdiges zustande bringen konnte. Er hatte gerade die Fährte eines wichtigen Problems gewittert, hatte sie dann wieder verloren, aber nur, um bald zu ihr zurückzufinden.

Anfang Mai, fast zwei Monate nach dem Tod von Felix, freute sich Dirac auf den Besuch von Niels Bohr, der zwei Jahre zuvor den Nobelpreis für Physik erhalten hatte und als der weltweit führende Atomwissenschaftler angesehen wurde. Kurz vor seinem vierzigsten Geburtstag stehend war er eine eindrucksvolle Persönlichkeit: groß, vornehm und umgänglich, mit einem riesigen Kopf und kräftigem Körperbau, der noch Spuren von jugendlicher Sportlichkeit zeigte.[23] Seine ausladenden Hände hatten ihm einst geholfen, ein dänischer Spitzentorwart zu werden, der nur knapp die Auswahl für das dänische Fußballteam zu den olympischen Sommerspielen 1908 verfehlte. Diese Hände verwendeten nun viel Zeit darauf, seine Pfeife oder die Zigarette immer wieder anzuzünden; ähnlich wie sein kettenrauchender Kollege Rutherford war Bohr als Schnorrer von Streichhölzern berüchtigt. Die beiden Männer hatten im Frühsommer 1912 drei Monate in Manchester zusammengearbeitet, und Bohr betrachtete Rutherford als „väterliches Vorbild". Es war nicht gerade selbstverständlich, dass sich diese Freundschaft entwickelte, denn beide waren zwar tiefe, intuitive Denker ohne viel Geduld für mathematische Argumente, aber ihre Art sich auszudrücken war gänzlich verschieden: Rutherford nahm beim Reden kein Blatt vor den Mund, sodass seine Wortwahl einen Kanalarbeiter zum Erröten gebracht hätte, während Bohr – ein unverbesserlicher Murmler – fast immer höflich war und sich abmühte, die verworrene Auseinandersetzung, die in seinem Kopf vorging, zu artikulieren. Er war es jedoch wert, gehört zu werden, und seine Zuhörerschaft saß in gespanntem Stillschweigen da, um keines seiner Worte zu verpassen.[24]

Bohr hielt seinen Vortrag „Problems of Quantum Theory" am 13. Mai 1925 und sprach erneut drei Tage später im Kapitza-Klub. Er betonte seine Ansicht, dass die derzeitige Atomtheorie nur provisorisch sei und dass eine besser fundierte Theorie dringend benötigt werde. Bohr war auch unzufrieden mit der Tatsache, dass das Licht manchmal als Teilchen und in anderen Fällen als Welle beschrieben werden musste. Kurz zuvor war er an der Lösung dieser Dichotomie gescheitert, und nun sah er schwarz für den zukünftigen Status der Quantenphysik. Solch eine Verwirrung schüchtert mittelmäßige Denker ein, aber für die Fähigsten signalisiert sie eine Gelegenheit, sich einen Namen zu machen. Nach Bohrs Meinung war ein Student gescheit genug, die Probleme der Quantentheorie zu lösen: das deutsche Wunderkind Werner Heisenberg in Göttingen, der bald Cambridge besuchen sollte.[25] Heisenberg war ganz anders als Dirac: hoch gebildet und mit einer Vorliebe für lange Gespräche und für patriotische Lieder, die er während seiner Zeit in der deutschen Jugendbewegung am Lagerfeuer gelernt hatte. Heisenberg hätte bei einem Glas Bier erklären können, warum „Physik Spaß macht", eine Formulierung, die den ernsten Mitbegründern des Faches achtzig Jahre zuvor nicht in den Sinn gekommen wäre.[26]

Am 28. Juli 1925, einem kühlen Donnerstagabend mit lauer Sommerluft, die nach einem Tag mit Wind und leichten Regenschauern angenehm feucht war, hielt Heisenberg im Kapitza-Klub seinen ersten Vortrag in Cambridge. Er hatte in der berühmten Universität gediegenere Räumlichkeiten erwartet, stattdessen musste er in einem behelfsmäßig hergerichteten Collegeraum sprechen, und mehrere Hörer mussten auf dem Fußboden sitzen. Es ist nicht klar, ob Dirac das Seminar von Heisenberg aufmerksam verfolgte oder überhaupt daran teilnahm.[27] Einige Physiker, die teilgenommen hatten, erinnerten sich vage, dass Heisenberg über die Lichtemission und Lichtabsorption von Atomen gesprochen hatte und dass er im Schlusssatz erwähnte, er habe einen Artikel über einen neuen Zugang zur atomaren Physik geschrieben. Später war sich Heisenberg nur sicher, dass er den Artikel gegenüber seinem Gastgeber Fowler erwähnt hatte, aber niemand in Cambridge – oder gar Heisenberg selbst – schien bemerkt zu haben, dass sie Teil eines historischen Moments gewesen waren.[28]

Dirac kam über die Sommerferien nach Hause, nachdem seine Forschungsförderung durch die Königliche Kommission für die „Great Exhibition" von 1851, die bis heute Stipendien aus den unerwarteten Überschusseinnahmen der Ausstellung vergibt, für weitere drei Jahre gesichert war. Diracs Bewerbung war von Maynard Keynes befürwortet worden und enthielt Lobreden von Cunningham, Fowler und von dem Physiker und Astronomen James Jeans, die bestätigten, Dirac sei „im höchsten Grad für die mathematische Physik begabt".[29] Von dem jungen Dirac wurde viel

Abb. 6.1 Einige Mitglieder des Kapitza-Klubs nach einem Treffen ca. 1925 im Zimmer von Peter Kapitza, Trinity College, Cambridge. Kapitza sitzt direkt unter der Krokodilzeichnung an der Tafel. (Mit freundl. Genehmigung von Giovanna Blackett)

erwartet, obwohl er seit dem Selbstmord seines Bruders nichts Bedeutendes mehr publiziert hatte.

Dirac hat vermutlich die Bitte seiner trauernden Eltern, nach Bristol zurückzukommen, ausschlagen müssen. Sein Vater hatte schon versucht, ihn zu überreden, sich für die Assistenzprofessur in Mathematik an der Universität Bristol zu bewerben, aber es stand außer Frage, dass für Dirac solch ein Posten nicht annehmbar war – er begann sich seines akademischen Wertes bewusst zu werden.[30] Und er wartete immer noch auf eine seinen Talenten entsprechende Herausforderung.

Anfang September 1925 ging ein Postbote die Treppe zur Vordertür der Julius Road No. 6 hinauf und lieferte einen Umschlag ab, der Diracs Leben veränderte. Fowler hatte ihm die Druckfahnen einer wissenschaftlichen Arbeit von Werner Heisenberg geschickt, die er vom Autor erhalten hatte.[31] Die Arbeit mit dem sperrigen Titel *Über quantentheoretische Umdeutung kinematischer und mechanischer Beziehungen*, die zahlreiche Korrekturen in Heisenbergs schräggeneigter Handschrift aufwies, war auf Deutsch verfasst und enthielt die ersten Elemente eines völlig neuen Ansatzes zum Verständnis des Atoms. Die meisten Vorgesetzten hätten die Druckfahnen für sich behalten, um einen Vorsprung gegenüber ihren Forscherkollegen zu haben. Fowler jedoch schickte Dirac die Druckfahnen mit einigen wenigen Worten, die er in die obere rechte Ecke der ersten Seite gekritzelt hatte: „Was halten Sie davon? Ich freue mich auf Ihre Meinung."

Die Arbeit, die im Fachjargon und kompliziert geschrieben war, dürfte für Dirac nicht leicht zu lesen gewesen sein, der an der Merchant-Ventures-Schule nur eine bescheidene Beherrschung der deutschen Sprache erworben hatte. Er konnte jedoch erkennen, dass dies keine gewöhnliche Übungsarbeit in der Mathematik der Quantentheorie war. Bohrs Theorie bezog sich auf Größen, wie die Position des Elektrons und die Zeit, die es für eine Umkreisung des Atomkerns benötigt, aber Heisenberg glaubte, dass dies ein Fehler war, weil kein Experimentator jemals in der Lage sein würde diese Größen zu messen. Er betonte dieses Argument, als er das Ziel seiner Theorie in einem einleitenden Satz zusammenfasste: „In der Arbeit soll versucht werden, Grundlagen zu gewinnen für eine quantentheoretische Mechanik, die ausschließlich auf Beziehungen zwischen prinzipiell beobachtbaren Größen basiert."[32]

Heisenberg wusste, dass es extrem schwierig sein würde, eine vollständige Theorie des Atoms in der von ihm geplanten Richtung in einem einzigen Schritt zu entwickeln. Das wäre eine zu große Aufgabe. Stattdessen probierte er etwas Einfacheres, indem er versuchte, die Theorie eines Elektrons aufzustellen, das sich nicht in den drei Dimensionen des normalen Raumes bewegt, sondern nur in *einer* Dimension, das heißt, auf einer geraden Linie. Solch ein Elektron kann nur im Geist eines theoretischen Physikers existieren, aber wenn dieser Prototyp einer Theorie funktionierte, war es vielleicht möglich ihn auf eine realistischere Version der Theorie auszudehnen, auf eine, die auf Atome angewendet werden könnte.

Heisenberg überlegte, wie die klassische Theorie sein Elektron, das sich vor und zurück bewegte, beschreibt, und wie die Quantentheorie es erfassen könnte, wobei ihm klar war, dass die beiden Theorien in Übereinstimmung mit dem Korrespondenzprinzip nahtlos ineinander übergehen mussten. Die neue Theorie sah ganz anders aus als ihr klassisches Gegenstück. Zum Beispiel wurden in seiner Quantentheorie keine einzelnen Zahlenwerte angegeben, um die Position des Elektrons zu beschreiben, stattdessen wurde die Positionsangabe durch Zahlen in einem quadratischen Feld ersetzt, das Mathematiker eine Matrix nennen. Jede Zahl in diesem Feld bezog sich auf ein Paar von Energiestufen des Elektrons und stand für die Wahrscheinlichkeit, dass das Elektron zwischen den Energiestufen dieses Paares springen wird. Daher konnte jede dieser beiden Zahlenwerte experimentell durch die Beobachtung des Lichtes bestimmt werden, das von dem Elektron abgegeben wird, wenn es zwischen beiden Stufen springt. Auf diese Weise zeigte Heisenberg, wie eine vollkommen neue Atomtheorie allein aus *messbaren* Größen aufgebaut werden könnte.

Dieses Bild wirkt auf jeden, der damit zum ersten Mal in Berührung kommt, sehr bizarr. Heisenberg hatte mit erstaunlicher Kühnheit die Annahme verlassen, man könne sich das Elektron als ein Teilchen auf einer Umlaufbahn um den Kern vorstellen – eine Annahme, die zuvor niemand in Frage zu stellen gewagt hatte. Heisenberg ersetzte dieses Bild durch eine rein mathematische

Beschreibung des Elektrons, eine Beschreibung zudem, die nicht leicht zu akzeptieren war: Wenn sie sich auf normale Materie bezog, würde der exakte Ort nicht mit einem Lineal gemessen werden, sondern in Form eines Zahlenfeldes, das die Wahrscheinlichkeiten angab, dass das Elektron in andere Energiezustände überging. Das war keine Idee, die mit dem gesunden Menschenverstand vereinbar war. Indem er einen Gedankensprung wie diesen machte, benahm sich Heisenberg eher wie ein Maler, der vom klassisch-deskriptiven Stil eines Vermeer zu einem Stil der Abstraktion im Sinne von Mondrian wechselt. Während jedoch Maler die Abstraktion als Technik anwenden, um attraktive Bilder zu malen, die sich auf reale Dinge beziehen oder auch nicht, stellt die Abstraktion, die Physiker verwenden, eine Methode dar, mit immer größerer Genauigkeit der materiellen Realität gerecht zu werden.

Zunächst fand Dirac Heisenbergs Ansatz zu kompliziert und künstlich und legte das Manuskript als „von keinem Interesse" zur Seite.[33] Etwa zehn Tage später kehrte Dirac jedoch zu ihm zurück, weil ihn ein Punkt, den Heisenberg im Vorbeigehen etwa auf halbem Weg in seinem Text erwähnt hatte, auf einmal wie ein Blitz traf. Heisenberg hatte geschrieben, dass einige der Größen in der Theorie eine seltsame Eigenschaft aufweisen: Falls eine dieser Größen mit einer anderen multipliziert wird, ist das Ergebnis von der Reihenfolge der Multiplikanden abhängig. Dies wurde anhand der beiden Werte für Ort und Impuls (dem Produkt aus Masse und Geschwindigkeit) eines Materieteilchens gezeigt: Der Ort multipliziert mit dem Impuls war seltsamerweise nicht identisch mit dem Impuls multipliziert mit dem Ort. Die Reihenfolge bei der Multiplikation war auf einmal wesentlich. Heisenberg bemerkte später, dass er diesen Punkt als einen peinlichen Nebenbefund erwähnt hatte, in der Hoffnung, dass die Gutachter dadurch nicht abgeschreckt wurden, weil die Theorie dadurch als zu weit hergeholt erscheinen könnte, um veröffentlicht zu werden. Ganz und gar nicht verschreckt sah Dirac, dass diese Größen der Schlüssel zu einem neuen Denkansatz in der Quantenphysik waren. Mehrere Jahre später erzählte seine Mutter in einem Interview, Dirac sei so aufgeregt gewesen, dass er die Regel, seinen Eltern nichts über seine Arbeit zu berichten, durchbrach und sein Bestes gab, um ihnen die „Nichtkommutativität" zu erklären. Er versuchte es nie wieder.[34]

Im Unterschied zu Heisenberg, der zuvor nie auf nicht-kommutative Größen gestoßen war, war Dirac mit diesen wohlvertraut – durch sein Studium der Quaternionen, durch die Graßmann-Algebra, von der er auf Bakers Tee-Partys erfahren hatte, und durch seine ausgedehnte Beschäftigung mit der projektiven Geometrie, die ebenfalls derartige Beziehungen aufweist.[35] Deshalb fühlte sich Dirac nicht nur wohl mit dem Auftreten solcher Größen in der Theorie, sondern war sogar begeistert, obwohl er zunächst ihre Bedeutung nicht durchschaute und auch nicht wusste, wie man auf Heisenbergs Ideen aufbauen könnte. Dirac fiel jedoch auf, dass Heisenberg seine Theorie nicht so konstruiert hatte, dass sie konsistent mit der Speziellen Relativitätstheorie war, und spielte nun, wie von ihm zu erwarten, sein Lieblingsspiel: Er versuchte eine Version von Heisenbergs Theorie aufzustellen, die mit der Speziellen Relativitätstheorie konsistent war, aber er gab es bald auf.[36] Ende September bereitete sich Dirac auf seine Rückkehr nach Cambridge vor. Er war überzeugt, dass die nicht-kommutativen Größen in der Theorie der Schlüssel zum Geheimnis waren. Um Fortschritte zu erzielen, musste er das passende Schloss und den Schlüssel dafür finden: einen Weg, diese Größen zu interpretieren, einen Weg, sie mit der beobachtbaren Wirklichkeit zu verbinden.

Eine Person, die Dirac nicht kannte, teilte seine Begeisterung für die Theorie. Es war Albert Einstein, der seinem Freund Paul Ehrenfest schrieb: „Heisenberg hat ein großes Quantenei gelegt".[37]

Anfang Oktober begann Diracs letztes Jahr als Doktorand. Von Fowler ermutigt legte er seine Bücher über komplizierte Rechnungen auf der Basis von Bohrs Theorie zur Seite – in dem Wissen, dass, wenn Heisenbergs Theorie richtig war, all diese Berechnungen wertlos waren.

Bald nach Trimesterbeginn hatte Dirac auf einem seiner Sonntagsspaziergänge seine erste große Erleuchtung. Lange Zeit später konnte er das exakte Datum nicht benennen, obwohl er sich lebhaft an diese ersten aufregenden Stunden der Entdeckung erinnerte.[38] Wie gewohnt versuchte er seine Arbeit zu vergessen und ließ seine Gedanken in der Beschaulichkeit der flachen Landschaft von Cambridgeshire schweifen. Aber an diesem Tag drangen die nicht-kommutativen Größen in Heisenbergs Theorie weiterhin in sein Bewusstsein. Der entscheidende Punkt war, dass bei zwei Größen A und B die Reihenfolge bei der Multiplikation eine Rolle spielt: AB unterscheidet sich von BA. Was bedeutet dann die Differenz AB minus BA?

Wie aus heiterem Himmel fiel Dirac ein, dass er einmal auf eine spezielle mathematische Konstruktion gestoßen war, die Poisson-Klammer genannt wird und ungefähr wie AB – BA aussieht. Er hatte nur eine schwache visuelle Erinnerung an die Konstruktion, aber er wusste, dass sie etwas mit Hamiltons Methode zur Beschreibung von physikalischen Bewegungen zu tun hatte. Es war charakteristisch für Dirac, dass er sich mit bildlichen Darstellungen viel wohler fühlte als mit algebraischen Symbolen. Er vermutete, dass die Klammer die gesuchte Verbindung zwischen der neuen Quantentheorie und der klassischen Theorie des Atoms liefern könnte – zwischen den nicht-kommutativen Größen in Heisenbergs Theorie und den gewöhnlichen numerischen Größen der klassischen Theorie. Zweiundfünfzig Jahre später erinnerte er sich: „Die Idee kam mir zuerst blitzartig, vermute ich, und löste natürlich eine gewisse Aufregung aus, und dann kam natürlich die Reaktion ‚nein, das ist wahrscheinlich falsch'. [...] Es war wirklich eine sehr aufwühlende Situation, und es wurde für mich unumgänglich, meine Kenntnisse von der Poisson-Klammer aufzufrischen."

Er eilte nach Hause, um nachzusehen, ob er irgendetwas über die Poisson-Klammer in seinen Vorlesungsnotizen und Lehrbüchern finden könnte, aber er hatte Pech und damit ein Problem:

> Es gab nichts, was ich tun konnte, da es Sonntagabend war und die Bibliotheken alle geschlossen waren. Ich musste einfach ungeduldig die ganze Nacht warten, ohne zu wissen, ob die Idee überhaupt gut war oder nicht, aber ich denke doch, dass meine Zuversicht im Laufe der Nacht wuchs. Am nächsten Morgen eilte ich in eine der Bibliotheken sobald sie geöffnet war [...].[39]

Nur Minuten nachdem Dirac die Bibliothek betreten hatte, zog er aus einem Regal den Band heraus, von dem er wusste, dass er die Antwort auf seine Frage bringen würde: *A Treatise on the Analytical Dynamics of Particles and Rigid Bodies* (in deutscher Übersetzung: *Analytische Dynamik der Punkte und starren Körper*) von dem Mathematikprofessor Edmund Whittaker von der Universität Edinburgh. Der Index führte ihn zunächst auf Seite 318 (in der deutschen Ausgabe), wo Whittaker die Klammer angab, die tatsächlich, wie Dirac vermutet hatte, die Poisson-Klammer war, die zum ersten Mal mehr als ein Jahrhundert zuvor in den Schriften des französischen Mathematikers Siméon-Denis Poisson aufgetaucht war. Sie hatte tatsächlich die Form von zwei miteinander multiplizierten mathematischen Größen minus dem Produkt zweier dazu verwandter Größen, wobei die Multiplikationen und das Minuszeichen ähnlich aussahen wie der Ausdruck AB − BA.[40] Es war einer seiner besten Einfälle, dass Dirac erkannte, wie er aus diesem Faden einen ganzen Teppich weben konnte. Nach wenigen Wochen ununterbrochener Arbeit hatte er die mathematische Grundlage der Quantentheorie in Analogie zur klassischen Theorie dargelegt. Wie Heisenberg glaubte er, dass mentale Bilder von den kleinsten Teilchen der Materie zu Missverständen führen mussten. Solche Teilchen können nicht bildlich vergegenwärtigt werden, sie können auch nicht durch Größen wie Ort, Geschwindigkeit und Impuls beschrieben werden, die sich wie normale Zahlen verhalten. Die Lösung besteht darin, abstrakte mathematische Größen zu verwenden, die mit den gewohnten klassischen Größen *korrespondieren*: Es waren diese Beziehungen, die sich Dirac bildlich vorstellte, nicht die Teilchen, die durch sie beschrieben werden. Indem er die Analogie mit der Poisson-Klammer und das Korrespondenzprinzip benutzte, fand Dirac die Verbindung zwischen den abstrakt-mathematischen Größen in seiner Theorie – und er fand die entscheidende Gleichung, die die Beziehung von Ort und Impuls eines Materieteilchens beschreibt:

$$\text{Ort} \times \text{Impuls} - \text{Impuls} \times \text{Ort} = h \times (\text{Quadratwurzel von} -1)/(2 \times \pi),$$

mit π, dem Verhältnis des Umfangs eines Kreises zu seinem Durchmesser (der Wert beträgt etwa 3,1416), h, dem Planck'schen Wirkungsquantum und der Wurzel aus -1, der Basis der imaginären Zahlen, die im täglichen Leben keine Rolle spielen, aber häufig in der mathematischen Physik vorkommen. Auf der rechten Seite der Gleichung stand also nichts Neues. Der geheimnisvollste Teil der Gleichung war die linke Seite, besonders für diejenigen, die so unklug waren, die Symbole für Ort und Impuls als etwas anderes als Abstraktionen zu betrachten: Sie waren keine Zahlen oder messbare Größen, sondern *Symbole*, rein mathematische Objekte.

Für alle, die keine mathematischen Physiker mit einer rein mathematischen Ausrichtung waren, erschien Diracs Beschreibung weit entfernt von jeder Realität zu sein, aber für diejenigen, die sich auskannten, war es möglich, seine abstrakten Symbole so zu behandeln, dass konkrete Voraussagen resultierten. Eddington fasste es in die Worte: „Das Zauberhafte aber ist, dass trotzdem bei fortschreitender Entwicklung seiner Theorie wirkliche Zahlen aus diesen Symbolen *hervorgehen*."[41] Eddington meinte damit, dass die zugrundeliegende symbolische Sprache nach mathematischen Manipulationen zu Zahlen führte, die von Experimentatoren überprüfbar waren. Der Wert der Theorie hing dann davon ab, ob ihre Voraussagen mit den abgelesenen Größen auf Zählern, Zifferblättern und Detektorschirmen übereinstimmten. Wenn die Theorie das erfolgreich leistete und logisch konsistent war, musste sie nach Diracs Ansicht als Erfolg gewertet werden, unabhängig davon wie seltsam sie aussah.

Fowler wusste es zu würdigen, dass sein Student etwas Besonderes getan hatte. Diracs Theorie war viel ehrgeiziger als Heisenbergs Prototyp, die Beschreibung des künstlichen Falles eines Elektrons, das auf einer geraden Linie hin und her hüpft. Diracs Theorie versuchte hingegen das Verhalten *aller* Quantenteilchen in *allen* Situationen über *alle* Zeiten hinweg zu beschreiben. Er war sich jedoch bewusst, dass zunächst die größte Priorität darin lag, zu zeigen, dass die Theorie auf die wichtigsten Beobachtungen über das Atom zutraf, die die Experimentalphysiker gemacht hatten. In wenigen Zeilen Algebra zeigte Dirac, dass die Energie in seiner Theorie erhalten blieb – wie es in der Alltagswelt der Fall ist – und dass ein Elektron eines Atoms, wenn es von einem Energieniveau auf ein anderes springt, ein Lichtquantum abgibt, dessen Energie gleich der Differenz zwischen den beiden Energieniveaus ist. Dies zeigte, dass die Theorie fähig war, Bohrs Erfolge zu reproduzieren, ohne die Annahme machen zu müssen, dass Elektronen wie Planeten um einen Stern kreisen und dabei durch einen kaskadenförmigen Sturz in den Kern dem Untergang geweiht sind. Für Dirac war es sinnlos, derartige graphische Bilder zu verwenden – Quantenteilchen können nur mit der präzisen, reduzierten Sprache der symbolischen Mathematik beschrieben werden.

Obwohl Dirac von Heisenbergs Manuskript inspiriert worden war, unterschieden sich die Herangehensweisen der beiden Wissenschaftler an ihr Thema stark voneinander. Heisenberg bezeichnete seine Abhandlung stolz als „die große Säge", als ein Werkzeug, um das Bein abzuschneiden, auf dem die alte Bohr-Theorie beruhte.[42] Dirac versuchte dagegen, eine Brücke zwischen Newtons Mechanik und der neuen Theorie zu bauen. Sein Traum war, dass all die Mathematik, die Hamilton und andere angewendet hatten, um Newtons Theorie der Mechanik umzuformen, ein exaktes Gegenstück in der neuen Theorie aufweist. Wenn Dirac recht hatte, könnten Physiker die Infrastruktur der „klassischen Mechanik" – den Stoff von Hunderten von Lehrbüchern – beim Aufbau der neuen Theorie benutzen, die ein Jahr zuvor von Heisenbergs Chef Max Born „Quantenmechanik" genannt worden war.

Anfang November hatte Dirac seine Arbeit fertiggestellt und ihr einen ehrgeizigen Titel gegeben, der die Aufmerksamkeit selbst des flüchtigsten Lesers auf sich ziehen musste: *The Fundamental Equations of Quantum Mechanics* (Die fundamentalen Gleichungen der Quantenmechanik). Fowler war hoch erfreut. Erst wenige Monate zuvor hatte er seinem Studenten die Fähigkeit bescheinigt, „die mathematische Entwicklung seiner Ideen weiter voranzutreiben" und „alte Probleme auf eine frische und einfachere Art anzugehen".[43] Nun konnte er sein Lob von dessen außerordentlicher Fähigkeit auf dessen außerordentliche Leistung verschieben. Fowlers höchste Priorität bestand nun darin, sicherzustellen, dass die Arbeit so schnell wie möglich in Druck ging. Konnte es einer von Diracs Konkurrenten schaffen, eine ähnliche Arbeit vor ihm zu veröffentlichen, würde Dirac nach den ungeschriebenen Regeln der wissenschaftlichen Gemeinschaft nur unter dem Aspekt „ferner liefen" betrachtet. Wie im Sport ist Wissenschaft eine Tätigkeit, bei der der Gewinner alles bekommt. Fowler war kürzlich zum Mitglied der Royal Society, der Wissenschaftsakademie des Vereinigten Königreichs, gewählt worden, wodurch er das Recht erworben hatte, Manuskripte zur Veröffentlichung in deren *Proceedings* oder *Transactions* in der vertrauensvollen Erwartung einzureichen, dass sie ohne Verzögerung akzeptiert würden.

Für die Mehrzahl der Physiker in Cambridge war die Entdeckung der Quantenmechanik ein Nicht-Ereignis. Abgesehen von seinen Diskussionen mit Fowler, gab sich Dirac keine Mühe, seine Kollegen in die neue Revolution der Physik, die seines Wissens im Gange war, einzuweihen. Es verbreitete sich jedoch das Gerücht, dass mit ihm ein „erstklassiger Wissenschaftler" im Kommen sei, obwohl seine dürre, fast wortlose Art keinen Rückschluss auf die Tiefe und den subtilen Scharfsinn seines Denkens zuließ. Vermutlich war es zu dieser Zeit, dass seine Kollegen eine neue Einheit für die kleinste vorstellbare Zahl an Worten erfanden, die ein sprachbegabtes Wesen in der Gesellschaft anderer äußern kann – im Durchschnitt ein Wort pro Stunde, „ein Dirac". Bei den seltenen Gelegenheiten, wo er provoziert wurde, mehr als ja oder nein zu sagen, sagte er genau das, was er dachte, anscheinend ohne jedes Verständnis für die Gefühle seiner Mitmenschen oder die Regeln einer höflichen Konversation.

Während eines Essens in der Halle von St. John nahm er einem Mitstudenten, der seine Zeit einem alltäglichen Problem der klassischen Physik widmete, allen Mut mit den Worten: „Sie sollten grundlegende Probleme aufgreifen, nicht periphere."[44] Dies war auch Rutherfords Credo, obwohl seine Methode mehr erdverbunden war. Rutherford war solange misstrauisch gegenüber den neuesten Hieroglyphen der Theoretiker, bis sich die Ergebnisse als relevant für Experimentalphysiker erwiesen. Genau dies musste die Quantenmechanik noch leisten. Den meisten Physikern erschien es nicht plausibel, dass die Natur so pervers sein könnte, eine Theorie zu bevorzugen, die dreißig Seiten Algebra benötigte, um die Energiestufen des einfachsten Atoms zu erklären, statt Bohrs Theorie, die dazu nur wenige Zeilen brauchte. Für Rutherford und seine „Boys" lag in diesem Herbst die wirkliche Sensation nicht in den Offenbarungen der Quantenmechanik, sondern in der Entdeckung, dass Elektronen einen Spin haben. Diese Entdeckung der beiden Holländer Samuel Goudsmit und George Uhlenbeck an der Universität Leiden überraschte alle. Von Bohrs Atommodell ausgehend war es leicht, sich ungefähr vorzustellen, was vorging: Das umlaufende Elektron dreht sich, genauso wie sich die Erde wie ein Kreisel um die Nord-Süd-Achse dreht. Obwohl die Idee eines Elektrons mit Spin bald vollständig anerkannt werden sollte, dachten viele führende Physiker, das sei lächerlich.[45]

Einer der Doktoranden in Cambridge, die in diesem Trimester als Erste von der Entdeckung des Spins hörten, war Robert Oppenheimer, ein gepflegter, wohlhabender Amerikaner jüdischen Glaubens, der gerade aus Harvard gekommen war, das damals vom Antisemitismus erschüttert wurde. Er war emotional instabil und unsicher, was er mit seinem Leben anfangen wollte, aber nach außen hin zuversichtlich und immer bedacht, Breite und Tiefgang seiner kulturellen Interessen nicht zu verstecken. Nachdem Rutherford ihn nicht als Studenten akzeptiert hatte, arbeitete er für ein paar unproduktive Wochen mit J. J. Thomson zusammen, dessen beste Zeit schon vorüber war. Oppenheimer mochte das Leben in Cambridge nicht – die „ziemlich blassen Wissenschaftsklubs", die „scheußlichen" Vorlesungen, und dass er in einem „erbärmlichen Loch" leben musste. Er sah amerikanische Mitstudenten „buchstäblich dahinwelken unter der Härte der erlebten Missachtung, des Klimas und des Yorkshire Puddings".[46] Am Ende seines ersten Trimesters in Cambridge urteilte ein guter amerikanischer Freund, Oppenheimer habe „eine Depression erster Klasse".[47]

Dirac erwähnte in seinen Postkarten nach Hause keine seiner studentischen Bekanntschaften und praktisch nichts über seine Arbeit. Seine frustrierten Eltern mussten sechs Wochen warten, bis er ihnen bestätigte, dass seine Unterkunft bequem war. Flo sah, dass ihr Sohn sein Arbeitspensum weiter erhöht hatte, nachdem ihm die Bedeutung von Heisenbergs erster Arbeit aufgegangen war, und begann ihre Zeilen mit einer Wendung, die zum hilflosen Refrain werden sollte: „Arbeite nicht zu viel; nimm dir auch Zeit für Erfreuliches, wenn es dir begegnet." Diracs Vater war immer noch ein gebrochener Mann, litt am kalten Wetter und – so seine Frau – schlurfte herum „so langsam wie ein Eisblock".[48]

Eines von Flos Lieblingsthemen war die nationale und lokale Politik, aber in diesem Herbst schrieb sie wenig darüber, wahrscheinlich deshalb, weil es darüber nicht viel zu schreiben gab: England war stabil und florierte. Am Beginn der zweiten Hälfte der 1920er-Jahre schien das Land schließlich seine Kriegserinnerungen aufzuarbeiten, wozu der wachsende internationale Konsens beitrug, dass Meinungsverschiedenheiten nie wieder auf dem Schlachtfeld gelöst werden sollten. Dieses Einverständnis manifestierte sich in dem dankbar begrüßten Vertrag von Locarno, einem Nicht-Angriffspakt zwischen Frankreich, Deutschland und Belgien, garantiert durch die zwei als unparteiisch geltenden Mächte Italien und das Vereinigte Königreich. Einige englische Schulen gaben am 1. Dezember, dem Tag der Unterzeichnung des Vertrags in London, den Schülern frei. Am gleichen Tag veröffentlichte die Royal Society Diracs ersten Artikel über die Quantenmechanik in ihren *Proceedings*. Fowler hatte es fertig gebracht, die Zeit zwischen dem Einreichen des Manuskripts und der Veröffentlichung, die normalerweise drei Monate betrug, auf dreieinhalb Wochen zu verkürzen.

Unter den Kennern der Quantentheorie sprach sich herum, dass ein Star geboren war. Diracs frühere Arbeiten waren weitgehend unbemerkt geblieben, aber hier gab es einen Artikel, der offenbar von einem bedeutenden Mathematiker und Physiker geschrieben worden war.[49] Ein Wissenschaftler, der von Dirac vor dessen erstem Werk über die neue Theorie nichts gehört hatte, war Heisenbergs Chef in Göttingen, Max Born.[50] Wohl eher unter- als übertreibend beschrieb er in seinen Erinnerungen das erstmalige Lesen von Diracs frühem Werk zur Quantenmechanik als „eine der größten Überraschungen meines Lebens" […], der Autor schien noch sehr jung zu sein, dennoch war „alles auf seine Weise perfekt und bewundernswert".[51]

Auch Heisenberg wurde durch die Abhandlung aufgeschreckt. Am 23. November, wenige Tage nachdem er die Kopie der Druckfahnen von Dirac erhalten hatte, antwortete Heisenberg mit einem zweiseitigen Brief (in Deutsch), der zum Auftakt einer fünfzigjährigen Freundschaft werden sollte.[52] Er begann liebenswürdig, indem er sagte, „Ihre außerordentlich

schöne Arbeit über Quantenmechanik hab' ich mit dem größten Interesse
gelesen" und fügte hinzu, „und es kann wohl kein Zweifel sein, dass alle Ihre
Resultate richtig sind, sofern man überhaupt an die neue Theorie glaubt".
Der Entdecker der neuen Theorie war sich offenbar nicht sicher, ob seine
Ideen von bleibendem Wert waren.

Was dann folgte, ließ vermutlich Diracs Herz sinken: „Hoffentlich
sind Sie nicht betrübt darüber, dass allerdings ein Teil Ihrer Resultate
auch hier vor einiger Zeit schon gefunden wurde." Born hatte unabhängig die Beziehung zwischen Ort und Impuls aufgedeckt. Dirac dachte
wahrscheinlich, er sei der Erste gewesen, der diese Verbindung gesehen
hatte. Außerdem konnte Heisenbergs Theorie die Balmer-Formel für das
Wasserstoffatom erklären: Eine virtuose Berechnung durch Heisenbergs
etwas älteren Freund, Wolfgang Pauli, hatte das gezeigt, einem österreichischen Theoretiker, der für seine Brillanz und seine mitleidlose intellektuelle Aggressivität bekannt war und dafür, dass er in den Nachtlokalen von
Hamburg gern ein Glas Wein zu viel trank. Heisenbergs Zeilen enthielten
die enttäuschende Nachricht, dass andere europäische Theoretiker auf der
gleichen Spur waren, und die entmutigende Aussicht, dass sie ihm in der
Zukunft bei weiteren Veröffentlichungen zuvorkommen könnten.

In den auf seinen ersten Brief folgenden zehn Tagen schrieb Heisenberg
an Dirac drei weitere herzliche und lobende Briefe, in denen er auf sachliche Schwierigkeiten und kleinere Fehler in Diracs erster Arbeit hinwies
und Einzelheiten klar zu stellen versuchte. Er schloss seinen Brief vom 1.
Dezember mit den Worten: „Bitte fassen Sie diese meine Fragen nicht
als Kritik Ihrer wunderbaren Arbeit auf. Ich muss gerade einen Artikel
über den derzeitigen Stand der Theorie schreiben […] und staune immer
noch über die mathematische Einfachheit, mit der Sie dieses Problem
bezwungen haben".[53] Dirac wusste, dass er sich in einem der härtesten
Konkurrenzkämpfe befand, die die theoretische Physik zu bieten hatte.
Heisenberg arbeitete in Göttingen nicht nur mit Born und dessen Studenten
Pascual Jordan, sondern auch mit einigen der weltbesten Mathematiker
zusammen. Das Trio Born, Heisenberg und Jordan arbeitete in der
Göttinger Tradition der engen Zusammenarbeit zwischen theoretischen
Physikern, Mathematikern und Experimentalphysikern, was in scharfem
Gegensatz zu der weitgehenden Trennung der Gruppen in Cambridge stand,
wo Individualität hochgehalten wurde. In diesem unerklärten Wettstreit, als
Erster eine vollständige Theorie der Quantenmechanik zu entwickeln, trat
die gesammelte Macht der Mathematiker und Physiker in Göttingen gegen
den Einzelkämpfer Dirac an. Er wusste, dass Heisenberg den deutschen
Konkurrenten einen Vorsprung von zwei Monaten geschenkt hatte.

Es sollten mehrere Jahre vergehen, bevor sich die Quantenmechanik zu einer vollständigen Theorie auskristallisierte. Es kam dabei auf die stetig voranschreitende Arbeit von etwa fünfzig Physikern an. In der Rückschau ähnelten sie einer Gruppe von Bauarbeitern, die sich auf ein gemeinsames Projekt geeinigt haben – eine neue Theorie über das Verhalten der Materie aufzustellen – aber nicht auf den dabei zu beschreitenden Weg. In diesem Fall war die Baustelle über den ganzen Nordwesten Europas verteilt, und praktisch alle am Bau Beteiligten waren Männer unter dreißig Jahren, äußerst wettbewerbsorientiert, die nach der Anerkennung ihrer Fachkollegen lechzten und auf den Segen der Nachwelt hofften. Es gab keinen offiziellen Leiter, deshalb konnten sich die Teilnehmer frei für jeden Teil des Projektes entscheiden, der ihnen zusagte. In dieser Beinahe-Anarchie konnte es nicht ausbleiben, dass einige Aufgaben des Projekts von mehreren Leuten gleichzeitig durchgeführt wurden. Und wenn brauchbare Resultate entstanden waren, gab es Streitereien darüber, wem die größte Anerkennung dafür gebührte. Alle Beteiligten hatten ihre Lieblingswerkzeuge und ihren eigenen bevorzugten Weg für die Lösung des ihnen vorliegenden Problems. Einige näherten sich philosophisch, andere mathematisch und wieder andere legten den Akzent auf aussagekräftige Experimente. Einige konzentrierten sich auf den Gesamtplan des Projekts, andere auf die Einzelheiten. Die meisten arbeiteten gern mit anderen zusammen und liebten es, ihre Ideen im Gespräch mit ihren Kollegen zu testen, während einige wenige andere – besonders Dirac – keinen Wert darauf legten, zu einem Team zu gehören. Es war nur selten leicht zu erkennen, welche der neuen Ideen Talmi und welche Edelsteine waren, noch war es offensichtlich, wessen Herangehensweise an das Problem den größten Erfolg versprach. Auch fühlte sich keiner der Physiker daran gebunden, ein gänzlich konsistentes Vorgehen durchzuhalten. Alles was zählte, war, die vorliegende Aufgabe zu lösen, mit welcher Methode auch immer. Am Ende werden Preise für eine neue wissenschaftliche Theorie, ähnlich wie in der Architektur für ein neues Gebäude nicht an die Leute vergeben, die während der Konstruktionsphase am eloquentesten reden, sondern an diejenigen, die die Vision haben und am meisten zu ihrer Realisierung beitragen.[54]

Dirac war bewusst, dass er und seine Kollegen nur den ersten Schritt zur Aufstellung einer vollständigen Theorie der Quantenmechanik getan hatten. Es blieb noch viel zu tun.

7

Dezember 1925 – September 1926

*Eine Tür zu solchem Wissen ist für uns erst fünf oder
sechsmal einen Spalt breit aufgegangen, seit wir auf den
Hinterbeinen laufen. Jetzt zu leben, heißt, in der
schönsten aller Zeiten zu leben, weil fast alles, wovon wir
gedacht haben, wir wüssten es, sich als falsch erweist.*

Tom Stoppard, *Arcadia*, 1. Akt, 4. Szene, 1993
(*Arkadien*, übers. Frank Günther, Jussenhoven & Fischer 1993).

Einstein bewunderte die neue Quantenmechanik, sollte aber ihr gegenüber misstrauisch bleiben. Am Weihnachtstag des Jahres 1925 schrieb er aus Berlin an seinen guten Freund Michele Besso, ihm erscheine es unwahrscheinlich, dass etwas so Einfaches wie eine Zahl, die den Ort eines Quantenteilchens festlegt, durch ein Zahlenfeld ersetzt werden sollte – „ein wahres Hexeneinmaleins".[1] Sechs Wochen später kam er zu der Einsicht, dass die Theorie falsch sei.[2]

Dirac hatte keine derartigen Bedenken – er war sich sicher, dass Heisenberg die beste Richtung vorgegeben hatte. Obwohl Dirac mit Heisenbergs Theorie arbeitete, waren ihre beiden Herangehensweisen ganz unterschiedlich: Während Heisenberg annahm, die Theorie sei revolutionär, war sie für Dirac eine Erweiterung der klassischen Theorie.[3] Und während Heisenberg und seine Göttinger Kollegen beständig bestrebt waren, experimentelle Resultate zu erklären, bestand Diracs Priorität darin, die Grundschichten oder „Substrate" der Theorie festzulegen, eine Lieblingsformulierung von Eddington. Dirac folgte Einstein, indem er einen deduktiven, einen Top-down-Ansatz wählte, wonach er mit einer mathematisch präzisen Formulierung der grundlegenden Prinzipien begann und erst danach die Theorie verwendete, um Voraussagen zu machen.

Ein paar Wochen nach Weihnachten – für die Dirac-Familie das erste ohne Felix – hielt Dirac im Kapitza-Klub einen Vortrag über seinen gerade veröffentlichten Artikel zur Quantenmechanik. Zwei Tage später reichte er den Beweis, dass seine Theorie die Balmer-Formel reproduzierte, zur Veröffentlichung ein. Dies war der erste von drei Artikeln über die neue Theorie, die er während

© Springer-Verlag GmbH Deutschland, ein Teil von Springer Nature 2018
G. Farmelo, *Der seltsamste Mensch*, https://doi.org/10.1007/978-3-662-56579-7_7

der ersten vier Monate des Jahres schrieb. In diesen ersten Arbeiten über die Quantenmechanik versuchte Dirac die Theorie sowohl zu verstehen als auch anzuwenden. Beim Versuch, eine Erklärung für die Symbole in Heisenbergs Theorie zu finden, verbrachte er Monate erfolglos damit, diese in Beziehung zur projektiven Geometrie zu setzen, keine seiner Ideen funktionierte jedoch. Er benutzte eine Mathematik, die den meisten seiner Kollegen unbekannt oder zumindest ungewohnt war, aber er gab selten Einzelheiten der verwendeten mathematischen Techniken oder über die experimentellen Beobachtungen preis, die er damit zu erklären versuchte. Auf diese Weise gelang es ihm, sowohl die Physiker als auch die Mathematiker zu verblüffen. Fast fünfzig Jahre später gestand Dirac, dass seine Einstellung zur Mathematik reichlich kavaliershaft war:

> Ich kümmerte mich nicht im Geringsten darum, eine genaue mathematische Definition für [einige meiner Symbole] zu finden, oder um eine übertriebene Präzision im Umgang mit ihnen. Ich denke, Sie können darin die Auswirkungen der Ingenieursausbildung erkennen. Ich wollte einfach schnell Resultate erzielen, Resultate, denen man meiner Meinung nach etwas Vertrauen schenken konnte, auch wenn sie nicht streng logisch abgeleitet waren, und ich benutzte die Mathematik der Ingenieure anstelle der rigorosen Mathematik, die mir Fraser beigebracht hatte.[4]

Diese Worte hätten Diracs Kollegen im Frühjahr 1926 verwundert. Die meisten von ihnen hätten sich schwer getan, in seinen Arbeiten irgendwelche Erinnerungen an eine Ingenieursausbildung zu erkennen, auch zeigten seine Schriften keinerlei Hinweise auf die „schnellen und schmutzigen" Rechenmethoden, die von Ingenieuren bevorzugt werden. Vielmehr schienen Diracs Arbeiten für alle, außer für mathematisch Geschulte, undurchdringlich zu sein. Diracs Methode war so verwirrend, weil seine Wissenschaft eine ungewöhnliche Mischung darstellte – zum Teil war es theoretische Physik, zum Teil reine Mathematik, zum Teil Ingenieurswesen. Dirac besaß die Leidenschaft des Physikers, die grundlegenden Gesetze der Natur zu erfahren, die Liebe des Mathematikers für die Abstraktion um ihrer selbst willen und das Insistieren des Ingenieurs, dass Theorien nützliche Resultate liefern müssen.

Als Physiker wusste Dirac, dass die Quantenmechanik trotz aller mathematischen Eleganz noch keine einzige Voraussage gemacht hatte, die ihre Überlegenheit gegenüber Bohrs Theorie gezeigt hätte. Ein solcher Test der neuen Theorie war nicht leicht zu finden. Das Beste, was Dirac tun konnte, war, die Theorie zur weiteren Erforschung des meist-untersuchten Beispiels einer subatomaren Kollision zu verwenden, der Streuung eines Photons an einem einzelnen Elektron. Dieser Prozess hat immer mit Teilchen zu tun, die extrem hohe Geschwindigkeiten aufweisen, die nahe der Lichtgeschwindigkeit liegen. Daher musste jede Theorie, die dies zu beschreiben versuchte, relativistisch und konsistent mit Einsteins Spezieller Relativitätstheorie sein. Das Problem war, dass weder Heisenbergs noch Diracs Theorie der Quantenmechanik relativistisch waren, und es war ungeklärt, wie die Relativität in die Theorie einzubauen wäre. Dirac machte einen Startversuch, indem er von seiner Theorie etwas wegnahm, um ihre Konsistenz mit der Relativitätstheorie zu verbessern und um dann mit ihrer Hilfe experimentell überprüfbare Voraussagen zu machen. Hierbei verwendete er die Ideen, die er bei seinem Besuch zu Hause in Bristol entwickelt hatte, kurz nachdem er Heisenbergs erste Originalarbeit erhalten hatte. Die Theorie war noch ungehobelt, aber sie versetzte Dirac in die Lage, die erste Voraussage in der Quantenmechanik zu machen: Unter Verwendung eines Schaubilds verglich er Beobachtungen zur Elektronenstreuung mit seiner „neuen Quantentheorie", und zeigte, dass die Übereinstimmung besser war als die mit der klassischen Theorie.

Die Quantenmechanik war immer noch eine rudimentäre Theorie. Vieles musste noch geklärt werden hinsichtlich der Interpretation ihrer mathematischen Symbole: Was bedeuteten sie wirklich? Und war es möglich, noch mehr über die Bewegung subatomarer Teilchen zu sagen? Wie konnte die Theorie auf Atome angewendet werden, die mit mehr als einem Elektron komplizierter als das Wasserstoffatom waren? Später in seinem Leben betonte Dirac gern, dass die Quantenmechanik die erste physikalische Theorie ist, die entdeckt wurde, bevor irgendeiner wusste, was sie bedeutet. Er verbrachte Monate mit dem Problem der Interpretation ihrer Symbole und stellte dann fest, dass die Theorie mathematisch weniger kompliziert war, als er zunächst gedacht hatte. Born hatte Heisenberg darauf hingewiesen, dass jedes Zahlenfeld in seiner Quantentheorie eine Matrix sei, die aus Zahlen besteht, die in horizontalen Reihen und vertikalen Säulen angeordnet sind, und einfachen Regeln folgen, die in Lehrbüchern beschrieben sind. Heisenberg hatte nie von Matrizen gehört, als er die Theorie entdeckte, worauf Born gern seine Kollegen hinwies und hinzufügte, dass er es war, der dafür gesorgt hatte, dass Heisenbergs Ei richtig ausgebrütet wurde und dass sein Inhalt das Kleinkindalter erreichen konnte.

Vielen Physikern kam es so vor, als würde Dirac mit einer privaten Sprache arbeiten, und diese Unzugänglichkeit machte sein Werk unpopulär. In Berlin, lange die Welthauptstadt der theoretischen Physik, war man einhellig der Meinung, die Methode der Göttinger Gruppe – Heisenberg, Born und Jordan – sei die erfolgreichere. In den Vereinigten Staaten, die damals bei der Entwicklung der Quantenmechanik weit hinter Europa zurücklagen, erinnerte sich der praktisch orientierte Theoretiker John Slater später an seine Verzweiflung über Diracs Schriften. Nach Slaters Ansicht gab es zwei Typen von theoretischen Physikern. Der erste bestand aus Leuten wie er selbst, „der prosaische, pragmatische, sachliche Typ, der [...] mit maximaler Verständlichkeit schreibt und spricht". Der zweite war „der magische, ungenaue Typ, der wie ein Zauberkünstler mit seinen Händen fuchtelt, als ob er ein Kaninchen aus dem Hut zieht, und der nicht eher zufrieden ist, bis er seine Leser oder Hörer mystifiziert hat". Für Slater und auch viele andere war Dirac ein Magier.[5]

Diracs akademischer Börsenwert erhöhte sich weiter im Frühjahr 1926 während seines letzten Trimesters als Doktorand. Er war nicht länger einer von Cambridges vielen brillanten, aber noch träumenden Einzelgängern, sondern war als außerordentliches Talent anerkannt. Fowler arrangierte für ihn zwei Vortragszyklen über Quantentheorie vor seinen Mitstudenten. Auch Fowler saß in der Zuhörerschaft, wissend, dass sein brillantester Schützling ihn überholt hatte.

Obwohl Rutherford hochfliegende Theorien eher verachtete, hielt er sich über die neuesten Nachrichten zur Quantenphysik auf dem Laufenden. Auf seinen Wunsch hin gab Dirac im Cavendish eine Präsentation über die Vielzahl an Quantenentdeckungen, die in Göttingen gemacht worden waren, aber es war ein schwacher und hastig vorbereiteter Vortrag.[6] Zu seinen Zuhörern zählten mit ziemlicher Sicherheit Oppenheimer und auch Kapitza und Blackett, die sich – hinter der freundschaftlichen Fassade – zunehmend entzweiten. Die Spannungen hatten ihre Wurzel in ihrer Beziehung zu Rutherford. Kapitza umschmeichelte und umwarb ihn schamlos, worauf jener mit Gefälligkeiten und sogar Freundschaft antwortete – in so starkem Maß, dass Kapitza manchmal als der Sohn beschrieben wurde, den Rutherford niemals gehabt hatte. All dies kam bei Blackett nicht gut an, der Rutherfords kreative Handhabung des Laboratoriums bewunderte, aber für seinen autoritären Herrschaftsstil nichts übrig hatte. Aber auch Blackett wurde zur Zielscheibe von Neid und Rivalität. Im Frühherbst des Jahres 1925 war er Oppenheimers Tutor am Labortisch geworden und hatte ihm das Handwerkszeug der Experimentalphysik beigebracht, für das Oppenheimer wenig Eignung zeigte, wie er sehr wohl wusste. Mit der seltsamen Logik eines Neurotikers beschloss Oppenheimer, sich zu revanchieren, indem er heimlich auf Blacketts Schreibtisch einen Apfel liegen ließ, der mit Chemikalien aus dem Labor vergiftet war.[7] Blackett überlebte, aber die Autoritäten waren außer sich, und Oppenheimer entging dem Ausschluss aus der Universität nur, nachdem seine Eltern die Universität überredet hatten, keine Anzeige zu erstatten, sondern ihm Gelegenheit zur Bewährung zu geben, aber von ihm zu verlangen, regelmäßige Sitzungen bei einem Psychiater in Anspruch zu nehmen. Ein paar Monate später wechselte Oppenheimer zur theoretischen Physik – ein sehr viel passenderes Gebiet für ihn – und arbeitete im gleichen Kreis wie Dirac, der mit dem Ausarbeiten seiner Vision der Quantenmechanik sehr absorbiert war. Oppenheimer erinnerte sich später: „Dirac war nicht leicht zu verstehen und legte auch keinen Wert darauf, verstanden zu werden. Ich fand, dass er absolut großartig war."[8]

Dirac bemerkte wahrscheinlich die Intrigen unter seinen Freunden und Bekannten und deren persönliche Probleme überhaupt nicht, und selbst wenn, hätte er sie wahrscheinlich ignoriert. Er arbeitete den ganzen Tag und nahm sich nur Zeit für seinen langen Sonntagsspaziergang und um Schach zu spielen, was er gut genug konnte, um die meisten Studenten im Schachklub des College zu schlagen, manchmal mehrere zur gleichen Zeit. Auch interessierte sich Dirac nicht für Politik. Er war nur Zuschauer bei dem Generalstreik, der das Vereinigte Königreich Anfang Mai 1926 für neun Tage fast völlig lahmlegte und viele befürchten ließ, eine bolschewistische Revolution stehe kurz bevor. König George V. drängte auf Mäßigung, während Churchill in der Regierung die „bedingungslose Kapitulation" der Arbeiter („des Feindes") verlangte, weil sie die Forderungen der Bergarbeiter-Gewerkschaft unterstützten. Manche Studenten dachten, der Streik stelle eine nationale Krise dar, aber für andere war es eine Gelegenheit, eine Straßenbahn zu lenken oder Hafenarbeiter oder Polizist zu spielen. Fast die Hälfte der Universitätsstudenten engagierte sich als Streikbrecher, sodass der Verwaltung keine andere Wahl blieb, als die Abschluss-Examina zu verschieben und dadurch den Spaß zu verlängern.[9] Dirac hörte von seiner Mutter, dass in Bristol die Straßenbahnen und Busse weiterhin fuhren, eine Erleichterung für seinen Vater, der durch den Kummer so geschwächt war, dass er die eine Meile zwischen seinem Haus und der Merchant-Venturers-Schule nicht zu Fuß schaffte. Das Schicksal sollte Charles noch mehr Kummer bereiten: Anfang März erfuhr er aus Genf, dass seine Mutter gestorben war.[10]

Der Zusammenbruch des Generalstreiks erwies sich als wichtig für die Entwicklung des politischen Denkens in Cambridge. Der Grad der universitären Opposition gegen den Streik spiegelte den mangelnden Willen der Dozenten wider, den Status quo politisch aufzugeben; sogar einige der sozialistischen Akademiker waren unter den Streikbrechern. Die Demütigung des Mai 1926 bildete das Hauptmotiv für ein paar marxistisch eingestellte Wissenschaftler, eine radikale Politik in Cambridge einzuführen und dann im Land zu verbreiten. Der einflussreichste dieser Missionare war der junge Kristallograph Desmond Bernal, ein energiegeladener und charismatischer Universalgelehrter, der 1923 nach seinem Abschlussexamen der Kommunistischen Partei beigetreten war.[11] Er hatte die Vision einer gerechten und gut informierten kollektivistischen Gesellschaft, in der alle politischen Entscheidungen nach wissenschaftlichen Prinzipien getroffen werden – unter der vorteilhaften Einbindung von technologischem Fachwissen. Wissenschaftler sollten die Elite seiner idealen Gesellschaft sein, bis zu dem Grad, dass ihnen die Freiheit garantiert werden sollte, „fast unabhängige Staaten" zu bilden „und ihnen zu gestatten, ihre größten Experimente ohne Konsultation mit der Außenwelt durchzuführen".[12] Die theoretische Basis für Bernals Denken stammte aus dem Marxismus, der, wie es ihm und seinen Freunden schien, die Rahmenbedingungen für die Lösung jedes sozialen, politischen und ökonomischen Problems lieferte.

Bernal und seine Freunde machten zunächst nur langsame Fortschritte bei der Bekehrung ihrer Fachkollegen zum marxistischen Denken. Dies lag zum Teil am Widerstand von moderaten Professoren wie Rutherford, der Bernal wegen seines Aktivismus mehr verachtete als jeden anderen in Cambridge – und offenbar auch wegen seiner offenen sexuellen Promiskuität.[13] Das Misstrauen gegen eingetragene Kommunisten war so stark, dass Bernal offenbar im Jahr 1927 entschied, es sei besser, seine Mitgliedschaft in der Partei aufzugeben, als er eine Zeitlang ganztags im Cavendish zu arbeiten begann. Es scheint so, dass danach keiner seiner Kollegen mehr offiziell der Partei beitrat.[14]

Kapitza beging nicht den Fehler, ältere Kollegen zu vergrämen: Obwohl er viele von Bernals politischen Ansichten teilte, vermied er es, Rutherford durch Politisieren im Labor zu verärgern. Kapitza dürfte jedoch seine Vision der Gesellschaft mit Dirac geteilt haben, der, was die politische Haltung betraf, in Cambridge als ein unbeschriebenes Blatt angekommen war und nun zum ersten Mal mit der Behauptung konfrontiert wurde, der Marxismus biete eine allumfassende wissenschaftliche Theorie an, die für die Gesellschaft das tun könnte, was Newton für die Wissenschaft getan hatte. Nach dieser Vision konnte jede Ökonomie der Prüfstand für eine Theorie werden, die eine bessere Zukunft versprach – mit intelligenter Planung anstelle der manchmal grausamen, „unsichtbaren Hand" der Kräfte des Marktes. Dirac mag die starke Unterstützung der Marxisten für Bildung und Industrialisierung bemerkt haben und die Verachtung, die sie über die Religion ausgossen – Themen, die bald danach in seiner Perspektive zu Lebensbereichen auftauchten, die er außerhalb der Physik entdeckte.

Während des Generalstreiks war Dirac völlig mit dem Schreiben seiner Dissertation ausgelastet, einer kompakten Darstellung seiner Sicht der Quantenmechanik. Voll überzeugt von seiner Theorie war er sich doch während des Schreibens an der Dissertation bewusst, dass dies nicht die ganze Wahrheit war, denn er hatte kürzlich erfahren, dass eine alternative Version der Quantentheorie aufgetaucht war, eine, die vollkommen anders aussah als die von Heisenberg. Der Autor der neuen Version war der österreichische Theoretiker Erwin Schrödinger, der in Zürich arbeitete. Er war achtunddreißig Jahre alt und damit mehr als zehn Jahre älter als Heisenberg und Dirac und besaß auf dem Kontinent eine beeindruckende Reputation als brillanter Universalgelehrter.

Schrödinger hatte seine Quantentheorie unabhängig von Heisenberg und ein paar Wochen später entdeckt, wobei er auf de Broglies Wellentheorie der Materie aufbaute, die Dirac bewundert, aber nicht ernst genommen hatte. In den Weihnachtsferien 1925 hatte Schrödinger während eines heimlichen Wochenendes mit einer Freundin in den Schweizer Bergen eine Gleichung entdeckt, die das Verhalten von Materie-Quanten durch ihnen zugeordnete Wellen beschrieb. Er hatte die Theorie dann in einer Reihe brillanter Arbeiten angewandt und veröffentlicht. Seine Leistung bestand darin, dass er de Broglies Idee verallgemeinerte. Die Theorie des jungen Franzosen bezog sich nur auf den Spezialfall von Materie, auf die keine äußeren Kräfte einwirken, Schrödingers Theorie aber ließ sich auf jede Materie unter beliebigen Umständen anwenden.

Der große Vorteil von Schrödingers Theorie war, dass sie leicht zu handhaben war. Für die vielen Wissenschaftler, die durch Heisenbergs abstrakte Mathematik eingeschüchtert worden waren, bot Schrödinger den Balsam der Vertrautheit: Seine Theorie basierte auf einer Gleichung, die eng verwandt war mit Gleichungen, denen die meisten Physiker schon im Grundstudium begegnet waren, als sie Wasser- und Schallwellen studierten. Noch besser: Mit Schrödingers Theorie konnte das Atom, wenigstens bis zu einem gewissen Grad, visualisiert werden. Einfach ausgedrückt, entsprechen die Energieniveaus eines Atoms den Wellen, die man an einem Seil auslösen kann, das an einem Ende fixiert und am anderen auf und ab bewegt wird. Man kann an dem Seil eine einzige halbe Wellenlänge (wie einen Wellenkamm, der sich auf und ab bewegt) hervorrufen oder, indem man heftiger schüttelt, zwei halbe Wellenlängen oder drei halbe Wellenlängen, oder vier oder fünf, und so weiter. Jedes dieser Wellenmuster entspricht einer festgelegten Energie des Seils, genauso wie jede mögliche Schrödinger-Welle eines Atoms einem Energieniveau des Atoms entspricht. Die Bedeutung dieser Schrödinger-Wellen war ungeklärt: Ihr Entdecker machte den nicht überzeugenden Vorschlag, sie seien ein Maß für die Verschmierung der Ladung des Elektrons um den Kern. Was auch immer die wahre Natur dieser Wellen sein mochte, sie waren intuitiv ansprechender als Heisenbergs Matrizen für diejenigen, die kein unmittelbares Vertrauen in die Mathematik hatten. Letztere und alle anderen waren erleichtert, als Schrödinger den vorläufigen Beweis vorlegte (der zwei Jahre später durch andere vervollständigt wurde), dass seine Theorie dieselben Ergebnisse lieferte wie Heisenbergs Theorie. Die verschreckten Skeptiker konnten nun endlich diese einschüchternden Matrizen ignorieren.

Zuerst war Dirac verärgert über Schrödingers Theorie, da ihm der Gedanke zuwider war, statt an der neuen Quantenmechanik weiterzuarbeiten wieder von vorne beginnen zu müssen. Aber Ende Mai, während er die Ausarbeitung seiner Dissertation beendete, erhielt er einen eindringlichen Brief von Heisenberg mit der Aufforderung, Schrödingers Arbeit ernst zu nehmen. Dass dieser weise Rat von Heisenberg kam, entbehrte nicht der Ironie, kam er doch von einem Gegner der rivalisierenden Theorie, der noch Anfang Juni an Wolfgang Pauli schrieb: „Je mehr ich über den physikalischen Teil der Schrödinger'schen Theorie nachdenke, desto abscheulicher finde ich ihn. Was Schrödinger über die Anschaulichkeit seiner Theorie schreibt, dürfte wohl kaum eine sinngemäß … in a. W. ich finde es Mist." Schrödinger hatte sein Bestes getan, die geheimnisvollen mathematischen Errungenschaften von Heisenberg aufzugeben, einschließlich der Idee der Quantensprünge. Die beiden Theoretiker gerieten unerfreulich aneinander, als sie einen Monat später erstmals bei einem überfüllten Seminar in München zusammentrafen. Es war das erste Scharmützel eines lange währenden erbitterten Disputs.[15]

Dirac ignorierte Schrödingers Theorie in seiner Dissertation *Quantum Mechanics* – die erste Dissertation, die überhaupt zu diesem Thema eingereicht wurde. Die Doktorarbeit war ein großer Erfolg bei den Prüfern, einschließlich Eddington, der am 19. Juni den ungewöhnlichen Schritt tat, ihm einen kurzen handgeschriebenen Brief im Auftrag des Prüfungsausschusses der Mathematischen Fakultät zu schreiben, in dem er ihm zu der „außergewöhnlichen Bedeutung" seiner Arbeit gratulierte.[16] Dirac verabscheute Feierlichkeiten und Förmlichkeiten, daher wird er sich auf die Zeremonie mit ziemlicher Sicherheit nicht gefreut haben. Er hätte den akademischen Titel auch erhalten können, ohne teilzunehmen, entschied sich aber doch, persönlich zu erscheinen – um seiner stolzen Eltern willen, besonders wegen seines Vaters, der ihm das Geld gegeben hatte, das ihm den Studienbeginn in Cambridge ermöglichte.

Diracs Eltern und seine Schwester Betty brachen um vier Uhr morgens auf, um rechtzeitig den Zug über Paddington nach Cambridge zu erreichen, um mitzuerleben, wie Paul seinen Doktorgrad im feierlichen Rahmen des Großen Senats der Universität verliehen bekam. Jede Einzelheit der Veranstaltung ging auf die mönchischen Ursprünge der Universität zurück. Der Vize-Kanzler im Hermelinkragen hatte den Vorsitz, und wie alle anderen Würdenträger redete er nur in lateinischer Sprache, womit er sicherstellte, dass Dirac kaum ein Wort verstand. Dirac trug einen Abendanzug mit weißer Fliege, eine kleine schwarze Kappe und einen schwarzen Talar aus Seide mit einer rot-eingefassten Kapuze; auf einem Samtkissen kniend legte er seine Hände aneinander und hielt sie so, dass der Vize-Kanzler sie ergreifen konnte, der dabei eine gebetsähnliche Ansprache hielt. Dirac erhob sich als Doktor.[17]

Es war der nasseste Juni in Cambridge seit fünf Jahren, aber an diesem Tag hielt sich der Regen zurück. Die Atmosphäre in der Stadt war sehr entspannt, alles wimmelte von Studenten und deren Familien. Dirac hatte den ortsüblichen Umgang mit Stocherkähnen nicht erlernt, und so konnten er und seine

Familie nur zuschauen, wie andere ihre flachen Boote die Cam entlang durch Rasenflächen und Felder steuerten, vorbei an beeindruckenden Colleges und Kapellen.

Die Dirac-Familie kam am Sonntag um vier Uhr morgens wieder zu Hause an. Es war ein glücklicher Ausflug gewesen, obwohl die Kosten Charles aufgeregt hatten. Flo schrieb an ihren Sohn: „Pa sagte, es kostete ihn 8 £, so wird das unser Sommerurlaub gewesen sein."[18] Es sollte für sie der Höhepunkt des Sommers werden, obwohl sie sich sorgte, weil ihr Sohn abgespannt und abgemagert aussah: „Ich wünschte, du hättest schöne Ruhepausen & päppeltest dich auf & würdest kräftiger. Bitte versuch es!" Wie üblich kümmerte er sich nicht darum. Wie sein Vater brauchte er keinen Urlaub – die langen Trimesterferien waren nicht zum Ausspannen, sondern für harte Arbeit da. Die Universität schickte sich an, für den Rest des Sommers in Winterschlaf zu verfallen und würde für die wenigen noch verbliebenen Scholaren so gut wie keine sozialen Ablenkungen mehr bereithalten. Das war die perfekte Umgebung für Dirac, um sich noch intensiver auf seine Arbeit zu konzentrieren. Heisenberg und Schrödinger hatten in einen Sack mit Edelsteinen gestochen, und der Wettlauf hatte begonnen, die Diamanten herauszupicken.

Dirac zog aus seiner Unterkunft in ein Collegezimmer um, wo er an seinem Schreibtisch einen ganzen glühend heißen Juli hindurch arbeiten konnte, wobei er das produzierte, was sich als eine seiner dauerhaftesten Einsichten über die Natur herausstellen sollte.[19] Er erkannte, dass es ein Fehler gewesen war, Schrödingers Werk nicht ernst zu nehmen. Dirac sah, dass er Schrödingers Gleichung aus seiner Theorie hätte ableiten können, wenn er nur nicht allzu sehr auf die Verbindung von klassischer Mechanik und Quantenmechanik fixiert gewesen wäre. Nun, nachdem er sein Vorurteil überwunden hatte, konnte er mit neuem Eifer fortfahren. Er erklärte, wie Schrödingers erste Version seiner Gleichung verallgemeinert werden konnte, die sich nur auf in der Zeit unveränderliche Fälle bezog. Nun konnten die Gleichungen auch Situationen behandeln, die sich mit der Zeit veränderten, etwa das Verhalten eines Atoms in einem fluktuierenden magnetischen Feld. Ganz unabhängig davon schrieb auch Schrödinger dieselbe allgemeine Gleichung auf, die heute – nicht ganz fair – nur nach ihm benannt ist.

Innerhalb weniger Wochen, nachdem er Schrödingers Gleichung gemeistert hatte, benützte Dirac sie, um einen seiner berühmtesten Beiträge zur Wissenschaft zu leisten. Er betraf die grundlegendsten Teilchen, die in der Natur existieren, die üblicherweise als „fundamental" bezeichnet werden, weil man annimmt, dass sie keine weiteren Bestandteile besitzen. Klassische Beispiele sind Photonen und Elektronen. Heute bilden zwei experimentelle Befunde die absolute Grundlage für Studien an Elementarteilchen. Der erste ist, dass jedes Exemplar eines Elementarteilchens überall im Universum identisch

mit den anderen Exemplaren seines Typs ist: Kein Elektron und kein Atom
auf Erden unterscheidet sich von einem Elektron oder dem gleichen Atom in
Galaxien, die Millionen Lichtjahre entfernt sind, genauso wie die Trillionen
von Photonen, die jede Sekunde aus der Glühbirne kommen, die gleichen sind
wie die von einem weit entfernten Stern ausgesandten. Für Elektronen und
Photonen gilt, dass man alle gesehen hat, wenn man eines gesehen hat. Der
zweite Befund war, dass die Elementarteilchen zu zwei Klassen gehören, etwa so,
wie die meisten Menschen als Mann oder Frau klassifiziert werden können. Das
Photon ist ein Beispiel für die erste Klasse, das Elektron für die zweite. Im Jahr
1926 wusste niemand, dass es zwei solche Klassen gibt.

Die Unterschiede im Verhalten von Elektronen und Photonen veran-
schaulichen den scharfen Kontrast zwischen den beiden Klassen. Für eine
Ansammlung von Elektronen, etwa in einem Atom, kann jeder verfügbare
Energiezustand normalerweise nicht mehr als *zwei* Elektronen beherbergen.
Für Photonen ist die Situation ganz anders: Jeder Energiezustand kann von
einer *beliebigen Anzahl* von ihnen eingenommen werden. Ein Weg, diese
Unterschiede zu veranschaulichen, besteht darin, sich zwei Bücherschränke
mit horizontalen Bücherborden vorzustellen, die vertikal übereinander angeordnet sind mit einer nach oben immer höheren Energie – je höher das
Brett, desto höher die entsprechende Energie. Die Borde des „Elektronen-
Bücherschranks" verbildlichen die Energiezustände, die für Elektronen
zugänglich sind, während die Borde des „Photonen-Bücherschranks" den
Zuständen der Photonen entsprechen. Im „Elektronen-Bücherschrank"
kann jedes Brett höchstens zwei Bücher aufnehmen: Ist das Bord besetzt,
kann nichts mehr hinzukommen. Der „Photonen-Bücherschrank" ist
anders, weil jedes seiner Borde jede Anzahl von Büchern aufnehmen kann.
Es ist so, als ob Elektronen unsozial wären, während Photonen gesellig sind.

Pauli bemerkte 1925 als Erster die Aversion der Elektronen gegen die
Vergesellschaftung mit ihresgleichen, als er sein Ausschlussprinzip vorschlug.
Dies erklärte das Rätsel, warum die Elektronen in einem Atom nicht alle auf
der gleichen Umlaufbahn mit niedrigster Energie den Kern umkreisen: Es
liegt daran, dass es den Elektronen einfach nicht erlaubt ist, in demselben
Zustand zu sein – sie werden durch das Exklusionsprinzip gezwungen, höhere
Energiezustände einzunehmen. Das erklärt, warum sich unterschiedliche
Atomtypen – manifestiert als verschiedene chemische Elemente – so unterschiedlich verhalten. Es ist eine alltägliche Erfahrung, dass Neon ein Gas ist
und Natrium ein Metall, aber die Neonatome sind den Natriumatomen sehr
ähnlich: Außerhalb ihrer Kerne unterscheiden sie sich nur dadurch, dass das
Natriumatom ein Elektron mehr als das Neonatom enthält. Dieses zusätzliche Elektron bestimmt die Unterschiede zwischen den beiden Elementen, und
das Exklusionsprinzip von Pauli erklärt, warum sich das Extra-Elektron des

Natriums nicht einfach an die anderen anschließt und einen fast identischen Atom-Typ bildet, sondern einen höher-energetischen Quantenzustand einnimmt, der für die Differenzen im Verhalten der beiden Elemente verantwortlich ist. Ohne Exklusionsprinzip würde die Welt um uns herum keine der riesigen Variationen in Form, Struktur und Farben aufweisen, die wir für selbstverständlich halten. Unsere Sinnesorgane würden nicht nur nichts wahrnehmen, sie würden gar nicht existieren, und es gäbe weder Menschen noch überhaupt Leben.

Dirac war sich der Macht des Exklusionsprinzips, das heute als Pauli-Prinzip bezeichnet wird, bewusst. Aber er wusste auch, dass noch viel getan werden musste, bevor Theoretiker auf der atomaren Ebene verstehen konnten, was sich bei den chemischen Experimenten abspielt, die er in der Bishop-Road-Schule durchgeführt hatte. Die Chemie beschrieb, wie die Elemente und andere Substanzen sich verhalten: Das anzustrebende Ziel war, über die bloße Beschreibungen hinaus zu Erklärungen in Form von universellen Gesetzen vorzustoßen. Die Quantenmechanik versprach genau dies zu tun, aber im Jahr 1926 war es noch nicht einmal möglich, sie auch nur auf die sogenannten „schweren Atome" anzuwenden, die mehr als ein Elektron enthalten.

In seinem Collegezimmer dachte Dirac darüber nach, wie Schrödingers Wellen schwere Atome beschreiben könnten, und über die Wichtigkeit von Paulis Exklusionsprinzip. Im Hinterkopf hatte Dirac Heisenbergs These, dass Theorien nur in Form von Größen formuliert werden dürfen, die auch experimentell gemessen werden können. Er dachte über die Schrödinger-Wellen nach, die zwei Elektronen in einem Atom beschreiben, und fragte sich, ob die Wellen anders wären, wenn die Elektronen ihre Plätze tauschten. Er schloss, dass kein Experimentator einen Unterschied bemerken würde, weil das abgegebene Licht des Atoms in beiden Fällen das gleiche wäre. Der richtige Weg zur Beschreibung von Elektronen war, Wellen zu verwenden, die die Eigenschaft haben, immer dann ihr Vorzeichen zu ändern, wenn zwei beliebige Elektronen ausgetauscht werden. Auf wenigen Seiten Algebra machte er von dieser Idee Gebrauch und konnte herausarbeiten, wie sich die Energie in Gruppen von Elektronen verteilt, wenn die Elektronen die vorhandenen Energiezustände besetzen. Die von Dirac in jenem Sommer abgeleiteten Formeln werden seither tagtäglich von Forschern verwendet, die Metalle und Halbleiter studieren. Der Wärmefluss und der elektrische Strom in ihnen werden durch ihre Elektronen bestimmt, die kollektiv nach der Melodie seiner Formeln tanzen.

Dirac interessierten jedoch die praktischen Anwendungen nicht. Er war allein darauf bedacht zu verstehen, wie die Natur auf der fundamentalsten Ebene tickt und warum ein so scharfer Gegensatz zwischen Wellen besteht, die Elektronen beschreiben, und denen, die Photonen beschreiben. Er kam zu dem Schluss, dass die Welle, die eine Gruppe von Elektronen beschreibt, das Vorzeichen wechselt, wenn zwei Elektronen ihren Platz tauschen, während sich die entsprechende Welle für eine Gruppe von Photonen anders verhält: Tauschen zwei Photonen die Plätze, bleibt die Welle unverändert.

Dies ließ sich gut mit der nicht abgeschlossenen Arbeit zur Schwarzkörperstrahlung verbinden und führte ihn zu der Erklärung eines äußerst rätselhaften Problems der Quantenmechanik, eines Problems, das Einstein entgangen war. Wie Dirac zuerst in Tyndalls Vorlesungen in Bristol gehört hatte, begann die Quantentheorie in den letzten Wochen des Jahres 1900, als Max Planck vorschlug, dass die Energie in Quanten abgegeben wird. Das Problem war, dass noch niemand verstand, wie die neue Theorie der Quantenmechanik Plancks Formel erklären könnte. In den Monaten der Trauer nach dem Tod von Felix hatte Dirac die Spur zur Lösung dieses Problems verloren, weil seine theoretischen Mittel sich als ungeeignet erwiesen.[20] Nun hatte er das Werkzeug entdeckt, das er benötigte, um das Schwarzkörperspektrum zu erklären: Die Wellen, die die Photonen beschreiben, bleiben unverändert, wenn zwei Photonen vertauscht werden. Zwei Seiten in Diracs Notizbuch mit Berechnungen beendeten ein Forschungsproblem, das fünfundzwanzig Jahren lang fortbestanden hatte. Er wird wohl gewusst haben, dass er etwas Besonderes geleistet hatte, aber er beabsichtigte nicht, seine Eltern daran teilnehmen zu lassen. Am 27. Juli lautete die Mitteilung auf seiner wöchentlichen Postkarte: „Im Moment gibt es nicht viel zu sagen."[21]

Ende August 1926 reichte Dirac eine Abhandlung über seine neue Theorie bei der Royal Society ein. Er hatte jeden Grund, mit sich zufrieden zu sein, aber eine Enttäuschung stand ins Haus, da er wieder bei der Veröffentlichung überholt wurde. Ende Oktober, einen Monat nachdem seine eigene Arbeit veröffentlicht worden war, erhielt er einen kurzen, auf der Schreibmaschine geschriebenen Brief von einem Physiker aus Rom, der acht Monate zuvor eine Quantentheorie von Elektronensystemen veröffentlicht hatte. Der Brief kam von Enrico Fermi, einem italienischem Physiker, der ein Jahr älter war als Dirac. In seiner kurzen Notiz, geschrieben in steifem Berlitz-School-Englisch, machte Fermi ihn auf seine Arbeit aufmerksam, da er annahm, dass Dirac sie nicht gesehen hatte, und schloss taktvoll: „Ich bitte Sie, Ihre Aufmerksamkeit darauf zu richten."[22] Aber Dirac *hatte* Fermis Arbeit einige Monate zuvor gesehen, sie für unwichtig gehalten und vergessen. Obwohl Diracs Ansatz in seiner Abhandlung sich sehr von dem Fermis unterschied, waren ihre Voraussagen über die Energien von Elektronensystemen identisch.

Später stellte sich heraus, dass ein ähnliches Werk wie das von Fermi von noch einem weiteren Physiker vorgelegt worden war. In Göttingen hatte Pascual Jordan unabhängig dieselben Resultate abgeleitet, diese aufgeschrieben und das Manuskript seinem Doktorvater Max Born zum Lesen auf die Reise in die USA mitgegeben. Born hatte das Manuskript ganz unten in seinen Koffer gelegt und es vollkommen vergessen, bis er mehrere Monate später nach Deutschland zurückkehrte, doch da war es bereits zu spät. Heute verbinden Physiker die Quantenbeschreibung von Elektronensystemen nur mit den Namen Fermi und Dirac – bei diesem Projekt war Jordan ungerechterweise der Verlierer.[23]

Im September 1926 bereitete sich Dirac darauf vor, Cambridge zu verlassen, um ein Jahr auf dem Kontinent zu verbringen, weiterhin gefördert durch sein Stipendium der 1851-Kommission. Am liebsten hätte er sein erstes Jahr als „1851er" mit Heisenberg und dessen Kollegen in Göttingen verbracht, aber Fowler wünschte, dass er an Bohrs Institut für Theoretische Physik nach Kopenhagen ginge. Sie einigten sich auf einen Kompromiss: Dirac würde an jedem der beiden Orte die Hälfte der Zeit verbringen, beginnend mit sechs Monaten in Dänemark. Dirac kam in Kopenhagen völlig erschöpft an, da er einen großen Teil der sechzehnstündigen Reise über die Nordsee seekrank und von Erbrechen gequält verbracht hatte.[24] Diese Erfahrung brachte ihn zu einem überraschenden Entschluss: Er wollte solange in stürmischer See segeln, bis er sich selbst von der Schwäche der Seekrankheit geheilt hätte. Sein Kollege Nevill Mott war total perplex: „Er stört sich nicht an Kälte, Unbequemlichkeit, mangelhafter Ernährung etc. [...], Dirac ist so, wie man sich Gandhi vorstellt."[25]

8

September 1926 – Januar 1927

> *MR. PRALINE: [...] Ich möchte mich über den Papagei*
> *beschweren, den ich vor einer knappen halben Stunde in*
> *diesem Laden gekauft habe.*
> *LADENBESITZER: Oh ja, hm, der norwegische*
> *Bläuling ... was meinen Sie ... was fehlt ihm denn?*
> *MR. PRALINE: Ich will ihnen sagen, was ihm fehlt,*
> *mein Lieber: Er ist tot. Das ist es, was ihm fehlt.*
> *Monty Python's Flying Circus*, Script von John Cleese
> und Graham Chapman (1970)

Monty Pythons berühmter Sketch erinnert sehr an eine Parabel, die Rutherford Bohr erzählte, kurz nachdem Dirac in Kopenhagen angekommen war. „Dieser Dirac", so hatte Bohr gegrummelt, „scheint eine Menge von Physik zu verstehen, aber sagt kein Wort". Dies wird für Rutherford keine Neuigkeit gewesen sein, der auf Bohrs indirekte Kritik mit einer kleinen Abwandlung der Geschichte von dem Mann reagierte, der in einer Tierhandlung einen Papagei kaufte. Er versuchte ihm das Sprechen beizubringen, aber ohne Erfolg. Der Mann brachte den Papagei zum Laden zurück und bat um einen anderen, indem er dem Ladenbesitzer erklärte, er wünsche einen sprechenden Papagei. Der Geschäftsführer ging darauf ein, und der Mann nahm einen anderen Papagei mit nach Hause, aber dieser sagte ebenfalls nichts. Und so, fuhr Rutherford fort, ging der Mann ärgerlich zum Ladeninhaber zurück: „Sie versprachen mir einen sprechenden Papagei, aber der hier sagt gar nichts." Der Ladeninhaber schwieg einen Moment, dann schlug er sich mit der Hand vor die Stirn und sagte: „Oh, richtig, ich entsinne mich! Sie wollten einen Papagei, der spricht. Bitte verzeihen Sie. Ich gab Ihnen einen Papagei, der denkt."[1]

Dirac dachte in Kopenhagen viel nach, meist allein. Keiner in Bohrs Institut hatte jemals jemanden wie ihn getroffen – selbst im Vergleich zu anderen theoretischen Physikern war er zutiefst exzentrisch, ein zurückhaltender Mensch, am glücklichsten, wenn er allein war oder still zuhörte. Seine Neigung, Fragen nur mit ja oder nein zu beantworten, erinnerte Bohr an die Frustration über das Sprechen der Katzen in Lewis Carolls *Alice hinter den Spiegeln*: „Wenn sie

© Springer-Verlag GmbH Deutschland, ein Teil von Springer Nature 2018
G. Farmelo, *Der seltsame Mensch*, https://doi.org/10.1007/978-3-662-56579-7_8

doch nur schnurren wollten für ‚ja' und miauen für ‚nein' oder sonstwie sich
an eine Ordnung halten, […] damit man sich richtig mit ihnen unterhalten
könnte! Aber wie soll man denn mit jemand reden, der immer nur das Gleiche
sagt?"[2] Ab und zu erweiterte jedoch Dirac sein Zweiwort-Vokabular beim
Antworten. Wenn Bohr oder einer seiner Freunde sich über ihn aufregten und
ihn bedrängten, seine Vorliebe für das eine oder andere kund zu tun, beendete
er das Verhör mit einem kurzen „mir ist es gleich".[3]

Vielleicht ist es überraschend, aber Dirac blühte unter der Freundlichkeit
und Ungezwungenheit am Institut auf, das eine ganz andere Welt als die kalte
Förmlichkeit in Cambridge darstellte.[4] Bohr hatte sich seit der Eröffnung
des Gebäudes im Jahr 1921 große Mühe gegeben, diese schöne Atmosphäre
zu fördern. Das Institut lag am Blegdamsvej, einer breiten geraden Straße
in der nordwestlichen Ecke der Stadt und wirkte von außen unauffällig wie
viele andere neue Gebäude der Stadt. Aber innen war die Atmosphäre des
Instituts einzigartig: Fast den ganzen Tag summte es von anspruchsvollen
Debatten, fast immer mit bescheidenem Unterton; Individualität war hoch
geschätzt, aber Zusammenarbeit wurde gefördert; die Verwaltung war sehr
effizient und frei von törichter Bürokratie. Bohr ermutigte seine Kollegen,
sich gemeinsam zu entspannen – alberne Spiele zu spielen, Bibliothekstische
zu Tischtennisplatten umzufunktionieren, gelegentlich den Abend im Kino
zu verbringen, mit anschließenden angeheiterten Diskussionen bis spät in die
Nacht. Die Quantenphysik wurde von dieser Physikergeneration geschmiedet,
und sie wussten es. Jeder Forscher war bedacht, der im Entstehen begriffenen Quantenmechanik seinen eigenen Stempel aufzudrücken und war peinlich bemüht, nichts Unwesentliches beizutragen. Jeder hoffte, eine Erkenntnis
beizusteuern, die von bleibendem Wert war. Ihre Forschungsberichte waren
Neuland und auf dem Weg, Geschichte zu machen.

Bohr war in Dänemark ein Nationalheld, wenn er auch kaum so aussah. Bescheiden und eindrucksvoll zugleich wirkte er, als ob er soeben
aus der Kapitänskajüte eines Heringsfangbootes getreten wäre. Die Tiefe
und Breite seiner Interessen beeindruckten Dirac sehr und bewiesen ihm,
dass es möglich war, zugleich ein erstklassiger Physiker zu sein und ein
aktives Interesse an den Künsten, der Börse, der Psychologie und so gut
wie jedem anderen Thema zu haben. Wie sein Lehrer Rutherford hatte
Bohr eine außerordentlich gesunde Intuition, wie die Natur funktioniert.
Und er hatte ein wirkliches Talent dafür, das Beste aus seinen jungen
Kollegen herauszuholen. Immer wenn er einen neuen wissenschaftlichen
Besucher empfing, unternahm Bohr mit ihm einen Spaziergang unter
den Buchen des Klampenborg-Waldes außerhalb der Stadt, um sei-
nen neuen jungen Kollegen einschätzen zu können und ihm einen
Eindruck von seiner eigenen nicht-mathematischen Herangehensweise

an die Physik zu geben. Die meisten jungen Physiker verfielen der Suggestionskraft von Bohr, gerade so wie es ihm mit Rutherford ergangen war.

Bohr und seine Frau Margrethe, die wie eine Königin aussah, beaufsichtigten das Leben im Institut wie ein Hausverwalterpaar ein Gästehaus, indem sie ihr Bestes taten, damit sich ihre Gäste wie zu Hause fühlten. Bohr verbrachte die meiste Zeit des Tages mit der Kunst, zu reden und gleichzeitig seine Pfeife anzuzünden, tauschte sich mit den Kollegen allein oder in Gruppen aus, ermutigte sie und nahm ihre Ideen in die Mangel. Seine überaus große Höflichkeit zeigte sich auch, wenn er einen jungen Schützling ins Kreuzverhör nahm – immer nach der Devise: „Nicht um zu kritisieren, nur um zu lernen."[5] Bohr war der Sokrates der Atomphysik und machte Kopenhagen zu ihrem Athen.

Dirac war in einer Pension im Herzen der Stadt einquartiert. Wie in Bristol und Cambridge führte er sein Leben nach einer strikten Routine: Jeden Tag außer sonntags ging er zu Fuß den dreißigminütigen Weg zum Institut, vorbei an Enten und Schwänen auf der Reihe von künstlichen Seen am nordwestlichen Rand der Stadt, um zum Mittagessen in seine Wohnung zurückzukehren.[6] An den Sonntagen unternahm er lange Spaziergänge durch die nahe gelegenen Wälder oder an der Küste entlang in den Norden der Stadt, gewöhnlich allein, aber manchmal in Begleitung einiger Kollegen oder gemeinsam mit Bohr.[7] Unter den neuen Bekanntschaften, die er dort machte, verstand er sich besonders gut mit Heisenberg – als Person genauso liebenswürdig wie als Korrespondent, jedoch offenbar nicht mit Pauli. Pauli war begabt wie ein Wunderkind, war aber als Person nicht gerade einnehmend: Er liebte den Klang seiner eigenen Stimme und teilte routinemäßig verbale Gemeinheiten auch gegen seine Freunde aus. Er wurde für seine Direktheit aber auch bewundert, sogar von seinen Opfern. „Du bist ein kompletter Narr", sagte Pauli wiederholt zu seinem Freund Heisenberg, der später versicherte, diese Hänselei hätte ihn stärker gemacht.[8] Aber Dirac hatte nichts dafür übrig, denn Pauli schaffte es mehrfach, den Schutzwall seines Selbstvertrauens zu durchbrechen. Dirac zeigte jedoch keinen Anflug von Verärgerung: Ob gepriesen oder verachtet, sah er stur geradeaus mit seinem in unendliche Fernen gerichteten Blick. Sein ganzes Betragen zeigte nur allzu deutlich seine fehlende Bereitschaft zu reden oder sich ansprechen zu lassen.

Diracs Verhalten kam für Bohr offensichtlich nicht vollkommen überraschend. Als er einige Jahre später Diracs ersten Besuch einem Journalisten beschrieb, äußerte er in einer Anspielung auf die Totengräber in *Hamlet*: „In Kopenhagen erwarten wir nichts von einem Engländer."[9]

Das drängendste Problem für die Quantentheoretiker war nach wie vor: Was bedeuten die Symbole in ihren Gleichungen? Im Sommer hatte Max Born in Göttingen Schrödingers Wellen interpretiert, indem er das klassische

Prinzip aufgab, dass der zukünftige Zustand eines jeden Teilchens prinzipiell immer vorhergesagt werden kann. Born hatte sich ein Elektron vorgestellt, das an einem Objekt gestreut wird. Er argumentierte, dass es nicht möglich sei, genau vorauszusagen, wie stark das Elektron abgelenkt wird. Es sei lediglich möglich, die *Wahrscheinlichkeit* vorherzusagen, dass das Elektron um einen bestimmten Winkel gestreut wird. Dies brachte ihn zu dem Vorschlag, dass sich die Wahrscheinlichkeit, eine bestimmte Welle, die ein Elektron beschreibt, in einer beliebigen kleinen Region zu finden, aus einer einfachen Rechnung ergibt: Sie entspricht, grob gesagt, dem Quadrat der „Amplitude" der Welle in dieser Region.[10] Nach Borns Ansicht ist die Welle eine fiktive mathematische Größe, die es ermöglicht, die Wahrscheinlichkeit eines zukünftigen Ereignisses vorauszusagen. Das war ein dramatischer Bruch, der das Ende der mechanistischen Gewissheiten von Newtons Bild des Universums bedeutete und mit der anscheinend jahrhundertealten Vorstellung Schluss machte, dass die Zukunft in der Vergangenheit enthalten ist. Andere hatten die gleiche Idee, einschließlich Dirac, aber Born publizierte sie als Erster, obwohl er selbst zunächst ihre Bedeutung wohl nicht vollständig erkannt hatte: In der Arbeit, in der er das Konzept einführt, erwähnt er es nur in einer Fußnote.

Borns Quantenwahrscheinlichkeit war offensichtlich für keinen am Institut eine Neuigkeit, am wenigsten für Bohr, der bemerkte: „Wir hatten nie geträumt, dass es anders sein könnte." Allerdings ist unklar, warum weder er noch seine Kollegen die Idee nicht einer Veröffentlichung für würdig befunden hatten.[11] Was auch immer die Ursprünge der Interpretation der Quantenmechanik auf der Basis von Wahrscheinlichkeiten waren: Im Herbst des Jahres 1926 sprach jedermann in der Physiker-Community darüber, und es bildete auch eines der Themen im ersten „Dialog" Bohr-Dirac. Nur Wochen vor Diracs Ankunft hatte Schrödinger das Institut besucht und klargestellt, dass er Borns Interpretation der Quantenwellen und das Konzept der Quantensprünge abstoßend fand. Bei einer Gelegenheit, nachdem er von Bohr weich geklopft worden war, zog sich Schrödinger krank ins Bett zurück, aber es sollte kein Entkommen geben. Bohr erschien an seinem Bett und setzte seine Befragung fort.[12]

Dirac hätte auf derartig intensive Befragungen gewiss abwehrend reagiert, aber er gab während ihrer herbstlichen Wanderungen einen wirkungsvollen Resonanzboden für Bohr ab. Dirac sagte kaum ein Wort, während Bohr sich abmühte, einen Punkt nach dem anderen in Sätzen zu artikulieren, deren Auflösung immer wie ein Phantom gerade jenseits seines Zugriffs lag. Bei einer Sonntagswanderung im Oktober nahm Bohr, der vielleicht annahm, dass Dirac an klassischer englischer Literatur interessiert war, ihn zum Schauplatz von *Hamlet,* dem königlichen Schloss Kronborg mit, das auf die Wasserstraße zwischen Dänemark und Schweden herunterblickt. Der Barde hätte eine Komödie aus dem Dialog der beiden machen können, sowohl aus dem Aufeinanderprallen ihrer beiden Redestile als auch aus ihrer entgegengesetzten Art und Weise, wissenschaftliche und andere Themen anzugehen. Philosophie war ein wichtiger Pflichtteil in Bohrs eigener Ausbildung gewesen, und er nahm sie immer noch sehr ernst. Während Bohr über Worte zum Verstehen zu gelangen suchte, dachte Dirac, dass sie irreführend seien, und glaubte, dass wahre Klarheit nur durch mathematische Symbole erreicht werden könnte. Wie Oppenheimer später bemerkte, „betrachtete Bohr die Mathematik in gewissem Sinne so, wie Dirac die Worte betrachtete, nämlich als einen Weg, sich anderen Leuten gegenüber besonders intelligent zu präsentieren, was er kaum nötig hatte".[13]

Es bestand keinerlei Hoffnung, dass die beiden zusammenarbeiten würden. Das war bereits am Anfang von Diracs Aufenthalt deutlich geworden, als Bohr ihn in sein Arbeitszimmer rief und ihn bat, ihm beim Schreiben eines Artikels zu helfen. Das war Bohrs normale Praxis: Er verdonnerte oft einen seiner jungen Kollegen dazu, einige Tage als sein Schreiber zu fungieren. Die einzige Belohnung war die Ehre, gefragt worden zu sein, und das tägliche Mittagessen bei den Bohrs in ihrer Wohnung. Aber dieses Unternehmen verlief nicht ohne Frustration: Kaum hatte Bohr einen Satz fallen lassen, würde er ihn einschränken, verbessern oder streichen – zugunsten einer anderen Wortwahl, die eine bessere oder schlechtere Annäherung an die von ihm beabsichtigte Aussage war. So setzte sich der quälende Prozess des Diktierens fort, ohne je einen kohärenten Abschluss zu erreichen. Dirac hatte bessere Dinge zu tun, als Stunden damit zu verbringen, Bohrs bruchstückhafte Lautäußerungen zu entwirren und sie in Prosa von beispielhafter Klarheit zu verwandeln. „In der Schule", verkündete Dirac bald nach Beginn seiner ersten Sitzung mit Bohr, „wurde mir immer beigebracht, einen Satz nicht eher zu beginnen, als bis ich wüsste, wie er zu beenden war". Seine Anstellung als Bohrs Schreibgehilfe dauerte etwa eine halbe Stunde.[14]

An den Abenden entspannten sich die meisten jungen Physiker des Instituts gern im Kino oder in ihren Unterkünften mit einem Teller Brötchen mit Saitenwürstchen und Bier. Aber Dirac zog es vor, seine Abende mit langen, einsamen Spaziergängen in der Stadt zu verbringen. Nach dem Abendessen machte er sich von seiner Unterkunft aus auf den Weg, nahm die Straßenbahn bis zur Endstation und lief durch die Kopenhagener Straßen bis zu seiner Höhle zurück, wobei er über die Probleme der Quantenphysik nachdachte.[15] Es war ihm wahrscheinlich nicht bewusst, dass er damit in den Fußstapfen von Sören Kierkegaard, dem Philosophen des neunzehnten Jahrhunderts, wandelte, der ein Pionier des christlichen Existenzialismus war und bei seinen dänischen Mitbürgern fast ebenso berühmt für seine Exzentrizität war wie für seine Ideen.[16] Kierkegaard kaute täglich an seinen Ideen herum, indem er in seiner Wohnung stundenlang hin und her ging oder in den Straßen seiner Geburtsstadt sein tägliches „Bad in der Menge" nahm. Zwei Jahrzehnte lang, seit Mitte der 1830er-Jahre, sahen die Kopenhagener den buckligen Aristokraten mit breitrandigem Hut herumgehen, den zusammengefalteten Regenschirm unter dem Arm. „Ich habe mir meine besten Gedanken erlaufen", sagte er, eine Bemerkung, die Dirac im Alter wie ein Echo wiederholte.[17] Sie reagierten jedoch unterschiedlich auf die Menschen, denen sie in den Straßen begegneten. Dirac sagte kein Wort zu seinen Mitpassanten, aber Kierkegaard konnte den einen oder anderen erschrecken, indem er ihn zu einem seiner angedachten Themen befragte, wobei er der Tradition von Sokrates folgte, den er „den Virtuosen der zufälligen Begegnung" nannte.[18]

Während des Tages arbeitete Dirac die meiste Zeit in der Bibliothek und pausierte nur gelegentlich, um die neuesten Publikationen im angeschlossenen „Zeitschriftensaal" zu lesen oder um an einem Seminar teilzunehmen. Christian Möller , dem jungen dänischen Physiker am Institut, erschien Dirac zerstreut und abgehoben:

> Oft saß er allein im innersten Raum der Bibliothek in der unbequemsten Haltung und war so vertieft in seine Gedanken, dass wir es kaum wagten, uns in den Raum zu schleichen, weil wir befürchteten, ihn zu stören. Er konnte den ganzen Tag in dieser gleichen Position verbringen und einen ganzen Artikel schreiben, langsam und ohne irgendetwas auszustreichen.[19]

In dieser Bibliothek brütete Dirac das aus, was sich als eine seiner berühmtesten Einsichten herausstellen sollte: die Verbindung zwischen den beiden Versionen der Quantentheorie von Heisenberg und Schrödinger. Jeder wusste, dass die Theorien zu den gleichen Ergebnissen zu kommen schienen, aber sie sahen so unterschiedlich aus wie Japanisch und Englisch. Dirac entdeckte die Regeln, die es erlauben, die beiden Sprachen ineinander zu übersetzen. Dabei legte er die Beziehung offen, die zwischen ihnen besteht und gab so der Schrödinger-Gleichung eine neue Durchsichtigkeit. Es stellte sich heraus, dass die Schrödinger-Wellen nicht ganz so mysteriös waren wie sie zu sein schienen, sondern nur die mathematischen Größen darstellen, die bei der Transformation der Beschreibung eines Quants – eines Elektrons, oder jedes anderen winzigen Teilchens – von der Basis seiner Energiewerte auf die Basis seiner möglichen Ortswerte erforderlich sind. Diracs Theorie passte auch zu Borns Interpretation der Schrödinger -Wellen und zeigte, wie man die Wahrscheinlichkeit der Entdeckung eines Quants berechnen kann. Er begann zu erkennen, dass das Wissen, das ein Experimentator vom Verhalten eines Quants besitzen kann, ebenfalls begrenzt ist. Er schrieb, „man kann keine Frage in der Quantentheorie beantworten, die sich auf die numerischen

Werte beider [Größen, dem anfänglichen Ort und dem anfänglichen Impuls eines Quants] bezieht". Er meinte etwas kryptisch, man könne erwarten, dass es auch Antworten auf Fragen gibt, wenn nur einer dieser beiden initialen Werte bekannt ist. Er näherte sich bis auf Haaresbreite dem, was das berühmteste Prinzip in der Quantenmechanik werden sollte, der Unschärferelation, die ihm bald von Heisenberg vor der Nase weggeschnappt wurde.

Im Zuge der Ausarbeitung seiner Theorie führte Dirac eine neue mathematische Konstruktion ein, die in der konventionellen Mathematik keinen Sinn macht. Das Objekt, das er Delta-Funktion nannte, ähnelt der Spitze der feinsten aller Nadeln, die von ihrer Basis vertikal aufwärts zeigt.[20] Außerhalb dieser Basis ist der numerische Wert der Delta-Funktion Null, aber ihre Höhe ist so definiert, dass die eingeschlossene Fläche zwischen der Basis und dem äußeren Ende genau den Wert Eins hat. Dirac war sich bewusst, dass reine Mathematiker diese Funktion als absurd ansahen, weil sie sich nicht nach den üblichen Regeln der mathematischen Logik verhielt. Aber Dirac stieß sich daran nicht und räumte ein, dass die Funktion nicht „sauber" sei, fügte aber unbekümmert hinzu, man könne sie „für praktisch alle Zwecke in der Quantenmechanik" benutzen, „als ob sie eine gewöhnliche Funktion sei, ohne nicht korrekte Resultate zu erhalten". Es sollte bis in die späten 1940er-Jahre dauern, bis die Mathematiker die Funktion als einen unbestreitbar zuverlässigen Begriff akzeptierten.

1963 bemerkte Dirac in einem Interview, dass ihn sein Ingenieurstudium auf diese neue Funktion gebracht hätte:

Ich glaube, dass wahrscheinlich diese Art Training mir zuerst die Idee der Delta-Funktion eingeben hat, denn wenn man in Ingenieurskonstruktionen von Gewichtsbelastung spricht, hat man manchmal eine verteilte Last und manchmal eine auf einen Punkt konzentrierte Last. In der Tat ist es im Wesentlichen dasselbe, ob man eine konzentrierte Last oder eine verteilte Last hat, aber man verwendet unterschiedliche Gleichungen in den beiden Fällen. Im Grunde war es nur der Versuch, diese beiden Dinge zu vereinigen, der mich sozusagen zur Delta-Funktion hingeführt hat.[21]

Doch Diracs Erinnerung könnte falsch gewesen sein. Es ist gut möglich, dass er zuerst bei Heaviside über die Delta-Funktion gelesen hatte, der die Funktion mit seiner gewohnten Streitlust in einem der Bücher, die Dirac als Ingenieurstudent in Bristol gelesen hatte, eingeführt hatte.[22] Heute ist die Funktion mit Diracs Namen verbunden, aber er war nicht der Erste, der sie einführte – sie wurde, so scheint es, im Jahre 1822 von Heavisides Lieblingsmathematiker, dem Franzosen Joseph Fourier, erfunden, und es gab noch mehrere andere, die sie später unabhängig voneinander entdeckten.[23]

Bohr hatte kein Gespür für mathematische Strenge und fühlte sich deshalb vermutlich durch die Delta-Funktion nicht gestört, als er in dem Manuskript las, das Dirac ihm vorlegte, da es Brauch war, dass Bohr jedes Manuskript, das vom Institut aus eingereicht wurde, billigen musste. Doch Bohr und Dirac waren bald uneins, wie zwei Dichter, die über die Syntax einer Strophe in Streit geraten. Bohr kümmerte sich um jedes Wort und verlangte wiederholt detaillierte Änderungen.[24] Dirac, der meinte, die richtigen Worte gefunden zu haben, die seinen Gedanken am klarsten ausdrücken konnten, sah keinen Grund, sie zu verändern. Er hätte T. S. Eliot zugestimmt: „Es bedeutet, was es aussagt, und wenn ich es auf andere Weise hätte sagen wollen, hätte ich es getan".

Dirac war normalerweise schnell bereit, seinen Erfolg dem Zufall zuzuschreiben, aber nicht in diesem Fall – er nannte dieses Manuskript „meinen Schatz".[25] Später bemerkte er, dass er stolz darauf war, sich der Lösung dieses besonderen Problems angenommen zu haben: die Beziehung zwischen Heisenbergs und Schrödingers Theorie aufzudecken. Die Haupteigenschaft, die zur Lösung benötigt wurde, war technisches Geschick und dessen Anwendung, seiner Ansicht nach war keine spezielle Inspiration dafür notwendig. Ein weiterer Grund, warum Dirac von seinem „Schatz" so angetan war, lag vermutlich darin, dass dieser Aufsatz einen Erfolg für seine Methode darstellte, die Quantenmechanik in Analogie zur klassischen Mechanik zu entwickeln. Während seines Studiums, als er noch Hamiltons Herleitung der klassischen Mechanik studierte, hatte er gelesen, wie dessen „Transformationstheorie" verschiedene Beschreibungen desselben Phänomens erfolgreich verbindet. Indem er diese Transformationstheorie verwendete, um die Verbindung zwischen Heisenbergs und Schrödingers Theorie zu finden, hatte Dirac auf beide ein neues Licht geworfen.

Wenn er gehofft hatte, dass die Arbeit ihn zur führenden Figur auf dem Gebiet machen würde, wurde er bald eines Besseren belehrt. Im Spätherbst, noch bevor er die Druckfahnen seiner Arbeit in der Hand hielt, erfuhr er, dass Pascual Jordan genau dasselbe Problem gelöst hatte. Obwohl Diracs Ansatz und Darstellung eleganter und leichter zu benutzen waren, behandelten die beiden Arbeiten im Wesentlichen dasselbe Thema und kamen weitgehend zu denselben Schlussfolgerungen. Obwohl Dirac hier einen weiteren herausragenden Beitrag zur Quantenmechanik geleistet hatte – den zweiten innerhalb eines Jahres –, stand noch aus, alle seine Kollegen mit einer fundamentalen Neuentwicklung der Quantentheorie in den Schatten zu stellen. Er hatte jedoch einige bedeutende Bewunderer gewonnen, obwohl die meisten von ihnen Schwierigkeiten hatten, seine besondere Mischung von Logik und Intuition zu verstehen. Einer von ihnen war Albert Einstein, der seinem Freund Ehrenfest gegenüber bemerkte: „Ich plage mich mit Dirac.

Dieses Balancieren auf schwindelndem Pfad zwischen Genie und Wahnsinn ist schrecklich."[26]

An einem Abend kurz vor Weihnachten läutete das Telefon in Diracs Wohnung. Es sei Professor Bohr, sagte Diracs Vermieterin, als sie ihm den Hörer gab. Das war eine neue Erfahrung für ihn – er hatte noch nie zuvor das Telefon benutzt.[27] Da Bohr wusste, dass Dirac an den Feiertagen allein sein würde, rief er an und fragte, ob er Weihnachten mit ihm und seiner Familie verbringen wolle. Dirac akzeptierte, doch er erzählte es seinen Eltern nicht. Diese hatten sich durch einen ungewöhnlich kalten Herbst gefröstelt und erholten sich gerade von den Kosten für den Anschluss an das Stromnetz. Diracs Mutter fuhr mit ihrer aussichtslosen Kampagne fort, ihren Sohn zu weniger Arbeit zu überreden und fleißiger zu essen („Ich hoffe, Du machst es dir schön & wirst schön rundlich wie Shakespeares Hamlet"), und zum ersten Mal gestand sie ihrem Sohn ein, dass sie unglücklich sei und die häusliche Routine satt habe. Ausgehungert nach ein wenig Unabhängigkeit, schlichen sie und die arbeitslose Betty gemeinsam in Französisch-Abendkurse, wenn Charles nicht im Hause war.[28]

Die Familie Dirac musste sich auf ein trauriges Weihnachtsfest vorbereiten: Zwei Jahre zuvor hatten sie an den Feiertagen noch drei Kinder zu Hause gehabt, diesmal würden sie nur eines haben. Am 22. Dezember schrieb der kränkelnde Charles seinem Sohn einen Brief, einer von nur zweien, die Dirac von seinem Vater aufbewahrt hat, möglicherweise die einzigen Briefe, die Dirac als Erwachsener je von ihm erhalten hat.[29] Statt wie sonst nur in Französisch mit Dirac zu kommunizieren, schrieb Charles den ganzen vierseitigen Brief auf Englisch, auf schwarz umrandetem Papier, das seine fortgesetzte Trauer um Felix unterstrich.

> Mein lieber Paul
> Es wird eine einsame Zeit ohne Dich hier sein – das erste Mal seit Du zu uns kamst – es kommt mir gar nicht so lange her vor, doch meine Gedanken sind bei Dir, um Dir all die Freude zu wünschen, die ein Vater seinem einzigen Sohn wünschen kann.
> Wenn Du irgendwann ein paar freie Momente erübrigen kannst, um mir ein paar Einzelheiten über Dein Leben dort und Deine Arbeit zu berichten, würde mich nichts mehr freuen – außer Dich wieder zu sehen. Ich würde mich gern sicher fühlen, dass du genügend gut für dich sorgst – und vergiss über deiner Forschung nicht deine Gesundheit.[30]

Charles fährt fort, indem er sagt, er würde gern seinem Sohn ein Weihnachtsgeschenk kaufen, vielleicht „ein Schachspiel mit Figuren". Und er bot an, „alles überhaupt Mögliche" zu tun, um ihm zu helfen. Er unterzeichnete mit „Viele Küsse von Deinem Dich liebenden Vater". Diese Zeilen öffnen ein Fenster zu seinem Kummer, seiner Einsamkeit, und seinem verzweifelten Bemühen, seinem nicht reagierenden „einzigen Sohn" näher zu kommen.

An Heiligabend gingen Charles und Betty zur mitternächtlichen Christmette in dieselbe Kirche, in der der Trauergottesdienst für Felix stattgefunden hatte. Später am Weihnachtstag schrieb Diracs Mutter einen bruchstückhaften Brief an Dirac, der zeigte, dass sie ebenso einsam war wie der Mann, mit dem sie lebte:

> Wie Du weißt, alles, was wir tun, ist arbeiten & dann noch mehr arbeiten [...] Ich versuche, Pa dazu zu bringen, [das Wohnzimmer] neu zu tapezieren. Das sollte er nach 13 Jahren [...] Er und Betty sind hinauf in die Horfield-Kirche zur Mitternachtsmesse gegangen [...] Dies ist das erste Weihnachten, an dem Du nicht zu Hause bist. Es ist einsam ohne Dich.

Dann bat sie ihn um einen ungewöhnlichen Gefallen:

> Würde es Dir etwas ausmachen, mir ein paar Pfund für einen Diamantring zu schicken? Ich wünsche mir so sehr einen. Ich könnte ihn dann abends tragen & daran denken, was für ein Schatz Du bist. Es ist so monoton, den ganzen Tag mit Hausarbeiten zu verbringen. Ich bin es so leid.
> Pa hat das ganze Jahr hindurch Schüler & gibt mir 8 £ im Jahr für Kleidung und alles. Es ist schlimmer, als eine Dienstmagd zu sein.[13]

Zum ersten Mal in ihrer Korrespondenz zeigte sie Dirac, dass er nicht nur ihr Lieblingssohn war, sondern auch ihr innigster Vertrauter und sogar der Ersatz für einen Geschenke machenden Liebhaber. Wie ihre nachfolgenden Briefe erkennen lassen, war sie in einer verzweifelten Lage, gefangen in einer unerfüllten Ehe mit einem Mann, der gesellschaftlich hoch angesehen war, den sie aber als unsympathischen und unsensiblen Rohling betrachtete. In den kommenden Jahren sollte sich ihr Leben wie in einer Tragödie von Ibsen weiter entwickeln.

Eine weitere Idee, die Dirac offenbar in Kopenhagen kam und quasi vom Himmel gefallen war, bildet heute die Basis aller modernen Beschreibungen der grundlegenden Bestandteile des Universums. Diese Beschreibungen basieren auf dem aus dem neunzehnten Jahrhundert stammenden Konzept des „Feldes", das Newtons Vision verdrängte, die grundlegenden Teilchen der Natur bewegen sich unter dem Einfluss von Kräften, die von anderen Teilchen ausgehen und sich oft über weite Entfernungen auswirken. Die Physiker ersetzten die Vorstellung, dass die Sonne und die Erde Gravitationskräfte aufeinander ausüben, durch das passendere Bild, dass die Sonne, die Erde und alle übrige Materie im Universum kollektiv ein Gravitationsfeld erzeugen, das das ganze Universum durchdringt und eine Kraft auf jedes Teilchen ausübt, wo immer es sich befindet. Ebenso übt ein alles durchdringendes elektromagnetisches

Feld eine Kraft auf jedes elektrisch geladene Teilchen aus. Maxwells Theorie des Elektromagnetismus und Einsteins Theorie der Gravitation sind Beispiele von klassischen „Feldtheorien", jede beschreibt ein Feld, das sich kontinuierlich in Raum und Zeit ändert, ohne auf individuelle Quanten zu reagieren. Derartige klassische Theorien beschreiben das Universum in Form eines zugrundeliegenden glatten Gewebes. Nach der Quantentheorie jedoch ist das Universum in seinem tiefsten Grund nicht glatt, sondern besteht aus winzigen Teilchen wie Elektronen und Photonen. Grob gesagt: Die Struktur des zugrundeliegenden Feldes sollte nach klassischen Vorstellungen eher wie eine glatte Flüssigkeit sein, während die Quantentheorie nahelegt, dass es einer ungeheuren Ansammlung von getrennten Sandkörnern gleicht. Eine Quantenversion von Maxwells klassischem Elektromagnetismus zu finden, war eines der drängendsten Probleme für die Theoretiker, und Diracs nächste Erfindung sollte es lösen.

Was genau ihn auf die Lösung brachte, ist reichlich mysteriös. Obwohl er wahrscheinlich die ersten Schritte kannte, die Jordan wenige Monate zuvor getan hatte, sagte Dirac später, dass er zum ersten Mal auf die Idee gekommen sei, als er mit Schrödingers Wellen spielte, als seien sie ein mathematisches Spielzeug, und dabei überlegte, was geschehen würde, wenn sie sich nicht als reguläre Zahlen,   sondern als *nicht-kommutative* Größen verhielten.[32] Die Antwort führte auf einen neuen Weg zur Beschreibung der Quantenwelt.

Dirac fand einen Weg für die mathematische Beschreibung der alltäglichen Prozesse der Erzeugung und Vernichtung von Photonen. Lichtteilchen werden andauernd in unermesslicher Anzahl überall im Universum erzeugt, in Sternen und auch hier auf der Erde, wenn das elektrische Licht angeschaltet und ein Streichholz oder eine Kerze angezündet wird. Entsprechend werden Photonen auch kontinuierlich vernichtet, zum Beispiel, wenn sie in der menschlichen Retina verschwinden und wenn Blätter Sonnenlicht in lebensspendende Energie umwandeln. Keiner dieser Prozesse von Erzeugung und Vernichtung kann auf der Grundlage von Maxwells klassischer Theorie verstanden werden, da diese in keiner Weise Dinge beschreiben kann, die aus dem Nichts entstehen oder ins Nirwana verschwinden. Auch die normale Quantenmechanik hatte keinen Beitrag zu den Einzelheiten von Emission und Absorption geliefert. Dirac zeigte jedoch, dass diese Zauberei in einem neuen Typ von Theorie beschrieben werden kann, einer kompakten mathematischen Beschreibung der Erzeugung und Vernichtung von Photonen. Er verband jede Erzeugung mit einem mathematischen Objekt, einem Erzeugungsoperator, welcher nahe verwandt, aber durchaus verschieden ist von einem anderen Objekt, das mit der Vernichtung assoziiert ist, dem Vernichtungsoperator.

Nach diesem Bild, das das Herz der modernen Quantenfeldtheorie bildet, durchdringt das elektromagnetische Feld das gesamte Universum. Das

Erscheinen jedes Photons ist einfach eine Anregung dieses Feldes an einem speziellen Ort und zu einer speziellen Zeit, beschrieben durch die Wirkung eines Erzeugungsoperators. Auf ähnliche Weise wird das Verschwinden eines Photons, das Aufhören der Anregung des Feldes, durch einen Vernichtungsoperator beschrieben.

Dirac hatte damit begonnen, eine Quantenversion von Maxwells vereinheitlichter Feldtheorie der Elektrizität und des Magnetismus aufzustellen. Er hatte von dieser Theorie erst drei Jahre zuvor in Cunninghams Vorlesungen in Cambridge gehört – und stand nun auf Maxwells Schultern. Soweit es Dirac betraf, beendete seine Theorie die Verzweiflung über den scheinbaren Konflikt zwischen zwei Theorien des Lichts: Die Wellentheorie schien die Ausbreitung zu erfassen, während die Teilchentheorie notwendig war, um die Interaktion mit Materie zu erklären. Die neue Theorie vermied die Verlegenheit, zwischen der Wellen- und Teilchenbeschreibung wählen zu müssen und ersetzte die beiden scharf kontrastierenden Bilder durch eine einzige, vereinheitlichte Theorie. Offenkundig mit sich selbst zufrieden, schrieb Dirac, dass die Bilder sich in „vollständiger Harmonie" befänden. Aber er hatte kein Interesse, die gute Neuigkeit mit seinen Eltern zu teilen, die auf ihrer wöchentlichen Postkarte wieder einmal die vertraute Mitteilung ihres Sohnes lasen: „Es gibt derzeit nicht viel zu berichten."[33]

In seinem Aufsatz wandte Dirac seine Theorie an, indem er seine Ergebnisse mit den erfolgreichen Voraussagen verglich, die Einstein ein Jahrzehnt zuvor, im Jahre 1916, erstellt hatte. Einstein hatte alte Quantenideen verwendet, um die Rate zu berechnen, mit der Atome Licht emittieren und absorbieren, und Formeln angegeben, die diese Prozesse erfolgreich zu beschreiben schienen. Die Frage, die Dirac nun beantworten musste, lautete: Stellt die neue Theorie im Vergleich zu der von Einstein einen Fortschritt dar?

Einsteins Theorie hatte die Interaktion zwischen Licht und Materie auf drei fundamentale Prozesse zurückgeführt. Zwei von ihnen waren vertraut: die Emission und Absorption eines Photons durch ein Atom. Aber Einstein sagte auch eine zuvor unbekannte Möglichkeit voraus, um ein Atom dazu zu „überreden" von einem höheren Energieniveau auf ein niedrigeres zu springen, indem es durch ein anderes Photon stimuliert wird, dessen Energie exakt der Differenz zwischen den beiden Energieniveaus entspricht. Das Resultat dieses Prozesses der sogenannten „stimulierten Emission" ist, dass von dem Atom zwei Photonen abgegeben werden: das ursprüngliche sowie ein weiteres Photon, das beim Sprung des Atoms auf das niedrigere Energieniveau abgegeben wird. Dieser Prozess ist die Grundlage der heute weit verbreiteten Laser, die in jedem CD- und DVD-Player und in jedem Barcode-Leser eingebaut sind – die häufigste technische Anwendung von Einsteins Wissenschaft. Diracs Theorie produzierte exakt dieselben Formeln wie Einsteins Theorie, hatte aber den zusätzlichen Vorteil, allgemeiner und mathematisch kohärenter zu sein. Wie Dirac wahrscheinlich klar war, hatte er auf Einstein noch eins draufgesetzt.

Ende Januar, als er sich auf die Abreise aus Kopenhagen vorbereitete, schickte Dirac sein Manuskript an die Royal Society ab. Es stellte sich heraus, dass er der Erste war, der die Mathematik der Erzeugung und Vernichtung in die Quantentheorie einführte, obwohl seine Ergebnisse unabhängig auch von John Slater gefunden worden waren, einem von Fowlers Studenten in Cambridge. Slater war einer von den vielen, die Diracs Abhandlung bewunderten, was ihren Inhalt angeht, aber ihre Präsentation als nahezu pervers kompliziert empfanden: „Sein Aufsatz war ein typisches Beispiel für etwas, dem ich sehr misstraue, nämlich eines, in dem eine Menge von scheinbar unnötigen mathematischen Formalismen eingeführt wird."[34]

Diracs Zeit in Kopenhagen war ein uneingeschränkter Erfolg. Die beiden Theorien, die er dort ausbrütete, unterstrichen seinen Status als führender Mitspieler auf der internationalen Bühne der Wissenschaft. Obwohl er immer noch ein archetypischer Individualist war, hatte er doch den Vorteil verschiedener Herangehensweisen an ein Thema erkannt und es zu schätzen gelernt, wenn seine eigenen Ansichten in Frage gestellt wurden. Neben Bohr war der ihn am meisten faszinierende, kritische Gesprächspartner Paul Ehrenfest, ein engagierter und verwirrender Theoretiker an der Universität Leiden in den Niederlanden. Ehrenfest kam mit Dirac, der kaum halb so alt war wie er, gut aus. Die beiden fühlten sich offenbar im Umgang miteinander besonders wohl, weil sie beide – was unter den Institutsmitgliedern ungewöhnlich war – Alkohol und Rauchen nicht schätzten. Ehrenfests Aversion gegen das Rauchen war zum Teil durch seinen extrem sensiblen Geruchssinn bedingt. Ein Opfer dieser Geruchsempfindlichkeit wurde der liebenswerte holländische Doktorand Hendrik Casimir. Kurz nach seiner Ankunft in Leiden hatte sich Casimir vor einem Treffen mit Ehrenfest seine Haare schneiden lassen. Ehrenfest erschnüffelte sehr bald das Parfüm des Friseurladens, wurde plötzlich ärgerlich und schrie Casimir an: „Ich lasse hier kein Parfüm zu. Raus mit Ihnen. Gehen Sie nach Hause, raus hier. Raus hier. Raus hier." Wenige Tage später wurde Casimir entlassen.[35]

Ehrenfest war während der Seminare in seiner Bestform. Ohne Angst sich lächerlich zu machen, würde er höflich aber regelmäßig den Vortragenden unterbrechen, um die Klarstellung eines jeden unklaren Punktes zu erreichen. Zu der Zeit als er Dirac zum ersten Mal traf, fühlte sich Ehrenfest mit der Quantenmechanik nicht wohl, er war beunruhigt, weil sein guter Freund Einstein unzufrieden mit der zentralen Rolle war, die die Wahrscheinlichkeit in dieser Theorie spielte. Einstein war der Erste gewesen, der klargestellt hatte, dass beim spontanen Sprung eines Elektrons auf ein niedrigeres Energieniveau die Quantentheorie weder die Richtung des austretenden Photons noch die präzise Zeit seines Ausstoßes voraussagen kann. Dies traf sowohl auf die gewöhnliche Quantenmechanik wie auf Diracs neue Quantenfeldtheorie zu. Einstein war sich sicher, dass eine zufriedenstellende Theorie mehr leisten müsse als nur Wahrscheinlichkeiten vorherzusagen: Einstein schrieb an Max Born, er sei überzeugt, dass „der Alte nicht würfelt".[36] Dirac dachte, sein Vorbild mache sich zu viele Gedanken über die philosophische Problematik der Quantenmechanik. Alles was für Dirac zählte war, dass – getreu seiner Mathematik- und Ingenieurs-Ausbildung – die Theorie logisch geeignet war, um den Resultaten von Experimenten gerecht zu werden.

Ende Januar 1927 traf Dirac Vorbereitungen für seine Reise nach Göttingen. Bald würde er auf die Gesellschaft von Niels Bohr verzichten müssen, den Dirac später als „den Newton des Atoms" und als „den tiefsinnigsten Denker, dem ich je begegnet bin" beschrieb.[37] Doch es war Bohrs Warmherzigkeit und Menschlichkeit, die ihn am meisten beeindruckten. An Weihnachten – während Charles, Flo und Betty Dirac die gewohnten familiären Rituale absolvierten – wurde Dirac in der liebevollen Atmosphäre der Bohr-Familie willkommen geheißen und wurde zum ersten Mal Zeuge eines freudvollen Familienlebens. Dirac konnte sehen, dass es möglich war, zugleich ein großer Physiker und ein hingebungsvoller Familienvater zu sein und dass vielleicht – wirklich nur vielleicht – mehr zum Leben gehört als nur die Wissenschaft.

Für Bohr war Dirac „wahrscheinlich der bemerkenswerteste wissenschaftliche Geist, der seit langem erschienen ist" und „ein vollständig logisches Genie".[38] Beeindruckt auch von Diracs Persönlichkeit, vergaß Bohr doch niemals einen beispielhaften Beleg für die Exzentrizität seines jungen Gastes anlässlich des Besuchs einer Kunstgalerie in Kopenhagen. Als sie das Gemälde eines französischen Impressionisten betrachteten, der ein Boot mit nur wenigen Strichen gezeichnet hatte, bemerkte Dirac: „Dies Boot sieht aus, als ob es unvollendet wäre." Zu einem anderen Bild äußerte Dirac: „Es gefällt mir, weil der Grad der Ungenauigkeit überall der gleiche ist."[39] Derartige Anekdoten wurden Teil der wissenschaftlichen Legendenbildung, und die Physiker wetteiferten miteinander, die amüsantesten Beispiele von Diracs Wort-Kargheit, seinem Wörtlich-Nehmen, seiner mathematischen Präzision und Weltfremdheit zu erzählen. In Anbetracht des Fehlens jeder psychologischen Erklärung für sein Verhalten wurde seine Persönlichkeit zum Gegenstand kollektiver Erheiterung durch unzählige „Dirac-Geschichten".

Niemand genoss das Erzählen dieser Geschichten mehr als Bohr, der seine Besucher damit beim Nachmittagstee in seinem Dienstzimmer zu unterhalten pflegte. Vier Jahre vor seinem Tod sagte er zu einem Kollegen, dass von allen Besuchern seines Instituts Dirac „der seltsamste Mensch" war.[40]

9

Januar 1927 – Frühjahr 1927

[Diesen jungen Leuten hatte die große Inflation von 1923
das bürgerliche Ideal des Besitzes geraubt]; jetzt lebten
sie bewusst von heute auf morgen und kosteten alles bis
zur Neige, was umsonst zu haben war – Sonne und Wasser,
Freundschaft und Liebe.

Stephen Spender, *Welt in der Welt,* 1951
(übers. Andreas Sattler, Piper 1992)

In Göttingen begann für Dirac eine weitere seiner ungleichen Freundschaften. Dieses Mal mit Robert Oppenheimer, der aus Cambridge geflohen war und in Max Borns Abteilung für Theoretische Physik als Doktorand von seltener Befähigung, Selbstsicherheit und Eingebildetheit Furore machte. Als eitler intellektueller Selbstdarsteller sorgte Oppenheimer dafür, dass seinen Kollegen bewusst blieb, dass er über mehr als die Physik nachdachte: Seine vielseitige Leseliste schloss F. Scott Fitzgeralds gesammelte Kurzgeschichten *Winterträume* ein, Tschechows Theaterstück *Iwanow* und die Werke Friedrich Hölderlins.[1] Er verfasste auch Verse, ein Hobby, das Dirac in Erstaunen versetzte. „Ich kann mir nicht vorstellen, wie Du gleichzeitig in der Physik arbeiten und Gedichte schreiben kannst", bemerkte er auf einem ihrer Spaziergänge. „In der Wissenschaft möchte man doch etwas sagen, was niemand zuvor wusste, und dies in Worten, die jeder verstehen kann. In einem Gedicht ist man gezwungen, etwas mit Worten zu sagen, die jeder schon kennt, aber niemand verstehen kann." Jahrzehnte später noch liebte es Oppenheimer, diese Anekdote beim Cocktail zu erzählen, zweifellos hatte er Diracs Originalformulierung aufpoliert, um ihr den Biss eines Paradoxons von Oscar Wilde zu verleihen.[2]

Dirac hielt sich an die normalen Arbeitsstunden, während Oppenheimer ein Nachtarbeiter war, sodass die beiden jungen Männer sich natürlich nicht oft sehen konnten.[3] Sie wohnten zur Untermiete bei der Familie Cario in einer geräumigen aus Granit erbauten Villa in der Geismar Landstraße, die aus dem Stadtzentrum in die lokale ländliche Umgebung führte.[4] Von außen wirkte das Haus wie jede andere der vielen Nobelvillen der Stadt, aber innen herrschte

© Springer-Verlag GmbH Deutschland, ein Teil von Springer Nature 2018
G. Farmelo, *Der seltsamste Mensch,* https://doi.org/10.1007/978-3-662-56579-7_9

Bitterkeit und Armut. Während der instabilen frühen Jahre der Weimarer Republik waren die Carios ein Opfer des plötzlichen Absturzes der deutschen Währung geworden: Der Preis für einen amerikanischen Dollar stieg von 64,8 Mark im Januar 1920 auf 4,2 Billionen im November 1923.[5] Schlimmer noch, dem Ernährer der Familie, einem Arzt, war wegen eines medizinischen Kunstfehlers die Zulassung entzogen worden. Nachdem sich die Republik stabilisiert hatte, verdienten sich die Carios ihren Lebensunterhalt damit, dass sie ihr Haus in ein Gästehaus für den Strom von ausländischen Besuchern verwandelten, viele davon amerikanische Studenten, die die Georg-August-Universität besuchten, eine der angesehensten akademischen Adressen in Europa. Mit seinen Mitbewohnern saß Dirac jeden Abend bei einem Mahl aus der lokalen Küche mit Kartoffeln, geräuchertem Fleisch, Wurst, Kohl und Äpfeln.

Dirac und Oppenheimer benötigten nur fünf Minuten für den Weg von ihrer Unterkunft zu Borns Abteilung, die sich im Zweiten Physik-Institut in einem unansehnlichen, roten Klinkerbau mit dem Charme einer Preußischen Kavallerie-Kaserne befand. Born, ein gutaussehender, glattrasierter Mann, der jünger als seine vierundvierzig Jahre erschien, war zwar reserviert im Umgang, aber warmherziger als die meisten seiner Professorenkollegen. Er unterstützte eine wettbewerbsorientierte Atmosphäre, hatte aber ein Gespür für die Bedürfnisse seiner gescheitesten Studenten und war tolerant gegenüber ihren kleinen Fehlern. Dirac und Oppenheimer zählten zu den vielen Studenten, die Born in seine Villa an der Planckstraße einlud, einer ruhigen Straße am Stadtrand (Abb. 9.1). Es war immer eine Freude, dort eingeladen zu sein: Dem Abendessen folgte eine gutgelaunte Unterhaltung und ein Konzert in dem riesigen Salon, in dem zwei Flügel standen.[6] Heisenberg, ein enger Freund der Familie, nahm jede Gelegenheit wahr, um seine pianistischen Fähigkeiten in großartigen Interpretationen von Beethoven, Mozart und Haydn vorzuführen.[7]

Dirac wohnte nur wenige Schritte vom historischen Zentrum Göttingens entfernt, einer der am besten erhaltenen mittelalterlichen Städte in Niedersachsen: Die Häuser und Läden aus Fachwerk, Kirchen und kopfsteingepflasterte Seitenstraßen waren über Jahrhunderte hinweg praktisch unverändert geblieben. Die Stadt war auch noch nicht vom Autoverkehr überlastet. Die meisten Leute gingen zu Fuß oder fuhren mit dem Fahrrad, dabei trugen viele Radfahrer grellfarbige Kappen als Zeichen der Zugehörigkeit zu einem Klub oder einer Studentenverbindung.[8] Ähnlich wie Cambridge war Göttingen eine ruhige Universitätsstadt, geprägt von den Bedürfnissen und Launen ihrer Universitätsangehörigen und Studenten. Die akademische Stellung stand hoch im Kurs. Die am meisten geschätzten Bürger waren die berühmten, hoch angesehenen Professoren, unter Einschluss des grummeligen David Hilbert, damals dreiundsechzig Jahre alt und der berühmteste lebende Mathematiker.

Abb. 9.1 Max Born (sitzend in der Mitte) mit seinen jüngeren Kollegen vor seinem Haus in Göttingen, Frühjahr 1926. Dirac ist, wie immer, abgelenkt. Oppenheimer steht in der hinteren Reihe, vierter von links. (© Paul A. M. Dirac Papers, courtesy of the Florida State University Libraries, Special Collections and Archives)

Ähnlich wie in Cambridge waren viele Göttinger Studenten (vorwiegend Männer) nicht in erster Linie dort, um gut ausgebildet zu werden, sondern um ein paar hedonistische Jahre im Qualm und Lärm der Tavernen und Cafés der Stadt zu verbringen.[9] Während sie Dirac seinen Nachtschlaf gönnten, zogen Oppenheimer und seine Freunde manche Nacht durch Gasthäuser. Er zahlte gern die Zeche nach ein paar Gläsern von frisch gezapftem Bier im Schwarzen Bär oder nach dem Verzehr eines Wiener Schnitzels in der vierhundert Jahre alten Junkernschänke (heute: SteakHouse).[10] Die Atmosphäre in dem Lokal hatte sich über Generationen nicht verändert: An den meisten Abenden ging der Lärm der Studenten in einen trinkfreudigen Chorgesang beliebter Volkslieder über, während besonders mannhafte Jünglinge abzogen, um ihre Kettenhemden anzulegen, ihre Säbel zu gürten und ein wenig „akademisch zu fechten". Wenn die Kämpfer zurückkehrten, waren ihre Gesichter mit Schmissen „geschmückt", jeder ein blutiges Ehrenzeichen.[11]

An den Wochenenden unternahmen Oppenheimer und andere begüterte Studenten oft die zweieinhalbstündige Zugfahrt nach Berlin, in die Stadt von Bertolt Brecht, Arnold Schönberg und Kurt Weill. Dirac hatte jedoch kein Interesse, seinen Horizont weit über die Städte und Dörfer von Niedersachsen hinaus zu erweitern, wo er lange Sonntagswanderungen unternahm, wenn der Schnee es nicht verhinderte. Kaum zwanzig Minuten nach Verlassen seiner Unterkunft wanderte er durch die sanft hügelige Landschaft, folgte den schnell fließenden Flüssen und legte an dem einen oder anderen verstreuten Bismarck-Denkmal eine Pause ein. Kurz nach Frühlingsanfang waren die

Wanderbedingungen perfekt: Fast der gesamte Winterschnee war geschmolzen, und die Lindenbäume, Büsche und Blumen erfüllten die Luft mit ihrem Duft. Gelegentlich begegneten ihm Gruppen jugendbewegter Wanderer, aber sonst sah er kaum einen anderen Menschen, was genau seiner Vorliebe entsprach – seine Empathie lag eher bei der nicht-kommunikationsfähigen Natur als bei den Menschen.

Göttingen gab Dirac alles, was er sich von einer Stadt wünschte – eine große Universität mit einer weltweit führenden Physik-Fakultät und bequeme Unterkünfte, die nahe Wanderungen in der Umgebung ermöglichten, wo er anderen Menschen entfliehen konnte. Göttingen war ein deutsches Cambridge mit Hügeln.

Anfang Februar 1927, nur Tage nach seiner Ankunft in Göttingen, hatte Dirac Oppenheimers wissenschaftliche Begeisterung entfacht. Oppenheimer war gerade dabei, seine Dissertation über die Quantenmechanik von Molekülen abzuschließen, und blickte in eine Zukunft, die in der Richtung zu liegen schien, die Dirac angestoßen hatte. Gegen Ende seines Lebens, als Oppenheimer auf seine Karriere zurückblickte, bemerkte er zu Göttingen: „Die aufregendste Zeit meines Lebens war vielleicht die, als Dirac ankam und mir die Druckfahnen seiner Arbeit über die Quantentheorie der Strahlung zeigte." Während andere Diracs Feldtheorie mysteriös fanden, war sie für Oppenheimer „außerordentlich schön".[12]

Oppenheimer war in Cambridge und Harvard ein Außenseiter gewesen und war deshalb froh, sich endlich als Teil der kleinen Gemeinschaft der Göttingen Physiker fühlen zu dürfen. Allmählich erholte er sich von seiner klinischen Depression. Zu seinen Kollegen zählte auch Pascual Jordan, nur wenige Wochen nach Dirac geboren, der Jüngste der Quanten-Innovatoren. Angestrengt, ruhelos und eigenwillig blickten seine Augen starr hinter einer elliptischen Brille mit Linsen so dick wie Marmeladegläser hervor. Oppenheimer bemerkte später, dass Jordans Eigenheiten vielleicht dazu geführt hatten, dass er unterschätzt wurde: „Zum Teil lag es daran, dass er wirklich ein unglaublich krummer Vogel mit Ticks und Manierismen war und [...] scheinbaren Wutausbrüchen, die andere stark abschreckten."[13] Laut Oppenheimer stotterte Jordan so erbärmlich, dass „es schwer auszuhalten war", obwohl Oppenheimer es bis zu einem gewissen Grad bewundert haben mag – er begann ein künstliches Stottern vorzutäuschen und murmelte „hmm-hmm-hmm" vor einigen seiner sorgsam ausgearbeiteten Deklamationen.[14]

Obwohl Jordan und seine Kollegen Oppenheimer wegen seiner Schnellfeuer-Intelligenz bewunderten – einer von ihnen verglich ihn mit „einem Bewohner des Olymps, der sich unter die Menschen verirrt hatte" – fanden sie seine Arroganz in so hohem Grad irritierend, dass sie für sie inakzeptabel wurde.[15] Eines Morgens fand Born auf seinem Schreibtisch einen Brief von mehreren seiner Kollegen mit der Androhung, die Seminare zu boykottieren, wenn er Oppenheimer nicht daran hindern würde, diese durch seine dauernden Zwischenfragen zu stören. In seiner bekannten Scheu vor offenen Auseinandersetzungen entschloss sich Born, den Brief – ein großes Blatt aus Pergament in schnörkliger Schönschrift – auf dem Schreibtisch liegen zu lassen, sodass Oppenheimer ihn sehen konnte. Der Trick wirkte. Die Beziehung zwischen Born und Oppenheimer war von einer oberflächlichen Herzlichkeit, aber Oppenheimer hielt Born für einen „schrecklichen Egoisten", der sich ständig beklagte, dass ihm für seine Pionierleistungen in der Quantenmechanik nicht genügend Anerkennung gezollt werde.[16] Born hatte auch guten Grund, sich nicht gewürdigt zu fühlen. Er war einer der Schöpfer der Quantenmechanik gewesen, weil er sein ganzes Arsenal an mathematischen Kenntnissen eingesetzt hatte, um Heisenbergs Initialidee weiter zu entwickeln. Die meisten Physiker gaben Heisenberg den Löwenanteil des Kredits, aber Born glaubte, dass er es war, der als Erster das volle Potential der Idee erkannt hatte und auch derjenige war, der die Entwicklung in Göttingen in Gang gebracht hatte.

Als Dirac in Göttingen eintraf, war sich Born sicher, den richtigen Weg gefunden zu haben, die Quantenmechanik auf der Basis von Heisenbergs Idee und nicht Schrödingers Idee weiterzuentwickeln. Obwohl Born von Diracs Reputation wusste, hatte er nicht erwartet, dass sein junger Besucher so erfahren und kenntnisreich war. Der amerikanische Physiker Raymond Birge, der gerade Göttingen besuchte, notierte: „Dirac ist der wahre Herr der Situation […]. Wenn er spricht, sitzt Born nur da und hört ihm mit offenem Mund zu."[17]

Ein anderer Kollege, der deutsche Theoretiker Walter Elsasser, schrieb später über seine Eindrücke von Dirac: „groß, hager, ungeschickt und extrem wortkarg. […] Von turmhoher Größe in seinem Fach, die aber wenig Interesse und Kompetenz für andere menschliche Aktivitäten übriglässt". Elsasser erinnerte sich, dass die Gespräche mit Dirac, obwohl er immer höflich blieb, fast immer gestelzt waren: „Man konnte sich nie darauf verlassen, dass er etwas Passendes sagte."[18] Ein weiterer Charakterzug von Dirac war, dass es ihm unmöglich war, den Standpunkt eines anderen zu verstehen, wenn das nicht in seine Sichtweise der Dinge passte: Kollegen konnten viele Stunden damit verbringen, um ihre Perspektive eines physikalischen Problems darzulegen, aber die Folge war, dass er nach einer kurzen Bemerkung anscheinend teilnahmslos oder gelangweilt fortging. Oppenheimer war ganz anders: Er würde dem Sermon eines Kollegen ein paar Minuten lang zuhören, um dann eine wortgewandte Zusammenfassung dessen, was er vermutlich zu sagen versucht hatte, einzuwerfen.

Während Oppenheimer den geselligen Austausch mit Kollegen schätzte, verbrachte Dirac die meiste Zeit arbeitend in der Bibliothek oder einem der leeren Unterrichtsräume. Doch er war kein vollständiger Einzelgänger: In Kopenhagen hatte er gelernt, den Umgang mit anderen Physikern zu schätzen, vorausgesetzt sie drängten ihn nicht, etwas zu sagen. Morgens ging er meistens mit anderen Mitbewohnern der Cario-Villa zum Mathematischen Institut, wo er Vorlesungen besuchte, die ihn über die neuesten experimentellen Befunde auf dem Laufenden hielten. Er nahm sich auch Zeit für die oft kontrovers verlaufenden Nachmittagsseminare. War Ehrenfest in der Stadt, war er der unangefochtene Chef-Inquisitor, er reduzierte die Egos auf Normalgröße und legte den Kernpunkt jedes neuen Arguments offen, indem er das Unterholz wegschnitt. Im vorausgegangenen Juni hatte er einen Papagei aus Ceylon mitgebracht, dem beigebracht worden war, zu sagen: „Aber, meine Herren, das ist nicht Physik". Er hatte vorgeschlagen, dass dieser den Vorsitz aller zukünftigen Seminare in Quantenmechanik übernehmen sollte.[19]

Max Delbrück, einer der jungen Göttinger Physiker, übertrieb vermutlich nicht, als er später seine Erfahrung beim Besuch eines dieser Seminare so beschrieb: „Man konnte sich gut vorstellen, in ein Tollhaus geraten zu sein."[20]

Bis nach Berlin verbreitete sich das Gerücht, dass Dirac ein schwieriger Mensch sei und dass seine Arbeiten undurchschaubar und überbewertet seien. Der ungarische Theoretiker Jenö (Eugene) Wigner sagte später, Mitte der 1920er Jahre seien seine deutschen Kollegen misstrauisch gegenüber „dem wunderlichen jungen Engländer gewesen, der [Fragen der Physik] in seiner eigenen Wissenschaftssprache löst".[21] Viele Deutsche wurden durch Diracs Verhalten abgeschreckt. Engländer waren bekannt für ihre Reserviertheit – sie benehmen sich, als ob jeder andere entweder ein Gegner oder ein Langweiler ist, wie John Stuart Mill es ausgedrückt hatte. Aber Diracs Gefühlskälte war anders als alles, was sie je gesehen hatten.[22]

Born war einer der wenigen Deutschen, die sich für Dirac erwärmten, aber sogar er hatte Schwierigkeiten, seine neue Feldtheorie zu verstehen und hielt sie anscheinend für unwichtig. Dieser Mangel an Voraussicht frustrierte Jordan, der begonnen hatte, ähnliche Ideen wie Dirac über die Feldtheorie zu entwickeln und bei Born nur auf Desinteresse stieß.[23] Es wäre faszinierend gewesen zu sehen, was Dirac und Jordan in der Quantenfeldtheorie hätten zustande bringen können, aber Dirac hatte kein Interesse an einer Zusammenarbeit. Er wollte die Feldtheorie auf die Frage anwenden, was passiert, wenn Licht von einem Atom gestreut wird, was man sich normalerweise eher wie das Aufprallen eines Basketballs auf den harten Rand des Korbes vorstellt, von wo er abspringt. Aber in der neuen Feldtheorie waren die Dinge nicht so eindeutig. Dirac zeigte, dass in dem flüchtigen Moment der Streuung eines Photons dieses einige merkwürdige, nicht beobachtbare Energiezustände zu durchlaufen scheint. Diese Zwischenprozesse waren so eigentümlich, weil sie anscheinend das geheiligte Gesetz der Energieerhaltung missachteten. Obwohl diese subatomaren „virtuellen Zustände" nicht unmittelbar wahrgenommen werden können, konnten die Experimentalphysiker später ihren subtilen Einfluss auf die Elementarteilchen nachweisen.[24]

Diracs Berechnungen brachten ein noch stärker beunruhigendes Artefakt zutage. Er fand heraus, dass seine neue Theorie nicht aufhörte, bizarre Voraussagen zu machen: Wenn er zum Beispiel die Wahrscheinlichkeit berechnete, dass ein Photon nach einem bestimmten Zeitintervall emittiert wird, war die Antwort keine gewöhnliche Zahl, der Wert war vielmehr unendlich. Das ergab keinen Sinn. Die Wahrscheinlichkeit, dass ein Atom ein Photon aussendet, konnte natürlich nur einen Wert zwischen Null (keine Chance) und Eins (vollständige Gewissheit) annehmen, deshalb war offensichtlich der vorausgesagte unendlich große Wert falsch. Aber Dirac zog es vor, pragmatisch vorzugehen. „Diese Schwierigkeit ist nicht durch einen grundlegenden Fehler in der Theorie bedingt", schrieb er mit mehr Zuversicht als berechtigt war. Die Ursache des Problems, so spekulierte er, lag in einer stark vereinfachenden Annahme, die er bei der Anwendung der Theorie gemacht hatte. Er brauchte nur den Fehler zu identifizieren und die Theorie anzupassen, dann würde das Problem verschwinden. In der Zwischenzeit ging er den Schwierigkeiten aus dem Weg, indem er clevere mathematische Tricks anwandte, die es ihm ermöglichten, plausible endliche Voraussagen zu machen. Doch es dauerte nicht lange, bis er einsehen musste, dass sein Optimismus fehl am Platze gewesen war: Das Lamm hatte zum ersten Mal ein Stück des Wolfspelzes gesehen.

Mittlerweile hatte die Debatte über die Interpretation der Quantentheorie nicht an Fahrt verloren, am wenigsten in Kopenhagen, wo Heisenberg sich Mühe gab, die theoretischen Grenzen dessen, was man von einem Quant wissen kann, zu verstehen. Er erreichte dies brillant mit seiner Unschärferelation, die ihren Namensgeber als feststehender Begriff in der Quantenmechanik sozusagen unsterblich gemacht hat.

Das Prinzip entstand erst nach einem qualvollen und langwierigen Reifeprozess, der anscheinend durch einen Brief von Pauli im Oktober zuvor angestoßen worden war.[25] Heisenberg glaubte, dass der korrekte Weg, über die Quantenwelt nachzudenken, darin bestand, von Teilchen auszugehen und dass die populäreren, auf Wellen beruhenden Ideen nur nützliche Hilfsvorstellungen seien. Irgendwie wollte Heisenberg einen Weg finden, präzise Aussagen über die Messungen zu machen, die an einem Quantenteilchen durchgeführt werden können, insbesondere über die Grenzen dessen, was Experimentatoren über sie in Erfahrung bringen können. Heisenberg hatte mit Einstein darüber gesprochen und es auch mit Dirac diskutiert, als dieser in Kopenhagen seine Transformationstheorie entwickelte.[26]

Der Kernpunkt des später als Heisenbergs Unschärferelation bekannt gewordenen Prinzips ist, dass die Kenntnis, die Experimentatoren über den Ort des Quants besitzen, eine Grenze für das setzt, was sie über seine Geschwindigkeit zum selben Zeitpunkt wissen können. Je mehr sie über den Ort eines Quants wissen, umso weniger wissen sie über seine Geschwindigkeit. Wenn Experimentatoren zum Beispiel den Ort eines Elektrons mit perfekter Präzision kennen, folgt daraus, dass sie überhaupt nichts über seine Geschwindigkeit im selben Moment wissen können. Und umgekehrt: Wenn sie den exakten Wert der Geschwindigkeit des Elektrons kennen, sind sie in totaler Unkenntnis über seinen Ort. Es gibt, wie Heisenberg argumentierte, keinen Ausweg: Ungeachtet der Genauigkeit des Messapparates oder des Einfallsreichtums des Experimentators setzt dieses Prinzip der Erkenntnis fundamentale Grenzen. Es gilt aber, dass das genaueste Wissen über den Ort eines gewöhnlichen makroskopischen Objekts die Kenntnis seiner Geschwindigkeit nur vernachlässigbar einschränkt (entsprechendes gilt für den Ort und die Geschwindigkeit im umgekehrten Fall), insofern ist das Prinzip im alltäglichen Leben unwichtig. Das ist die Ursache für den Physikerwitz über den Motorradfahrer, der versucht, die Verkehrspolizei zu täuschen, indem er bei einer Geschwindigkeitsübertretung auf „nicht schuldig" plädiert: „Ich wusste genau, wo ich war, und daher hatte ich keine Idee, wie schnell ich fuhr." Der Einspruch wäre absolut zulässig, wenn er von einem mit Bewusstsein ausgestatteten Elektron käme.

In seinem Artikel erklärte Heisenberg sein Prinzip, indem er darstellte, was passiert, wenn ein Experimentator ein Lichtteilchen, ein Photon, benützt, um das Verhalten eines Elektrons zu untersuchen. Dabei demonstrierte er, dass der bloße Akt der Messung das Elektron stört. Eine Analyse dieses Gedankenexperiments führte Heisenberg auf einen mathematischen Ausdruck, der das Prinzip wie in einer Nussschale zusammenfasst. Er leitete diesen Ausdruck darüber hinaus auch mathematisch ab, indem er zwei von Diracs Innovationen nutzte: die Transformationstheorie und die nicht-kommutative Beziehung zwischen Ort und Drehimpuls.[27]

Als der Frühling einzog, dachte Dirac wahrscheinlich während seiner gewohnten Spaziergänge entlang der baumgesäumten Allee, die den Umrissen der einstigen äußeren Stadtmauer von Göttingen folgt, über das Heisenberg-Prinzip nach.[28] Er war nicht besonders beeindruckt von Heisenbergs Entdeckung, wie er später notierte: „Die Leute meinen oft, sie [die Unschärferelation] sei der Grundpfeiler der Quantenmechanik. Aber das ist nicht wirklich so, weil sie keine präzise Gleichung, sondern nur eine Aussage über Unbestimmtheiten ist."[29] Ähnlich lauwarm äußerte sich Dirac einige Monate später, als Bohr sein Komplementaritätsprinzip ankündigte, das anscheinend mit Heisenbergs Prinzip verwandt war. Gemäß Bohrs Idee haben Quantenphysiker zu akzeptieren, dass ein vollständiges Bild subatomarer Ereignisse immer Beschreibungen einschließt, die inkompatibel erscheinen, aber tatsächlich komplementär sind – sowohl das Wellen- als auch das Teilchen-Bild wird benötigt. Nach Bohrs Ansicht war diese Idee Teil einer antiken philosophischen Tradition, nach der die Wahrheit nicht festgemacht werden kann, indem man nur einen Ansatz verwendet, es sind vielmehr komplementäre Konzepte erforderlich: zum Beispiel eine Mischung von Vernunft und Gefühl, Analyse und Intuition, Innovation und Tradition.

Dieses Prinzip war für Bohrs Denken grundlegend. Das ging so weit, dass er es 1947 als Basis für sein Wappen wählte.[30] Der Entwurf zeigt das chinesische Yin-Yang-Symbol, das die beiden gegensätzlichen, aber untrennbaren Elemente der Natur darstellt, und das lateinische Motto darüber lautet, „Contraria sunt complementa" – Gegensätze sind komplementär und ergänzen sich. Viele Physiker waren der Meinung, Bohr habe eine große Wahrheit aufgedeckt, aber Dirac war wieder unbeeindruckt: Das Prinzip „erschien mir immer ein bisschen vage", sagte er später. „Es war keines, das man mit einer Gleichung formulieren konnte."[31]

Diracs Ansicht über Heisenbergs Unschärferelation wurde von den meisten Wissenschaftlern, einschließlich Eddington, nicht geteilt. In seinem gefeierten, im November 1928 publizierten Buch *The Nature of the Physical World* (in deutscher Übersetzung 1931: *Das Weltbild der Physik und ein Versuch seiner philosophischen Deutung*), gab er eine brillante Darstellung des „Prinzips der Unbestimmtheit" und beschrieb es als „neues allgemeines Grundprinzip, das an Wichtigkeit dem Relativitätsprinzip gleichzukommen scheint". Mit seinem schriftstellerischen Elan führte Eddington Zehntausende fachfremde Leser in das neue Prinzip als einem der Grundpfeiler der Quantenmechanik ein.

Eddington schreibt in seinem Buch, dass er ganz gegen seine bessere Überzeugung einen Überblick über die Theorie zu geben versucht: „Wahrscheinlich wäre es gescheiter, über der Eingangspforte zur Neuen Quantentheorie ein Schild anzunageln mit der Aufschrift: ‚Bauliche Veränderungen im Gange! – Unbefugten ist der Eintritt streng verboten!' und außerdem noch dem Türsteher eine besondere Anweisung zu geben, neugierige Philosophen auf keinen Fall einzulassen."[32] Eddingtons Darstellung der Theorie war die klarste Darstellung der Quantenmechanik für englischsprachige interessierte Leser und war die erste weitverbreitete Werbung für die neue Theorie. Wenn Bohr oder eine andere einflussreiche Figur sich Eddington zum Vorbild genommen hätte und klug genug gewesen wäre, eine dramatische Präsentation der Entdeckung des Prinzips der Unschärferelation vor gut informierten Journalisten zu geben, wäre die Quantenmechanik zusammen mit ihren Schöpfern zweifellos noch viel besser bekannt geworden.

Mit einem Hauch von Nostalgie machte Eddington darauf aufmerksam, dass moderne Physiker das Universum nicht mehr als einen gigantischen Mechanismus betrachten, wie es die viktorianischen Physiker wie James Clerk Maxwell getan hatten, sondern die grundlegende Natur der Dinge allein in der Sprache der Mathematik ausdrücken. Die Vorstellung von Zahnrädern und Getriebe war nun passé, aber Eddington glaubte, dass dem neuen mathematischen Weg, über die Grundlagen der Physik nachzudenken, auch Gefahren anhaften:

> Ohne Zweifel ist der Mathematiker weniger erdgebunden als der Ingenieur, aber vielleicht sollte man auch ihm die Schöpfung der Welt nicht ohne Vorbehalt anvertrauen. Wir haben es in der Physik mit einer Welt der Symbole zu tun; der Mathematiker aber ist der berufene Herrscher über Symbole, und so läßt sich seine Hilfe kaum umgehen. Wir müssen jedoch fordern, dass er bei der ihm anvertrauten verantwortungsreichen Aufgabe alle seine Möglichkeiten voll ausnützt und nicht seiner natürlichen Neigung für Symbole mit arithmetischer Ausdeutung allzu einseitig nachgibt.[33]

Eddington hatte auf die zentrale konzeptionelle Herausforderung hingewiesen, die die Quantenmechanik für die meisten berufsmäßigen Physiker so schwer machte. Die meisten von ihnen dachten immer noch wie Ingenieure und waren gemessen an den Standards von Dirac und seinesgleichen mathematisch schwach. Die meisten Physiker versuchten ja immer noch, sich das Atom als ein mechanisches Gerät vorzustellen.

Das Bild von der Natur als kolossaler Uhrwerk-Mechanismus, das seit Newtons Tagen populär war, hatte sich für die meisten Anwendungen als gut geeignet erwiesen – aber nun war es das nicht mehr. Die Quantenmechanik basierte im Wesentlichen auf mathematischen Abstraktionen und konnte nicht durch konkrete Bilder visualisiert werden – das war der Grund, warum Dirac sich weigerte, über Quantenmechanik in Alltagsbegriffen zu diskutieren, außer im späteren Leben, als er begann, Analogien zwischen dem Verhalten der Quanten und der Art, wie sich normale Materie verhält, zu suchen. Dirac äußerte jedoch oft, dass er über die Natur nicht in algebraischen Begriffen nachdenke, sondern indem er visuelle Vorstellungen benutze. Schon als junger Schüler war er in seiner Zeichenklasse für Kunst und Technik ermutigt worden, visuelle Vorstellungen zu entwickeln, was sich als ideale Grundlage für sein Studium der projektiven Geometrie erwiesen hatte. Keiner der anderen Pioniere der Quantenmechanik hatte eine Ausbildung erhalten, in der die geometrische Veranschaulichung eine so bedeutende Rolle spielte. Fünf Jahrzehnte später, in der Rückschau auf sein frühes Werk in der Quantenmechanik, erklärte

Dirac, dass er Ideen der projektiven Geometrie verwendet hatte, die den meisten seiner Physikerkollegen nicht vertraut waren:

[Die projektive Geometrie] erwies sich als äußerst nützlich für die Forschung, aber ich erwähnte sie nicht in meinen veröffentlichten Arbeiten […] weil ich meinte, dass die meisten Physiker damit nicht vertraut waren. Wenn ich ein bestimmtes Resultat erhalten hatte, übersetzte ich es in eine analytische Form und schrieb die Argumente in Form von Gleichungen auf.[34]

Dirac bekam bei einem Vortrag im Herbst 1972 an der Universität Boston eine perfekte Gelegenheit geboten, den Einfluss der projektiven Geometrie auf sein frühes Denken über Quantenmechanik zu erklären.[35] Die Philosophische Fakultät hatte ihn eingeladen, damit er diesen Einfluss in einem Vortrag klarstellte, und hatte den weltläufigen Roger Penrose, einen berühmten Mathematiker und Wissenschaftler, der Dirac gut kannte, für die Leitung des Seminars gewonnen. Wenn jemand diese Geschichte aus Dirac herausbekommen konnte, dann war er es. In dieser Veranstaltung gab Dirac eine kurze, klare Darstellung der Grundlagen der projektiven Geometrie, aber schreckte davor zurück, sie mit dem Verhalten der Quanten zu verbinden. Nachdem Dirac ein paar einfache Fragen abgewehrt hatte, wandte sich der enttäuschte Penrose behutsam an ihn und fragte ihn unverblümt, wie diese Geometrie sein frühes Werk über Quanten beeinflusst hätte. Dirac schüttelte entschieden seinen Kopf und lehnte es ab zu antworten. Da er erkannte, dass es zwecklos war fortzufahren, füllte Penrose die Zeit mit einem improvisierten kurzen Vortrag über ein anderes Thema. Für alle, die das Rätsel von Diracs Zauberkraft entschlüsseln wollten, war sein trotziges Schweigen nie quälender gewesen.

10

Frühjahr 1927 – Oktober 1927

Hitler ist unser Führer, ihn lohnt nicht gold'ner Sold, der
von den jüdischen Thronen vor seine Füße rollt. Einst
kommt der Tag der Rache [...]

Aus einem frühen Marschlied der Nazis (ca. 1927)

Als Jude hatte Max Born allen Grund, über den Anstieg des Antisemitismus in Göttingen alarmiert und erschrocken zu sein. Die Atmosphäre war „bitter, missmutig, [...] unzufrieden und hasserfüllt und mit all den Elementen aufgeladen, die später zur Riesenkatastrophe führen sollten", erinnerte sich Oppenheimer wenige Jahre vor seinem Tod.[1] Die Nazis hatten im Mai 1922 eine ihrer ersten Zweigstellen in der Stadt errichtet. Drei Jahre später begann der Chemiestudent Achim Gercke, heimlich eine Liste der Professoren mit jüdischer Abstammung zu erstellen, um „eine Waffe in die Hand zu bekommen, die das Deutsche Reich dereinst in den Stand versetzen sollte, den letzten fassbaren Hebräer und sämtliche Mischlinge aus dem deutschen Volkskörper auszuscheiden und des Landes zu verweisen".[2]

Das Leben unter den Göttinger Forschern hatte jedoch auch eine leichtere Seite. Viele von ihnen sonnten sich in der Vorstellung, dass ihr akademischer Beruf der Jugend gehörte, und sie machten sich über die senilen Vorstellungen der älteren Professoren lustig, die viel mehr Geld und Ansehen genossen, obwohl sie viel weniger leisteten. Wie seine späten Kommentare bestätigen, teilte Dirac diese verächtliche Haltung, und, wenn man einer eher unwahrscheinlichen Göttinger Legende glauben darf, schrieb er sogar einen Vierzeiler darüber für ein Studentenblatt:

Das Alter ist ein fiebriger Schüttelfrost,
den Du als Physiker fürchten musst,
besser mit dreißig Jahren tot
als in des Alters Not.[3]

Die Göttinger Studenten hatten eine Vorliebe für alberne Lieder und für das Absingen amerikanischer Melodien im Chor, die mit besonderer

© Springer-Verlag GmbH Deutschland, ein Teil von Springer Nature 2018
G. Farmelo, *Der seltsamste Mensch*, https://doi.org/10.1007/978-3-662-56579-7_10

Begeisterung an Thanksgiving ertönten. Der Kosmologe Howard Robertson, der Dirac in die Methoden der Beschreibung der gekrümmten Raum-Zeit im Universum einführte, hatte einen der beliebtesten neuen Songs in die Göttinger Tavernen gebracht, „Oh My Darling Clementine".[4] Dirac sang vermutlich nicht mit, aber er nahm an den infantilen Spielen teil, die dabei halfen das intensive Konkurrenzdenken der Physiker ins Schöngeistige zu sublimieren. Eines der Spiele hieß „Apfelschnappen": Professoren und Studenten – oft benebelt nach einigen Gläsern Bier – versuchten, ihre Zähne in einen Apfel zu versenken, der auf Wasser oder Bier schwamm. Eine andere Aktivität bestand im Wettlaufen mit einer großen Kartoffel auf einem winzigen Löffel. Nach einem dieser Wettkämpfe in Borns Haus beobachtete ein Student, wie Dirac heimlich übte – ein Anblick, der seine Kollegen in Cambridge erstaunt hätte, vor allem den Theologen John Boys Smith, der von Dirac gesagt hatte, er sei „kindlich, aber nie kindisch".[5]

Diracs Aufenthalt in Göttingen endete Anfang Juni 1927. Das St. John College wollte ihn zurück haben und hatte ihm angeboten, sich für die Position eines Fellows zu bewerben, eine Ehre, die es wert war, dem Ruf nachzukommen. Im Falle einer erfolgreichen Bewerbung würde er freie Unterkunft und Verpflegung im College genießen und ein bescheidenes Einkommen erhalten, um die fortgesetzte Zuwendung aus seinem 1851-Stipendium zu ergänzen, welches im Jahre 1928 auslaufen würde.[6] Eine unkündbare akademische Position an der Mathematikfakultät der Universität würde fast mit Sicherheit folgen, und er wäre für den Rest seines Lebens abgesichert. In seinen Briefen äußerte er sich noch zurückhaltender über sein persönliches Leben als er es von Kopenhagen aus getan hatte. In einem Brief an den Collegebeamten James Wordie schrieb Dirac einen einzigen Satz über seine Tätigkeit in Göttingen: „Die landschaftliche Umgebung ist sehr schön."[7] Obwohl er Bohrs pulsierendes Institut der vergleichsweise kühlen Abteilung von Born vorzog, berichtete er seiner Mutter, dass er Göttingen bevorzuge, weil es ihm die besten Möglichkeiten böte, allein spazierenzugehen.[8]

In seiner Forschung schien Dirac an Schwung zu verlieren. Anfang Mai 1927 benutzte er die Quantenmechanik, um vorauszusagen, was geschieht, wenn Licht an einem Atom gestreut wird – ein Problem, das zu keiner aufregenden Schlussfolgerung führte. Oppenheimer sagte später, er sei von Diracs Arbeiten in Göttingen enttäuscht gewesen und habe nicht verstanden, warum er nicht die Entwicklung der Quantenfeldtheorie weiter vorangetrieben hatte. Dirac wollte den Sommer über eine lange Pause einlegen, so sagte er zu Oppenheimer, um danach seine Aufmerksamkeit dem Spin des Elektrons zuzuwenden, der immer noch nicht verstanden war.

Dirac beabsichtigte, die Quantentheorie erst wiederaufzunehmen, wenn er nach England zurückgekehrt war – nach einem Besuch bei Ehrenfest in

Leiden, einer kleinen Universitätsstadt in den Niederlanden. Ehrenfests
großes Haus war im russischen Stil erbaut. Dirac war im obersten Zimmer
untergebracht und hinterließ dort seinen Namen auf der Wand, die schon
die Signaturen von Einstein, Kapitza und einem Dutzend anderer trug. Das
Haus diente als lokales Gästehaus für die Weltelite der Physiker, die dann
Anekdoten über ihre lebhaften Gespräche mit Ehrenfests Frau – einer russischen Mathematikerin – und ihren drei Kindern verbreiteten, einem Sohn
mit Down-Syndrom und zwei Töchtern.

Oppenheimer plante, sich Dirac in Leiden anzuschließen und begann
Holländisch zu lernen, damit er ein Seminar in der Sprache des Gastgeberlandes
halten konnte. Aber zunächst musste er seine Doktorarbeit in einer mündlichen Prüfung verteidigen, die von dem angesehenen Experimentalphysiker
James Franck zusammen mit Max Born abgehalten wurde.[9] Franck nahm sich
nur zwanzig Minuten, um Oppenheimer zu prüfen, aber das war genug. Als er
den Prüfungsraum verließ, seufzte Franck, „Ich bin froh, dass es vorbei ist. Er
war im Begriff *mich* zu prüfen." Born war erleichtert, dass er seinen brillanten,
aber schwierigen Studenten losgeworden war. Am Ende seines auf der Maschine
geschriebenen Briefs an Ehrenfest fügte Born von Hand ein Postskriptum an:

[Herr Oppenheimer], der lange bei mir war, ist jetzt bei Ihnen. Ich möchte
wissen, was Sie von ihm halten. Ihr Urteil wird nicht dadurch beeinflusst werden, wenn ich offen sage, dass ich noch nie unter einem Menschen so gelitten
habe, wie unter diesem. Er ist zweifellos sehr begabt, aber völlig ohne geistige
Disziplin. Bei äußerer Bescheidenheit ist er innerlich ungemein anmaßend.
[…] [Er] hat uns alle ein Dreivierteljahr lang völlig lahmgelegt. Ich atme auf,
seit er fort ist und beginne wieder Mut zur Arbeit zu fassen.[10]

Dirac war von dieser Lähmung nicht berührt und spürte sie offenbar nicht
einmal. Er verehrte Oppenheimer und vertraute ihm in einem Umfang wie
sonst kaum einem Kollegen. Ihre gemeinsamen Tage in Göttingen waren der
Beginn einer 40 Jahre währenden Freundschaft.

Göttingen war zu weit entfernt für einen Besuch von Diracs Familie. „Du
bist sicher froh darüber", schrieb seine Mutter in einem schmerzerfüllten
Nachsatz.[11] Sie machte ihrem Sohn deutlich, wie sehr sie ihn beneidete: „Du
bist ein Glückspilz, weil Du von zu Hause fort bist. [Hier] gibt es nur Arbeit
und Arbeit."[12] Wenn ihr Ehemann nicht da war, trug sie ihren neuen Ring –
sieben Diamanten in Platin eingefasst –, den sie heimlich für 10 £ von dem
Geld gekauft hatte, das Dirac ihr geschickt hatte, was deutlich mehr war, als
Charles ihr pro Jahr erlaubte, für sich selbst auszugeben. Dieses Schmuckstück
war ein privates Symbol ihrer wichtigsten Beziehung. Sie schrieb an ihren

Sohn: „Erzähle es Pa nicht [...] Ich fürchte, er würde verlangen, dass ich das Geld in den Haushalt stecke, aber es macht mir so viel Freude, ihn anzusehen und zu denken, wie lieb Du bist."[13] Abends pflegte sie im Wohnzimmer mit den Fotos ihres Sohnes zu sitzen, las seine Postkarten wieder und wieder und versuchte sich vorzustellen, was er wohl zu den verschiedenen Tageszeiten tat.

Der zwölfjährige Altersunterschied zwischen Charles und Flo machte sich immer deutlicher bemerkbar. Sie hatte immer noch ihren aufrechten Gang, glatte Haut und kaum ein graues Haar, er war bucklig, weißhaarig und runzlig. In der Öffentlichkeit nahm sie die traditionelle Haltung einer loyalen, duldsamen Ehefrau ein; im Privatleben nahm sie es übel, wie eine unbezahlte Magd behandelt zu werden, wie sie ihrem Sohn häufig schrieb. Anfang des Jahres 1927 überraschte sie ihr Ehemann mit einer Großinvestition, die er vermutlich aus der Erbschaft von seiner Mutter finanziert hatte. Dirac hatte oft die schäbigen Wohnbedingungen in dem seit dreizehn Jahren nicht renovierten Haus getadelt, daher ist es gut möglich, dass Charles das umfangreiche Tapezieren und die Installation einer Gasheizung in jedem Zimmer investierte, um Julius Road 6 für seinen Sohn attraktiver zu machen. Charles vernachlässigte seine Frau nicht gänzlich – er kaufte ihr einen der neuen Staubsauger zur Erleichterung der Hausarbeit: „Pa schaut dem Ding beim Bearbeiten unserer Teppiche gern zu und erteilt auch kostenlose Demonstrationen."[14]

Charles, der immer noch bei schlechter Gesundheit war, konsultierte einen Naturheilkundigen, der ihm riet, Vegetarier zu werden, was für seine Frau wiederum zu endlosen Problemen bei der Zubereitung der Mahlzeiten führte, da sie sich unaufhörlich wegen seiner Ernährung sorgte. Sie schrieb an Dirac: „Pa hat immer mehr Schüler, sodass er kaum Zeit für die Mahlzeiten findet. Ich bin sicher, er überanstrengt sein Gehirn, und nun, da er Vegetarier geworden ist, gibt es so viele kleine Dinge zu kochen, die dennoch nicht reichhaltig genug für ihn sind."[15] Obwohl sie ihn für böse und undankbar hielt, versorgte sie ihn hingebungsvoll, und ihre Briefe an Dirac lassen nicht erkennen, dass die Lage weniger schlimm gewesen sein könnte, als sie erwartete und zu verdienen glaubte. Aber ihre Geduld begann zu schwinden.

Charles Diracs Arbeitsethik hatte den einen Sohn nach oben geführt und den anderen möglicherweise in den Tod, hatte aber keinen großen Einfluss auf seine Tochter. Betty hatte die Schule verlassen und war, nach Aussage ihrer Mutter, „zu schüchtern oder vielleicht zu träge [...] um etwas für ihren eigenen Lebensunterhalt zu tun & Hausarbeit mag sie auch nicht".[16] Ohne einen Beruf hing sie im Haus herum, betrauerte den Tod ihres Hundes und ging abends gemeinsam mit ihrer Mutter in Abendkurse für Rhetorik und Französisch.[17] Anfang Juli verabschiedete die Familie endlich die Maler und stellte sicher, dass alles im Haus für die Rückkehr des reisefreudigen Sohnes bestens in Schuss war.

Die Familie hatte ihn neun Monate lang nicht gesprochen, hatte ihm aber während der ganzen Zeit wöchentlich familiäre Lageberichte geschickt, die ihn mit Zuneigung und mit Bitten um Neuigkeiten von seiner Seite bedrängten. Er hatte in seinen Postkarten, die die Wärme eines Steins hatten, nicht ein einziges Mal nach seiner Familie gefragt.

Bei Diracs Ankunft an der Haustür von Julius Road Nummer 6 am 13. Juli zur Mittagszeit – einem trüben und bewölkten Nachmittag – kann man sich die tränenreiche Aufgeregtheit seiner Mutter und Schwester gut vorstellen, die seinen teilnahmslosen Körper umarmten, und den steifen Händedruck mit seinem Vater, der sich vermutlich nicht weniger freute ihn zu sehen, auch wenn er es nicht zeigen konnte. Dirac kehrte schnell in seine Routine zurück, schottete sich von seiner Familie ab und arbeitete allein in seinem Zimmer. D. C. Willis, einer von Charles' Schülern, lieferte eine Anekdote, die einen Einblick in die häusliche Atmosphäre der Diracs in diesem Sommer bietet. Willis wurde von Monsieur Dirac „während der Abendessenszeit als Bote zum Dirac-Haus geschickt [...] weil er sich Sorgen um seinen Sohn Paul machte, da das Gerücht ging, dieser arbeite fortwährend in seinem Schlafzimmer und komme nicht heraus, außer um sich sein Essen abzuholen oder die Toilette zu benutzen".[18]

Dirac wusste, dass es seine Sohnespflicht war, seine Eltern zu besuchen, aber er fühlte sich jedes Mal todunglücklich, wenn er bei ihnen war. „Wenn ich zurück zu meiner Familie in Bristol gehe, verliere ich alle Initiative", seufzte er in einem Brief an einen Freund ein paar Jahre später.[19] Er fühlte sich von beiden Eltern bedrängt – durch die Selbstherrlichkeit seines Vaters und durch die erdrückende Zuneigung seiner Mutter. Obwohl Dirac fünfundzwanzig Jahre alt und international erfolgreich war, fühlte er sich immer noch so, als stehe er unter der Fuchtel seines Vaters. Und er sah keine Aussicht auf ein Entkommen.[20]

Im Oktober 1927 kehrte Dirac nach Cambridge zu seinen Freunden im St. John und im Trinity College zurück. Er hatte jetzt noch weniger soziale Ablenkung, weil Kapitza kürzlich geheiratet hatte. Seine neue Gattin war eine aus Russland emigrierte Künstlerin, Anna Krylova, eine dunkelhaarige Schönheit, von Kapitza unerklärlicherweise „Ratte" genannt, ein Kosename, der andere Theaterbesucher in Cambridge jahrelang verblüffte, wenn er ihn über das Parkett hinweg brüllte. Sie und Kapitza beteiligten sich am Entwurf des einzeln stehenden Hauses an der Huntingdon Road, das für sie im Bau war. Es war nahe zum Stadtzentrum gelegen, hatte einen riesigen Garten und war mit einem Studio für sie unter dem Dach ausgestattet.[21] Später sollte dieses Haus für Dirac fast zur zweiten Heimat in Cambridge werden. In den ersten Herbsttagen des Jahres 1927 arbeitete er jedoch heftig an einem Projekt, das er zuerst im Gespräch mit Oppenheimer ins Spiel gebracht hatte. Ziel war, die Quantentheorie und Einsteins Spezielle Relativitätstheorie im einfachsten praktischen Fall zu verbinden: bei der Beschreibung des Verhaltens eines einzelnen, isolierten Elektrons. Die Theorien von Heisenberg und Schrödinger waren dafür nicht geeignet, da sie nicht mit der Speziellen Relativitätstheorie übereinstimmten: Beobachter, die sich mit verschiedener Geschwindigkeit relativ zueinander bewegen, wären über die zugrundeliegenden Gleichungen der Theorien unterschiedlicher Meinung. Es ging um die Palme, als Erster die Theorie zu finden. Würde er diesmal der einzige Gewinner eines wissenschaftlichen Preises sein oder würde er wieder einmal teilen müssen?

Dirac arbeitete die ersten sechs Wochen des Trimesters an diesem Problem, jedoch ohne Erfolg. Ende Oktober legte er eine Pause ein, um zum ersten Mal am Tisch der international führenden Physiker bei der Solvay-Konferenz in Brüssel zu sitzen.[22] Das Ziel dieser nur auf Einladung stattfindenden Konferenzen, die von dem belgischen Industriellen Ernest Solvay finanziert wurden, war es, alle paar Jahre etwa zwanzig der weltweit besten Physiker zusammenzubringen, um die Probleme der Quantentheorie zu erörtern. Auf der ersten Konferenz im Jahre 1911 war der jüngste Star Albert Einstein gewesen, der damals aus dem Nichts aufgetaucht war und sich nicht scheute, die Vorurteile der älteren, konservativeren Denker aufzuspießen. Im Jahre 1927 war Einstein der ungekrönte König der Physik und am Beginn seiner mittleren Lebensjahre immer noch eine beliebte und bescheidene Persönlichkeit, obwohl er erste Anzeichen von Verkrustung und Desillusionierung erkennen ließ. Er zog seine eigenen Furchen und suchte nach einer vereinheitlichten Theorie von Gravitation und Elektromagnetismus, ohne dabei vorauszusetzen, dass die Quantenmechanik korrekt war. Jetzt erschien Einstein als derjenige, der unflexibel und rückwärts gewandt war.

Die Konferenz sollte ein Meilenstein der Physik werden – als der Ort, wo Einstein zuerst öffentlich sein Unbehagen gegenüber der Quantenmechanik geäußert hat, aber dennoch nicht das von Bohr und seinen jungen Kollegen in sie gesetzte Vertrauen erschüttern konnte. Die berühmte Fotografie, die außen vor dem Gebäude, in dem die Sitzungen stattfanden, aufgenommen wurde, gibt leider die lebhafte Konferenzatmosphäre nicht wieder: Die neunundzwanzig Konferenzteilnehmer blicken ausdruckslos, so als ob sie für ein gemeinsames Passfoto posieren. Einstein sitzt in der Mitte der vordersten Reihe, Dirac steht hinter seiner rechten Schulter. Dirac war so stolz auf dieses Foto, dass er ausnahmsweise der Eitelkeit erlag und die Physiker der Universität Bristol veranlasste, das Foto zu rahmen und an einer der Wände aufzuhängen.[23] Dieses Porträt, ein dürftiges Andenken, war jahrzehntelang das beste Bilddokument des Treffens, aber im Jahre 2005 tauchte ein weiterer Hinweis auf die Atmosphäre bei der Konferenz durch die Veröffentlichung eines Amateurfilms auf, der die Delegierten während einer Pause zwischen den Vorträgen zeigt.[24] Was am meisten in diesem zweiminütigen Streifen auffällt, ist die gute Laune der Delegierten. Marie Curie, die einzige Frau in der Gruppe, dreht eine reizende Pirouette, der strahlende Paul Ehrenfest streckt schalkhaft seine Zunge zur Kamera heraus. Dirac, der jüngste Delegierte, sieht beim Gespräch mit Max Born entspannt und fröhlich aus.

Heisenberg erinnerte sich später, dass die intensivsten Diskussionen nicht während der Konferenzsitzungen stattfanden, sondern bei den Mahlzeiten der Teilnehmer im nahe gelegenen Hotel Britannique, in der Nähe des heutigen Europaparlaments.[25] Im Epizentrum der Debatten über die Quantentheorie stand Bohrs und Einsteins Uneinigkeit über Heisenbergs Unschärferelation, die Bohr erfolgreich gegen Einsteins wiederholte Angriffe verteidigen konnte. Die meisten Kollegen waren fasziniert, den beiden Kontrahenten beim Kreuzen der Klingen zuzuhören, aber Dirac war ein indifferenter Zuschauer:

> Ich hörte mir ihre Argumente an, aber ich mischte mich nicht ein, im Wesentlichen deshalb, weil es mich nicht so sehr interessierte [...]. Es schien mir, dass die Basis der Arbeit eines mathematischen Physikers darin besteht, die richtigen Gleichungen aufzustellen, und dass die Interpretation dieser Gleichungen nur von sekundärer Bedeutung ist.[26]

Dirac und Einstein trennten Welten, und keiner von beiden fühlte sich wohl beim Reden in der Sprache des anderen. Dirac war dreiundzwanzig Jahre jünger, und seine Ehrfurcht machte ihn noch schüchterner als sonst. Aber wahrscheinlich lag die Hauptursache, warum sie nicht miteinander sprachen, darin, dass ihre Herangehensweisen an die Wissenschaft so stark voneinander abwichen, zum Teil auch deshalb, weil sie auf philosophische Fragen so unterschiedliche Antworten hatten. Sie stimmten darin überein, dass die Wissenschaft im Grunde genommen die Aufgabe hat, immer mehr Phänomene durch immer weniger Theorien zu erklären, eine Ansicht, die sie in Mills *System der Logik* gelesen hatten. Während jedoch Einstein an der Philosophie interessiert blieb, war sie für Dirac Zeitverschwendung. Was Dirac von seiner Lektüre von Mill zurückbehalten und durch sein Studium der Ingenieurswissenschaften noch untermauert hatte, war ein utilitaristisches Vorgehen in der Wissenschaft: Die entscheidende Frage an eine Theorie war nicht: „Passt sie zu meinen Vorstellungen über das Verhalten der Welt?", sondern „funktioniert sie?"

Bei der Konferenz hatte Dirac seinen ersten öffentlich belegten Gefühlsausbruch, was ein Thema außerhalb der Physik angeht: Religion und Politik. Etwa vier Jahrzehnte später beschrieb Heisenberg das Ereignis, das an einem Abend in der verrauchten Lounge des Hotels stattfand, wo es sich einige jüngere Physiker auf den Sesseln und Sofas bequem gemacht hatten. Gegenüber Diracs jugendlicher Direktheit müsse man nachsichtig sein, sagte

Heisenberg im Alter: „Dirac war ein sehr junger Mann und irgendwie an den kommunistischen Ideen interessiert, was zu der damaligen Zeit vollkommen in Ordnung war."[27] Am lebhaftesten war in Heisenbergs Erinnerung Diracs Schimpfkanonade über die Religion, die durch einen Kommentar über Einsteins Angewohnheit ausgelöst wurde, bei Diskussionen über die Grundfragen der Physik auf Gott zu verweisen. Wie viele von Heisenbergs Berichten über Ereignisse in den 1920er-Jahren ist auch dieser unwahrscheinlich detailliert – er besteht aus zwei Reden von einigen hundert Worten und zitiert so, als ob sein Gedächtnis den Text wortgetreu beherrschte –, aber er stimmt mit anderen Berichten über Diracs Ansichten überein. Nach Meinung von Heisenberg dachte Dirac, „dass in der Religion lauter falsche Behauptungen ausgesprochen werden, für die es in der Wirklichkeit keinerlei Rechtfertigung gibt. Schon der Begriff ‚Gott' ist doch ein Produkt der menschlichen Phantasie." Für Dirac war „die Annahme der Existenz eines Allmächtigen Gottes" nicht hilfreich, sondern unnötig. Es werde nur gelehrt, um „das Volk, die einfachen Menschen zu beschwichtigen". Heisenberg schrieb, er habe Diracs Beurteilung der Religion widersprochen, „da man fast alles auf dieser Welt missbrauchen kann – sicher auch die kommunistische Ideologie, von der Du neulich gesprochen hast". Dirac ließ sich nicht abbringen. Er lehnte „religiöse Mythen grundsätzlich ab" und glaubte, der richtige Weg, um zu entscheiden, was richtig ist, sei, „rein mit der Vernunft aus der Situation zu erschließen, dass ich in einer Gemeinschaft mit anderen zusammenlebe, denen ich grundsätzlich die gleichen Rechte zu leben zubilligen muss, wie ich sie beanspruche. Ich muss mich also um einen fairen Ausgleich der Interessen bemühen."[28] Mill hätte zugestimmt.

Während Diracs Angriff auf die Religion war Pauli uncharakteristisch schweigsam. Als er gefragt wurde, was er denke, antwortete er: „Ja, ja, unser Freund Dirac hat eine Religion; und der Leitsatz dieser Religion lautet: ‚es gibt keinen Gott, und Dirac ist sein Prophet.'" Es war ein alter Witz, aber jeder lachte, einschließlich Dirac.[29] Die Meinungen, die er hier mit untypischer Direktheit äußerte, deckten sich vollständig mit Kapitzas Ansichten und hätten auch keinen der anderen Intellektuellen, die mit dem Bolschewismus flirteten, erstaunt. Obwohl sich Dirac niemals schriftlich über seine politischen Ansichten geäußert hat, wurde doch aus seinen Handlungen im folgenden Jahrzehnt klar, wo seine Sympathien lagen.

Auf der Solvay-Konferenz hielt Dirac einen Vortrag über seine neue Feldtheorie des Lichts. Er versah seinen Textentwurf mit Anmerkungen zum Umformulieren sowie weiteren Änderungen in jedem Absatz – mehr als bei jedem anderen Vortrag, den er in seinem ganzen Leben gehalten hat –, was deutlich macht, dass er nervös war.[30] Hinterher hörte er, dass seine Idee aufgegriffen und in einer Weise ausgearbeitet worden war, die er leicht hätte voraussehen können. Pascual Jordan, der mit Eugene Wigner zusammenarbeitete, hatte eine Feldtheorie des Elektrons aufgestellt, die Diracs Theorie des Photons ergänzte. Obwohl Jordans und Wigners Mathematik der von Dirac ähnelte, gefiel ihre Theorie Dirac keineswegs, weil er nicht einsehen konnte, wie ihre Symbole Dingen, die in der Natur vorkommen, entsprachen. Ihre Arbeit wirkte auf ihn wie eine Übung in Algebra; später jedoch erkannte er, dass er falsch gelegen hatte; sein Fehler beruhte auf seinem Zugang zur theoretischen Physik, der „im Wesentlichen ein geometrischer und nicht ein algebraischer war" – wenn er sich eine Theorie nicht bildlich vorstellen konnte, neigte er dazu, sie zu ignorieren.[31]

Das war nicht die einzige Überraschung, die Dirac bei der Konferenz erlebte. Kurz vor Beginn eines Vortrags fragte Bohr Dirac, woran er gerade arbeite. Er antwortete, dass er versuche, eine relativistische Quantentheorie des Elektrons zu finden. Bohr war verdutzt: „Aber Klein hat dieses Problem doch schon gelöst", sagte er, unter Bezug auf den schwedischen Theoretiker Oskar Klein.[32] Der Vortrag begann, bevor Dirac antworten konnte, und so hing die Frage in der Luft, wo sie auch blieb: Bohr und Dirac fanden keine Gelegenheit, weiter darüber zu sprechen, bevor die Konferenz sich auflöste. Weitere drei Monate sollten vergehen, bis Bohr sich seines Irrtums bewusst wurde, als er Diracs wundersame Lösung des Problems zu lesen bekam.

11

November 1927 – Frühjahr 1928

Das Wahre und das Schöne sind verwandt.
Die Wahrheit schaut der Verstand, der sich nur durch
die befriedigendsten Relationen des Verstandesmäßigen
genügen läßt: die Schönheit schaut die Imagination,
die sich nur durch die befriedigendsten Relationen
des Sensiblen genügen läßt.

James Joyce, *A Portrait of the Artist as a Young Man*, 1915
(*Ein Portrait des Künstlers als junger Mann*,
Kap. 5, übers. Klaus Reichert, Suhrkamp 1972)

Dirac fühlte sich bei den opulenten Abendessen im College immer fehl am Platz. Reichhaltiges Essen, edle Weine, antiquierte Formalitäten, blumige Reden, beißender Rauch der Zigarren nach dem Essen – all dies war ihm ein Gräuel. Wahrscheinlich freute er sich deshalb nicht auf den 9. November 1927, einen Mittwoch, an dem beim Abendessen auch auf ihn angestoßen werden sollte, um die jährliche Wahl der neuen Mitglieder des St. John College zu feiern. Er war nun urkundlich ein „erstklassiger Mann" mit einem ständigen Sitz am Professorentisch des College und der Freiheit, sich nach dem Essen mit den Kollegen in ihrem vornehmen, mit Kerzen beleuchteten Aufenthaltsraum zu versammeln, der 1602 fertiggestellt worden war. In der Halle, unter dem Porträt von Lady Margaret Beaufort, feierte Dirac seine Wahl in die Position eines Fellows auf die traditionelle Art, indem er ein Mahl mit acht Gängen zu sich nahm, das Austern, Kraftbrühe, cremige Hühnersuppe, Seezunge, Kalbschnitzel mit Spinat, Fasan mit fünf Gemüsesorten, Salat als Beilage sowie drei Desserts umfasste. Für ihn war das Festmahl eher eine Strafe als eine Feier.[1]

Nach dem Abendessen begab sich Dirac zu seiner Unterkunft in der Nähe der überdachten Seufzerbrücke (Bridge of Sighs), einer gotischen Steinkonstruktion, die den Fluss Cam in einem kurzen Bogen überbrückt, der gerade genügend Raum für die Stocherkahnfahrer freilässt. Vermutlich begab er sich geradewegs zu Bett, da er immer am Morgen frisch sein

© Springer-Verlag GmbH Deutschland, ein Teil von Springer Nature 2018
G. Farmelo, *Der seltsamste Mensch*, https://doi.org/10.1007/978-3-662-56579-7_11

wollte, weil er dann am besten arbeiten konnte. Sein Arbeitszimmer enthielt keine Verschönerungen, es hatte nur einen Klappschreibtisch, wie er von Schulkindern benutzt wurde, einen einfachen Stuhl, einen Kohleofen und „eine sehr antike Couch", wie es ein Besucher beschrieb. Er arbeitete an seinem kleinen Schreibtisch wie ein Schuljunge in einem leeren Klassenzimmer, schrieb mit dem Bleistift auf einzelnen Blättern; manchmal pausierte er, um einen Fehler auszuradieren oder um etwas in einem seiner Bücher nachzuschlagen.[3] Nun, da er Fellow geworden war, stand ihm tagsüber ein Diener (ein „Gyp") zur Verfügung.

In dieser schmucklosen, aber für seine Arbeit komfortablen Umgebung verfasste Dirac seine berühmtesten Beiträge zur Physik. Das St. John College hatte für ihn das beste Umfeld geschaffen, das er sich vorstellen konnte. Er durfte den ganzen Tag arbeiten, musste nur kleine Unterbrechungen einlegen, um seine wenigen Lehrverpflichtungen zu erfüllen, gelegentlich ein Seminar abhalten oder die Bibliothek aufsuchen.

Er konzentrierte sich nun auf eine einzige Herausforderung: die relativistische Gleichung zu finden, die das Elektron beschreibt.[4] Dirac war sich ziemlich sicher, dass das Elektron ein „Massenpunkt" ist, aber wie auch andere Theoretiker konnte er nicht verstehen, warum es nicht einen, sondern zwei Spin-Zustände hatte. Mehrere Physiker hatten mögliche Gleichungen vorgeschlagen – allesamt gestelzt und unelegant – und Dirac war mit keiner von ihnen zufrieden, auch nicht mit der von Klein, die nach Bohrs Meinung das Problem gelöst hatte. Dirac war sich sicher, dass Kleins Theorie falsch war, da sie absurderweise voraussagte, die Wahrscheinlichkeit, ein Elektron in einer winzigen Region der Raum-Zeit zu entdecken, sei manchmal *kleiner* als Null.

Dirac war sich bewusst, dass es unmöglich war, die Gleichung deduktiv von Grundprinzipien abzuleiten. Er konnte sie nur durch einen glücklichen Einfall finden. Was er tun konnte, war aber, die Zahl der Möglichkeiten einzuschränken, indem er aufschrieb, welche Merkmale die Gleichung haben *musste* und welche Merkmale sie haben *sollte*. Anstatt mit bestehenden Gleichungen herumzubasteln, wählte er seine deduktive Top-down-Methode, indem er versuchte, das allgemeinste Prinzip der gesuchten Theorie zu identifizieren, bevor er seine Ideen in eine mathematische Form brachte. Die erste Anforderung war, dass die Gleichung mit Einsteins Spezieller Relativitätstheorie vereinbar sein musste, indem Raum und Zeit gleich behandelt wurden. Zweitens musste die Gleichung konsistent mit seiner geliebten Transformationstheorie sein. Schließlich mussten die Resultate der Gleichung, wenn sie ein im Vergleich zur Lichtgeschwindigkeit langsames Elektron beschrieb, extrem genau mit den Voraussagen übereinstimmen, die von der gewöhnlichen Quantenmechanik gemacht wurden, die sich bereits bewährt hatte.

Das waren sinnvolle Randbedingungen, aber es gab immer noch zu viel Raum zum Manövrieren. Wenn er bei diesen Einschränkungen blieb, hätte Dirac immer noch eine beliebig große Zahl von Gleichungen für das Elektron formulieren können, deshalb musste er seine Intuition einschalten, um die Möglichkeiten weiter einzuengen. Da er glaubte, die relativistische Gleichung müsse grundsätzlich einfach sein, nahm er an, dass höchstwahrscheinlich in der Gleichung die Energie und der Impuls des Elektrons als eigenständige Größen vorkommen, jedoch nicht als komplizierte Ausdrücke wie Quadratwurzel der Energie oder Quadrat des Impulses. Einen anderen Hinweis lieferte die Methode, die er und Pauli unabhängig voneinander gefunden hatten, um den Spin des Elektrons zu beschreiben: indem sie Matrizen verwendeten, die jede aus vier Zahlen bestanden, die in zwei Reihen und zwei Spalten angeordnet waren. Könnten diese Matrizen in der gesuchten Gleichung eine Rolle spielen?

Dirac probierte eine Gleichung nach der anderen aus und verwarf sie, sobald sie nicht mit seinen theoretischen Prinzipien oder experimentellen Befunden übereinstimmte. Es dauerte bis Ende November oder Anfang Dezember 1927, bis er auf eine vielversprechende Gleichung stieß, die sowohl mit der Speziellen Relativitätstheorie als auch mit der Quantenmechanik vereinbar war. Die Gleichung sah keiner ähnlich, die Theoretiker je zuvor gesehen hatten, denn sie beschrieb das Elektron nicht mit Hilfe der Schrödinger -Welle, sondern durch eine neue Art von Welle mit *vier* untereinander verbundenen Teilen, die alle unbedingt notwendig waren.

Die Gleichung war zwar von ansprechender Eleganz, sie würde aber bedeutungslos bleiben, wenn sie nicht auf echte Elektronen zutraf. Was konnte die Gleichung zum Beispiel über den Spin des Elektrons und sein elektrisches Feld aussagen? Wenn seine Gleichung den experimentellen Beobachtungen widersprach, hatte er keine andere Wahl, als sie aufzugeben und ganz von Neuem zu beginnen. Aber das erwies sich als nicht notwendig. Auf ein paar mit Berechnungen angefüllten Seiten zeigte Dirac, dass er etwas Wunderbares hervorgezaubert hatte: Seine Gleichung beschrieb ein Teilchen, das nicht nur die Masse eines Elektrons hatte, sondern auch präzise den Spin und das magnetische Feld, die von den Experimentatoren gemessen worden waren. Seine Gleichung beschrieb tatsächlich das den Experimentalphysikern so vertraute Elektron. Und noch besser: Die bloße Existenz der Gleichung machte klar, dass es nicht länger notwendig war, den Elektronenspin und den Magnetismus zusätzlich an die Standardbeschreibung des Teilchens durch die Quantentheorie anzuheften. Die Gleichung machte auch etwas deutlich: Hätten die Experimentatoren den Spin und den Magnetismus des Elektrons noch nicht entdeckt gehabt, hätte man diese Eigenschaften doch mit Hilfe der Speziellen Relativitätstheorie und der Quantenmechanik vorhersagen können.

Obwohl Dirac äußerlich unverändert ruhig wie ein Trappistenmönch erschien, jubilierte er. Mit ein paar Federstrichen hatte er das Verhalten jedes einzelnen Elektrons beschrieben, das je im Universum existiert hatte. Die Gleichung war „schmerzhaft schön", wie der theoretische Physiker Frank Wilczek sie später beschrieb: Wie Einsteins Gleichungen der Allgemeinen Relativitätstheorie war Diracs Gleichung universell und doch fundamental einfach; nichts konnte in ihr verändert werden, ohne ihre Macht zu zerstören.[5] Fast siebzig Jahre später meißelten Steinmetze eine knappe Version der Gleichung in Diracs Gedenkplatte in der Westminster Abbey: $i\gamma \cdot \partial\psi = m\psi$. In der ausgeschriebenen Form, die er ursprünglich benutzte, sah die Gleichung selbst für die meisten Theoretiker einschüchternd aus, schon deshalb, weil sie so ungewöhnlich war. Dirac hatte das nicht gestört, es kam nur darauf an, dass sie auf gesunden Prinzipien basierte und dass sie funktionierte. Es mag ihm sogar in den Sinn gekommen sein, dass er etwas geschafft hatte, was John Stuart Mill als ein Ziel der Wissenschaft formuliert hatte – unterschiedliche Theorien zu vereinigen, um die größtmögliche Palette von Beobachtungen zu erklären.

Als alter Mann wurde Dirac von jungen Physikern oft gefragt, wie er sich nach der Entdeckung der Gleichung gefühlt hätte.[6] Aus seinen Antworten könnte man entnehmen, dass er zwischen Ekstase und Furcht schwankte: Obwohl er in Hochstimmung war, sein Problem so elegant gelöst zu haben, fragte er sich beklommen, ob nicht das nächste Opfer einer „großen Tragödie der Wissenschaft" würde, wie sie Thomas Huxley 1870 beschworen hatte: „die Erledigung einer wunderschönen Hypothese durch eine hässliche Tatsache".[7] Dirac gestand später, dass sein Horror vor einem solchen Ausgang so intensiv war, dass er „zu ängstlich" war, um die Gleichung für detaillierte Voraussagen über die Energieniveaus des Wasserstoffatoms einzusetzen, für einen Test, von dem er wusste, dass die Theorie ihn bestehen musste.[8] Er führte immerhin eine näherungsweise Rechnung durch und zeigte, dass eine annehmbare Übereinstimmung bestand, ging aber nicht das Risiko eines Scheiterns ein, indem er seine Theorie einer rigoroseren Prüfung unterzog.

In den Monaten November und Dezember teilte er seine Freude über die Entdeckung mit niemandem – und auch nicht seine gelegentlichen Panikattacken. Es existieren aus diesen Monaten weder bedeutsame Briefe noch Aufzeichnungen von Gesprächen mit irgendjemandem. Er brach sein Schweigen erst kurz bevor er nach Bristol in die Weihnachtsferien fuhr, als er zufällig seinen Freund Charles Darwin traf, den Enkel des großen Naturforschers, der einer der führenden theoretischen Physiker in England war. Am zweiten Weihnachtstag schrieb Darwin in einem langen Brief an Bohr: „[Dirac] hat nun ein ganz neues Gleichungssystem für das Elektron gefunden, das den Spin in allen Fällen richtig erfasst, es scheint ‚der große

Wurf' zu sein."[9] Auf diese Weise erfuhr Bohr, dass seine an Dirac gerichtete Bemerkung bei der Solvay-Konferenz, dass das Problem, eine relativistische Gleichung für das Elektron zu finden, bereits gelöst sei, vollkommen falsch gewesen war.

Fowler sandte Diracs Manuskript *The Quantum Theory of the Electron* (Quantentheorie des Elektrons) am Neujahrstag 1928 an die Royal Society und reichte einen Monat später ein zweites Manuskript nach, das einige Einzelheiten klarstellte. Während die erste Abhandlung im Druck war, schrieb Dirac an Max Born in Göttingen, wobei er seine neue Gleichung zunächst nicht erwähnte, sondern nur in einem zehnzeiligen Postskript kurz den Gedankengang, der auf sie führte, darlegte. Born zeigte diese Zeilen seinen Kollegen, die die Gleichung als ein „absolutes Wunder" bestaunten.[10] Jordan und Wigner, die an dem von Dirac gelösten Problem gerade arbeiteten, fielen aus allen Wolken.[11] Jordan sah seinen Rivalen mit der Siegespalme davon eilen und fiel in eine Depression.

Als die Arbeit Anfang Februar gedruckt erschien, war sie eine Sensation. Obwohl die meisten Physiker Mühe hatten, die Gleichung in ihrer ganzen mathematischen Komplexität zu verstehen, war man sich doch einig, dass Dirac etwas Bedeutendes geleistet hatte, das Äquivalent des Theoretikers zu einem Ass beim Golf.[12] Zum ersten Mal in seiner Karriere hatte er bewiesen, dass er befähigt war, eines der schwierigsten Probleme der Zeit in Angriff zu nehmen und seine Konkurrenten bei der Lösung chancenlos zu schlagen. Der amerikanische Theoretiker John Van Vleck verglich später Diracs Erklärung des Elektronenspins mit „dem Trick eines Magiers, der ein Kaninchen aus einem silbernen Hut hervorzaubert".[13] John Slater, der bald ein Kollege von Van Vleck in Harvard werden sollte, war noch überschwänglicher: „Wir können uns keinen anderen vorstellen, der [diese Gleichung] ausgedacht haben könnte. Sie zeigt die einzigartige Kraft dieser Art von intuitiver Genialität, von der er wohl mehr als jeder andere Wissenschaftler dieser Epoche besaß."[14]

Sogar Heisenberg, dessen Selbstvertrauen nach seiner kürzlich erfolgten Berufung auf einen Lehrstuhl in Leipzig deutlich gestiegen war, verschlug Diracs Coup den Atem. Ein Physikerkollege erinnerte sich später, dass Heisenberg ihm von einem englischen Physiker – fraglos Dirac – erzählt hatte, der so gescheit war, dass es keinen Sinn machte, mit ihm zu konkurrieren. Heisenberg war jedoch in Sorge, dass die Gleichung trotz ihrer verführerischen Schönheit falsch sein könnte: Er war einer der vielen, die ein Problem hervorhoben, das Dirac in seiner ersten Arbeit über die Gleichung betont hatte: Sie machte eine eigenartige Voraussage über die Energiewerte, die ein Elektron haben kann.

Der Hintergrund zu diesem Problem der Gleichung war, dass die Energie ähnlich wie die Zeit eine relative Größe ist und keine absolute. Die Bewegungsenergie eines freien Elektrons – eines, auf das keine resultierende Kraft ausgeübt wird – kann als Null bezeichnet werden, wenn das Teilchen stationär ist. Nimmt das Teilchen Fahrt auf, ist seine Bewegungsenergie immer positiv. Diracs Problem war, dass seine Gleichung vorhersagte, dass ein freies Elektron zusätzlich zu den absolut sinnvollen positiven Energiestufen auch *negative* Energiestufen besitzt. Dies kam zustande, weil seine Theorie mit Einsteins Spezieller Relativitätstheorie übereinstimmte, die besagt, dass die allgemeinste Gleichung für die Energie eines Teilchens durch das Quadrat der Energie E^2 gegeben ist. Wenn man zum Beispiel weiß, dass E^2 in einer beliebigen Energieeinheit 25 beträgt, folgt daraus, dass die Energie E entweder +5 oder −5 sein kann, denn beide ergeben mit sich multipliziert den Wert 25. Somit sagte Diracs Formel für die Energie eines freien Elektrons voraus, dass es zwei Sätze von Energiewerten gibt – einen positiven und einen negativen. In der klassischen Physik konnte man die negativen Energiewerte einfach deshalb ausschließen, weil sie keinen Sinn ergeben, aber das galt nicht in der Quantenmechanik, da sie voraussagt, dass ein Elektron mit positiver Energie immer in jeden der beiden Sätze von Energiewerten springen kann.

Einen solchen negativen Sprung hatte niemand beobachtet, und deshalb war die Dirac-Gleichung in ernsten Schwierigkeiten. Trotz dieses störenden Schönheitsfehlers bestand Konsens, dass seine Theorie des Elektrons ein Triumph war. Doch Dirac schien keine Freude über seinen Erfolg zu empfinden und ließ keine Anzeichen von der Erleichterung und Hochstimmung erkennen, wie sie Einstein nach der Publikation seiner Gleichung für die Allgemeine Relativitätstheorie gezeigt hatte. Diracs jüngerer Kollege Nevill Mott schilderte später dieses Ausmaß der Distanziertheit Diracs gegenüber seinen Physikerkollegen in Cambridge. Mott war – wie Hunderte anderer Theoretiker – weniger interessiert, die Quantenmechanik zu erweitern, als sie anzuwenden.

Nach Mott wusste keiner der Mathematiker in Cambridge etwas von Diracs Gleichung, bevor sie seine Arbeit in der Bibliothek gelesen hatten. Dirac war, sagte Mott, passiv und abweisend, typisch die Art Experte, den keiner anzusprechen wagt. Dirac schien sich seines eingeengten Verständnisses von Freundschaft nicht bewusst zu sein: Er war gern mit Physikerkollegen zusammen, wenn sie freundlich waren – wie es in Bohrs Institut der Fall gewesen war –, verspürte aber selbst keinerlei Verpflichtung, mit ihnen über seine Arbeit zu reden oder auch nur seinen Vornamen zu enthüllen. Charles Darwin kannte ihn schon seit sechs Jahren, als er ihm eine Postkarte schrieb, auf der er ihn nach seiner Unterschrift fragte: „Wofür steht P. A. M.?"[15]

Während in Kopenhagen und Göttingen viele führende Quantenphysiker arbeiteten, waren in Cambridge Fowler und Dirac die einzigen; deshalb glaubte Dirac, es sei seine Pflicht, Seminare und Vorlesungen über die Grundlagen der Quantenmechanik zu halten.[16] Aber damit war seiner Meinung nach der Punkt erreicht, wo seine Lehrverpflichtungen im Fachbereich endeten. Überraschend für einen jungen Wissenschaftler in der Forschung war jedoch seine Zustimmung, ein Lehrbuch über die Quantenmechanik zu schreiben, das von Kapitza und Fowler herausgegeben werden und als erste Veröffentlichung in der „International Series of Monographs on Physics" erscheinen sollte. Diese Reihe war das Geistesprodukt von Jim Crowther, des Wissenschaftsjournalisten des *Manchester Guardian*, der zugleich der inoffizielle Chronist des Cavendish Laboratoriums war und der einzige Journalist, den Dirac als einen Freund ansah. Als leidenschaftlicher Marxist war Crowther 1923 in die Kommunistische Partei eingetreten und schaffte es, sowohl mit Bernal als auch mit Rutherford – zwei Erzfeinden – befreundet zu sein, indem er das Beste aus ihren Begabungen und Einflüssen herausholte.[17] Indem er geschickt Beziehungen mit den besten jungen Wissenschaftlern im Cavendish pflegte, Dirac eingeschlossen, wurde Crowther ein einflussreicher Komparse in der im Entstehen begriffenen Gruppe von radikalen Wissenschaftlern in Cambridge. Eine seiner Stärken war seine Sensibilität: Er wird schnell erkannt haben, dass er Diracs Abneigung gegenüber belästigenden Journalisten überwinden musste, wenn er sich mit dem berühmten jungen Theoretiker anfreunden wollte. Dirac wollte nur in Frieden gelassen werden.

Diracs Familie wusste nichts von seiner Gleichung. Für Charles, der immer begierig war, etwas über Diracs Arbeit herauszufinden, hatte die mangelnde Bereitschaft seines Sohnes, ihn an der Wissenschaft teilnehmen zu lassen, etwas Grausames an sich. Im April 1928, als er einen anonymen Artikel in *The Times* über Quantenphysik las, wurde Charles vielleicht entmutigt durch die Schlussfolgerung: „Lang vorbei ist der Tag, wo der Wissenschaftler mit dem Laien von Mann zu Mann reden konnte [...]. Die Welt verliert sehr viel, wenn die Wissenschaft in so tiefen Wassern schwimmt, dass ihr nur noch ein Kanalschwimmer folgen kann".[18] Wenn Charles seinen Sohn bedrängte, ihm etwas von seiner neuen Physik zu erzählen – was er sicherlich tat –, gab Dirac mit ziemlicher Sicherheit seine übliche Antwort, die in einem Kopfschütteln bestand oder aus der nicht weiterhelfenden Bemerkung, dass die neuen Quantentheorien „auf physikalischen Konzepten aufbauen, die man überhaupt nicht in Worten erklären kann."[19] Obwohl Dirac seine visuelle Vorstellungskraft benutzte, wenn er über die Quantenmechanik nachdachte, lehnte er jede Bitte ab, die Quantenwelt in Bildern zu beschreiben. Später machte er die Bemerkung:

„Ein Bild davon zu zeichnen ist so, als ob ein Blinder eine Schneeflocke ertastet. Eine Berührung und sie ist verschwunden."[20]

Nach den Briefen zu urteilen, die Dirac von seiner Mutter erhielt, hatte sich die Beziehung zwischen ihr und Charles stabilisiert, seitdem sie mehr Zeit außerhalb des Hauses verbrachte. Sie besuchte Vorträge über die Gedichte von Tennyson, sah gemeinsam mit Betty und Charles Aufführungen im Hippodrome-Theater und ging ins Kino, unter anderem zum Besuch eines der letzten großen Stummfilme, *Ben Hur*. Aber die Lieblingsneuheit für die Dirac-Familie war das Auto, die aufregendste unter den neuen, massenproduzierten technischen Innovationen. Einer von Charles Privatschülern besaß ein Auto und lud Familie Dirac nachmittags zu Spritztouren an die Küste und in Teestuben in der weiteren Umgebung ein, unter Einhaltung der Höchstgeschwindigkeit von 32 km/h. Bilder von Ausflügen wie diesen – sorgenfreie Familien, die sich für einen Tag von den Alltagspflichten lossagten – symbolisierten den Wohlstand Großbritanniens im dritten Quartal der 1920er-Jahre. Für die Mehrheit war das Leben niemals besser gewesen.

Wenn Dirac nicht daheim war, empfand seine Mutter ihr Leben als leer. Immer auf der Suche nach einer plausiblen Entschuldigung für einen Besuch bei ihm, lud sie sich selbst für Mitte Februar nach Cambridge ein, um bei dem Bootsrennen zur Fastenzeit zuzuschauen, und fragte raffiniert an, ob er Zeit für sie habe, wenn sie sowieso in der Stadt sei („Ich werde mich ganz hübsch anziehen & werde Dir keine Umstände machen").[21] Häufig ignorierte er solche Bitten, aber diesmal stimmte er zu, und sie kam zur Mittagszeit im nebligen Cambridge an, um eine paar Stunden im Gespräch mit ihrem Sohn zu verbringen, der offenbar keine Andeutung machte, dass er gerade die aufregendste Zeit seines Lebens durchlebte und dass einige seiner Kollegen begannen, von ihm als dem Nachfolger von Newton zu sprechen.

Dirac schien Newton auch darin zu ähneln, dass er kein Interesse an einer romantischen Beziehung mit jungen Damen hatte. Viele von Diracs Kollegen hatten den Eindruck, dass er sich vor gleichaltrigen Frauen fürchtete, und konnten sich kaum vorstellen, dass er jemals heiraten würde. Aber er hatte tatsächlich eine enge Freundschaft mit einer Frau, mit der sechsundfünfzigjährigen Mutter seines Freundes Henry Whitehead, eines vielversprechenden Mathematikers an der Universität Oxford. Isabel Whitehead, eine große, kräftige Schottin, war die Gattin von Bischof Henry Whitehead, der neunzehn Jahre älter war und zuvor Bischof von Madras in Indien gewesen war (Abb. 11.1). Das Ehepaar hatte dort fast zwanzig Jahre verbracht, bevor es sich 1923 zum Ruhestand ins Vereinigte Königreich zurückzog. Bei den übrigen Auslandsengländerinnen hatte Mrs. Whitehead keinen besonders guten Ruf genossen: Laut einem amtlichen Bericht der christlichen

Abb. 11.1   Isabel Whitehead mit ihrem Mann Henry und Sohn Henry, 1922. (Mit freundl. Genehmigung Archives, The United Theological, Bangalore, Indien)

Gemeinde in Indien war sie herrschsüchtig gewesen „sogar im Vergleich zu den Herrschaftsansprüchen vieler britischer Memsahibs".[22]

Die Whiteheads wohnten in einem halb aus Holz und halb aus Ziegelsteinen gebauten kleinen Haus in Pincent Hill, nahe Reading, etwa drei Autostunden von Cambridge entfernt. Immer in Begleitung ihrer Hunde führten sie ein geruhsames Leben, wobei sie jeden Tag eine oder zwei Stunden Zeit in ihre kleine Farm mit reinrassigen Guernsey-Kühen und ein paar Hühnern investierten. Isabel und Henry hatten beide in Oxford Mathematik studiert, aber aus Mrs. Whiteheads Briefen gewinnt man den Eindruck, dass die beiden mit Dirac weniger über Wissenschaft als über andere Dinge sprachen, vor allem über Henrys Cricket-Begeisterung und ihre Abenteuer in Indien, einschließlich der Woche, in der sie Gandhi in ihrem Haus bewirten durften. In den kommenden Jahren wird aus Mrs. Whiteheads Korrespondenz mit Dirac deutlich, dass sie seinen Atheismus scharf angriff und dass er ihr die privatesten Gedanken über seine Familie anvertraute. Pincent Hill wurde für ihn zu einem beliebten Zufluchtsort am Wochenende, und Mrs. Whitehead wurde seine zweite Mutter, die ihm nicht nur Unterstützung und Zuneigung gab, sondern auch etwas, was seine Mutter ihm nicht bieten konnte – intellektuelle Anregung.

Zu Frühjahrsbeginn 1928 plante Dirac seine nächste Reise. Seine sechsmonatige Reiseroute sollte im April beginnen und ihn zu Bohr in Kopenhagen und zu Ehrenfest in Leiden zurück führen, weiter zu Heisenberg in Leipzig und Born in Göttingen und schließlich zu seinem ersten Besuch in Stalins UdSSR. Dirac hatte viel über dieses Land gehört; nun würde er sich sein eigenes Urteil bilden können.

12

April 1928 – März 1929

*Sieh, wie die Physik, die das Handwerk der Vernunft und
ein hoher Beruf ist, alle Dinge aufschreibt und in
geordneten Mustern festhält.*

Robert Bridges, *Testament of Beauty* (1929)

Paul Ehrenfest konnte ein launischer und anstrengender Kollege sein, aber er war ein liebenswürdiger und großzügiger Gastgeber. Als er im April 1928 festgestellt hatte, dass er Dirac nicht selbst am Bahnhof in Leiden zu Beginn seines Besuchs begrüßen konnte, arrangierte er für ihn eine aus seinen Assistenten bestehende Kette, die auf dem Bahnsteig wartete, als der Zug am Abend kurz nach zehn Uhr hereindampfte. Das Problem war, dass keiner von ihnen wusste, wie Dirac aussah. Ehrenfests Lösung war, dass auf dem Bahnsteig vor jeder Wagentür des Zuges ein Student einen Sonderdruck von *The Quantum Theory of the Electron* schwenken sollte. Der Plan funktionierte.[1]

Ein Mitglied dieses Begrüßungskomitees war Igor Tamm, ein zweiunddreißigjähriger sowjetischer Theoretiker, der bald einer von Diracs engsten Mitstreitern werden sollte. Tamm war berühmt für seine Unruhe: Auf Gruppenfotos, wo die anderen in ganzer Schärfe erscheinen, war er immer ein verwischter Schatten.[2] Schon bevor er auf die Universität kam, war er Marxist und bereits im Jahre 1915 in die Sozialdemokratische Arbeiterpartei eingetreten. Während der folgenden Jahre hatte er in Moskau, Kiew, Odessa und Jelisawetgrad (heute Kirowohrad, Ukraine) Physik studiert, war aber gleichzeitig Teilzeitaktivist bei der revolutionären Menschewiki-Gruppe gewesen. Er wurde dann ihres Fanatismus überdrüssig und konzentrierte sich, nachdem diese Gruppe im Sommer 1918 beschlossen hatte, alle anderen politischen Parteien als illegal zu bezeichnen, ganz auf die Physik. Er wurde zum ersten sowjetischen Theoretiker, der die Quantenmechanik anwendete.[3] Im Januar 1927 war er in Leiden eingetroffen und nun ein Jahr später, elektrisiert von Diracs Gleichung, freute er sich darauf, ihrem Entdecker zu begegnen. Tamm schrieb an seine Frau in Moskau, dass er zu erfahren suche, ob die Gerüchte wahr seien, dass „es eine riesige Mühe koste, ein Wort von [Dirac] zu hören, und dass er nur mit Kindern unter zehn Jahren spreche".[4]

© Springer-Verlag GmbH Deutschland, ein Teil von Springer Nature 2018
G. Farmelo, *Der seltsamste Mensch*, https://doi.org/10.1007/978-3-662-56579-7_12

Die beiden Männer verstanden sich auf Anhieb. In Tamm hatte Dirac einen weiteren intelligenten und unterhaltsamen extrovertierten Russen gefunden. Tamm wiederum fand in Dirac einen Gefährten, der überraschend nett war, wenn er nicht zum Reden gedrängt wurde. Die beiden Männer schlenderten an Frühlingsnachmittagen durch die kopfsteingepflasterten Straßen der Stadt, beobachteten den Verkehr auf den vielen miteinander verbundenen Kanälen und spazierten gelegentlich hinaus zu den nahegelegenen Tulpenfeldern.[5] Tamm brachte Dirac das Fahrradfahren bei, Dirac brachte Tamm Physik bei, und sie sprachen über Fragen jenseits der Naturwissenschaften, vermutlich unter Einschluss politischer Themen und Tamms Lieblingshobby, Bergsteigen. Tamm war von Diracs Gelehrsamkeit eingeschüchtert: „Neben ihm fühle ich mich wie ein kleines Kind", schrieb er seiner Frau.[6]

Wie es in Leiden für Besucher Brauch war, hielt Dirac eine Serie von Vorträgen. Er hatte seine Technik als öffentlicher Redner stark verbessert: Wenn er vor die Tafel trat, schien er sich von einem bedauernswerten Mauerblümchen in den Demosthenes der Quantenmechanik zu verwandeln. Ruhig stehend sah er in die Augen seiner Zuhörer, sprach deutlich und fließend mit der Überzeugungskraft eines Anwalts ohne Unterbrechung seines Rhythmus durch eine Pause oder ein Zögern. Er las nicht von einem vorbereiteten Text ab, wusste aber genau, was er sagen wollte. Wenn er sich einmal für die klarste Darlegung einer Idee entschieden hatte, wich er von einem Vortrag zum nächsten nicht mehr von ihr ab. Bat Ehrenfest um eine weitere Klarstellung, antwortete er, indem er fast Wort für Wort wiederholte, was er gerade gesagt hatte.[7]

Mitte Juni 1928 reiste Dirac mit Tamm nach Leipzig weiter, um eine Woche lang an einer Konferenz teilzunehmen, die von Heisenberg mitorganisiert worden war, der sich mit der Dirac-Gleichung nicht abfinden konnte. Darwin und andere hatten nachgewiesen, dass die Gleichung die früheren erfolgreichen Formeln für die Energieniveaus des Wasserstoffatoms perfekt reproduzierte, aber diese Neuigkeit machte keinen Eindruck auf Heisenberg. Er war beunruhigt über die absurde Voraussage der Gleichung, dass ein freies Elektron negative Energie besitzen könne – und es wurde deutlich, dass kein spitzfindiges Herumbasteln mit der Gleichung dies ändern konnte. Für Dirac war dies einfach das nächste Problem, das bearbeitet werden musste. Für Heisenberg war es ein Hinweis, dass die Gleichung krank war. Einen Monat nach Diracs Abreise aus Leipzig schrieb Heisenberg an Bohr: „Also ich find' die gegenwärtige Lage ganz absurd und hab' mich deshalb, quasi aus Verzweiflung, auf ein anderes Gebiet, das des Ferromagnetismus, begeben."[8] Einen Monat später war Heisenberg noch stärker demoralisiert, als er an Pauli schrieb: „Das traurigste Kapitel der modernen Physik ist aber nach wie vor die Dirac-Theorie."[9] Dirac war sich bewusst, dass Heisenbergs Kritik gut begründet war und dass ihm die Beweislast zufiel, zu zeigen, dass die Theorie mehr als ein schönes Trugbild war.

Unter den Wissenschaftlern, die Dirac in Leipzig zum ersten Mal traf, war Heisenbergs Student Rudolf Peierls, gerade einundzwanzig Jahre alt. Drahtig, bebrillt und mit ausgeprägtem Überbiss verströmte Peierls Vitalität und Ehrgeiz zugleich. Seine Professoren baten ihn, Dirac in die Oper zu führen, eine Herausforderung, die die Cambridge-Kollegen seines Gastes für undurchführbar erachtet hätten. Diese konnten sich kaum vorstellen, dass er etwas wie eine Theateraufführung durchstehen würde, denn die Künstlichkeit, die Betonung von Sprache und Lyrik und die oft komplizierten Handlungsstränge würden sicher sein literarisches Verständnis überfordern. Jahrzehnte später konnte sich Peierls nicht mehr an das Stück oder an die Reaktion seines Gastes darauf erinnern, aber er hatte immer noch nicht verwunden, dass Dirac darauf bestanden hatte, nach englischer Sitte seinen Hut mit in die Aufführung zu nehmen, und sich hartnäckig weigerte, nach deutschem Brauch die Kopfbedeckung in der Garderobe des Theaters abzugeben. Peierls, der durch seine strenge preußische Erziehung einen besonderen Sinn für Höflichkeit hatte, wäre angesichts von Diracs Verhalten am liebsten im Boden versunken.[10] Dirac, der wahrscheinlich das Unbehagen seines Kollegen gar nicht wahrnahm, benahm sich häufig so: Er nahm es mit der englischen Konvention der Höflichkeit peinlich genau und sah keinen Grund, davon in anderen Ländern abzuweichen. Flexibilität war nicht seine Stärke.

Nach der Konferenz reiste Dirac gemeinsam mit Tamm nach Göttingen. Die dortige Abteilung für Theoretische Physik begann ihre Vormachtstellung zu verlieren, während ihr Leiter, Max Born, darum kämpfte, seinen Vorsprung zu halten. Überarbeitet und besorgt, dass jüngere und frischere Köpfe ihn überholen könnten, und auch deprimiert durch Eheprobleme sowie den „Blut und Boden"-Antisemitismus der Nazis glitt er in einen Nervenzusammenbruch.[11] Sein junger Kollege Jordan war nach außen hin ein konservativer Nationalist, schrieb aber privat unter dem Schutz eines Pseudonyms reaktionäre Artikel in der Zeitschrift *Deutsches Volkstum*.[12]

Göttingen befand sich dennoch weiterhin auf der Reiseroute jedes jungen theoretischen Physikers. Während seines Aufenthalts schloss Dirac mit zwei anderen Besuchern eine lebenslange Freundschaft, was seine Vorliebe für introvertierte und extrovertierte Menschen bestätigte und ihn zu seiner ersten näheren Beziehung mit weiblichen Wesen seines Alters hinführen sollte. Das extrovertierte Extrem war George Gamow, ein russischer Theoretiker und zwei Jahre jünger als Dirac, der dazu bestimmt war, der Hofnarr der Quantenphysik zu werden. Mit dem Spitznamen Johnny oder GG (Gee-Gee) und mit seinen gut 190 Zentimetern ein Baum von einem Mann, war er geradezu der Gegenpol zu Dirac: redselig, leidenschaftlicher Raucher und Trinker und unermüdlich zu Scherzen aufgelegt.[13] Kurz vor seinem Besuch in Göttingen hatte er sich als einer der ersten einen Namen gemacht, als er die Quantenmechanik verwendete, um einen Typ von radioaktivem Zerfall zu erklären, bei dem ein Alphateilchen aus bestimmten Atomkernen herausgeschleudert wird, was nach der klassischer Mechanik unmöglich ist. Dirac hatte an vielen Cavendish-Seminaren über neue Befunde in der Atomphysik teilgenommen, hatte aber, vermutlich zu Rutherfords Enttäuschung, kein Interesse gezeigt, sie zu erklären zu versuchen.[14] Als Theoretiker waren Gamow und Dirac vollkommen verschieden: GG versuchte nicht, fundamental neue Ideen aufzustellen, sondern zog es vor, bereits bekannte, von anderen entdeckte, anzuwenden. Die beiden Männer kamen dennoch gut miteinander aus und speisten oft gemeinsam, wobei Dirac ausdruckslos zuhörte, wenn sein neuer Freund erzählte, wie er die euklidische Geometrie unter Artilleriebeschuss erlernt hatte, und andere derartige Geschichten, von denen die meisten mehr durch ihre Farbigkeit als durch ihre Genauigkeit beeindruckten.[15]

Am anderen Ende des Spektrums möglicher Persönlichkeitsstrukturen stand Eugene Wigner, der vor kurzem in Göttingen eingetroffen war, nachdem er einige Jahre bei Einstein in Berlin verbracht hatte und nach seiner Ausbildung als Chemie-Ingenieur in die Physik übergewechselt war. Als Spross einer wohlhabenden jüdischen Familie war Wigner mit seinen beiden Schwestern von einer Gouvernante erzogen worden und hatte in einer prachtvollen Wohnung in einer der exklusivsten Wohngegenden von Budapest mit Blick auf die Donau gelebt. Er schwelgte gern in der Erinnerung an die Kinderzeit in seinem Elternhaus: an die förmlichen Mahlzeiten in der Familie, das eifrige Herumhuschen der beiden adrett gekleideten Dienstmädchen und den Duft frisch geschnittener Rosen.[16] Im Gegensatz zu Dirac war der junge Wigner politisch hellwach und sich schmerzlich der Instabilität seines Landes bewusst. Seit dem Auseinanderbrechen der Österreichisch-Ungarischen Monarchie 1918 hatte Ungarn eine blutige bolschewistische Revolution unter Béla Kun hinter sich, auf dessen Räterepublik der „Weiße Terror" der Nationalisten und antisemitischer Kräfte folgte. Wigner hegte Ängste um die Zukunft des Landes, das nun unter dem autoritären Regime von Admiral Horthy stand.

Trotz der vielen politischen Umwälzungen hatte Wigner eine außergewöhnlich gute Schulausbildung in Mathematik und den Naturwissenschaften erhalten, sogar noch gründlicher als Dirac. Die Historiker debattieren immer noch, warum Budapest im frühen zwanzigsten Jahrhundert so viele intellektuelle Größen hervorgebracht hat, darunter John von Neumann, den Dirac später als den weltbesten Mathematiker bezeichnete, und Wigners Freunde Leó Szilárd und Edward Teller, die beide bedeutende Forschungsbeiträge zu den ersten Kernwaffen leisten sollten.[17] Der Erfolg dieser Kohorte aus Ungarn war zum Teil durch ihre Schulausbildung in einem exzellenten Gymnasium kurz nach dem Krieg bedingt und lag zum Teil auch an dem lebendigen Charakter und Ehrgeiz der westlich orientierten Kultur der Stadt.[18]

Wigner war einer der scheuesten und verschlossensten Quantenphysiker, war aber im Vergleich zu Dirac die Geselligkeit in Person; daher gestalteten sich die Gespräche beim gemeinsamen Abendessen vermutlich mühsam. Sie mussten eine gemeinsame Sprache finden – Dirac konnte kein Ungarisch, hasste es, Französisch zu sprechen und sprach nur bruchstückhaft Deutsch mit einem Akzent so zäh wie Pech, während Wigners Englisch schwach war, und er sich gern auf Deutsch oder Französisch unterhielt. Sie einigten sich wahrscheinlich auf Deutsch. Es existiert kein Bericht über Einzelheiten ihrer frühen Unterhaltungen, aber es ist anzunehmen, dass Wigner seine politischen Ansichten und seine frühen Erfahrungen mit dem Antisemitismus zur Sprache brachte: Seit seinem siebzehnten Lebensjahr war er seinem Vater in der Ablehnung des Kommunismus aus ideologischen Gründen gefolgt, wobei seine Ansichten sich ein Jahr später während Kuns Regime noch verfestigten, in dessen Verlauf sein Vater aus seiner Stellung als Direktor einer Gerberei hinausgeworfen worden war.[19] Für einige Monate waren die Wigners nach Österreich geflohen, kehrten aber zurück, nachdem die Kommunisten gestürzt worden waren.

Dirac wird wohl zufrieden zugehört haben, wenn Wigner aus seinem Leben so viel erzählte, wie er gewillt war. Aber wenn Wigner seine Aufmerksamkeit der Physik zuwandte, wurde schnell deutlich, dass Dirac kein Interesse hatte, seine Gedanken und Ideen mit ihm zu teilen. Im selben Moment, in dem Wigner nachfragte, zog sich Dirac wie ein verschreckter Igel in sich zurück.[20] Igor Tamm wusste, wie diese Abwehrreaktion vermieden werden konnte: halte das Gespräch auf einem funktionellen Minimum, vermeide persönliche Fragen und hüte dich, einen einzigen Atemzug auf Trivialitäten zu verschwenden. Die Beziehung von Tamm und Dirac gedieh zum Teil so gut, weil sie über komplementäre Talente verfügten: Die intellektuelle Führung lag bei Dirac, während die sozialen Impulse von Tamm ausgingen. Er war es auch, der Dirac in das einführte, was für ihn die größte Freude in seinen jungen Jahren werden sollte: das Bergsteigen. Auf einem langen Ausflug gegen Osten reisten die beiden in den bewaldeten Harz – abends leuchteten die Glühwürmchen – und erklommen den schwierigen Gipfel des Brocken (1141 m).[21] Dirac war begeistert: Abgesehen von Gleichungen, regte nichts seinen Schönheitssinn stärker an als die Berge.[22]

Ende Juli 1928 bereitete Dirac sich auf seinen ersten Besuch in Russland vor, einen zweimonatigen Aufenthalt, der die Pflicht, Vorlesungen zu halten mit dem Vergnügen verband, mit Kapitza auszuspannen (Abb. 12.1). Diracs Mutter war ängstlich: „Wenn Du nach Russland gehst, pass gut auf Dich auf. Wir erfahren aus den Zeitungen so schreckliche Dinge über die Bolschewisten. Es scheint nirgendwo Recht und Ordnung zu herrschen. Ich denke, Du weißt mehr über die Fakten als wir, da Du viel näher an der Quelle bist."[23]

Abb. 12.1 Dirac (in der Nähe der Tür stehend) bei einer Tagung in Kazan, Russland, 12. Oktober 1928. (© Paul A. M. Dirac Papers, courtesy of the Florida State University Libraries, Special Collections and Archives)

Seit 1918 hatte die britische Presse über die wachsenden Repressionen des sowjetischen Regimes berichtet, die seit dem Aufstieg von Stalin zur absoluten Macht im Jahre 1926 zunahmen. Die britische Regierung erkannte offiziell die Sowjetunion nicht an, aber der gewinnbringende Handel zwischen beiden Ländern erleichterte das Verhältnis, das mit der Wiederherstellung der vollen diplomatischen Beziehungen durch den Labour-Premier Ramsay MacDonald im Jahre 1929 normalisiert wurde.[24]

Nach seiner Ankunft in Leningrad am 5. August machten Diracs Gastgeber ihn mit Kaviar bekannt, einem der wenigen Luxusnahrungsmittel, für die er eine Vorliebe entwickeln sollte. Dirac blühte in Russland auf – die Landschaft, Architektur, Museen und Kunstgalerien –, wie er in einem langen, im Plauderton geschriebenen Brief an Tamm schilderte:

> Die ersten zwei Tage verbrachte ich mit Born und seinem [Göttinger Kollegen] Pohl in Leningrad. Wir besichtigten die Sehenswürdigkeiten, besuchten die Eremitage und das Russische Museum, das Naturkundemuseum und auch das Röntgeninstitut [für physikalische Forschung] [...]. Leningrad ist ein wunderschöner Ort, der mich mehr beeindruckt hat als jede andere Stadt während meiner Reise, insbesondere als ich mit dem Dampfschiff den Strom herauffuhr und zum ersten Mal die große Zahl der Kirchen mit den vergoldeten Kuppeln sah, so ganz anders als alles, was ich je gesehen hatte [...].[25]

Moskau ähnelte immer noch der Stadt von Anna Karenina: gedrungene Holzhäuser, vielfarbige Kuppeldächer und Pferdedroschken, die von Bauern in blauen Kitteln durch ein Gewimmel von Zickzackstraßen kutschiert wurden, vorbei an bärtigen Händlern, die Wodka nippten und auf dem Slowenski-Basar Gurken aßen.[26] Dirac war auf Einladung seiner Gastgeber gekommen, um an dem Kongress der russischen Physiker teilzunehmen, bei dem keine Kosten gescheut wurden. Die Physiker der Sowjetunion hatten rasch die Bedeutung der Quantenmechanik erkannt und wollten von ihren Entdeckern aus dem westlichen Europa lernen. Von den einhundertzwanzig Physikern, die am Kongress teilnahmen, kamen etwa zwanzig aus dem Ausland. Dirac war der Star dieser Veranstaltung, doch er traf zu spät in Moskau ein, um seinen Vortrag zu halten, der für die Eröffnungssitzung vorgesehen war. Zu der Zeit, als er seinen Vortrag hätte halten sollen, spazierte er gerade um einen der kaiserlichen Paläste am Stadtrand herum; am Abend besuchte er eine japanische Theateraufführung. Am nächsten Tag ging Dirac mit den anderen Konferenzteilnehmern in den Kreml, um dann allein bis Sonnenuntergang durch die Straßen zu wandern.

Der Veranstaltungsort für den zweiten Teil des Kongresses war ein Dampfschiff, das die Wolga nach Stalingrad hinunterfuhr. Während der einwöchigen Schiffsreise hielt Dirac einen Vortrag über seine Theorie des Elektrons und traf die führenden sowjetischen Physiker, einschließlich seines Bewunderers Lev Landau, einen zwanzigjährigen Doktoranden, der bald der größte Theoretiker seines Landes werden sollte – höchst erfolgreich, aber überhaupt nicht erwachsen. Er war schäbig gekleidet, unterernährt und so groß, dass man in den meisten Versammlungen sein langes, dünnes Gesicht herausragen sah, das von dunklem, welligem Haar umrahmt war, welches auf seiner rechten Kopfseite hochgedreht war wie eine Haube aus Eisschnee. Er war als Kritiker so aggressiv, dass Pauli daneben wie ein Waisenkind gewirkt hätte, und als Kollege war er in sozialen Dingen so ungeschickt, dass er Dirac weltmännisch erscheinen ließ.

Nach dem Kongress unternahm Dirac eine zweitägige Eisenbahnfahrt in den Kaukasus. Zusammen mit Kapitza schloss er sich einer Gruppe von Touristen zu einer sechsstündigen Wanderung hinauf zum Gletscher in der Nähe von Wladikawkas an. Dirac beschrieb seine Abenteuer in einem Brief an Tamm, erwähnte jedoch nicht, dass während seiner Zeit mit Kapitza ein Ereignis stattgefunden hatte, das in gewisser Weise sein sexuelles Erweckungserlebnis war.[27] Fünfundvierzig Jahre später erinnerte er sich, dass er im Kaukasus zum ersten Mal eine nackte junge Frau gesehen hatte: „[Sie war] ein Kind, eine Jugendliche. Ich wurde zu einem Schwimmbad für Mädchen mitgenommen, und sie badeten ohne Badeanzug. Ich fand, dass sie hübsch aussahen." Er war sechsundzwanzig Jahre alt.

Dirac hatte es nicht eilig, nach Bristol zurückzukehren: Er benötigte für die Reise fast einen Monat.[28] Der Kontrast zwischen seiner aufregenden Arbeit und der Trostlosigkeit bei sich zu Hause war noch nie so stark gewesen. Er selbst wurde von vielen seiner Kollegen zum Helden gemacht, er war finanziell unabhängig, und er kam in den Genuss von internationalen

Reisen zu einer Zeit, als sie ein Luxus waren. Charles, Flo und Betty andererseits waren in ihrer Routine eingesperrt und verließen ihre Heimatstadt so gut wie nie. Betty tat am liebsten gar nichts, wenn sie sich nicht gerade um ihren neuen Hund kümmerte; Charles war überarbeitet und in schlechter Verfassung; Flo nutzte jede Gelegenheit, die sich ihr bot, um das Haus zu verlassen. In ihrem Rhetorikkurs schrieb sie Reden und übte sich darin, sie zu halten, darunter eine, die sich gegen die Vorstellung wandte, dass eines Tages eine Frau Premierminister werden könnte. Sie probte ihre Rede in der Parklandschaft der Bristol Downs, wobei sie mit viel Schwung begann: „Ich erhebe meine Stimme, um dem Antrag, eine Frau zum Premierminister zu machen, entgegenzutreten – ich widerspreche entschieden und definitiv". Flo argumentierte, eine Sache sei, dass Frauen keine ausreichend starke Konstitution haben, um eine solche Verantwortung zu übernehmen: „Soweit es ihre Statur betrifft, sind Frauen heutzutage wundervoll, aber keiner kann vorhersagen, wann eine Frau in Ohnmacht fällt! Keiner kann sagen, wann sie zu schreien anfängt! Ist es für einen Premierminister angebracht, in einem entscheidenden Moment plötzlich zu Boden zu fallen oder in Hysterie auszubrechen?"[29]

Obwohl Flo nicht zur Vorhut des Feminismus gehörte, wusste Dirac, dass hinter der scheinbaren Unterwürfigkeit seiner Mutter Stoizismus und ein unabhängiger Geist verborgen waren. Diese Charaktereigenschaften sollten in den nächsten drei Jahren auf eine harte Probe gestellt werden.

Als Dirac im Oktober 1928 nach Cambridge zurückkehrte, wusste er, dass er vor der Aufgabe stand, die inhärente Krankheit seiner Theorie des Elektrons zu kurieren. Irgendwie musste er eine rationale Erklärung für die negativen Energiezustände finden, die das Vertrauen in die Dirac-Gleichung zu untergraben drohten; einige seiner Kollegen begannen zu zweifeln, ob die Gleichung überhaupt richtig war.[30]

In jenem Herbst arbeitete er, entgegen seiner Gewohnheit, an mehreren Projekten gleichzeitig: an seiner Lochtheorie, seinem Lehrbuch und an einem kurzen Manuskript über eines seiner Lieblingsthemen: die Beziehung zwischen klassischer Mechanik und Quantenmechanik. Das Manuskript basierte auf John von Neumanns mathematisch äußerst anspruchsvoller Arbeit, in der er ein Resultat abgeleitet hatte, das Dirac faszinierte. Von Neumann hatte eine Methode gefunden, um das Gesamtverhalten einer enorm großen Zahl von nicht miteinander wechselwirkenden Quantenteilchen zu beschreiben, wenn nichts über ihr individuelles Verhalten bekannt ist. Überraschenderweise stellte sich heraus, dass die statistische Beschreibung durch die Quantenmechanik genauso einfach ist wie die Beschreibung durch die klassische Mechanik: In beiden Fällen mittelt sich das Verhalten der individuellen Teilchen zu einem glatten Muster heraus, so wie man das Verhalten eines Vogelschwarms beschreiben kann, ohne jeden einzelnen Vogel zu berücksichtigen. In einem Kleinod von Aufsatz entwickelte Dirac von Neumanns Ideen fort und legte die exakte Analogie zwischen dem klassischen und dem Quantenverständnis von riesigen Teilchenzahlen dar. Dies war ein Divertimento, das er an einem freien Tag zwischen der mühsamen Reparatur seiner schwierigen Symphonie komponiert hatte.

In diesen politisch ruhigen Zeiten war das beliebteste Gesprächsthema in Cambridge die Dichtkunst.[31] Der fünfundachtzigjährige Hofdichter Robert Bridges hatte das am meisten diskutierte Gedicht des Jahres geschrieben, *A Testament of Beauty* (eine „Ode an die Schönheit"), 5600 Zeilen über das Wesen der Schönheit. Heute wird es nur selten gelesen, aber damals traf es den Nerv von Zehntausenden von Lesern und einigen Literaturkritikern, einschließlich eines von der *Cambridge Review*, der es als „eine hoch philosophische Erklärung von Keats' Gedicht ‚Beauty is truth, Truth beauty'" (Schönheit ist Wahrheit, Wahrheit ist Schönheit) bezeichnete.[32] In gewisser Hinsicht war Bridges' Gedicht eine Reaktion auf die moderne Kunst, also Arnold Schönbergs Zwölftonmusik, Picassos Kubismus oder Eliots zusammengestückelte Gedichte. Bridges suchte die Schönheit und fand sie nicht nur in der Musik, Kunst und Natur, sondern auch in der Wissenschaft, in Nahrungsmitteln und sogar in Fußballspielen. Dirac wusste ebenfalls, dass es bei Schönheit um viel mehr geht als um Kunst und Natur. Er hatte sie in Einsteins Gleichung der Allgemeinen Relativitätstheorie gesehen, und nun hatte er eine eigene Gleichung, die keinen geringeren Beitrag zur Ästhetik darstellte. Ästhetische Einschätzungen zählen jedoch nicht in der Wissenschaft, wenn eine Theorie mit dem Experiment nicht übereinstimmt. Gelang es nicht, die Bedeutung der Lösungen mit negativer Energie in der Dirac-Gleichung zu erklären, war sie dazu verurteilt, nur als eine weitere wissenschaftliche Modeerscheinung in die Geschichte einzugehen.

Ein paar von Diracs Kollegen wären nicht traurig gewesen, wenn das Schicksal ihm die Schwingen gekappt hätte: Seine wachsende Reputation hatte unausweichlich auch Neid ausgelöst. Die Zeit war vorüber, in der die beiden glanzvollsten Gestalten in der experimentellen und theoretischen Physik der Universität Rutherford und Eddington waren, nun hießen sie Rutherford und Dirac. Eddingtons Stern war im Sinken begriffen, und er wusste es. Mittlerweile sah die alte Garde der Physiker in Cambridge jämmerlich rückständig aus. Der stolze Ire Sir Joseph Larmor, Inhaber der angesehensten Professur in Cambridge, des Lucasischen Lehrstuhls für Mathematik, den einst Newton innegehabt hatte, lebte ganz in der Vergangenheit, konnte die Relativitätstheorie nicht verstehen und missachtete die Quantenmechanik.

Er und sein Freund J. J. Thomson spazierten durch die Straßen von Cambridge, jeder trug eine Melone, einen schwarzen dreiteiligen Anzug und ein makelloses weißes Hemd, und beide wedelten mit einem Stock hinter dem Rücken. Wenn sie in eines der Schaufenster an der Trinity Street hineinschauten, sahen die beiden Professoren im Ruhestand wie ein Pinguin-Paar aus.

Die beiden Herren wussten, dass ihre Ansichten kein Gewicht mehr bei den Physikern hatten, die einst ihre sie bewundernden Studenten gewesen waren und nun den Kurs der Physik bestimmten. Keiner symbolisierte die Überlegenheit der neuen Generation stärker als Dirac, aber er hatte immer noch keine Dauerstelle. Er hatte Arthur Comptons Angebot auf eine Stelle in Chicago abgelehnt und hatte später auch ein Angebot auf eine Professur in angewandter Mathematik an der Universität Manchester mit der bescheiden klingenden Begründung ausgeschlagen, „meine Kenntnisse und meine Interessen in der Mathematik außerhalb meines eigenen Spezialgebietes sind zu gering, um mich kompetent [für solch einen Posten] sein zu lassen".[33] Die abgewiesenen Mathematiker in Manchester hätten seine Bescheidenheit als Überspanntheit auffassen können, für Dirac wäre das aber unverständlich gewesen, da er einfach nur ehrlich gewesen war. Wie Mott sagte: „Er ist völlig unfähig, vorzugeben etwas zu denken, was er nicht wirklich denkt."[34]

Wenn Dirac und Fowler nicht in der Stadt waren, hatte die Universität Cambridge große Schwierigkeiten, die Quantenmechanik zu unterrichten, wie Harold Jeffreys mehr oder weniger zugab, als er im März 1929 an Dirac schrieb und ihn dringend bat, die Fragen zur Quantenmechanik für das Examen im Sommer aufzustellen. Jeffreys und seine „ignoranten und philisterhaften" Fakultätskollegen fanden sich in der beschämenden Lage, zugeben zu müssen, dass „die Kandidaten mehr wissen als wir".[35] Fowler war die Speerspitze der Kampagne, die sicherstellen wollte, dass Dirac in Cambridge blieb, und er hatte bald einen ersten Erfolg: Im Juni 1929 gewährte das St. John College Dirac eine Spezialdozentur, die allerdings auf drei Jahre befristet war.[36] Diracs Loyalität gegenüber Cambridge sollte noch mehrfach auf die Probe gestellt werden.

Da Dirac mit seinem Hauptanliegen, die Schwierigkeiten in seiner Gleichung auszuräumen, nicht vorankam, beschloss er, sich anderen Dingen zu widmen. Die letzten Monate des Jahres 1929 verbrachte er mit dem Entwurf seines Buches und arbeitete an einem anderen Forschungsprojekt, der Theorie schwerer Atome. Dies war zwar keinesfalls sein Lieblingsthema in der Physik, aber er war damit näher an den Arbeiten der großen Mehrheit der Quantentheoretiker, die die Theorie auf komplizierte Atome und Moleküle anwendeten. Dirac hegte jedoch keinen Zweifel, dass die Quantenmechanik erfolgreich sein würde:

Die zugrundeliegenden physikalischen Gesetze, die für die mathematische Theorie eines großen Teils der Physik und der gesamten Chemie nötig sind, sind somit vollständig bekannt, und die Schwierigkeit besteht nur noch darin, dass die exakte Anwendung dieser Gesetze auf Gleichungen führt, die viel zu kompliziert sind, um lösbar zu sein.

Diese Worte wurden zum Schlachtruf der Reduktionisten, die glauben, komplexe Dinge durch die Zurückführung auf ihre Komponenten erklären zu können und dabei bis hinunter auf die Ebene der Atome und ihrer Bestandteile gehen. Extremer Reduktionismus besagt zum Beispiel, dass die Quantenmechanik einer auf die Spitze gestellten Pyramide von Fragen gleicht, auf deren oben liegendem Boden die Frage steht: „Warum bellt ein Hund?". Ein Reduktionist will nämlich die chemischen Reaktionen verstehen, die im Inneren des Hundegehirns stattfinden. Er wird dann diese Reaktionen auf die Interaktionen der Elektronen in den chemischen Substanzen zurückführen und deren Verhalten letztendlich durch die Quantenmechanik beschreiben wollen. Obwohl diese Ansicht bei vielen Wissenschaftlern sehr beliebt ist, erklärt dieses Vorgehen allerdings nicht, *wie* die Verbindungen zwischen den Erklärungsschichten zu ziehen sind.

In seiner neuen Arbeit wandte Dirac die Quantenmechanik auf Atome an, die, wie beispielsweise Kohlenstoffatome, mehr als ein Elektron enthalten. Solche Atome sind viel schwerer zu beschreiben als Wasserstoffatome, weil in ihnen die komplizierten und unhandlichen Interaktionen zwischen allen Elektronen beachtet werden müssen. Dirac fand eine Methode, diese Interaktionen näherungsweise zu beschreiben; darüber hinaus untersuchte er auch, welche Konsequenzen es hat, dass man unmöglich experimentell feststellen kann, wann zwei der Elektronen ihre Plätze tauschen. Wie gewöhnlich überließ es Dirac anderen, die Konsequenzen der Theorie auszuarbeiten. Der amerikanische Theoretiker John Van Vleck in Minneapolis erkannte schnell das Potential von Diracs Ideen und verbrachte Jahre damit, mit ihrer Hilfe den Ursprung des Magnetismus zu erklären sowie die verschiedenen Bindungen, die Atome miteinander eingehen können, um Moleküle zu bilden und die Spektren zu erzeugen, die von Atomen mit mehreren Elektronen abgestrahlt werden. Dies sollte das Hauptvermächtnis von Diracs Exkursion in die Atomphysik bleiben – sein erster Beitrag zu diesem Thema und sein letzter.

Am Ende des Trimesters besuchte er kurz seine Familie und brach dann zu einer weiteren langen Reise auf, was zu einem Ritual werden sollte. In Southampton ging er am 13. März, einem frostigen Mittwochmorgen, an Bord des Passagierschiffs *Aquitania* in Begleitung von Isabel Whiteheads Sohn Henry. In der Menge am Kai stand Florence Dirac, die nun einsehen musste, dass ihr einziger Sohn zu Hause so wenig Zeit wie möglich verbringen wollte. Ganz wie sie befürchtet haben wird, sollte er bei seinem ersten Besuch der Vereinigten Staaten so lange fortbleiben, wie es seine Lehrverpflichtungen in Cambridge gestatteten. Seine Berühmtheit war ihm vorausgeeilt.

13

April 1929 – Dezember 1929

In England gibt es so etwas wie einen Kult der
Exzentrizität [...]. Bei uns [Amerikanern] ist das anders,
wie manch ein Europäer bemerkt hat: Nicht die
Individuen, sondern die ganze Nation ist exzentrisch.
Gardner I. Harding, *New York Times* (17. März 1929)

In jedem Wissenschaftszweig wetteifern die Theoretiker mit den Experimentatoren, wer die Agenda bestimmt. Seitdem Heisenberg im Herbst 1925 seine bahnbrechende Arbeit veröffentlicht hatte, gaben die Theoretiker den in der Physik zu beschreitenden Weg vor. Doch die Grundlagen einiger der neuen theoretischen Ideen waren noch gar nicht experimentell überprüft worden. So gehört zum Beispiel laut Schrödingers Quantentheorie zu jedem Materieteilchen eine Welle, aber kein Experimentator war in der Lage gewesen, diese Idee zu beweisen oder zu widerlegen. Deshalb gab es Anfang 1927 einen fast fühlbaren Seufzer der Erleichterung unter den Quantenphysikern, als in Europa die Nachricht eintraf, der amerikanische Experimentalphysiker Clinton Davisson und sein Student Lester Germer haben nachgewiesen, dass sich das Elektron tatsächlich wie eine Welle verhalten kann. Dirac, dem oft nachgesagt wurde, dass er Experimenten mit herablassender Gleichmütigkeit gegenüberstand, strafte diesen Ruf Lügen, indem er als erste Station auf seiner Reiseroute einen Besuch in Davissons Laboratorium arrangierte, das im südlichen Manhattan an der West Street wenige Blöcke vom Distrikt der Fleischverarbeitungsindustrie entfernt lag.[1]

Es war Diracs erster Besuch in New York, das damals einen Boom des Wohlstands und neuer Technologien erlebte. Das Zeitalter des Jazz hatte laut F. Scott Fitzgerald, der diesen Namen in seinen *Tales of the Jazz Age* geprägte hatte, gerade seine „aufregenden mittleren Jahre" überschritten, obwohl die Amerikaner immer noch diese „teuerste Orgie der Geschichte" genossen.[2] Das hastige Tempo des amerikanischen Lebens war zunächst nicht nach Diracs Geschmack, wozu passte, dass Dirac in der ersten Nacht in seinem Hotel an der Seventh Avenue bis in die frühen Morgenstunden durch lärmendes Feiern im

© Springer-Verlag GmbH Deutschland, ein Teil von Springer Nature 2018
G. Farmelo, *Der seltsamste Mensch*, https://doi.org/10.1007/978-3-662-56579-7_13

Nachbarzimmer wach gehalten wurde.[3] Als er am nächsten Tag aufwachte, war es beinahe vier Uhr nachmittags, und ihm wurde klar, dass er seine Verabredung mit Davisson verpasst hatte. Statt den späten Nachmittag mit Nichtstun zu verbringen, füllte er ihn aus, indem er zur abendlichen Hauptverkehrszeit durch das Zentrum von Manhattan schlenderte, wo es von schwarzen, kastenförmigen Autos wimmelte, die um die Wolkenkratzer navigierten, jenen mächtigen Symbolen für Amerikas himmelstürmenden Wohlstand.

Am nächsten Tag sah Dirac in Davissons Labor den genialen Apparat, der erstmals die Elektronen überredet hatte, ihre Wellennatur zu enthüllen. Davisson und Germer hatten einen Elektronenstrahl auf einen Nickelkristall gefeuert und herausgefunden, dass die Anzahl der Elektronen, die sie in Abhängigkeit vom Ablenkungswinkel registrierten, abwechselnd Berge und Täler aufwies. Diese Variationen konnten unmöglich gedeutet werden, wenn das Elektron nur ein Teilchen war. Die einzige Erklärung war, dass Elektronen sich wie Wellen verhalten, die durch den Kristall gebeugt werden – ähnlich wie zwei Wellen, die auf der Oberfläche eines Teiches zusammentreffen und dabei doppelt hohe Berge und Täler bilden, wenn die Wellen einander verstärken, während sie sich auslöschen, wenn Berg auf Tal trifft. Den Physikern blieb keine andere Wahl als zu folgern, dass Elektronen sich manchmal wie Teilchen und manchmal wie Wellen verhalten (wie ein „wavicle", wie es Eddington nannte) – genauso wie es die Quantentheorie vermutet hatte.

Dirac reiste rasch weiter auf seiner fünfmonatigen Tour durch Nordamerika. Er fuhr meist mit der Eisenbahn und führte über seine Reise Buch in Form von Zahlen, nicht mit Worten. Sein Tagebuch enthält keine Beschreibungen seiner Erlebnisse, nur kumulative Tabellen mit der Anzahl der Nächte, die er im Zug oder an Bord eines Schiffes verbringen musste.[4]

Nachdem er Princeton und Chicago einen kurzen Besuch abgestattet hatte, reiste Dirac nach Madison weiter, der Hauptstadt des Staates Wisconsin im mittleren Westen. Ähnlich wie Göttingen war Madison eine Stadt in seinem Sinn. Es gab eine gute Universität, und die Stadt war von einer Landschaft umgeben, die reichlich Gelegenheit zum Wandern bot. Er war der erste ausländische Gast von John Van Vleck, der ganz neu an die Fakultät der Universität berufen worden war. Nur wenig älter als Dirac hatte sich Van Vleck in der Anwendung der Quantenphysik hervorgetan, zeigte aber kein Interesse an ihren mathematischen Grundlagen. Die beiden Männer verbrachten viele Stunden mit gemeinsamen Wanderungen durch weite Felder mit Aussicht auf den See Mendota, einen der vier Seen in der Umgebung der Stadt. Für Dirac war Van Vleck der perfekte Wandergefährte – trainiert, uninteressiert an oberflächlicher Konversation, zufrieden, stundenlang kein Wort zu sagen. Vielleicht erwähnte Van Vleck seine Leidenschaft für Eisenbahnen und seine Meisterleistung, die Fahrpläne aller Passagierzüge in Europa und in den

Vereinigten Staaten auswendig zu können.[5] Wie Dirac war auch Van Vleck fasziniert von Technik, Zahlen und Ordnung.

Diracs Gastgeber kannten seinen Ruf als Exzentriker und erkannten bald, dass dieser durchaus berechtigt war und dass seine Unerschütterlichkeit selbst nach englischen Maßstäben außergewöhnlich zu nennen war. Er hinterließ dort mehrere Dirac-Geschichten, darunter eine, die klassisch wurde, weil sie zuerst von einem sich köstlich amüsierenden Niels Bohr verbreitet wurde.[6] Die Geschichte beginnt nach einem Vortrag von Dirac. Einen Augenblick nachdem er geendet hat, fragt der Moderator: „Hat irgendjemand eine Frage?" Ein Zuhörer sagt: „Ich verstehe die Gleichung in der rechten oberen Ecke der Tafel nicht." Dirac antwortet nicht. Nervöses Scharren des Auditoriums, aber er schweigt beharrlich und lässt weitere Zeit verstreichen, so als ob er nicht angesprochen worden wäre. Der Moderator fühlt sich verpflichtet, die Stille zu durchbrechen und bittet ihn um seine Antwort, daraufhin Dirac: „Das war keine Frage, das war ein Kommentar."

Madison war auch der Ort, von dem das am meisten zitierte Interview ausging, das Dirac jemals gab. Der Journalist war Joseph Coughlin, der aufgrund seiner Leibesfülle als „Roundy" (Dickerchen) bekannt war.[7] Er war nicht nur in der Stadt, sondern in ganz Wisconsin einer der populärsten Kolumnisten, der regelmäßig selbstgesponnene Weisheiten über Sport und andere Themen in einer Ausdrucksweise auftischte, die oft grammatisch fehlerhaft, aber immer lebhaft und voll von skurrilem Humor waren. Dirac bewahrte eine auf der Schreibmaschine getippte Abschrift des vierseitigen Artikels auf, in dem Roundy Wort für Wort seine Versuche wiedergibt, seinen Interviewpartner zu überreden, mehr als eine Silbe auf einmal zu äußern:[8]

ROUNDY: Professor, ich sehe, dass Sie ziemlich viele Buchstaben vor Ihrem Familiennamen haben. Bezeichnen sie etwas Besonderes?
DIRAC: Nein.
ROUNDY: Sie meinen, ich kann schreiben, was ich will?
DIRAC: Ja.
ROUNDY: ist es in Ordnung, wenn ich sage, dass P. A. M. für Poincaré Aloysius Mussolini steht?
DIRAC: Ja.
ROUNDY: Schön! Wir kommen großartig voran. Nun, Herr Doktor, können Sie mir mit ein paar Worten die Quintessenz all Ihrer Forschungen schildern?
DIRAC: Nein.
ROUNDY: Gut. Ist es also richtig, wenn ich es so formuliere: „Professor Dirac löst alle Probleme der mathematischen Physik, aber er ist nicht in der Lage die durchschnittliche Punktzahl des Baseball-Asses Babe Ruth zu berechnen?"
DIRAC: Ja.

Der Dialog setzt sich auf einer weiteren Seite fort. Laut der Abschrift wurde Roundys Interview in der „P. A. M. Ausgabe" des *Wisconsin Journal* am 31. April (!) veröffentlicht. Die Register der Zeitung besagen jedoch, dass es keine derartige Ausgabe gab, deshalb scheint dieser in viele Anthologien aufgenommene Artikel ein Scherz zu sein.[9] Eine Möglichkeit ist, dass das getippte Dokument eine Persiflage ist, die Dirac von seinen Kollegen in Madison bei seinem Abschiedsessen im Universitätsclub überreicht wurde, bei dem – wie Van Vleck später schrieb – sie ein ausgeklügeltes Spiel spielten, um aus Dirac die Namen herauszulocken, die für seine Initialen P. A. M. stehen.[10] Was auch immer die Ursprünge des Roundy-Interviews sein mögen, es ist ein Beispiel für eine wahrscheinlich erfundene Dirac-Geschichte, die sein Verhalten so akkurat einfängt, dass sie eigentlich wahr sein muss.

Dirac verließ Madison mit einem Scheck über 1800 $ in der Tasche, mehr als genug, um die Kosten für den Rest seiner Reise zu decken.[11] Im Juni verband er Arbeit und Vergnügen, indem er in Iowa und Michigan eine Reihe von Vorlesungen über die Quantenmechanik hielt, dann den Grand Canyon hinunter und hinauf lief und im Yosemite Nationalpark und in den kanadischen Rocky Mountains lange Wanderungen machte – es war seine erste Berührung mit der großartigen Landschaft Nordamerikas, die er während mehrerer Reisen in den kommenden Jahrzehnten weiter zu Fuß erkunden sollte.[12] Er stellte erneut sein Interesse an den neuesten experimentellen Apparaturen unter Beweis, als er während seines Aufenthalts am Kalifornischen Institut für Technologie (Caltech) das Mount Wilson Observatorium nahe Pasadena besuchte, dessen Teleskop das größte der Welt war und die erfolgreichste Quelle für neue Informationen über das Universum.

Ein paar Monate zuvor hatte Heisenberg Dirac vorgeschlagen, eine gemeinsame Reise zu machen, um „europäische Lebensart in die amerikanische Hektik zu bringen".[13] Als sie sich Anfang August in ihrem Hotel nahe am Geysir Old Faithful trafen, war Heisenberg überrascht, dass Dirac eine Wegstrecke geplant hatte, auf der sie eine maximale Anzahl an Geysir-Ausbrüchen erleben könnten.[14] Sogar seine landschaftlichen Wanderungen waren durch mathematische Analysen gekennzeichnet. Heisenberg hatte veranlasst, dass sie beide in der ersten Klasse auf dem Dampfschiff *Shinyo Maru* nach Japan reisen und sich eine geräumige Kabine mit Blick auf das Meer teilen würden.[15] Zwei führende Theoretiker standen im Begriff, mehrere Wochen miteinander zu verbringen und dabei reichlich Gelegenheit zu Gesprächen zu haben, um vielleicht das renitente Problem zu knacken, wie die Lösungen der Dirac-Gleichung mit negativer Energie zu interpretieren waren. Der gesellige Heisenberg wäre vermutlich leicht für eine wissenschaftliche Zusammenarbeit zu gewinnen gewesen, aber nicht so Dirac. Obwohl er Heisenberg bewunderte und ihn als seinen Freund ansah, fühlte sich Dirac nicht verpflichtet, irgendeinen seiner

Gedanken über Physik mit ihm zu teilen. Sein Motto war: „Jeder soll seine eigenen Probleme bearbeiten."[16]

Mitte August, nachdem beide je eine Reihe von Vorlesungen in Oppenheimers Abteilung an der Universität von Kalifornien in Berkeley gehalten hatten, brachen sie von San Francisco aus zu ihrer zweiwöchigen Schiffsreise nach Japan auf.[17] An Bord spielte Heisenberg den normalen vergnügungssüchtigen Touristen, verfeinerte seine Technik beim Tischtennis und tanzte mit modisch gekleideten jungen Damen.[18] Dirac sah zu, wahrscheinlich etwas ratlos. Es ist nicht schwer, sich Dirac bei einem dieser Abendbälle vorzustellen, wie er am Tisch sitzt und fragend den auf der Tanzfläche herumwirbelnden Heisenberg betrachtet. Heisenberg blieb lange in Erinnerung, dass Dirac „warum tanzen Sie?" gefragt hatte. Nachdem Heisenberg angemessen geantwortet hatte, „wenn es nette Mädchen gibt, ist es ein Vergnügen zu tanzen", sah Dirac nachdenklich aus. Nach etwa fünfminütigem Schweigen fragte er: „Heisenberg, wie wissen Sie *im Voraus,* dass die Mädchen nett sind?"[19]

Als ihr Dampfer sich Yokohama näherte, bemühte sich ein Reporter um ein Interview mit den beiden berühmten Theoretikern. Da er nicht wusste, wie Dirac aussah, aber Heisenberg erkannte, fragte er ihn: „Ich habe auf dem ganzen Schiff nach Dirac gesucht, aber ich kann ihn nicht finden." Heisenberg wusste mit der Situation umzugehen, er sprach freundlich mit dem Journalisten, gab ihm zweifellos die Story, die er sich wünschte, ohne zu erwähnen, dass Dirac genau neben ihm stand und unbeteiligt in eine andere Richtung blickte.[20]

In Japan wurden die beiden Physiker als Helden begrüßt. Die führenden japanischen Wissenschaftler wussten, dass ihre Naturwissenschaft der in Europa und den USA hinterherhinkte, und Physiker aus dem ganzen Land waren herbeigeströmt, um zwei der jungen Begründer der Quantenmechanik zu sehen und zu hören. Beiden, Dirac und Heisenberg, wurde rund um die Uhr Reverenz erwiesen und eine komplette VIP-Behandlung zuteil, die erste Kostprobe ihrer internationalen Berühmtheit. Auf den offiziellen Fotos ist klar zu erkennen, dass es Heisenberg leicht fiel, in die Rolle einer reisenden Berühmtheit zu schlüpfen, er sah selbstsicher und entspannt aus in dem leichten Sommeranzug, den er trug, um sich in der glühenden Hitze kühl zu halten. Weit weniger zufrieden aussehend als sein Freund, hatte Dirac seine Kleidung nicht gewechselt: Er trug den gleichen dreiteiligen Anzug und die Stiefel, die er in Cambridge im tiefsten Winter trug.

Die Reiseroute war die für Akademiker übliche, welche dem Land einen kurzen Besuch abstatteten: ein Aufenthalt in Tokio, dem ein Besuch in der alten Kaiserstadt Kyoto folgte, Vorträge vor dicht gedrängt sitzenden und andächtig zuhörenden höflichen Herren in westlichen Anzügen mit *Jako*-Parfüm, das das Auditorium mit dem Duft von Geranien erfüllte.[21] Der Text der Vorträge wurde unverzüglich ins Japanische übersetzt und als erstes kanonisches Buch der östlichen Hemisphäre über die Quantenmechanik veröffentlicht, eine Bibel für Japans nächste Generation von Physikern und vorherbestimmt, eine enorme Auswirkung zu haben. Dirac und Heisenberg, beide gerade erst siebenundzwanzig Jahre alt, bildeten bereits ihre Nachfolger aus.

Am Ende ihres Aufenthalts in Japan trennten sich Dirac und Heisenberg. Dirac wollte auf dem schnellsten Weg mit der transsibirischen Eisenbahn quer durch Russland zurückkehren. Der Bau der 9310 km langen Eisenbahnlinie in Sibirien – mit brutalen klimatischen Extremen, nur wenigen örtlich verfügbaren Arbeitskräften und sehr primitiven Versorgungswegen – war eine Leistung, die selbst einen Ingenieur wie Isambard Kingdom Brunel hätte verzagen lassen. Der Bau dauerte bis zur Fertigstellung fünfundzwanzig Jahre. Dirac stieg am 24. September in Wladiwostok an der Ostküste in den Zug ein und kam neun Tage später in Moskau an. Er traf sich mit Tamm, und sie machten einen langen Spaziergang zu den Sehenswürdigkeiten der Stadt, einschließlich der im sechzehnten Jahrhundert erbauten Basilius-Kathedrale, die später in eines der vielen antireligiösen Museen des Landes umgewandelt wurde.[22] Dirac machte sich dann auf den Rückweg nach England, nachdem er den, wie es scheint, ersten Flug seines Lebens von Leningrad nach Berlin genommen hatte – offenbar keine besonders erfreuliche Erfahrung, denn in den nächsten paar Jahrzehnten zog er es vor, die Flugzeugtechnik von einem sicheren Standort am Boden aus zu bewundern.

Während seiner Abwesenheit befand sich seine Familie „in ihrem üblichen Trott", wie sich seine Mutter ausdrückte.[23] Der Höhepunkt des Jahres war die Parlamentswahl im Juni gewesen. Für Flo war die Politik durch neue Technologien weniger spannend geworden: „Die Wahlen werden jetzt hauptsächlich ‚durch das Radio' bestimmt", schrieb sie an Dirac, „deshalb machen mir die Versammlungen keine Freude mehr."[24] Sie und Charles unterstützten die liberale Partei von Lloyd George, die in Bristol von der Labour-Partei vernichtend geschlagen wurde – im Einklang mit dem landesweiten Umschwung zugunsten von Labour, der Ramsay MacDonald in die Downing Street No. 10 zurückbrachte.

Diracs Vater, dessen Gesundheitszustand besser als in den vergangenen Jahren war, entfernte sich weiter von seiner Frau, verstand sich aber immer besser mit Betty. Während Charles und sein Lieblingskind mit dem Familienhund im Garten spielten, träumte Flo im Haus zurückgelassen von *ihrem* Lieblingskind, das Tausende von Meilen entfernt war. Sie stellte sich vor, wie er eine Tour durch die Hollywood-Studios machte, mit Panamahut auf einem Esel den Grand Canyon hinunterritt, und war deshalb enttäuscht, als sie hörte, dass er keines von beidem getan hatte. Flo und Charles, die ihren Sohn sechs Monate lang nicht gesehen hatten, hofften beide, ihn vor Trimesterbeginn wiederzusehen und trafen im Haus Vorbereitungen für seinen Besuch. Anfang Oktober informierte sie jedoch Dirac beiläufig, dass er zurück in Cambridge sei, ohne dabei irgendwelche Pläne für einen Besuch in Bristol zu erwähnen.[25]

Er und die anderen Theoretiker hatten so gut wie keine Fortschritte beim Problem der Existenz von Elektronen mit negativer Energie erzielt. Die meisten Physiker wollten sie einfach loswerden, aber der schwedische Physiker Ivar Waller hatte ein paar Monate zuvor gezeigt, dass sie unentbehrlich für die Theorie waren. Waller fand ein eigenartiges Resultat, als er untersuchte, was bei der Streuung eines Photons an einem stationären Elektron geschieht: Diracs Theorie konnte die erfolgreiche klassische Voraussage bei niedrigen Energien nur reproduzieren, wenn das Elektron Zugang zu negativen Energiezuständen hatte. Dennoch gab es nur eine Schlussfolgerung für Dirac: Seine Gleichung würde nur überleben, wenn jemand diese Elektronen mit negativer Energie verstehen könnte.

Als er sich auf das neue Trimester einstellte, war er sich bewusst, dass die kritischen Stimmen von einem Flüstern zu einem Brüllen angeschwollen waren. Nach Meinung der dominanten lauten Gegenstimme des Solisten Pauli war die Krankheit der Gleichung unheilbar und ihre Übereinstimmung mit Experimenten reiner Zufall.[26] Die Bürde, die Gleichung zu retten, fiel daher ihrem Entdecker zu, der nach fast sechsmonatigen Ferien erholt zurück war. So wandte er sich dem Problem erneut zu.

Ende Oktober brach aus New York eine Nachricht über die Welt herein, die die beschauliche politische Phase der späten 1920er-Jahre beenden sollte und den Abstieg in eine globale ökonomische Katastrophe einläutete. Der Dow-Jones Index hatte einen Monat zuvor einen historischen Höhepunkt erreicht. Dann brach Panik aus, als die Blase platzte. Am Freitag, dem 25. Oktober 1929, brachten alle Zeitungen im Gemeinschaftsraum des St. John College Berichte, die das Ausmaß der Krise deutlich machten. Der *Manchester Guardian* schrieb von „wilden Verkäufen in nie dagewesenem Umfang von 13.000.000 Aktien"; *The Times* schrieb, „Kursstürze im Ausmaß der Niagarafälle haben heute an der amerikanischen Börse stattgefunden". Vier Tage später, am „schwarzen Dienstag", war die Wall Street fast vollkommen weggeschmolzen, und das Jahrzehnt des beispiellosen Wohlstands war, wie F. Scott Fitzgerald später notierte, „in seinen spektakulären Tod gesprungen […], so als ob es ihm widerstrebte, altmodisch in seinem Bett zu sterben".[27]

Großbritannien wappnete sich für das Nachbeben. Dirac blieb auf dem Laufenden, was die Nachrichten betraf, aber sein Hauptaugenmerk richtete sich auf die Lösung des Rätsels der negativen Energie von Elektronen. Warum hatte niemand Sprünge der vertrauten Elektronen mit positiver Energie in negative Energiezustände beobachtet? Nach einigen Wochen hatte er eine Antwort gefunden. Er stellte sich vor, wie alle Elektronen des Universums nacheinander die Energiezustände auffüllten: zuerst die negativen Energiezustände, weil sie die niedrigere Energie besitzen. Erst wenn diese voll sind, werden die Elektronen positive Energiezustände besetzen. Weil die negativen Energiezustände aufgefüllt sind, gibt es dort keine leeren Plätze, in die Elektronen mit positiver Energie springen können. Es ist eine Ironie der Geschichte, dass die entscheidende Idee, die die Theorie untermauerte, von Pauli stammte, Diracs schärfstem Kritiker. Aufgrund von dessen Ausschlussprinzip kann jeder negative Energiezustand nur durch *ein* Elektron besetzt werden. Das Pauli-Prinzip verhindert, dass er ad infinitum mit Elektronen aufgefüllt werden kann.

Das bizarre Fazit der Theorie ist, dass das ganze Universum von einer unendlichen Anzahl von Elektronen mit negativer Energie durchdrungen ist – was man sich als einen „See" vorstellen könnte. Dirac argumentierte, dass dieser See überall eine konstante Dichte hat, sodass die Experimentatoren nur Abweichungen von dieser perfekten Homogenität beobachten können. Ist diese Sicht korrekt, sind die Experimentatoren ziemlich genau in der Position eines Volksstamms, der sein ganzes Leben lang nichts anderes als eine immergleiche Hintergrundmelodie gehört hat, die aus nur einer einzigen Note bestand. Das wurde aber nicht als Qual empfunden, da Menschen nur *Veränderungen* in ihrer Umgebung wahrnehmen können.

Nur das Auftreten einer Störung im Dirac-See – ein platzendes Bläschen zum Beispiel – würde man beobachten können. Er stellte sich genau dies vor, als er vorhersagte, dass doch einige unbesetzte Zustände in dem See der Elektronen mit negativer Energie vorhanden seien, die winzige Abweichungen von der ansonsten perfekten Gleichförmigkeit verursachen. Dirac nannte diese unbesetzten Zustände „Löcher". Die konnte man, so überlegte er, nur dann beobachten, wenn sie mit einem gewöhnlichen Elektron gefüllt waren, das dann beim Übergang Strahlung abgibt. Es sollte daher möglich sein, ein Loch in dem See zu entdecken, wenn ein gewöhnliches Elektron mit positiver Energie in es hineinspringt. Doch welche Charakteristika haben die Löcher wirklich? Sie markieren das Fehlen eines Elektrons mit negativer Energie. Innerhalb des allgemeinen Schemas des „Elektronen-Sees" bedeutet die *Abwesenheit* von negativer Energie das *Vorhandensein* von positiver Energie, denn zweimal negativ bedeutet positiv. So *steigt* beispielsweise das *Vermögen* um 5 £ an, wenn die *Verschuldung* um diese Summe *abnimmt.* Dazu kommt, dass ein Elektron mit positiver Energie negativ geladen ist, sodass seine Abwesenheit äquivalent zur Anwesenheit einer positiven Ladung ist.

Es folgt, dass jedes Loch positive Energie und positive Ladung besitzt und damit Eigenschaften eines Protons hat, des einzigen anderen subatomaren Teilchens, das zur damaligen Zeit bekannt war. So machte Dirac mit dem Vorschlag, dass ein Loch ein Proton *ist,* die einfachste mögliche Annahme. Er konnte aber nicht erklären, warum dieses Proton fast zweitausendmal schwerer als das Elektron war und gab auch zu, dass das ein Problem für die Theorie war, ein „ernsthafter Mangel".

Die Herkunft der Lochtheorie ist nicht ganz geklärt. Der Mathematiker Hermann Weyl und andere hatten vorgeschlagen, dass Protonen in irgendeiner Weise mit den Elektronen mit negativer Energie in Beziehung stünden, aber ihre Überlegungen waren Dirac zu verworren. Er bemerkte später zur Lochtheorie, dass „es wirklich nicht so schwer war, auf diese Idee zu kommen", da man nur eine Analogie zu der Theorie ziehen musste, wie Atome Röntgenstrahlen, also hochenergetisches Licht, abstrahlen.[28] Diese Theorie besagt, dass ein Elektron nahe am Kern aus dem Atom herausgeschleudert werden kann, wobei es eine Lücke hinterlässt, in die ein anderes Elektron fällt – begleitet von der Abstrahlung eines Röntgenblitzes. Es ist aber auch möglich, dass der Keim zu Diracs Idee gelegt wurde, als er fünfzehn Monate zuvor die Wolga hinunterfuhr. Bei dem russischen Kongress hatte er den sowjetischen Theoretiker Jakow Frenkel getroffen. Jemand machte von den beiden einen Schnappschuss, wie sie in ihren Anzügen auf dem Schiffsdeck liegen. 1926 hatte Frenkel eine Theorie der Kristalle aufgestellt, nach der sich „leere Zwischenräume", die heute Frenkel-Defekte genannt werden, innerhalb der regulären Kristallgitterstruktur wie Teilchen verhalten – ganz analog zu Diracs Lochtheorie. Frenkel hatte möglicherweise seine Theorie gegenüber Dirac erwähnt, nur damit sie von Dirac vergessen und später aus seinem Unterbewusstsein wieder hervorgeholt wurde. Aber Dirac erinnerte sich daran nicht.[29]

Was auch immer die Ursprünge der Theorie waren, Dirac bewies zweifellos Mut bei ihrer Anwendung. Aus keiner Stelle seiner Arbeit geht hervor, dass er den geringsten Zweifel an der Glaubwürdigkeit seiner Theorie hegte. Der entscheidende Punkt für ihn war, dass er nun den Anfang einer tragfähigen Theorie der Materie besaß, die auf seiner schön aussehenden Gleichung und soliden Prinzipien beruhte. Wer war bereit zu akzeptieren, dass das Universum mit unsichtbaren Elektronen von negativer Energie angefüllt war, einem unendlichen See negativer elektrischer Ladung? Doch seine kurze Veröffentlichung *A Theory of Electrons and Protons* (Eine Theorie der Elektronen und Protonen) weist keinerlei Anzeichen auf, dass er damit rechnete, seine Idee könne mit Skepsis aufgenommen werden. Er schrieb den Artikel in seinem schlichten Stil, aber mit weniger Gleichungen als sonst und frei von jedem Herumreden, was bei der ersten Darstellung einer Theorie, die einen neuen Blick auf das materielle Universum eröffnet, ja entschuldbar gewesen wäre.

Obwohl Dirac niemals zugab, hinsichtlich der Aufnahme seiner Lochtheorie nervös gewesen zu sein, sprach er doch oft von der Angst als der Steigbügelhalterin von jedem wissenschaftlichen Wagemut.[30] Es ist daher denkbar, dass er fürchtete, seine Theorie könne einen beschämenden Irrtum enthalten. Das waren Bedenken, die noch durch einen Brief geschürt wurden, den er Ende November von Bohr erhielt, dem die Lochtheorie zu Ohren gekommen war. Die Existenz negativer Energieniveaus in Diracs Theorie des Elektrons untergrub nach Bohrs Ansicht das Vertrauen in das gesamte Konzept der Energie; ein Problem, das – wie Bohr bemerkte – auch bei Erklärungen dafür eine Rolle spielte, warum es Atomkerne gibt, die spontan ein energiereiches Elektron emittieren. Bei diesem Prozess, der als radioaktiver Beta-Zerfall bekannt ist, schien es, dass die Energie nicht erhalten blieb. Während die Alpha-Teilchen beim Alpha-Zerfall immer die gleiche Energie aufwiesen, war das beim Beta-Zerfall anders: Die Energie der Beta-Teilchen überdeckte ein weites Spektrum. Energie schien sich in nichts aufzulösen oder aus dem Nichts aufzutauchen. Das war ernst zu nehmen: Bohr stellte die Quantenmechanik in Frage und sogar das Gesetz der Energieerhaltung. Dirac dachte, sein Mentor würde überreagieren und versuchte, ihn auf einem Umweg zu beruhigen. Dirac hatte Bohr bereits erzählt, er glaube, dass das Gesetz der Energieerhaltung unter allen Umständen aufrecht erhalten werden müsse und dass er, um es zu erhalten, sogar bereit wäre, die Idee aufzugeben, Materie bestehe aus einzelnen Atomen und Elektronen. Aber Dirac meinte, es sei voreilig, der Quantenmechanik gegenüber Pessimismus zu zeigen, nachdem sie gerade erst ihren vierten Geburtstag hinter sich hatte:

Ich fürchte, dass ich mit Ihren Ansichten nicht vollkommen übereinstimme. Obwohl ich glaube, dass die Quantenmechanik ihre Grenzen hat und schließlich durch etwas Besseres ersetzt werden wird (und dies gilt für alle physikalischen Theorien), kann ich keinen Grund für die Ansicht erkennen, dass die Quantenmechanik die Grenzen ihrer Entwicklung schon erreicht hätte. Ich denke, sie wird sich einer Anzahl von kleinen Veränderungen unterziehen müssen, vor allem im Hinblick auf die Methoden ihrer Anwendung, doch auf diese Weise sollten sich die meisten Schwierigkeiten, mit denen die Theorie konfrontiert ist, beseitigen lassen.[31]

Dirac schloss, indem er – fast Wort für Wort – die Gründe für sein Festhalten an seiner Lochtheorie wiederholte. Obwohl seine Verteidigung als Sturheit angesehen werden könnte, machte er doch klar, dass er erwartete, seine Theorie werde irgendwann durch eine bessere abgelöst, während die derzeitige Aufgabe darin bestand, sie so gut wie möglich weiterzuentwickeln. Bohrs Kritik hatte ihn anscheinend nicht im Geringsten erschüttert – er sollte sein dickes Fell während des kommenden Sperrfeuers aus Skepsis und Hohn nötig haben.

Eine Woche nachdem er an Bohr geschrieben hatte, hielt Dirac in Paris am Henri-Poincaré-Institut seinen ersten öffentlichen Vortrag über die Lochtheorie. Vermutlich hat ihm der Vortrag keine große Freude bereitet, da er widerstrebend zugestimmt hatte, ihn auf Französisch zu halten, was bei ihm schreckensvolle Erinnerungen an die Mahlzeiten mit seinem Vater wachrief. Als er zu Weihnachten nach Bristol zurückkehrte, hatte er keine Wahl und musste wieder Französisch sprechen. Nach einer Abwesenheit von neun Monaten wollte ihn seine Familie unbedingt wiedersehen und ihm ihr neuestes Spielzeug – das „Grammophon" – vorführen.[32] Doch Dirac war, wie immer, schon bei dem bloßen Gedanken der Rückkehr in die strapaziöse Routine in Bristol entmutigt: seine Mutter, die unentwegt um ihn herumschwirrte, und sein Vater, der ihn immer noch allein schon durch seine Gegenwart einschüchterte. Obwohl Dirac anscheinend keinem seiner Physikerfreunde davon erzählt hatte, glaubte er, sein Familienleben habe ihn als Kind verkümmern lassen und ziehe ihn immer noch zu Boden. Es scheint, dass er das volle Ausmaß seines Schmerzes erstmals einige Jahre später einem Freund mitteilte, der nicht zu seinem akademischen Umfeld gehörte. In dem Brief schrieb er: „Meine Eltern zu besuchen, wird mich sehr verändern, fürchte ich, da ich mich dann wieder wie ein Kind fühle und unfähig, irgendeine Eigeninitiative zu ergreifen."[33] Im Augenblick blieb jedoch sein Leid wie alle seine anderen Emotionen verborgen.

14

Januar 1930 – Dezember 1930

*O höre die traurige Bitte, die wir Elektronen an Dich
richten,
Befrei' uns von der Herrschaft der verhassten
Quantenansichten.
Wir wollen nicht leben mit dieser fürchterlichen
Unsicherheit.
Wir hoffen auf Dich, unseren Champion, der uns befreit.
In schöner Ordnung verbrachten wir einst unsere ruhig
fließende Zeit,
Wohin die klassischen Gleichungen uns schickten zu
gehen, waren wir bereit.
Wir sprangen in den Atomen hin und her, und ein
Lichtstrahl kam heraus.
Wir hatten keine Struktur – nur Masse, Ladung und
Geschwindigkeitsgebraus.
Wir wissen nicht, ob wir Teilchen sind oder ein gallertiges
Phi,
Oder Wellen, oder ob wir überhaupt real sind, oder wo
wir sind, oder warum,
Als Löcher im Äther um Protonen herum –
Nach Diracs Theorie.*

Anonymus[1]

Eine anonyme Ode an das Elektron war um 1930 am schwarzen Brett im Cavendish Labor angeschlagen. Selbst der starrköpfigste Theoretiker käme nicht umhin, mit der Nostalgie des Poeten zu sympathisieren. Ein Jahrzehnt zuvor war die Atomphysik noch eine Sache des gesunden Menschenverstandes gewesen: Elektronen waren einfach kleine Teilchen, die sich vorhersehbar verhielten und unkomplizierten Naturgesetzen folgten – denselben, die auch alles andere im Universum beschreiben. Wie altmodisch diese Ansichten nun erschienen! Die klassischen Gesetze, die über ein Vierteljahrtausend geherrscht hatten, waren im atomaren Bereich nun obsolet geworden. Dirac führte gern aus, dass die Idee, die Jonathan Swift in *Gullivers Reisen* illustriert hatte – dass niemand es bemerken

© Springer-Verlag GmbH Deutschland, ein Teil von Springer Nature 2018
G. Farmelo, *Der seltsame Mensch*, https://doi.org/10.1007/978-3-662-56579-7_14

würde, wenn sich die natürlich vorkommenden Dinge im gleichen Verhältnis ausdehnen oder zusammenziehen – falsch war.[2] Die Gesetze der Alltagswelt können nicht einfach auf den atomaren Bereich verkleinert werden, die Dinge dort sind anders. Die Theoretiker konnten nun jeden Versuch, das Elektron bildlich darzustellen, als sinnlos und sogar betrügerisch zurückweisen. Das Teilchen benahm sich nicht einmal vorhersehbar: Physiker berechneten wie Croupiers die Chancen am Spieltisch der Natur und verwendeten Wellen, die niemand für real ansah. Und nun hatte, um dem Ganzen die Krone aufzusetzen, Dirac die Kühnheit zu behaupten, dass die Wald-und-Wiesen-Elektronen mit positiver Energie von denen mit negativer Energie auch noch zahlenmäßig weit übertroffen würden, obwohl dieselben nicht einmal beobachtbar sind.

Es war vermutlich ein Experimentalphysiker des Cavendish – einer von den vielen, die der Lochtheorie skeptisch gegenüber standen –, der dies anonyme Gedicht geschrieben hatte. Nur wenige Theoretiker, darunter Tamm und Oppenheimer, nahmen die Theorie ernst, und sogar sie hielten sie bald für unzulänglich. Im Februar 1930 zeigte Oppenheimer, dass nach Diracs Lochtheorie die durchschnittliche Lebenszeit eines Atoms nur ungefähr eine milliardstel Sekunde währen konnte, da sich das atomare Elektron in dem See aus negativer Energie schnell zu Tode stürzen müsste. Bald darauf kamen Tamm und Dirac unabhängig zu dem gleichen Ergebnis. Pauli machte einen Vorschlag, der als sein zweites Prinzip bekannt werden sollte: Jedes Mal wenn ein Physiker eine neue Theorie vorschlägt, solle er sie auf die Atome seines eigenen Körpers anwenden.[3] Dirac wäre das erste Opfer gewesen.

Paulis Scherz gefiel Gamow, der während des ersten Trimesters 1930 in Cambridge war und hauptsächlich mit Rutherford und seinen Kollegen arbeitete. Dirac war begeistert von Gamows nicht zu stoppendem Humor und seinem Sinn für Scherze: Keiner zeigte ihm deutlicher, was ihm in seiner Kindheit entgangen war. Gamow brachte ihm das Motorradfahren bei (und filmte ihn dabei), weckte seinen Sinn für Conan Doyles Detektivgeschichten und führte ihn offenbar in die ausgelassenen Späße von Mickey Mouse ein, die zum ersten Mal zwei Jahre zuvor auch auf der Leinwand in *Steamboat Willie* erschienen waren.[4] Dirac liebte Mickey-Mouse-Filme über alles, animierte Nachfolger der Cartoons, die er als Junge in der illustrierten Wochenzeitung *Penny weekly* gesehen hatte. Ein paar Jahre später war es ihm sehr wichtig, an dem ganztägigen Film-Festival in Boston teilzunehmen, wobei er anscheinend dieses unschuldige Vergnügen vor seinen anspruchsvollen Cambridge-Kollegen geheim hielt. Er war selbstkritisch genug, um zu wissen, dass sich sein Status in den Aufenthaltsräumen des St. John College nicht erhöhen würde, wenn er zu begeistert von Kater Karlo (Peg-Leg Pete) oder Rudi Ross (Horace Horsecollar) erzählte.

Am Professorentisch respektierte man eher Diracs Appetit auf mathematische Spiele und Puzzles, die keinem anderen Zweck dienten als der Unterhaltung. Einmal sorgte er für eine bedauerliche Ernüchterung bei einem Spiel, das in Göttingen 1929 Mode geworden war. Die Herausforderung lag darin, jede ganze Zahl so auszudrücken, dass die Zahl 2 dabei genau viermal verwendet wurde, wobei nur gut bekannte mathematische Symbole eingesetzt werden durften. Die ersten paar Zahlen sind einfach:

$$1 = (2 + 2)/(2 + 2),$$
$$2 = (2/2) + (2/2),$$
$$3 = (2 \times 2) - (2/2),$$
$$4 = 2 + 2 + 2 - 2.$$

Bald wurde das Spiel schwieriger, sogar für Göttingens beste mathematische Köpfe. Sie verbrachten Hunderte von Stunden mit dem Spiel bei immer größer werdenden Zahlen – bis Dirac eine einfache allgemeine Formel fand, die es, ganz im Rahmen der Regel, erlaubt, *jede* Zahl mit vier Zweien auszudrücken.[6] Er hatte dem Spiel seinen Reiz genommen.

Am 20. Februar 1930 sandte Dirac seinen Eltern die übliche nichtssagende wöchentliche Postkarte mit einer aus zehn Worten bestehenden Zusammenfassung des Wetters in Cambridge.[7] Einen Tag, nachdem seine Mutter sie erhalten hatte, war sie zufällig in der Bibliothek und las mit Erstaunen in einer Zeitung, dass ihr Sohn zum Fellow der Royal Society gewählt worden war, eine der höchsten Ehren in der britischen Wissenschaft. Aufgeregt und strahlend vor Stolz eilte sie zum Postamt und sandte ihm ein Gratulationstelegramm und unterdrückte ihre Verärgerung darüber, dass er das nicht auf der Postkarte erwähnt hatte.[8] Dirac sei ein „schlimmer Junge", schrieb sie ihm zwei Tage später in einem Brief und fragte, ob die Society eine Einführungszeremonie organisieren werde. „*Sag es mir*", schrieb sie und hob frustriert jedes Wort hervor.[9]

Dirac konnte nun die Initialen FRS hinter seinen Namen setzen, Buchstaben, die alle anderen akademischen Qualifikationen überflüssig machen. Die Society, die zu diesem Zeitpunkt 447 Mitglieder zählte, vergab die Ehre üblicherweise an Wissenschaftler in ihren Vierzigern oder Fünfzigern, nachdem sie mehrmals nominiert und mehrmals übergangen worden waren; deshalb war es ganz außergewöhnlich, dass Dirac schon bei der ersten Nominierung ernannt wurde, und das mit nur siebenundzwanzig Jahren. Als sich die Neuigkeit am Professorentisch und in den Aufenthaltsräumen in Cambridge herumsprach, wird es den Dozenten nicht entgangen sein, dass er in einem jüngeren Alter zum Fellow gewählt wurde als sämtliche seiner älteren Kollegen.[19]

Die Ankündigung machte Diracs Eltern offenbar bewusst, wie rasch das Ansehen ihres Sohnes gestiegen war. „Wie hart musst Du gearbeitet haben, um auf diese Weise ganz nach oben zu kommen?" schrieb seine Mutter. „Kein Wunder, dass Du kein Interesse am Bootsrennen hattest."[11] Die Nachricht gab Flo, die gedrückter Stimmung gewesen war, neuen Auftrieb. Nachdem ihr Mann nun bald in den Ruhestand treten würde, waren ihre Aussichten beklagenswert. Mit ihren gerade zweiundfünfzig Jahren bestand ihr weiteres Leben voraussichtlich darin, über Jahre zu Hause mit einem kranken Mann eingesperrt zu sein, den sie als undankbaren Haustyrannen betrachtete und der sie, wie sie wusste, als eine minderwertige Pflegekraft und Magd ansah. In der Schule standen die Kollegen von Charles Dirac Schlange, um ihm zu gratulieren, und er bekam mehrere Briefe, die ihn beglückwünschten, dass er einen so erfolgreichen Sohn herangezogen hatte. Andrew Robertson, der Paul in den Ingenieurswissenschaften unterrichtet hatte, wies darauf hin, dass seiner Meinung nach Dirac der erste Hochschulabsolvent aus Bristol sei, der zum FRS gewählt worden war. Ronald Hassé, der Diracs Karriere in der theoretischen Physik eingefädelt hatte, schrieb, wie sehr er sich auf Diracs öffentlichen Vortrag in Bristol im September freue. Die Stadt war dieses Jahr Gastgeber der jährlich stattfindenden Tagung der British Association for the Advancement of Science, der britischen Gesellschaft für den Fortschritt der Naturwissenschaft, bei der Wissenschaftler und ein interessiertes Publikum zusammenkommen, um eine Woche lang Vorträge über die neuesten Entwicklungen in der Naturwissenschaft zu hören.[12] In der Cotham-Road-Schule – der ehemaligen Merchant-Venturers-Schule – wurde dies Ereignis mit einem schulfreien Tag gefeiert. Charles wusste nie genau, wann die nächste Huldigung zu erwarten war: Einmal klopften während des Unterrichts zwei gänzlich unbekannte Herren an die Klassenzimmertür, traten ein, gratulierten ihm zu der großartigen Leistung seines Sohnes und verschwanden.[13]

Vielleicht nahm Dirac den Rat seiner Mutter an und gönnte sich zur Feier seines neuesten Erfolgs für fast 200 £ sein erstes Auto, einen Morris Oxford Tourer, der damals beeindruckende 80 km pro Stunde schaffte.[14] Es gab keine Fahrprüfung, nach Abschluss des Kaufs unternahm der Besitzer des Autohauses mit Dirac eine kurze Einführungsfahrt durch Cambridge und übergab ihm dann die Schlüssel. Nun stand es ihm frei, seine Chancen auf den Straßen zu nutzen. Mit der Aufhebung der Geschwindigkeitsbegrenzung von 32 km pro Stunde im selben Jahr wurden die Landstraßen noch gefährlicher, nicht zuletzt aufgrund von Diracs Anwesenheit. Ein Kollege scherzte: „Diracs Auto hat zwei Gänge, den Rückwärtsgang und den schnellsten Gang."[15] Von Mott stammt ein Bericht über eine Fahrt mit Dirac nach London an einem eisigen Märztag, als „Dirac – ganz sachte – in das Heck eines Lastwagens fuhr und dabei einen Scheinwerfer demolierte".[16] Wie Kapitza war Dirac ein wilder

Fahrer: Das lag anscheinend zum einen an seiner ungeschickten Handhabung des Fahrzeugs – seine Wertschätzung von Maschinen überstieg immer seine Kompetenz für ihre Bedienung – und zum anderen am fast völligen Fehlen einer Straßenverkehrsordnung. Dirac nahm es peinlich genau mit dem Beachten von Regeln, die seiner Meinung nach rational waren und offensichtlich dem Gemeinwohl dienten, aber wenn es keine Regeln gab, konnte er auch fahren wie er wollte.

Dirac ließ endlich Anzeichen einer weniger rigorosen Einstellung erkennen. Das Ausspannen war nicht länger nur auf die Sonntage beschränkt: Zur Mittagszeit, wenn der Großteil des Tagespensums getan war, fuhr er jetzt gern aus Cambridge hinaus zu den Gog Magog Hills, parkte seinen Wagen neben einem hohen Baum und kletterte hinauf – in seinem dreiteiligen Anzug.[17] Diesen trug er bei jedem Wetter und bei jeder Gelegenheit. Er zog ihn nur aus, wenn er in völlig abgelegene Uferbereiche des Flusses Cam gefahren war oder in die Moorlandschaft im Nordosten der Stadt, wo er badete, wie es Lord Byron schon 125 Jahre zuvor getan hatte. Wenn er später ins College oder an seinen Schreibtisch zurückkehrte, widmete er sich nur noch leichtgewichtigen Aufgaben. Er nahm sich ein Beispiel an G. H. Hardy, der glaubte, dass die längste Zeit, die ein Mathematiker sinnvoll für ernsthafte Arbeiten aufwenden kann, vier Stunden pro Tag beträgt.[18]

Im Vorlesungsverzeichnis von Cambridge war der Juni der entspannteste Monat. Nachdem die Prüfungen vorüber waren, konnten die Studenten die Universität verlassen – allerdings erst nach dem Ritual des Sommerballs. Die berauschende Mischung von Musik und Tanz, der in Strömen fließende Champagner, hinreißende Kleider und gut sitzende Abendanzüge konnten auch die erschöpftesten Examenskandidaten wieder aufmuntern. Die Dozenten durften ihre Sommeranzüge anziehen und während der langen Trimesterferien („long vac") ausspannen, da sie keine Dienstpflichten hatten und frei waren, um an den langen, trägen Nachmittagen nichts weiter zu tun als vom Liegestuhl aus einem Cricket-Spiel zuzusehen. Dirac war verblüfft über die Anziehungskraft einer Aktivität, an der zweiundzwanzig Männer beteiligt waren, die viele Stunden – manchmal Tage – ein Spiel spielten, das oft unentschieden endete, und von treu ergebenen Zuschauern immer wieder als aufregend empfunden wurde. Das Spiel besaß keinen leidenschaftlicheren Bewunderer als G. H. Hardy, für den es der reinen Mathematik gleich kam: Es war umso schöner, je weniger nützliche Anwendungen es gab. Ein paar Jahre später gönnte Hardy einer Fotografie des australischen Schlagmannes Donald Bradman in seinem Arbeitszimmer einen Ehrenplatz als einem seiner drei größten Helden (die anderen waren Einstein und Lenin).[19] Hardy freute sich wahrscheinlich auf Bradmans erstes Match auf englischem Boden, aber diese Aussicht dürfte Dirac nicht berührt haben; er war mit der Vorbereitung für Klettertouren und Bergwanderungen mit Freunden im Sommer beschäftigt. Er benötigte eine Pause und frische Inspiration, um die Probleme mit seiner Lochtheorie zu überwinden und seinen Kritikern entgegentreten zu können, darunter dem spottenden Pauli und dem immer noch nicht versöhnten Bohr. Wie Dirac wusste, waren mehrere seiner Kollegen schon ganz gespannt auf seinen öffentlichen Vortrag bei der Tagung in Bristol am Ende des Sommers, um zu sehen, ob er das Problem der Elektronen mit negativer Energie geknackt hatte.

Während er sich auf seine zweite Reise in die Sowjetunion vorbereitete, las Dirac in der britischen Presse, dass Stalin die Zügel angezogen hatte, um sein Programm des kollektiven Ackerbaus durchzusetzen: Er presste die Bauern aus, um seinen Plan der sofortigen Industrialisierung zu bezahlen, wobei er politische Gegner und religiöse Minderheiten verfolgte. Mehrere Zeitungen zweifelten nicht mehr an der Böswilligkeit Stalins – der *Daily Telegraph* schrieb regelmäßig über seine „blutige Schreckensherrschaft" und seinen „Krieg gegen die Religion" – aber andere, darunter der *Manchester Guardian,* gaben ihm einen Vertrauensbonus.[20] Der *New Statesman* – die Hauszeitung der linken Intellektuellen in Großbritannien und der Lieblingslesestoff von Kapitza im Aufenthaltsraum des Trinity College – bestand darauf, dass Stalin eine faire Chance verdiente. Dirac stimmte zu: Einer der wenigen Anlässe, durch die er sich in ein Gespräch hineinziehen ließ, waren Bemerkungen, die er als in unfairer Weise gegen die Sowjetunion gerichtet empfand. Rudolf Peierls erinnerte sich später: „Zu einer Zeit, als alles Russische auf Ablehnung stieß, fragte er bei jedem einzelnen Punkt nach, warum er abzulehnen sei, was zu Stirnrunzeln Anlass gab."[21] Da er sich selbst ein Bild vom Leben in der Sowjetunion machen wollte, ignorierte er einfach die Befürchtungen seiner Mutter: „Ich hoffe sehr, dass es in Russland wirklich sicher ist. Man hört entsetzliche Geschichten darüber."[22]

Auf seiner Reise bekam Dirac jedoch den Arm des sowjetischen Militärs zu spüren, denn als er auf dem Weg nach Charkow die Grenze der Sowjetunion an einer Stelle überqueren wollte, die nicht in dem Visum, das Tamm für ihn besorgt hatte, eingetragen war, hielten ihn die Grenzsoldaten am Übergang drei Tage lang fest, bevor sie ihn wieder freiließen.[23] Anfang Juli hörte er, dass die neuen sowjetischen Gesetze es Ausländern, die länger als einen Monat im Land blieben, verboten, mit sowjetischem Geld oder irgendeiner anderen fremden Währung auszureisen. Deshalb verließ er schon einen Monat nach seiner Ankunft Ende Juli die UdSSR und ließ die geplanten Wanderungen im Kaukasus ausfallen. Da seine Ferien sich verkürzt hatten, kehrte er bald nach England zurück, um etwas zu erleben, was die meisten Wissenschaftler als den medialen Höhepunkt ihres Lebens angesehen hätten.

Im September hatte Hardy viel Lob für die Leistungen von Bradman bei den „Ashes" übrig, dem Länderkampf Australien-England, der für England niederschmetternd war. Gleichzeitig bereitete sich Bristol auf die Tagung der British Association for the Advancement of Science vor. Fast dreitausend Delegierte – darunter George Bernard Shaw – nahmen teil, nachdem sie jeweils ein Pfund für dieses Privileg gezahlt hatten.[24] Jim Crother berichtete seinen Lesern im *Manchester Guardian,* dass das Publikum aus jungen Delegierten bestand, die lässig gekleidet waren, viele der Damen in ärmellosen und geblümten Seidenkleidern, die Herren in Jacken aus Alpakawolle und mit grauen Flanellhosen. Der Eintrittspreis hatte sich nicht verändert, seit die Treffen fast ein Jahrhundert zuvor zum ersten Mal stattgefunden hatten und die Präsidenten der Society nach dem besten Wort gesucht hatten, um die Teilnehmer an diesen Treffen zu beschreiben. Sie erwogen Begriffe wie „Wissende", „Naturbetrachter" und „Naturforscher", um sich schließlich auf „Naturwissenschaftler" *(scientist)* zu einigen, einen Begriff, der 1834 von William Whewell geprägt wurde, einem der philosophischen Gegenspieler von John Stuart Mill. Obwohl viele das neue Wort hassten – Michael Faraday konnte es fast ebenso wenig ausstehen wie das im Englischen dreimal zischende Wort *physicist* für „Physiker" –, hatte es sich schon durchgesetzt, als Dirac noch in der Grundschule war.[25]

Die Organisatoren fürchteten vermutlich, Dirac würde einen fachwissenschaftlichen Vortrag von begrenzter Publikumswirksamkeit halten und hatten ihm deshalb einen bescheidenen Hörsaal in einem der neuen Physiklabors der Universität zugewiesen, die von dem Tabakindustriellen H. H. Wills finanziert worden waren. Am Montag, dem 8. September um elf Uhr vormittags erhob sich Dirac, ohne dass er groß angekündigt wurde, um in einem dicht besetzten Raum zum Thema „The Proton" zu sprechen.[26] Immer schüchtern, wenn er in der Öffentlichkeit sprechen musste, war er diesmal vermutlich besonders aufgeregt: Es war das erste Mal, dass er vor einem fachfremden Publikum sprechen sollte, und es war auch das erste Mal, dass er vor vielen seiner früheren Lehrer stehen würde, die ihn als Schüler gefördert hatten. Wenn Charles anwesend war, wie anzunehmen ist, wird dessen Herz höher geschlagen haben, denn er hatte seinen Sohn zuvor noch nie öffentlich reden hören: Paul Dirac hatte diesmal keine Wahl, er musste zu seinem Vater über seine Wissenschaft sprechen.

Diracs Auftreten entsprach dem Geist der veranstaltenden Society. Er sprach mit seiner gewohnten Direktheit, mit seinem leicht singenden Bristol-Akzent und redete über seine Forschung fast im Gesprächston, wenn auch ohne Eddingtons Meisterschaft. Um auch für Zuhörer ohne wissenschaftliche Vorbildung verständlich zu sein, begann er mit der Bemerkung: „Materie besteht aus Atomen", und dann schaltete er ziemlich schnell hoch, um zu seiner neuen Idee zu kommen, dass das Proton ein Loch in dem See von Elektronen mit negativer Energie sei. Daraus könne man schließen, behauptete er, dass es nur ein fundamentales Teilchen gibt, nämlich das Elektron. Er fügte hinzu, dass eine derartige Sparsamkeit in der Natur zu finden, „der Traum der Philosophen" sei. Für viele Zuhörer dürfte dies eine aufregende Enthüllung gewesen sein, aber nicht so für Max Delbrück und Lev Landau, die hinten im Saal auf Holzbänken saßen. Die beiden Herren waren auf einem Motorrad nach Bristol gedonnert, wobei der lange Landau auf dem harten Gepäckträger hockte. Sie waren zu der Tagung auch als Bohrs inoffizielle Kundschafter angereist, um zu sehen, ob Dirac irgendetwas Neues über seine Theorie zu sagen hätte. Während des Vortrags reckten Delbrück und Landau ihre Hälse, um den Redner sehen zu können und hingen an jedem einzelnen seiner Worte, wobei Landau sich wie üblich abfälliger Bemerkungen nicht enthalten konnte.[27] Nachdem er zwanzig Minuten lang Argumente wiederholt hatte, die schon längst publiziert waren, wobei er oft genau denselben Wortlaut verwendete wie im gedruckten Text, kam Dirac zum Ende, und sie mussten feststellen, dass er nichts Neues gesagt hatte. Ihre Reise nach Bristol war ein Flop gewesen.

Diracs Theorie der Elektronen mit negativer Energie regte jedoch die Phantasie der Journalisten an, und die Berichte in den britischen Zeitungen zollten ihm mehr Aufmerksamkeit als ihm je widerfahren war. Nach seinem Vortrag telegrafierte der Vertreter des American Science News Service, eines Nachrichtendienstes, nach Washington: „Diese neue Theorie könnte sich als ähnlich wichtig und von ähnlichem öffentlichen Interesse erweisen wie Einsteins Theorien."[28] Die *New York Times* griff die Story auf und berichtete, Diracs „sehr anerkannte" Theorie habe „alle gegenwärtigen Vorstellungen von Raum und Materie umgestoßen" und merkte an: „Diese Physiker haben ein noch aufregenderes Leben als Columbus."[29] Doch Diracs Fachkollegen blieben unbeeindruckt. Auf dem Weg zurück nach Cambridge hielten Landau und Delbrück an einem Postamt. Landau schickte ein Telegramm an Bohr, das aus einem einzigen Wort bestand: „Quatsch."[30]

Das Telegramm erreichte Bohr kurz nachdem er von Dirac ein Exemplar seines Lehrbuches *The Principles of Quantum Mechanics* (Prinzipien der Quantenmechanik) erhalten hatte. Auch wenn der Name des Autors nicht auf dem Deckblatt gestanden hätte, wäre für Bohr seine Identität schon bei einem schnellen Durchblättern offenkundig gewesen: die schlichte Darstellung, die logische Ableitung des Themas aus ersten Prinzipien und das völlige Fehlen einer historischen Perspektive, philosophischer Feinheiten oder erläuternder rechnerischer Zwischenschritte. Das war die Sichtweise eines mathematisch ausgerichteten Physikers, nicht die eines Ingenieurs. Diracs Kollegen staunten über die Eleganz und die täuschend einfache Sprache, die irgendwie bei jedem erneuten Lesen wie bei einem großartigen Gedicht neue Einsichten aufdeckte. Viele Studenten – besonders die weniger fähigen unter ihnen – waren ratlos, unzufrieden und manchmal sogar entmutigt.[31] Das Buch war ohne Rücksicht auf intellektuelle Unzulänglichkeiten der Leser geschrieben, ohne die leisesten Anzeichen von Gefühlen und ohne auflockernde Metaphern oder gar Beispiele. Für Dirac war die Quantenwelt anders als alles andere, was Menschen erleben können, deshalb wäre es seiner Meinung nach irreführend, Vergleiche mit dem täglichen Leben einfließen zu lassen. Sehr selten erwähnte er empirische Beobachtungen, außer am Anfang, wo er ein Experiment beschrieb, das zeigte, dass die klassische Theorie bei der Erklärung von Materie auf der atomaren Ebene versagt und daher ein Motiv für die Notwendigkeit der Quantenmechanik liefert. Auf den 357 Seiten der *Principles of Quantum Mechanics* fand sich kein einziges Diagramm, es gab weder einen Index noch ein Literaturverzeichnis und auch keine Hinweise auf weiterführende Literatur. Das Buch war ein ganz und gar persönlicher Blick auf die Quantenmechanik, deshalb hat Dirac – der normalerweise einem „ich" oder „mein" abschwor – diesen Text immer als „mein Buch" bezeichnet.

Die Physiker bejubelten es sofort als einen Klassiker. *Nature* publizierte eine ekstatische Rezension von einem anonymen Kritiker, der – nach der Eloquenz und scharfsinnigen Ausdrucksweise zu urteilen – gut Eddington gewesen sein kann. Der Autor stellte klar, dass dies keine gewöhnliche Darstellung der Quantenmechanik war:

> Er [Dirac] heißt uns, vorgefasste Meinungen hinsichtlich der Natur der Phänomene über Bord zu werfen und die Existenz eines dahinter liegenden Substrats zuzulassen, von dem man sich unmöglich ein Bild machen kann. Wir dürfen dies als die Anwendung des „reinen Denkens" auf die Physik betrachten, und genau das ist es, was Diracs Methode tiefgründiger macht als die anderer Autoren.[32]

Das Buch stellte alle anderen Texte über Quantenmechanik, die etwa zur gleichen Zeit erschienen – eines von Born, ein weiteres von Jordan – in den Schatten und wurde in den 1930er-Jahren der kanonische Text zur Quantenmechanik. Pauli lobte es nachdrücklich als einen Triumph und beschrieb das Buch als „ein unverzichtbares Standardwerk", obwohl er befürchtete, dass sich die Theorie durch die hohe Abstraktion zu weit vom Experiment entfernen könnte.[33] Einstein war ein weiterer Bewunderer und schrieb, das Buch sei „die logisch perfekteste Darstellung der Quantentheorie".[34] Die *Principles of Quantum Mechanics* wurden später Einsteins ständiger Begleiter. Er nahm das Buch oft mit in die Ferien als Freizeitlektüre und murmelte, wenn ihm ein schwieriges Quantenproblem begegnete, vor sich hin, „wo ist mein Dirac?"[35]

Doch einige von Diracs jüngeren Studenten stießen sich daran, dass das Buch weitgehend eine Nachschrift seiner Vorlesungen war und fragten sich, warum sie sich eigentlich die Mühe machen sollten, zu ihm hinzugehen und zuzuhören. Andere dagegen fanden seinen Unterricht auf einzigartige Weise überzeugend.[36] Er betrat pünktlich den Hörsaal und trug dabei das akademische Gewand, also die traditionelle Robe und den Doktorhut. Ansonsten hatte er nichts Theatralisches an sich. Er räusperte sich, wartete, bis es still wurde, und begann. Während der Vorlesung stand er meistens still und aufrecht, artikulierte jedes Wort deutlich und sprach – wie einer seiner Studenten es formulierte – sozusagen zu seiner „persönlichen für andere unsichtbaren Welt".[37] An der Tafel war er ein Künstler, er schrieb ruhig und klar, indem er in der linken oberen Ecke begann, sich methodisch nach unten vorarbeitete und jeden Buchstaben und jedes Symbol so schrieb, dass auch jemand in der letzten Reihe des Raumes es deutlich lesen konnte. Die Zuhörer waren gewöhnlich still. Wenn ein Student eine Frage stellte, erledigte Dirac dieselbe mit der Präzision eines Schlagmanns beim Cricket, um dann fortzufahren, als ob nichts seinen Fluss gestört hätte. Nach genau fünfundfünfzig Minuten beendete er seine Ausführungen, sammelte ohne Umschweife seine Papiere ein und ging hinaus.

Einer der neuen Studenten im Herbst 1930, den Diracs Vorlesungen begeisterten, war Subrahmanyan Chandrasekhar, der später ein führender Astrophysiker werden sollte, aber damals ein Student mit großen Augen war, der gerade frisch aus Bombay gekommen war. Ihm erschien der Kurs „ganz wie ein Musikstück, das man wieder und wieder hören möchte".[38] Während seiner Zeit in Cambridge hörte er den gesamten Kurs viermal.

Dirac war es wahrscheinlich bewusst, dass er seine Kollegen bei der Tagung der British Association for the Advancement of Science enttäuscht hatte, weil er nichts Neues vorgetragen hatte. Er war im Begriff, zu seiner zweiten Solvay-Konferenz aufzubrechen, und er wusste, dass nur wenige Physiker seine vereinheitlichte Theorie der Elektronen und Protonen ernst nahmen. Sein Vorschlag, Protonen seien die Löcher in einem See negativer Energie, fing an, nicht mehr nur unglaubhaft, sondern vollkommen unannehmbar zu erscheinen. Kurz nach dem Treffen in Bristol traf ihn ein erster Rückschlag, als Tamm ihm schrieb, Pauli habe bewiesen, dass die Löcher die gleiche Masse wie das Elektron haben müssten. Die Experimentalphysiker hatten ein derartiges Teilchen nicht entdeckt, was vermutlich der Grund war, warum Tamm einen mitfühlenden Kommentar hinzufügte: „Ich wäre sehr froh, wenn ich hören würde, dass Pauli sich geirrt hat."[39]

Diese Solvay-Tagung sollte später als diejenige in Erinnerung bleiben, bei der die Führungsrolle in der Gemeinschaft der theoretischen Physiker von Einstein auf Bohr übergegangen war. Einstein schien nicht mehr auf dem Laufenden zu sein und war offenbar entmutigt, nachdem Bohr ihn bei einem ihrer Schaukämpfe über die Quantenmechanik und ihre Bedeutung besiegt hatte. Einstein hielt die Theorie für fundamental unzureichend, da sie nicht einmal den Anspruch erhob, die physikalische Realität zu beschreiben, sondern nur die Wahrscheinlichkeit für das Auftreten eines bestimmten physikalischen Faktums, auf das sich die Aufmerksamkeit eines beobachtenden Experimentators richtet. Eine derartige Theorie mag gut sein, um experimentelle Ergebnisse zu erklären, aber sie ist sicherlich nicht vollständig, argumentierte Einstein.[40] Desillusioniert und uninteressiert an vielem, was seine Kollegen zu sagen hatten, tröstete er sich damit, dass er nach dem Abendessen im Duett mit der belgischen Königin, seiner neuen Freundin, Geige spielen konnte.

Anders als bei der vorherigen Solvay-Konferenz im Jahre 1927 war die Atmosphäre mit unheilvollen Vorahnungen über die Welt außerhalb der Physik belastet, in der die Rezession in den meisten Industrienationen wütete und einen fruchtbaren Boden für politische Extremisten bot. Einen Monat vor der Konferenz waren Hitlers Nationalsozialisten die zweitstärkste Kraft bei den Wahlen in Deutschland geworden, gefolgt von den Kommunisten. Göttingen war nun mit Nazi-Flaggen übersät, und viele Geschäfte boten in ihren Schaufenstern mit Hakenkreuzen verzierten Nippes an. Einstein hatte die Nase voll vom Antisemitismus in Berlin und verachtete Deutschlands heraufkommenden Anführer: „Wenn Deutschlands Magen nicht leer wäre, wäre Hitler nicht da, wo er steht."[41]

Da Dirac seine politischen Ansichten fast vollständig für sich behielt, glaubten die meisten seiner Kollegen in Cambridge fälschlicherweise, er habe überhaupt kein derartiges Interesse und sei so eindimensional wie die Linien seiner projektiven Geometrie. Er war aber innerlich alarmiert über den Aufstieg von Hitler und unterstützte weitgehend Stalins Projekt in der UdSSR, vor allem sein Programm zur Alphabetisierung und besseren Bildung der Massen. Da er von Diracs Interesse wusste, schrieb Tamm ihm von dem radikalen Experiment des „Brigaden-Unterrichts", in dem die Studenten fleißig paukten – allein oder in Gruppen ohne Unterricht, nur mit einem Lehrer im Hintergrund, den man fragen konnte:

Ich dachte nie, dass es möglich wäre, dass so große Gruppen von Studenten so hart arbeiten wie es unsere Studenten jetzt tun. Unsere [Brigaden, jede aus fünf Studenten bestehend, arbeiten und studieren zusammen] an 9 von 10 Tagen [...] von neun Uhr morgens bis neun Uhr abends, nur mit einer 2-stündigen Unterbrechung für eine Mahlzeit (schriftliche Arbeiten eingeschlossen, die natürlich von jedem Studenten individuell durchgeführt werden). Gestern, als ich mit einer Brigade sprach, erfuhr ich, dass sie ein schlechtes Gewissen hatten, weil sie während des voraufgehenden Monats sechs von den 270 Arbeitsstunden „ohne Grund verloren hatten"![42]

Obwohl Dirac sich für das sowjetische Experiment interessierte, war es für ihn im Vergleich zur theoretischen Physik nur marginal. Als der Herbst zu Ende ging, hatte er jeden Grund, mit seinen Fortschritten unzufrieden zu sein, denn seine Lochtheorie steckte in tiefen Schwierigkeiten. Oppenheimer und Weyl waren unabhängig zu derselben Schlussfolgerung wie Pauli gekommen – dass nämlich Dirac keine theoretische Rechtfertigung für die Annahme habe, dass die Löcher Protonen seien. Die Schlussfolgerung war, dass die Theorie und die Dirac-Gleichung nicht stimmten. Er war aber überzeugt, dass beides korrekt war – was fehlte, war die richtige Interpretation ihrer Mathematik. Der amerikanische Theoretiker Edwin Kemble wies später auf das Ausmaß an Zutrauen hin, das Dirac seiner Gleichung gegenüber besaß: „[Er] hatte für mich immer etwas von einem Mystiker an sich [...] er glaubte, jede Formel hätte eine Bedeutung, wenn sie richtig verstanden wird."[43]

Gegen Ende des Trimesters unterzog sich Dirac der lästigen, jährlich wiederkehrenden Pflicht, die meisten Einladungen zu Weihnachts-Partys abzusagen, obwohl er gelegentlich an dem abendlichen Jahresdinner der Cavendish Physical Society teilnahm, einem ausgelassenen Abend mit Essen, Trinken und Gesang.[44] Nachdem Kapitza im Dezember 1921 zum ersten Mal an diesem Dinner teilgenommen hatte, schrieb er ungläubig seiner Mutter, er wundere sich, wie schnell eine mäßige Menge Alkohol seine englischen Kollegen von ihren Hemmungen befreite und merkte an: Ihre Gesichter „verlieren ihre Steifheit und werden lebhaft und ausdrucksvoll".[45] Am Ende der Mahlzeit, nachdem die Käseplatte und der Portwein herumgereicht waren, war die Luft von Zigarrenrauch erfüllt und jeder schrie, um bei dem Geräuschpegel noch verstanden zu werden. Das Ritual war jedoch noch nicht vorüber: Die nächste Stufe war eine Salve spöttischer Trinksprüche (einer war, „an das Elektron gerichtet: möge es niemals für irgendjemanden von Nutzen sein"[46]). Sie wechselten sich mit Parodien beliebter Melodien ab wie „I Love a Lassie", die mit witzigen Texten auf Vorgänge des vergangenen Jahres im Labor anspielten.[47] Beim fröhlichen Höhepunkt standen der dickbäuchige Rutherford ebenso wie Thomson und alle anderen auf ihren Stühlen, hielten sich gegenseitig untergehakt und schmetterten zum Jahreswechsel das traditionelle schottische Lied „Auld Lang Syne" (Längst vergangene Zeit). Zum Abschluss erklang die Nationalhymne „God Save the King". Nach dem Ende des Bacchanals, gewöhnlich weit nach Mitternacht, oblag es denen, die noch stehen konnten, ihre betrunkenen Kollegen nach Hause zu bringen.

Ende 1930 nahm Dirac an dem Dinner nicht teil, erfuhr aber sicherlich danach, dass Kapitza in dieser Nacht im Mittelpunkt des Interesses gestanden hatte. Rutherford hatte als amtierender Präsident der Royal Society seinem Lieblingskollegen eine Professur beschafft und dazu die Geldmittel für den Bau eines neuen Gebäudes für ihn und seine Labors. Während am Ende des aus sieben Gängen bestehenden Abendessens die sechzig Gäste ihre Minze-Törtchen genossen, unterhielt Darwin sie alle mit den Erfahrungen, die er beim Eintritt in Kapitzas Labor gemacht hatte: „Man musste klingeln, um von einem ‚Lakaien' hereingelassen zu werden, und dann stand man nicht vor fleißigen, mit hochgekrempelten Ärmeln tätigen Wissenschaftlern, sondern vor Prof. Kapitza, an einem Tisch sitzend wie der Erzverbrecher in einem Kriminalroman, der nur noch auf den Knopf drücken muss, um ein gigantisches Experiment in Gang zu setzen."[48]

Das Lachen über diese Charakterisierung von Kapitza als Vorläufer eines Bösewichts in einem James-Bond-Film kam zweifellos von Herzen, und vermutlich wurden auch wissende Blicke ausgetauscht zwischen seinen Kollegen, von denen viele eifersüchtig waren auf seine gute Beziehung zum Direktor des Labors. Blackett war nicht anwesend. Rutherford hatte für kleine Eifersüchteleien nichts übrig, konnte sich aber einen kleinen Seitenhieb auf seinen vor kurzem pensionierten Kollegen Sir James Jeans nicht verkneifen, dessen Buch *The Mysterious Universe* (in deutscher Übersetzung: *Der Weltenraum und seine Rätsel*) einen Monat zuvor in den Buchhandlungen aufgetaucht und zum Bestseller geworden war. Rutherford war so bodenständig und gleichzeitig so hochnäsig, wie ein Wissenschaftler nur sein konnte. Der Chronist des Abendessens schrieb: Sir Ernest Rutherford „missbilligte das Schreiben von populärwissenschaftlichen Büchern durch Autoren, die zuvor ernsthafte Wissenschaftler gewesen waren, und nun nur das Verlangen der Öffentlichkeit nach dem Geheimnisvollen befriedigten".[49] Das war eine verbreitete Ansicht in Cambridge. Einige Monate später äußerte sich Rutherfords glühender Anhänger C. P. Snow – ein Wissenschaftler, der später selbst zum Schriftsteller wurde – verächtlich über populärwissenschaftliche Autoren, da sie einen Job ausführten, der einfach zu leicht war: „Es gibt dabei kein Argumentieren und kein wissenschaftliches Ziel, nur Anbeter und Angebetete." Das Ganze war laut Snow, ein „großes Übel."[50] Keine drei Jahre später veröffentlichte Snow seinen halb-autobiographischen Roman *The Search*, das erste Buch, in dem die Atmosphäre in Rutherfords Labor für die breite Öffentlichkeit geschildert wird und in dem Paul Dirac einen prominenten Platz einnimmt.[51]

Eine Woche nach Weihnachten wurde Rutherford zum Abschluss seiner fünfjährigen Präsidentschaft in der Royal Society in den Adelsstand erhoben. Die Freude über die Ehre wurde überschattet durch eine Familientragödie: Sein einziges Kind, seine Tochter und Fowlers Frau, starb zwei Tage vor Weihnachten im Kindbett. Der trauernde Lord Rutherford, der kurz vor seinem sechzigsten Geburtstag stand, dachte sicherlich, die Zeit seiner Triumphe sei nun vorüber. Er betrieb nicht mehr viel eigene Forschung und legte seine Hoffnung auf die weitere Teilhabe an grundlegenden Entdeckungen, die ihm so wichtig waren, in die Hände seiner „Boys."

Dirac zeigte keine Spur eines Selbstvertrauens, das man von einem jungen Mann, der die oberste Stufe seiner Karriereleiter erklommen hatte, erwarten würde. Chandrasekhar schrieb nach Hause an seinen Vater, er sei enttäuscht, dass Dirac nicht ein bisschen mehr Stolz zeige: „[Dirac ist ein] magerer, sanftmütiger, schüchterner junger ‚Fellow' (FRS), der die Straßen entlang schleicht. Er hält sich ganz nah an den Hauswänden (wie ein Dieb!) und sieht gar nicht gesund aus. Ganz im Kontrast zu Mr. Fowler [...] ist Dirac blass und dünn und wirkt schrecklich überarbeitet."[52]

Die Arbeit war nicht Diracs einzige Sorge. Nachdem er die Briefe seiner Mutter gelesen hatte, wird er gespürt haben, dass sich die angespannte und instabile Beziehung seiner Eltern rasch einem Siedepunkt näherte. Charles Dirac, der sich vor dem Ruhestand fürchtete, bat die Schulbehörde in Bristol um die Erlaubnis, in seinem Beruf weiterarbeiten zu dürfen, doch diese widersetzte sich. Betty, die nun ein eigenes Auto besaß, tat wenig mehr als ihn dreimal täglich zur Cotham-Road-Schule und wieder zurück zu chauffieren. Dirac musste mit ansehen, wie seine Schwester zu einer weiteren Sklavin seines Vaters wurde.

Mittlerweile wurde es Flo bewusst, dass sie in wenigen Monaten die meiste Zeit ihres restlichen Lebens allein mit ihrem Ehemann verbringen müsste: „Daran zu denken, ist einfach nicht auszuhalten."[53]

15

Frühjahr 1931 – März 1932

*Die russische Politik scheint bei den Menschen, die sich
mit ihr befassen, schicksalhaft die phantastischsten
Träume und Vorstellungen auszulösen – wie Opium.*

E. A. Walker, Britische Botschaft in Moskau (1931)

Im Frühjahr 1931 stieß Dirac in Cambridge auf eine ergiebige neue
Inspirationsquelle, die zu einem seiner berühmtesten Beiträge zur Physik
führen sollte. Während er aber noch tief in diesem Projekt vergraben war,
erhielt er einen Brief von seiner Mutter, der mit den Worten begann:

27. April 1931
Mein lieber Paul
Pa und ich hatten gestern einen heftigen Streit, bloß wegen ein paar Tropfen
Wein, die auf einige billige Briefmarken gefallen waren. Er hatte einen minu-
tenlangen fürchterlichen Wutanfall & sagte dann, dass er von mir genug hätte
& ich sollte *gehen*, wenn ich ihn noch ein einziges Mal ärgern würde.
Ich entschuldigte mich ganz unterwürfig wie gewöhnlich, aber im Nachhinein
bin ich mir sicher, dass er es ernst gemeint hat.

Auf drei Seiten beschrieb sie ihm in kurzen, sachlichen Sätzen – anscheinend zum ersten Mal – die Farce ihrer Ehe. Sie erzählte ihm von einer jungen Frau, die die Familie besucht hatte, als er noch ein Baby war. Sie blieb
zum Abendessen und wurde dann von Charles nach Bedminster nach Hause
begleitet. Flo hatte ihr geschrieben, dass sie „das nicht wieder erleben möchte
und annähme, dass die Angelegenheit damit erledigt sei". Aber sie hatte sich
etwas vorgemacht, wie ihr klar wurde, als sie Charles' Esperanto-Ausstellung
in der Bishop-Road-Schule besuchte und sah, dass die Dame mit der riesigen
Schildpatt-Brille, die mit ihm zusammen die Ausstellung moderierte, genau
die junge Frau war, die sie Jahrzehnte zuvor besucht hatte. „Stell dir vor, dass
ihre Bekanntschaft über 29 Jahre Bestand gehabt hat", schrieb Flo. Nach dieser Darstellung hatte sein Vater die Frau, die fast ihr ganzes Leben für ihn
gesorgt hatte, hintergangen. Flos Schlussfolgerung war: „Sie braucht ihn nur

© Springer-Verlag GmbH Deutschland, ein Teil von Springer Nature 2018
G. Farmelo, *Der seltsamste Mensch*, https://doi.org/10.1007/978-3-662-56579-7_15

aufzuheitern, aber ich muss das Haus sauber halten, ihn kleiden, ihn baden &, am schlimmsten, ihm immer etwas zum Essen auf den Tisch stellen."[1]

Wie üblich scheint Dirac niemandem etwas davon erzählt zu haben, auch nicht seinen besten Freunden. Während die ersten Monate des Jahres 1931 für seine Theoretiker-Kollegen eine ruhige Zeit waren, arbeitete er fieberhaft an der vielversprechendsten neuen Theorie, die er seit Jahren erdacht hatte.[2] Die Theorie betrat neuen Boden im Magnetismus. Jahrhunderte lang war es Allgemeinwissen, dass magnetische Pole nur paarweise auftreten, als Nord- und Südpol: Wo immer man den einen Pol findet, ist der Gegenpol nicht weit entfernt. Dirac hatte herausgefunden, dass die Quantentheorie auch verträglich ist mit der Existenz *allein auftretender* Magnetpole. Bei einem Vortrag im Kapitza-Klub nannte er sie Magnone, aber dieser Name setzte sich nicht durch: Die Teilchen wurden als magnetische Monopole bekannt.[3]

Er sagte später, die Idee sei ihm zufällig gekommen, als er mit Gleichungen herumspielte, wobei es gar nicht um den Magnetismus ging, sondern darum, die elektrische Ladung zu verstehen.[4] Der amerikanische Experimentalphysiker Robert Millikan hatte nachgewiesen, dass diese Ladung nur in diskreten Mengen vorkommt, wobei jede ein ganzzahliges Vielfaches der Ladung des Elektrons ist, die üblicherweise Elementarladung genannt und mit e bezeichnet wird. Die elektrische Ladung eines Materiestücks kann deshalb zum Beispiel fünfmal die Ladung des Elektrons betragen ($5\,e$) oder minus sechsmal den Betrag seiner Ladung ($-6\,e$), aber niemals das Zweieinhalbfache dieser Ladung ($2,5\,e$). Die Frage, die Dirac zu beantworten suchte, lautete: Warum tritt die elektrische Ladung nur in diskreten Mengen auf?

Zunächst arbeitete Dirac auf die herkömmliche Art mit der Quantenmechanik und Maxwells Gleichungen des Elektromagnetismus. Dann, ähnlich wie ein Jazz-Musiker, der mit zwei ineinander greifenden Melodien arbeitet, unternahm er den musikalischen Kunstgriff, der ihn zum Monopol führte. Dirac stellte sich die magnetischen Kraftlinien vor, die auf einem Quantenteilchen enden, ganz ähnlich wie die, die auf den Polen eines Stabmagneten enden, so wie sie gewöhnlich durch Muster aus Eisenfeilspänen dargestellt werden, die sich gehorsam der auf sie wirkenden magnetischen Kraft anschmiegen. Er fragte sich: Wenn die Quantenmechanik und Maxwells Gleichungen des Elektromagnetismus beide richtig sind, was kann dann über das magnetische Feld ausgesagt werden, das mit einem Quantenteilchen verbunden ist? Um diese Frage zu beantworten, verwendete er eine einfallsreiche Kombination von geometrischen und mächtigen algebraischen Überlegungen, indem er sich die möglichen Wellen in Raum und Zeit vorstellte. Er fand einen Weg, auf der vorhandenen Struktur der Quantentheorie aufzubauen, ohne eine einzige ihrer essentiellen Grundlagen zu ändern und unter Beibehaltung aller Regeln, die für die Interpretation der Theorie wesentlich sind. Wenn die

Quantenmechanik mit einem Kartenhaus aus Spielkarten verglichen werden darf – mit einem prekären Gleichgewicht zwischen den verbundenen Teilen –, dann könnte man sagen, dass Dirac einige wenige Karten neu hinzugefügt hatte, die das Gleichgewicht der Struktur aufrecht erhielten, während der Bereich zur Aufnahme eines neuen Teilchen-Typs erweitert wurde. Die Theorie lieferte eine neue Verbindung zwischen Elektrizität und Magnetismus, eine Gleichung, die die kleinstmögliche elektrische Ladung mit der kleinstmöglichen magnetischen Ladung in Beziehung setzte.

Diese Gleichung gestattete ihm einige erstaunliche Schlussfolgerungen. Erstens: Die Stärke des magnetischen Feldes eines Monopols ist quantisiert – es sind nur bestimmte Werte erlaubt, nämlich ganzzahlige Vielfache einer kleinsten möglichen Größe, deren Wert er leicht ausrechnen konnte. Es zeigte sich, dass zwei Monopole mit entgegengesetzten Vorzeichen schwer zu trennen sind, weil die Kraft, die sie zusammenhält, fast fünftausend Mal stärker ist als die, die ein Elektron an ein Proton bindet.[5] Dirac nahm an, dass das die Ursache sein konnte, warum zwei magnetische Pole mit entgegengesetzten Vorzeichen nur paarweise vorkommen und noch nie getrennt werden konnten.

Seine zweite Schlussfolgerung war noch überraschender: Die erfolgreiche Beobachtung eines einzigen Monopols irgendwo im Universum würde erklären, warum die *elektrische* Ladung quantisiert ist – was genau der Punkt war, den Dirac verstehen wollte. Nachdem er seine fertigen Berechnungen überprüft und dabei keinen Fehler gefunden hatte, kam er zu einer mutigen Schlussfolgerung: Hat ein Experimentator das Glück, einen einzigen Monopol irgendwo im Universum zu finden, erklärt seine neue Theorie, warum die Natur beschlossen hat, die elektrische Ladung *nur* in diskreten Portionen auszuteilen.

Diracs Theorie garantierte zwar nicht die Existenz von Monopolen, aber sie zeigte, dass die Quantenmechanik diese Teilchen beschreiben kann, *falls* sie in der Natur vorkommen. Auch Jahrhunderte zuvor hatten schon andere Wissenschaftler spekuliert, dass Monopole existieren könnten, aber diese Ideen waren bloße Vermutungen ohne logische Untermauerung gewesen.[6] Dirac war der Erste, der überzeugende Gründe angeben konnte, *warum* mit der Beobachtung solcher Teilchen zu rechnen ist. Möglicherweise dachte er, diese Idee sei zu schön, um falsch zu sein, aber er hielt sich an die Konvention und kleidete seine Aussage in die Form eines Understatements: „Es wäre überraschend, wenn die Natur davon keinen Gebrauch machen würde." Er zog es vor, nicht aufs Ganze zu gehen und den magnetischen Monopol nicht lauthals als Voraussage seiner Theorie anzupreisen. Wie alle Physiker der damaligen Zeit akzeptierte auch er, dass in der Experimentalphysik nur zwei fundamentale Teilchen für notwendig gehalten wurden – das Elektron und das Proton – und dass es nicht die Aufgabe der Theoretiker sei, die Sache durch den Vorschlag neuer Teilchen zu komplizieren. Es entbehrt nicht der Ironie, dass ausgerechnet der erste Physiker, der sich diesem Trend widersetzte, ein Experimentalphysiker war: Rutherford hatte im Jahre 1920 den Vorschlag gemacht, dass die meisten Atomkerne ein bisher unentdecktes Teilchen enthielten, das in etwa so schwer wie ein Proton sei. Er nannte das neue Teilchen „Neutron".

In seiner Arbeit über den Monopol deutete Dirac zum ersten Mal an, dass er nicht länger an nur zwei fundamentale Teilchen glaubte. In der Einleitung wies er darauf hin, dass er vorgeschlagen hatte, dass das Proton ein Loch in dem See aus negativen Elektronen ist. Doch Oppenheimer und Weyl hätten ihn überzeugt, dass das Loch dieselbe Masse wie das Elektron haben müsste (er erwähnte Pauli nicht, der auch zu demselben Schluss gekommen war). Also folgte Dirac der Logik von Sherlock Holmes: „Wenn man das Unmögliche ausgeschlossen hat, muss das, was übrig bleibt, die Wahrheit sein, so unwahrscheinlich sie auch klingen mag".[7] Die Schlussfolgerung war, dass jedes Loch einem neuen, bisher unentdeckten Typ von Teilchen entsprach, das genau dieselbe Masse wie das Elektron besitzen musste:

> Ein *Loch,* falls es eins gäbe, wäre eine neue Teilchenart, die bisher in der Experimentalphysik unbekannt war und die dieselbe Masse, aber die entgegengesetzte Ladung besäße wie das Elektron. Wegen seiner raschen Rekombination mit einem Elektron sollten wir nicht erwarten, eines davon in der Natur zu entdecken, aber wenn sie experimentell im Hochvakuum erzeugt werden könnten, wären sie recht stabil und der Beobachtung zugänglich.

Wiederum war Dirac überraschend umsichtig. Obwohl er die Eigenschaften seines neuen Teilchens darlegte und es sogar benannte, schien er sich weniger Sorgen um dessen unvermeidliche Existenz als um die Schwierigkeiten seiner experimentellen Entdeckung zu machen. Wäre Dirac übermäßig selbstsicher gewesen, hätte er einen unmissverständlichen Satz angefügt, von der Art „nach dieser Version der Lochtheorie sollte das Anti-Elektron experimentell feststellbar sein", doch er hielt sich zurück. Paradoxerweise betonte er jedoch eine radikal neue Interpretation der Protonen. Er schlug vor, sie hätten nichts mit Elektronen zu tun, sondern besäßen ihre eigenen negativen Energiezustände, „ein nichtbesetzter erscheint als ein Anti-Proton". In zwanzig Zeilen Text prognostizierte er die Existenz des Anti-Elektrons und des Anti-Protons.

Während er mit der Vorhersage neuer Teilchen zurückhaltend war, bewies Dirac, als es darum ging, wie man theoretische Physik betreiben sollte, keinerlei Scheu. In zwei Absätzen mit zusammen 350 Worten und ohne Gleichungen argumentierte er, der beste Weg, um Fortschritte zu erzielen, bestehe darin, nach immer mächtigeren mathematischen Grundlagen für fundamentale Theorien zu suchen, und nicht darin, existierende Theorien zu verbessern zu suchen oder sich vom Experiment inspirieren zu lassen. Er stellte sich die Zukunft der Physik als eine nie endende Kette von Revolutionen vor, die durch mathematische Intuition angetrieben werden und nicht durch opportunistische Reaktionen auf die neuesten Ankündigungen der Experimentatoren. Dies lief auf einen neuen Stil in der wissenschaftlichen Forschung hinaus: die Suche nach Gesetzen von immer größerer Allgemeingültigkeit – wie es Descartes, John Stuart Mill und andere empfohlen hatten –, indem man sich auf die mathematische Inspiration verlässt, um sie zu finden, und sich nicht hauptsächlich nach den Beobachtungen richtet.

Er begann mit der Bemerkung, dass vor Einsteins Einführung der nicht-euklidischen Geometrie als Grundlage der Allgemeinen Relativitätstheorie und Heisenbergs nicht-kommutativer Algebra in der Quantenmechanik diese beiden Zweige der Mathematik als „reine Fiktion des Geistes und Zeitvertreib für logische Denker gegolten hatten". Dirac folgerte, dass die Lösung der schwersten Probleme in der Grundlagenphysik „vermutlich eine gründlichere Revision unserer fundamentalen Vorstellungen erfordert als alle voraufgegangenen". Er stellte sein Manifest mit dem funkelnden Selbstvertrauen eines jungen Wissenschaftlers auf der Höhe seiner Schaffenskraft dar:

Es ist gut möglich, dass diese Wandlungen [unserer fundamentalen Begriffe] so tiefgreifend sein werden, dass die Macht der menschlichen Intelligenz nicht ausreicht, um beim Versuch einer direkten Übersetzung der experimentellen Daten in mathematische Begriffe die notwendigen neuen Ideen zu finden. Die theoretisch arbeitenden Wissenschaftler werden daher auf einem mehr indirekten Weg vorgehen müssen. Die mächtigste Methode, um voranzukommen, die derzeit vorgeschlagen werden kann, besteht darin, das ganze Arsenal der reinen Mathematik bei dem Versuch einzusetzen, den mathematischen Formalismus, der die faktische Basis der theoretischen Physik bildet, zu perfektionieren und zu verallgemeinern, und nach jedem neuen abstrakten Erfolg zu versuchen, die neuen mathematischen Eigenschaften in der Form von physikalischen Objekten zu interpretieren.

Seine Botschaft war eindeutig: Theoretiker sollten sich viel stärker auf die mathematischen Grundlagen ihres Fachs konzentrieren und – in Abkehr von einer jahrhundertelangen Tradition – viel weniger auf die neuesten Mitteilungen aus den Laboratorien. Kein Wunder, dass Dirac als „Theoretiker der Theoretiker" bekannt wurde.[8]

Anfang Mai 1931, als Dirac seine Arbeit schrieb, traf Tamm in Cambridge ein, um ein paar Monate am St. John College zu verbringen, wobei er seine

Frau und die Kinder in Moskau zurückgelassen hatte.[9] Er hatte ohne Schwierigkeiten die Erlaubnis erhalten, im Vereinigten Königreich zu arbeiten, da Dirac offiziell als bevorzugter Wissenschaftler in der Sowjetunion anerkannt war, nachdem er drei Monate zuvor zum korrespondierenden Mitglied der Akademie der Wissenschaften der UdSSR gewählt worden war.

Ausnahmsweise war Dirac bereit, seine Ideen zu einer Theorie des magnetischen Monopols mit Tamm zu teilen und schlug ihm vor, die neue Theorie anzuwenden, um die Energiewerte und Wellenfunktionen zu berechnen, die ein Elektron in der Nachbarschaft eines Monopols beschreiben. Abgesehen von Schlafpausen arbeitete Tamm dreieinhalb Tage ohne Unterbrechung und wurde gerade rechtzeitig fertig, sodass Dirac diese Resultate – die weniger aufregend waren als erhofft – in den Artikel aufnehmen konnte. Im College freundete sich Tamm ohne Mühe mit den Dozenten an, einschließlich der wenigen, die mit Dirac befreundet waren, nachdem sie seinen Panzer der Zurückhaltung durchbrochen hatten. Unter ihnen waren auch der Mathematiker Max Newman und der Experimentator John Cockcroft vom Cavendish, die beide fünf Jahre älter als Dirac waren.[10] Der in Yorkshire geborene Cockcroft war ein gelernter Ingenieur und ein geborener Manager, der genau wusste, was er tat, und fast nie ein Wort sprach, sich aber beim Lösen technischer Probleme als unentbehrlich für Kapitza und seine Kollegen erwies. Er war so etwas wie „eine geniale rechte Hand für alle", sagte Crowther.[11]

Bereits vier Tage nach Tamms Ankunft organisierte Dirac ein Frühstück in seiner Wohnung, um mit Tamm und dem Altphilologen Martin Charlesworth über Russland zu sprechen. Diracs Gyp hat vermutlich das Essen gebracht, wahrscheinlich Eier und Speck mit geröstetem Brot, dazu eine Kanne heißen Tees, Toastbrot und Marmelade. Die drei Männer redeten viereinhalb Stunden lang.[12] Dirac wollte mehr über die sowjetische Wirtschaft erfahren, fühlte sich aber offenbar unwohl, wenn die Gefahr bestand, dass Tamm öffentlich über seine marxistischen Ansichten reden würde. Das wurde deutlich, als Tamm ihm erzählte, er sei zu einem Vortrag über die „Higher Education in the Soviet Union" nach London eingeladen worden. Dirac bemerkte unverblümt, er hoffe, dass der Vortrag sich auf Bildung und nicht auf Politik bezöge.[13]

Nach dem Ton der Briefe an seine Frau in Moskau zu urteilen, war Tamm überrascht, dass so viele Hochschullehrer (Dons) in Cambridge Interesse für das sowjetische Experiment zeigten. Als er achtzehn Jahre zuvor zuletzt im Vereinigten Königreich gelebt hatte, war diese Universität für ihren Konservativismus bekannt gewesen, doch als er jetzt kam, hatte der Marxist Bernal zusammen mit seinen Kollegen einen harten Kern von links gerichteten Gedanken und Aktivitäten unter den Dozenten aufgebaut.[14] Wie Dirac zweifellos wusste, war es die übliche marxistische Praxis, die Erfolge der Sowjetunion zu loben und sich nicht bei den Misserfolgen aufzuhalten, sondern die

Aufmerksamkeit auf die Millionen Opfer der Arbeitslosigkeit und der imperialistischen Kriege zu richten und auch auf die ökonomische Verschwendung, die angeblich durch gut geplante Kooperation vermeidbar war.[15] Tamms Kommentare in seinen Briefen erwecken den Eindruck, dass Dirac damals nicht mehr als ein interessierter Beobachter der marxistischen Wortführer war. Seine Passion war die Physik, obwohl er nun etwas entspannter damit umging und sich die Zeit nahm, auch andere Interessen zu verfolgen. Nach dem Mittagessen fuhr Dirac häufig mit Tamm in die Umgebung, manchmal hielten sie an einem Baum am Straßenrand, und Tamm brachte ihm dabei die Grundbegriffe des Bergsteigens bei und half ihm, seine Höhenangst zu überwinden. Im Gegenzug brachte Dirac Tamm das Autofahren bei und half ihm sogar, die kürzlich eingeführte Fahrprüfung zu bestehen.

Ende Juni, zum Abschluss von Tamms Besuch, fuhren er und Dirac nach Norden in das schwierigere Terrain von Schottland, wo sie in den Bergen der Insel Skye eine Woche zusammen mit James Bell, einem ausgewiesenen internationalen Bergsteiger, zubrachten. Bell, ein trockener Industriechemiker, der eine laute Stimme mit einem schweren schottischen Akzent besaß, war mit Tamm seit ihrer Studentenzeit in Edinburgh befreundet und war ein treuer Anhänger und zugleich skeptischer Unterstützer des sowjetischen Experiments, wobei er einen moderaten Kurs zwischen der sowjetischen Propaganda und den anti-sowjetischen Beiträgen in der britischen Presse befürwortete.[16] Skye bot genau die Umgebung und Gesellschaft, die Dirac liebte, und diese Art Ferien gaben Dirac eine Entschuldigung für die Verzögerung seiner Rückkehr nach Bristol.

In diesem Jahr hatten die Sommertage in Cambridge nicht die gewohnte Beschaulichkeit. Sie wurden unsanft durch eine politische Auseinandersetzung unterbrochen, deren erstaunliche Ursache das Science Museum in London war, das der Veranstaltungsort für den zweiten Internationalen Kongress zur Geschichte der Naturwissenschaft und Technik war.[17] In den ersten Julitagen 1931 wehte fast eine Woche lang eine rote Fahne über South Kensington. Normalerweise zogen solche Veranstaltungen keine Aufmerksamkeit auf sich, aber diese war etwas Besonderes, weil eine hochkarätige sowjetische Delegation daran teilnahm, darunter Nikolai Bucharin – früher einer der engsten Vertrauten von Lenin und nun ein Kollege von Stalin – und mehrere führende sowjetische Wissenschaftler, allen voran Boris Hessen. Wenige Wochen zuvor hatte Stalin das Ende des fast achtzehn Monate anhaltenden politischen Krieges zwischen dem Sowjetstaat und seiner Intelligenz angekündigt, sodass die Konferenz eine Gelegenheit bot, die sowjetische Einstellung zur Wissenschaft und zur Technik in einem günstigen Licht zu präsentieren. Bucharin war das Hätschelkind der Bolschewistischen Partei gewesen, wurde aber 1929 an den Pranger gestellt, nachdem er sich der erzwungenen Kollektivierung in der

Landwirtschaft und der überstürzten Industrialisierung der Wirtschaft entgegengestemmt hatte. Er wurde als Herausgeber der *Prawda* entlassen, blieb
aber loyal gegenüber Stalin und hielt nun einen offiziellen Vortrag über die
marxistische Sicht der Naturwissenschaft vor den Zuhörern im Museum.
Bucharin betonte den historischen Hintergrund der Naturwissenschaft
und den Einfluss der sozialen und ökonomischen Bedingungen auf die
Wissenschaftsentwicklung, wies aber die traditionelle Betonung der Leistungen
von herausragenden Individuen wie Newton und Darwin zurück. Die
Sowjets hätten den richtigen Weg in die Zukunft, schloss Bucharin – durch
Entwicklung der Naturwissenschaft als Teil eines einheitlichen Plans für die
Gesellschaft als Ganzes:

> Der Aufbau der Naturwissenschaft in der UdSSR schreitet als bewusster
> Aufbau von wissenschaftlichen „Superstrukturen" voran: Das Programm für
> wissenschaftliche Arbeiten ist in erster Linie durch das technische und ökono
> mische Programm und die Perspektiven der technischen und ökonomischen
> Entwicklung bestimmt. Dies bedeutet, dass wir dabei *nicht nur eine Synthese
> der Wissenschaften, sondern sogar eine soziale Synthese von Wissenschaft und
> Praxis* erreichen.[18]

Am Ende von Bucharins Vortrag herrschte Stille, gefolgt von Räuspern und
Füßescharren. Doch der Vortrag war ein Erfolg: In mehreren britischen
Zeitungen und Magazinen wurde über ihn berichtet, und er hatte einen
unauslöschlichen Eindruck bei vielen Delegierten hinterlassen. Desmond
Bernal bezeichnete die Versammlung als „das wichtigste Zusammentreffen
von Ideen [...] seit der [bolschewistischen] Revolution".[19] Dirac nahm
an der Tagung nicht teil, wird aber darüber von Tamm gehört haben, der
die sowjetische Gruppe bei ihrem Besuch des Grabes von Marx auf dem
Friedhof Highgate begleitet hatte, und auch von Kapitza, der der Gruppe zu
Ehren ein Mittagessen im Trinity College organisiert hatte.[20]

Dass der Geheimdienst MI5 sorgfältig Bucharins Aktivitäten während
seines Besuchs in Großbritannien überwachte, hätte Kapitza nicht überrascht, aber es hätte ihm sicher den Atem verschlagen, wenn er gewusst
hätte, dass seit Januar ein Sicherheitsdienst eingerichtet worden war, der alle
Post überprüfte und manchmal kopierte, die an ihn aus Moskau und Berlin
geschickt wurde. Bewaffnet mit Aktenordnern, die prall mit vage belastenden Berichten gefüllt waren – alle wissenschaftlich inakkurat bis an die
Grenze zum Analphabetismus – war der MI5 besorgt, dass Kapitza Zugang
zu sensitiven militärischen Informationen habe, und argwöhnte, „dass er
[diese] ins Ausland senden könnte".[21] Die Nachforschung ergab nichts, und
die Verfügung der Regierung, seine Post abzufangen, wurde am 3. Juni ausgesetzt. Aber der MI5 behielt ihn genau im Auge.

Dirac wollte eigentlich bald in die Vereinigten Staaten zu Wanderferien und zu einem Forschungssemester in Princeton aufbrechen, aber die Pflicht verlangte, dass er zuerst Bristol aufsuchte. Er scheute Konfrontationen, deshalb musste er sich Ende Juli für die eine Woche in Julius Road 6 innerlich stark machen.[22] Alle waren noch unglücklicher als beim letzten Mal, wie Dirac den Briefen seiner Mutter entnommen hatte. Betty konnte sich ihr Auto nicht mehr leisten und verkaufte es zu einem Spottpreis. Charles war verbittert, weil er gezwungen wurde, in den Ruhestand zu treten, und schuf sich einen Ausgleich, indem er mit seinen Freunden Mr. und Mrs. Fisher die Abende in deren Bungalow in Portishead verbrachte. Flo verdächtigte ihn, Mrs. Fisher sei eine seiner Geliebten, und hoffte, dass er sie verlassen werde, um bei Mrs. Fisher oder seiner Freundin aus der Esperanto-Gruppe einzuziehen: „Ich kann sowieso nichts dagegen tun, er hat mich satt und möchte eine Jüngere.“[23]

Dirac hielt das Haus seiner Familie für heruntergekommen – es befand sich in einem schäbigen, baufälligen Zustand, da sein Vater Instandhaltungsmaßnahmen ablehnte und seine Mutter die Hausarbeit von Jahr zu Jahr mehr verabscheute.[24] Laut Flo war die Atmosphäre im Inneren vergiftet und voller Ressentiments. Sie verachtete Charles, und es wäre nicht überraschend gewesen, wenn er sich verletzt gefühlt hätte, dass sie ihrer beider Eheprobleme ausnutzte, um den Keil zwischen ihm und seinem Sohn zu vertiefen. Es hätte nicht zu Dirac gepasst, wenn er anders reagiert hätte, als sich mit hängendem Kopf einzufügen und nach seinem symbolischen Erscheinen bald wieder abzureisen. Er tat genau dies und fuhr mit dem Auto nach wenigen Tagen zurück nach Cambridge, um einen Vortrag zu halten. Aber so einfach konnte er nicht entkommen: Am Tag vor dem Seminar traf ein weiterer erschütternder Brief seiner Mutter ein:

19. Juli 1931
Mein lieber Paul,
Ich weiß nicht, ob es Dich überrascht, aber Dein Vater & ich werden uns scheiden lassen (wie sein Vater & seine Mutter es taten).
Es ist seine eigene Idee. Er sagt, dass er mich seit 30 Jahren hasst. Ich weiß, dass ich es ihm nie recht machen konnte, aber ich wusste nicht, dass es so schlimm war.
Er will mir 1 £ pro Woche geben oder mehr (es muss mehr sein) & ich soll ausziehen.
Es macht mir wirklich nichts aus, dass ich ihm nie gefallen habe. Ich warf eine seiner Freundinnen heraus, als Du gerade geboren warst, weil sie jeden Abend kam & er sie nach Hause nach Bedminster brachte & erst gegen zwölf Uhr nachts zurückkam. Sie hat sich bis heute bei ihm lieb Kind gemacht, & er sagt, er wünschte, er hätte sie geheiratet. Sie ist jetzt eine Krankenschwester, & ich nehme an, dass sie kommen wird & für ihn sorgen wird.

Im Übrigen versucht er, bei Mrs. Fisher aus Portishead in der Zetland Road anzukommen, & sie kommt recht häufig hierher oder er ist fortwährend außer Haus. Betty sagt, dass sie bei ihm bleiben will, weil beide Damen nur hinter seinem Geld her seien.

Ich werde einen Anwalt aufsuchen, den Fred [mein Bruder] kennt, morgen früh, & werde es geregelt haben, bevor er die Schule am Freitag verlässt, oder er muss ausziehen.

Kennst Du ein kleines Häuschen oder eine Hütte nahe am Meer auf dem Weg hinauf zu Dir? Es wäre ein kompletter Wechsel, & ich liebe ja das Meer. Ich denke, Louie oder Nell würden gelegentlich vorbeikommen & ich würde keinem begegnen, den ich kenne.

Wenn Du für mich einen winzigen Platz irgendwo finden könntest, wäre ich schrecklich dankbar. Ich würde Dich nicht im Geringsten stören, aber Du könntest mich mit Deinem Auto besuchen, wann immer Du Zeit hättest.

Wir haben keinen Krach – das wäre nicht würdevoll. Deshalb bräuchtest Du nicht fortzubleiben, wenn Du vorbeikommen möchtest. Ich werde dies zur Post bringen, wenn die beiden in der Kirche sind.

In Liebe Mutter[25]

Dirac konnte nun eine Szene verstehen, die ihn seit seiner Kindheit verfolgt hatte: Seine Eltern brüllten sich in der Küche an, während er, Felix und Betty draußen im Garten ausgesperrt waren. Die Formulierung „er hat mich 30 Jahre lang gehasst" traf wahrscheinlich den entscheidenden Punkt in Diracs Bewusstsein, das ständig auf der Suche nach Zahlen war, die es bearbeiten konnte. Da er selbst lediglich neunundzwanzig Jahre alt war, hatte sie ihm gerade mitgeteilt, dass er nicht in einer liebevollen Beziehung empfangen worden war, geschweige denn großgezogen.

Flo wartete nicht auf den Rat ihres Sohnes. Sie ging geradewegs zu ihrem Anwalt, der sie darüber in Kenntnis setzte, dass Charles sie nicht rechtmäßig hinauswerfen könnte, wenn sie nichts mit einem anderen Mann hätte, sonst würde er seine Pension verlieren. Sobald sie wieder allein war, schrieb sie an Dirac: „[Charles und ich] reden ja nicht miteinander und haben es auch nie viel getan, aber ich denke, ich halte mich besser an Betty. Wir zwei gemeinsam sollten mit ihm zurechtkommen."[26]

Zehn Tage nach Erhalt dieses Briefes seiner Mutter, am 31. Juli 1931, fuhr Dirac mit dem Schiff von Liverpool nach Nordamerika, das sich damals im Würgegriff der Wirtschaftsdepression befand. Er nahm seine Mutter auf dem ersten Teil der Reise mit, offenbar, um ihr eine kurze Unterbrechung der Bitterkeit im Hause Julius Road 6 zu ermöglichen (sie scheint danach unmittelbar nach Hause zurückgekehrt zu sein).[27] Nach einem erneuten langen Wanderurlaub mit Van Vleck im Glacier Nationalpark traf Dirac in Princeton ein – das eine gute Autostunde sowohl von New York als auch von Philadelphia

entfernt liegt und nun wieder nach der langen Pause der Sommerferien umtrie-
big war.[28] Der Mathematiker Malcolm Robertson, der dort zur selben Zeit
ankam, erinnerte sich später, wie beeindruckt er war, als er zum ersten Mal in
der Abenddämmerung mit dem Auto durch die Stadt fuhr:

> Das war mein erster Blick auf die bezaubernde Universitätsstadt, die eine so
> große Rolle in meinem Leben spielen sollte, und es war tatsächlich eine freudige
> und aufregende Erfahrung. Ich habe diese erste Begegnung nie vergessen und
> auch nicht, wie angetan und begeistert ich war von den schönen herrschaftlichen
> Anwesen zwischen alten Bäumen und dem großartigen Campus der Universität
> mit seinen neuen und alten steinernen Gebäuden sowie den weiten gepflegten
> Rasenflächen, sogar mit einem See und einem friedvoll gelegenen Golfplatz.[29]

Kurz nach seiner Ankunft Ende August erhielt Dirac ein hübsches
Arbeitszimmer in der Fine Hall zugeteilt, Sitz des mathematischen Instituts der
Universität und zugleich das neueste Gebäude auf dem Campus. Es verdankte
seine Existenz in erster Linie der Initiative des meist in einem Tweed-Anzug
auftretenden Mathematikers Oswald Veblen in Princeton, der jedes Detail
der prunkvollen Einrichtung des Gebäudes beaufsichtigt hatte bis hinunter zu
der Lage der Steckdosen.[30] Fast ein Drittel des Etats für die Inneneinrichtung
war auf Teppiche verwendet worden, die aus nahtlosem schottischem Chenille
gewebt waren. Im gesamten Gebäude fanden sich weitere Anzeichen für seinen anglophilen Geschmack mit deutlichem Anklang auch an das Ambiente in
Göttingen: die Halle mit ihrem Mobiliar in nachgemachter Oxford-Cambridge-
Architektur mit frisch versiegelten eichengetäfelten Wänden, einschließlich des
Rituals des englischen Nachmittagstees. In dem Gemeinschaftsraum, der für
besondere Gelegenheiten benutzt wurde, ließ Veblen Einsteins Aphorismus
„Raffiniert ist der Herrgott, aber boshaft ist er nicht" in deutscher Sprache in
den Sims des riesigen gemauerten Kamins eingravieren.[31]

Am Mittwochmorgen, am 1. Oktober, ging Dirac von seiner Unterkunft
nahe dem Stadtzentrum hinüber zum Fine-Hall-Gebäude durch die in Rot
und Orange strahlende Herbstkulisse, in der die trockenen Blätter beim Gehen
raschelten. Wenige Stunden später sollte er zum ersten Mal in seiner Karriere
der Mit-Vorsitzende bei einem Seminar sein, ausgerechnet mit seinem Kollegen
Wolfgang Pauli. Für die Physiker der Princeton Universität, die zur Hall durch
die Verbindungskorridore kamen, und für die anderen Fakultätsmitglieder, die
den Campus in der schneidenden Kälte des Spätnachmittags überquerten, war
dies ein aufregender Start in das neue akademische Trimester, eine Gelegenheit,
zwei Koryphäen des Faches beim Diskutieren über ihre neuesten Ideen zu
erleben. Das Ereignis war, wie Pauli an Rudolf Peierls schrieb, „a first national
attraction"[32] (eine nationale Attraktion erster Klasse).

Jeder der beiden Redner sollte etwas vortragen, was auf die Vorhersage eines neuen Teilchens hinauslaufen würde: Dirac präsentierte den Monopol, Pauli ein weiteres hypothetisches Teilchen, das später Neutrino genannt wurde. Die Veranstaltung markierte den Anbruch einer neuen Physikkultur, in der die Theorie dem Experiment vorauseilte. Die Persönlichkeiten und das Auftreten der beiden Redner kontrastierten in fast komischer Weise miteinander. Dirac war dünn wie ein Schilfrohr, distanziert und gelassen mit der glatten, makellosen Haut eines jungen Mannes, aber mit einem nicht dazu passenden gebeugten Rücken. Der übergewichtige Pauli war zwei Jahre älter als Dirac, aber seine Taillenweite ließ ihn noch älter aussehen. Im Sitzen wirkte er mit den gefalteten Armen über seinem Bauch wie ein in tiefes Nachdenken versunkener Richter vor dem Spruch, sein rundlicher Oberkörper wiegte sich rhythmisch vor und zurück. Bei dem Seminar sah er vermutlich etwas mitgenommen aus und hatte wohl Schmerzen, weil er sich die linke Schulter gebrochen hatte, als er wenige Monate zuvor betrunken eine Treppe hinuntergefallen war.[33]

Viele Zuhörer hatten vermutlich schon etwas über Diracs Voraussage gelesen, aber die von Pauli war noch nicht in einer wissenschaftlichen Zeitschrift publiziert worden, obwohl aufmerksame Leser der *New York Times* darüber schon etwas aus einem wenige Monate zuvor erschienenen Artikel erfahren haben konnten.[34] Pauli hatte die Existenz seines neuen Teilchens zuerst in einem privaten Brief an die Teilnehmer einer Tagung von Experten über Radioaktivität in Tübingen vorgeschlagen.[35] Die Existenz dieses Teilchens hätte die von Bohr erkannte Problematik der Energieerhaltung beim Ausstoß eines Elektrons durch einen radioaktiven Kern lösen können. Das Problem bestand im Wesentlichen darin, dass die Elektronen, die von diesen Atomkernen herausgeschossen wurden, nicht alle dieselbe Energie besaßen, sondern mit ihrem Spektrum einen kontinuierlichen Energiebereich abdeckten. Pauli schlug eine „verzweifelte" Erklärung für dies Energiespektrum vor: Bei jedem radioaktiven Zerfall werde das Elektron zusammen mit einem anderen – bisher unentdeckten – Teilchen herausgeschleudert, sodass die beiden Teilchen sich ihre Gesamtenergie bei jedem Zerfall in einem Verhältnis teilen konnten, das vom Zerfall bestimmt war. Laut Paulis Theorie sollte das neue Teilchen keine elektrische Ladung aufweisen, aber den gleichen Spin wie das Elektron haben und nur eine winzige Masse besitzen. Nur wenigen von Paulis Kollegen gefiel diese Idee: Wigner erschien sie „verrückt", für Bohr war sie unplausibel, und Dirac hielt sie schlicht für falsch.[36] Pauli beschrieb später das Neutrino als „dieses närrische Kind meiner Lebenskrise" und bezog sich dabei auf seinen beeinträchtigten psychischen Gesundheitszustand. Seine Probleme hatten früher im Jahr im Gefolge einer Reihe von Tragödien begonnen – der Selbstmord seiner Mutter vor drei Jahren, die Wiederverheiratung seines Vaters mit einer Frau, die Pauli nicht ausstehen konnte, und das Zerbrechen seiner ersten kurzen Ehe, als seine Frau die Unverschämtheit beging, ihn wegen einer wissenschaftlichen Null („so einen Durchschnittschemiker") zu verlassen.[37]

Am nächsten Tag verließ Pauli Princeton, um nach Europa zurückzukehren, während Dirac noch blieb, um einen Kurs mit sechs Vorlesungen zur Quantenmechanik abzuhalten, der mit der Darstellung seiner Lochtheorie endete. In den letzten Schlussminuten bekräftigte er dabei deutlicher als je zuvor in der Öffentlichkeit, dass Anti-Elektronen zu finden sein müssten:

[Sie] können nicht als bloße mathematische Fiktion angesehen werden: Es sollte möglich sein, sie mit den Mitteln des Experiments zu entdecken.[38]

Dirac wiederholte seinen Vorschlag, die Idee experimentell zu testen, indem man Paare von ultrahochenergetischen Photonen zur Kollision bringt. Wenn die Theorie korrekt war, würden bei einigen der Kollisionen die Photonen verschwinden und ein Elektron würde zusammen mit einem Anti-Elektron erscheinen. Doch er war pessimistisch. Soweit er es beurteilen konnte, war es für Experimentalphysiker nicht machbar, diese Idee innerhalb der nächsten Jahre zu testen.

Er bemerkte nicht, dass die Lösung seines Problems bereits in den Spalten der *New York Times* stand. Dirac las die Zeitung zwar regelmäßig und sollte die Berichte über die Erforschung der kosmischen Strahlung eigentlich gesehen haben, die von Millikan durchgeführt worden war, der ihr diesen einprägsamen Namen 1925 gegeben hatte. Die Strahlung war im Jahre 1912 entdeckt worden, war aber immer noch ein Rätsel. Mit Sicherheit bekannt war nur, dass sie eine extrem hohe Energie besaß, typischerweise vieltausendmal höher als die von Teilchen, die von Atomkernen auf der Erde herausgeschleudert werden.[39] Millikan entwickelte eine religiös motivierte Theorie der kosmischen Strahlung, und im Jahr 1928 hielt er es für „ziemlich eindeutig", dass es „Signale seien, die durch die Himmel gesendet werden [...], die Rufe neugeborener Atome", ein deutlicher Hinweis auf göttlichen Segen.[40]

Dirac sollte gewusst haben, dass hochenergetische kosmische Strahlung Anti-Elektronen produzieren kann, wenn sie mit anderen Teilchen auf der Erde kollidiert. Es scheint jedoch, dass er sich für diese Teilchen nie besonders interessiert hatte, vielleicht, weil er von der damals im Cavendish gängigen Strömung beeinflusst war, die darauf hinauslief, dass dort Mitte der 1920er-Jahre niemand diese Strahlung untersuchte. Rutherfords Stellvertreter James Chadwick hatte noch geseufzt, als er auf einen weiteren wissenschaftlichen Artikel von Millikan über kosmische Strahlung stieß: „Wiederum nur ein Gackern. Wird jemals ein Ei folgen?"[41] Doch das war sechs Jahre zuvor gewesen. Im Herbst 1931 änderte sich im Cavendish die Einstellung gegenüber der

Abb. 15.1 Patrick
Blackett und Paul
Ehrenfest, ca. 1925. (Mit
freundl. Genehmigung
von Giovanna Blackett)

Strahlung. Der erste Wissenschaftler dort, der sich an ihrer Wichtigkeit fest-
biss, war Blackett (Abb. 15.1), der am Scheideweg seiner Karriere stand und
nach einem neuen Forschungsprojekt Ausschau hielt.[42] Dieses Thema muss
den unabhängig denkenden Blackett ganz speziell angesprochen haben, da es
ihm einen gewissen Abstand zu Rutherford ermöglichte, dessen Ego ihn zu
erdrücken drohte.

Blackett saß bei einem Spezialseminar des Cavendish am Montag, dem
23. November, unter den Zuhörern, als Millikan die neuesten Fotografien
von kosmischer Strahlung präsentierte, die am Caltech, dem kalifornischen
Institut für Technologie, aufgenommen worden waren. Die Fotografien
hatte Carl Anderson erstellt, bis vor kurzem Millikans Doktorand, der
erst sechsundzwanzig Jahre alt war und bereits als einer der begabtesten
Experimentatoren der Vereinigten Staaten galt. Drei Wochen zuvor hatte
er seinen Chef darauf hingewiesen, dass die neuesten Fotografien „sehr
häufig einen gleichzeitigen Ausstoß von Elektronen und positiv geladenen Teilchen" aufwiesen.[43] Anderson versuchte Bilder von den geladenen
Teilchen aufzunehmen, die durch die kosmische Strahlung erzeugt wurden,
indem er eine Nebelkammer einsetzte, mit der man Spuren elektrisch geladener Teilchen fotografieren kann, die sie in einer Wolke aus Wasserdampf
auslösen. Anderson hatte sich seine eigene Nebelkammer gebaut und auf
Millikans Anregung hin dafür gesorgt, dass die ganze Kammer in ein starkes und gleichmäßiges Magnetfeld eingetaucht war, das die Bahnen geladener Teilchen ablenken würde, wenn sie hindurch rasten. Jede Spur enthielt
wesentliche Informationen: Aus der Dichte der Tröpfchen entlang jeder einzelnen Spur konnte Anderson die elektrische Ladung des Teilchens bestimmen, und aus der Ablenkung durch das magnetische Feld konnte er den
Impuls des Teilchens berechnen.[44]

Es erforderte großes Geschick von Seiten Andersons, überhaupt Fotografien zu erhalten. Die meisten Bilder waren leer, aber Anfang November hatte er einige „dramatische und vollkommen unerwartete" Aufnahmen erzielt, die er an Millikan nach Europa sandte.[45] Im Rahmen der Theorie, von der man bisher ausging, machten die Fotografien keinen Sinn. In seinem ratlosen Brief an Millikan bemerkte Anderson, dass viele der Fotografien die Spur eines negativ geladenen Elektrons zusammen mit einem positiv geladenen Teilchen aufgezeichnet hatten, zwei Teilchen, die zur gleichen Zeit erscheinen, vermutlich dann, wenn ein kosmischer Strahl auf einen Atomkern in der Kammer trifft.

Als Millikan Andersons unerklärliche subatomare Bilder bei seinem Seminar im Cavendish vorführte, war Blackett fasziniert. Dort gab es einen Experten für Nebelkammeraufnahmen, dessen Talent, wie jeder wusste, sehr groß, aber nicht voll erkannt worden war. Und hier ergab sich nun die perfekte Gelegenheit, sich einen Namen zu machen.

Unter Millikans Zuhörern im Cavendish-Seminar hatte Dirac gefehlt, der noch in Princeton war. Viele seiner Kollegen, einschließlich Martin Charlesworth vom St. John College, befürchteten, dass sie ihn an eine der besser zahlenden amerikanischen Universitäten verlieren würden. Charlesworth schrieb an Dirac, wie sehr er seine „wohlwollende Ironie" vermisse und beschwor ihn *„Lassen Sie sich nicht überreden, in den USA zu bleiben.* Hier ist ihre Heimat."[46] Charlesworth war zu Recht besorgt, denn Veblen warb mit Nachdruck um Dirac. Noch ehe die Handwerker und Maler den letzten Schliff an die Fine Hall angelegt hatten, hatte Veblen eine Zusammenarbeit mit dem Pädagogen Abraham Flexner begonnen, der versuchte, ein Institut für Spitzenforschung einzurichten, in welchem Denker der Weltklasse in Frieden und ohne irgendwelche Ablenkungen forschen könnten. Einstein stand oben auf ihrer Wunschliste, aber Princeton hatte Konkurrenz von anderer Seite, darunter den gewieften Millikan am Caltech.[47]

Charlesworth mag auch befürchtet haben, dass Dirac nicht gern nach Hause zurückkehren würde. Aus Zeitungen und Radioberichten hatte Dirac erfahren, dass sein Heimatland auf schwierige Zeiten zuging. Am 21. September hob die Regierung die Bindung des Pfundes an den Goldstandard auf und erlaubte der Währung, sich auf jeden Preis, den die Wertpapierhändler zu zahlen bereit waren, einzustellen. Es war eine nationale Demütigung. Die Wirtschaft geriet noch tiefer in die Krise: Die Arbeitslosigkeit stieg sprunghaft weiter an, und alsbald war das Pfund um 30 Prozent abgewertet, sodass Diracs Honorar von 5000 $ für seinen einsemestrigen Aufenthalt noch großzügiger erschien. Die unvermeidlichen Parlamentswahlen brachten eine stabilisierende Koalitionsregierung zustande, aber die wirtschaftliche Bedrängnis bestand fort: In diesem Jahr war jeder zweite britische Industriearbeiter länger als vier Monate arbeitslos.

Dennoch war die Depression in den Vereinigten Staaten noch bedenklicher, sogar im wohlhabenden Princeton. An der Universität hatten viele Studenten Probleme, ihre Gebühren zu bezahlen. In der Stadt liefen junge Landstreicher durch die Straßen, die zu den zwei Millionen Amerikanern gehörten, die auf der Suche nach Arbeit im Land herumirrten. Ungefähr dreißig Millionen Amerikaner, ein Viertel der Bevölkerung, hatten überhaupt keine Einkünfte. Viele Menschen, die Geld hatten, fürchteten so sehr es zu verlieren, dass sie ihre Dollars unter Matratzen horteten oder im Garten vergruben. Sogar Präsident Hoover – der lange Zeit das Ausmaß der Depression geleugnet hatte – stellte fest, dass der normale Bürger den Glauben an den amerikanischen Lebenstraum verlor.[48]

Wie Dirac vermutlich wusste, wurde behauptet, dass die Arbeitslosigkeit in der UdSSR gleich Null sei. Zu den Bewunderern von Stalins Fünfjahresplan in der Presse gehörte auch der Moskau-Korrespondent der *New York Times* Walter Duranty, der den Plan als „Geniestreich" bezeichnete und im folgenden Jahr den Pulitzerpreis für seine Berichterstattung erhielt.[49] Doch Diracs Freunde in der Sowjetunion litten schrecklich, als sich Stalins Einstellung gegenüber der Wissenschaft abrupt geändert hatte – von einer Sache, die es wert war, um ihrer selbst willen betrieben zu werden, zu einer Waffe für den Kampf gegen den Kapitalismus. Tamm und Kapitza unterstützten die neue sowjetische Linie zumindest in der Öffentlichkeit, aber Dirac hörte die andere Seite der Geschichte von Gamow, der über die geänderte Haltung der Regierung verzweifelt war, als er im Frühjahr 1931 nach Russland zurückkehrte. Die kommunistische Akademie hatte Heisenbergs Version der Quantenmechanik für anti-materialistisch erklärt und als unvereinbar mit der zunehmend rigider werdenden offiziellen Version der marxistischen Philosophie. Während seines öffentlichen Vortrags über die Unschärferelation an der Universität erlebte Gamow die volle Wucht der staatlichen Zensur, als ein Kommissar, der für die Überwachung moralischer Standards verantwortlich war, ihn unterbrach und die Zuhörer anwies, den Raum zu verlassen. Eine Woche später wurde es Gamow verboten, erneut in der Öffentlichkeit über das Prinzip zu sprechen.[50]

Seit Mitte der 1920er-Jahre waren Gamow und Landau die beiden Anführer einer ungezwungenen Gruppe junger sowjetischer Theoretiker mit dem Spitznamen „Jazz-Band" gewesen.[51] In ihren Seminaren hatte die Gruppe über neue Physik diskutiert, über das Bolschoi-Ballett, Kiplings Dichtung, die Psychologie Freuds und jedes andere Thema, an dem sie Gefallen fanden. Die Jazz-Band hatte die neue Quantenphysik sehr viel schneller beherrscht als ihre Professoren – „die Bisons" – die sie unbarmherzig neckten, ohne die Grenzen des Anstands zu überschreiten. Die Band ging jedoch im Jahr 1931 zu weit, als sie sich über einen Enzyklopädie-Artikel zur Relativitätstheorie lustig machte, der so bearbeitet worden war, dass er systemkonform mit der Ansicht der

Partei zu diesem Thema war. Die Zielscheibe für den Spott der Jazz-Band war der Direktor des Physikinstituts in Moskau, Boris Hessen, ein nachdenklicher Marxist, der zuvor mehrere Versuche der Regierung abgewehrt hatte, konventionelle Theorien der Physik in Übereinstimmung mit den Prinzipien des „Dialektischen Materialismus" zu bringen, der philosophischen Grundlage des stalinistischen Marxismus, der materiellen Dingen eine weit höhere Priorität zuschrieb als geistigen Abstraktionen. Hessen hatte nur magere Kenntnisse von der Quantenmechanik und der Allgemeinen Relativitätstheorie und war deshalb schlecht gerüstet zu deren Verteidigung gegenüber der ideologischen Einflussnahme von Stalins Funktionären.[52] Seine Unkenntnis verführte ihn dazu, in der *Großen Sowjetischen Enzyklopädie* einen grotesken Artikel über den Äther zu schreiben, in dem er im Widerspruch zu Einsteins Lehre erklärte, dass dieser zusammen mit anderen materiellen Körpern „eine objektive Realität sei". Gamow, Landau und drei Kollegen sandten eine spöttische Bemerkung an den Genossen Hessen und wurden daraufhin als Saboteure der sowjetischen Wissenschaft vor Gericht gestellt. Landau erhielt vorübergehend Lehrverbot am Moskauer Polytechnikum, und den Missetätern wurde untersagt, in den fünf größten Städten der UdSSR zu wohnen – ein Bann, der dann aber nicht durchgesetzt wurde. Laut Gamow waren die angeklagten Physiker durch ein Schwurgericht aus Arbeitern einer Maschinenwerkstatt schuldig gesprochen worden.

Sogar Dirac kollidierte mit den Zensoren bei der Herausgabe der russischen Übersetzung seines Buches, als seine Verleger einwandten, seine Quantenmechanik stehe mit dem dialektischen Materialismus im Widerspruch. Das Buch erschien schließlich in den Buchhandlungen nach einem problematischen Deal zwischen den Verlegern und dem Herausgeber Dmitry „Dimus" Ivanenko, einem leitenden Mitglied der Jazz-Band, der ebenfalls einer von Diracs begeisterten russischen Freunden war. In der linkisch wirkenden Einführung des Buches sind Spuren des delikaten Deals gut zu erkennen: Ivanenkos Vorwort ist konventionell lobend, aber es wurde ihm eine entschuldigende Bemerkung des „Verlagshauses" vorangestellt mit dem schmalbrüstigen Argument, dass zwar das Material des Buches ideologisch anfechtbar sei, dass aber die sowjetischen Wissenschaftler auf seine Methoden angewiesen seien, um den dialektischen Materialismus voranzubringen.[53] Eine „Gegenströmung" aus ideologisch korrekter Wissenschaft werde danach folgen, so hofften die Verleger.[54] In seinem gezirkelten Schlusssatz bedankte sich Ivanenko bei Dirac, „einem aufrichtigen Freund der sowjetischen Wissenschaft."

Zensoren durchmusterten auch in Deutschland die Wissenschaft, wo die Depression gerade ein verheerendes wirtschaftliches Chaos anrichtete. Zerlumpte Straßenmusikanten, Streichholzverkäufer und Schnürsenkelhändler waren auf den Straßen unterwegs in der Hoffnung auf ein paar Pfennige für ein Stück Brot. Zehntausende Arbeitslose standen vor den Geschäftsstellen der Nazis Schlange und warteten, dass die SA sie mit einem Becher heißer Suppe belohnen würde. Das einst so friedliche Göttingen, wo Born gerade Dekan seiner Fakultät war, brodelte nun von politischen Spannungen: In der Physikbibliothek konnte er kommunistische Flugblätter sehen, während die Nazis sich draußen ostentativ mit Hackenzusammenschlagen und einem „Heil Hitler" begrüßten.[55] Die Nazis, die die Mehrheit im Stadtrat besaßen und mit ihrem NS-Studentenbund die Deutsche Studentenschaft beherrschten, bestanden darauf, dass Einsteins „Jüdische Physik" falsch und gefährlich sei. Born begann sich mit dem Gedanken abzufinden, dass ihm keine andere Alternative bliebe als zu emigrieren.

Für die meisten Menschen, die Dirac begegneten, schien er sich nicht mehr mit dem Weltgeschehen zu befassen als ein Automat. Da er keine Notwendigkeit sah, seine Gedanken mit anderen zu teilen, es sei denn mit engen Freunden, konnte er den Eindruck erwecken, dem Schicksal anderer Menschen gleichgültig gegenüber zu stehen. Ihm schien das normale Bedürfnis zu fehlen, sich in der guten Meinung anderer Menschen zu sonnen.

Bei der Arbeit in seinem Dienstzimmer in der neuen Fine Hall setzte er die Philosophie, die er Anfang des Jahres gepredigt hatte, in die Praxis um, indem er sich mit fortgeschrittenen Themenbereichen der reinen Mathematik vertraut machte – in der Hoffnung, für sie Anwendungen in der theoretischen Physik zu finden.[56] Er kehrte auch zur Feldtheorie zurück, auf ein Gebiet, das er vier Jahre zuvor mitbegründet hatte. Die Theorie schien es zu verlangen, Voraussagen zu machen, die nicht aus gewöhnlichen Zahlen bestanden, sondern unendliche Werte annahmen. Während Dirac sich mit seinen eigenen Ideen beschäftigte, hatten Heisenberg und Pauli eine ausgefeilte Theorie entwickelt, wie Elektronen und Photonen miteinander interagieren, eine Quantentheorie, die die spontane Entstehung und Vernichtung von Teilchen beschreiben konnte und mit der Speziellen Relativitätstheorie konsistent war. Die Theorie von Heisenberg und Pauli war auch mit der Quantentheorie und dem Experiment konsistent, war aber unschön und kompliziert. Oppenheimer beschrieb sie später als „einen monströsen Schnitzer".[57] Da er nicht überzeugt war, dass dies der richtig Weg sei, die Natur auf der fundamentalen Ebene zu beschreiben, suchte Dirac eine bessere Beschreibung, eine, die logisch fundiert war und nicht von Unendlichkeiten geplagt wurde. Je mehr sich Dirac in die Heisenberg-Pauli-Theorie vertiefte, umso weniger gefiel sie ihm. Seiner Ansicht nach stimmte sie nicht einmal mit der Speziellen Relativitätstheorie überein, weil sie Prozesse im ganzen Raum beschrieb, obwohl sie nur die Zeit verwendete, die von einem einzigen Beobachter gemessen wurde. Dabei hatte doch Einstein gezeigt, dass es keine absolute Zeit gab, sondern dass unterschiedliche Beobachter die Zeit verschieden messen. Dirac verbrachte viele Stunden in der Fine Hall mit der Überprüfung der Heisenberg-Pauli-Theorie und mit dem Problem, wie die Krankheit der Feldtheorie geheilt werden könnte. Diese Herausforderung sollte ihn für den Rest seines Lebens beschäftigen.

Im Herbst 1931, als Diracs Forschungssemester endete, wurde deutlich, dass die industrialisierte Welt in ihre schwerste Wirtschaftskrise glitt, und gleichzeitig gab es einen beunruhigenden neuen Militarismus in Deutschland, Japan, Italien und in großen Teilen Ost- und Mitteleuropas. In Großbritannien sprachen alle von der Möglichkeit eines erneuten Krieges. Der Zeitgeist war nicht länger durch das leichtfüßige, lebensbejahende Bravourstück der *Rhapsody in Blue* charakterisiert, sondern durch das überstürzt einsetzende, unheilschwangere Präludium zur *Walküre*.

In Bristol hatte Julius Road 6 einen düsteren Herbst erlebt. In ihren Briefen konnte Diracs Mutter ihm mitteilen, dass sie und sein Vater den schlimmen Streit überwunden hatten und wieder zu ihrer Routine zurückgekehrt waren: Sie versorgte ihn fast rund um die Uhr, kochte ihm seine vegetarischen Speisen, wusch seine Kleidung und half ihm stundenlang beim Ankleiden. Jeden Sonntag bereitete sie ihm – stillschweigend – das „dreiunddreißig Grad heiße" Bad, von dem er behauptete, dass es gut für seinen Rheumatismus sei. Einmal erlitt er danach eine Herzattacke. Der Hausarzt sagte ihr daraufhin, dass ihr Ehemann „einen eisernen Dickkopf habe & sich von niemandem einen Rat geben ließe […] Er könnte noch 20 Jahre leben oder auch plötzlich sterben".[58]

Im September bekam die Familie die schlechte wirtschaftliche Lage zu spüren: Charles senkte die Gebühr für seinen Privatunterricht und hielt daran fest, dass sie sich das Auto nicht länger leisten konnten. Als Betty dies dem Manager der Bank berichtete, lachte dieser nur, wie Flo ihrem Sohn erzählte. Sie glaubte, dass Charles irgendwo große Mengen Geldes hortete, zumal er praktisch nichts ausgab. Als Flo einmal versucht hatte, Ansprüche auf die kleine Geldsumme, die Felix vor sechs Jahren hinterlassen hatte, geltend zu machen, sandte ihr das Finanzamt ein Formular zur Unterschrift durch ihren Ehemann, da das Gesetz festlegte, dass das Geld an ihn ausbezahlt werden musste. Sie sagte zu Dirac: „Ich habe das Formular zerrissen."[59]

Dirac kam nicht rechtzeitig zu Weihnachten zurück. Drei Tage vor den Feiertagen schrieb ihm seine Mutter: „Ich bin jeden Tag dankbar, dass Du aus unserem beengten kleinen Leben ausgebrochen bist."[60]

Dirac stand vor einem seiner aufregendsten Jahre. In Physikerkreisen hörte man, dass Chadwick im Cavendish-Labor auf etwas sehr Wichtiges gestoßen war.[61] Chadwick – eine hagere, ernst wirkende Persönlichkeit – war normalerweise mit der Beaufsichtigung der Arbeit seiner Kollegen beschäftigt und verteilte den spärlichen Etat für die Ausrüstung. Doch er legte vorübergehend die administrativen Tätigkeiten zur Seite. Kurz nach den Weihnachtsferien hatte Chadwick einen Artikel gelesen, der ihn auf eine Idee brachte, die zum Neutron führen konnte, dem Teilchen, dessen Existenz Rutherford vorausgesagt hatte.[62] In dem Artikel hatten zwei französische Experimentatoren – Frédéric Joliot und Madame Curies Tochter Irène – aus ihrem Pariser Labor berichtet, sie hätten Heliumkerne auf einen Kristall aus dem chemischen Element Beryllium geschossen und festgestellt, dass Teilchen ohne elektrische Ladung emittiert wurden. Sie vermuteten, dass diese Teilchen Photonen waren, aber Chadwick glaubte, dass sie sich irrten und dass es sich um Rutherfords schwer greifbare Neutronen handelte. Rutherford schloss sich dieser Meinung an. Da er gerade vierzig geworden war, mag Chadwick gespürt haben, dass dies seine letzte Chance war, um sich einen Namen zu machen und aus dem Schatten seines übermächtigen Vorgesetzten herauszutreten. Mit großem Elan ergriff er die Gelegenheit, arbeitete allein, nachts noch mehr als tagsüber, borgte sich Apparate und radioaktive Proben von seinen Kollegen im gesamten Labor aus, baute neue Versuchsgeräte und füllte sein Notizbuch mit Daten und Berechnungen. Ohne das froststarrende mittwinterliche Cambridge wahrzunehmen, war er in seiner eigenen Welt, wie es seine Kollegen empfanden. Nach drei anstrengenden Wochen hatte er das Neutron festgenagelt. Er konnte zu seiner und Rutherfords Zufriedenheit beweisen, dass seine Resultate nur dann Sinn ergaben, wenn ein Teilchen ohne Ladung und von etwa der gleichen Masse wie ein Proton bei den Kernkollisionen, die er beobachtet hatte, freigesetzt wurde. Aber beim Verfassen seines Berichts für die Zeitschrift *Nature* gab er ihm den vorsichtigen Titel „Possible Existence of the Neutron" (Mögliche Existenz des Neutrons).

Am 17. Februar sandte Chadwick sein Manuskript an *Nature*, die es umgehend in Druck gab. Sechs Tage später stellte er nach einem guten Dinner im Trinity College mit Kapitza seine Resultate seinen Kollegen im Kapitza-Club vor. Entspannt und ermutigt durch ein paar Gläser Wein schilderte Chadwick selbstbewusst seine Experimente, wobei er die Verdienste seiner Kollegen angemessen hervorhob, und legte abschließend die überzeugenden Argumente für die Existenz des Neutrons dar. Es war ein Coup für Chadwick und das Cavendish-Laboratorium, das es schließlich geschafft hatte, auf ein bahnbrechendes Ergebnis zu stoßen, wie es sich Rutherford immer gewünscht hatte – eines, das die Natur in einem neuen Licht erscheinen und die wahre Beschaffenheit der Materie klarer erkennen ließ. Die Zuhörer belohnten ihn entgegen den Gepflogenheiten mit stürmischem Beifall. Nach der Sitzung bat er darum, „chloroformiert und für vierzehn Tage ins Bett gesteckt zu werden".[63]

Die Entdeckung gab der Vorstellung neue Nahrung, dass neue Arten von subatomaren Teilchen vorhergesagt werden können, bevor sie entdeckt werden. Die Fähigkeit, die verschiedenen „Körnungsgrade" im Gewebe der Natur vorherzusehen, war eine Herausforderung auch für die größten Wissenschaftler:

Einstein hatte tatsächlich die Existenz des Photons vorhergesagt, aber gelegentlich das Vertrauen in seine Idee verloren, bevor sie bestätigt wurde; Rutherford – der Inbegriff eines Experimentators – war sogar noch konsistenter geblieben, da er nie von seinem Glauben an die Realität des Neutrons abgewichen war. Vielleicht lohnte es sich, Diracs Anti-Elektron und Paulis Neutrino doch ernst zu nehmen?

16

April 1932 – Dezember 1932

*Ich hoffe, es wird die Experimentalphysiker nicht allzu
sehr schockieren, dass wir ihre Beobachtungen nicht
akzeptieren, solange sie nicht durch die Theorie bestätigt
sind.*

Sir Arthur Eddington (11. September 1933)[1]

Die Figur Paul Dirac erschien auf der Theaterbühne zum ersten Mal in einer Spezialversion des *Faust,* sozusagen dem *Hamlet* der deutschen Literatur. Goethes Drama ist die literarische Antithese zu Agatha Christies einfach gestrickten Erzählungen, die Dirac abends verschlang. Er fand keinen Geschmack an monumentalen Theaterstücken, aber er wird diesen *Faust* genossen haben, eine vierzigminütige musikalische Parodie des Theaterstücks, das zur Unterhaltung von Physikern verfasst worden war.[2]

Die Autoren, die Besetzung und die Zuhörer bestanden aus den Physikern, die im April 1932 an Bohrs Frühjahrstagung teilnahmen, und Dirac war dabei. In der geschützten Oase des Instituts hatte die Physik seit Jahren nicht so wunderbar aufregend ausgesehen, in schroffem Kontrast zu der schrecklichen Welt draußen. Chadwicks Entdeckung hatte das Interesse am Atomkern wiederbelebt, dessen detaillierte Struktur für die Theoretiker bis dahin ein Rätsel geblieben war. Sie hatten noch eine Fülle anderer Probleme zu lösen, darunter den Status der Quantenfeldtheorie und des vorhergesagten Anti-Elektrons, des Monopols und der Neutrinos – alle höchst umstritten, noch keines davon entdeckt. Wie Bohr gerne betonte, gedeiht die Wissenschaft häufig am besten und zügigsten, wenn es Probleme und Widersprüche zu bewältigen gilt. Der Physiker John Wheeler in Princeton fasste später einmal die zentrale Idee des Instituts mit den Worten zusammen: „Kein Fortschritt ohne Paradoxa."[3]

Die Aufführung der *Faust*-Version stand in der Tradition der Institutsweihnachtsfeiern mit den erlaubten zugehörigen Possen und persönlichen Scherzen, die bis an die Grenze des guten Geschmacks gingen, aber sorgsam jede Überschreitung vermieden. Einer der Zuhörer unter den etwa fünfundzwanzig Konferenzteilnehmern, der sich dem herrschenden Geist gern anschloss und

© Springer-Verlag GmbH Deutschland, ein Teil von Springer Nature 2018
G. Farmelo, *Der seltsame Mensch*, https://doi.org/10.1007/978-3-662-56579-7_16

sich an den vielen Verstößen gegen den künstlerischen Geschmack berauschte, war der Journalist Jim Crowther.[4] Bohr, der im Stück als der Allmächtige dargestellt wurde, saß in der Mitte der ersten Reihe der Zuschauer und schüttelte sich vor Lachen, als einer seiner Kollegen seine verkrampfte Redeweise nachahmte.

In Goethes Originalfassung verführt der scharfzüngige Mephistopheles den an seinem begrenzten Wissen verzweifelnden Faust zu einem Handel, der ihm universelle Erkenntnis und die Liebe des zauberhaften, jungfräulichen Gretchens gewährt. Das Hauptthema der Kopenhagener Version war die Geschichte des Neutrinos und Paulis Versuch, Ehrenfest von dessen Existenz zu überzeugen. Pauli (der an dem Treffen nicht teilnahm) wurde durch Mephistopheles personifiziert, Ehrenfest durch Faust und das Neutrino durch Gretchen, Heisenberg begleitete die Gesangstexte auf dem Klavier. Am Anfang des originalen Theaterstücks steht ein „Prolog im Himmel" mit den Ansprachen dreier Erzengel, und auch die Kopenhagener Version begann auf diese Weise, wobei das Trio aus den englischen Astrophysikern Eddington, Jeans und Milne bestand, die auf dem sich fast über die ganze Raumbreite erstreckenden Tisch vor der Tafel im großen Hörsaal standen und in gereimten Schüttelversen die neuesten Theorien des Universums deklamierten.

Ehrenfest wurde gnadenlos auf den Arm genommen. Er wurde als auf der Couch liegende Person dargestellt, die Hose in Unordnung, wie er über die Eitelkeit der Wissenschaft und des Lebens insgesamt meditiert. Dies wurde wahrscheinlich von einigen Teilnehmern, einschließlich Dirac, als zu weitgehend empfunden: Ehrenfest war missmutig und zutiefst beunruhigt über den Zustand der Physik. Er schien dabei seine Inspiration zu verlieren, und als sich Darwin bei der Veranstaltung an ihn mit einer Frage wandte, wies er ihn mit den Worten „mich langweilt die Physik" ab.[5]

In der zweiten Hälfte der kleinen Aufführung wurde Dirac ins Rampenlicht gestellt. Sein Monopol erschien als singende Figur, die mit respektvoller Neugier behandelt wurde, ganz im Gegensatz zu seiner Lochtheorie, die man bizarr porträtierte und als nicht ganz ernst zu nehmen darstellte. In ein paar aufschlussreichen Sätzen beschreibt der Darsteller von Dirac den Zustand seiner Forschung:

> Ein seltsamer Vogel krächzt. Was krächzt er? Pech gehabt!
> Unsere Theorien sind Amok gelaufen, meine Herrn.
> Wir müssen zum Jahr 1926 zurückkehren;
> Unsere seitherige Arbeit taugt nur als Brennholz.

Diese wenigen Worte fingen Diracs Niedergeschlagenheit über den Zustand der Quantenfeldtheorie exakt ein. Er hatte versucht, eine verbesserte Version von Heisenbergs und Paulis relativistischer Quantenfeldtheorie aufzustellen, aber er musste während des Treffens feststellen, dass seine Theorie keinerlei Verbesserung mit sich brachte, denn beide Feldtheorien waren mit Unendlichkeiten gespickt. Die Wurzel des Problems schien in diesen „Singularitäten" zu liegen, speziellen Punkten in der Theorie, wo die Mathematik unscharf definiert oder sogar unverständlich wurde. Es war eine pfiffige Entscheidung der Autoren des Kopenhagener *Faust,* es unter der Regie von Max Delbrück so zu arrangieren, dass Dirac die Bühne verlassen musste: gejagt von dem Schauspieler mit der kleinsten Nebenrolle, der Singularität.

Die Sticheleien über die Lochtheorie beschränkten sich nicht auf die Theateraufführung. Während des ganzen Treffens musste sich Dirac feindselige Fragen von Bohr gefallen lassen und höhnische Bemerkungen anderer Kollegen. Dirac trug es anscheinend mit stoischer Fassung: Nach Aussage eines Kollegen äußerte er während der ganzen einwöchigen Tagung kein einziges Wort.[6] Bei der Abschlusssitzung der Tagung verlor Bohr die Geduld und brachte ihn in Zugzwang: „Sagen Sie, Dirac, glauben Sie wirklich an das Zeug?" Im Saal wurde es ganz still, und Dirac erhob sich kurz, um seine aus zwölf Worten bestehende Antwort abzugeben: „Ich glaube nicht, dass irgendjemand bisher ein schlüssiges Argument dagegen vorgebracht hat." Obwohl er nach außen hin zu seiner Interpretation der Lochtheorie und seinem Vorschlag des Anti-Elektrons stand, untergrub die Abwesenheit dieses Teilchens seine Moral. Wie er später Heisenberg erzählte, hörte er kurz darauf sogar selbst auf, an seine Lochtheorie zu glauben.[7]

Kaum drei Wochen nach der Kopenhagener Tagung verbreitete sich die Nachricht einer weiteren experimentellen Sensation aus dem Cavendish: Die Spaltung des Atom war gelungen. Es war das Werk von John Cockcroft und dem zerzausten Iren Ernest Walton, einem Experten in der mechanischen Ingenieurkunst. Gemeinsam hatten die beiden die größte Maschine konstruiert, die jemals im Cavendish gebaut worden war. Sie ermöglichte es, Protonen über einen Gradienten von 125.000 Volt zu beschleunigen und sie auf eine Lithiumschicht zu schießen.[8] Die Quantenmechanik sagte voraus, dass die beschleunigten Protonen ausreichend Energie haben sollten, um die Kerne im Innern der Lithiumatome aufzubrechen; es blieb jedoch eine Herausforderung, dies zu beweisen. Cockcroft und Walton steigerten die Intensität ihres Strahlenbündels solange, bis sie hoch genug war, um einige Atome im Lithium-Target zu treffen und zu spalten. Nach achtmonatiger Arbeit, als das Strahlenbündel einhundert Billionen Protonen pro Sekunde lieferte, verrieten verdächtige Blitze auf dem Detektor im verdunkelten Labor von Cockcroft und Walton, dass sie Lithiumkerne in zwei Kerne eines anderen Elements gespalten hatten, nämlich Helium. Auf der nuklearen Skala hatten Cockcroft und Walter den Traum der Alchemisten realisiert, ein Element in ein anderes zu verwandeln. Zum zweiten Mal innerhalb von drei Monaten konnte Rutherford die Welt über das Resultat eines großen Experiments informieren. Er war nicht sonderlich erbaut, als Crowthers Geschick im Management der Nachrichten versagte, denn die Geschichte sickerte durch und erschien zuerst in der populären Sonntagszeitung *Reynolds's Illustrated News,* die das jüngste Cavendish-Resultat als „größte Entdeckung der Wissenschaft" herausposaunte.[9] Weitere Zeitungen folgten sogleich, darunter ein nervöser *Daily Mirror:* „Lasst es gespalten sein, solange es nur nicht explodiert."[10]

Als die Entdeckung angekündigt wurde, hielt sich Einstein gerade in Cambridge auf, um dort einen Vortrag zu halten. Am 4. Mai, auf der Höhe des öffentlichen Interesses an dem Experiment, stattete der faszinierte Einstein dem Cavendish-Labor einen Besuch für eine private Demonstration ab.[11] Es wird ihm gefallen haben, dass die Ergebnisse von Cockcroft und Walton mit seiner berühmtesten Gleichung konsistent waren: Die Gesamtenergie der an der Nuklearreaktion beteiligten Teilchen bleibt nur dann erhalten, wenn Energie und Masse die Beziehung $E=mc^2$ erfüllen. Cockcroft und Walton waren die ersten, die seine Gleichung verifiziert hatten.

Eddington – der wie immer eine bodenständige Analogie parat hatte – verglich Cockcrofts und Waltons Fragmentierung des Atomkerns mit der erkennbaren Spaltung der Gesellschaft. Er bemerkte, dass seit 1932 die Spaltung des einst unteilbaren Atoms zu einer normalen Beschäftigung der Physiker geworden war, sodass sich die sozialen Unruhen des Zeitalters sozusagen auf das Atom übertragen hätten.[12] Im Jahre 1932 hatte sich der politische Schwerpunkt an der Universität Cambridge scharf nach links verschoben. Noch sechs Jahre zuvor hatte die große Mehrheit der Studenten sich als Streikbrecher beim Generalstreik betätigt, jetzt im Mai 1932 aber unterstützte die Cambridge Union – ein Sprachrohr der studentischen Meinungen – die Ansicht, dass mehr Hoffnung von Moskau als von Detroit ausgehe.[13] Die Studenten befürchteten einen neuen Krieg und waren darüber verärgert, dass der Geist des Vertrags von Locarno durch die Ereignisse ad absurdum geführt worden war. Ein weiterer Krieg erschien schon beinahe unvermeidlich.

Die Triumphe im Cavendish bewiesen die Qualität von Rutherfords Führungsstil in der Experimentalphysik in Cambridge. Im Vergleich dazu waren die Theoretiker der Universität erschreckend unproduktiv – ihr offizielles Oberhaupt war der Inhaber des Lucasischen Lehrstuhls Sir Joseph Larmor, mittlerweile fünfundsiebzig Jahre alt und kurz vor dem Ruhestand, wofür es auch höchste Zeit war. Es überraschte niemanden, als die für die Besetzung des Lehrstuhls zuständigen Herren im Juli ankündigten, Dirac würde sein Nachfolger werden, der noch nicht ganz die Dreißig erreicht hatte und damit nur wenig (3 Jahre) älter war als Newton, als dieser 1669 den Lehrstuhl einnahm. Kaum war seine Berufung offiziell angekündigt, verließ Dirac für einige Zeit Cambridge, um der Welle der Glückwünsche auszuweichen.[14]

Dirac wusste, dass der Lehrstuhl mehr als eine Anerkennung war, er war nicht nur ein Vertrauensvotum, sondern auch eine Herausforderung. Man erwartete, dass er weiterhin in Führung blieb und das Tempo auf seinem Gebiet bestimmte und vielleicht ein Vermächtnis hinterlassen würde, über das Wissenschaftler noch in Jahrhunderten sprechen würden. Natürlich hatten keineswegs alle Inhaber des Lucasischen Lehrstuhls das in sie gesetzte Vertrauen eingelöst: William Whiston, John Colson und Isaac Milner finden sich auf keiner Liste großer Mathematiker oder Naturwissenschaftler. Dirac musste sich noch weiter beweisen. Er konnte auf den bleibenden Wert seiner frühen Arbeiten in der Quantenmechanik bauen, hatte jedoch guten Grund, für seine späteren Ideen – Feldtheorie, Lochtheorie, Monopol – befürchten zu müssen, dass sie eines Tages als ehrenvolle Fehlschläge eingestuft würden. Schlimmer, er sorgte sich, dass er schon zu alt sein könnte, um mit neuen originellen Ideen aufzuwarten: Anfang des Jahres, kurz nach Heisenbergs dreißigstem Geburtstag, hatte Dirac zu ihm gesagt: „Du bist nun über 30 und damit bist Du kein Physiker mehr."[15]

Rutherford gratulierte Dirac und schrieb, er hoffe, dass er „auch weiterhin ein häufiger Besucher des Cavendish bleiben würde", wahrscheinlich als Anspielung auf Larmor, der nur noch selten seinen Fuß in das Laboratorium gesetzt hatte. Einer von Diracs Kollegen fasste die Stimmung treffend zusammen, als er zu dem neuen Professor sagte: „Ich weiß von keiner neueren Berufung auf einen Lehrstuhl, die besser angekommen wäre."[16] Allein Larmor rümpfte die Nase über die Berufung seines Nachfolgers, indem er später sibyllinisch behauptete, dass „Dirac nur eine Verzierung der deutschen Schule sei [...], wenn auch keine hervorstechende".[17]

Dirac sah nicht aus wie ein distinguierter Cambridge-Professor. Scheu wie eine Maus strahlte er außerhalb des Hörsaals so wenig Selbstbewusstsein aus, dass er in den Straßen von Cambridge gerade noch als Masterstudent hätte durchgehen können. Er war in der Gesellschaft von Frauen seines Alters nervös, deshalb nahmen viele seiner Kollegen an, er sei schwul, werde als Junggeselle sterben und habe keinerlei Interesse, Kinder zu bekommen. Doch Kapitza wusste es besser. Er hatte Dirac bei entspannten Gesprächen im Kapitza-Haus gut kennengelernt, einer lärmerfüllten Höhle, die immer auf der Kippe zur familiären Anarchie stand. Dirac fühlte sich dort pudelwohl, wenn er sich beim russischen Mittagessen mit Kapitza und „Ratte" unterhielt, Schach spielte oder mit den beiden wilden Söhnen herumbalgte. Der Kontrast zwischen dem zerrütteten Haushalt in der Julius Road No. 6 und der Fröhlichkeit, die er in Kapitzas Haus erlebte, konnte kaum größer sein. Vielleicht sehnte sich Dirac zu diesem Zeitpunkt bereits nach dem pulsierenden Familienleben, das ihm Kapitza und Bohr vorgeführt hatten, nach einer Umgebung, in der Verbitterung und Lieblosigkeit selten und keinesfalls die Norm waren.

Gemessen am Standard britischer Akademiker war Dirac wohlhabend. Als er den Lucasischen Lehrstuhl erhielt, stieg sein Jahresgehalt erheblich von 150 £ auf 1200 £ an und wurde noch durch eine jährliche College-„Dividende" von 300 £ ergänzt. Der heutige Wert seines Gehalts am Ende des Jahres 1932 entspräche 256.000 £. Die Zeit der Armut war Vergangenheit, obwohl Genügsamkeit so tief in ihm verwurzelt war, dass sie zu seinem Lebensstil wurde.[18] Soweit es ihn betraf, benötigte er nur einen Anzug und eine Krawatte, und beides trug er drinnen und draußen, bei Regen oder Sonnenschein, und zwar solange, bis sie nach Meinung der meisten Menschen nur noch für den Mülleimer geeignet waren. Seine Mutter drängte ihn ständig, sich moderner zu kleiden. Sie meinte auch, dass es für sie höchste Zeit sei, sich neue Kleidung anzuschaffen und bat ihn, dafür aufzukommen: „Wenn Du im Herbst ein wirklich gutes Gehalt hast, kannst Du vielleicht Deiner Mutter einen Wintermantel spendieren."[19]

Charles und Flo waren in der Stadt in aller Munde, weil sie den berühmtesten Wissenschaftler aufgezogen hatten, doch die alten häuslichen Querelen gingen weiter. Aus Besorgnis, dass Charles versuchen könnte, die Tochter in eine Nonne zu verwandeln, schlug Flo ihrem Sohn vor, er solle für Betty die Kosten übernehmen, damit sie einen Abschluss in Französisch an der Universität machen könne. Es bestand keine große Chance, dass Charles die Ausbildung bezahlen würde, da er der Meinung war, höhere Bildung sei ein männliches Privileg. Betty ahnte das, als sie in einem Brief an ihren Bruder schrieb: „Ich habe es nicht gewagt, Pa um finanzielle Unterstützung zu bitten, hat er doch kein Interesse und erweckt nicht den Eindruck, als ob er helfen wollte."[20] Doch Betty nahm das nicht übel: Sie akzeptierte es als Teil des Charakters ihres Vaters, und im Übrigen dachten ja die meisten Männer ebenso.

Aus Bettys Briefen an Paul in dieser Zeit lässt sich entnehmen, dass sie ihm durchaus geschwisterlich zugetan war, obwohl nichts Substantielleres über ihre Beziehung bekannt ist. Es ist aber anzunehmen, dass er es gut mit ihr meinte, denn im Juli 1932 bot er großzügig an, die Gebühren und die weiteren Ausgaben für seine Schwester in den nächsten vier Jahren zu übernehmen.[21] Obwohl es sie Mühe kostete, bis sie erfolgreich die erste Hürde – die vorgeschriebene Prüfung in Latein – bestanden hatte, war sie eine zufriedene Studentin. In einem bewegenden Brief an ihren Bruder versicherte sie ihm: „Ich werde mein Bestes tun, damit Dein Geld nicht umsonst angelegt ist, und ich arbeite ehrlich hart, zum ersten Mal in meinem Leben, glaube ich."[22] Ihre zunehmende Bildung scheint Charles eher deprimiert zu haben, der nun ein gebeugter Tattergreis geworden war. Er verlor langsam die Kontrolle über seine Familie, wie Flo ihrem Sohn berichtete: Während einer der üblichen häuslichen Auseinandersetzungen über die Verwendung des Autos gab er ihr und Betty endlich beleidigt nach, nachdem er erst eine volle Stunde geschmollt hatte.

Dass er nachgegeben hatte, war ein denkwürdiger Moment. Wie sie sich erinnerte, war es das erste Mal in zweiunddreißig Jahren Ehe.[23] Er hat sich vielleicht selbst gewundert, dass es in seinem Leben so weit kommen konnte. Zweifellos hätte er für Fatty Bowling Sympathie aufgebracht, den Ich-Erzähler in Orwells Satire *Auftauchen, um Luft zu holen* über das spießbürgerliche Vorstadtleben von 1930. Wie Charles war Bowling ein Gefangener seiner undankbaren Familie, durch Konvention und finanzielle Abhängigkeit an eine ungeliebte Ehefrau gefesselt. Im Gegensatz zu Bowling konnte Charles jedoch Freude aus seinem Umgang mit Freunden und seiner Arbeit ziehen: Sprachschüler pilgerten immer noch zum Haus Julius Road 6 zum Privatunterricht, und er blieb weiterhin aktiv in der örtlichen Esperanto-Gesellschaft.

Anfang August plante Charles sogar, seine Verwandten in Genf zu besuchen. Wie gewöhnlich erzählte er seiner Frau nichts von seinen Reiseplänen, aber enthüllte sie seinem Sohn gegenüber in einem fast gänzlich in französischer Sprache geschriebenen Brief (nur die letzte Zeile war in Englisch). Er ging vorsichtig vor:

7. August 1932
Mein lieber Paul
Ich nehme an, dass Du sehr beschäftigt bist, daher werde ich nur ein paar Minuten Deiner Zeit beanspruchen, um Dir zu sagen, wie glücklich und stolz ich über Deinen großen Erfolg bin. Alle Zeitungen haben Einzelheiten berichtet. Mehrere Freunde und Bekannte haben mich gebeten, Dir in ihrem Namen zu gratulieren.
Wird diese neue Position Deine Russlandpläne verändern? Ich wüsste gern das Datum, wenn Du Dich entschieden hast, weil ich, sobald ich stark genug bin, um eine Reise zu unternehmen, in die Schweiz fahren werde, um einige Familienangelegenheiten zu regeln, und ich möchte nicht außerhalb von Bristol sein, wenn Du hier bist.
Natürlich, wenn Du mit mir kommen könntest, wäre das noch schöner für mich.
Meine liebevollen guten Wünsche, und möge Gott Dich behüten.
Vater[24]

Charles sollte aber enttäuscht werden. Sein Sohn plante erneut einen Urlaub in der Sowjetunion, diesmal zusammen mit Kapitza in Gaspra, einem gebirgigen, küstennahen Urlaubsort auf der Krim. Während Stalins Zeit war es ein Ort, wo die Wissenschaftselite weit entfernt von der Zwangsmigration armer Bauern, der Nahrungsmittelknappheit und Rationierung und all den anderen Katastrophen des Fünfjahresplans und der Kollektivierung ausspannen konnte.

Dirac begann seine Reise mit einer Konferenz in Leningrad, auf der er über seine Feldtheorie der Elektronen und Photonen sprach. Nachdem Boris

Podolsky – ein Amerikaner mit russisch-jüdischen Wurzeln – und Vladimir Fock ihm erzählt hatten, dass sie dasselbe Problem erforschten, stimmte Dirac zu, mit ihnen zusammenzuarbeiten. Während seines Aufenthalts in Charkow stellten Dirac und seine russischen Kollegen nach einem langen Austausch ihrer fachlichen Positionen den überraschend einfachen Beweis auf, dass Diracs Feldtheorie äquivalent zu derjenigen von Heisenberg und Pauli war, dabei jedoch mit der Speziellen Relativitätstheorie deutlicher übereinstimmte.[25] Dies Projekt war ein weiteres Zeichen, dass Dirac nicht mehr nur in völliger Einsamkeit agierte: Früher im Jahr hatte er eine kleine Arbeit über Atomphysik gemeinsam mit einem Studenten von Rutherford verfasst, und nun war er hier und arbeitete über Quantenfeldtheorie auf Augenhöhe mit sowjetischen Theoretikern zusammen. Doch Dirac blieb hinsichtlich wissenschaftlicher Zusammenarbeit vorsichtig: Theoretische Physiker, die ihn besuchten und ihn vorher noch nicht kennengelernt hatten, fanden ihn distanziert und vollkommen uninteressiert daran, seine Ideen mit ihnen zu teilen.[26] Als einer von ihnen, Leopold Infeld, Dirac besuchte, fand der junge polnische Kollege ihn freundlich und gewinnend lächelnd, aber nicht bereit, auf irgendeine Bemerkung, die keine direkte Frage war, einzugehen. Nachdem er zweimal als Antwort nur ein „Nein" erhalten hatte, gelang es Infeld, eine fachliche Frage anzubringen, die aus Dirac eine Antwort hervorlockte, die aus fünf Worten bestand. Infeld benötigte zwei Tage, um sie vollkommen zu verstehen.[27]

Während Dirac sich an der Küste der Krim entspannte, konnte er nicht wissen, dass sich die Geschichte des Anti-Elektrons schneller einem Abschluss näherte, als er zu hoffen gewagt hatte. Viele der Mitspieler bei dieser seltsamen Auflösung, einschließlich Dirac selbst, verhielten sich in einer heute kaum noch verstehbaren Weise, selbst wenn man sich klarmacht, dass kaum ein Physiker des Jahres 1932 Diracs Lochtheorie ernst nahm und nur wenige auch nur entfernt von seiner Vorhersage des Anti-Elektrons gehört hatten.

Das Ende der Geschichte nahm kurz vor Diracs Ferienreise seinen Anfang – Ende Juli in Pasadena, nicht weit entfernt von dem Hollywood Bowl, wo gerade die Olympischen Sommerspiele Los Angeles begannen. Es war eine willkommene Gelegenheit für die Bewohner der Stadt und Millionen Radiohörer, etwas Abstand von der depressiven Wirtschaftslage und den politischen Manövern im Vorfeld der kommenden Präsidentenwahl zu gewinnen.[28] Am Caltech befanden sich viele Wissenschaftler in den Ferien. Doch in einem angenehm warmen Raum auf der dritten Etage des Aeronautik-Labors war Carl Anderson eifrig dabei, die Effekte der kosmischen Strahlung in seiner Nebelkammer zu untersuchen. Am Abend des 1. August, einem Montag, konnte er von seinem neuesten Experiment nur leere Fotografien vorweisen, aber am folgenden Tag hatte er Glück.[29]

Anderson gelang es, eine Fotografie mit einer einzigen Spur zu erhalten, die gerade mal fünf Zentimeter lang war. Sie sah beinahe wie ein Haar aus. Die Dichte der Blasen um die Spur herum schien darauf hinzudeuten, dass sie von einem Elektron hinterlassen worden war, aber die Krümmung der Bahn legte etwas anderes nahe: Sie war von einem *positiv* geladenen Teilchen hinterlassen worden, daher konnte es unmöglich ein Elektron gewesen sein. Immer noch nicht ganz seinen Augen trauend, verwendete Anderson ein oder zwei Stunden darauf, um nachzuprüfen, ob die Polung seines Magneten korrekt war und kein Witzbold sie umgeschaltet hatte.[30] Nachdem er sich überzeugt hatte, dass er keinem Scherz zum Opfer gefallen war, war er zunächst begeistert, aber seine Euphorie wurde durch Spuren eisiger Panik getrübt: War dies wirklich eine Entdeckung oder nur ein dummer Fehler?[31] Um die Existenz eines positiven Elektrons zu sichern, benötigte Anderson weitere Beweise, er fand jedoch bis zum Ende des Monats nur zwei weitere Beispiele dieser ungewöhnlichen Spur, keines davon so eindeutig wie das erste. Sein Chef Millikan war nicht überzeugt.

Nachdem der olympische Wettkampf abgeschlossen war und die Caltech-Professoren aus den Sommerferien zurückgekehrt waren, stellte Anderson eine kurze Beschreibung seines Experimentes für die Zeitschrift *Science* zusammen. Ähnlich wie Chadwicks Darstellung seiner mutmaßlichen Entdeckung des Neutrons war Andersons Bericht vorsichtig: Er ging jedem möglichen Grund nach, warum die Spur nicht die eines neuen Teilchens sein könnte. Noch umsichtiger als Chadwick es gewesen war, kleidete Anderson seine Behauptung, ein neues Teilchen entdeckt zu haben, in den vorsichtigen Titel „The Apparent Existence of Easily Deflectable Positives" (Die anscheinende Existenz von leicht ablenkbaren positiven Teilchen), eine kaum ins Auge springende Formulierung. Leser, die bis zum Ende des Artikels vordrangen, wurden mit einem Satz belohnt, der ein Meisterwerk des wissenschaftlichen Understatements darstellt: „Es erscheint notwendig, ein positiv geladenes Teilchen mit einer dem Elektron vergleichbaren Masse zu fordern." Anderson ließ sich durch seine vergeblichen Versuche, weitere gute Beispiele solch einer Spur zu finden, derart beunruhigen, dass er daran dachte, an *Science* zu schreiben, sie mögen die Arbeit zurückziehen. Doch es war zu spät, der Artikel war im Druck.[32]

Vor Andersons Augen lag der eindeutige Nachweis für Diracs Anti-Elektron – ein Teilchen mit der gleichen Masse wie das Elektron, aber entgegengesetzter Ladung. In der Vergangenheit hatte Anderson mehrere Abende der Woche damit verbracht, sich durch Oppenheimers Abendvorlesungen über Diracs Lochtheorie hindurchzubeißen, deshalb ist es so gut wie sicher, dass er die Rolle kannte, die das Anti-Elektron dabei spielte.[33] Doch er stellte nicht die Verbindung her, vielleicht, weil er seine Aufmerksamkeit fast ausschließlich auf die Theorie der kosmischen Strahlung seines Chefs gerichtet hatte.[34]

Anderson hatte die Arbeit am 1. September abgeschickt, etwa acht Tage später traf sie in den Bibliotheken der amerikanischen Physikinstitute ein – und stieß auf Gleichgültigkeit oder Unglauben. Seine Befunde seien „Unfug", sagte einer seiner Caltech-Freunde zu ihm. Millikan glaubte immer noch, dass irgendetwas mit Andersons Experiment faul war und rührte so gut wie keinen Finger, um es zu unterstützen. Anderson war nach wie vor darüber beunruhigt, dass er keine weitere Teilchen-Spur wie die im August gefunden hatte, und sprach öffentlich von der Notwendigkeit zur Vorsicht.[35] Oppenheimer war offenbar unter den Tausenden von Physikern, die den Artikel lasen, und schrieb kurz darauf an seinen Bruder, dass er „über […] Andersons positive Elektronen beunruhigt sei".[36] Aber auch Oppenheimer zählte nicht zwei und zwei zusammen. Vielleicht lief er aufgrund einer zu engen Interpretation von Diracs See aus Elektronen mit negativer Energie mit Scheuklappen herum: Dirac hatte immer angenommen, dieser See müsse einige Löcher enthalten, während Oppenheimer annahm, dass der Elektronen-See immer vollständig gefüllt sei, sodass sich das Konzept der Löcher erübrige. Es ist beinahe nicht zu fassen, dass Oppenheimer niemals auf die Verbindung zwischen Diracs Theorie und Andersons Experiment hinwies, weder gegenüber Dirac noch gegenüber Anderson oder sonst irgendjemandem. Doch genau dies ist offenbar der Fall.

Einer von Andersons Kollegen jedoch nahm das Resultat wirklich ernst. Rudolph Langer – ein in Harvard ausgebildeter Mathematiker, talentiert, aber bis dahin nicht aufgefallen – hatte Diracs Arbeit über das Anti-Elektron gelesen und sprach mit Anderson und Millikan über die neuen Fotografien der kosmischen Strahlung. Schon einen Tag nachdem *Science* Andersons Arbeit publiziert hatte, reichte Langer ein kurzes Paper bei dieser Zeitschrift ein und stellte darin eine Verbindung zwischen den neuen Beobachtungen und Diracs Theorie her. Ohne im Geringsten Andersons Zurückhaltung zu teilen, schloss Langer, dass Anderson Diracs Anti-Elektron beobachtet habe. Dabei blieb er aber nicht stehen: Er ging weiter und baute ein phantasiereiches neues Bild der Materie auf, indem er vorschlug, dass das Photon eine Kombination aus einem gewöhnlichen Elektron und einem Elektron von negativer Energie sei, dass der Monopol aus einem positiven Monopol und einem negativem Monopol aufgebaut sei, und dass das Proton „selbstverständlich" aus einem Neutron und einem positiven Elektron bestehe. Die Arbeit sieht heute eindrucksvoll einfallsreich aus, aber sie hatte 1932 keinerlei Wirkung, wahrscheinlich, weil Langer nicht genügend respektiert wurde, um Beachtung zu verdienen, und weil es sich einfach nicht gehörte, so hemmungslos zu spekulieren. Langers Einsicht hinterließ nach Andersons Erinnerung keine Spuren und war schnell vergessen.

Bis zum Frühherbst scheint Andersons „leicht ablenkbares positives Teilchen" in den Köpfen der meisten Caltech-Physiker eine unbedeutende Frage gewesen zu sein, ein irreführendes Resultat, das es zu widerlegen galt, oder ein Rätsel, das auf seine Lösung wartete. In Cambridge scheint keiner Andersons Experiment oder Langers Artikel wahrgenommen zu haben. Die fragliche Ausgabe von *Science* traf in den Bibliotheken von Cambridge Anfang November ein, aber weder Dirac noch einer seiner Kollegen scheint sie gelesen zu haben. Doch Blackett war zu dieser Zeit Anderson dicht auf den Fersen.

Rutherford hatte zugestimmt, dass Blackett ein neues Forschungsprojekt über die kosmische Strahlung beginnen konnte. Aber Blacketts Geduldsfaden gegenüber dem despotischen Stil seines Chefs war dünn geworden, wie ein Masterstudent erkannte, als Blackett aus dem Dienstzimmer von Rutherford zurückkommend kreidebleich und wutentbrannt sagte, „wenn Physik-Laboratorien diktatorisch geleitet werden müssen [...], möchte ich lieber mein eigener Diktator sein".[37] Blackett fand eine Nische im Cavendish, indem er mit dem italienischen Gastwissenschaftler Giuseppe Occhialini eine Zusammenarbeit begann, einem unbeschwerten Bohémien, der allgemein unter dem Spitznamen „Beppo" bekannt war.[38] Occhialini war zehn Jahre jünger als Blackett und ein meisterhafter Experimentator, der dazu neigte, sich auf seine Intuition zu verlassen, und selten dazu kam, eine Gleichung hinzuschreiben, sondern es vorzog, die seinen Überlegungen zugrunde liegenden Schritte mit einer beeindruckenden Palette von begleitenden Gesten klarzumachen. Als Occhialini ein Jahr zuvor im Juli 1931 nach Cambridge kam, war er bereits an Experimenten zur Entdeckung der kosmischen Strahlung beteiligt gewesen und brachte im Cavendish seine jahrelange Erfahrung im Arbeiten mit Geigerzählern ein, die in Cambridge erst kürzlich eingetroffen waren. Wie sich Blackett später erinnerte, waren die Zähler empfindlich und unzuverlässig: „Um sie in Gang zu bringen, musstest Du an einem Freitagabend zur Fastenzeit in die Hände und auf den Draht spucken."[39] Für Occhialini war Blackett ein Alleskönner im Labor:

> Ich erinnere mich an seine Hände, wie sie geschickt die Nebelkammer entwarfen, jedes Element bis ins kleinste Detail auf dem Papier ohne jeden Fehler darstellten, und wie liebevoll einige schwierige Teile an seiner aus der Schulzeit stammenden Drehbank geformt wurden. Es waren die sensiblen, aber doch kräftigen Hände eines Kunsthandwerkers, eines Künstlers, und was er gebaut hat, das hatte Schönheit. Meine eigenen Anstrengungen brachten dagegen manchmal etwas hervor, was er als „hässliche Kleinteile" bezeichnete.[40]

Occhialini besuchte Blackett oft am Abend zu Hause. Die beiden entspannten sich im Wohnzimmer und besprachen die Arbeit des Tages bei einem

Glas Limonade und einem Teller Kekse, während Blackett die Ohren seines Schäferhundes kraulte. In ihren Gesprächen zu Hause und im Cavendish erfanden sie eine raffinierte Methode, kosmische Strahlen sich selbst fotografieren zu lassen: Der Trick bestand darin, einen Geigerzähler über der Nebelkammer anzubringen und einen zweiten darunter, sodass die Kammer ausgelöst wurde, wenn ein Schauer kosmischer Strahlung sowohl den oberen wie den unteren Geigerzähler aktivierte. Bis zum Herbst 1932 hatten Blackett und Occhialini diese Technik so weit entwickelt, dass die Kunst kosmische Strahlung zu fotografieren, von einer zeitraubenden Lotterie in eine neue Ära der Automation hinüberwechselte. Bald kursierte in den Fluren des Cavendish das Gerücht, dass aus der Zusammenarbeit des anglo-italienischen Duos etwas Besonderes im Entstehen sei. Sogar der reservierte Blackett, der Inbegriff eines vornehm zurückhaltenden Engländers, war ganz aufgeregt.

Schon bald konnten Blackett und Occhialini ihren Kollegen den überzeugendsten Stapel von Fotografien der kosmischen Strahlung vorlegen, der je aufgenommen worden war. Bei ihrem Seminar saß Dirac im Publikum. Dies war sicherlich sein Moment: Er hätte leicht darlegen können, dass Blackett und Occhialini das Anti-Elektron entdeckt hatten und damit seine Lochtheorie bestätigt worden war. Aber er schwieg. Die Erwähnung der möglichen Existenz positiver Elektronen veranlasste Kapitza, sich an den neuen Lucasischen Professor zu wenden, der in der ersten Reihe saß, und auszurufen: „Nun Dirac, steck das in Deine Theorie hinein! Positive Elektronen, ha! Positive Elektronen!" Kapitza hatte viele Stunden in Gesprächen mit Dirac verbracht, aber offensichtlich noch nie von den Anti-Elektronen gehört. Dirac antwortete, „Oh, positive Elektronen kommen doch schon seit sehr langer Zeit in der Theorie vor."[41] Hier schien nun das Anti-Elektron sein Gesicht gezeigt zu haben, es sei denn, Elektronen waren vom Untergeschoss des Cavendish nach oben hochgeschossen. Doch Diracs Kollegen misstrauten seiner Theorie so sehr, dass keiner von ihnen bereit war zu glauben, sie könne neue Teilchen vorhersagen. Und Dirac versuchte anscheinend auch nicht, sie zu überzeugen, vielleicht, weil er glaubte, es sei immer noch möglich, dass jedes positive Elektron auf den Fotografien seiner Kollegen doch nur eine Fata Morgana war. Das war Zurückhaltung auf die Spitze getrieben!

Zu dieser Zeit konzentrierte sich Dirac gerade nicht auf seine Lochtheorie, sondern auf eines seiner Lieblingsthemen: Wie kann die Quantenmechanik in Analogie zur klassischen Mechanik entwickelt werden? Im Herbst 1932 fand er dafür einen neuen Weg, indem er diejenigen Eigenschaften der klassischen Physik verallgemeinerte, die es ermöglichen, die Bahn jedes Objektes zu berechnen, ungeachtet der Art der Kräfte, die auf es einwirken. Newtons Gesetze konnten diese Aufgabe auch erfüllen und gaben dieselben Antworten, aber Diracs Technik – die nach dem französisch-italienischen

Mathematiker Joseph Louis Lagrange benannt ist – war in der praktischen Anwendung überlegen. Dirac hatte zuerst als Doktorand in den Vorlesungen von Fowler von dieser Methode gehört. Es hatte etwa sechs Jahre gedauert, bis der Groschen fiel.[42]

Obwohl die Technik normalerweise leicht anzuwenden ist, klingt sie kompliziert. Ihr Herzstück sind zwei Größen. Die erste, Lagrange-Funktion genannt, ist die Differenz zwischen der Bewegungsenergie eines Objektes und der Energie, die es kraft seiner Lage hat. Die zweite, die sogenannte „Wirkung", ist mit der Bahn des Objekts assoziiert und wird berechnet, indem die Werte der Lagrange-Funktion vom Beginn der Bahn an bis zu ihrem Ende addiert werden. In der klassischen Physik ist die Bahn, die ein beliebiges Objekt zwischen zwei Punkten in jedem festgelegten Zeitintervall nimmt, unabhängig von den angreifenden Kräften diejenige mit der kleinsten Wirkung. Die Methode ermöglicht es Physikern, die Bahn jedes beliebigen Objektes zu berechnen – eines Fußballs, der durch den Park gekickt wird, eines Mondes auf der Umlaufbahn um den Saturn, eines Staubteilchens, das im Schornstein aufsteigt – und in jedem Fall ist das Ergebnis genau das gleiche wie das, welches Newtons Gesetze vorhersagen.

Dirac dachte, dass der Begriff der „Wirkung" in der Quantenwelt der Elektronen und Atomkerne ebenso wichtig sein könnte wie in der makroskopischen Welt. Als er den Begriff auf die Quantenmechanik verallgemeinerte, fand er heraus, dass ein Quantenteilchen nicht nur eine Bahn zur Verfügung hat, sondern unendlich viele, die alle – grob gesagt – um die Bahn zentriert sind, die von der klassischen Mechanik vorhergesagt wird. Er fand auch einen Weg, wie alle Bahnen berücksichtigt werden können, die dem Teilchen zur Verfügung stehen, um die Wahrscheinlichkeit zu berechnen, dass das Quantenteilchen sich von einem Ort zu einem bestimmten anderen bewegt. Er stellte fest, dass sich dieses Vorgehen bei relativistischen Theorien der Quantenmechanik als nützlich erweisen würde, weil es Raum und Zeit als gleichberechtigt ansieht, wie es die Relativitätstheorie verlangt. Er entwarf Anwendungen dieser Idee in der Feldtheorie, aber gab, wie üblich, keine spezifischen Beispiele: Sein Anliegen waren Prinzipien, nicht Berechnungen.

Normalerweise hätte er eine Arbeit wie diese bei einer britischen Zeitschrift eingereicht, zum Beispiel bei den *Proceedings of the Royal Society,* aber diesmal wollte er seine Unterstützung für die sowjetische Physik demonstrieren und schickte die Arbeit an eine neugegründete sowjetische Zeitschrift, die auch gerade die gemeinschaftliche Arbeit mit den russischen Kollegen über seine Feldtheorie herausbrachte. Dirac freute sich im Stillen über sein „kleines Paper" und schrieb Anfang November an einen seiner Kollegen in Russland: „Es scheint, dass alle wichtigen Dinge aus der klassischen [...] Behandlung, in einer vielleicht etwas verkappten Form, in die Quantentheorie übernommen werden können."[43]

Selbst wenn Crowther vorgehabt hätte, diese Idee der Öffentlichkeit mitzuteilen, hätte er Mühe gehabt, seinen Artikel im *Manchester Guardian* unterzubringen: Die Idee war zu fachspezifisch, zu abstrakt. Das „kleine Paper" war anscheinend sogar für die meisten Physiker zu undurchsichtig und blieb daher jahrelang in den Bibliotheksregalen eine selten gelesene Kuriosität. Erst fast ein Jahrzehnt später erfassten ein paar junge Theoretiker der nächsten Generation die Bedeutung des Papers und erkannten, dass es eine der tragfähigsten Einsichten Diracs in die Natur der Welt enthielt.

In den letzten Monaten des Jahres 1932 kam aus Deutschland die Nachricht, es sei ziemlich wahrscheinlich, dass Hitler nach den bevorstehenden Wahlen zum Reichskanzler gewählt werden würde. Wenn man aus Diracs späteren Kommentaren über den sogenannten „Führer" zurückschließen darf, war er über diese Aussicht beunruhigt. Einstein, der das politische Klima und den gewalttätigen Antisemitismus leid war, floh in die USA und willigte ein, sich Abraham Flexners Institute for Advanced Study in Princeton anzuschließen, während sich Born in Göttingen festklammerte, wo die Nazis die stärkste Partei waren, die nun von der Hälfte der Wähler unterstützt wurde.[44] In der UdSSR zeigte sich Stalins wachsende Intoleranz der akademischen Freiheit gegenüber. In den USA war Franklin D. Roosevelt in einem überwältigenden Erdrutschsieg gewählt worden, aber das Land verblieb in seiner verzweifelten wirtschaftlichen Notlage. Im Vereinigten Königreich stieg die Arbeitslosigkeit auf eine nie dagewesene Höhe, und es kam im ganzen Land zu Massendemonstrationen für eine Arbeitslosenunterstützung.

Im normalerweise ruhigen Zentrum von Bristol, in der Nähe des Merchant-Venturers-College, gingen Polizisten mit Schlagstöcken gegen Hunderte von Protestierenden vor.[45] Eine Meile entfernt war der Dirac-Haushalt ebenfalls wieder zum Schlachtfeld geworden. Nachdem Betty den größten Teil ihrer Zeit in der Universität verbrachte, waren ihre Eltern auf sich zurückgeworfen, und jede Kerbe aus ihrer zerrütteten Ehe kam ans Licht. Flo berichtete Dirac, sein Vater werde immer aggressiver und versuche weiterhin, sie aus dem Haus zu werfen. Charles war erbost, als er hörte, dass sie einem Schüler eine falsche Information über seine Unterrichtsgebühren gegeben hatte, und warf mit einem Glas voll heißem Kakao nach ihr, berichtete sie Dirac. Doch auf die meisten Bekannten wirkte Charles immer noch wie ein Bilderbuchpensionär. Bei der Preisverleihung in der Cotham-Schule lobte ihn der Direktor wegen der Erfolge seines Sohnes, und man sprach bei Tee und Kuchen über Diracs nur kurz zurückliegende Reise nach Russland. Flo schrieb an ihren Sohn: „Er ist wirklich eine ziemliche Klatschbase außerhalb des Hauses, aber daheim lässt er sich bestenfalls zum Schimpfen herab."[46]

Die Dirac-Familie rüstete sich für, wie es schien, anstrengende Weihnachtstage. Doch Charles und Flo stellten die Feindseligkeiten ein, und die Familie hatte, wie Flo es beschrieb, „ganz das beste Weihnachten, das wir seit vielen Jahren hatten".[47] Ein Grund dafür mag gewesen sein, dass Dirac in einer guten Stimmung war, weil ihn eine Nachricht, auf die er anderthalb Jahre gehofft hatte, gerade erreicht hatte.

17

Januar 1933 – November 1933

Einstein sagt, seiner Meinung nach sei Dirac die beste
Wahl für einen weiteren Lehrstuhl am Institut [for
Advanced Study]. Er sähe es gerne, wenn wir es bei
[Dirac] versuchen würden, selbst wenn die Chance, ihn
zu bekommen, sehr gering ist. Er schätzt ihn höher ein als
jeden anderen auf dem Gebiet. An die zweite Stelle setzt
er anscheinend Pauli aus Zürich.
Brief von Oswald Veblen an Abraham Flexner (17. März 1933)[1]

Anscheinend war Dirac erst Mitte Dezember 1932 fest überzeugt, dass das Anti-Elektron existiert. Seine späteren Erinnerungen waren zu verschwommen für eine genaue Datierung: Dirac entsann sich, dass er „wahrscheinlich" die Neuigkeit von Blackett erfahren hatte, der aber nie öffentlich äußerte, seit wann er sich der Existenz des neuen Teilchens sicher war. Es kann sein, dass er es unabhängig von Anderson entdeckt hatte, obwohl Blackett immer sorgfältig die Verdienste seines amerikanischen Konkurrenten betonte, da dieser der Erste war, der seine Beobachtungen in Druck gab. Blackett und Occhialini hatten wahrscheinlich im Herbst gerüchteweise von Andersons Fotografien gehört, aber seinen Artikel über „easily deflectable positives" (leicht ablenkbare positive Teilchen) lasen sie erst im Januar, drei Monate nach der Veröffentlichung, als sie jeden Tag schon Dutzende von Fotografien der kosmischen Strahlung aufnahmen.[2] In diesem bitterkalten Cambridge-Winter mussten Blackett und Occhialini jeden Morgen durch Schnee, Matsch und Eis zum Eingang des Cavendish stapfen. Drinnen im Labor überfiel sie aufgeregte Hochstimmung über neue Fotografien der kosmischen Strahlen. Ein weiterer Erfolg schien sich anzukündigen, aber es gab ein Problem: Keiner wusste genau, was die Bilder zeigten.

Die Fotografien stellten einen „Schauer" von kosmischen Strahlen dar, mit Spuren, die in Kurven sowohl nach rechts als auch nach links verliefen, aber von einem einzigen Ort ausgingen. Auf mehreren Schnappschüssen war deutlich, dass Blackett und Occhialini positiv und negativ geladene Teilchen von etwa gleicher Masse beobachteten, wie sie durch die Nebelkammer flitzten:

© Springer-Verlag GmbH Deutschland, ein Teil von Springer Nature 2018
G. Farmelo, *Der seltsamste Mensch*, https://doi.org/10.1007/978-3-662-56579-7_17

Es schienen Elektronen und Anti-Elektronen zu sein. Blackett bat Dirac um Hilfe bei der Interpretation der Daten, und alsbald befand sich dieser im Labor und führte detaillierte Berechnungen auf der Basis seiner Lochtheorie durch. Die wahrscheinlichste Erklärung war, so fanden sie, dass einfallende kosmische Strahlen Atomkerne aufbrachen und dass dabei in unmittelbarer Nachbarschaft manchmal Paare von positiven und negativen Elektronen erzeugt wurden. Es war ein klassisches Anwendungsbeispiel für Einsteins Formel $E=mc^2$: Die Energie der Kollisionen wurde in die Masse der Teilchen umgewandelt. Diracs Berechnungen überzeugten den übervorsichtigen Blackett, dass die Fotografien ein starker Beleg für Anti-Elektronen waren, die sich exakt so verhielten, wie es die Dirac-Gleichung vorhersagte.

Während Blackett und Occhialini ihre Resultate für die Veröffentlichung vorbereiteten, informierte sich Dirac über die Ereignisse in Berlin. In der Novemberwahl hatten die Nazis über zwei Millionen Stimmen verloren, und die Anzahl ihrer Sitze im Reichstag hatte sich vermindert, doch am 30. Januar wurde nach wochenlangen Tricksereien von ihm selbst und seinen Unterstützern Hitler zum Reichskanzler ernannt. In der darauffolgenden Nacht war Göttingen hell erleuchtet von Fackeln, als eine Prozession uniformierter Nazis ihren Weg durch die Straßen der Altstadt nahm, patriotische Lieder mit höchster Lautstärke singend, Hakenkreuzfahnen schwenkend und antisemitische Witze reißend. Hitler machte die naive Hoffnung, er werde seine Politik mäßigen, wenn er an die Macht käme, zunichte, indem er unverzüglich eine Diktatur installierte. Am 6. Mai kündigten die Nazis eine Säuberung der Universitäten von nicht-arischen Akademikern an, und vier Tage später fanden im ganzen Land zeremonielle Bücherverbrennungen statt, so auch in Göttingen und Berlin. Schon bevor Hitler an die Macht kam, hatte Einstein Deutschland verlassen, und er gab schnell bekannt, dass er nicht zurückkehren werde.

Hunderte anderer jüdischer Wissenschaftler versuchten verzweifelt auszuwandern. Dutzende wurden von Frederick Lindemann gerettet, Rutherfords Pendant an der Universität Oxford, einem stachlig-sarkastischem Snob, der in seinem von einem Chauffeur gesteuerten Rolls Royce bei den Universitäten in Deutschland herumreiste und bedrohten Akademikern einen sicheren Hafen in seinem Labor anbot. Die Universität Cambridge warb potentielle Flüchtlinge nicht öffentlich an, sondern erwartete, dass sie sich bewerben. Sie erhielt dreißig derartige Bewerbungen von Wissenschaftlern pro Tag.[3] Einer von ihnen war Max Born, der eine kurzzeitige akademische Position erhielt sowie – mitbedingt durch Diracs Unterstützung – eine Honorarstelle am St. John College. Im November wurde sein junger Kollege Pascual Jordan zu einem der drei Millionen SA-Angehörigen und trug stolz seine braune Uniform, Schaftstiefel und die Armbinde mit dem Hakenkreuz.[4]

Obwohl Heisenberg nie der Partei beitrat, blieb er in Deutschland und freute sich sogar, dass Hitler an die Macht kam, falls eine Anekdote zutrifft, die Bohrs belgischer Student Léon Rosenfeld berichtete. Kurz nachdem Hitler Kanzler geworden war, bemerkte Bohr gegenüber Rosenfeld, dass die Ereignisse in Deutschland Frieden und Ruhe bringen könnten, da er überzeugt war, dass die Situation „mit diesen Kommunisten unhaltbar" war. Als Rosenfeld nachhakte, sagte Bohr: „Ich habe gerade Heisenberg getroffen und Sie sollten sehen, wie glücklich [er] war. Nun herrscht wenigstens Ordnung, die Unruhe ist abgestellt, und wir haben eine starke Hand, die Deutschland regiert, was auch gut für Europa sein wird."[5]

Dirac war persönlich entsetzt über Hitlers Ernennung zum Reichskanzler, aber seine Reaktion war nach außen so gut wie nicht wahrnehmbar, außer für ein paar Kollegen, einschließlich Heisenberg: Dirac schwor sich, nie wieder deutsch zu sprechen.[6] Er hatte zwei Fremdsprachen gelernt, aber jetzt wollte er keine von beiden mehr sprechen.

Die internationale Politik war nicht die einzige Ablenkung für Dirac. Er wandte seine Aufmerksamkeit der Moralphilosophie zu, vermutlich als Folge seiner Gespräche mit der beeindruckenden Isabel Whitehead. „Verachte die Philosophen nicht zu sehr", hatte sie ihm nach einem seiner Besuche geraten, „ein großer Teil von dem, was sie sagen, mag unnütz sein, aber sie sind auf der Suche nach etwas Wichtigem".[7] Mrs. Whitehead hatte sich eine von Diracs Tiraden gegen das einzige akademische Fach anhören müssen, das er unverhohlen geringschätzte. Eine seiner *Hasslieben* (*bêtes noires*) war der international bewunderte Philosoph Ludwig Wittgenstein vom Trinity College, den viele für einen der klügsten Akademiker in Cambridge hielten. Jahrzehnte später bemerkte Dirac, dass er ein „fürchterlicher Kerl" sei: „Kann nicht aufhören zu reden."[8]

Diracs mangelnde Begeisterung für Philosophen verwandelte sich in Feindschaft, als er die ignoranten Kommentare las, die mehrere von ihnen über die Quantenmechanik verfasst hatten. In einer Buchbesprechung hatte er schon einmal festgestellt, dass es der Unschärferelation von Heisenberg bedurft hätte, um die verschlafenen Philosophen zu den revolutionären Implikationen der Quantenmechanik zu erwecken.[9] Die Philosophen, die den Unmut von Dirac und anderen theoretischen Physikern am wenigsten hervorriefen, waren die logischen Positivisten, die behaupteten, dass eine Aussage nur dann eine Bedeutung hat, wenn sie durch Beobachtung verifiziert werden kann.[10] Spuren dieser Philosophie finden sich auf den drei Notizblättern, die Dirac handschriftlich Mitte Januar 1933 verfasste, seltene schlichte Texte eines jungen Erwachsenen, der sich über sein Denken zu Religion, Glaube und Vertrauen Rechenschaft gibt und Bilanz ziehen möchte.[11] Er hatte vor kurzem zu Isabel Whitehead gesagt: „In meinem

philosophischen Glauben richte ich mich hauptsächlich nach Niels Bohr",
aber diese Notizen zeigen, dass die allgemein anerkannten Philosophen
Dirac mehr beeinflussten, als ihm bewusst war.[12]

Dirac beginnt mit der Betrachtung des Glaubens. Einige der Dinge,
an die eine Person glaubt, bemerkt er, sind nicht auf Evidenz basiert, sondern beruhen einfach darauf, dass sie Glück, Seelenfrieden oder mora-
lisches Wohlbefinden fördern. Solche Dinge machen den Glauben oder
die Religion einer Person aus. Im einzigen Beispiel, das er zur Illustration
anführt, behandelt er den Selbstmord, wobei er betont, dass die meisten
Menschen dies „nicht für eine gute Sache halten, obwohl es keinen logischen
Grund dagegen gibt." Er wurde immer noch von Felix' Ableben verfolgt und
spürte die geringe Kraft der Logik angesichts der Trauer.

Dort, wo sich Dirac auf die Vergänglichkeit des Lebens konzentriert, bringt ihn das auf eine wichtige moralische Schlussfolgerung: „Eine
Begrenztheit des eigenen Lebens ist notwendig im Gang der Dinge, *um
einen logischen Grund für Selbstlosigkeit zu haben.* […] Dass das eigene Leben
ein Ende hat, führt dazu, ein Interesse für Dinge zu entwickeln, die nach
dem eigenen Tod fortbestehen werden."

Er behauptet, dass dies scharf von der Selbstlosigkeit zu trennen ist, die
von orthodoxen Religionen gepredigt wird, die er dadurch charakterisiert,
dass man seine Interessen in diesem Leben für seine Interessen im nächsten
opfert. Obwohl er solch ein Opfer als fehlgeleitet ansieht, räumt er – mit
für ihn uncharakteristischer Herablassung – ein, dass das Argument vieler
Missionare des Empire zutrifft, die „orthodoxe Religion sei für eine primitive Gemeinschaft geeignet, deren Mitglieder im Normalfall nicht genügend
hoch entwickelt sind, um in wahrer Selbstlosigkeit unterwiesen zu werden".

Obwohl Dirac religiösen Glauben ablehnt, akzeptiert er, dass ein anderer
Glaube ihn ersetzen muss, etwas, was menschlichem Leben und menschlicher Anstrengung und Ausdauer Sinn gibt. Dies führt ihn zu seinem Credo,
das auch später sein Denken über die Kosmologie beeinflussen sollte:

> In meinem Fall besteht mein Glaubensartikel darin, dass das menschliche
> Geschlecht auf ewig weiter leben wird und sich *ohne Begrenzung* entwickeln
> und fortschreiten wird. Dies ist eine Annahme, die ich für meinen eigenen
> Seelenfrieden machen muss. Das Leben ist sinnvoll, wenn man einen beschei-
> denen Beitrag zu dieser endlosen Kette des Fortschritts liefern kann.

Zum Abschluss seiner Notizen wendet sich Dirac dem Glauben an Gott zu.
Dieser Begriff ist so vage und unscharf definiert, sagt er, dass es schwer ist,
ihn mit dem geringsten Grad mathematischer Strenge zu diskutieren. Seine
Sicht zu diesem Thema hatte er erstmals in seiner Schmährede bei der Solvay-
Konferenz von 1927 preisgegeben, und sie ist hier nicht weniger schonungslos:

„Der Zweck dieses Glaubens ist es, einen aufzuheitern und einem Mut zu machen, um der Zukunft ins Auge sehen zu können nach einem Unglück oder einer Katastrophe. Dies wird dadurch bewirkt, dass man glauben soll, dass die Katastrophe notwendig für das endgültige Wohl der Menschheit war."

Vielleicht dachte Dirac dabei zumindest ein wenig an die Wiederentdeckung des Katholizismus der Kindheit, die sein Vater nach dem Tod von Felix machte. Dirac selbst hatte keinen solchen Trost und musste versuchen, mit der Tragödie ohne spirituelle Krücke zurechtzukommen. Da er nicht fassen konnte, dass eine wohlwollende Gottheit, die es zur Rechtfertigung der Religion geben musste, Naturkatastrophen als Teil des göttlichen Plans und letztendlich zum Besten der Menschheit zulässt, schloss Dirac, indem er die Vorstellung zurückwies, dass die Religion irgendeinen Platz im modernen Leben hat: „Jede weitere Annahme, die aus dem Glauben an einen Gott folgt, die man in seinem eigenen Glauben haben mag, ist unzulässig vom Standpunkt der modernen Wissenschaft aus und sollte in einer gut organisierten Gesellschaft nicht benötigt werden."

Das Gesamtdokument lässt erkennen, dass Diracs Denken über Moral und Religion von zwei prinzipiellen Anliegen durchdrungen ist: wie diese Art von Wissen in Einklang zu bringen ist mit wissenschaftlicher Beobachtung, und wie sie als ein Leitfaden für das Leben verwendet werden kann. Dies stimmt mit dem Ansatz von John Stuart Mill überein, der Diracs Vorschlag zugestimmt hätte, dass ein persönlich belohnender Glaube manchmal nötig ist, um den unhaltbaren Glauben an ein ewiges Leben zu ersetzen und jedem das Gefühl zu geben, dass er in irgendeiner Weise zum Fortschritt der Menschheit beiträgt. Einige der von Dirac verwendeten Formulierungen – besonders das Zitat der „wohl organisierten Gesellschaft" – könnten durch den Einfluss von Mills französischem Kollegen und Freund Auguste Comte entstanden sein, dem Begründer des Positivismus.[13] Noch wahrscheinlicher ist, dass Dirac die marxistische Linie übernahm, Religion sei „das Opium des Volkes."

Am Donnerstag, dem 16. Februar, bewegten sich im verblassenden Licht des Spätnachmittags Dutzende von Wissenschaftlern durch den Londoner Nebel. Sie steuerten auf den Piccadilly zu, den großartigen Sitz der Royal Society im Ostflügel des Burlington House, an der Stelle der heutigen Royal Academy of Arts. Hier befand sich das Hauptquartier der britischen Wissenschaft, nur einen Steinwurf entfernt von vielen der feinsten Geschäfte und Restaurants der Stadt und nur wenige Gehminuten von den Theatern im West End.[14] Die Teilnehmer an der Veranstaltung, darunter Cockcroft und Walton, hofften vermutlich, dass der erste der fünf vorgesehenen Vorträge etwas spannender ausfallen würde, als sein Titel versprach: „Some Results of the Photography of the Tracks of Penetrating Radiation", also einige Ergebnisse von Fotos der Spuren harter Strahlung. Ungewöhnlich für einen Fachvortrag war, dass sich unter der Zuhörerschaft auch eine Gruppe von Journalisten befand – ohne Frage nach einem Tipp von Crowther –, von denen sich wahrscheinlich die meisten fragten, ob sie hier nicht ihre Zeit verschwendeten. Wenn es wirklich eine gute Story gab, warum waren sie so spät informiert worden? Es darf auch vermutet werden, dass die Nachrichtenjäger hofften, der gutaussehende Referent vorne im Raum werde etwas aufregender sein, als er wirkte. Kurz nach 16:30 Uhr erhob sich Blackett.

Sein Vortrag war eine Sensation.[15] Er beschrieb sein Experiment und zeigte anschauliche Fotografien von Schauern geladener Teilchen, die fortwährend auf den Planeten herunterregnen und doch, bis zu diesen Experimenten, nie zuvor auf einen Film gebannt worden waren. Blackett hatte eigentlich keine theatralische Ader, aber als er die Fotografien der kosmischen Strahlung an die Wand warf, die diese bisher unbekannten Partikelschauer enthüllten, die den Planeten aus dem Weltall bombardieren, fielen den Zuschauern fast die Augen aus dem Kopf. Obwohl er bei der Interpretation seiner Paare aus positiven und negativen Teilchen sehr vorsichtig war, sagte Blackett, dass sie „außerordentlich gut" zu der Lochtheorie von Dirac passen würden. Vor den Augen der Zuhörer lag der offenkundige Beweis für Teilchen, die aus dem Nichts entstehen, und für den entgegengesetzten Vorgang, bei dem Elektronen und Anti-Elektronen sich gegenseitig auslöschen, sobald sie aufeinander treffen. Blackett beschrieb dies als ihren „Todesvertrag."

Als nach dem Vortrag der Applaus abgeklungen war, erklärte sich Blackett zum Interview mit den Journalisten bereit. Stets der perfekte Gentleman betonte er, dass der Entdecker des positiven Elektrons Carl Anderson war und dass die beste theoretische Interpretation der Fotografien von Dirac stammte. Wo aber war Dirac? Er hielt gerade in einem anderen Teil des Burlington House ein Seminar und war für eine Stellungnahme unerreichbar.[16]

Die Zeitungsberichte spiegelten die spannende Atmosphäre bei dem Interview wider. Von allen Londoner Zeitungen brachte der *Daily Herald* die Geschichte am ausführlichsten: Die Schlagzeilen sprachen davon, dass die Wissenschaft durch die „Forschungen eines jungen Mannes" revolutioniert wurde und von der „größten Atomentdeckung des Jahrhunderts". Ein atemloser Bericht über das Experiment folgte. Diracs Theorie wurde nicht erwähnt. Der anonyme Autor schnitt Occhialini aus der Geschichte heraus, wie auch Crowther im *Manchester Guardian* vom selben Morgen, wobei er jedoch die Entdeckung unter Verwendung von Diracs Theorie interpretierte und Millikans farbigen Begriff „kosmische Strahlung" erwähnte. Die *New York Times* brachte die Story am Freitagmorgen und nahm ein vorsichtiges Zitat von Rutherford mit auf: „Es scheint einen starken Hinweis auf die Existenz eines leichten positiv geladenen Teilchens zu geben, das dem Elektron entspricht. Doch das ganze Phänomen ist äußerst komplex, und es bedarf dazu noch vieler weiterer Arbeit." Der Reporter tat gut daran, dies Zitat zu bringen, da Rutherford an der Tagung nicht teilnahm, nachdem er deutlich gemacht hatte, dass er der Verwendung von Diracs Theorie durch Blackett und Occhialini misstraute, die seiner Meinung nach Unsinn war.

Seit Eddingtons Ankündigung seiner Sonnenfinsternis-Ergebnisse vor dreizehn Jahren hatte kein Vortrag in der Society in der internationalen Presse solche Wellen ausgelöst. Eddingtons geschickte Handhabung der Presse hatte Einstein zum internationalen Star gemacht, aber Blacketts Präsentation sollte nie das Gleiche für Dirac bewirken. Der hegte auch gar nicht den Wunsch, eine Berühmtheit zu sein; der bloße Gedanke hätte ihn entsetzt. Und nach Rutherfords reserviertem Kommentar bestand für Journalisten kaum noch ein Grund, Dirac aus seinem Versteck zu locken.

Als die Presse über Blacketts Ankündigung berichtete, wurde Anderson nervös. Die meisten Physiker hatten weder seinen Artikel über die „leicht ablenkbaren positiven Teilchen" gelesen, noch davon gehört, und er hatte seine Fotografien immer noch nicht in einer Fachzeitschrift veröffentlicht. Er hatte dem neuen Teilchen noch nicht einmal einen Namen gegeben. Mehrere Monate lang hatten er und seine Kollegen am Caltech überlegt, den Begriff „positives Elektron" zusammenzuziehen zu Positron und gleichzeitig das normale negativ geladene Elektron in Negatron umzubenennen. Weitere Namen sollten noch auftauchen: Der Astrophysiker Herbert Dingle in London erinnerte sich daran, dass Elektra in der griechischen Mythologie einen Bruder namens Orestes hatte, und schlug deshalb vor, das positive Elektron Oreston zu nennen. Nachdem Anderson eilig eine lange Arbeit über seine Entdeckung fertiggestellt hatte, war er derjenige, der den Namen wählte, der haften bleiben sollte: Positron.[17]

Die Debatte über das Positron schwelte monatelang weiter. Bohr dachte, das Teilchen könne nicht real sein, sondern wäre durch „driftende Luftströmungen" in der Nebelkammer vorgetäuscht. Erst als Heisenberg und Kollegen in Bayern Skiferien mit Bohr verbrachten und eine von Andersons Nebelkammerfotografien dabei hatten, begann Bohr endlich zu glauben, dass das Positron existiert. In Kalifornien wurde Anderson schwankend und Millikan weigerte sich zu glauben, dass Elektronen und Positronen paarweise produziert würden, da die Beobachtungen nicht mit seiner Theorie der kosmischen Strahlung übereinstimmten. Sogar in Cambridge blieb die Frage über mehrere Monate hinweg kontrovers. Rutherford, dem die Idee, dass eine abstrakte Theorie ein neues Teilchen vorhersagen konnte, nicht gefiel, bevorzugte eine Physik, die von unten nach oben vorging: „Mir hätte es viel besser gefallen, wenn die Theorie erst gekommen wäre, nachdem die experimentellen Fakten feststanden."[18]

Obwohl nur wenige Theoretiker Diracs Lochtheorie akzeptierten, hielten viele die Entdeckung des Positrons für einen weiteren persönlichen Triumph von ihm, wobei einige erneut an dem Versuch verzweifelten, mit ihm zu konkurrieren.[19] Tamm schrieb aus Moskau an Dirac und sparte nicht mit Lob, deutete aber an, dass Dirac zuvor seine Hoffnung aufgegeben habe, dass seine Vorhersage verifiziert werden könnte: „Deine Voraussage der Existenz des [Positrons] [...] erschien so außergewöhnlich und gänzlich neu, dass selbst Du nicht gewagt hast, daran festzuhalten, und es vorzogst, die Theorie aufzugeben."[20] Dirac, der im Stillen froh war, dass seine kontroverse Theorie durch Experimente voll und ganz bestätigt wurde, zeigte keine Emotion. Dreißig Jahre später bemerkte er mit einer Distanziertheit, die über die der Olympier hinausgeht, dass er seine größte Genugtuung nicht aus der Entdeckung des Positrons beziehe, sondern daraus, dass er die zugrundeliegenden Gleichungen richtig aufgestellt hatte.[21] Für den Fall, dass Dirac doch ein wenig mit sich selbst zufrieden gewesen wäre, stand Pauli wie immer bereit, ihn auf den Boden der Tatsachen zurückzuholen: „Ich glaube nicht an Deine Vorstellung der ‚Löcher‘, auch nicht, wenn das Anti-Elektron bewiesen ist."[22]

Erst Ende 1933 akzeptierte die Mehrheit der Quantenphysiker, dass das Positron existiert, Elektron-Positron-Paare im Vakuum erzeugt werden können, und dass das Positron in Diracs Lochtheorie vorkam, bevor es entdeckt wurde. Lediglich Millikan, der fast allein gelassen auf seiner „Geburtsschrei"-Theorie der kosmischen Strahlung bestand, blieb standhaft gegenüber der Idee der Paarerzeugung.[23] Am Anfang des Jahres 1934 war jedoch die Evidenz für das neue Teilchen unwiderlegbar geworden, denn die Zahl der jährlich entdeckten Positronen hatte sich, vor allem dank der Technik von Blackett und Occhialini, von ungefähr vier im vergangenen Jahr auf die neue jährliche Gesamtzahl von dreißigtausend erhöht.[24] Noch wichtiger war, dass Experimentatoren im Cavendish und in anderen Laboratorien nachgewiesen hatten, dass Positronen nach Belieben auf dem Labortisch produziert werden können, indem man radioaktive Quellen verwendet, sodass sie nicht nur als Folge von Schauern kosmischer Strahlung zu beobachten waren, die die Erde bombardierten.[25] Erneut verfolgte Dirac sorgfältig die experimentellen Resultate dahingehend, ob sie mit den Vorhersagen seiner Theorie übereinstimmten.

Im Nachhinein wurde deutlich: Hätten die Physiker Diracs Lochtheorie ernst genommen, wäre das Positron einige Monate früher entdeckt worden. Anderson sagte später, dass jeder beliebige Experimentator, der die Theorie wörtlich nahm und über ein gut eingerichteten Labor verfügte, unter Verwendung einer radioaktiven Quelle „an einem einzigen Nachmittag das Positron hätte entdecken können".[26] Blackett stimmte zu.[27] Wie Dirac offensichtlich später erkannte, fiel der größte Teil der Verantwortung hierfür ihm selbst zu, weil er sich nie dafür stark gemacht hatte, dass Experimentalphysiker nach dem Anti-Elektron suchen sollten, und weil er nie vorgeschlagen hatte, wie sie es mit ihren vorhandenen Geräten finden könnten. Als er dreiunddreißig Jahre später gefragt wurde, warum er nicht das Anti-Elektron geradeheraus vorhergesagt habe, entgegnete Dirac: „reine Feigheit".[28]

Obwohl Dirac glaubte, dass er das Positron vorhergesagt hatte und dies auch seit dem Jahr 1933 öffentlich aussprach, erhoben einige Kommentatoren den Einwand, dass „Vorhersage" ein zu starker Ausdruck sei.[29] Sogar Blackett schrieb im Jahre 1969, dass „Dirac das Positron beinahe, aber nicht ganz vorausgesagt hat", eine Formulierung, die Dirac wahrscheinlich einen Stich versetzt hat, falls er sie gelesen hat.[30] Der Konsens unter den heutigen Wissenschaftlern ist jedoch, dass Diracs Rolle bei der Vorhersage der Existenz des Positrons eine der größten Leistungen der Wissenschaft darstellt. Im Jahre 2002, kurz nach der Hundertjahrfeier von Diracs Geburtstag, ging der theoretische Physiker Kurt Gottfried noch weiter: „Die Physik hat andere weit hergeholte Vorhersagen produziert, die in der Folge durch Experimente bestätigt wurden. Doch Diracs Vorhersage der Antimaterie steht einzigartig dar, da sie allein durch das Vertrauen in die reine Theorie motiviert war, ohne irgendeinen Hinweis aus vorhandenen Daten, und dennoch eine tiefe und universelle Eigenschaft der Natur enthüllt hat."[31]

In den vorangegangenen sieben Jahren waren die meisten Fortschritte in der Physik durch Theoretiker herbeigeführt worden, aber jetzt gab es klare Anzeichen – besonders durch die Entdeckungen aus dem Cavendish und vom Caltech –, dass die Experimentalphysiker nun im Fahrersitz saßen. Desillusioniert von der Quantenfeldtheorie und, nachdem er zwei Jahre gearbeitet hatte, ohne dass seiner Meinung nach eine neue starke Idee herausgekommen war, tat sich Dirac mit Kapitza im Labor zusammen. Es war wiederum ein ganz ungleiches Paar: Der zurückhaltendste Kopfarbeiter und Theoretiker sollte mit dem extrovertiertesten, praktisch ausgerichteten Experimentator zusammenarbeiten. Doch sie benahmen sich wie Brüder beim Spiel.

Sie gehörten zu den Ersten, die die Spitzentechnologie im Mond-Laboratorium nutzten, das Rutherford für Kapitza im Hof des Cavendish mit Mitteln der Royal Society und des Industriellen Ludwig Mond hatte bauen lassen. Die Eröffnung Anfang Februar 1933 war ein festliches Ereignis, Dutzende von Journalisten mit Filzhut kritzelten in ihre Notizbücher, als die Prozession vorbeizog, die dem Grau des mittwinterlichen Nachmittags Farbtupfer hinzufügte. Dirac war in seinem scharlachroten Talar anwesend und schaute der Veranstaltung zu, die von Stanley Baldwin, dem Kanzler der Universität und Stellvertreter von Premierminister Ramsay MacDonald, geleitet wurde. Während der Zeremonien wies Kapitza auf die Skulptur eines Krokodils hin, das in das Mauerwerk des Laborhaupteingangs von dem modernistischen Bildhauer und Schriftsetzer Eric Gill eingemeißelt worden war. In der Vorhalle des Laboratoriums fand sich ein weiteres Kunstwerk von Gill, ein Halbrelief von Rutherford, eine Skulptur, die Rutherfords Nasengröße ein wenig übertrieb und ihn wie einen Bruder Einsteins aussehen ließ. Einige hinsichtlich der künstlerischen Seite konservativ eingestellte Autoritäten in Cambridge waren über Gills Darstellung so aufgebracht, dass sie sich drei Monate lang bemühten, diese entfernen zu lassen. Ihr Ärger verflüchtigte sich erst, nachdem Bohr erklärt hatte, dass das Relief „ganz hervorragend sei, gleichzeitig durchdacht und ausdrucksvoll".[32] Rutherford stand dem ganzen Wirbel indifferent gegenüber und erklärte, dass er „nichts von Kunst verstehe".[33]

Dirac und Kapitza entwarfen ein neues, potentiell aufschlussreiches Experiment: zu untersuchen, wie Elektronen und Licht miteinander interagieren. Dirac hatte in Davissons Labor in Manhattan selbst miterlebt, dass die Bahnen der Elektronen abgebogen werden, wenn ein Kristall von einem Elektronenstrahl getroffen wird, was demonstrierte, dass Elektronen sich wie Wellen verhalten können. Die Elektronen und das Licht ähneln sich darin, dass sich beide manchmal wie Wellen und manchmal wie Teilchen verhalten. Dirac und Kapitza kamen auf den Gedanken, den Kristall durch Licht zu ersetzen. Ihre Idee war, Licht zwischen zwei Spiegeln hin und her reflektieren zu lassen, sodass nur eine ganze Zahl von halben Lichtwellenlängen zwischen den Spiegeln entsteht, ganz analog der Anzahl von halben Wellenlängen auf einem Seil, das an einem Ende festgehalten und am anderen geschwungen wird. Geradeso wie der Kristall aus einer regelmäßigen dreidimensionalen Anordnung von Atomen besteht, hat auch das reflektierte Licht ein reguläres Muster von erlaubten Wellenlängen, daher sollten beide in der Lage sein, die Bahn eines Elektronenstrahls zu beugen. Ein solches Experiment böte eine einzigartige Untersuchungsmöglichkeit des wellenartigen und teilchenhaften Verhaltens sowohl der Elektronen als auch des Lichtes. Diracs Berechnungen zeigten, dass die Ablenkung des Elektronenstrahls nachweisbar sein sollte, allerdings nur, wenn das reflektierte Licht extrem hell wäre, heller als die besten verfügbaren Lampen. Der Zustand der damals verfügbaren Lichttechnologie vereitelte somit die ersten Pläne von Dirac und Kapitza für ein gemeinsames Experiment. Es sollte nicht lange dauern, bis sie wieder zurück im Labor waren.

Im Frühjahr 1933 publizierte die *Cambridge Review* als seriöse Chronistin der Universitätsangelegenheiten einen anonymen Artikel, in dem betont wurde, dass „die junge Generation sich derzeit [in der Politik] stärker engagiert als seit langer Zeit."[34] Der Hedonismus der späten 1920er-Jahre war fast vollständig verflogen und war von der Besorgnis über die nationale wirtschaftliche Not und die Gefahr eines Krieges verdrängt worden. Hitler, Mussolini und Stalin rüttelten die Engländer aus ihrer Gleichgültigkeit gegenüber politischen Extremen auf. Winston Churchill machte aus seinem politischen Abseits wiederholt auf die Notwendigkeit militärischer Wiederaufrüstung aufmerksam, aber er wurde ignoriert.

In der studentischen Cambridge Union wurde Ende Februar trotz eines brillanten Vortrags des Faschisten Sir Oswald Moseley die Bewegung „Dieses Haus zieht Faschismus dem Sozialismus vor" vernichtend geschlagen, ein weiteres Anzeichen dafür, dass die Studenten Stalin gegenüber Hitler den Vorzug gaben.[35] Auch die Dozenten wandten sich nach links, viele waren enttäuscht von der unwissenschaftlichen Herangehensweise der Politiker an soziale Fragen und empört über die harte Behandlung, die den Arbeitslosen angetan wurde. Einige politische Führungspersönlichkeiten gingen aus der Akademikerschaft hervor, angestachelt von Jim Crowther, der geschickt seine marxistischen Ansichten verbreitete, ohne dabei die vielen Wissenschaftler zu verärgern, die einem politischen Engagement misstrauisch gegenüber standen. Die sozialistischen Anführer, die hierbei in Erscheinung traten, waren arbeitswütige Männer, die eine hoch fliegende akademische Karriere mit energischem politischem Engagement zu verbinden wussten und in Einzelfällen damit gut ankamen. Unter ihnen war Blackett der Unaufdringlichste, kein Kommunist, aber ein überzeugter Anhänger der Labour Partei. Er stellte entsetzt fest, dass „die gesamte Struktur des Liberalismus und des freien Handels auf der ganzen Welt am Zusammenbrechen ist", und war betroffen von „der paradoxen Situation, in der so viele inmitten von all dem Überfluss hungerten". Nach Blacketts Ansicht hatten Wissenschaftler und Ingenieure „die technische Revolution selbst produziert, die zu dieser Situation geführt hat" und „*müssten* sich deshalb unmittelbar um die großen politischen Auseinandersetzungen von heute kümmern".[36]

Der Einflussreichste von allen war Bernal, „der Heilige Paulus der wissenschaftlichen und gesellschaftlichen Bewegung der Dreißiger-Jahre", wie einer seiner Kollegen ihn später charakterisierte.[37] Er erinnerte sich in der Rückschau, wie er durch das sowjetische Experiment inspiriert worden war:

Niemand konnte sich in jenen Tagen dem Aufbruch der Begeisterung über die erzielte Leistung in der Sowjetunion entziehen. Es war grauenvoll, aber großartig. Die Entbehrungen bei uns in England waren geringer; die dortigen wurden absichtlich in Kauf genommen und durchgezogen, in der Zuversicht, eine bessere Zukunft aufzubauen. Ihre Entbehrungen wurden kompensiert durch eine berechtigte Hoffnung.[38]

Obwohl Dirac mit Kapitza und Blackett gerne politisierte, hatte er bei den sozialistischen und kommunistischen Wissenschaftlern nur eine Mitläuferrolle inne, er gehörte sozusagen nie zur Vorhut. Die politisch Aktiven nahmen Anstoß an Diracs fehlender Bereitschaft, seine neuen Erkenntnisse mit Menschen außerhalb des Bereichs der Wissenschaft zu teilen. In einem kurzen Artikel „Quantum Mechanics and Bolshevism" in der *Cambridge Review* berichtete ein anonymer Autor von der Ungehaltenheit in der Sowjetunion über den „vollständig unpolitischen Charakter seines wissenschaftlichen Werkes und dessen abgehobenen Ton ohne jede Bezugnahme auf die Probleme und Fragen der Gegenwart."[39] Im Sommer nahm Bernal Dirac in seine Liste der intellektuellen „Übeltäter" auf – darunter auch Joyce, Picasso und Eliot –, die alle „einer privaten Traumwelt zuneigen würden" und der Zugänglichkeit ihres Werks für das Volk keine Beachtung schenkten.[40] Dirac hätte sich zweifellos schuldig bekannt im Sinne der Anklage, da er seine Aufgabe darin sah, bessere Theorien für die fundamentalen Teilchen zu finden und nicht darin, die Öffentlichkeit über den dabei eingeschlagenen Weg zu informieren. Obwohl er an der jährlichen Tagung der British Association for the Advancement of Science im September 1933 nicht teilnahm, stimmte er ihrem Beschluss zu: Wissenschaftler haben die Pflicht, zur öffentlichen Debatte beizutragen und sollten öffentlich die Wichtigkeit betonen, die Wissenschaft und Technik bei dem Versuch zukommt, das Land wieder auf die Beine zu stellen.[41] Die Gesellschaft übte Druck auf Dirac und andere Wissenschaftler aus, die dieselbe einzelgängerische Einstellung hatten, was öffentliche Äußerungen betraf.

Dirac hat sich offenbar nicht die Mühe gemacht, seinen Eltern von seinem Erfolg mit dem Positron zu berichten. In diesem Jahr war ihr erstes besonderes Erlebnis eine Parisreise im Frühjahr, wo Betty studierte, um ihren Abschluss zu machen. Sie schrieb ihrer Mutter nicht, schickte aber regelmäßig Briefe an ihren Vater, der so begeistert war, als er hörte, dass sie nach Genf fahren wollte, dass er beschloss, alles liegen zu lassen und sich ihr anzuschließen. Kurz nach fünf Uhr morgens, einen Tag nachdem Bettys Brief angekommen war, machten sich Charles und Flo mit der Straßenbahn zum Bahnhof auf, wobei Flo den schweren Koffer ihres Mannes trug.[42] Als sie nach Hause zurückgekehrt war, fand sie einen Brief von Dirac vor mit der Einladung, einen Tag in Cambridge mit ihm zu verbringen. Später bezahlte er für sie auch eine zehntägige Kreuzfahrt im Mittelmeer. „Wäre es nicht lustig", schrieb sie ihm aus ihrer Kabine wie eine Schulschwänzerin, „wenn ich zurückkomme und Pa gar nichts davon weiß?"[43] Und so kam es: Charles und Betty kamen Mitte September nach Julius Road 6 zurück, nachdem sie vorher telegrafiert hatten – die erste Nachricht, die Flo von ihrem Mann seit acht Wochen erhielt. Diese Vernachlässigung verärgerte offenbar Dirac. Seit mehr als acht Jahren hatte er seine Postkarten nach Hause an beide Eltern adressiert, aber von nun an adressierte er sie nur noch an seine Mutter.[44]

Dirac hatte den Sommer in Cambridge verbracht, versuchte die Unendlichkeiten zu verstehen, die seine Feldtheorie der Photonen und Elektronen belasteten, und dachte weiter über die Themen seiner Arbeiten des vergangenen Jahres nach. Er hatte die Äquivalenz seiner Theorie zu der von Heisenberg und Pauli bewiesen, hatte das Wirkungsprinzip in der Quantenmechanik entdeckt und hatte erlebt, dass seine Vorhersage des Positrons bestätigt wurde, außerdem hatte er mit Kapitza ein vielversprechendes Projekt im Labor begonnen. Es war eines der erfolgreichsten Jahre eines Wissenschaftlers in der Neuzeit, aber Dirac war enttäuscht. Er schrieb an Tamm, der geklagt hatte, dass er mit mageren Jahren zu kämpfen habe: „Ähnlich wie Du bin ich unzufrieden mit meinen Forschungsarbeiten während des letzten Jahres, aber im Gegensatz zu Dir habe ich keinen äußeren Grund, den ich dafür verantwortlich machen kann.“[45] Er benötigte einen Urlaub.

Nach Wandern und Bergsteigen in Norwegen sollte Dirac an einer Konferenz im Bohr-Institut teilnehmen und dann nach Leningrad weiter reisen zur ersten sowjetischen Konferenz über Kernphysik, wo er sicherlich als ein Star gefeiert würde. Es zeigte sich aber, dass er nicht in der Stimmung war, die Anerkennung zu genießen.

1933 war die Atmosphäre bei Bohrs Jahrestagung angespannt und beklommen. Es fühlte sich irgendwie nicht richtig an, sich an einer geistreichen Diskussion über das Positron zu erfreuen oder sich beim Tischtennis auszutoben, während jüdische Kollegen in Deutschland aus dem Land verjagt wurden. Doch nachdem jetzt die meisten Physiker von der Existenz des Positrons überzeugt waren, konnte Dirac das Gefühl haben, dass sein Vertrauen in die Lochtheorie belohnt worden war. Pauli, der dies nicht mitansehen wollte, schwänzte die Tagung und fuhr nach Südfrankreich in die Ferien.[46]

Bohr organisierte wie gewohnt das einwöchige Programm, kombinierte Vorträge im Institut mit Zusammenkünften in seinem neuen Haus, einer Villa aus der Mitte des neunzehnten Jahrhunderts im Südwesten von Kopenhagen auf dem Gelände der örtlichen Carlsberg-Brauerei gelegen.[47] Eingebettet in Hunderte Morgen Land mit gepflegten Gärten, war diese Residenz ein Ehrengeschenk der Regierung auf Lebenszeit, das sie, immer wenn es frei war, an die Person vergeben wollte, die als der berühmteste lebende Däne angesehen wurde.

Die Physiker waren bei der Tagung selbst guter Stimmung, allerdings war Ehrenfest in schlechter Verfassung. Aufgedunsen und übergewichtig verlor er seinen sicheren Halt in der Physik. Ihm erschien das Aufeinanderfolgen von Forschungsberichten nur noch wie ein entmutigendes Konglomerat von Einzelheiten. In der Überzeugung, sein eigenes Werk sei wertlos, hielt er nach einer neuen, weniger prominenten akademischen Position Ausschau, wo er auf der Kriechspur fahren könnte.[48] Er hatte jedoch noch nicht vollständig aufgegeben: Bei den Diskussionen war er immer noch der unbefangene Fragesteller, der jeden Redner zu vollständiger Klarheit drängte, wobei er half, die Aufmerksamkeit von den Nebensächlichkeiten auf den springenden Punkt

der neuen Idee zu richten. Er hielt sich bei diesem Treffen besonders nahe an
Dirac, sie sprachen viele Stunden miteinander, ein paar Atemzüge von dem
Rauchermief entfernt.[49]

Nach dem abschließenden Gedankenaustausch in Bohrs Haus stellten die
Physiker ihr Gepäck in die Eingangshalle und verabschiedeten sich voneinander.[50] Es war der übliche bitter-süße Abschied, aber ein Teilnehmer schien
besonders wenig im Gleichgewicht zu sein: Ehrenfest, der auf ein Taxi wartete,
wirkte nervös und unglücklich. Als sich Dirac bei ihm für seine Beiträge zur
Tagung bedankte, war er ganz sprachlos und eilte, vermutlich um nicht antworten zu müssen, zu Bohr hinüber, um Abschied zu nehmen. Als er zurückkam, verbeugte sich Ehrenfest tief und äußerte ergriffen: „Was Sie gesagt
haben, bedeutet, da es aus dem Mund eines jungen Menschen wie Ihnen kam,
sehr viel für mich, weil ein Mann wie ich vielleicht das Gefühl hat, keine Kraft
mehr zum Leben zu haben." Ehrenfest sollte man nicht allein nach Hause
reisen lassen, dachte Dirac, aber er änderte seine Meinung. Im Widerspruch
zu seiner üblichen Annahme, dass die Leute exakt das meinen, was sie sagen,
schloss er, dass Ehrenfest nicht „vielleicht" gemeint hatte, sondern „manchmal" – er meinte ja selbst auch, dass das Leben *manchmal* nicht lebenswert
war. In dem Bemühen, die richtigen Worte zu finden, betonte Dirac, dass
sein Kompliment ehrlich gemeint gewesen war. Immer noch weinend hielt
sich Ehrenfest an Diracs Arm fest und rang nach Worten. Aber es kamen
keine. Er stieg in das Taxi ein, das schnell durch die schmalen grasbewachsenen Rundwege vor dem Anwesen und durch den Garten unter dem Tor des
Carlsberg-Gebäudes hindurch fuhr und in Richtung Bahnhof verschwand.

Ein paar Tage später reiste Dirac mit dem Schiff nach Helsinki, beteiligte
sich an den Spielen auf dem Deck und entspannte sich in der Sonne auf der
Weiterfahrt in die Sowjetunion. Seit Hitlers Machtergreifung hatte sich die
Haltung der UdSSR gegenüber Wissenschaftlern aus anderen Ländern verändert: Stalin förderte nicht länger die Zusammenarbeit seiner Wissenschaftler mit
ausländischen Kollegen, entsprechende Verbindungen wurden als Verbrechen
definiert, mit Ausnahme von Dirac und einer kleinen Zahl weiterer offizieller
Freunde der Sowjetunion. Dirac hatte sich bemüht, dies herunterzuspielen, als
er vier Wochen zuvor einen um Ausgleich bemühten Brief an Bohr schrieb, in
dem er ihn eines „warmen Willkommens durch die russischen Physiker" versicherte und hinzufügte, dass die dortige Wirtschaft nicht in einer Depression
sei: „Die wirtschaftliche Situation dort ist vollkommen verschieden von überall sonst."[51] Wie viele andere leichtgläubige Besucher hatte Dirac so gut wie
keine Ahnung von dem Ausmaß der Hungerkatastrophe und der wirtschaftlichen Schwierigkeiten in der Sowjetunion seit Beginn des Fünfjahresplans und
der Einführung des Kollektivierungsprogramms: Die Menschen liefen mit
Einkaufsnetzen in ihren Taschen umher in der vagen Hoffnung, dass sie auf eine

Warteschlange stoßen könnten.[52] Im Jahr 1933 waren die Entbehrungen am schlimmsten, die Sowjet-Diät wies nur wenig Milch und Früchte auf und gerade ein Fünftel der Fleisch- und Fischmenge, die dreißig Jahre zuvor verbraucht worden war. Fast die einzigen, die gut zu essen hatten, waren Staatsbedienstete und ranghohe Besucher wie Dirac, dem mit ziemlicher Sicherheit die Kosten des Kollektivierungsprogramms nicht bewusst waren: an die 14,5 Millionen Menschenleben während der voraufgegangenen vier Jahre, ein höherer Todeszoll als im Weltkrieg davor.[53] Dirac wusste nur, dass die Zeiten hart waren und dass selbst unverzichtbare Bekleidungsartikel nicht in den Geschäften zu finden waren: Als Tamm sagte, er könne sich keinen festen Wintermantel für die kommenden Monate mit Frost und Kälte kaufen, gab Dirac ihm seinen eigenen und verbrachte den nächsten Winter in England ohne Mantel.[54]

Diese Konferenz sollte eigentlich ein Höhepunkt in Diracs Karriere werden, aber dann erreichte ihn eine fürchterliche Nachricht aus Amsterdam: Im Vondelpark der Stadt war am letzten Septembermontag zur Mittagszeit ein normaler Frühherbsttag wie immer. Mütter zeigten ihren kleinen Kindern, wie man Enten füttert, Fahrradfahrer rauschten an den dahinschlendernden Fußgängern vorbei, und ein paar Ausflügler genossen die letzten Strahlen der Nachmittagssonne. Doch plötzlich wurde die Ruhe durch Schüsse erschüttert. Zuschauer versammelten sich um eine grauenhafte Szene voller Gewalt: Ein kleiner Junge mit Down-Syndrom, tödlich verletzt, aber noch atmend, lag neben einem Mann in den fünfziger Jahren, dessen Kopf zum Teil weggeblasen war. Der Mann war Paul Ehrenfest. Sekunden zuvor hatte er auf seinen Sohn Wassik geschossen, hatte aber nicht ganz die Kraft ihn zu töten aufgebracht. Zwei Stunden später starb der Junge an seinen Verletzungen.[55]

In zahllosen verwirrenden Seminaren über die neuen Quantenideen hatte Ehrenfest mehr als jeder andere geleistet, um die Spreu vom Weizen zu trennen. Er war nun von der Welle ertränkt worden, die er selbst zu erschaffen geholfen hatte. Dirac, der danach mit seinen eigenen Gedanken und Gefühlen ins Reine kommen musste, schrieb einen vierseitigen Brief an Bohr, in dem er seine letzten Minuten mit Ehrenfest schilderte.[56] Von allen erhalten gebliebenen Briefen von Dirac gehört dieser zu den längsten und seine Gefühle am klarsten zeigenden Dokumenten. Mit der Gewandtheit eines Schriftstellers beschreibt er jede Einzelheit seines letzten Zusammentreffens mit Ehrenfest mit einem größeren Feingefühl für emotionale Nuancen, als die meisten seiner Kollegen ihm zugetraut hätten. Er bedauerte gegenüber Frau Bohr, dass er Ehrenfests letzte an ihn gerichtete Worte wörtlicher hätte nehmen müssen – ein Fehler, den zu erkennen keiner Dirac zugetraut hätte – und dass er ihrem Mann hätte raten sollen, Ehrenfest in Kopenhagen zu behalten. Dirac schloss damit, dass er „nicht umhin könne, sich schuldig zu fühlen für das, was geschehen war". Margrethe Bohr antwortete mit tröstenden Worten und dankte ihm dafür, dass er „so viel getan hätte, um Ehrenfests letzte Tage hier so positiv zu machen, wie es seine traurige Stimmung zuließ". Sie fügte hinzu, „er hatte Sie sehr in sein Herz geschlossen".[57]

Ehrenfest hatte schon einen Monat vor der Kopenhagener Tagung einen Abschiedsbrief aufgesetzt – an seine „lieben Freunde: Bohr, Einstein, Franck, Herglotz, Joffe, Kohnstein und Tolman", jedoch nicht an Dirac. Nachdem er erklärte hatte, dass sein Leben „unerträglich" geworden sei, schloss er mit den Worten:

„Mein Interesse für das Begreifen der fortschreitenden physikalischen Erkenntnisse und die große Freude, es an andere weiterzugeben, war ... das eigentliche Rückgrat meines Lebens. Ich habe es schließlich nach immer nervöseren, zerfetzter werdenden Versuchen verzweifelt aufgegeben. Dieses bedeutet eine unheilbare, vernichtende Erkrankung gerade im Kern meines Lebens" [zitiert nach Hermann 1995]. Dies machte mich völlig „lebens-müde" [...]. Ich fühlte mich „verurteilt, weiter zu leben", vor allem um der finanziellen Sorge für die Kinder willen [...]. Deshalb konzentrierte ich mich mehr und mehr auf immer präzisere Details der Selbsttötung [...]. Mir bleibt keine andere „praktische" Möglichkeit als Selbstmord, und das, nachdem ich Wassik getötet habe. Vergebt mir.[58]

Ehrenfest schickte diesen schrecklichen Brief niemals ab. Es war tragisch, dass er wenige Wochen später nicht seinen Platz bei der Solvay-Konferenz einnehmen konnte, die der Höhepunkt der fast zehnjährigen Erforschung der Materie auf ihrer elementarsten Ebene wurde. Ursprünglich waren als Tagungsthema Anwendungen der Quantenmechanik auf die Chemie geplant gewesen, aber im Juli 1932 hatten die Organisatoren beschlossen – angesichts der Entdeckungen im Cavendish in diesem Jahr – den Atomkern zum Thema zu machen. Man hätte erwarten können, dass Rutherford im Mittelpunkt der Tagung stehen würde, aber im Herbst 1933 war die Kernphysik weit vorangeschritten und sprühte geradezu von neuen Entdeckungen, neuen Ideen und neuen Techniken. Rutherford, der nie das Rampenlicht scheute, mag sich in den Hintergrund gedrängt gefühlt haben, als er sah, dass der Brennpunkt der Aufmerksamkeit anderen galt: zunächst Amerikas extravag-antem jungen Experimentalphysiker Ernest Lawrence mit seiner Erfindung eines hochenergetischen Teilchenbeschleunigers, der so kompakt war, dass er auf eine Tischplatte passte; zweitens Enrico Fermis Entdeckung, dass lang-same Neutronen dazu verwendet werden können, bestimmte Atomkerne dazu zu bringen, künstlich radioaktiv zu werden und zu zerfallen; drittens Heisenbergs neuem Bild des Atomkerns als Kombination aus Protonen und Neutronen, aber ohne Elektronen.

Diracs Intuition war in diesem subatomaren Bereich nicht ganz trittsicher: Er war mit Heisenbergs Sicht des Atomkerns – die bald in den
Lehrbüchern stand – nicht einverstanden, ebenso wie er auch nicht an die
Existenz von Paulis Neutrino glaubte. Dirac fühlte sich am wohlsten, wenn
er sich mit den Implikationen der Quantenmechanik beschäftigen konnte,
und er durfte dies auf der Konferenz auch tun, aber erst, nachdem Pauli die
Organisatoren gedrängt hatte, auch ihm Redezeit einzuräumen.[59]

Es sollte ein weiterer einflussreicher Vortrag Diracs werden. Nachdem er
dargelegt hatte, dass die Entdeckung des Positrons das Interesse an der Existenz
eines Sees von Elektronen mit negativer Energie neu belebt hatte, argumentierte er, dass die Anwesenheit dieser Hintergrundpartikel die Physiker zwinge,
die Begriffe des Vakuums und der elektrischen Ladung neu zu überdenken.
Wie Oppenheimer und einer seiner Studenten unabhängig vorgeschlagen hatten, war das Vakuum nicht vollkommen leer, sondern wimmelte von Aktivität,
eine gigantische Anzahl von Paaren aus Teilchen und Antiteilchen steigt unaufhörlich aus dem Nichts hervor, um sich dann gegenseitig in Bruchteilen einer
milliardstel Sekunde wieder zu vernichten. Diese Prozesse der Erzeugung und
Vernichtung sind so kurz, dass keine Hoffnung besteht, sie direkt zu entdecken, aber ihre Existenz sollte messbare Veränderungen in den Energien
der atomaren Elektronen verursachen. Des Weiteren schlug Dirac vor, dass
die Ladung eines gewöhnlichen Elektrons mit positiver Energie durch die
Anwesenheit des Sees von negativer Energie beeinflusst würde: Die elektrische
Ladung eines gewöhnlichen Elektrons sollte gegenüber dem Wert geringfügig
vermindert sein, den sie in Abwesenheit des Hintergrundes haben würde.

Aber die Theorie war noch reichlich mit Unendlichkeiten gespickt. Dirac
schlug Methoden vor, wie dies zu umgehen sei, wobei er spezielle mathematische Techniken verwandte, um überprüfbare Vorhersagen zu gewinnen. Die
Zuhörer erkannten, dass dies das Werk eines Meisters war, eines geradezu ober-
schlauen Genies. Doch Pauli verzweifelte an der Theorie („wie künstlich mir
das Ganze vorkommt!"), während sie für Heisenberg „gelehrter Mist" war.[60]

Dirac stimmte wahrscheinlich Pauli und Heisenberg mehr zu, als er verriet, da er wie jeder andere wusste, dass zu seinen Techniken Methoden
gehörten, wie sie die rein ergebnisorientierten Ingenieure verwendeten, die
aber jeden Mathematiker, der etwas auf sich hält, erbleichen ließen. In der
Überzeugung, dass jede fundamentale Theorie, die diese Bezeichnung verdient, mathematisch perfekt formuliert sein muss, fühlte er sich ernsthaft von
der Quantenfeldtheorie abgestoßen. Tatsächlich war dieser Vortrag bei der
Solvay-Konferenz das letzte Mal, dass er die Quantenfeldtheorie verwendete,
um den inneren Mechanismus des Atoms zu untersuchen. Er sollte weiterhin
fundamentale Beiträge zur Wissenschaft leisten, aber dieser Auftritt markiert
das Ende seiner goldenen kreativen Epoche, die acht Jahre angehalten hatte.

Mitten im Herbsttrimester, am Donnerstag, dem 9. November, erhielt Dirac in Cambridge den Telefonanruf, auf den die meisten erstklassigen Physiker hoffen, wenn auch nur im Geheimen. Eine Stimme aus Stockholm teilte ihm mit, dass er gemeinsam mit Schrödinger den Physik-Nobelpreis des Jahres 1933 für „die Entdeckung neuer und wichtiger Versionen der Atomtheorie" erhalten werde. Der um ein Jahr verschobene Preis für das Jahr 1932 gehe an Heisenberg. Dirac war überrascht über seine eigene Auszeichnung, aber nicht über die der beiden anderen, vor allem nicht über die an Heisenberg, der nach Diracs Meinung der Hauptentdecker der Quantenmechanik war.[61] Da er die unvermeidlich damit verbundene Aufmerksamkeit der Presse scheute, überlegte sich Dirac ernsthaft, den Preis abzulehnen, schloss sich aber bald Rutherfords Rat an: „Eine Ablehnung wird Ihnen noch mehr Publizität bescheren."[62] Die Familie Dirac erfuhr die Neuigkeit erst kurz nach zehn Uhr abends am Tag der Bekanntmachung, nachdem Mrs. Fisher, Charles' Freundin, die Nachricht in den Briefkasten der Diracs gesteckt hatte.

Der Nobelpreis für Physik war 1901 eingerichtet worden und zuerst an den deutschen Experimentalphysiker Wilhelm Conrad Röntgen für seine Entdeckung der X-Strahlen verliehen worden, die später Röntgenstrahlen genannt wurden. Die Einrichtung der Preise für Physik, Chemie, Literatur und Physiologie war die Idee des schwedischen Erfinders Alfred Nobel, dessen Nachlass den Preis dauerhaft absichern konnte. Seit der ersten Verleihung war das Ansehen des Preises stetig gestiegen, und auch im Jahre 1933 wurde die alljährliche Bekanntgabe der Preisträger weltweit in allen Zeitungen gebracht. Wie einige dieser Berichte feststellten, fiel Diracs Preis aus dem Rahmen: Mit einunddreißig Jahren war er der jüngste Theoretiker, der je den Nobelpreis für Physik erhalten hatte.[63]

Die meisten nationalen englischen Zeitungen erwähnten Diracs Preis am Tag, nachdem er angekündigt worden war.[64] Die *Daily Mail* brachte einen ganz kurzen Bericht über die Auszeichnung für die „stille Berühmtheit" neben einem langen Artikel über „Hitlers Ehrung gefallener Nazis." Auch die Leser von *The Times* lasen von Diracs Auszeichnung direkt neben einem Bericht aus Deutschland, dass Hitlers Stellvertreter Rudolf Hess Sonderregeln erlassen habe, um sicherzustellen, dass der Wahlvorgang in „würdevollen Bahnen abläuft." Keiner der hastig zusammengestellten Artikel erwähnte die Entdeckung des Positrons oder warf ein Licht auf Diracs Persönlichkeit. Dies blieb dem *Sunday Dispatch* überlassen, der später im Monat eine etwas aufgeregte, aber kenntnisreiche Beschreibung von Großbritanniens jüngstem Nobelpreisträger veröffentlichte. Der anonyme Autor bemerkte, dass Dirac „noch mehr als die Öffentlichkeit die Frauen fürchtet. Er interessiert sich nicht für sie, und selbst wenn er einer von ihnen vorgestellt worden ist, kann er sich danach nicht erinnern, ob sie hübsch oder unauffällig war." Dirac sei „so scheu wie eine Gazelle und so bescheiden wie ein viktorianisches Dienstmädchen".[65]

Der erste Glückwunsch in Diracs Brieffach war ein Telegramm von Bohr. Dirac antwortete mit entschuldbarer Sentimentalität:

> Ich weiß, dass alle meine tiefsten Ideen äußerst stark und positiv durch die Gespräche mit Ihnen beeinflusst waren, mehr als durch die mit jedem anderen. Selbst wenn dieser Einfluss sich in meinen Schriften nicht besonders deutlich zeigt, liegt er all meinen Forschungsansätzen zugrunde.[66]

Im Cavendish wurde die Bekanntgabe der Preise von allen begrüßt, außer von Max Born, der verbittert war, dass er zugunsten von Dirac übergangen worden war.[67] Andere in Cambridge konzentrierten sich ganz auf das dramatischste Ereignis, das in der Stadt seit Jahren stattfand: Am Tag des Waffenstillstands von Compiègne, drei Tage nachdem Dirac den Anruf aus Stockholm erhalten hatte, organisierte die Socialist Society eine Demonstration von Hunderten von Studenten durch das Zentrum von Cambridge in der Absicht „Zusammenstöße zu provozieren und Aufruhr anzuzetteln [...], um die Politik wieder auf die Tagesordnung zu bringen und zum Hauptgespräch in der Universität zu machen; um die Menschen anzustoßen, aufzuschrecken und zu schockieren, damit sie aufmerksam werden".[68] Am „Armistice Day", dem Tag des Waffenstillstands, fand normalerweise ein karnevalähnlicher Umzug von mehreren hundert jungen Studenten durch die Stadtmitte statt, die blutrote Mohnblumen aus Papier an die Passanten verkauften, um Geld für die Überlebenden der vergangenen Kriege zu sammeln und um der in den Schlachten gefallenen Soldaten zu gedenken. Der tragische Aspekt dieser Veranstaltung ging oft in Heiterkeit unter, sodass sich diese Gelegenheit gut dazu eignete, umfunktioniert zu werden. Auch an diesem grauen Sonntagnachmittag standen die Menschen dicht gedrängt auf den Bürgersteigen von Cambridge und johlten, als der Zug der Demonstranten an ihnen vorbeikam, von denen manche das Banner der Socialist Society hochhielten, andere trugen einen Kranz mit der Aufschrift „Für die Opfer des Weltkriegs, von denen, die fest entschlossen sind, weitere ähnliche Verbrechen des Imperialismus zu verhindern". Der zweite Satzteil müsse entfernt werden, verlangte die begleitende Polizeieskorte, da er eine öffentliche Ruhestörung verursachen könne. Als die Marschierer den Eingang zum Peterhouse, dem ältesten College in Cambridge, erreichten, war eine Eskalation unvermeidlich geworden. Zuschauer bewarfen die Studenten mit Mehl und weißen Federn und traktierten sie mit faulen Eiern, Tomaten und verdorbenem Fisch; die Marschierer wehrten sich, indem sie ein Auto wie einen vorgeschobenen Rammbock benutzten, um ihre Peiniger zurückzudrängen.

Die Universitätsverwaltung geriet in Panik. Abseits von dem öffentlichen Getue diskutierten Studenten und Dozenten an den Kaminfeuern der Colleges, ob die Demonstranten den Gedächtnistag entweiht oder im Gegenteil seine Ernsthaftigkeit wiederhergestellt hätten, die zuvor in einem bloßen Karneval untergegangen war. Dieses Ereignis markierte den Beginn einer militanten sozialistischen Studentenbewegung in Cambridge.

In seinen Räumen im St. John College beobachtete der Lucasische Professor die Vorfälle wahrscheinlich aufmerksam und wusste nicht, wie er seinen Gefühlen Ausdruck geben sollte.

18

Dezember 1933

Kaum etwas, was einem Knaben widerfahren kann, wird
so schädliche Folgen haben wie die Fürsorge einer wirklich
liebevollen Mutter.

W. Somerset Maugham, *A Writer's Notebook*, 1896
(*Notizbuch eines Schriftstellers*. Einträge aus den Jahren 1892–1944,
übers. I. Muehlon und S. Stölzel, Diogenes 2004)

Oft wurde behauptet, Dirac habe seinen Vater so sehr gehasst, dass er ihm die Einladung zur Nobelpreisverleihungszeremonie verweigerte.[1] So plausibel sich die Geschichte auch anhört, vermutlich ist sie doch erfunden. Die Nobelstiftung lud die Preisträger jeweils mit einer Begleitung ein, die Preisträger konnten aber weitere Gäste mitbringen, wenn sie für die Reise- und Übernachtungskosten selbst aufkamen.[2] Heisenberg nahm seine Mutter mit, Schrödinger seine Frau (wobei er seine schwangere Geliebte, die Frau seines Assistenten, zurück ließ). Daher wirkte es nicht ungewöhnlich, dass Dirac nur mit seiner Mutter kam. Sie zahlte ihrem Mann mit gleicher Münze zurück, indem sie ihm erst wenige Tage vor der Abreise von ihrem Ausflug erzählte, fest entschlossen, ihre Zeit der Abwesenheit in vollen Zügen zu genießen. Sie wusste, dass sie in nur elf Tagen wieder an der Küchenspüle stehen würde als das Aschenputtel der Julius Road No. 6.[3]

Am frühen Freitagabend, dem 8. Dezember 1933, befanden sich Dirac und seine Mutter in der schwedischen Hafenstadt Malmö und warteten auf den Nachtzug, der sie bis zur Frühstückszeit nach Stockholm bringen sollte (Abb. 18.1). Ein paar Reporter hatten in ganz Malmö mehrere Stunden mit der Jagd nach ihnen verbracht und sie schließlich in einem Bahnhofs-Café aufgespürt, das zum ungewöhnlichen Schauplatz einer Pressekonferenz wurde. Die Ausdauer der Journalisten wurde durch ein schlagzeilenträchtiges Interview mit zwei Exzentrikern der Spitzenklasse belohnt, „einem sehr schüchternen und ängstlichen Jungen" und „einer lebhaften und redseligen Lady".[4]

„Kam der Nobelpreis überraschend?" fragte ein Journalist. „O nein, nicht besonders", mischte sich Diracs Mutter ein und fügte hinzu, „So hart, wie er

© Springer-Verlag GmbH Deutschland, ein Teil von Springer Nature 2018
G. Farmelo, *Der seltsamste Mensch*, https://doi.org/10.1007/978-3-662-56579-7_18

Abb. 18.1 Heisenbergs Mutter, Schrödingers Frau, Flo Dirac, Dirac, Heisenberg und Schrödinger. Kurz nach der Ankunft am Stockholmer Bahnhof, 9. Dezember 1933. (courtesy AIP Emilio Segrè Visual Archives)

dafür gearbeitet hat, so sehr hab ich darauf gewartet, dass er den Preis erhält". Sie wollte so viel über Schweden wissen, dass ein Journalist sich dabei ertappte, ihre Fragen zu beantworten, anstatt seine eigenen zu stellen – hier war eine Frau, die die Aufmerksamkeit der Presse in vollen Zügen genoss. Dirac selbst blieb nicht stumm, sondern war ungewohnt zuvorkommend: Als ihn der Journalist vom *Svenska Dagbladet* fragte, wie die Quantenmechanik das Alltagsleben beeinflusse, wurde er durch einen ganzen Schwall von Einblicken in eine unverhohlene Abgehobenheit von der Realität belohnt.

DIRAC: Meine Arbeiten haben keine praktische Bedeutung.
JOURNALIST: Könnte ihnen eine solche in der Zukunft zukommen?
DIRAC: Das weiß ich nicht. Ich glaube es nicht. Jedenfalls habe ich acht Jahre lang an meiner Theorie gearbeitet und habe gerade begonnen, eine Theorie zu entwickeln, die sich mit positiven Elektronen befasst. Ich bin nicht an Literatur interessiert, ich gehe nicht ins Theater, und ich höre keine Musik. Ich beschäftige mich einzig und allein mit Theorien über das Atom.
JOURNALIST: Hat die wissenschaftliche Welt, die Sie während der vergangenen acht Jahre geschaffen haben, die Art und Weise, wie Sie alltägliche Ereignisse betrachten, beeinflusst?
DIRAC: So größenwahnsinnig bin ich nicht. Wenn es jedoch wirklich [solch einen Einfluss] gäbe, dann würde mich das wahnsinnig machen. Wenn ich mich ausruhe – das heißt, wenn ich schlafe natürlich, auch wenn ich einen Spaziergang mache oder wenn ich verreise – dann verbanne ich meine Arbeit

und Experimente vollkommen aus meinem Bewusstsein. Das ist notwendig, damit es hier nicht zu einer Explosion kommt (*Dirac zeigt auf seinen Kopf*).

Die Story mit dem Interview war bereits an den Zeitungsständen des Stockholmer Bahnhofs erhältlich, als die Diracs kurz vor acht Uhr morgens eintrafen. Eine Viertelstunde später stiegen Heisenberg und Schrödinger mit ihren Gästen aus dem Zug und wurden von einem Aufgebot von Würdenträgern empfangen, die alle beunruhigt waren, dass Dirac und seine Mutter nirgendwo zu sehen waren. Doch als die Fotografen die Preisträger und Gäste baten, sich für ein Foto aufzustellen, traten auch Dirac und seine Mutter in das Blitzlichtgewitter der wartenden Kameras. Das Begrüßungskomitee war offenbar zu überrascht, um zu fragen, wo sie gewesen waren und erfuhr erst später, was passiert war: Da Diracs zerstreute Mutter nicht rechtzeitig aufgewacht war, als der Zug in den Bahnhof einfuhr, hatte sie ein Zugschaffner hinausgeworfen, der ihr Kleidung, Haarbürste und Kamm aus dem Waggonfenster nachwarf.[5] Nach diesem kleinen Zwischenfall waren die Diracs in den warmen Wartesaal gegangen und hatten abseits von der offiziellen Gruppe gesessen. Als die Gruppe den Raum verließ, folgten ihnen die Diracs wie ein Paar Enten, ohne ein Wort zu sagen.

Heisenberg und Schrödinger taten der Presse den Gefallen und gaben Interviews, Dirac aber wollte, so schnell es die Höflichkeit zuließ, ins Hotel entfliehen.[6] Er und seine Mutter wurden auf der kurzen Fahrt mit Chauffeur zum Hotel vom Attaché der Nobelstiftung, dem Grafen Tolstoi, begleitet, einem geschliffenen Diplomaten und Enkel des Schriftstellers. Seine erste diplomatische Aufgabe war es, die Unterkunft der Diracs unter den 500 Räumen des Grand Hotel mit Blick auf den Hafen ausfindig zu machen. Die Hotelverwaltung muss geglaubt haben, sie würde Dirac einen besonderen Gefallen tun, als sie ihm und seiner Mutter die Brautsuite zuteilte, aber Flo gefiel das überhaupt nicht, und sie forderte einen Raum für sich allein. Dirac – der bald sein Preisgeld kassieren sollte, annähernd 200.000 £ nach heutigem Wert – übernahm die Mehrkosten mit Fassung.

Während Heisenberg und Schrödinger sich bei einem Bad entspannten, entfloh Dirac der Journalistenschar, indem er das Hotel zusammen mit seiner Mutter heimlich verließ. Sie konnten nun frei und anonym durch die winterkalte Stadt streifen, die sich für die Nobelfeier von ihrer besten Seite präsentierte mit dem einzigartigen, nur in Stockholm stattfindenden Vorweihnachtsfest. Es sah aus wie im Märchen, als die Dunkelheit hereinbrach, die Tannen und Weihnachtsbäume leuchteten in farbigen elektrischen Licht auf, in das Murmeln der Menge mischten sich Klavierklänge aus den Salons und der gelegentliche Schrei einer Möwe hoch über den Köpfen.

Flo musste nicht sehr lange die Aufmerksamkeit der Presse entbehren. Während Dirac sich ausruhte, hielt sie mit vier Journalisten Hof, die sie einzeln in ihre Suite einlud, um über ihren Sohn zu sprechen und um ihnen den Schmuck, die Pelze und Kleider zu zeigen, die er ihr gekauft hatte. Die Reporter wussten bereits, dass sie eine schillernde Persönlichkeit war, waren aber nicht auf den Sturzbach mütterlicher Ereiferung vorbereitet, bei dem die Worte wie „Perlen von Quecksilber herumsprangen", wie es das *Svenska Dagbladet* formulierte. Bei ihren Interviews blitzten ihre Augen nach allen Seiten, während sie einen unzusammenhängenden, auf freier Assoziation beruhenden Vortrag hielt, so als ob man ihr zwei Minuten gegeben hätte, um alle davon zu überzeugen, dass ihr Sohn ein Übermensch war. Eine ihrer Zielscheiben waren die Mitglieder des Nobelkomitees, die ihren Sohn schmachvoll nur als „Dr. Dirac" angesprochen hatten, wo er doch „der beste Professor der Welt ist!"

Als sie nach dem Familienleben gefragt wurde, putzte Mrs. Dirac ihren Mann als „Haustyrannen" herunter, als jemanden, der Müßiggang hasste und dessen Motto „arbeiten, arbeiten, arbeiten" war. Ohne Felix zu erwähnen, beschrieb sie, wie stark und unnötig Charles auf den jungen Paul Druck ausgeübt hatte, andauernd zu lernen, und ihm nicht erlaubt hatte, mit anderen Jungen zu spielen: „Hätte der Junge irgendeine andere Neigung gezeigt, wäre sie unterdrückt worden. Aber das Unterdrücken war nicht nötig. Der Junge war an nichts anderem interessiert."

Die Schlussfolgerung war, dass Dirac nie kennengelernt hatte, was es bedeutet, ein Kind zu sein. Keiner der Journalisten hat sie anscheinend gefragt, ob sie eine Mitverantwortung dafür auf sich nähme. Sie glaubte, dass alles der Fehler ihres Mannes war. Als ein Reporter sich erkundigte, ob Diracs Vater glücklich über den Erfolg seines Sohnes sei, antwortete Flo unaufrichtig: „Das würde ich nicht sagen. Der Vater ist übertroffen worden, und es gefällt ihm nicht." Wie steht es mit dem Interesse ihres Sohnes für das andere Geschlecht? „Er interessiert sich nicht für junge Frauen [...], der Tatsache zum Trotz, dass die schönsten Frauen von England in Cambridge zu finden sind." Die einzigen Frauen, um die er sich sorgt, sind seine Mutter, seine Schwester und „vielleicht Damen mit weißem Haar" (sie mag sich auf Isabel Whitehead bezogen haben).[7] Seit Flo den Besuch von Felix' Freundin ein Jahrzehnt zuvor verhindert hatte, vielleicht schon früher, war sich Dirac bewusst, wie sehr seine Mutter fürchtete, dass sich junge Frauen zu ihm hingezogen fühlen könnten. Diese Einstellung hatte sich bei ihr nicht geändert.

Am nächsten Tag boten die Stockholmer Zeitungsverkäufer Zeitungen an, deren Schlagzeilen unter anderem lauteten: „Der einunddreißigjährige Professor Dirac interessiert sich nicht für junge Damen."

Am frühen Sonntagabend füllten Hunderte von wohlfrisierten Herren und Damen die Ränge der Stockholmer Konzerthalle, um die Verleihung der Preise durch den König mitzuerleben. Am Spätnachmittag Punkt fünf Uhr brachte schmetternder Trompetenklang die Menge zum Schweigen, bevor sich die beiden riesigen Türen zu dem Raum öffneten, in dem die Preisverleihung erfolgen sollte. Jeder der Preisträger marschierte, von einem der schwedischen Gastgeber eskortiert, zu seinem ihm zugedachten Sessel auf einer Bühne, die mit rotem Samt bedeckt und mit Reihen von pinkfarbenen Alpenveilchen, Frauenhaarfarnen und Palmen dekoriert war. Die Nationalfahnen der neuen Nobelpreisträger hingen neben der schwedischen Flagge über ihnen. Die Preisträger trugen alle das übliche gestärkte weiße Hemd mit Fliege, und alle trugen einen Smoking, außer Dirac, der einen Trostpreis verdient hätte für seinen mitleiderregenden altmodischen Abendanzug. Er verbeugte sich vor dem König, bevor er seine Medaille und die Urkunde entgegennahm, und verbeugte sich dann mehrere Male unter tosendem Applaus zum Publikum. Im Vergleich zu Heisenberg sah Dirac blass und kränklich aus. Er sei „viel zu dünn und gebeugt", sorgte sich ein Reporter und fügte hinzu, dass „alle Damen mit einem mütterlichen Herzen hofften, dass er aufgepäppelt würde und sich Zeit nähme für ein bisschen Sport und Lebensfreude".[8]

Nach der Zeremonie wurden die Preisträger zurück ins Grand Hotel gefahren, um im Wintergarten des Königssalons am nordischen Mittwinterfest des Nobelbanketts teilzunehmen. Sogar am Standard von Cambridge gemessen war der Rahmen für das Abendessen spektakulär: Die Tische, erleuchtet von Hunderten von hellroten Kerzen auf silbernen Kerzenhaltern, waren in Hufeisenform um den Springbrunnen in der Mitte des Saals angeordnet. Es waren dreihundert Gäste geladen, jede Dame in ihrem schönsten, strahlenden Abendkleid, jeder Herr im Smokingjackett, außer Dirac.[9] Am Ehrentisch saßen Herren und Damen immer abwechselnd.[10] Auf dem Balkon darüber spielten livrierte Musiker im Wettstreit mit zwitschernden Kanarienvögeln in ihren Käfigen unter dem gläsernen Dach.

Nach den Ansprachen, einem stillen Toast im Gedenken an Alfred Nobel und dem Absingen der schwedischen Nationalhymne begann ein Geschwader von Kellnern den ersten Gang des Menüs zu servieren, das aus einer Wild-Kraftbrühe, Seezungenfilets mit Muscheln und Garnelen sowie Brathähnchen und gemüsegefüllten Artischocken bestand. Die Krönung war das Dessert, das *pièce de résistance* des Küchenchefs: Eis-Schlemmerbomben, die im Dunklen leuchteten, nachdem sie mit Alkohol übergossen und angezündet worden waren.[11] Danach wurde von jedem Preisträger erwartet, eine kurze Rede zu halten, die üblicherweise aus ein paar respektvollen Dankesworten und einigen selbstironisch-witzigen Bemerkungen bestand. Nach der ersten Rede – von Iwan Bunin, dem Literaturpreisträger – erhob sich Dirac von seinem Platz und trat an das Rednerpult, wo wie gewohnt die Schüchternheit von ihm abfiel. Nach einigen Komplimenten an die Gastgeber erklärte er, dass er nicht über Physik sprechen, sondern stattdessen lieber darlegen wolle, wie ein theoretischer Physiker die Probleme der modernen Ökonomie angehen würde. Dies war genau die Art von angewandtem Denken, zu dem Bernal und seine Kollegen Dirac zu drängen versucht hatten, aber sie hatten vermutlich erwartet, dass er eine weniger prominente Gelegenheit für seine ersten öffentlichen Bemerkungen über soziale und wirtschaftliche Fragen wählen würde. Im ganzen Saal wurden nervöse Blicke ausgetauscht, als er sich über das Rednerpult lehnte und das Argument vorbrachte, dass alle wirtschaftlichen Schwierigkeiten der industrialisierten Welt aus einem fundamentalen Fehler resultieren:

> [Wir] haben ein Wirtschaftssystem, das versucht, eine Gleichwertigkeit von zwei Dingen aufrechtzuerhalten, die man besser von Anfang an als verschiedenwertig ansehen sollte. Die beiden Dinge sind in dem einen Fall der einmalige Erhalt einer bestimmten Geldsumme (sagen wir, 100 Kronen) und im anderen Fall der Erhalt eines regulären Einkommens (sagen wir, 3 Kronen pro Jahr) bis in alle Ewigkeit. In der Praxis zeigt sich, dass der zweite Fall höher bewertet wird als der erste. Der Mangel an Käufern, unter dem die Welt gegenwärtig leidet, ist, wie leicht zu verstehen ist, nicht dadurch bedingt, dass die Menschen keine Güter besitzen wollen, sondern dadurch, dass die Menschen sich nicht von einem Gut trennen wollen, das ihnen als Gegenleistung ein reguläres Einkommen zu ermöglichen verspricht. Darf ich Sie bitten, selbst nachzuvollziehen, wie alle Unklarheiten verschwinden, wenn man von Anfang an annimmt, dass ein reguläres Einkommen vergleichsweise viel mehr wert ist, tatsächlich im mathematischen Sinn unendlich viel mehr wert, als eine einmalige Zahlung?

Ohne sich die Mühe zu machen, anzugeben, wie sein Vorschlag getestet werden könnte, schloss er mit einem Seitenhieb gegen die Popularisierer der Wissenschaft, wie ihn Rutherford liebte, indem er die Gäste wissen ließ, dass sie nach der Erledigung ihrer Hausaufgaben „ein besseres Verständnis besäßen, wie eine physikalische Theorie den Tatsachen gerecht wird, als nach der Lektüre populärer Bücher über Physik".[12] Nachdem er sich bei den Zuhörern für ihre Geduld bedankt hatte, ging er auf seinen Platz zurück. Ein vereinzeltes Klatschen verstärkte sich allmählich zu einem echten Applaus, doch viele der Teilnehmer am Dinner lachten nervös und fragten sich vermutlich, was sie von Diracs Rede halten sollten. Heisenberg und Schrödinger dachten nicht daran, über Ökonomie und Politik zu sprechen. Ihre auf Deutsch gehaltenen Ansprachen folgten der Konvention und umschifften alles, was politisch kontrovers sein könnte.

Diracs Überlegungen verwunderten Schrödinger und seine Frau Anny, die sie als eine „Tirade von kommunistischer Propaganda" beschrieb.[13] Aber wenn die schriftliche Version von Diracs Rede korrekt ist, war ihre Reaktion nicht fair: Dirac hatte über ein Thema der theoretischen Ökonomie gesprochen, das über Politik hinausging. Er lag im Übrigen auch falsch: Seine Theorie ist nur dann näherungsweise richtig, wenn der Zinssatz immer niedrig ist, doch er hatte nicht berücksichtigt, dass es sehr wohl Sinn macht, den Pauschalbetrag zu nehmen, wenn der Zinssatz hoch ist und so bleibt.[14] Hätte Dirac sich die Mühe gemacht, einen Ökonomie-Experten wie seinen Cambridge-Kollegen John Maynard Keynes zu Rate zu ziehen, wäre ihm wohl das Urteil der Nachwelt erspart geblieben, bei seinem ersten Ausflug über die Grenzen seines eigenen Gebietes hinaus Unsinn geredet zu haben – und das ausgerechnet im grellen Scheinwerferlicht der Nobelfeier.

Diracs Fehlschluss scheint unbemerkt geblieben zu sein, zumindest blieb er während der beschwingten Atmosphäre nach dem Essen unkommentiert. Flo beobachtete Heisenberg und Schrödinger interessiert, die mit anderen Gästen lachten und scherzten, während Dirac Mühe hatte, sich zu unterhalten und gelegentlich aus der Versammlung verschwand, als ob er sich in Luft auflösen würde. Flo beobachtete Schrödinger mit scharfem Blick, ohne sich an seiner Selbstdarstellung zu stoßen: Bei weitem der älteste im Trio der Physikpreisträger, versuchte er immer wieder, sich als ihr Kopf darzustellen, obwohl Heisenberg und Dirac ihm darin nicht folgten. Sie erkannte auch, dass Schrödinger und seine Frau es „schrecklich übel nahmen", dass er den Preis mit ihrem Sohn zu teilen hatte. Mehr nach ihrem Geschmack waren der warmherzige Heisenberg und seine Mutter, die wie eine Schäferin aus Dresden gekleidet war. Flo bewunderte Heisenberg, weil er „überhaupt nicht eingebildet" war, obwohl sie glaubte, er werde – wie auch ihr Sohn – „schrecklich angehimmelt". Sie beklagte sich, dass beide sich im Kreise der bewundernden jungen Damen aufhalten mussten, bevor sie „zu [ihren] armen, müden Müttern zurückkehrten, wenn sie davon genug hatten".[15] Sie hatte Dirac zuvor noch nie in der Begleitung von bewundernden jungen Damen gesehen, und es gefiel ihr nicht: Ob sie es einsehen wollte oder nicht, er war dabei, sich von ihr zu entfernen.

Die überwältigende Gastfreundschaft setzte sich vier Tage lang unvermindert fort. Dirac hatte nur die Verpflichtung, am Dienstagnachmittag seinen Nobelvortrag zu halten, die traditionelle Gelegenheit für die Preisträger, ihre Arbeit den Akademikern anderer Disziplinen vorzustellen. Dirac verwendete den größten Teil seines zwanzigminütigen Vortrags über die „Theory of Electrons and Positrons", um zu beschreiben, wie die Quantenmechanik und die Relativitätstheorie „die Vorhersage des Positrons" ermöglicht hatten. Das war das erste Mal, dass er seine spekulative Vermutung bezüglich des Positrons als

Vorhersage bezeichnete. Und er fuhr fort, indem er eine andere Vermutung wiederholte, und zwar mit größerer Zuversicht als sonst: „Es ist wahrscheinlich, dass negative Protonen existieren können." Zum Schluss, nachdem er die anscheinend bestehende Symmetrie zwischen positiver und negativer Ladung betont hatte, deutete er an, dass das Universum zu gleichen Teilen aus Materie und Antimaterie bestehen könnte:

> [W]ir müssen es als einen Zufall ansehen, dass auf der Erde (und wahrscheinlich im ganzen Sonnensystem) die negativen Elektronen und positiven Protonen überwiegen. Es ist dann durchaus möglich, dass auf einigen der Sterne gerade der entgegengesetzte Zustand herrscht, dass diese Sterne also im wesentlichen aus Positronen und negativen Protonen aufgebaut sind. In der Tat könnte gerade die Hälfte aller Sterne zur einen und die Hälfte zur anderen Art gehören.[16]

Er hatte einen flüchtigen Blick auf ein Universum geworfen, das zu gleichen Teilen aus Materie und Antimaterie besteht, in dem aber aus unbekannten Gründen die menschliche Erfahrungswelt fast ausschließlich auf die Materie beschränkt ist. War das eine Vermutung oder eine Vorhersage? Die Zuhörer hatten guten Grund, verunsichert zu sein.

Dirac war es anscheinend nicht bewusst, dass er nicht der erste war, der sich ein Universum vorstellte, das sowohl aus Materie als auch Antimaterie besteht. Im Hochsommer des Jahres 1898, kurz nach der Entdeckung des Elektrons durch J. J. Thomson, hatte der Physiker Arthur Schuster von der Universität Manchester eine ähnliche Idee ausgebrütet. In einem flott geschriebenen Artikel in der Sommerausgabe von *Nature* hatte er sich ein Universum vorgestellt, das zu gleichen Teilen aus „Materie und Antimaterie" besteht, basierend auf der bizarren Vorstellung, dass Atome die Quelle einer unsichtbaren fluiden Materie sind, die sich von Atomen auf Anti-Atome zubewegt, um dort absorbiert zu werden.[17] Doch Schusters Phantasterei fehlte eine substantielle Untermauerung durch Vernunftgründe oder Beobachtungen und blieb somit ein „Ferientraum", wie er es genannt hatte. Binnen eines Jahrzehnts war er vergessen.

Nach den Nobelfeierlichkeiten kehren die Preisträger normalerweise nach Hause zurück. Doch Dirac und Heisenberg reisten beide zusammen mit ihren Müttern nach Kopenhagen zu weiteren Festivitäten. Bohr, der sich wohl als Patron nicht lumpen lassen wollte, richtete am Samstagabend in seinem Anwesen eine großartige Party zu ihren Ehren aus. Schrödinger, der Bohrs innerem Kreis nicht angehörte, hatte die Einladung abgelehnt und war nach Oxford zurückgekehrt, wo er jetzt lebte, nachdem er ein paar Monate zuvor aus Deutschland geflohen war. Seine englischen Kollegen sahen seinen persönlichen Lebensstil mit Befremden – er lebte gemeinsam mit seiner Frau und seiner Geliebten –, und er bezeichnete im Gegenzug die Colleges in Oxford und Cambridge als „Hochschulen der Homosexualität".[18]

Diracs Mutter hatte viel vom angenehmen Leben am Hof der Bohrs gehört, und sie wurde nicht enttäuscht. Bohr war eine „gebieterische" Erscheinung, beobachtete Flo, und sie war entzückt von seiner Frau Margrethe, deren professorales Auftreten durch ihre gewagte Kleidung aufgelockert wurde, ein lichtgrünes Kleid mit einem Besatz von Leopardenfell und einer gelben Perlenkette.[19] Die Residenz der Bohrs bot einen prachtvollen Anblick: große Sträuße von Winterblumen und Farnen, Statuen, das kubistische Gemälde über dem Flügel, riesige Fenster mit Blick auf weite Gartenlandschaften und Wälder. In Flos Augen hatte dieser Reichtum die Familie in keiner Weise verdorben, am wenigsten die fünf verspielten, aber gut erzogenen Söhne der Bohrs.

Bohr war bei Ankunft der Gäste am ersten Abend zunächst nicht anwesend und stellte bei seiner Rückkehr fest, dass Dirac als Erster schon zu Bett gegangen war. Um keine kostbare Zeit zu verlieren, stürmte er hinauf in Diracs Zimmer und brachte ihn wieder herunter zu einer Diskussion, die bis in die frühen Morgenstunden andauerte. Flo konnte nun verstehen, warum Dirac Bohr so zugetan war: Hier war ein älterer Herr, respekteinflößend, aber nicht autoritär, energisch, aber nicht einschüchternd, fähig, das Beste aus jedem hervorzulocken. Es ist gut möglich, dass Flo sich in Gedanken vorstellte, dass Bohr der perfekte Vater für ihren Sohn gewesen wäre.

Die Bohr-Party konnte es leicht mit einem der Empfänge der Nobelstiftung aufnehmen. In der Haupthalle des Anwesens saßen dreihundert Gäste an den Tischen unter dem riesigen Glasdach, tranken von dem unbegrenzt nachgefüllten Champagner, Bier oder Wein und nahmen sich Speisen vom reichlichen Buffet. Nachdem alle gegessen hatten, stand Bohr in der Mitte der Halle und hielt eine Ansprache auf Englisch, in der er dezent sicherstellte, dass keiner seinen Beitrag zu den Leistungen seiner „jungen Schüler" übersah. Heisenberg antwortete auf Deutsch, aber Dirac sagte nichts. Während der Reden stand er hinter einer Säule. Nach dem Toast geleitete Bohr die Gesellschaft in den Salon zu einer Kleinkunstdarbietung mit einem pinkfarben gekleideten amerikanischen Sänger, begleitet von der dänischen Virtuosin Gertrude Stockman und – fast unvermeidlich – von Heisenberg am Flügel.

Dirac empfand vermutlich das Feiern als lästige Pflicht und war sicher erleichtert, am nächsten Tag nur mit den Menschen, die er kannte, einen entspannten Familiensonntag verbringen zu dürfen. Viele Menschen in Cambridge, die Dirac nur als Schatten seiner selbst kannten, der nicht den geringsten Sinn für Spaß hatte, wären sicherlich überrascht gewesen, wenn sie ihn in dem warmen Nest der Bohrs so unbefangen erlebt hätten, wie er spielerisch seine Mutter und Margrethe mit Wasser aus dem Springbrunnen in der Halle bespritzte, die beide unter Lachen protestierten, während sie erfolglos versuchten, die Wasserduschen von sich abzuwehren. Diracs Bekannte in Cambridge hätten auch nicht erwartet, dass er einen ganzen Tag glücklich damit zubringen konnte, übermütig mit den Bohrs, ihren Söhnen und Heisenberg Federball zu spielen und auf den nahegelegenen Hügeln bei Kopenhagen Schlitten zu fahren. Am Abend fiel Dirac in seine übliche Distanziertheit zurück und verzog sich früh ins Bett, ohne irgendjemandem gute Nacht zu wünschen. Aber Bohr wollte mit Dirac fachsimpeln und scheuchte ihn zurück nach unten.

Als Flo spät am Montag nach Bristol zurückkehrte, wurde sie am Bahnhof von Betty abgeholt, die dann bis in die frühen Morgenstunden dem Bericht ihrer Mutter über ihr „großes und wundervolles Abenteuer" lauschte. Charles war nirgendwo zu sehen.

Sein ganzes Leben lang wollte Dirac gern erfahren, wie es dazu gekommen war, dass er den Nobelpreis zusammen mit Heisenberg und Schrödinger bekommen hatte. Die Nobelstiftung, der Inbegriff der Diskretion, gibt die Unterlagen über die Preise des jeweiligen Jahres erst frei, nachdem sie fünfzig Jahre unter Verschluss gewesen sind. Dirac fand nie heraus, welche politischen Machenschaften zu den ersten Preisen für die Quantenmechanik geführt hatten. Er erfuhr schließlich nur, dass der englische Kristallograph William Bragg ihn nominiert hatte und Einstein nicht.[20] Erst nach seinem Tod wurde bekannt, dass er Glück gehabt hatte, den Preis so jung zu erhalten.

In den ersten drei Jahrzehnten des Preises war das Komitee, das über die Vergabe des Nobelpreises für Physik entschied, gegenüber theoretischen Beiträgen voreingenommen gewesen, vermutlich wegen des Wunsches von Alfred Nobel, dass seine Preise praktische Erfindungen und Entdeckungen belohnen sollten. Das Komitee, das nicht immer gut über theoretische Physik informiert war, hatte 1929 eine Stellungnahme abgegeben, dass die Theorien von Heisenberg und Schrödinger „noch nicht zu einer Entdeckung von grundlegender Natur geführt hätten".[21] Hinter den Kulissen wurde in Stockholm ein langer und engagierter Streit darüber geführt, wann ein Preis für diese neue Theorie vergeben werden sollte und an wen. Die Stiftung stritt sich immer noch darüber, als im Jahr 1932 die Nominierungen für Heisenberg und Schrödinger mit jedem Monat zunahmen. Anfang 1933 war der Druck, einen Preis für die Theorie zu vergeben, überwältigend geworden, aber es bestand noch Uneinigkeit darüber, wie er aufzuteilen wäre. Diracs Name war vom Komitee noch kaum zur Kenntnis genommen worden.[22]

Als das Komitee im September 1933 zusammentrat, wurde sein Name, nachdem die Entdeckung des Positrons allgemein anerkannt worden war, sehr viel häufiger genannt. Der schwedische Physiker Carl Oseen, das einflussreichste Mitglied des Komitees, hatte über seinen Schüler Ivar Waller von der überragenden Qualität der Arbeiten Diracs gehört. Noch wichtiger war, dass die Entdeckung des Positrons als „eine vorzeigbare Tatsache" angesehen wurde, eine Beobachtung, die die praktische Nützlichkeit von Diracs Theorie illustrierte. Am Ende des Treffens war man sich einig, dass Heisenberg, Schrödinger und Dirac alle anderen Kandidaten weit überragten, inklusive Pauli und Born, und dass Heisenberg besondere Anerkennung gebührte, weil er als Erster die neue Theorie veröffentlicht hatte.

Aus heutiger Sicht erscheint die Entscheidung des Komitees etwas kapriziös. Es wäre vielleicht fairer gewesen, Heisenberg und Schrödinger eigene Preise für die Jahre 1932 und 1933 zu geben und Dirac ein Jahr später einen eigenen Preis zu verleihen, eine Konstellation, die Dirac ziemlich sicher als gerecht angesehen hätte. Dies alles ist nicht wirklich wichtig. Heute zweifelt keiner daran, dass die drei im Dezember 1933 in Stockholm geehrten Physiker ihren Status als Nobelpreisträger verdient haben. Dirac, Heisenberg und Schrödinger gehören zu der kleinen auserwählten Gruppe von Preisträgern, die allen Nobelpreisen ihren besonderen Glanz verleihen.

19

Januar 1934 – Frühjahr 1935

Zu fasten, zu studieren, keine Fraun zu sehn –
am König Jugend glatter Hochverrat.
William Shakespeare, *Verlorene Liebesmüh*, 4. Akt, 3. Szene
(übers. Frank Günther, dtv 2000)

Im Alter von zweiunddreißig Jahren schien Dirac alles zu haben, was er sich nur wünschen konnte. Er erfreute sich ausgezeichneter Gesundheit, war als einer der besten theoretischen Physiker der Welt anerkannt, verfügte über reichlich Geld und hätte keinen angenehmeren Arbeitsplatz haben können. Abgesehen von den Sorgen über seine Familie in Bristol, war sein einziges Problem, dass alle seine Freunde Männer waren. Für die meisten Menschen schien es selbstverständlich, dass sich Dirac für den Rest seines Lebens in der reinen Männerbastion des St. John College verwöhnen lassen und als Junggeselle aus der Welt scheiden würde. Innerhalb der nächsten drei Jahre sollte er sie alle überraschen.

Wie mehrere theoretische Physiker es vorausahnten, näherte sich ihr Fach dem Ende eines goldenen Zeitalters. Der Werkzeugkasten der Quantenmechanik stand nun zur Verfügung, um fast alle praktischen Probleme zu lösen, die den Wissenschaftlern, die Atome und Kerne untersuchten, begegneten. In diesem Realitätsbereich funktionierte die Theorie wunderbar. Aber für Dirac und andere an der vordersten Front der Forschung war das Thema noch längst nicht erschöpft. Besonders dringend war es, eine Feldtheorie der Elektronen, Positronen und Photonen zu finden, eine „Quantenelektrodynamik", die frei von Unendlichkeiten war.

Der in Kalifornien lebende Oppenheimer war eine internationale Kapazität auf diesem Gebiet, das ihn beschäftigte, wenn er nicht gerade in die *Bhagavad Gita* oder ein Dutzend anderer Bücher versunken war. Anfang 1934 hatte Oppenheimer gemeinsam mit einem seiner Studenten Diracs Lochtheorie einen heftigen Stoß versetzt, als sie bewiesen, dass die Quantenfeldtheorie die Existenz von Anti-Elektronen zulässt, ohne die Existenz eines Sees aus negativer Energie annehmen zu müssen. Oppenheimer schickte Dirac eine Kopie seiner Arbeit, erhielt aber keine Antwort. In Europa bewiesen Pauli und sein junger Student

© Springer-Verlag GmbH Deutschland, ein Teil von Springer Nature 2018
G. Farmelo, *Der seltsamste Mensch*, https://doi.org/10.1007/978-3-662-56579-7_19

Vicki Weisskopf, dass Teilchen ohne Spin ebenfalls Antiteilchen haben, was entschieden Diracs Theorie widersprach, die besagte, dass Teilchen ohne Spin keine Antiteilchen haben sollten, weil sie nicht dem Pauli-Exklusionsprinzip gehorchen würden. Pauli war stolz auf sein „Anti-Dirac-Paper", wie er es nannte und [schrieb an Heisenberg] „es hat mich gefreut, dass ich meiner alten Feindin – der Dirac'schen Theorie des Spinelektrons – wieder eins anhängen konnte".[1] Pauli und Weisskopf machten jenen See aus negativer Energie überflüssig, der dann auch allmählich aus der Diskussion verschwand, nachdem sich die Physiker an die Idee gewöhnt hatten, dass das Positron genauso real ist wie das Elektron und es nicht mehr notwendig war, das Positron als die Abwesenheit von irgendetwas zu definieren. Aber Dirac akzeptierte das nicht: Es gibt keine Elementarteilchen ohne Spin, bemerkte er wenig überzeugend, deshalb seien Paulis und Weisskopfs Argumente rein akademisch. Aus diesem Grund fuhr er fort, die Lochtheorie zu benutzen, die genau dieselben Resultate lieferte wie Theorien, die auf den See verzichteten. Seine Autorität bedingte, dass ihm viele andere Physiker folgten und die Lochtheorie weiter benutzten, wenn auch nur als heuristische Methode.[2]

Welche Version der Quantenelektrodynamik die Physiker auch verwendeten, es war offenkundig, dass die Theorie in Schwierigkeiten steckte. So angestrengt sich aber Dirac und seine Physikerkollegen auch bemühten, sie fanden keinen Weg, die Unendlichkeiten aus der Theorie zu entfernen und dann trotzdem noch exakte Berechnungen zu ermöglichen. Die theoretische Physik war „auf einem verdammt schlechten Weg", stöhnte Oppenheimer, obwohl er optimistisch blieb, dass entweder Pauli oder Dirac einen Weg finden würden, um die Theorie bis zum kommenden Sommer zu retten. Wenn nicht, müsste man den vielen anderen zustimmen, die meinten, die Theorie sei nicht zu heilen.[3]

Besucher in Cambridge, darunter Heisenberg und Wigner, fanden heraus, dass Dirac nicht an der Quantenfeldtheorie arbeitete, sondern zusammen mit Kapitza in dessen neuem Labor Experimente durchführte. Dirac versuchte, für einige Cavendish-Kollegen ein praktisches Problem zu lösen. Es ging darum, reine Proben von chemischen Elementen herzustellen: Jedes Atom eines bestimmten Elements enthält die gleiche Anzahl von Elektronen und Protonen, aber die Anzahl der Neutronen im Kern ist nicht gleich. Diese unterschiedlichen Varianten der Kerne mit ihren charakteristischen Neutronenzahlen werden als Isotope des Elements bezeichnet. Es gibt zum Beispiel drei Isotope des Wasserstoffs: Die meisten Wasserstoffkerne bestehen aus nur einem Proton und enthalten überhaupt kein Neutron, aber es gibt Wasserstoffisotope mit einem Neutron (Deuterium) oder sogar zwei Neutronen (Tritium). Rutherfords Kollegen benötigten für ihre Experimente reine Proben von einigen Isotopen, was aber schwierig war, weil die Atome der natürlich vorkommenden Elemente in einer Mischung von Isotopen vorliegen, die untereinander äußerst schwer zu separieren sind, da sie sich in chemischen Reaktionen fast identisch verhalten. Dirac suchte nach einem sauberen Weg, um eine Mischung aus zwei Isotopen in einem Gas zu trennen, indem er eine Apparatur ohne bewegliche Teile benutzte. Seine Idee war, einen Gasstrahl auf eine Spiralbahn zu zwingen: Die schwereren, trägeren Moleküle sollten dazu tendieren, sich an der Außenseite der rotierenden Gas-Masse anzusammeln, während die leichteren die innere Spur einnehmen sollten. Dirac entwarf seinen Apparat für diese „Jet-Stream-Methode der Isotopentrennung", krempelte die Ärmel hoch und baute ihn selbst auf, nachdem er sich einen der Kompressoren aus Kapitzas Laborbestand ausgeliehen hatte. Wieder einmal versuchte er sich als Ingenieur.

Die Resultate überraschten ihn. Der Apparat trennte die Isotope nicht effizient, sondern produzierte etwas, das er später als „eine Art Zaubertrick" beschrieb.[4] Wenn er ein Gas mit sechsfachem Atmosphärendruck durch eine dünne Kupferröhre presste, stellte er fest, dass sich das Gas, nachdem es seine Spiralbewegung durchlaufen hatte, in zwei Ströme mit sehr unterschiedlicher Temperatur auftrennte – der eine Strom war etwa einhundert Grad heißer als der andere. Während eines Besuchs in Cambridge im Mai 1934 sah Wigner den Apparat und stellte Dirac einige Fragen dazu, doch Diracs Antworten waren lakonisch und nicht hilfreich und veranlassten sogar den wohlerzogenen Wigner, daran Anstoß zu nehmen. Wigner verstand jedoch, dass Dirac über den Apparat nicht sprechen wollte, bevor er genau wusste, was darin vorgeht, und dass Dirac sich nicht der gesellschaftlichen Konvention bewusst war, seine eigene Unwissenheit hinter einer höflichen Bemerkung zu verstecken. Dirac dachte, die Temperaturdifferenz werde durch verschiedene Strömungswiderstände der beiden Gase verursacht, obwohl es wahrscheinlicher war, dass die Rotationsbewegung die schnelleren Gasmoleküle von den langsameren zu trennen versuchte. Dirac verwendete Monate auf die Zusammenarbeit mit Kapitza unter dem wohlwollenden Auge von Rutherford, der der Meinung war, dass es der theoretischen Physik gut tun würde, wenn sich der Lucasische Professor seine Hände im Labor schmutzig machte.[5]

In seinen Diskussionen mit Dirac wird Kapitza wahrscheinlich eine ganze Menge über seine Freunde am Dozententisch im Trinity College erzählt haben, sowie über die interdisziplinären Wendungen, die ihre Gespräche genommen hatten. Was Kapitza nicht wusste, war, dass seit März 1934 einer seiner Bekannten, der ihn und Anna auch oft in ihrem Haus besucht hatte, ein Informant des MI5 war. Der Kollege, der den Codenamen „VSO" besaß, war überzeugt, dass es „für einen Sowjetbürger unmöglich sei, zwischen England und Russland hin und her zu pendeln, wenn nicht sein Wert in diesem Land für die sowjetischen Machthaber größer sei als sein Wert in Russland".

Die von VSO verfassten Berichte, die mit eifersüchtigen Zusätzen über Kapitzas wissenschaftliche Reputation gespickt waren, ergaben keinen Beweis, dass er ein Spion war, enthielten aber genügend indirekte Hinweise, um den Sicherheitsdienst zu beunruhigen. Warum war es Kapitza peinlich, sogar einem Freund gegenüber zuzugeben, dass er einen sowjetischen Pass besaß? Das Erholungsheim für Wissenschaftler auf der Krim stand nur Mitgliedern der Kommunistischen Partei offen. Warum durfte Kapitza sich dort aufhalten, der doch behauptete, er sei kein Parteimitglied?[6] Besonders verdächtig waren die heimlichen Treffen, die Kapitza in der Nähe von Cambridge mit dem neuen sowjetischen Botschafter in London, Ivan Maysky, hatte.[7] Für den MI5 war Kapitza einer ihrer Hauptverdächtigen.

Dirac scheint jedoch keinerlei Verdacht geweckt zu haben, wahrscheinlich, weil er – für die meisten Menschen – die perfekte Verkörperung des apolitischen, geistesabwesenden Hochschullehrers darstellte. Wäre VSO beim Schöpfen von Verdacht etwas sorgfältiger gewesen, hätte er sich fragen müssen, warum es Dirac möglich war, sich mit Kapitza in dem exklusiven Erholungsheim auf der Krim zu treffen. Es scheint jedoch, dass Dirac der Aufmerksamkeit des MI5 vollkommen entging. Falls dieser doch eine Akte über ihn geführt hat, so ist davon nichts mehr in den Archiven zu finden.

Die Brutalität des Hitler-Regimes wurde nun aus Berichten in der Presse deutlich erkennbar, obwohl es scheint, dass Heisenberg es auf die leichte Schulter nahm, als er im Frühjahr 1934 Cambridge besuchte, um Dirac dazu zu gewinnen, sich an der zukünftigen Entwicklung der Quantenelektrodynamik zu beteiligen – ein vergeblicher Versuch, wie sich herausstellte. Heisenberg wohnte bei Born und versuchte diesen zu überreden, in sein Heimatland zurückzukehren.[8] Während eines nachmittäglichen Gartenspaziergangs mit seinem Gastgeber erwähnte er, die Nazi-Regierung habe zugestimmt, dass Born nach Deutschland zurückkommen dürfe, um seine Forschungsarbeit fortzusetzen, aber nicht um zu unterrichten. Seine Familie dürfe aber nicht mitkommen. Born war empört, dass ein enger Freund der Familie auch nur erwägen konnte, eine solche Nachricht zu überbringen. Er war zornig, brach die Unterhaltung ab, und es sollte lange dauern, bis Born es ertragen konnte, Heisenberg zuzuhören, wenn er seine Not bei dem Versuch beschrieb, inmitten der Nazi-Barbarei ein anständiger Bürger zu bleiben.

In der UdSSR waren die Bedingungen für Wissenschaftler, die sich nicht streng an die stalinistische Linie hielten, nicht besser. George Gamow, der befürchtete, seine Unterstützung der orthodoxen Quantenmechanik könnte dazu führen, in ein Konzentrationslager in Sibirien deportiert zu werden, nutzte seine Einladung zur Solvay-Konferenz im Jahr 1933 für die Flucht. Er hatte den sowjetischen Premierminister Wjatscheslaw Molotow überredet, ihm und seiner Frau Rho Ausreisevisa zu gewähren und kehrte nicht zurück, was die

Sowjet-Autoritäten in Rage versetzte. Die Gamows kamen Anfang 1934 nach
Cambridge und waren schnell ein beliebtes Ehepaar, das jeden mit seiner ansteckenden Lebendigkeit erfreute. Rho war eine äußerst attraktive Brünette mit
einem Auftreten wie Greta Garbo. Sie konnte einen ganzen Raum voll säuerlicher Dozenten zum Lachen bringen. Stilvoll gekleidet mit geschmackvollen
Accessoires, die farblich auf ihren Lippenstift abgestimmt waren, wirkte sie
manchmal so, als ob sie gerade von einem Foto-Shooting der Zeitschrift *Vogue*
käme.[9] Sie rauchte eine Zigarette nach der anderen, aber das störte Dirac nicht:
Er betete sie an. Die Gefühle waren gegenseitig, und sie fanden bald Wege,
Dinge zusammen zu tun, die es mit sich brachten, allein zu sein. Sie unterrichtete ihn in Russisch, und er brachte ihr im Gegenzug das Autofahren bei. Dirac
machte stete Fortschritte im Erlernen seiner vierten Sprache, wie Rho in den
nachfolgenden Monaten in einer Graphik dokumentierte, die die langsame
Abnahme seines „Fehler-Indexes" darstellte – einer nicht definierten Größe, wie
Dirac feststellen musste.[10] Nachdem die Gamows ein paar kurze Wochen in
Cambridge verbracht hatten, reisten sie nach Kopenhagen ab und ließen Dirac
verwaist zurück.

Nach privaten Äußerungen von Dirac wenige Jahren später war er nicht
in Rho verliebt gewesen.[11] Nichtsdestoweniger überkreuzten über Monate
hinweg gefühlvolle Zeilen die Nordsee: ein Ballwechsel der Verliebtheit.
„Bitte, lese meine Briefe allein", bat sie. Sie schickte ihm die Briefe zurück,
die er auf Russisch geschrieben hatte. Jeder war mit einer Note versehen,
und alle Fehler waren mit roter Tinte sauber korrigiert. In der Hoffnung, es
könnte ihn freuen, wenn sie das Rauchen reduzierte, fragte sie ihn, wie oft
er möchte, dass sie an ihn am Tag denkt. Umgekehrt zeigte er sich besorgt,
dass die Erinnerung an ihn ihr ein wenig Kummer bereiten könnte. Sie
waren wie turtelnde Teenager, jeder verzweifelt darauf bedacht, den andern
nicht zu belasten und ständig um Vergebung bittend. Wenn sich Rho entschuldigte und fragte, ob sie nicht unverschämt erschienen sei, versicherte
ihr Dirac, dass er nicht im Geringsten verärgert sei, und dass er „keinesfalls
erwarte, dass russische Damen so langweilig seien wie die englischen".[12] Ihr
Wunsch einander wiederzusehen, sollte bald erfüllt werden.

Inzwischen lernte Dirac weiter Russisch mit einer Lehrerin, die ihm an den
Samstagvormittagen eine einstündige Unterrichtsstunde in Cambridge gab. Ihr
Name war Lydia Jackson, eine aus Russland emigrierte Dichterin, die vor ihrer
unglücklichen Ehe mit Meredith Jackson, einem Mitglied des St. John College,
unter dem Namen Elisaveta Fen bekannt gewesen war. Romantisch veranlagt
und willensstark fühlte sie sich in Cambridge fehl am Platze – kein Ort für
selbstbewusste Frauen, dachte sie – und verdiente sich ihren Lebensunterhalt
mit dem Unterrichten der Sprache ihres Heimatlandes. Bei einem Treffen
eines Londoner Literaturzirkels stellte sie George Orwell – vermutlich einer

ihrer Liebhaber – einer Dame vor, die dann dessen erste Frau werden sollte.[13] Lydia Jackson sprach mit Dirac gern über die Sowjetunion, und aus ihren bewusst ungenau gehaltenen Berichten kann man schließen, dass sie gegenüber Stalins Regime skeptischer war als er.[14] Er sprach selten über die Wissenschaft, aber einmal wechselte er doch ein paar Worte mit ihr über Mathematik. Sie meinte, Mathematik sei eine menschliche Erfindung, während Dirac dabei blieb, sie habe „immer existiert" und sei von den Menschen nur „entdeckt" worden. „Heißt das nicht, dass sie von Gott erschaffen wurde?" fragte sie. Er lächelte und gab sich geschlagen, „vielleicht kennen sogar Tiere ein klein wenig Mathematik".[15]

Ihre Vertrautheit mit Dirac ist aus ihren Briefen an ihn ersichtlich. In einem lobt sie seine Bodenständigkeit, nicht gerade eine sonst an ihm gelobte Qualität: „Ich weiß, dass Sie nicht so geistesabwesend sind, wie es allgemein bei Professoren und Mathematikern angenommen wird, es muss noch ein großes Stück eines Ingenieurs in Ihnen stecken." Nachdem sie neckisch auf eine Stelle hingewiesen hatte, wo man nackt baden darf, wie sie es in einem Teich bei Hampstead Heath getan hatte, gab sie ihm einige beherzte Ratschläge für das Forschungssemester, das er in Princeton verbringen wollte.

> Übrigens: Bemühe Dich bitte, *nicht* dein ganzes Russisch in den barbarischen Vereinigten Staaten zu vergessen. Versuche ein bisschen zu lesen von Zeit zu Zeit. […] Und vergiss nicht, was ich Dir gesagt habe, nämlich keine Amerikanerin zu heiraten, es wäre ein fataler Fehler! Ein englisches Mädchen von selbstsicherer, aber taktvoller Art würde gut zu Dir passen. Was eine Russin betrifft – da gibt es jedenfalls nur eine Handvoll […].[16]

Da sie entschieden hatte, kein anderer sollte Diracs Briefe an sie lesen, verbrannte sie diese regelmäßig. Ihrer beider Meinung über die Sowjetunion, ebenso wie Hinweise darauf, ob ihre Beziehung auch intim wurde, wurden wahrscheinlich in den Flammen zerstört.[17]

Dirac traf Ende September in Princeton ein, nachdem er zuvor Wanderferien mit John Van Vleck verbracht hatte, dieses Mal in den Bergen von Colorado. Und wiederum versorgte Dirac seinen Freund mit neuen Beispielen für seine Fremdartigkeit, einschließlich einer Begebenheit in Durango, wo er nachts in der Stadt herumlief, vermutlich so bekleidet, dass man es wohlwollend als funktionelle Kleidung beschreiben konnte, aber ohne dieses Wohlwollen für die Kleidung eines Landstreichers gehalten hätte. Es sollte nicht das letzte Mal sein, dass Amerikaner den Lucasischen Professor als Vagabunden verkannten.

In Princeton arbeitete Dirac im Institute for Advanced Study, das damals aus einer Flucht von Diensträumen in der Fine Hall bestand. Er und seine dortigen Kollegen gingen gern zum Mittagessen in eines der bescheidenen

Restaurants in der Nassau Street, die die Universitätsgebäude auf der einen Seite von den Geschäftsgebäuden auf der anderen Seite bis heute trennt. Das Lieblingsrestaurant der Fakultät war das „Balt" genannte Baltimore Dairy Lunch, das bekömmliche Mahlzeiten zu günstigen Preisen anbot, allerdings nur weißen Gästen.

Ein von Dirac besonders geschätzter Gesprächspartner beim Mittagstisch war sein neuer Kollege Eugene Wigner, der vornehme Ungar, der seine Mission darin sah, die moderne Quantenmechanik nach Princeton zu bringen. Unerklärlich sparsam, erzählte er stolz jedem Besucher seines Zweizimmer-Apartments, dass die Einrichtung ihn weniger als 25 $ gekostet habe, als ob das nicht offensichtlich gewesen wäre.[19] Einen Tag nachdem Dirac in Princeton angekommen war, waren weder Wigner noch ein anderer Kollege aus der Fine Hall für die Mittagspause erreichbar, sodass sich Dirac allein auf den fünfminütigen Weg ins Stadtzentrum begab. Als er das Restaurant betrat, wahrscheinlich das Balt, saß da Wigner in Begleitung einer Dame.[20] Sehr gepflegt und etwas jünger als Wigner hatte sie ein ansteckendes lautes Lachen und sah ihm mit ihrem langen und kantigen Gesicht ziemlich ähnlich. Ihr etwas stockendes Englisch hatte den gleichen starken Akzent, aber sie war weniger zurückhaltend und rauchte ihre Zigarette mit einer langen schwarzen Zigarettenspitze.

Es war Wigners Schwester Margit, die von Freunden und der Familie Manci genannt wurde. Der Anblick des schlanken, verletzlich aussehenden jungen Mannes beeindruckte sie, als er das Restaurant betrat, und sie erinnerte sich später, dass er verloren, traurig und ein wenig irritiert gewirkt hatte. „Wer ist das?" fragte sie ihren Bruder. Wigner erzählte ihr, er sei einer der berühmtesten Gäste der Stadt, einer der Nobelpreisträger des vergangenen Jahres. Als er hinzufügte, dass Dirac nicht gern allein aß, fragte sie, „warum bittest Du ihn nicht, sich zu uns zu setzen?" So begann ein Mittagessen, das Diracs Leben verändern sollte. Seine Persönlichkeit konnte kaum stärker mit der ihren kontrastieren. In dem Maß wie er zurückhaltend, wohlüberlegt, objektiv und indifferent war, war sie redselig, impulsiv, subjektiv und leidenschaftlich – sie war auf die Art extrovertiert, die Dirac mochte. Sie aßen danach gelegentlich gemeinsam, waren aber nicht offiziell befreundet, vielleicht sollte Dirac auch nur aufgeheitert werden. Er hatte gehofft, dass Rho Gamow ihn besuchen würde, sie hatte aber stattdessen offenbar ihren Mann auf einer Europareise begleitet.[21] Doch diese sozialen Angelegenheiten waren für Dirac Nebensache: Er verbrachte die meiste Zeit intensiv arbeitend in seinem Dienstzimmer in der Fine Hall und in seiner Wohnung, die er in einem großen Haus in einer der von Bäumen gesäumten Straßen in der Nähe der Nassau Street gemietet hatte.[22] Soweit seine Kollegen sein Interesse für Frauen beurteilen konnten, hätte er ein Eunuch sein können.

In der Fine Hall war Dirac auf demselben Flur wie Einstein untergebracht, ihre Dienstzimmer waren nur durch das von Wigner getrennt. Einstein war die berühmteste Persönlichkeit der Stadt, er war nach Veblen das erste Fakultätsmitglied des Instituts. Er und seine Frau waren im Oktober 1933 eingetroffen und hatten zunächst in einem Apartment gewohnt, bevor sie sich in der Mercer Street in einem kleinen Einzelhaus niederließen, etwa fünf Gehminuten vom Zentrum der Stadt entfernt, welche von ihm als ein „wunderliches und zeremoniöses Dorf schwächlicher *Halbgötter auf Stelzen*" beschrieben wurde.[23] Obwohl Einstein dankbar war, dass er sich in einem sicheren Hafen („Schicksalsinsel") befand, schämte er sich fast, „in solcher Ruhe zu leben, während sonst alles *kämpft und leidet*". Er konnte sehen, dass seine neue Heimatstadt nicht frei von Rassismus war und hat dies vermutlich bei seinen Treffen mit Paul Robeson zur Sprache gebracht, dem berühmtesten Sohn der Stadt.[24]

Einstein wirkte älter als die nunmehr vierundfünfzig Jahre, die er war: Er trottete durch die Stadt in seinem einfachen Regenmantel und seiner Wollmütze, vermied jeden Augenkontakt mit anderen Fußgängern, erst recht mit solchen, die ihn erkannten.[25] Am Tag seiner Ankunft in der Fine Hall hatten sich Zeitungsfotografen und Hunderte von Schaulustigen versammelt, um durch ein geöffnetes Bibliotheksfenster einen Blick auf ihn zu erhaschen. Es wurde nötig, ihn durch einen Hintereingang hinein- und hinauszuschmuggeln.[26]

Veblen und seine Kollegen knüpften hohe Erwartungen an den Gedanken, dass Einstein und Dirac eine Zusammenarbeit beginnen würden, aber es wurde bald offensichtlich, dass dies nur ein Traum war. Die beiden respektierten einander persönlich, aber es entwickelte sich keine besondere Nähe zwischen ihnen, da war kein Funke, der eine Zusammenarbeit zündete. Sie erforschten das gleiche Gebiet, aber ihre Herangehensweisen waren gänzlich unterschiedlich: Dirac entwickelte die Quantentheorie weiter und war taub gegenüber ihren angeblichen philosophischen Schwächen; Einstein bewunderte den Erfolg der Theorie, misstraute ihr aber. Später, im Frühjahr 1935, schloss er seine Zusammenarbeit mit den jüngeren Forschungskollegen Boris Podolsky und Nathan Rosen mit einer Arbeit ab, die ernste Zweifel an der konventionellen Interpretation der Theorie aufwarf.[27] Während Einstein ein konservativer Wissenschaftler war, war Dirac immer bereit, gut eingeführte Theorien zu verwerfen, sogar solche, die er selbst miterfunden hatte. Die Sprache war ein weiteres Hindernis: Nur schwach im Englischen, zog es Einstein vor, in seiner Muttersprache zu reden, die Dirac nur mit Mühe sprach (im Zusammensein mit den Flüchtlingen vor dem Hitler-Regime hatte Dirac seine Regel, nicht Deutsch zu sprechen, gelockert). Und Dirac suchte Raucher zu meiden, wobei Einstein diese Barriere Ende November kurzfristig beseitigte, als er für ein paar Wochen seine Pfeife nicht rauchte, um seine Willenskraft gegenüber seiner Frau zu demonstrieren, die diese Gewohnheit nicht schätzte. „Sie sehen", klagte er gegenüber einem Nachbarn, „ich bin nicht länger ein Sklave meiner Pfeife, sondern ein Sklave dieser Frau!"[28]

Dirac verbrachte während des Forschungssemesters viel Zeit mit dem Schreiben der zweiten Auflage seiner *Principles of Quantum Mechanics*, die er weniger mathematisch und weniger einschüchternd gestaltete. Die fertige Version bewahrte die Struktur des Originals, war aber leichter zugänglich als die erste Auflage, obwohl sie für alle außer den begabtesten Studenten eine sehr anspruchsvolle Lektüre blieb. Die meisten Studenten, die die Quantenmechanik für konkrete Berechnungen einsetzen wollten, verwendeten praxisnähere Texte, trotz des sicheren Bewusstseins, dass die Schönheit des zugrundeliegenden Gebietes nirgendwo klarer zum Ausdruck kam als in diesem Buch, das manchmal als „die Bibel der modernen Physik" bezeichnet wird.[29]

Da er weiterhin glaubte, dass die Mathematik den Königsweg darstellte, um zur Wahrheit über die grundlegende Arbeitsweise der Natur zu gelangen, verbrachte Dirac einen großen Teil seiner Zeit in Princeton damit, sich noch mehr Mathematik anzueignen. Dies brachte ihn auf einen neuen Weg, seine Gleichung des Elektrons umzuformulieren, indem er dessen Verhalten in der Raum-Zeit nicht in der Standardgeometrie vom euklidischen Typ (wo die Winkelsumme des Dreiecks genau einhundertachtzig Grad beträgt), sondern in einer exotischeren Variante beschrieb, die von dem holländischen Mathematiker Willem de Sitter entwickelt worden war. Vielleicht wäre es so möglich, die Quantentheorie des Elektrons mit der Allgemeinen Relativitätstheorie zu harmonisieren? Das Ergebnis war ein aufwändiges Stück Mathematik, das jedoch leider keine neuen Einsichten in die Natur zuließ. Dirac musste noch nachweisen, dass seine Idee – fundamentale physikalische Erkenntnisse können direkt aus einer vielversprechenden Mathematik abgeleitet werden – fruchtbar war. Kein anderer führender Theoretiker hatte dieser Möglichkeit größere Beachtung geschenkt. Sie blieben pragmatisch orientiert, indem sie Hinweise aus Experimenten aufnahmen und sich bemühten, das Beste aus den Schwächen und losen Enden der verfügbaren Theorien zu machen.

Eines der Themen, das die Theoretiker am meisten faszinierte, war der radioaktive Beta-Zerfall, bei dem ein instabiler Kern spontan ein hochenergetisches Elektron ausstößt. Anfang 1934 zeigte sich erneut Fermis Talent als Theoretiker, indem er die erste Quantenfeldtheorie des Beta-Zerfalls aufstellte, die ein klareres Verständnis der Rolle des Neutrinos ermöglichte. Er gab eine klare mathematische Beschreibung davon, wie ein Atomkern den Beta-Zerfall durchläuft, indem sich eines seiner Neutronen in ein Proton verwandelt, das im Kern verbleibt, während zwei andere Teilchen – ein Elektron und ein masseloses Neutrino – simultan erzeugt und ausgestoßen werden. Dieser Zerfall wird durch die schwache Kraft verursacht, eine zuvor nicht identifizierte

Art von Kraft, die im Gegensatz zu den vertrauten Kräften der Gravitation und des Elektromagnetismus nur über extrem kurze Entfernungen wirkt. Obwohl Dirac die Theorie von Fermi bewunderte, folgte er ihm nicht bis in den Atomkern und dessen Komplexität. Dirac bestand hartnäckig darauf, der beste Weg, um Fortschritte zu erzielen, bestehe darin, sich auf die einfachsten Teilchen der Natur zu konzentrieren und sich dabei von der schönsten Mathematik inspirieren zu lassen. Mit der Zeit würde sich herausstellen, ob dieser Purismus eine weise Entscheidung war.

Diracs Kollegen in der Fine Hall sahen, dass seine fanatische Hingabe an die Arbeit nachließ. Er verbrachte die meisten Nachmittage damit, Spiele in den beiden Aufenthaltsräumen zu spielen, die beide nach dem Muster der bestens ausgestatteten Aufenthaltsräume der Universität Oxford eingerichtet waren: Plüschvorhänge umrahmten alle Fenster, weiche, flauschige Teppiche bedeckten den Boden, geräumige Ledersessel und Tische im antiken Stil ergänzten das Bild.[30] Während des Teerituals am Nachmittag suchte er erfolglos nach einem Weg, wie beim Wei Chi (auch Go genannt), seinem Lieblingsspiel, das er selbst ein paar Jahre zuvor in der Fine Hall eingeführt hatte, ein König acht gegnerische Bauern passieren und dennoch von seinen Kollegen besiegt werden konnte.[31] Er war entspannt genug, um etwas von seiner intellektuellen Energie von den schwierigsten Problemen der Physik abzuziehen und in Spiele zu investieren, die nichts außer persönlichem Vergnügen brachten. Die Sackgasse in der Quantenelektrodynamik nagte anscheinend an seiner Moral: Möglicherweise befürchtete er, dass er ein Opfer der angeblichen „Nobelkrankheit" geworden war, die, wie es heißt, die Preisträger daran hindert, erneut die Qualität ihrer besten Arbeiten zu erreichen, nachdem sie aus Stockholm zurückgekehrt sind.

Über Eisbechern und bei Hummer-Dinnern vertiefte sich Diracs Freundschaft mit Manci.[32] Sie war eine lebhafte, warmherzige Gesprächspartnerin und hatte, obwohl sie oft um die richtigen englischen Worte kämpfen musste, die seltene Gabe, ihn aufzutauen. Zwischen den langen – allmählich sich verkürzenden – Pausen aus Stille erzählte er ihr vom Kummer seiner Jugendzeit, vom Selbstmord seines Bruders, von seinem Vater, dessen Tyrannei er für seine defensive Schweigsamkeit verantwortlich machte. Manci hatte ebenfalls eine Menge an privatem Unglück mitzuteilen, erzählte ihm, dass sie ein unerwünschtes Kind gewesen war, weniger attraktiv als ihre Schwester und intellektuell ihrem Bruder unendlich unterlegen. Hauptsächlich um das Elternhaus zu verlassen, hatte sie mit gerade neunzehn Jahren geheiratet. Ihr ungarischer Ehemann Richard Balázs entpuppte sich als Playboy und Schürzenjäger, und ihre Ehe war eine achtjährige Katastrophe, die nur durch die Geburt ihres Sohnes Gabriel und der Tochter Judy gemildert wurde. Sie hatte den mutigen Schritt gewagt, einen Scheidungsprozess einzuleiten und war, bevor sie nach Princeton aufbrach, seit zwei Jahren wieder alleinstehend.[33] Es hatte nach Balázs andere Männer gegeben, aber keinen für länger, und sie war einsam und unausgefüllt.[34] Sie besuchte Eugene, um Energie zu tanken und hatte ihren Kindern – die in Budapest bei ihrer Gouvernante geblieben waren – versprochen, Weihnachten zurück zu sein. Mit nunmehr dreißig Jahren hatte sie sich noch niemals zuvor in ihrem Leben so frei gefühlt.

Obwohl sie sich selbst als „wissenschaftliche Null" bezeichnete, nahm sie lebhaft Anteil an internationaler Ethik, Moral und Politik und beeindruckte häufig die Experten mit ihren Kenntnissen, die sie aber gleichzeitig mit ihrem unbedachten Mangel an Objektivität verprellte. Wenn sie sich eine Meinung gebildet hatte, reichten Tatsachen allein selten aus, um sie wieder davon abzubringen; sie schien nicht nur mit dem Verstand zu denken, sondern auch mit ihrem Herzen. Religion machte ihr besondere Schwierigkeiten. Bis 1915, als sie elf Jahre alt war, bekannte sich ihre Familie halbherzig zum jüdischen Glauben und besuchte zweimal im Jahr die Synagoge, dann waren sie Lutheraner geworden.[35] Zu dem Zeitpunkt, als sie Dirac traf, war sie nicht länger tiefreligiös, aber schien sich irgendwie nach dem Glauben an eine göttliche Instanz zu sehnen und wollte nichts Kränkendes über Religion hören. Sie wäre wahrscheinlich nicht mit Diracs Ansicht einverstanden gewesen, dessen Religion einfach darin bestand, dass „die Welt eine bessere werden muss."[36]

Manci verfolgte mit großer Begeisterung die Künste und trieb Dirac dazu an, mehr Interesse für Musik, Romane und Ballett zu zeigen. Abends standen sie wie viele Menschen während der Depression in den langen Schlangen vor den Kinos an, um für einen Vierteldollar für ein paar harmlose Stunden der Wirklichkeit zu entfliehen. Es ist gut vorstellbar, dass sie sich einige Filme mit dem neuen Hollywood-Star Cary Grant ansahen, der sich schnell als ein vielseitiger Schauspieler mit der Gabe etabliert hatte, sowohl in lustigen Filmen mitzuspielen als auch – nachdem er erfolgreich seine typischen Bristol-Vokale abgestreift hatte – den charmanten, ganz amerikanischen Gentleman darzustellen.

Etwa zehn Tage vor Weihnachten 1934 sollte Dirac während einer Fahrt mit der New Yorker U-Bahn eine unerwartete, äußerst beunruhigende Nachricht lesen.[37] Er war in die Stadt gekommen, um sich einen Ersatz für den Mantel zu kaufen, den er fünfzehn Monate zuvor Tamm geschenkt hatte. Da ihm die vorweihnachtlichen Menschenmassen in Manhattan sowie der laute, rücksichtslose Verkehr zuwider waren, zögerte er nicht, als Manci ihm anbot, mitzukommen und ihm Gesellschaft zu leisten. Sie verabredeten sich in der Fine Hall, wollten dann zur Princeton Junction fahren, wo sie in den Zug nach Penn Station einsteigen konnten. Nachdem sie als Erste in der Halle angekommen war, wagte sie einen Blick in sein Postfach und sah darin einen Luftpostbrief, den sie schnell in ihre Handtasche steckte und dann in

der Aufregung über ihren ersten Ausflug in die Einkaufshauptstadt Amerikas
vergaß. Als sie auf dem Weg zu den großen Geschäften in Midtown neben
Dirac in einem ratternden und quietschenden U-Bahnwaggon saß, öffnete
sie ihre Handtasche, um ein Taschentuch herauszunehmen und fand den
Umschlag, den sie Dirac aushändigte. Er sah, dass der Brief von Anna Kapitza
aus Cambridge war, doch es war nicht der übliche Bericht über die Familie.
Manci beobachtete Dirac, wie er den etwas über eine Seite langen, schreib-
maschinengeschriebenen Brief las. Er wandte sich ihr mit der alarmierenden
Nachricht zu, die sowjetische Regierung halte Peter Kapitza in Moskau fest.

Anna war verzweifelt. Sie schrieb, dass die Festsetzung ihres Mannes „ein
schrecklicher Schlag für ihn war, wohl der schlimmste seines Lebens", und
sie flehte Dirac um Hilfe an:

> Ich schreibe Dir als einem Freund von K. und von Russland, und Du wirst die
> unmögliche Situation verstehen […]. Die Leute werden reden und ich möchte
> keinesfalls, dass die Presse davon erfährt. […]. Ich frage mich, ob Du einen
> Brief an den russischen Botschafter in Washington schreiben könntest, ich
> denke, dass dies der einzige Weg ist, überhaupt etwas tun zu können […].[38]

Früher hatte Kapitza damit geprahlt, dass er der einzige Sowjetbürger war,
der uneingeschränkt die Grenzen seines Landes überqueren durfte.[39] Er
hatte die Warnungen seiner Kollegen in den Wind geschlagen, er könne
ein Unglück heraufbeschwören, wenn er jeden Sommer in den Ferien nach
Hause zurückkehrte. Irritiert durch die Flucht von Gamow und von anderen sowjetischen Wissenschaftlern hatten Stalins Behörden beschlossen, sich
nun die besten Köpfe des Landes für den Aufbau von dessen Zukunft zu
sichern. Als sich Kapitza Ende September zusammen mit seiner Frau und
den Kindern auf einer Reise in der UdSSR befand, teilten die Behörden in
Leningrad Kapitza mit, dass er selbst die Sowjetunion nicht verlassen dürfe,
dass es aber seiner Familie gestattet sei, nach Cambridge zurückzukehren. In
heller Aufregung hatte Kapitza versucht, die Behörden umzustimmen, indem
er erfolglos argumentierte, dass er doch seine Kollegen in England nicht im
Stich lassen könnte. Er wurde nach Moskau überstellt, wo er in einem dürf-
tig möblierten Zimmer im Hotel Metropol wohnen musste. Er hatte dort
kaum etwas zu tun außer zu lesen und verzweifelte Briefe an Anna zu schreiben und Spaziergänge zu machen – unter dauernder Überwachung durch die
Sicherheitspolizei.[40] Rutherford und das Auswärtige Amt hielten die Sache
in der Hoffnung geheim, dass das Problem seiner Festsetzung diplomatisch
gelöst werden könnte.[41] Niemand und gewiss auch nicht die Beamten vom
britischen Geheimdienst hatten das erwartet, denn trotz aller Bemühungen
hatte der MI5 keinerlei Beweise gefunden, dass er ein Spion sein könnte.

Dirac war mit seinen Gedanken noch mit dem Verarbeiten dieser Nachricht beschäftigt, während er Mäntel bei Lord and Taylor anprobierte, einem der exklusivsten Läden an der Fifth Avenue. Manci hatte Mühe, ihm, der keinen Sinn dafür entwickelt hatte, wie man sich gut anzieht, beizubringen, dass der Kauf eines Mantels eine ernste Sache darstellt. Der Verkäufer, der eine Gelegenheit witterte, die gesamte Garderobe des Kunden aufzupolieren, fragte Manci diskret, ob der Sir nicht auch einen neuen Anzug schätzen würde, aber Manci lächelte und schüttelte ihren Kopf, denn ihn zu drängen mehr zu kaufen als nötig, wäre sinnlos. Der Mantel, den er dort kaufte, sollte sich als gute Investition erweisen – er blieb ihm bis zu seinem Tod erhalten, als eine Erinnerung an den Tag, an dem er von Kapitzas Notlage erfahren hatte und sich zum ersten Mal im Leben zu politischem Handeln veranlasst sah. Obwohl er sich bewusst war, dass er nicht über die notwendigen zwischenmenschlichen Fähigkeiten und den Takt verfügte, um ein wirkungsvoller Diplomat zu sein, wurde er de facto der Koordinator der von Amerika ausgehenden Kampagne zur Befreiung Kapitzas.

In Princeton suchte Dirac am nächsten Tag dringend Rat bei dem gut vernetzten Abraham Flexner und bei Einstein, die beide sofort zu helfen versprachen. Danach war Dirac zuversichtlich genug, um an Anna Kapitza in Cambridge zu schreiben, dass die Angelegenheit „ein gutes Ende nehmen würde".[42] Nach den Weihnachtsferien wollte er seine Kampagne für Kapitzas Freilassung starten, aber zunächst beabsichtigte er noch, Ferien in Florida zu machen. Er plante allein zu reisen, aber Manci hatte andere Vorstellungen: Die Gelegenheit, einige Zeit mit ihrem neuen Freund allein zu verbringen, veranlasste sie, ihre Rückkehr nach Ungarn bis nach Weihnachten zu verschieben, womit sie das ihren Kindern gegebene Versprechen brach.

Dirac und Manci fuhren Anfang Januar mit dem Auto aus dem frostigen Princeton in die Wärme von St. Augustine, einem Urlaubsort an der Nordostküste Floridas. Keiner – mit Ausnahme von Wigner, vielleicht – wusste, dass sie zusammen waren. Die Ferien verliefen anscheinend platonisch. Ihre Briefe vor und nach dem Ausflug lassen erkennen, dass sie sich noch nicht sehr nahe waren und einander noch unterschiedlich einschätzten – er betrachtete sie nur als eine angenehme Begleiterin, aber sie sah in ihm einen potentiellen Ehemann. Sie verbrachten die Woche, indem sie mit den schweren Regenfällen kämpften und Ausflüge zu den örtlichen Touristenzielen unternahmen, darunter in eine Farm, wo Dirac ein paar Dollar spendierte, um einen kleinen Baby-Alligator zu kaufen, den er anonym an die Gamows in Washington, DC, sandte.[43] Als Rho das Päckchen in ihrem Hotelzimmer öffnete, sprang der Alligator heraus und biss sie in die Hand – einer der weniger amüsanten Scherze ihres Mannes, dachte sie. Gamow protestierte, er habe nichts mit dem Streich zu tun. Er dachte, dass ihm das Krokodil, das Symbol seines geschätzten Experimentalphysiker-Kollegen, von jemandem mit mehr Witz als Verstand zugeschickt worden war. Einen Monat später machte Dirac ein Geständnis, der arme Alligator vegetierte dahin und verendete ein paar Monate später in der Badewanne der Gamows.

Bis zum Frühlingsanfang 1935 lief die Kampagne zur Befreiung von Kapitza nicht gut. In Cambridge konnte Anna die Geier kreisen sehen: Mehrere Kollegen ihres Mannes in der Stadt wünschten sich heimlich, dass Kapitza die Quittung dafür erhielte, jahrelang schamlos um das Krokodil herumscharwenzelt zu sein. Es gab das Gerücht, dass Kapitza nur Ingenieur sei, und dass seine Experimente ins Nichts führten, und dass er finanziell von Spionageaktivitäten für die UdSSR profitiert hatte. Auf Annas Berichte reagierte Dirac mit einem für ihn untypischen direkten Ratschlag: „Du solltest solche dummen Märchen, die keiner ernst nimmt, nicht beachten."[44]

Kapitzas marxistische Freunde sahen untätig zu, während Rutherford eine umsichtige Kampagne zu seiner Freilassung in die Wege leitete. Indem er sich mit Kollegen aus ganz Europa beriet und eng mit den sowjetischen Behörden und mit dem britischen Auswärtigen Amt zusammenarbeitete, suchte Rutherford, eine Lösung zu finden, bei der alle Seiten das Gesicht wahren konnten. Er wollte es Kapitza ermöglichen, selbst zu wählen, wo er arbeiten wollte, obwohl er in einem persönlichen Brief Bohr anvertraute, er sei sich sicher, dass Kapitza nach Cambridge zurückzukehren wünschte. Er fügte dann noch hinzu, dass er die sowjetischen Behörden für besonders verlogen hielt.[45] Der erste Wissenschaftler aus Cambridge, der Kapitza besuchen durfte, war Bernal in Begleitung seiner Geliebten Margaret Gardiner. Beide verbrachten lange Nachmittage mit ihm, um ihn bei Pfannkuchen mit Kaviar und Sauerrahm aufzumuntern, die mit Wein heruntergespült wurden.[46] „Ich fühle mich wie eine Jungfrau, die vergewaltigt wurde, als sie glaubte, sich in Liebe hinzugeben", schmollte Kapitza. Diese Formulierung verwendete er wiederholt.[47]

Gardiner hatte Vorbehalte gegenüber Moskau, störte sich an den gigantischen Stalinbildern in der ganzen Stadt und den halbkilometerlangen Schlangen, die sich sofort vor den Läden bildeten, wenn neue Vorräte eintrafen. Die Moskauer Hotels waren genauso schlecht wie der Ruf, der ihnen vorauseilte: die Zimmer überhitzt zu tropischen Rekorden, schäbig gekleidete Kellner, die stets vortäuschten, in Eile zu sein, viele illegal auf Trinkgeld erpicht. Die Moskauer liefen in ihrer grauen, frostigen Stadt in wattierten Jacken und Pelzmänteln herum und trugen ihre unvermeidlichen Galoschen. Gardiner glaubte, dass die Hoffnung für das Land in der Massenerziehung bestünde, was schon immer eine besonders attraktive Vision für die englische Linke gewesen war. Jahrzehnte später erinnerte sie sich, wie sie einen Zug von jungen Soldaten gesehen hatte, die mit Schulbüchern unter dem Arm in die Militärakademie marschierten. Ihr Stadtführer erklärte: „Ihnen wird das Analphabetentum ausgetrieben."[48]

Nach Mancis Abreise Mitte Januar 1935 blieb Diracs Routine in Princeton unverändert. Jeden Morgen stapfte er von seiner gemieteten Wohnung nahe der Nassau Street durch den Schnee zu seinem Arbeitszimmer in der Fine Hall, arbeitete den ganzen Morgen allein, nahm das Mittagessen in Newlin's Restaurant zusammen mit Wigner ein – und mit einem der ungewöhnlichsten Besucher von Princeton, dem belgischen Theoretiker Abbé Georges Lemaître. Er war als Amateur ein Spezialist für den Dramatiker Molière, war ein anerkannter Chopin -Interpret und das einzige Mitglied der Physikfakultät, das einen priesterlichen Kragen trug. Dirac hatte ihn zum ersten Mal im Oktober 1923 gesehen, aber anscheinend nicht persönlich kennengelernt, als er mit dem Studium in Cambridge begann und Lemaître einer von Eddingtons Doktoranden war. Vier Jahre später hatte Lemaître die Vorstellung in die Naturwissenschaft eingeführt, das Universum habe als ein winziges Ei begonnen und sei als ein „primordiales Uratom" plötzlich explodiert, um die Materie hervorzubringen.[49] Im Jahre 1922 hatte der russische Mathematiker Alexander Friedmann Einsteins Allgemeine Relativitätstheorie auf das Universum als Ganzes angewandt und nachgewiesen, dass einige Lösungen der Gleichungen einem Universum entsprechen, das expandiert. Einstein dachte zunächst, diese Lösungen seien falsch, doch im folgenden Jahr räumte er ein, dass Friedmann Recht hatte.

Das Friedmann-Lemaître Bild der Geburt des Universums schien im Widerspruch zum Schöpfungsbericht der Genesis zu stehen, aber das störte Lemaître nicht, der glaubte, dass die Bibel nicht Wissenschaft lehre, sondern den Weg zur Erlösung. Die angebliche Kontroverse zwischen Wissenschaft und Religion „ist in Wirklichkeit ein Scherz auf Kosten der Wissenschaftler", sagte er: „Sie sind ein alles wörtlich nehmender Verein."[50] Dirac schätzte Lemaître als „recht angenehmen Menschen im Gespräch – nicht so streng religiös, wie man es von einem Abbé erwarten würde".[51] Wahrscheinlich waren es diese Gespräche bei gemeinsamen Mahlzeiten in Princeton, in denen durch Lemaître in Dirac das Interesse für Kosmologie wiedererweckt wurde. Die Erforschung des gesamten Universums und seiner Funktionsweise sollte bald eines seiner Hauptinteressen werden.[52] Im Augenblick konzentrierte er sich aber auf die Mathematik und die Quantenphysik, die er während des Tages studierte. Am Abend ließ er es sich gut gehen: Nach dem Abendessen las er in einem der Bücher, die Manci ihm empfohlen hatte (einschließlich *Pu der Bär*), oder er ging aus, vielleicht mit den von Neumanns in einen Kinofilm.[53] Vermutlich unter dem Einfluss von Manci interessierte er sich nun viel stärker für Musik. Ein Höhepunkt des Trimesters war für ihn das Universitätskonzert, wo er eine herzergreifende Darbietung von Beethovens letzter Sonate für Klavier durch den österreichischen Virtuosen Artur Schnabel erlebte, einen weiteren jüdischen Flüchtling aus Hitlerdeutschland.[54]

Manci war bei ihren Kindern in Budapest. Etwa einmal pro Woche füllte sie für Dirac in ihrer krakeligen Schrift mehrere Seiten mit Neuigkeiten und Tratsch und drängte ihn, den engen Kontakt aufrechtzuerhalten. Er war es nicht gewohnt, warmherzige und aufmerksame Briefe zu erhalten und hatte Mühe zu antworten: „Ich fürchte, ich kann keine so netten Briefe an Dich schreiben – vielleicht weil meine Gefühle so schwach sind und mein Leben sich hauptsächlich um Fakten und nicht um Gefühle dreht."[55]

Manci, war „sehr bestürzt" über diese Aussage und wusste, dass sie die Initiative ergreifen musste, wenn sie bei ihm ein Quantum Romantik wachrufen wollte.[56] Immer das Herz auf der Zunge tragend schrieb sie Dirac von ihrer Familie und bombardierte ihn mit Fragen zu genauen Einzelheiten seines Lebens in Princeton. Seine Antwort war frostig: „Du solltest weniger über mich nachdenken und Dich mehr für Dein eigenes Leben und die Menschen um Dich herum interessieren. Ich bin ganz anders als Du. Ich finde, ich kann mich sehr rasch daran gewöhnen, allein zu sein und nur sehr wenige Menschen zu sehen."[57]

Er schickte ihr Listen mit Korrekturen ihres Englisch und beantwortete ihre Fragen so kurz angebunden wie eine sprechende Personenwaage. Als sie ihm Fotografien von sich selbst sandte, war er dankbar aber kritisch: „Mir gefällt dies Bild von Dir nicht so sehr. Die Augen sehen ganz traurig aus und passen nicht zu dem lächelnden Mund."[58] Nachdem sie sich beklagt hatte, dass er nicht alle ihre Fragen beantwortet hatte, las er ihre Briefe erneut, nummerierte sie und schickte ihr Antworten zu jeder der ignorierten Fragen in Form einer Tabelle:

Brief Nr.	Frage	Antwort
5	Was macht mich (Manci) so traurig?	Du hast nicht genug Interessen.
5	Wen könnte ich sonst lieben?	Du solltest auf diese Frage keine Antwort von mir erwarten. Du würdest mich als grausam bezeichnen, wenn ich es versuchte.
5	Du weißt doch, dass ich Dich sehr gern sehen würde?	Ja, aber ich kann es nicht ändern.
6	Weißt Du wie ich mich fühle?	Nicht so richtig. Du änderst Dich so rasch.
6	Gab es da überhaupt irgendwelche Gefühle für mich?	Ja, ein paar.[59]

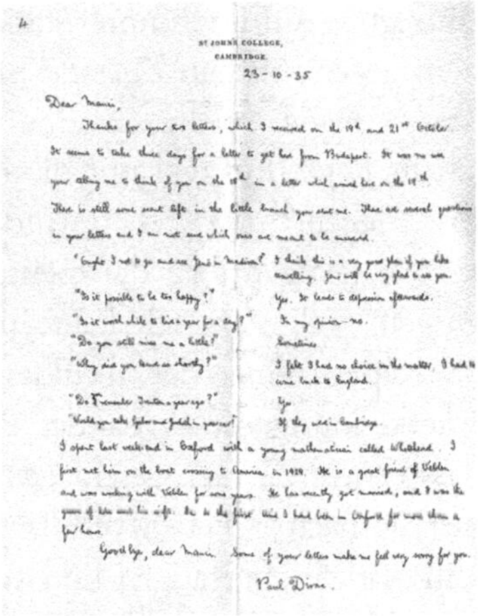

4

ST JOHN'S COLLEGE,
CAMBRIDGE.

23 - 10 - 35

Dear Manci,

Thanks for your two letters, which I received on the 19th and 21st October. It seems to take three days for a letter to get here from Budapest. It was [illegible] your asking me to think of you on the 18th in a letter which arrived here on the 19th. There is still some scent left in the little branch you sent me. There are several questions in your letters and I am not sure which ones are meant to be answered.

"Ought I not to go and see Jenő in Madison?"	I think this is a very good plan if you like travelling. Jenő will be very glad to see you.
"Is it possible to be too happy?"	Yes. It leads to depression afterwards.
"Is it worth while to live a year for a day?"	In my opinion – no.
"Do you still miss me a little?"	Sometimes.
"Why did you leave so shortly?"	I felt I had no choice in the matter. I had to come back to England.
"Do I remember [illegible] a year ago?"	Yes.
"Would you take Gabor and Judith in your car?"	If they were in Cambridge.

I spent last week-end in Oxford with a young mathematician called Whitehead. I first met him on the boat crossing to America in [illegible]. He is a great friend of Veblen and was working with Veblen for some years. He has recently got married, and I was the guest of him and his wife. It is the first time I had been in Oxford for more than a few hours.

Good-bye, dear Manci. Some of your letters make me feel very sorry for you.

Paul Dirac.

Abb. 19.1 Auszug aus einem Brief von Dirac an Manci Balazs, 23. Oktober 1935. (Mit freundl. Genehmigung von Monica Dirac)

Als Manci die Liste erhielt, dachte sie zunächst, Dirac wolle sie verspotten, entschied dann aber, dass es „ganz lustig“ sei. Sie begann zu realisieren, dass Dirac rhetorische Fragen nicht verstand und schäumte grollend: „*Die meisten waren nicht zum Beantworten gedacht.*“[60] Man kann sich gut vorstellen, wie sie sich verzweifelt die Haare raufte. Andererseits gaben ihr seine Antworten eine Gelegenheit, sich mit seinen Gefühlen zu befassen, und dabei hielt sie sich nicht zurück: Für seine Bemerkung, sie ändere sich so schnell, sagte sie, würde er „einen zweiten Nobelpreis, diesmal in Grausamkeit“ verdienen. Manci war hart im Nehmen, aber sie tat ihr Bestes, dass Dirac sich ihrer verletzlichen und feinfühligen Seite bewusst wurde: „Ich bin nur ein dummes kleines Mädchen.“[61] In jedem weiteren Brief flirtete sie mutiger, aber Dirac reagierte solange nicht, bis ihm klar wurde, dass er selbst die Zielscheibe war. Dann riss ihm der Geduldsfaden: „Du solltest wissen, dass ich Dich nicht liebe. Es wäre falsch, wenn ich vorgeben würde, dass ich es täte. Da ich noch nie verliebt war, kann ich feine Gefühle nicht verstehen.“[62] (Abb. 19.1)

Aber Manci ließ sich nicht abbringen. Obwohl Dirac ihre wiederholten Bitten abwehrte, ihn auf der bevorstehenden Reise nach Russland begleiten zu dürfen, war sie fest entschlossen, ihn vor dem Ende des Sommers wiederzusehen.

Die Nachricht von Kapitzas Festnahme erschien dank eines Lecks zuerst im britischen *News Chronicle* am 24. April 1935. Kurz darauf war Kapitzas Fall in den britischen Medien allgemein bekannt, und die Zeitungen druckten lange Berichte über seine in Cambridge durchgeführten Experimente.[63] In den Interviews mit Journalisten wirkte Anna Kapitza verzweifelt. „Die ganze Angelegenheit hat meinem Mann und mir Seelenqualen verursacht“, klagte sie und fügte hinzu, dass sie sich Sorgen über die Wirkung der allgemeinen

Aufregung auf ihren unter starkem Druck stehenden Ehemann machte: „In seinem gegenwärtigen Zustand ist er nicht in der Lage, ernsthaft weiter zu arbeiten."[64] Dabei spielte sie seine Verzweiflung noch herunter: „Manchmal gerate
ich in Rage und will mir die Haare ausreißen und laut schreien", hatte er ihr
geschrieben.[65] Das Leben wurde ihm in der Moskauer Wissenschaftlergemeinde
schwer gemacht, da die meisten seiner früheren Freunde ihm aus dem Weg
gingen, weil sie noch keine offizielle Nachricht aus Stalins Zentrale hatten,
ob Kapitza einer der „Feinde des Volkes" war oder nicht. Anna schrieb, die
Anerkennung seines Landes für seinen wissenschaftlichen Erfolg und dafür,
dass er nicht Krach geschlagen hatte, bestehe darin, dass er „wie Hundedreck,
den sie nach Belieben verformen können", behandelt werde.[66] Er wusste, dass
seine Briefe abgefangen und von der Polizei gelesen wurden, daher richtete er
seine Vorwürfe gegen die Gefangenenwärter, nicht gegen das sowjetische System
selbst, das sie beauftragt hatte:

> Ich bin nicht nur von Grund auf loyal, sondern habe auch ein tie-
> fes Vertrauen in den Erfolg der [Pläne für] den neuen Aufbau [in der
> Sowjetunion]. [...] Und (sogar) trotz meiner anklagenden Worte glaube ich
> fest daran, dass das Land siegreich aus allen diesen Schwierigkeiten hervor-
> gehen wird. Ich glaube, es wird beweisen, dass die sozialistische Ökonomie
> nicht nur die rationalste ist, sondern auch einen Staat hervorbringen wird, der
> die Antwort auf die spirituellen und ethischen Bedürfnisse der Welt darstellt.
> Aber für mich als Wissenschaftler ist es schwierig, während der Geburtswehen
> einen Platz zu finden.[67]

Doch die sowjetische Regierung fasste den Plan, Kapitza weiter zu beschäftigen und ihm alle materiellen Güter zur Verfügung zu stellen, die er sich
nur wünschen konnte. Sie beschloss ein neues Institut für Physikalische
Probleme zu errichten, machte ihn zum Gründungsdirektor, gab ihm ein
Gehalt, das die meisten Akademiker nur mit Neid erfüllen konnte, und fügten noch einige großzügige Vergünstigungen hinzu, darunter ein Apartment
in Moskau, ein Sommerhaus auf der Krim für seine Familie und einen
nagelneuen Buick.[68] Von seinem Sofaplatz im Hotel aus betrachtet sah die
Zukunft für Kapitza jedoch so trostlos aus, dass er an Selbstmord dachte.
Seine Depression wurde nur gemildert durch Theater- und Opern-Besuche
und die farbigen Reproduktionen seiner Lieblingsbilder der modernen
Kunst, die er an die weißen Wände geheftet hatte. Doch Cézanne, Gogol
und Schostakowitsch spendeten nur einen mageren Trost: Er sehnte sich
danach, zu seinen Experimenten im Mond-Laboratorium zurückzukehren
und mit seiner Familie und seinen Freunden im Trinity College zusammen
zu sein.

An dem Tag, als die Nachricht von Kapitzas Verhaftung im Vereinigten Königreich verbreitet wurde, entspannte sich Dirac gerade bei den Gamows in Washington, DC.[69] An einem schönen warmen Tag unternahmen die drei einen vierzigminütigen Flug mit einem Luftschiff über die Stadt und sahen hinunter auf die Kirschbäume, die zum zweiten Mal in voller Blüte standen, sowie auf das Kapitol, wo Roosevelt gerade seinen umstrittenen New Deal durchpeitschte. Dirac war dabei, sich auf den Weg durch die Straßen der Hauptstadt zu machen, um als ungewöhnlicher Lobbyist Annas Vorschlag aufzugreifen, den ersten sowjetischen Botschafter in den USA aufzusuchen, Stalins Freund Alexander Troyanovsky.

Offiziell war Dirac in Washington, um dort an drei aufeinanderfolgenden Konferenzen teilzunehmen, wobei er die meiste Zeit darauf verwendete, Kapitzas Schwierigkeiten öffentlich zu machen und Unterschriften für eine Petition zu seiner Freilassung zu sammeln. Jeder Teilnehmer, den Dirac ansprach, war bereit zu unterzeichnen, eingeschlossen Léo Szilárd, der den lächerlichen Plan aausheckte, Kapitza in einem U-Boot aus Russland herauszuschmuggeln.[70]

Bevor Dirac seine Petition vorlegen konnte, mussten jedoch noch einige Vorarbeiten geleistet werden. Er sorgte dafür, dass Karl Compton, der Bruder des berühmten Experimentators und Präsident des Massachusetts Institute of Technology, dem Botschafter einen Brief schrieb. Compton erklärte darin, dass Kapitzas Abwesenheit in Cambridge „allgemein von den Physikern als eine schwerwiegende Katastrophe empfunden wird", und legte nahe, dass seine Rückkehr „überall in der wissenschaftlichen Welt freudig begrüßt werden würde".[71] Der Brief erfüllte seine Aufgabe: Troyanovsky war schnell bereit, Dirac und Millikan zu empfangen. Dirac erklärte Anna Kapitza später, warum er die Begleitung von Millikan gewünscht hatte: „[Er] war bekannt dafür, dass er eher gegen die Sowjetunion eingestellt ist, was durch meine bekanntlich recht positive Einstellung wieder ausgeglichen wurde."[72]

So war Dirac, der zehn Jahre lang als ungeselliger Außenseiter ohne Berührung mit der Weltpolitik gegolten hatte, am letzten Freitagnachmittag im April des Jahres 1935 gemeinsam mit Amerikas herausragendstem Wissenschaftsdiplomaten auf dem Weg zur Sowjetischen Botschaft. Die Botschaft, nördlich vom Weißen Haus gelegen, wirkte prachtvoll: Moskauer Museen hatten antike Möbel, Gemälde und Teppiche als Beitrag zur Renovierung geliefert.[73] Nachdem sie eine Weile in der Empfangshalle, die von einer Lenin-Statue beherrscht wurde, gewartet hatten, schüttelten Dirac und Millikan die Hand des hohlwangigen Botschafters Troyanovsky, dessen Charme und entgegenkommende Art ihn in Gesellschaftskreisen allgemein beliebt gemacht hatten. Das halbstündige Treffen war herzlich und entspannt. Bei einer Tasse Tee gab der Botschafter zu, dass er von Kapitzas

Fall erst durch den Brief Comptons gehört hatte und schilderte ihnen den Schmerz der Sowjets darüber, dass einige der bedeutendsten Bürger nach einer Auslandsreise nicht mehr in ihre Heimat zurückgekehrt waren. Millikan sagte ihm, Kapitzas Gesundheit habe sich verschlechtert, und gab zu bedenken, dass die Sowjetunion auch die öffentliche Meinung in anderen Ländern und auch die im eigenen Land berücksichtigen sollte. Der fortbestehende Gewahrsam von Kapitza könnte die Beziehungen zwischen den sowjetischen und amerikanischen Wissenschaftlern ernsthaft beschädigen, sagte Millikan abschließend. Als das Treffen sich dem Ende näherte, ergriff Dirac das Wort und erbat die Freilassung von Kapitza in einer Formulierung, die er am nächsten Tag in einem Brief an Anna Kapitza wiederholte: „Ich kenne Kapitza schon lange Zeit sehr gut und weiß, dass er durch und durch zuverlässig und ehrlich ist [...] Wenn er unter dem Versprechen zurückzukehren herausgelassen würde, könnte man sich darauf verlassen, dass er das Versprechen einhält."[74] Der Botschafter beendete das Gespräch mit der Zusicherung, dass er ihre Bedenken der Sowjetischen Regierung vortragen werde; daher, so teilte Dirac Anna mit, habe er das Treffen hoffnungsvoll verlassen.

Doch es gab noch mehr zu tun. Nach dem Treffen schrieb Millikan an den Botschafter und wiederholte die Punkte, die er und Dirac vorgebracht hatten, um den diplomatischen Druck zu verstärken. Dirac sammelte die letzten der sechzig Petitionsunterschriften ein, die fast alle führenden Physiker in den USA einschlossen, darunter auch Einstein. Flexner hatte zugestimmt, eine weitere Petition an den amerikanischen Botschafter in Moskau zu richten, der gebeten werden sollte, diese der Regierung vorzulegen. Dirac schloss seinen Brief an Anna mit den Worten: „Ich bin sicher, dass die sowjetische Regierung etwas unternehmen wird, wenn sie erkennt, wie weitverbreitet die Stimmung gegen sie ist. Wenn sie nicht reagieren, kannst Du Dich auf mich verlassen, dass ich alles tun werde, wenn ich in Russland bin, um auf jeden Fall Kapitza herauszuholen."[75]

Ein paar Tage später, Anfang Juni, verließ Dirac Princeton. Im Vergleich zu den äußerst erfolgreichen Aufenthalten in Kopenhagen und Göttingen war dieses Forschungssemester größtenteils ein wissenschaftlicher Reinfall gewesen, aber dafür gab es gute Gründe. Er hatte einige Zeit in die Beziehung mit Manci investiert, aber das war wenig im Vergleich zu seinem Engagement, um Kapitzas Freilassung zu bewirken. Auch wenn es seine Arbeit verzögern würde, kam es für ihn nicht in Frage, seinen Ersatzbruder im Stich zu lassen.

20

Frühjahr 1935 – Dezember 1936

STALIN: Sie, Mr. Wells, gehen offensichtlich von der
Annahme aus, dass alle Menschen gut sind. Ich jedoch
vergesse nicht, dass es viele böse Menschen gibt.
A Conversation between Stalin and [H. G.] Wells,
New Statesman (27. Oktober 1934)

Moskau lockte ihn wieder. Da für die kommenden vier Monate Diracs Terminkalender leer war, war er entschlossen, den größten Teil dieser Zeit mit Kapitza zu verbringen. Dirac wusste, dass die Geheimpolizei seine Briefe an Anna Kapitza las und dass man ihn wahrscheinlich beobachten würde, wenn er in Moskau wäre. Er sagte zu ihr, „Wer immer mir in Moskau folgen sollte, wird sehr lange Wege zurücklegen müssen."[1]

Dirac und Tamm hatten beabsichtigt, im Sommer gemeinsam im Kaukasus zu wandern und zu klettern, und Dirac hoffte, eine der angeblich florierenden Fabriken und das neue hydroelektrische Kraftwerk am Dnjepr zu besichtigen, eine der stolzesten Leistungen der sowjetischen Ingenieurtechnik. Als Anna Kapitza jedoch Dirac bat, seine Reise abzusagen, um ihren Mann zu unterstützen, gab Dirac seine Pläne auf und erklärte, dass er für sie und ihren Mann zur Verfügung stehe: „Ich bin zu allem bereit."[2] Seine Reiseroute nach Moskau führte ihn über Berkeley, wo Oppenheimer feststellte, dass Dirac genauso wenig mitteilungsbereit über Physik war wie früher. Zwei von Oppenheimers Studenten waren begeistert, als ihnen gesagt wurde, ihr britischer Gast sei bereit, ihre Ideen zur Quantenfeldtheorie anzuhören, die auf seinem Werk aufbauten. Während der fünfzehnminütigen Präsentation sagte Dirac nichts. Danach wappneten sich die Studenten für seine scharfsinnigen Bemerkungen, aber es folgte eine qualvoll lange Stille, die schließlich Dirac mit einer Frage unterbrach, „Wo ist das Postamt?" Die Studenten boten an, ihn dorthin zu begleiten und schlugen vor, dass er ihnen dabei sagen könnte, was er von ihrer Präsentation hielt. Dirac antwortete: „Ich kann keine zwei Dinge auf einmal ausführen."[3]

© Springer-Verlag GmbH Deutschland, ein Teil von Springer Nature 2018
G. Farmelo, *Der seltsamste Mensch*, https://doi.org/10.1007/978-3-662-56579-7_20

Am Nachmittag des 3. Juni 1935 verabschiedete sich Dirac am Kai von Oppenheimer und ging an Bord des japanischen Schiffes MS *Asuma Bura*.[4] Er zog sich in seine Privatkabine zurück und fuhr durch den Nebel vorbei an San Francisco – wobei er einen Blick auf die halbfertige Golden Gate Brücke werfen konnte – und dann weiter nach Japan, China und in die UdSSR. Manci langweilte sich inzwischen in Budapest und wartete auf die Ankunft ihres ersten Autos, eines sechszylindrigen Mercedes Benz, den ihr Vater für sie gekauft hatte.[5] Sie hatte Dirac überredet, sie am Ende seiner Reise in Budapest zu besuchen. Ihr Vorwurf, dass er nicht auf ihre Fragen eingehe, führte zu einer weiteren tabellarischen Antwort:

Hast Du mit hübschen Mädchen Pingpong gespielt?	Mit einem hübschen Mädchen. Die meisten Passagiere waren Japaner, und japanische Mädchen spielen nicht Tischtennis.
Hast Du geflirtet?	Nein. Sie war zu jung (15 Jahre alt). Aber es sollte Dich nicht stören, wenn ich es getan hätte. Sollte ich nicht das Beste aus dem machen, was Du mir beigebracht hast?
Warum bist Du so spöttisch?	Entschuldige bitte, aber manchmal kann ich nicht anders.[6]

Sechs Wochen nach seiner Abreise aus den USA traf Dirac in Moskau am Bahnhof ein. Sogar ihm in seiner Gandhi ähnelnden Indifferenz gegenüber seiner Umgebung muss der Kontrast zwischen der frischen Frühsommerluft in Princeton und dem Gestank von faulen Eiern aufgefallen sein, der über der sowjetischen Hauptstadt hing. Es war nicht mehr die Stadt, die er vor vier Jahren gesehen hatte, sondern eine übel riechende, überfüllte Metropole. Der Theaterdichter Eugene Lyons beschrieb die „visköse Ausdünstung von [Moskaus] trister Bevölkerung zwar nicht als abstoßend, aber als unglaublich verschmutzt, zusammengeflickt, schäbig; der Geruch und die Farbe von tief sitzender Armut, übel riechende Bündel, abgetragene Kleidung".[7] Dirac hielt sich dort nur kurz auf: Er hatte es so eingerichtet, dass er die meiste Zeit in der angenehmeren Atmosphäre von Kapitzas Datscha in Bolshevo verbringen konnte, einem kleinen Ort etwa fünfundfünfzig Kilometer südlich der Stadt. Kapitza freute sich, seinen englischen Freund wiederzusehen, obwohl der Ton seiner Bemerkungen gegenüber seiner Frau erkennen lässt, dass er die Intensität von Diracs Zuneigung nicht ganz erwiderte. Doch einen Tag nach Diracs Ankunft scheint Kapitza seine Meinung geändert zu haben. Er schrieb an sie:

[Wir] sind hier zusammen mit Tamm eingetroffen, sind gewandert, fuhren mit dem Boot und reden seither die ganze Zeit. Ich habe noch nie so eine schöne Zeit mit irgendjemandem verbracht. Dirac behandelt mich so selbstverständlich und gut, dass ich spüren kann, was für ein guter und loyaler Freund er ist. Wir sprechen über alle möglichen Dinge, und das hat sehr gut getan. […] Diracs Ankunft hat meine Erinnerungen an den Respekt und den Ruf, den ich in Cambridge genießen durfte, wiedererweckt […].[8]

Die beiden Freunde ruhten sich während der fast drei Wochen langen Ferien aus. Kapitzas pessimistische Einschätzung wurde nicht verbessert, als er hören musste, dass die sowjetischen Machthaber „Dimus" Ivanenko aus unbekannten Gründen ins Exil geschickt hatten.[9] So etwas war ein Vorgang, den man gewohnt war, aber niemand wagte Stalins Politik öffentlich in Frage zu stellen. Kapitza überlegte, ob er die Physik aufgeben und seine Forschungen auf Physiologie umstellen sollte, sodass er mit Russlands angesehenstem Wissenschaftler, dem betagten aber immer noch aktiven Iwan Pawlow zusammenarbeiten könnte. Im Rahmen seiner bescheidenen verbalen Fähigkeiten versuchte Dirac, Kapitzas Stimmung anzuheben und im Gegenzug versuchte Kapitza – der offensichtlich nichts von Diracs Freundschaft mit Manci wusste – ihn mit einem jungen Mädchen zusammenzubringen, das sie trafen, einer blendend aussehenden, Englisch sprechenden Sprachstudentin. Dirac reagierte nicht.

Während seines Aufenthalts traf er auch den Physiologen Edgar Adrian vom Trinity College wieder und weitere britische Kollegen, die Rutherford gebeten hatte, Kapitzas Situation und seinen psychologischen Zustand einzuschätzen. Die sowjetische Regierung unterstützte diese Besuche, vermutlich, um ihre Flexibilität unter Beweis zu stellen. Doch als Adrian und seine Kollegen mit Kapitza zusammentrafen, waren die Würfel bereits gefallen: Kapitza war die Rückkehr nach Cambridge verboten worden, und es blieb nun nichts mehr übrig, als die besten Bedingungen für seine Arbeit in seinem neuen Institut herauszuholen. Als Dirac Moskau Anfang September verließ, wusste er, dass er seinen ersten diplomatischen Kampf verloren hatte. Er würde sich daran gewöhnen müssen, in Cambridge ohne den Gefährten zu leben, den er als seinen besten Freund ansah.

Die letzte Etappe seiner Reise war ein Gegengift für seine Enttäuschung: Er sollte Manci in Budapest besuchen. Sie wohnte mit ihren Kindern in einer Wohnung in einem Haus, das einst dem Erzherzog Friedrich gehört hatte, nur wenige Schritte entfernt von der luxuriösen Residenz ihrer Eltern am Graf-Batthyány-Park. Es war eine Welt des Überflusses – feines Essen, erlesen geschneiderte Kleidung, aufmerksame Bedienstete und Privatkonzerte im Wohnzimmer. Diracs bescheidene Ursprünge in Bishopston gehörten zu einer anderen Welt. Manci nahm ihren materiellen Komfort als selbstverständlich hin, aber sie war unglücklich und sehnte sich danach, von ihren Eltern fortzukommen, die sicher befremdet waren über die Ankunft eines ungekämmten Engländers an ihrer Türschwelle, der kaum ein Wort Ungarisch konnte. Sie wussten so gut wie gar nichts von ihm und hatten sicherlich nicht erwartet, dass ihre ungestüme, freimütig daherplappernde Tochter sich einen so scheuen Mann wählen würde. Aber sie mochten ihn und sahen, dass Manci und Dirac sich während ihrer neun gemeinsamen Tage verstanden. Sie fuhren in der Stadt mit ihrem neuen Auto herum, machten Besichtigungen und gingen im berühmten öffentlichen Hallenbad schwimmen.[10] Nach Cambridge zurückgekehrt schrieb er an Manci: „Ich war sehr traurig, als ich Dich verließ und vermisse Dich auch jetzt noch. Ich verstehe nicht, warum es diesmal so ist, weil ich sonst die Menschen nicht vermisse, wenn ich sie verlassen habe. Ich glaube, Du hast mich zu sehr verwöhnt, als ich mit Dir zusammen war."[11]

Manci machte Fortschritte. Aber drei Wochen später wurde ihr das Herz schwer, als sie den letzten Eintrag in Diracs neuester Tabelle unbeantworteter Fragen las: Auf ihre Frage „vermisst Du mich ein bisschen?" antwortete er, „manchmal".[12]

Als Dirac im Frühherbst 1935 nach England zurückkehrte, war das Land immer noch stark durch die Arbeitslosigkeit, die Sorge über Hitlers aggressive Wiederbewaffnung, Mussolinis Säbelrasseln in Ostafrika und Japans Besetzung der Mandschurei beeinträchtigt. „Ich würde die Politiker in der Mitte Europas am liebsten umbringen" schäumte Manci.[13] Dirac war bald wieder in seiner Cambridge-Routine zurück, aber die Begeisterung war verschwunden. Obwohl er die Quantenelektrodynamik nicht aufgegeben hatte, schien er steckengeblieben zu sein. Dirac glaubte, eine Revolution stehe bevor und fragte sich wahrscheinlich, ob er mit seinen jetzt dreiunddreißig Jahren nicht zu alt sei, um einer ihrer Anführer zu sein.

Rutherford hatte ein Abkommen ausgehandelt, das beinhaltete, dass fast jeder Gegenstand aus Kapitzas Laboreinrichtung in das Institut für Physikalische Probleme transferiert wurde, damit er in der Lage sei, alle seine Experimente dort wieder aufzunehmen. Anna hatte Dirac zum Beschützer der Kapitza-Söhne ernannt, und er nahm seine Pflichten ernst, fuhr mit seinem langsam aus den Fugen gehenden Auto mit den Jungen an den Wochenenden zu Ausflügen und organisierte sein erstes Feuerwerk für sie in der Bonfire-Nacht am 5. November (benannt nach der „Pulververschwörung" von 1605).[14] Es war eine gute Zeit für Dirac, aber er musste sich auf noch mehr Einsamkeit einstellen: Die Blacketts waren nach London gezogen, Chadwick nach Liverpool, Walton nach Dublin, und jetzt sollten die Kapitzas für immer abreisen. Dirac war nicht der selbstgenügsame Eremit, als der er von den meisten eingeschätzt wurde, er benötigte neue Freundschaften, und er wusste es. Manci wollte gern die Rolle übernehmen, doch er misstraute ihrer Voreiligkeit, wie er deutlich machte, als sie ihn im November spät in der Nacht, als er gerade zu Bett gehen wollte, anrief.[15] Sie dachte, er würde sich über einen unerwarteten Telefonanruf von ihr freuen, aber er war ärgerlich und geschockt. Das Telefonsystem im College war so eingerichtet, dass die Pförtner ihre gereizte Konversation mithören konnten, wie er ihr in schroffem Ton erklärte. Es wäre bestimmt ausreichend, nur über Briefe in Kontakt zu bleiben, schrieb er danach mit der ganzen Wärme eines Steuerprüfers. Sie antwortete prompt und machte deutlich, was sie von seiner Geheimnistuerei hielt: „lächerlich!"[16]

Vorfälle wie dieser verstörten ihn: Könnte er mit jemandem zusammenleben, der so wenig Sympathie für sein Bedürfnis nach Privatsphäre hat? Er wollte auf keinen Fall Teil einer katastrophalen Ehe sein wie die seiner Eltern, deren ganze Unerfreulichkeit er gerade zwei Monate zuvor während seines letzten verregneten Besuchs in Bristol miterlebt hatte.[17] Charles und Flo durchlebten ihren Ehevertrag in einem nicht zu gewinnenden Endspiel von Zankereien und gegenseitigen Beschuldigungen. Scheidung kam für den wiedergeborenen Katholiken Charles nicht in Frage, aber als er erneut in seiner Ausgabe von George Bernard Shaws *Heiraten* las, dürfte er mit dem Vorschlag des Autors sympathisiert haben: „Die Scheidung sei so leicht, so wohlfeil und so sehr Privatsache wie die Eheschließung."[18] Flo hätte wahrscheinlich eine Scheidung begrüßt, doch die gesellschaftliche Schande wäre vermutlich zu viel für sie gewesen. So blieben beide unglücklich aneinandergekettet, ohne Aussicht auf etwas anderes als auf weitere Streitereien. Flo erzählte ihrem Sohn, dass ihr einziges Vergnügen darin bestand, lange Spaziergänge in der Parklandschaft der Downs zu unternehmen und allein auf einer Parkbank zu sitzen oder gelegentlich eine Versammlung der neuen Gesellschaft der Freunde der Schifffahrt in Bristol zu besuchen. „ Ich habe mein Leben irgendwie schrecklich verpfuscht", schrieb sie und fügte hinzu, dass sie sich selbst die Schuld gab: „Was wir säen, ernten wir."[19]

Diracs Mutter scheint nicht mehr als ein vorübergehendes Interesse an seinem wissenschaftlichen Werk gehabt zu haben, aber sein Vater bemühte sich sehr, es zu verstehen. Charles ging die Zeitschriften in der Bibliothek durch, suchte nach verständlichen Berichten über die Quantentheorie, und hoffte etwas vom Inhalt aufzunehmen, indem er ganze Absätze von schwierigen Textstellen wörtlich abschrieb. Er führte Buch über seine Fundstellen in einem schmalen roten Notizbuch, auf dessen Vorderseite er einen fünf Zentimeter hohen Buchstaben P geschrieben hatte.[20] Die zusammenhanglosen Zitate und Notizen darin sind herzzerreißende Dokumente eines eifrigen, aber orientierungslosen Amateurs, der unfähig war, auch nur ein klein wenig auf einem Gebiet voranzukommen, das er so gern verstanden hätte. Charles hatte mit seiner von Rheuma geplagten Hand einige der schmeichelhaftesten Bemerkungen über seinen Sohn aufgeschrieben, wobei er die lobendste besonders hervorhob: *„Dirac überragt seine zeitgenössischen Kollegen auf diesem Gebiet durch seine Originalität."* Abgesehen von einer Zusammenfassung eines der von Crowther verfassten Artikel über „Neue Teilchen" hatte Charles keine der farbigen und leicht verständlichen Berichte über die Quantenmechanik von Eddington oder anderen angesehenen Popularisierern ausfindig gemacht. Es scheint, dass sein Sohn ihm dabei auch nicht die geringste Hilfestellung bot.

Angesichts der langen Tradition der Erwachsenenbildung in Bristol war es für die Bürger der Stadt leicht, etwas über neue Wissenschaften herauszufinden. Arthur Tyndall, der Dirac die erste Einführung in die Quantentheorie gegeben hatte, war ein beliebter Vortragender bei den abendlichen Wissenschaftskursen der Universität. In einem seiner Kurse fiel dem genialen Tyndall ein männlicher Student ins Auge. Er war wesentlich älter als die anderen Studenten, saß immer vorne und machte sich sorgfältig Notizen. Nach dem letzten Vortrag am Ende des Kurses schlurfte er vor zu Tyndall, um ihm zu danken. „Ich bin sehr froh, dass ich dies alles hören konnte. Mein Sohn arbeitet in der Physik, aber er erzählt mir nie etwas davon." Der Student war Charles Dirac.[21]

Im Frühsommer 1935 schloss Betty ihr Französischstudium als eine der Schwächsten der Klasse ab und machte ihren Bachelor mit „befriedigend", wie es auch Felix getan hatte.[22] Sie wollte Sekretärin werden und Bristol so schnell wie möglich verlassen. Charles sprach nun offen über seine Beziehung zu Mrs. Fisher, schrieb Flo an Dirac: „Ich wünschte, er würde gehen und bei ihr wohnen, die Leute sehen sie dauernd zusammen und erzählen es mir [...]. Er hat immer jemanden gehabt, solange ich verheiratet bin: Betty sagt, das sei die französische Art."

Diracs Mutter, die sich darauf einstellte, eine weitere Mittelmeerkreuzfahrt allein zu unternehmen, spürte, dass sich ihre Tochter von ihr entfernte. Ein paar Wochen später würde sie eine Zeitlang nach London umziehen, ohne ihrer Mutter eine Nachsende-Adresse anzugeben. Doch zunächst fuhr Betty mit ihrem Vater im August in die Ferien, mit geheim gehaltenem Ziel. Sie reisten mit einer Gruppe von katholischen Priestern zu einer Pilgerfahrt nach Lourdes in den französischen Pyrenäen, wo Charles vermutlich in dem dafür bekannten wunderwirkenden Wasser badete, um sich von seinen Beschwerden zu kurieren. Er wusste, dass seine Tochter für ihn beten würde, aber dass seiner Frau und seinem Sohn sein Schicksal bestenfalls gleichgültig war.

Dirac wäre vermutlich am glücklichsten gewesen, wenn er, wie Einstein manchmal nachgesagt wird, nie einen Doktoranden hätte betreuen müssen. Erst im akademischen Jahr 1935/36 wurde er offiziell Betreuer von Forschungsprojekten, da er zwei Studenten übernehmen musste, die Born zurückgelassen hatte, als er auf eine Professur nach Edinburgh berufen wurde.[24] Dirac verfügte über praktisch keine der Fähigkeiten, die er von Fowler kannte: die Begabung, Aufgaben auszuwählen, die genau auf das Niveau der Studenten zugeschnitten waren, sie zu motivieren, wenn es nicht voranging, und sie in den frühen Stadien ihrer Karriere zu unterstützen. Dirac glaubte, seine einzige Verpflichtung bestünde darin, seine Studenten auf interessante theoretische Konzepte hinzuweisen und sich dann die von ihnen in der Folge fertiggestellten Arbeiten anzusehen; so gut wie die ganze Initiative blieb dem Studenten überlassen. Nur besonders kluge und zu unabhängigem Denken fähige Studenten konnten unter einem derartigen Regime Erfolg haben, wie die Verantwortlichen in Cambridge wussten. Dirac war dies bewusst, und er zeigte kein Interesse, eigene Schüler anzuwerben. Aber mehrere der besten jungen Köpfe suchten seine Anleitung, darunter der indische Mathematiker Harish-Chandra und der pakistanische Theoretiker Abdus Salam, die beide einem Muster entsprachen: Die große Mehrheit von Diracs erfolgreichen Studenten waren Ausländer.

Dirac hielt seine Studenten dazu an, sich über die neuesten Publikationen in der theoretischer Physik auf dem Laufenden zu halten und auch auf die jüngsten Ergebnisse der Experimentatoren ein Auge zu werfen. Doch sein Glaube an die Vertrauenswürdigkeit der Ergebnisse neuer Experimente wurde schwer durch einen Vorfall erschüttert, der im Herbst 1935 seinen Anfang nahm. Dirac hörte, der Chicagoer Experimentalphysiker Robert Shankland habe Hinweise gefunden, dass manchmal die Energie im Widerspruch zu einer der fundamentalen Grundsätze in der Naturwissenschaft nicht erhalten bliebe: Er hatte festgestellt, dass bei der Streuung von Photonen durch andere Teilchen die Gesamtenergie der Teilchen vor der Kollision nicht die gleiche war wie danach. Dirac stellte seinen Grundsatz zurück, sich von der Mathematik leiten zu lassen und witterte eine bevorstehende Revolution. Er schrieb im Dezember einen Brief an Tamm, in dem er die Konsequenzen von Shanklands Experimenten deutlich machte:[25] Erstens sei das Neutrino nicht länger notwendig, da Paulis gesamte Begründung für dessen Existenz auf dem Energieerhaltungssatz aufgebaut war. Zweitens, und noch wichtiger, konnten Shanklands Experimente, da sie auf der Beteiligung von Licht beruhten, ein Hinweis sein, dass die Energie immer dann nicht erhalten bleibt, wenn Teilchen mit einer Geschwindigkeit kollidieren, die der des Lichtes nahe kommt. Wenn dem so wäre, betonte Dirac, wäre es vernünftig, die ursprüngliche Theorie der Quantenmechanik beizubehalten, die sich auf vergleichsweise langsam bewegende Teilchen bezieht, während aber die relativistischen Erweiterungen der Theorie, wie die Quantenelektrodynamik, aufgegeben werden müssten. Wenige Tage später hielt Dirac im Kapitza-Klub – der sich trotz Abwesenheit seines Begründers weiterhin traf – einen Vortrag über die Folgerungen aus Shanklands Resultaten. Den meisten Physikern kamen die Experimente unzuverlässig vor, und es schien ihnen vernünftig, die unabhängige Überprüfung der Resultate abzuwarten.[26] Aber Dirac wollte nicht warten: Im Januar 1936 legte er in der Zeitschrift *Nature* in einem kurzen Artikel ohne Gleichungen die Implikationen von Shanklands Ergebnissen dar, wobei er seine Stellungnahme an die Gesamtheit der Wissenschaftler richtete. Dirac sagte, falls Shankland Recht habe, müsse die Quantenelektrodynamik aufgegeben werden. Er fügte noch hinzu: „Die meisten Physiker würden ihr Ende sehr begrüßen."[27] Da diese Worte von einem der Entdecker der relativistischen Quantenmechanik und Feldtheorie geäußert wurden, hatten sie eine starke Wirkung. Heisenberg verwarf Diracs Gedanken in einem privaten Brief als „Blödsinn".[28] Einstein verheimlichte nicht seine Schadenfreude: „Ich bin sehr froh, dass sich jetzt einer der wirklichen Experten dafür einsetzt, die schreckliche ‚Quantenelektrodynamik' aufzugeben."[29] Schrödinger, den die konventionelle Interpretation der Quantentheorie desillusioniert hatte, war erfreut darüber, dass Dirac sich offenbar den Unzufriedenen angeschlossen hatte.[30] Bohr, der im Jahre 1924 unter den Ersten gewesen war, die vorgeschlagen hatten, dass die Energie nicht bei jedem atomaren Prozess erhalten bleiben müsste, war öffentlich weniger kritisch, obwohl er Shanklands Resultate mit Vorsicht aufnahm.[31]

Experimentatoren, einschließlich Blackett in London, legten ihre bisherige Arbeit beiseite, änderten ihre Pläne und begannen, Programme für Experimente zu entwickeln, um Shanklands Behauptungen zu überprüfen. Ein paar Monate später wurde jedoch deutlich, dass sich Shankland geirrt hatte, und dass die Energie tatsächlich erhalten geblieben war. Der falsche Alarm hinterließ einen tiefen Eindruck bei Dirac. Ein Jahr später schrieb er voller Reue an Blackett: „Nach Shankland bin ich allen unerwarteten experimentellen Resultaten gegenüber sehr skeptisch geworden. Ich denke, man sollte ein Jahr oder so warten, um zu sehen, ob weitere Experimente nicht den neuen Ergebnissen widersprechen, bevor man sich ernste Gedanken über sie macht."[32] Diracs Neigung, aufregenden neuen Beobachtungen Glauben zu schenken, war unwiederbringlich erschüttert.

Nach den zweiten heimlichen Weihnachtsferien mit Manci und ihren Kindern in Österreich und Ungarn stand nun die Heirat an.[33] Aber Dirac konnte sich nicht überwinden sich festzulegen. Keiner wusste von seinem inneren Aufruhr, alle sahen nur den vertrauten nachdenklichen Dirac, den Prinzen der Askese, der wortlos seiner Arbeit nachging. Doch privat war er nicht ganz so kalt und distanziert, wie er erschien. Auf seinem Kaminsims hatte er eine Fotografie von Manci im Badeanzug aufgestellt, die aber niemand zu sehen bekam: Wenn es an der Tür seiner Collegeräume klopfte, nahm er die Fotografie herunter und versteckte sie in einer Schublade. Oft, wenn die Mitarbeiter annahmen, er würde arbeiten, hatte er sich davongeschlichen, um Mickey-Mouse-Filme anzusehen, mit den Kapitzajungen Spritztouren in seinem neuen Auto zu unternehmen, oder um in dem Buch *Die sieben Säulen der Weisheit* von T. E. Lawrence („Lawrence von Arabien") zu lesen. Mit dem Ziel, Dirac selbstbewusster zu machen, hatte Manci ihm empfohlen, Aldous Huxleys *Kontrapunkt des Lebens* zu lesen, da sie dachte, Dirac würde der Romanfigur Philip Quarles ähneln: brillant, einsam, emotional „ein Ausländer", der sich „hinter diesem ruhigen, fernen, kalten Schweigen verschanzt".[34] Die Ähnlichkeit nicht erkennend schrieb er an Manci: „Ich bezweifle, dass ich wirklich Philip Quarles ähnlich bin, weil seine Eltern gar nicht wie meine sind", womit er – vermutlich unbewusst – die Bedeutung seiner Mutter und seines Vaters für sein Bewusstsein der eigenen Identität unterstrich.

Dirac schrieb seine Briefe an Manci, bevor er ins Bett ging: „die beste Zeit, um an Dich zu denken". Er erwähnte nie seine Arbeit, sie fragte auch nie danach, und er erwähnte selten seine Kollegen, machte aber eine Ausnahme im Februar, kurz bevor er Bohr und seine Frau in London treffen würde.[35] Es sollte nicht lange dauern, bis Manci völlig genervt reagierte, nachdem Diracs Lobpreisungen auf seinen älteren Freund einen Brief nach dem anderen füllten: „Bohr, Bohr, Bohr." Dirac war überraschend sensibel gegenüber dieser Beschwerde und bewies, dass er verstanden hatte, ihre haarsträubende Eifersucht mit Vorsicht zu behandeln: Von da ab schwächte er seine anerkennenden Bemerkungen über Kollegen, die er schätzte, ab.[36] Sein Taktgefühl wurde kurz vor den Osterferien erneut auf die Probe gestellt, als Manci ihn zu sehen hoffte. Er erklärte ihr, er fühle sich verpflichtet, seine Eltern zu besuchen, da er sie mehrere Monate nicht gesehen hatte. Sein Problem sei, dass er nach dem Besuch in Bristol psychologisch nicht in der Lage sein werde, sie zu treffen:

> Es verändert mich wirklich jedes Mal sehr stark, wenn ich nach Hause komme. Es verängstigt mich, sodass ich nichts mehr zu meiner eigenen Freude tun kann. Ich werde wahrscheinlich sogar Angst haben, an Dich zu denken [...]. Ich bin zufrieden, wenn ich an Dich denken kann, wann immer ich es möchte. Warum kannst Du nicht ebenso zufrieden sein? Du solltest Deine Vorstellungskraft kultivieren [...]. Es ist nicht sinnvoll für mich, wenn ich Dich nur ein oder zwei Tage treffe, weil ich, wie Du weißt, am ersten oder zweiten Tag nie nett zu Dir bin, wenn ich Dich wiedersehe.[37]

Dirac bat sie, die Lähmung zu verstehen, die ihn immer überkam, sobald er einen Fuß in die Julius Road No. 6 setzte: „Wenn Du das nicht verstehen kannst, wirst Du mich nie verstehen.“[38] Aber Manci zeigte keine Sympathie und warf ihm vor, er sei egoistisch. Sie habe kein Interesse, ihre Phantasie zu kultivieren – sie würde nichts Unmögliches verlangen; alles, was sie sich wünschte, war, ihren Geliebten leibhaftig zu sehen:

> Du betrachtest alles nur aus Deinem Blickwinkel. Wir sind sehr unterschiedlich darin, [dass] Du nie daran denkst, anderen Menschen zu helfen oder sie glücklich zu machen, trotz [der Tatsache] dass Du in der glücklichen Lage bist, es leicht tun zu können […]. Ich mag Dich weniger gern.[39]

Sie setzte sich durch. Kurz vor Ostern kehrte Dirac für ein paar Tage nach Bristol zurück, und nach einigen zur Erholung eingelegten Tagen organisierte er einen Urlaub mit Manci in Budapest. „Ich kann mir nicht vorstellen, dass ich jemals glücklicher war als ich es mit Dir war“, schrieb sie ihm. Mit Mühe nach Worten suchend, um seine Freude auszudrücken, versicherte er ihr, dass die Ferien dazu geführt hätten, dass er sich „keine andere weibliche Gesellschaft wünsche“.[40]

Nach Ostern waren Diracs Kollegen überrascht, dass er sonnengebräunt war, und als sie fragten, wo er gewesen sei, antwortete er „Jugoslawien“.[41] Das erste Opfer von Diracs geheim gehaltener Liebe war seine Selbstverpflichtung zur Wahrhaftigkeit.[42]

In der ersten Juniwoche 1936 packte Dirac Rucksack, Schlafsack, Eispickel, Seil und Steigeisen für die nächste gemeinsame Klettertour mit Tamm in der UdSSR zusammen.[43] Neben einem Besuch bei Kapitza wollte er am 19. Juni im Kaukasus sein, um eine totale Sonnenfinsternis mitzuerleben, die erste, die er zu sehen hoffte. Vor seiner Abreise schrieb er an Manci und bat sie, ihm nicht zu schreiben: Wenn Tamm und Kapitza „bemerken, [dass] Du und ich sehr oft einander schreiben, würde sich die Neuigkeit schnell bei den Physikern in der ganzen Welt verbreiten, und sie würden alle über uns reden“.[44]

Kapitza war in einer besseren Verfassung, las in seinem abonnierten *New Statesman* und überwachte den Bau seines neuen Instituts. Viele der Räume waren exakte Repliken der Räume im Mond-Laboratorium, wobei Kapitza sicherstellte, dass sein neues Direktorenzimmer sogar noch ein bisschen grandioser wurde und eine größere Grundfläche hatte. Als er verlangt hatte, dass jeder einzelne Gegenstand seiner Laboreinrichtung transferiert wurde, klagte Rutherford, Kapitza sei anscheinend nicht eher zufriedenzustellen, als bis auch die Farbe von den Wänden im Mond-Laboratorium abgekratzt sei.[45] Die Sowjetunion war weiterhin das Gesprächsthema in den Aufenthaltsräumen in Cambridge, und die *Cambridge Review* quoll über von diesbezüglichen Artikeln, darunter eine kritische Besprechung von Crowthers Buch *Soviet Science*, einer Schönfärberei, die erklärte, dass Stalins staatliche Einmischung in die Wissenschaft nur minimal sei. Ein Gelehrter am Trinity College, Anthony Blunt, später ein angesehener Kunsthistoriker, schrieb einen Artikel über das Thema, wie ein reisender Gentleman das Beste aus der russischen Gastfreundschaft machen könne – aus dem Champagner und dem Kaviar, wenn auch nicht aus den Bettwanzen.[46] Seinen Kollegen war nicht bekannt, dass er seit kurzem ein sowjetischer Spion war.

Kurz vor seiner Abreise nach Russland hörte Dirac von seiner Mutter, sein Vater sei schwer an Rippenfellentzündung erkrankt, jeder Atemzug tue ihm weh, was oft von stechenden Schmerzen im Zwerchfell begleitet sei. Flo schrieb, der Hausarzt habe ihrem Mann eine zehntägige Bettruhe verordnet, versicherte aber, „Ich mache mir keine großen Sorgen, da Pa die Sorte von Mann ist, der alles schlimmer macht, nur um mich auf Trab zu halten".[47] Aus dem Ton des Briefes seiner Mutter schloss Dirac, dass sein Vater nicht ernsthaft erkrankt war, und er wusste ja, dass Betty die Eltern noch unterstützte, bevor sie bald auf unbegrenzte Zeit nach London ziehen würde, um Sekretärin zu werden.[48] Deshalb entschloss er sich, die Ferienreise anzutreten und kam am Samstag in Moskau an, erhielt jedoch nur wenige Stunden danach ein Telegramm von seiner Mutter, sein Vater liege im Sterben.[49] Er beschloss, sofort nach Hause zu eilen, vielleicht in der Hoffnung, in einem letzten Versuch mit seinem Vater Frieden zu schließen und die Aussöhnung zu erreichen, die mit Felix nicht zustande gekommen war. Er ließ seine Wanderausrüstung bei Tamm zurück und konnte um sieben Uhr morgens in Moskau den Flug erreichen. Dann hatte er noch zweiundzwanzig Stunden Zeit, um die richtigen Abschiedsworte zu finden.

Charles hatte sich beklagt, er wolle nicht zu Hause ans Bett gefesselt sein, weil seine Frau ihn nicht richtig pflegen würde. Daraufhin hatte sein Arzt dafür gesorgt, dass eine ausgebildete Krankenschwester über Nacht in Julius Road 6 blieb und auch tagsüber Charles' Pflege überwachte. Doch das war noch nicht genug: Nach ein paar Tagen verlangte er, in ein Pflegeheim am Rande des nahegelegenen St. Andrew Parks gebracht zu werden, wo er sich ein komfortables Zimmer aussuchte, dessen Erkerfenster einen Blick auf Beete mit blühenden Frühsommerblumen bot.[50] Das Pflegepersonal bemerkte schnell, dass sie einen schwierigen Kunden vor sich hatten. Die Oberschwester sagte zu Flo, Charles sei „ein schreckliches Unruhegeist, aufgeregt und zimperlich", und die Schwestern wurden instruiert, ihn allein zu lassen und nur alle halbe Stunde in den Raum zu sehen. Er kämpfte gegen die Rippenfellentzündung und eine beginnende Lungenentzündung an und beschloss plötzlich, dass er nach Hause gehen wolle, aber sein Arzt verbot es ihm. Flo stellte ihre Besuche bei ihm ein und ließ ihn mit seinen stechenden Brustschmerzen, seinen

Streitereien mit den Schwestern und seinen Erinnerungen an die vergangenen neunundsechzig Jahre allein. Sein stärkstes Bedauern galt sicherlich der Entfremdung von seinem Sohn, „dem zweiten Einstein", wie der *Daily Mirror* ihn drei Monate zuvor genannt hatte. Dieser lobende Artikel, den Charles mit ziemlicher Sicherheit gelesen hat, schloss damit, seinen Lesern zu sagen, dass ihre Urenkel eines Tages von ihm wohl noch sprechen würden, wenn Noël Coward, Henry Ford und Charles Chaplin längst vergessen wären. Ein Satz in diesem Text wird Charles besonders überrascht haben. Der anonyme Autor hatte geschrieben, Paul Dirac sei nur glücklich, wenn er im Hörsaal sei oder am Steuer seines Sportwagens sitze oder sich „zu Hause in Bristol mit seinem Vater unterhalten könne".[51]

Am Ende war das einzige Mitglied der Dirac-Familie, das Charles noch beistand, seine Tochter, und sie sollte ihm durch ihren Umzug nach London das Herz brechen. An dem Tag, als sie mit ihrer Arbeit beginnen sollte, am Montag, dem 15. Juni, starb er. Das Ende trat wenige Stunden vor der Ankunft seines Sohnes in Bristol ein: Jede Hoffnung auf eine Aussöhnung am Sterbebett war zunichte gemacht.

Zwei Tage später, an einem warmen, bewölkten Sommertag, stand Dirac nachmittags beim Begräbnis zwischen den Trauernden. Es war eine feierliche Angelegenheit, die in St. Bonaventura stattfand, einer hübschen katholischen Kirche am Ende der Egerton Road, nahe dem Haus der Familie. Ein paar Stunden zuvor, um acht Uhr morgens, hatte der Chor bei der Messe vor dem Altar ein Requiem an Charles' offenem Sarg gesungen. Die Beerdigung sollte um drei Uhr nachmittags beginnen. Kurz zuvor waren Dutzende von Trauergästen durch die Straßen von Bishopston geströmt – Vertreter der Esperanto-Gesellschaft, vom Merchant-Venturers-Technical-College, vom Französischkreis und von der Cotham-Road-Schule, einschließlich mehrerer Schulkinder. Auch der gealterte Arthur Pickering war anwesend, der Dirac in die Riemann'sche Geometrie eingeführt hatte und immer noch erzählte, wieviel Mühe er hatte, genügend schwere Aufgaben für den begabtesten Schüler zu finden, den er je hatte.

Die Lobesrede, das Schluchzen, die sakrale Musik, das Herablassen von Charles' Sarg in das Grab – all dies mag Dirac bewegt haben, über die guten Dinge, die sein Vater für ihn getan hatte, nachzudenken. Charles hatte sichergestellt, dass sein jüngerer Sohn eine ausgezeichnete Bildung erhielt. Er hatte ihn zum Mathematikstudium ermutigt. Und es war Charles gewesen, der ihm das dringend benötigte Geld für den Studienbeginn in Cambridge gegeben hatte.

Direkt nach dem Begräbnis ließ Dirac in einem eine Seite langen Brief an Manci seinen Gefühlen freien Lauf. In der ausladendsten Handschrift, die er je in seinem Leben verwendet hat, schrieb er ihr, dass er eine Woche bei seiner Mutter verbringen und dann nach Moskau zurückkehren werde: „Ich denke, dass ich mich in Russland am besten an meine neue Situation gewöhnen kann." Er sagte noch, er wünsche Manci wiederzusehen, gab ihr aber dezidierte Instruktionen, ihn nicht zu kontaktieren: „Ich möchte nicht, dass Du telegrafierst, solange ich in Bristol bin, weil meine Mutter es vermutlich öffnen würde." Dirac schloss mit einigen einfachen Worten, die seine Erleichterung ausdrückten: „Ich fühle mich jetzt viel freier, ich erkenne, dass ich mein eigener Herr bin."[52]

Charles Dirac hatte kein Testament hinterlassen – er wollte vermutlich seiner Frau nicht viel überlassen und konnte sich vielleicht nicht dem Gedanken stellen, dass seine wahren Wünsche all den Menschen bekannt würden, die ihn als Familienmenschen verehrten. Flo hegte schon lange den Verdacht, dass er Geld versteckt hatte, aber sogar sie war sprachlos über die Höhe der gehorteten Summe: Der Nettowert seines Vermögens betrug 7590 £ und 9 Shilling und 6 Pence, ungefähr das Fünfzehnfache seines letzten Jahresgehalts. Die Hälfte des Nachlasses teilten sich Paul und Betty, der Rest ging an Flo, die bald darauf zur Erholung auf die Kanalinseln reiste, von wo sie ihrem Sohn schrieb: „Ich habe meine Freiheit gewonnen und werde sie behalten."[53] Betty, die die Erleichterung ihrer Mutter anscheinend als unangemessen empfand, reiste nach London ab und wohnte nie wieder in Bristol, korrespondierte aber gelegentlich mit ihrer Mutter. Betty war ungehalten, als sie erfuhr, dass Flo die meisten Papiere ihres Vaters in einem großen Feuer im Garten hinter dem Haus vernichtet hatte, die restlichen Unterlagen übergab Flo an Paul. Aus ihnen wissen wir, dass auch mehrere Liebesbriefe seiner Eltern überlebt hatten.

Nachdem Flo nach Bristol zurückgekehrt war, veranlasste sie, dass auf Charles' Grabstein auf dem Canford-Friedhof die Worte, die Paul für sie entworfen hatte, eingraviert wurden:

In liebender Erinnerung an
Unseren lieben Sohn
Reginald Charles Felix Dirac, B. Sc.
* Ostersonntag 1900
† 5. März 1925
Und an meinen lieben Ehemann
Charles Adrien Ladislas Dirac, B. ès. L
Vater des Obigen
* 31. Juli 1866
† 15. Juni 1936

Dirac hatte offensichtlich beschlossen, dass sich die offizielle Erinnerung der Familie an seinen Vater mehr nach der Konvention als nach der Wahrheit richten sollte. Seine Mutter schrieb ihm: „Nach ein paar Monaten stört es einen nicht mehr."[54]

Dirac setzte seinen Besuch in Russland fort und feierte seine Befreiung, indem er den Elbrus zu besteigen versuchte, der mit 5640 Metern über dem Meeresspiegel der höchste Berg des Kaukasus ist.[55] Gemeinsam mit Tamm und einer kleinen Gruppe seiner russischen Kollegen wanderte Dirac durch die Wildnis, um ein Basislager zu erreichen und erklomm dann die östliche Seite des Berges voller Angst vor Verletzungen. Der Schweiß tropfte seinen Rücken hinunter, am Tag war das Gesicht von der Sonne verbrannt, nachts lag er frierend im Zelt. Der Elbrus gewährte den Lohn einer erfolgreichen Besteigung nur widerwillig, wie Hunderte von besiegten Bergsteigern erfahren mussten. Manche von ihnen stürzten zu Tode. Nach mehreren Tagen des Aufstiegs bekamen Dirac und seine Bergsteiger-Kollegen die majestätischste Gletscherlandschaft Russlands zu Gesicht, ein Anblick, der die erlittenen Schmerzen vergessen ließ und eine große Belohnung darstellte. Dirac hatte es mit letzter Kraft geschafft. Nachdem die Spitze erreicht worden war, war er vollkommen erschöpft und musste einen Tag ausruhen, bevor er den Abstieg zur Basis antreten konnte.[56] Niemals würde er wieder eine derartig ehrgeizige Klettertour versuchen.

Nachdem er sich erholt hatte, traf er sich mit Kapitza, der wieder zu seinem überbordenden Selbst zurückgefunden hatte. Der Bau des Instituts ging gut voran und die ersten Lieferungen seiner Geräte aus dem Cavendish trafen gerade ein. Die Behörden sorgten für ihn: Obwohl die meisten Sowjetbürger unter der Nahrungsknappheit litten, hörte Rutherford von Kapitza, dass er Austern, Kaviar und geräucherten Stör von einer Qualität aß, die im Trinity College selbst den „Feinschmeckern am Dozententisch" hätte das Wasser im Mund zusammenlaufen lassen".[57] In weniger als drei Jahren hatten die sowjetischen Machthaber ihn ganz für sich gewonnen.

Auf der nächsten Etappe von Diracs hedonistischer Reise besuchte er die beiden Menschen, die er am liebsten sehen wollte: Manci und Bohr. Nachdem er ein paar Wochen über den Verlust seines Vaters nachgedacht hatte, vertraute er Manci in Budapest seine Besorgnis an, dass er und sein Vater zu ähnlich sein könnten: beide der Arbeit treu ergeben, beide extrem methodisch, beide mit einem Mangel an Empathie. Anscheinend äußerte er erstmals, wie sein Vater die Familie so unsäglich behandelt hatte. Nachdem er Budapest verlassen hatte, drängte Manci ihn, seine Ressentiments hinter sich zu lassen: „Man muss versuchen, zu verstehen und zu vergeben."[58] Er grübelte über Mancis Rat nach, als er gegen Ende September bei den Bohrs in ihrem Landhaus zu Gast war. Auch die Bohrs mussten sich nach einem großen Kummer wieder fangen, der weniger kompliziert, aber sehr viel schmerzlicher war als der von Dirac: Ihr ältester Sohn Christian war zwei Jahre zuvor, im Alter von siebzehn Jahren, bei einem unglücklichen Segelunfall ums Leben gekommen. Bohr hatte mit ihm auf Deck gestanden und dann hilflos zusehen müssen, wie er ertrank.[59]

Auf Bohrs Vorschlag hin blieb Dirac länger in Dänemark, als er ursprünglich vorgehabt hatte, um an einer Spezial-Konferenz im Institut über einen Wissenschaftszweig teilzunehmen, von dem er so gut wie keine Ahnung hatte: Genetik. Wie er in einem Brief an Manci schrieb, erfuhr er, dass dies „der fundamentalste Teil der Biologie ist" und dass es „Gesetze gibt, die festlegen, welche Charakterzüge seiner Eltern man ererbt". Es gab keinen Ausweg aus dem genetischen Vermächtnis seines Vaters – es war in Diracs Blut.[60]

Als Dirac nach Cambridge zurückkehrte, war seine Abenteuerlust wieder erwacht. Er änderte seinen Forschungsschwerpunkt, richtete seine Vorstellungskraft neu aus und wechselte von der Quantenphysik mit ihren Skalen von einem Milliardstel Zentimeter hin zur Kosmologie mit ihren Skalen von Milliarden von Lichtjahren. Einsteins Allgemeine Relativitätstheorie lieferte eine feste theoretische Grundlage für die moderne Kosmologie, aber das Gebiet litt unter einem Mangel an zuverlässigen Daten. Die Folge war, dass theoretische Kosmologen mehr Manövriermöglichkeiten hatten, als ihnen gut tat, und sich daher stark auf ihre Intuition verlassen mussten.

Zweifellos war der erfolgreichste Astronom der ehemalige Jurist Edwin Hubble, ein anglophiler Amerikaner in den Mittvierzigern, der dazu neigte, auf dem Podium bei Konferenzen mit einem seltsam affektierten englischen Akzent aufzutreten, ähnlich dem von Oppenheimer. Hubble hatte 1929 eine öffentliche Sensation hervorgerufen, als er Anhaltspunkte vorlegte, dass die Galaxien, diese Ansammlungen von Sternen und anderer Materie, in Bezug zueinander nicht still stehen, sondern immer weiter auseinander driften. In dem später nach ihm benannten Gesetz verwendete er die Daten seiner Diagramme und Tabellen, um die Hypothese aufzustellen, dass sich die Galaxien umso schneller von der Erde entfernen, je größer ihr Abstand von ihr ist. Das Bild der auseinander strebenden Galaxien stimmte mit Lemaîtres Theorie des „primordialen Uratoms" als Ursprung des Universums überein, einem Vorläufer der modernen Big-Bang-Theorie.

Diracs Sichtweise auf dieses Thema entwickelte sich in einem mehrmonatigen Reifungsprozess, während er gleichzeitig über eine der wichtigsten Entscheidungen seines Lebens nachdachte: Sollte er Manci heiraten? Es gab eine warmherzige, mitfühlende und kultivierte Frau mit einer Extrovertiertheit, wie er sie schätzte, eine von den wenigen, die die Geduld aufbrachten, seine mitmenschlichen Gefühle hervorzulocken. Auf der anderen Seite war sie impulsiv, hitzköpfig und herrisch. Konnte er mit einer Frau glücklich werden, die etwas von der kontrollwütigen Persönlichkeitsstruktur seines Vaters besaß? Er wusste, dass es zwecklos war, seine Mutter um Rat zu fragen, die keine Konkurrenz zu seiner Loyalität ihr gegenüber ertragen konnte. Es schien auch nicht weise, Wigner um Rat zu fragen, da seine Loyalität geteilt sein musste. Außerdem hatte er selbst Probleme, denn da er sich in Princeton nicht genügend anerkannt fühlte, war er an die Universität in Madison, Wisconsin gewechselt und trug sich mit dem Gedanken, seine Kollegin Amelia Frank zu heiraten, eine der wenigen Quantenphysikerinnen. Als Wigner nun Manci bat, ihn zu besuchen, um seine Freundin in Augenschein zu nehmen, ergriff sie sofort die Gelegenheit, um von Southampton mit der *Queen Mary* abzureisen, dem luxuriösesten Linienschiff der Welt, das erst fünf Monate zuvor seine Jungfernfahrt absolviert hatte.[61] Als Manci bei Dirac anfragte, ob sie ihn in Cambridge vor der Schiffsreise besuchen könnte, speiste er sie zuerst ab, gab dann aber schnell nach.[62] Immer noch unsicher, ob er die Beziehung eingehen sollte, fuhr er mit Manci im Auto zu Isabel Whitehead zu einem, wie Manci wusste, informellen Verhör. Nach Cambridge zurückgekehrt traute er sich, einige von Mrs. Whiteheads Ansichten an Manci weiterzugeben, wobei er Punkte, die sie hätten verärgern können, unerwähnt ließ:

> Mrs. Whitehead sagte, sie mag Dich. Du wärest sehr ungewöhnlich und hättest die Einfachheit eines Kindes. Ich denke, dass sie dies meinte, als sie sagte, dass Du bezaubernd wärest. [...] sie sagte, dass ich mich rasch entscheiden sollte, und dass Du und ich es sehr schwer zusammen haben würden, weil wir so unterschiedlich sind.[63]

Doch Mrs. Whitehead hatte sich noch etwas anderes überlegt. Besorgt, dass Dirac erwog, ohne geistlichen Beistand zu heiraten, der ihrer Meinung nach wesentlich war, schrieb sie an Dirac einen langen und engagierten Brief, in dem sie wie Lady Bracknell in Oscar Wildes Theaterstück *Ernst sein ist alles* wetterte:

> Wäre es nicht nützlich, Prof. Eddington aufzusuchen und mit ihm über spirituelle Dinge zu sprechen? Es macht mich traurig, dass Du diese Begrenzung zu haben scheinst, dass Du anscheinend (?) nicht an Gott glaubst; und ich habe immer Angst, dass ich es versäumt habe zu erkennen, wann Du welche Hilfe nötig hattest.[64]

Mrs. Whitehead bat ihn dringend, keine Entscheidung zu treffen, wenn er „in einer Stimmung" sei, eine Formulierung, die er verwendet hatte, als sie sich zuletzt trafen. Dies traf ihn, sodass er sich über seinen Gemütszustand in seltener Aufrichtigkeit klar werden konnte. Am 6. Dezember, als Manci sich gerade auf die Abreise von New York vorbereitete, antwortete er Mrs. Whitehead, er glaube nicht, dass seine Entscheidung davon abhinge, ob er an Gott glaube oder nicht. Sie habe es missverstanden, als er sich beim Treffen der Entscheidung auf seinen Gemütszustand bezog:

> [Mit den Worten „in einer Stimmung"] hatte ich nur gemeint, dass ich in einer mutigen Stimmung sein muss, um einen unumkehrbaren Schritt zu tun, nachdem ich mit klar geworden bin, was ich tun sollte. Ich glaube, dass ich eher dadurch irre, dass ich mich zu sehr von der Vernunft und zu wenig vom Gefühl leiten lasse, denn es macht mich hilflos, wenn Probleme auftreten, die nicht durch eine klare Abwägung, wie man es in der Wissenschaft gewohnt ist, gelöst werden können […]. Ich habe mich seit mehreren Monaten sehr positiv zu [Manci] hingezogen gefühlt, mit gelegentlichen Rückschlägen, die aber mit der Zeit weniger und weniger wurden.[65]

Aber Mrs. Whitehead ließ sich nicht abbringen und schrieb sofort an Dirac zurück. Sie bestand darauf, dass „Liebe in der Ehe ihre höchste Vollkommenheit bei Menschen erreicht, die Gott kennen und lieben".[66] Aber diese Worte waren an Dirac verschwendet, da für ihn die Vorstellung von Gott keine präzise Bedeutung hatte.

Zu dem Zeitpunkt als er am Kai im Hafen von Southampton in der Menschenmenge stand und auf Mancis Ankunft wartete, hatte er seinen Entschluss gefasst. Auf der Fahrt nach London steuerte er sein sportliches Triumph Cabrio auf den Seitenstreifen und fragte Manci, „Willst Du mich heiraten?"[67] Sie sagte sofort ja. Als er die Neuigkeit seiner Mutter mitteilte, war sie, wie vorauszusehen war, geschockt, brachte aber die Größe auf, ihm und Manci Glück zu wünschen und bot an, einen Tag vor Heiligabend nach London zu kommen, um ihre zukünftige Schwiegertochter kennenzulernen. Dirac war einverstanden, vielleicht auch um unbewusst seiner Mutter eine letzte Chance zu geben, ihn zu überreden, allein zu bleiben.

Manci wohnte im vornehmen Imperial Hotel in Bloomsbury mit Blick auf den Russell Square. Während der wenigen gemeinsamen Stunden fanden Flo und Manci auch ein paar Augenblicke für ein persönliches Gespräch, das Manci sehr verwunderte.[68] Sobald Flo wieder zu Hause war, schrieb sie Dirac eine detaillierte Schilderung der Unterhaltung:

FLO: Du wirst bald Doppelbetten haben.
MANCI: Oh nein, ich benötige mein eigenes Zimmer. Ich kann nicht zulassen, dass Dirac in mein Schlafzimmer kommt.
FLO: Warum heiratest Du ihn dann?
MANCI: Ich habe ihn sehr gern und wünsche mir ein Heim.

Flo war klug genug, nicht zu direkt zu zeigen, dass sie eigentlich nicht einverstanden war. „ Manci war wirklich sehr nett", schrieb sie vor der unvermeidlichen Einschränkung: „Ich nehme an, dass Du weißt, dass sie nur eine ‚Vernunftehe' anstrebt."[69] Seine Mutter wusste, wie sie ihn beunruhigen konnte. Es blieben ihr nur sieben Tage, um ihn seine getroffene Balance zwischen Vernunft und Gefühl neu überdenken zu lassen.

21

Januar 1937 – Sommer 1939

Pythagoras sagt, dass die Zahl *der Ursprung aller Dinge*
ist; sicherlich ist das Gesetz der Zahlen der Schlüssel, der
die Geheimnisse des Universums öffnet.

Paul Carus, *Reflections on Magic Squares* (1906)

Am 2. Januar 1937, einem Samstagmorgen, heirateten Dirac und Manci im Standesamt Holborn im Zentrum von London. Er hatte sein Antiteilchen geheiratet, eine Frau, die in Charakter und Temperament fast das vollkommene Gegenteil zu ihm war, wie es auch sein Vater achtunddreißig Jahre zuvor getan hatte. Das hatte sich als Katastrophe erwiesen, die beinahe zur gegenseitigen Auslöschung geführt hatte, deshalb mag Dirac – zumindest im Hinterkopf – befürchtet haben, dass sich hier die Geschichte wiederholen könnte.

Es war ein bewölkter Tag, die Menschen im Londoner Gewühl gingen in der Nachweihnachtszeit ihren Geschäften nach und wappneten sich gegen die Härte des Winters. Die Hochzeit war eine einfache bürgerliche Zeremonie mit nur wenigen Gästen, darunter Diracs Mutter und Schwester, die Blacketts, Isabel Whitehead und ihr Mann.[1] Nach dem gemeinsamen Mittagsessen in einem nahe gelegenen Restaurant kehrte das Paar in sein Hotel zurück und fuhr mit dem Auto nach Brighton. Dirac hätte keinen konventionelleren Ort für seine Hochzeitreise wählen können: Seit Jahrzehnten war dies das beliebteste Seebad für romantische Rendezvous in Großbritannien. Brighton war eine besonders lebhafte Stadt, berühmt für ihre beiden gebieterisch in das Meer hinausragenden viktorianischen Piers, für die blassgrünen Kuppeln des nachgemachten orientalischen Pavillons, die Automaten, die Zukunftsprognosen ausspucken, und eine Reihe weiterer volkstümlicher Attraktionen.

Es scheint, dass bei der Hochzeit keine Fotos gemacht wurden, aber Dirac produzierte während der anschließenden Ferien Unmengen von ihnen. Die besten zeigen die Neuvermählten an dem mit Kieselsteinen bedeckten Strand, breit lächelnd, neckisch und verliebt (Abb. 21.1). Dirac schaut zufrieden drein, wie er in seinem etwas unpassenden dreiteiligen Anzug mit

© Springer-Verlag GmbH Deutschland, ein Teil von Springer Nature 2018
G. Farmelo, *Der seltsamste Mensch*, https://doi.org/10.1007/978-3-662-56579-7_21

Abb. 21.1 Dirac und Manci
auf ihrer Hochzeitsreise in
Brighton, Januar 1937. (Mit
freundl. Genehmigung von
Monica Dirac)

den in der Jackentasche sichtbaren Stiften am Strand liegt. Auf einigen der
Schnappschüsse ist ein mit einer Schnur zu betätigendes Gerät zu sehen, das
er konstruiert hatte, um sich und Manci ohne die Anwesenheit Dritter zu
fotografieren.

Nach der Hochzeitsreise, während Manci zusammen mit Betty in
Budapest weilte, sah sich Dirac in Cambridge nach einer festen Bleibe um
und nahm seine Pflichten als Lucasischer Professor wahr. Als drei Wochen
nach Mancis Abreise der Regen gegen die Fenster seiner Räume im St.
John College peitschte, überkam ihn die Einsamkeit, wobei Wind und
Nieselregen des Cambridge-Winters ihren Teil dazu beitrugen. Er schrieb
seiner Frau „den ersten Liebesbrief, den ich je geschrieben habe […].
Ziemlich spät, um damit zu beginnen, nicht wahr?" In den zwei leiden-
schaftlichen Briefen, die er in zwei Tagen schrieb, drückte er sich fast im Stil
von Lord Byron aus:

> Es wird mir täglich mehr und mehr bewusst, dass Du mein einziges Mädchen
> bist. Vor unserer Heirat hatte ich Angst, dass die Heirat eine Gegenreaktion
> verursachen könnte, aber nun fühle ich, dass ich Dich immer mehr und mehr
> lieben werde, je besser ich Dich kennenlerne und sehe, welch ein liebes süßes
> Geschöpf Du bist. Meinst Du, dass Du mich auch mehr und mehr lieben
> wirst oder ist es schon so viel, wie es nur sein kann?[2]

Er hatte sich endlich verliebt. Abends las er George Bernard Shaws
Heiraten – gerettet aus der Bibliothek seines Vaters – und weitere Bücher,
die Manci empfohlen hatte, darunter John Galsworthys epische *Forsyte-
Saga*.[3] Aber die meiste Zeit verbrachte Dirac mit Tagträumen von Manci,
zählte die Tage bis zu ihrer Rückkehr, träumte davon, sie bei Neumond

im Bett in die Arme zu nehmen.[4] Jetzt war Manci an der Reihe, aufmerksam darauf zu achten, was andere denken könnten. Sie wischte jedoch ihre Befürchtungen beiseite, die Zensur in Ungarn könnte ihren Briefwechsel abfangen, Dirac war ungehemmt: „Du hast eine sehr schöne Figur, mein Liebling, so rund und so charmant – nicht auszudenken, dass all dies mir gehört. Glaubst Du, dass meine Liebe zu körperlich ist?"[5] Und nach dem passenden Wort für seine Leidenschaft suchend fuhr er fort:

> Manci, mein Liebling, ich habe Dich sehr lieb. Du hast mein Leben auf wunderbare Weise verändert. Du hast mich menschlich gemacht. Ich werde fähig sein, mit Dir glücklich zu leben, auch wenn ich keinen Erfolg mehr in meiner Arbeit haben sollte. […] Ich fühle, dass das Leben für mich lebenswert ist, selbst wenn ich nur Dich glücklich mache und nichts anderes tue.[6]

Manci scheint nicht weniger berauscht gewesen zu sein: „Wenn aus irgendeinem Grund ein Krieg oder sonst etwas mich abhalten würde Dich wiederzusehen, ich könnte niemals einen anderen lieben."[7] Sie und Betty verstanden sich in Budapest gut, waren im Moulin Rouge, liefen Schlittschuh auf der Eisbahn und tanzten Charleston auf der Tanzfläche nach ein paar Gläsern Champagner.[8] „Ich bin sehr, sehr glücklich und werde schrecklich verwöhnt", schrieb Betty an Dirac.[9] Doch sie war auch deprimiert und trauerte um ihren Vater: „Er war der beste Mann, den ich je getroffen habe", klagte sie.[10] Nach Bettys Ansicht waren ihre Eltern beide das Opfer einer unglücklichen Ehe gewesen, und sie konnte Manci gegenüber einen Grund angeben, warum ihre Eltern einander ablehnten. Dieser Grund war Manci aber zu persönlich, als dass sie ihn explizit in einem Brief an ihren Mann hätte erwähnen können.[11]

Manci beschloss, Betty an die Hand zu nehmen und für sie einen Ehemann zu finden: „[Abgesehen] von ihren kleinen Fehlern, ein bisschen Unordentlichkeit und Unpünktlichkeit, werde ich versuchen […] ihre Lage zu verbessern, und sie wird eine sehr gute Ehefrau werden."[12] Innerhalb von Tagen hatte sich Manci entschieden, dass ihr ungarischer Freund Joe Teszler genau der richtige Mann für ihre Schwägerin sei: freundlich, sanft und – eine wesentliche Voraussetzung für Betty – römisch-katholisch. Dies war einer von Mancis größten Erfolgen bei ihrer Betätigung als Sozialingenieurin: Nach kurzer Verlobungszeit heiratete Betty ihren Joe – der sechs Jahre älter war – am 1. April 1937 in London. In Bristol war Flo jetzt ganz allein.

„Einige sagen, dass ich ziemlich plötzlich geheiratet habe", schrieb Dirac an seine Frau.[13] Einer der Professoren, den Diracs Heirat überraschte, war Rutherford, der an Kapitza schrieb: „Unsere neueste Nachricht ist, dass

Dirac dem Charme einer ungarischen Witwe mit zwei Kindern erlegen ist." Er fügte kryptisch hinzu: „Ich denke, es bedarf der Fähigkeit einer erfahrenen Witwe, um ihn zu umsorgen."[14] Ein paar Tage später teilt Dirac die Neuigkeit Kapitza mit: „Hast Du schon gehört, dass ich während der Ferien geheiratet habe [...]?"[15] Kapitza, der glaubte Dirac gut zu kennen, war sicherlich überrascht, weil er noch nicht einmal gewusst hatte, dass sich Dirac mit einer Frau traf. Anna Kapitza schrieb schnell an Manci, obwohl sie sie auch noch nicht getroffen hatte:

> Liebe Mrs. Dirac (es klingt sehr offiziell, aber er hat uns nicht einmal Ihren Namen mitgeteilt).
> Ich hoffe, dass Sie sehr glücklich werden mit diesem seltsamen Menschen, aber er ist ein wunderbares Geschöpf, und wir alle lieben ihn sehr. Kommen Sie uns doch in diesem Sommer besuchen.
> Ihre Anna K.[16]

Nach einer zweiten Hochzeitsreise nach Brighton – nur einen Monat nach der ersten – kehrte Dirac mit Manci, die ihre Kinder in Budapest gelassen hatte, nach Cambridge zurück. Ende April 1937 suchten sie immer noch nach einer dauerhaften Bleibe, während sie in einem gemieteten Haus an der Huntingdon Road wohnten, nur wenige Schritte von Kapitzas früherem Haus entfernt. Es ist nicht überliefert, wie Dirac Manci seinen Universitätskollegen vorgestellt hat, aber es ist gut vorstellbar, dass er sie nicht als „meine Frau" einführte, sondern mit seiner bevorzugten Bezeichnung als „Wigners Schwester" (dies war immer noch eine überraschende Wortwahl für Dirac, der gewöhnlich sprachlich so penibel, um nicht zu sagen pedantisch war: Manci war Wigners *jüngere* Schwester).[17] Sie erwies sich schnell als eine der interessantesten Frauen in der Universität und schlug die Dozenten mit dem unglaublichsten Klatsch über das Leben in Princeton in ihren Bann. Dirac sah sie dabei bewundernd an.

Bei all ihrer Selbständigkeit war Manci glücklich, Teil einer – wie sie es gern nannte – „altmodischen viktorianischen Ehe" zu sein.[18] Sie betrachtete es als ihre Pflicht dafür zu sorgen, dass die Mahlzeiten für ihren Mann rechtzeitig zubereitet waren, die getragene Kleidung jeden Abend in den Wäschekorb kam und frisch gebügelte Kleidung für den nächsten Tag bereit lag.[19] Sie gestattete Dirac, ein paar Grundregeln in ihrer Beziehung einzuführen, darunter das Einverständnis, dass in ihrem Haus niemals Gespräche auf Französisch geführt werden sollten – er wollte möglichst alle Erinnerungen an das linguistische Regime seines Vaters beseitigen. Vielleicht ist es überraschend, aber sie akzeptierte, dass sich in ihrer häuslichen Routine nichts mit Diracs Arbeit überschneiden durfte. Offensichtlich erzeugte dies keine Reibung, solange sie allein waren, aber bei mindestens einer Gelegenheit früh in ihrer Beziehung kam es doch dazu, was zu einem peinlichen Krach führte: Dirac hatte zugestimmt, mit ihr gemeinsam Freunde zum Nachmittagstee zu besuchen, weigerte sich dann aber, sein Arbeitszimmer zu verlassen, da er noch nicht zu Ende gedacht hatte. Manci ging allein, entschuldigte sich für ihren Mann und ließ sich nichts anmerken, als ihr Gastgeber beleidigt reagierte.[20]

Der skeptische Empfang in Cambridge wurde für Manci auch nicht durch das ungemütliche Wetter abgemildert. Die ersten Monate des Jahres 1937 waren eine der nassesten Perioden, die es in Cambridge seit Jahren gegeben hatte. Sie fühlte sich in der Universität unwillkommen, die nur ein Platz für Männer zu sein schien. Ehepartnerinnen galten nur als angenehme Verzierung – dekorativ aber nicht ernst zu nehmen. Die Colleges gestatteten Frauen nicht, am Dinner teilzunehmen, mit Ausnahme von besonderen Anlässen; daher musste sie die Zeit allein mit ihren Romanen und Illustrierten verbringen, während Dirac mindestens einmal in der Woche im College speiste. Einige seiner Kollegen meinten, seine Heirat habe sein Wesen aufgehellt, obwohl er noch immer so verschlossen war wie eh und je, wie der Archäologe Glyn Daniel feststellen musste, als er beim Dinner im St. John College neben ihm saß:

> Die Suppe kam und ging unter Stillschweigen. Auf halbem Weg durch das Seezungengericht Véronique beschloss ich, dass es die Anstrengung wert wäre – die Stille musste gebrochen werden. Aber wie? Nicht mit dem Wetter. Nicht mit Politik. Nicht mit dem einfachen Ansatz, „mein Name ist Daniel. Ich beschäftige mich mit megalithischen Monumenten. Was ist Ihre Meinung zu Stonehenge?" Ich wandte mich an Dirac, der die Weintrauben auf der Seezunge sortierte. „Waren Sie in dieser Woche im Theater oder im Kino?" fragte ich unschuldig. Er stoppte, wandte sich mir zu mit einem, wie mir schien, freundlichen Lächeln und sagte, „warum wollen Sie das wissen?" Der Rest der Mahlzeit verlief in Stille.[21]

Anfang September waren die Diracs in ihr großes neues Haus, Cavendish Avenue No. 7, eingezogen, ein einzeln stehendes Backsteinhaus südlich der Stadt, das vor etwa sechzig Jahren gebaut worden war. Es lag in einem ruhigen Stadtteil – er hatte sorgfältig geprüft, dass sie nicht durch das Läuten von Kirchenglocken gestört werden konnten –, war zwanzig Minuten mit dem Fahrrad vom St. John College entfernt und hatte „einen wunderschönen Garten" von fast 3000 Quadratmetern.[22] Im Mai hatte Dirac einen Scheck über 1902 £ und 10 Shilling ausgestellt, damit wurde das Eigentum auf einen Schlag erworben. Im Gegensatz zu den meisten frisch vermählten Paaren blieben sie unbelastet von einer Hypothek. Die Inneneinrichtung des

Hauses spiegelte den ungarischen Geschmack der späten 1920er-Jahre wider. Manci importierte viele Möbel aus ihrem Budapester Apartment – schwere Anrichten und Vitrinen aus dunklem Holz, geräumige Wohnzimmerstühle, bunte Tischchen –, obwohl Dirac die am stärksten verzierten Gegenstände abgewehrt hatte. Gemusterte, dicke Teppiche und konventionelle Landschaftsgemälde trugen zu einer nüchtern-dekorativen Atmosphäre bei.

Mancis Kinder zogen zu ihnen nach Cambridge und begannen die örtlichen Schulen zu besuchen, wo sie sich – mit ihrem unsicheren, starken Akzent – sehr anstrengen mussten, von den anderen Schülern akzeptiert zu werden. Obwohl er Judy und Gabriel nie juristisch adoptierte, zog Dirac sie wie eigene Kinder auf und sprach nie von ihnen als seinen Stiefkindern. Doch er wünschte sich auch eigene Kinder.[23]

Wenige Tage nach der Rückkehr von seiner Hochzeitsreise hatte Dirac bereits seinen ersten Beitrag zur Kosmologie abgeschlossen. Hätten die Physiker gewusst, dass er über dieses Thema arbeitet, hätten sie wahrscheinlich vermutet, dass eine überraschende neue Erkenntnis über die Struktur des Universums herausgekommen wäre oder vielleicht eine ganz neue Blickrichtung auf Einsteins Gravitationstheorie. Aber keines von beidem traf zu. In einem Kurzbeitrag von 650 Worten an *Nature,* der fast keine Mathematik enthielt, stellte er eine einfache Idee über die Zahlen vor, die das Universum auf der größten Skala beschreiben. Als Bohr den Beitrag zu Gesicht bekommen hatte, suchte er Gamow in seinem Zimmer im Kopenhagener Institut auf und sagte, „Sieh nur, was aus den Leuten wird, wenn sie heiraten".[24]

Diracs kosmologische Idee war nicht vollständig originell, denn sie enthielt Hinweise auf den starken Einfluss von Eddington. Eddington, der mittlerweile von vielen seiner Kollegen als ein von sich selbst überzeugter Exzentriker angesehen wurde, hatte die Forschung in der konventionellen Kosmologie weitgehend aufgegeben und verbrachte seine Zeit damit, einige der wichtigsten numerischen Größen in der Naturwissenschaft – wie die Zahl der Elektronen im Universum –, nicht durch systematische Überlegungen, sondern durch reines Denken abzuleiten. Die meisten Theoretiker, Einstein eingeschlossen, dachten, dass dies Humbug sei: In der theoretischen Physik ging es um die Auffindung allgemeiner Prinzipien, und nicht darum, Zahlen zu erklären, die bei der Suche auftauchen. In Rutherfords ungeschminkten Worten war Eddington „wie ein religiöser Mystiker und [...] nicht ganz bei Trost".[25]

In seinem *Nature*-Artikel, stellte Dirac dar, wie das Universum durch mehrere Zahlen charakterisiert wurde, die miteinander in einer einfachen Verbindung zu stehen schienen. Er konzentrierte sich auf drei Zahlen, die alle drei nur Schätzwerte waren:

1. Die Zahl der Protonen im beobachtbaren Universum. Aufgrund von Experimenten ist diese Zahl ungefähr 10^{78} (das heißt 10 mit sich selbst 77mal multipliziert).
2. Die Stärke der elektrischen Kraft zwischen einem Elektron und einem Proton dividiert durch die Stärke der zwischen ihnen wirkenden Gravitationskraft. Dies ergibt etwa 10^{39}.
3. Der Durchmesser des beobachtbaren Universums geteilt durch den Durchmesser eines Elektrons (nach einem einfachen klassischen Bild des Elektrons). Dieser Wert ist annähernd 10^{39}.

Der erste auffallende Punkt dieser Zahlen ist, dass sie sehr viel größer sind als alle anderen Zahlen, die sonst in der Naturwissenschaft vorkommen: 10^{39} übertrifft zum Beispiel die Zahl der Atome im menschlichen Körper um den Faktor von einhundert Milliarden. Der zweite Punkt ist, dass die größte geschätzte Zahl, 10^{78}, das Quadrat der kleineren ist. Dies dürfte, wie Dirac glaubte, kein Zufall sein, und er stellte deshalb die Hypothese auf, dass diese Zahlen einen Bezug zu zwei sehr einfachen Gleichungen hätten:

Durchmesser des beobachtbaren Universums geteilt durch den Durchmesser eines Elektrons	=	Eine Verschlingungszahl (linking number) x (Stärke der elektrischen Kraft zwischen einem Elektron und einem Proton geteilt durch die Stärke der Gravitationskraft zwischen ihnen)
Zahl der Protonen im beobachtbaren Universum	=	Eine weitere Verschlingungszahl x (Durchmesser des beobachtbaren Universums geteilt durch den Durchmesser eines Elektrons)^2

Nachdem er dargelegt hatte, dass in beiden Fällen die Verschlingungszahl ungefähr eins ist, schlug Dirac eine Verallgemeinerung vor: Es ist immer so: *jedes* Paar der riesigen Zahlen, die in der Natur auftreten, ist über sehr einfache Beziehungen und verbindende Zahlen nahe dem Wert eins miteinander verbunden. Dies ist Diracs Hypothese der großen Zahlen, eine Folge seines Glaubens daran, dass die Gesetze, die der Funktionsweise des Universums zugrunde liegen, einfach sind.

Die Hypothese hat eine faszinierende Konsequenz: Weil die Größe des beobachtbaren Universums kontinuierlich zunimmt, während es sich ausdehnt, folgt, dass das Verhältnis dieser Größe zum Radius eines Elektrons nicht immer den derzeitigen Wert von 10^{39} gehabt haben kann, sondern über die ganze Zeit zugenommen haben muss. Wenn Dirac mit der Mutmaßung recht hatte, dass die Zahl mit dem Verhältnis von elektrischer Kraft zur Gravitationskraft zwischen Elektron und Proton verbunden ist, folgt daraus, dass sich auch die relative Stärke dieser Kräfte mit fortschreitender Zeit geändert haben muss, wie

Milne ein paar Jahre zuvor schon vorgeschlagen hatte. Dirac argumentierte, eine der Konsequenzen davon sei, dass die Stärke der Gravitationskraft proportional zum Älterwerden des Universums abnimmt: Verdoppelt sich das Alter, halbiert sich die Stärke der Gravitation.

Diracs Entscheidung, seine Idee in einem derart kurzen Beitrag einzuführen, lässt vermuten, dass er glaubte, auf ein wichtiges neues Prinzip gestoßen zu sein und nicht riskieren wollte, bei der Drucklegung überholt zu werden. Wenn er eine Rezeption erwartet hatte, mit der seine Arbeiten normalerweise begrüßt wurden, sollte er enttäuscht werden: Der kleine Aufsatz wurde eisig aufgenommen. Doch keiner der Skeptiker äußerte öffentlich seine Kritik, mit der prominenten Ausnahme von Herbert Dingle, dem exzentrischen Astrophysiker und Philosophen. Für ihn bestand die Aufgabe des Theoretikers darin, Gesetze auf der Basis von experimentellen Befunden aufzustellen, genauso wie es Dirac in der Quantenmechanik getan hatte. Dingle sprach vielen ängstlicheren Kollegen aus dem Herzen, als er einen Artikel in *Nature* schrieb, der „die Pseudo-Wissenschaft rückgratloser Kosmomythologie" geißelte und bedauerte, dass Dirac das jüngste „Opfer der großen Universums-Manie" sei.[26] Dirac ließ sich zu einer schnellen Entgegnung hinreißen und wiederholte seine früheren Überlegungen fast Wort für Wort, nachdem er seinen Bemerkungen als Vorwort einen keinen Widerspruch erzeugenden Kommentar über die Natur der Wissenschaft vorangestellt hatte: „Die erfolgreiche Entwicklung der Wissenschaft erfordert die Einhaltung einer richtigen Balance zwischen der induktiven Methode, die von experimentellen Beobachtungen ausgeht, und der deduktiven Methode, die durch reines Denken aus spekulativen Annahmen Erkenntnisse ableitet."[27]

In der gleichen Ausgabe von *Nature* setzte Dingle seine Offensive fort und betonte, dass er Dirac nicht persönlich angreifen wolle: „Ich zitierte Prof. Diracs kurzen Artikel nicht als Ursache für eine Infektion, sondern als ein Beispiel für ein Bakterium, das nur in einer infizierten Atmosphäre gedeihen kann; in einer sauberen Umgebung hätte dieses nicht entstehen können, und wir hätten weiterhin den alten, unvergleichlichen Dirac."[28]

Dirac war nicht abgeschreckt. Nachdem er jedoch in einer langen Arbeit, die kurz nach Weihnachten 1937 fertiggestellt war, die Implikationen seiner Hypothese ausführlich beschrieben hatte, wandte er sich wieder der Quantenmechanik zu und kam in den folgenden fünfunddreißig Jahren nicht mehr auf die Hypothese zurück. Obwohl seine Idee in den späten 1930er-Jahren Einfluss auf die Astronomie hatte, betrachteten sie viele der Kollegen Diracs als eine Verirrung und schlossen sich Bohrs Meinung an, Dirac habe einen falschen Schritt in Richtung auf die quasi-mystische Kosmologie von Eddington und Milne getan. Doch sein Ansehen litt nicht signifikant darunter. Im Oktober setzte das Institute for Advanced Study in Princeton, das weiterhin die weltbesten theoretischen Physiker anzuwerben suchte, Dirac auf den ersten Platz seiner Liste der Wissenschaftler, die es gewinnen wollte – direkt vor Pauli.[29]

In Bristol hatte Charles Dirac seiner Familie eine böse Überraschung hinterlassen: Anwälte hatten nach monatelangem Durchsuchen seiner Konten festgestellt, dass er ein gewohnheitsmäßiger Steuerhinterzieher gewesen war.[30] Die Behörden verlangten von Flo, Charles' Steuerschuld aus sechs Jahren zu bezahlen – das Maximum, das sie fordern konnten, nachdem Flo einen schriftlichen Eid abgelegt hatte, dass sie von seinem Betrug nichts gewusst hatte. „ Keiner weiß, wie Pa es geschafft hat, die Einkommensteuer bei so vielen Posten zu vermeiden", schrieb sie an Dirac, der auch erfuhr, dass sein Vater 50 £ jährlich als Steuererleichterung für Bettys Ausbildung an der Universität beantragt hatte, während sein Sohn die Rechnungen bezahlte.[31] Aber die irritierendste Enthüllung sollte für Dirac noch kommen, als er erfuhr, dass die Gelder, die es ihm ermöglicht hatten, sein Studium in Cambridge zu beginnen, letztendlich nicht von seinem Vater zur Verfügung gestellt worden waren, sondern von der örtlichen Schulbehörde. Charles hatte nur vorgegeben, er habe das Geld locker gemacht. Dieser kleinliche und unerfreuliche Betrug brachte für Dirac das Fass zum Überlaufen. Er machte alles zunichte, was sein Vater getan hatte, um seine Karriere zu unterstützen, und zeigte das wahre Gesicht von Charles. Dies war der Grund, warum Paul Dirac seinen besten Freunden, wie auch Kurt Hofer, sagte, er schulde seinem Vater „absolut nichts"[32] – ein hartes, wenn auch verständliches Urteil.

Nach ihrer Heirat verließ Betty England, um mit ihrem Mann Joe in Amsterdam zu leben, der ein gutgehendes, eigenes Fotogeschäft leitete. Innerhalb eines Jahres hatten sie einen Sohn, aber ihr Glück wurde bald getrübt durch Nachrichten aus Berlin, wo Hitler nach „Lebensraum" außerhalb von Deutschland strebte und nach jüdischem Blut dürstete. Es sollte nicht lange dauern, bis die Teszlers die ganze Wucht von Hitlers Plänen spüren sollten.

Am Dozententisch im St. John College sprach jeder über den deutschen Kanzler und dessen heilloses Zustürmen auf einen erneuten globalen Konflikt. Das einzige europäische Land, das sich in dieser Zeit in einem offenen Krieg befand, war Spanien, wo Hitler Francos faschistische Armee unterstützte. Die britische Regierung weigerte sich, Partei zu ergreifen und erzürnte dadurch die sozialistisch Gesinnten, vor allem in Cambridge, von wo viele Idealisten dann aufbrachen, um Francos Gegner zu unterstützen. Diracs Blick war wie gewöhnlich auf die Sowjetunion gerichtet. Dass das Land unter einer skrupellosen, blutigen Säuberung litt, war den britischen Zeitungslesern bekannt, aber anscheinend dachte Dirac – wie viele andere Linksorientierte –, dass die Berichte übertrieben seien. In Moskau war Kapitza das Ausmaß von Stalins mörderischem Feldzug nicht bewusst – obwohl er wusste, dass mehrere seiner Kollegen drangsaliert wurden und dass er riskierte, in ein Arbeitslager deportiert zu werden, wenn er sich über etwas beklagte, dessen Erwähnung in Briefen die Zensur nicht erlaubte.[33]

Im Frühsommer 1937, als die Diracs die Verwandten in Budapest besuchten, schrieb Manci an Oswald Veblen und seine Frau: „Paul möchte sehr gern nach Russland reisen, aber jeder rät ihm davon ab."[34] Dirac bestand auf seinem Besuch und wollte seine Familie mitnehmen, aber die ungarischen Vorschriften gestatteten nur, dass ihn Manci begleiten konnte. Kapitza bestätigte die Vereinbarungen in einem Telegramm, das vom MI5, das weiterhin seine Post nach Cambridge überprüfte, abgefangen wurde.[35]

In bedrückend heißer Sommerhitze trafen die Diracs Ende Juli im Sommerhaus der Kapitzas ein, nur Tage, bevor Stalin die Folterung von vermuteten Volksfeinden legalisierte. Gerade eine kurze Autofahrt entfernt waren seine Handlanger dabei, den Opfern die Augen auszustechen, ihre Hoden zu zertreten und sie zu zwingen, Exkremente zu essen. Auf den Straßen in der Umgebung von Bolshevo waren in einigen der Lastwagen mit der Aufschrift „Fleisch" und „Gemüse" Gefangene versteckt, die auf dem Weg waren, in den Wäldern im Norden der Stadt, die Dirac durch sein Fernglas bewunderte, erschossen und begraben zu werden.[36] Noch viele Jahre später stand für die Sowjetbürger „das Jahr 1937" für den größten Schrecken, den Höhepunkt der großen Säuberung, für Stalins chaotische und brutale Kampagne mit Einschüchterung der Massen, Verhaftungen und Mord.[37] Am Ende des Jahres hatte die Säuberung ungefähr vier Millionen Menschenleben gekostet. Wie Kapitza wusste, war eines der Opfer Boris Hessen, Mitglied der Kommission, die sechs Jahre zuvor London und das Trinity College besucht hatte. Fünf weitere Mitglieder dieser Gruppe sollten ebenfalls bald hingerichtet werden. Auf Stalins Geheiß in der Sowjetunion festgehalten, hatte Kapitza nun seine gesamte Einrichtung aus dem Cavendish Labor erhalten und seine Forschungsarbeit wieder aufgenommen.

Die Diracs verbrachten in Bolshevo drei idyllische Wochen mit den Kapitzas in ihrem kleinen Sommerhaus inmitten eines Kiefernwaldes mit wilden, zum Pflücken reifen Erdbeeren und nahe einem schnell fließenden Fluss. Einen schwülen Tag nach dem anderen lagen sie auf der überdachten Veranda, erzählten sich gewagte Witze, und die Diracs berichteten die jüngsten Neuigkeiten über das Krokodil und seine ihn nun verlassenden „Boys", während die Kapitzas vom Leben unter Stalin erzählten. Die beiden Männer nutzten die Kühle am Morgen, um sich handwerklich zu betätigen, sie fällten Bäume und lichteten die Sträucher nahe am Haus und tollten mit den Jungen herum. Manci, immer gepflegt wie eine Gräfin, hatte keinen Sinn für sportliche Betätigungen und vermied es, etwas Komplizierteres zu tun als ein Ei zu kochen. Bestürzt über den fehlenden Komfort in der Datscha, einschließlich des Fehlens von normalem Toilettenpapier, konnte sie es kaum fassen, dass sie zum ersten Mal in ihrem Leben im Freien in einem Zelt schlafen musste. Doch sie war zu höflich, um sich zu beklagen. Sie glänzte im Gespräch und gewann Kapitzas Wohlwollen, der sah, dass Dirac durch sie offener geworden war. Er schrieb an Rutherford: „Es ist eine große Freude, Dirac verheiratet zu sehen, es macht ihn viel menschlicher."[38]

Kapitza war sicher über das neue Institut begeistert, das für ihn gebaut wurde. Er verhielt sich im Umgang mit den Behörden geschickt. Obwohl er sie mit Beschwerden bombardierte, vermied er Konfrontationen und hielt sich auf der richtigen Seite der Drahtzieher auf. Als Gegenleistung erhielt er einen ungewöhnlichen Spielraum bei der Einstellung der von ihm gewünschten Mitarbeiter und die Erlaubnis, die Gelder mit einem Minimum an Bürokratie so einzusetzen, wie er es für richtig hielt.[39] Im folgenden Jahr gelang es ihm sogar, Lev Landau als offiziellen Theoretiker des Instituts einzustellen, der in Moskau verhaftet worden war, nachdem er aus Furcht um sein Leben vor der Polizei in Charkow dorthin geflohen war.[40] Kapitza hatte seine im Mond-Laboratorium begonnenen Experimente wieder aufgenommen und im Februar erfolgreich Helium verflüssigt. Aufregende neue Resultate waren im Anzug.

Kapitza überredete Dirac, seine Unterstützung des russischen Experiments dadurch zu demonstrieren, dass er sein nächstes Paper beim *Bulletin of the Soviet Academy of Sciences* zur Feier des zwanzigsten Jahrestags der bolschewistischen Revolution einreichte. In dem Artikel untersuchte er die Symmetrien, die der klassischen und der quantenmechanischen Beschreibung der Materie zugrunde liegen, wobei er dem von Wigner, seinem Schwager, vorgegebenen Weg folgte. Es war wieder eine elegante Arbeit, die aber keine verwertbaren Resultate abwarf und anscheinend einen weiteren Hinweis bot, dass Dirac langsam alt wurde.

Die Diracs und die Kapitzas wussten, dass sie in einer ungewissen Zeit lebten, aber sie konnten kaum ahnen, dass sie erst nach neunundzwanzig Jahren wieder am selben Tisch sitzen würden.

Am 25. Oktober 1937 um zwölf Uhr mittags stand Dirac zwischen zweitausend Trauernden in der Westminster Abbey, wahrscheinlich unschlüssig, ob er sich an den Gebeten und Kirchenliedern beteiligen oder schweigen sollte. Er nahm an dem Gedenkgottesdienst für Rutherford teil. Neun Tage zuvor, zwei Wochen nach Beginn des Herbsttrimesters, war er an Komplikationen nach einer Nabelbruchoperation verstorben: Cambridge war voll von Gerüchten über eine verpfuschte Operation. Binnen weniger Tage hatte die Regierung die Erlaubnis zu einer Gedenkstätte im „Science

Corner" der Westminster Abbey neben Newton, Darwin und Faraday gewährt. Das Begräbnis war ein nationales Ereignis, an dem Vertreter des Königs, Mitglieder des Kabinetts, der frühere Premierminister Ramsay MacDonald, achtzig Wissenschaftler aus Cambridge sowie mehrere ausländische Gäste teilnahmen. Bohr wohnte bei den Diracs und nahm mit Rutherfords Familie zusammen an der Feier teil, die damit abschloss, dass eine kleine Urne mit der Asche des großen Experimentalphysikers wenige Zentimeter von Newtons Grab entfernt aufgestellt wurde.

Zwei Tage nach der Gedenkfeier schrieb Dirac einen tröstenden Brief an Kapitza, der zusätzlich über den kurz zurückliegenden Tod seiner Mutter in Trauer war. In seiner Antwort erwähnte Kapitza nicht, dass der Tod des Krokodils genau in dem Moment stattgefunden hatte, als er selbst seine aufregendste Entdeckung machte: Bei ausreichend niedrigen Temperaturen konnte flüssiges Helium ohne jeden Reibungswiderstand fließen. Solches „superflüssiges" Helium konnte spontan die Wände seines Behälters hinaufkriechen und benahm sich auch auf andere Weise seltsam, was nicht mit der klassischen Mechanik erklärt werden konnte, sondern erst später durch Anwendung der Quantenmechanik auf die Bestandteile der Flüssigkeit verständlich wurde. *Nature* veröffentlichte Kapitzas Ergebnisse im Dezemberheft neben einem Artikel von zwei Experimentatoren aus dem Mond-Labor, die ebenfalls die Entdeckung der Superflüssigkeit bekannt gaben: Obwohl Kapitza zwei Jahre lang ohne Labor hatte auskommen müssen, hatte er mit den führenden Wissenschaftlern auf seinem Gebiet gleichgezogen. Es war nun nicht mehr so leicht für seine Kritiker, ihn als ein nur sich selbst lobendes Leichtgewicht zu verspotten.

Kapitza sah die Zukunft des Cavendish gefährdet und forderte Dirac besorgt auf, sich aktiv für die Sicherstellung der Zukunft des Labors einzusetzen: „Ich denke, dass Du Dich als die derzeit führende Persönlichkeit in der Physik in Cambridge jetzt ernsthaft der Aufgabe widmen musst, dass die große Tradition des Cavendish Laboratoriums, das so wichtig für die ganze Welt ist, erhalten bleibt."[42]

Aber eine solche Rolle lag für Dirac außerhalb seiner Möglichkeiten, abgesehen davon, dass er auch kein Interesse daran hatte. Der Direktorposten des Cavendish wurde dem Kristallographen Sir Lawrence Bragg übertragen, der das Labor von der Untersuchung der innersten Struktur der Materie wegsteuerte, zum Teil auch deshalb, weil es der Konkurrenz aus den Vereinigten Staaten nicht länger gewachsen war. Mit Rutherfords Tod waren die glorreichen Tage des Cavendish Labors, in dem Experimentatoren Atome mit den feinsten möglichen Instrumenten erforschten, Vergangenheit geworden – und das, obwohl Bragg das Programm des Labors erneut in ein produktives Gebiet steuerte, das in

Watsons und Cricks Entdeckung der Doppelhelix-Struktur der DNA im Jahre 1953 gipfeln sollte.

Mit dem Ende des Jahres 1937 stand Dirac ohne befreundete Experimentatoren mit ähnlichen Interessen in der Physik da, und auch einige der von ihm am meisten geschätzten Kollegen unter den Theoretikern in Cambridge hatten die Welt verlassen. Nach einem lähmenden Schlaganfall verschlechterte sich Fowlers Gesundheit, und Anfang 1939 war er „unsichtbar geworden", wie er zu Eddington sagte.[43] In den manchmal aggressiv geführten Seminaren im Mathematik-Institut wirkte Eddington eingeschüchtert, ängstlich und unfähig, sich gegen die heftigen Angriffe der jüngeren Kollegen zur Wehr zu setzen. Dirac sah unbewegt zu und war zugleich unzufrieden mit seiner eigenen Forschung. Die Quantenfeldtheorie war buchstäblich zum Stillstand gekommen, und selbst die besten Köpfe taten sich schwer, einen Fortschritt zu erzielen. Dirac wunderte sich häufig über den Kontrast zu der Situation vor einem Jahrzehnt, als die Quantenmechanik gerade entdeckt worden war: „In jenen Tagen war es sehr leicht für einen zweitklassigen Physiker, erstklassige Arbeit zu leisten; jetzt ist es für einen erstklassigen Physiker sehr schwer, zweitklassige Arbeit zu leisten."[44] Diese Worte fanden Widerhall bei dem Theoretiker Fred Hoyle, einer unabhängig denkenden Persönlichkeit aus Yorkshire, der Diracs Vorlesungen für Physikanfänger gehört hatte, und der sich in den späten 1930er-Jahren große Mühe gegeben hatte, ein Gebiet mit Entwicklungspotential zu finden. Hoyles Methode, von unten nach oben (bottom-up) vorzugehen, war in der Physik die Antithese zu Diracs Stil, dennoch kamen beide gut miteinander aus: Wie Hoyle sagte, war der Trick, an Dirac weniger Fragen zu richten, als er dir Fragen stellte.[45] Hoyle amüsierte sich über Diracs exzentrische Konversationsmanieren, obwohl auch er verblüfft war, als er Dirac anrief, um ihm eine unkomplizierte administrative Frage zu stellen und von Dirac die Antwort erhielt, „Ich werde den Telefonhörer für eine Minute hinlegen und nachdenken, dann können wir weitersprechen".[46] Ein paar Monate später erfuhr Hoyle, dass er einen Doktorvater suchen müsse, und Dirac akzeptierte ihn, wobei ihn die Aussicht auf die Zusammenarbeit zwischen einem Betreuer, der keinen Studenten haben wollte und einem Studenten, der keinen Betreuer haben wollte, amüsierte.[47]

Im Vergleich zu den vielen neuen Vorstellungen in der Quantenphysik klingt das Konzept der Energie eines Elektrons wie ein einfaches Problem, war aber alles andere als einfach zu verstehen. Dies lag daran, dass die Energie, die das Elektron auf Grund seiner bloßen Existenz besitzt – seine Selbstenergie – unendlich ist. Nach der klassischen Physik ist die Ursache für diese Schwierigkeit in gewissem Sinne analog zu dem Gravitationsfeld eines Planeten: auch das elektrische Feld des Elektrons ist, je kleiner das

Teilchen ist, umso stärker in seiner Nähe und umso höher die lokale Energie. Ist also das Elektron ein unendlich kleiner Punkt, wie man gewöhnlich annimmt, müsste seine Selbstenergie unendlich sein. Das macht keinen Sinn, denn wie kann eine vollkommen natürliche Größe solch einen unmessbar riesigen Wert haben?

Die auf der Lochtheorie basierende Theorie der Quantenelektrodynamik hatte die gleiche Schwäche: Die Selbstenergie des Elektrons war unendlich groß. Die wahrscheinlichste Ursache für diesen Fehlschlag war, wie Dirac glaubte, dass ein Fehler in der klassischen Theorie vorlag, auf der seine Quantentheorie basierte: Maxwells klassischer Theorie des Elektromagnetismus. Dirac hoffte, dass er, wenn er die Irrtümer in der klassischen Theorie entfernen könnte, fähig wäre, eine Quantentheorie des Elektrons abzuleiten, die nicht an der Krankheit der unendlichen Selbstenergie leidet. Das war eine unpopuläre Sicht, denn die meisten seiner Kollegen dachten, die klassische Theorie sei in Ordnung und es käme darauf an, die Probleme mit der Quantentheorie zu lösen. Aber Dirac war wie gewöhnlich durch die allgemeine Meinung nicht zu beunruhigen und verbrachte mehrere Monate Ende 1937 und Anfang 1938 damit, eine neue klassische Theorie auszuarbeiten und Gleichungen zu finden, die ein Elektron von einer winzigen Größe, die nicht Null ist, beschrieben. Es war eine in sich fehlerfreie Theorie, die schon bei der ersten Hürde versagte: Dirac scheiterte beim Versuch, sie anzuwenden, um eine Quantenversion zu finden, die frei von Unendlichkeiten ist.[48]

Er mag sich gefragt haben, ob er seinen Biss verloren hatte. Neben seiner Arbeit war er jetzt ein Familienmensch mit anderen Prioritäten: eine Frau und zwei sich zankende Kinder, die Anstellung eines Kochs und mehrerer häuslicher Bediensteter, sowie seine auf ihn angewiesene Mutter von nunmehr sechzig Jahren, die zweihundert Kilometer entfernt wohnte und kein Telefon besaß. Flo war jedoch in guter Stimmung, hantierte in ihrem Haus herum, schrieb Gedichte im Bett und packte gelegentlich ihren Koffer, um am Mittelmeer Urlaub zu machen, den ihr reiches Bankkonto ihr zu finanzieren gestattete.[49]

Manci fand es immer noch schwer, sesshaft zu werden und fühlte sich nie ganz wohl in der Cavendish Avenue 7, einem feuchten Haus, das irgendwie immer kalt erschien, sogar im Hochsommer. Enttäuscht darüber, dass Dirac das Angebot aus Princeton auf eine gut bezahlte Professur abgelehnt hatte, dachte sie, Cambridge besitze keinerlei Vorteile abgesehen vom akademischen Status. Sie begann, sich vor der Aussicht zu fürchten, ihr ganzes Leben dort zu verbringen[50] und ärgerte sich über den Snobismus der Akademiker in Cambridge, die sie von dem Augenblick an, als sie hörten, dass sie keinen Universitätsabschluss hatte, herablassend behandelten. Die Kapitzas waren die Art von Menschen, die ihr lagen – respektvoll, offen, voller Leben –, aber sie waren zweitausendvierhundert Kilometer weit entfernt und meldeten sich nur unregelmäßig. Manci, die immer eine aufmerksame und großzügige Freundin war, überschwemmte sie mit Vorräten, die halfen, Engpässe zu überwinden; Anna bat sie nur bescheiden, englische Bücher, Kaffeebohnen und Pfeifentabak von guter Qualität für ihren Mann zu senden. Sie ermunterte Manci auch zu einer positiveren Einstellung gegenüber Cambridge: „Fühlst Du Dich immer noch einsam ohne Dein fröhliches Budapest? Wenn ja, bist Du ungezogen und darfst Dich nicht weiter so fühlen, denn es verletzt die Menschen, die Dich gern haben und mit Dir zusammen leben (ich meine natürlich Paul!).“[51]

Die unaufhörlich erschreckenden BBC-Nachrichten über Hitlers zunehmend deutlicher werdende Absichten verbesserten Mancis Stimmung auch nicht. Im Frühjahr 1938 hatte er Österreich annektiert, wo die Soldaten mit Blumen und Hakenkreuzen empfangen wurden, als sie im Stechschritt in die Städte einmarschierten. Ende Mai las Dirac in *Nature* eine Meldung, die ihn wahrscheinlich beunruhigte: Sein Freund Schrödinger in Österreich schien auf Hitlers Seite zu sein. Der Artikel berichtete, Schrödinger habe in einer lokalen Zeitung im März 1938 geschrieben, er lege „gern und freudig“ sein Bekenntnis zum neuen Regime ab, und er habe „den wahren Willen und die wahre Bestimmung“ seiner Heimat bis zuletzt „verkannt“.[52]

Dirac hatte vorgehabt, die Sommerferien in der Sowjetunion zu verbringen, aber dieses Mal lehnte die Botschaft in London seinen Antrag wie auch alle anderen ab: Das war die Antwort auf die Weigerung der britischen Regierung, an Sowjetbürger Visa auszustellen. Deshalb machte Dirac bescheidenere Pläne: Im August 1938 reiste er in den Lake District im Nordwesten Englands und wanderte und kletterte gemeinsam mit seinem Freund James Bell und mit Wigner, der sich noch nicht vom tragisch frühen Tod seiner Frau vor fast einem Jahr, knapp acht Monate nach der Heirat, erholt hatte.[53] Aus ihrer Korrespondenz ist ersichtlich, dass Bell mit Wigner einer Meinung war, die jüngsten Prozesse in der Sowjetunion würden übertrieben dargestellt. Bell meinte, dass sie nicht schlimmer seien als die von den Engländern in ihrer Kolonie in Indien organisierten Prozesse.[54] Währenddessen hatte Manci ihre Kinder zusammen mit Diracs Mutter nach Budapest mitgenommen, wo der Antisemitismus ihren Eltern das Leben unerträglich machte: Sie begannen zu erkennen, dass sie in Budapest keine Zukunft mehr hatten.

Schnell wurde das Dirac-Haus eine beliebte Herberge für Physiker und deren Familien, die vor dem Nazifaschismus geflohen waren. Unter den ersten Ankömmlingen waren die Schrödingers, die sich später in Dublin niederließen, nachdem Schrödinger eine Position am neu geschaffenen Dublin Institute for Advanced Studies angenommen hatte.[55] Während seines

Aufenthalts wird Schrödinger den Diracs erklärt haben, warum er früher die Nazis unterstützt hatte – er war gezwungen worden, seine Zustimmung zum Nazi-Regime öffentlich zu machen, sagte er, und hätte es so zweideutig getan wie er konnte.[56] Dirac scheint diese Erklärung akzeptiert zu haben und glaubte keinen Moment, dass die Integrität seines Freundes auch nur eine Minute gewankt haben könnte.

Der Gast in ihrem Haus, dessen Höflichkeit Manci am meisten bewunderte, war Wolfgang Pauli, der auf dem Weg zum Institute for Advanced Study in Princeton war, wo er die meiste Zeit während des Krieges bleiben sollte. Dirac erzählte Kapitza: „[Pauli] ist sehr viel milder geworden seit seiner zweiten Heirat."[57]

Dirac stimmte mit der politischen Linken überein, die britische Regierung habe zu schwach und fahrlässig gehandelt, als sie es versäumte Hitler anzugreifen, nachdem seine Armee im März 1936 in das Rheinland eingefallen war. Die Linke war jedoch auch gegen eine erneute Bewaffnung und neue Verteidigungsausgaben, eine Politik, die sie später bedauern sollte. Als Neville Chamberlain im Jahre 1937 britischer Premierminister wurde, versuchte er Hitler zu besänftigen und schlug die Warnungen seines ihm verhassten Kollegen Winston Churchill von den Hinterbänken im Parlament in den Wind, man müsse dem Ehrgeiz des Führers mit Gewalt entgegentreten. Die Stimmung in Cambridge schwankte zwischen der Hoffnung, dass ein Krieg vermieden werden könne, und der Furcht, dass ein Konflikt unvermeidlich sei.[58] Chamberlain war für den hochberühmten Stimmungsumschwung verantwortlich, als er am 30. September 1938 von den Münchner Verhandlungen mit Hitler, Mussolini und dem französischen Premierminister Édouard Daladier mit den Worten „peace for our time" („Friede für unsere Zeit") zurückkam, nachdem er zugestimmt hatte, dass Hitlers Truppen in die Tschechoslowakei einmarschieren durften. Die Menge bejubelte Chamberlains Rückkehr bis zur Heiserkeit, das ganze Land war euphorisch, auch dann noch, als deutlich wurde, dass die Tschechoslowakei betrogen worden war. Doch Churchill hielt das Münchner Abkommen für eine Farce: „[Der] deutsche Diktator hat, anstatt die Speisen vom Tisch zu stehlen, sie sich gnädig Gang für Gang servieren lassen."[59]

Als er diese Worte sprach, machten zwei deutsche Chemiker, Otto Hahn und Fritz Strassmann, gerade eine Entdeckung, die den Verlauf der Geschichte ändern sollte. Das von ihnen durchgeführte Experiment war oberflächlich betrachtet absurd: Wenn Neutronen auf Uranverbindungen geschossen wurden, waren die neu entstandenen chemischen Elemente sehr viel leichter als man vorher dachte. Innerhalb weniger Wochen, Anfang Januar 1939, wurde klar, dass Hahn und Strassmann beobachtet hatten, wie einzelne Urankerne in zwei andere Atomkerne aufgespalten worden waren, jeder von ungefähr der halben Masse des ursprünglichen Atomkerns, so als ob ein Stein in zwei Teile von etwa derselben Größe zerbrochen wäre. In einer gewissen Analogie zur Zellteilung in der Biologie wurde der Prozess „Kernspaltung" genannt. Der entscheidende Punkt war, dass die bei der Kernspaltung frei werdende Energie weit höher war als die Energie, die erzeugt wird, wenn Atome sich beispielsweise bei der Verbrennung von Gas oder Kohle oder anderen fossilen Stoffen neu verbinden – und zwar um das Millionenfache. Es handelte sich also um eine Energiefreisetzung von riesigem Ausmaß.

Eddington hatte seit langem die Möglichkeit der Nutzung von Kernenergie vorausgesehen und sich schon 1930 auf die Zeit gefreut, wo es nicht mehr nötig wäre, die Kraftwerke „Ladung für Ladung mit Brennstoff" zu füttern, sondern „statt den Appetit unserer Maschinen mit Delikatessen wie Kohle oder Öl zu verwöhnen, werden wir sie dazu bringen, mit der einfachen Diät subatomarer Energie zu arbeiten".[60] Noch drei Jahre später hatte sich Rutherford bei der Jahrestagung der Britischen Gesellschaft von 1933, über die Vision seines Kollegen als „Mondschein-Illusion" lustig gemacht. Als Leó Szilárd tags darauf aus der *Times* von dieser Vorhersage erfuhr, kam ihm, gerade als er einen Fußgängerübergang in Bloomsbury überquerte, der Gedanke, dass man nukleare Energie leichter einfangen könnte, als Rutherford das für möglich hielt: „Wenn wir ein Element finden könnten, das durch Neutronen gespalten wird und immer *zwei* Neutronen emittiert, wenn es *ein* Neutron absorbiert, könnte solch ein Element, wenn es in genügend großer Masse zusammengebracht werden kann, eine nukleare Kettenreaktion aufrechterhalten."[61]

Als Szilárd von der Entdeckung der Spaltung erfuhr, ging ihm sofort auf, dass das chemische Element, das er sich vorgestellt hatte, Uran sein könnte. Wenn mehr als ein Neutron bei der Spaltung des Urankerns ausgestoßen würde, könnten diese Neutronen weitere Urankerne aufspalten, die noch mehr Neutronen freisetzen, und so fort. Szilárd erinnerte sich später: „All die Dinge, die H. G. Wells vorausgesagt hatte, erschienen mir plötzlich real zu sein."[62]

Die Entdeckung der Kernspaltung am Vorabend eines katastrophalen Konflikts ist einer der tragischsten Zufälle der Geschichte. Die Aussicht auf nukleare Waffen beunruhigte Dirac und andere Wissenschaftler, die diese Implikation der Entdeckung durchschauten, umso mehr, weil sie in Berlin, Hitlers Hauptstadt, gemacht worden war.

Physiker und Chemiker sollten bald aus der ruhigen Atmosphäre ihrer Diensträume und Laboratorien in eine Welt von Krieg, Geheimhaltung und Machtpolitik hineingezogen werden. Die einzugehenden Risiken konnten nicht höher sein, und ihr neues Arbeitsgebiet konnte kaum eine größere

Belastung für ihr Gewissen darstellen. Wissenschaftler, die es normalerweise als ihre Pflicht ansahen, mit ihren Ergebnissen offen umzugehen, mussten sich auf einmal Sorgen machen, dass ihre Resultate zu sensibel sein könnten, um veröffentlicht zu werden.[63] Szilárd glaubte, wenn Uran im Prinzip fähig ist, eine nukleare Kettenreaktion aufrecht zu erhalten, sollten die Resultate vor Hitlers Wissenschaftlern geheim gehalten werden, auch vor Heisenberg und Jordan.

Die manchmal in Streit ausartenden Wortwechsel über die Frage, ob die Spaltungseigenschaften des Urans geheim gehalten werden müssten, beschäftigten die meisten führenden Kernphysiker, einschließlich Bohr, Blackett, Fermi, Joliot-Curie, Szilárd, Teller und Wigner. Im Frühsommer 1939 war die Kampagne zur Geheimhaltung der neuen Wissenschaft gescheitert. Es war nun Allgemeinwissen, dass Uran im Prinzip fähig ist, eine nukleare Kettenreaktion zu unterhalten: Kernwaffen waren eine praktische Möglichkeit geworden.

Dirac war nur peripher von diesen Diskussionen betroffen, nachdem ihn Wigner gebeten hatte, Blackett bei seiner Kampagne, sensible Resultate vertraulich zu behandeln, zu unterstützen.[64] In Cambridge hatte sich die Euphorie über Chamberlains Münchner Abkommen im Frühjahr 1939 in Verzweiflung verwandelt, als Hitler schamlos Gebiete der Tschechoslowakei als Nazi-Protektorate und Satellitenstaaten vereinnahmte. Krieg schien nun unausweichlich. Während dieser ernsten ersten Wochen des Jahres 1939 bereitete sich Dirac auf seine erste Vorlesung als selbst ernannter Wissenschaftsphilosoph vor – trotz der Tatsache, dass er vorgab, kein Interesse an Philosophie zu haben. Obwohl die beiden lebenden Wissenschaftler, die er am meisten bewunderte – Einstein und Bohr – es beide meisterhaft beherrschten, vor einem breiten Publikum über die Wissenschaft zu sprechen, hatte Dirac kein Interesse gezeigt, ihrem Beispiel zu folgen, bis ihm die Royal Society in Edinburgh den James-Scott-Preis verlieh und ihn einlud, die „Scott-Lecture" über ihr Hauptthema, die Wissenschaftsphilosophie, vor einem Publikum zu halten, in dem viele wenig oder nichts von Naturwissenschaften verstanden.[65] An einem späten Montagnachmittag Anfang Februar 1939 sprach er eine Stunde lang über das Verhältnis zwischen dem Mathematiker, der „ein Spiel spielt, bei dem er selbst die Regeln erfindet", und dem Physiker, „der ein Spiel spielt, in dem die Regeln von der Natur vorgegeben sind".

Diracs Thema war die Einheit und Schönheit der Natur. Er machte drei Revolutionen in der modernen Physik aus – Relativitätstheorie, Quantenmechanik und Kosmologie – und deutete an, er erwarte, dass sie eines Tages in einem vereinheitlichten Rahmen verstanden werden könnten. Obwohl er John Stuart Mill nicht erwähnte, suchte Dirac dieselbe Frage

zu beantworten, die im *System der Logik* aufgeworfen worden war: „Was ist
der kleinste Satz von allgemeinen Voraussetzungen, aus dem alle grundlegenden Eigenschaften, die in der Natur bestehen, abgeleitet werden können?"[66] Während Mill nie die Schönheit einer Theorie als ein Kriterium
für ihre Tragfähigkeit verwendet hatte, war die Anerkennung des Wertes
der Ästhetik ein Teil von Diracs Ausbildung gewesen. Er ließ nun seinen
Gefühlen freien Lauf, indem er das Prinzip der mathematischen Schönheit
propagierte, welches besagt, dass Forscher auf der Suche nach den wahren
mathematisch formulierten grundlegenden Gesetzen der Natur vor allem
nach mathematischer Schönheit Ausschau halten sollten. Unter mutiger
Vernachlässigung von jahrhundertelangen philosophischen Untersuchungen
über die Natur der Ästhetik erklärte er, mathematische Schönheit sei eine
private Angelegenheit für den Mathematiker, es sei „[eine Qualität, die]
nicht definiert werden kann, ebenso wenig wie Schönheit in der Kunst definiert werden kann, die aber von Menschen, die sich mit Mathematik befassen, normalerweise ohne Schwierigkeiten unmittelbar anerkannt wird".[67]

Der Erfolg von Relativitätstheorie und Quantenmechanik illustriert
den Wert des Prinzips der mathematischen Schönheit, sagte Dirac. In
beiden Fällen ist die in der neuen Theorie enthaltene Mathematik schöner als die Mathematik der vorhergehenden Theorie. Er spekulierte sogar,
dass Mathematik und Physik auf lange Sicht eins werden könnten, „jeder
Zweig der reinen Mathematik habe seine physikalischen Anwendungen, und
seine Wichtigkeit in der Physik sei proportional zu seiner Bedeutung in der
Mathematik". Daher drängte er die Theoretiker, die Schönheit zu ihrem
wichtigsten Ratgeber zu machen, obwohl dieser Weg, neue Theorien zu finden, „bisher noch nicht erfolgreich beschritten worden ist".

Die Physiker unter den Zuhörern in Edinburgh erlebten Diracs
Begeisterung für die Entdeckung, dass das Universum sich ausdehne, die
sich, wie er sagte, „wahrscheinlich als philosophisch noch revolutionärer als Relativitätstheorie und Quantentheorie erweisen würde". Indem
er sich auf die Entwicklung des Universums vom Moment seiner Geburt
an konzentrierte, legte er nahe, dass die klassische Mechanik nie in der
Lage sein werde, den gegenwärtigen Zustand des Universums zu erklären, da die Bedingungen zu Beginn des Universums zu einfach gewesen seien, um den Keim für die Komplexität, die wir heute beobachten,
zu bilden. Die Quantenmechanik könnte die Antwort liefern, so glaubte
er: Unvorhersehbare Quantensprünge im frühen Universum sollten die
Ursache der Komplexität sein und „bilden nun den unberechenbaren Anteil
an den Phänomenen der Natur". Vierzig Jahre später wurde diese Idee von
Kosmologen wiederentdeckt und zu einer der Grundlagen der vermuteten

Quantenursprünge des Universums. Während die Welt in den Abgrund des Krieges hineinschlitterte, erhob Dirac seinen Blick zu den Sternen.

In Cambridge hatten die Studenten Schwierigkeiten, sich auf die Konsequenzen des zu erwartenden Krieges einzustellen. Noch im April freute sich *Granta*, das Groschen-Magazin der Studenten, auf einen weiteren Sommer mit Krocketspielen auf dem Rasen, Gurken-Sandwich, Paprikasalat und Crème brûlée, mit gekühltem Bollinger heruntergespült. Für Studenten, die sich von ihren Examina erholen wollten, gab es Aufführungen von Mozarts *Idomeneo* und immer wieder die Gelegenheit, Disneys *Schneewittchen und die sieben Zwerge* zu bewundern.[68] Der Kapitän der Cricket-Mannschaft der Universität wusste, dass die Party bald vorbei sein würde, sagte aber, dass er bei Gott hoffe, Hitler werde einen Krieg nicht vor dem Ende der Cricket-Saison anfangen. Doch seine Hoffnung erfüllte sich nicht. Nach Hitlers Invasion in Polen erklärte Chamberlain am 3. September den Krieg, noch vor dem Ende der letzten Cricket-Spiele.

Zehn Tage zuvor – während seiner Ferien mit der Familie an der französischen Riviera – las Dirac, dass Stalin einen Nichtangriffspakt mit Hitler unterzeichnet hatte, ein historischer Augenblick, den George Orwell als „die Mitternacht des Jahrhunderts" bezeichnete. Stalins Opportunismus war für Dirac unbegreiflich. Er neigte immer noch dazu, von Politikern zu erwarten, dass sie mit der inneren Konsistenz eines Mathematikers handeln, und es ist vermutlich kein Zufall, dass Diracs Desillusionierung gegenüber der Politik und Politikern in diesem Sommer begann. Von nun an wendete er sich von öffentlichen Angelegenheiten ab und konzentrierte sich auf seine Familie, die sich vergrößern sollte – Manci war schwanger.

22

Herbst 1939 – Dezember 1941

Während ich schreibe, fliegen hochzivilisierte Wesen weit
oben über mir und versuchen, mich zu töten. Sie
empfinden keine Feindschaft gegen mich als Individuum,
und ich auch nicht gegen sie. Sie „tun nur ihre Plicht" [...].

George Orwell, *The Lion and the Unicorn, 1941*
(Der Löwe und das Einhorn)

Fortschritte in der Luftfahrttechnik hatten fast zwangsläufig zur Bombardierung Großbritanniens aus der Luft geführt, obwohl einige Menschen in Cambridge nicht glauben konnten, dass die Deutschen jemals eine Stadt von solcher Schönheit mit Bomben belegen würden.[1] Auch Kernwaffen wurden in Zeitungen und Illustrierten diskutiert, doch den meisten Führungspersönlichkeiten des öffentlichen Lebens und des Landes schien dies entgangen zu sein. Dirac, der sich der potentiellen Bedeutung der Kernspaltung bewusst war, hatte eine gewisse Ahnung, was bevorstehen könnte: Wie viele andere Wissenschaftler würde er sich bald entscheiden müssen, ob er seine aktuellen Forschungen aufgeben und an dem größten Militärprogramm teilnehmen sollte, das die Welt je gesehen hatte.

Bald würde Nazi-Deutschland Diracs Verwandtschaft über zwei Kontinente zerstreuen. Er wartete täglich auf Nachricht von Betty in den Niederlanden. Manci machte sich Sorgen um ihre jüdischen Verwandten, vor allem ihre Eltern und ihre Schwester, die Budapest verlassen und sich im Staat New York niedergelassen hatten, wobei ihnen Wigner und seine neue Frau Mary geholfen hatten. Obwohl sie den Krieg gegen Deutschland entschieden unterstützte, musste Manci die schmerzliche Erfahrung machen, nur weil sie Ausländerin war unter Verdacht zu stehen. Sie reagierte gekränkt auf subtile Anzeichen von Ablehnung von Seiten Unbekannter, wenn denen ihr schwerer Akzent auffiel, der von vielen für einen deutschen Akzent gehalten wurde. In dem von ihr auserwählten Land fühlte sie sich als „blutige Ausländerin".[2]

Wenn sich die Diracs in den frostigen Nächten im Januar 1940 in das Zentrum von Cambridge hinaus wagten, konnten sie sehen, dass vieles in

© Springer-Verlag GmbH Deutschland, ein Teil von Springer Nature 2018
G. Farmelo, *Der seltsame Mensch*, https://doi.org/10.1007/978-3-662-56579-7_22

der Stadt noch genauso aussah wie zur Zeit Newtons. Im Mondlicht hätte die Architektur der Stadt – die Collegegebäude, die King's Parade, das Senate House – nicht erhabener wirken können.[3] Die Stimmung in der Stadt wurde jedoch immer besorgter: Tausende stellten sich auf einen Angriff ein und bereiteten sich auf die Flucht in die neuen Luftschutzkeller vor. Dirac und seine Familie blieben im Haus, hielten sorgsam die „Verdunkelung" ein und deckten dafür ihre Fenster mit schwarzem Papier ab, um zu verhindern, dass ein Lichtschimmer in die Nacht hinausdrang. Jeden Abend um sechs Uhr war die Stadt so ruhig wie ein Dorf am Sonntagmorgen; um zehn war sie fast ausgestorben.[4] Die Kirchenglocken waren zum Schweigen gebracht und die Straßenlaternen ausgeschaltet.

Zu Beginn des Krieges hatte die Bevölkerung der Stadt um fast ein Zehntel auf etwa achtzigtausend zugenommen. Anfang September 1939 waren ganze Zugladungen von Kindern aus London und anderen Städten eingetroffen, die als mögliche Ziele für feindliche Bomber galten. Die evakuierten Kinder, von denen viele ihre Heimatadresse auf einem Gepäckanhänger um den Hals trugen, wurden bei örtlichen Familien einquartiert, von denen sie viele weniger herzlich empfingen, als spätere sentimentale Erinnerungen nahelegen.[5] Die Diracs nahmen keines dieser Kinder auf, obwohl sie sehen konnten, wie sie in den kommenden Monaten die Stadt gleichsam überrannten.[6]

Jeder, eingeschlossen die Professoren, trug eine unangenehm riechende Gasmaske aus Gummi bei sich. Zumindest in der augenblicklichen Situation hatten die Akademiker in ihren Talaren ihren Sonderstatus verloren und waren kein bisschen wichtiger als die vielen tausend Freiwilligen und Teilzeit-Arbeiter, die sich auf den Krieg vorbereiteten. Die Struktur der Alltagsgespräche änderte sich: Die Menschen sprachen lauter, wiederholten endlos Schlagworte wie „ich trage meinen Teil dazu bei" und „wissen Sie nicht, dass Krieg ist?" In der ganzen Stadt warnten Poster, dass „unbedachte Worte Leben kosten können", Formulierungen, die merkwürdig alarmistisch klangen, da es keine Anzeichen für eine unmittelbare Bedrohung gab: Seit dem Zusammenbruch Polens hatte sich bis zum Mai 1940 nicht viel ereignet, und die ungeduldige Öffentlichkeit sprach vom „Scheinkrieg" oder manchmal auch vom langweiligen Krieg. Die meisten der evakuierten Kinder verschwanden wieder nach Hause.

Die Universität machte auf Sparflamme weiter, weil viele vom Lehrpersonal sie verlassen hatten, um Positionen in der Regierung, den Streitkräften und in Kriegsforschungsinstituten anzunehmen.[7] Es gab auch weniger Studenten, aber ein eingeschränktes Unterrichtsprogramm lief weiter, und Dirac hielt seine Vorlesungen über Quantenmechanik wie üblich ab. Als regelmäßiger Besucher des College sah er, wie sehr sich die Atmosphäre verändert hatte: Das College beherbergte nun nicht mehr nur seine Mitarbeiter und Studenten, sondern auch uniformierte Angehörige der Armee, der Royal Navy und der Royal Air Force, die in den neuen Gebäuden arbeiteten, die kurz nach Ausbruch des Krieges fertiggestellt worden waren. Das College bildete eines der nationalen Zentren der Luftwaffe, und Hunderte ihrer Kadetten wurden dort ausgebildet, wobei sie nur wenig Kontakt mit den jungen Studenten hatten, da beide an verschiedenen Stellen beköstigt wurden. Die Menüs für die Mitglieder des College waren nun viel bescheidener: Am Professorentisch war alles, was die Kollegen erwarten durften, eine Kelle Hammelfleischeintopf und Gemüse, das auf Land gewachsen war, das dem College gehörte. Gärtner hatten die Rasenflächen umgegraben, um Zwiebeln und Kartoffeln anzupflanzen.

Das Leben der Diracs entsprach dem der meisten anderen in Großbritannien. Sie standen Schlange für Lebensmittelkarten und Essensmarken und brachten Töpfe und Pfannen zu örtlichen Sammelstellen, damit sie eingeschmolzen und zu Waffen verarbeitet werden konnten.[8] Dirac hatte im Garten einen Baum gefällt, um Feuerholz zu machen, Kartoffeln und Möhren in einem nahe gelegenen Schrebergarten angepflanzt und in seinem Keller riesige Pilze gezüchtet. Aber Manci, deren Schwangerschaft nun fortgeschritten war, wünschte sich Unterstützung. Sie wollte nicht auf ihre Bediensteten verzichten und sorgte sich schon bei dem Gedanken, auch nur einen von ihnen zu verlieren. In Bristol zählte Diracs Mutter die Tage bis zur Geburt ihres zweiten Enkelkindes und hoffte, dass es ein Junge würde und seine Eltern ihn Paul nennen würden.[9] Aber sie sollte enttäuscht werden: Das Kind war ein Mädchen, Mary, geboren am 9. Februar 1940 im Great-Ormond-Street-Krankenhaus in London.[10] Wie Manci in ihr Notizbuch schrieb, war Mary „ein Papa-Kind" („daddy's girl"), was sie auch blieb. Dirac war auf seine zurückhaltende Art ein sehr liebevoller Vater, schaukelte sie auf seinen Knien, und regte sie zum Spiel mit der neuen Puppe an, die ihre Patentante, Schrödingers Frau Anny, geschickt hatte.

Da Flo ihre erste Enkelin unbedingt sehen wollte, machte sie einen Blitzbesuch bei Mutter und Kind. Flos Umgang mit dem Baby missfiel Manci, die sich am nächsten Tag bei Dirac beklagte:

Ich schäme mich, über sie zu schreiben, da Du ja nie meine Eltern kritisierst. Aber ich habe noch nie so deutlich gefühlt, dass sie herzlos und gefühllos ist [...]. Sie hat keine Ahnung, wie man ein so winziges Wesen wie ein Baby handhabt, aber sie nahm es hoch. Es war wirklich schrecklich für mich zu sehen.[11]

Dirac mag geahnt haben, dass dies nicht der letzte Zusammenstoß der beiden ihm am nahesten stehenden Frauen sein würde, jede eifersüchtig auf den Platz der anderen in seiner Zuneigung. Aber ihre

Meinungsverschiedenheiten scheinen die ersten Monate seiner Elternschaft nicht getrübt zu haben. Er hatte jetzt das häusliche Leben, das er so ersehnt hatte. Es sollte aber bald durch eine dringliche Aufforderung an ihn unterbrochen werden, etwas zu tun, was er zu vermeiden gehofft hatte: sich an den Kriegsanstrengungen der Wissenschaftler zu beteiligen.

Rudolf Peierls war nun in Birmingham tagsüber als Physikprofessor tätig und in der Nacht als freiwilliger Feuerwehrmann, mit einer Uniform, einem Helm und einer Axt ausgestattet. Peierls hatte sich in England niedergelassen, nachdem er 1933 aus Nazi-Deutschland zusammen mit seiner russischen Frau Genia geflohen war, einem früheren Mitglied der „Jazz-Band" der sowjetischen Physiker. Wie die meisten anderen Wissenschaftler, die unter Hitler gelebt und gelitten hatten, wollte er ihn vernichtet sehen, aber die britischen Behörden reagierten nur langsam auf sein Hilfsangebot: Anfang Februar 1940 wurden Peierls und seine Frau noch offiziell als „feindliche Ausländer" klassifiziert.[12] Die Einbürgerungsurkunden des Ehepaars trafen jedoch noch im selben Monat ein, sodass er berechtigt war, an geheimen Projekten mitzuarbeiten, obwohl ihm die Behörden weiterhin mit Misstrauen begegneten und seine Bitte ablehnten, sich an der neuen Radartechnologie beteiligen zu dürfen.

Anfang Februar 1940, während Dirac seine neugeborene Tochter im Arm wiegte, dachte Peierls über Kernwaffen nach. Ähnlich wie die meisten Wissenschaftler, die die Debatte verfolgten, glaubte er letzten Endes nicht, dass solche Waffen überhaupt möglich waren. Niels Bohr und John Wheeler hatten anscheinend ein beweiskräftiges Argument durch den Nachweis geliefert, dass die Uranspaltung durch langsame Neutronen einzig auf der Spaltung des selteneren Isotops U-235 beruht, das 235 Kernbausteine enthält, und nicht auf der des viel häufigeren Uranisotops U-238 mit seinen 238 Nukleonen. Nur etwas weniger als ein Prozent des natürlichen Urans besteht aus U-235, der Rest aus U-238. Daraus folgte, dass beim Versuch, eine nukleare Bombe aus natürlichem Uran zu bauen, in ihr nur wenige Kerne gespalten würden, sodass jede gestartete Kettenreaktion schnell zum Erliegen käme. Doch ein Schlupfloch wurde von einem von Peierls' Kollegen in Birmingham entdeckt, und zwar von Otto Frisch, dem Wissenschaftler, der der Kernspaltung den Namen gegeben hatte, und der der erste gewesen war, der sie gemeinsam mit seiner Tante Lise Meitner erklärt hatte. Frisch war einer aus der fast ununterbrochenen Kette von Junggesellen, die im Lauf der Jahre bei Rudolf und Genia Peierls wohnten und zu einem Teil ihres Haushalts geworden waren, indem sie beim Abwaschen halfen und die Kinder während der Verdunkelungszeiten bei guter Laune hielten.

Die entscheidende Frage, die Frisch stellte, war: „Nehmen wir an, dass Dir jemand eine bestimmte Menge des reinen Uran-235-Isotops gibt – was würde dann passieren?" Nachdem Frisch und Peierls die Berechnungen durchgeführt hatten, kamen sie zu dem Ergebnis, dass ungefähr ein Pfund U-235 nötig wäre, also ungefähr das Volumen eines Golfballs, um eine Kettenreaktion zu erzeugen. Obwohl es schwierig und teuer wäre, eine derartige Menge dieses seltenen Isotops herzustellen, wären die dafür benötigten finanziellen Mittel im Vergleich zu den für die Fortsetzung des Krieges notwendigen Kosten lächerlich gering. Wie sich Frisch später an die Diskussionen mit Peierls erinnerte, hatten sie, als ihnen plötzlich klar wurde, dass die Gewinnung von reinem U-235 im Prinzip innerhalb von Wochen machbar war „einander erschreckt angesehen bei der Erkenntnis, dass eine Atombombe tatsächlich möglich war".[13] Noch furchteinflößender war der Gedanke, dass die Deutschen bereits ihre Rechenaufgaben gemacht haben könnten, und Hitler der erste sein könnte, der die Bombe besitzt.

Frisch und Peierls tippten auf der Schreibmaschine zwei geheime Memoranden über die Eigenschaften einer „Super-Bombe" und die Implikationen des Baus einer solchen. Sie unterbreiteten ihre Schlussfolgerungen auf sechs Seiten Kanzleipapier, die sie an die britische Regierung abschickten, wobei sie selbst nur einen Durchschlag zurück behielten.[14] Die Regierungsmitarbeiter waren dankbar, baten aber um Verständnis, wie Peierls sich später erinnerte, dass „künftig diese Arbeit von anderen fortgesetzt würde; denn von gegenwärtigen oder ehemaligen ‚feindlichen Ausländern' möchten wir darüber nichts weiter hören."[15] Falls die Regierung wünschte, dass Wissenschaftler atomare Waffen bauen, müssten diese einen Weg finden, um reines U-235 aus dem abgebauten Uranerz zu destillieren, welches aus einer Mischung von U-238 und U-235 besteht. Mehrere Gruppen wurden im Vereinigten Königreich gebildet, um Methoden zur Trennung der Uranisotope zu entwickeln, darunter solche an den Universitäten in Liverpool und Oxford. Einzelne Wissenschaftler in diesen Gruppen wussten, dass Dirac eine Methode dazu erfunden hatte: die zentrifugale Düsenstrahl-Methode der Isotopentrennung, mit der er sich im Frühjahr 1934 beschäftigt hatte, die er aber wieder aufgegeben hatte, nachdem die Sowjets seinen Mitstreiter Kapitza festgesetzt hatten. Im Spätherbst 1940 erfuhr Dirac, dass sein längst aufgegebenes Experiment nun doch noch wichtige Anwendungen bei der Entwicklung von Material zur Herstellung einer nuklearen Bombe haben könnte.[16] Bald sollte er unter Druck stehen, seine Studien zu dieser Technik wieder aufzunehmen.

In den Vereinigten Staaten versuchte Leó Szilárd – ein enger Freund von Mancis Bruder Eugene Wigner – mit aller Macht, die Regierung davon zu überzeugen, eine nukleare Bombe vor den Deutschen zu entwickeln. Er arbeitete an der Columbia Universität in New York mit dem ebenfalls geflüchteten Enrico Fermi zusammen, der als Experimentalphysiker am besten qualifiziert war, eine Kernwaffe zu bauen, wenn es machbar war. Die Fortschritte kamen langsam und die Geldmittel waren nur gering; zum Teil lag es daran, dass nur wenige Regierungsbeamte Szilárds Drängen ernst nahmen. Im Sommer 1939 war es Wigner, Szilárd und Teller gelungen, Einstein zu überreden, an Präsident Roosevelt einen Brief zu schreiben, in dem dieser auf die Möglichkeit von Kernwaffen und die Gefahr, dass die Deutschen sie zuerst herstellen könnten, hingewiesen wurde.[17] Nach langem Zögern lud Roosevelt dann Einstein ein, einem Komitee von Regierungsberatern beizutreten, aber Einstein lehnte brüsk ab und saß den Krieg im Institute for Advanced Study in Princeton aus, wo sich langsam das Gerücht verbreitete, dass die Nazis wirklich an einer Bombe arbeiteten. Im Frühjahr 1940 schrieben Diracs Freunde Oswald Veblen und John von Neumann an den Institutsdirektor Frank Aydelotte und baten ihn dringend um seine Unterstützung bei der Finanzierung von Untersuchungen über Kettenreaktionen. In ihren Briefen erwähnten sie eine vor kurzem geführte Unterhaltung mit dem holländischen physikalischen Chemiker Peter Debye, der eines der größten Forschungsinstitute in Berlin geleitet hatte, bis die deutschen Behörden ihn in die USA ausreisen ließen, um seine Laboratorien für geheime Kriegsforschung verwenden zu können.

> [Er] machte kein Geheimnis aus der Tatsache, dass seine Arbeit im Wesentlichen aus einer Untersuchung der Spaltungseigenschaften von Uran bestanden hatte. Dies ist ein explosiver nuklearer Prozess, der theoretisch in der Lage ist 10.000 bis 20.000 Mal mehr Energie zu erzeugen als die gleiche Gewichtsmenge irgendeines anderen bekannten Brennstoffs oder Sprengstoffs [...]. Es ist klar, dass die Nazi-Machthaber hoffen, entweder einen schrecklichen Sprengstoff oder eine sehr kompakte und effiziente Energiequelle zu produzieren. Wir entnehmen den Äußerungen von Debye, dass sie in diesem Institut die besten deutschen Kernphysiker und theoretischen Physiker für diese Forschungen zusammengebracht haben, darunter Heisenberg – dies trotz der Tatsache, dass Kernphysik und theoretische Physik dort im Allgemeinen und Heisenberg im Besonderen unter Verdacht standen, weil die Kernphysik als „jüdische Physik" angesehen wurde und Heisenberg als „weißer Jude."
>
> Es besteht eine Meinungsverschiedenheit bei den theoretischen Physikern hinsichtlich der Wahrscheinlichkeit, in wie kurzer Zeit praktische Ergebnisse erreicht werden können. Dies ist jedoch ein wohlbekanntes Stadium in der Vorgeschichte jeder großen Erfindung. Die überragende Wichtigkeit der Nutzung der Atomenergie, auch wenn sie nur teilweise erfolgreich ist, legt es nahe, dass diese Angelegenheit nicht den Händen der europäischen Gangster überlassen bleiben darf, vor allem bei der gegenwärtig anstehenden welthistorischen Entscheidung.[18]

Aydelotte reagierte, indem er Szilárd bei der Suche nach finanzieller Unterstützung half. Aydelotte und Veblen sahen ihre Hauptverantwortung darin, für das Institute for Advanced Study zu sorgen und träumten davon, in der Kriegszeit eine Zufluchtsstätte für die hervorragendsten Quantenphysiker einzurichten, darunter Bohr, Pauli, Schrödinger, Dirac und sogar Heisenberg.[19] Aber als der Krieg sich verschärfte, wurde es für die meisten undenkbar, sich auf etwas anderes zu konzentrieren als auf den Krieg selbst. Die Suche nach den grundlegenden Gesetzen der Physik war auf Eis gelegt.

Im April 1940 endete der „Phoney War", der Krieg, der im Westen nicht stattfand. Ein paar Wochen später begannen die Nazis ihren „Blitzkrieg" in Belgien, Luxemburg und den Niederlanden. Diracs Schwester Betty und ihre Familie lebten nun in einem besetzten Land. Wie alle anderen Juden verlor Joe viel von seiner Freiheit: Es bestand für ihn eine abendliche Ausgangssperre, ihm war verboten, mit der Straßenbahn oder dem Auto zu fahren, und er war gezwungen, einen gelben Stern zu tragen, wenn er sich außerhalb seines Hauses befand. Einen Monat zuvor hatten deutsche Truppen ohne Widerstand Dänemark erobert und waren in Norwegen einmarschiert, ohne sich von der angekündigten Marineaktion der britischen Regierung aufhalten zu lassen. Chamberlain wurde zum Rücktritt gezwungen und durch Churchill ersetzt – der Mann, der von vielen noch als ein aggressiver Klassenkämpfer angesehen wurde, sollte bald zum Retter des Landes und als Inbegriff der Standhaftigkeit zum Nationalhelden werden.[20] Die Diracs versammelten sich um ihr Radio und hörten sich seine Rundfunkansprachen und die Kommentare zu seinen Reden an. Drei Tage, nachdem er in die Downing Street 10 eingezogen war, sagte er bei seiner ersten Ansprache als Premierminister vor dem Unterhaus, das Ziel laute: „Sieg – Sieg um jeden Preis, Sieg trotz des ganzen Terrors; Sieg – wie lang und schwer der Weg auch immer sein mag; denn ohne Sieg gibt es kein Überleben." Nach einer Rundfunkansprache, die er ein paar Tage nach dem Abwurf der ersten Bomben der Luftwaffe auf Cambridge am 18. Juni 1940 gehalten hatte, war Manci ganz überwältigt und schickte ihm eine Notiz, die aus nur zwei Worten bestand: „Gottes Segen!"[21]

In jener Nacht begannen eine halbe Stunde vor Mitternacht die Sirenen des Fliegeralarms zu heulen, und die Diracs hasteten hinunter in den Schutz ihres Kellers. Wenige Augenblicke vor Mitternacht hörten sie einen Heinkel-Bomber im Sturzflug über sich und nach einem durchdringenden Pfeifton eine heftige Explosion, als das Flugzeug zwei schwere Sprengbomben etwa eine Meile entfernt abwarf. Zehn Menschen wurden getötet, ein Dutzend verletzt und eine Reihe von viktorianischen Häusern in Schutt und Asche gelegt.[22] In der folgenden Nacht trafen die Bomber zum ersten Mal Bristol und zielten auf die Fabrikgebäude der British Aeroplane Company in Filton. Diracs Mutter wollte dringend mit ihrem Sohn sprechen, aber ohne Telefon konnte sie ihm nur einen Brief schreiben:

Die schrecklichen Bomber kommen jede Nacht pünktlich um Mitternacht. Die ersten waren ein wahrer Schock am Montag. Ich floh die Treppe hinunter mit allen meinen Morgenmänteln, sammelte alle grünen Kissen aus den großen Sesseln & machte es mir warm und bequem gegen die Küchentür gelehnt […]. Zu meiner eigenen Verwunderung verspürte ich vor allem einen großen Ärger über ihre Frechheit und Unverschämtheit, meine Nachtruhe zu stören, und darüber, dass sie unserer Insel auf so ungehörige Weise einen Besuch abstatten.[23]

Da Flo beschlossen hatte, sich nicht an einem Schluck Whisky festzuhalten und mit den Nachbarn in deren Keller Poker zu spielen, verbrachte sie die meisten Nächte allein, zusammengekauert in dem Schrank unter der Treppe mit Watte in den Ohren und versuchte während des stundenlangen „Feuerwerks" zu schlafen.[24] Um fünf am Morgen, wenn die Sirenen und Dampfschiffe im Hafen „Entwarnung" heulten, ging sie hinauf in Bettys Zimmer, um noch etwas Schlaf nachzuholen. Flo war einsam, litt unter Rheuma und Gicht, machte sich Sorgen um ihre Familie und war enttäuscht, dass ihr Sohn so selten schrieb: „Ich bin mir sicher, dass Du fünf Minuten für ein paar Zeilen erübrigen kannst, wenn Du Dir große Mühe gibst."[25]

Im August 1940 hatte die „Luftschlacht um England" begonnen. Die Luftwaffe hämmerte auf London und kämpfte am Himmel über England mit der Royal Air Force, die von der Frühwarnung profitierte, die durch die neue Radartechnik möglich geworden war. Trotz der weit verbreiteten Furcht vor einer drohenden Nazi-Invasion, lief das Alltagsleben in Großbritannien normal weiter. Nahrungsmittel und Güter des täglichen Bedarfs waren in den Läden vorhanden, Züge und Busse fuhren, und es bildeten sich Schlangen vor den Kinos, die den Film *Vom Winde verweht* zeigten.[26] Es war ein Sommer mit fast ununterbrochen herrlichem Wetter, und die besser gestellten Briten, wie auch Dirac, sahen keine Notwendigkeit, auf ihre jährlichen Ferien zu verzichten. Dirac und Gabriel verbrachten einen vierwöchigen Urlaub im Lake District, wo sie eine Hütte in Ullswater gemietet hatten – gemeinsam mit Max Born und seiner Familie: seiner Frau, dem neunzehnjährigen Sohn Gustav und ihrer Tochter Gritli mit ihrem frisch angetrauten Ehemann Maurice Pryce, einem theoretischen Physiker an der Universität Liverpool.[27] Ein Leben im Freien, primitive sanitäre Einrichtungen und die Aussicht auf gemeinsames Kochen lockten Manci nicht, die zusammen mit Judy, dem Baby Mary und dem Kindermädchen in Cambridge blieb, nachdem Dirac ihr versichert hatte, dass die Gefahr von Luftangriffen auf Cambridge übertrieben worden sei („Du solltest Dich durch die Warnungen vor Luftangriffen nicht beunruhigen lassen, Liebes").[28]

Während Gabriel mit dem Kopf in ein Buch vergraben in der Hütte blieb, machten sich Dirac und Pryce frühmorgens mit einer Thermosflasche heißen Tees und einem Lunchpaket in die Berge auf. Gemeinsam mit Pryce und Gustav Born bestieg Dirac den höchsten Gipfel Englands, den Scafell Pike. Sie ruderten auf den Seen, kletterten an mehreren Felswänden und folgten einigen der Pfade, entlang denen Wordsworth gewandert war, der im nahe gelegenen Grasmere gewohnt hatte.[29] Das Abendessen nahmen sie auf dem Balkon mit Blick auf einen See ein, der still wie ein Teich dalag: Es schien kaum möglich, dass sie sich in einem Land befanden, das um sein Überleben kämpfte, wenn sie nicht das Radio einschalteten und die Nachrichten aus London hörten.[30]

Gerade einmal vier Tage nach Diracs Abreise in die Ferien saß Manci mit Mary und Judy im Keller, als die ersten von mehreren Luftangriffen erfolgten. „Es tut mir sehr leid, dass ich während dieser Luftangriffe fort bin", schrieb Dirac an seine Frau, obwohl er nicht besorgt genug war, um nach Hause zurückzukehren.[31] Manci, die sich verlassen und deprimiert fühlte, ließ ihren normalerweise liebevollen Ton fallen, als sie ihm schrieb:

Ich weiß sehr gut, dass Du nie das tust oder getan hast, worum Dich Menschen gebeten haben. Deshalb bitte ich Dich hiermit um gar nichts. Es ist vielmehr nur eine Frage. Würdest Du nach Cambridge zurückkommen wollen, wenn ich nicht hier wäre? Denn, wenn Du das nicht tun würdest, dann komme bitte nicht nach Hause.[32]

Wie üblich, verschwand ihr Zorn schnell. Dirac war ihre Ausbrüche gewohnt und wehrte sie damit ab, dass er schweigsam blieb. Es war eine außergewöhnliche Ehe, eine, die die meisten Menschen nicht so leicht aushalten würden, aber sie funktionierte.

Diracs Kletterpartner Maurice Pryce – ein früherer Kollege von Dirac und Born in Cambridge – erforschte mit einem Team in Liverpool die Isotopentrennung und hatte vor kurzem Diracs Rat bezüglich seiner Methode des zentrifugalen Düsenstrahls erbeten.[33] Es scheint jedoch, dass Dirac zunächst nicht ernsthaft über eine Weiterentwicklung der Methode nachdachte, sondern erst mehrere Monate später. Diese Verzögerung ist überraschend, da viele seiner Kollegen über die dringende Notwendigkeit sprachen, vor den Nazis eine nukleare Waffe zu entwickeln. Vielleicht ist seine Zögerlichkeit teilweise damit zu erklären, dass er sich ganz auf seine Stiefkinder konzentrieren musste, die sich ständig stritten und mehr von seiner Energie beanspruchten, als ihm lieb war.[34] Gabriel, der damals ein introvertierter Fünfzehnjähriger war, entwickelte sich gerade zu einem talentierten Mathematiker. Durch Manci ermutigt verehrte er seinen Stiefvater als Helden, suchte seinen Rat und kopierte sogar seine Handschrift bis ins kleinste Detail, den Schnörkel am Großbuchstaben D. Seine zwei

Jahre jüngere Schwester Judy wuchs zu einer attraktiven jungen Dame heran und unterschied sich sehr von ihrem Bruder: Sie war faul, starköpfig und hatte keinerlei Hemmungen, ihre Mutter zu provozieren. Mancis Selbstherrlichkeit alarmierte manchmal Dirac, der Gabriel insgeheim warnte, ihre Wutanfälle nicht allzu ernst zu nehmen.[35]

Dirac machte sich große Sorgen um seine Schwester und deren Familie hinter den feindlichen Linien. Sie hatte ihm am 3. Juli aus Amsterdam über den Briefdienst des Roten Kreuzes mitgeteilt, dass sie in Sicherheit sei, aber der Brief benötigte drei Monate bis zur Ankunft. Kurz nachdem er den Brief gelesen hatte, hörte Dirac, dass den holländischen Staatsbürgern eine Strafe von 15.000 £ drohte, wenn sie dabei ertappt wurden, britische Radiosender zu hören. Er sorgte sich auch wegen seiner Mutter, die zwar manchmal nach Cambridge zu Besuch kam, aber die meiste Zeit allein in der Julius Road 6 war und nur gelegentlich das Haus verließ, um einzukaufen, ins Kino zu gehen oder freiwillig beim Kantinen-Notdienst zu helfen. Bristol war die am viertstärksten bombardierte Stadt im Vereinigten Königreich (nach London, Liverpool und Birmingham): Fast jede Nacht griffen Flugzeuge die Stadt an, und obwohl Julius Road 6 gut drei Kilometer vom Zentrum der schlimmsten Angriffe entfernt lag, fürchtete Flo um ihr Leben. Sie ging früh zu Bett und versuchte während des siebenstündigen Angriffes zu schlafen, bis die Sirenen im Morgengrauen „Entwarnung" gaben.[36]

Es waren mit die dunkelsten Tage des Krieges. Wie er sich vierzehn Jahre später erinnerte, war Peierls damals in Birmingham einer der vielen, die glaubten, der Kampf gegen Hitler sei „hoffnungslos".[37] Obwohl Deutschland die Luftschlacht um England nicht gewonnen hatte, wie Hitler wohl wusste, ging der Krieg weiter: Im Oktober 1940 berichtete Hitler seinem Kriegsverbündeten Mussolini, der Krieg sei gewonnen.

Mitte Dezember wurde Diracs Mutter mit einer Gehirnerschütterung in eine Krankenstation eingeliefert, nachdem ein Stein auf sie herabgefallen war, als sie unterwegs war. Dirac eilte nach Bristol und lief zwischen der Julius Road und seinen Besuchen bei ihr durch das ausgebombte Stadtzentrum. Beim Merchant-Venturers-College sah er, dass von vielen Gebäuden, die er seit seiner Kindheit kannte, nur noch glimmende Schutthaufen übrig waren. Mehrere Häuser entlang seines Wegs waren ausgebombt, ihr einstmals privates Inneres stand nun für alle erschreckend sichtbar zur Schau. „Bristols Stadtmitte ist schrecklich beschädigt [...] der größte Teil der besten Einkaufszentren ist eine Ruine [...] und viele schöne Kirchen sind dahin", schrieb er an Manci.[38] Sie war zu verärgert, weil sie allein gelassen worden war, um viel Sympathie zu zeigen:

Du weißt, dass es keine Eifersucht ist, aber ich bin ein bisschen aufgebracht, dass Du hinfahren musstest und jetzt bleiben musst. Immerhin sollten 60 Jahre für jeden ausreichen, um Freunde gewonnen zu haben [...]. Sie ist nur insofern an Menschen interessiert, als sie danach über sie reden kann.[39]

Unbeeindruckt half Dirac seiner Mutter bei der Rückkehr in ihr Haus, blieb bei ihr, bis sie ihre Routine wiederaufnehmen konnte, und kehrte erst kurz vor Jahresende nach Cambridge zurück. Im gesamten Königreich waren die Feierlichkeiten zum neuen Jahr gedämpft, denn das Land stand mit dem Rücken zur Wand.

Die meisten britischen Wissenschaftler hatten sich in den Dienst ihres Landes gestellt, aber wie gewöhnlich schwamm Dirac nicht im Schwarm mit. In Friedenszeiten hatte er zum Mainstream der Physik gehört, aber doch immer einen Schritt abseits gestanden, sodass seine Individualität nicht eingeengt wurde. Er stand nun im gleichen Verhältnis zu den Wissenschaftlern, die für das Militär arbeiteten: Er unterstützte sie, aber nur in dem Maß, dass weder seine tägliche Routine noch seine intellektuelle Unabhängigkeit gefährdet waren. Eine der ersten Einladungen zur Teilnahme an Kriegsaufgaben, die Dirac erhielt, kam überraschenderweise von dem Mathematiker G. H. Hardy, der eigentlich auf die angewandte Mathematik im Kriegshandwerk heruntersah als etwas, das „eines erstklassigen Mannes mit dem entsprechenden persönlichen Ehrgeiz" unwürdig wäre.[40] Im Mai 1940 schrieb er an Dirac und bat ihn, sich einem Team von zwölf Mathematikern anzuschließen, um in den Amtsräumen des Zivilschutzes in St. Regis Nachrichten zu kodieren und zu dekodieren, falls es zu einer Nazi-Invasion käme.[41] Dirac scheint abgelehnt zu haben, wahrscheinlich weil für ihn ein Wegziehen aus Cambridge nicht in Frage kam, und weil Teams ihm generell ein Gräuel waren.

Der Journalist Jim Crowther gab jedoch seine Versuche nicht auf, seinen in öffentlichen Angelegenheiten zurückhaltenden Freund einzubinden: Mitte November 1940 suchte er Dirac zu überreden, an einem Treffen des „Tots and Quots" Dinner-Klubs teilzunehmen, einer ungezwungenen Versammlung von Akademikern, die herausfinden wollten, wie ihr Fachwissen sinnvoll für die Gesellschaft eingesetzt werden konnte (der Name des Klubs bezieht sich auf die lateinischen Worte „quot homines, tot sententiae" – „so viele Menschen, so viele Meinungen"). Zu den dreiundzwanzig Mitgliedern im Jahr 1940 – darunter Bernal, Cockcroft und Crowther – gesellten sich häufig Gäste wie Frederick Lindemann, H. G. Wells, der Philosoph A. J. Ayer und der Kunsthistoriker Sir Kenneth Clark.[42] Der politische Schwerpunkt des Klubs lag weit links, wie aus den Ergebnissen ihrer Debatten zu schließen ist, die zumeist bei einer Flasche

Wein und einem einfachen Mahl im Londoner Stadtteil Soho abgehalten wurden. Crowther erbat Diracs Teilnahme bei dem Treffen am Samstag, dem 23. November 1940, das im Christ College in Cambridge angesetzt worden war, um über eine anglo-amerikanische Kooperation in der Wissenschaft zu diskutieren. Crowther wusste, wie er Dirac am besten zur Teilnahme bewegen konnte: „Es ist ganz unnötig sich an den Diskussionen zu beteiligen, wenn Du es nicht möchtest."[43] Crowther hatte Erfolg, und Dirac hörte sich bis kurz nach Mitternacht eine umfassende Diskussion darüber an, wie die wissenschaftliche Zusammenarbeit mit amerikanischen Wissenschaftlern gefördert werden könnte. Bernal widersetzte sich dem Vorschlag, britische Forschungsvorhaben in die Vereinigten Staaten zu transferieren, indem er argumentierte, der beste Weg sei die Förderung persönlicher Kontakte zwischen britischen und amerikanischen Wissenschaftlern. Es sei wichtig, betonte er, die Unabhängigkeit der britischen Wissenschaft nicht zu leichtfertig aufzugeben.[44]

Die Aufzeichnungen von diesem „Tots and Quots"-Treffen erwähnen keinen Beitrag von Dirac. Soweit es die Dokumente erkennen lassen, hat er an keinem weiteren geselligen Beisammensein von Wissenschaftlern im Krieg teilgenommen.

Etwa zum Zeitpunkt dieses Treffens begann Dirac von Neuem, über seine Methode zur Trennung von Isotopenmischungen nachzudenken.[45] Sieben Jahre zuvor hatte er demonstriert, dass die Technik funktionieren könnte, jetzt wandte er sich einer theoretischen Analyse des Prozesses zu, in der Absicht, den Ingenieuren die Suche nach Möglichkeiten zur Trennung einer Mischung von U-235 und U-238 zu erleichtern. Seine ursprüngliche Idee bestand darin, einen gasförmigen Strahl der Mischung um einen großen Winkel abzulenken, wobei die schwereren, und daher sich langsamer bewegenden Isotope weniger stark abgelenkt würden als die leichteren, sodass beide Komponenten sich separieren könnten. Er versuchte eine allgemeine Theorie für alle Prozesse zu finden, die Isotopenmischungen auf diese Art trennen können, mit dem Ziel, daraus die effektivsten Bedingungen für die Auftrennung abzuleiten. Um das Problem zu lösen, musste er alle seine Fähigkeiten einsetzen: die analytische Geschicklichkeit des Mathematikers, die Neigung des Theoretikers zu Verallgemeinerungen und das Insistieren des Ingenieurs auf praktisch nutzbare Ergebnisse.

Eine erste Darstellung seiner Theorie gab er in einem vertraulichen dreiseitigen Memorandum. Dirac hatte es für Peierls und dessen Kollegen geschrieben, vermutlich Anfang 1941 unter den nicht aufhören wollenden Bombenangriffen. Er hatte es selbst zu Hause getippt und in seinem gewohnt knappen Stil verfasst, achtete aber darauf, dass die wichtigsten Schlussfolgerungen hervorgehoben waren, sodass sie auch Ingenieuren verständlich waren, die gegenüber komplizierter Mathematik allergisch waren. Das Memorandum konzentrierte sich nicht auf seine eigene Düsenstrahl-Trennungsmethode, sondern behandelte jeden denkbaren Weg der Isotopentrennung in einer flüssigen oder gasförmigen Mischung durch die Erzeugung einer Variation in der Konzentration der Isotope. Die Trennung konnte zum Beispiel dadurch erreicht werden, dass die Mischung einer Zentrifugalkraft unterworfen wurde oder die Temperatur über den Querschnitt des Behälters sorgfältig verändert wurde. Damit die Berechnungen zu bewältigen waren, machte er die vernünftige Annahme, dass die Mischung im Gefäß nur zwei einfache Atomarten enthielt und dass die Konzentration des leichteren Isotops im Vergleich zu der Konzentration des schwereren gering war. In einer kurzen Rechnung leitete er eine Formel für die „Trennkraft" des Apparats ab, wie er es nannte: ein Maß für den minimal nötigen Aufwand, um eine bestimmte Menge des leichteren Isotops abzuschöpfen. Er fand heraus, dass jeder Teil eines solchen Apparates unabhängig von seiner Bauweise seine ganz eigene maximale Trennkraft besaß, und er zeigte, wie diese zu berechnen war.

Dirac fuhr häufig mit dem Auto nach Oxford, um mit den Experimentatoren zu sprechen, die unter Leitung des humorvollen Francis Simon, einem weiteren geflüchteten deutschen Physiker, Wege zur Isotopentrennung entwickelten. Dirac überraschte viele der Experimentatoren mit seiner engagierten Teilnahme bei ihren Zusammenkünften und durch seine praktischen Vorschläge zur Konstruktion ihrer Apparatur. Während dieser Diskussionen konzipierte er mehrere weitere Methoden zur Isotopentrennung, die jeweils auf seiner ursprünglichen zentrifugalen Düsenstrahl-Methode basierten.

Die Oxford-Gruppe baute einen von Diracs Entwürfen nach, und er funktionierte, aber seine Methode war weniger effizient als die konkurrierende Technik der Gasdiffusion, die die Tatsache ausnützt, dass die Atome zweier Isotope im Gleichgewicht bei derselben Energie unterschiedliche durchschnittliche Geschwindigkeiten aufweisen: Die leichteren schnelleren Atome diffundieren mit höherer Wahrscheinlichkeit durch eine Membran als die schwereren und bewirken so, dass die Mischung getrennt wird. Die Folge war, dass die finanziellen Mittel in diesem Entwicklungsstadium der Kernenergietechnik in Richtung Gasdiffusion wanderten und Diracs Idee zur Seite gelegt wurde.

Spät in der Nacht am 9. Mai 1941 fiel auf der Diracs Haus gegenüber liegenden Straßenseite eine Bombe, beschädigte zwei Häuser und löste einen Brand aus, bei dem Judy den Feuerwehrleuten beim Löschen half.[46] Dies war der erschreckendste Augenblick für die Diracs in dem schlimmsten Jahr der Bombardierung von Cambridge, die hier besonders heftig war, weil die

Diracs nahe an der Eisenbahnstation wohnten, die ein strategisches Ziel darstellte. Das Alltagsleben der Diracs war jedoch fast das Gleiche wie vor dem Krieg. Ein Teil der Routine bestand in der Begrüßung von Besuchern; Dirac hatte entschieden, dass er nicht dem Beispiel seines Vaters folgen wollte, der sein Haus gegenüber Außenstehenden abgeschottet hatte, von seinen zahlenden Schülern abgesehen. Einer der häufigsten Besucher in der Cavendish Avenue 7 war Jim Crowther, „der Zeitungsmann".[47] Er war eine wandelnde Auskunftstelle über die Aktivitäten linksgerichteter Wissenschaftler und der Lieblingsgast von Manci, die ihn und seine Frau so königlich bewirtete, wie die Rationierung es zuließ: Sie konnte ein oder zwei Tassen Tee abzweigen, aber Kekse und Kuchen waren Luxus. Nach einem seiner Besuche lieh ihr Crowther einmal den Roman *Der Menschen Hörigkeit* von Somerset Maugham, um zur Verbesserung ihres Englisch und zu einem besseren Verständnis der „britischen" Schwächen beizutragen. Sie befürchtete immer noch, dass die Menschen in Cambridge sie als Außenstehende ansahen, sie meinte sogar die Besorgnis zu spüren, sie sei eine feindliche Agentin. Verdächtigungen gegenüber Fremden nahmen im Frühjahr 1941 in der Stadt stark zu, nachdem ein harmlos aussehender holländischer Verkäufer von antiquarischen Büchern in der Sidney Street als Spion entlarvt worden war. Als er erfuhr, dass der militärische Nachrichtendienst ihm auf der Spur war, drang er in einen verschlossenen Luftschutzkeller am Jesus Green Park ein und erschoss sich.[48]

Bei den Gesprächen mit den Crowthers hörte Dirac von Crowther Näheres über die Kriegsaktivitäten der Wissenschaftler, die dieser von seiner politischen Warte aus darstellte, wenn auch zweifellos ohne die politische Schärfe, die er sich für Gespräche mit politisch stärker festgelegten Kollegen aufsparte. Crowther wusste, dass dies eine sinnvoll genutzte Zeit war: Dirac würde sich nie auf die Sache der Linken festlegen, aber er war ihm ein mächtiger Verbündeter, schon deshalb, weil kein anderer britischer Physiker an sein intellektuelles Ansehen heranreichte.

Obwohl Dirac die meiste Zeit mit kriegsbezogener Arbeit beschäftigt war, konnte er auch über die Quantenmechanik nachdenken. In einem Projekt arbeitete er mit Peierls und Pryce zusammen, um Eddingtons Vorwurf zu widerlegen, alle Experten der relativistischen Quantenmechanik, einschließlich Dirac, würden ständig die Spezielle Relativitätstheorie missbrauchen. Diese Meinungsverschiedenheit rumorte schon seit Jahren: Im Sommer 1939 hatte Sir Joseph Larmor erfahren, dass „Eddington vor kurzem mit Dirac hart aneinander geraten war".[49] Dirac, Pryce und Peierls hatten zuvor versucht, Eddington zur Vernunft zu bringen, aber im Frühsommer 1941 war ihre Geduld erschöpft, und sie bereiteten ein Manuskript vor, das Pryce „das Anti-Eddington-Manuskript" nannte.[50] Die Arbeit erschien ein Jahr später, und Eddingtons Argumente waren zur Zufriedenheit aller ausgeräumt, außer natürlich bei Eddington selbst, der niemals eine Niederlage akzeptierte.

Als die Royal Society Dirac die Ehre erwies, die diesjährige Henry-Baker-Vorlesung halten zu dürfen, nutzte er diese Gelegenheit, um seine neuesten Gedanken über die Quantenphysik zu präsentieren. Am frühen Nachmittag des 19. Juni 1941 sah Dirac bei seiner Ankunft im Burlington House, dass Londons Zentrum erstaunlich wenig unter dem Blitzkrieg gelitten hatte. Die größten Schäden gab es im East End. Die Vorlesung passte zur augenblicklichen Stimmung: Die Londoner gingen wie üblich ihren Beschäftigungen nach, was die Teilnahme an Vorträgen über Dinge einschloss, die keine praktische Wichtigkeit besaßen.

Dirac begab sich um 16:30 Uhr zum Podium und beschrieb, warum er mit dem gegenwärtigen Zustand der Quantenmechanik so unzufrieden war: Wie kommt es, fragte er, dass die erste Version, die von Heisenberg und Schrödinger aufgestellt worden war, so schön ist, während die relativistische Version so krank aussieht?[51] Es sei möglich, so zeigte er, eine der Pathologien der relativistischen Theorie – die Photonen mit negativer Energie – durch Verwendung eines technischen Kunstgriffs zu entfernen, welcher später „indefinite Metrik" genannt wurde. Obwohl kein Allheilmittel, bewies diese Technik der vorhandenen Armee von Quantenphysikern, dass Dirac immer noch einer ihrer Generäle war. Sogar Pauli war beeindruckt und schrieb extra an Dirac, um ihm dies zu sagen.[52]

Diracs Schlussfolgerung am Ende des Vortrags war, dass „die derzeitigen mathematischen Methoden nicht endgültig seien" und dass „sehr drastische" Verbesserungen benötigt werden. Er wusste jedoch, dass es unwahrscheinlich war, dass diese Fortschritte in einer Zeit stattfänden, in der die besten wissenschaftlichen Gehirne an Projekten der höchsten Priorität für das Militär arbeiteten. Nur selten kommunizierten Wissenschaftler der gegnerischen Seiten miteinander. Ein solches Ereignis fand Ende September 1941 statt, als Heisenberg in das von den Nazis besetzte Dänemark reiste, um Bohr aufzusuchen (der nichts von dem anglo-amerikanischen Projekt zum Bau einer Atombombe wusste). Es war ein angespanntes Treffen, dass von den beiden Protagonisten recht unterschiedlich erinnert und interpretiert wurde.[53] Der Dramatiker Michael Frayn fasste ihre Diskussion sechs Jahrzehnte später in dem Theaterstück *Copenhagen*, von dem es auch eine deutsche Fassung *Kopenhagen* gibt, wie in einer Metapher auf die Unschärferelation zusammen: Je genauer die Intentionen der Teilnehmer bei dem Treffen identifiziert werden, desto ungreifbarer scheinen sie zu sein. Obwohl es nie möglich sein wird präzise zu erfahren, was die beiden Männer miteinander sprachen, so ist heute eine Konsequenz des Treffens eindeutig: Ihre Freundschaft war irreparabel beschädigt.

Dirac, der weder mit Bohr noch mit Heisenberg Kontakt hatte, wusste nichts von dem Treffen. Als es stattfand, war er in Cambridge, bereitete sich auf das nächste Trimester vor und verfolgte zweifellos besorgt die Nachrichten über die Invasion der UdSSR durch die Nazis, die begonnen hatte, nachdem Hitler drei Monate zuvor einseitig den Pakt mit Stalin gebrochen hatte. Kapitza befand sich nun in Hitlers Visier. Am 3. Juli, wenige Tage, nachdem der Pakt zusammengebrochen war, und Stalin sich den Alliierten angeschlossen hatte, sandte Kapitza ein Telegramm an Dirac, eine der wenigen Mitteilungen, die Dirac von ihm während des Krieges erhielt:

> In dieser Stunde der Anspannung, wenn unsere beiden Länder gegen einen gemeinsamen Feind kämpfen, möchte ich Dir ein freundliches Wort senden. Die vereinten Kräfte aller Wissenschaftler werden zum Sieg über den verräterischen Feind beitragen, der mit brutaler Gewalt die Freiheit zerstört und das freie wissenschaftliche Denken in Deutschland ausgelöscht hat und dies der ganzen Welt anzutun versucht. Meine Grüße gehen an alle Freunde, die der Wille vereint, bis zum vollständigen Sieg für die Freiheit aller Menschen und die Freiheit des wissenschaftlichen Denkens zu kämpfen, die unseren beiden Ländern so sehr am Herzen liegt.[54]

Später während des Krieges fühlte sich Dirac zu ähnlich großen Worten in einem seiner seltenen Briefe an Kapitza veranlasst. Nachdem er seine „herzlichen Glückwünsche" an Kapitza zu dessen zweitem Stalin-Preis ausgesprochen hatte, schrieb Dirac, er hoffe, „dass die große Bedrohung durch Hitler, die derzeit die Welt verdunkelt, bald überwunden sein wird".[55]

Auch Flo machte sich Gedanken über Kapitza und seine Landsleute: „Diese tapferen Russen bereiten sich gerade auf einen großen Kampf vor!" schrieb sie ihrem Sohn. Bis zum Sommer 1941 schien Bristol das Schlimmste an Bombardierungen erlebt zu haben, bei denen etwa 1200 Menschen umgekommen waren.[56] Flo kränkelte und wollte unbedingt in die Cavendish Avenue 7 aufgenommen werden, wo Manci Mühe hatte zurechtzukommen, nachdem ihre Magd und der Koch gegangen waren. Anfang Oktober traf Flo mit Gepäck und Hutschachtel ein und erklärte, sie wolle nun bei der Hausarbeit helfen, obwohl ihr Arzt persönlich an Dirac geschrieben hatte: „Ich bitte Sie, darauf zu achten, dass sie keine zusätzliche Arbeit leistet", da „ihr Herz überanstrengt und ihre Gesundheit dadurch stark beeinträchtigt ist".[57] Sie blieb länger als den ursprünglich geplanten einen Monat und arbeitete unter Mancis Leitung als Küchenmagd und Putzfrau, indem sie den Bediensteten sowie Marys Kinderschwester half. Bald nachdem Amerika in den Krieg eingetreten war, nach der Bombardierung von Pearl Harbor am 7. Dezember 1941, schrieb Flo an ihre Nachbarin: „Paul sagt, es würde zwei Jahre dauern, um die Japaner zu besiegen." Sie hatte aber Heimweh und war es überdrüssig, Mancis Putzfrau zu sein: „Ich habe richtig Angst, dass ich ganz krank werde, wenn ich noch länger bleibe. Manci lädt mir zu viel auf."[58]

Flo schickte diese Zeilen nie ab, denn vier Tage vor Weihnachten erlitt sie einen tödlichen Schlaganfall. Dirac scheint ihren Tod mit seinem gewohnten, fast übermenschlichen Stoizismus hingenommen zu haben: Sein ohnehin sehr dünnes Gefühlsvokabular schloss die üblichen Ausdrucksweisen für Trauer nicht ein. Manci bemerkte keine Tränen. Doch er kannte besser als jeder andere die Tragödie von Flos unerfülltem Leben: der Selbstmord ihres Erstgeborenen, ihre Knechtschaft in einer zur Farce gewordenen Ehe und die schrecklichen letzten Ehejahre, wo sie wie ein Kaninchen mit einem Bär zusammenleben musste. Dirac wusste, dass seine Mutter ihre Fehler hatte, sie war unkonzentriert und unorganisiert und egoistisch entschlossen, ihren jüngeren Sohn für sich zu behalten. Dirac wusste aber auch, dass das Leben seiner Mutter gegenüber nicht großmütig gewesen war, und dass er ihre größte Liebe gewesen war.

Ihre Beerdigung fand zwei Tage nach Weihnachten statt.[59] Dirac warf die meisten Habseligkeiten fort, aber nicht die letzte Weihnachtskarte, auf der sie Ihre Gefühle gegenüber Manci ausgedrückt hatte. Er bewahrte sie unter seinen Papieren auf.

23

Januar 1942 – August 1946

Wir haben jetzt keinen Platz für Amateure,
Schwächlinge, Drückeberger oder Faulpelze. Das
Bergwerk, die Fabrik, die Werft, das Schiff, der
Ackerboden, die Familie, das Krankenhaus, der Lehrstuhl,
die Kanzel – die höchste und die niedrigste Aufgabe sind
alle gleich ehrenhaft und müssen alle ihren Teil beitragen.

Winston Churchill, Rede vor dem Kanadischen Parlament
(30. Dezember 1941, später von BBC gesendet)

In den Augen von Diracs Nachbarn schien der Krieg wenig Einfluss auf sein Leben zu haben: Er war nach wie vor ein Professor unter vielen, der ruhig seiner Tätigkeit nachging; seine Bürgerpflicht bestand aus nicht mehr als einer gelegentlichen Feuerwache im Cavendish.[1] Aber keiner seiner Nachbarn wusste, dass er in den Jahren 1942 und 1943 die meiste Zeit an Kernwaffen arbeitete. Sogar Manci hatte nur eine vage Vorstellung von seiner Tätigkeit: sie erzählte ihren Bekannten in Cambridge, dass er an „Dekodierungen" arbeiten würde.[2]

Die meisten führenden Wissenschaftler taten mehr als Dirac, um das Militär zu unterstützen. Patrick Blackett war einer von mehreren aus Diracs Freundeskreis, der in der Entscheidungshierarchie der wissenschaftlichen Berater der Regierung ganz oben stand und an Dutzenden von endlosen Politiksitzungen teilnahm. Mit seinen früheren Cavendish-Kollegen Cockcroft und Chadwick hatte er einen Sonderausschuss eingerichtet, um die Konsequenzen der Voraussage von Frisch und Peierls zu erörtern, dass nur eine geringe Uranmenge zum Bau einer Bombe benötigt werde.[3] Sie fragten Dirac nach seiner Meinung, doch er wollte nicht am eigentlichen Vorhaben beteiligt sein.[4]

Im August 1941 ordnete Churchill entsprechend der Empfehlung des Sonderkomitees und der Befürwortung durch seinen Freund und obersten wissenschaftlichen Ratgeber Frederick Lindemann die Herstellung einer nuklearen Waffe an.[5] Die britische Regierung wies die Mittel zu, die die Wissenschaftler

© Springer-Verlag GmbH Deutschland, ein Teil von Springer Nature 2018
G. Farmelo, *Der seltsamste Mensch*, https://doi.org/10.1007/978-3-662-56579-7_23

erbaten, um mit dem Bau der Bombe beginnen zu können, und richtete das „Tube Alloys"-Projekt (Projekt „Röhrenlegierung") ein, ein Name, der so gewählt war, dass er unauffällig genug war, um der Aufmerksamkeit neugieriger Augen und Ohren zu entgehen. Blackett war als einzige abweichende Stimme im Komitee der Ansicht, dass die Briten die Bombe nicht allein bauen konnten: Das Projekt könne nur in Zusammenarbeit mit den Amerikanern erfolgreich durchgeführt werden. Er sollte bald Recht bekommen. Blackett hatte auch bei seinen anderen Verhandlungen mit der Regierung nicht mehr Glück. Er war ein Vorreiter für die Nutzung der Physik bei Entscheidungen über die Kriegsführung – zum Beispiel bei der Abwägung der Risiken und Vorteile verschiedener Militärstrategien.[6] Die konsequente Anwendung der neuen Disziplin der „Unternehmensforschung" („Operational Research") führte dazu, dass es zwischen Blackett und seinen Kollegen, einschließlich Bernal, zu Unstimmigkeiten mit dem Militär und den Politikern kam, da die beiden letztgenannten Gruppen es vorzogen, Entscheidungen auch aus dem Bauch und nicht nur aufgrund von rationalen Überlegungen zu treffen. Blackett bestand darauf, dass Churchills Politik der Luftangriffe auf feindliche Zivilisten – die vom Militär und von der Öffentlichkeit unterstützt wurde – ineffizient sei. Diese Politik sei eine Fehlentscheidung, nachdem man es versäumt habe, die entscheidenden Ziele wie Schlüsselindustrien und Militär zu identifizieren. Es sei besser, die U-Bootflotte des Feindes zu bombardieren, sagte er zu dem unbeeindruckten Lindemann. Churchill blieb bei seiner Politik und hielt sein wissenschaftliches Beratungskomitee auf Abstand: für ihn „sollten Wissenschaftler zur Hand sein, aber nicht der Kopf sein" („on tap, not on top").[7]

Wie viele andere Mathematiker wurde Dirac eingeladen, in der Forschungsstation der Regierung im Landsitz Bletchley Park mitzuarbeiten. Ende Mai 1942 wurde er von dem Althistoriker Frank Adcock angesprochen, der den Auftrag hatte, die besten Köpfe aus Cambridge anzuwerben. Adcock schrieb an Dirac, „es gibt eine mit dem Krieg in Zusammenhang stehende Arbeitsrichtung, die für sich gesehen sehr wichtig ist und, wie ich glaube, auch für Sie interessant ist. Es ist mir nicht gestattet zu sagen, worin die Arbeit genau besteht."[8] Als Dirac nachfragte, um mehr zu erfahren, klärte ihn ein Beamter des Auswärtigen Amtes auf: „Die Arbeit wäre eine Ganztagsstelle [nominell neun Stunden pro Tag] und würde es erforderlich machen, dass Sie Cambridge verlassen."[9] Da Manci im vierten Monat schwanger war, war dies ein zu starker Einschnitt, um erwogen zu werden, und so kam es, dass er nie in den Baracken von Bletchley Park mit Max Newman und Newmans früherem Studenten Alan Turing zusammenarbeitete.[10] Dies hätte eine der faszinierendsten geistigen Kollaborationen während des Krieges werden können.

In Cambridge betreute Dirac seine Doktoranden und hielt seine
Vorlesungen über Quantenmechanik jeden Dienstag-, Donnerstag- und
Samstagvormittag vor etwa fünfzehn Studenten. Im Jahre 1942 zählte zu
seinen Zuhörern auch Freeman Dyson, ein besonders begabter Student,
der damals neunzehn Jahre alt war.[11] Dyson war enttäuscht, denn in seinen
Augen fehlte dem Kurs jeder Sinn für historische Perspektive, er gab den
Studenten keine Hilfestellung für praktische Berechnungen. Da er nicht
zu denen gehörte, die im Stillen litten, bombardierte er zur Freude seiner Mitstudenten Dirac mit Fragen, die diesen manchmal aus der Fassung
brachten und einmal dazu führten, dass Dirac eine Vorlesung vorzeitig
beendete, um eine passende Antwort auszuarbeiten.[12] Fast zwanzig Jahre
zuvor hatte der junge Dirac Ebenezer Cunningham während einer seiner
Vorlesungen unter Druck gesetzt, nun war Dirac an der Reihe, das gezückte
Schwert der Jugend zu spüren.

Anfang 1942 dachte Dirac mehr über technische Probleme nach als über
Quantenmechanik. Er war beratend für das Tube Alloys Projekt tätig und
arbeitete eng mit Rudolf Peierls zusammen. Einer der ersten Berichte, die
Dirac für Peierls schrieb, betraf einen neuen Weg, Isotopenmischungen zu
trennen – durch eine einfache Methode, bei der die Mischung in die Basis
eines rasch um seine Längsachse rotierenden Hohlzylinders eingespritzt wird.
Die durch die Rotation erzeugte Zentrifugalkraft bedingt, dass das schwerere
Isotop sich zum äußeren Rand bewegt und das leichtere sich näher bei der
zentralen Achse ansammelt, sodass eine Trennung zustande kommt. Als Dirac
seinen Bericht im Mai 1942 an Peierls absandte, schrieb er, dass er „[seine]
alten Resultate zusammengefasst habe", gab aber keine Zitate an.[13] Aus dem
Manuskript geht hervor, dass Dirac die Bewegung der beiden Gase im Rohr
untersuchen wollte, um herauszufinden, wie hoch das injizierte Gas im vertikal
rotierenden Zylinder aufsteigt. Unter Verwendung der klassischen Mechanik
fand er heraus, dass das Gerät als eine stabile Quelle für getrennte Isotope in
Frage kam und rechnete aus, dass die Zylinderlänge etwa achtzig Zentimeter
betragen sollte, wenn der Zylinder einen Radius von einem Zentimeter
hat und ungefähr fünftausendmal pro Sekunde rotiert. Dieser vertrauli-
che Bericht, der 1946 freigegeben wurde, erwies sich als grundlegend für die
Konstrukteure von Zentrifugen. Diracs Berechnungen stellten die theoretische
Untermauerung für die Gegenstrom-Zentrifuge dar, die drei Jahre zuvor von
dem amerikanischen Wissenschaftler Harold Urey erfunden worden war. Diese
Technik wurde bei der Herstellung der ersten nuklearen Bomben allerdings
nicht verwendet, man setzte stattdessen auf andere Methoden mit weniger
schwierigen technischen Anforderungen, aber sie wurde später die Methode
der Wahl für die kerntechnische Ingenieurwissenschaft, weil sie eine besonders
effektive Separationsmethode für Uranisotope darstellt.

Diracs weitere Arbeiten für Peierls und dessen Gruppe in Birmingham befassten sich mit theoretischen Untersuchungen über das Verhalten eines Blocks von U-235, wenn darin eine nukleare Kettenreaktion stattfindet. Diese Berechnungen bestimmten im Detail die energetischen Veränderungen, die im Inneren eines solchen Materialblocks ablaufen und untersuchten, ob die Bildungsrate der Neutronen sich verändert, wenn das Uran in einem Behälter eingeschlossen ist. Dirac war damit einverstanden, dass seine Resultate mit den amerikanischen Wissenschaftlern geteilt würden, die an der Bombe arbeiteten, einschließlich Oppenheimer, der Ende 1942 zum wissenschaftlichen Direktor des als Manhattan Projekt bekannt gewordenen Vorhabens bestellt worden war. Oppenheimers Stärke war es gewesen, dass er in Berkeley junge Theoretiker gefördert hatte, aber die meisten seiner Kollegen waren überrascht, als General Leslie Groves – der von Roosevelt eingesetzte Projektleiter – ihn bat, die Verantwortung für den Bau der Bombe zu übernehmen. Einer von Oppenheimers Kollegen in Berkeley witzelte, „er könne nicht einmal eine Hamburger-Imbissbude leiten".[14] Ebenso überraschend war die Entscheidung der Regierung, jemanden zu berufen, der zwar ein brillanter Forscher und Lehrer war, aber auch durchaus als Sympathisant der Kommunistischen Partei bekannt war.

Dirac arbeitete hauptsächlich in seinem Arbeitszimmer, einem Raum in der Cavendish Avenue 7, für den er allein einen Schlüssel besaß und in den er Reinigungskräfte nur unter der strikten Auflage hereinließ, dass keines seiner Papiere bewegt wurde. Wenn er das geringste Anzeichen sah, dass seine Schreibtischordnung gestört worden war, bekam er einen stillen Wutanfall.

Die Kinder begannen schwierig zu werden. Dirac und Manci waren vermutlich alarmiert, als Gabriel kurz nach Beginn seines Mathematikstudiums in Cambridge der Kommunistischen Partei beitrat, obwohl er seine Mitgliedschaft nur sechs Monate beibehielt.[15] Judy hatte weniger akademische Interessen und war rebellischer: Im Jahr 1943, als sie sechzehn war, warf Manci sie wütend aus dem Haus und ihre Kleidung durchs Schlafzimmerfenster hinterher.[16] Obwohl ihr ein paar Tage später erlaubt wurde, nach Hause zurückzukehren, verbesserte sich die Beziehung zu ihren Eltern nicht. Manci, die immer eine strikte Disziplin durchzusetzen versuchte, war frustriert über die schwache Unterstützung, die Dirac ihr gab – wenn sie seine Rückenstärkung in einer Auseinandersetzung mit einem der Kinder benötigte, zog er sich feige in sein Arbeitszimmer zurück oder entfloh in seinen Garten. Er verbrachte Stunden damit, seine Rhododendrons und Gardenien zu pflegen, seine Apfelbäume zu beschneiden, auszusäen und Spargel, Karotten und Kartoffeln auszugraben, um die Speisekammer aufzufüllen. Im Sommer schützte er sein schütter werdendes Haar vor der Sonne, indem er ein an den vier Ecken geknotetes Taschentuch als Kopfbedeckung trug.[17] Freunde bemerkten, dass er den Gartenbau mit der gleichen deduktiven (top-down) Methodik betrieb, die er in der theoretischen Physik anwendete, indem er versuchte, jede Entscheidung auf einige wenige fundamentale Prinzipien zurückzuführen.[18] Er betonte, der beste Weg, Äpfel zur Reifung zu bringen, sei der, sie in geraden Reihen anzuordnen, jede Frucht von der benachbarten um genau die gleiche Distanz getrennt. Bei einem Projekt bedeckte er Erbsensamen mit Bratenfett und rollte sie in rotes Bleioxid ein, um Vögel davon abzuhalten, die neu gebildeten Keimlinge aufzupicken, eine Praxis, die heute bei jedem vernünftigen Gesundheits- und Sicherheitsinspektor Herzklopfen hervorrufen würde.

Diracs Herz schlug weiterhin für die Quantenmechanik. Im Juli 1942 nahm er sich von seinen kriegsbedingten Aufgaben frei, ließ seine Familie zu Hause zurück und reiste gemeinsam mit Eddington zur Teilnahme an einer Konferenz in Dublin, die von Schrödinger organisiert wurde, der auch versucht hatte, Dirac dazu zu verleiten, eine Stelle an seiner Seite zu akzeptieren. „Es gibt genug zu essen hier – Schinken, Butter, Eier, Kuchen, so viel man möchte", schrieb er in einem seiner herzlichen Briefe an Manci.[19] Der irische Premierminister Èamon de Valera, ein studierter Mathematiker, der geholfen hatte, Schrödinger nach Irland zu holen, entführte die beiden Gäste zu einer Spritztour in die nähere Umgebung, nachdem er sie bei der Konferenz kennengelernt hatte. Dirac erstaunte es, ihn dort anzutreffen und zu sehen, wie er an den Vorträgen teilnahm und sich detaillierte Notizen machte.[20]

Am 29. September, sechs Wochen nach seiner Rückkehr nach Cambridge – das immer noch Angriffen von Nazi-Bombern ausgesetzt war – gebar Manci eine Tochter, die nach Diracs Mutter Florence genannt, aber immer mit ihrem zweiten Namen, Monica, angesprochen wurde. Zwei Tage nach der Geburt erhielt Dirac einen Brief von Peierls, der behutsam auf Bitten der Projektleitung anfragte, ob er bereit wäre von Cambridge fortzuziehen, um ganztägig an den Kriegsanstrengungen mitzuarbeiten.[21] Wie vorhersehbar, lehnte Dirac ab.

Seine Familie war nun vollständig. Er hatte allerdings keinen eigenen Sohn, eine Enttäuschung, die Manci später als eine der tiefsten seines Lebens bezeichnete.[22]

In Cambridge konnte Dirac die Anzeichen der prominenten Rolle wahrnehmen, die die USA in dem Krieg nun übernahmen. Täglich liefen Hunderte von uniformierten amerikanischen Militärangehörigen – beurlaubt von den nahegelegenen Luftwaffenstützpunkten – durch die Straßen von Cambridge mit reichlich Geld zum Ausgeben in der Tasche. Sie organisierten z. B. Baseball-Spiele und im November 1942 bekamen sie sogar Besuch von der hoch angesehenen Eleanor Roosevelt.[23] Zu Hause erreichten Dirac Geheimdienstberichte über die von den Amerikanern geleiteten

Experimente zum Bau einer nuklearen Bombe, und gegen Ende des Jahres erfuhr er, dass ein entscheidendes Schlüsselexperiment des Programms bereits abgeschlossen war. In einem provisorischen Labor, das in einer ungenutzten Squashhalle in Chicago eingerichtet worden war, hatte Enrico Fermi mit seinem Team einen Kernreaktor gebaut und am Nachmittag des 2. Dezember 1942 zum ersten Mal zum Laufen gebracht. Sie hatten eine nukleare Kettenreaktion in Gang gebracht, die sich selbst aufrecht erhielt und eine Leistung von einem halben Watt lieferte.[24] Wigner schenkte Fermi eine Flasche Chianti, die dieser schweigend mit seinem Team teilte, das guten Grund zum Feiern hatte, aber auch Anlass zur Besorgnis, denn nach allem was sie wussten, waren Hitlers Wissenschaftler ihnen voraus. Ein Mitglied aus Fermis Team, Al Wattenberg, erinnerte sich später: „Der Gedanke, dass die Nazis die Bombe vor uns hätten, war eine zu erschreckende Vorstellung."[25]

Kurz zuvor hatte Peierls Dirac gebeten, ein Bündel von technischen Arbeiten durchzusehen, die Oppenheimer und seine Kollegen vom Manhattan Projekt über die Explosion einer Uranprobe, in der eine Kernspaltung abgelaufen war, geschrieben hatten. Anfang Januar wies Dirac auf Unstimmigkeiten in diesen Arbeiten hin und diskutierte, wie eine nukleare Bombe zu konstruieren sei, einschließlich der optimalen geometrischen Formen für die beiden Massen von Uran, die auf einander zu beschleunigt werden mussten, um die Bombe zu zünden. In den folgenden sechs Monaten des Jahres 1943 untersuchte Dirac theoretisch die Bewegung der Neutronen in einem einer Kernspaltung unterliegenden Uranblock und präsentierte seine Resultate in zwei Abhandlungen, eine davon in Zusammenarbeit mit Peierls und zwei seiner jüngeren Kollegen in Birmingham. Einer von diesen war Peierls' Untermieter, Klaus Fuchs, ein in Bristol ausgebildeter Flüchtling aus Nazi-Deutschland, ein etwas ungeschickter, aber höflicher junger Mann Anfang zwanzig. Als er und Peierls Cavendish-Avenue 7 besuchten, um mit Dirac über ihre geheimen Forschungen zu sprechen, begaben sich alle in die Mitte des Rasens hinter dem Haus, um sicher zu gehen, dass sie außerhalb der Hörweite eventueller Spione waren.[26] Manci, die gebeten worden war, im Haus zu bleiben, ärgerte sich über den daraus folgenden Schluss: Sie galt als potentielle Spionin. Während einiger dieser Diskussionen im Freien bemerkten Dirac und Peierls, dass sich Fuchs manchmal sonderbar benahm. Er klagte über Unwohlsein und verließ die Gruppe für überraschend lange Zeitspannen, bevor er zurückkehrte.[27] Es sollte sieben Jahre dauern, bis Dirac und Peierls das Verhalten von Fuchs deuten konnten.

Die Zusammenarbeit der Wissenschaftler, die in den USA an der Bombe arbeiteten, mit ihren Pendants in Großbritannien war gespannt und schwierig, aber die Probleme waren anscheinend im Spätsommer

1943 nach friedensstiftenden Gesprächen zwischen Roosevelt und Churchill gelöst. Es war für die meisten britischen Wissenschaftler offensichtlich, dass sie sich dem Manhattan Projekt anschließen sollten, und etwa zwei Dutzend von ihnen – darunter Peierls, Chadwick, Frisch und Cockcroft – schlossen sich Oppenheimer und seinem Team in Los Alamos an, dem Hauptquartier in der Wüste von New Mexico.[28] Unter Vermittlung von Chadwick bat Oppenheimer auch Dirac, sich dem Manhattan Team anzuschließen, aber er lehnte ab.[29] Ungefähr ein Jahr später hörte er ganz auf, an dem Projekt mitzuarbeiten, aber es gab von ihm nie eine genaue Erklärung, warum. Peierls deutete später – vermutlich korrekt – an: „Ich glaube der Grund war, dass er einzusehen begann, dass er mit Atombomben nicht in Verbindung gebracht werden wollte, und wer könnte ihm dies vorwerfen?"[30]

Dirac mag geglaubt haben, dass die Nazis ohne Kernwaffen besiegt werden könnten. Es ist aber auch möglich, dass Dirac von Blackett beeinflusst worden war, der inzwischen dagegen war, den amerikanischen Wissenschaftlern des Manhattan Projekts den Zugang zu allen Forschungsaktivitäten ihrer britischen Kollegen zu öffnen, ohne dass sie sich dafür revanchierten. Nur Chadwick war eine vollständige Unbedenklichkeitserklärung gewährt worden, und Blackett nahm die Diskriminierung so übel, dass er sogar seine britischen Kollegen zu überzeugen versuchte, am Manhattan Projekt nicht weiter teilzunehmen.[31]

In der Nacht des 5. November 1943 bombardierte die Luftwaffe Cambridge zum letzten Mal, wie sich herausstellen sollte. Seit Ausbruch des Krieges hatten die Sirenen 424 mal geheult, um vor Bombardierungen zu warnen. Dreißig Menschen waren umgekommen, einundfünfzig Häuser waren zerstört worden.[32] Wenn die Nacht anbrach, hofften Dirac und seine Familie immer, dass bald die Verdunkelung aufhören würde, doch die Behörden hoben das Verdunklungsgebot erst im September des darauffolgenden Jahres auf.[33] In dieser Zeit machte er sich ständig Sorgen um seine Schwester Betty und ihre Familie. Auf Diracs Bitte hin hatte Heisenberg gegenüber der Nazi-Besatzung bezeugt, dass sie keine Jüdin sei, aber Joe und der Sohn waren immer noch in großer Gefahr.[34] Als Dirac Anfang September zuletzt von ihnen hörte, waren sie gerade aus ihrem Haus in Amsterdam – eine kurze Straßenbahnfahrt von Anne Franks Geheimversteck entfernt – geflohen, nachdem die Nazis Joe mitgeteilt hatten, er werde entweder sterilisiert oder in Polen interniert. Er wusste wahrscheinlich, dass ein Internierungslager gleichbedeutend mit einem Todesurteil war, deshalb machte sich die Familie auf den Weg nach Budapest in der Hoffnung, dort bald von den Alliierten befreit zu werden.[35]

Machtlos, Betty irgendwie zu helfen, wartete Dirac das Ende des Krieges zu Hause ab. Mehrere Fotos der Familie aus dieser Zeit zeigen ihn im hinteren Garten in einem Liegestuhl sitzend, wie er Mary das Lesen mit dem Buch *Der Zauberer von Oz* beibringt. Eine ihrer ersten Erinnerungen war es, wie ihr Vater für sie das Wort D-o-r-o-t-h-y buchstabierte, den Namen einer der Hauptfiguren.[36] Sie und Monica erfuhren eine disziplinierte Erziehung nach dem englischen Motto „Kinder sollte man sehen, aber nicht hören", aber ohne jede Beeinflussung durch religiöse Ideen.[37] Dennoch scheint Dirac eine gewisse Achtung vor der Religion gehabt zu haben, da er und Manci der Konvention folgend beide Töchter taufen ließen.[38] Vermutlich dank des Einflusses seiner Frau hatte der überzeugte Atheist seine Einstellung abgemildert (Abb. 23.1).

So sehr Dirac sich bemühte, sich auf die Quantenphysik zu konzentrieren, wurde er, wenn er im College war, doch durch die Anwesenheit des Militärs fortgesetzt daran erinnert, dass der Sieg über Hitler, obwohl absehbar, noch nicht sicher war. Die Royal Air Force besetzte immer noch viele Räume des College, und das Militär hielt den Aufenthaltsraum weiterhin belegt für geheim gehaltene Zwecke.[39] Erst sehr viel später fanden die Fellows des St. John College heraus, dass sich in dem Raum ein riesiges Plastikmodell der Küstenlinie der Normandie befand, an der die alliierten Truppen am 6. Juni 1944 landen sollten. Montgomery, Churchills oberster General, war der

Abb. 23.1 Die Dirac-Familie im Garten hinter ihrem Haus in Cambridge, ca. 1946. Von *links* nach *rechts*: Dirac, Monica, Manci, Gabriel, Mary und Judy. (Mit freundl. Genehmigung von Monica Dirac)

Meinung, dass das Ende des Krieges nahe war und glaubte nicht, dass die Deutschen noch viel länger durchhalten könnten. Doch immer noch konnte Dirac die „Bridge of Sighs", die Seufzerbrücke, nicht überqueren, ohne dabei angerufen zu werden. Wenn der Wachposten fragte „Halt! Wer da"? gab er sich nur mit einer einzigen Antwort zufrieden: „Freund". Dirac kannte die Bedrohung durch den Feind besser als die meisten. Selbst als der Sieg ab Juni 1944 bereits nicht mehr gefährdet zu sein schien, war sich Dirac bewusst, dass deutsche Wissenschaftler, einschließlich Heisenberg, schon eine nukleare Waffe entwickelt haben könnten. Ungefähr ein Jahr zuvor hatte er von dem geflüchteten norwegischen Chemiker Victor Goldschmidt erfahren, Heisenberg arbeite an dem deutschen Gegenstück zu dem Tube Alloys Projekt der Alliierten. Dirac wusste, dass das Schicksal vieler potentieller Opfer vom wissenschaftlichen Erfolg seines engsten deutschen Freundes abhängen könnte.[40]

Während er auf das Ende des Krieges wartete, begann Dirac an einer neuen Auflage seines Buches zu arbeiten. Seine hauptsächlichste Neuerung war diesmal, eine neue Notation einzuführen, die er kurz vor Ausbruch des Krieges erfunden hatte. Dieses System von Symbolen ermöglichte es, die Formeln der Quantenmechanik mit besonderer Eleganz und Präzision hinzuschreiben: mit einem Schema von genau der Art, die Dirac bei den Tee-Partys von Baker schätzen gelernt hatte.

Das Herzstück der Notation war das Symbol <q für einen Quantenzustand q und das komplementäre p>. Die Symbole können kombiniert werden, um mathematische Konstruktionen zu bilden, wie die Klammer („bracket") <q|p>. Mit seiner geradlinigen Logik benannte Dirac die beiden Teile der „bracket" nach ihren ersten und letzten drei Buchstaben, *bra* und *ket*, neue Fachbegriffe, die erst nach mehreren Jahren die Wörterbücher erreichten und Tausende nicht Englisch sprechender Physiker in Erstaunen versetzten: Warum hatte man ein mathematisches Symbol in der Quantenmechanik nach dem Büstenhalter benannt, einem Gegenstand der Damenunterwäsche, der im Englischen „bra" heißt? Sie waren nicht die einzigen, die verwirrt waren. Zehn Jahre später hörte Dirac nach einem Abendessen im St. John College, wie sich die Dozenten über die Freude am Prägen neuer Wörter unterhielten, und während einer Flaute im Gespräch meldete er sich plötzlich mit vier Worten: „Ich erfand den bra." Nicht der Schimmer eines Lächelns war auf seinem Gesicht erkennbar. Die Dozenten sahen einander erstaunt an und konnten nur mit Mühe einen Anfall von Gekicher unterdrücken, und einer bat ihn um Aufklärung. Doch er schüttelte den Kopf, versank in seine gewohnte Schweigsamkeit und ließ seine Kollegen verblüfft rätselnd zurück.[41]

Der Krieg in Europa endete am 8. Mai 1945 in einer Art Antiklimax. Die Erleichterung fühlte sich wie ein großes nationales Aus- und Aufatmen an. Im Zentrum von Cambridge versammelten sich Tausende auf dem Marktplatz in der glühenden Nachmittagshitze, Dutzende von Union-Jacks flatterten in der schlaffen Brise. Nach der Ansprache des Oberbürgermeisters marschierten zwei Musikkapellen durch die Stadt, jede gefolgt von Hunderten von Menschen, sowie von Dutzenden Wange an Wange tanzender Paare in den Straßen. Die Leitung des St. John College gab alle Förmlichkeit für diesen Tag auf: Der Aufenthaltsraum füllte sich nicht nur mit den Fellows, sondern auch mit Dutzenden normalerweise nicht zugelassener junger Bachelor-Studenten, die ihre Gläser auf den neuen Frieden erhoben.[42] Dirac und seine Familie feierten mit Nachbarn auf einer improvisierten Tee-Party in einer nahegelegenen Straße, aßen von dem einfachen Buttergebäck und den Brötchen, die auf Tapeziertischen angeboten wurden.[43]

Falls Dirac glaubte, dass die Wissenschaft schnell zur Normalität zurückkehren würde, irrte er sich. Im Frühjahr 1945 hatten er und sieben Kollegen – darunter Blackett und Bernal – einen Antrag auf ein Visum gestellt, um im Juni an den Feierlichkeiten zum 220. Jahrestag der Akademie der Wissenschaften der UdSSR teilzunehmen. Die Reise hätte Dirac Gelegenheit gegeben, Kapitza und andere russische Freunde wiederzusehen. Churchill hatte jedoch die Erteilung der Visa verboten – wie sich später herausstellte, aufgrund von Bedenken, Dirac und seine Kollegen könnten einige der nuklearen Geheimnisse, die vor den Sowjets während des Krieges geheim gehalten worden waren, an Stalins Wissenschaftler weitergeben.[44] Bei einer Besprechung dieser Angelegenheit bei der Admiralität in London geriet Blackett so in Rage, dass er wortlos aus dem Gebäude herausstolzierte, wütend, dass die Regierung es gewagt hatte, seine Integrität anzuzweifeln.[45] Dirac war ebenfalls verärgert, zeigte aber seine Gefühle nur dadurch, dass er in vollkommenes Stillschweigen verfiel und einen langen, einsamen Spaziergang unternahm.[46]

Mehrere Wochen nach Kriegsende in Europa sickerten Nachrichten über die Konzentrationslager der Nazis durch. Manci war außer sich, nicht nur wegen der Deutschen, sondern auch wegen „dieser gemeinen Polen" – sie war sich sicher, dass sie bei den Kriegsgräueln mitgemacht hatten. Sie schrieb an Crowther, dass sie eine ihrer seltenen Auseinandersetzungen mit Dirac gehabt hatte – anscheinend, weil seine Reaktion auf die Aufdeckung der unvorstellbaren Grausamkeiten für ihr Empfinden zu zurückhaltend war.[47] Die Diracs wussten, dass mehrere Verwandte von Manci vermutlich in den Lagern ermordet worden waren, und dass auch Bettys Mann Joe darunter sein konnte. Eine Nachricht über ihn erreichte sie durch ein Telegramm, das Anfang Juli bei ihnen eintraf, als sie sich auf einen Besuch bei den Schrödingers in Dublin vorbereiteten.[48] Joe war am

Leben. In Budapest war er den Nazis in die Hände gefallen, die ihn ins Konzentrationslager Mauthausen in Österreich brachten, wo er einer von Tausenden war, die gezwungen wurden, im Steinbruch „Wiener Graben" mit einer Spitzhacke Granit abzubauen und die Platten die einhundertsechsundachtzig Stufen der „Todesstiege" nach oben zu tragen.[49] Viele seiner Mitgefangenen kamen in der frostigen Kälte um, schufteten sich zu Tode oder wurden auf der Stelle von SS-Wachen durch Genickschuss getötet, wenn sie verletzt oder aus Erschöpfung zusammengebrochen waren. Nachdem das Lager im Sommer 1945 befreit worden war, tauchte er dem Tod nahe auf – völlig ausgehungert und mit gebrochenem Handgelenk, einer schweren Nierenentzündung und einem fehlenden Finger.[50] Während er sich in einem amerikanischen Militär-Hospital in Frankreich erholte und verzweifelt auf Nachrichten von Betty und dem gemeinsamen Sohn Roger wartete, schrieb er an Manci mit dem Vorschlag, Kapitza um seine Hilfe bei der Suche nach ihnen zu bitten, da die Russen Ungarn besetzt hatten. Er musste nicht lange auf die erlösende Nachricht warten: Anfang September erfuhr er von Manci, dass Betty und Roger in Sicherheit waren.

Am 6. August erreichte Dirac die Nachricht, vor der er sich gefürchtet hatte: Mit dem stillschweigenden Einverständnis der britischen Regierung hatten die Amerikaner eine Atombombe auf Hiroshima abgeworfen, die etwa vierzigtausend japanische Zivilisten tötete. An diesem Abend war Dirac um neun Uhr in seinem Wohnzimmer und hörte die Nachrichtensendung im Radio: „Hier sind die Nachrichten. Das beherrschende Thema ist die gewaltige Leistung der alliierten Wissenschaftler – der Bau der Atombombe. Eine ist bereits auf eine japanische Militärbasis abgeworfen worden. Sie allein hatte die Explosionskraft von zweitausend unserer großen Zehntonnen-Bomben."[51]

Nach der Verlesung von offiziellen Erklärungen, einschließlich einer solchen von Churchill und einer von Präsident Truman, schloss der BBC-Sprecher mit fast komischem falschem Pathos: „Hierzulande hatten wir einen gesetzlichen Feiertag mit viel Sonnenschein und Gewitter; eine Rekordzahl an Besuchern im Cricket-Stadion Lord's konnte miterleben, wie Australien mit 273 Punkten bei noch fünf Schlagmännern gewann."[52] Alles war wieder gut – Cricket fand wieder statt. Die nationale Presse pries eilig die Leistung der führenden britischen Wissenschaftler, einschließlich Cockcroft und Darwin, die beim Entwickeln der Bombe geholfen hatten. Niemand erwähnte Dirac, wahrscheinlich zu seiner Erleichterung. Einer der wenigen Zivilisten, die nicht von der Zerstörungskraft „der Atombombe" überrascht waren, war der neunundsiebzigjährige H. G. Wells, der als Erster im Jahre 1914 den Begriff „Atombombe" geprägt hatte. Ein paar Tage später, während Präsident Truman sich anschickte, eine weitere nukleare Bombe auf Nagasaki abzuwerfen, druckten die Zeitungen alte Texte von Wells über das Zeitalter ab, das er vorhergesehen hatte.[53]

Als am 14. August die Nachricht von der Kapitulation Japans in Großbritannien eintraf, lebte die öffentliche Euphorie wieder auf, und im zentralen Stadtteil Market Hill in Cambridge kam es zu einer lautstarken Wiederholung der Siegesfeiern zum „Victory in Europe Day".[54] In den USA überhäufte die Presse Oppenheimer mit Lobpreisungen und verglich ihn mit Zeus. Er war der personifizierte Triumph der Physik.[55]

Dirac hatte keine Ahnung davon, dass nur fünfundzwanzig Kilometer von Cambridge entfernt Heisenberg vom britischen Sicherheitsdienst zusammen mit neun weiteren deutschen Wissenschaftlern interniert war – in Farm Hall, einem Backsteinhaus im georgischen Stil am Rande des kleinen Ortes Godmanchester.[56] Sie wurden gut behandelt – genossen dort alle Freiheiten, wurden täglich mit Zeitungen versorgt und durften sich frei auf dem Anwesen bewegen unter der Androhung, dass ihre Freiheiten beschnitten würden, wenn einer von ihnen zu fliehen versuchte. Ein paar Tage nach seiner Ankunft fragte sich Heisenberg, warum die Behörden ihn und seine Kollegen festhielten, ohne es öffentlich zu machen: „Es mag sein, dass die britische Regierung sich vor den kommunistischen Professoren wie Dirac und anderen fürchtet. Sie sagen sich, ‚wenn wir Dirac oder Blackett wissen lassen, wo sie sind, werden sie dies sofort ihren russischen Freunden, [wie] Kapitza, berichten.'"[57]

Als Heisenberg und seine Kollegen, bald nachdem die Nachricht auf BBC gesendet worden war, von dem Abwurf der ersten nuklearen Bombe hörten, waren sie sowohl äußerst erstaunt wie skeptisch. Einer der Internierten, Otto Hahn, bemerkte verdrossen: „Falls die Amerikaner eine Uranbombe haben, dann seid ihr alle Versager. Armer alter Heisenberg."[58] Ohne zu wissen, dass die Briten ihre Gespräche aufzeichneten – das sei undenkbar, sagte Heisenberg lachend – sprachen die Deutschen ganz offen über ihre Empfindungen. Die britischen Behörden gaben die Gespräche erst im Jahr 1992 frei; seither haben Historiker die Abschriften genau analysiert und kamen zu unterschiedlichen Schlussfolgerungen. Einige Experten glauben, Heisenberg habe nie ganz verstanden, wie eine nukleare Bombe herzustellen sei; andere meinen, dass er eine hätte herstellen können, aber seine Forschungsaktivitäten absichtlich verlangsamt habe, um zu verhindern, dass die Nazis diese Waffe in die Hände bekommen würden. Es ist jedoch unbestreitbar, dass während der Unterredungen, die in Farm Hall aufgenommen wurden, weder Heisenberg noch einer seiner Kollegen irgendwelche ernsthaften Bedenken gegenüber ihrer Arbeit für das Nazi-Regime geäußert haben.

Im Oktober 1945 war für Dirac das Leben in Cambridge fast wieder zur Normalität zurückgekehrt. Ein paar Wochen zuvor war er von der hohen Anzahl an Studenten überrascht worden, die seinen Kurs über

Quantenmechanik besuchten, davon einige noch in Uniform. Am Beginn der ersten Vorlesungsstunde kündigte er den Zuhörern an, „dies ist eine Vorlesung über Quantenmechanik", da er offenbar meinte, dass viele der Studenten im falschen Hörsaal saßen. Als niemand aufstand, um den Raum zu verlassen, wiederholte er seine Ankündigung, diesmal etwas lauter. Doch wiederum entfernte sich kein Student.[59]

Ein paar Wochen später kamen Betty und ihr Sohn – beide ausgehungert, traumatisiert und verängstigt – in die Cavendish Avenue 7 und blieben, bis sie mit Joe wieder vereinigt werden konnten. Betty und ihr Sohn waren in Budapest fast verhungert, und sie hatte erlebt, dass die Befreiung nicht so freudig war, wie viele Journalisten berichtet hatten. Ihrer Ansicht nach waren die russischen Truppen, die die Stadt befreiten, weit brutaler als die Nazi-Armee, die sie vertrieben hatten. In späteren Jahren waren für Betty die Erinnerungen an die schlimme Zeit zu schmerzhaft, um darüber zu reden, obwohl sie häufig sagte, dass sie das Überleben ihrer Familie als Wunder ansah: „Alles, was danach kam, war ein Geschenk."[60] Das Beste war die Geburt ihrer Tochter Christine nur wenig mehr als neun Monate, nachdem sie mit Joe wieder vereint war.

Aus Taktgründen dürfte Betty während ihres Aufenthalts in Cambridge verschwiegen haben, dass sie die meisten ungarischen Bekannten, die ihr begegnet waren, verachtete. Ihre Erinnerung an die Doppelzüngigkeit und Ungastlichkeit der Budapester Bürger sollte ein bleibender wunder Punkt in ihrem Verhältnis zu Manci werden, mit Dirac als verlegenem und ineffizientem Friedensstifter.[61]

Die Universität und das St. John College kehrten wieder zu ihrer gewohnten uhrwerkartigen Routine zurück. Dirac bevorzugte diese Art des Lebens ohne Ablenkungen, aber er musste noch ein paar weitere Pflichten erledigen: Während des Krieges hatte ihn Crowther überredet, die französischen Kollegen hinter den Nazi-Linien zu unterstützen, indem er die wenig beanspruchende Rolle der britischen Präsidentschaft der Anglo-Französischen Gesellschaft für die Naturwissenschaften übernahm – in Zusammenarbeit mit einem inoffiziellen Komitee, zu dessen Mitgliedern auch Blackett, Cockcroft und Bernal zählten.[62] Nach dem Krieg hatte Crowther beschlossen, diese Gesellschaft mit einer Reihe von anspruchsvollen Vorträgen über die physikalischen Entwicklungen während des Krieges neu aufzustellen, und überredete Dirac, den ersten Vortrag zu halten. Das Thema war „Developments in Atomic Theory".[63] Der Tagungsort für diese Veranstaltung – ein denkwürdiger Tag für die französische Wissenschaft – war das Palais de la Découverte, der Palast der Entdeckungen, ein öffentliches Wissenschaftszentrum, das wie ein griechischer Tempel in einer dunklen Seitenstraße im siebten Bezirk von Paris steht. Bald nach

Sonnenuntergang am Dienstag, dem 6. Dezember, kamen Hunderte der führenden Wissenschaftler der Stadt zum Palais, um Dirac zu hören. Zweitausend Zuhörer drängten nach einem Sitzplatz im Hörsaal und erwarteten, etwas über die Geheimnisse der Atombombe zu erfahren.[64]

Minuten nach Beginn von Diracs Rede bemerkte die Zuhörerschaft, dass sie nichts über die neueste nukleare Technologie zu hören bekommen würde, sondern einen Vortrag über den gegenwärtigen Stand der Quantenmechanik. Dutzende versuchten den Raum zu verlassen, aber es gab kein Entkommen, denn die Ausgänge waren durch eine dicht gedrängte Menge von Hunderten verstopft, die den Vortrag über Lautsprecher verfolgten. Für die interessierten Physiker bot sich ein besonderer Genuss: Sie wurden Zeuge, wie Dirac zwei der berühmtesten technischen Begriffe prägte, die auf ihn zurückgehen: „Fermionen" für Quantenpartikel, die die Gesetze befolgen, die er und Fermi 1926 aufgestellt hatten, und „Bosonen" für den zweiten Typ von Quantenpartikeln, die die Gesetze befolgen, die Einstein und der indische Theoretiker Satyendranath Bose aufgestellt hatten. Für die meisten Zuhörer bedeutete dies keinen Trost für einen vergeudeten Abend, und am Vortragsende stürzten viele von ihnen zur Tür.

Bei der anschließenden Dinner-Party lag zweifellos noch Verlegenheit in der Luft, aber Dirac war sich dessen wahrscheinlich nicht bewusst. Nach sechs für die Naturwissenschaft unergiebigen Jahren, in denen er mehr zu den Ingenieurswissenschaften als zur Quantenphysik beigetragen hatte, war er nun erleichtert, dass sein Leben wieder in normale Bahnen zurückkehrte. Doch er hatte nun den dreißigsten Geburtstag weit hinter sich gelassen, das Alter, von dem er einst geglaubt hatte, dass es das Ende der produktiven Karriere eines Theoretikers markiere: War er jetzt zu alt für radikal neue Ideen?

24

September 1946 – 1950

In Amerika sind ja die Jungen stets bereit, die Alten zu
deren Nutz und Frommen an der eigenen Unerfahrenheit
im vollsten Maße teilhaben zu lassen.

Oscar Wilde, *The American Invasion*, 1887
(*Die amerikanische Invasion*, übers. *Claudia Letat*)

Im September 1946 bekam Dirac erneut die Krallen der nachrückenden Generation zu spüren. Er nahm an der Konferenz „The Future of Nuclear Science" am Graduierten-College von Princeton teil, das eine halbe Meile vom Campus entfernt liegt. Zwischen Bäumen auf einem grasbewachsenen Hügel wirkte das College wie eine gotische Abtei, deren majestätischer Turm die umliegende Landschaft dominiert – ein Bild des englischen Arkadiens. Viele Besucher meinten, das College sei seit Jahrhunderten ein Wahrzeichen von Princeton, aber es stand dort erst seit dreiunddreißig Jahren.

Die Konferenz war die erste in einer Serie von internationalen Veranstaltungen zur Feier des zweihundertjährigen Bestehens der Universität – Monate zeremonieller Förmlichkeiten, opulenter abendlicher Empfänge und farbenprächtiger Paraden.[1] Der Organisator der Konferenz, Eugene Wigner, der frisch vom Manhattan Projekt gekommen war, hatte eine eindrucksvolle Gästeliste zusammengestellt, darunter Blackett, Fermi, Oppenheimer, Van Vleck und die Joliot-Curies, alle bereit, den Krieg hinter sich zu lassen und das nächste Kapitel der Physik aufzuschlagen.

Morgens um 9:30 Uhr am Beginn des zweiten Tages der Konferenz wurde Dirac durch eines der aufregendsten wissenschaftlichen Talente in Amerika, Dick Feynman (er nannte sich selbst Dick anstelle von Richard), eingeführt. Aufgewachsen in dem New Yorker Vorort Far Rockaway war er ein smarter Achtundzwanzigjähriger, der vor Ideen sprühte und voll von jugendlichem Humor war, aber immer noch über den Tod seiner ersten Frau trauerte, die vierzehn Monaten zuvor an Tuberkulose gestorben war. Er befürchtete, er sei schon ausgebrannt, wie er später sagte. Als er Dirac vorstellte, sagte Feynman trotz seines spürbaren Mangels an Selbstzweifeln,

© Springer-Verlag GmbH Deutschland, ein Teil von Springer Nature 2018
G. Farmelo, *Der seltsamste Mensch*, https://doi.org/10.1007/978-3-662-56579-7_24

dass er sich fühle „wie ein kleiner Lokalpolitiker vom 53. Distrikt, der den Präsidenten der Vereinigten Staaten einführt".[2] Dabei hatte Feynman nicht mehr erwartet, etwas Beeindruckendes zu hören: Ein paar Wochen zuvor war er von einem handgeschriebenen Manuskript seines Helden enttäuscht gewesen, das er für rückwärtsgewandt hielt, für steril und „unwichtig".

Im Vortrag erörterte Dirac, wie Elementarteilchen mit Hilfe seines mathematischen Lieblingsinstruments, der Hamilton-Funktion, beschrieben werden können. Für Dirac war dies der einzige mögliche Weg, um voranzukommen. Er ersparte deshalb seinen Zuhörern – von denen viele keine Spezialisten waren – nicht die technischen Details. Wie Feynman befürchtet hatte, kam der Vortrag nicht an. Schlimmer noch, Dirac hatte keine neuen Ideen mehr.[3] Nach dem Applaus versuchte Feynman, den Nicht-Fachleuten unter den Zuhörern einen Eindruck von dem zu vermitteln, was Dirac gesagt hatte, wobei er mit seiner Enttäuschung nicht hinter dem Berg hielt und hinzufügte, Dirac sei „auf dem falschen Gleis". Er überzog sogar sein übliches Quantum an Witzen, was Bohr veranlasste, aufzustehen und Feynman zu bitten, die Veranstaltung ernster zu nehmen.

Als Feynman ein paar Stunden später aus dem Hörsaalfenster blickte, sah er, dass Dirac sich vom Konferenzprogramm verabschiedet hatte und „um niemanden sich kümmernd" mit aufgestütztem Ellenbogen auf einem Flecken Rasen lag und gelangweilt in den Frühherbsthimmel starrte. Dies bot Feynman die Gelegenheit, mit Dirac formlos über eine Sache zu sprechen, die ihn die letzten vier Jahre sehr beschäftigt hatte. Als Feynman noch studierte, hatte er Diracs „kleines Paper" über die Frage gelesen, wie das klassische Prinzip der kleinsten Wirkung auf die Quantenmechanik angewendet werden kann. Dirac zeigte, dass dieses Prinzip geeignet war, eine andere Version der Quantenmechanik aufzustellen, die von der Version Heisenbergs und der Schrödingers verschieden war, aber die gleichen Resultate ergab.[4] In seinem Paper hatte Dirac kryptisch bemerkt, eine bestimmte wichtige Quantengröße sei „analog zu" ihrem klassischen Gegenstück, aber Feynman glaubte, dass die korrekte Ausdrucksweise „proportional zu" lauten müsste, was heißt, dass sich die „klassische" Größe proportional zur Quantengröße ändert. Endlich ergab sich für Feynman eine Chance, herauszufinden, was Dirac gemeint hatte. Feynman schilderte Dirac sein Problem und kam zum springenden Punkt:

FEYNMAN: Wussten Sie, dass sie in Wirklichkeit proportional sind?
DIRAC: Sind sie das?
FEYNMAN: Ja, sie sind es.
DIRAC: Das ist interessant.[5]

Dirac stand dann auf und ging fort. Feynman wurde daraufhin für seine neue Version der Quantenmechanik berühmt, dachte aber, der Ruhm sei unverdient. Je genauer er sich das „kleine Paper" ansah, umso deutlicher wurde ihm, dass er nichts Neues geleistet hatte. Später sagte er wiederholt, „Ich weiß wirklich nicht, was der ganze Wirbel soll – Dirac hat es alles schon vor mir gemacht".[6]

Feynman war sich bewusst, dass er noch viel tun musste, um sich als ein großer Physiker zu beweisen. Als das Konferenzfoto aufgenommen wurde, konnte man deutlich das Ausmaß seines Ehrgeizes sehen, denn er stellte sich hinter Dirac, so wie Dirac auf der Fotografie der Solvay-Konferenz von 1927 direkt hinter Einstein gestanden hatte. Innerhalb von wenigen Jahren wurde Feynman kraft seiner analytischen und intuitiven Fähigkeiten in den Augen vieler zum begabtesten Theoretiker in Amerika. Wigner stimmte dieser Einschätzung zu: „Feynman ist ein zweiter Dirac, nur diesmal menschlich."[7]

Die nächsten fünf Jahre brachten die Entstehung einer neuen Theorie der Elektronen und Photonen, in gewisser Weise den Höhepunkt von fünfzig Jahren theoretischer Physik. Dies war zum großen Teil ein amerikanischer Erfolg, die Leistung ehrgeiziger, junger Wissenschaftler, die während des Krieges ihre akademische Karriere unterbrechen mussten, um an Kernwaffen, Radartechnik und anderen Projekten zu arbeiten.[8] Die Physiker hatten in großzügig bezahlten, zielgerichteten internationalen Teams gearbeitet, wobei sie die elitäre Tradition der europäischen akademischen Welt ablegten und in einem weniger formalen, „zupackenden" (can-do) sozialen Umfeld in den Vereinigten Staaten gearbeitet hatten. Nun war es Zeit für die Ernte.

Im Parlament argumentierten die Physiker, dass ihrer aus Wissbegier betriebenen Forschung eine Unterstützung durch die staatlichen Steuereinnahmen zustünde. Es ist nicht schwer zu erraten, dass Willy Loman (der Handlungsreisende von Arthur Miller) und die anderen sich abmühenden Brotverdiener der amerikanischen Mittelschicht sich gegen das Anliegen der Physiker gesträubt hätten, wenn sie davon gewusst hätten, aber die Politiker ließen sich überreden und bewilligten mehr als je zuvor hohe Summen staatlicher Fördermittel für Grundlagenforschung und Ausbildung. Die US-Regierung und private Institutionen finanzierten die theoretische Physik. In noch viel größerem Umfang stattete Uncle Sam Experimentatoren mit Geräten aus, die die Struktur der Materie noch genauer untersuchen konnten, indem Strahlen subatomarer Teilchen bis auf nahezu Lichtgeschwindigkeit beschleunigt wurden. Die Beschäftigung mit der „Hochenergiephysik" war in Europa in ähnlicher Weise erfolgreich gewesen, doch es gab keinen Zweifel, dass auf diesem Wissenschaftszweig – und vielen anderen – Amerika die Welt anführte.

Die erste Konferenz der führenden Physiker, die nach dem Krieg subatomare Teilchen erforschten, fand Anfang Juni 1947 in den USA statt. Sie legte das Programm des Fachs für die nächsten dreißig Jahre fest.[9] Dreiundzwanzig sorgfältig ausgewählte Wissenschaftler – alle männlich – versammelten sich in einem Gasthaus auf Shelter Island, einem kleinen abgelegenen Flecken nahe der Ostspitze von Long Island, zu einer Standortbestimmung ihres Gebiets. Die Versammlung hätte kaum spektakulärer beginnen können: in den ersten beiden Vorträgen kündigten Experimentatoren an, die Dirac-Gleichung mache Voraussagen, die mit neuen experimentellen Ergebnissen nicht übereinstimmten. Der erste Redner, Willis Lamb, hatte das Auftreten eines Cowboys, der sich in ein Physiklabor verirrt hatte. Aber das Äußere trog: Er war ein scharfsinniger Denker und ein ausgewiesener Experimentalphysiker, der es mit den besten Theoretikern aufnehmen konnte. Er gab dem Treffen einen fliegenden Start, indem er einen ernsthaften Fehler in Diracs Theorie aufdeckte: Zwei Energieniveaus des Wasserstoffatoms, die nach der Theorie dieselbe Energie haben sollten, erwiesen sich als leicht unterschiedlich. Entsprechende Photonen, die von Wasserstoffatomen abgegeben werden, wenn deren Elektron zwischen zwei bestimmten Energieniveaus springt, waren von Lamb und seinem Studenten Robert Retherford im Columbia Radiation Laboratory entdeckt worden. In einem meisterhaften Experiment unter Verwendung der Mikrowellentechnik, die während des Krieges entwickelt worden war, untersuchten sie diese Photonen und zeigten, dass jedes von ihnen nur ein Millionstel der Energie eines Quants des sichtbaren Lichts besitzt.

In der darauffolgenden Präsentation des Experimentators Isidor Rabi von der Columbia Universität in New York erfuhr die Zuhörerschaft noch eine weitere unerwartete Neuigkeit: Der Magnetismus des Elektrons schien schwächer zu sein, als die Dirac-Theorie vorhersagte. Die Zuhörer waren wegen dieser zwei Beobachtungen ganz euphorisch, die das Ende der Herrschaft von Diracs schöner Theorie einläuteten und entscheidende Tests für jede weitere Theorie bereitstellten, die sich anmaßte, ihr Nachfolger zu sein. Oppenheimer war sozusagen der Steuermann der Konferenz, indem er scharfsinnig die Vortragenden ins Kreuzverhör nahm und die Veranstaltung wiederholt mit seinen eleganten, wenn auch etwas arroganten redaktionellen Arien aufmischte. Am Ende des Treffens stand fest, dass die Hauptherausforderung darin bestand, Lambs Resultat zu erklären. Dirac wusste jedoch nichts von alledem: Er hatte eine Einladung zur Teilnahme abgelehnt und musste nun an einem Herbstsonntag in Princeton auf der ersten Seite der *New York Times* von der Beschädigung seiner Theorie lesen.[10]

Zwei Jahre nach der Konferenz auf Shelter Island waren die Resultate von Lamb und Retherford vollständig erklärt – durch die beiden jüngsten Theoretiker unter den damaligen Zuhörern. Der eine war Feynman, der zweite war der ebenfalls aus New York stammende Julian Schwinger, ein Einzelgänger mit dem Benehmen eines Prinzen und dem Selbstvertrauen eines Boxers. Feynman und Schwinger waren im gleichen Alter und hatten beide Diracs Buch als frühreife Teenager gelesen, und beide hatten ihre Theorien auf Diracs „kleinem Paper" aufgebaut. Dennoch schienen die beiden Versionen ganz unterschiedlich zu sein: Schwingers mathematischer Ansatz war schwer zu verstehen, dagegen war Feynmans Ansatz intuitiv und schloss spezielle Diagramme mit ein, die die zugrunde liegende Wissenschaft bildlich leicht vorstellbar machten – zumindest oberflächlich. Die beiden Methoden ergaben dieselben Resultate und jeder, außer Schwinger, stimmte darin überein, dass Feynmans Methoden schneller und einfacher waren.

Es stellte sich heraus, dass schon mehrere Jahre zuvor der japanische Theoretiker Sin-Itiro Tomonaga die gleichen Resultate mit Ideen erhalten hatte, die auf Diracs Version der Quantenfeldtheorie beruhten. Als Student war Tomonaga ein fanatischer Leser von Diracs Buch gewesen, er gehörte auch in Tokio zu den Zuhörern, als Dirac und Heisenberg auf ihrer Japanreise 1929 ihre Vorträge hielten. Tomonaga hatte dieses wegbereitende Werk in Tokio vollendet, als einer unter den Zehntausenden von hungernden Bürgern, die die Stadt wiederaufzubauen versuchten, nachdem amerikanische Bomber sie gegen Ende des Krieges dem Erdboden gleich gemacht hatten.[11]

Jetzt gab es also drei Versionen der Quantenelektrodynamik, die sehr unterschiedlich aussahen und dennoch anscheinend dieselben Ergebnisse ergaben. Es war dann Freeman Dyson, dem Studenten, der Dirac in den Vorlesungen während der Kriegszeit so zugesetzt hatte, vorbehalten, als Erster zu beweisen, dass die drei Theorien Versionen derselben zugrundeliegenden Theorie waren. Jetzt endlich konnten die Physiker behaupten, dass sie die Interaktion von Photon und Elektron in Form einer Theorie verstanden, die mit den Beobachtungen bis auf wenige Zehntel Promille übereinstimmte – was der Breite eines Haares im Vergleich zu der Breite einer Tür nahekommt. Vier Jahrzehnte später, als viel genauere Messungen immer noch in exzellenter Übereinstimmung mit der Theorie standen, nannte Feynman diese „das Juwel der Physik".[12] Wie er oft betonte, waren die grundlegenden Konzepte von Dirac in seiner Theorie von 1927 gelegt worden: Feynman, Schwinger, Tomonaga und Dyson hatten im Wesentlichen eine Sammlung genialer mathematischer Tricks und Techniken eingeführt, die die Theorie brauchbar machten, und gezeigt, wie die störenden Unendlichkeiten umgangen werden konnten.

Durch und durch mit sich selbst zufrieden, dass er „eine wirklich große Nummer" geworden war, wollte Dyson nach seinem Triumph unbedingt Diracs Meinung zu der neuen Theorie hören. Er erwartete einige Worte der Gratulation von seinem früheren Lehrer, doch er wurde enttäuscht:

DYSON: Nun denn, Herr Professor Dirac, was halten Sie von diesen neuen
Entwicklungen in der Quantenelektrodynamik?
DIRAC: Ich könnte mir denken, dass die neuen Ideen korrekt sind, wenn sie
nicht so hässlich wären.[13]

Die Eigenschaft der neuen Theorie, die Dirac am meisten verabscheute,
war die Technik der Renormalisierung.[14] Nach dieser Theorie ist die beobachtete Energie eines Elektrons die Summe seiner Selbstenergie – die aus
der Interaktion zwischen dem Elektron und seinem Feld resultiert – und
der „nackten" Energie oder Masse. Sie ist als die Energie definiert, die das
Elektron haben sollte, wenn es vollständig von seinem elektromagnetischen
Feld getrennt ist. Die „nackte Energie" ist aber ein bedeutungsloses Konzept,
weil es unmöglich ist, die Interaktion zwischen dem Elektron und seinem
Feld abzuschalten. Nur die *beobachtbare* Energie kann gemessen werden.

Der Vorteil der Renormalisierung liegt darin, dass sie es gestattet, jede
Erwähnung von nackten Energien in der Theorie zu vermeiden und sie
durch Größen zu ersetzen, die nur von beobachtbaren Energien abhängen. Durch die Anwendung dieser Technik konnten die Theoretiker
die Quantenelektrodynamik benutzen, um – bis zu einem beliebigen
Genauigkeitsgrad – den Wert jeder beliebigen Größe zu berechnen, die
die Experimentatoren zu messen wünschten. Dirac verabscheute diese
Technik trotz ihres Erfolgs, zum Teil, weil er keine Möglichkeit sah, sich die
Mathematik bildlich vorzustellen, aber hauptsächlich, weil er den Prozess
der Renormalisierung als artifiziell betrachtete, als einen uneleganten Weg,
die fundamentalen Probleme der Theorie unter den Teppich zu kehren.
Seiner Meinung nach musste eine grundlegende Theorie der Natur schön
sein, während die Renormalisierung nach Diracs Empfinden so bar jeder
Schönheit war wie die Dissonanzen von Arnold Schönberg.[15]

Ingenieure, die geschult sind, sich mehr um die Zuverlässigkeit ihrer
Resultate als um die Strenge ihrer Mathematik zu kümmern, sollten eigentlich über die Renormalisierung glücklich sein, da dieser Prozess immer
auf Antworten führt, die sich mit den Beobachtungen mit extrem hoher
Genauigkeit decken. Doch paradoxerweise glaubte Dirac, dass der Grund
für seine Feindschaft gegenüber dieser Technik in seiner Ausbildung zum
Ingenieur liege.[16] Im Merchant-Venturers-College hatte er die Ingenieurskunst
der Verwendung gut gewählter Näherungen erlernt, um komplizierte, alltägliche Probleme so zu vereinfachen, dass sie mathematisch analysiert werden
konnten. Dirac erhob dies zu einem Thema in seinem Vortrag „The Engineer
and the Physicist" im Jahr 1980: „Das Hauptproblem für den Ingenieur ist zu
entscheiden, welche Approximationen zu machen sind."[17] Gute Ingenieure
treffen weise Entscheidungen, die oft auf der physikalischen Intuition beruhen,

welche mathematischen Terme sie in ihren Gleichungen ignorieren können: „Die vernachlässigten Terme müssen klein sein, und das Weglassen darf keinen großen Einfluss auf das Ergebnis haben. Es dürfen keine Terme fortgelassen werden, die nicht klein sind."[18]

Dirac betonte, dass die Renormalisierung zu einer Praxis führt, die kein Ingenieur mit Selbstachtung tolerieren würde: die Vernachlässigung großer Terme in einer Gleichung. Unendliche Größen in einer Gleichung zu vernachlässigen, wäre für einen Ingenieur ein Gräuel. Die meisten Physiker hatten keine derartigen Hemmungen, und führende Theoretiker setzten sich über Diracs Einwände hinweg. Wie Dyson darlegte, waren die Unendlichkeiten, obwohl sie nicht aus der Theorie eliminiert waren, nun als mathematische Ausdrücke isoliert, die recht gut von den Termen abgesetzt sind, die die Wirkungen beschreiben, die von den Experimentatoren tatsächlich beobachtet werden. Dirac war weiterhin nicht überzeugt. Er, Schrödinger, Heisenberg, Pauli, Born und Bohr – die „alte Garde", wie Dyson sie nannte – hatten sich nun neben Einstein in die Kulissen der theoretischen Physik zurückgezogen, während die nächste Generation die Bühnenmitte einnahm. Aus dem *Ancien Régime* blieb nur Pauli über die neuen Entwicklungen auf ihrem Gebiet auf dem Laufenden, während sich der Rest in eigene private Welten entfernte. Dyson und seine Freunde sahen etwas verächtlich auf ihre älteren Kollegen herab:

Die Geschichte der Wissenschaft zeigt, dass es immer wieder zu einer Spannung zwischen den Revolutionären und den Konservativen kommt, zwischen denen, die große Luftschlösser bauen und denen, die es vorziehen, einen Baustein nach dem anderen auf solidem Grund aneinanderzufügen. Normalerweise besteht ein Spannungszustand zwischen jungen Revolutionären und alten Konservativen [...]. In den späten 1940er und frühen 1950er-Jahren waren die Revolutionäre alt und die Konservativen jung.[19]

In diesem Sinn war Dirac der Trotzki der theoretischen Physik: Er stellte sich für sein Fach eine Fortentwicklung durch aufeinanderfolgende Revolutionen vor, die jeweils eine Verbesserung gegenüber ihrem Vorgänger darstellen. Doch die neue Quantenelektrodynamik beinhaltete in den Augen von Dirac keinen Fortschritt. Die Theorie beleidigte das ästhetische Feingefühl, das er schon in Bristol entwickelt hatte: zuerst als ein Eton-Kragen tragender pausbäckiger Grundschüler, dann als ein mit ölverschmierter Schürze arbeitender Ingenieurstudent – der sich gleichzeitig als Schwarzarbeiter in der Allgemeinen Relativitätstheorie betätigte – und im College und an der Universität schließlich als aufblühender Mathematiker. Ob dieser einzigartige Ästhetizismus eine zuverlässige Richtschnur bleiben würde, musste abgewartet werden.

Als Dirac noch ein junger Mann war, hatte er kein Interesse an menschlicher Kameradschaft, aber mittlerweile hatte er sie schätzen gelernt. Das Resultat war, dass ihm nach dem Krieg Cambridge wie eine Geisterstadt vorkam – Fowler und Eddington waren tot, und all die früheren „Boys" von Rutherford hatten Cambridge verlassen. Auch Manci fühlte den Schmerz dieser Abwanderung und klagte gegenüber ihrem Bruder in Princeton, „das Leben hier hat sich vollkommen verändert".[20]

Angesichts des Aufstiegs der amerikanischen Physik hoffte Cambridge, dass Dirac eine Führungsrolle in der neuen Ära übernehmen würde, doch vergeblich. Nur befasst mit seinen eigenen Forschungen und mit einem Mindestmaß an Unterrichtsverpflichtungen trug er nicht dazu bei, den niedrigen Standard der Einrichtungen für die Studenten der theoretischen Physik in Cambridge zu verbessern: Es gab keine Diensträume für sie in der Abteilung, und sie mussten sogar das Seminarprogramm selbst organisieren.[21] Dirac zog es nun vor, zu Hause zu arbeiten, wie er es während des Krieges getan hatte. Manci sorgte dafür, dass die Kinder ihn nicht störten: Wehe ihnen, wenn sie versuchten, seine Aufmerksamkeit durch Hämmern gegen die Tür seines Arbeitszimmers zu erregen!

Ende 1950 hatten Gabriel und Judy das Haus verlassen. Gabriel strebte eine akademische Karriere an, und Judy – die anscheinend ihre stürmische Jugendzeit überwunden hatte – heiratete und ließ die Diracs mit der Erziehung ihrer beiden jüngsten Töchter allein. Nach Mancis Ansicht „verhielt sich [Dirac] zu distanziert" zu ihnen, und sie musste ihn ermutigen, ihnen einen Kuss zu geben.[22] Weder Mary noch Monica erinnerten sich, ob sie damals eine Ahnung gehabt hatten, dass ihr Vater ein berühmter oder angesehener Mann war – nur, dass er außergewöhnlich ruhig und gutmütig war, obwohl sachlich nüchtern und extrem schwer zu ärgern. Monica konnte sich nicht erinnern, ihn je lachen gesehen zu haben. Doch in vieler Hinsicht war Dirac ein typischer Vater: Er interessierte sich für die Hobbies der Kinder, half ihnen bei den Hausaufgaben und ermutigte sie, Haustiere zu halten, verbot ihnen aber Hunde ins Haus zu bringen, weil er, wie sich Monica erinnerte, „nicht erschreckt werden wollte, wenn sie bellten".[23] Er war besorgt über das Wohlergehen der Tiere: Als er eine Klappe für die Katze der Mädchen entwarf, maß er die Spannweite der Schnurrhaare des Tiers, um sicherzustellen, dass es die Öffnung bequem durchqueren konnte.

Zu den Besuchern im Hause Dirac zählten Esther und Myer Salaman. Esther war in der Ukraine geboren und aufgewachsen und gehörte in den frühen 1920ern zu Einsteins Studenten. Ester trat 1925 in das Cavendish ein und heiratete ein Jahr später Myer, der Physiologe war.[24] Sie war die Art gutaussehende selbstbewusste Dame, die Dirac bewunderte. Er hörte ihren ausführlichen Erzählungen über die führenden russischen Schriftsteller des neunzehnten Jahrhunderts aufmerksam zu, auch denen über ihren Lieblingsautor Tolstoi, für dessen Werk *Krieg und Frieden* Dirac zwei Jahre benötigt hatte, bis er es beendet und jedes einzelne Wort verdaut hatte. Dieselbe Sorgfalt bezüglich jedes Details brachte er gegenüber Dostojewskis *Schuld und Sühne* auf, welches er „nett" fand, obwohl er hervorhob, dass „in einem der Kapitel der Autor einen Fehler macht, da er beschreibt, dass die Sonne zweimal am gleichen Tag aufgeht".[25]

Manci fühlte sich in Cambridge immer noch fehl am Platz, verachtete den eintönigen Provinzialismus und verzagte bei dem Gedanken, möglicherweise den Rest ihres Lebens im farblosen England verbringen zu müssen. Täglich brachten die Rundfunksprecher entmutigende Nachrichten über die stagnierende Wirtschaft und die fortgesetzte Rationierung und Warenknappheit, es gab keine Anzeichen für ein Ende der aus der letzten Kriegszeit gewohnten Entbehrungen. Manci, die unter der Knappheit litt, klagte gegenüber Monica, „Onkel Eugene zahlt seiner Putzfrau jede Woche mehr als Dein Vater mir für den Haushalt gibt".[26] Es war eine düstere Zeit, die recht genau durch den weltläufigen Beamten Bob Morris als „eine richtig fest zugeschraubte Gesellschaft" charakterisiert wurde, die in „jeder Hinsicht eingemauert war".[27]

Die Behandlung der Dozenten-Ehefrauen durch die Kollegen und die Universität war immer noch ein wunder Punkt für Manci, obwohl sie ein paar neue hoffnungsvolle Anzeichen sah. 1948 verlieh die Universität symbolisch der späteren Königinmutter Elizabeth als erster Frau einen akademischen Grad, wenn auch nur ehrenhalber.[28] Ein Jahr später machten unter diesen neuen Regeln die ersten weiblichen Studenten in Cambridge ihren Studienabschluss. Langsam, viel langsamer als es sich Manci wünschte, machten die Frauen an der Universität Cambridge Fortschritte in Richtung Gleichberechtigung.

Für die aufstrebende Physikergeneration war Dirac ein kühler und zurückhaltender Fremder, aber für Heisenberg und andere Kollegen aus der Pionierzeit der Quantenmechanik blieb er ein aufmerksamer Freund. Nach dem Krieg war sich Heisenberg bewusst, dass er sich für die Arbeiten, die er für die Nazis getan hatte, rechtfertigen musste, doch das war ein nervenaufreibender Kampf – viele seiner früheren Kollegen, darunter auch sein früherer Schüler und Freund Peierls, wollten nichts mehr mit ihm zu tun haben, und Einstein behandelte ihn mit Verachtung.[29] Als Heisenberg 1948 erneut nach Cambridge kam – zu einem Zeitpunkt, als Dirac gerade nicht dort war –, sah er abgehärmt und sorgenvoll aus, war aber ein exzellenter Unterhalter und erfreute seine Gastgeber an einem Abend mit einer spontanen Darbietung von Beethovens *5. Klavierkonzert*, das im englischen Raum als *Emperor* bekannt ist. Er erklärte diskret jedem, der ihm zuhören wollte, dass er nie ein Nazi gewesen sei und nur aus Loyalität zu seinen Kollegen in Deutschland geblieben war, auch um die schlimmsten Absichten Hitlers zu vereiteln. In seinem Bestreben, in Cambridge einen guten Eindruck zu hinterlassen, kaufte er als Souvenir achtundvierzig Rosenbüsche bei einer Gärtnerei im nahegelegenen Ort Histon und ließ wissen, dass er sie in seinem Garten in Göttingen einpflanzen werde.[30]

Als Dirac nach dem Krieg zum ersten Mal Heisenberg wiedertraf, akzeptierte er dessen Erklärung für sein Verhalten in der Kriegszeit unbesehen und glaubte, dass sich Heisenberg in einer extrem schwierigen Situation vernünftig verhalten hatte. „Es ist leicht, in einer Demokratie ein Held zu sein", bemerkte Dirac, als Manci über seine Naivität lachte.[31] Sie lehnte Heisenberg als einen trickreichen Schauspieler ab: „Dieser Naaaaazi."[32]

Dirac hatte Heisenberg sogar unterstützt, als dieser noch für Hitler arbeitete. Max Born war entsetzt gewesen, als Dirac ihn bat, Heisenbergs Aufnahme als ausländisches Mitglied in der Royal Society zu unterstützen. „Heisenbergs Entdeckung wird in der Erinnerung bleiben, wenn Hitler vergessen ist", bemerkte Dirac.[33] Dirac hatte auch Schrödingers Wahl gegenüber einer zurückhaltenden Royal Society stark unterstützt. Der Konsens unter ihren Vertretern war, dass „eine Unschuldsvermutung, wie gut und wie wichtig sie auch sein mag [...], weitere nachfolgende Beweise benötige hinsichtlich ihrer Qualität", erzählte ein Insider Dirac.[34] Offenbar verwundert über den Widerstand, nahm sich Dirac der Sache von Schrödinger an und half seine Wahl im Jahr 1949 sicherzustellen. Schrödinger war überschwänglich dankbar und sagte zu Dirac, „Du bist wirklich fast ein Heiliger".[35] Dirac zeigte kein solches Pflichtbewusstsein, als es darum ging, seine früheren Kollegen für den Nobelpreis zu unterstützen: Starke Kandidaten für den Preis – Pauli, Born, Jordan oder sogar Diracs Freunde aus dem Cavendish Blackett, Chadwick, Cockcroft und Walton – erhielten keine Unterstützung von ihm.[36] Der einzige Physiker, den Dirac nominiert hat, war Kapitza.[37]

Von Kapitza hatte Dirac während des Krieges wenig gehört, hatte jedoch in den von ihm abonnierten *Moscow News* von Kapitzas Erfindung einer Methode zur Verflüssigung von Sauerstoff gelesen, die die Produktivität der unter Druck stehenden Stahlerzeugung und mehrerer Zweige der sowjetischen Chemieindustrie stark verbessert hatte.[38] Stalin traf nie mit Kapitza zusammen, ließ aber deutlich erkennen, dass er eine Schwäche für ihn hatte, indem er ihn gelegentlich anrief und ihn mit Preisen überhäufte, einschließlich der höchsten nichtmilitärischen Auszeichnung der UdSSR, „Held der sozialistischen Arbeit."[39] Bei Kriegsende hatte sich Kapitza als der Wissenschaftler bewährt, der am besten mit der Regierung zusammenarbeiten konnte – und mit Stalin, dem er schamlos schmeichelte: „Das Land konnte sich immer glücklich schätzen, Führer [wie Sie und Lenin] zu haben."[40]

Zwei Wochen, nachdem die Amerikaner die Bombe auf Japan abgeworfen hatten, wendete sich Kapitzas Schicksal zum Schlechteren, als
Stalin ein Spezialkomitee zur Entwicklung einer nuklearer Technologie
und nuklearer Waffen unter der Leitung des „Marschalls der Sowjetunion"
Lawrenti Beria einsetzte. Von allen Höflingen Stalins war Beria der gefürch-
tetste: ein Tyrann, Serienvergewaltiger und Gelegenheitsmörder, aber ein
unübertrefflicher Manager, ein Mann, der keine Probleme gehabt hätte,
einen Industriekonzern zu führen. In Stalins Auftrag übernahm Beria die
Leitung des sowjetischen Nuklearprojekts und verdarb es sich schnell mit
Kapitza, der sich bei Stalin im Herbst 1945 über Berias wissenschaftliche
Ignoranz und Inkompetenz beschwerte.[41] Als Kapitza erkannte, dass er
seinen Chef nicht ausbooten konnte, bat er, aus dem Projekt entlassen zu
werden. Stalin stimmte zu und unternahm nichts dagegen, dass ihm sämtliche Zuständigkeitsbereiche entzogen wurden, obwohl er anscheinend zusi-
cherte, dass Kapitzas Leben nicht in Gefahr sei. Anfang 1946 war Kapitza
in Ungnade gefallen. Dirac wusste von alledem nichts – er wusste bis zum
Sommer 1949 nicht einmal, ob Kapitza den Krieg überlebt hatte.[42]

Im September 1947 begann nach einem Zeitraum von zehn Jahren
Diracs produktivstes Jahr. In Begleitung seiner Familie verbrachte er
ein Forschungssemester in Princeton am Institute for Advanced Study,
das acht Jahre zuvor in die Fuld Hall verlegt worden war, ein vier-
stöckiges Backsteingebäude mit einem Turm wie dem einer typischen
Kirche in New England. Es lag so symmetrisch wie ein Kristall auf 1 1/2
Quadratkilometern, von Wiesen, Feldern, Wäldern und Sumpfgelände
umgeben, etwa eine halbe Stunde Fußweg vom Zentrum Princetons entfernt. Die Fuld Hall war die Realisation von Abraham Flexners Vision eines
kleinen akademischen Instituts, das sich auf wenige Disziplinen konzentriert
und eine Fakultät von Weltklasse darstellt, wobei alle Mitglieder unbelastet
von administrativen Aufgaben und unerwünschten Studenten sein sollten.
Das Institut war für Dirac ein „Paradies".[43]

Manci fühlte sich in Princeton zu Hause und blühte in dem reichen
akademischen Umfeld mit seiner – im Vergleich zu Cambridge – großen
Lebendigkeit und Ungezwungenheit auf. Alle behandelten sie mit dem
Respekt, den sie sich wünschte, nicht bloß als Diracs Frau, sondern auch als
eine eigenständige kluge Persönlichkeit. Seit 1947 war das Institut für Dirac
noch attraktiver geworden, nachdem Oppenheimer der Direktor geworden war und ihn einlud, jederzeit wiederzukommen. Gerade frisch vom
Manhattan Projekt kommend war Oppenheimer „strahlend vor Macht",
obwohl er nicht im Gleichgewicht war: „Ich fühle das Blut an meinen
Händen kleben", sagte er zu Präsident Truman.[44]

Es war eine Erleichterung für Dirac und seine Familie, die Entbehrungen der Nachkriegszeit in Großbritannien weit hinter sich lassen zu können, und sie nahmen aus Princeton ein ganzes Album von Erinnerungen mit: wie ihre kleinen Töchter am Wochenende im leeren Teeraum Fangen spielten, wobei ihre Freudenschreie die kirchenähnliche Ruhe des Instituts sprengten; Einstein, der die Diracs zum Nachmittagstee besuchte und ein Porträt von sich für Manci signierte; Oppenheimer, der stolz seinen van Gogh vorzeigte; Ausflüge mit Veblen an den Wochenenden, mit Äxten über den Schultern, um sich einen Weg durch das Unterholz des nahegelegenen Waldes zu bahnen.[45] Freeman Dyson erinnert sich an ein Zusammentreffen mit den Diracs während ihres Institutsbesuchs Anfang September 1948:

> Jeder mochte Manci sehr: Sie war eine richtige Persönlichkeit, immer voller Leben, immer bereit sich zu unterhalten. Dirac war kommunikativer geworden, als er es in Cambridge je gewesen war. Es war gar nicht so schwer, mit ihm zu reden. Wenn man ihm eine ernsthafte Frage stellte, erwog er sie sorgfältig und gab immer eine kurze, auf den Punkt gebrachte Antwort.[46]

Aber für Fremde, die ihn in höfliche Konversation verwickeln wollten, hatte er nach wie vor keine Zeit. Louise Morse, die Frau eines Mathematikers am Institut, erinnert sich, dass Dirac sie, als sie ihn fragte, wie er sich in Princeton eingelebt hätte, entgeistert angesehen und sich von ihr abgewandt habe, so als ob sie nicht ganz bei Trost sei. Sie berichtet: „Ohne ein Wort zu sagen, schien sein ganzer Körper zu fragen: ‚Warum in aller Welt sprechen Sie mich an?‘"[47]

Im Institut arbeitete Dirac in einem bescheidenen Büro im dritten Stock der Fuld Hall, direkt neben Niels Bohrs Arbeitszimmer. Eines der Hauptprojekte von Dirac während seines Aufenthalts von 1947/48 war die Weiterentwicklung der Theorie des magnetischen Monopols, die er sechzehn Jahre zuvor aufgestellt hatte. Während des Krieges hatten ihn Berichte erreicht, das Teilchen sei entdeckt worden. Die Berichte hatten sich zwar als falsch erwiesen, konnten aber vermutlich sein Interesse an dieser Idee wieder wecken.[48] Er brachte eine ausnehmend gut ausgearbeitete Theorie zu Papier, die voraussagte, wie Monopole mit elektrisch geladenen Teilchen interagieren könnten, aber diese Theorie sorgte nicht für Aufregung. Einer der wenigen, die sie genauer ansahen, war Pauli, der sich dadurch veranlasst sah, Dirac einen seiner höflicheren Spitznamen anzuhängen: „Monopoleon".[49]

In einem weiteren Projekt kehrte Dirac zu den Wurzeln der Quantenfeldtheorie zurück. Da er mit der neuen Theorie über Elektronen und Photonen nicht zufrieden war, prüfte er erneut die Anwendung der

Quantentheorie auf elektrische und magnetische Felder, die die physikalischen Bedingungen in jedem Punkt der Raum-Zeit beschreiben. Dies war ein weiteres Stück Forschung, das zu diesem Zeitpunkt keinen Anklang fand, aber später anerkannt wurde. Das Gleiche gilt für seinen im Jahr 1949 geschriebenen Übersichtsartikel zu der Frage, wie Einsteins Spezielle Relativitätstheorie mit Hamiltons Beschreibung der Bewegung kombiniert werden kann. Die täuschend einfache Darstellung führte dazu, dass die meisten Physiker der Arbeit keine Aufmerksamkeit schenkten, ein Fehler, den mehrere später bereuen sollten.

Dirac glaubte weiterhin, die moderne Quantenelektrodynamik sei falsch, weil sie auf der klassischen Elektronen-Theorie basiert, die grundsätzlich fehlerhaft war. Deshalb entwickelte er 1951 eine neue Theorie, die durchaus von derjenigen, die er dreizehn Jahre zuvor entwickelt hatte, abwich. Diesmal beschrieb seine klassische Theorie einen kontinuierlichen Strom von Elektrizität, der wie eine Flüssigkeit fließt – individuelle Elektronen entstehen in ihm nur, wenn die klassische Theorie quantisiert wird.[50] Diese Theorie war ein großer Reinfall. Niemand bezweifelte Diracs fachliche Genialität, aber es sah so aus, als ob er seinen Spürsinn für produktive Forschungsrichtungen eingebüßt hätte. Er schien dies auch zu beweisen, als er kurz darauf als Nebenprodukt seiner neuen Theorie der Elektronen ein Konzept wiedereinführte, von dem die meisten Wissenschaftler glaubten, dass Einstein es getötet hätte: den Äther.

Diracs Äther unterschied sich sehr von der Version des neunzehnten Jahrhunderts: In seiner Sicht waren alle Geschwindigkeiten des Äthers in jedem Punkt der Raum-Zeit gleich wahrscheinlich.[51] Weil dieser Äther keine bestimmte Geschwindigkeit im Verhältnis zu anderer Materie hatte, widersprach er nicht Einsteins Relativitätstheorie. Diracs Vorstellungskraft schaffte es, durch dieses Hintertürchen den Äther erneut als eine im Hintergrund ablaufende Quantenaktivität im Vakuum einzuführen. Später ging er noch weiter und spekulierte, der Äther könne „eine sehr leichte und feine Form von Materie" sein.[52] Die Presse war an seiner Idee mehr interessiert als die Wissenschaftler, die meinten, dass sie nirgendwohin führe: Die Logik war untadelig, aber sie schien keine Verbindung zur Natur zu haben.[53]

Als Dirac seinen fünfzigsten Geburtstag erreichte, schien er denselben Weg wie Einstein zu gehen und sich vom Mainstream der Physik zu isolieren. In Princeton war Einstein eine einsame Gestalt, uninteressiert an den jüngsten Schlagzeilen aus der Forschung, wie ein Don Quichote ganz absorbiert von seinem Projekt der vereinheitlichten Feldtheorie, ohne die Quantenmechanik von Anbeginn an einzubeziehen. Er war weiterhin politisch aktiv und verärgerte J. Edgar Hoover, den Direktor des FBI, durch seine Unterstützung mehrerer linksgerichteter und anti-rassistischer Organisationen. 1950 ordnete Hoover eine geheime Kampagne mit dem Ziel an, „Einstein zu kriegen" und ihn auszuweisen.[54] Ohne zu bemerken, dass er beobachtet wurde, schlenderte Einstein täglich von seinem nahegelegenen Haus in der Mercer Street zu seinem Büro im Institut, mit seiner Aktentasche unter dem Arm, gelegentlich anhaltend, um eine fortgeworfene Zigarettenkippe aufzuheben und daran zu schnuppern. Auf seiner Lieblingsstrecke ging er das gerade Stück der Battle Road hinunter, die auf beiden Seiten von turmhohen Platanen gesäumt war, deren übergreifende Äste wie die Schwerter einer Ehrengarde miteinander verschränkt waren.[55]

Am Institute for Advanced Study hatte er Zeit zum Arbeiten und konnte die trivialen Alltagsprobleme der Politik vergessen. Doch die Ruhe wurde durch FBI-Agenten und Journalisten gestört, die in der Vergangenheit des Institutsdirektors herumschnüffelten. Oppenheimers frühere Sympathien für den Kommunismus – wie auch die von Dirac – waren im Begriff, als Bedrohung in ihr Leben zurückzukehren.

25

Frühe 1950er-Jahre – 1957

> *Der ehemalige Kommunist war schuldig, denn er hatte*
> *tatsächlich geglaubt, die Sowjets seien dabei, das*
> *Gesellschaftssystem der Zukunft zu entwickeln, in dem es*
> *keine Ausbeutung und keine irrationale Verschwendung*
> *mehr gab. Selbst seine Naivität [...] war nun eine Quelle*
> *von Schuld und Schande.*
>
> Arthur Miller, *Time Bends*, 1987 (*Zeitkurven. Ein Leben*,
> übers. Manfred Ohl und Hans Sartorius, Fischer, 2005).

„Was passierte Daddys Bruder?" fragten Diracs Töchter ihre Mutter. „Pssst!
fragt nicht", war Mancis Standardantwort. Dirac sprach einzig mit ihr über
Felix' Selbstmord, und selbst bei ihr brachte er es nicht fertig, Details zu
erzählen. Sie wusste, dass er sich immer noch nicht damit abgefunden hatte.
Bei einer Gelegenheit, als Mary und Monica nicht locker ließen, nahm Dirac
aus einer Schublade eine kleine Dose, öffnete sie und zeigte einige Fotografien
seines verstorbenen Bruders, um dann schnell die Dose wieder zuschnappen
zu lassen und zurückzulegen. Selbst fünfundzwanzig Jahre nach dem Tod seines Bruders konnte er nur einen kurzen Blick auf Felix' Gesicht ertragen.[1]

Diracs ganzes Verhalten zu Hause lässt erkennen, dass er versuchte, die
schlimmsten Fehler zu vermeiden, die sein Vater seiner Meinung nach bei
der Erziehung seiner Kinder gemacht hatte. Im Gegensatz zu Charles ermutigte Paul seine Töchter, ihre Freunde nach Hause mitzubringen, er drängte
sie nicht, Naturwissenschaften oder irgendein anderes Fach zu studieren
und gab ihnen auch keine Ratschläge für ihre berufliche Zukunft. Sie wussten, dass das Leben mehr als Arbeit zu bieten hatte. Die Familie aß immer
gemeinsam, aber die Mahlzeiten verliefen nicht so, wie es den meisten
Menschen normal erscheinen würde: Dirac saß oben am Tisch, aß sehr langsam, nahm von Zeit zu Zeit einen Schluck aus seinem Wasserglas und zeigte
deutlich, dass er es vorzog, schweigend zu essen. Wenn eine der Töchter eine
Antwort haben wollte, deutete er auf seinen Mund und murmelte irritiert,
„ich esse gerade". Er war ziemlich wählerisch beim Essen – zum Beispiel

© Springer-Verlag GmbH Deutschland, ein Teil von Springer Nature 2018
G. Farmelo, *Der seltsame Mensch*, https://doi.org/10.1007/978-3-662-56579-7_25

lehnte er Essiggurken ab, weil sie schlecht für die Verdauung seien – und erlaubte Manci nicht, auch nur einen Tropfen Alkohol in irgendeinem Essen zu verwenden, besonders wenn die Mädchen auch davon essen könnten. Es gab Ärger in der Küche, wenn er an Weihnachten im Plumpudding auch nur einen Tropfen Brandy roch oder schmeckte.

Mary und Monica entwickelten sich zu sehr unterschiedlichen Persönlichkeiten, die, wie Dirac bemerkte, denen ihrer Eltern ähnelten. Mary war eher wie er – ruhig, vertrauensvoll und alles wörtlich nehmend – während Monica ihrer Mutter ähnelte – zuversichtlich, neugierig und durchsetzungsfähig. Die Mädchen kamen nicht gut miteinander aus: Mary war durch Monica und ihre Mutter eingeschüchtert, während sich Monica von Mary psychisch manipuliert fühlte. Dirac und Manci, die sie vielleicht als Reaktion auf Marys Verletzlichkeit als ihren Liebling behandelten, ließen Monica oft ärgerlich und eingeschnappt im Regen stehen. Monica erinnert sich immer noch, dass ihre Eltern für sie nur zwei Geburtstags-Partys organisiert hatten, als sie klein war, während für Mary jedes Jahr eine stattfand.

Aus Sorge, dass die Spannungen eskalieren könnten, trennten Dirac und Manci ihre Töchter, indem sie die englische Internatstradition in Anspruch nahmen und Mary in eine streng religiös ausgerichtete Schule nahe Cromer in der Grafschaft Norfolk schickten.[2] Am ersten Wochenende, nachdem Mary fort war, machte Dirac am Sonntagmorgen eine Radtour mit Monica, die auf den Beginn einer neuen Beziehung zu ihrem Vater hoffte. Aber diesmal machte er keine Pause um zu plaudern, wie er es immer getan hatte, wenn Mary dabei gewesen war: Während der dreistündigen Fahrt sagte er kein einziges Wort zu ihr. Sie war am Boden zerstört.

Niemand in Cambridge hielt Dirac und Manci für besonders fürsorgliche Eltern: Sobald das Trimester in Cambridge zu Ende war, unternahmen sie in der Regel eine Auslandsreise und ließen ihre Kinder bei Freunden zurück. Die Familie verbrachte aber auch gemeinsame Ferien. Es kam vor, dass Dirac sich im Sommer zwei Tage frei nahm, um mit dem Auto nach Cornwall zu fahren, wobei er sich wie Don Camillo im Kinofilm benahm. Während der Weihnachtsferien hielt sich die Familie kurz nach Neujahr ein paar Tage in der sogenannten Erbsensuppe des Londoner Nebels auf.[3] Während Manci sich mit Freunden zum Lunch traf oder Shoppen ging, nahm Dirac die Mädchen mit nach South Kensington und ging mit ihnen durch das Science Museum, wo sie die Knöpfe der interaktiven Tafeln drücken und im Gänsemarsch an den Relikten der industriellen Revolution vorbeispazieren konnten. Am Abend fuhr die Familie dann nach West End zur Unterhaltung – Mary erinnerte sich, dass zu den Favoriten ihres Vaters das Musical *Picknick im Pyjama* und Tschaikowskis Ballett *Dornröschen* zählten.[4]

Diracs Kunstgeschmack widersetzte sich der konventionellen Einordnung und umfasste hohe Kunst ebenso wie Triviales. An den Samstagen ließ er morgens seine Töchter um die Wette zur Vordertür rennen, um die neueste Ausgabe ihrer Lieblingscomic-Serien *Dandy* und *Beano* hereinzuholen, die er wie literarische Werke studierte. Meistens gab er sich allein seinen Freizeitinteressen hin, las eine Detektivgeschichte von Sherlock Holmes, hörte ein klassisches Konzert in voller Lautstärke im Radio oder saß regungslos vor dem Fernseher, den er ursprünglich angeschafft hatte, damit die Familie die Krönung der Königin sehen konnte. Aber prunkvolle Zeremonien waren nichts für ihn: Er zog die neuen Varieté-Shows vor und sah wie Millionen anderer männlicher Zuschauer gebannt zu, wie Reihen von in Federn gekleideten jungen Damen bei ihren riskanten Tanzroutinen die Beine hochwarfen. Dies war eigentlich unschicklich, dachte Manci, obwohl sie ihn fröhlich auf mindestens einem diskreten Ausflug zu einer Londoner Aufführung der Folies Bergère begleitet hatte.[5]

Ähnlich wie Einstein war Dirac in der Naturwissenschaft ein Vertreter der Moderne, aber nicht in der Kunst. Seine Lieblingsmusik war der klassische Kanon mit Mozart, Beethoven und Schubert, und er hatte keine Geduld für die Experimente zeitgenössischer Komponisten. Er fand auch keinen Gefallen an den Extremen der abstrakten Kunst. Am nächsten stand ihm unter den modernen Künstlern noch Salvador Dalí, für dessen Surrealismus er sich begeistern konnte. Als er seine Schwester Betty und ihre Familie in Amsterdam besuchte, nur zwei Minuten Fußweg entfernt von der Stelle, wo Ehrenfest sich und seinen Sohn erschossen hatte, machte sich Dirac morgens mit einem Kompass – aber nicht mit einem Stadtplan – auf den zehn Kilometer langen Weg zu den Rembrandts im Rijksmuseum.

Wenn seine Cambridge-Kollegen von diesen Interessen gewusst hätten, wäre Dirac ihnen sympathischer erschienen als die verknöcherte Figur, die er in den frühen 1950er-Jahren abgab, und die fast wie ein Prototyp des von Bertrand Russell erfundenen Lehrers Professor Driuzdustades wirkte.[6] Dirac fühlte sich im Mathematik-Department nicht mehr zu Hause, obwohl er ein loyaler Fellow des St. John College blieb und alle Rituale beachtete ohne sich zu beschweren. Jeden Dienstagabend im Trimester kleidete er sich als Don in den Talar und nahm das Abendessen am Professorentisch ein, während Manci, der nicht gestattet war, mit ihm zu speisen, mit Monica in einem billigen indischen Restaurant in der St. John Street aß, wobei Manci bei Curry und Samosas darüber murrte, das College gäbe ihr das Gefühl, ein Mensch zweiter Klasse zu sein.[7]

Da sie spürte, dass ihr Mann in der Universität nicht mehr zu den Höchstgeachteten zählte, machte sie ihm den Vorwurf, nicht auf dem ihm gebührenden Respekt zu bestehen. Er war aber zu zurückhaltend, um sich durchzusetzen. Er hatte kein Interesse am Status als solchem und war gleichgültig gegenüber dem Tand, den das Establishment zu bieten hat. In den frühen 1930ern hatte er einen Ehrendoktor der Universität von Bristol abgelehnt, weil er der Ansicht war, akademische Grade sollten für Qualifikationen verliehen werden und nicht als Geschenk, und auch später lehnte er Ehrengrade ab, indem er auf die Angebote „mit Bedauern, nein" antwortete.[8] Im Jahre 1953 lehnte er auch die Erhebung in den Adelsstand ab, was Manci auf die Palme brachte, vor allem deshalb, weil seine Entscheidung ihr die Chance nahm, Lady Dirac zu werden.[9] Er wollte unbedingt vermeiden, dass Menschen außerhalb der Universität ihn Sir Paul nennen könnten, er wollte mit dem Namen angesprochen werden, den er bei den seltenen Gelegenheiten, wenn er das Telefon zu Hause abnahm, verwendete: „Mr. Dirac".

Er hatte nicht generell etwas gegen Auszeichnungen, aber er glaubte, dass sie für Verdienste vergeben werden sollten, und nicht an Athleten und Berühmtheiten aus dem Showgeschäft. Als der Jockey Gordon Richards von der Königin in den Adelsstand erhoben wurde, schüttelte Dirac den Kopf: „Wo soll das nur hinführen?"[10]

Die Grundlagenphysik schien in Schwierigkeiten zu stecken – fast genauso schlimm wie in den frühen 1920ern, als Bohrs Theorie den mühsam hingebogenen Rahmen für die Atomphysik bildete. Da er miterlebt hatte, wie eine Theorie durch die Quantenmechanik beiseitegefegt worden war, glaubte er, dass auch jetzt nichts Geringeres als eine ähnliche Revolution nötig sei, um die Quantenelektrodynamik zu ersetzen. Dirac wünschte sich, dass die Initiative von den Theoretikern ausginge. Seit seinen Kindheitstagen hatten sie das Programm der Physik bestimmt, aber jetzt hatten sich Experimentatoren auf dem Fahrersitz niedergelassen.

Ergebnisse aus dem Projekt zur kosmischen Strahlung und Befunde aus den neuen hochenergetischen Teilchenbeschleunigern hatten gezeigt, dass die subatomare Welt sehr viel komplizierter war, als Theoretiker je zu träumen gewagt hatten. Mitte der 1950er-Jahre war es offensichtlich, dass es sehr viel mehr als zwei subatomare Teilchen gab – es gab Dutzende oder vielleicht sogar Hunderte, von denen die meisten nicht länger als eine Milliardstel Sekunde existieren, bevor sie in stabile Teilchen zerfallen. Alle diese Zerfallsprozesse gehorchten den Gesetzen der Quantenmechanik und Relativitätstheorie, aber keiner wusste, wie diese anzuwenden waren. Fermi hatte die erste Theorie der schwachen Wechselwirkung aufgestellt, die nur über sehr kurze Entfernungen, über den Bereich eines Kerndurchmessers, wirksam ist, also etwa ein hunderttausendstel des Durchmessers eines Atoms. Inzwischen war ein weiterer Typ einer fundamentalen Interaktion aufgetaucht, die starke Wechselwirkung, die sich ebenfalls nur über Entfernungen von der Größenordnung eines Atomkerns erstreckt. Die starke Kraft, die

Protonen und Neutronen im Atomkern verbindet und verhindert, dass die Protonen sich gegenseitig abstoßen, ist sehr viel stärker als die elektromagnetische Kraft. Ohne diese Kraft hätten sich niemals Atomkerne bilden können, und normale Materie würde nicht existieren.

Die Natur schien nicht gewillt, ihre tiefsten Geheimnisse preiszugeben: Als Experimentatoren die starke Wechselwirkung untersuchten, stießen sie nur auf Unverständliches. Doch Dirac ließ sich ähnlich wie Einstein durch die Komplikationen, die durch die neue Wechselwirkung eingeführt wurden, nicht beunruhigen. Seiner Ansicht nach gab es keinen Grund, dieser Interaktion viel Aufmerksamkeit zu schenken, solange Elektronen und Photonen noch nicht im Rahmen einer mathematisch begründbaren Theorie richtig verstanden waren. Während die meisten anderen weiter voranschritten, blieb er – in ihren Augen – in einer überholten, rückwärtsgewandten Sicht der Physik gefangen.

Oppenheimer hatte sich ebenfalls aus der vordersten Front der Forschung zurückgezogen. Er war ein prominenter Berater für die nukleare Politik der Eisenhower-Regierung, fühlte sich aber unwohl, dass so viele Aspekte der Forschung unter dem Vorwand der nationalen Sicherheit geheim gehalten wurden. Er bevorzugte Bohrs Einstellung, dass Supermächte wie Wissenschaftler grundsätzlich ihr Wissen teilen sollten. In einer aufschlussreichen Rede im Februar 1953 erschreckte Oppenheimer eine geschlossene Sitzung des Rats für auswärtige Beziehungen mit seinem Vergleich, dass die USA und die UdSSR „zwei Skorpione in einer Flasche seien, die jeder fähig sind, den anderen zu töten, dies aber nur unter dem Risiko, das eigene Leben zu verlieren".[11] Er glaubte, dass sich trotz des Imponiergehabes und Gepolters der Supermächte die Vernunft durchsetzen werde.

Am 14. April 1954 kurz vor Mitternacht traf Dirac wieder zu Hause in Cambridge ein, nachdem er einen Monat bei seinem Stiefsohn Gabriel in Wien verbracht hatte. Dirac hatte ihn jeden Nachmittag im Viktor-Frankl-Institut besucht, wo er wegen psychiatrischer Störungen (Verfolgungswahn und Schizophrenie) behandelt wurde. Dirac hatte Manci brieflich von der Beurteilung der Ärzte berichtet: Gabriel sei „schlecht erzogen worden".[12] Sobald er in der Nacht zu Hause angekommen war, erzählte Dirac seiner Frau vermutlich von den guten Fortschritten ihres Sohnes, aber sie sprachen wahrscheinlich auch über die Schlagzeile, die die europäischen Zeitungen an diesem Tag gebracht hatten: Die amerikanische Regierung hatte Oppenheimer die Unbedenklichkeitsbescheinigung entzogen.

Der Fall Oppenheimer war der Höhepunkt der antikommunistischen Paranoia im Amerika der 1950er-Jahre. Diese hatte mit dem Beginn des kalten Krieges angefangen und verstärkte sich im Spätsommer 1949, als die Sowjetunion ihre erste Kernwaffe mindestens zwei Jahre früher testete, als der CIA aufgrund seiner Berichte erwartet hatte.[13] Die Vereinigten Staaten waren aufgeschreckt und hatten Angst, dass ihre technische Vormachtstellung von der Sowjetunion in den Schatten gestellt werden könnte. Und sie hatten Angst davor, dass Kommunisten wichtige Positionen im öffentlichen Leben einnehmen könnten. Ein frühes Opfer war Oppenheimers allgemein hochgeschätzter Bruder Frank, ein Experimentalphysiker an der Universität Minnesota, der 1949 entlassen wurde, als herauskam, dass er Mitglied der Kommunistischen Partei war (ein paar Wochen später versuchte Dirac, für ihn eine Stelle an der Universität Bristol zu finden).[14] Anfang Februar 1950 gab es einen nationalen Aufschrei, nachdem Klaus Fuchs – Mitarbeiter von Dirac und Peierls während des Krieges und später Mitglied des Manhattan Teams – gestanden hatte, kritische Geheimnisse an die Sowjetunion weitergegeben zu haben, ein Spionageakt, der für die unerwartet frühe Detonation einer sowjetischen Atombombe verantwortlich war. J. Edgar Hoover nannte den Verrat von Fuchs „das Verbrechen des Jahrhunderts".[15] Nach der Enthüllung fanden Dirac und Peierls eine Erklärung für Fuchs' eigenartiges Verhalten während der Besprechungen mit ihm im Garten von Cavendish Avenue 7: Er hatte Notizen über ihre Gespräche an einen sowjetischen Mittelsmann weitergegeben. Achtzehn Tage nach der Enttarnung von Fuchs heizte der Republikaner Joseph McCarthy aus Wisconsin die fiebrige antisowjetische Rhetorik in der Presse an, als er in einer sechsstündigen Rede vor dem Senat behauptete, Kommunisten hätten den gesamten Regierungsapparat befallen. Als sich Bohr über die anscheinend nicht endende Sintflut von Beleidigungen in den Zeitungen beklagte, sagte ihm Dirac, er müsse sich keine Sorgen machen, denn dies wäre in wenigen Wochen beendet, weil dann die Reporter alle Schmähworte, über die die englische Sprache verfügt, aufgebraucht hätten. Bohr schüttelte nur ungläubig den Kopf.[16]

Im Juni 1952 verabschiedete der Senat ein Einwanderungsgesetz, das alle Antragsteller auf ein Visum für die USA verpflichtete, sämtliche früheren und gegenwärtigen Mitgliedschaften in Organisationen, Klubs oder Gesellschaften aufzulisten. Die Entscheidungen über die Bewilligung der Visa war normalerweise den Konsuln überlassen, von denen viele beunruhigt waren, dass sie als „weich gegen Commies" gelten könnten. Es ist kein Beleg mehr von Diracs Visumsantrag vorhanden. Es ist aber sehr wahrscheinlich, dass er den amerikanischen Behörden gegenüber offen über seine Verwandten hinter dem Eisernen Vorhang in Ungarn berichtet hat, und ebenso über seine Verbindungen zu linksgerichteten Organisationen vor dem Krieg. Er könnte auch erwähnt haben, dass er zwei Jahre zuvor eine Petition unterzeichnet hatte, die Bernals Ausschluss aus dem Rat der British Association for the Advancement of Science missbilligte, nachdem Bernal in Moskau eine scharf anti-westliche Rede gehalten hatte.[17] Diese Unterschrift war dem MI5 aufgefallen.[18]

Kurz nach Beginn der Anhörung an einem regnerischen Montagmorgen –
am 12. April 1954 in Washington, DC – wurde Oppenheimer klar, dass es
sich nicht um eine Befragung handelte, sondern um die Anhörung vor einem
Feme-Gericht. Das FBI hatte illegal sein Telefon und das seiner Anwälte
abgehört und Abschriften an die Anwälte der Anklage weitergeleitet, um
ihnen die Vorbereitungen für das Vorgehen am nächsten Tag zu erleichtern.[19]
In der zweiten Wochenendpause der Verhandlung erhielt Oppenheimer
eine enttäuschende Notiz von Dirac, der ab dem kommenden Sommer das
Institut für ein Jahr besuchen wollte. Dirac glaubte, dass es nur noch eine
geringe Chance für ein Visum der US-Regierung gab.[20]

Die Befragung war am 5. Mai beendet, und Oppenheimer kehrte müde,
deprimiert und gereizt nach Princeton zurück. Er wusste, dass es schlecht
gelaufen war: Während des erbitterten Kreuzverhörs hatte er ausweichend,
manchmal mit Lügen und manchmal sogar seinen Freunden gegenüber
unloyal reagiert. Eine der verheerendsten Zeugenaussagen stammte von
Edward Teller, den Oppenheimer verärgert hatte, weil er ihn nicht zum
Leiter der Theoriegruppe des Manhattan Projekts gemacht hatte. Teller
machte ihn dafür verantwortlich, dass sein eigenes Lieblingsprogramm, der
Bau der ersten Wasserstoffbombe, verzögert worden war. Teller erklärte:
„Wenn es darum geht, die Klugheit und die Urteilskraft zu beurteilen, die
seinen Handlungen seit 1945 zugrunde liegen, dann würde ich sagen, dass
es weiser wäre, [Oppenheimer] die Sicherheitsfreigabe nicht zu gewähren."
Unmittelbar nachdem Teller den Zeugenstand verlassen hatte, streckte er
seine Hand dem fassungslosen Oppenheimer entgegen, der sie nahm. „Es
tut mir leid", sagte Teller.[21]

Während Oppenheimer noch auf das Urteil der Kommission wartete,
erhielt er einen Brief von Dirac: „Ich bedauere, dass ich Dir sagen muss, dass
mein Antrag für ein US-Visum tatsächlich abgelehnt wurde."[22] Auf beiden
Seiten des Atlantiks kam die Nachricht von der Absage am 27. Mai 1954
in die Zeitungen. In den meisten Berichten wurde angedeutet, dass Diracs
russische Verbindungen die Ursache seien. Einer der Journalisten, die in
der Cavendish Avenue 7 anriefen, war Chapman Pincher, der gut-vernetzte
Berichterstatter zu nationalen Sicherheitsfragen des *Daily Express*. Manci sagte
ihm mit mehr Prägnanz als Exaktheit: „Mein Mann hat kein Interesse an
Politik", eine Formulierung, die Pincher in seinen kurzen Artikel im *Express*
aufnahm („US-Barred Scientist ‚Not Red'").[23] Einem Reporter der *New York
Times* gelang es irgendwie, Dirac zu interviewen, und er erfuhr von ihm, dass
sein Antrag „rundweg abgelehnt" worden war. Der amerikanische Konsul
hatte ihm mitgeteilt, dass nach der Bestimmung 212 A keine Berechtigung
zum Erhalt eines Visums ohne vorherige Spezifizierung gegeben sei, welche
der Punkte auf dem fünfseitigen Formular er übertreten habe.[24] Dirac war

uncharakteristisch entschlussfreudig: Er bat die Britische Regierung, ihn aus allen Verträgen zu entlassen, die für die Landesverteidigung relevant waren und begann Vorbereitungen für die Verlegung seines Forschungssemesters in die Sowjetunion zu treffen.[25] Diese Änderung seiner Pläne musste die amerikanischen Behörden provozieren, was ihm sicher klar war.

Einen Monat später erfuhr Oppenheimer das Ergebnis seiner „Anhörung": Die Kommission hatte mit zwei zu eins abgestimmt, dass er ein loyaler Amerikaner sei, aber nichtsdestoweniger ein Sicherheitsrisiko darstelle. Um ihren Sieg besonders schmerzhaft festzuklopfen, entzogen ihm seine Feinde in der Atomenergie-Kommission die Sicherheitsfreigabe schon einen Tag, bevor sie auslaufen sollte. Oppenheimer war am Boden zerstört und erwog nach England zu emigrieren, um eine Physik-Professur an der Universität Cambridge anzunehmen, ein Angebot, das er mit Dirac diskutiert hatte.[26] Seine leidenschaftlich loyale Frau, die für ihn während der Anhörung eine der gewichtigen positiven Zeugenaussagen abgegeben hatte, war Alkoholikerin, und das Trinken wurde jetzt schlimmer und oft sogar in der Öffentlichkeit peinlich. Nach einem Familienurlaub in der Karibik, wo er von FBI-Agenten überwacht wurde, die argwöhnten, dass ein sowjetisches U-Boot ihn nach Russland entführen könnte, kehrte er an das Institut zurück. Seine Redegewandtheit und sein Arbeitseifer waren unvermindert, dennoch meinten viele seiner Kollegen, dass sein Enthusiasmus gebrochen war. Er wirkte nicht mehr wie der strahlend zuversichtliche Wissenschaftler und amerikanische Held nach dem Erfolg des Manhattan Projekts, sondern eher wie ein wissenschaftlicher Märtyrer, der Galilei der McCarthy-Ära.

Drei Tage nachdem die *New York Times* das Oppenheimer-Urteil als Leitartikel auf der ersten Seite gebracht hatte, druckte sie einen kurzen Bericht über Diracs Fall mit Zitaten aus einem Interview mit Dirac, abgedruckt unter einer Fotografie, die ihn wie einen Kriminellen aussehen ließ. Peinlich berührt und ärgerlich griffen angesehene amerikanische Physiker diese jüngste der vielen Visums-Verweigerungen für erstklassige Wissenschaftler auf und machten sie damit zu einer Cause célèbre. Zwei Tage nach der Veröffentlichung des Berichts sandten John Wheeler und zwei seiner Kollegen aus Princeton einen Brandbrief an die Zeitung, in dem sie die Aktion der Regierung missbilligten: „[Wir] sind der Meinung, dass dieser Vorgang äußerst unglücklich für die Wissenschaft und dieses Land ist". Sie fügten hinzu, dass der Akt der Visumsverweigerung gegenüber Dirac „uns wie eine Art beabsichtigter kultureller Selbstmord erscheint".[27] Dutzende weitere Physiker übten Druck auf das Außenministerium und das Amerikanische Konsulat in London aus, die sich gegenseitig den Schwarzen Peter für die Entscheidung zuschoben und vor Journalisten behaupteten, die Entscheidung sei sehr „knapp" ausgefallen. Weniger als zwei Wochen später berichtete die *New York Times,* das Außenministerium wolle die Aussperrung überprüfen. Ein beschämender Rückzieher schien sicher und wurde tatsächlich am 10. August ausgesprochen. Aber es war zu spät: Dirac hatte andere Vereinbarungen getroffen.

Diracs Pläne für ein Forschungssemester in Russland fielen ebenfalls durch, daher akzeptierte er eine schon lange bestehende Einladung zu einem Besuch in Indien. Ende September 1954 bestiegen Dirac und seine Frau das Schiff nach Bombay, der ersten Etappe auf ihrer Weltreise, die für fast ein ganzes Jahr geplant war. Die Diracs arrangierten, dass ihre Freunde Sol und Dorothy Adler in ihrem Haus Cavendish Avenue 7 wohnten und sich um Mary und Monica kümmerten, die beide ängstlich waren und sich vor der langen Abwesenheit der Eltern fürchteten. Monica, damals zwölf Jahre alt, hatte clever einen wichtigen Grund ausgemacht, warum ihre Eltern soweit fort reisten: dass nämlich Manci glaube, Dirac habe eine Verehrerin, die ihm zu viel Zuneigung entgegenbringe, deshalb wolle sie ihn so lange wie möglich von Cambridge fernhalten.[28] Es ist gut möglich, dass Dirac von dem Land etwas sehen wollte, das ihm seine vertraute Freundin Isabel Whitehead in ihren Erinnerungen am Kaminfeuer so lebhaft geschildert hatte. Sie war ein Jahr zuvor verstorben – sechs Jahre nach ihrem Mann.

Der viermonatige Aufenthalt der Diracs in Indien war von dem Physiker Homi J. Bhabha organisiert worden, einem früherer Kollegen von Dirac in Cambridge und Gründungsrektor des Tata-Instituts in Bombay.[29] Er war außergewöhnlich kultiviert, stellte als Künstler aus und war ein Kenner der Dichtkunst in mehreren Sprachen. Bhabha sorgte dafür, dass die Diracs vom Moment ihrer Ankunft am 13. Oktober an wie königliche Hoheiten behandelt wurden, obwohl er nichts gegen die unerträgliche Hitze und Feuchtigkeit Bombays tun konnte, die recht schnell bedingte, dass sie in die vergleichsweise kühlere nahegelegene Region der Mahabaleshwar-Hügel abreisten.[30] Manci gefiel manches noch weniger als das Klima: Sie hasste die starkgewürzten Speisen und die Ausfahrten mit Chauffeur durch ausgedehnte, übelriechende Areale von Elend und Armut. Sie schätzte es auch nicht, dass sie nur als Berühmtheit zweiter Klasse, als Begleitung ihres Mannes, behandelt wurde. Die Erfahrung in Indien machte sie jedoch empfänglich für den Respekt und die Wertschätzung, die sie später als selbstverständlich voraussetzen sollte, und ein bisschen von diesem Sinn für vornehmen Glanz scheint später auch auf Dirac abgefärbt zu haben.[31] Zum ersten Mal in seinem Leben spürte er die Bewunderung einer großen Menschenmenge, als er am Abend des 5. Januar 1955 im Rahmen des Indischen Wissenschaftskongresses in Baroda, nahe Vadodara, einen öffentlichen Vortrag hielt. In einem speziellen Zuschauerbereich auf dem Baroda-Cricket-Gelände hielt er seinen Vortrag vor Tausenden von staunenden

Zuhörern, von denen viele die Präsentation auf einer Kinoleinwand außerhalb des Geländes verfolgten.[32]

Vielleicht hatte er aus dem Debakel im Palais de la Découverte in Paris gelernt und eine Methode gefunden, vor Menschen zu sprechen, die etwas über Quantenphysik erfahren wollten, aber noch nichts darüber wussten. Sein Unbehagen gegenüber Metaphern und bildlichen Analogien bei der Beschreibung des subatomaren Bereichs hatte er abgelegt, er sprach in einer einfachen Sprache ohne Gleichungen und führte einen Vergleich ein, der später weitverbreitete Akzeptanz fand, um die subatomaren Teilchen mit seinem Lieblingsspiel zu verbinden:

> Wenn Sie fragen, was Elektronen und Protonen sind, dann sollte ich antworten, dass diese Frage nicht sinnvoll ist und keine wirkliche Erkenntnis bringt. Die wichtigste Sache bei Elektronen und Protonen ist nicht, was sie sind, sondern wie sie sich verhalten – wie sie sich bewegen. Ich kann die Situation durch einen Vergleich mit dem Schachspiel beschreiben. Im Schach haben wir verschiedene Figuren, Könige, Springer, Bauern und so weiter. Wenn man fragt, was eine Schachfigur ist, würde die Antwort lauten, ein Stück Holz, oder ein Stück Elfenbein, oder vielleicht nur ein geschriebenes Zeichen auf einem Stück Papier [oder was auch immer]. Es spielt keine Rolle. Jede Schachfigur hat eine charakteristische Art sich zu bewegen, und das ist das Entscheidende. Das ganze Schachspiel folgt aus der Art und Weise wie sich die verschiedenen Schachfiguren bewegen […].[33]

Die Physiker in der ersten Reihe und auch die Nicht-Fachleute im Auditorium nahmen Diracs vierzigminütige Zusammenfassung der Grundlagen der Quantenmechanik sehr freundlich auf. Obwohl er nicht den Elan eines Eddington in der populären Darstellung der Wissenschaft besaß, hatte er sich offenkundig irgendwie die Fähigkeit angeeignet, die für einen Wissenschaftler lebensnotwendig ist, dem die Verwaltungsarbeit verhasst ist und der den Höhepunkt seiner Forscherlaufbahn überschritten hat: die Fähigkeit, seine Resultate der Öffentlichkeit verständlich zu machen.

Der bedeutendste Politiker, den Dirac in Indien traf, war der charismatische Premierminister Jawaharlal Nehru, der Indien seit der Unabhängigkeit von Großbritannien 1947 geführt hatte. Obwohl er das politische Talent besaß, Allgemeinplätze in farbige populistische Worte zu kleiden, war Nehru auch ein kultivierter Denker, der einen Streit mit einem Zitat aus einem Gedicht von Robert Frost entschärfen konnte. Während des Treffens mit Dirac in Delhi am 12. Januar 1955 fragte Nehru ihn, ob er irgendwelche Empfehlungen für die Zukunft der neuen Republik Indien hätte. Nach seiner üblichen nachdenklichen Pause antwortete Dirac: „Eine gemeinsame Sprache, bevorzugt Englisch. Frieden mit Pakistan. Das metrische System.“[34]

Anscheinend diskutierten die beiden Herren nicht über nukleare Waffen, obwohl dieses Thema beide beschäftigte. Elf Tage zuvor hatte Dirac beim Wissenschaftskongress in Baroda gehört, wie Nehru Wissenschaftler über die Notwendigkeit belehrt hatte, sich mit der Realität der neuen Waffen zu befassen und als Kommentar hinzugefügt hatte: „Wir spielen zum gegenwärtigen Zeitpunkt nicht mit Atombomben."[35] Mit Nehrus Unterstützung sollte Bhabha später die Speerspitze für Indiens Atombombenprogramm bilden und der Oppenheimer seines Landes werden.[36]

Zwei Wochen nachdem die Diracs am 21. Februar 1955 Bombay mit dem Schiff verlassen hatten, wurde die Reise unerfreulich. Dirac hatte sich eine Gelbsucht zugezogen und lag acht Tage in einem Hospital in Hongkong, bis seine Ärzte ihm gestatteten, die Schiffsreise nach Vancouver fortzusetzen – versehen mit einer langen Liste von gesundheitlichen Warnhinweisen und Diätinstruktionen.[37] Manci meinte, dass er nicht reisen sollte, aber er bestand darauf und musste seinen Starrsinn teuer bezahlen, da er den größten Teil der Reise im Bett lag, an Gelbsucht erkrankt, alle paar Stunden sich ergebend, von Juckreiz und Schlaflosigkeit geplagt.[38] Als die Diracs Mitte April im Hafen von Vancouver einliefen, war er erschöpft und mutlos, seine Haut hatte einen blassen Gelbton.[39] Die Universität von British Columbia brachte sie in einem eigenen Stockwerk eines vornehmen Anwesens unter, wo er sich unmittelbar ins Bett legte.

Zwei Tage später hörte er aus Princeton die Nachricht, die ihm das Herz brach: Einstein war gestorben. Zum ersten Mal sah Manci ihn weinen – einen Anblick, den sie nie zuvor gesehen hatte und auch nie wieder sehen sollte.[40] Für einen Helden, nicht für einen Freund, vergoss Dirac diese Tränen. Während jener ersten Stunden der Trauer mag er sich wohl an seine Studentenzeit in Bristol erinnert haben, als er zum ersten Mal mit der Relativitätstheorie in Berührung kam, die ihn inspiriert hatte, Theoretiker zu werden. Was Dirac am meisten beeindruckte, war Einsteins Wissenschaft, sein Individualismus, seine Indifferenz gegenüber Orthodoxie und seine später im Leben bewiesene Fähigkeit, die Buhrufe seiner Kritiker zu ignorieren, die nur durch Ängstlichkeit und Feigheit gedämpft waren. Nachdem Einsteins Asche in den Wind von New Jersey verstreut worden war, folgte ihm Dirac als berühmtester Einzelgänger der theoretischen Physik nach, ein betagter Rebell mit einem Anliegen, das kein anderer richtig verstand.

Krank, deprimiert und im Glauben, dass er sterben würde, sagte Dirac zu Manci, dass er nur noch einen Wunsch hätte: Oppenheimer wiederzusehen. Es gelang ihr schnell, die beiden Freunde in dem Apartment in Vancouver zusammenzubringen, beide gebrochen, beide an ihrem Tiefpunkt, beide fünfzehn Jahre älter aussehend als bei ihrer letzten Begegnung. Es ist kein Dokument über ihre Gespräche erhalten, aber es ist anzunehmen, dass

Diracs Hauptwunsch darin bestand, Oppenheimer sein Mitgefühl über den Ausgang der Prozesses zu bekunden und vielleicht auch das Betragen von Teller und den Anklägern zu bedauern. Teller, für viele seiner früheren Freunde ein Paria, war zu einem der wenigen Physiker geworden, die Dirac nicht leiden konnte und sogar kritisierte, wenn auch nur gegenüber Nahestehenden.[41] Oppenheimer war äußerst aufmerksam: Er riet Dirac zu einer Behandlung in den USA und bot ihm an, sich ein paar Wochen in einer der Apartmentwohnungen des Institute for Advanced Study zu erholen.

Die Kollegen am Institut bemerkten die Veränderung in Diracs Gang. Er ging nicht mehr geschmeidig, sondern langsam und bedächtig, so als ob er von einer Operation genesen würde, aber seine Energie kehrte zurück. In den Morgenstunden bereitete er Vorträge für die anstehende Tagung in Ottawa vor, nachmittags schlief er, am frühen Abend unternahm er einen langen erholsamen Spaziergang über das Gelände des Instituts, allein mit Eichhörnchen, Kaninchen und gelegentlich einem Hirsch.[42] Aber es traf ihn ein Missgeschick: Während eines Besuchs von Judy mit ihrer kleinen Tochter brach er sich einen Mittelfußknochen des rechten Fußes – er war wieder ein Invalide.[43] In Ottawa hielt er zum ersten Mal in seinem Leben seine Vorträge im Sitzen und wirkte, sich seinem dreiundfünfzigsten Geburtstag nähernd, wie ein alter Mann.[44]

Nachdem die Diracs Ende August 1955 nach Cambridge heimgekehrt waren, um nach fast einem Jahr ihre Töchter zum ersten Mal wiederzusehen, schrieb Manci einen überschwänglichen Dankesbrief an Oppenheimer, in dem sie einen Vorschlag von Dirac an ihn weitergab, der es ihm erleichtern sollte, mit seinen Peinigern ins Reine zu kommen. Dirac empfahl Oppenheimer die neue Novelle von Somerset Maugham *Damals und heute* zu lesen, die im Florenz des fünfzehnten Jahrhunderts spielt und die Intrigen und Betrügereien in den Beziehungen zwischen Cesare Borgia und Niccolò Machiavelli beschreibt.[45]

In seinem ersten Seminar zu Beginn des nächsten Trimesters in Cambridge kündigte Dirac seinen Studenten an: „Ich habe gerade diese Arbeit fertiggestellt. Sie könnte wichtig sein. Ich möchte gern, dass Sie sie kennenlernen." Dies war einer der ganz seltenen Fälle, wo Dirac öffentlich auf den einzuschlagenden Weg hinwies.[46] Seine Begeisterung für die Forschung war wieder erwacht.

Nach Diracs neuer Theorie bestand das Universum im Grunde genommen nicht aus punktähnlichen Teilchen, sondern aus winzigen eindimensionalen Gebilden, die er „Strings" (Fäden) nannte. Die Theorie, die erstmals in seinen Ottawa-Vorträgen umrissen worden war, stellte einen neuen Ansatz in der Quantenelektrodynamik dar, der ohne einen der Grundpfeiler der Renormalisierungtheorie auskam, die Dirac am meisten verabscheute: das „nackte Elektron", eine Idee, die auf der fiktiven Annahme von einem Elektron aufbaut, das kein umgebendes Feld aufweist. In seinem neuen Ansatz konzentrierte er sich auf eine der Theorie zugrundeliegende Symmetrie, bekannt als Eichinvarianz. Wie seit langem den Theoretikern bekannt, impliziert diese Symmetrie, dass die Theorie identische Vorhersagen macht, wenn eine Größe, die als das elektromagnetische Potential bekannt und eng mit dem elektromagnetischen Feld verwandt ist, in jedem Punkt der Raum-Zeit verändert wird – aber nur, wenn diese Veränderung über die gesamte Raum-Zeit durch eine übergeordnete Formel organisiert wird, die als Eichtransformation bekannt ist. Dirac fand eine Methode zum Wiederaufbau der Quantenelektrodynamik auf der Basis eichinvarianter Größen, sodass das Elektron immer dann, wenn es in der Rechnung vorkommt, untrennbar mit seinem Feld verbunden ist. Das Resultat war eine Theorie, die dieselben Ergebnisse lieferte wie die renormalisierte Version, aber in seinen Augen überlegen war.

Dirac verabscheute das Konzept der nackten Elektronen so sehr, dass er „eine Theorie aufstellen wollte, in der [sie] nicht bloß *verboten*, sondern *undenkbar* sind".[47] Er fand einen Weg dies zu erreichen, indem er die Gleichungen seiner Theorie auf die Kraftlinien anwendete, die das elektrische Feld des Elektrons beschreiben und den Feldlinien eines Magneten ähneln. Im klassischen Bild ist das Elektron von sich kontinuierlich verändernden Kraftlinien umgeben: Jede Teilmenge der Kraftlinien ist sozusagen infinitesimal zur nächsten benachbart. Dies ließ Dirac an eine Quantenversion des Feldes denken und an ein Elektron, das man sich nicht als Teilchen, sondern als einen Faden oder String bildlich vorstellen könnte:

> Wir können annehmen, [dass] wenn wir zur Quantentheorie übergehen, die Kraftlinien alle diskret und voneinander getrennt sind. Jede Kraftlinie ist nun mit einer gewissen Menge an elektrischer Ladung verbunden. Diese Ladung wird an jedem Ende der Kraftlinie (wenn sie Enden hat) auftreten, mit einem positiven Vorzeichen am einen Ende und einem negativen am anderen. Die natürlichste Annahme ist, dass die Ladungsmenge für jede Kraftlinie gleich ist und gerade so groß ist wie die [Größe der Ladung eines Elektrons]. Wir haben jetzt ein Modell, in dem die grundlegende physikalische Einheit die Kraftlinie ist, ein Ding wie ein Faden, ein String, anstatt eines Teilchens. Die Strings werden sich umherbewegen und miteinander interagieren entsprechend den Quantengesetzen.[48]

Dirac hatte gefunden, was er suchte: „ein Modell, in dem ein nacktes Elektron undenkbar ist, weil das Ende eines Fadenstücks undenkbar ist ohne den Faden (String) selbst". Aber es war nur der Keim einer Idee, keine vollständige neue Theorie. Mehrere seiner Studenten untersuchten sie, legten sie

aber bald zur Seite, wie es auch Dirac kurz danach selber tat. Jahre später
sollte sich herausstellen, dass er wieder einmal seiner Zeit vorausgewesen war.

Dirac war im Begriff, den Tiefpunkt seiner Karriere zu erreichen:
Abgesehen von der Kriegszeit war das Jahr 1956 das erste Jahr seit Beginn
seiner Forschungen, in dem er gar nichts veröffentlichte.[49] Nun halb losge-
löst von der Gemeinschaft der Physiker hatte er den Kontakt zu vielen seiner
engsten Freunde, einschließlich Kapitza, verloren – sie waren seit fast zwanzig Jahren nicht zusammengetroffen.[50] Dirac wollte sicher gern erfahren, wie
Kapitza im neuen Regime von Nikita Chruschtschow zurechtkam, dessen
Regierung bald nach Stalins Tod im März 1953 begonnen hatte. Die britischen Zeitungen berichteten von einer neuen Stimmung im Land, nachdem
die sowjetische Bevölkerung erfahren hatte, dass Chruschtschow im Februar
1956 in einer Rede vor versteinerten Parteibossen den Personenkult um
Stalin und die Grausamkeit seines Regimes verurteilt hatte.[51]

Im Frühherbst traf Dirac in Moskau ein und fand die Stadt stark verändert gegenüber der Stadt, die er und Manci 1937 gesehen hatten: Sie
konzentrierte sich jetzt auf Konsolidierung, nicht auf Revolution, und der
paranoide, nach innen gewandte Nationalismus der späten 1930er-Jahre war
ersetzt durch die Angst vor einem nuklearen Präventivschlag der USA. Dirac
fand Kapitza so selbstbewusst wie immer vor und überquellend von farbigen
Geschichten: In einer davon erzählte er Dirac, wie sein Erzfeind Beria ihn
nach seiner Weigerung, an den Kernwaffen mitzuarbeiten, kaltgestellt hatte.
Kapitza glaubte, „es sei eine abstoßende Sache für Wissenschaftler, sich an
geheimen Kriegsaktivitäten zu beteiligen". Er erwähnte dies auch Dirac
gegenüber, der vermutlich zumindest innerlich zurückzuckte.[52] Während
sich die meisten anderen führenden sowjetischen Physiker in den Dienst
des Nuklearprojekts gestellt hatten, hatte Kapitza an Methoden gearbeitet,
um anfliegende nukleare Waffen durch Verwendung intensiver Strahlung
zu zerstören, anscheinend ein Vorläufer der amerikanischen strategischen
Abwehrinitiative („Star Wars"). Kapitza war sich sicher, dass Stalins gute
Meinung ihn vor der Exekution durch Berias Handlanger gerettet hatte. Als
Stalin starb, tanzte Lev Landau vor Freude, aber Kapitza wusste, dass sein
Leben in Gefahr war, falls Beria der nächste Führer des Landes würde.[53]
Chruschtschow manövrierte Beria aus, aber Kapitzas Leben war immer noch
gefährdet: An einem anscheinend gewöhnlichen Sommermorgen gegen
Ende der offiziellen Diskussionen über Stalins Nachfolge, kamen, so erzählte
Kapitza Dirac, zwei Staatsbeamte zu ihm in sein kleines Labor und baten
um eine Führung. Ihre Fragen verrieten, dass sie wenig von Physik verstanden und sich auch nicht dafür interessierten, aber sie bestanden darauf,
ihren Besuch über die übliche Zeit hinaus auszudehnen, bis sie dann Punkt
zwölf Uhr mittags wieder gingen. Nach Kapitzas Deutung der Geschichte

waren die beiden Männer dazu abgeordnet gewesen – wahrscheinlich von Seiten Chruschtschows oder einem seiner Mitarbeiter –, um ihn vor einer Vergeltungsmaßnahme in der letzten Minute zu beschützen, während gleichzeitig Beria verhaftet und in Gewahrsam genommen wurde.[54] Ein paar Wochen später wurden Beria und sechs seiner Komplizen vor Gericht gestellt und zum Tode verurteilt. Er wurde von einem der Dreisterne-Generäle Chruschtschows exekutiert, der ihm eine Kugel in die Stirn schoss.[55] Kapitza erfuhr die Nachricht an Heiligabend: ein erleichternder Moment für ihn.

Dirac wurde nie müde, Kapitzas Weigerung zu loben, an dem Atombombenprojekt mitzuarbeiten. Dies war die Geschichte, die Kapitza Dirac und allen anderen erzählte, aber sie ist fast mit Sicherheit nicht wahr. Kapitzas Briefe an Stalin – mehrere Jahre nach Diracs Tod veröffentlicht – lassen deutlich erkennen, dass Kapitza an dem Projekt mitarbeiten wollte und keine Anzeichen für moralische Skrupel zeigte. Er lehnte die Arbeit an der Bombe nur ab, weil er nicht unter Berias Leitung arbeiten wollte. Es ist auch möglich, dass er keine Unterstützung durch seine Kollegen fand, da einige von ihnen glaubten, er würde auf Wissenschaftler, die nicht seinem kosmopolitischen Kreis angehörten, herabsehen.[56] Ein viel besserer Beleg für Kapitzas Heroismus ist der Fall Landau, der ein bekennender Feind Stalins war und den Kapitza wiederholt verteidigte, wobei er oft sein Leben großer Gefahr aussetzte.[57] Hunderttausende Russen wurden exekutiert, weil sie nur einen Bruchteil von Kapitzas Gehorsamsverweigerung gezeigt hatten.

Dirac verbrachte im Oktober 1956 den größten Teil seines Moskauaufenthalts mit dem Besuch von Sehenswürdigkeiten – wie Lenins Grabmal, das er damals mit Stalin teilte – und damit, seine alten Freundschaften wieder aufleben zu lassen, unter anderem mit Tamm, Fock und Landau. Es überrascht, dass es Dirac gestattet wurde, Tamm zu treffen, da dieser gerade das geheime Projekt zum Bau einer Wasserstoffbombe leitete (Tamms weitere Teilnahme an dieser Arbeit mag dafür verantwortlich gewesen sein, dass sich seine Freundschaft mit Dirac im nächsten Jahrzehnt im Sande verlief).[58] Landau, der ewige Jugendliche, zählte mittlerweile zur Spitze der Theoretiker und stellte immer noch seine Respektlosigkeit zur Schau: Er ersetzte die Toilettenpapierrolle in seinem Badezimmer durch Seiten aus Stalins Autobiographie.[59]

Landau saß mit im Hörsaal bei Diracs Vorträgen an der Universität Moskau, wo Dirac auf die an einige Vortragende gestellte Bitte einging, eine Zusammenfassung ihrer persönlichen philosophischen Haltung zur Physik zu geben. Er schrieb an die Tafel: PHYSICAL LAWS SHOULD HAVE MATHEMATICAL BEAUTY – Physikalische Gesetze sollten mathematische Schönheit besitzen.[60] In der Öffentlichkeit verhielt sich

Landau respektvoll gegenüber Diracs Ästhetizismus, doch privat machte er spitze Bemerkungen, wie einmal, als er dem Physiker Brian Pippard gegenüber äußerte: „Dirac ist der größte lebende Physiker, und er hat seit 1930 nichts von Wichtigkeit geleistet."[61] Übertreiben bis an die Grenze der Grausamkeit, das war typisch Landau. Er war dennoch nur das Sprachrohr dessen, was viele führende Physiker Mitte der 1950er-Jahre dachten, aber nicht öffentlich auszusprechen wagten. Aber, wie die Ereignisse bald zeigen sollten, waren Diracs Kritiker zu voreilig, als sie meinten, ihn abschreiben zu können.

26
1958 – 1962

Wie einige starben, mich andre verließen,
wie man andre mir nahm – ach alle schieden!
All', all' sind sie fort, die alten bekannten Gesichter!
Charles Lamb, „The Old Familiar Faces", 1798
(Die alten bekannten Gesichter, übers. Ferdinand Freiligrath,
in F. Freiligrath's Sämtliche Werke, Band 3.
N.Y.: Verlag F. Gerhard, 1858.)

Als Pauli Anfang Dezember 1958 sich seinem achtundfünfzigsten Geburtstag näherte, sah er bleich und unwohl aus. Am 5. Dezember, einem Freitagnachmittag, befielen ihn während seiner Vorlesung an der Universität Zürich Bauchschmerzen, sodass er ein Taxi nach Hause nehmen musste. Am folgenden Tag suchte er das städtische Rote-Kreuz-Krankenhaus auf und wurde zu Untersuchungen aufgenommen, die kein eindeutiges Ergebnis ergaben: Die Ärzte sahen keine andere Möglichkeit, als zu operieren. Eine Woche später öffnete ein Chirurg seinen vorgewölbten Oberbauch und fand einen Pankreastumor, so groß und fortgeschritten, dass er inoperabel war. Binnen achtundvierzig Stunden nach der Operation war Pauli tot.[1]

Paulis letztes Lebensjahr war nicht sein glücklichstes gewesen – ein Streit mit seinem Freund Heisenberg über eine ehrgeizige Theorie, die sie entwickeln wollten, war hässlich und abstoßend geworden. Aber das Ende von Paulis Karriere war auch gekrönt worden, als einer seiner besten Beiträge zur Physik das Gütesiegel erhielt: 1956 hatte er an einem Frühsommermorgen ein Telegramm von zwei Experimentatoren aus den Laboratorien von Los Alamos mit der Bestätigung erhalten, dass sie das Neutrino entdeckt hatten, das Teilchen, das von Pauli vorhergesagt worden war, obwohl seine Argumente von Dirac und anderen als nicht ganz wasserdicht eingestuft worden waren. Ganz wie Pauli vorhergesagt hatte, besitzt das Neutrino keine elektrische Ladung, hat den gleichen Spin wie das Elektron und dem ersten Anschein nach keine Masse. Das neu entdeckte Teilchen interagiert mit Materie in erster Linie durch die schwache Wechselwirkung, die extrem gering ist: Von den Trillionen und Abertrillionen

© Springer-Verlag GmbH Deutschland, ein Teil von Springer Nature 2018
G. Farmelo, *Der seltsamste Mensch*, https://doi.org/10.1007/978-3-662-56579-7_26

Neutrinos, die jede Sekunde durch den Planeten Erde hindurchflitzen, passieren ihn bis auf verschwindend wenige alle, ohne abgelenkt zu werden.

Die Entdeckung war ein Triumph für Pauli gewesen, doch zwei Jahre später zeigte ihm die Natur auch seine Grenzen, als sich herausstellte, dass seine Intuition über die schwache Wechselwirkung gänzlich falsch gewesen war. Die Geschichte dazu begann 1956 im Brookhaven National Laboratory, als ein Duo von jungen chinesischen Theoretikern – C. N. „Frank" Yang und T. D. Lee (genannt „TD") – einen Vorschlag machten, der von Pauli und fast allen anderen Theoretikern als lächerlich angesehen wurde: Wenn Teilchen schwach interagieren, könnte sich die Natur entscheiden, die perfekte Symmetrie zwischen links und rechts zu brechen, womit es zu einer sogenannten Paritätsverletzung kommen würde. Auf der fundamentalen Ebene sind Gravitation und Elektromagnetismus beidhändig: Jedes Experiment, das diese Art von Wechselwirkung untersucht, führt zu demselben Ergebnis, wenn in der Konfiguration der beteiligten Teilchen links und rechts vertauscht und die Konfiguration in ihr Spiegelbild verwandelt wird. Experimente an der Columbia Universität von New York, die (wie von Lee und Yang vorgeschlagen) untersuchten, ob die schwache Wechselwirkung links-rechts symmetrisch ist, wurden von zwei Gruppen durchgeführt, eine davon wurde von der in Shanghai geborenen, energisch zuversichtlichen Chien-Shiung Wu geleitet, die andere von Leon Lederman, einem humorvollen New Yorker. Jedes der beiden Experimente erreichte seinen Höhepunkt in einem bitterkalten New York Mitte Januar 1957, als sie die Bestätigung brachten, dass Pauli falsch gelegen hatte und der Verdacht von Lee und Yang richtig war: Bei der schwachen Wechselwirkung unterscheidet die Natur *tatsächlich* zwischen links und rechts.

Das Resultat war eine Sensation, nicht nur unter Physikern – die Entdeckung brachte es sogar auf die Titelseite der *New York Times*. Für Dirac jedoch war diese Beobachtung keine Überraschung.[2] Er hatte in der Einleitung zu seinem 1949 geschriebenen Artikel in den *Reviews of Modern Physics* über die „Forms of Relativistic Dynamics" vorausgesehen, dass die Paritätssymmetrie gebrochen werden kann. Dort hatte er Betrachtungen darüber angestellt, ob die Quantenbeschreibung der Natur die gleiche bleiben würde, wenn die Positionen der Partikel seitenverkehrt in einem Spiegel (links-rechts vertauscht) wären, und wenn darüber hinaus auch die Zeit rückwärts anstatt vorwärts liefe. In seiner Schlussfolgerung wählte er, für einen in Fachsprache verfassten Artikel ungewohnt, das Personalpronomen: „Ich glaube nicht, dass irgendeine Notwendigkeit besteht, dass physikalische Gesetze invariant unter diesen Spiegelungen [in Raum und Zeit] sein müssen, obwohl alle exakten physikalischen Naturgesetze, die bisher bekannt sind, diese Invarianz aufweisen."

Dirac hatte erkannt, dass zwar die Gesetze von Gravitation und Elektromagnetismus sowohl Links-Rechtssymmetrie wie Zeitumkehr-Symmetrie besitzen, dass die Gesetze anderer fundamentaler Wechselwirkungen diese Eigenschaft aber möglicherweise nicht aufweisen. Kein führender Physiker hatte sich erinnert, diese Worte gelesen zu haben, und sogar Dirac selbst hatte vergessen, dass er sie geschrieben hatte.[3] Seit 1949 war er sich der Möglichkeit von Quanten-Asymmetrien in Raum und Zeit bewusst, sagte anscheinend aber darüber nichts, außer einmal während der Examinierung eines Doktoranden.[4] Einige Jahre später pflegte er, wenn er Kollegen über den Schock der Paritäts-Verletzung jammern hörte, ruhig auf diese Passage in seinem Paper hinzuweisen.[5] Den Studenten, die ihn danach fragten, sagte er nur, „in meinem Buch habe ich nichts davon erwähnt".[6] Er wusste jedoch, dass er nicht viel Lob für seinen Beitrag erwarten konnte. Die Regel, dass der Gewinner im wissenschaftlichen Wettkampf alles bekommt, sprach Lee und Yang das Verdienst zu, die Wichtigkeit einer Brechung der Paritätssymmetrie als Erste erkannt zu haben.[7] Eine der großartigen Entdeckungen des modernen Zeitalters war ihnen zu verdanken.

Der Tod von Pauli hatte aus der Bruderschaft der älteren Theoretiker dasjenige Mitglied herausgerissen, das Dirac nicht leiden konnte. Obwohl sie nicht offen miteinander konkurrierten, schwelte eine unterschwellige Rivalität unter ihrer, oberflächig gesehen, guten Beziehung. Ihre Vorgehensweisen in der theoretischen Physik waren sehr verschieden, denn Pauli war ein konservativer Analytiker, während Dirac ein revolutionärer intuitiver Denker war. Dies hätte sie aber nicht trennen müssen. Die meisten Kollegen von Pauli dachten, seine geschmacklosen Beleidigungen seien nur ein kleiner Preis für die hohe Qualität seiner Einsichten. Doch Dirac nahm es nicht einfach hin. Er scheute oft keine Mühe, um seine Zuhörer daran zu erinnern, Pauli habe „sehr häufig auf das falsche Pferd gesetzt, wenn eine neue Idee vorgestellt wurde", einschließlich des Falles, dass er die Idee des Spin „komplett zerschmetterte", als sie erstmals ausgebrütet wurde.[8] Auch konnte Dirac, wie es scheint, Pauli seine mitleidlosen Angriffe nicht vergeben. Als Pauli sich über ihn erhob, die Lochtheorie verdammte und forderte, er solle widerrufen, hatte Dirac vielleicht den Geist seines Vaters gespürt.

Nach Ansicht seiner Töchter hatte Dirac nie viel Interesse an Politik, ausgenommen vielleicht, wenn er die Fernsehnachrichten mit der Unergründlichkeit einer Sphinx verfolgte. Manci war ganz anders: Sie nahm lebhaft an den internationalen Ereignissen teil und hatte zu vielen davon eine feste Meinung, die sie ganze Nachmittage mit Freunden am Telefon diskutierte. Im November 1956 hatten sie und ihre Familie – einschließlich ihres Bruders Wigner – bestürzt zusehen müssen, wie sowjetische Panzer und Truppen den Aufstand gegen die ungarische Regierung, eine

Marionette Moskaus, niederschlugen und dabei ungefähr zwanzigtausend Ungarn töteten. Landau verdammte Chruschtschow und dessen Politbüro als „niederträchtige Metzger".[9] Im Vereinigten Königreich bezeichnete der *New Statesman*, normalerweise ein gemäßigter Kritiker der Sowjetunion, die Invasion als „abscheulich", „nicht gerechtfertigt" und „unverzeihlich".[10] Kurz darauf verlor die Kommunistische Partei einen Großteil ihrer Mitglieder, und auch der harte linke Kern der Akademiker in Cambridge schmolz auf einen spärlichen Rumpf zusammen, darunter noch Bernal, einer der ganz wenigen, dessen Loyalität nicht ins Wanken geriet. Dirac hat sich anscheinend nicht zur ungarischen Invasion geäußert, auch nicht gegenüber seinen engsten Freunden: Mitte der 1950er-Jahre schien er jede Spur seines jugendlichen Idealismus verloren zu haben. Einer der seltenen Anlässe, wo er seine Abneigung deutlich machte, war, als er zum ersten Mal Tam Dalyell, einen in Eton erzogenen Tory (Konservativen) traf, der 1956 nach dem verheerenden britischen Einmarsch in Ägypten im Anschluss an die Verstaatlichung des Suezkanals zur Labour-Party übergewechselt war. Dirac bedeutete ihm, dass er Dalyells Gesinnungswechsel und mutigen Alleingang begrüße, fügte aber pointiert hinzu, „Ich *mag* keine Politiker".[11]

Dirac verfolgte jedoch weiterhin die Berichte aus der Sowjetunion. „Wir sind alle ganz begeistert über den Sputnik", schrieb er an Kapitza Ende November 1957.[12] Dirac hatte von dem Start des künstlichen Satelliten, der offenbar den vierzigsten Jahrestag der bolschewistischen Revolution markieren sollte, erst am Morgen des 5. Oktober gehört.[13] Am Abend dieses Tages liefen er und Monica kurz nach der Dämmerung in den Garten hinter ihrem Haus in der Hoffnung, den funkelnden Satelliten über den Nachthimmel ziehen zu sehen.[14] Zeitungsberichte über den kreisenden „Roten Mond", eine Kugel von der Größe eines Beachballs, die die Erde in fünfundneunzig Minuten umrundete, füllten eine ganze Woche lang die Titelseiten, und Dirac verschlang die Berichte.[15] Der Sputnik-Erfolg verwandelte von Grund auf die Sichtweise des Westens auf die sowjetische Technologie: Aus Herablassung wurde ängstliche Bewunderung. Für die Amerikaner waren die Sputniks erschreckende Weckrufe, die noch mehr verstörten, nachdem der versuchte Start ihres eigenen Satelliten im Dezember in einem Fiasko geendet hatte: Wenige Sekunden nach dem Abheben explodierte die Rakete mitsamt dem Satelliten, und ein spottender Journalist schlug vor, ihn „Stayputnik" („Bleib-unten-nik") zu nennen.[16] Die Sputnik-Missionen demonstrierten, dass die Sowjets auf dem besten Weg waren, ballistische Interkontinentalraketen zu entwickeln und einen Menschen ins All zu schicken. Diese Aussichten versetzten die Medien und die Politiker in panische Angst, die Sowjetunion, die viele Amerikaner immer noch für ein rückständiges Agrarland hielten, könnte den USA in ihrem wissenschaftlichen

Ausbildungsstand weit überlegen sein. Edward Teller trat im Fernsehen auf, um zu verkünden, „die Vereinigten Staaten haben eine Schlacht verloren, noch wichtiger und größer als die von Pearl Harbor".[17] *Life* machte darauf aufmerksam, dass ein Dreiviertel aller amerikanischen Oberschüler überhaupt keinen Physikunterricht hatte. Aufgrund dieses Drucks ordnete Präsident Eisenhower eine Wiederbelebung der Naturwissenschaften in den Schulen an, zwischen 1957 und 1961 verdoppelte der Kongress die Fördermittel für Forschung und Entwicklung auf 9 Milliarden Dollar. Ein unerwarteter Begünstigter dieser Großzügigkeit war die Hochenergiephysik: Eine neue Generation von Beschleunigern für subatomare Teilchen bildete sozusagen Sputniks Nachkommenschaft.

Dirac war ebenso interessiert an der Raumfahrttechnik wie an dem von ihr zu erhoffenden wissenschaftlichen Gewinn. Er verfolgte die Fernsehübertragungen der Starts mit der gleichen Begeisterung, wie er damals die Starts einiger der ersten Flugzeuge vom Garten der Julius Road 6 beobachtet hatte. Er stellte sich dabei jedoch eine Frage: Warum wurden die Weltraumraketen vertikal abgeschossen und nicht horizontal? Soweit er es sehen konnte, stellte der Abschuss einer Rakete in den Weltraum eine ähnliche Herausforderung dar wie der Start eines schwer beladenen Flugzeugs, und ein vertikaler Start ist extrem ineffizient, was die Energie betrifft, weil ein großer Teil des Treibstoffs schon verbraucht ist, bevor die Rakete auch nur von der Startrampe abgehoben hat. Es wäre daher am besten, die Rakete mit hoher Geschwindigkeit horizontal zu starten. Dirac war von dieser Frage fasziniert. Im Mai 1961, bald nachdem die Amerikaner einen Astronauten ins All geschickt hatten – weniger als einen Monat nach den Sowjets, die sie auch darin überholt hatten – erstaunte Dirac seine beiden Tischnachbarn beim Mittagessen im St. John College damit, dass er nicht in seiner üblichen Schweigsamkeit dasaß, sondern ohne Unterbrechung fast eine ganze Stunde lang über Raketentechnik sprach.[18]

In den folgenden Jahrzehnten verfolgte er die Berichte über die sowjetischen und amerikanischen Raumfahrtprogramme und besuchte sogar Spezialtagungen zu diesem Thema in der Royal Society. Selbst nachdem er mit mehreren Experten gesprochen hatte, war er nicht überzeugt, dass die Raketen auf die ökonomischste Weise gestartet werden. Er unternahm sogar den ungewöhnlichen Schritt, die NASA um eine Erklärung zu bitten.[19] Die NASA informierte Dirac, dass er unrecht habe, da er die Bedeutung der „Reibungswirkung" der Atmosphäre auf die Weltraumrakete beim Horizontalflug unterschätze und auch die rasch mit der Höhe zunehmende Leistung des Raketentriebwerks nicht berücksichtige.[20] Solche Raketen werden vertikal gestartet, damit sie schnell hochsteigen und rasch eine Höhe erreichen, in der der hemmende aerodynamische Druck auf die Rakete viel geringer ist als auf der Erde. Da die Luft mit der Höhe dünner wird, kann der Ausstoß der Düsen eine größere Schubwirkung entwickeln. Diese Vorteile zusammen genommen lassen es viel ökonomischer erscheinen, die Raketen vertikal zu starten, wie mehrere Fachleute Dirac gegenüber erklärten. Er hat ihnen anscheinend nie ganz geglaubt.

Seit Diracs Ankunft in Cambridge im Jahr 1923 hatte sich sein Arbeitsumfeld kaum verändert. Doch gegen Ende der 1950er-Jahre gab es eine konzertierte Aktion der naturwissenschaftlichen Institute in Cambridge, sich wirksamer selbst zu verwalten, auch um erfolgreicher mit anderen internationalen Wissenschaftszentren konkurrieren zu können und ebenso mit anderen Bereichen innerhalb der Universität. In Diracs Revier war der Leiter dieser Aktion George Batchelor, ein in Australien geborener Mathematiker, dessen kompromisslose Haltung keine Zweifel am Ausmaß seines Ehrgeizes aufkommen ließ. Batchelor war ein noch nicht vierzig Jahre alter Experte für Flüssigkeitsmechanik, dem Zweig der angewandter Mathematik, der sich mit der Strömung von Gasen und Flüssigkeiten befasst. Das war ein Thema, für das Dirac wenig übrig hatte, er betrachtete dieses Gebiet als einen kleinen Fisch in der theoretischen Physik. Auch konnte er Batchelor nicht leiden, der einer der wenigen war, die den Snob in ihm hervorkitzeln konnten. Ihr gemeinsamer Kollege John Polkinghorne erinnert sich, dass Dirac einmal den normalerweise dickhäutigen Batchelor beleidigte, als er George Stokes, einen der Pioniere der Flüssigkeitsmechanik als „einen zweitklassigen Lucasischen Professor" bezeichnete.[21]

Ab Beginn des Herbsttrimesters 1959 wurde Dirac offiziell dem Institut für Angewandte Mathematik und Theoretische Physik zugeteilt, dessen Direktor Batchelor geworden war. Polkinghorne bewunderte Batchelor als einen effektiven umgänglichen Leiter, aber Dirac und sein Kollege Fred Hoyle – nun hoch angesehen als Kosmologe und durch seine Radiovorträge berühmt – weigerten sich beide, Diensträume in dem neuen Department zu beziehen und hatten gegen so gut wie jede Veränderung, die Batchelor einführen wollte, etwas einzuwenden. Eine der eingeleiteten Veränderungen war, die Forschungspraxis stärker zu koordinieren, eine Vorstellung, die für Dirac nicht verhasster sein konnte, der wie ein Flüchtling aus einem anderen Jahrhundert wirkte, wenn er selten einmal an den neuen sozialen Zusammenkünften teilnahm. In den Seminaren schien er oft seinen Schlaf nachzuholen, strafte diese Einschätzung jedoch manchmal Lügen, indem er eine scharfsinnige Frage stellte. Doch er konnte auch erfahrene Kollegen in Verlegenheit bringen, wenn er erkennen ließ, wie wenig er über die neuesten Entdeckungen in der Forschung informiert war, sogar was neue Teilchen anging, die schon dem unbedarftesten Studenten vertraut waren.[22]

Obwohl Dirac nicht die Angewohnheit hatte, auf seinem Rang zu bestehen, war er doch verletzt, als Batchelor ihn aus dem Büro, das er mehr als zwanzig Jahre innegehabt hatte, herauswarf und ihm nahelegte, „freiwillig" zusätzliche Vorlesungen zu übernehmen. Vergrätzt durch eine Serie solcher Kränkungen rastete er aus, als ein übereifriger Parkwächter am Cavendish Labor ihm sagte, er sei nicht berechtigt, sein Auto dort abzustellen. John Polkinghorne erinnert sich an Diracs Reaktion: „Er war aufgebracht und sagte zu dem Bediensteten, dass er dort seit zwanzig Jahren parken würde."[23] Er akzeptierte Batchelors dienstliche Entscheidung, aber Manci war weniger nachgiebig und schrieb einen wütenden Brief an den Vizekanzler, der ihr abwiegelnd antwortete, aber die Sache auf sich beruhen ließ.[24] Die Universitätsleitung fühlte sich nicht länger verpflichtet, Dirac bei guter Laune zu halten, und er wusste es.

Vielleicht durch seine Unzufriedenheit bei der Arbeit mitbedingt geriet seine Ehe zum ersten Mal in Schwierigkeiten. Die Gattin eines Mitglieds des St. John College gewann einen kurzen Einblick, als Manci sie vor dem Woolworth-Kaufhaus beiläufig ansprach: „Wollen wir nicht gemeinsam einen Kaffee trinken – er hat eine Woche lang kein Wort mit mir gesprochen, und ich langweile mich *so* sehr."[25] Geschichten wie diese überraschten Diracs Bekannte in Cambridge nicht, da die meisten nie verstanden hatten, wie so unterschiedliche Persönlichkeiten zusammen glücklich sein konnten. Aber dieses Glück war zum Teil Theater. Hinter der geschlossenen Haustür konnte ihre Einstellung ihm gegenüber von einem Extrem ins andere fallen: An einem Tag konnte sie ihre Arme um ihn schlingen und kokett fragen, ob er sie liebe; am nächsten konnte es sein, dass sie verärgert sagte: „Ich würde Dich verlassen, wenn ich wüsste, wohin ich gehen könnte."[26] Derartige Drohungen ließen Dirac ungerührt. Laut einer Geschichte polterte sie einmal beim Abendessen: „Was würdest Du tun, wenn ich Dich verließe?" Seine Antwort nach einer halbminütigen Pause: „Ich würde ‚auf Wiedersehen, Liebes', sagen."[27]

Obwohl es manchmal den Anschein hatte, dass seine Forschungstätigkeit versiegte, dachte Dirac immer noch weiter intensiv über seine Physik nach. Wenn er Manci das vereinbarte Signal gab, dass er arbeitete, befahl sie den Mädchen, sich ruhig zu verhalten: Monica zog sich dann in ihr Zimmer zurück, während Mary das Grammophon ausschaltete, das endlos den Soundtrack von *Oklahoma!* abspielte. Nun im Teenageralter hatten die Mädchen verstanden, dass ihr Vater ein angesehener Wissenschaftler war und außergewöhnlich ruhig und zurückhaltend.[28] „Ich hatte Glück", erzählte er Monica. „Ich konnte gute Schulen besuchen, ich hatte ausgezeichnete Lehrer. Ich war am richtigen Ort zur richtigen Zeit."[29]

Gabriel erholte sich von seiner Erkrankung und war sich des Status seines Stiefvaters durchaus bewusst: Sein Nachname rief amüsierte Kommentare seiner Mathematik-Kollegen hervor und schadete ihm in keiner Weise. Dirac verstand sich gut mit Gabriel und scheute keine Mühe, seine Karriere zu fördern. Sie wechselten auch gerne Briefe über Schachprobleme, die sie in Zeitungen gefunden hatten (G. H. Hardy hatte solche Schachaufgaben die „Kirchenmusik der reinen Mathematik" genannt[30]). Zu Judy und ihrer

Familie – im Sommer 1960 hatte sie drei Kinder – hatte er weniger Kontakt, und es bestand immer noch der langwierige Streit mit ihrer Mutter, die so gut wie alle Geduld mit ihr verloren hatte. Nach Meinung vieler Freunde der Familie war Manci eine weit bessere Ehefrau als Mutter, immer hilfsbereit und loyal ihrem Mann gegenüber, aber oft gefühlskalt gegenüber ihren Kindern. Es scheint, dass Mary am meisten unter der Scharfzüngigkeit ihrer Mutter litt: Manci machte sie öfters herunter und sagte zu ihr, sie sei „hässlich" und „faul." Letzteres war ein Wort, mit dem sie jeden in der Familie beschrieb, der nicht sein eigenes Geld verdiente, inklusive Diracs Schwester Betty.[31] Keiner, am wenigsten Dirac, wagte es, Manci daran zu erinnern, dass sie selbst noch keinen einzigen Tag Geld verdient hatte.

Gegen Ende der 1950er-Jahre war Mary wieder zu Hause, arbeitete in Cambridge und überlegte sich, ob sie nicht auswandern sollte. Monica bereitete sich auf das Studium der Geologie an der Universität vor. Die Mädchen wurden schnell unabhängig, und die Diracs versuchten das Beste aus ihrer neugewonnenen Freiheit zu machen, indem sie noch mehr reisten. Trotz ihrer freundlichen, entgegenkommenden Art hatte Manci überraschend wenige Freunde in Cambridge – nur zu Sir John Cockcrofts Frau Elizabeth pflegte sie engeren Kontakt – und sie plante dauernd große Reisen, um Familie und Freunde in Übersee zu besuchen, je weiter entfernt von Cambridge umso besser. Dirac empfand ähnlich: ein Außenseiter in seiner eigenen Abteilung und verärgert über Batchelors Machenschaften war er lieber an Orten, wo er gern gesehen wurde. Das Ergebnis war, dass die Diracs in den zwölf Jahren vor seiner Pensionierung 1969 fast ebenso lange nicht in Cambridge waren, wie sie dort waren.

Kurz nach der Entdeckung des Neutrinos hatte Dirac die Idee, die Existenz dieses Teilchens könne durch die Allgemeine Relativitätstheorie Einsteins erklärt werden.[32] Dies war sein Plan, als er im September 1958 ein weiteres Forschungssemester am Institute for Advanced Study in Princeton antrat (Abb. 26.1): eine neue Version von Einsteins Theorie zu entwickeln, die auf seiner Lieblingsmethode zur Aufstellung fundamentaler Theorien beruhte, der Verwendung von Hamilton-Funktionen zur Beschreibung der Wechselwirkungen. Sein Ziel war es, eine allgemeine klassische Beschreibung für Felder jeden Grundtyps – sei es elektromagnetisch, gravitativ oder sonst wie – als Voraussetzung für ihre Quantisierung zu finden.

Obwohl dieses Projekt erfolglos blieb, ergaben sich aus seiner Methode der Analyse der Allgemeinen Relativitätstheorie neue Einsichten in die Gravitation. Er beschrieb einige von ihnen in seinem Vortrag auf der Jahrestagung der American Physical Society, die Ende Januar 1959 in New York stattfand, als die Stadt im Würgegriff einer bitterkalten Kältewelle lag. Da er immer große Zusammenkünfte scheute, freute sich Dirac vermutlich nicht auf diesen Aufenthalt, als er die zwei Häuserblocks von der Penn-Station zu

Abb. 26.1 Dirac im Institute for Advanced Study in Princeton, ca. 1958. (Mit freundl. Genehmigung von Monica Dirac)

dem riesigen, überheizten Hotel New Yorker spazierte, um sich den fünftausend Delegierten anzuschließen, die in ihren gestärkten weißen Hemden mit Krawatte zumeist die Ärmel hochgerollt hatten. Ohne seine wissenschaftliche Berühmtheit wäre Dirac nur einer der vielen unsichtbaren Tagungsteilnehmer gewesen, aber sein Bekanntheitsgrad machte seine Anwesenheit zum Gesprächsstoff an den Bars und in den Salons. Viele Zuhörer trafen schon früh nach dem Mittagessen ein, um sich einen Sitzplatz in dem riesigen Ballsaal zu sichern, zwischen den nachgebildeten Ionischen Säulen, die bis zur Decke hinaufreichten, und den drei riesigen Lüstern, die den Saal wie gläserne Juwelen schmückten.

Dirac begann seinen Vortrag damit, dass er klarstellte, er werde nicht über die moderne Teilchenphysik sprechen, sondern über die elektromagnetische und die gravitative Wechselwirkung, die beide seit Jahrhunderten bekannt, aber immer noch nicht voll verstanden sind. Jeder der Zuhörer wusste, dass Maxwells Feldtheorie des Elektromagnetismus die Existenz von elektromagnetischen Wellen vorhersagt, einschließlich des sichtbaren Lichts, und dass die Energie des Feldes aus Quanten besteht, die Photonen genannt werden. In ähnlicher Weise hatte Einstein zu zeigen versucht, dass die Allgemeine Relativitätstheorie die Existenz von Gravitationswellen voraussagt. Dirac kündigte an, dass seine Studien über die Energie des Gravitationsfeldes zeigen würden, dass diese durch eine eigene Art von Quanten übertragen wird, die er „Gravitonen" nannte, ein lange vernachlässigter Begriff, den er zuerst ein Vierteljahrhundert zuvor in der Zeitschrift *Under the Banner of Marxism* eingeführt hatte.[33] Nachdem Dirac diesen Namen erneut erwähnt hatte, blieb er haften und bürgerte sich ein. Diese Teilchen werden viel schwieriger zu entdecken sein als die Photonen, betonte er, aber die Experimentatoren sollten bitte keine Zeit verlieren und nach ihnen suchen. Gegenüber dem Journalisten Robert Plumb von der *New York Times* erweckte er den Eindruck, dass dies eine bedeutende Voraussage wäre. Am nächsten Tag erschien Plumbs Bericht auf der Titelseite: „[Dirac] glaubt, dass sein derzeitiges Postulat zur gleichen Kategorie gehört wie sein Postulat der positiven Elektronen vor einem Vierteljahrhundert."[34]

Dirac hatte keinen Erfolg mit der Quantisierung der Allgemeinen Relativitätstheorie, aber seine Methode der Hamilton-Funktionen sollte sein einflussreichster Beitrag zu dieser Theorie werden.[35] Seine Vorgehensweise und ähnliche, von anderen Physikern unabhängig entwickelte Techniken machten es möglich, Einsteins Gleichungen bequem in eine vergleichsweise einfache Form zu bringen, besonders in Fällen, in denen sich das Gravitationsfeld rasch ändert. Diracs Ausflug in die Allgemeine Relativitätstheorie kam den meisten Physikern seltsam vor. In den späten 1950er-Jahren war die Entwicklung der Allgemeinen Relativitätstheorie sozusagen eine Heimarbeitsindustrie im Vergleich zum großindustriellen Maßstab der Teilchenphysik. Die Relativitätstheorie war unter Theoretikern unmodern geworden, und Dirac war einer der wenigen, die ihre Weiterentwicklung für wichtig hielten, um einen einheitlichen theoretischen Rahmen für das Verständnis von Gravitation und Elektromagnetismus zu finden. Das Hauptthema bei der Konferenz waren die starke Wechselwirkung und die ihr unterworfenen Teilchen einschließlich der neu entdeckten Mesonen. Einer der führenden Figuren auf diesem Gebiet war Feynman, dem Dirac im Herbst 1961 auf der Solvay-Tagung wieder begegnen sollte, auf der es wiederum zu einem ihrer pittoresken Wortwechsel kam:

FEYNMAN: Mein Name ist Feynman.
DIRAC: Mein Name ist Dirac.
[*Schweigen*]
FEYNMAN (*bewundernd*): Es muss wundervoll gewesen sein, der Entdecker jener Gleichung zu sein.
DIRAC: Das war vor langer Zeit.
[*Pause*]
DIRAC: Worüber arbeiten Sie gerade?
FEYNMAN: Mesonen.
DIRAC: Versuchen Sie eine Gleichung für diese zu entdecken?
FEYNMAN: Das ist sehr schwer.
DIRAC (*abschließend*): Man muss es versuchen.[36]

Abb. 26.2 Dirac und Richard Feynman bei einer Konferenz über Relativitätstheorie in Warschau, Juli 1962. (Fotografie von A. John Coleman, mit freundl. Genehmigung AIP Emilio Segrè Visual Archives, Physics Today collection)

Diracs Zurückhaltung überraschte sogar seinen vormaligen Schüler Abdus Salam, der neben ihm saß: Aus dem Gespräch zog Salam den Schluss, dass Feynman und Dirac sich zuvor noch nie begegnet waren. Eine mögliche Erklärung für Diracs Verhalten, die selbst gemessen an seinem Standard aus dem Rahmen fiel, wäre, dass er Feynman nicht erkannt hatte: Dirac besaß ein ungewöhnlich schlechtes Gedächtnis für Gesichter, was erklärt, dass er sich selten an Physiker erinnerte, die er nur einmal getroffen hatte, selbst wenn sie als Persönlichkeiten so unvergesslich wie Feynman waren (Abb. 26.2).

Dirac war überzeugt, der beste Weg, stark wechselwirkende Teilchen zu verstehen, bestehe darin, ihr Verhalten mit Gleichungen zu beschreiben – genauso, wie er es getan hatte, als er die Gleichung des Elektrons entdeckte. Die meisten Theoretiker dachten jedoch zu dieser Zeit nicht in dieser Richtung. Einige testeten neue Typen der Feldtheorie, andere hatten alle Hoffnung aufgegeben, eine Gleichung zu finden, die die Bewegung der Teilchen beschreiben kann und versuchten nur ganz grob zu beschreiben, was generell passieren kann, wenn sie interagieren. Bei diesem Vorgehen gibt eine „Streumatrix" für jeden möglichen Anfangszustand der Teilchen die Wahrscheinlichkeit an, dass er zu dem einen oder anderen der möglichen Endzustände führt. Dirac lehnte dieses Vorgehen als „bloße Fassade" ab.[37]

Außer den stark wechselwirkenden Teilchen hatten die Experimentatoren noch eine weitere Familie im subatomaren Zoo entdeckt. Der erste Hinweis war aus den Experimenten über kosmische Strahlung im Jahr 1946 gekommen, als Carl Anderson ein Teilchen identifizierte, das später Myon genannt wurde. Es war etwa zweihundertmal schwerer als das Elektron und instabil, hatte aber in anderer Hinsicht eine große Ähnlichkeit mit dem Elektron: Es hatte den gleichen Spin und unterlag nicht der starken

Wechselwirkung. Aber es gab eine entscheidende Differenz: 1962 zeigten Experimentalphysiker, dass das Myon mit einer eigenen Variante des Neutrinos assoziiert ist, die sich von dem vertrauten Neutrino, das mit dem Elektron verbunden ist, unterscheidet. Alle vier Teilchen – das Elektron, das Myon und ihre Neutrinos – schienen keine Unterbestandteile zu besitzen und Teil einer Familie zu sein, die später Leptonen genannt wurde – nach einem Vorschlag von Leon Lederman, der den Begriff nach dem griechischen Wort *leptós* für etwas Kleines und Leichtes als Erster einführte.

Die Ankunft eines neuen Teilchens regte Dirac normalerweise nicht auf – er hatte sich noch immer nicht mit dem Photon und dem Elektron abgefunden. Doch Ende 1961 durchbrach Dirac seine Regel, nicht eher an neuen Projekten zu arbeiten, als bis er die bereits in Angriff genommenen gelöst hatte: Er versuchte das Myon zu verstehen, von dem er glaubte, dass es einfach eine Anregung des Elektrons sein könnte. Er gab dazu die übliche Vorstellung vom Elektron als Punkt-Teilchen auf und stellte es sich als eine kugelförmige Blase in einem elektrischen Feld vor: „Man kann das Myon als ein durch radiale Oszillationen angeregtes Elektron betrachten“, schlug er vor. Dirac beschrieb die Blase mit einer relativistischen Theorie, deren Gleichungen ihre Bewegung in der Raum-Zeit beschrieben. Es war ein eindrucksvolles Stück angewandte Mathematik, aber die meisten Physiker ignorierten es, offenbar deshalb, weil seine Darstellung des Elektrons so ungewohnt war: Es war die geometrische Beschreibung eines Teilchens, von dem üblicherweise angenommen wurde, dass es keine Größe hat, und zudem beachtete sie seinen Spin nicht. Auch trugen die Vorhersagen der Theorie nicht dazu bei, die Zweifler für sie einzunehmen – Dirac berechnete, dass die Masse der ersten Quantenanregung seines Elektrons nur ein Viertel der gemessenen Masse des Myons betrug.

Dirac stellte seine Theorie „des ausgedehnten Elektrons“ seinen Kollegen am Institute for Advanced Study in Princeton zum ersten Mal am 16. Oktober 1962 vor, einem warmen Herbstnachmittag. Oppenheimer saß in der ersten Reihe, seine tief-blauen Augen immer noch wach und durchdringend, während sein Gesicht zerbrechlich wie eine Eierschale wirkte.[38] Als alter Meister in der Kunst des Nachfragens pflegte er sich nach einer seiner treffenden Bemerkungen, die üblicherweise auf Kosten des Redners gingen, zum Auditorium umzudrehen, um zu prüfen, ob auch jeder seine Äußerung zu würdigen wusste. Wenn jedoch Dirac der Vortragende war, blieb Oppenheimer vornehm zurückhaltend.

Um 18:30 Uhr – etwa eine Stunde nachdem sich Diracs Zuhörerschaft zerstreut hatte – traf sich Präsident Kennedy mit seinen Vertrauten im Weißen Haus, um dringende Geheimdienstberichte zu besprechen: Die Sowjets bauten gerade geheime Raketenbasen auf Kuba, einhundertfünfzig Kilometer von Florida entfernt und daher eine potentielle Bedrohung für die USA.[39]

Sechs Tage später trat Kennedy mit der Geheimdienstinformation vor die Öffentlichkeit, kündigte eine Seeblockade von Kuba an und forderte, dass die Sowjets die Raketen entfernen müssten. Chruschtschow weigerte sich empört zurückzustecken. Oppenheimers zwei Skorpione starrten einander geradewegs in die Augen.

Die Lage entspannte sich am 28. Oktober, als die Sowjets zustimmten, die Raketen zu entfernen, wenn ihnen im Gegenzug die Amerikaner Zugeständnisse machen würden. Es erschien vielen – auch Dirac, der am Fernseher in Princeton zusah, wie sich die Krise entfaltete, und sich vermutlich fragte, ob er jetzt seinen dritten Weltkrieg erleben würde –, dass das Überleben der Menschheit ein reiner Glücksfall war. Der Planet schien der Gnade seiner „Dr. Strangeloves" ausgeliefert zu sein.

Bohr lebte gerade noch lange genug, um die Raketenkrise auf Kuba mitzuerleben. Drei Wochen später nach einem sonntäglichen Mittagessen zu Hause mit seiner Frau Margrethe ging er die Treppe hinauf, um ein Nickerchen zu halten und starb an Herzversagen. Im Kondolenzbrief an Margrethe schrieb Dirac, er sei „äußerst traurig" über die Nachricht vom „Verlust eines meiner engsten Freunde" und er erinnerte an seinen ersten Aufenthalt bei den Bohrs in Kopenhagen im Jahr 1926: „Ich war zutiefst beeindruckt durch die Weisheit, die Niels ausströmte, nicht nur in der Physik, sondern auf allen Gebieten des menschlichen Denkens. Er war der weiseste Mensch, dem ich begegnet bin, und ich tat mein Bestes, etwas von der Weisheit, die er weitergab, zu absorbieren."[40]

Dies war für Dirac der jüngste Schicksalsschlag in einer Serie, in der seine engsten Kollegen einer nach dem anderen starben. In Princeton war von Neumann 1957 gestorben, gefolgt von Veblen 1960. Und gerade elf Monate vor Bohrs Tod hatte Dirac für *Nature* den Nachruf auf Schrödinger geschrieben, der in seinem Wiener Haus an einer Herzerkrankung gestorben war. In seinem Artikel hatte sich Dirac große Mühe gegeben, Schrödingers scheinbare Begrüßung des Nazismus im Mai 1938 zu verteidigen: „Er wurde gezwungen, seine Zustimmung zum Nazi-Regime zum Ausdruck zu bringen, und er tat dies auf so zweideutige Art wie nur möglich."[41] Vielen Lesern von Schrödingers Artikel, der freudig seine Unterstützung für „den Willen des Führers" zum Ausdruck gebracht hatte, dürfte zuvor nicht aufgefallen sein, dass er viele Zweideutigkeiten enthielt. Doch wie Heisenberg und Kapitza erfahren hatten, war Diracs Loyalität nicht zu erschüttern.

Bis zum Jahr 1962 hatte Dirac kein Interesse gezeigt, seine Erinnerungen an die Anfänge der Quantenmechanik öffentlich zu diskutieren. Nachdem er in diesem Jahr sechzig geworden war, änderte er seine Meinung und willigte ein, sich von dem amerikanischen Wissenschaftsphilosophen Thomas

Kuhn interviewen zu lassen, einem ehemaligen Schüler von Van Vleck. Kuhn überredete Dirac, ihm bei der Erstellung des Archivs zur Geschichte der Quantenmechanik zu helfen. Kuhn wusste, dass es Dirac nervlich belastete, wenn er mit Fremden in einer ungewohnten Umgebung sprechen musste, daher führte er das erste Interview in Wigners Haus in Princeton – in Anwesenheit von Wigner, der taktvoll formulierte Fragen einwarf, um ihn aus der Reserve zu locken. In der vierzig Minuten dauernden Sitzung sprach Dirac leise und deutlich, klang oft zögerlich und leicht amüsiert, dass irgendjemand sich dafür interessieren könnte, was er zu sagen hatte.

Fast vierzig Jahre lang hatte Dirac seinen Physikerkollegen gegenüber kaum ein Wort über seine Kindheit erwähnt, aber Kuhn und Wigner sollten Zeugen werden, wie seine Kindheitserinnerungen aus ihm hervorsprudelten, einschließlich eines Sturzbaches von häuslichen Einzelheiten.[42] Etwa zehn Minuten nach Beginn des Interviews begann Dirac über seinen Bruder zu sprechen. Aus Wigners taktvoll formulierten Fragen und seiner leichten Ungläubigkeit gegenüber Diracs Antworten geht deutlich hervor, dass die beiden Männer dieses Thema in den fünfunddreißig Jahren ihrer Bekanntschaft kaum je angeschnitten hatten. Während dieser Phase des Interviews spricht Dirac so unaufgeregt wie üblich, aber jedes der sorgfältig gesetzten Worte scheint mit einer schweren Last von Traurigkeit und Bedauern beladen zu sein, besonders, als er auf Wigners Frage, warum sich Felix das Leben genommen hatte, antwortete:

> Ich vermute, dass er einfach sehr deprimiert war. Und, nun ja …, diese Art von Leben, wie wir aufwuchsen ohne jede Art von sozialen Kontakten muss sehr deprimierend auf ihn gewirkt haben so wie auch auf mich, und einen jüngeren Bruder zu haben, der klüger war als er, muss ihn ebenfalls mächtig deprimiert haben.[43]

Dirac ließ manches ungesagt, aber Kuhn und Wigner waren weise genug, ihn nicht zu drängen; wenn sie es getan hätten, hätte er sich mit ziemlicher Sicherheit völlig verschlossen und vielleicht sogar weitere Interviews verweigert.

Persönlich hegte Dirac keinen Zweifel, warum sein Bruder sich das Leben genommen hatte. Dirac erzählte Kurt Hofer, er sei sich sicher, dass in erster Linie sein Vater für die Tragödie verantwortlich war: Charles hatte Felix ein normales Aufwachsen verweigert, zwang ihn, gegen seinen Willen Französisch zu sprechen und hatte sein Berufsziel, Arzt zu werden, zerstört.[44] Aber selbst nach jahrzehntelangem Nachdenken konnte Dirac immer noch nicht die Tiefe der Trauer seines Vaters über Felix' Selbstmord verstehen:

Sein Vater war für ihn nach wie vor ein Rätsel und immer noch, wie er seinen engsten Freunden erzählte, der einzige Mensch, den er je „gehasst" hatte.[45]

Drei Monate nach den Interview-Sitzungen bedankte sich Kuhn schriftlich bei Dirac für seine Mitwirkung und informierte ihn, dass die aufgenommenen Enthüllungen über den Tod von Felix aus der zu veröffentlichenden Version gestrichen seien und „für zukünftige Verwendung getrennt abgelegt würden".[46] Das Material wurde erst nach Diracs Tod veröffentlicht.

Im Jahre 1962 begann für Dirac das letzte Stadium seiner Karriere in Cambridge. Seine familiären Umstände änderten sich rasch: Seine Tochter Mary bereitete ihre Auswanderung in die USA vor; Monica war auf die Universität gegangen, „um dort die Beatles zu entdecken". Kurz vor Monicas Weggang hatte ihre Mutter sie aus dem Haus geworfen, geradeso wie sie auch Judy als Teenager behandelt hatte.[47] Inzwischen hatte sich Judy mit ihrer Familie in den USA niedergelassen, und Gabriel verfolgte seine akademische Karriere in Europa.

Dirac stellte sich vor, den Rest seines Lebens zu Hause in Cambridge zu verbringen, seinen Garten zu pflegen und in seinem Arbeitszimmer weiter zu arbeiten. Manci hatte jedoch andere Pläne.

27
1963 – Januar 1971

[Einige Kritiker] tun so, als sei Flaubert oder Milton oder Wordsworth irgendeine tüttelige Tante in einem Schaukelstuhl, die nach muffigem Puder riecht, nur der Vergangenheit nachhängt und seit Jahren nichts Neues gesagt hat. Natürlich, es ist ihr Haus, und jeder wohnt darin mietfrei; aber trotzdem, es wäre doch sicher, na, Sie wissen schon … allmählich an der Zeit?

Julian Barnes, *Flaubert's Parrot*, 1984
(*Flauberts Papagei*, übers. Michael Walter, Haffmans Verlag 1989).

Mitte der 1960er-Jahre arbeitete Dirac den größten Teil der Woche zu Hause. Obwohl er für seine früheren Arbeiten bewundert und für seine Integrität verehrt wurde, wirkte er in der Abteilung zunehmend deplatziert: „Er war irrelevant geworden", erinnert sich sein jüngerer Kollege und früherer Student John Polkinghorne.[1] Viele der anderen Physiker in Cambridge dachten das Gleiche, folgten aber dem ungeschriebenen Gesetz der Ritterlichkeit in der Wissenschaft: Wenn große Forscher nachlassen und sich gegen moderne Trends in ihrem Fach aussprechen, mochten sie ignoriert und sogar im Privaten verspottet werden, sollten aber in der Öffentlichkeit für ihre früheren Leistungen von Herzen gelobt werden.

Auch außerhalb der Universität wurde Dirac zu einer einsamen Gestalt, als Außenseiter aus einer anderen Zeit fühlte er sich unwohl in der neuen Popkultur und ihrer Respektlosigkeit. Es war unvorstellbar für ihn, dass ernsthafte Kritiker das gemalte Bild einer Suppendose als ein Hauptwerk der Kunst behandelten, und dass viele der Lieder, die eine ganze Generation prägten, von vorwitzigen aus der Arbeiterklasse stammenden Liverpoolern geschrieben waren, die nicht einmal Noten lesen konnten. Was sollte man, wunderte sich Dirac, von einer Gruppe erwarten, deren Hauptsänger von sich behauptete, ein Walross zu sein?[2]

Dirac begann das Alter zu spüren und die Aussicht, von seinen Kollegen faktisch im Stich gelassen zu werden: Alle Anzeichen sprachen dafür, dass Batchelor sicherzustellen versuchte, seinen Lucasischen Lehrstuhl zum Zeitpunkt

© Springer-Verlag GmbH Deutschland, ein Teil von Springer Nature 2018
G. Farmelo, *Der seltsamste Mensch*, https://doi.org/10.1007/978-3-662-56579-7_27

der in den Statuten vorgesehenen Pensionierung mit siebenundsechzig Jahren freizumachen. Diese Bedrohung veranlasste Dirac zu einem kurzen Abstecher in die vergiftete Unterwelt der Universitätspolitik, als er sich im Frühjahr 1964 mit Hoyle und ein paar anderen verbündete, um Batchelors Absetzung nach seiner ersten fünfjährigen Amtsperiode als Direktor der Abteilung zu erreichen. Sie wurden jedoch ausmanövriert und scheiterten kläglich.[3] Da er nicht wünschte, ein Teil von Batchelors Imperium zu sein und seine Pflichten in der Kindererziehung hinter ihm lagen, nahm Dirac – von Manci bestärkt – seine Reisen wieder auf und verbrachte ansonsten noch mehr Zeit in seinem Garten, schnitt seinen untadeligen Rasen, beschnitt seine Rosen und pflanzte weit mehr Gemüse an, als Manci für ihre Speisekammer benötigte. Auf seinen Bücherborden häuften sich Magazine und Bücher über Gartenbau, als ob sein Arbeitszimmer nicht einem forschenden Physiker, sondern einem Landschaftsgärtner gehörte.[4] Er war immer noch in der Forschung aktiv, erlitt aber das Schicksal aller alternden theoretischen Physiker: Sein Enthusiasmus war stärker als seine Vorstellungskraft.

Während er in Cambridge an den Rand gedrängt wurde, behandelte man ihn an seiner akademischen Lieblingsadresse in den USA sehr freundlich. Im Frühjahr 1963 hörte Dirac von Oppenheimer, dass er dafür gesorgt hätte, dass eine gerahmte Fotografie von ihm an einer Wand im Institute for Advanced Study aufgehängt wurde, direkt neben einem Schnappschuss von Einstein: „Ihr zwei seid ganz allein an dieser Wand."[5] Diese einfache Geste war ein Symbol für die Großzügigkeit des amerikanischen Universitätssystems, das viel mehr als britische Universitäten darauf bedacht war, den führenden Gelehrten den nötigen Raum zu geben, um ihren unproduktiven Lebensabend in Würde zu verbringen. Hauptsächlich aus diesem Grund verbrachte Dirac mehr Zeit in den USA. Von 1962 bis zu seiner Pensionierung im Jahr 1969 besuchte Dirac die USA jedes Jahr zumindest für einige Monate, zweimal für fast ein ganzes akademisches Jahr (1962/63 und 1964/65).[6] In einem großen Teil der restlichen Zeit besuchten er und Manci Konferenzen oder machten Ferien in Europa und Israel (die UdSSR stand nicht länger auf ihren Reiseplänen, anscheinend konnten selbst sie kein Visum erhalten). Während dieser sieben Jahre sah Stephen Hawking – ein Kollege von Dirac und ein aufsteigender Stern – ihn nie in der Abteilung, wie er sagte.[7]

Manci wollte unbedingt aus Cambridge entfliehen. Dirac mochte Veränderungen nicht und wollte auch gegenüber seiner Universität loyal bleiben, doch schließlich stimmte er zu, dass es Zeit sei, zu emigrieren – vorzugsweise in die USA. Er brachte nicht die Initiative auf, sich eine neue Position zu sichern: Diese Aufgabe fiel Manci zu, die die neue Rolle als die drängelnde Managerin eines schweigsamen Talents auf sich nahm und königlichen Hoheiten und zu Ehren gekommenen Persönlichkeiten nachlief und bei ihren

Abb. 27.1 Dirac und Manci (ganz links) auf einer Party während der Atlantiküberfahrt auf der SS America am 2. April 1963. (© Paul A. M. Dirac Papers, courtesy of the Florida State University Libraries, Special Collections and Archives)

Reisen auf Schiffskabinen mit Meerblick und Zimmern mit der besten Aussicht bestand. Er war ihr Elvis und sie war sein Colonel Parker (Abb. 27.1).

Vorträge zu halten war Diracs Stärke geworden. Obwohl seine Stimme schwächer wurde, konnte man sich darauf verlassen, dass seine Zuhörer ihm gebannt folgten, nicht wegen besonders geistreicher oder humorvoller Formulierungen, sondern wegen der Klarheit und Bescheidenheit. Auf dem Podium wirkte und klang er wie ein älterer Priester aus Bristol, hatte aber dabei den unschuldigen Ton eines jungen Burschen, der einen Aufsatz bei der Preisverleihung vorträgt. Er verkürzte die Vokale und betonte die Konsonanten wie einen Dolchstoß. Es überraschte oft die Zuhörer, dass ein so schweigsamer Mann so fließend redete, kaum je mit einem „äh" oder „hm" zögerte und sich selten auch nur andeutungsweise grammatikalisch verhedderte. Seine einzige störende Eigenart war die Neigung, mitten im Satz zu verstummen: Wenn er nachdenken musste, um die richtigen Worte zu finden, hielt er plötzlich beim Reden inne, typischerweise zehn Sekunden lang, aber manchmal mehr als eine Minute, bevor er kommentarlos fortfuhr.

Er hielt weniger fachspezifische Vorlesungen, aber gelegentlich Gastvorträge, darunter im Frühjahr 1964 eine Vortragsserie über die Quantenfeldtheorie an der Yeshiva Universität in New York. In diesen Vorlesungen, die später als Klassiker gewürdigt wurden, entwickelte er die Theorie logisch von ihren Anfängen ausgehend und erklärte, ungewöhnlich für ihn, Schritt für Schritt die Berechnungen, die zu der Vorhersage der Energieverschiebung des Wasserstoffatoms durch quantenelektrodynamische Effekte führten, die von Lamb im Jahr

1946 gemessen worden war. Obwohl die Theorie und das Experiment bis auf experimentelle Unsicherheiten übereinstimmten, hinterließ Dirac bei seinen Zuhörern keinen Zweifel, dass die Theorie der Quantenelektrodynamik grundlegend fehlerhaft war: „Als Forscher darf man nichts für zu sicher halten; man muss immer damit rechnen, dass sich bestimmte Ansichten, die man lange Zeit gehegt hat, als überholt erweisen können."[8]

Ein Jahr zuvor hatte er an der Yeshiva-Universität einen Vortrag mit dem Titel „The Evolution of the Physicist's Picture of Nature" (Die Entwicklung des Weltbilds der Physiker) gehalten, den er 1963 zu einem Artikel für die Mai-Ausgabe des *Scientific American* umarbeitete, den einzigen Artikel, den er jemals für ein populäres Wissenschaftsmagazin geschrieben hat. Der Stil und der Inhalt des Vortrags waren Vorläufer zu Dutzenden ähnlicher Darstellungen: Er erklärte in klarer, einfacher Sprache, warum sich die Grundlagenphysik in einer Krise befindet, und brachte Parallelbeispiele in Form eines oft vereinfachenden Überblicks über die Geschichte der Physik. In dem Artikel bediente er sich einer seiner Lieblings-Anekdoten: Schrödinger hat behauptet, er habe eine mathematisch schöne relativistische Version seiner Gleichung schon ein paar Monate vor der berühmten nicht-relativistischen Version entdeckt, habe sie aber nicht veröffentlicht, weil sie manche Beobachtungen am Wasserstoffatom nicht erklären konnte. (Der Widerspruch war entstanden, weil zu der damaligen Zeit noch nicht bekannt war, dass das Elektron einen Spin hat.) Schrödinger publizierte seine nicht-relativistische Version erst, als er sicher war, dass sie mit den Daten gut übereinstimmte. Wäre er mutiger gewesen, wäre er der Erste gewesen, der eine relativistische Quantentheorie veröffentlicht hätte. Für Dirac enthielt diese Geschichte eine Moral: „Es ist wichtiger, in seinen Gleichungen Schönheit zu haben als Übereinstimmung mit dem Experiment."

Dirac legte seinen Lesern nahe, „Gott sei ein höchst genialer Mathematiker. Er hat das Universum nach tiefgründigen und feinsinnigen mathematischen Gesetzmäßigkeiten aufgebaut", wobei er offensichtlich vergessen hatte, dass er der Verbindung der beiden Begriffe Gott und Schönheit schon vierzig Jahre zuvor in den Schriften seines Kollegen Sir James Jeans begegnet war.[9] In seiner positivistischen Jugend hätte Dirac diese Verbindung als nicht verifizierbar und daher bedeutungslos angesehen, aber er schlug nun eine andere Tonart an. Nachdem er Jahrzehnte auf dem festen Boden der auf Experimenten basierten Wissenschaft verbracht hatte, war er nun bereit, Ausflüge auf dem Ozean der metaphysischen Philosophie zu unternehmen.

Der Physiker in Dirac schien jetzt die Vergangenheit der Gegenwart vorzuziehen. Da er sich in der Gesellschaft der führenden jüngeren Physiker unwohl fühlte, war er am zufriedensten, wenn er mit alten Freunden Erinnerungen austauschen konnte. Er verpasste keines der alle drei Jahre stattfindenden

Nobelpreisträger-Treffen in Lindau, jener beschaulichen Stadt am Bodensee, wo er sich gern mit Physikern unterhielt, aber gegenüber den zur Teilnahme eingeladenen Studenten deutlich reservierter war. *Horizon*, die Vorzeige-Wissenschaftsserie des neuen britischen Fernsehkanals BBC2, drehte bei dem Treffen von 1965 einen Dokumentarfilm, der von Peter Loïzos produziert wurde. Loïzos beobachtete, dass die Nobelpreisträger, die am meisten von Studenten umlagert wurden, Dirac und Heisenberg waren, die beide wie Hollywoodstars Schwärme von Bewunderern anlockten, und auch dass fernab des Gedränges Dirac wie ein Butler Heisenberg zu folgen pflegte.

Loïzos wusste, dass es nicht einfach sein würde, Dirac zu einem Gespräch zu überreden, da schon mehrere Produzenten von Radio und Fernsehen der BBC, die ihn um Interviews gebeten hatten, eine brüske Abfuhr erhalten hatten.[10] Doch Dirac stimmte zu, dass ein Gespräch zwischen ihm und Heisenberg gefilmt werden durfte. Das Ergebnis ist eine einzigartige Dokumentation von Dirac in entspannter Unterhaltung.[11] Heisenberg mit seinem immer zuvorkommenden Lächeln war ebenso elegant gekleidet und unbeschwert wie dreißig Jahre zuvor, aber Dirac hatte sich ziemlich stark verändert. Sein lächerlich schlecht gekämmtes Haar bestätigte seinen Ruf, wenig auf sein Äußeres zu achten, aber er war entspannter als in jüngeren Jahren, lächelte immer wieder nicht nur mit seinem Mund, sondern auch mit seinen Augen, und sprach mit überraschender Selbstsicherheit. Besonders bemerkenswert bei dieser Begegnung ist, dass Dirac die Diskussion anführte, sobald er das Thema Schönheit aufgebracht hatte, nachdem er die Anekdote von Schrödingers vorzeitigem Aufgeben der relativistischen Version der Schrödinger-Gleichung erzählt hatte. Als Heisenberg vorsichtig bemerkte, dass Schönheit weniger wichtig als die Übereinstimmung mit dem Experiment sei – die allgemeine Ansicht –, brach Dirac eine Lanze für den Ästhetizismus und zwang Heisenberg in die Defensive:

HEISENBERG: Ich stimme ja zu, dass die Schönheit einer Gleichung ein sehr wichtiger Punkt ist, und die Schönheit einer Gleichung einem schon eine große Portion Vertrauen einflößen kann. Auf der anderen Seite muss man allerdings nachprüfen, ob sie passt oder nicht. Es ist nur dann Physik, wenn sie wirklich mit der Natur übereinstimmt. Das mag sich jedoch erst viel später herausstellen.
DIRAC: Und wenn sie nicht passt, dann wird die Publikation zurückgestellt? Genauso wie bei Schrödinger?
HEISENBERG: Ich weiß nicht, ob ich das tun würde. In mindestens einem Fall habe ich nicht so gehandelt.

Großmütig lächelnd schien Heisenberg in diesem Punkt nachzugeben. Dreißig Jahre zuvor hätte er mit der Beharrlichkeit eines Terriers insistiert, aber seine Streitlust war unter den Erniedrigungen der Nachkriegsjahre erlahmt. Vor Freude über das gewonnene Argument strahlte Dirac über das ganze Gesicht und entblößte dabei zwei Reihen verfaulender Zähne.

Dirac vertraute immer noch der Hypothese der großen Zahlen, obwohl er wusste, dass die meisten Physiker sie als dunklen Punkt in seinem Lebenslauf ansahen, nachdem Edward Teller 1948 eine scheinbar vernichtende Widerlegung publiziert hatte. Teller wies auf ein Problem hin: Nimmt man an, dass sich das Universum ausdehnt, folgt aus der Hypothese eine Gravitationskraft, die vor Millionen von Jahren größer war als heute. Demnach hätten auch die Ozeane der Erde vor 200–300 Millionen Jahren gekocht und wären verdampft – im Widerspruch zu den geologischen Beweisen, dass das Leben auf dem Planeten seit mehr als 500 Millionen Jahren existiert.[12] Das Interesse an der Hypothese war im Jahre 1957 erneut aufgeflackert, als der amerikanische Kosmologe Robert Dicke darauf hinwies, dass die Hypothese der großen Zahlen voraussetzt, dass menschliches Leben erst nach der Bildung der Sterne entsteht und bevor sie sterben.[13] Falls diese Hypothese falsch sei, würden Astronomen und alle anderen Lebensformen nicht existieren. Dirac war von Dickes Überlegungen nicht beeindruckt und gab nicht nach: Er glaubte an die Bedeutung der Hypothese der großen Zahlen „mehr denn je".[14] Im November 1961 verfasste Dirac seine erste öffentliche Aussage zur Kosmologie nach zweiundzwanzig Jahren:

> Nach Dickes Annahme konnten bewohnbare Planeten nur für eine begrenzte zeitliche Periode existieren. Unter meiner Annahme können sie unbegrenzt in der Zukunft existieren, und das Leben braucht niemals zu enden. Es gibt kein stichhaltiges Argument, das zwischen diesen Annahmen entscheiden könnte. Ich ziehe diejenige vor, die die Möglichkeit eines endlosen Lebens erlaubt.[15]

Diracs Vision vom Schicksal des Universums war im Einklang mit einem seiner Credos, die er in seinen philosophischen Notizen im Januar 1933 aufgeschrieben hatte: „Die menschliche Rasse wird auf ewig weiter leben", eine subjektive Annahme, die er „um seines eigenen Seelenfriedens willen" treffen musste.[16] Offensichtlich konnte es dieser distanzierteste aller Theoretiker nicht ertragen, sich ein Universum ohne Menschen vorzustellen.

Einer der wenigen Kosmologen, die weiterhin glaubten, dass es sich lohnen würde, über Diracs Hypothese nachzudenken, war der Wodka trinkende Riese George Gamow. 1965 verbrachte er ein Forschungstrimester in Cambridge in Begleitung seiner neuen Frau Barbara, die er, kurz nachdem er im Jahr 1956 aus „psychischen Gründen" von Rho geschieden worden war, geheiratet hatte.[17] Die Gamows wohnten im neuen Churchill College, dessen erster Rektor Sir John Cockcroft war, der von dem Premierminister eingesetzt wurde, nach dem es benannt ist.[18]

Ein Diskussionsthema zwischen Dirac und Gamow war die Schönheit der „Steady-State-Theorie" des Universums, die besagt, dass das Universum weder einen Anfang noch ein Ende hat, sondern für immer weiter besteht – wie ein Film, dessen Handlung ewig weitergeht. In jenem Sommer war die Steady-State-Theorie eine aktuelle Frage, weil sie offenbar von einer der aufschlussreichsten astronomischen Beobachtungen, die seit Jahrzehnten gemacht worden war, diskreditiert wurde. Zwei Astronomen von den Bell Laboratorien in New Jersey hatten einen Hintergrund von niedrig-energetischer Strahlung entdeckt, die wie ein Bad alles durchdrang. Erst nachdem die Astronomen ihre Beobachtungen gemacht hatten, erfuhren sie, dass genau solch eine Hintergrundstrahlung schon vorher von Gamow und anderen auf der Basis der Big-Bang-Theorie vorhergesagt worden war. Für die meisten Kosmologen ermöglichte diese Theorie eine schöne, einfache Beschreibung der Entwicklung des Universums, die mit der Allgemeinen Relativitätstheorie und allen anderen großen Theorien der Physik verträglich war. Fred Hoyle, der 1949 der Big-Bang-Theorie in einer seiner beliebten Radiosendungen auf BBC ihren Namen gegeben hatte, war die wortgewaltigste Stimme unter der abnehmenden Zahl derer, die an der Steady-State-Theorie festhielten.[19] Hoyle empfand die Idee des Big Bang als geschmacklos und verglich die Vorstellung eines Universums, das aus dem Nichts entsteht, mit einem „Party-Girl", das aus einem Kuchen hüpft: „Die Idee war weder würdevoll noch elegant."[20]

Im Nachtrag zu einer seiner Diskussionen mit Dirac schrieb ihm Gamow, um ihn zu fragen, ob er von der humorvoll-ironischen Zusammenfassung über die Rolle der Ästhetik in der Physik gehört habe, die wohl auf ihre gemeinsame Zeit in Kopenhagen zurückging (Gamow benutzt das Wort „elegant", wo Dirac „schön" verwenden würde):

Fall I Triviale Situation
Wenn eine elegante Theorie mit dem Experiment übereinstimmt, gibt es keine Probleme.
Fall II Heisenbergs Postulat
Wenn eine elegante Theorie nicht mit dem Experiment übereinstimmt, dann muss das Experiment falsch sein.
Fall III Bohrs Zusatz
Wenn eine unelegante Theorie mit dem Experiment nicht übereinstimmt, ist der Fall nicht verloren, weil man [durch] eine Verbesserung der Theorie diese in Übereinstimmung mit dem Experiment bringen kann.

Fall IV Meine Meinung
Wenn eine unelegante Theorie mit einem Experiment übereinstimmt, ist der
Fall hoffnungslos.[21]

Wenn die Beobachtungen mit einer hässlichen Theorie übereinstimmen, wie
bei der Quantenelektrodynamik, war das nach Diracs Ansicht kaum mehr
als Zufall. Er hatte einen fundamentalistischen Glauben an die Schönheit.
Das musste Heisenberg erfahren, als er eine neue Theorie zur Teilchenphysik
aufgestellt und Dirac gedrängt hatte, „spezifische Kritik" zu äußern.
Daraufhin hatte Dirac nur mit dem Daumen nach unten gezeigt, weil die
zugrunde liegende Gleichung „nicht genügende mathematische Schönheit"
aufweisen würde.[22]

Kapitza war einer der wenigen, die Diracs Passion für die Schönheit verstanden, vielleicht, weil er bei ihren frühen Gesprächen im Cavendish und
im Trinity College dazu beigetragen hatte. Dirac befürchtete vielleicht, nie
wieder in den Genuss von Kapitzas anregender Gesellschaft in Cambridge
kommen zu können, aber im Frühjahr 1966 erfuhr er, dass Kapitza und seine
Frau es geschafft hatten, Ausreisevisa zu bekommen, sodass sie für einen kurzen Aufenthalt nach Cambridge zurückkommen konnten. Als Ende April
die Ankunft der Kapitzas näher rückte, benahmen sich Dirac und Manci wie
Kinder am Vorabend eines königlichen Besuchs und waren so aufgeregt, dass
sie sich kaum auf die Vorbereitungen konzentrieren konnten.

1966 war Kapitza der berühmteste Wissenschaftler der Sowjetunion,
er gehörte zu den führenden Gelehrten des Landes und war als Kritiker
der Regierung bekannt. Der britische Botschafter schrieb im Voraus an
Cockcroft, um ihn zu warnen, dass Kapitza immer noch „ein bisschen von
dem alten Rebell" an sich habe und sprach die Empfehlung aus, dass „der
Besuch unter dem Aspekt der öffentlichen Beziehungen [der beiden Staaten]
eine sehr sorgfältige Behandlung erfordert".[23] Aber der Botschafter hätte sich
keine Sorgen machen müssen; Kapitza zeigte sich von seiner besten Seite,
da er von Rutherford gelernt hatte, wie man zwischen Respektlosigkeit und
gutem Benehmen balanciert, um gleichzeitig als zum Establishment gehörig
und mutig unabhängig zu erscheinen. In seinen Interviews vergaß er nie zu
betonen, dass er an der Entwicklung der nuklearen Waffen nicht beteiligt
gewesen war, und dass er so patriotisch wie eh und je sei, was er in seinem
Vortrag zum Thema „Ausbildung junger Wissenschaftler in der UdSSR" in
der großen Halle des Trinity College deutlich zum Ausdruck brachte.[24]

Beim Besuch der Kapitzas zum Mittagessen bei den Diracs gab sich Manci
ganz besondere Mühe in der Küche und servierte pochierten Lachs mit selbst-
gemachter Mayonnaise und gekühltem Burgunder. Mary erinnerte sich, dass
ihre Eltern mit dieser Einladung fast so etwas wie ein Bankett auf die Beine

stellten.[25] Während dieses einen Nachmittags strahlte das Wohnzimmer so viel Wärme aus wie ein Jacuzzi-Badehaus. Die Erinnerungen an den Sommer, den sie in Kapitzas Datscha verbracht hatten, flogen hin und her, dann ging es zu den Tagen im Cavendish, und Kapitza erzählte Hochzeitsnacht-Geschichten so freizügig, dass Anna den Raum verließ und Dirac und Manci es vor Lachen kaum bis zur Pointe aushielten.[26]

Sie sprachen sicherlich auch über den Kapitza-Klub, der im Frühjahr 1958 zu existieren aufgehört hatte und durch Seminarprogramme ersetzt worden war. Allerdings wurde der Klub am 10. Mai 1966 zum 676. Treffen wieder einberufen, damit die überlebenden Mitglieder – darunter Dirac und Cockcroft – ein letztes Mal zusammenkommen konnten und Kapitza den Klub offiziell schließen konnte.[27] Treffpunkt war ein gepflegter Gemeinschaftsraum im Gonville and Caius College, wo den Teilnehmern feine Dessertweine angeboten wurden – ganz im Gegensatz zum wässrigen Kaffee, den sie bei den Treffen vierzig Jahre zuvor getrunken hatten. Eine Fotografie von diesem Ereignis zeigt Kapitza und einen verloren dreinblickenden Dirac, der den Ellenbogen auf den Tisch und den Kopf in die linke Hand stützt. Er erweckt den Eindruck, als ob er sich zu Tode langweilt.

Der Höhepunkt des Treffens war eine gemeinsame Präsentation von Dirac und Kapitza über den Effekt, den sie im Jahre 1933 gefunden hatten, ein Jahr vor Kapitzas Festsetzung in der Sowjetunion: die Möglichkeit, dass Elektronen durch Licht gebeugt werden könnten. Als sie den Effekt erstmals voraussagten, war es unmöglich, ihn zu beobachten, weil die verfügbaren Lichtquellen zu schwach und die Detektoren für Elektronen nicht empfindlich genug waren. Nun aber erschien der Nachweis dank der verbesserten Empfindlichkeit der Detektoren und der zwischenzeitlichen Erfindung des Lasers möglich – technische Fortschritte, die der Allgemeinheit vertraut waren, nachdem sie 1964 im James-Bond-Film *Goldfinger* eine Hauptrolle gespielt hatten. Breitschultrig neben der auf einer Staffelei montierten Tafel stehend behauptete Kapitza, dass nun außer Zweifel stünde, dass der Effekt bald experimentell nachgewiesen werde, die Frage sei nur, ob Dirac und Kapitza das noch miterleben würden.[28]

Wenige Tage, nachdem die Kapitzas Cambridge verlassen hatten, richtete Dirac seine Aufmerksamkeit von der Vergangenheit weg und wieder auf die Zukunft. Er besuchte einen ganzen Vorlesungszyklus über moderne Teilchenphysik, der von dem amerikanischen Theoretiker Murray Gell-Mann abgehalten wurde, der seit den 1950er-Jahren eine Quelle für viele der produktivsten neuen Ideen in der Teilchenphysik war. Jetzt sechsunddreißig und auf dem Höhepunkt seiner Leistungsfähigkeit wurde er für seine Vorstellungskraft und technische Brillanz bewundert, aber zugleich gefürchtet wegen seiner scharfen Zunge. Er war etwas unbeliebt wegen seiner Egozentrizität – nicht zuletzt bei Dirac.[29] Zu Beginn der 1960er-Jahre hatten Gell-Mann und andere vorgeschlagen, dass stark wechselwirkende Teilchen nach einem mathematischen Muster klassifiziert werden können. Eines dieser Muster hatte er im Jahre 1963 verwendet, um die Existenz eines neuen Teilchens vorherzusagen. Als Experimentatoren dasselbe im folgenden Jahr entdeckten, war das ein Erfolg mit Signalwirkung für die theoretische Physik. Gell-Mann und sein Kollege George Zweig, die unabhängig voneinander arbeiteten, schlugen außerdem vor, dass stark wechselwirkende Teilchen aus verschiedenen Kombinationen von drei Arten eines neuen Typs von Elementarteilchen bestehen könnten, die von Gell-Mann Quarks genannt wurden. (Er übernahm den Namen aus *Finnegans Wake* von James Joyce, wo von „Drei Quarks für Master Mark!" die Rede ist.) Doch Gell-Mann selbst war skeptisch: In seinen Vorlesungen merkte er an, dass Quarks wahrscheinlich keine wirklichen Teilchen, sondern mathematische Artefakte seien, nur hilfreich, um die Symmetrien in den Eigenschaften der stark wechselwirkenden Teilchen zu erklären.[30] Ein Jahr später war Gell-Mann überrascht, dass Dirac die Quarks „liebte", ungeachtet der Tatsache, dass sie – nach Gell-Manns Meinung – „viele störende Eigenschaften" besaßen, einschließlich ihres anscheinend permanenten Eingesperrtseins im Inneren von stark wechselwirkenden Teilchen wie Protonen und Neutronen.[31] Als Gell-Mann nachfragte, warum Dirac die Quarks für so „wundervoll" hielt, antwortete der: Sie haben den gleichen Spin wie das Elektron, das Myon und das Neutrino. Vermutlich hatte Dirac erkannt, dass möglicherweise alle fundamentalen Bestandteile der Materie den gleichen Spin haben – den Spin des Elektrons. Und vielleicht spürte er, dass es bald möglich sein werde, eine Beschreibung der starken Wechselwirkung in Form einer Feldtheorie aufzustellen.

Gell-Manns Vorlesungen erteilten Dirac eine Lektion: Die Bottom-up-Methode in der theoretischen Physik, also die Inspirationen aus experimentellen Beobachtungen abzuleiten, erwies sich als sehr viel ertragreicher als der Top-down-Ansatz, den Dirac praktizierte und predigte und der seine Anregungen aus schöner Mathematik schöpft. Dirac gab dies im privaten Gespräch zu, doch er hegte nicht die Absicht, seine Herangehensweise zu ändern.[32]

Mitte September 1967 erfuhren die Diracs, dass Sir John Cockcroft, einer ihrer engsten Freunde, plötzlich an einem Herzinfarkt in seiner Wohnung im Churchill College verstorben war. Mehrere seiner Freunde glaubten, sein Tod sei durch seine Besorgnis über ein klassisches Melodrama des Kalten Krieges beschleunigt worden, das sich zwei Tage zuvor abgespielt hatte: Mitarbeiter der sowjetischen Botschaft hatten seinen Kollegen Vladimir Tkachenko – als Student ein Schützling von Kapitza – auf der Bayswater Road in London entführt und im Eiltempo nach Heathrow gebracht, wo sie ihn in ein Flugzeug nach Moskau setzten. Doch als sein Flugzeug gerade starten sollte, wurde es von Streifenwagen der Flughafenpolizei und MI5 -Agenten umringt, die in das Flugzeug eindrangen und ihn unwohl aussehend und schläfrig, vermutlich aufgrund von Beruhigungsmitteln, vorfanden. Sie holten ihn zur Empörung der sowjetischen Beamten gewaltsam heraus. Die protestierten und behaupteten, Tkachenko wolle aus freien Stücken Großbritannien verlassen, weil er von britischen Agenten bedroht und eingeschüchtert worden sei. Cockcroft starb an dem Morgen, nachdem der Vorfall öffentlich geworden war und der Bericht auf der Titelseite der *Times* gestanden hatte.[33]

Seiner Frau Elizabeth war bewusst, dass sie bald die Dienstwohnung, die Master Lodge, für den nächsten Rektor räumen musste, und das College stand ihr bei dem Umzug bei. Nach Meinung der Cockcroft-Kinder behandelten die Verantwortlichen sie einfühlsam und mit recht viel Großzügigkeit, aber Manci widersprach: Sie erzählte jedem, der es hören wollte, dass das College Lady Cockcroft aus der Lodge mit abscheulicher Hast hinausgescheucht hätte.[34] Mancis Geduld mit Cambridge war endgültig erschöpft, und sie beschloss, dass Dirac in eine Institution gehen müsse, die ihre älteren Akademiker besser behandelt. Sie gelobte auch, sich am Churchill College zu rächen.

Dirac und Manci begannen Pläne zu schmieden, sich in den USA niederzulassen. Einige der dortigen Universitäten würden sicherlich Dirac eine Professur anbieten, und Mary und Monica, beide seit Sommer 1968 verheiratet, lebten jetzt dort. Mancis Bruder Eugene Wigner war ja ebenfalls in den USA als einer der angesehensten ranghohen Vertreter und Elder Statesman der amerikanischen Wissenschaft und als Berater der Regierung, der sich – zu Mancis Irritation – politisch mit jedem Jahr weiter nach rechts bewegte. Aus seinen Briefen an die Diracs ist erkennbar, dass Wigner ein aufmerksames und fürsorgliches Mitglied der Familie war, aber in der Öffentlichkeit hatte seine Bescheidenheit etwas von Affektiertheit an sich: Er war nun so selbstkritisch, dass viele seiner Bekannten dachten, er mache sich auf subtile Art selber zum Gespött. Idealerweise hätten sich die Diracs gern in Princeton niedergelassen, aber das war keine Option mehr: Nach Oppenheimers Pensionierung im Juni 1966 – sieben Monate vor seinem Tod an Kehlkopfkrebs – war nicht anzunehmen, dass das Institute for Advanced Study Dirac ein akademisches Zuhause anbieten würde, und auch von der Universität Princeton konnte nicht erwartet werden, einen Physiker aufzunehmen, der schon so lange seine beste Zeit überschritten hatte.

Zwei Zweige von Diracs Familie blieben in Europa. Betty war eine zufriedene Hausfrau in Amsterdam, erledigte die Hausarbeit bei der Musik des BBC Home-Service und besuchte regelmäßig die höchste katholische Messe, die sie finden konnte. Im Dezember 1966 wurde Gabriel an die mathematische Fakultät der Universität von Swansea berufen, kurz nachdem die US-Regierung seinen Visumsantrag abgelehnt hatte – anscheinend wegen seiner kurz dauernden Mitgliedschaft in der Kommunistischen Partei in Cambridge.[35] Vier Jahre später zogen er und seine Familie an die Universität Aarhus in Dänemark, und Dirac und Manci besuchten sie dort während der Sommerferien.

Die meisten Sorgen bereitete Dirac und Manci von allen Kindern Judy, die 1965 nach einer erbittert ausgefochtenen Scheidung das Sorgerecht für ihre Kinder verloren hatte. Kurz darauf zog sie nach Vermont und verbrachte dort jedes Jahr mehrere einsame Monate in Wigners Sommerhaus am Ufer des Lake Elmore. Wigner sorgte sich um ihren geistigen Gesundheitszustand und schrieb an Manci, Judy sehne sich verzweifelt nach der Zuneigung ihrer Mutter und flehte sie an, ihre sichtbar leidende Tochter zu unterstützen: „Du darfst sie nicht im Stich lassen", sagte er zu Manci im September 1965.[36] Zweieinhalb Jahre später hielt sich Judy in einem Motel nahe des Lake Elmore auf, einsam, ohne Geld und von Wahnvorstellungen geplagt. Wigner glaubte, sie brauche unbedingt psychiatrische Hilfe, und er bekniete seine Schwester, einzugreifen, doch Manci sagte ihm, dass sie nichts mit Judy zu tun haben wolle, solange sie keinen Job gefunden hätte, und er solle aufhören, sich einzumischen.[37] Manci fühlte sich nicht verantwortlich für die Notlage ihrer Tochter und schrieb an Wigner:

> Warum um Himmels willen sollte ich mich schuldig fühlen? … Ich TAT meine Pflicht, und wer kann einen Stein auf mich werfen? J. ist eine Expertin darin, andere tief zu verletzen, und vielleicht tut sie dies gerade denen an, die sie liebt. In diesem Fall muss sie sich selbst um eine Lösung bemühen.[38]

Mancis ablehnende Haltung wurde am 17. September 1968 plötzlich durchbrochen, als sie ein Telegramm von ihrem Bruder erhielt: JUDYS AUTO WURDE VERLASSEN AUFGEFUNDEN WEISST DU AUFENTHALTSORT LIEBE. Dies sei der schlimmste Tag in ihrem Leben gewesen, sagte Manci später.[39] Manci hatte keine Ahnung, wo Judy war, da kein Kontakt mehr bestand. In den nächsten Tagen hörten die Diracs nichts aus Vermont oder von den Wigners. Manci war verzweifelt, malte sich die unterschiedlichsten Szenarien zu Judys Verschwinden aus, suchte Auswege, um nicht glauben zu müssen, dass die Depression zum Suizid geführt hatte. Am wahrscheinlichsten sei, so meinte Manci, dass Judy ermordet wurde.[40] Diracs Reaktionen auf diese Vorgänge erfuhr außer Manci niemand, da er sie anscheinend keinem anderen mitteilte.

Die Diracs beschlossen, nicht nach Vermont zu reisen, sondern in Großbritannien zu bleiben und die Ereignisse von dort aus zu verfolgen: Sie überließen es den Wigners, mit den Behörden in Vermont zu verhandeln. Anfang Oktober, nachdem sie die Stelle, wo Judys Auto gefunden worden war – eine Landstraße in der Nähe von Morrisville in Vermont – aufgesucht hatten, informierten Wigner und seine Frau die Diracs über Einzelheiten der polizeilichen Suche nach ihr in der umgebenden Landschaft mit ihren zahlreichen Teichen.[41] Die Suchtrupps hatten nichts gefunden. Allmählich gelangten die Wigners unter Tränen zu der deprimierenden Erkenntnis, dass sie Judy nie wieder sehen würden, aber die Diracs klammerten sich an jeden Strohhalm. Drei Jahre lang versuchten sie sich vorzustellen, wie Judy plötzlich wieder auftauchen könnte, aber das Gewicht der zunehmenden Wahrscheinlichkeit zerstörte allmählich das, was von ihrer Hoffnung noch übrig geblieben war. Sie akzeptierten, dass Judys Tod so gut wie sicher war.[42]

Mary erinnerte sich später, dass ihre Mutter untröstlich war, „rasend vor Kummer".[43] Die Diracs behielten ihren Schmerz über den Verlust für sich, aber zwei von Diracs späteren Bekannten, die Bildhauerin Helaine Blumenfeld und ihr Mann Yorrick, ein Journalist von *Newsweek,* bekamen einen Einblick in die tieferen Gefühle.[44] Die Blumenfelds erinnern sich, dass zwei Jahre, nachdem Judy verschwunden war, Dirac und Manci immer noch schlaflose Nächte hatten und endlos miteinander über Judys Schicksal sprachen. Diracs Bemerkungen darüber machten auf die Blumenfelds einen Eindruck, wie wenn er ihr biologischer Vater sei – er war so traurig und verwaist, als ob er seine eigene Tochter verloren hätte.

In den ersten Wochen des Jahres 1969 waren die Diracs in Miami und dachten über ein Leben nach Cambridge nach. Von den amerikanischen Universitäten, die Dirac einstellen wollten, kam das verführerischste Angebot von seinem früheren Studenten Behram Kurşunoğlu von der Universität Miami. Kurşunoğlu, ein vielseitiger theoretischer Physiker türkischer Herkunft – immer schick mit Texashut, Jackett und Krawatte – hatte seine Karriere auf die Suche nach einer vereinheitlichten Theorie der fundamentalen Wechselwirkungen im Rahmen von Einsteins Vorstellungen aufgebaut.[45] Kurşunoğlu war der Begründer der jährlich stattfindenden Coral-Gables-Konferenz, die manchem führenden theoretischen Physiker einen guten Grund bot, seine Heimatstadt mitten im Januar zu verlassen, um ein paar Tage in der warmen hellen Sonne im Süden von Florida zu verbringen. Kurşunoğlu stellte Dirac an der Universität mit einem zeitlich begrenzten Vertrag ein und bedrängte ihn sehr, eine Dauerstelle anzunehmen. Er hieß ihn und Manci wie Familienangehörige willkommen, unternahm mit ihnen Ausflüge in die Umgebung und vermittelte Dirac einen Eindruck von Kokosnüssen, Alligatoren und exotischen Vögeln.[46] Manci fand es sehr peinlich, wie lange Dirac zum Abwägen des Angebots von Kurşunoğlu benötigte, aber er wollte sich nicht drängen lassen – er mochte Miamis bedrückende Hitze nicht und fühlte sich unwohl in einer Gegend, wo Freizeit-Spaziergänger als widernatürlich angesehen werden.[47]

Der eindrucksvollste Ausflug fand am Neujahrstag statt, als Kurşunoğlu und seine Frau Dirac einluden, mit ihnen gemeinsam Stanley Kubricks Film *2001: Odyssee im Weltraum* anzusehen. Der Film hatte seit seinem Erscheinen acht Monate zuvor Kritiker und Zuschauer gespalten: Er wurde zu einer Inspiration für Steven Spielberg und eine neue Generation von Filmemachern, aber er machte auch in John Updikes Roman *Rabbit Redux* die Hauptfigur Harry Angstrom, „Rabbit", ratlos und brachte seine Frau zum Einschlafen.[48] Genau wie Spielberg war Dirac total begeistert: Er hatte viele Filme gesehen – die James-Bond-Filme und die Disney-Klassiker waren seine Favoriten –, hatte sich aber nie vorstellen können, dass ein Film einen so mächtigen Eindruck auf ihn machen könnte und es ihm ermöglichen würde, „seine eigenen Träume Gestalt annehmen zu sehen", wie er Marys Mann Tony Colleraine erzählte. Dirac mochte keine undurchsichtigen und offen endenden Handlungen, daher war seine Begeisterung für *2001* nicht vorhersehbar gewesen. Es ist jedoch leicht vorstellbar, dass ihn Kubricks Verwendung des Johann-Strauss-Walzers „An der schönen blauen Donau" und der Rest der klassischen Filmmusik beeindruckt haben, daneben die Anziehungskraft der Geschichte, die hauptsächlich in einer Bildersprache und weniger in Worten erzählt wird. Diracs Meinung, ein großer Teil der Quantenmechanik könne nur durch die Mathematik exakt ausgedrückt werden und nicht durch Worte, findet seinen Widerhall in einer Bemerkung, die Kubrick selbst über den Film *2001* machte: „Ich mag darüber nicht gerne reden, weil er im Wesentlichen eine nonverbale Erfahrung darstellt."[49]

Noch zwei Tage später war Dirac ganz aufgeregt und sah sich den Film noch einmal bei einer Matinee zusammen mit Tony Colleraine, Manci und Mary an, die während der zweieinhalb Stunden im Theater die meiste Zeit miteinander tuschelten. Dirac schlug Tony vor, ihn noch einmal gemeinsam „ohne die fortlaufenden Kommentare" anzusehen. Ohne es Manci zu sagen, blieben sie und sahen sich auch noch die nächsten zwei Vorführungen an, fanden dann aber bei ihrer Rückkehr zu Hause ihr warmes Mittagessen kalt auf dem Tisch vor. Dirac war jedoch zu aufgeregt, um sich daran zu stören: Er fühlte sich wie ein Kind nach drei Fahrten hintereinander in einer Achterbahn. Mehrere Szenen hatten von ihm Besitz ergriffen, besonders die Reise durch das Sternentor und das Erscheinen des grauhaarigen Astronauten im Schlafzimmer des achtzehnten Jahrhunderts: „Ich hätte die Szene allein nicht durchstehen können", sagte er später zu Colleraine.[50] Manci war an Diracs Bemerkungen zu „diesem verrückten Film" nicht interessiert: Ihrer Vorstellung von einem guten Film entsprach das romantische Epos *Dr. Schiwago*, aber nicht ein Film, in dem der eindrucksvollste Charakter ein sprechender Computer ist.

Der Film *2001* befeuerte Diracs Interesse am Apollo-Raumfahrtprogramm. Am Abend des 20. Juli 1969 saß er staunend mit offenem Mund vor dem

Fernseher im Wohnzimmer der Kurşunoğlus, als Neil Armstrong sich anschickte, als erster Mensch seinen Fuß auf den Mond zu setzen. Er blieb die ganze Nacht wach, um die Berichterstattung zu verfolgen. Kubricks Bilder waren schärfer und sein Soundtrack klarer, aber die körnigen Fernsehbilder und der gedämpfte Ton dieser ersten Mondlandung besaßen ihre eigene zwingende Realität. Und für Dirac war als ehemaligem Ingenieur die Realität das, was am meisten zählt. Der erste Mondspaziergang war der Kulminationspunkt der Luftfahrttechnik, deren Anfänge er als kleiner Junge miterlebt hatte und die es nun ermöglichte, dass Menschen ihren Fuß in einer Landschaft niedersetzten, die fast vierhunderttausend Kilometer weit entfernt war. Das Apolloteam, das die eindrucksvollste technische Leistung erbracht hatte, der Dirac in seinem Leben begegnet war, könnte in ihm sogar einen kleinen Stich des Bedauerns hervorgerufen haben, dass er sich für die Physik statt für die Ingenieurwissenschaft entschieden hatte: Er war ein Anführer einer wissenschaftlichen Revolution gewesen, die seiner Meinung nach in eine Sackgasse geführt hatte, während die Ingenieure des Apolloprogramms stolz „Mission erfüllt" erklären und weiter voranschreiten durften.

Im Sommer 1969 bereitete sich Dirac auf das Verlassen seines Lehrstuhls und das Abschiednehmen von den wenigen ihm in Cambridge verbliebenen Freunden vor, darunter der Philosoph Charlie Broad, der ihm die erste fundierte Einführung in die Relativitätstheorie gegeben hatte. Broad, einundachtzig Jahre alt, wohnte immer noch im Trinity College und sollte dort zwei Jahre später sterben.

Am 30. September, einem Dienstag, verbrachte Dirac seinen letzten Tag in Cambridge als Lucasischer Professor, als der angesehenste Inhaber dieses Lehrstuhls seit Sir Isaac Newton. Diracs Pensionierung verlief ohne Zeremonie, wahrscheinlich, weil die Universitätsleitung annahm, dass Dirac sich nicht wohl fühlen würde, wenn er der Mittelpunkt der Abschlussparty wäre. Das war jedoch ein Irrtum, wenn auch ein verständlicher: Dirac hätte es gern gesehen, wenn sein Beitrag zur Universität offiziell gewürdigt worden wäre, denn sein Sinn für korrektes Verhalten war im Gegensatz zu dem Eindruck, den er vermittelte, stärker als seine Aversion gegenüber einer Zeremonie.[51] Manci war empört. Aber sie wurde durch das Einfühlungsvermögen des St. John College entschädigt, das Diracs Mitgliedschaft auf Lebenszeit verlängerte, sodass er zurückkommen konnte, wann immer er es wünschte. Batchelor wollte ebenfalls großzügig sein und bot Dirac die Benutzung eines Zimmers in der Abteilung an, wann immer er in Cambridge vorbeikäme, aber dieser lehnte ab. Sein wahres Heim in der Universität war sein College und nicht die Abteilung.

Zwei Jahre lang teilten die Diracs ihre Zeit zwischen dem Vereinigten Königreich und den Vereinigten Staaten auf, doch im März 1971 konnte Manci kaum noch einen weiteren Tag warten, um Großbritannien zu verlassen,

„diese träge unmögliche Insel".[52] Die Unruhe der Arbeiterschaft, die seit dem Krieg ständig zugenommen hatte, erreichte gerade einen kritischen Punkt: Im ersten Jahr der Regierung von Edward Heath waren mehr Arbeitstage durch Arbeitsniederlegungen verloren gegangen als in jedem anderen Jahr seit dem Generalstreik. Die Beschäftigten der Post waren im Streik und verzögerten sieben Wochen lang die Kommunikation im Land. Rolls Royce ging in Konkurs.

Die Diracs waren im Begriff, in ein Land zu ziehen, das nicht weniger Sorgen hatte. Die Fortführung des Vietnamkriegs der USA wurde in der Verwandtschaft von Wigner ebenso kontrovers gesehen wie von Tausenden anderen: Die pazifistische Manci regte sich auf, dass „das Leben junger Amerikaner verstümmelt wurde, weil sie für eine lügnerische Regierung kämpfen mussten" und stritt sich mit ihrem militant eingestellten Bruder, der glaubte, der Krieg sei notwendig, um die Ausbreitung des Kommunismus zu stoppen.[54] Sie wusste nicht, dass das FBI eine Akte über sie angelegt hatte und nach Hinweisen für eine umstürzlerische Einstellung suchte. Dirac wusste, dass seine früheren politischen Sympathien bei manchen amerikanischen Institutionen Stirnrunzeln auslösen könnten, wie er sich äußerte, als er eine Einladung der Universität von Texas in Austin ablehnte, weil er faktisch ungeeignet sei: „Ich habe keine ausgeprägten politischen Ansichten, aber […] ich bin ein Mitglied der sowjetischen Akademie der Wissenschaften, und das macht mich nach der Definition [der Universität] zu einem Mitglied der Kommunistischen Partei."[55]

Jedes Mal, wenn er die USA in den späten 1960er und in den 1970er-Jahren verließ, befürchtete er, die Behörden könnten ihm die Wiedereinreise verweigern. Wie er wahrscheinlich vermutete, überwachte ihn das FBI weiterhin.[56]

Dirac, der gegenüber der amerikanischen Außenpolitik in Ostasien eine dissidente Haltung einnahm, verfolgte in den Zeitungen und Fernsehnachrichten die heftige Opposition an den amerikanischen Universitäten gegen den Krieg. Obwohl der Campus der Universität Miami einer der weniger militanten war, setzten die Studenten fast täglich der Universitätsleitung zu, indem sie den Vietnamkrieg verdammten, freie Geburtenkontrolle forderten und mehr Unterstützung der Bürgerrechtsbewegung anmahnten. Die Protestierer wollten nur mit dem Universitätspräsidenten, Henry King Stanford, sprechen, der sich auf die Rock-Plaza stellte – eine bühnenartige steinerne Terrasse in der Mitte des Campus – und beschwichtigende Reden vor den Studenten hielt, um weiteren Ärger zu vermeiden.[57] An der Peripherie dieser Menschenansammlungen konnte Stanford oft die schmale neugierige Gestalt von Dirac wahrnehmen.

Am Mittwoch, dem 6. Mai 1970, waren die Studenten besonders aufgebracht. Zwei Tage zuvor hatte die bundesstaatliche Polizei in Ohio das Feuer auf protestierende Studenten an der Kent-State-Universität eröffnet, deren Protest gegen die amerikanische Invasion in Kambodscha gerichtet war.[58] Die Schüsse von dreizehn Sekunden Dauer hatten vier Studenten getötet, neun weitere verletzt und brutal den Hedonismus der Flower-Power-Bewegung gekappt, dem seit dem Beatles-Song „Sergeant Pepper" im Sommer der Liebe von 1967 nur eine kurzfristige Blüte beschert worden war. Die Stimmung in Amerika wendete sich in eine unschöne Richtung. Sogar der normalerweise nüchterne Campus der Princeton Universität wurde instabil: Wigner glaubte, dass viele der Studenten „egozentrisch und nihilistisch" geworden seien und sich „wie die Hitlerjugend" aufführten.[59] Die Universität Miami geriet an den Rand der Anarchie, als ihre Studenten – unterstützt von vielen Universitätsangehörigen – einen viertägigen Streik begannen, so wie an zweihundertfünfzig anderen Universitäten im ganzen Land. Nach dem Mittagessen zu Beginn eines warmen Nachmittags begab sich Stanford zur Rock-Plaza, um vor einer aufgebrachten Ansammlung von über tausend Studenten zu sprechen, von denen viele die Arme aggressiv verschränkt hielten oder Transparente hochhielten mit Slogans wie „U$ raus aus Südost-Asien." Zuvor hatte die Menge eine Puppe von Präsident Nixon aus Zeitungen, alten Kleidungsstücken und Feuerwerkskörpern gebastelt und dann angezündet. Dirac hatte seit den Demonstrationen im Cambridge der 1930er-Jahre nichts auch nur entfernt Ähnliches erlebt.

Auf seinem Weg zu der Menschenansammlung sah Stanford einen älteren Herrn an der Peripherie und erschrak fast, als dieser auf ihn zukam. Es war Dirac, der ihn höflich mitfühlend fragte, „Haben Sie Angst?" Obwohl sein Herz heftig in seiner Brust schlug, antwortete Stanford gefasst, dass er sich darauf freue, zu den Studenten zu sprechen. Offensichtlich hatte Dirac bemerkt, dass der Präsident aufgeregt war und eine kleine Ermunterung gut gebrauchen konnte, da er ihm ganz gegen seine Gewohnheit einen Ratschlag anbot: „Sagen Sie ihnen, was Sie denken und haben Sie ein offenes Ohr für das, was die Studenten selbst zu sagen haben." Der Tonfall in Diracs Stimme verriet, dass ihn mit den Protestierenden eine „Geistesverwandtschaft" verband, wie Stanford später schrieb. Vielleicht spürte Dirac ein schwaches Echo aus den Tagen, als er selbst noch beinahe dem links-radikalen Rand des Spektrums angehörte. In seiner in beruhigendem Tonfall vorgetragenen Ansprache bezeichnete Stanford den Vorfall an der Staatsuniversität Kent als „eines der traurigsten Kapitel in der Geschichte der Hochschulen" und fügte hinzu, dass der Tod der Studenten „dramatisch den Verfall der Vernunft" in den USA widerspiegele.[60] Kurz nach dieser Rede endete der Protest friedlich, dennoch blieb die Universität noch über Wochen nervös. Dirac fragte sich vermutlich, was für eine Zukunft ihn noch erwarten würde.

Ein paar Wochen später nahmen die Diracs ein paar Tage frei und fuhren hinauf in Floridas Hauptstadt Tallahassee. Im Vergleich zu Miami mit seiner Hektik und der hohen Kriminalität war diese Stadt freundlich und sicher wie ein Dorf.[61] Dirac wusste, dass die dortige Staatsuniversität von Florida, die nicht so sehr für den Rang ihrer physikalischen Fakultät bekannt war wie für den ihrer Studenten-Partys und die Qualität ihres Footballteams, ihn heftig umwarb. Der ehrgeizige Leiter des Physik-Departments Joe Lannutti sah die Gelegenheit, den unentschlossenen Dirac dazu zu überreden, „ein bedeutender Gastprofessor" der Universität zu werden, ein Maskottchen für das angestrebte Ziel des Physik-Departments, ein „Zentrum der Exzellenz" zu werden.[62] Lannutti hatte die Diracs bereits im März 1969 nach Tallahassee eingeladen, wobei das Hotel Holiday Inn sie mit einem über dem Eingang flatternden Willkommensbanner begrüßt hatte, und das Physik-Department hatte an Marys Mann Tony wenige Monate später eine unbefristete Professur vergeben.[63] Für die Diracs war die Aussicht, ihre letzten Jahre in Marys Nähe zu verbringen besonders attraktiv, und das warme Klima würde der sich verschlimmernder Arthritis von Mancis Händen gut tun, aber Dirac wollte seine Entscheidung noch verschieben, bis er einschätzen konnte, wie er mit der glühenden Hitze und der hohen Luftfeuchtigkeit zurechtkam, sowie mit den bellenden Hunden, die ihm seine Spaziergänge verdarben.[64] Schwimmen war nun sein Lieblingssport geworden und, wenn er Zeit hatte, suchte er die örtlichen Seen und Baggerseen auf, wobei er immer ein Thermometer bei sich trug, um die Temperatur des Wassers zu prüfen. Nur wenn es genau oder mehr als sechzehn Grad Celsius hatte, ging er hinein; wenn nicht, kehrte er nach Hause zurück.[65]

Anfang Januar 1971 bot die Florida-State-Universität Dirac offiziell eine Position als „Visiting Eminent Professor" (als bedeutender Gastprofessor) an, die jährlich erneuert werden sollte.[66] Das FBI hatte keine Hinweise gefunden, dass Manci oder Dirac umstürzlerisch eingestellt waren, sodass ihrer Einwanderung kein offizielles Hindernis entgegenstand. Nachdem er fünf Monate lang über das Angebot nachgedacht hatte, akzeptierte es Dirac und kehrte wenig später mit Manci kurz nach Cambridge zurück, um ihre Sachen zu packen. Bei einem ihrer Gespräche mit den Blumenfelds wurde Dirac von Helaine gefragt, ob er sich auf den Umzug nach Tallahassee freue, worauf er mit einer Geste in Richtung Manci antwortete, „sie ist der Grund, warum wir gehen. Ich wäre gerne hier geblieben."[67]

28
Februar 1971 – September 1982

Alte Männer entwickeln eine Schwäche für
Verallgemeinerungen und das Bedürfnis, Strukturen in
ihrer Ganzheit zu überblicken. Deshalb werden betagte
Naturwissenschaftler so häufig zu Philosophen [...].
Eugene Wigner, *The Recollections of Eugene P. Wigner*, 1992

Der Rat, den Barbara Walters, Meister-Interviewerin berühmter Persönlichkeiten, in ihrem 1971 erschienenen Buch *How to Talk with Practically Anybody about Practically Anything* (Wie man mit so gut wie jedem Menschen über so gut wie alles reden kann) erteilte, hat sich wohl nicht auf Gespräche mit Dirac erstreckt. Dennoch hätte sich Dorothy Holcomb, die Direktorin für Öffentlichkeitsarbeit am Wissenschaftsmuseum in Miami, wohl gewünscht, dieses Buch gelesen zu haben, bevor sie den Versuch machte, aus Dirac während des Buffet-Empfangs zu seinen Ehren am Abend des 8. März 1971 ein paar Worte herauszuquetschen.[1] Nachdem er auf ihr „Hi!" nur mit einem ausdruckslosen „Hallo" geantwortet hatte, wurde ihr klar, dass es nur einen Weg gab, ihn dazu zu bringen, mehr als drei Worte zu sagen: Sie musste ihn bitten, das Thema der Unterhaltung selbst zu bestimmen. Er wählte das Thema *Comics*. Mehrere Minuten lang sprach er überraschend lebhaft über die Vorzüge zweier Comics-Serien, die er seit den 1930er-Jahren gelesen hatte: über den Abenteurer *Prince Valiant* (auf Deutsch die Heftreihe *Prinz Eisenherz*) aus dem fünften Jahrhundert, und über *Blondie*, das sorglose Mädchen der 1920er-Jahre, das in einer Vorstadtsiedlung eine Familie gründet. Holcomb war erfreut, und als Dirac gestand, er könne den launigeren Humor der *Peanuts* nicht ganz entziffern, schlug sie ihm vor, sich etwas mehr um den amerikanischen Humor zu bemühen; er stimmte zu. Danach beschloss Holcomb, sich ein Exemplar seiner *Principles of Quantum Mechanics* sowie das Buch *How to Talk ...* zu besorgen. Wäre Holcomb bis zum Schlusssatz von Walters' Buch gekommen, hätte sie dort einen guten Rat für jeden finden können, der je vergeblich Dirac in ein Gespräch zu verwickeln versucht hat: „Man kann nicht jeden gewinnen."[2]

© Springer-Verlag GmbH Deutschland, ein Teil von Springer Nature 2018
G. Farmelo, *Der seltsame Mensch*, https://doi.org/10.1007/978-3-662-56579-7_28

Kurz vor diesem Gespräch hatte Dirac einen Vortrag mit dem Titel „Evolution of Our Understanding of Nature" (Die Entwicklung unseres Naturverständnisses) gehalten, der weit über die Physik hinausging. Immer noch unter dem Einfluss der Anfangsszenen der *Odyssee im Weltraum* begann er den Vortrag mit einer Diskussion darüber, wie die ersten Menschen den Mechanismus des Getreideanbaus verstehen lernten, sich vom Aberglauben lossagten und zu Vorstellungen gelangten, die auf Theorien basierten, die wiederum auf Beobachtungen gestützt waren. Er wandte sich ausdrücklich gegen Kritiker des Apolloprogramms, die das Geld lieber für soziale Programme ausgeben wollten: „Menschen, die alle verschiedenen Arten menschlicher Aktivität mit Geld gleichsetzen, wählen eine zu einfache Sicht der Dinge." Die Lösung der sozialen Probleme lag, wie er argumentierte, nicht in einem pfennigfuchserischen Vergleich mit den Weltraumprogrammen und der Grundlagenforschung, sondern darin, „die große Verschwendung zu vermeiden, die wir um uns herum wahrnehmen" – vor allem die Arbeitslosigkeit der vielen Menschen, die Arbeit suchen. Schauen Sie auf die Hippies in Kalifornien, sagte er: Sie nehmen begeistert die Herausforderung an, sich am Kampf gegen Waldbrände zu beteiligen, statt nur die Zeit zu verbummeln, wie man ihnen nachsagt.[3]

Diracs Ansehen als Redner ermöglichte es ihm und Manci, ihrer gemeinsamen Vorliebe für internationale Reisen nachzugeben.[4] Die Florida-State-Universität gab ihm die Freiheit zu reisen, sowie neben einem bescheidenen Einkommen auch alles andere, was er benötigte: ein Dienstzimmer, Geselligkeit, finanzielle Unterstützung für seine Forschungen und – am wichtigsten – Respekt. Die Universitätsleitung behandelte ihn mit einer Ehrerbietung, die beinahe in Unterwürfigkeit ausartete, und sie betrachteten Manci als seine Königin. Manci verbrachte manche Stunde in angeregtem Gespräch mit dem unterhaltsamen Universitätspräsidenten Bernie Sliger, wobei sie auch nicht gesellschaftsfähige Witze erzählte. Sie wusste, dass er gern ihre Anrufe entgegennahm und jedem ihrer Anliegen Verständnis entgegenbrachte. Als Gegenleistung erwartete die Universität nur, dass Dirac erreichbar war, wenn sie mit ihrem berühmtesten Professor vor Würdenträgern, die zu Gast waren, glänzen wollte. Er spielte mit und schaffte es bis zu einem gewissen Grad, sein Gelangweiltsein zu verstecken. Nur einmal, als seine Mitwirkung als selbstverständlich vorausgesetzt wurde, verließ ihn die Geduld und er schloss sich in seinem Haus ein. Kurt Hofer musste ihn überreden herauszukommen, gerade rechtzeitig, um einen wichtigen Besucher zu treffen.[5]

Außer einer Betreuung von wenigen Doktoranden, die nicht viel Mühe machte, hatte Dirac keine Lehrverpflichtungen. 1973 stimmte er jedoch einer Serie von Vorlesungen über die Allgemeine Relativitätstheorie zu, mit dem Ziel, sie aus fundamentalen Prinzipien zu entwickeln und ihre logische Struktur darzulegen. Eine Physikstudentin aus der damaligen Zuhörerschaft, Pam Houmère, erinnert sich:

> Die erste Vorlesung war so gut besucht, dass es nur noch Stehplätze gab. Er begann so einfach, dass es die Reinigungskräfte verstehen konnten: Was bedeutet „Ort", was meinen wir mit „Zeit", und so weiter. Später baute er auf dieser Grundlage Stein für Stein auf, sodass jeder einzelne Schritt bei der Konstruktion zwangsläufig erschien. Was am meisten auffiel, war, dass er die Theorie nie mit dem Experiment verglich, er betonte nur immer wieder, wie schön die Theorie sei. Nur wenige Studenten hielten bis zum Ende des Kurses durch, aber für die, die es taten, war es ein unvergessliches Erlebnis.[6]

Dirac hielt diese Vorlesungen in den meisten Jahren bis 1980 und verwendete sie auch als Grundlage für sein kleines Buch *General Theory of Relativity*, einen Klassiker der Kurzdarstellung, der die Theorie auf neunundsechzig Seiten ohne ein einziges Diagramm darstellt.

In Tallahassee war das Haus der Diracs (Abb. 28.1) ungefähr zwanzig Gehminuten von seinem Dienstzimmer im dritten Stock des Keen-Gebäudes der Universität in der Mitte des Campus entfernt. An jedem Werktag ging er morgens nach dem Frühstück, die Hände auf dem Rücken verschränkt, langsam zu seinem Arbeitszimmer über ein dazwischen liegendes Feld, auf einem Weg, der ein Minimum an Kontakt mit den Hunden der Nachbarschaft gewährleistete. Im Sommer, wenn er seine Baseballkappe trug, sah er aus wie ein ganz normaler amerikanischer Pensionär, aber an den kältesten Wintertagen, wenn er seinen schweren Mantel angezogen hatte, den er fast

Abb. 28.1 Das Haus der Diracs in Tallahassee, 223 Chapel Drive. (© Graham Farmelo)

fünfzig Jahre zuvor bei Lord and Taylor gekauft hatte, war er Zoll für Zoll ein ehrwürdiger Professor aus England. Häufig trug er einen vierzig Jahre alten Schirm mit sich: „Der gehörte meinem Vater", sagte er den Kollegen.[7]

In seinem Dienstzimmer arbeitete er drei Stunden an seinem Schreibtisch, gelegentlich mit einer Pause, um die Bibliothek aufzusuchen. Für nicht erwartete Besucher, die an seine Tür klopften, hatte er den einfachen Spruch: „Bitte gehen Sie wieder."[8] Wenn das Telefon läutete, nahm er den Hörer oft nur kurz ab und ließ ihn sofort wieder auf die Gabel fallen, ohne sich die Stimme des Anrufers anzuhören.[9] Um zwölf Uhr mittags schloss er sich ein paar Kollegen zu einem Lunch an. Normalerweise sagte Dirac nichts, aber gelegentlich warf er eine Bemerkung über die Undurchschaubarkeit des amerikanischen Footballs ein oder über den Sinn, so viele junge Studenten in Physik zu unterrichten, wenn nur so wenige von ihnen eine Begabung für das Fach haben, um es mit Freude studieren zu können. Er liebte Witze, besonders solche, die auf der Interpretation eines einzigen Wortes beruhten, und solche die einen leicht erotischen Anklang hatten. Der folgende war einer seiner Favoriten:

> In einem kleinen Dorf beschloss ein frisch angestellter Pfarrer, seine Gemeindemitglieder persönlich zu besuchen. In einem einfachen Häuschen voller Kinder wurde er von der Dame des Hauses begrüßt. Er fragte, wie viele Kinder sie und ihr Mann hätten. „Zehn" antwortete sie. „Fünf Zwillingspaare." Der Pfarrer fragte weiter: „Sie bekamen immer Zwillinge?" Worauf die Frau antwortete, „Nein, Hochwürden, manchmal bekamen wir gar nichts."[10]

Nach dem Lunch kehrte er meist in sein Arbeitszimmer zurück und hielt ein Mittagsschläfchen auf seinem Sofa, manchmal nahm er an einem Seminar teil, das er oft großenteils zu verschlafen schien, und zum Spätnachmittagstee mit Manci kehrte er nach Hause zurück. Nach dem Abendessen entspannte er sich. Gelegentlich besuchten er und Manci ein klassisches Konzert, oder er las einen Roman – die geheimnisvollen Erzählungen von Edgar Allen Poe, Spionage-Geschichten von John le Carré und Science-Fiction-Geschichten von Fred Hoyle zählten zu seiner Lieblingslektüre. Oder aber er saß mit Manci vor dem Fernseher im Wohnzimmer, in dem ein großes Gemälde von Judy als Kind hing.[11] Dirac sah sich die meisten Folgen der *Nova*-Wissenschaftsserie an. Sendungen, die für ihn und Manci unverzichtbar waren, bildeten Historienfilme: Die *Forsyte-Saga* – Dirac war verzaubert von der Hausherrin Nyree Dawn Porter – und *Upstairs and Downstairs* (*Rückkehr ins Haus am Eaton Place*), wo die Klassenunterschiede zwischen dem Dienstpersonal und ihrer Herrschaft in einem Haushalt in der Zeit von König Edward dramatisiert werden. An Abenden, an denen eines dieser

Programme gesendet wurde, akzeptierten die Diracs Dinner-Einladungen von Freunden nur, wenn die Gastgeber im Voraus zugestimmt hatten, dass man sich diese Sendung gemeinsam schweigend ansehen würde. Eine Auseinandersetzung über das abendliche Fernsehprogramm drohte einmal außer Kontrolle zu geraten, als zwei Sendungen kollidierten, nämlich die Sonntagabend-Show von *Cher* – ein Höhepunkt in Diracs Woche – und die Live-Übertragung der Oscar-Verleihung, die Manci unbedingt sehen wollte. Der Disput wurde einige Tage später beigelegt, hatte jedoch seinen Preis: Sie kauften einen zweiten Fernseher.[12]

Das Ehepaar löste seine Differenzen nicht immer so freundschaftlich. Im August 1972 hatten sie den wohl schlimmsten Streit ihrer Ehe, als sie die kurz zuvor verwitwete Betty in ihrem Apartment in Alicante an der Südostküste Spaniens besuchten. Die Beziehung zwischen den beiden Schwägerinnen war schon längere Zeit brüchig. Ein Teil des Problems lag darin, dass Manci kein Geheimnis daraus machte, für wie faul und langweilig sie Betty hielt, während Betty über Mancis unnachgiebige herrische Art verärgert war. Die Gemüter erhitzten sich bei einem Gespräch auf dem Balkon des Apartments, als Dirac seine Schwester unterstützte, nachdem sie eine abschätzige Bemerkung über das Verhalten der Ungarn bei Kriegsende in Budapest fallen gelassen hatte. Manci verließ aufgebracht die Stadt und schrieb Dirac einen zornigen Brief:

Du sahst mir in die Augen und tatest alles, um mir wehzutun, mich zu erschrecken & mich zu erniedrigen & in Verlegenheit zu bringen [...]. Es ist eine Tatsache, dass die meisten Psychiatrie-Insassen von ihrer Familie hineingetrieben werden. Als ich dort allein auf dem Balkon im 5. Stock stand, empfand ich Deine Haltung so, als ob Du mich zum Runterspringen auffordern würdest [...]. Du hast Dich in grausamer, ungerechter, liebloser Weise vollständig mit meiner Peinigerin identifiziert, und das habe ich nicht verdient. Ich habe nicht das Gefühl, dass Du ein Ehemann bist, in dem Sinn, wie das Wort von Millionen verstanden wird. Ja, behalte doch Deine Loyalität zu ihr, die Dir in ihrem Mangel an menschlichen Emotionen so ähnlich ist, & ich muss lernen, entweder damit zu leben oder lieber zu sterben.[13]

Ein paar Tage später schrieb sie ihm erneut, diesmal in einem ganz anderen Ton:

Danke für Deine liebevolle Fürsorge. Für Deine Liebe, Wärme & Zuneigung. Für Deine Aufmerksamkeit bei Krankheit oder Schmerz. Für das Beachten meiner Bedürfnisse. Für die Erlaubnis, Dir Deine unausgesprochenen Wünsche von den Augen abzulesen. Für die Erlaubnis, Dir nahe sein zu dürfen, wenn Du krank oder deprimiert bist. Für die Vergebung meiner Fehler und Extravaganzen. Dafür, dass Du mich nie ängstigst oder in Panik versetzt. Dafür, dass Du mich als gleichberechtigt behandelst: immer gerecht und fair. Dafür, dass du immer versuchst, alle um Dich herum glücklich und fröhlich zu machen. Ich danke Dir.[14]

Einen Monat später bei einem Symposium in Triest anlässlich von Diracs siebzigstem Geburtstag, das von Abdus Salam organisiert wurde, erlebten Heisenberg und alle anderen Gäste die beiden Diracs in ihrer besten Form, das lebende Beispiel eines zufriedenen älteren Ehepaars. Doch Dirac wollte anscheinend die Unstimmigkeiten in den vorausgegangenen Wochen nicht völlig hinter sich lassen: Er heftete beide Briefe von Manci zusammen und verwahrte sie zwischen seinen Papieren im Dienstzimmer. Er schien alle ihre Angriffe – und die nachträglichen Wiedergutmachungen, die immer folgten – mit einer Gleichmütigkeit, die schon an Gleichgültigkeit grenzte, zu ertragen. Ob er mehr darunter litt, als andere sehen konnten, werden wir wahrscheinlich nie erfahren, da er, wie es scheint Mancis Verhalten nicht mit anderen diskutierte und sich noch weniger bei irgendjemandem über sie beklagte.

Für die Bekannten der Diracs war Manci in den späten Jahren eine kontroverse Persönlichkeit. Keiner stellte in Frage, dass ihre natürliche Gabe zur Freundschaft sein soziales Leben außerordentlich bereichert hat und dass sie ihrem Mann treu ergeben war, den sie liebevoll „mein kleiner Mickey Mouse" nannte. Viele Kollegen bestätigten die Umsicht, mit der sie für ihn sorgte und ihn gut vorzeigbar aussehen ließ. Einen Besucher berührte es, als er sah, wie sie seine Kleidung zurechtzupfte, als er eines Abends nach Hause kam und wie eine Vogelscheuche wirkte. „Sie sorgt so *gut* für mich", sagte Dirac stolz, als Manci seine Krawatte in Ordnung brachte.[15] Ohne sie hätte er vermutlich fast sein ganzes Leben als Erwachsener wie Charlie Broad allein im College zugebracht.

Doch viele Freunde zuckten unwillkürlich zurück, wenn sie miterlebten, wie sie ihn anschrie, „hörst Du mir auch zu?" und fragten sich, wie er sich fühlte, wenn er schweigend ihre Tiraden über „Nigger-Doktoren" und Juden anhören musste (dass Manci einerseits jüdisch und andererseits gelegentlich antisemitisch war, war eine der erstaunlichsten Paradoxien ihrer Persönlichkeit).[16] Yorrick Blumenfeld gab eine trostlose Zusammenfassung des Status ihrer vierunddreißigjährigen Ehe: „Sie war es überdrüssig, einen Pantoffelhelden im Haus zu haben, und er wollte immer nur in seiner Traumwelt leben." Helaine Blumenfeld war überrascht darüber, dass er sie ertragen konnte: „Er war ein wunderbarer Mann. Sie war einfach eine schreckliche Person."[17] Doch Lily Harish-Chandra, ein häufiger Gast im Hause Dirac und eine Freundin der Familie, widersprach: „Manci war äußerst warmherzig und loyal, eine gute Zuhörerin und eine sehr fürsorgliche

Ehefrau. Es kann nicht leicht gewesen sein, mit Paul zusammen zu leben. Ihre Ehe funktionierte, weil sie einander das gaben, was sie sich wünschten: Er gab ihr einen Status und sie gab ihm Lebendigkeit."[18]

In den frühen 1970er-Jahren war Dirac kurze Zeit hinsichtlich seiner Forschungen in der Teilchenphysik optimistisch. Er war zufällig auf eine Methode gestoßen, isolierte Elementarteilchen mit ganzzahligem Spin mit einer Gleichung zu beschreiben, die seiner Meinung nach eine besondere mathematische Schönheit aufwies. Noch besser: Sie beschrieb nur *positive* Energien – die Mathematik ergab keine störenden Lösungen mit negativer Energie. Aber seine Begeisterung kühlte sich ab, als er herausfand, dass es unmöglich war, mit der Gleichung zu beschreiben, wie ein Teilchen mit anderen Teilchen oder einem Feld interagiert – wie in der realen Welt. Mathematische Schönheit hatte sich erneut als ein trügerisches Leuchtfeuer erwiesen.

Dirac wandte sich wieder von seiner Arbeit über die Theorie der Elementarteilchen ab und kehrte zur Allgemeinen Relativitätstheorie zurück, sowie zu seiner immer noch unbewiesenen Hypothese großer Zahlen. Er wusste, dass Einsteins Theorie und diese Hypothese nicht miteinander verträglich waren, weil die Allgemeine Relativitätstheorie – in der Sprache von Newtons Mechanik ausgedrückt – verlangt, dass die Gravitationskraft zwischen zwei identischen Massen, die einen bestimmten Abstand voneinander haben, im Widerspruch zu Diracs Hypothese schon immer dieselbe Stärke gehabt hat und auch in Zukunft haben wird. Er versuchte, beide Ansätze mit Hilfe einer Idee in Einklang zu bringen, die ein früherer Kollege am Institute for Advanced Study aufgestellt hatte, der deutsche Mathematiker Hermann Weyl, dessen Vorgehensweise in der theoretischen Physik mit der von Dirac verwandt war. Weyl hatte einmal gesagt: „In meiner Arbeit habe ich immer versucht, die Wahrheit mit dem Schönen zu verbinden, aber wenn ich zwischen Wahrheit und Schönheit zu wählen hatte, habe ich im Allgemeinen das Schöne gewählt."[19] 1922 hatte Weyl den Prototyp einer Theorie angegeben, die einen verlockenden Blick darauf gestattete, wie eine mathematische Darstellung von Gravitation und Elektromagnetismus mit einem vereinheitlichten Satz von Gleichungen möglich sein könnte. Fasziniert von deren Schönheit hoffte Dirac, dass Weyls Ansatz vielleicht eine Verbindung zwischen der Allgemeinen Relativitätstheorie und der Hypothese der großen Zahlen liefern könnte, sodass eine schrittweise Abnahme der Gravitation im Verlaufe der Zeit herauskommen könnte.[20]

Bei diesem Projekt assistierte Dirac Leopold Halpern, ein Spezialist für die Allgemeine Relativitätstheorie, der 1974, ein Jahr vor seinem fünfzigsten Geburtstag, nach Tallahassee gekommen war. In Österreich geboren und aufgewachsen waren er und seine Familie 1938 bei Hitlers Invasion geflohen, als er dreizehn Jahre alt war. Siebenundzwanzig Jahre hatte er an verschiedenen europäischen Forschungsinstituten gearbeitet, darunter eine Zeitlang auch bei Schrödinger. Dirac hatte ihn 1962 auf einer Konferenz kennengelernt. Halpern war homöopathisch eingestellt und ein beglaubigter afrikanischer Medizinmann, ein hundertprozentiger Exzentriker, der das ganze Jahr im Freien schlief, in der Schale gebackene Kartoffeln mit Karateschlägen zerteilte und es ablehnte, sich mit Seife zu waschen. In Aufzügen war er nicht immer beliebt. Kollegen mit konventionellem Benehmen waren oft irritiert von seiner Stacheligkeit, die seine Schüchternheit verbarg: Wenn sein Telefon klingelte, antwortete er mit einem krächzenden, ungeduldigen „Hallo", aber seine Stimme wurde weich und nahm einen singenden Tonfall an, sobald er erkannte, dass er mit einem Freund sprach.

Halperns Eigenartigkeiten und sein ungehobeltes Benehmen gingen Manci auf die Nerven, gefielen aber Dirac sehr, sodass die beiden Männer enge Freunde wurden. Mindestens einmal in der Woche gingen sie im Silver Lake oder im Lost Lake schwimmen, zwei von Diracs Lieblingsplätzen in der Nähe von Tallahassee, vor allem, weil das Wasser dort so ruhig war. Dirac lehnte es ab, irgendwo in der Nähe von Motorbooten zu schwimmen. Als er schon sechsundsiebzig Jahre alt war, winkte er aber bei einem Ausflug trotzdem ein Motorboot heran und fragte den Besitzer, ob er das Wasserskifahren ausprobieren dürfe. Der Eigentümer willigte ein. Als Halpern dies Manci berichtete, war sie entsetzt: „Paul ist immer noch *sehr* kindisch!"[21]

An den meisten Wochenenden fuhren die beiden Männer in einer Stunde mit Halperns Volkswagen „Super Beetle" mit dem fünf Meter langen Kanu und einem Paar Paddel auf dem Dachträger an den Fluss Wakulla.[22] Nur Minuten, nachdem sie vom Ufer abgelegt hatten, waren sie in einer Wildnis, einem der angenehmsten kleinen Biotope Floridas. Sie ruderten dann etwa zwei Stunden lang stromaufwärts auf dem langsam dahinfließenden Fluss, durch Wälder aus Sassafras-Bäumen und amerikanischen Buchen, die mit spanischem Moos behangen waren. Die Alligatoren machten kaum ein Geräusch, die Stille wurde nur durch die rhythmischen Schläge der Paddel unterbrochen, den Ruf eines kreisenden Osprey-Fischadlers oder einen gelegentlichen Windstoß, der durch Lücken in dem das Ufer säumenden Wald blies. Nach einem kleinen Imbiss am sogenannten Snake Point entledigten sich Dirac und Halpern ihrer Kleidung und schwammen eine Weile, bis sie schließlich fast ohne ein Wort zu wechseln zu ihrem Ausgangspunkt zurückruderten. Das waren idyllische Freizeitstunden. Gelegentlich luden sie einen Gast ein, sie zu begleiten – aber es musste jemand sein, bei dem man sich darauf verlassen konnte, dass er die meiste Zeit schweigen würde. Einer der Gäste war Kurşunoğlu, der in seinem dreiteiligen Anzug mit Krawatte und Texas-Hut mitkam. Auf halbem Weg stand er im Kanu auf, um die Landschaft zu bewundern, nur um von Dirac in den Fluss geschubst zu werden, der dann auch noch in einen Lachanfall ausbrach.

Dirac und Halpern kamen oft um mehrere Stunden verspätet nach Hause – um sich mit halbherzig ausgesprochenem Bedauern wie zwei verlegene Schuljungen bei Manci zu entschuldigen, die außer sich war. Halpern versicherte ihr Woche für Woche, dass die Tierwelt am Wakulla keinerlei Gefahr darstelle: „Wenn Du die Schlangen und Alligatoren in Ruhe lässt, werden sie Dir nichts tun." Halpern konnte überhaupt nicht verstehen, warum sie sich so aufregte.[23]

In den 1970er-Jahren erlebte die Teilchenphysik etwas, das zu einer Revolution werden sollte. Nach Jahrzehnten der Unsicherheit erzielten die Physiker neue Klarheit über das Wirken des Universums auf der kleinsten Ebene: Im Universum besteht alles aus wenigen Grundbausteinen – einer Handvoll Leptonen und Quarks und einer kleinen Anzahl von Teilchen, die die Interaktionen zwischen ihnen vermitteln. Das Universum wird durch eine Quantenfeldtheorie beschrieben, die einfach genug ist, um auf einem T-Shirt zusammengefasst zu werden. Die Dirac-Gleichung beschreibt die elektromagnetischen Interaktionen zwischen allen Leptonen und Quarks, die jeweils den gleichen Spin wie das Elektron aufweisen.[24]

In den vergangenen fünfzig Jahren hatten Physiker sich einige recht öffentlichkeitswirksame Bezeichnungen für ihre Konzepte ausgedacht, aber sie ließen es zu, dass die Beschreibung der schwachen, der elektromagnetischen und der starken Wechselwirkung – eine der ehrfurchtgebietendsten Synthesen des Denkens des zwanzigsten Jahrhunderts – den nüchternsten Namen bekam: Standardmodell. Einer der ersten wichtigen Schritte auf dem Weg zu diesem Konsens stammte von Diracs früherem Studenten Abdus Salam und dem amerikanischen theoretischen Physiker Steven Weinberg, die beide im Jahr 1967 unabhängig vorgeschlagen hatten, die schwache und die elektromagnetische Wechselwirkung in einer vereinheitlichten Form zu verstehen, indem sie sie durch einen speziellen Typ von Eichtheorie beschrieben, deren zugrundeliegende mathematische Symmetrie gebrochen ist.[25] Über mehrere Jahre wurde die Weinberg-Salam-Theorie nicht ernst genommen, da sie noch stärker von unerwünschten Unendlichkeiten geplagt schien als die Quantenelektrodynamik, die Theorie von Photonen und Elektronen. Dies änderte sich jedoch in den frühen 1970er-Jahren. Nachdem die holländischen Theoretiker Gerard 't Hooft und Martin Veltman nachgewiesen hatten, dass die Unendlichkeiten in der Theorie – und in allen anderen Eichtheorien – durch eine Renormalisierung entfernt werden konnten, errang die Weinberg-Salam Theorie schnell breites Interesse und allgemeine Akzeptanz.[26] Etwa zur gleichen Zeit konnten die Theoretiker ihr

Verständnis der Renormalisierung verbessern, sodass sie eine wesentlich sauberere Methode wurde als der Trick, der für Dirac ein „unter den Teppich Kehren" war. Die Renormalisierung war nun zu einem weithin akzeptierten strengen Verfahren der mathematischen Physik geworden, das ohne Taschenspielertricks auskam. Dirac widersprach dem vehement.

Bald fanden die Physiker auch eine Eichtheorie der starken Wechselwirkung, die Quantenchromodynamik genannt wurde und auf den gleichen Grundlagen aufbaute wie die Weinberg-Salam Theorie. Es zeigte sich, dass man die starke Wechselwirkung zwischen Quarks durch masselose Teilchen beschreiben konnte, die Gell-Mann Gluonen nannte. Die Theorie besagt, dass Quarks nie isoliert auftreten. Die starke Kraft verhindert, dass sie getrennt werden können, aber wenn sie nahe beieinander sind, verhalten sie sich so, als wären sie frei. Daher konnte das Neutron, das von Chadwick genau dreißig Jahre zuvor entdeckt worden war, nun als ein bequemes Gefängnis für Quarks verstanden werden – sie können aus ihrer Gefangenschaft nicht entkommen, aber in der Zelle sind sie frei.

Rutherfords Vision eines typischen Atoms mit Elektronen, die einen winzigen Kern aus Protonen und Neutronen umkreisen (wie „eine Mücke in der Royal Albert Hall") war nun überholt. Jetzt war die relativistische Quantenfeldtheorie die fundamentalste Art und Weise, sich ein Atom vorzustellen: Die Quarks im Kern waren angeregte Quantenzustände des Feldes der starken Wechselwirkung, genauso wie die kreisenden Elektronen angeregte Quantenzustände des Elektronenfeldes darstellten. Alles in einem Atom kann in Form von solchen Feldern beschrieben werden. Rutherford hätte sich an solchen Abstraktionen verschluckt, doch sie waren offenkundig die unvermeidliche Konsequenz der ein Jahrhundert umspannenden Arbeit seiner experimentellen und theoretischen Kollegen.

Obwohl das Standardmodell viele Fragen unbeantwortet lässt – zum Beispiel hat noch niemand vollständig verstanden, warum Teilchen Masse haben –, war seine Aufstellung in den 1970er-Jahren ein Höhepunkt in der Geschichte der Physik. Doch Dirac blieb unüberzeugt: Mit Halpern hinter seiner Tallahassee-Mauer versteckt, ließen ihn die neuen Entdeckungen kalt, und es schien ihm nicht viel Freude zu machen, zuzusehen, wie andere Theoretiker einen Weg fanden, um die starke Wechselwirkung mithilfe der Feldtheorie zu beschreiben, deren Vorreiter er selbst gewesen war, als die Streumatrizen außer Gebrauch kamen. Er hielt sich nicht länger mit den Physik-Zeitschriften auf dem neuesten Stand und begann Fehler in seinem Fach zu machen, obwohl niemand taktlos genug war, ihm dies öffentlich vorzuwerfen.[27] Mitte der 1970er-Jahre hatte Dirac das Interesse an der Teilchenphysik verloren und Halpern bemerkte, dass er weniger an Neuigkeiten über die Feldtheorie interessiert war als an der erneuten öffentlichen Debatte über den Ursprung des

Turiner Grabtuchs, von dem manche glaubten, es sei das Leichentuch von Jesus Christus.[28]

Obwohl Dirac von den besten jungen Theoretikern der Teilchenphysik beeindruckt war, glaubte er, dass sie sich täuschten. In seinen Vorträgen und gelegentlichen Publikationen drängte er sie, alle ihre Zeit darauf zu verwenden, den Augiasstall der Renormalisierung auszumisten und zu desinfizieren, eine Aufgabe, die nach Meinung fast aller Physiker bereits erledigt worden war.[29] Dagegen blieb Heisenberg in München gegenüber neuen theoretischen Entwicklungen aufgeschlossen, er starb dann aber im Februar 1976 an Leberkrebs, sechs Jahre, nachdem sein früherer Lehrer und Freund Max Born in Göttingen gestorben war.[30] Alle Freunde von Dirac aus der Pionierzeit der Quantenmechanik waren nun tot.

Es gab eine Zeit, wo ihm der historische Blick auf die Atomphysik nicht wichtig gewesen war, aber nun legte er Wert darauf, seine Sicht der Geschichte vor Historikern und vor anderen Physikern darzustellen. In diesen Gesprächen gab er sich immer Mühe, die Begeisterung der frühen Jahre der Quantenmechanik hervorzuheben – ein Gefühl, das er nach allem, was wir wissen, selten gezeigt hatte, als er sie miterlebte. Er nahm sogar eine Anspielung auf seine Gefühle in den Bericht auf, der einer wissenschaftlichen Kurzbiographie am nächsten kommt: *Recollections of an Exciting Era* (Erinnerungen an eine aufregende Ära).[31]

Im Mai 1980 reiste Dirac, der noch an den Folgen einer Grippe litt, nach Chicago, um an einer Konferenz über die Geschichte der Teilchenphysik am Fermi National Accelerator Laboratorium (Fermilab) teilzunehmen, wo er über die Ursprünge der Quantenfeldtheorie sprach. In einer Diskussion am runden Tisch legte er großen Wert darauf, Paulis destruktiven Widerstand zu kritisieren, als die Ideen des Spins und des Positrons zuerst aufkamen.[32] In einer anderen Sitzung legte er seine Version der geschichtlichen Entwicklung der Antimaterie in einem Vortrag dar, an den sich Leon Lederman später erinnerte als „durch und durch ein Dirac" – klar, fließend und bescheiden: „Der Inhalt sprudelte aus ihm heraus wie ein Wasserfall."[33] Nachdem Dirac den Vortrag beendet hatte, merkte Vicki Weisskopf an, dass Einstein die Existenz eines positiven Elektrons 1925 vorgeschlagen hatte, etwa sechs Jahre vor Diracs Vorhersage.[34] Dirac ließ sich aber nicht stören: Er winkte mit der Hand ab und bemerkte, „das war ein glücklicher Zufall", und machte weiter. Sogar für Dirac hatte Bescheidenheit ihre Grenzen.

Manci war eine großzügige Gastgeberin und sorgte dafür, dass jeder im Raum sich als etwas Besonderes und wohl fühlen konnte. Sie gab oft Dinner-Partys, füllte aufmerksam die Gläser ihrer Gäste, servierte übergroße Portionen ihrer Lieblingsgerichte und achtete darauf, dass die Unterhaltung nicht stockte. Dirac saß am Kopfende des Tisches und schien den größten

Teil des Abends fast zu schlafen. Er konnte jedoch in eine Unterhaltung verwickelt werden, wenn eine junge Dame ihn ansprach, vor allem, wenn sie freundlich und attraktiv war.[35] Sein Rat wurde häufig gesucht, aber im Allgemeinen lehnte er es ab, einen zu geben; wenn er jedoch gedrängt wurde, bot er manchmal ein paar Worte an. Eine seiner Lieblingsantworten war: „Denke zuerst nach, was es Dir selbst bringt. Wenn niemand verletzt wird, dann tue es" – eine leicht egoistische Zusammenfassung der Auffassung von der moralischen Verantwortung des Individuums im Sinne von John Stuart Mill.[36]

Manci zeigte den Gästen gern eine ihrer Lieblingsfotografien: wie Dirac und Papst Johannes Paul II. im Vatikan einander herzlich die Hände reichen. „Paul und der Papst verstehen sich gut", sagte sie dann stolz, so als ob die beiden sich jedes Wochenende zu einer Runde Golf träfen.[37] Die Fotografie war bei einer von mehreren Zusammenkünften Diracs mit dem Papst in der Päpstlichen Akademie aufgenommen worden, einer Gruppe von namhaften Wissenschaftlern, die dem Papst unparteiischen wissenschaftlichen Rat anbieten. Dirac war 1961 in die Akademie gewählt worden, ein Jahr, nachdem sein Freund, der Kosmologe George Lemaître, ihr Präsident geworden war. Kurt Hofer, der Freund der Diracs, erinnert sich, wie stolz Manci auf ihren Mann war: „Nachdem sie den Gästen die Papst-Fotografie gezeigt hatte, holte sie eine Kollektion von Briefmarken aus aller Welt hervor, die alle ein Porträt von Paul zeigten. Er tat so, als wäre es ihm peinlich, aber er unternahm nie etwas, um sie davon abzuhalten."[38]

Bei einem der wöchentlichen Besuche Hofers im Chapel Drive 223 brachen aus Dirac unerwartet seine Erinnerungen an seinen Vater hervor. Dirac vertraute diese unzensierten Erinnerungen nur seinen engsten Freunden an, obwohl die Todesumstände von Felix ihn immer noch so erschütterten, dass er mit niemandem, auch nicht mit Manci, darüber reden konnte.[39] Dirac sprach jedoch einmal über seine glücklichsten Erinnerungen an Felix an Bettys Krankenbett, als sie im Oktober 1969 in einem Krankenhaus in Amsterdam nach einem Schlaganfall und einer siebenstündigen Gehirnoperation im Koma lag.[40] Allein an ihrem Bett sitzend, versuchte er sie ins Bewusstsein zurückzuholen, indem er ihr Geschichten aus ihrer gemeinsamen Kindheit erzählte – von ihren Spielen mit Felix in der Parklandschaft der Downs, vom Baden der drei am Strand von Portishead, und wie sie Bücher und Comics miteinander geteilt hatten. Sie erlangte einige Wochen später wieder das Bewusstsein zurück und erholte sich allmählich teilweise.

Hofer erinnert sich, dass Dirac der Meinung war, organisierte Religionen stellten primitive und die Gesellschaft manipulierende „Mythen" dar. Einmal, als Dirac an einer Mormonenkirche mit riesiger Satellitenschüssel vorbei ging, sagte er lachend, die Kirche benötige offensichtlich diese große

Schüssel, „um direkt mit Gott zu kommunizieren".[41] Doch Dirac war jetzt viel mehr gewillt, das Konzept „Gott" in Diskussionen über Wissenschaft zuzulassen. Im Juni 1971 versetzte er beim Treffen der Nobelpreisträger in Lindau seine Zuhörer in Erstaunen, als er die Frage „Gibt es einen Gott?" als eine der fünf wichtigsten Fragen in der gegenwärtigen Physik bezeichnete. Er sagte, dass es nützlich wäre, diese Frage wissenschaftlich anzugehen:

Ein Physiker sollte diese Frage präzise formulieren, indem er einmal davon ausgeht, was es bedeutet, ein Universum mit einem Gott zu haben, und dann andererseits, was es bedeutet, ein Universum ohne einen Gott zu haben, sodass eine klare Unterscheidung zwischen den beiden Typen von Universen vorliegt. Dann kann man das tatsächliche Universum betrachten und erkennen, zu welcher der beiden Klassen es gehört.[42]

Die Zuhörer lachten nervös und hörten mit angespanntem Schweigen zu, als er eine Methode vorschlug, wie die Gegenwart eines Gottes nachgewiesen werden könnte. Wenn zukünftige Wissenschaftler nachweisen könnten, dass die Entstehung von Leben überwältigend unwahrscheinlich ist, dann wäre dies seiner Meinung nach ein Beweis für die Existenz Gottes. Bis dahin müsste diese Hypothese als nicht bewiesen gelten.[43] Dirac wurde für diese Spekulationen von der Presse kritisiert, aber er ließ sich nicht davon abbringen und kehrte zu diesem Thema immer wieder sowohl öffentlich als auch privat zurück. Er war gar nicht einverstanden mit Religionen, die von sich selbst behaupteten, die einzigen Heilsbringer zu sein, wie Hofer sich erinnert: „Paul glaubte, es sei der Gipfel der Arroganz, wenn irgendeine Gruppe von Leuten behauptet, sie allein würden die Wahrheit kennen. Er wies oftmals darauf hin, dass es Hunderte von Religionen auf diesem Planeten gibt und dass es unmöglich sei, zu wissen, welche davon, wenn überhaupt eine, die korrekte ist."[44]

In Dirac gab es „keine Spur von Religiosität", behauptete Halpern später. Er erinnerte sich, dass Dirac besonders kritisch gegenüber dem Katholizismus und anderen Religionen war, die Wunder anerkennen, weil seiner Ansicht nach die Existenz eines Wunders einen temporären Bruch der zugrundeliegenden Naturgesetze bedeutete, deren Schönheit er als heilig ansah.[45] Ähnlich wie Einstein folgte er weitgehend dem Philosophen Spinoza und neigte zu der pantheistischen Sicht, das Universum sei entweder identisch mit Gott oder in gewisser Weise ein Ausdruck der Natur Gottes, zu einer Sicht, die – obwohl so vage, dass sie an eine Tautologie grenzt – den Begriff eines Gottes, der menschliche Angelegenheiten beeinflussen kann, auszuschließen scheint. Diracs Pantheismus war ein ästhetischer Glaube: Beobachtungen der Natur auf der fundamentalsten Ebene sollten perfekt durch Theorien beschrieben werden, deren mathematische Schönheit ebenfalls perfekt ist. Wenn er eine Religion hatte, dann war es diese.

Diracs Bescheidenheit war echt, aber er war doch auch ein klein wenig eitel. Der dänische Bildhauer Harald Isenstein, Spezialist für das Porträtieren berühmter Physiker, machte zwei Büsten von Dirac, beide recht exakt, aber ohne dabei Diracs Charakter einzufangen: Die erste von 1939 hatte Dirac in seinem Haus aufgestellt, die zweite entstand zweiunddreißig Jahre später.[46] Dirac bot die erste Büste später dem St. John College an, das sie annahm und in seiner Bibliothek aufstellte, wo sie noch heute steht. Das College wünschte sich außerdem ein Ölporträt von Dirac, das in der großen Halle angebracht werden sollte. Und Dirac tat sein Bestes, diesen Wunsch zu erfüllen.[47] Im Frühsommer 1978 saß er mehrmals Modell für Michael Noakes, den Porträtisten der britischen Königsfamilie und auch von Frank Sinatra ein Jahr zuvor.[48] Bei der ersten Sitzung versuchte Noakes, Dirac in eine Unterhaltung zu verwickeln:

NOAKES: Können Sie einem Nicht-Fachmann in verständlichen Worten schildern, woran Sie gerade arbeiten, Herr Professor?

DIRAC: Ja: Schöpfung.

NOAKES: Donnerwetter! Erzählen Sie mehr.

DIRAC: Die Schöpfung war ein gewaltiger Knall. Das Gerede vom sogenannten Steady-State ist Unsinn.

NOAKES: Aber wenn davor nichts existiert hat, was konnte da knallen?

DIRAC: Das ist keine sinnvolle Frage.

Dirac sagte daraufhin nichts mehr. Obwohl durch Diracs Zurückhaltung und offensichtliches Desinteresse verunsichert, fing Noakes seinen abstrakten Blick in die Unendlichkeit auf dem Bild ein. Dirac wirkt so unschuldig wie ein Fünfjähriger – unergründlich wie ein Orakel.[49] Ein Vergleich zwischen diesem Porträt und einem früheren – von Diracs Freund Jakow Frenkel im Jahre 1933 gemalt, kurz nachdem sie von Ehrenfests Selbstmord erfahren hatten – macht deutlich, wie viel von Diracs Zuversicht in den nachfolgenden fünfundvierzig Jahren verloren gegangen war. Seine Persönlichkeit wurde vermutlich am besten in der Zeichnung von Robert Tollast aus dem Jahr 1963 eingefangen, dessen Porträt besonders meisterhaft Diracs kindliche Harmlosigkeit erfasst. Weniger gekonnt, aber dennoch kompetent ist die Zeichnung von Dirac, die Feynman zwei Jahre später anfertigte, dessen Porträt seine Verehrung für Dirac widerspiegelt („ich bin kein Dirac", sagte Feynman oft von sich selbst).[50] Diese Zeichnung bewahrte Dirac in seinem Aktenschrank auf.

Zwanzig Jahre, nachdem Dirac die Erhebung in den Adelsstand abgelehnt hatte, akzeptierte er die renommierteste britische Ehrung von allen, die Mitgliedschaft im angesehensten Orden, dem „Order of Merit", die ihn nicht dazu verpflichtete, sich selbst irgendwie anders zu nennen als „Mr. Dirac".[51] Der Orden ist auf vierundzwanzig Mitglieder aus dem britischen Commonwealth begrenzt und wird von der Monarchie für außerordentliche Verdienste verliehen – frühere Mitglieder waren unter anderem Florence Nightingale, Winston Churchill und der Komponist William Walton. Manci beklagte sich, dass ihr Mann aus seiner Generation der Cambridge-Wissenschaftler als Letzter geehrt wurde – J. J. Thomson, Eddington, Rutherford, Cockcroft und Blackett waren schon lange vorher aufgenommen worden.[52] Dirac wurde erstmals 1944 für diese Ehrung vorgeschlagen und war danach fast dreißig Jahre übergangen worden.

Im Juni 1973 reisten die Diracs extra nach England, damit er seine Auszeichnung entgegennehmen konnte. Ein Chauffeur fuhr sie im Rolls Royce zum Buckingham Palast, wo ihm die Auszeichnung von der Königin persönlich in einem Gespräch von wenigen Minuten überreicht wurde, während Manci in einem Vorraum wartete. Ein paar Wochen später berichtete er Esther und Myer Salaman von seiner Diskussion mit der Königin über die großen Herausforderungen für weibliche Wissenschaftler, die gleichzeitig Mütter kleiner Kinder sind:

> Ich sagte, dass es schwierig für eine Frau sei, die sich zwischen ihrer Karriere und ihrer Familie entscheiden muss, und dass es keine wirkliche Gleichberechtigung der Geschlechter geben könne. Die Königin sagte, dass sie die Gleichberechtigung der Geschlechter nicht vorrangig vorantreiben wolle.[53]

Bei seiner Rückkehr in die USA fragten ihn seine Kollegen in Tallahassee über seinen Eindruck von der Königin aus, aber er sagte nur sehr wenig. Seine Beschreibung von ihr bestand aus zwei Worten: „Sehr zierlich."[54]

In jenem Sommer besuchte Dirac das CERN in Genf, um den neuesten Teilchenbeschleuniger zu besichtigen, der in der Lage war, die Energie von Protonen mehr als fünfzigtausend Mal stärker zu erhöhen als die Energie, die mit dem Gerät von Cockcroft und Walton erzielt worden war. Während seines Besuchs ging er die Rue Arnold Winkelried entlang, eine Seitenstraße nahe am See nicht weit vom Hauptbahnhof, um die Wohnung zu sehen, die seiner Großmutter väterlicherseits bis Mitte der 1920er-Jahre gehört hatte, und wo er und seine Familie 1905 zu Besuch gewesen waren. Als er die nahegelegene Statue von Rousseau umrundete, mag Dirac an die Zeit gedacht haben, als er mit Felix in diesem Park am Seeufer herumlief, während sein Vater und seine Mutter mit dem Baby Betty im Arm sie beobachteten. Dirac hatte seither die Schweiz trotz vieler Einladungen nicht besucht. Der Schmerz, der durch die Verbindung dieses Landes mit seinem Vater bedingt war, saß so tief, dass Dirac sich nicht hatte überwinden können, es zu besuchen – bis er siebzig Jahre alt geworden war.

1979, einhundert Jahre nach Einsteins Geburt, fühlte sich Dirac schwach und lustlos. Er war aber entschlossen, auf so vielen Tagungen zur Hundertjahrfeier wie möglich zu sprechen, um „deutlich zu machen, welch ein großer Wissenschaftler Einstein war", wie Halpern sich erinnerte.[55] Im selben Jahr machte er einen seiner Träume wahr – den Atlantik mit der Concorde, dem ersten Überschall-Passagierflugzeug, zu überqueren. Das Flugzeug, das in den 1960er-Jahren in anglo-französischer Zusammenarbeit entwickelt worden war, war laut, hatte einen ungeheuer hohen Kraftstoff-Verbrauch und war hoffnungslos unökonomisch, aber es war ein Sinnbild der besten und aufregendsten zeitgenössischen Ingenieurskunst. Es bildete zugleich den Höhepunkt der Luftfahrtindustrie in Diracs Geburtsstadt: Die Bristol Aeroplane Company hatte das erste britische Konstruktionsteam für die Arbeiten an diesem Flugzeug angeführt und den ersten britischen Prototyp in Filton gebaut, nur wenige Kilometer von der Julius Road entfernt.[56]

Irgendwie hatte Manci die UNESCO dazu gebracht, als Vorbedingung für Diracs Teilnahme als Ehrengast bei den Einstein-Feierlichkeiten in Paris, die von dieser Organisation ausgerichtet wurden, die Kosten für die transatlantischen Flüge mit diesem Flugzeug für Dirac und sie selbst zu übernehmen.[57] Er und Manci flogen am 5. Mai 1979 in etwa 18 Kilometern Höhe – die größte Nähe zum Weltraum, die er je erreichte. Auf dem Flug las er vermutlich auf der ersten Seite der *New York Times* die Nachricht aus Großbritannien, dass Margaret Thatcher gerade Premierministerin geworden war.[58] Er mag sich gefragt haben, ob sich die Befürchtungen seiner Mutter hinsichtlich der Idee eines weiblichen Premierministers als wahr erweisen würden, ob Mrs. Thatcher, in Flos Worten „nach weiblicher Art hin- und herschwanken würde", sodass „ihre Anhänger rechts und links von ihr abfallen würden".[59]

Im Frühjahr 1982 waren Dirac und Kapitza beide reisemüde, aber es gab drei Gelegenheiten, sich im Sommer zu treffen, von denen sie auch Gebrauch machten.[60] Zuerst trafen sie sich in Begleitung ihrer Frauen Ende Juni bei der Lindauer Tagung der Nobelpreisträger. Kapitza war zur Teilnahme an dem Treffen erst berechtigt, seit er 1978 den Nobelpreis für Physik erhalten hatte, nachdem Dirac sich fast vierzig Jahre aktiv für ihn eingesetzt hatte. In diesem Zeitraum hatte Dirac miterlebt, wie diese Ehre fast allen tüchtigen „Boys" von Rutherford zuteil geworden war – Blackett, Chadwick, Cockcroft und Walton. Auch praktisch alle Pioniere der Quantenmechanik der 1920er und 1930er-Jahre hatten den Preis erhalten einschließlich Born, Fermi, Landau, Pauli, Tamm und Van Vleck, aber nicht Jordan, dessen Nazi-Vergangenheit ihn wohl die Ehre gekostet hatte.

Auf der Lindauer Tagung startete Dirac vor einer Zuhörerschaft von etwa zweihundert Studenten und Nobelpreisträgern eine seiner letzten Attacken gegen die Renormalisierung.[61] Dirac wirkte zerbrechlich wie eine Kristallfigur, als er auf dem Podium stand und eine Rede hielt, die fast identisch zu anderen war, die er seit fast fünfzig Jahren hielt. Für das Standardmodell oder irgendeinen der anderen Erfolge der Teilchenphysik hatte er kein lobendes Wort übrig. Ein Mikrophon verstärkte seine zittrige Stimme, jeden Buchstaben „s" begleitete ein leiser Pfeifton infolge seines schlecht sitzenden Gebisses. Gegenwärtig aktuelle Theorien seien „nur ein Satz von funktionierenden Regeln", sagte er, die Physiker sollten zu den Grundlagen zurückkehren und eine Beschreibung der Natur mit Hilfe von Hamilton-Funktionen finden, die frei von Unendlichkeiten wären. *„Eines Tages"*, sagte er mit sanftem Trotz in der Stimme, „wird jemand die korrekte Hamilton-Funktion finden." Doch er predigte auf verlorenem Posten. Die Physiker legten ihrer Beschreibung der fundamentalen Teilchen nicht mehr Hamilton-Funktionen zugrunde, da es andere weit bequemere Methoden gab. Die Anwesenden hörten jedoch dem fünfundzwanzigminütigen Vortrag von Dirac respektvoll zu, vielleicht auch in der traurigen Voraussicht, dass seine einsame Stimme bald verstummen würde. Hier stand einer, der wie Einstein keine Angst hatte, sich gegen den Zeitgeist zu stemmen und die Konsequenzen zu tragen, einer, der seinen eigenen Weg geht (Abb. 28.2).

Die Diracs und die Kapitzas trafen sich ein paar Tage später in Göttingen wieder. Wie Dirac hatte auch Kapitza angenehme Erinnerungen an die Stadt. Für Dirac war Göttingen der Geburtsort der Quantenmechanik,

Abb. 28.2 Kapitza und Dirac vor dem Hotel Bad Schachen in Lindau im Sommer 1982. (© Paul A. M. Dirac Papers, courtesy of the Florida State University Libraries, Special Collections and Archives)

wo er zuerst Born und dessen Gruppe kennengelernt hatte, wo er sich mit Oppenheimer angefreundet hatte und wo er wahrscheinlich zum ersten Mal einen Nazi in Uniform gesehen hatte. Die Diracs wohnten im Hotel Gebhards (heute: Romantik Hotel Gebhards) mit Blick auf Göttingens Bahnhof, an dem Dirac zum ersten Mal fünfundfünfzig Jahre zuvor von Kopenhagen aus angekommen war.[62] Damals hatte er den Weg vom Bahnhof zu seinem Zimmer im Haus der Carios mit Gepäck beladen zu Fuß genommen; jetzt wurden er und Manci von einem Begrüßungskomitee empfangen, das sie in einem Taxi zu der luxuriösesten Unterkunft der Stadt entführte.

Es gibt Fotografien von Kapitza und Dirac, wie sie an einem Tisch im Garten des Hotels sitzen und etwas müde und erschöpft wirken. Die Physik, einst das Hauptthema ihrer Gespräche, war nun viel weniger wichtig als die internationalen Probleme, die zum Hauptanliegen von Kapitza geworden waren. Er wird zweifellos mit Dirac über den kürzlich beendeten Falkland-Krieg zwischen Argentinien unter der Leitung von General Galtieri und dem Vereinigten Königreich unter der Leitung von Mrs. Thatcher gesprochen haben, der um das umstrittene Inselgebiet im Südatlantik ausgefochten wurde. Dirac war sich über Mrs. Thatcher nicht im Klaren: Er befürchtete, dass ihr Radikalismus Auswirkungen auf das britische Bildungssystem und die Wissenschaft haben könnte, sympathisierte aber mit ihrer Entschlossenheit, den Wunsch der Bewohner der Falkland-Insel zu verteidigen, britisch zu bleiben. Er meinte jedoch, dass der Konflikt besser durch Verhandlungen gelöst worden wäre. Am Beginn des Krieges war es ihm absurd erschienen, dass die Zahl der möglichen Todesopfer die Zahl derer, deren britische Staatszugehörigkeit verteidigt werden sollte, übertreffen könnte.[63] Wenn schon nicht in der Physik, so war doch Dirac in der Politik zum Pragmatiker geworden.

Der Falkland-Krieg war verglichen mit der Weiterverbreitung der Kernwaffen eine triviale Angelegenheit, ein Thema, über das Dirac und Kapitza ausführlich sprachen, als sie sich wenige Wochen später auf Sizilien bei der „Erice Summer School" wieder trafen, die von dem Physiker Antonino Zichichi organisiert wurde. Mit dem wissenschaftlichen Thema, das er dort vortrug, ging Dirac ein Risiko ein: Im voraufgehenden Sommer hatte er über „The Futility of War" (Die Sinnlosigkeit von Krieg) vorgetragen, eine unkomplizierte Stellungnahme zu einem Argument, dem nur wenige widersprechen konnten.[64] Im Sommer 1982 hatte er nun gemeinsam mit Kapitza und Zichichi die nur aus einer Seite bestehende „Erice-Erklärung" ausgearbeitet, in der die Regierungen aufgefordert wurden, weniger geheimnistuerisch in Verteidigungsangelegenheiten zu sein (eines von Bohrs Lieblingsthemen), um die Ausbreitung von Kernwaffen zu verhindern und den nicht-nuklearen Mächten dabei zu helfen, sich sicherer zu fühlen.[65] Die wohlmeinende Wortwahl des Dokuments, das später von zehntausend Wissenschaftlern unterzeichnet wurde, war so farblos, dass sich unter den ersten Unterzeichnern bei der Erice-Tagung nicht nur Gegner von Kernwaffen befanden, sondern auch der rechtsgerichtete Eugene Wigner und der verstockt pronuklear eingestellte Edward Teller, der mehr als wohl jeder andere Amerikaner den Rüstungswettlauf angeheizt hatte.

Auf den letzten Stationen ihrer Europatour im Jahr 1982 besuchten die Diracs Betty in Amsterdam und Gabriel in Aarhus, bevor sie nach Cambridge weiterreisten. Dirac besuchte auch das St. John College, das, wie er dem Direktor kurz darauf sagte, „der Mittelpunkt meiner Lebens und meine Heimat gewesen ist".[66] In jenem Sommer bildete das Hauptthema im Aufenthaltsraum die bevorstehende Ankunft der ersten weiblichen Studienanfänger: Eine weitere reine Männer-Bastion in Cambridge sollte nun fallen. Zu einem früheren Zeitpunkt war Dirac von dem theoretischen Physiker Peter Goddard gefragt worden, ob er dafür sei, dass Studentinnen im College zugelassen werden sollten, und nach einer langen Denkpause hatte Dirac geantwortet, „ja, vorausgesetzt, dass wir nicht weniger männliche Studenten zulassen".[67]

Bevor er das St. John College wieder verließ, deponierte Dirac seinen Talar an der Pförtnerloge, an der er sich vor fast neunundfünfzig Jahren als neuer Student eingetragen hatte. Er brachte einen Zettel an: „Professor Diracs Talar. Bringen Sie ihn bitte dem Rektor und bitten Sie ihn, diesen aufzubewahren, bis ich das nächste Mal nach Cambridge komme." Doch er sollte die Stadt nicht wiedersehen.

29
Herbst 1982 – Juli 2002

Ich hieß, da Docht und Öl schon mit der Zeit verbrannt
sind und mein Blut gefriert im Fluss, mein unzufriednes
Herz Zufriedenheit aus Schönheit saugen, die uns in
Gestalt von Bronze oder Marmor mag erscheinen,
erscheinen, ja, doch wenn wir fort sind, ohne Spur
verschwindet, kälter gegen unsre Einsamkeit, als ein
Gespenst. Ach, Herz, ach, wir sind alt. Lebendige
Schönheit ist für junge Männer nur: Wir können nicht
entrichten den Tribut an wildem Weinen.

W. B. Yeats, „The Living Beauty", 1919
(„Lebendige Schönheit" in: *Die wilden Schwäne auf Coole*,
übers. Christa Schuenke, in: W. B. Yeats, *Die Gedichte*,
Luchterhand 2005).

Die Zuversicht, die Dirac immer verbreitete, wenn er über Physik sprach, verdeckte eine Verzweiflung, die er anscheinend nur einmal jemandem gegenüber zu erkennen gegeben hat, den er kaum kannte – Pierre Ramond, einem theoretischen Physiker an der Universität von Florida in Gainesville.[1] Ramond ist ein höflicher und wortgewandter Amerikaner mit einem musikalischen Tonfall, dessen Akzent seine Zuhörer daran erinnert, dass er in Frankreich geboren und aufgewachsen ist. An einem Mittwoch im Vorfrühling 1983 fuhr er nach dem Mittagessen mit dem Auto von Gainesville zur Florida-State-Universität, um ein Kolloquium abzuhalten und hoffte, sein „Held und Leitstern" Dirac werde dabei sein. In der Tat: Als Ramond den Seminarraum im siebten Stock mit Blick über den Campus betrat, entdeckte er unter seinen Zuhörern die versonnen dreinblickende Gestalt Diracs, zart wie ein Elf.

In seinem spekulativen, aber selbstbewusst präsentierten Vortrag diskutierte Ramond die Möglichkeit, fundamentale Theorien nicht in den üblichen vier Dimensionen der konventionellen Raum-Zeit zu entwerfen, sondern in einer höheren Zahl von Dimensionen.[2] Die ganze Zeit über schien Dirac zu dösen, er sagte auch danach, als Fragen gestellt wurden, kein Wort. Als aber

© Springer-Verlag GmbH Deutschland, ein Teil von Springer Nature 2018
G. Farmelo, *Der seltsamste Mensch*, https://doi.org/10.1007/978-3-662-56579-7_29

das Seminar beendet war, blieb er – für ihn sehr ungewöhnlich – im Raum, bis sich die Tür schloss und er allein mit dem Redner war.

Ramond hatte Dirac schon zweimal zuvor getroffen, es aber nicht geschafft, ihn in eine Konversation im eigentlichen Sinn zu verwickeln. „Ich hatte gehört, dass die einzige Art, Dirac zum Reden zu bringen, darin bestand, eine nicht-triviale Frage zu stellen, die eine direkte Antwort erfordert", erinnert sich Ramond. Deshalb fragte er Dirac direkt, ob es eine gute Idee sei, hochdimensionale Feldtheorien zu untersuchen, ähnlich denen, die er in seinem Vortrag vorgestellt hatte. Ramond stellte sich auf eine lange Pause ein, doch Dirac schoss mit einem entschiedenen „Nein!" zurück und starrte dann angespannt in die Ferne. Keiner der beiden bewegte sich oder suchte Augenkontakt. Sie standen beide da wie festgefroren in einer schweigenden Pattsituation, die mehrere Minuten lang anhielt. Dirac durchbrach sie endlich, indem er freiwillig eine Konzession machte: „Es *könnte* sinnvoll sein, höhere Dimensionen zu untersuchen, falls uns eine schöne Mathematik zu ihnen führen würde." Dadurch ermutigt, ergriff Ramond die Gelegenheit beim Schopf und lud, sich große Mühe gebend, nicht aufdringlich zu erscheinen, Dirac zu einem Vortrag über seine Ideen nach Gainesville ein, wann immer er Zeit habe, und fügte hinzu, er werde ihn gern abholen und wieder zurückfahren. Dirac entgegnete sofort: „Nein! Ich habe nichts, worüber ich reden könnte. Mein Leben ist ein Reinfall gewesen!"

Ramond wäre weniger fassungslos gewesen, wenn Dirac ihm einen Baseballschläger auf den Kopf geschlagen hätte. Dirac fügte emotionslos eine Erklärung hinzu: Die Quantenmechanik, die ihm einst so vielversprechend erschienen war, sei am Ende nicht einmal in der Lage gewesen, eine geeignete Darstellung von etwas so Simplem wie einem Elektron zu geben, das mit einem Photon interagiert. Die Berechnungen führten zu unsinnigen Ergebnissen voller Unendlichkeiten. Wie auf Autopilot geschaltet, fuhr er mit einer Polemik gegen die Renormalisierung fort, wie er sie seit gut vierzig Jahren anzubringen pflegte. Ramond war zu schockiert, um konzentriert zuzuhören. Er wartete, bis Dirac geendet und sich beruhigt hatte, um dann darauf hinzuweisen, dass derzeit bereits ansatzweise Theorieversionen existierten, die frei von Unendlichkeiten zu sein schienen. Aber Dirac zeigte keinerlei Interesse: Ernüchterung hatte seinen Stolz und seinen Mut gebrochen.

Dirac verabschiedete sich, ging fort und wirkte dabei ganz gelassen, doch Ramond war erschüttert. Er nahm den Aufzug bis zum Erdgeschoss und ging allein im schwindenden Licht des Nachmittags zu seinem Auto zurück. Fünfundzwanzig Jahre später konnte er sich immer noch gut erinnern, wie beunruhigt er gewesen war: „Ich konnte kaum glauben, dass solch ein großartiger Mann auf sein Leben als einen Fehlschlag zurückblicken konnte. Was sagte das über den Rest von uns aus?"

Ramond kann sich nicht erinnern, ob er Dirac gegenüber explizit die Idee erwähnt hatte, dass die Natur im Grunde nicht aus punktähnlichen Teilchen aufgebaut ist, sondern aus winzigen Fadenstückchen. In den späten 1970er und frühen 1980er-Jahren gehörte Ramond zu der kleinen Gruppe, die diese Idee ausarbeitete, damals ein hinterwäldlerisches Gebiet der theoretischen Physik. Dirac hatte 1955 vorsichtig vorgeschlagen, dass man sich Elektronen und andere Quanten als Linien statt als Punkte vorstellen könnte, aber die mathematische Form von Diracs Idee war vollständig verschieden von derjenigen der modernen String-Theorie, die sich derzeit noch immer im Embryonalstadium befindet. Die Theorie hatte jedoch Beiträge von Dirac verwendet, die er in den späten 1950er- und frühen 1960er-Jahren geschrieben hatte, einschließlich seiner Methoden zur Beschreibung zwei- und drei-dimensionaler Objekte in der Weise, dass sie sowohl mit der Quantenmechanik als auch mit der Speziellen Relativitätstheorie konsistent sind. Auch die Mathematik, die er verwendet hatte, um eine kleine Kugel zu beschreiben – sein Modell des Myons – tauchte in dem neuen Zusammenhang wieder bei der Beschreibung der Bewegung eines String durch Raum und Zeit auf.

Eine besonders ermutigende Eigenschaft der neuen String-Theorie war die erfreuliche Abwesenheit der Unendlichkeiten der üblichen Feldtheorien, wie der Quantenelektrodynamik, der besten zur Verfügung stehenden Beschreibung von Elektronen und Photonen. Am eindrucksvollsten war, dass die String-Theorie die Existenz der Gravitation unausweichlich macht: Ist die Theorie korrekt, *muss* Gravitation existieren. Obwohl es keine experimentellen Hinweise dafür gab, die String-Theorie den anderen Feldtheorien vorzuziehen, erschien sie ihren Befürwortern zu schön zu sein, um gänzlich falsch zu sein. Dirac wird von der Theorie in den Seminaren an der Florida-State-Universität gehört haben, schenkte ihr aber keinen Glauben – seine Neugier war erschöpft. Ein paar Monate nach seinem achtzigsten Geburtstag schrieb der Lokaljournalist Andy Lindstrom über ihn: „Ein erschreckend hagerer Mann [...] mit gebeugten Schultern und gebrechlich." Sein einst schwarzes Haar hatte sich „als dünner Saum bis an die äußersten Ränder der Stirn zurückgezogen, so als ob es durch die großen Gedanken, die darunter gereift waren, abgetragen worden wäre [...]. Ein Netz von Falten ist in sein sanftes, einsam blickendes Gesicht eingegraben und umgibt Augen, die immerfort Fragen zu stellen scheinen."[3]

Nachdem Ende 1980 sein Verdauungsproblem überwunden war, erschien Dirac hinsichtlich seiner Gesundheit entspannter, doch seine Ängste kehrten drei Jahre später zurück, als er unter anscheinend damit nicht zusammenhängenden Problemen litt: Nachtschweiß und gelegentliche Fieberattacken. Er konsultierte Hansell Watt, einen niedergelassenen Arzt und Laienprediger, dessen ruhige Worte umso beruhigender wirkten, als sie mit einem schweren

Südstaatenakzent ausgesprochen wurden. Dirac mochte ihn, und auch in Mancis Augen konnte er nichts falsch machen. Watt stellte die Diagnose, die Ursache von Diracs medizinischen Problemen sei seine rechte Niere. Wie Röntgenaufnahmen zeigten, hatte er eine Nierentuberkulose, wobei die Infektion wahrscheinlich in seiner Kindheit erfolgt war. Das war eine Überraschung für Dirac, der nicht erwartet hatte, eine solche Infektion gehabt zu haben, da ihm seine Mutter versichert hatte: „Tb liegt in der Familie und kommt absolut nicht in unserer vor."[4]

Dr. Watts Ratschlag an Dirac, die tuberkulöse Niere entfernen zu lassen, ließ Halpern außer sich geraten.[5] Halpern, der argwöhnisch gegenüber chirurgischen Maßnahmen war und nur Kräuterheilmittel versuchen wollte, lehnte Watts Strategie kategorisch ab und tat – zu Mancis Verdruss – alles, um sie zu untergraben. Manci, die sich gegen Halperns Einfluss auf Dirac wie eine Tigerin wehrte, die ihr verletztes Junges bewacht, sagte ihm nichts, als sie die Operation für den 29. Juni 1983 im Tallahassee Memorial Hospital arrangierte – einen Monat nach einem Vortrag Diracs, der, wie sich herausstellen sollte, sein letzter war.[6] Der Chirurg fand nur noch Reste von Diracs rechter Niere vor mit einer Zyste von der Größe eines Hockeyballs.[7]

Die Operation war technisch erfolgreich, aber Dirac war von da ab ein Invalide. Schwach und entmutigt erholte er sich den Sommer über zu Hause, sah fern, spielte Wei Chi und andere Brettspiele, war aber unfähig, ernsthaft zu arbeiten (Abb. 29.1). Nach mehreren Wochen konnte er ein paar Schritte gehen, hatte aber nicht die Kraft, sich aus seinem klimatisierten Haus in die Hitze und Feuchtigkeit nach draußen zu wagen. Zum ersten Mal seit vielen Jahrzehnten konnte er im Sommer nicht durch die Landschaft wandern – besonders grausam für jemanden, der es geschafft hatte, in seinem Leben eine Strecke zu Fuß zurückzulegen, die mit den 300.000 Kilometern von Wordsworth vergleichbar ist.[8] Einer der regelmäßigsten Besucher von Dirac war Halpern, der mehrere Male in der Woche an seinem Bett saß, um sich mit ihm über ihre Arbeit und was immer sie interessierte, einschließlich Politik, zu unterhalten. Dirac sagte, er könne nicht umhin, Präsident Reagan sympathisch zu finden, obwohl er mit dem größten Teil seiner Politik nicht einverstanden sei. Im Herzen blieb Dirac ein Liberaler, wenn auch ohne Anbindung an die Demokraten oder irgendeine andere politische Gruppe.

Halperns Verhältnis zu Manci wurde von Woche zu Woche angespannter. Aufgebracht über ihr unaufhörliches Nörgeln verließ er das Dirac-Haus häufig mit vor Ärger gerötetem Gesicht und zusammengepressten Lippen. Jedes Mal, wenn Dirac sein Unbehagen über das bedrückende Sommerklima in Tallahassee äußerte, schoss sie mit ihrer Lieblingserwiderung zurück: „Immer noch besser als Cambridge", erinnerte sich Halpern.[9] Manci ihrerseits hielt Halpern für einen bloßen Wichtigtuer, der sich überall einmischte und seinen hilflosen

Abb. 29.1   Eine der letzten Fotografien von Dirac, Tallahassee ca. 1983. (Mit freundl. Genehmigung von Monica Dirac)

Freund schamlos ausnutzte, indem er ihm Quacksalber-Medizin andrehte. Da sich Halpern ihrer Feindschaft bewusst war, beschloss er, dass eine List die einzige Hoffnung wäre. Während Manci zum Einkaufen unterwegs war, begann er heimlich mit einem homöopathischen Behandlungsprogramm und tropfte unauffällig Kräuteressenzen in Diracs Wasserglas, wenn die Krankenschwester nicht hinsah.[10] Laut Halpern erwachte Diracs Energie wie die der Comicfigur Popeye nach einer Dose Spinat. Sobald Manci die „Kräuter-Verschwörung" entdeckt hatte, gab sie Dirac wieder seine übliche Diät, woraufhin er nach der Aussage Halperns in Lethargie und Gleichgültigkeit zurückglitt.

Dirac verbrachte die meisten wachen Stunden in einem Rollstuhl, sprach mit Besuchern, einschließlich seiner Tochter Mary und ihrem temperamentvollen neuen Mann Peter Tilley. Nach ein paar Monaten war Dirac fit genug, um gelegentlich wieder in sein Dienstzimmer in der Florida-State-Universität zu kommen, dort seinen letzten Doktoranden Bruce Hellman zu betreuen und seine, wie sich herausstellte, letzte Veröffentlichung zu überwachen. Halpern machte den Textentwurf von „Inadequancies of Quantum Field Theory" (Unzulänglichkeiten der Quantenfeldtheorie) für Dirac, der mit seinen letzten publizierten Worten die Renormalisierung ausradieren wollte, die Technik, die aus einem seiner bedeutendsten Beiträge zur Physik hervorgegangen war.[11] Zum letzten Mal weigerte er sich, zu akzeptieren, dass er, wie Feynman ihm 1946 freundschaftlich gesagt hatte, auf dem „falschen Gleis" stehe. Feynman hätte ebenso gut einem Zug raten können, seine Gleise zu verlassen.

Anfang April 1984 erfuhr Dirac, dass Kapitza gestorben war. Die Sowjetunion war sich bewusst, dass sie einen ihrer loyalsten Bürger verloren hatte:

Das gesamte Politbüro und viele führende Wissenschaftler des Landes unterzeichneten die Todesanzeige in der *Prawda*. Dirac hatte seinen liebsten Freund verloren, seinen Ersatzbruder, zeigte aber nur Resignation. Eine weitere traurige Nachricht folgte ein paar Wochen später: Gabriel, der Sohn Mancis, hatte einen so aggressiven Hautkrebs, dass die Ärzte ihm nur noch wenige Monate zu leben gaben. Im Juni flog Manci nach Europa, um ihren Sohn zu besuchen, während Dirac von Freunden versorgt wurde. Wenige Wochen nach ihrer Rückkehr starb Gabriel am 20. Juli im Alter von neunundfünfzig Jahren. Drei Tage später war Dirac zu krank, um allein ins Bett zu gehen.[12] Halpern war fort in Europa, daher war Manci allein mit ihrem Mann und musste mit seinem sinkenden Lebensmut und einer zunehmenden Widerspenstigkeit zurechtkommen.[13] Diracs Stimmung hob sich bei dem Besuch von Gabriels Tochter Barbara, die eine strahlende attraktive junge Frau und der besondere Liebling der Diracs war. („Du siehst aus wie Cher", hatte er ihr ein paar Jahre zuvor gesagt.[14]) In scharfem Gegensatz zu Halpern war Barbara der Ansicht, Manci sei eine einfühlsame und menschliche Pflegerin – es gab gelegentlich Streitigkeiten zwischen ihr und Dirac, aber sie lösten sich rasch in einem liebevollen Händchenhalten auf. Wie Barbara beobachtete, war Diracs Energie fast vollständig verebbt, doch seine Liebe zur Physik flackerte immer wieder auf: Er wandte sich seinen wissenschaftlichen Arbeiten zu und sagte mit schwacher, aber resoluter Stimme „ich habe zu tun".[15] Seine größte Befürchtung, den Verstand zu verlieren, trat nie ein.

Anfang Oktober 1984, nachdem Barbara nach Europa zurückgekehrt war, stellte Manci Krankenschwestern ein, die Dirac rund um die Uhr versorgten. Er klammerte sich am Lebensfaden fest. Immer noch empfing er gelegentlich Besucher, darunter Marys Mann Peter Tilley, der stundenlang an Diracs Bett saß – meist schweigend, wie sich Tilley erinnert. Bei seinem letzten Besuch lehnte sich Dirac zu ihm hinüber und sagte mit fester Stimme in einem sachlichen Ton: „Der größte Fehler meines Lebens war, eine Frau zu heiraten, die aus dem Haus heraus wollte."[16] Dirac klang weder bitter noch bedauernd, erinnert sich Tilley, sondern gab nur eine faktische Stellungnahme ab, die zu keiner weiteren Diskussion einlud. Vielleicht hatte Dirac an das gedacht, was Manci ihm erzählt hatte, kurz nachdem sie sich begegnet waren: Sie habe ihren ersten Mann nur geheiratet, um aus dem Haus ihrer Eltern herauszukommen – und an die versteckte Warnung seiner Mutter siebenundvierzig Jahre zuvor, die Heirat mit Manci betreffend.

Das Kräftemessen zwischen Manci und Halpern setzte sich fort. Wenn Halpern wusste, dass sie nicht im Haus war, schlich er hinein und rührte seine stärkenden Kräuter in Diracs Wasserglas. Die Krankenschwester hatte es fast aufgegeben, bei Dirac Interesse am Essen zu wecken, und es war Halpern überlassen, seinen Freund zu füttern, der das wie ein Baby von ihm annahm.

Am liebsten wollte Dirac über Kapitza reden. In seinen letzten bewussten Stunden erzählte Dirac bevorzugt – wieder und wieder – die Lieblingsgeschichten aus dem ereignisreichen Leben seines Freundes. Dirac erzählte die Geschichte, wie Kapitza sich weigerte, an der Bombe mitzuarbeiten, der einzige Berühmte unter unbedeutenderen Sterblichen, der die moralische Courage hatte, sich zu widersetzen. Es war die Tonbandschleife einer Wunschvorstellung.

Am Donnerstag, dem 18. Oktober, stieß Halpern auf Manci, als er das Haus der Diracs verließ. Er erwartete eine Standpauke, weil er seinen Freund besucht hatte, aber Manci sprach es nicht an. Sie berichtete ihm ruhig, dass sie gerade bei einem Bestattungsunternehmer gewesen sei, um für Dirac ein Grab zu reservieren. Am nächsten Tag erhielt er jedoch den Telefonanruf, den er seit Wochen befürchtet hatte: Manci verbot ihm das Haus wieder zu betreten, Dr. Watt habe ihr gesagt, Dirac sei zu schwach, um irgendjemand außer der engsten Familie zu sehen. Ärgerlich, verbittert und in Tränen hörte Halpern in den folgenden vier Tagen nichts, bis er auf der Titelseite des *Tallahassee Democrat* las: „FSU Physicist is dead at 82." Am Samstagabend, mit Manci und seiner Krankenschwester an seiner Seite, hatte Diracs Herz versagt und um fünf Minuten vor elf Uhr aufgehört zu schlagen.[17]

„Ich möchte jetzt wie ein Pferd eingeschläfert werden", sagte Manci zu Dr. Watt. In der Öffentlichkeit zeigte sie jedoch wie gewohnt Mut und Stärke, informierte Freunde und Verwandte mit geschäftsmäßiger Ruhe über Diracs Hinscheiden und kümmerte sich um jedes Detail der Begräbnisplanung.[18] Sie gab sich große Mühe, um sicherzustellen, dass Dirac so in Erinnerung blieb, wie sie es sich wünschte: Einen Tag nach seinem Tod erzählte sie Freunden, er sei „ein sehr religiöser Mensch" gewesen und habe sich ein Begräbnis mit Hochamt der Episkopalkirche gewünscht.[19]

Die Zeremonie fand am 24. Oktober im Freien auf dem Roselawn-Friedhof in Tallahassee bei bedecktem Himmel und drohendem Regen statt. Als die Trauergäste kurz vor elf Uhr eintrafen, sahen sie Diracs Sarg auf einem Sockel neben einem frisch ausgehobenen Grab unter einem lichtblauen markisenartigen Vordach stehen, das an vier hölzernen Pfählen befestigt war – im Schatten einer Gruppe von Koniferen, die leicht in der Brise schwankten. Unter den Trauernden befand sich Pierre Ramond, den Dirac einmal ins Vertrauen gezogen hatte. Er zeigte sich erstaunt über die Versammlung: „In Anbetracht seiner Berühmtheit waren nur sehr wenige Menschen anwesend."[20] Es waren ungefähr neunzig Trauernde, darunter Dutzende aus der Florida-State-Universität, aber – wie Manci mit Verbitterung bemerkte – kein einziger aus Cambridge. In der Trauergemeinde fühlten sich manche unwohl, weil sie nicht ganz unter sich waren. Etliche Presse- und Fernsehjournalisten hatten sich hinzugesellt. Manci hatte beschlossen, dass ihr Mann unter dem allumfassenden Blick der Fernsehkameras beerdigt werden sollte.[21]

Der Pfarrer Dr. W. Robert Abstein las langsam aus der ältesten erhaltenen Version der Anglikanischen Bibel den Text vor, den Manci bestimmt hatte. Sie hatte Halpern verboten zu sprechen, und es gab keine Grabrede. Nach einer halben Stunde, als der Himmel heller wurde, streute Abstein etwas Erde auf den Sarg und zeichnete ein Kreuz in den Staub. Diracs Grabstelle wurde ein paar Wochen später mit einem schönen weißen Marmorstein versehen, in den Worte eingraviert waren, die von ihm verwendet und von Manci ausgewählt worden waren: „… because God made it that way" – weil Gott es so bestimmt hat.

Wenige Tage nach Diracs Begräbnis musste Manci einen weiteren Schicksalsschlag hinnehmen. Die Polizei in Vermont informierte sie, es werde nun offiziell angenommen, dass Judy tot sei, so dass die Suche nach ihr eingestellt worden war.[22] Der Schmerz für Manci war furchtbar: In nur vier Monaten hatte sie ihren besten Freund in Russland verloren, zwei ihrer Kinder und den Ehemann. Das Leben schien nur noch wenig für sie bereit zu halten – aber sie war eine Kämpferin.

„Dirac war ein militanter Atheist", wandte der Dekan Edward Carpenter von Westminster ein, als er gefragt wurde, ob Dirac eine Gedenkstätte im Science Corner der Abbey erhalten könnte.[23] Der Oxforder Physiker Dick Dalitz war Sprecher einer Gruppe von Wissenschaftlern, die sich dafür einsetzte, dass Dirac neben Newton und Rutherford eine Gedenktafel bekommen solle. Damit jemand würdig befunden werden konnte, in dieser Gesellschaft einen Platz zu finden, musste der Vorstand der Abbey sicher sein, dass er oder sie Christ gewesen war – oder zumindest der Religion nicht feindselig gegenüber gestanden hatte. Dazu musste er nach einer zehnjährigen Überlegungsfrist für würdig befunden werden, von „tausendjähriger Bedeutung" zu sein.[24] Carpenter war leicht von Diracs Status zu überzeugen, aber Dalitz tat sich schwer damit zu beweisen, dass Dirac den Religionstest bestehen konnte, vor allem nachdem der Dekan von Paulis Kommentar „Es gibt keinen Gott und Dirac ist sein Prophet" erfahren hatte. Pauli konnte es Dirac schwer machen, selbst noch, als beide schon tot waren.

In dieser Pattsituation fand Dalitz einen unwiderlegbaren Weg, den Einwand zu kontern: Wenn Diracs Eltern ihn taufen ließen, dann war er – unabhängig von jedem spöttischen Kommentar, den er über Religion gemacht hatte – offiziell ein Christ.[25] Dirac hätte sich sicher über diese Absurdität amüsiert. Ende der 1980er-Jahre verbrachte Dalitz Wochen damit, Kirchenbücher in Bristol zu durchstöbern, fand aber keinen Beweis, dass Charles und Flo Dirac ihre Kinder hatten taufen lassen, sodass die Nachforschungen erfolglos blieben. Die Kirchenleitung ließ sich jedoch durch die Tatsache beeindrucken, dass Dirac Mitglied der Päpstlichen Akademie gewesen war und während ihrer Versammlungen keine antireligiösen Kommentare abgegeben hatte. Dalitz und seine Kollegen übten weiterhin Druck auf die Verantwortlichen aus, und Anfang 1990, nach sechs Jahren Lobbyarbeit, erklärte sich der neue Dekan von Westminster als „sehr wohlgesonnen" gegenüber ihrem Anliegen. Es wurde schließlich Anfang 1995 von Erfolg gekrönt.[26]

Die Gedenkfeier fand am Montag, dem 13. November 1995 in Westminster Abbey statt und begann mit dem Abendgottesdienst um fünf. Obwohl die Zeremonie vorher viel weniger bekannt gemacht worden war als die von Rutherford achtundfünfzig Jahre zuvor, war sie ebenso eindrucksvoll in ihrem Glanz: Die Abbey sah großartig aus, der Chor klang himmlisch und die Versammelten sangen kräftig mit. Nachdem lobende Beiträge über Diracs wissenschaftliches Werk verlesen worden waren, enthüllte der Präsident der Royal Society, der Mathematiker Sir Michael Atiyah, den Gedenkstein im Hauptschiff der Abbey, direkt vor Newtons Grabmal und nur wenige Schritte von dem Darwins entfernt. Steinmetze aus Cambridge hatten aus einem Stück Burlington-Green-Schiefer aus einem Steinbruch im Lake District eine quadratische fünfundvierzig Zentimeter messende Steintafel hergestellt und die Inschrift „1902–1984 P. A. M. DIRAC OM Physicist" nebst seiner Gleichung $i\gamma \cdot \partial\psi = m\psi$. eingeritzt.[27]

Stephen Hawking hielt die Abschlussrede und sprach mit seinem Sprachsynthesizer über die antiquierte Lautsprecheranlage der Abbey.[28] Er begann wie gewohnt mit fesselnder Klarheit und Humor:

> Es dauerte elf Jahre, bis die Nation erkannte, dass er wahrscheinlich der größte britische theoretische Physiker seit Newton gewesen war, um für ihn verspätet eine Tafel in der Westminster Abbey anzubringen. Es ist meine Aufgabe zu erklären, warum. Das heißt: warum er so groß war – nicht, warum es so lange gedauert hat.[29]

Seine Schlussworte enthielten eine weitere Spitze: „Es ist einfach ein Skandal, dass es so lange gedauert hat." Dalitz warf seinen Mitorganisatoren besorgte Blicke zu. Offenkundig wusste Hawking nicht, dass nach dem Tod eines Menschen mindestens ein Jahrzehnt vergehen *muss*, bis er einen Gedenkstein erhalten kann. Diracs Zeremonie war höchstens um ein Jahr verspätet.[30] Hinterher würde Dalitz bei dem Vorstand der Abbey vorsprechen und sich entschuldigen.[31]

Nachdem der Organist Bachs „Präludium und Fuge in A-Dur" gespielt hatte, legten Diracs Tochter Monica und ihre beiden Kinder Blumen auf die Gedenkplatte, bevor die Versammlung die Hymne „Lord of Beauty, Thine the Splendour" (Herr der Schönheit, Dein ist die Herrlichkeit) sang. Die Musik war gut ausgewählt.

Verstimmt, weil die Westminster Abtei Diracs Eignung für eine Gedenktafel in Frage gestellt hatte, nahm Manci an der Zeremonie nicht teil: „Die Engländer sind scheinheilig", schäumte sie. „Lord Byron ist in der Abbey begraben,

[und] er war der größte Gauner des Jahrhunderts."[32] Nach Diracs Tod wurde Manci zum Bewahrer seines Andenkens, schrieb richtigstellende Briefe an Nachrufverfasser und Chronisten des Lebens ihres Mannes, die ihrer Meinung zu widersprechen schienen, er sei ein wissenschaftlicher Heiliger gewesen.[33] Abraham Pais war sehr überrascht, als er einen Brief von ihr erhielt, in dem sie darauf bestand, dass Dirac kein Atheist gewesen sei: „Viele Male knieten wir Seite an Seite in der Kapelle und beteten. Wir alle wissen, dass er kein Heuchler war."[34] Diracs Freunde, die sich sicher waren, dass er Agnostiker war, waren verdutzt: Hatte er sie beim Gebet aus Höflichkeit begleitet? Oder hatte Dirac ganz privat eine Religion praktiziert, über die er sich unter Freunden mokierte? Oder phantasierte Manci?

Nachdem sich Manci mit Diracs Tod abgefunden hatte, blieb sie zehn Jahre lang rührig und aktiv, unternahm Reisen in Europa und den USA und bewirtete einen fast ununterbrochenen Strom von Gästen, darunter Lily Harish-Chandra, Leon Lederman sowie seine Frau Ellen und Wigners Tochter Erika Zimmermann.[35] Wenn sie allein war, bestand Mancis Vorstellung von einem perfekten Tag darin, sich in Geschäften umzuschauen, mit ihrem Hund zu spielen, sich mit Universitätsangehörigen der Florida-State-Universität zu treffen, ihre Investment-Konten in Ordnung zu halten und mit Freunden zum Mittagessen ins Marriott Hotel zu fahren, um dort ein bisschen beim Verzehr von Käse-Crêpes zu plaudern.[36] Sie hielt engen Kontakt mit ihren Töchtern, machte sich dauernd Sorgen um Mary, die in ihrer Nähe wohnte und öfters psychische Probleme hatte. Am Abend setzte sich Manci mit einem Glas Sherry vor den Fernseher, sah sich Dokumentarfilme der öffentlich-rechtlichen Sender an sowie ihre bevorzugten Spiele-Shows *Jeopardy!* und *The Price Is Right*. Brieflich und in endlosen Telefongesprächen blieb sie in Kontakt mit Freunden und Familienangehörigen in ganz Amerika und Europa, wenn auch nicht mit ihrer Schwägerin Betty, die 1991 verstorben war.

Da sie es dem Churchill College immer noch nachtrug, dass es ihrer Meinung nach Elizabeth Cockcroft schlecht behandelt hatte, rächte sich Manci, indem sie Diracs Archiv aus dem College abzog. Sie arrangierte, dass es an die Florida-State-Universität transferiert wurde, wo das Archiv heute in der „Dirac Science Library" untergebracht ist, die Manci im Dezember 1989 formell eröffnet hatte.[37] Vor der Bibliothek enthüllte sie eine Dirac-Statue der ungarischen Bildhauerin Gabriella Bollobás, die ihn im vorgerückten Alter zeigt, wie er in seinen *Principles of Quantum Mechanics* liest. Die Statue ist eigenartig leblos, ohne eine Spur von der Energie und Vorstellungskraft, auf der seine Größe beruht.

Manci wurde mit dem Alter nicht abgeklärter: Sie konnte immer noch von einem Augenblick zum anderen von böser Kritiksucht auf Großzügigkeit umschalten. Nachdem sie Halpern einen ganzen Vormittag lang mit Worten kleingedreht hatte, konnte sie sich nachmittags bemühen, mit süßen Worten Verwaltungsbeamte der Florida-State-Universität dazu zu bringen, ihm eine permanente Stelle im Physik-Department zu geben.[38] Ebenso inkonsistent verhielt sie sich gegenüber ihrem Bruder Eugene, der inzwischen an Alzheimer litt: In der Öffentlichkeit betete sie ihn an, aber privat konnte sie ihn vernichtend als „drittklassigen Physiker" charakterisieren.[39] Am Telefon stritt sie stundenlang mit ihm über familiäre Angelegenheiten, machte ihn wegen seiner politischen Ansichten sowie seiner Nähe zur Vereinigungskirche („den Moonies") zur Schnecke. Am Neujahrstag 1995 rief sie Leon und Ellen Lederman nur Stunden nach Wigners Tod an und sagte nacheinander zu beiden: „Gott sei Dank ist das Monster tot."[40]

Sogar in ihrem neunten und zehnten Lebensjahrzehnt hielt sich Manci noch auf dem Laufenden, was die Welt-Nachrichten betraf. Ende 1989 jubilierte sie, als nach dem Fall der Berliner Mauer die von den Sowjets gestützte ungarische Sozialistische Arbeiterpartei ihr Machtmonopol verlor und freien Wahlen zustimmte. Bald darauf, während der Präsidentschaft von George Bush sen., überlegte sie, die amerikanische Staatsbürgerschaft zu beantragen, damit sie gegen ihn stimmen könnte, falls er sich zur Wiederwahl stellen würde. Sie war hoch erfreut, als Bill Clinton 1993 zum ersten Mal Präsident wurde, und schrieb Ende 1995 einen unterstützenden Brief an Hillary Rodham Clinton, die ihr eine höfliche Antwort auf Briefpapier des Weißen Hauses sandte („Dear Ms Dirac [...]").[41] Kein Brief hatte Manci jemals mehr Freude bereitet.

In ihren letzten Lebensjahren litt sie an Arthritis und schwerem Asthma. Freunde und Familienangehörige drängten sie, in ein Pflegeheim umzuziehen, aber sie wollte davon nichts hören: Sie wollte ihre letzten Tage zu Hause verbringen, ungeachtet der Kosten für eine Rund-um-die-Uhr-Betreuung. Anfang 2002, nachdem sie über ihren Hund gestolpert war und sich die Hüfte gebrochen hatte, blieb ihr keine Wahl, und sie wurde ins Krankenhaus eingeliefert, wo sie wenige Tage später starb. Mary und Monica arrangierten, dass sie mit Dirac unter demselben Grabstein beerdigt wurde; seine Grabinschrift blieb unverändert, ihre lautet: „... let her generous soul rest in peace" – möge ihre großmütige Seele in Frieden ruhen.

30
Diracs Denkweise und Persönlichkeit

Dann zeigte sie mir dieses Bild ☺ und ich wusste, es
bedeutet „glücklich"; so fühle ich mich zum Beispiel, wenn
ich etwas über die Apollo-Weltraummission lese oder wenn
ich um drei oder vier Uhr morgens noch wach bin und die
Straße auf und ab gehe und so tun kann, als sei ich der
einzige Mensch auf der ganzen Welt.

Der Ich-Erzähler Christopher Boone in Mark Haddon's
The Curious Incident of the Dog in the Night Time, 2003
(*Supergute Tage oder die sonderbare Welt des Christopher Boone*,
übers. Sabine Hübner, Heyne 2013)

Bristol hat Dirac nie richtig ins Herz geschlossen. Heute gehören zu den wenigen Erinnerungen der Stadt an ihre Verbindung mit Dirac nur eine wenig beachtete abstrakte Skulptur, sein Name an einem trostlosen Funktionsgebäude und ein paar Erinnerungstafeln. Bei meinen zahlreichen Besuchen in Bristol in den vergangenen fünf Jahren habe ich kaum ein halbes Dutzend Menschen außerhalb der Universität getroffen, die je von ihm gehört hatten. Nachdem ich im Mai 2003 zum ersten Mal das Stadtarchiv von Bristol betreten hatte, fragte ich die freundliche selbstbewusste Assistentin, ob sie irgendwelches Material über Paul Dirac hätte. Sie sah mich erstaunt an und fragte „Wer ist das?"

Die beste Art, im Stadtarchiv etwas über Diracs frühe Schuljahre zu erfahren, bestand darin, nach den gut geführten Dokumenten über seinen Mitschüler Cary Grant an der Bishop-Road-Schule zu fragen. Die lokalen Journalisten und Fernsehteams waren immer bemüht gewesen, Cary Grants Aufenthalte in der Stadt zu dokumentieren, eine Aussicht, die Dirac abgeschreckt hätte. Seine Besuche waren immer anonym. In den 1970er-Jahren unterstützte er jedoch die Kampagne des örtlichen Parlamentsmitglieds William Waldegrave, die besondere Verbindung der Stadt mit ihm zu feiern, eine Initiative, die zur Stiftung eines Mathematikpreises an den örtlichen Gymnasien führte.[1] Waldegrave war aufgefallen, dass den Einwohnern

© Springer-Verlag GmbH Deutschland, ein Teil von Springer Nature 2018
G. Farmelo, *Der seltsamste Mensch*, https://doi.org/10.1007/978-3-662-56579-7_30

von Bristol einerseits Dirac nicht bekannt war, dass sie aber andererseits stolz auf ihre Verbindung zu dem Ingenieur Isambard Kingdom Brunel waren, obwohl er in der Stadt weder geboren noch je gelebt hatte.

Im Jahre 2006 war die Verehrung der Stadt Bristol für Brunel durch die mehrmonatige Feier seines zweihundertsten Geburtstags unübersehbar geworden. Die örtlichen Geschäfte und Kulturorganisationen wirkten bei der Präsentation „Brunel 200" zusammen, einem acht Monate dauernden Festival mit Ausstellungen, Theateraufführungen, Konzerten, Kunst-Installationen und Dichterlesungen.[2] Mehr als vierzigtausend Menschen – zumeist aus Bristol selbst und seinen Nachbarstädten – nahmen am Eröffnungswochenende im April teil. Vier Jahre zuvor war der einhundertste Jahrestag von Diracs Geburt in sehr viel bescheidenerem Rahmen begangen worden. Das Hauptereignis war ein vom Physik-Department der Universität organisierter Nachmittag mit Vorträgen, um Diracs Leben und seine weiterwirkende Bedeutung zu feiern, dem sich ein offizielles Dinner auf dem als Museum dienenden berühmten Brunel-Schiff SS *Great Britain* anschloss. Nach einem Interview über die Dirac-Gleichung, das ich auf Radio 4 *Start the Week* geben durfte, wurde ich von einem der Organisatoren angerufen, der mich bat, einen Vortrag über Diracs Leben und Werk zu halten. Dies war für mich ein ganz besonderer Moment, denn ich war seit dem Teenageralter von Dirac fasziniert.

Mir war sein Name zum ersten Mal an der Türschwelle eines Vorstadthauses im Südosten von London begegnet, als ich Unterschriften für eine wöchentliche Tombola zu gewinnen suchte, um die liberale Partei in Orpington zu unterstützen. Als ich an einem Frühlingsabend 1968 einen Vertrag mit einem neuen Kunden abschloss – einem etwas abwesend, aber ungemein sympathisch wirkenden Herrn namens John Bendall –, erwähnte er beiläufig, dass er theoretischer Physiker sei. Wir freundeten uns an, und während mehrerer sonntäglicher Morgengespräche im Wohnzimmer stellte ich fest, dass er ein Dirac-Fanatiker war: In jedem Gespräch von mehr als ein paar Minuten Dauer fand Herr Bendall einen Weg, den Namen seines Helden einfließen zu lassen.[3] Ich fand heraus, dass es kein Zufall war, dass seine jüngere Tochter, die zu unseren Füßen mit ihren Puppen spielte, den Namen Paula erhalten hatte. Zu jedem Weihnachtsfest holte er sich ein Tablett mit kleinen gefüllten Pasteten aus der Küche, setzte sich mit einem Glas Sherry in den Schaukelstuhl, las *The Principles of Quantum Mechanics* und genoss jeden Satz. Minuten, nachdem ich zum ersten Mal in seinem Exemplar geblättert hatte, wusste ich: Auch ich wollte theoretischer Physiker werden.

Ein paar Wochen später ging mir auf, dass Dirac als Junge nur wenige Meilen von meiner in Bristol geborenen Großmutter väterlicherseits, Amelia („Mill") Jones, entfernt gewohnt hatte. Sie erzählte mir gern aus der Zeit in ihrem Leben, als sie in einer Korsettfabrik gearbeitet hatte. An Wochenenden spazierten sie und ihr Verlobter – ein Hafenarbeiter und mein späterer Großvater – Arm in Arm durch das Stadtzentrum, wobei ihr ausladender Reifrock fast den Boden berührte und sein gezwirbelter Schnurrbart kühn in die Luft wies. „Ich frage mich, ob wir je Cary Grant begegnet sind, bevor er nach Amerika entsprungen ist?" hörte ich sie fragen. Es ist durchaus möglich, dass sie ihm in der Stadt persönlich begegnet war, vielleicht in der Nähe des Hippodroms, einem ihrer Lieblingsorte. Es ist auch möglich, dass ihr und meinem Großvater das hohe Ansehen von Charles Dirac bekannt war, und es ist so gut wie sicher, dass sie zumindest ein paar Mitglieder der Familie Dirac gesehen hatten, vielleicht die beiden französisch parlierenden Brüder.

Im mittleren Lebensalter unternahm Dirac mehrere Ausflüge zurück in die Stadt. Nach den Sommerferien mit seiner Familie in Cornwall, der heimatlichen Grafschaft seiner Mutter, fuhr er 1956 durch Bristol und hielt in der Julius Road 6 an, um seinen Töchtern Mary und Monica zu zeigen, wo er gewohnt hatte, seit er zehn Jahre alt war.[4] Aber er erzählte nichts von seinen Erinnerungen an die fast zweiundzwanzig Jahre, die er in Bristol verbracht hatte. Während meiner Besuche in Bristol schlich ich mehrere Male außen um dieses nicht weiter bemerkenswerte Haus herum und versuchte vergeblich, mich gedanklich in es hineinzuversetzen. Mein Problem wurde bei einem Besuch im Frühsommer 2004 gelöst, als der Eigentümer mich großzügig einlud, hereinzukommen und mir dadurch erlaubte, den Schauplatz von Diracs traumatischsten Erinnerungen zu betreten.[5]

Von Charles' kleinem Arbeitszimmer aus überblickt man den Vorgarten. Dort hatte er seine Privatschüler an der Steuerbehörde vorbei unterrichtet. Unter der Treppe befindet sich der kleine Schrank, in dem Flo sich mit Watte in den Ohren während der deutschen Bombenangriffe zusammenkauerte. Darüber liegt das kleine Schlafzimmer, wo Dirac ein paar Monate nach Felix' Selbstmord Heisenbergs bahnbrechende Arbeit zum ersten Mal gelesen und erkannt hatte, dass sie den Schlüssel zur Quantenphysik enthielt. Das Schlafzimmer von Felix, für viele Jahre pietätvoll bewahrt, ist nun mit den Spielsachen der Kinder angefüllt, die inzwischen dort wohnen. Aus Flos kleiner Küche überblickt man den Garten hinter dem Haus, wo Dirac zu den Sternen aufgeblickt hatte und den Start der ersten in Großbritannien hergestellten Flugzeuge miterlebte, und wo er während des ersten Weltkriegs das Gärtnern geübt hatte. Es erschien kaum vorstellbar, dass dieses kleinbürgerliche Heim Vorkommnisse gesehen hatte, die aus Dirac – wie Manci es beschrieb – „einen emotionalen Krüppel" gemacht hatten.[6]

Ihre Worte mögen grausam klingen, doch Dirac hätte sie wahrscheinlich als zutreffend akzeptiert. Er führte seine extreme Schweigsamkeit und seine unterentwickelten Emotionen immer auf das Regime der strikten Disziplin seines Vaters zurück. Es gibt aber auch eine andere, ganz abweichende

Erklärung, nämlich, dass er autistisch war. Zwei von Diracs jüngeren Kollegen vertrauten mir an, dass sie zu diesem Schluss gekommen waren. Jeder von ihnen erzählte seine Enthüllung mit gedämpfter Stimme, so, als ob sie ein peinliches Geheimnis preisgäben. Beide lehnten es ab, zitiert zu werden. Doch man sollte äußerst vorsichtig sein mit dem Aufstellen dieser Diagnose: Gar zu häufig werden Menschen aufgrund der fadenscheinigsten Hinweise autistisch genannt, sind aber nur außergewöhnlich zurückhaltend, zielstrebig und ungesellig. Nebenbei: Es ist nicht einfach, einen Verstorbenen einer Psychoanalyse zu unterziehen.

Bevor man sagen kann, dass viel dafür spricht, Diracs Persönlichkeit autistisch zu nennen, ist es wichtig, sich über die Natur des autistischen Spektrums klar zu werden. Als autistisch sollte eine Person nur diagnostiziert werden, wenn jede der folgenden Charakteristika seit früher Kindheit vorliegt:

1. Die sozialen Fähigkeiten sind im Vergleich zu anderen „schulischen" Fähigkeiten wie Lesen und Rechnen schwach entwickelt.
2. Die Entwicklung der verbalen und nicht-verbalen Kommunikation ist im Vergleich zu anderen „schulischen" Leistungen beeinträchtigt. Es bestehen auffällige Verhaltensweisen wie wiederholte oder stereotype Bewegungen, ein verzögerter Spracherwerb und das Fehlen von phantasievollen spontanen Rollenspielen.
3. Ein ungewöhnlich eingeengtes Repertoire von Aktivitäten sowie das Vorliegen von Interessen, die übernormal stark ausgeprägt sind.[7]

Ein paar Tage vor der Nobelpreis-Verleihungszeremonie im Jahre 1933 erzählte Flo den Journalisten, Dirac sei ein frühreifes, fleißiges und ungewöhnlich ruhiges Kind gewesen.[8] Es gibt nicht annähernd genug Einzelheiten in ihren Bemerkungen oder in den Berichten über Diracs Verhalten in der Schule, die die Diagnose rechtfertigen würden, er sei damals autistisch gewesen. Sein Verhalten als Erwachsener jedoch weist all die Charakteristiken auf, die fast jede autistische Person bis zu einem gewissen Grad besitzt: Zurückhaltung, Passivität, Unnahbarkeit, übertriebenes Wörtlich-Nehmen, festgelegte Aktivitätsmuster, sportliche Ungeschicklichkeit, Egozentrik und vor allem ein enger Interessenbereich und eine ausgeprägte Unfähigkeit, sich in andere Menschen hineinzuversetzen. Eine extreme Ausprägung dieser Charakteristika bildet die Pointe fast aller „lustigen" Geschichten über Dirac, die sich Physiker über Jahrzehnte hinweg erzählen: Fast alle dieser „Dirac-Stories" könnten auch „Autismus-Stories" genannt werden.

Das Wort „Autismus", abgeleitet aus dem griechischen Wort *autós* für „selbst", trifft auf ein breites Spektrum von Symptomen zu. Es umfasst Menschen mit geistiger Retardierung bis hin zu solchen wie Dirac, die auf ihren

Spezialgebieten hochbegabt sind und oft als „hochfunktional" beschrieben werden. Ein ungewöhnlicher Fall wurde in dem Hollywood-Film *Rain Man* geschildert, wo Dustin Hoffman die autistische Persönlichkeit von Raymond Babbit darstellt, der auch das viel seltenere Savant-Syndrom aufwies, das sich in seinen außerordentlichen rechnerischen Fähigkeiten und seinem erstaunlichen Gedächtnis für Baseball-Statistiken und Telefonnummern manifestierte.

Ärzte glauben, dass mehr als eine halbe Million Menschen im Vereinigten Königreich bis zu einem gewissen Grad autistisch sind, das ist fast jeder Hundertste, und es steht fest, dass es vor allem die männliche Bevölkerung betrifft. Statistische Untersuchungen zeigen auch, dass Depressionen auffällig häufig bei Personen mit Autismus auftreten, und dass ungefähr 20 Prozent der betroffenen Kinder weniger als fünf Worte pro Tag sprechen.[9] Etwa eine von zehn Personen mit Autismus besitzt eine spezielle Begabung – zum Beispiel im Zeichnen, beim Arbeiten mit Computern oder im Auswendiglernen. Ein anderes Merkmal, das man aber noch nicht quantitativ ausgewertet hat, ist, dass Jugendliche mit Autismus außergewöhnlich wählerisch bei den Nahrungsmitteln sind, die sie zu essen bereit sind.[10]

Es gibt derzeit reichlich Spekulation über eine moderne Autismus-Epidemie, besonders in den USA, sodass – wie *Nature* 2007 schrieb – diese Diagnose das „Glückskind beim Einwerben von Forschungsgeldern" darstelle.[11] Das Gerede von einem plötzlichen Anstieg der Zahl von Personen mit Autismus steht vermutlich auf schwachen Füßen, weil sich die Diagnosen häufig von einem Arzt zum nächsten unterscheiden, mit der Folge, dass die Daten viele Unsicherheiten bergen.[12] Verlässliche Information gibt es erst seit Mitte der 1960er-Jahre, als qualifizierte empirische Studien begannen – lange nach Leo Kanner, einem aus Österreich stammenden Kinder-Psychiater an der Johns Hopkins Universität in Baltimore, der 1943 dieses Syndrom zuerst identifizierte und benannte. Ein Jahr später beschrieb der Wiener Psychiater Hans Asperger unabhängig davon ein Zustandsbild, das heute als Asperger-Syndrom bekannt ist und einen Teil des Spektrums von autistischem Verhalten abdeckt.[13]

Obwohl die Erkenntnisse über Autismus rasch anwachsen, stehen wir immer noch am Anfang: Ähnlich wie in der Atomphysik in den frühen 1920er-Jahren gibt es eine riesige Menge empirischer Beobachtungen dieses Zustands, aber die Experten wissen, dass ihr Verständnis der Daten nur fragmentarisch ist. Immerhin haben sich einige gesicherte Schlussfolgerungen herauskristallisiert. Wissenschaftler haben zum Beispiel festgestellt, dass Autismus mit bestimmten Abnormitäten des Gehirns einhergeht.[14] Mit modernen bildgebenden Verfahren – einschließlich der Positronen-Emissions-Tomographie (PET) – hat die medizinische Forschung nachgewiesen, dass die Gehirnregionen, die mit dem „Verstehen, was im

Bewusstsein anderer Menschen vorgeht" verbunden sind, bei Menschen mit Autismus deutlich weniger aktiv sind als bei den meisten anderen Menschen.

In Cambridge wird heute am Autismus-Forschungszentrum die Krankheit besonders erfolgreich erforscht. Der Direktor Simon Baron-Cohen ist ein Pionier der Idee, dass Autismus die Manifestation eines extrem männlichen Gehirns ist: vergleichsweise schwach in der typisch weiblichen Eigenschaft der Empathie, aber stark in der typisch männlichen Eigenschaft des Systematisierens, etwa beim Herausfinden der Funktion mechanischer Geräte, bei der Lösung mathematischer Denkaufgaben und beim Brüten über sportlichen Ranglisten und beim Archivieren von Datenträgern.[15] Bei einem ihrer Forschungsprojekte beschäftigt sich die Gruppe von Baron-Cohen mit dem Verhalten führender Mathematiker und Naturwissenschaftler, von denen viele – einschließlich Newton und Einstein, wie einige glauben – mindestens einige der Charakteristika von Autismus aufweisen.[16] Die große Mehrheit der Spitzenmathematiker und -physiker ist zweifellos männlich. Das könnte auf eine Prädisposition des männlichen Gehirns hinweisen, obwohl Kritiker anmerken, dass es auch eine Folge der Kindererziehung nach stereotypen Rollenmodellen sein könnte.

Als ich Baron-Cohen in seinen Räumen im Trinity College besuchte, haben mich zwei Bemerkungen beeindruckt, die besonders relevant für Dirac zu sein schienen. Als erstes sagte er, er habe beobachtet, dass ein hoher Anteil autistischer Männer mit einer Ausländerin in einer stabilen Ehe verheiratet ist, vielleicht weil Frauen toleranter gegenüber dem ungewöhnlichen Verhalten eines ausländischen Ehemanns sind als gegenüber Männern der eigenen Kultur. Baron-Cohen hatte keine Ahnung, dass Dirac fast fünfzig Jahre lang mit einer Ungarin verheiratet war. Das konnte natürlich eine bloße Koinzidenz sein. Sehr erstaunt war ich jedoch über eine weitere Bemerkung, die er ein paar Minuten später machte: Obwohl Personen mit stark autistischen Persönlichkeitsmerkmalen zumeist so wirken, wie wenn sie an anderen Menschen uninteressiert sind, können sie sich sehr entrüsten, wenn sie glauben, dass einem Freund Unrecht geschehen ist. So sehr, dass sie ihre normalerweise unveränderliche tägliche Routine unterbrechen oder aufgeben, um die Sache in Ordnung zu bringen.[17] Baron-Cohen wusste nichts von Diracs einmaligem Vorstoß in die internationale Politik, als er mehrere Monate damit zubrachte, eine intensive Kampagne zur Befreiung Kapitzsas aus seiner Festsetzung in der Sowjetunion zu führen. Heisenberg, der nach dem Krieg von vielen seiner früheren Kollegen an den Pranger gestellt wurde, hatte allen Grund, Dirac als einen seiner loyalsten Freunde anzusehen. Dies könnte beides wieder Zufall sein.

Doch Baron-Cohen hielt entgegen, es sei kein Zufall, dass der junge Dirac im Cambridge der 1920er-Jahre aufgeblüht war.

Cambridge war eine Nische, in der seine Exzentrizität toleriert und seine Fähigkeiten anerkannt wurden. Das Collegeleben gab ihm eine reguläre tägliche Routine und alles, was er zum Leben brauchte. Sein Bett wurde für ihn gerichtet und das Essen wurde bereitgestellt. Der Dozententisch im College sorgte für soziale Kontakte, wenn er sie wünschte – nach seinen eigenen Regeln und Routinen, sodass alles gut vorhersehbar war. Im Mathematik-Department hatte er die Freiheit zu tun, was er wünschte, war umgeben von ähnlich denkenden Menschen, ohne den Druck, soziale Kontakte eingehen zu müssen. Eine derartige Umgebung war optimal für jemanden wie Dirac.[18]

Eine wertvolle Quelle für Einsichten in den Autismus ist die amerikanische Unternehmerin und Lehrerin Temple Grandin, die sich selbst als „hochfunktionale Person mit Autismus" beschreibt.[19] In ihren Büchern und Artikeln betont Grandin zwei besondere Aspekte ihrer Persönlichkeit, die sie mit den meisten anderen autistischen Menschen teile, beides Charakteristika, die auch Dirac mit ihr teilt. Erstens ist sie überempfindlich gegenüber plötzlichen Geräuschen, was daran erinnert, dass Dirac sich immer große Mühe gab, sicherzustellen, nicht durch den Klang von Glocken oder plötzliches Hundegebell in der Nachbarschaft gestört zu werden. Zweitens betont sie, dass sie in Bildern denkt, und dass in mancherlei Hinsicht ihr Gehirn nicht so funktioniert, wie das der meisten Menschen, die sie kennt.

So arbeitet mein Gehirn: Es gleicht der Google-Suchmaschine für Bilder. Wenn man das Wort „Liebe" zu mir sagt, durchsuche ich sozusagen das Internet in meinem Gehirn. Dann springt eine Serie von Bildern in meinen Kopf. Was ich sehe, ist zum Beispiel das Bild einer Pferdestute mit ihrem Fohlen, oder ich denke an *Herbie, den tollen Käfer*, oder an Szenen aus dem Film *Love Story*, oder an den Beatle-Song „All you need is Love."[20]

Ähnlich wie Temple Grandin war sich Dirac sicher, dass sein Denken „wesentlich ein geometrisches" war.[21] Er fühlte sich immer unbehaglich bei algebraischen Methoden in der Physik und bei mathematischen Prozessen, die er sich nicht bildlich vorstellen konnte – eine der Ursachen, warum er sich mit der Renormalisierung nicht anfreunden konnte.

Aber noch einmal: Es ist möglich, dass die Korrelation zwischen autistischen Charakteristika und Diracs Verhalten bloßer Zufall ist, doch im Licht weiterer solcher Korrelationen erscheint dies eher unwahrscheinlich. Ich glaube, es ist so gut wie sicher, dass Diracs autistische Verhaltensmerkmale entscheidend für seinen Erfolg als theoretischer Physiker waren: seine Fähigkeit, Informationen aus Mathematik und Physik auf systematische Art zu ordnen, seine visuelle Vorstellungskraft, sein Egozentrismus, seine

Konzentrationskraft und Zielstrebigkeit. Diese Charakterzüge allein erklären natürlich nicht sein Talent, erlauben aber einen Einblick in seine einzigartige Art, die Welt zu betrachten.

Einer der stärksten Hinweise auf die wahre Natur des Autismus ist, dass dieses Syndrom eine genetische Komponente besitzt – es tritt familiär gehäuft auf. Diese biologische Theorie kann, obwohl sie recht mächtig ist, nicht mit der Präzision einer physikalischen Theorie vorhersagen, wie die meisten charakteristischen Eigenschaften von Generation zu Generation vererbt werden. Das gilt vor allem für Syndrome wie den Autismus, der mit mehreren Genen in Verbindung gebracht wird. Empirische Studien zeigen, dass in Familien selten mehr als ein Kind mit Autismus vorkommt. Aber die Wahrscheinlichkeit für das zweite Kind, autistisch zu werden, beträgt beinahe eins zu zwanzig und ist damit fast achtmal höher als in der Bevölkerung insgesamt. Das führt zu der Frage, ob Felix Dirac autistisch war. Wiederum ist es unmöglich, dies genau zu sagen, weil zu wenige Informationen über seine Persönlichkeit überliefert sind. Doch ein Abend bei Gisela Dirac, der Ahnenforscherin der Familie, gab mir zu denken. Als sie den Stammbaum der Familie durchging, bemerkte sie: „Es ist erstaunlich, wie viele Familienangehörige eine akute Depression hatten. Und wie viele sich selbst töteten." Auf meine Bitte hin schickte sie mir später einen Familien-Stammbaum, in dem diese Ereignisse markiert waren: Im vorangegangenen Jahrhundert waren es mindestens sechs gewesen.

Charles Dirac wies ebenfalls Anzeichen von autistischem Verhalten auf. Die meisten Beschreibungen von Seiten seiner Kollegen und Schüler beziehen sich auf seine Egozentrik, seine Hingabe an die Arbeit und seine rigiden Unterrichtsmethoden. Ähnlich wie sein Sohn scheint Charles nur bescheidene Fähigkeiten im Verständnis für die Gefühle anderer Personen gehabt zu haben, aber während sich der Empathiemangel bei Paul als Zurückgezogenheit manifestierte, wirkte er sich bei Charles anscheinend als Tendenz aus, sich wie ein Bulldozer in Menschengestalt zu benehmen. Keiner der beiden war als Ehemann leicht zu ertragen: Flos jugendliche Verliebtheit in den charmanten Schweizer, dem sie in der Bibliothek begegnet war, führte zu einer erbarmungswürdig unglücklichen Verbindung, während Manci es irgendwie schaffte, dauerhaft mit einem Mann zusammenzuleben, den die wenigsten Frauen auch nur eine Sekunde lang als akzeptablen Partner in Erwägung gezogen hätten.

Dirac war sich bewusst, dass er in mancher Hinsicht seinem Vater ähnlich war. Drei Monate nach Charles' Tod im Juni 1936 meinte Manci gegenüber Paul, er denke zu viel über diese Ähnlichkeit nach, und es bestehe die Gefahr, unbewusst zu versuchen, einige Angewohnheiten seines Vaters nachzuahmen.[22] Kurz danach hatte Paul Gelegenheit, über die biologische

Erbschaft von Seiten seines Vaters nachzudenken, als er an Bohrs Konferenz über Genetik teilnahm und Einzelheiten über genetische Merkmale erfuhr, und wie diese von einer Generation auf die nächste übertragen werden. Als er auf den Holzbänken im Hörsaal von Bohrs Institut in Kopenhagen saß und den Vorlesungen zuhörte, mag Dirac sich vielleicht gefragt haben, welche von diesen vererbbaren Charakteristika wohl in seine eigenen Gene hineingeschrieben waren.

Doch von den genetischen Profilen abgesehen kann kein Zweifel bestehen, dass Dirac und sein Vater nicht miteinander auskommen konnten. Nachdem ich so vieles über die martervollen Mahlzeiten der beiden gehört hatte, schauderte es mich selbst, als ich zum ersten Mal das dunkle Esszimmer im Hause Julius Road 6 mit Blick auf den hinteren Garten betrat. Der ursprüngliche Kamin ist noch vorhanden. Es war leicht vorstellbar, wie Flo dampfenden Haferbrei aus der Küche durch die Durchreiche schob und den beängstigend dünnen Paul ermahnte, bis auf den letzten Krümel alles aufzuessen. Obwohl er wenig Appetit hatte, eines der Symptome der Tuberkulose, scheinen seine Eltern nicht auf die Idee gekommen zu sein, er könne diese Krankheit haben und hatten keine Scheu, ihn unter Druck zu setzen mehr zu essen als er wollte.[23]

Im Alter erinnerte sich Dirac an diesen Speiseraum wie an eine Folterkammer. An diesem Ort, so sagte er häufig, habe ihn sein Vater in ein Leben aus Schweigen und Gehemmtheit hineingetrieben – der zum Französischsprechen gezwungene kleine Dirac fand es leichter, nichts zu sagen, als Fehler zu machen, die von seinem Vater erbarmungslos bestraft worden wären. Kein anderer aus der Familie hinterließ einen Bericht über diese Mahlzeiten, daher werden wir wahrscheinlich nie erfahren, ob er übertrieben hat. Ebenso unwahrscheinlich ist es, dass wir je erfahren werden, wie seine Eltern das Problem einschätzten, ein Kind zu erziehen, das zugleich von frühreifer Intelligenz und emotional gehemmt war.[24] Aus heutiger Sicht mussten Charles und Flo mit einer Herausforderung fertig werden, von der sie nicht wussten, dass sie existiert, und die ihr Eheproblem noch verschärft haben dürfte. Im heutigen Bristol würde die Stadtverwaltung – wie die meisten anderen in England auch – ihnen Unterstützung geben und es ihrem Sohn ermöglichen, eine Spezialschule zu besuchen.

Ich für mein Teil akzeptiere die Aussage von Paul Dirac und seiner Mutter, dass Charles Dirac ein herrschsüchtiger und gefühlskalter Vater war, obwohl ich nicht glauben mag, dass er seinen jüngeren Sohn durch Einschüchterung in die Schweigsamkeit hineingetrieben hat. Viel wahrscheinlicher erscheint mir, dass die Beziehung zwischen Paul und Charles nicht umweltbedingt, sondern anlagemäßig zum Scheitern verurteilt war: Der kleine Dirac war mit der Anlage geboren, ein Kind weniger Worte zu sein und war in einem bemitleidenswerten Umfang nicht in der Lage, Empathie für andere zu empfinden, die engste Familie eingeschlossen. Er gab seinem Vater für all dies die Schuld, obwohl er ihn auch aus anderen Gründen mit einer Bitterkeit hasste, die die wenigen Menschen, die davon erfuhren – einschließlich Kurt Hofer – in Überraschung versetzte. „Warum war Paul so bitter, so besessen von seinem Vater?" fragte sich Hofer nach Diracs Gefühlsausbruch. Vielleicht lag der Hauptgrund darin, dass Dirac in seinem Herzen wusste, dass er nicht nur er selbst war, sondern zugleich seinen Vater in sich trug.

31

Diracs Vermächtnis

*Dirac sagte zu seinen Physikstudenten, sie sollten sich
nicht so sehr um die Bedeutung physikalischer
Gleichungen kümmern wie um ihre Schönheit. Dieser Rat
ist aber nur für solche Physiker gut, deren Gefühl für rein
mathematische Schönheit so stark ausgeprägt ist, dass sie
ihm vertrauen und mit seiner Hilfe voranschreiten
können. Es gab bisher nicht viele solcher
Physiker – vielleicht nur einen einzigen, Dirac selbst.*

Steven Weinberg, Tagung zum hundertsten Geburtstag von Dirac,
Universität Bristol (8. August 2002)[1]

Alle Wissenschaftler, sogar die bedeutendsten, sind für die Wissenschaft so gut
wie entbehrlich. Obwohl begnadete Individuen diese auf kurze Sicht beeinflussen, würde das Fehlen eines jeden von ihnen wahrscheinlich auf lange Sicht keinen großen Unterschied machen. Wenn Marie Curie und Alexander Fleming
nie geboren worden wären, hätte man Radium und Penicillin vermutlich nicht
lange nach den heute in den Lehrbüchern zu findenden Daten entdeckt.

Dennoch darf jeder Wissenschaftler hoffen, dass die Nachwelt ihm
bescheinigt, mehr als nur einen durchschnittlichen Anteil an der Aufdeckung
der Geheimnisse der Natur gehabt zu haben. Nach diesem Kriterium war
Dirac zweifellos ein großer Wissenschaftler, einer der wenigen, die einen
Platz nahe bei Einstein im Pantheon der modernen Physik verdienen. Neben
Heisenberg, Jordan, Pauli, Schrödinger und Born war Dirac einer aus der
kleinen Gruppe der theoretischen Physiker, die die Quantenmechanik entdeckt haben. Doch sein Beitrag war ein besonderer. In seiner Glanzzeit
zwischen 1925 und 1933 trug er mit seiner einmalig klaren Sichtweise zur
Entwicklung eines neuen Zweiges der Naturwissenschaft bei. Das Buch der
Natur schien ihm mehrmals offen vor Augen zu liegen. Freeman Dyson fasst
zusammen, was Diracs Werk so außergewöhnlich macht:

Die großen Arbeiten der anderen Quantenpioniere waren mehr ausgefranst,
weniger perfekt formuliert als die von Dirac. Seine großen Entdeckungen

© Springer-Verlag GmbH Deutschland, ein Teil von Springer Nature 2018
G. Farmelo, *Der seltsamste Mensch*, https://doi.org/10.1007/978-3-662-56579-7_31

waren wie kunstvoll gemeißelte Marmorstatuen, die vom Himmel fielen, eine nach der anderen. Er schien fähig zu sein, Naturgesetze durch reines Denken hervorzuzaubern – es war diese Reinheit, die ihn einzigartig macht.[2]

Diracs Buch *The Principles of Quantum Mechanics* war eine dieser Statuen, wie Dyson betont: „Er präsentiert die Quantenmechanik als ein Kunstwerk, abgeschlossen und poliert." Immer wieder neu aufgelegt, bleibt das Buch die geschliffenste Einführung in die Quantenmechanik, die die meisten Einsichten vermittelt und immer noch eine mächtige Inspirationsquelle für die begabtesten jungen theoretischen Physiker darstellt. Unter allen Lehrbüchern, die ihnen zur Verfügung stehen, stellt keines die Theorie mit solcher Eleganz und einer so schonungslosen Logik dar, eine Eigenschaft von Dirac, die Rudolf Peierls im Jahr 1972 hervorhob: „Das Ding bei Dirac ist, dass er eine Art des logischen Denkens besitzt [...], die in gerader Linie ihr Ziel erreicht, wo wir alle ins Schlingern geraten. Es ist dies absolut geradlinige Denken auf unerwarteten Wegen, das für sein Werk so charakteristisch ist."[3]

Die meisten jungen Physiker beschäftigen sich jedoch nicht mit der inneren Logik der Quantenmechanik, sondern benutzen die Theorie als Methode, um schnelle und verlässliche Ergebnisse zu erzielen. In der Tat gibt sie den Wissenschaftlern einen vollkommen verlässlichen Satz von praktischen Werkzeugen an die Hand, um die atomare und molekulare Welt zu beschreiben. Jeden Tag wenden Zehntausende von Forschern in der Mikroelektronik-Industrie routinemäßig die Techniken an, die Dirac und seine Kollegen entwickelt haben: Ideen, deren Klärung Jahre gedauert hatte, werden nun benutzt, ohne einen Gedanken an die Kopfschmerzen zu verschwenden, die sie einst ihren Schöpfern bereitet haben.

Der moderne Trend zur Miniaturisierung macht die Quantenmechanik sogar noch wichtiger. In dem wachsenden Gebiet der Ultraminiaturtechnik – üblicherweise Nanotechnologie genannt (vom griechischen Wort *nãnos* für Zwerg) – ist die Quantenmechanik so unverzichtbar, wie es die klassische Mechanik für Brunel war. In einem Zweig dieser neuen Technologie, der Spintronik (Abkürzung für „auf Spin beruhender Elektronik") versuchen Ingenieure, neue Geräte zu entwickeln, die nicht nur wie konventionelle Geräte auf der Steuerung des Ladungsflusses von Elektronen beruhen, sondern auch auf dem Fluss der Elektronen-*Spins*. Weil Spins von einem Zustand in den anderen viel rascher umgeschaltet werden können, als Ladung hin und her bewegt werden kann, sollten Spintronik-Geräte schneller als konventionelle Geräte arbeiten und weniger Wärme produzieren. Wenn es Ingenieuren wie erhofft gelingt, auf den Spin basierende Transistoren herzustellen, um die konventionellen Transistoren in Speichern und logischen Schaltungen zu ersetzen, wäre es möglich, den Trend zu immer kompakteren Computern über die gegenwärtig absehbaren Grenzen hinaus fortzusetzen.

Es könnte sein, dass ein Jahrhundert, nachdem Dirac den Elektronenspin in die logische Struktur der Quantenmechanik eingeführt hat, seine Gleichung – einst als mathematische Hieroglyphe ohne Relevanz zum Alltagsleben angesehen – zur formalen Basis einer viele Milliarden Dollar schweren Industrie wird.

Große Denker sind immer auch posthum produktiv. Nach diesem Kriterium kann Dirac zu einem der größten aller Wissenschaftler gezählt werden – viele der Konzepte, die er einführte, werden immer noch weiterentwickelt und bestimmen immer noch das moderne Denken. Die Dirac-Gleichung zum Beispiel ist immer noch eine fruchtbare Ideenquelle für die Mathematiker, die sich schon lange von Spinoren faszinieren lassen, mathematischen Objekten, die zuerst in dieser Gleichung vorkamen. In den Worten von Sir Michael Atiyah:

> Niemand versteht die Spinoren vollständig. Ihre Algebra ist formal verstanden, aber ihre geometrische Bedeutung ist mysteriös. In einem gewissen Sinn beschreiben sie die „Quadratwurzel" der Geometrie. Und so wie es Jahrhunderte dauerte, bis man das Konzept der Quadratwurzel von −1 verstand, mag es auch bei den Spinoren sein.[4]

Diracs Einfluss ist besonders stark bei Wissenschaftlern spürbar, die die kleinsten Bestandteile des Universums untersuchen. Experimentatoren können heute Teilchen mit so hoher Energie aufeinander prallen lassen, dass selbst Rutherford beeindruckt wäre: Am Large Hadron Collider (LHC), dem großen Teilchenbeschleuniger am CERN, können sie den Zustand des Universums reproduzieren, der im millionstel Teil einer Millionstel-Sekunde nach dem Big-Bang und dem Beginn der Zeit angenommen wird. Während der subatomaren Kollisionen, die in diesem und anderen Beschleunigern erzeugt werden, beobachten die Experimentatoren routinemäßig, wie subatomare Teilchen entstehen und verschwinden, Prozesse, die nur mit der relativistischen Quantenfeldtheorie erklärt werden können. Diracs Fingerabdruck ist überall in dieser Theorie zu finden – er war einer ihrer Mitentdecker und Autor der auf dem Wirkungsprinzip aufbauenden Formulierung der Quantenmechanik, die nun aus dem modernen Denken über Felder nicht mehr wegzudenken ist.

Während des vergangenen Vierteljahrhunderts hat der Abstand zwischen den erreichbaren Energien der Teilchenbeschleuniger und den benötigten Energien, um die neuesten Theorien zu testen, beunruhigend zugenommen. Der Bau von Beschleunigern wird für die internationalen Kollaborationen, die zu ihrer Finanzierung und für ihren Betrieb benötigt werden, zunehmend schwieriger und kostspieliger, sodass neue Geräte nur sehr langsam in Betrieb gehen. Eine Konsequenz ist, dass die Theorie subatomarer Teilchen den aus Experimenten zur Verfügung gestellten Daten davongeeilt ist. Dadurch ist ein

Szenario genau der Art entstanden, wie es Dirac in seiner bahnbrechenden Arbeit von 1931 vorausgesehen hat, wo er eine Agenda für die theoretische Physik aufstellte, die von der Mathematik und nicht vom Experiment geleitet wird. Einer der Physiker, die der Meinung waren, dies sei hellseherisch, war C. N. Yang. Bei einer Tagung in Princeton im Jahre 1979, an der sowohl Yang als auch Dirac teilnahmen, meinte Yang, Dirac habe eine „große Wahrheit" gelassen ausgesprochen.[5] In seiner Arbeit von 1931 hatte Dirac die Existenz des Anti-Elektrons und des Anti-Protons vorhergesagt, sowie eine Quantentheorie magnetischer Monopole mit Hilfe eines geometrischen Ansatzes entwickelt, der Generationen von theoretischen Physikern beeinflussen sollte. Da die Monopole experimentell nicht entdeckt wurden, sah Dirac in diesem Projekt eine weitere Enttäuschung und starb im Glauben, dass Monopole wahrscheinlich in der Natur nicht vorkommen.[6] Doch heute sind viele Physiker anderer Ansicht, da Monopole von einigen einfachen Verallgemeinerungen des Standardmodells vorausgesagt werden, wobei diese „modernen" Monopole mathematisch besser definierte Verwandte von Diracs Monopolen sind.[7] Zudem sollten nach Ansicht mancher Kosmologen Monopole während des „Big Bang" in riesigen Mengen erzeugt worden sein. Sie müssten daher heute nachweisbar sein – die Tatsache, dass sie es nicht sind, ist als „das Monopol-Problem" bekannt.

Hätte man Diracs Monopol entdeckt, würde sich daraus für die virtuelle Geschichtsschreibung eine interessante Frage ergeben: Welchen Effekt hätte diese Entdeckung auf Diracs Ansehen gehabt, wenn sie zu der Zeit, als das Positron entdeckt wurde, stattgefunden hätte? Solch ein Erfolg im Doppelpack hätte sein Ansehen unter den Kollegen weiter verstärkt und ihn in der Öffentlichkeit viel breiter bekannt gemacht. Doch es gab nie eine Chance, dass er eine Medienberühmtheit werden würde wie sein späterer Nachfolger auf dem Lucasischen Lehrstuhl, Stephen Hawking. Es scheint Dirac nie in den Sinn gekommen zu sein, ein populärwissenschaftliches Buch zu schreiben, und er wäre auch nie auf den Gedanken gekommen, die Art von Ausflügen in das Scheinwerferlicht der Medien zu unternehmen, wie es Hawking mit seinen Auftritten in *Star Trek,* bei den *Simpsons,* auf der Tanzfläche eines Londoner Nachtklubs und im schwerelosen Fall tat.[8] Doch Dirac bewunderte solche Kühnheit mehr, als die meisten seiner Kollegen wussten.

Dirac hinterließ auch außerhalb der Quantenmechanik auf mehreren anderen Gebieten seine Spuren. Einer seiner am wenigsten typischen Beiträge war die Erfindung einer neuen Methode zur Trennung verschiedener Isotope eines chemischen Elements. Er entwickelte diese Methode während des zweiten Weltkriegs, aber die Idee schien zunächst keine praktische Bedeutung zu besitzen. Sie wurde alsbald vergessen, wurde jedoch dreißig Jahre später unabhängig von Ingenieuren in Deutschland und Südafrika wiederentdeckt.[9]

Seine Methode scheint weiterhin ökonomisch nicht rentabel zu sein, aber die Entwicklung neuer ultrastarker Werkstoffe lässt immer noch die Möglichkeit offen, dass die Methode in der Nuklearindustrie Verwendung finden wird.

Ein weiterer für Dirac weniger charakteristischer Teil seiner Arbeit war in Zusammenarbeit mit Kapitza im Jahr 1933 seine Erforschung der Wellen- und Teilchennatur der Elektronen. Moderne Verbesserungen der Laser -Technik bieten eine neue Gelegenheit, die Existenz des Kapitza-Dirac-Effektes zu verifizieren, die Beugung eines dünnen Elektronenstrahls an einer stehenden Lichtwelle. Kapitza und Dirac hatten auf dem Abschiedstreffen des Kapitza-Klubs im Jahre 1966 die neuen Möglichkeiten noch selber miteinander diskutiert. Mehrere Gruppen hatten versucht, den Effekt nachzuweisen, doch keine war erfolgreich, bis im Frühjahr 2001 ein Team der Universität Nebraska ihn mit einem hochenergetischen Laser und einem feinen Elektronenstrahl beobachten konnte, wobei sie eine Apparatur verwendeten, die auf einen Esstisch gepasst hätte.[10] Der Kapitza-Dirac-Effekt gilt heutzutage als raffinierte Methode, um das wellenähnliche und teilchenähnliche Verhalten sowohl von Elektronen wie auch von Licht zu untersuchen.

Dirac hinterließ auch eine Spur in der Allgemeinen Relativitätstheorie, ohne dass sie sein Talent voll widerspiegeln würde. Es ist schwer zu verstehen, warum er so wenig Interesse an der Entdeckung von Oppenheimer und seinem Mitarbeiter Snyder im Jahre 1939 hatte, dass Einsteins Theorie die Existenz von schwarzen Löchern vorhersagt: Objekten, die ein so starkes Gravitationsfeld besitzen, dass nicht einmal Licht aus ihnen entweichen kann. In Diracs wichtigstem Beitrag zur Relativitätstheorie formulierte er die Allgemeine Relativitätstheorie in Analogie zu seiner geliebten Hamilton'schen Beschreibung der Quantenmechanik um und gab einen Satz von komplementären mathematischen Techniken an – wie auch andere Physiker in ähnlichen Arbeiten.[11] Diese Methoden erwiesen sich für Astronomen als nützlich, die Paare von rotierenden Neutronensternen (Pulsare genannt) untersuchen, die sich in kurzem Abstand umkreisen und dabei langsam an Energie verlieren. Dieser graduelle Energieverlust kann formal durch Einsteins Allgemeine Relativitätstheorie erklärt werden, vor allem, wenn letztere mit den Methoden, die Dirac miterfunden hat, interpretiert wird: Die Pulsare emittieren danach Gravitationsstrahlung auf fast dieselbe Art, wie beschleunigte Elektronen elektromagnetische Strahlung aussenden. Die Suche nach Gravitationswellen gilt gegenwärtig als eines der vielversprechendsten Gebiete der Astronomie.

Diracs intuitive Einsicht in das Funktionieren des Universums auf der größten Skala war weit weniger trittsicher als im Bereich des Mikrokosmos. Es besteht jedoch kein Zweifel, dass er in seinem Überblick zum Stand der Kosmologie in der „Scott-Lecture" kurz vor Ausbruch des Zweiten Weltkriegs Weitsicht zeigte, als dieses Gebiet noch in den Kinderschuhen steckte.

In einer ganzen Kette von scharfsinnigen Bemerkungen, die er beiläufig fallen ließ, wagte er die geniale Vermutung, dass die komplexe Struktur von allem um uns herum ihren Keim in einer Quantenfluktuation im Anfangszustand des Universums haben könnte. „Die neue Kosmologie", vermutete Dirac, „wird sich wahrscheinlich als philosophisch noch revolutionärer erweisen als Relativitäts- oder Quantentheorie". Vielleicht hat er den gegenwärtigen Boom in der Kosmologie vorausgesehen, deren präzise Beobachtungen von einigen der am weitesten entfernten Objekte im Universum ein Licht auf die Natur der Materie sowie auf die derzeit am weitesten fortgeschrittenen Quantentheorien werfen. Nach Ansicht von Nathan Seiberg, einem Kollegen von Dyson am Institute for Advanced Study, „würde der Vortrag nicht weniger eindrucksvoll wirken, wenn das Datum auf dem Deckblatt nicht 1939 sondern 1999 lautete".[12]

Dirac äußerte sich gegen Ende seines Lebens häufig zurückhaltend über seine Hypothese der großen Zahlen, blieb aber letztlich von deren Wahrheitsgehalt überzeugt.[13] Die moderne Sicht zur Hypothese der großen Zahlen, die ihn Jahrzehnte lang gefesselt hatte, besagt, dass nur eine von ihnen rätselhaft ist: das Verhältnis 1 zu 10^{39} zwischen der elektrischen Kraft und der gravitativen Anziehungskraft zwischen Elektron und Proton. Das Grundproblem besteht darin, zu verstehen, warum die Gravitationskraft im Vergleich zu den anderen fundamentalen Kräften so außerordentlich schwach ist.[14] Alle anderen großen Zahlen, über die Dirac rätselte, folgen heutzutage aus der Standardtheorie der Kosmologie, daher besteht keine Notwendigkeit, Verbindungen zwischen ihnen zu erfinden – die Koinzidenzen, die er sah, sind bloßer Schein.[15]

Dirac war der Überzeugung, die Stärke der Gravitationskraft habe seit dem „Beginn der Zeit" abgenommen und verwandte viele seiner späteren Jahre auf den Versuch, dies zu beweisen, obwohl astronomische Beobachtungen an nahe gelegenen Planeten im Sonnensystem das so gut wie ausgeschlossen haben. Obwohl es immer noch möglich ist, dass Diracs Intuition richtig war, steht dieses Thema auf dem derzeitigen Forschungsprogramm ganz unten. Ein Wissenschaftler, der immer instinktiv davon überzeugt war, dass Dirac Recht hatte, war Leopold Halpern, der im Jahre 2004 die Florida-State-Universität verließ und nach seiner Pensionierung weiterhin als Theoretiker arbeitete. Er betrieb ein auf Satelliten basierendes experimentelles Projekt, das von der NASA finanziert an der Universität Stanford durchgeführt wurde und das Ziel hatte, einige der noch unbestätigten Voraussagen von Einsteins Allgemeiner Relativitätstheorie zu überprüfen.[16] Halpern hoffte die Vorhersagen seiner Theorie mit den Satelliten-Beobachtungen vergleichen zu können. Er konnte aber sein Werk nicht vollenden, da er im Juni 2006 an Krebs starb.[17]

Wie immer Diracs Vorhersagen bezüglich einer veränderlichen Gravitationskraft in der Zukunft beurteilt werden, so wird doch sein Name immer mit der Bedeutung der Antimaterie am Beginn des Universums verbunden bleiben. Nach der modernen Big-Bang-Theorie entstanden Materie und Antimaterie ganz zu Beginn des Universums vor etwa 13,8 Milliarden Jahren in genau gleichen Mengen. Bald danach führte der Zerfall von einigen der schweren Teilchen, die aus den Quarks und Anti-Quarks entstanden waren, zu einem kleinen aber entscheidenden Überschuss der Materie über die Antimaterie, der gerade einmal ein Milliardstel betrug. Der erste Wissenschaftler, der diesen Unterschied im Detail analysierte, war Tamms Student Andrei Sacharow – später ein mutiger Menschenrechtsaktivist in der Sowjetunion –, der 1967 die Frage aufwarf, wie dieser kleine Überschuss zustande gekommen sein konnte, und wieso das Universum danach mit einem überwältigenden Überschuss der Materie über die Antimaterie zurückbleiben konnte. Ohne dieses Ungleichgewicht hätten sich die zu Beginn geformte Materie und Antimaterie sofort gegenseitig ausgelöscht, sodass das Universum es nie über ein kurzes Bad in einem hochenergetischen Lichtblitz hinausgebracht hätte. Materie wie die unsere hätte in dem Fall nie die Gelegenheit gehabt, die Antimaterie zu entdecken.[18]

Der Überschuss an Materie über Antimaterie am postulierten Anfang des Universums ist immer noch nicht verstanden, und Tausende von Physikern arbeiten daran, ihn zu verstehen. Ihre Hauptquelle für experimentelle Informationen sind Teilchenbeschleuniger, in denen Antimaterie hergestellt wird, indem gewöhnliche Teilchen aufeinander geschossen werden, und danach die entstandene Antimaterie rasch „abgetrennt" wird, bevor sie durch Materie vernichtet wird. Durch einen Vergleich des Zerfalls der Teilchen mit dem Zerfall ihrer Antiteilchen hoffen die Experimentatoren dem Ungleichgewicht von Materie und Antimaterie auf die Spur zu kommen.

Jeden Tag erzeugen Teilchenbeschleuniger nun ungefähr einhunderttausend Milliarden Positronen und fünftausend Milliarden Anti-Protonen – insgesamt annähernd ein milliardstel Gramm. Obwohl diese Menge nur winzig ist, zeigt doch die Fähigkeit, sie nach Belieben herstellen zu können, dass der *Homo sapiens* heute – zweihunderttausend Jahre nach seiner Entstehung – Antimaterie als Werkzeug benutzt. Heutzutage werden in der ganzen Welt in Geräten, die in industrieller Massenproduktion gefertigt werden, Positronen erzeugt. Ärzte verwenden Positronen-Emissions-Tomographen (PET), um ins Innere des Gehirns oder des Herzens ihrer Patienten in Realzeit zu schauen, ohne dass dazu ein chirurgischer Eingriff nötig ist. Es ist eine einfache Technik, bei der dem Patienten eine winzige Menge einer speziellen radioaktiven Substanz injiziert wird, die spontan Positronen emittiert, die mit den Elektronen im

Gewebe, wo die Substanz angekommen ist, interagieren. Das erhaltene Bild dokumentiert die Strahlung, die bei der Paarvernichtung von Elektronen und Positronen lokal entsteht.

In wenigen Jahrzehnten verwandelten sich die Positronen in den Augen der Wissenschaft von einer seltenen Kuriosität in ein ganz gewöhnliches subatomares Teilchen. Durch Science-Fiction-Darstellungen wie *Star Trek* und Dan Browns Roman *Illuminati* wurde auch die Öffentlichkeit mit der Antimaterie vertrauter. Am bemerkenswertesten an der Geschichte der Antimaterie ist jedoch, dass die Menschheit sie nicht durch Sehen, Riechen, Schmecken und Berühren entdeckt, kennengelernt und verstanden hat, sondern durch einen rein theoretischen Gedankengang in Diracs Kopf.

Wie Einstein suchte auch Dirac immer nach Verallgemeinerungen – nach Theorien, die mehr und mehr über das Universum durch immer weniger Prinzipien erklären. Beide glaubten auch, der beste Weg, dieses Ziel zu erreichen, führe über Theorien, die sich in schönen Gleichungen ausdrücken.[19] Als Physiker war Dirac von der Mathematik gut bedient worden, wie er in einer ungewohnt offenherzigen Passage im Jahre 1975 schrieb:

> Wenn Du aufnahmefähig und bescheiden bist, wird Dich die Mathematik bei der Hand nehmen. Wieder und wieder, wenn ich nicht wusste, wie ich weiter machen sollte, musste ich nur warten, bis [dies eintrat]. Sie hat mich einen unerwarteten Pfad entlang geführt, einen Pfad, der neue Einblicke eröffnete, einen Pfad, der in neues Terrain führte, in welchem man eine Operationsbasis einrichten konnte, von der aus man die Umgebung begutachten und zukünftige Fortschritte planen konnte.[20]

Obwohl er es nie öffentlich zugab, hatte der Wegweiser der Schönheit Dirac aber nicht nur auf einige reiche Weidegründe in der Forschung geführt, sondern auch in Wüsten, die keinerlei Früchte erbrachten. In seinen Vorträgen war er ein Botschafter der mathematischen Schönheit und stellte immer wieder die Triumphe der Theorien heraus, die diese Eigenschaft aufwiesen, erwähnte aber nicht die Jahre, in denen er vergeblich versucht hatte, eine auch die Gefühlswelt ansprechende Mathematik zur Beschreibung der Natur zu finden. Es fällt auf, dass er das Prinzip der mathematischen Schönheit erst mehrere Jahre, nachdem er seine besten Arbeiten geschrieben hatte, aufstellte, und es steht zu vermuten, dass einige Darstellungen seiner größten Entdeckungen – die üblicherweise als Erfolge dieser Art von Ästhetizismus gedeutet werden – Rückinterpretationen im Licht seines Glaubens an das Prinzip sind. In seinen wegweisenden Arbeiten über die Quantenmechanik sagt er nirgendwo explizit, dass Schönheit sein Leitstern gewesen sei; er erinnerte sich an ihren Wert erst in der Beschaulichkeit seiner weniger produktiven Jahre.[21]

Dirac machte erstmals in den späten 1940er-Jahren deutlich, dass er vom Prinzip der mathematischen Schönheit Gebrauch machte, als er die Renormalisierungstheorie der Photonen und Elektronen verwarf, weil sie zu hässlich sei. Es war ihm jedoch nicht möglich, sein Prinzip konstruktiv zur Bildung neuer Theorien einzusetzen. Man könnte daher argumentieren, dass Diracs Leidenschaft für Schönheit bis zu einem gewissen Grad destruktiv war, aber er kannte keinen anderen Weg. Er blieb von seinem Temperament her unfähig, sich auf ein neues Thema in der Teilchenphysik voll einzulassen. Das wäre ihm erst möglich gewesen, wenn er eine wahrhaft schöne Theorie der Elektronen und Photonen ohne entstellende Unendlichkeiten gefunden hätte.

Ein Ausweg aus diesem angeblichen Fehler der Quantenfeldtheorie kam tragischerweise für ihn zu spät: Im Herbst 1984, in der Zeit, in der Dirac im Sterben lag, begann eine ungewöhnlich vielversprechende, nicht mit Unendlichkeiten behaftete Theorie für Elektronen und Photonen in Theoretikerkreisen zu zirkulieren. Michael Green von der Universität London und John Schwarz vom Caltech hatten ein entscheidendes Paper geschrieben, das zeigte, dass die String-Theorie in der Lage sein könnte, die Grundlage für eine vereinheitlichte Theorie der fundamentalen Wechselwirkungen zu bilden.[22] Bis dahin hatte die Theorie scheinbar verlangt, dass die schwache Wechselwirkung im Widerspruch zu experimentellen Ergebnissen eine perfekte Links-Rechts-Spiegelsymmetrie aufweisen müsste. Indem Green und Schwarz bewiesen, dass die Theorie auf natürliche Weise die *Brechung* dieser Symmetrie beschreiben kann, sowie durch die Auflösung anderer störender Anomalien in der Theorie, setzten die beiden Theoretiker eine Revolution in Gang. Innerhalb weniger Wochen war die String-Theorie das heißeste Thema in der theoretischen Physik. Obwohl die Theorie weit davon entfernt war, vollständig zu sein – sie war in Wirklichkeit eine Ansammlung von bruchstückhaften Konzepten, die alle noch auszuarbeiten waren –, gab es starke Hinweise, dass sie den Keim zu einem aufregenden neuen Gerüst für eine vereinheitlichte Darstellung aller fundamentalen Wechselwirkungen bilden könnte, die das Standardmodell und Einsteins Allgemeine Relativitätstheorie mit umfassen würde.

Die neue Theorie beschreibt die Natur nicht in Form von punktähnlichen Teilchen, sondern in Form von kurzen Fädchen, die so klein sind, dass man eine Milliarde Milliarden von ihnen in einer Linie aneinanderhängen müsste, um einen einzigen Atomkern zu umspannen. Nach diesem Bild der Grundbestandteile des Universums gibt es nur eine fundamentale Entität – den String – und jeder andere Teilchentyp, einschließlich Elektron und Photon, ist einfach eine Anregung des Strings, analog der Schwingung einer Stimmgabel.[23] Die Mathematik dieser Theorie ist furchterregend, aber hinter all der Komplexität liegt eine moderne Version von John Stuart Mills Wunschtraum für die Fundamentalphysik: eine vereinheitlichte Beschreibung aller grundlegenden Wechselwirkungen.

Dirac hätte es sicher beeindruckt, dass die moderne String-Theorie keine der Unendlichkeiten aufweist, die er so verabscheute. Er hätte die mathematische Schönheit der Theorie genossen, die nicht nur die Physiker begeistert, die sie benutzen, sondern auch viele Mathematiker, die aus ihr neue Konzepte gewinnen. Es hat sich gezeigt, dass die String-Theorie, ähnlich wie die Dirac-Gleichung, eine fruchtbare Quelle für rein mathematische Ideen ist, die einen Wert in sich selbst haben und nicht nur ein Werkzeug für ein besseres Verständnis der Natur darstellen. Dirac hätte sich sicher gefreut zu sehen, wie seine Nachfolger für einige seiner schönen, aber bisher steril gebliebenen mathematischen Ideen anscheinend physikalische Anwendungen gefunden haben. Ein Beispiel ist die vorgeschlagene Verbindung von String-Theorie und Quantenfeldtheorie, die sogenannte AdS/CFT Korrespondenz, die sich auf eine Mathematik bezieht, die Dirac im Jahre 1963 aufgestellt hatte (und die auf eine verwandte Arbeit von ihm aus dem Jahr 1936 zurückgeht). Dieser Beitrag war eine Überraschung für den argentinischen Theoretiker Juan Maldacena, der im Jahre 1997 diese Korrespondenz zuerst vorschlug: „Das 1963-Paper enthält eine Beobachtung, die entscheidend für die Korrespondenz ist. In der Tat ist das Paper eine Art Vorläufer zur holographischen AdS/CFT-Idee."[24]

Niemand hat mehr getan, um die String-Theorie zu erhellen als der mathematische Physiker Edward Witten am Institute for Advanced Study. Als er im Jahre 1981 im Alter von dreißig Jahren auf der „Erice Summer School" auf Sizilien einen Vortrag hielt, war er Dirac kurz begegnet und hatte dessen bekannte Verdammung der Renormalisierungstheorie zur Kenntnis genommen, aber beschlossen, diesem Rat nicht zu folgen. Dirac verfolgte Wittens Arbeiten und schrieb 1982 – in zittriger Handschrift – an die päpstliche Akademie, um die Nominierung von Witten für einen speziellen Preis zu unterstützen, wobei er dessen mathematisches Werk als „brillant" bezeichnete.[25] Vom Beginn der 1980er-Jahre an wurde Wittens Ansehen unter den String-Theoretikern zunehmend mit dem Ansehen vergleichbar, das Dirac ein halbes Jahrhundert zuvor unter den Quantentheoretikern besaß.

Witten glaubt, dass die String-Theorie wohl die Art von Theorie ist, die Dirac vorschwebte, als er behauptete, eine Revolution sei nötig, um eine neue Theorie zu gewinnen, die frei von Unendlichkeiten und der Notwendigkeit von Renormalisierungen ist:

In gewisser Weise wurde Diracs Reaktion gegen die Renormalisierung gerechtfertigt, da die besseren Theorien, die er sich wünschte, schließlich mit dem Aufkommen der String-Theorie entwickelt wurden. Doch die größten Fortschritte in Richtung auf die neue Theorie stammten von Physikern, die die

Renormalisierung benutzt und erforscht hatten. Deshalb könnte man diese Entwicklung aus der Sicht von Dirac als bittersüß bezeichnen: Er bekam zum Teil recht, aber seine Methode war nicht ganz pragmatisch gewesen.[26]

Es ist schwer mit dieser taktvoll ausgedrückten Beurteilung von Diracs prinzipieller, aber empirisch kontraproduktiver Haltung gegenüber der Renormalisierung nicht einverstanden zu sein. Wenn er sich ein wenig von seinem Bestehen auf mathematischer Strenge hätte abbringen lassen, wie er es als Student der reinen Mathematik gelernt hatte, und etwas von dem Pragmatismus, den er während seiner Ausbildung zum Ingenieur erworben hatte, beibehalten hätte, wären seine Errungenschaften wahrscheinlich noch größer geworden. Wenn er sich aktiver mit der Quantenfeldtheorie befasst hätte, wäre diese vielleicht schneller vorangekommen und die moderne String-Theorie früher aufgestellt worden.

Obwohl die String-Theorie der einzige ernsthafte Kandidat für eine vereinheitlichte Theorie der fundamentalen Wechselwirkungen ist, sind keineswegs alle Theoretiker von ihrem Wert überzeugt. Eine beträchtliche Anzahl von Physikern beunruhigt es, dass die Theorie nur in mehr als vier Dimensionen der Raum-Zeit Sinn ergibt (sie ist am einfachsten in zehn oder sogar elf Dimensionen zu formulieren). Noch beunruhigender ist, dass sie wenig Unterstützung durch Experimente erhalten hat: Die String-Theorie muss erst noch eindeutige Voraussagen machen, die im Experiment getestet werden können. Dies sind die Schlüssel-Einwände, die nach Meinung mehrerer Physiker dafür sprechen, dass die Theorie in absurder Weise überbewertet wird und es besser wäre, andere Wege zu verfolgen. Einer der bekanntesten Skeptiker ist Martin Veltman, ein Pionier des Standardmodells: „Die String-Theorie ist Hokuspokus. Sie hat nichts mit Experimenten zu tun."[27]

Doch aus Diracs wiederholt in seinen Vorlesungen geäußerten Bemerkungen über den Weg, wie theoretische Physik betrieben werden sollte, geht deutlich hervor, dass er dieser Kritik wohl widersprochen hätte: Er hätte String-Theoretikern geraten, sich von der Schönheit der Theorie an die Hand nehmen zu lassen und sich nicht über mangelnde experimentelle Unterstützung zu beunruhigen, und sich auch nicht abschrecken zu lassen, wenn ein paar Beobachtungen sie scheinbar widerlegen. Aber er hätte die String-Theoretiker ermahnt, bescheiden zu sein, unvoreingenommen zu bleiben und nie anzunehmen, dass das Ende der Grundlagenphysik in Sichtweite sei. Wenn frühere Erfahrungen etwas gezeigt haben, dann dies, dass schließlich eine weitere Revolution folgen wird.

Dies war der Ratschlag, den dieser außergewöhnlich emotionslose Wissenschaftler für seine Kollegen übrig hatte: Lass Dich vor allem von Deinen Emotionen leiten.

Anmerkungen

Prolog

1. Eine Version von Diracs Lieblingsbemerkung „die meisten Menschen wollen lieber sich selbst reden hören als zuhören" wird von Eugene Wigner zitiert, in Mehra (1973: 819).

2. Dirac machte die Bemerkung „Gott ist ein Mathematiker" in seinem Artikel „The Evolution of the Physicist's Picture of Nature" im *Scientific American* im Mai 1963.

3. Das Zitat von Darwin stammt aus Teil VII seiner *Autobiographie*. Es wurde am 1. Mai 1881 niedergeschrieben (N. Barlow (Hrsg.) (1993) Charles Darwin. Mein Leben 1809–1882. Die Autobiographie, Frankfurt: Insel.).

4. Der Autor des sich auf Shakespeare beziehenden Zitats war der verstorbene Joe Lannutti, leitendes Mitglied des Physik-Departments der Florida-State-Universität zu der Zeit, als Dirac eintraf. Die Quelle für das Zitat ist Peggy Lannutti im Interview am 25. Februar 2004. Lannutti erzählt die Geschichte auch in: J. Lannutti (1987) „Lobrede auf Paul A. M. Dirac", in: Taylor (1987: 44–45).

5. Diese Darstellung beruht auf den Interviews mit Kurt Hofer am 21. Februar 2004 und 25. Februar 2006, sowie zahlreichen nachfolgenden E-Mails. Die Darstellung wurde auch in E-Mails vom 22. September 2007 im Detail verifiziert. Hofers Erinnerungen stimmen in allen Einzelheiten überein mit Diracs Bericht in: Salaman und Salaman (1986), seinem Interview AHQP am 1. April 1962 (S. 5–6), und der Schilderung seiner frühen Lebensjahre gegenüber seinen Freunden Leopold Halpern und Nandor Balázs. Ich sprach mit diesen ehemaligen Kollegen von Dirac am 18. Februar 2003 beziehungsweise am 24. Juli 2002. Diracs Frau beschrieb diese Erinnerungen über seine Erfahrungen bei den Mahlzeiten in ihrem Brief an Rudolf Peierls vom 8. Juli 1986, Peierls Archive, additional papers, D23 (BOD).

© Springer-Verlag GmbH Deutschland, ein Teil von Springer Nature 2018
G. Farmelo, *Der seltsamste Mensch*, https://doi.org/10.1007/978-3-662-56579-7

1. Bis August 1914

1. Brief von André Mercier an Dirac und seine Frau, 27. August 1963, Dirac Papers 2/5/10 (FSU).
2. Interview mit Dirac, AHQP, 1. April 1962, S. 5.
3. Dirac Papers 1/1/5 (FSU), siehe auch Dokumente der Merchant Venturers' School in BRISTRO.
4. Vgl. zum Beispiel Jones (2000: Kap. 5).
5. Pratten (1991: 8–14).
6. Obwohl Flo nur kurz in Cornwall lebte, sollte sie später darauf bestehen, dass sie eigentlich nicht Engländerin sei, sondern aus Cornwall stamme. Quelle: Interview mit Christine Teszler, 22. Januar 2004.
7. Flo Dirac erwähnt dies in einem nicht datierten Brief an Manci Dirac, geschrieben Anfang Februar 1940 (DDOCS). Im Jahre 1889 war Richard Holten im Alter von fünfzig Jahren Kapitän des 547-Tonnen-Schiffes *Augusta*.
8. Richard Holten wusste, dass offizielle Dokumente häufig seine Frau als das Familienoberhaupt nannten. Seine Segel-Aufzeichnungen finden sich in *They Sailed out of the „Mouth"* (sie segelten aus der Mündung heraus) von Ken und Megan Edwards, Mikrofilm 2001, BRISTRO, FCI/CL/2/3. Vgl. auch Holtens Kapitänspatente, verwahrt in den Archiven im National Maritime Museum, Greenwich, London, UK.
9. Die Einzelheiten über Charles und Flos frühe gemeinsame Jahre finden sich in Charles' Dokumenten in Dirac Papers 1/1/8 (FSU).
10. Louis Dirac war der uneheliche Sohn der kurz zuvor verwitweten Annette Vieux, die ihm ihren Mädchennamen Giroud gab. Erst später, als die Eltern des Babys zusammenlebten, übernahm er den Nachnamen seines Vaters, Dirac; sonst wäre sein Enkel, der Physiker, nicht Paul Dirac genannt worden, sondern Paul Giroud. Quelle: Geburtsregister Saint-Maurice, Schweiz. Louis Diracs Lobgesänge auf die Schönheit der Alpen werden immer noch gedruckt, obwohl selten gelesen. Seine Gedichte sind veröffentlicht in Bioley (1903).
11. Dalitz und Peierls (1986: 140).
12. Kiefernzapfen auf blauem Grund; Leopard und Kleeblatt auf silbernem Untergrund (http://www.dirac.ch/diracwappen.html; aufgerufen 23. Dezember 2015). Nachdem das erste Mitglied der Dirac-Familie die Staatsbürgerschaft in der Stadt Saint-Maurice erhalten hatte, galten nach Schweizer Recht dieselben Staatsbürgerschaftsrechte auch für die nachkommenden Generationen.
13. Diesen Brief hatte Flo am 27. August 1897 an Charles geschrieben. Der Brief und die anderen vorhandenen Briefe ihrer Korrespondenz sind in

Dirac Papers 1/1/8 (FSU). Ich nehme an, dass etwa ab 1995 im Vereinigten Königreich für die Bevölkerung ganz allgemein E-Mails zur Verfügung standen.

14. Felix' vollständiger Name war Reginald Charles Félix. Seine Mutter anglisierte immer seinen Namen, deshalb werde ich diese Version hier verwenden.

15. Die Adresse der Diracs war 15 Monk Road, Bishopston, Bristol. Das Haus steht noch. Das Datum vom Einzug der Diracs findet sich in UKNATARCHI HO/144/1509/374920.

16. Die Einzelheiten von Diracs Geburt stehen in einem Brief von Flo vom 18. Dezember 1939 an Paul und Manci, Dirac Papers, 1/5/1 (FSU). Die Beschreibungen von Dirac als „ziemlich klein" und der Farbe seiner Augen ist dem Gedicht „Paul" entnommen, Dirac Papers, 1/2/12 (FSU). Charles gab seinen Kindern Namen, die in der Familie seiner Mutter, den Pottiers, benutzt wurden. Die Herkunft der Namen seiner Kinder ist wie folgt: Reginald Charles Felix wurde nach ihm selbst und nach seinem Großvater Felix Jean Adrien Pottier benannt; der zweite Name von Paul Adrien Maurice ist der von Charles mütterlichem Großvater Pottier und Maurice ist wahrscheinlich eine Erinnerung an seine Geburtsstadt, Saint-Maurice; der letzte Name von Beatrice Isabelle Marguerite Walla stammte von Charles' Mutter Julie Antoinette Walla Pottier, sie wurde vermutlich nach Flos Schwester Beatrice (Betty) genannt.

17. Brief an Dirac von seiner Mutter, 18. Dezember 1939, Dirac Papers, 1/4/9 (FSU).

18. *Sunday Dispatch*, 19. November 1933 (S. 17).

19. Am 16. Mai 1856 taufte die *Bristol Times and Mirror* dieses Gelände „Volkspark", nachdem der Stadtrat in den frühen 1850er-Jahren den populären Schritt getan und es von den Eigentümern erworben hatte, zu denen auch die Merchant Venturers' Society gehörte.

20. Mehra und Rechenberg (1982: 7n). Die Autoren betonen, dass Dirac die Informationen über seine frühen Lebensjahre, die sie in das Buch aufnahmen, überprüft hat.

21. Dirac Papers, 1/1/12 (FSU).

22. Dirac Papers, 1/1/9 (FSU).

23. Im Dirac-Familienarchiv findet sich eine Kopie einer dieser Postkarten, auf deren Rückseite Charles Dirac das Datum 3. September 1907 notiert hat, vermutlich das Datum der Aufnahme dieses Fotos (DDOCS).

24. Die Freunde waren Esther und Myer Salaman, siehe Salaman und Salaman (1986: 69). Die Salamans geben an, dass Dirac ihre Berichte über seine Erinnerungen gelesen und bestätigt habe. Hinsichtlich des früheren Interviews mit Dirac siehe AHQP, 4. April 1962, s. S. 6.

25. Interview mit Dirac, AHQP, 4. April 1962: Salaman und Salaman (1986).

26. Dirac erzählte seiner Tochter Mary, dass ihm seine Eltern beim Essen immer ein Glas Wasser verweigert hätten: Interview mit Mary Dirac, 21. Februar 2003.

27. Brief von Dirac an Manci Balázs, 7. März 1936 (DDOCS).

28. Brief von Dirac an Manci Balázs, 9. April 1935 (DDOCS).

29. Das Einschulungsalter von fünf Jahren war im Education Act von 1870 eingeführt worden. Diracs Mutter gehörte zur ersten Generation, die von der Schulpflicht in England profitieren konnte. Woodhead (1989: 5).

30. Zum Detail eines von Manci Dirac spät servierten Frühstücks für Gisela Dirac im August 1988 in Caslano, Tessin: Interview mit Mary Dirac, 21. Februar 2003.

31. Details zur Bishop-Road-Schule aus dieser Periode sind in den Schulleiterberichten verfügbar, in den BRISTRO Archiven: „Bishop Road School Log Book" (21131/SC/BIR/L/2/1).

32. Diese Bemerkungen beruhen auf Familienfotos der Dirac-Brüder und den Daten über die Körpergröße der beiden Jungen, die in der Schule erhoben wurden (siehe Felix' Akten in Dirac Papers, 1/6/1, FSU). Im November 1914 war Felix 162 cm groß und wog 50 kg, während Paul 147 cm groß war und 30 kg wog. Zwei Jahre zuvor, als Felix das gleiche Alter hatte wie Paul Ende 1914, war er etwa gleich groß, aber etwa neun Kilogramm schwerer.

33. Felix' Schulzeugnisse (1908–1912), in Dirac Papers, 1/6/1 (FSU).

34. Die Beschreibung Diracs als „fröhlicher kleiner Schuljunge" findet sich in dem Gedicht „Paul" von seiner Mutter, in Dirac Papers, 1/2/12 (FSU).

35. Vgl. Zeugnisse („Report cards") in Dirac Papers, 1/10/2 (FSU).

36. Zitiert in Wells (1982: 344). Als Erwachsener fügte Dirac an Worte, die mit dem Buchstaben A endeten, kein L mehr an, aber er behielt die für Einwohner von Bristol charakteristische Gewohnheit bei, den Buchstaben R sehr zu betonen, so zum Beispiel bei der Aussprache des Wortes „Universum".

37. Diracs Schulzeugnisse befinden sich in Dirac Papers, 1/10/2 (FSU).

38. Interview mit Mary Dirac, 21. Februar 2003.

39. Interview mit Flo Dirac, *Svenska Dagbladet*, 10. Dezember 1933.

40. Solche perspektivischen Techniken, die im Ingenieurwesen angewendet werden, wurden im Florenz der Renaissance populär. Der Architekt „Pipo" Brunelleschi benutzte zuerst solche Zeichnungen, um seinen Kunden eine bessere Vorstellung von seinen Gebäuden und Kunstwerken zu geben und um seinen Assistenten Instruktionen zu geben, sodass sie in seiner Abwesenheit weiterarbeiten konnten.

41. 1853 wurden Lehrer durch den ersten Erlass aus dem Sir Henry Cole Department of Practical Art angehalten, den Schülern Übungen zu geben, die „ausgewählte Elemente von Schönheit enthalten, wie Eleganz der Linie, Proportion und Symmetrie" (Protokoll des Committee of the Council of Education [1852-3], HMSO, S. 24–26). Ästhetische Empfehlungen wie diese folgten fortan noch über Jahrzehnte in Erlassen und Vorschriften zum Unterricht. 1905 betonte der Regierungsausschuss für Erziehung, Lehrer der Grundschulen sollten darauf achten, dass „der Schüler darin unterrichtet wird, die Schönheit von Form und Farbe zu erkennen und zu schätzen. Das Gefühl für Schönheit sollte gepflegt und als regulärer Schulstoff behandelt werden." Vgl. Government Board of Education (1905).

42. Gaunt (1945: Kap. 1 und 2). Die Ästhetik-Bewegung stellte nicht das erste Aufblühen der Bedeutung von Schönheit im britischen Kulturleben dar. Zum Beispiel war es im achtzehnten Jahrhundert für Leute mit Geschmack wichtig, sich auf das Konzept Schönheit zu beziehen, wenn sie zeigen wollten, dass sie gebildet und intellektuell anerkannt waren. Vgl. Jones (1998). 1835 definierte Théophile Gautier das Wesen der Ästhetik im Vorwort seines Romans *Mademoiselle de Maupin*: „Nur das ist wirklich schön, das zu nichts dienen kann; alles was nützlich ist, ist hässlich, denn es ist Ausdruck eines Bedürfnisses, und die Bedürfnisse des Menschen sind widerlich und abstoßend wie seine armselige und hinfällige Natur. Der nützlichste Ort eines Hauses sind die Latrinen." (übers. C. Vollmann, Manesse Bibliothek, 2011).

43. Hayward (1909: 226–227).

44. Beispiele von Diracs frühen technischen Zeichnungen befinden sich in Dirac Papers, 1/10/2 (FSU). Auf einer Zeichnung gibt er eine idealisierte Darstellung eines kleinen Gebäudes, das zwei seiner vier vertikalen Seiten zeigt, wobei die Perspektive genau beachtet wird. Dirac unterstreicht sein Verständnis der Perspektive dadurch, dass parallele Linien an jeder Seite sich alle in einem weit entfernten Punkt treffen.

45. Die staatliche Schulbehörde hatte empfohlen: „Es solle keine Handschrift mit eckigen Buchstaben unterrichtet werden, und alle Systeme, die die Lesbarkeit und einen angemessenen Grad von Schnelligkeit zugunsten einer angeblichen Schönheit aufgeben, sollten vermieden werden", Board of Education (1905: 69).

46. Staatlicher Inspektionsbericht vom 10.–12. Februar 1914, wiedergegeben im Logbuch der Bishop-Road-Schule, verwahrt in BRISTRO: „Bishop Road School Log Book" (21131/SC/BIR/L/2/1).

47. Westfall (1993: 13).

48. Betty bezieht sich in ihrem Brief vom 29. Januar 1937 an Dirac auf das Schlittschuhlaufen auf der Eisbahn im Coliseum (DDOCS).

49. „Paul", ein Gedicht von seiner Mutter, Dirac Papers, 1/2/12 (FSU). Die entscheidenden Zeilen lauten: „Acht Jahre alt, in einer ruhigen Ecke, steht er da allein, in ein Buch vertieft, auf dem hohen Tisch, mit seiner starken und süßen Stimme sagt er lange Gedichte auf."

50. Interview mit Flo Dirac in *Svenska Dagbladet*, 10. Dezember 1933.

51. „Recollections of the Merchant Venturers", 5. November 1980, Dirac Papers, 2/16/4 (FSU).

52. Salaman und Salaman (1986: 69).

53. Diracs Stipendium deckte seine Ausgaben für seine nächste Schule, indem es von 8 £ im ersten Jahr (1914–15) auf 15 £ im letzten Jahr (1917–18) anstieg. BRISTRO, Berichte der Bishop-Road-Schule, 21131/EC/Mgt/Sch/1/1.

54. Winstone (1972) enthält Dutzende Fotografien von Bristol aus der Zeit von 1900–1914.

55. Interview mit Mary Dirac, 14. Februar 2004.

56. Dirac Papers, 1/10/6 (FSU). Die Vorlesungen wurden am Merchant Venturers' Technical College abgehalten, an dem Dirac später studieren sollte.

57. Aussage von H. C. Pratt, der die Bishop-Road-Schule von 1907 bis 1912 besucht hat, gegenüber Richard Dalitz Mitte der 1980er-Jahre.

2. August 1914–November 1918

1. Text von H. D. Hamilton (Schulsprecher 1911–1913). Dies ist der zweite Vers des Liedes.

2. Lyes (n. d.: 5).

3. Pratten (1991: 13).

4. Diese Erinnerungen äußerte Phillips gegenüber Richard Dalitz. Leslie Phillips besuchte die Merchant-Venturers-Schule von 1915 bis 1919. Einige von Charles' Verhaltensregeln sind erhalten in Dirac Papers, 1/1/5 (FSU). 1980 beschrieb Dirac die Reputation seines Vaters, in Dirac Papers, 2/16/4 (FSU).

5. Interview mit Mary Dirac, 7. Februar 2003.

6. Diese Comic-Hefte, benannt nach dem „penny stinker" (einer Billigzigarre) wurden erstmals in den 1860er-Jahren populär und waren in Diracs Jugendzeit immer noch beliebt. Sie wurden wegen ihres Mangels an Ernsthaftigkeit weitgehend missbilligt.

7. Interview mit Mary Dirac, 21. Februar 2003.

8. Bryder (1988: 1 und 23). Siehe auch Bryder (1992: 73).

9. Interview mit Mary Dirac, 26. Februar 2004.

10. Diracs Zeugnisse während seiner Zeit an der Merchant-Venturers-Schule befinden sich in Dirac Papers, 1/10/7 (FSU).

11. Vgl. zum Beispiel die Berichte des Ministeriums für Wissenschaft und Kunst aus dem Jahr 1854, London: Her Majesty's Stationery Office.

12. Stone und Wells (1920: 335–336).

13. Stone und Wells (1920: 357).

14. Stone und Wells (1920: 151).

15. Interview mit Dirac, AHQP, 6. Mai 1963, S. 1.

16. Aussage von J. L. Griffin, einem Mitschüler von Dirac im Chemieunterricht, gegenüber Richard Dalitz.

17. *Daily Herald*, 17. Februar 1933, S. 1.

18. Interview mit Dirac, AHQP, 6. Mai 1963, S. 2.

19. Interview mit Dirac, AHQP, 6. Mai 1963, S. 2.

20. Dirac bemerkte, dass er „an den grundlegenden Problemen der Natur sehr interessiert war. Ich verbrachte viel Zeit damit, darüber nachzudenken." Siehe Interview mit Dirac, AHQP, 1. April 1962, S. 2.

21. Dirac (1977: 11); Interview mit Dirac, AHQP, 1. April 1962, S. 2–3.

22. Wells (The Time Machine, first publ. 1895: 4; deutsche Ausgabe: Die Zeitmaschine, übers. A. Reney und A. Auer, S. 7. dtv, 18. Aufl. 2015).

23. Vgl. zum Beispiel Monica Dirac, „My Father", in Baer und Belyaev (2003).

24. Pratten (1991: 24).

25. Dirac (1977: 112).

26. Aussage von Leslie Roy Phillips (Diracs Mitschüler an der Merchant-Venturers-Schule, 1915–1919), geäußert gegenüber Richard Dalitz in den 1980er-Jahren.

27. Dirac Papers, 2/16/4 (FSU).

28. Interview mit Dirac, AHQP, 6. Mai 1963, S. 2

29. Später erhielt Dirac weitere Buchpreise an der Merchant-Ventures-Schule, darunter *Decisive Battles of the World* (Entscheidende Schlachten der Weltgeschichte) und Jules Vernes Buch *Michael Strogoff* (in deutscher Übersetzung: *Der Kurier des Zaren*), eine Abenteuergeschichte aus dem zaristischen Russland. Einige der Bücher, die er als Schulpreise an der Merchant-Venturers-Schule verliehen bekam, werden in der Dirac Bibliothek der Florida-State-Universität aufbewahrt. Weitere Informationen über Diracs Leseauswahl stammen von seiner Nichte Christine Teszler

30. Brief von Edith Williams an Dirac, 15. November 1952, Dirac Papers, 2/4/8 (FSU).

31. Aus dem Jahrbuch der Merchant-Venturers-Schule von 1919, BRIS-TRO 40659, 1.

32. Stone und Wells (1920: 360).

33. Im Frühjahr 1921 plante Dirac mit Hilfe einer geometrischen Zeichnung des Gartens von Julius Road 6, die einige Anmerkungen seines

Vaters enthielt, Gemüse anzupflanzen. Der Plan mit dem Datum 24. April 1921 befindet sich in Dirac Papers, 1/8/24 (FSU).

34. Norman Jones aus Bishopston erzählte Richard Dalitz Mitte der 1980er-Jahre, er erinnere sich noch deutlich an Charles Dirac, der „immer mit einem Regenschirm mühsam den Hügel hinaufgegangen sei, oft zusammen mit seiner Tochter, die er sehr mochte." Interview mit Richard Dalitz, persönliche Mitteilung.

35. Interview mit Dirac, AHQP, 1. April 1962. Felix' Zeugnisse aus der Merchant-Venturers-Schule: in Dirac Papers, 1/6/4 (FSU).

36. Zitiert in Holroyd (1988: 81–83).

37. Interview mit Monica Dirac, 7. Februar 2003; Interview mit Leopold Halpern, 18. Februar 2003.

38. Die Merchant-Venturers-Schule nutzte die Einrichtungen der Schule während des Tages, das College dagegen am Abend.

39. Vgl. die Universitätsunterlagen von Felix in Dirac Papers, 1/6/8 (FSU); die Stipendien sind dokumentiert in BRISTRO 21131/EC/mgt/sch/1/1.

40. Dirac bestand das Aufnahmeexamen an der Universität Bristol 1917, drei Jahre früher als die meisten anderen Bewerber. Er studierte ein Jahr lang höhere Mathematik und qualifizierte sich schließlich in „Physik, Chemie, Mechanik, geometrischem und mechanischem Zeichnen und weiteren Mathematikkursen", was es ihm ermöglicht hätte, in jedem technischen Fach einen Abschluss zu erwerben. Vgl. Dirac Papers, 1/10/13 (FSU); Details zu Diracs Immatrikulation sind auch in dem an ihn gerichteten Brief seines Freundes Herbert Wiltshire vom 10. Februar 1952 enthalten, Dirac Papers, 2/4/7 (FSU).

41. Interview mit Dirac, AHQP, 6. Mai 1963, S. 7.

42. Interview mit Flo Dirac, *Svenska Dagbladet*, 10. Dezember 1933.

3. November 1918–Sommer 1921

1. Stone und Wells (1920: 371–372).

2. *Bristol Times and Mirror*, 12. November 1918, S. 3.

3. „Recollections of Bristol University", Dirac Papers, 2/16/3 (FSU).

4. Lyes (n. d.: 29) (nicht datiert). In Filmen, die im Kino an der Dolphin Street gezeigt wurden, spielte Fatty Arbuckle zum Beispiel die Hauptrolle in *The Butcher Boy*, in dem auch Buster Keaton mitspielte.

5. Zitiert in Sinclair (1986).

6. Dirac Papers, 2/16/3 (FSU).

7. Die Liste der Lehrbücher, die Dirac als Student der Ingenieurwissenschaften las, findet sich in Dirac Papers, 1/10/13 und 1/12/1 (FSU).

8. BRISTU, Unterlagen von Charles Frank. „Nicht die geringste Ahnung" beruhend auf der Aussage von Mr. S. Holmes, Dozent der Elektrotechnik, gegenüber G. H. Rawcliffe, der sie wiederum an Charles Frank am 3. Mai 1973 weitergab.

9. Unterlagen von Sir Charles Frank, BRISTU. „Auch als Ingenieurstudent verbrachte er einen Großteil seiner Zeit in der Physikbibliothek", notierte Frank 1973.

10. Das College hielt an Samstagen morgens ebenso wie an anderen Werktagen Unterricht (traditionsgemäß waren die Mittwochnachmittage zugunsten von sportlichen Aktivitäten unterrichtsfrei). Information über Dirac am Merchant Venturers' College findet sich im Jahrbuch des College (BRISTRO 40659/1). Diracs Matrikel-Nummer war 1429.

11. Brief an Dirac von Wiltshire, 4. Mai 1952, Dirac Papers, 2/4/7 (FSU). Die beiden Vornamen von Wiltshire, der den meisten Leuten als Charlie bekannt war, lauteten Herbert Charles.

12. Dirac Papers, 2/16/3 (FSU).

13. Dirac Papers, 2/16/3 (FSU).

14. Interview mit Leslie Warne, 30. November 2004.

15. Dokumente des Merchant Venturers' Technical College, BRISTRO.

16. Die Fotografie zeigt den Besuch der Ingenieursgesellschaft der Universität bei der Firma Messrs. Douglas Works, Kingswood, 11. März 1919, Dirac Papers, 1/10/13 (FSU).

17. „Miscellaneous collection, FH Dirac", September 1915, Dirac Papers, 1/2/2 (FSU).

18. Aussage gegenüber Richard Dalitz von E. B. Cook, der von 1918 bis 1925 an derselben Schule wie Charles unterrichtete.

19. Aussage gegenüber Richard Dalitz von W. H. Bullock, der 1925 zum Lehrkörper der Cotham-Road-Schule gestoßen war und später Charles' Nachfolger als Leiter der Französisch-Abteilung wurde.

20. Charles Diracs Brief ist abgedruckt in Michelet (1988: 93).

21. Vgl. Charles Diracs Einbürgerungsurkunde, Dirac Papers, 1/1/3 (FSU). Die Unterlagen zu Charles Diracs Antrag auf Erwerb der britischen Staatsangehörigkeit finden sich im UKNATARCHI HO/144/1509/374920.

22. Interview mit Mary Dirac, 21. Februar 2003.

23. Interview mit Dirac, AHQP, 1. April 1962, S. 6.

24. Brief an Dirac von Wiltshire, 10. Februar 1952, Dirac Papers, 2/4/7 (FSU).

25. Dirac (1977: 110).

26. Sponsel (2002: 463).

27. Dirac (1977: 110).

28. Fünf Shilling (25 Pence) reichten aus für ein Exemplar *Easy Lessons in Einstein* (Einfache Lektionen zu Einstein) von Dr. Edwin E. Slosson, 1,05 £ für *The Reign of Relativity* (Die Herrschaft der Relativität) von Richard Haldane.

29. Eddington (1918: 35–39).

30. Dirac Papers, 1/10/14 (FSU).

31. Aussagen von Dr. J. L. Griffin, Dr. Leslie Roy Phillips und E. G. Armstead, übermittelt an Richard Dalitz.

32. Brief an Dirac von seiner Mutter, undatiert, zu Beginn seines Aufenthalts in Rugby ca. 1. August 1920, Dirac Papers, 1/3/1 (FSU).

33. *Rugby and Kineton Advertiser*, 20. August 1920.

34. Briefe an Dirac von seiner Mutter, August und September 1920, speziell 30. August und 15. September (FSU).

35. Interview mit Dirac, AHQP, 1. April 1962, S. 7.

36. Brief von C. H. Rawcliffe, Professor für Elektrotechnik in Bristol an Professor Frank am 3. Mai 1973. BRISTU, Archiv von Charles Frank.

37. Broad (1923: 3).

38. Interview mit Dirac, AHQP, 1. April 1962, S. 4 und 7.

39. Schilpp (1959: 54–55).

40. Broad (1923: 154). Dies Buch basiert auf den Vorlesungen, die Broad für Dirac und seine Mitstudenten gehalten hat. Broad bereitete alle seine Vorlesungen minutiös vor und schrieb sie im Voraus auf, was deren Veröffentlichung erleichterte. Der Stoff in diesem Buch ist wahrscheinlich derselbe, den Broad im Unterricht gegenüber Dirac verwendet hat.

41. Broad (1923: 486).

42. Broad (1923: 31).

43. Dirac (1977: 120).

44. Dirac (1977: 111).

45. Schultz (2003: Kap. 18 und 19).

46. Galison (2003: 238).

47. Skorupski (1988).

48. Mill (1892). Seine aufschlussreichsten Bemerkungen über die Natur der Physik finden sich im zweiten und dritten Buch (dort: Kap. 21).

49. Dirac (1977: 111).

50. Interview mit Dirac, AHQP, 6. Mai 1963, S. 6.

51. Vgl. http://www.uh.edu/engines/epi426.htm (aufgerufen 23. Dezember 2015).

52. Nahin (1987: 27, n. 23). Heaviside vollendete seine Autobiographie nicht.

53. Interview mit Dirac, AHQP, 6. Mai 1963, S. 4. Ein weiteres Beispiel für die Art eleganter Tricks, die Ingenieure verwenden und die Dirac als

Ingenieurstudent beigebracht wurden, ist im Anhang zu einem der Kursmaterialien enthalten (Thomälen, 1907).

54. Die beiden Bücher, die Dirac zur Untersuchung von Belastungsdiagrammen benutzte, waren Popplewell (1907) (s. besonders Kap. 5) und Morley (1919) (s. besonders Kap. 6).

55. Dirac (1977: 113).

56. Der „Spielverderber" unterrichtete Dirac im Herbst 1920. Diracs Zeugnisse finden sich in Dirac Papers, 1/10/16 (FSU).

57. Interview mit Dirac, AHQP, 6. Mai 1963, S. 13. Diracs fehlendes Latinum war kein Hindernis für seine Zulassung zum Graduiertenstudium in Cambridge, hätte es ihm aber verwehrt, als Studienanfänger in Cambridge aufgenommen zu werden.

58. Warwick (2003: 406 n.); Vint (1956).

59. Brief von Charles Dirac, 7. Februar 1921. STJOHN.

60. Dirac bestand das Examen am 16. Juni 1921. Die Prüfungsunterlagen befinden sich in Dirac Papers, 1/10/11 (FSU).

61. Brief von Dirac an die Universitätsleitung des St. John College, 13. August 1921, STJOHN.

62. Boys Smith (1983: 23). Eine deutlich höhere Schätzung für die damaligen Lebenshaltungskosten eines Studenten in Cambridge wird von Howarth (1978: 66) angegeben: ungefähr 300 £.

63. Brief von Charles Dirac, 22. September 1921, STJOHN.

64. Nichtunterzeichneter Brief des St. John College an Charles Dirac, 27. September 1921, STJOHN. Der Unterzeichner schließt seinen Brief wie folgt: „Seien sie vielleicht vor Ihrer Entscheidung [was Sie tun] so freundlich und lassen mich wissen, welche Gesamtsumme er zur Verfügung haben würde, damit ich Sie besser über das weitere Vorgehen beraten kann."

4. September 1921–September 1923

1. Interview mit Dirac, AHQP, 6. Mai 1963, S. 9.

2. Die Erinnerungen an Diracs erstes Trimester in der Mathematik sind den Aussagen von E. G. Armstead entnommen und entstammen einem Brief an Richard Dalitz. Der betreffende Dozent war Horace Todd.

3. Dirac (1977: 113); Interview mit Dirac, AHQP, 6. Mai 1963, S. 10.

4. Interview mit Dirac, AHQP, 1. April 1962, S. 3.

5. Wahrscheinlich hat Dirac diese Technik aus dem Buch *Projective Geometry* von G. B. Matthews (1914), veröffentlicht bei Longmans, Green und Co., kennengelernt. Dies Buch bedeutete ihm offensichtlich sehr viel, denn es war eines der wenigen Bücher aus seiner Jugend, das er bis zu

seinem Tod aufbewahrte. Sein Exemplar befindet sich in seiner Privat-bibliothek, die in der Dirac-Library der Florida-State-Universität aufbe-wahrt wird.

6. Dirac besuchte vier Kurse in reiner Mathematik: „Geometrie der Kegel-schnitte; Differenzialgeometrie ebener Kurven", „Algebra und Trigo-nometrie; Differenzial- und Integralrechnung", „Analytische projektive Geometrie von Kegelschnitten" und „Differenzialgleichungen; Fest-körper-Geometrie". Vgl. Lehrprogramm der Universität Bristol für 1922/23, BRISTU.

7. Dirac belegte vier Kurse in angewandter Mathematik: „Grundlagen der Dynamik von Teilchen und starren Körpern", „Graphische und Analyti-sche Statik; Hydrostatik", „Dynamik von Teilchen und Dynamik starrer Körper" und „Elementare Potentialtheorie mit Anwendungen auf Elek-trizität und Magnetismus." Vgl. Lehrprogramm der Universität Bristol für 1922–23, BRISTU.

8. Aussage von Norman Jones (der die Merchant-Venturers-Schule von 1921 bis 1925 besucht hat) gegenüber Richard Dalitz in den 1980er-Jahren. Persönliche Mitteilung von Dalitz.

9. Interview mit Dirac, AHQP, 1. April 1962, S. 8, und 6. Mai 1963, S. 10.

10. Auf eine Einbeziehung von Vorlesungen über die Spezielle Relativitätsthe-orie kann aus dem Vorhandensein von Prüfungsfragen zu diesem Thema geschlossen werden. Vgl. Dirac Papers, 1/10/15 und 1/10/15A (FSU).

11. Der Begriff „nichtkommutierend" wurde von Dirac später im Verlauf der 1920er-Jahre eingeführt.

12. Cahan (1989: 10–24); Farmelo (2002a: 7–12).

13. Brief von Hassé an Cunningham, 22. März 1923, STJOHN.

14. Interview mit Dirac, AHQP, 6. Mai 1963, S. 14. Dirac hatte Cunning-ham bei seinem ersten Besuch in Cambridge getroffen.

15. Warwick (2003: 466, 467, 468, 493 und 495).

16. Stanley (2007: 148); s. a. Cunnigham (1970: 70), STJOHN.

17. Brief von Ebenezer Cunnigham an Ronald Hassé, 16. Mai 1923, und Brief von Dirac an James Wordie, 21. Juli 1923, STJOHN. Das Stipen-dium von Seiten der Abteilung für Wissenschaft und Industrieforschung war streng genommen eine Unterhaltsbeihilfe zur Forschung. Wordie wurde Diracs Tutor in seinen ersten Cambridge-Jahren. Postkarte von Dirac an seine Eltern, 25. Oktober 1926 (DDOCS).

18. Dirac erzählte engen Freunden oft von der Wichtigkeit dieser Geste sei-nes Vaters. Bestätigt wurde diese Aussage durch: Kurt Hofer in einem Interview am 21. Februar 2004, Leopold Halpern in einem Inter-view im Februar 2006 und Nandor Balázs in einem Interview am 24. Juli 2002.

5. Oktober 1923 – November 1924

1. Gray (1925: 184–185).
2. Boys Smith (1983: 10).
3. Vgl. zeitgenössische Ausgaben der Studentenzeitung *The Granta* von Cambridge; zum Beispiel das Gedicht „The Proctor on the Granta", 19. Oktober 1923.
4. Boys Smith (1983: 20).
5. Dirac bewahrte die Abrechnungen für seine möblierten Studentenzimmer auf. Vgl. Dirac Papers, 1/9/10 (FSU). Diracs Vermieterin im Haus Victoria Road 7 war Miss Josephine Brown. Er wohnte bei ihr von Oktober 1923 bis März 1924. Von April bis Juni 1924 wohnte er in der Milton Road 1. In seinem letzten Doktorandenjahr wohnte er in der Alpha Road 55.
6. Collegeaufzeichnungen bestätigen, dass er seine Mahlzeiten dort einnahm: Seine Rechnung für das Essen im College während seines ersten Trimesters betrug 8 £ und 17 s, etwa die gleiche Summe wie die anderer Studenten, die dort aßen (STJOHN). Die Rechnung von Miss Brown enthält keinerlei Kosten für „Kochen" oder „Essensbereitstellung".
7. Aus Dokumenten in STJOHN. Ein typisches Beispiel für ein Menü, das Dirac in Anspruch genommen haben könnte, ist das folgende vom 18. Dezember 1920: „Hasensuppe/gekochtes Hammelfleisch/Kartoffeln, Rübengemüse/Butter-Karotten, Pfannkuchen, Ingwerpudding, warme und kalte Törtchen/Eier mit Anchovis." Er wird nicht hungrig aufgestanden sein.
8. Interview mit Monica Dirac, 7. Februar 2003.
9. Interview mit Mary Dirac, 21. Februar 2003. Diracs Formulierung war „um mir Mut zu machen".
10. Interview mit John Crook, 1. Mai 2003.
11. Boys Smith (1983: 7).
12. Vgl. die zeitgenössischen Ausgaben der Studentenzeitung *The Granta* von Cambridge.
13. Werskey (1978: 23).
14. Snow (1960: 245); s. a. Dirac (1977: 117).
15. Needham (1976: 34).
16. Stanley (2007: Kap. 3), speziell S. 121–123; Earman und Glymour (1980: 84–85).
17. Hoyle (1994: 146).
18. de Bruyne, N. in Hendry (1984: 87).
19. Diese Beschreibung ist vor allem Snow (1960) und Cathcart (2004: 223) entnommen.
20. Wilson (1983: 573).

21. Oliphant (1972: 38).

22. Mott (1986: 20–22); Hendry (1984: 126).

23. Oliphant (1972: 52–53).

24. Carl Gustav Jung führte 1923 die Begriffe „extrovertiert" und „introvertiert" ein.

25. „Naval diary, 1914–18. Midshipman", S. 80–81 (Marine-Tagebuch, 1914-1918. Seekadett) von Patrick Blackett. Der Text wurde freundlicherweise von Giovanna Blackett zur Verfügung gestellt.

26. Nye (2004: 18, 24–25).

27. Boag et al. (1990: 36–37); Shoenberg (1985: 328–329).

28. Boag et al. (1990: 34).

29. Chukovskys erstes Buch *Krokodil* wurde 1917 veröffentlicht. Ich verdanke diese Information Alexei Kojevnikov. Chadwick erinnerte sich später an Kapitzas erste Erklärung des Spitznamens: Wenn er seine Arbeiten mit Rutherford diskutierte, hatte Kapitza immer Angst, dass ihm der Kopf abgebissen würde (Chadwick Papers, II 2/1 CHURCHILL).

30. Brief von Keynes an seine Frau Lydia, 31. Oktober 1925, Keynes Archiv, JMK/PP/45/190/3/14 bis JMK/PP/45/190/3/16 (KING'S © 2008

31. Spruch (1979: 37–38); Gardiner (1988: 240); s. a. *Cambridge Review*, 7. März 1942; Boag et al. (1990: 30–37).

32. Parry (1968: 113).

33. Brief von Kapitza an W. M. Molotow, 7. Mai 1935, übersetzt in Boag et al. (1990: 322).

34. Vgl. Hughes (2003), Abschn. 1.

35. Childs, W., Scotland Yard, an Chief Constable, Cambridge, 18. Mai 1923, KV 2/777, UKNATARCHI.

36. Werskey (1978: 92); Brown (2005: 26, 40).

37. Ich danke Maurice Goldhaber für seine Berichte über die von Kapitza moderierten Treffen des Kapitza-Klubs im Jahr 1933 sowie in den ersten zwei Trimestern 1934.

38. Blackett (1955).

39. Postkarte von Dirac, 16. August 1925 (DDOCS).

40. Vgl. zum Beispiel die Briefe an Dirac von seiner Mutter, 26. Oktober und 16. November 1925, 2. Juni 1926, 7. April 1927: Dirac Papers, 1/3/5 und 1/3/6 (FSU).

41. Ramsay MacDonalds Labour-Regierung war eine Minderheitsregierung, deren Überleben von mindestens einer der beiden anderen Parteien abhing. Dies erklärt zum Teil das moderate Programm der Regierung.

42. Brief an Dirac von seiner Mutter, 9. Februar 1924, Dirac Papers, 1/3/3 (FSU).

43. In einem Brief ersucht Felix ca. 1924 um einen Wochenlohn von 2 £ und 10 s. Dirac Papers, 1/6/3 (FSU).

44. Die Schreibweise des Namens des Geistlichen ist nicht ganz eindeutig. Seine Briefe an Felix, darunter einer datiert vom 25. September 1923 und ein zweiter datiert vom 21. September, befinden sich in Dirac Papers, 1/6/6 (FSU). Ich danke Peter Harvey für seinen Hinweis auf die Theosophie des Briefpartners von Felix, und ich bedanke mich bei Russell Webb für den Hinweis, dass der Ton in den Briefen des Geistlichen ihn als einen Anhänger der östlichen Philosophie ausweist.

45. Interview mit Dirac, AHQP, 1. April 1962, S. 5–6.

46. Cunningham (1970: 65–66).

47. Die Schilderung der Befunde von Compton stammt aus dem Artikel „Compton Sees a New Epoch in Science“, *New York Times*, 13. März 1932.

48. Einstein (1947), in Schilpp (1959: 47) (s. a. S. Brandt, Geschichte der modernen Physik. S. 36, C. H. Beck, 2011.)

49. Hodge (1956: 53). Einzelheiten zu den frühen mathematischen und wissenschaftlichen Einflüssen auf Dirac in Cambridge finden sich im Schlussabschnitt von Darrigol (1992).

50. Cunningham, E., „Obituary of Henry Baker“, *The Eagle*, 57: 81. Dirac (1977: 115–116).

51. *Edinburgh Mathematical Notes*, 41, Mai 1957.

52. Zitiert in Darrigol (1992: 299–300).

53. Moore (1903: 201), Baldwin (1990: 129–130). Moores Vorstellung von der Rolle der Kunst in Bezug auf die Moral basieren auf Hegel und seinen Nachfolgern. Moore gleicht diese seine Position dem utilitaristischen Schema an, das er von dem viktorianischen Denker Henry Sidgwick übernommen hatte. John Stuart Mill nahm Moore mit dem Begriff des größeren Werts der „höheren“ Freuden vorweg.

54. So wie Budd die Vorstellung Kants von der Erfahrung der Schönheit beschreibt, war es „das in Gang gebrachte Spiel von Vorstellen und Verstehen, das sich gegenseitig verstärkt (und so genussvoll macht) durch die wechselseitige Harmonie“ (2002: 32).

55. Boag et al. (1990: 133).

56. Brief von Einstein an Heinrich Zangger, 26. November 1915, in Schulmann et al. (1993: 204) und in Schulmann (2012: 171).

57. Diese und alle anderen Publikationen von Dirac bis Ende des Jahres 1948 sind abgedruckt in Dalitz (1995).

58. Interview mit Dirac, AHQP, 7. Mai 1963, S. 7.

59. Orwell (1946: 10). S. a. G. Orwell, Warum ich schreibe, in: Im Innern des Wals, übers. Felix Gasbarra, S. 17. Diogenes 1975.

6. Dezember 1924 – November 1925

1. Empfehlungsschreiben für Dirac von Cunningham, April 1925, zu Diracs Bewerbung für ein Stipendium als Master-Student, 1851 COMM.
2. Undatiert an Dirac von seiner Mutter, ca. Mai 1924.
3. Diracs Zimmer war im Herbst-Trimester (Michaelmas) der Raum H7 im ersten Stock des New Court. Später zog er in andere Zimmer um: im Winter- (Lent) und Oster- (Easter) Trimester 1925 war sein Zimmer E12 im New Court; vom Herbsttrimester 1927 bis zum Ostertrimester 1930 war es Zimmer A4 des New Court; im Herbsttrimester 1930 dann Raum C4 im Second Court; und vom Herbsttrimester 1936 bis zum Herbsttrimester 1937 Raum I10 im New Court.
4. Brief von Dirac an Max Newman, 13. Januar 1935, Newman-Archiv in STJOHN.
5. Brief an Dirac von seiner Mutter, undatiert, ca. November 1924, Dirac Papers, 1/3/3 (FSU).
6. Brief vom „Technical Manager" (ohne Namen) der W & T Avery Ltd, 10. Januar 1925, Dirac Papers, 1/6/3 (FSU).
7. Interview mit Dirac, AHQP, 1. April 1962, S. 5; Salaman und Salaman (1986: 69). Ich nehme an, dass das Datum von Felix' Todestag auf dem Grabstein, 5. März 1925, korrekt ist. Auf der Sterbeurkunde ist als Todesdatum der 6. März angegeben.
8. Brief an Dirac von seiner Tante Nell, 9. März 1925, Dirac Papers, 2/1/1 (FSU).
9. *Express and Star* (Lokalzeitung in Much Wenlock), 9. März 1925; *Bristol Evening News*, 27. März 1925.
10. Interview mit Mary Dirac, 21. Februar 2003; Interview mit Monica Dirac, 7. Februar 2003. Im Interview mit Leopold Halpern vom 18. Februar 2003 merkte dieser an, dass der Selbstmord von Felix für Dirac zu schmerzhaft war, um darüber sprechen zu können.
11. *Bristol Evening News*, 9. März 1925.
12. *Bristol Evening News*, 10. März 1925.
13. Dirac äußerte sich hierüber häufiger. Seine Gefühle sind dokumentiert in Salaman und Salaman (1986: 69). Sein enger Freund Leopold Halpern erwähnte, dass Dirac ihm dies unabhängig davon ebenfalls erzählt habe (Interview am 18. Februar 2002).
14. Brief an Dirac von seiner Mutter, 4. Mai 1925, Dirac Papers, 1/3/4 (FSU). Dirac erwähnte dies regelmäßig, wenn er sein Herz gegenüber Freunden öffnete, sogar gegenüber seinen Kindern.
15. Flo schrieb ihr Gedicht „In Memoriam: To Felix" am 5. März 1938. Das Gedicht befindet sich in Dirac Papers, 1/2/12 (FSU).

16. Brief an Dirac von seiner Mutter, 22. März 1925, Dirac Papers, 1/3/4 (FSU).

17. Sterbeurkunde von Felix Dirac, ausgestellt 30. März 1925.

18. Interview mit Leopold Halpern, 18. Februar 2003.

19. Interview mit Christine Teszler, 22. Januar 2004.

20. Das Problem, das Dirac anspricht, war: Wenn Licht aus Photonen besteht, wie Compton annahm, wie werden dann diese Teilchen durch die Kollisionen mit Elektronen beeinflusst, die sich auf der Oberfläche der Sonne rasch durcheinander bewegen?

21. Mehra und Rechenberg (1982:96).

22. Dirac (1977: 118).

23. C. F. von Weizsäcker, in: French und Kennedy (1985: 183–184).

24. Pais (1967: 222). Pais gibt eine lebhafte Beschreibung von Bohrs seltsamer Redekunst, wobei er „Bohrs Grundsatz, nie klarer zu sprechen als man denkt", als Begründung anführt.

25. Briefe von Bohr an Rutherford, 24. März 1924 und 12. Juli 1924, UCAM Rutherford-Archiv.

26. Elsasser (1978: 40–41).

27. In seinem AHQP Interview vom 1. April 1962 (S. 9) und im Interview vom 26. Juni 1961 (Van der Waerden 1967: 41) sagt Dirac, dass er nicht dabei war, während er an anderer Stelle behauptet, dass er dort gewesen sei (Dirac 1977: 119).

28. Heisenberg berichtet über sein Erlebnis im Kapitza-Klub und über seinen Aufenthalt bei den Fowlers im BBC *Horizon*-Programm „Lindau", Referenz 72/2/5/6025. Die Aufzeichnung erfolgte am 28. Juni 1965 im Beisein von Dirac.

29. Die Bewerbung befindet sich im Besitz der 1851 COMM.

30. Brief an Dirac von seiner Mutter, mit einem Beitrag von seinem Vater, Juni 1925, in Dirac Papers, 1/3/4 (FSU). Die Bewerbung sei auf eine Anzeige im *Times Higher Education Supplement* zurückgegangen, sagte seine Mutter.

31. Dieses Korrekturexemplar befindet sich in Dirac Papers, 2/14/1 (FSU).

32. W. Heisenberg, Über quantentheoretische Umdeutung kinematischer und mechanistischer Beziehungen. *Z. Phys.* 33, 879–893 (1925) [Eine englische Übersetzung dieses Aufsatzes ist zusammen mit anderen Schlüssel-Veröffentlichungen aus der Frühzeit der Quantenmechanik in Van der Waerden (1967) abgedruckt.].

33. Dirac (1977: 119).

34. Interview mit Flo Dirac, *Stockholms Dagblad*, 10. Dezember 1933.

35. Darrigol (1992: 291–297).

36. Dirac (1977: 121).

37. Brief von Einstein an Paul Ehrenfest, 20. September 1925, in Mehra und Rechenberg (1982: 276).

38. Dirac (1977: 121–125).

39. Dirac (1977: 122).

40. Hier sind X und Y mathematische Ausdrücke, die als partielle Differenziale bekannt sind. Worauf es hier ankommt, ist die formale Ähnlichkeit zwischen der Form der Poisson-Klammer und der Differenz AB – BA.

41. Eddington (1928: 210). Dt. Ausgabe (1931: 209).

42. Elsasser (1978: 41).

43. Empfehlungsschreiben für Dirac, von Fowler im April 1925 verfasst, an die Royal Commission of the Exhibition of 1851, s. 1851 COMM.

44. Dalitz und Peierls (1986: 147). Der Student war Robert Schlapp, der bei dem betagten Sir Joseph Larmor studierte.

45. Van der Waerden (1960).

46. Briefe von Oppenheimer an Francis Fergusson, 1. November und 15. November 1925; in Smith und Weiner (1980: 86–89).

47. Bird und Sherwin (2005: 44).

48. Brief an Dirac von seiner Mutter, 16. November 1925 (sie wiederholt das Bild vom „Eisblock" in einem weiteren Brief an Dirac, geschrieben am 24. November), Dirac Papers, 1/3/4 (FSU).

49. Heisenberg sagte später, dass er, als er Diracs erstes Paper über Quantenmechanik las, angenommen habe, der Autor sei ein führender Mathematiker (BBC *Horizon*-Programm, „Lindau", Referenz 72/2/5/6025).

50. Frenkel (1966: 93).

51. Born (1978: 226). Dt. Ausgabe Born (1975: 363–364).

52. Brief an Dirac von Heisenberg, 23. November 1925, Dirac Papers, 2/1/1 (FSU). Brief abgedruckt in Brown und Rechenberg (1987: 149–150).

53. Alle diese Briefe von Heisenberg an Dirac aus dieser Zeit befinden sich in Dirac Papers, 2/1/1 (FSU).

54. Beller (1999: Kap. 1); s. a. Farmelo (2002a: 25–26).

7. Dezember 1925 – September 1926

1. Brief von Einstein an Michele Besso, 25. Dezember 1925, zitiert in Res Jost, Das Märchen vom Elfenbeinernen Turm: Reden und Aufsätze, S. 89. Springer 1995.

2. Brief von Einstein an Ehrenfest, 12. Februar 1926, zitiert in Mehra und Rechenberg (1982: 276) und in Balashov, Y. und V.P. Vizgin, Einstein Studies, Vol. 10, S. 222–223. Boston: Birkhäuser (2002).

3. Bokulich (2004).

4. Dirac (1977: 129).

5. Slater (1975: 42).
6. Jeffreys (1987).
7. Bird und Sherwin (2005: 46).
8. Interview mit Oppenheimer, AHQP, 18. November 1963, S. 18.
9. „The Cambridge Review", „Topics of the Week", am 14. März und 12. Mai 1926.
10. Briefe an Dirac von seiner Mutter, 16. März 1926 und 5. Mai 1926, Dirac Papers, 1/3/5 (FSU).
11. Morgan et al. (2007: 83); Annan (1992: 179–180); Brown (2005: 40 und Kap. 6); Werskey (1978: 93–95).
12. Zitiert in Brown (2005: 75).
13. Wilson (1983: 564–565).
14. Morgan et al. (2007: 84).
15. Morgan et al. (2007: 80–90). (Siehe Brief [136] Heisenberg an Pauli 8. Juni 1926, in *Wolfgang Pauli*, Wissenschaftlicher Briefwechsel, Band 1, S. 328. Springer 1979.) S. a. Rechenberg (2010:490).
16. Dirac Papers, 2/1/2 (FSU).
17. Diese Beschreibung lehnt sich an die an, die Kapitza von seiner eigenen Promotionsfeier drei Jahre zuvor gegeben hat, wo der Ablauf der gleiche war. Vgl. Boag et al. (1990: 168–169).
18. Brief an Dirac von seiner Mutter, 28. Juni 1926, Dirac Papers, 1/3/5 (FSU).
19. Die Zeitungen in Cambridge berichteten im Juli von einer Hitzewelle mit Todesopfern. Vgl. *Cambridge Daily News*, 15. August 1926, über den heißesten Tag in der Stadt seit drei Jahren.
20. Dirac hatte eine Herleitung des Strahlungsspektrums durch den bis dato unbekannten Satyendranath Bose, einem 1894 geborenen Studenten in Kalkutta, sorgfältig studiert. Niemand hatte bis dahin verstanden, warum diese Herleitung funktionierte. Einstein entwickelte Boses Ideen weiter und stellte eine Theorie auf, die nun nach ihnen beiden benannt ist.
21. Postkarte von Dirac an seine Eltern, 27. Juli 1926, DDOCS.
22. Brief an Dirac von Fermi, Dirac Papers, 2/1/3 (FSU).
23. Greenspan (2005: 135); Schücking (1999: 26).
24. Brief an Dirac von seiner Mutter, 2. Oktober 1926, Dirac Papers 1/3/6.
25. Mott (1986: 42).

8. September 1926 – Januar 1927

1. Wheeler (1998: 128–129). Am 24. April 1932 schrieb Jim Crowther, dass er eine ähnliche Anekdote von Bohr beim Nachmittagstee gehört

habe (Buch I der Notizen von Crowther über seine Begegnung mit Bohr, S. 99–100 [SUSSEX]).

2. Buch I der Notizen von Crowther über seine Begegnung mit Bohr, 24. April 1932, S. 96–101, SUSSEX; s. a. den Artikel über Dirac von John Charap in *The Listener*, 14. September 1972, S. 331–332.

3. Buch I der Notizen von Crowther über seine Begegnung mit Bohr, S. 99, SUSSEX.

4. Dirac (1977: 134).

5. Bohrs Worte („Nicht um zu kritisieren, nur um zu lernen") sind in Dirac (1977; 136) und in Desser (1991: 98) zitiert.

6. Postkarte von Dirac an seine Eltern, 1. Oktober 1926 (DDOCS).

7. Brief von Dirac an James Wordie, 10. Dezember 1926, STJOHN; Dirac (1977: 139).

8. Die Formulierung „liebte den Klang seiner eigenen Stimme" ist dem Brief von John Slater an John Van Vleck vom 27. Juli 1924 entnommen. John Clarke Slater Papers APS; s. a. Cassidy (1992: 109).

9. Crowther Notizen, S. 99, SUSSEX.

10. Die Welle ist mathematisch als eine komplexe Funktion definiert, was bedeutet, dass die Welle an jedem Punkt zwei Komponenten besitzt: eine reale und eine imaginäre. Die „Größe" der Welle in jedem Punkt, die von beiden Komponenten abhängt, wird ihr Modul genannt. Die Aufenthaltswahrscheinlichkeit eines Quants entspricht nach Born dem Betragsquadrat der Wellenfunktion, also des Moduls.

11. Pais (1986: 260–261).

12. Heisenberg (1967: 103–104).

13. Interview mit Oppenheimer, AHQP, 20. November 1963.

14. Weisskopf (1990: 71).

15. Interview mit Dirac, AHQP, 14. Mai 1963, S. 9.

16. Garff (2005: 308–16, 428–431).

17. Interview mit Monica Dirac, 3. Mai 2006.

18. Zitiert in Garff (2005: 311); Interview mit Dirac, AHQP, 14. Mai 1963, S. 9. Dt. Zitat in Rehm (2003: 39).

19. Møller (1963). Siehe Rechenberg (2010: 540).

20. Dirac hatte ebenfalls die Wichtigkeit dieser Funktion gesehen, als er Eddingtons Buch *The Mathematical Theory of Relativity* von 1923 (in deutscher Übersetzung: *Relativitätstheorie in mathematischer Behandlung*) studierte. Auf S. 208 der dt. Ausgabe (von 1925) benutzt Eddington eine nicht-rigorose Mathematik und weist in einer Fußnote auf diese Tatsache hin, die Dirac gelesen hatte. Es war ein Beispiel, wo die Delta-Funktion benötigt wird, um einen gewissen Sinn in eine physikalische Gleichung zu

bringen, die sonst mathematisch unverständlich wäre. Vgl. Interview mit Dirac, AHQP, 14. Mai 1963, S. 4.

21. Interview mit Dirac, AHQP, 6. Mai 1963, S. 4.
22. Heaviside (1899: Sektionen 238–242).
23. Lützen (2003: 473, 479–481).
24. Interview mit Heisenberg, AHQP, 19. Februar 1963, S. 9.
25. Dirac (1962), Bericht der Ungarischen Akademie der Wissenschaften, KFKI-1977-62.
26. Brief von Einstein an Paul Ehrenfest, 23. August 1926, vgl. Pais (1982: 441), dt. Ausgabe (2000: 448).
27. Dirac erwähnt dies in einer Pressemitteilung, die von der Florida-State-Universität am 24. November 1970 veröffentlicht wurde; Dirac Papers, 2/6/9 (FSU).
28. Briefe an Dirac von seiner Mutter, 19. November, 26. November, 2. Dezember, 9. Dezember 1926, Dirac Papers, 1/3/6 (FSU).
29. Es ist möglich, dass Charles weitere Briefe an Dirac geschrieben hat. In diesem Fall hätte sie Dirac nicht aufbewahrt – was aber ungewöhnlich wäre, da er anscheinend die meiste Familienkorrespondenz aufbewahrt hat. Im Übrigen enthalten die häufigen Briefe von Diracs Mutter oft Mitteilungen von seinem Vater, was dafür spricht, dass die Kommunikation seines Vater mit ihm über sie verlief, eine damals übliche Art der familiären Kommunikation.
30. Brief an Dirac von seinem Vater, 22. Dezember 1926, Dirac Papers, 1/1/7 (FSU).
31. Brief an Dirac von seiner Mutter, 25. Dezember 1926, Dirac Papers, 1/3/6 (FSU).
32. Mehra (1973: 428–429).
33. Postkarte von Dirac an seine Eltern, 10. Januar 1927, DDOCS.
34. Slater (1975: 135).
35. Elsasser (1978: 91).
36. Born (1969: 129–130, Brief [52]).
37. „Der tiefsinnigste Denker": Dirac (1977: 134).
38. „Der bemerkenswerteste wissenschaftliche Geist …": Crowther Notizen, S. 21, SUSSEX. Der Kommentar „logisches Genie" findet sich im Interview mit Bohr, AHQP, 17. November 1962, S. 10.
39. Beide Zitate stammen aus Crowthers Notizen, S. 97, SUSSEX.
40. „PAM Dirac and the Discovery of Quantum Mechanics", Cornell Kolloquium, 20. Januar 2003, verfügbar unter http://arxiv.org/PS_cache/quant-ph/pdf/0302/0302041v1.pdf (aufgerufen 23. Dezember 2015).

9. Januar 1927 – Frühjahr 1927

1. Bird und Sherwin (2005: 62).
2. Bernstein (2004: 23).
3. Bird und Sherwin (2005: 65).
4. Die Adresse des Hauses der Carios war Geismar Landstraße 1. Vgl. Interview mit Oppenheimer, AHQP, 20. November 1963, S. 4.
5. Michalka und Niedhart (1980: 118).
6. Frenkel (1966: 93).
7. Interview mit Gustav Born, 6. April 2005.
8. Frenkel (1966: 93).
9. Weisskopf (1990: 40).
10. Bird und Sherwin (2005: 56, 58).
11. Vgl. Frenkel (1966: 94) für einen Hinweis auf die Praxis der Mensur in Göttingen; s. a. Peierls (1985: 148).
12. Interview mit Oppenheimer, AHQP, 20. November 1963, S. 6.
13. Interview mit Oppenheimer, AHQP, 20. November 1963, S. 11.
14. Delbrück, M. (1972) „Homo Scientificus According to Beckett", verfügbar unter https://www.ini.uzh.ch/~tobi/fun/max/delbruckHomoScientificusBecket1972.pdf (aufgerufen am 28. Dezember 2015).
15. Greenspan (2005: 144–146).
16. Elsasser (1978: 71–2).
17. Brief von Raymond Birge an John Van Vleck, 10. März 1927, APS.
18. Elsasser (1978: 51).
19. Frenkel (1966: 96).
20. Delbrück (1972: 135).
21. Wigner (1992: 88).
22. Mills Kommentar ist in Mill (1873: Kap. 2).
23. Interview mit Oppenheimer, AHQP, 20. November 1963, S. 11.
24. Während seiner Zeit in Göttingen hatte Dirac – anscheinend nach Diskussionen mit Bohr – seine Theorie erfolgreich auf das Licht angewendet, das von Atomen emittiert wird, wenn sie Quantensprünge machen. Vgl. Weisskopf (1990: 42– 44).
25. Brief von Pauli an Heisenberg, 19. Oktober 1926, abgedruckt in Hermann et al. (1979); s. a. Beller (1999: 65–66), Cassidy (1992: 226–246).
26. Heisenberg (1971: 62–63).
27. Heisenberg wies nach, dass das Prinzip auch für Energie und Zeit gilt und für andere Paare von Größen, die unter dem Fachbegriff „kanonisch konjugierte Variablen" zusammengefasst werden.

28. Dies war ein bei Studenten beliebter Spazierweg. Vgl. zum Beispiel Frenkel (1966: 92). Am 5. April 1927 nahm Dirac auf diesen Spaziergang auf einer Postkarte an seine Eltern Bezug, die diesen Weg zeigte (DDOCS).
29. Vortrag von Dirac, 20. Oktober 1976, „Heisenberg's Influence on Physics": Dirac Papers, 2/29/19 (FSU); s. a. das Interview mit Dirac, AHQP, 14. Mai 1963, S. 10.
30. Vgl. den Artikel über Komplementarität in French und Kennedy (1985), z. B. Jones, R. V. „Complementarity as a Way of Life", S. 320–324; s. a. die Abbildung von Bohrs Wappen, S. 224.
31. Interview mit Dirac, AHQP, 10. Mai 1969, S. 9.
32. Eddington (dt. 1931: 210). Dieses Buch gibt einen Überblick über die neuesten Ideen in der Physik, das auf seiner Vortragsreihe beruht, die er zwischen Januar und März 1927 abhielt.
33. Eddington (dt. 1931: 209).
34. Dirac (1977: 114).
35. Dirac Papers, 2/28/35 (FSU). Das Seminar fand am 30. Oktober 1972 statt. Vgl. Farmelo (2005: 323).

10. Frühjahr 1927 – Oktober 1927

1. Interview mit Oppenheimer, AHQP, 20. November 1963, S. 5.
2. Greenspan (dt. 2006: 147). Gercke wurde später „Sachverständiger für Rasseforschung", 1935 endete seine Karriere: Er wurde der Homosexualität verdächtigt und inhaftiert.
3. Goodchild (1985: 20). Selbst wenn Dirac diese Zeilen nicht geschrieben hat, stimmte er ihrem Inhalt zu; vgl. Interview mit von Weizsäcker, AHQP, 9. Juni 1963, S. 19.
4. Dirac (1977: 139); Greenspan (2005: 141).
5. Greenspan (2005: 142) und von Meyenn und Schücking (2001: 46). Der Student war Otto Heckmann, die Bemerkung von Boys Smith stammt aus einer Unterhaltung mit Peter Goddard, seinem früheren Kollegen am St. John College, Cambridge, 5. Juli 2006.
6. Die Information über das Stipendium stammt von Angela Kenny, Archivarin der Königlichen Kommission der Ausstellung 1851 (E-Mail, 10. Dezember 2007).
7. Brief von Dirac an James Wordie, 28. Februar 1927, STJOHN.
8. Brief an Dirac von seiner Mutter, 28. Juni 1928, Dirac Papers, 1/3/8 (FSU).
9. Greenspan (dt. 2006: 155).
10. Greenspan (dt. 2006: 156).

11. Brief an Dirac von seiner Mutter, 7. April 1927, Dirac Papers, 1/3/7 (FSU).

12. Brief an Dirac von seiner Mutter, 20. Mai 1927, Dirac Papers, 1/3/7 (FSU).

13. Brief an Dirac von seiner Mutter, 6. Januar 1927, Dirac Papers, 1/3/7 (FSU).

14. Brief an Dirac von seiner Mutter, 10. Februar 1927, Dirac Papers, 1/3/7 (FSU).

15. Brief an Dirac von seiner Mutter, 20. Mai 1927, Dirac Papers, 1/3/7 (FSU).

16. Brief an Dirac von seiner Mutter, ca. 26. März 1927, Dirac Papers, 1/3/7 (FSU).

17. Flo genoss die Gesellschaft mehrerer Herren in den belegten Kursen und machte sogar einen von ihnen mit Dirac bekannt, einen deutsch sprechenden Versicherungsangestellten namens Mr. Montgomery („Monty"). Brief an Dirac von seiner Mutter, 18. März 1927, Dirac Papers, 1/3/7 (FSU).

18. Diese Erinnerungen wurden Richard Dalitz in den 1980er-Jahren mitgeteilt.

19. Brief von Dirac an Manci Balázs, 7. April 1935, DDOCS.

20. Brief von Dirac an Manci Balázs, 17. Juni 1936, DDOCS.

21. Ihre Adresse war 173 Huntingdon Road. Fen (1976: 161); Boag et al. (1990: 78).

22. Die Konferenz fand vom 24. bis 29. Oktober 1927 im Institut de Physiologie Solvay im Parc Léopold statt.

23. Brief von John Lennard-Jones (Universität Bristol) an Charles Léfubure (Solvay-Vorstand), 9. März 1928, SOLVAY.

24. Vgl. https://vimeo.com/74905057 (aufgerufen 17. Dezember 2015).

25. Heisenberg (1969: 116–123); Interview mit Heisenberg, AHQP, 27. Februar 1963, S. 9. Die Lage des Hotels ist in einem Brief der Konferenzleitung an Dirac vom 3. Oktober 1927 angegeben: Dirac Papers, 2/1/5 (FSU).

26. Dirac (1982a: 84).

27. Interview mit Heisenberg, AHQP, 27. Februar 1963, S. 9.

28. Heisenberg (1969: 120–122).

29. In den frühen 1850er-Jahren hatte der Humorist Douglas Jerrold in der Satirezeitschrift *Punch* über die umstrittene feministische Schriftstellerin Harriet Martineau gewitzelt „Es gibt keinen Gott, und Harriet Martineau ist ihr Prophet."

30. Dirac Papers, 2/26/3 (FSU).

31. Dirac (1977: 140).

32. Dirac (1977: 141).

11. November 1927 – Frühjahr 1928

1. Menü aus den Aufzeichnungen des College, STJOHN.
2. Crowther (1970: 39) und Charap (1972).
3. Interview mit Dirac, AHQP, 1. April 1962, S. 15; 7. Mai 1963, S. 7–8.
4. Dirac gab widersprüchliche Darstellungen des von ihm damals verfolgten wissenschaftlichen Ziels. In einem Fall sagte er, dass er eine Antwort auf die Frage „Wie kann man eine zufriedenstellende relativistische Theorie des Elektrons erhalten?" gesucht habe (Dirac 1977: 141). An anderer Stelle äußerte er: „Mein vorherrschendes Interesse war es, eine zufriedenstellende relativistische Theorie eines Teilchens von der einfachst-möglichen Sorte zu finden, das vermutlich ein spinfreies Teilchen wäre." Die zuletzt genannten Worte schrieb Dirac auf ein einzelnes Blatt Papier mit der Überschrift „Sommerfeld Atombau und Spektrallinien II, 538 Gl.18" in Dirac Papers, 2/22/15 (FSU). Ich ziehe die Angabe von 1977 vor, da sie einer Darstellung der Entwicklung von Diracs Denken aus seiner eigenen Feder am ehesten nahekommt.
5. Farmelo (2002a: 133).
6. Vgl. die Notizen zu Diracs Vorträgen in den 1970er- und 1980er-Jahren: 2/28/18 – 2/29/52 (FSU).
7. Huxley 1870 in seiner Rede als Präsident der British Association for the Advancement of Science, in Huxley (1894). Dirac verwendet ähnliche Worte: „Der Urheber einer neuen Idee befürchtet immer, dass eine Entwicklung eintreten könnte, die sie tötet" (1977: 143).
8. Interview mit Dirac, AHQP, 7. Mai 1963, S. 14; Dirac (1977: 143).
9. Brief von Darwin an Bohr, 26. Dezember 1927 (AHQP).
10. Interview mit Rosenfeld, AHQP, 1. Juli 1963, S. 22–23.
11. Mehra (1973: 320).
12. Nachdem er die Gleichung mehrere Tage studiert hatte, bemerkte der begabte junge Physiker Hans Bethe: „Nach mehreren Tagen habe ich ahnungsweise erfasst, worum sich's handelt, aber verstanden habe ich keine Spur". Brief von Bethe an Rudolf Peierls, 4. Mai 1928, zitiert in Lee (2007b: 32).
13. *Florida State University Bulletin*, 3 (3), 1. Februar 1978.
14. Slater (1975: 145).
15. Postkarte von Darwin an Dirac, 30. Oktober 1929, Dirac Papers, 2/1/9 (FSU).
16. Dirac gab Kurse in Quantenmechanik im Herbst- und Wintertrimester 1927/28 und erhielt für die beiden Kurse 100 £: vgl. den Brief des Sekretärs an die Fakultät für Mathematik, 16. Juni 1927, Dirac Papers, 2/1/4 (FSU).

17. Crowther versicherte später, dass er die Kommunistische Partei vor 1950 verlassen habe, aber der genaue Zeitpunkt ist unklar. Ich verdanke diese Information Allan Jones.
18. Zeitungsaussschnitt mit Anmerkungen von Charles Dirac, in Dirac Papers, 1/12/5 (FSU).
19. *The Times*, 5. Oktober 1931, S. 21. Dieser gut informierte Artikel war von einem Journalisten geschrieben, der es anscheinend geschafft hatte, Dirac über seine Arbeit zum Sprechen zu bringen.
20. „Mulling over the Universe with Paul Dirac" (Grübeleien über das Universum mit Paul Dirac), Interview durch Andy Lindstrom, *Tallahassee Democrat*, 15. Mai 1983.
21. Brief an Dirac von seiner Mutter, 26. Januar 1928, Dirac Papers, 1/3/8 (FSU); s. a. Postkarte von Dirac an seine Eltern, 1. Februar 1928 (DDOCS).
22. Vgl. den Eintrag über Bischof Whitehead in *Crockford's Clerical Dictionary*, 1947, S. 1416; s. a. Billington Harper (2000: 115–126, 129–133, 293–295). Die zitierte Beschreibung von Mrs. Whitehead befindet sich auf S. 145. Ich danke Oliver Whitehead und dem verstorbenen David Whitehead, den Enkeln von Isabel Whitehead, für die Beschreibung von Isabel Whiteheads Haushalt.

12. April 1928 – März 1929

1. Kojevnikov (1993: 7–8).
2. Peierls (1985: 62–63).
3. Kojevnikov (2004: 64–65).
4. Brief von Tamm an seine Frau, 4. März 1928, in Kojevnikov (1993: 7).
5. „Die Tulpenfelder stehen jetzt in voller Blüte": Postkarte von Dirac an seine Eltern, 29. April 1928 (DDOCS). „[Leiden] liegt unter dem Meeresspiegel und es gibt fast genauso viele Kanäle wie Straßen": Postkarte von Dirac an seine Eltern, 29. Juni 1927 (DDOCS).
6. Brief von Tamm an seine Frau, undatiert, Kojevnikov (1993: 8).
7. Casimir (1983: 72–73).
8. Brown und Rechenberg (1987: Notes S. 153).
9. Brief von Heisenberg an Pauli, 31. Juli 1928, in Hermann et al. *Wolfgang Pauli* Bd. I. (1979: 467).
10. Peierls (1987: 35). In diesem Bericht erinnert sich Peierls an einen Theaterbesuch, aber aus seinem Brief an Dirac vom 14. September 1928 (vgl. Lee [2007a: 50]) scheint hervorzugehen, dass sie in Wirklichkeit in der Oper waren. Ich bin Herrn Professor Olaf Breidbach für seinen Kommentar zur preußischen Höflichkeit im frühen zwanzigsten Jahrhundert dankbar.

11. Born (1978: 240) und Greenspan (2006: 153–154).

12. Schücking (1999: 27).

13. Bohr gab Gamow später den Spitznamen „Joe" nach dem Standardnamen für Cowboys in den von Bohr so geschätzten Western-Filmen (Interview mit Igor Gamow, 3. Mai 2004); s. a. Reines (1972: 289–299; siehe S. 280); Mott (1986: 28).

14. Die einzige Ausnahme ist die Arbeit, die Dirac zusammen mit J. W. Harding, einem Studenten von Rutherford, verfasst hat: „Photoelectric Absorption in the Hydrogen-like Atoms", Januar 1932.

15. Gamow (1970: 14).

16. Wigner (1992: 9–15).

17. Brief von Gabriel Dirac an Manci Dirac, 5. September 1940: „Es mag Dich interessieren, dass alle (Prof. [Max] Born, Morris [Pryce] und Daddy [Paul Dirac]) sagen, dass Johnny von Neumann der beste Mathematiker der Welt ist" (DDOCS).

18. Fermi (1968: 53–59).

19. Wigner (1992: 37–43).

20. Interview mit Pat Wigner, 12. Juli 2005.

21. Dirac schrieb am 18. Juli 1928 an seine Eltern: „Am Abend sind die Wälder voller Glühwürmchen. Ich bin auf den höchsten Berggipfel im Harz gestiegen" (DDOCS).

22. Diracs Frau sollte ihm später schreiben: „Eine schöne Landschaft hat auf Dich offenbar die gleiche Wirkung wie ein schönes Buch auf mich", 12. August 1938 (DDOCS).

23. Brief an Dirac von seiner Mutter, 12. Juli 1928, Dirac Papers, 1/3/8 (FSU).

24. Sinclair (1986: 32–33).

25. Brief von Dirac an Tamm, 4. Oktober 1928, Kojevnikov (1993: 10). Die Konferenz dauerte vom 5.–20. August.

26. Brendon (2000: 241).

27. Salaman und Salaman (1986: 69). In diesem Artikel wird 1927 als Datum für Diracs Erlebnis angegeben; das ist aber unmöglich, denn in diesem Jahr war er gar nicht in Russland.

28. Er bestieg zuerst ein Boot nach Konstantinopel (im darauffolgenden Jahr in „Istanbul" umbenannt), fuhr dann mit dem Schiff über Athen und Neapel nach Marseille weiter, bevor er quer durch Frankreich nach Hause zurückfuhr. Er wollte planmäßig am Montag, dem 10. September, in Bristol ankommen (Brief von Dirac an seine Eltern, 8. September 1928, DDOCS).

29. Brief an Dirac von seiner Mutter, 28. Oktober 1928, Dirac Papers, 1/3/8 (FSU). Eine Kopie der Rede ist in diesem Ordner des Archivs enthalten.

30. Mitte Dezember las Dirac Kleins Abhandlung „Die Reflexion von Elektronen an einem Potentialsprung nach der relativistischen Dynamik von Dirac". Sie zeigt, dass nach der Voraussage der Dirac-Gleichung ein Elektronenstrahl, der gegen eine Barriere geschossen wird, mehr Elektronen auslöst, als im ursprünglichen Strahl vorhanden sind. Es ist, als wenn von einem Tennisschläger, der von einem Ball getroffen wird, nicht ein Ball, sondern mehrere Bälle wegfliegen.
31. Howarth (1978: 156).
32. *Cambridge Review*, 29. November 1929, S. 153–154; s. a. die enthusiastische Besprechung im *Times Literary Supplement*, 24. Oktober 1929.
33. Briefentwurf an Dirac von L. J. Mordell, 4. Juli 1928, Dirac Papers, 2/1/7 (FSU).
34. Mott (1986: 42–43).
35. Brief von Jeffreys an Dirac, 14. März 1929, Dirac Papers, 2/1/8 (FSU).
36. Das St. John College gewährte Dirac eine Dozentur auf Zeit für Mathematische Physik, die es ihm ermöglichte, sich neben der Abhaltung seiner Vorlesung ganz der Forschung zu widmen.

13. April 1929 – Dezember 1929

1. Brief von Dirac an Oswald Veblen, 21. März 1929, LC, Veblen Archiv.
2. Scott Fitzgerald (1931: 459).
3. Brief von Dirac an Veblen, 21. März 1929, LC (Veblen Archiv).
4. Tagebücher von Dirac (DDOCS).
5. Fellows (1985); vgl. die Einleitung (S. 4) und die Schlussfolgerungen.
6. Kommentar von Bohr gegenüber Crowther, dokumentiert von Crowther am 24. April 1932 im Crowther- Archiv, SUSSEX, Buch II seiner Notizbücher, S. 96–97. Eine Version der oft nacherzählten Anekdote findet sich in Infeld (1941: 171).
7. Vgl. den Artikel über Roundy im *Wisconsin State Journal*, der einen Tag nach seinem Tod am 10. Dezember 1971 erschien.
8. Der vollständige Artikel ist in Kragh (1990: 72–73) reproduziert. Das Original befindet sich in Dirac Papers, 2/30/1 (FSU).
9. Eine Überprüfung des Mikrofilm-Registers des *Wisconsin State Journal* ergibt, dass der Artikel zwischen dem 1. April und dem 29. Mai 1929 (der Mikrofilm vom 30. Mai fehlt) nicht veröffentlicht wurde.
10. Van Vleck (1972: 7–16; siehe S. 10–11).
11. Aufzeichnung über die Zahlungen an Dirac als „Dozent für Physik im April und Mai 1929" in WISC. Am Beginn seines Aufenthalts, vom 10.–16. April, verbrachte Dirac fast eine ganze Woche an der Universität von Iowa.

12. Dirac verließ Madison am 27. Mai und reiste über Minneapolis, Kansas City und Winslow, Arizona, zum Grand Canyon.
13. Zitiert in Brown und Rechenberg (1987: 134). Dieser Artikel schildert viele Einzelheiten zu den Vorbereitungen für die Reise von Dirac und Heisenberg im Jahr 1929 sowie über die Reise selbst.
14. Heisenberg (1969: 141).
15. Brown und Rechenberg (1987: 136–137).
16. Interview mit Leopold Halpern, 18. Februar 2003.
17. Brown und Rechenberg (1987: 139–141).
18. Heisenberg kehrte von dieser Reise im Jahr 1929 als bester Ping-Pong Spieler der Quantenmechanik zurück: Interview mit von Weizsäcker, AHQP, 9. Juli 1963, S. 11.
19. Rechenberg (2010: 802).
20. Mehra (1973: 17–59).
21. Mit *Jako*-Parfüm wurde damals allgemein die Kleidung parfümiert. Hearn (1896: 31n).
22. Dirac gibt in seinem Brief an Tamm vom 12. September 1929 seinen Zeitplan an, Kojevnikov (1993: 29); Brendon (2000: 234).
23. Brief an Dirac von seiner Mutter, 6. Juli 1929, Dirac Papers, 1/3/11 (FSU).
24. Brief an Dirac von seiner Mutter, 6. Mai 1929, Dirac Papers, 1/3/10 (FSU).
25. Postkarten von Dirac an seine Eltern, Herbst 1929, DDOCS.
26. Interview mit Oppenheimer, 20. November 1963, S. 23 (AHQP).
27. Scott Fitzgerald (1931: 459).
28. Dirac (1977: 144).
29. Kojevnikov (2004: 56–59).
30. Pais, A. (1998: 36).
31. Brief von Dirac an Bohr, 9. Dezember 1929, NBA.
32. Brief an Dirac von seiner Mutter, 11. Oktober 1929, Dirac Papers, 1/3/10 (FSU). Flo verschrieb sich bei dem Wort Grammophon („grama-phone" statt gramophone). Dirac rechnete damit, am 19. Dezember zu Hause einzutreffen (Postkarte von Dirac an seine Eltern, 27. November 1929, DDOCS).
33. Brief von Dirac an Manci, 26. Februar 1936 (DDOCS).

14. Januar 1930 – Dezember 1930

1. Cavendish Laboratory Archive, UCAM. Das Gedicht wurde offenbar als ein Valentinsgruß an das Elektron verfasst.

2. Dirac, „Symmetry in the Atomic World", Januar 1955. Der Entwurf für die Darstellung dieser Analogie befindet sich in Dirac Papers, 2/27/13 (FSU).

3. Zitiert in Kragh (1990: 101).

4. Gamow (1970: 70); Brief von Dirac an Tamm, 20. März 1930, in Kojevnikov (1993: 39).

5. Am Samstag, dem 16. Februar 1935, verbrachten Van Vleck und Dirac „einen Disney-Tag" in einem Kino in Boston. Die Dokumente mit dem Van Vleck Zitat „Dirac liebte Mickey Mouse" finden sich in: Van Vleck Papers am IAS.

6. Diracs Formel ist $n = -\log_2 [\log_2 (^2 \sqrt{(\sqrt{\ldots \sqrt{2}})})]$, wobei die drei Punkte (…) bedeuten, dass n Quadratwurzeln gezogen werden müssen. Die Geschichte wird in Casimir (1983: 74–75) erzählt, wo der Autor betont, dass Dirac als Spielverderber nur drei Zweien verwendete. Jedes Symbol in der Formel ist ganz gebräuchlich in der Mathematik, somit lag Diracs Lösung innerhalb der Spielregeln.

7. Postkarte von Dirac an seine Eltern, 20. Februar 1930 (DDOCS).

8. Telegramm an Dirac von seiner Mutter, 22. Februar 1930, Dirac Papers, 1/3/12 (FSU).

9. Brief an Dirac von seiner Mutter, 24. Februar 1930, Dirac Papers, 1/3/12 (FSU).

10. Die Urkunde über Diracs Wahl zum Mitglied der Royal Society ist auf der Internetseite der Society zu finden. Die Namen der 447 Mitglieder der Society bis zum 31. Dezember 1929 sind im Jahrbuch der Royal Society von 1931 angegeben.

11. Brief an Dirac von seiner Mutter, 24. Februar 1930, Dirac Papers, 1/3/12 (FSU).

12. Brief von Hassé an Dirac, 28 Februar 1930, Dirac Papers, 2/2/1 (FSU).

13. Brief von Arnold Hitchings an die *Bristol Evening Post*, 14. Dezember 1979.

14. 1935 gab Dirac seinen Wagen in Zahlung. Dirac Papers, 1/8/2 (FSU).

15. Interview mit John Crook, 1. Mai 2003.

16. Mott (1986: 42).

17. Dirac war bekannt für diese Angewohnheit. Sie wird von Tamm, seinem Bergsteiger-Lehrer in einem Brief an seine Frau vom 27. Mai 1931 ausführlich beschrieben, Kojevnikov (1993: 55); s. a. Mott (1986: 2).

18. Interview mit Monica Dirac, 7. Februar 2003; s. a. M. Dirac (2003: 42).

19. Brief von Taylor Sen (1986: 80). Howarth (1978: 104).

20. Vgl. zum Beispiel *Daily Telegraph*, 12. Februar 1930, *Manchester Guardian*, 12.–18. Februar 1930.

21. Peierls (1987: 36).

22. Brief an Dirac von seiner Mutter, 12. Juni 1930, Dirac Papers, 1/3/12 (FSU).
23. Kojevnikov (1993: 40), Bemerkung zum Brief von Dirac an Tamm vom 6. Juli 1930.
24. *The Guardian*, „World Conference of Scientists", 3. September 1930. Crowther war vermutlich der Autor dieses Beitrags.
25. Ross (1962).
26. Der Ort und die Zeit des Vortrags finden sich im Register der British Association for the Advancement of Science, BOD.
27. Delbrück (1972: 280–281).
28. Der Bericht des Science News Service befindet sich in Dirac Papers, 2/26/8 (FSU).
29. *New York Times*, 10. September 1932.
30. Eine weitere, ganz ähnliche Version der Anekdote wird in dem Interview mit Guido Beck, AHQP, 22. April 1967, S. 23, berichtet.
31. Freeman Dyson war einer der begabtesten Studenten, der mit Diracs Vorlesungen unzufrieden war. Er erinnert sich: „Ich hatte zuvor Diracs Buch gelesen und hoffte, die Quantenmechanik zu verstehen, fand die Vorlesungen aber gänzlich unbefriedigend." E-Mail von Dyson, 19. August 2006.
32. *Nature*, Vol. 127, 9. Mai 1931, S. 699.
33. Paulis Buchbesprechung findet sich in Kronig und Weisskopf (1964: 1397–1398).
34. Einstein (1931: 73).
35. Die Anekdote über die Freizeitlektüre findet sich in Woolf (1980: 261), die mit „wo ist mein Dirac" stammt aus dem *Tallahassee Democrat*, 29. November 1970.
36. Hoyle (1994: 238).
37. Freeman (1991: 136–137).
38. Zitiert in Charap (1972: 331).
39. Brief von Tamm an Dirac, 13. September 1930, in Kojevnikov (1993: 43).
40. Einstein (1931: 73).
41. Kommentar von Einstein bei seiner Ankunft in New York am 11. Dezember 1930, berichtet in der *Los Angeles Times*, 12. Dezember 1930, S. 1.
42. Brief an Dirac von Tamm, 29. Dezember 1930, Kojevnikov (1993: 48–49).
43. Brief von Kemble an Garrett Birkhoff, 3. März 1933 (AHQP).
44. Dirac nahm am 17. Dezember 1932 an dem Dinner teil, Dirac Papers, 2/79/6 (FSU).
45. Brief von Kapitza an seine Mutter, 16. Dezember 1921, in Boag et al. (1990: 138–139).
46. Da Costa Andrade (1964: 48).

47. Da Costa Andrade (1964: 162).
48. Aufzeichnungen der Cavendish-Dinner (CAV 7/1) 1930, S. 10 (UCAM).
49. Aufzeichnungen der Cavendish-Dinner (CAV 7/1) 1930, S. 10 (UCAM).
50. Snow (1931).
51. Snow (1934). Dirac als Person sowie auch einige seiner Äußerungen kommen in dem Buch vor, ohne dass die Quellen angegeben werden; s. Snow (1934: 97–98 und 178–183).
52. Brief von Chandrasekhar an seinen Vater, 10. Oktober 1930, zitiert in Miller (2005: 96).
53. Brief an Dirac von seiner Mutter, 8. November 1930, Dirac Papers, 1/3/13 (FSU).

15. Frühjahr 1931 – März 1932

1. Brief an Dirac von seiner Mutter, 27. April 1931, Dirac Papers, 1/4/1 (FSU). Dirac hat Bristol anscheinend am 15. April verlassen (Postkarte von Dirac an seine Eltern, 15. April 1931, DDOCS).
2. Brief von Dirac an Van Vleck, 24. April 1931, AHQP.
3. Kapitza-Klub, 21. Juli 1931. Vgl. Kapitza-Klub Notizbuch in CHURCHILL.
4. Dirac (1982: 604); Dirac (1978).
5. Die Größe der Kraft zwischen zwei sich anziehenden Monopolen , die ein Millionstel Millimeter voneinander getrennt sind, was etwa dem Dreißigfachen der Entfernung zwischen dem Elektron und dem Proton in einem Wasserstoffatom entspricht, beträgt ungefähr ein Zehntausendstel des Gewichts eines mittelgroßen Apfels.
6. Heilbron (1979: 87–96).
7. Sherlock Holmes benutzte diese Worte in Doyles Roman *Die Abenteuer des Sherlock Holmes: der bleiche Soldat* (1926) und gebrauchte ganz ähnliche Formulierungen in mehreren anderen Detektivgeschichten.
8. Die Formulierung „Theoretiker der Theoretiker" wird oft auf Dirac angewendet. Vgl. zum Beispiel Galison (2000).
9. Tamm kam am 9. Mai in Cambridge an und verließ es am 25. Juni.
10. Fen (1976: 181).
11. Crowther (1970: 103).
12. Brief von Tamm an seine Frau, undatiert, ca. Mai 1931, in Kojevnikov (1993: 54).
13. Brief an Dirac von Tamm, 18. Mai 1931, in Kojevnikov (1993: 54–55).
14. Werskey (1978: 92).
15. Annan (1992: 181).

16. James Bell (1896–1975) war einer der berühmtesten Bergsteiger Schottlands und fasziniert von der Sowjetunion. Er hielt über Jahrzehnte Kontakt zu Dirac.
17. Werskey (1978: 138–149).
18. Bukharin (1931).
19. Brown (2005: 107).
20. Brief an Dirac von Tamm, 11. Juli 1931, Dirac Papers, 2/2/4 (FSU).
21. Ermächtigung des Innenministeriums Nr. 4081, 27. Januar 1931, KV 2/777, UKNATARCHI.
22. Postkarte von Dirac an seine Eltern, 13. Juli 1931 (DDOCS).
23. Brief an Dirac von seiner Mutter, 8. Juli 1931, Dirac Papers 2/2/4 (FSU).
24. Der direkteste Kommentar Diracs hierzu wird in einem Brief von seiner Mutter an Betty aus Stockholm im Dezember 1933 erwähnt: „[Dirac] sagt, dass es schrecklich ist und dass es höchste Zeit ist, dass wir für eine Verbesserung sorgen." In ihren Briefen an Dirac erwähnt sie oft den reparaturbedürftigen Zustand des Hauses.
25. Brief an Dirac von seiner Mutter, 19. Juli 1931, Dirac Papers, 2/2/4 (FSU).
26. Brief an Dirac von seiner Mutter, 20. Juli 1931, Dirac Papers, 2/2/4 (FSU).
27. Postkarte von Flo an Betty Dirac, 1. August 1931: „Bin auf einer Seereise mit Paul. Das Wetter ist schön, und es ist wunderbar. Bin um 6:35 Uhr morgens am Sonntag zurück. Ich hoffe, ihr passt gegenseitig auf euch auf" (DDOCS).
28. Dieses Gebiet wurde erst im darauffolgenden Jahr offiziell Glacier National Park genannt.
29. Robertson (1985).
30. Die finanziellen Mittel für das Mobiliar betrugen 26.000 $, die Mittel für Teppiche fast 8000 $, s. Batterson (2007: 612).
31. Jacobson, N., „Recollections of Princeton", in Robertson (1985).
32. Brief von Pauli an Peierls, 29. September 1931, in Meyenn et al. (1985: 93–94).
33. Enz (2002: 224–225). S. a. Brief von Pauli an Peierls, 1. Juli 1931 in Meyenn et al. (1985: 89).
34. *New York Times*, 17. Juni 1931.
35. Brief von Pauli an Meitner u. a. (offener Brief an die Gruppe der Radioaktiven bei der Gauvereins-Tagung zu Tübingen), 4. Dezember 1930, in Meyenn et al. (1985: 39–40).
36. Brown (1978).
37. Enz (2002: 211).
38. „Lectures on Quantum Mechanics", Universität Princeton, Oktober 1931, Dirac Papers, 2/26/15 (FSU). Diese Notizen stammen von Banesh Hoffman und wurden von Dirac überprüft.

39. „Dr Millikan Gets Medal", *New York Times*, 5. September 1928.

40. Kevles (1971: 180); Galison (1987: Kap. 3, S. 86–87).

41. Interview mit Robert Oppenheimer, AHQP, 18. November 1963, S. 16.

42. De Maria und Russo (1985: 247, 251–256).

43. Brief von Anderson an Millikan, 3. November 1931, zitiert in De Maria und Russo (1985: 243). In diesem Brief beschreibt Anderson Daten, die während der „unmittelbar vorhergehenden Tage" aufgenommen worden waren.

44. Interview mit Carl Anderson, 11. Januar 1979, S. 34, verfügbar unter http://oralhistories.library.caltech.edu/89 (aufgerufen 23. Dezember 2015).

45. De Maria und Russo (1985: 243).

46. Brief an Dirac von Martin Charlesworth, 16. Oktober 1931, Dirac Papers 2/2/4 (FSU). Charlesworth war Diracs persönlicher Tutor während der Doktorandenzeit und mochte ihn offensichtlich. Vier Jahre später, am 19. März 1935, unterschrieb er einen Brief an Dirac mit „um Dir meine Liebe zu senden" – eine mutige Formulierung im damaligen kulturellen Klima, Dirac Papers, 2/3/1 (FSU).

47. Batterson (2006: Kap. 5).

48. Brendon (2000: Kap. 4).

49. *New York Times*, 14. Juni 1931.

50. Brief von Gamow an Dirac, geschrieben im Juni 1965, Dirac Papers, 2/5/13 (FSU); s. a. Gamow (1970: 99).

51. Gorelik und Frenkel (1994: 20–22); s. a. Kojevnikov (2004: 76).

52. Gorelik und Frenkel (1994: 50–51). Gamow gibt in seiner Autobiographie (1970) einen teilweise unzutreffenden Bericht von diesem Ereignis.

53. Die erste sowjetische Ausgabe wird ausführlich in Dalitz (1995) besprochen, einschließlich einer Übersetzung der beiden Vorworte des Buches.

54. Ivanenko hatte dafür gesorgt, dass das Buch ohne Änderungen übersetzt wurde, aber die russische Ausgabe enthält tatsächlich ein zusätzliches Kapitel über die Anwendung der Quantenmechanik auf praktische Probleme. Es ist nicht klar, ob Dirac selbst diesen Abschnitt aufgrund von ideologischem Druck hinzugefügt hat.

55. Greenspan (2005: 161).

56. Brief von Dirac an Tamm, 21. Januar 1932, in Kojevnikov (1993: 60). Dirac lernte damals die Gebiete der Mathematik, die als Gruppentheorie und Differenzialgeometrie bezeichnet werden.

57. Interview mit Oppenheimer, AHQP, 20. November 1963, S. 1.

58. Brief an Dirac von seiner Mutter, 9. Oktober 1931, Dirac Papers, 2/2/4 (FSU).

59. Brief an Dirac von seiner Mutter, datiert 28./31. September 1931, Dirac Papers, 2/2/4 (FSU).
60. Brief an Dirac von seiner Mutter, 22. Dezember 1931, Dirac Papers, 2/2/4 (FSU).
61. Brown (1997: Kap. 6).
62. Cathcart (2004: 210–212); Chadwick (1984: 42–45).
63. Brown (1997: 106).

16. April 1932 – Dezember 1932

1. Eddington machte diese Bemerkung in Leicester bei der jährlichen Tagung der British Association for the Advancement of Science: „Star Birth Sudden Lemaître Asserts" (Nach Lemaître erfolgen Sterngeburten plötzlich), *New York Times*, 12. September 1933.
2. Eine englische Übersetzung des Theaterstücks durch Gamows Frau Barbara findet sich in Gamow (1966: 165–218). Kommentare zur Aufführung: von Meyenn (1985: 308–313).
3. Wheeler (1985: 224).
4. Crowther (1970: 100).
5. Brief von Darwin an Goudsmit, 12. Dezember 1932, APS.
6. Interview mit Beck, AHQP, 22. April 1967, S. 23.
7. Interview mit Klein, AHQP, 28. Februar 1963, S. 18. Klein erinnert sich: „Heisenberg erzählte mir einmal, dass er, nachdem Dirac einige Jahre später den Nobelpreis erhalten hatte – im Jahr 1933 –, Dirac fragte, ob er an seine eigene Theorie glaube. Dirac habe in der ihm eigenen präzisen Art geantwortet, dass er ein Jahr vor der Entdeckung des positiven Elektrons aufgehört hätte, an die Theorie zu glauben" (Interview mit Klein, AHQP, 28. Februar 1963, S. 18).
8. Cathcart (2004: Kap. 12 und 13).
9. *Reynolds's Illustrated News*, 1. Mai 1932.
10. *Daily Mirror*, 3. Mai 1932.
11. Cathcart (2004: 252). Einsteins Vortrag fand am 6. Mai statt; siehe die *Cambridge Review*, 13. Mai 1932, S. 382.
12. Howarth (1978: 187).
13. Howarth (1978: 224).
14. Bericht im *Sunday Dispatch* am 19. November 1933.
15. Interview mit von Weizsäcker, AHQP, 9. Juni 1963, S. 19.
16. Notiz von P. H. Winfield an Dirac, Dirac Papers, 2/2/5 (FSU).
17. Brief von Sir Joseph Larmor an den Altphilologen und Historiker Terrot Reaveley Glover (1869–1943) vom 20. Februar 1934, STJOHN.
18. Infeld (1941: 170).

19. Brief an Dirac von seiner Mutter, 27. Juli 1932, Dirac Papers, 2/2/6 (FSU).

20. Brief an Dirac von seiner Schwester, 14. Oktober 1932, Dirac Papers, 2/2/6 (FSU).

21. Brief an Dirac von seiner Schwester, 11. Juli 1932, Dirac Papers, 2/2/6 (FSU).

22. Brief an Dirac von seiner Schwester, 15. Oktober 1932, Dirac Papers, 2/2/6 (FSU).

23. Brief an Dirac von seiner Mutter, 21. April 1932, Dirac Papers, 2/2/6 (FSU); s. a. ihren Brief vom 1. Juni 1932.

24. Brief an Dirac von seinem Vater, Dirac Papers, 1/1/10 (FSU).

25. Das Paper war eine Kombination aus mehreren Teilen: Ein Teil stammte hauptsächlich von Dirac, die anderen zumeist von Fock und Podolsky, und ein weiterer Teil entstand erst während des Schreibens aus der Korrespondenz der drei Autoren. Ein Schnappschuss des Teams befindet sich in dem Brief an Dirac von Podolsky aus Charkow vom 16. November 1932, Dirac Papers, 2/2/6 (FSU). Ich danke Alexei Kojevnikov für diese Information.

26. Weisskopf (1990: 72–73).

27. Infeld (1941: 172).

28. Artikel von Harry Carr in der *Los Angeles Times*, 30. Juli 1932.

29. Hinsichtlich weiterer Einzelheiten zur Entdeckung des Anti-Elektrons siehe Anderson (1983: 139–140) und Darrow (1934).

30. Interview mit Louis Alvarez von Charles Weiner, 14.–15. Februar 1967, American Institute of Physics, S. 10.

31. Von Kármán (1967: 150).

32. Von Kármán (1967: 150).

33. Interview mit Carl Anderson, 11. Januar 1979, online verfügbar unter http://oralhistories.library.caltech.edu/89 (aufgerufen 23. Dezember 2015).

34. Galison (1987: 90).

35. *New York Times*, 2. Oktober 1932.

36. Brief von Robert Oppenheimer an Frank Oppenheimer, Herbst 1932, in Smith und Weiner (1980: 159).

37. Nye (2004: 54). Der Vorfall, an den sich Blacketts Student Frank Champion erinnerte, ereignete sich wahrscheinlich im akademischen Jahr 1931/32. Ich danke Mary Jo Nye für diese Information.

38. Vgl. http://www.aps-pub.com/proceedings/1462/207.pdf (aufgerufen 02. Februar 2016).

39. De Maria und Russo (1985: 254).

40. Beitrag von Occhialini bei der Gedenktagung für Lord Blackett, *Notes and Records of the Royal Society*, 29 (2) (1975).

41. Dalitz und Peierls (1986: 167). Die Anekdote stammt von Maurice Pryce.
42. Diracs Notizen aus Fowlers Vorlesungen über „Analytische Dynamik" befinden sich in Dirac Papers, 2/32/1(FSU).
43. Brief von Dirac an Fock, 11. November 1932, den mir Alexei Kojevnikov freundlicherweise vorlegte.
44. Greenspan (dt.2006: 172).
45. *Bristol Evening Post*, 28. Oktober 1932.
46. Brief an Dirac von seiner Mutter, 26. Oktober 1932, Dirac Papers, 2/2/7 (FSU).
47. Brief an Dirac von seiner Mutter, 9. Januar 1933, Dirac Papers, 2/2/8 (FSU).

17. Januar 1933 – November 1933

1. IAS Archives Faculty Series, Box 32, Folder: „Veblen, 1933".
2. De Maria und Russo (1985: 266 und 266n.). Andersons Arbeit war in der Universitätsbibliothek seit Mitte Herbst 1932 vorhanden.
3. Archie Clow, Beitrag zum Radio-3-Programm *Science and Society in the Thirties* (1965). Das Skript wird in der Bibliothek des Trinity College, Cambridge, aufbewahrt.
4. Schücking (1999: 27).
5. Interview mit Léon Rosenfeld, AHQP, 22. Juli 1963, S. 8.
6. Halpern (1988: 467).
7. Brief an Dirac von Isabel Whitehead, 20. Juli 1932, Dirac Papers, 2/2/6 (FSU).
8. Taylor Sen (1986).
9. Dirac, Buchbesprechung in *Cambridge Review*, 6. Februar 1931.
10. Interview mit von Weizsäcker, AHQP, 9. Juni 1963, S. 19.
11. Private Unterlagen von Mary Dirac. Dirac schrieb diese Notizen am 17. Januar 1933.
12. Brief von Dirac an Isabel Whitehead, 6. Dezember 1936, STJOHN.
13. Comte sagte: „Das größte Problem ist daher, soziale Gefühle durch künstliche Anstrengung auf denjenigen Platz anzuheben, der unter natürlichen Voraussetzungen durch selbstsüchtige Gefühle ausgefüllt wird." Siehe http://www.blupete.com/Literature/Biographies/Philosophy/Comte.htm (aufgerufen 23. Dezember 2015).
14. Der Hauptsitz der Royal Society befand sich damals im Burlington House.
15. Bertha Swirles, Diracs ehemalige Mitstudentin, beschreibt den Vortrag als „sensationell" in ihrem Brief an Diracs Kollegen Douglas Hartree am 20. Februar 1933. Hartree-Archiv, 157, CHRIST'S.

16. Dirac hielt bei der London Mathematical Society einen Fachvortrag über sein Lieblingsthema „The Relation Between Classical and Quantum Mechanics" vor der Royal Astronomical Society im Burlington House, Dirac Papers 2/26/18 (FSU).

17. Dieser Begriff wurde im *Physical Review* in der Ausgabe vom 15. März verwendet.

18. Zitiert in Pais (1986: 363).

19. Interview mit von Weizsäcker, AHQP, 9. Juli 1963, S. 14.

20. Brief von Tamm an Dirac, 5. Juni 1933, in Kojevnikov (1996: 64–65).

21. Interview mit Dirac, AHQP, 14. Mai 1963, S. 31.

22. Brief von Pauli an Dirac, 1. Mai 1933, in Meyenn et al. (1985: 159).

23. Galison (1987: 96).

24. Darrow (1934: 14).

25. Roqué (1997: 89–91).

26. Brown und Hoddeson (1983: 141).

27. Blackett (1955: 16).

28. Gell-Mann (1994: 179).

29. Siehe Diracs Vortrag in Leningrad vom 27. September 1933, Diracs Nobelvortrag im Dezember 1933 und die meisten seiner nachfolgenden Vorträge über das Positron (Dalitz 1995: 721). Dirac, P.A.M. „Theorie der Elektronen und Positronen", in *Die moderne Atomtheorie:* die bei der Entgegennahme der Nobelpreise 1933 in Stockholm gehaltenen Vorträge. Leipzig: Hirzel (1934).

30. Blackett (1969: xxxvii).

31. Gottfried (2002: 117).

32. Kapitza suchte Bohrs Unterstützung. Vgl. die zitierte Korrespondenz in Kedrov (1984: 63–67).

33. Das Zitat von Rutherford ist dem Brief von Kapitza an Bohr vom 10. März 1933 entnommen, zitiert in Kedrov (1984: 63–64).

34. Anonymus, „Conservatism and the Young", *Cambridge Review*, 28. April 1933, S. 353–354.

35. Die Debatte fand am 21. Februar 1933 statt, über sie wurde in den *Cambridge Evening News* des darauffolgenden Tages berichtet; s. a. Howarth (1978: 224–225).

36. Anonymus (1935); Essay von Blackett (auf einer Radiosendung vom März 1934 beruhend), S. 129–144, s. S. 130.

37. Werskey (1978: 168).

38. Werskey (1978: 148).

39. *Cambridge Review*, 20. Januar 1933. Der Artikel machte die Mitglieder der Universität Cambridge auf die Einwände der Übersetzer von Diracs Buch ins Russische aufmerksam.

40. Anonymus (1933), „The End of a Political Delusion", *Cambridge Left*, 1 (1): 10–15; S. 12.
41. *Daily Herald*, 15. September 1933, S. 10. McGucken (1984: 40–41).
42. Briefe an Dirac von seiner Mutter, 20. Juli und 22. Juli 1933, Dirac Papers, 1/4/3 (FSU).
43. Brief an Dirac von seiner Mutter, 8. August 1933, Dirac Papers, 1/4/3 (FSU).
44. Postkarte von Dirac an seine Mutter, im September 1933 (DDOCS).
45. Brief von Dirac an Tamm, 19. Juni 1933, in Kojevnikov (1993: 67); s. a. den Brief von Tamm an Dirac vom 5. Juni 1933 (Kojevnikov 1993: 64).
46. Interview mit Beck, AHQP, 22. April 1967, APS, S. 23.
47. Das Anwesen wurde Bohr im Dezember 1931 zuerkannt, woraufhin Bohr und seine Familie dort im Sommer 1932 einzogen. Bohrs erste Übernachtungsgäste waren Ernest Rutherford und seine Frau, die dort vom 12. bis 22. September 1932 wohnten. Ich danke Finn Aaserud und Felicity Pors für diese Information.
48. Parry (1968: 117).
49. Casimir (1983: 73–74). Brief von Dirac an Margrethe Bohr, 24. September 1933, NBA.
50. Brief von Dirac an Margrethe Bohr, 24. September 1933, NBA.
51. Brief von Dirac an Bohr, 20. August 1933, NBA.
52. Fitzpatrick (1999: 40–41).
53. Conquest (1986: Epilog).
54. M. Dirac (1987: 4).
55. Anne Kox, „Een kwikkolom in de Westertoren: De Amsterdamse natuurkunde in de Jaren dertig" (Eine Quecksilbersäule im Westerturm der Westerkerk: Amsterdamer Naturkunde in den dreißiger Jahren), vgl. https://www.azd.com/scientists/ehrenfest_paul_page_no_5.php (aufgerufen 20. Dezember 2015).
56. Brief von Dirac an Bohr, 28. September 1933, NBA.
57. Brief von Margrethe Bohr an Dirac, 3. Oktober 1933, NBA.
58. Brief von Ehrenfest an Bohr, Einstein und die Physiker James Franck, Gustave Herglotz, Abram Joffé, Philipp Kohnstamm und Richard Tolman, 14. August 1933, NBA. Ein weiterer Abschiedsbrief, den Ehrenfest einen Tag vor seinem Selbstmord geschrieben hat, wurde 2008 aufgefunden; s. *Physics Today*, Juni 2008, S. 26–27. S. a. Hermann (1995: 618).
59. Roqué (1997: 101–102).
60. Brief von Pauli an Heisenberg, 6. Februar 1934, in Meyenn et al. (1985: 275) und Brief von Heisenberg an Pauli, 8. Februar 1934, in Meyenn et al. (1985: 279).

61. Dirac erwähnte seine Überraschung gegenüber einem Reporter des *Daily Mirror*. Vgl. den Artikel vom 13. November 1933.
62. Taylor (1987: 37).
63. Der jüngste Experimentalphysiker, der je den Preis erhalten hat, war und bleibt Lawrence Bragg, der ihn mit fünfundzwanzig Jahren bekam. Diracs Rekord als jüngster Theoretiker, der den Preis erhielt, wurde 1957 von T. D. Lee um drei Monate unterboten.
64. Die Berichte erschienen am 10. November 1933 u. a. in *Daily Mail*, *Daily Telegraph* und *Manchester Guardian*, der *Daily Mirror* berichtete am darauffolgenden Tag.
65. *Sunday Dispatch*, 19. November 1933.
66. Brief von Dirac an Bohr, 28. November 1933, NBA.
67. Greenspan (dt. 2006: 253–256). Maurice Goldhaber erinnert sich, dass Born, als er zu ihm sagte, Diracs Auszeichnung sei eine „großartige Nachricht", eine finstere Miene machte. Interview mit Maurice Goldhaber, 5. Juli 2006.
68. *Cambridge Review*, 17. November 1933; Brown (2005: 120); s. a. Stansky und Abrahams (1966: 210–213). Ein paar Tage vor dem Marsch waren einige Sozialisten und Pazifisten mit Besuchern des Kinos Tivoli in Cambridge zusammengestoßen, als diese es am Abend nach der Vorführung des patriotischen Films *Our Fighting Navy* verließen. Die Auseinandersetzung war Stadtgespräch und befeuerte dadurch das Interesse am Marsch zum Tag des Waffenstillstands (Armistice Day).

18. Dezember 1933

1. Dalitz und Peierls (1986: 146).
2. Information vom RSAS, 14. September 2004.
3. Die Hauptquellen für das Material in diesem Kapitel befinden sich in Dirac Papers (FSU): Brief an Dirac von seiner Mutter, 21. November 1933 (2/2/9), Florence Diracs Bericht von ihrer Reise in „My Visit to Stockholm" (1/2/9) und in einem langen ausführlichen Brief an Betty (2/2/9).
4. Berichte im *Svenska Dagbladet* und den *Dagens Nyheter*, beide am 9. Dezember 1933.
5. Dies war eine von Diracs Lieblingsgeschichten über seine zerstreute Mutter. Sie ist gut wiedererzählt in Kurşunoğlu (1987: 18).
6. Berichte in den Stockholmer Zeitungen *Nya Dagligt Allehanda*, 9. Dezember 1933, *Stockholms Dagblad*, 10. Dezember 1933.
7. Berichte in den Stockholmer Zeitungen *Nya Dagligt Allehanda*, 9. Dezember 1933, *Stockholms Dagblad*, 10. Dezember 1933.
8. Bericht in *Dagens Nyheter*, 11. Dezember 1933.

9. *Dagens Nyheter*, 11. Dezember 1933; *Svenska Dagbladet*, 11. Dezember 1933.
10. Weibliche Gäste wurden erstmals 1909 zu dem Bankett eingeladen, als die schwedische Schriftstellerin Selma Lagerlöf den Nobelpreis für Literatur erhielt.
11. *Dagens Nyheter*, 11. Dezember 1933; *Svenska Dagbladet*, 11. Dezember 1933; *Stockholms Tidningen*, 11. Dezember 1933.
12. Vgl. http://www.nobelprize.org/nobel_prizes/physics/laureates/1933/dirac-speech.html (aufgerufen 23. Dezember 2015).
13. Annemarie Schrödingers Notizen „Stockholm 1933", AHQP. Brief von Schrödinger an Dirac, 24. Dezember 1933.
14. Ich bedanke mich bei Professor Sir Partha Dasgupta für die Aufdeckung und Berichtigung dieses Fehlers.
15. Flo Dirac, Dirac Papers, 1/2/9 (FSU) und 2/2/9 (FSU).
16. Vgl. http://nobelprize.org/nobel_prizes/physics/laureates/1933/dirac-lecture.html (aufgerufen 14. Mai 2008). Dirac, P.A.M. „Theorie der Elektronen und Positronen", in *Die moderne Atomtheorie:* die bei der Entgegennahme der Nobelpreise 1933 in Stockholm gehaltenen Vorträge. S. 37–44, übers. Werner Bloch. Leipzig: Hirzel (1934).
17. Schuster (1898a: 367); s. a. Schusters nachfolgenden Artikel (1898b).
18. Born (1975: 363–364); s. a. „Eamon de Valer, Erwin Schrödinger and the Dublin Institute" (McCrea 1987).
19. Flo Dirac, Dirac Papers, 1/2/9 (FSU) und 2/2/9 (FSU).
20. Dirac hat das Buch „*Raffiniert ist der Herrgott*" von Abraham Pais gelesen und dazu bemerkt: „Besonders interessant sind die Enthüllungen über die Arbeit des Nobelkomitees." Dirac Papers, 2/32/12 (FSU). Das Buch erwähnt, dass Dirac nicht von Einstein für den Nobelpreis nominiert worden war.
21. Unterlagen des Nobelkomitees 1929 RSAS.
22. Außer Bragg nominierte nur der vergleichsweise wenig bekannte polnische Physiker Czeslaw Bialobrzeski im Jahr 1933 Dirac. Kein anderer führender Theoretiker hatte ihn nominiert.

19. Januar 1934 – Frühjahr 1935

1. Brief von Pauli an Heisenberg, 14. Juni 1934, nachgedruckt in Meyenn et al. (1985: 327–330, s. S. 329).
2. Schweber (1994: 128–129).
3. Briefe von Oppenheimer an George Uhlenbeck, März 1934, und an Frank Oppenheimer, 4. Juni 1934, in Kimball Smith und Weiner (1980: 175, 181).

4. Interview mit Dirac, AHQP, 6. Mai 1963, S. 8, Salam und Wigner (1972: 3–4); s. a. Peierls (1985: 112–113).

5. Brief von Rutherford an Fermi, AHQP, 23. April 1934.

6. „Peter Kapitza", 22. Juni 1934, KV 2/777, UKNATARCHI.

7. „Note on Interview between Captain Liddell and Sir Frank Smith of the Department of Scientific and Industrial Research, Old Queen Street", 26. September 1934, KV 2/777. Jeffrey Hughes spekuliert, dass „VSO" der russische Auswanderer I. P. Schirow sein könnte (Hughes 2003).

8. Born (1975: 362–363).

9. Ich bedanke mich bei Igor Gamow, dass er mir einige Amateurfilme aus den 1920er-Jahren zugänglich gemacht hat, die zeigen, wie seine Mutter zu dieser Zeit gekleidet war.

10. Die Korrespondenz von Dirac und Rho Gamow befindet sich in Dirac Papers, 2/13/6 (FSU).

11. Brief von Dirac an Manci, 9. April 1935 (DDOCS).

12. Brief von Dirac an Rho Gamow, Dirac Papers, 2/2/10 (FSU).

13. Gespräch mit Rosemary Davidson, der Nachlassverwalterin von Lydia Jackson, 8. Januar 2006.

14. Brief an Dirac von Lydia Jackson, 20. März 1934, Dirac Papers, 2/2/10 (FSU).

15. Fen (1976: 182).

16. Brief an Dirac von Lydia Jackson, 25. Juni 1934, Dirac Papers, 2/2/10 (FSU).

17. Brief an Dirac von Lydia Jackson, 5. Februar 1936, Dirac Papers, 2/3/3 (FSU).

18. Van Vleck (1972: 12–14).

19. Der Besucher war eine Besucherin: seine Schwester Manci. M. Dirac (1987: 3–8; siehe S. 3).

20. Die Darstellung von Diracs erstem Werben um Manci stammt von Manci Dirac (1987).

21. Brief an Dirac von Van Vleck, Juni 1934, Dirac Papers, 2/2/11 (FSU).

22. Dirac wohnte in der Morven Street No. 8. Siehe Dirac-Archiv in IAS (1935).

23. Zitiert in Jerome und Taylor (2005: 11). S. a. Spiegel vom 25. März 1974.

24. Jerome und Taylor (2005: Kap. 2 und 5). S. a. Einsteins Brief an die belgische Königin vom 20. März 1936, in Dukas und Hoffmann (1981: 49–51).

25. Blackwood (1997: 11).

26. Aussagen von Malcolm Robertson und Robert Walker, „The Princeton Mathematics Community in the 1930s", verfügbar unter http://

www.princeton.edu/mudd/finding_aids/mathoral/pm06.htm (aufgerufen 7. Januar 2016).

27. Das Manuskript ging bei *Physical Review* am 25. März 1935 ein, vgl. Pais (1982: 454–457).

28. Blackwood (1997: 15–16).

29. Infeld (1941: 170).

30. Vgl. „The Princeton Mathematics Community in the 1930s", insbesondere die Interviews von Merrill Flood, von Robert Walker und von William Duren, Nathan Jacobson und Edward McShane.

31. Brief von Dirac an Max Newman, 17. März 1935, Newman-Archiv STJOHN.

32. Dirac spielt auf seine Erinnerungen an Eisbecher und Hummer-Dinner mit Manci in seinen Briefen vom 2. Mai bzw. 25. Mai 1935 an (DDOCS).

33. Manci war am 20. September 1932 von Richard Balázs geschieden worden. Vgl. das Budapester Archiv für Eheschließungen, Mikrofilm-Aufbewahrungsnummer A555, Inventurnummer 9643, Rolle Nr. 155. Diese Unterlagen zeigen uns, dass Manci am 27. Februar 1924 Balázs geheiratet hatte.

34. Manci erzählte ihrer Freundin Lily Harish-Chandra von diesen Beziehungen. Interview mit Lily Harish-Chandra, 4. August 2006.

35. Wigner (1992: 34, 38–39).

36. Brief an Dirac von Manci, 2. September 1936 (DDOCS).

37. M. Dirac (1987: 4–5).

38. Brief an Dirac von Anna Kapitza, datiert Anfang Dezember 1934, Kopie bei Alexei Kojevnikov.

39. Hendry (1984: 130).

40. Ein detaillierter Bericht über Kapitzas Festsetzung findet sich in: Internes MI5 Memo, unterzeichnet mit GML, 11. Oktober 3KV 2/777 (UKNATARCHI); s. a. die Briefe von Kapitza an seine Frau, in Boag et al. (1990: Kap. 4).

41. Für einen ausführlichen Bericht zu Rutherfords Kampagne, um Kapitzas Freilassung zu erreichen, siehe Badash (1985), insbesondere Kap. 2. Siehe auch Kojevnikov (2004: Kap. 5).

42. Brief von Dirac an Anna Kapitza, 19. Dezember 1934, Kopie bei Alexei Kojevnikov.

43. Dirac berichtet in einem Brief vom 13. Januar 1935 an Max Newman von seinen Ferien, ohne Manci zu erwähnen (Newman Archiv, STJOHN). Die Geschichte von dem Alligator, den Gamow Ni-Nilich nannte, wird auch in den Briefen von Dirac an Manci vom 2. Februar, 29 März, 22. April und 2. Mai 1935 geschildert, sowie in dem Brief von Manci an

Dirac vom 5. April 1935 (DDOCS); s. a. den Brief von Gamow an Dirac, 25. März 1935, Dirac Papers, 2/3/1 (FSU).

44. Brief von Dirac an Anna Kapitza, 14. März 1935, Kopie im Besitz von Alexei Kojevnikov.

45. Brief von Rutherford an Bohr, 28. Januar 1935, Rutherford-Archiv, UCAM.

46. Gardiner (1988: 240–248).

47. Gardiner (1988: 241).

48. Gardiner (1988: 242).

49. Kragh (1996: Kap. 2).

50. „Lemaître Follows Two Paths to Truth" (Lemaître folgt zwei Wegen zur Wahrheit), *New York Times*, 19. Februar 1933.

51. Brief von Dirac an Manci, 2. Februar 1935 (DDOCS).

52. Dirac hatte Lemaître im Kapitza-Klub circa 1930 sprechen hören. Dirac bezog sich hierauf in einer Notiz, die er am 1. September 1971 schrieb: „Es gab viel Diskussion über die Unbestimmtheit der Quantenmechanik. Lemaître betonte seine Meinung, er glaube nicht, dass Gott direkt die Ursache von atomaren Ereignissen beeinflusst": Dirac Papers, 2/79/2 (FSU).

53. Brief von Dirac an Manci, 2. März 1935 (DDOCS).

54. Brief von Dirac an Manci, 2. Mai 1935 (DDOCS). Schnabel gab das Konzert am 7. März 1935.

55. Brief von Dirac an Manci, 10. März 1935 (DDOCS).

56. Brief an Dirac von Manci, 28. März 1935 (DDOCS).

57. Brief von Dirac an Manci, 29. März 1935 (DDOCS).

58. Brief von Dirac an Manci, 2. Mai 1935 (DDOCS).

59. Brief von Dirac an Manci, 9. Mai 1935 (DDOCS).

60. Brief an Dirac von Manci, 30. Mai 1935 (DDOCS).

61. Brief an Dirac von Manci, 4. März 1935 (DDOCS).

62. Brief von Dirac an Manci, 9. April 1935 (DDOCS).

63. Badash (1985: 29).

64. Badash (1985: 31).

65. Brief von Kapitza an seine Frau, 13. April 1935, zitiert in Boag et al. (1990: 235).

66. Brief von Kapitza an seine Frau, 23. Februar 1935, zitiert in Boag et al. (1990: 225).

67. Brief von Kapitza an seine Frau, 23. Februar 1935, zitiert in Boag et al. (1990: 225, 226).

68. Kojevnikov (2004: 107).

69. Brief von Dirac an Manci, 2. Mai 1935 (DDOCS).

70. Lanouette (1992: 151); s. a. Brief von Dirac an Anna Kapitza, 31. Mai 1935, Kopie im Besitz von Alexei Kojevnikov.

71. Brief von K. T. Compton an den sowjetischen Botschafter, 24. April 1935, Kopie bei Alexei Kojevnikov.
72. Brief von Dirac an Anna Kapitza, 27. April 1935, Kopie im Besitz von Alexei Kojevnikov.
73. „Embassy Occupied by Troyanovsky" (Troyanovsky neuer Botschafter), *New York Times*, 7. April 1934.
74. Brief von Dirac an Anna Kapitza, 27. April 1935, Kopie im Besitz von Alexei Kojevnikov.
75. Brief von Dirac an Anna Kapitza, 27. April 1935.

20. Frühjahr 1935 – Dezember 1936

1. Brief von Dirac an Anna Kapitza, aus dem Institute für Advanced Study, Princeton, 14. Mai 1935. Kopie des Briefes im Besitz von Alexei Kojevnikov.
2. Brief von Dirac aus Pasadena an Anna Kapitza vom 31. Mai 1935, Kopie im Besitz von Alexei Kojevnikov.
3. Crease und Mann (1986: 106); Serber (1998: 35–36).
4. Brief von Dirac an Manci, 4. Juni 1935 und 10. Juni 1935 (DDOCS).
5. Brief von Dirac an Manci, 1. August 1935 (DDOCS).
6. Brief von Dirac an Manci, 22. Juni 1935 (DDOCS).
7. Zitiert in Brendon (2000: 241).
8. Brief von Kapitza an seine Frau, 30. Juli 1935, zitiert in Boag et al. (1990: 251).
9. Brief von Dirac an Manci, 17. August 1935 (DDOCS).
10. Brief an Dirac von Manci, 30. September 1935 (DDOCS); s. a. Dirac, M. (1987: 6).
11. Brief von Dirac an Manci, 22. September 1935 (DDOCS).
12. Brief von Dirac an Manci, 23. Oktober 1935 (DDOCS).
13. Brief an Dirac von Manci, 9. Oktober 1935 (DDOCS).
14. Briefe von Dirac an Manci, 3. Oktober 1935 und 8. November 1935 (DDOCS).
15. Brief von Dirac an Manci, 17. November 1935 (DDOCS).
16. Brief an Dirac von Manci, 22. November 1935 (DDOCS).
17. Brief von Dirac an Manci, 3. Oktober 1935 (DDOCS).
18. In seinem Brief an Manci vom 6. Februar 1937 erwähnt Dirac, dass sein Vater eine Ausgabe von Shaws Theaterstücken besaß.
19. Brief an Dirac von seiner Mutter, 15. Juli 1934, Dirac Papers, 1/4/4 (FSU).
20. Notizbuch von Diracs Vater in Dirac Papers 1/1/10 (FSU). Der erste Eintrag von Charles trägt das Datum September 1933. Der letzte Eintrag

bezieht sich auf den 4. November 1935, sodass er vermutlich Anfang 1936 zu schreiben aufgehört hat.

21. Dalitz und Peierls (1986: 146).
22. Brief an Dirac von seiner Mutter, 4. August 1935, Dirac Papers, 1/4/5 (FSU).
23. Brief an Dirac von seiner Mutter, 4. August 1935, Dirac Papers, 1/4/5 (FSU).
24. Dalitz und Peierls (1986: 155–157).
25. Brief von Dirac an Tamm, 6. Dezember 1935, in Kojevnikov (1996: 35–36).
26. Einer der Physiker, die glaubten, dass Dirac die Resultate von Shankland überbewertete, war Hans Bethe, der am 1. August 1936 an Rudolf Peierls schrieb „Was ist mit ihm passiert?" in Lee (2007b: 146).
27. Dirac (1936: 804).
28. Brief von Heisenberg an Pauli, 23. Mai 1936, in Meyenn et al. (1985: 442).
29. Brief von Einstein an Schrödinger, 23. März 1936, AHQP.
30. Brief von Schrödinger an Dirac, 29. April 1936, Dirac Papers, 2/3/3 (FSU).
31. Brief von Bohr an Kramers, 14. März 1936, NBA.
32. Brief von Dirac an Blackett, 12. Februar 1937, Blackett Archiv ROYSOC.
33. Brief von Dirac an Manci, 15. Januar 1936. Weitere Einzelheiten in diesem Kapitel sind den Briefen an Manci vom 25. Januar 1936, 2. Februar 1936 und 10. Februar 1936 entnommen (DDOCS).
34. Huxley (dt. 1957: 95) („seinen Gefühlen nach war er ein Ausländer") und S. 230 („ein Mystiker, ein humaner Mensch und auch ein verachtungsvoller Misanthrop"); s. a. Huxley (dt. 1957: 94, 96–98).
35. Brief von Dirac an Manci, 2. Februar 1936 (DDOCS).
36. Brief an Dirac von Manci, 23. Februar 1936 (DDOCS).
37. Brief von Dirac an Manci, 7. März 1936 (DDOCS).
38. Brief von Dirac an Manci, 7. März 1936 (DDOCS).
39. Brief an Dirac von Manci, 13. März 1936 (DDOCS).
40. Briefe von Dirac an Manci, 23. März und 29. April 1936, und Brief an Dirac von Manci, 24. April 1936 (DDOCS).
41. Brief von Dirac an Manci, 5. Mai 1936 (DDOCS).
42. Dirac hatte auch im Jahr zuvor gegenüber Kapitza geschwindelt. Dirac gibt dies Manci in seinem Brief an sie vom 23. Juni 1936 zu verstehen (DDOCS).
43. Brief von Dirac an Manci, 9. Juni 1936 (DDOCS).
44. Brief von Dirac an Manci, 5. Juni 1936 (DDOCS).
45. Sinclair (1986: 55).

46. A. Blunt, „A Gentleman in Russia" und eine Besprechung von Crowthers *Soviet Science* von Charles Waddington, beide Artikel in *Cambridge Review*, 5. Juni 1936.

47. Brief an Dirac von seiner Mutter, 7. Juni 1936, Dirac Papers, 1/4/6 (FSU).

48. Briefe an Dirac von seiner Schwester, 6. Juni, 8. Juni und 9. Juni 1936, Dirac Papers, 1/7/1 (FSU).

49. Brief von Dirac an Manci, 17. Juni 1936 (DDOCS).

50. Brief an Dirac von seiner Mutter, 11. Juni 1936, Dirac Papers, 1/4/6 (FSU).

51. *Daily Mirror*, 21. Mai 1934, S. 14. Der Artikel kam zu dem Schluss: „Dirac – unsere Urenkel werden diesen Namen noch kennen, wenn die Chaplins, Fords, Cowards und Cantors alle vergessen sind." Cantor ist der amerikanische Schriftsteller und Entertainer Eddie Cantor.

52. Brief von Dirac an Manci, 17. Juni 1936 (DDOCS).

53. Brief an Dirac von seiner Mutter, Juli 1936, Dirac Papers, 1/4/6 (FSU).

54. Brief an Dirac von seiner Mutter, 27. August 1936, Dirac Papers, 1/4/6 (FSU).

55. Feinberg (1987: 97).

56. Dalitz und Peierls (1986: 151).

57. Brief von Kapitza an Rutherford, 26. April 1936, zitiert in Badash (1985: 110).

58. Brief an Dirac von Manci, 2. September 1936 (DDOCS).

59. Pais (1991: 411).

60. Beide vorangegangenen Zitate stammen aus dem Brief von Dirac an Manci, 7. Oktober 1936 (DDOCS). Dirac äußerte sich gegenüber einem Vorstandsmitglied der Rockefeller-Stiftung, die die Konferenz finanziert hatte, dass er „ehrlich begeistert" sei; zitiert in Aaserud (1990: 223).

61. In Dirac, M. (1987), Manci erinnerte sich, dass sie an der Jungfernfahrt der *Queen Mary* teilgenommen hätte. Zu dieser Zeit war sie aber tatsächlich in Budapest.

62. Brief von Dirac an Manci, 19. Oktober 1936 (DDOCS).

63. Brief von Dirac an Manci, 17. November 1936 (DDOCS).

64. Brief an Dirac von Isabel Whitehead, 29. November 1936, Dirac Papers, 2/3/4 (FSU).

65. Brief von Dirac an Isabel Whitehead, 6. Dezember 1936, STJOHN.

66. Brief an Dirac von Isabel Whitehead, 9. Dezember 1936, Dirac Papers, 2/3/4 (FSU).

67. Interview mit Monica Dirac, 7. Februar 2003. Manci erzählte oft diese Geschichte von Diracs Heiratsantrag. Die Beschreibung des Autos steht in dem Brief von Dirac an Manci vom 17. November 1935 (DDOCS).

68. Brief an Dirac von Manci, 29. Januar 1937 (DDOCS).

69. Brief an Dirac von seiner Mutter, 24. Dezember 1936, Dirac Papers, 1/4/6(FSU).

21. Januar 1937 – Sommer 1939

1. Dirac, M. (1987: 4).
2. Brief von Dirac an Manci, 18. Februar 1937 (DDOCS).
3. Brief von Dirac an Manci, 6. Februar 1937 (DDOCS).
4. Brief von Dirac an Manci, 20. Februar 1937 (DDOCS). Dirac schreibt: „Wann endlich, wenn der Neumond gekommen ist, werde ich mit meiner Geliebten allein sein und sie in meinen Armen halten […]."
5. Brief von Dirac an Manci, 19. Februar 1937 (DDOCS).
6. Brief von Dirac an Manci, 20. Februar 1937 (DDOCS).
7. Brief an Dirac von Manci, 16. Februar 1937 (DDOCS).
8. Briefe an Dirac von Manci, 25. Januar und 16. Februar 1937 (DDOCS).
9. Brief an Dirac von Betty, 29. Januar 1937 (DDOCS).
10. Brief an Dirac von Manci, 29. Januar 1937 (DDOCS).
11. Eine mögliche Lesart von Mancis kryptischen Äußerungen in ihrem Brief an Dirac vom 16. Februar 1937 ist, dass seine Eltern sexuell nicht zueinander gepasst hätten (DDOCS): „Betty erzählte mir heute den wahrscheinlichen Grund, warum Deine Eltern sich nicht leiden konnten. Dein Vater konnte nichts dafür, gib ihm nicht die Schuld, mein Lieber, auch nicht Deiner Mutter."
12. Brief an Dirac von Manci, 18. Februar 1937 (DDOCS).
13. Brief an Dirac von Manci, 28. Januar 1937 (DDOCS). Diracs „überraschende" Heirat wurde in den Cambridge Daily News vom 7. Januar 1937 erwähnt.
14. Brief von Rutherford an Kapitza, 20. Januar 1937, in Boag et al. (1990: 300).
15. Brief von Dirac an Kapitza, 29. Januar 1937, Dirac Papers, 2/3/5 (FSU).
16. Brief an Manci von Anna Kapitza, 17. Februar 1937, Dirac Papers, 2/3/5 (FSU).
17. Diracs Wortwahl „Wigners Schwester" wurde in seinem Umfeld berühmt. Beide Töchter von Dirac haben bestätigt, dass er diesen Ausdruck beim Vorstellen benutzt hat.
18. Manci verwendete oft diese Ausdrucksweise. Vgl. zum Beispiel Dirac (1987: 7).
19. Interview mit Monica Dirac, 7. Februar 2003.
20. Salaman und Salaman (1986: 66–70); siehe S. 67.
21. Daniel (1986: 95–96).
22. Brief von Dirac an Manci, 19. Februar 1937 (DDOCS).

23. Diracs Kinderwunsch geht deutlich aus seinen erfreuten Reaktionen auf Mancis Schwangerschaften in den kommenden Jahren hervor.

24. Gamow (1967: 767).

25. Christianson (1995: 257).

26. Dingle (1937a).

27. Beilage-Heft ohne Titel von *Nature,* Vol. 139, 12. Juni 1937, S. 1001–1002; S. 1001.

28. Dingle (1937b).

29. Bericht zur Theoretischen Physik an das Institute for Advanced Study, 23. Oktober 1937, in den IAS Archives General Series, 52, „Physics".

30. Nachlass von Charles Dirac, ausgefertigt von Gwynn, Onslow & Soars am 7. Oktober 1936 (DDOCS).

31. Brief an Dirac von seiner Mutter, 21. Januar 1937, Dirac Papers, 1/4/7 (FSU); s. a. den Brief vom 1. Februar 1937 im selben Ordner des Archivs.

32. Interview mit Kurt Hofer, 21. Februar 2004.

33. Kojevnikov (2004: 119).

34. Postkarte von Manci Dirac an die Veblens, 17. Juni 1937, LC Veblen Archiv.

35. Telegramm von Kapitza an Dirac, 4. Juni 1937, KV 2/777, UKNATARCHI.

36. Service (2003: 223).

37. Fitzpatrick (1999: 194).

38. Brief von Kapitza an Rutherford, 13. September 1937, in Boag et al. (1990: 305–306).

39. Kojevnikov (2004: 116).

40. Vor seiner Flucht aus Charkow hatte Landau am Physikalisch-Technischen Institut der Ukraine gearbeitet. Er war am 28. April 1938 in Moskau verhaftet worden, daraufhin schrieb Kapitza an Stalin, um seine Freilassung zu erwirken. Sein Brief wird zitiert in David Holloway (1994: 43).

41. Brief von Dirac an Kapitza, 27. Oktober 1937, Dirac Papers, 2/3/6 (FSU).

42. Brief an Dirac von Kapitza, 7. November 1937, Dirac Papers, 2/3/6 (FSU).

43. Brief von Fowler an Dirac, 25. Januar 1939, Dirac Papers, 2/3/8 (FSU).

44. Dies war eine von Diracs Lieblingsfeststellungen. Vgl. R. Dalitz, *Nature,* Vol. 278 (19. April), 1979 .

45. Hoyle (1992: 186).

46. Hoyle (1994: 131).

47. Hoyle (1994: 133).

48. Brief von Dirac an Bohr, 5. Dezember 1938, NBA.

49. Mindestens zwei von Flos Gedichten wurden in Zeitungen abgedruckt: „Cambridge" erschien im *Observer* am Samstag, 23. Juli 1938, und

„Brandon Hill" wurde in der Lokalzeitung *Western Daily Press* am Samstag, 12. März 1938, veröffentlicht.

50. Am 2. Februar 1938 bot ihm die Universität Princeton in einem Brief eine Lebenszeitstelle mit einem Jahresgehalt von $ 12.000 an, beginnend am 1. Oktober 1938, Dirac Papers, 2/3/7 (FSU).

51. Brief von Anna Kapitza an Manci Dirac, 9. März 1938, Dirac Papers, 1/8/18 (FSU).

52. *Nature*, 21. Mai 1938, No. 3577, S. 929. Schrödingers weithin bekannt gewordener Brief war in der Grazer Tagespost am 30. März 1938 erschienen. Siehe Moore (1989: 337–338).

53. Briefe von Dirac an Manci im August 1938 (DDOCS). Wigner heiratete Amelia Frank am 23. Dezember 1936 in Madison, sie starb am 16. August 1937. Vgl. „The Einhorn Family", zusammengestellt von Margaret Upton (persönliche Mitteilung).

54. Bell schrieb an Dirac am 15. März 1938: „Ich hatte schon seit einem oder zwei Jahren den Verdacht, dass die sowjetischen Prozesse eine Art Schauprozesse sind. Das ist ja nichts Neues. Der Fall Tom Mooney in Kalifornien von 1918 war auch ein solcher, und das Opfer ist seither immer noch im Gefängnis [...] ebenso der Fall Sacco & Vanzetti. Darüber hinaus scheinen auch wir das in Indien in großem Ausmaß zu praktizieren. Jedoch die ‚Geständnis-Technik' ist spezifisch russisch, jedenfalls in ihrer derzeitigen Form." Brief an Dirac von J. H. Bell, Dirac Papers, 2/3/7 (FSU).

55. Moore (1989: 347); Brief von Schrödinger an Dirac, 27. November 1938, Dirac Papers, 2/3/7 (FSU).

56. Dirac gab diese Begründung in seinem Nachruf auf Schrödinger , in *Nature*, 4. Februar 1961, Vol. 189, S. 355–356.

57. Brief von Dirac an Kapitza, 22. März 1938, Dirac Papers, 2/3/7 (FSU).

58. Howarth (1978: 234–235).

59. *The Times*, 6. Oktober 1938.

60. „Eddington Predicts Science Will Free Vast Energy from Atom" (Eddington sagt voraus, dass die Physik riesige Energien aus dem Atom freisetzen wird), *New York Times*, 24. Juni 1930. Er sprach auf der 2. Weltkraftkonferenz in Berlin, wo er in seinem Vortrag „Subatomic Energy" die Meinung äußerte, dass solche Energien freigesetzt werden könnten, wenn man sich Teilchen gegenseitig vernichten lässt, oder wenn man Wasserstoffkerne zur Fusion bringt, um einen Heliumkern zu bilden.

61. Rhodes (1986: 28).

62. Weart und Weiss-Szilárd (1978: 53).

63. Weart und Weiss-Szilárd (1978: Kapitel II).

64. Weart und Weiss-Szilárd (1978: 71–72).

65. Der Vortrag fand im Gebäude der Society in der George Street No. 24 statt und begann um 16:30 Uhr. Max Born war anwesend.
66. Mill (1892: Buch 2, Kap. 12).
67. *Proceedings of the Royal Society* (Edinburgh), 59 (1938 –9: 122–129); S. 123. Diracs Überlegungen zu einer Kosmologie des frühen Universums in diesem Artikel waren möglicherweise durch die Arbeit von Lemaître in *Nature* vom 9. Mai 1931, S. 706, beeinflusst. Ich danke Ted Jacobson für diesen Hinweis.
68. *Granta*, 48 (1): 100, 19. April 1939.

22. Herbst 1939 – Dezember 1941

1. Bowyer (1986: 51).
2. Dies war eine von Mancis Lieblingsformulierungen, wenn sie ausdrücken wollte, wie die Engländer sie behandelten. Interview mit Mary Dirac, 21. Februar 2003.
3. Boys Smith (1983: 44).
4. *Cambridge Daily News*, 2. September 1939, S. 5.
5. *Cambridge Daily News*, 1. September 1939, S. 3. Ich danke meiner Mutter, Joyce Farmelo, für ihre Erinnerungen an die Zeit, als sie ein unglückliches evakuiertes Kind war, sowie an ihre anderen Kriegserlebnisse.
6. E-Mail von Mary Dirac, 5. März 2006.
7. „Cambridge During the War; the Town", *Cambridge Review*, 27. Oktober 1945; „Cambridge During the War; St John's College", *Cambridge Review*, 27. April 1946; s. a. „Thoughts Upon War Thought" (Gedanken über Gedanken im Krieg), *Cambridge Review*, 11. Oktober 1940.
8. Barham (1977: 32–33).
9. Brief an Dirac von seiner Mutter, 26. Januar 1940, Dirac Papers, 1/4/10 (FSU).
10. Manci verbrachte die letzten Monate ihrer Schwangerschaft in der Entbindungsklinik Mountfield in London. Information über Marys Geburt aus ihrem Babybuch. Weitere Klarstellung in einer E-Mail von Mary Dirac, 16. Januar 2006.
11. Brief an Dirac von Manci, 20. Februar 1940 (DDOCS). Mancis genaue Worte sind grammatisch inkorrekt: „I never felt as much that she has nor heart nor feelings whatsoever as yesterday" (Ich fühlte nie so sehr wie gestern, dass sie noch Herz noch sonstige Gefühle hat).
12. Peierls (1985: 150, 155).
13. Rhodes (1986: 323).
14. Faksimiles der Memos, in Hennessy (2007: 24–30).
15. Peierls (1985: 155).

16. Der erste ausführliche Brief hierüber von Peierls an Dirac trägt das Datum 26. Oktober 1940, AB 1/631/257889, UKNATARCHI.
17. Rhodes (1986: 303–307); Fölsing (1997: 710–714).
18. Brief an Aydelotte von Veblen und von Neumann, 23. März 1940, IAS Archives Faculty Series, Box 33, Ordner: „Veblen – Aydelotte Correspondence 1932 – 47". Die ausgelassenen Worte, markiert durch drei Punkte, waren „Es gibt beträchtliche Uranvorkommen in der Nähe von Joachimsthal in Böhmen, und auch in Kanada."
19. Brief an Aydelotte von Veblen, 15. März 1940: IAS Archives General Series, Box 67, Ordner: „Theoretical Physics 1940 Proposals."
20. Cannadine (1994: 161–162).
21. Brief von Manci an Crowther, 28. Juni 1941, SUSSEX.
22. Barham (1977: 54); Bowyer (1986: 51).
23. Brief an Dirac von seiner Mutter, 27. Juni 1940, Dirac Papers, 1/4/10 (FSU).
24. Briefe an Dirac von seiner Mutter, 16. August und 31. August 1940, Dirac Papers, 1/4/10 (FSU).
25. Brief an Dirac von seiner Mutter, 12. Mai 1940, Dirac Papers, 1/4/10 (FSU).
26. Brief an Dirac von seiner Mutter, 21. Juni 1940, Dirac Papers, 1/4/10 (FSU).
27. Brief von Dirac an Manci, 27. August 1940, (DDOCS).
28. Brief von Dirac an Manci, 23. August 1940. Vier Tage später schrieb er ihr: „Es tut mir leid, dass ich in diesen Tagen nicht bei Dir bin, aber ich denke, dass es in Cambridge keine reale Gefahr gibt." (DDOCS).
29. Gustav Born erinnerte sich später, dass Dirac in diesen Ferien „ein augenzwinkernder, freundlicher, zurückhaltender Mann" war und am zufriedensten, wenn er allein war. Interview mit Gustav Born, 12. Februar 2005.
30. „Die Damen kümmern sich um das Kochen und die Männer wechseln sich beim Abwaschen ab", schrieb Dirac an Manci: Brief vom 23. August 1940 (DDOCS).
31. Brief von Dirac an Manci, 2. September 1940, (DDOCS).
32. Brief an Dirac von Manci, 8. September 1940, (DDOCS).
33. Brief von Pryce an Dirac, 18. Juli 1940, Dirac Papers, 2/3/10 (FSU).
34. Brief von Dirac an Manci, 21. Januar 1940, (DDOCS).
35. Brief von Gabriel an Dirac, 30. August 1945, und ein weiterer undatierter Brief aus demselben Monat, Dirac Papers, 1/8/12 (FSU).
36. Brief an Dirac von seiner Mutter, 31. August 1940, Dirac Papers, 1/4/10 (FSU).
37. Brief von Peierls an Oppenheimer, 16. April 1954, LC, Oppenheimer Archiv.

38. Der erste Teil des Zitats ist dem Brief von Dirac an Manci vom 18. Dezember 1940 entnommen, der zweite und dritte Teil dem Brief, den er ihr am nächsten Tag schrieb.

39. Brief an Dirac von Manci, 22. Dezember 1940, (DDOCS).

40. Werskey (1978: 23); s. a. das Vorwort von C. P. Snow für Hardy (1940: 50–53).

41. Brief an Dirac von Hardy, Mai 1940, Dirac Papers, 2/3/10 (FSU).

42. Anwesenheitsliste bei Tots and Quots im Jahr 1940, Zucherman-Archiv, wartime papers, SZ/TQ, EANGLIA.

43. Brief von Crowther an Dirac, 15. November 1940, Dirac Papers, 2/3/10 (FSU).

44. Brown (2005: Kap. 9).

45. Der erste Brief von Peierls an Dirac, der mit kriegsrelevanter Tätigkeit in Zusammenhang steht, trägt das Datum 26. Oktober 1940, UKNATARCHI.

46. Bowyer (1986: 181). Manci sprach oft von Judys Mitarbeit beim Feuerlöschen (E-Mail von Mary Dirac, 23. April 2006). Manci bezieht sich auf einen früheren Beinahe-Treffer am 15. Februar 1941 in ihrem Brief an Crowther vom 17. Februar 1941, SUSSEX.

47. Dirac bezeichnete Crowther häufig als „den Zeitungsmann." Vgl. z. B. Brief von Dirac an Manci, 4. Mai 1939 (DDOCS).

48. Der Spion war Willem Ter Braak. „The Spy Who Died Out in the Cold", *Cambridge Evening News*, 30. Januar 1975.

49. Brief von Harold Brindley, 7. August 1939, STJOHN; Dirac bezieht sich in einem Brief an Peierls emotionslos auf Diskussionen mit Eddington, 16. Juli 1939, Peierls Archiv (BOD).

50. Brief von Pryce an Dirac, 11. Juni 1941, Dirac Papers, 2/3/11 (FSU).

51. Die Uhrzeit des Vortrags findet sich in den Notizen zur Tagung der Royal Society. Der Nachmittagstee begann um 15:45 Uhr.

52. Brief an Dirac von Pauli (damals am Institute for Advanced Study), 6. Mai 1942, Dirac Papers, 2/3/12 (FSU).

53. Bohr erfuhr angeblich von dem Projekt erst, als er im Herbst 1943 aus dem besetzten Dänemark geflohen war: siehe Bohr (1950).

54. Telegramm an Dirac von Kapitza, 3. Juli 1941, Dirac Papers, 2/3/11 (FSU).

55. Brief von Dirac an Kapitza, 27. April 1943, Dirac Papers, 2/14/12A (FSU).

56. Penny (2006: „Fatalities in the Greater Bristol Area").

57. Brief an Dirac von Dr. Strover, 2. Oktober 1941, Dirac Papers, 2/3/11 (FSU).

58. Brief von Flo Dirac an ihre Nachbarin Mrs. Adam kurz vor Weihnachten 1941, Dirac Papers, 1/2/1 (FSU).
59. Flo wurde auf dem Borough-Friedhof (nun Stadtfriedhof) im Grab Nr. 7283 begraben.

23. Januar 1942 – August 1946

1. Artikel von Lannutti, in Taylor (1987: 45).
2. Interview mit Monica Dirac, 1. Mai 2006.
3. Das Komitee wurde MAUD genannt, nach der Gouvernante der Bohr-Familie Maud Ray: Gowing (1964: Kap. 2).
4. Gowing (1964: 53n.).
5. Nye (2004: 73–74).
6. Nye (2004: 75–85).
7. Das Zitat stammt aus Churchill (1965: Epilog).
8. Brief an Dirac von F. E. Adcock, 24. Mai 1942, Dirac Papers, 2/3/12 (FSU).
9. Brief an Dirac von Nigel de Grey aus dem Auswärtigen Amt in London, 1. Juni 1940, Dirac Papers, 2/3/10 (FSU).
10. Copeland (2006: Kap. 14).
11. Brief von Sir Denys Wilkinson, der ein Mitstudent von Dyson in Diracs Vorlesungen gewesen war, 15. Januar 2004; auch Telefongespräch mit ihm am 16. Januar 2004. „Ich hörte Diracs Vorlesungen in Cambridge 1942/43. Freeman Dyson, ein Jahr jünger als wir, aber sehr frühreif, war auch in unserer Gruppe. Er störte dauernd, indem er Fragen stellte. Dirac nahm sich immer viel Zeit, um sie zu beantworten, und in einem Fall beendete er den Unterricht früher, um eine passende Antwort auszuarbeiten" (Interview, 16. Januar 2004).
12. Sir Denys Wilkinsons, Brief 15 Januar 2004; Telefongespräch 16. Januar 2004.
13. Brief von Dirac an Peierls, 11. Mai 1942, UKNATARCHI.
14. Vgl. Thorp und Shapin (2000: 564).
15. Brief von Wigner an das US-Amt für Internationale Angelegenheiten, 1. September 1965, Wigner-Archiv, PRINCETON.
16. Anekdotisches aus den Interviews mit Monica Dirac, 7. Februar 2003 und 1. Mai 2006, und mit Mary Dirac, 21. Februar 2003.
17. Hoyle (1987: 187).
18. Dirac, M. (2003: 41).
19. Brief von Dirac an Manci, 13. Juli 1942, (DDOCS).
20. In seinem gewohnten Understatement schrieb Dirac an Manci: „Es wirkt recht seltsam, einen Premierminister als Zuhörer in dieser sehr spezialisierten

Vorlesung zu haben. Ich frage mich, wie er dafür Zeit erübrigen kann." Brief von Dirac an Manci, 17. Juli 1942, DDOCS.

21. Brief von Peierls an Dirac, 30. September 1942, AB1/631/257889.

22. Brief von Manci Dirac an „Anna", 15. Oktober 1986, Wigner Archiv in PRINCETON.

23. „Mrs Roosevelt's Village Hall Lunch", *Cambridge Daily News*, 5. November 1942.

24. Wattenberg (1984).

25. Interview mit Al Wattenburg, 30. Oktober 1992.

26. Eines ihrer Treffen fand vermutlich am 19. August 1943 statt, da Dirac dieses Datum für eine Zusammenkunft in seinem Brief an Fuchs am 31. Juli 1943 vorgeschlagen hatte (BOD). Dirac schrieb einen weiteren Brief an Fuchs am 1. September 1943 (BOD).

27. Peierls (1985: 163–164).

28. Szasz (1992: xix und 148–151).

29. Gowing (1964: 261).

30. Peierls, „Address to Dirac Memorial Meeting, Cambridge", in Taylor (1987: 37).

31. Brown (1997: 250).

32. Weitere siebzig Menschen wurden in Cambridge verletzt und 1271 Häuser in der Stadt wurden beschädigt (Barham 1977: 53).

33. „Cambridge Streets Light-Up at Last!", *Cambridge Daily News*, 26. September 1944.

34. Joe schrieb über die „bedrohliche Situation" seiner Familie an Heisenberg am 25. März 1943 und bat ihn um seine Hilfe. Vier Monate später antwortete Heisenberg, um zu sagen, dass er leider nicht konkret helfen könne, dass er aber hoffe, mit Joe während eines späteren Besuchs in Holland Kontakt aufzunehmen. Dieses Treffen scheint aber nicht stattgefunden zu haben. Joe schrieb ein weiteres Mal am 2. Februar 1944 aus Budapest an Heisenberg und bat dringend um Bestätigung der arischen Abstammung von Betty. Siehe Brown und Rechenberg (1987: 156).

35. Brief von Betty an Dirac, 20. Juli 1946, Dirac Papers, 1/7/2A (FSU).

36. Interview mit Mary Dirac, 21. Februar 2003.

37. Gabriel erinnerte sich später, Dirac habe erklärt, dass es „keinen Gott, keinen Himmel und auch keine Hölle" gäbe. Brief von Gabriel Dirac an die Diracs, 18. Januar 1972, Dirac Papers, 1/8/14 (FSU).

38. E-Mail von Mary Dirac, 17. Februar 2006. Monica bestätigt, dass beide Töchter getauft wurden.

39. Boys Smith (1983: 44).

40. Brief von Lew Kowarski an James Chadwick, 12. April 1943 (CHURCHILL).

41. Interview mit dem betagten John Crook, 1. Mai 2003. Professor Crook war anwesend, als Dirac diese Bemerkung machte.
42. „Happy Crowds Celebrate VE-Day", *Cambridge Daily News*, 9. Mai 1945. Der VE-Day, der „Sieg in Europa-Tag" ist der 8. Mai 1945. Er erinnert an das Ende des Zweiten Weltkriegs.
43. Interview mit Monica Dirac, 1. Mai 2006.
44. Pincher (1948: 111). Chapman Pinchers Darstellung dazu implizierte, dass Dirac gelogen hatte. Pincher berichtet: „Dr. PAM Dirac, einer der beteiligten Wissenschaftler, sagte zu mir damals, dass er seinerzeit nicht mit entscheidender Kriegsforschung befasst gewesen wäre. Aber, wie das britische Weißbuch (British White Paper) zur Atomenergie feststellt, hatte er das britische Atombombenprojekt mit theoretischen Untersuchungen über Kettenreaktionen unterstützt." Pincher hatte Diracs wortgetreue Denkweise nicht berücksichtigt.
45. Brown (2005: 266).
46. Interview mit Leopold Halpern, 26. Februar 2006. Dirac erzählte Halpern, dass er von den Aktionen der britischen Regierung enttäuscht gewesen sei und dass er lange einsame Spaziergänge unternommen habe, um seinen Ärger abzukühlen. Dirac erfuhr von der Ablehnung seines Ausreisevisums durch das Innenministerium von dem Beamten C. D. C. Robinson (Brief an Dirac, 13. Juni 1945, Dirac Papers, 2/3/15 [FSU]). Zwei Tage später schrieb Nevill Mott an Dirac, um ihn über die geplanten Proteste der enttäuschten Wissenschaftler zu informieren. Mott macht deutlich, er erwarte nicht, dass sich Dirac aktiv an der protestierenden Gruppe beteilige (Brief an Dirac von Mott, Dirac Papers, 2/3/15 [FSU]).
47. Brief von Manci Dirac an Crowther, 18. Mai 1945, SUSSEX.
48. Telegramm von Joe Teszler an die Diracs, 1. Juli 1945, Dirac Papers, 1/7/5 (FSU).
49. Interview mit Christine Teszler, 22. Januar 2004.
50. Briefe von Joe Teszler an Manci, 19. Juli, 2. August, 23. August, 31. August, 6. September und 27. September 1945, Dirac Papers, 1/7/5 (FSU).
51. Cornwell (2003: 396).
52. Das Team, das im Lord's spielte, war keine offizielle australische Mannschaft, sondern wurde „The Australian Services"-Team genannt.
53. Smith (1986: 478).
54. „How Cambridge Heard the Great Victory News", *Cambridge Daily News*, 15. August 1945.
55. Vgl. z. B. *Time*, 20. August 1945, S. 35.
56. Cornwell (2003: 394–400).
57. Anonymus (1993: 36).
58. Anonymus (1993: 71).

59. Dalitz (1987a: 69–70). Auch Interview mit Dalitz, 9. April 2003.
60. Interview mit Christine Teszler, 22. Januar 2004.
61. Brief von Betty an Dirac, 20. Juli 1946, Dirac Papers, 1/7/2A (FSU).
62. Brown (2005: 173).
63. Crowther (1970: 264).
64. Der offizielle Bericht über den Vortrag befindet sich im UKNATARCHI (Dirac Papers. BW83/2/257889).

24. September 1946 – 1950

1. Osgood (1951: 149, 208–211).
2. Interview mit Feynman von Charles Weiner, 5. März 1966, 27. März 1966, AIP. Interview mit Lew Kowarski von Charles Weiner, 3. Mai 1970, AIP.
3. Das getippte Manuskript von Diracs Vortrag befindet sich in der Mudd-Library, PRINCETON.
4. Nach Feynmans Theorie kann die Wahrscheinlichkeit, dass ein Quant wie ein Elektron einen Übergang von einem Punkt in der Raum-Zeit zu einem anderen macht, mit einem mathematischen Ausdruck berechnet werden, der mit der Wirkung zusammenhängt, die mit der Bewegung von dem einen Punkt der Raum-Zeit zu dem anderen verbunden ist, summiert über alle möglichen Wege zwischen ihnen.
5. Interview von Charles Weiner mit Richard Feynman, 27. Juni 1966 (CALTECH); s. a. Feynmans Nobelvortrag, sowie Gleick (1992: 226) und die dort angegebenen Zitate.
6. Interview mit Freeman Dyson, 27. Juni 2005. Dyson merkte an, dass Feynman auf diesen Punkt wiederholt hingewiesen hatte.
7. Zitiert von Oppenheimer in Smith und Weiner (1980: 269). Wigner war einer der Prüfer bei Feynmans Doktorprüfung, der andere war Wheeler. Die mündliche Prüfung fand am 3. Juni 1942 statt, der Prüfungsbericht ist im Besitz der Mudd Library, PRINCETON.
8. Vgl. Kevles (1971: Kap. 12) und Schweber (1994: Sektion 3).
9. Schweber (1994: Kap. 4); Pais (1986: 450–451); Dyson (2005).
10. Lamb (1983: 326). „Radar Waves Find New Force in Atom", *New York Times*, 21. September 1947.
11. Ito (1995: 171–182).
12. Feynman (1985: 8).
13. Dyson (1992: 306). Interview mit Dyson, 27. Juni 2005. Dysons Beschreibung von sich selbst als „wirklich große Nummer" steht in Schweber (1994: 550).
14. Dyson (2005: 48).

15. Dirac hatte keine Freude an abstrakter Kunst oder der Musik von Schönberg, er fand beides nicht schön.

16. „The Engineer and the Physicist", 2. Januar 1980, Dirac Papers, 2/9/34 (FSU).

17. Dirac Papers, 2/29/34 (FSU).

18. Dirac Papers, 2/29/34 (FSU).

19. Dyson (2006: 216).

20. Brief von Manci an Wigner, 20. Februar 1949, PRINCETON.

21. Interview mit Richard Eden, 14. Mai 2003.

22. M. Dirac (1987: 6).

23. M. Dirac (2003: 41).

24. Ich danke Nina Wedderburn, Tochter der Salamans, für die biographischen Informationen über ihre Eltern. Fen (1976: 375).

25. Gamow (1966: 122); Salaman und Salaman (1986: 69).

26. Interview mit Monica Dirac, 7. Februar 2003.

27. Zitiert in Hennesey (2006: 5).

28. Es dauerte an der Universität Cambridge Jahrhunderte, bis weibliche Studenten die Gleichberechtigung mit den männlichen erreichten. Die ersten Colleges für Studentinnen in Cambridge, Girton und Newnham, wurden 1869 und 1871 gegründet. Seit 1881 durften Frauen an Abschlussexamina teilnehmen, erhielten aber keine qualifizierenden Abschlusszeugnisse der Universität. Ab 1882 wurden die Ergebnisse der Frauen neben denen der Männer veröffentlicht, aber auf getrennten Listen. Im Jahre 1921 wurde ein Antrag auf vollwertige Zulassung von Studentinnen abgelehnt. Statuten, die die Zulassung von Frauen als Vollmitglieder der Universität erlaubten, erhielten schließlich im Mai 1948 die königliche Genehmigung, und die erste Frau mit einem Abschluss in Cambridge war im darauffolgenden Oktober die Königinmutter. Unter diesem Universitätsgesetz erreichten die ersten Studentinnen im Januar 1949 ihren Studienabschluss.

29. Mögliche Gründe für Heisenbergs Nachkriegsdepression werden bei Cassidy (1992: 528) erörtert.

30. R. Eden, unveröffentlichte Erinnerungen, Mai 2003, S. 7a.

31. Dirac traf Heisenberg nach dem Krieg erstmals 1958. Das Zitat stammt aus dem Interview mit Antonio Zichichi, 2. Oktober 2005.

32. Interview mit Monica Dirac, 7. Februar 2003.

33. Greenspan (dt. 2006: 266–267, 277). Dirac unterstützte Heisenbergs Nominierung, nachdem er schon früher erklärt hatte, seine Wahl zum ausländischen Mitglied der Royal Society habe Vorrang vor der von Pauli. Cockcroft schrieb an Dirac in seinem Brief vom 15. Februar, „Ich stimme zu, dass er [Heisenberg] bedeutender ist als Pauli", Dirac Papers, 2/4/7 (FSU).

34. Brief an Dirac von Douglas Hartree, 22. Dezember 1947, Dirac Papers, 2/4/2 (FSU).

35. Brief an Dirac von Schrödinger, 18. Mai 1949, Dirac Papers, 2/4/4 (FSU).

36. Kurz nachdem Blackett den Nobelpreis 1947 erhalten hatte, sandte Dirac ihm „herzlichste Glückwünsche" und fügte hinzu, „Du hättest ihn schon viel früher kriegen müssen": Brief von Dirac an Blackett, 7. November 1948, Blackett Archiv, ROYSOC. Doch Dirac hatte ihn nicht nominiert.

37. Dirac nominierte Kapitza zweimal vor 1953, am 16. Januar 1946 und 25. Januar 1950. Aus Diracs Unterlagen geht hervor, dass er später Kapitza noch mehrere Male nominiert hat (RSAS).

38. Brief von Dirac an Kapitza, 4. November 1945, Dirac Papers, 2/4/12 (FSU); s. a. Brief von Kapitza an Stalin, 13. Oktober 1944, abgedruckt in Boag et al. (1990: 361–363).

39. Boag et al. (1990: 378).

40. Brief von Kapitza an Stalin, 10. März 1945, zitiert in Kojevnikov, A. (1991) *Historical Studies in the Physical Sciences*, 22, 1, S. 131–164.

41. Briefe von Kapitza an Stalin, 3. Oktober 1945 und 25. November 1945, abgedruckt in Boag et al. (1990: 368–370, 372–378).

42. Brief an Dirac von Manci, 12. Juli 1949 (DDOCS).

43. *Tallahassee Democrat*, 29. November 1970.

44. Bird und Sherwin (2005: 332).

45. Belege für die Anekdoten: „kleine Töchter spielten Fangen", Interview mit Freeman Dyson, 27. Juni 2005; „Einstein zum Nachmittagstee", Interview mit Monica Dirac, 7. Februar 2003, Interview mit Mary Dirac, 21. Februar 2003; „frühabendliche Trink-Partys", eines der Rituale am Institut während Oppenheimers Zeit als Direktor; „Amateur-Holzfäller", Interview mit Morton White, 24. Juli 2004.

46. Interview mit Freeman Dyson, 27. Juni 2005. E-Mail von Dyson, 23. Oktober 2006.

47. Interview mit Louise Morse, 19. Juli 2006.

48. Dirac erhielt mehrere aufdringliche Briefe von einem österreichisch-ungarischen Außenseiter, dem Experimentator Felix Ehrenhaft, der behauptete, er habe Beweise für die Existenz des magnetischen Monopols gefunden, Dirac Papers, 2/13/1 und 2/13/2 (FSU).

49. Brief von Pauli an Hans Bethe, 8. März 1949, Hermann et al. (1979). S. a. Brief [1021] in Meyenn (1993: 644).

50. Die neue Theorie hatte nur wenig Wirkung, doch sie erweckte das Interesse von Wissenschaftlern wie Dennis Gabor am Imperial College in London, der Elektronenstrahlen in Fernsehgeräten untersuchte.

Die Korrespondenz zwischen Dirac und Gabor (1951) befindet sich im Gabor-Archiv am Imperial College, London.
51. Dirac (1954).
52. Dirac (1954).
53. Unter der Überschrift „The Ghost of the Ether" berichtete der *Manchester Guardian* am 19. Januar 1952; die *New York Times* schrieb „Briton Says Space is Full of Ether", 4. Februar 1952. In seinem Vortrag bei der Lindauer Tagung der Nobelpreisträger sagte Dirac 1971, das Äther-Konzept scheine in der Quantenmechanik nicht nützlich zu sein, obwohl er nicht ausschließen wolle, dass das Konzept eines Tages sinnvoll sein könnte.
54. Jerome (2002: Kap. 12, 278–282), Jerome und Taylor (2005: 81).
55. Interview mit Gillett Griffen, einem Bekannten von Einstein, am 20. November 2005, sowie mit Louise Morse am 19. Juli 2006. Die Anekdote über Einstein, der Zigarettenkippen aufhob, um daran zu schnuppern, stammt aus Kahler, A. (1985) *My Years of Friendship with Einstein*, IX, 4, S. 7.

25. Frühe 1950er-Jahre – 1957

1. Die Information zu diesem Absatz stammt hauptsächlich aus Interviews mit Monica Dirac (7. und 8. Februar 2002) und Mary Dirac (21. Februar 2002 und 17. Februar 2006). Siehe auch M. Dirac (2003: 39–42).
2. Das Internat war die Beeston Hall School in West Runton in der Nähe von Cromer; E-Mail von Mary Dirac, 30. Oktober 2006.
3. Die Diracs logierten mehrmals für eine oder zwei Wochen im Barkston Gardens Hotel, Kensington.
4. Interview mit Mary Dirac, 21. Februar 2003.
5. Brief an Dirac von Manci, 5. September 1949 (DDOCS): „Wir könnten ein ruhiges Wochenende in London verbringen, wo die Folies Bergère die ganze Pariser Show zeigen."
6. Professor Driuzdustades tritt in der Kurzgeschichte „Zahatopolk" von Bertrand Russell aus dem Jahr 1954 auf, die in *Nightmares of Eminent Persons and other Stories* enthalten ist (vgl. Russell 1972: 82–110).
7. Manci und Monica aßen oft im Koh-I-Noor Restaurant in der St. John Street. Interview mit Monica Dirac, 7. Februar 2003.
8. Dalitz (1987b: 17).
9. Interview mit Monica Dirac, 7. Februar 2003.
10. Interview mit Tony Colleraine, 15. Juli 2004.
11. Bird und Sherwin (2005: 463–465).
12. Brief von Dirac an Manci, Ende März (undatiert) 1954 (DDOCS).
13. Szasz (1992: 95).

14. Brief von Dirac an Oppenheimer, 11. November 1949, LC Oppenheimer Archiv.
15. Szasz (1992: 86, 95).S. a. Greenspan (2006: 300–301).
16. Pais hat diese Geschichte öfters beschrieben, siehe zum Beispiel, Pais (2000: 70).
17. Es scheint, dass Dirac schon 1951 von einer Konferenz wegen Mancis ungarischer Staatsangehörigkeit ausgeschlossen worden war. Vgl. Interview mit Lew Kowarski durch Charles Weiner, 3. Mai 1970, AIP, S. 203–204.
18. Die Unterlagen zu dieser Petition vom 23. März 1950 befinden sich in Bernal Papers, KV 2/1813, UKNATARCHI.
19. McMillan (2005: 12, 199).
20. Dieser Brief von Dirac an Oppenheimer vom 17. April scheint nicht mehr vorhanden zu sein. Ruth Barnett vom Institute for Advanced Study bezieht sich auf ihn jedoch in ihrem Brief an Dirac vom 28. April 1954, Dirac Papers, 2/4/10 (FSU).
21. McMillan (2005: 214).
22. Brief von Dirac an Oppenheimer, 24. April 1954, IAS Dirac Archiv.
23. „US-Barred Scientist ‚Not Red‘", *Daily Express*, 28. Mai 1954.
24. „US Study Visa Barred to Nobel Prize Physicist", *New York Times*, 27. Mai 1954.
25. Brief an Dirac von Christopher Freeman, Sekretär der Gesellschaft für Kulturelle Beziehung zur UdSSR, 26. April 1954, Dirac Papers, 2/16/9 (FSU).
26. Pais (1998: 33).
27. Brief von John Wheeler, Walker Bleakney und Milton White an die *New York Times*, dort veröffentlicht am 3. Juni 1954.
28. Der Name der Dame ist nicht bekannt. Interview mit Monica Dirac, 7. Februar 2003.
29. Dirac Papers, 2/14/5 (FSU).
30. Nach ihrem Aufenthalt in Mahabaleshwar kehrten die Diracs zum Tata-Institut in Bombay zurück und blieben bis zum 15. Dezember dort. Sie fuhren dann weiter nach Madras und am 20. Dezember nach Bangalore, wo sie Weihnachten verbrachten. An Silvester kehrten sie nach Bombay zurück und reisten am 5. Januar zum Indischen Physik-Kongress nach Baroda. Vier Tage später reisten sie nach Delhi und besuchten kurz darauf das Taj Mahal. In Kalkutta waren die Diracs vom 18. bis 23. Januar, kehrten dann für ein paar Tage nach Delhi und schließlich wieder zum Tata-Institut zurück. Sie verließen Indien von Bombay aus mit dem Schiff am 21. Februar 1955.
31. Interview mit George Sudarshan, 15. Februar 2005. Im Jahre 1955 war Sudarshan Forschungsassistent am Tata-Institut.

32. Diracs begeisterte Annahme der Einladung zu diesem Vortrag steht in seinem Brief an Dr. Basu, 23. Juni 1954, Dirac Papers, 2/4/10 (FSU).

33. Das von Dirac korrigierte Manuskript zum Vortrag befindet sich in Dirac Papers, 2/14/5 (FSU). In der publizierten Version von Diracs Vortrag fehlen viele der besten Details (*Journal of Scientific and Industrial Research*, Delhi, A14, S. 153–165).

34. Salaman und Salaman (1986: 68).

35. *Science and Culture*, Volumen 20, Nummer 8, S. 380–381, siehe S. 380.

36. Perkovich (1999: 59). Indien wurde im Jahre 1974 Atommacht, acht Jahre, nachdem Bhabha bei einem Flugzeugabsturz ums Leben gekommen war.

37. Brief an Oppenheimer von G. M. Shrum, 4. April 1955 (Oppenheimer Archiv, Dirac Papers, LC). Dirac könnte mit dieser Form der Gelbsucht, einer Serumhepatitis, durch eine kontaminierte Injektionsnadel bei einer medizinischen Untersuchung im Dezember 1954 infiziert worden sein, Dirac Papers, 1/9/3 (FSU).

38. Mitteilung von Manci an Oppenheimer, zusätzlich im Brief von Dirac an Oppenheimer vom 25. September 1954 (LC, Oppenheimer Archiv, Dirac Papers).

39. Die Diracs liefen am 16. April mit dem Schiff in Vancouver ein. Briefe von Manci an Oppenheimer, 15. April 1955, 22. April 1955 und ein weiterer undatierter Brief aus dieser Zeit (LC, Oppenheimer-Archiv).

40. Manci erwähnte oft dieses einzige Mal, dass sie ihren Mann hatte weinen sehen. Vgl. z. B. *Science News*, 20. Juni 1981, S. 394.

41. Interview mit Tony Colleraine, 22. Juli 2004.

42. Brief von Manci an Oppenheimer, 29. August 1955, Oppenheimer-Archiv, Dirac Papers, LC.

43. Ärztlicher Bericht vom 28. März 1955, Dirac Papers 1/9/3 (FSU).

44. Die Diracs waren vom 22. Mai bis 30. Juni 1955 in Princeton und flogen am 1. Juli nach Ottawa.

45. Brief von Manci an Oppenheimer, 29. August 1955 (LC, Oppenheimer Archiv).

46. Interview mit Jeffrey Goldstone, 2. Mai 2006.

47. Diracs Vortrag über „Electrons and the Vacuum" bei der Lindauer Tagung. Das Manuskript mit den Anmerkungen von Dirac (Juni 1956) befindet sich in Dirac Papers, 2/27/14 (FSU).

48. „Electrons and the Vacuum", S. 7–8.

49. Dirac arbeitete in diesem Jahr die meiste Zeit an der vierten Auflage seines Buches *The Principles of Quantum Mechanics*, welche im darauffolgenden Jahr (1957) publiziert wurde.

50. Eine Darstellung der Aktivitäten von Kapitza während der Jahre 1937–1949 findet sich in Kojevnikov (2004: Kap. 5–8).
51. Taubman (2003: Kap. 11).
52. Das Zitat steht in einem Brief von Dirac an Bohr, undatiert, NBI. Der Vortrag wurde offenkundig nach diesem Besuch geschrieben.
53. Dorozynski (1965: 61).
54. Boag et al. (1990: 368); s. a. Knight (1993: Kap. 9 und 10).
55. Taubman (2003: 256).
56. Fitzpatrick (2005: 227).
57. Dorozynski (1965: 60–61).
58. Feinberg (1987: 185 und 197).
59. Weisskopf (1990: 194).
60. Die Tafel mit Diracs Schriftzügen ist immer noch erhalten.
61. Landau machte diese Bemerkung 1957 bei einer Konferenz in Moskau. Interview mit Sir Brian Pippard, 29. April 2004.

26. 1958–1962

1. Enz (2002: 533).
2. Dirac war die Neuigkeit wahrscheinlich schon in Cambridge zu Ohren gekommen, bevor sie publiziert wurde. Einer der ersten Berichte über das Experiment wurde im *Guardian* am 17. Januar 1957 veröffentlicht.
3. Shanmugadhasan (1987: 56).
4. Dirac brachte das Thema der Links-Rechts-Symmetrie in der Quantenmechanik zum ersten Mal im Rahmen der Doktorprüfung von K. J. Le Couteur im Jahre 1948 zur Sprache, vgl. Dalitz und Peierls (1986: 159).
5. Am 25. August 1970 gab Dirac dem Physiker Ivan Waller ein Blatt Papier mit folgender Mitteilung: „Die Behauptung, dass ich nicht glaube, dass eine Notwendigkeit für P- und T-Invarianz besteht, findet sich in *Rev Mod Phys* Vol. 21, S. 393 (1949). Ich habe das Thema nicht weiter verfolgt. PAM Dirac." Waller-Archiv, RSAS. Vgl. Pais (1986: 25–26).
6. Polkinghorne (1987: 229).
7. Als sieben Jahre später im Jahre 1964 zwei Experimentalphysiker der Universität Princeton bestätigten, dass gewisse Quantenprozesse, die die schwache Wechselwirkung betreffen, nicht symmetrisch sind, wenn die Zeitrichtung umgekehrt wird, waren die meisten Physiker erneut schockiert. Doch nicht Dirac: Er hatte in zwei Absätzen seines Papers zur Relativitätstheorie von 1949 auch diese Möglichkeit vorausgesehen.
8. Das Zitat vom „Setzen auf das falsche Pferd" stammt aus einer Diskussionsrunde beim Fermilab-Symposium im Mai 1980, Brown und Hoddeson (1983: 268). Der Ausdruck „komplett zerschmettert" ist Diracs

Vortrag beim Argonne-Symposium über Spin am 26. Juli 1974 entnommen, vgl. „An Historical Perspective on Spin" in seinen Vortragsunterlagen, S. 3, Dirac Papers, 2/29/3 (FSU).

9. Taubman (2003: 302).
10. „The Soviet Crime in Hungary", *New Statesman*, 10. November 1956, S. 574.
11. Interview mit Tam Dalyell, 9. Januar 2005. Dalyell erinnert sich, dass sein Treffen mit Dirac entweder 1971 oder 1972 stattfand.
12. Brief von Dirac an Kapitza, 29. November 1957, Dirac Papers, 2/4/12 (FSU).
13. Auf die Verbindung mit dem Jahrestag wurde im *New Statesman* am 26. Oktober und am 9. November 1957 hingewiesen.
14. Interview mit Monica Dirac, 1. Mai 2006.
15. Dirac erzählte seiner Tochter Mary oft, dass er gern zum Mond fliegen würde. Interview mit Mary Dirac, 10. April 2006.
16. Newhouse (1989: 118).
17. Newhouse (1989: 118).
18. Die beiden anderen Physiker beim Lunch mit Dirac waren Peter Landshoff und John Nuttall. Interview mit Peter Landshoff, 6. April 2006.
19. Brief von Dirac an Walter Kapryan, 19. Juli 1974, Dirac Papers, 2/7/6 (FSU).
20. Ich danke Bob Parkinson und Doug Millard für freundliche Hinweise auf die Gründe, warum Raumraketen vertikal und nicht horizontal gestartet werden.
21. Interview mit Hochwürden Sir John Polkinghorne, 11. Juli 2003.
22. Interview mit Hochwürden Sir John Polkinghorne, 11. Juli 2003. Dirac fragte einmal „Was ist ein Rho-Meson?", ein Teilchen, das damals fast allen Teilchenphysikern wohlbekannt war.
23. Interview mit Hochwürden Sir John Polkinghorne, 11. Juli 2003.
24. Interview mit Monica Dirac, 7. Februar 2003. Im Jahre 1967 wurde Diracs Parkberechtigung weiter eingeschränkt, und wiederum war Manci außer sich. Brief von R. E. Macpherson an Dirac, 2. November 1967, Dirac Papers, 2/6/3 (FSU).
25. Interview mit John Crook, 1. Mai 2003.
26. Nach den Weihnachtsferien 1959 verlangte Gabriel von seiner Mutter, in Zukunft nicht mehr vor ihnen zu Dirac zu sagen, „ich werde Dich verlassen." Brief von Gabriel an die Eltern Dirac, 13. Januar 1960, Dirac Papers, 1/8/12 (FSU).
27. Interview mit Stanley Deser, 5. Juli 2006.
28. Brief an Dirac von Manci, 10. April 1954 (DDOCS).
29. Interview mit Monica Dirac, 7. Februar 2003.

30. Hardy (1940: 87). Vgl. z. B. Briefe an Dirac von Gabriel, 22. September 1957 und 8. Oktober 1957, im Besitz von Barbara Dirac-Svejstrup.

31. Interview mit Mary Dirac, 21. Februar 2003.

32. Dirac erzählte Gamow 1961, er habe über die Allgemeine Relativitätstheorie zu arbeiten begonnen, um eine Verbindung zwischen dieser Theorie und den Neutrinos zu finden, aber das Projekt schlug fehl. Brief von Dirac an Gamow, 10. Januar 1961, LC, Gamow-Archiv.

33. Der Begriff „Graviton" scheint zum ersten Mal in gedruckter Form von dem sowjetischen Physiker D. I. Blokhintsev in der Zeitschrift *Pod znamenem marksizma* (Unterm Banner des Marxismus) verwendet worden zu sein: Blokhintsev (1934). Vgl. Gorelik und Frenkel (1994: 96).

34. „Physicists Offer New Theories on Gravity Waves and Atomic Particles", *New York Times*, 31. Januar 1959.

35. Deser (2003). Ich bin Sir Roger Penrose (Interview am 20. Juni 2006) und Stanley Deser (Interview am 5. Juli 2006) dankbar für Hinweise über Diracs Beiträge zur Allgemeinen Relativitätstheorie.

36. Pais (1986: 23) und Salam (1987: 92).

37. Dirac beschreibt die Theorie in dieser Form in den Notizen zu seinem Vortrag vom 8. Oktober 1970, „Relativity Against Quantum Mechanics", Dirac Papers, 2/28/19 (FSU); s. a. Dirac (1970).

38. Diese Schilderung von Oppenheimer geht auf die von Stephen Spender in seinem Buch *Journals 1939–83* zurück; *s. a.* Bernstein (2004: 194).

39. Anonymus (2001: 109–134).

40. Brief von Dirac an Margrethe Bohr, 20. November 1962, NBA. Margrethes Antwort vom 19. Dezember 1962, in Dirac Papers, 2/5/9 (FSU). S. a. Desser (1991: 104).

41. *Nature*, 4. Februar 1961, S. 355–356; s. S. 356. S. a. Desser (1991: 116).

42. Interview mit Dirac, AHQP, 1. April 1962, S. 5–7.

43. Interview mit Dirac, AHQP, 1. April 1962, S. 5 (Text des Originaltonbandes).

44. Interview mit Kurt Hofer, 21. Februar 2004.

45. In meinen Interviews mit Leopold Halpern am 18. Februar 2003 und Nandor Balázs am 24. Juli 2002 gaben beide an, Dirac habe gesagt, er habe seinen Vater gehasst (oder verabscheut, „loathed") – ein ungewöhnlich starkes Wort für ihn.

46. Brief von Kuhn an Dirac, 3. Juli 1962, Dirac Papers, 2/5/9 (FSU). Dirac hatte danach noch vier weitere Interviews mit Kuhn in seinem Haus in der Cavendish Avenue No. 7 in Cambridge, am 6., 7., 10. und 14. Mai 1963.

47. Interview mit Monica Dirac, 30. April 2006.

27. 1963–Januar 1971

1. Interview mit Hochwürden Sir John Polkinghorne, 11. Juli 2003.
2. Interview mit Mary Dirac, 21. Februar 2003.
3. Dirac war Mitunterzeichner eines Briefes, datiert vom 27. April 1964, an Professor H. Davenport als Teil eines Versuchs, Batchelor von seinem Posten als Direktor des Departments für Angewandte Mathematik und Theoretische Physik zu entheben, UCAM, Hoyle Archiv.
4. Interview mit Yorrick und Helaine Blumenfeld, 10. Januar 2004.
5. Brief an Dirac von Oppenheimer, 21. April 1963, Dirac Papers, 2/5/10 (FSU).
6. Die Diracs waren 1962 und 1963 in den USA (am Institute for Advanced Study in Princeton bis Ende April 1962 und von Ende September 1962 bis Anfang April 1963); in den Jahren 1964 und 1965 waren sie zumeist am Institute for Advanced Study, so von September 1964 bis zum Frühjahr 1965; im Jahr 1966 waren sie im März und April an der Universität Stony Brook, New York; im Jahre 1967 im Frühjahr an der Stony Brook und im November und Dezember an der Universität Texas in Austin; 1968 und 1969 waren sie von Dezember bis kurz vor Weihnachten an der Stony Brook, dann zogen sie weiter an die Universität Miami, wo sie bis zum Frühjahr 1969 blieben.
7. Goddard (1998: xiv).
8. Dirac (1966: 8). Eines der Themen in Diracs Vorlesungen ist die Schlussfolgerung, dass das Schrödinger-Bild der Quantenmechanik nicht aufrechterhalten werden kann, wenn es auf die Feldtheorie angewendet wird, dort funktioniert allein das Heisenberg-Bild.
9. Dirac (1963: 53). S. a. R.C. Hovis und H. Kragh, „Paul Dirac und das Schöne in der Physik". *Spektrum* der Wissenschaft vom 1. Juli 1993.
10. Mehrere Fälle, in denen Dirac es abgelehnt hat, in BBC Radio- und Fernsehprogrammen aufzutreten, sind im Dirac-Archiv der Florida-State-Universität dokumentiert, insbesondere verweigerte er ein Interview in Zusammenhang mit seinem Artikel im *Scientific American* (Brief an Dirac von David Edge, Produzent von BBC Radio, am 11. Juni 1963, Dirac Papers, 2/5/10 [FSU]).
11. BBC *Horizon* Programm „Lindau", Referenz 72/2/5/6025. Die Aufzeichnung erfolgte am 28. Juni 1965 und wurde am 11. August 1965 gesendet.
12. Barrow (2002: 105–112). Teller fügte jedoch hinzu, die experimentellen Unsicherheiten in den Berechnungen seien so groß, dass es nicht möglich ist, die Hypothese definitiv auszuschließen.
13. Barrow (2002: 107).
14. Brief von Dirac an Gamow, 10. Januar 1961, Gamow Archiv LC.

15. Zitiert in Barrow (2002: 108).
16. Private Unterlagen von Mary Dirac. Dirac schrieb diese Notizen am 17. Januar 1933.
17. Brief an Dirac von Gamow, 26. Oktober 1957, Dirac Papers, 2/5/4 (FSU).
18. John Douglas Cockcroft, *Biographical Memoirs of Fellows of the Royal Society* (1968): 139–188; s. S. 185.
19. Mitton (2005: 127–129).
20. Overbye (1991: 39).
21. Brief von Gamow an Dirac, Juni 1965 (undatiert), Dirac Papers, 2/5/13 (FSU).
22. Brief von Heisenberg an Dirac, 2. März 1967, Dirac Papers, 2/14/1 (FSU). Brief von Dirac an Heisenberg, 6. März 1967, zitiert in Brown und Rechenberg (1987: 148).
23. Brief von Geoffrey Harrison, britischer Botschafter in Moskau, an Sir John Cockcroft, 19. April 1966, Cockcroft Archiv, CKFT 20/17 (CHURCHILL).
24. Kapitza hielt den Vortrag um fünf Uhr nachmittags am 16. Mai, einem Montag. Quelle: *Cambridge University Reporter*, 27. April 1966, S. 1649.
25. Brief von Manci an Barbara Gamow, 12. Mai 1966, LC (Gamow Archiv). Weitere Informationen stammen aus dem Interview mit Mary Dirac, 21. Februar 2003.
26. Brief von Manci an Rudolf Peierls, 8. Juli 1986, Peierls Archiv, zusätzliche Unterlagen D23 (BOD).
27. Boag et al. (1990: 43–44).
28. Batelaan, H. (2007) *Reviews of Modern Physics*, 79, S. 929–942.
29. Dirac bewunderte Gell-Manns Fähigkeiten als Physiker sehr, gab sich aber immer große Mühe, ihm bei sozialen Anlässen auszuweichen. Quelle: Interview mit Leopold Halpern, 26. Februar 2006.
30. Gell-Mann (1967: 699). Bezüglich weiterer Belege für Gell-Manns anfängliche Skepsis gegenüber der Realität der Quarks, siehe Johnson (2000: Kap. 11).
31. Gell-Mann (1967: 693).
32. „Methods in Theoretical Physics", 12. April 1967, Dirac Papers, 2/28/5 (FSU).
33. Tkachenko wurde an die Sowjetische Botschaft am 18. September zurücküberstellt. Die Begründung der Britischen Behörden war, Tkachenko habe „aus freiem Willen" den Wunsch geäußert, nach Russland zurückzukehren. Sie fürchteten aber insgeheim, dass er in ihrer Obhut zu Tode kommen könnte. Vgl. *The Times*, 16. September 1967, S. 1; *New York Times*, 18. September 1967, S. 1. Siehe auch den Nachruf auf John Cockcroft von Kenneth McQuillen, den ehemaligen stellvertretenden Rektor des

Churchill College. Ich danke Mark Goldie, Fellow des College, für diese Details.

34. E-Mail von Chris Cockcroft, 17. Mai 2007; s. a. Oakes (2000: 82). Die Einzelheiten wurden von Mary und Monica Dirac bestätigt.

35. Brief von Wigner an das Amt für Internationale Angelegenheiten, 1. September 1965, PRINCETON, Wigner-Archiv.

36. Vgl. z. B. Brief von Wigner an Manci, 2. September 1965 (FSU, Wigners Briefe, Anhang zu Dirac Papers).

37. Briefe der beiden Wigners, 6. und 13. Mai und 14. September 1968 (FSU, Wigners Briefe, Anhang zu Dirac Papers).

38. Brief von Manci an Wigner, 10. Februar 1968, Wigner-Archiv (Margit Dirac Akte) PRINCETON.

39. Telegramm 17. September 1968 (FSU, Wigners Briefe, Annex zu Dirac Papers); Interview mit Mary Dirac am 26. Februar 2006.

40. Interview mit Mary Dirac am 26. Februar 2006.

41. Brief von Mary Wigner an die Diracs, 7. Oktober 1968, Dirac Papers, 2/6/6 (FSU).

42. Briefe der Wigners an die Diracs, 20. und 25. September und 9. Oktober 1968 (FSU, Wigners Briefe, Annex zu Dirac Papers); Interview mit Mary Dirac vom 26. Februar 2006 und E-Mail vom 7. Juni 2006.

43. Interview mit Mary Dirac vom 26. Februar 2006 und E-Mail 7. Juni 2006.

44. Interview mit Helaine und Yorrick Blumenfeld, 10. Januar 2004.

45. Interview mit Philip Mannheim, 8. Juni 2006. Siehe auch den Artikel über Kurşunoğlu „The Launching of La Belle Epoque of High Energy Physics and Cosmology" (Beginn der Belle Époque der Hochenergiephysik und Kosmologie) in Curtright et al. (2004: 427–446).

46. Eine Beschreibung von Diracs Zeit an der Universität Miami gibt Kurşunoğlus Frau in Kurşunoğlu und Wigner (1987: 9–28).

47. Manci schrieb an Gamows Frau am 4. Februar 1969 und klagte, Dirac habe das Angebot der Universität Miami abgelehnt: „Ich fühle mich deshalb schrecklich" (LC, Gamow-Archiv, Manci Dirac Ordner).

48. Die Reaktionen von Rabbit und Janice Angstrom auf den Film *2001* finden sich in *Rabbit Redux*, 1971, Kap. 1 (J. Updike (2009) Unter dem Astronautenmond „Rabbit Redux", Kap. 1, S. 18, 39, 54. Rowohlt Tb.).

49. LoBrutto (1997: 277).

50. Ich danke Tony Colleraine, damals Marys Ehemann, für die Schilderung seiner Erinnerungen an Diracs erste Besuche des Films *2001: Odyssee im Weltraum*, Interview am 15. Juli 2004 und E-Mails am 26. September und 22. Oktober 2004.

51. Interview mit Monica Dirac, 7. Februar 2003.

52. Brief von Manci an Barbara Gamow, 16. März 1971, Gamow-Archiv LC.

53. Brief von Manci an Wigner, 10. Februar 1968, PRINCETON, Wigner-Archiv.

54. Diese FBI-Dokumente wurden 1986 freigegeben. Ich danke Bob Ketchum für die Beschaffung einer Kopie dieser Dokumente nach dem Freedom of Information/Privacy Act.

55. Brief von Dirac an Alfred Shild, 29. August 1966 (Kopie im Besitz von Lane Hughston).

56. Vgl. z. B. den Brief des Ersten Sekretärs der Universität Texas in Austin an die Einwanderungs- und Einbürgerungsbehörde vom 8. Dezember 1967, Teil der CIA-Akte über Dirac in den 1960er und 1970er-Jahren. Ich danke Robert Ketchum für seine Hilfe bei der Beschaffung dieser Dokumente.

57. Tebeau (1976: 151–171 und 219–235). Stanford (1987: 54–55). Interview mit Henry King Stanford, 3. Juli 2006.

58. Wicker (1990).

59. Brief von Wigner an Manci Dirac, 9. Oktober 1968 (FSU, Wigner-Briefe, Annex zu Dirac Papers).

60. *Miami Herald*, 7. Mai 1970, S. 1.

61. Laut Morris (1972), hatte im Jahr 1970 Tallahassee 72.000 Einwohner, Miami im gleichen Jahr 335.000.

62. Das Physik-Department der Florida-State-Universität hatte kurz zuvor von der National Science Foundation Mittel für die Einrichtung eines solchen Exzellenzzentrums erhalten.

63. Brief von Colleraine an Dirac, 2. Februar 1970, Dirac Papers, 2/6/9 (FSU).

64. *Tallahassee Democrat*, 29. November 1970.

65. Interview mit Peter Tilley, 2. August 2005; Interview mit Leopold Halpern, 26. Februar 2006.

66. Brief von Norman Heydenburg (Leiter des Physik-Departements der FSU) an Dirac, 4. Januar 1971, Dirac Papers, 2/6/11 (FSU).

67. Interview mit Helaine und Yorrick Blumenfeld, 10. Januar 2004.

28. Februar 1971–September 1982

1. Pressemitteilung von Dorothy Turner Holcomb, „Barbara Walters [...], ich hätte Ihr Buch vorher lesen sollen!", 9. März 1971, Dirac Papers, 2/6/11 (FSU).

2. Walters (1970: 173).

3. Notizen zum Vortrag „The Evolution of our Understanding of Nature" in Dirac Papers, 2/28/21 (FSU).

4. Zwischen 1969 und 1983 hielt Dirac ungefähr einhundertvierzig Vorträge, im Durchschnitt zehn Vorträge pro Jahr. Er hielt etwa achtundachtzig

Vorträge in den USA und zweiundfünfzig in Übersee, meist in Europa, aber gelegentlich auch weiter entfernt, insbesondere 1975 in Australien und Neuseeland. Vgl. Dirac Papers 2/52/8 (FSU).

5. Interview mit Kurt Hofer, 21. Februar 2004.

6. Interview mit Pam Houmère, 25. Februar 2003.

7. E-Mail von Hans Plendl, 5. März 2008 und eine weitere von Bill Moulton, 5. März 2008.

8. Interview mit Kurt Hofer, 21. Februar 2004. Hofer erinnert sich, dass Dirac ganz aufgelöst war, wenn immer ihm klar wurde, dass die Person, die er weggeschickt hatte, ein Freund gewesen war.

9. Interview mit Kurt Hofer. Leopold Halpern bestätigte unabhängig diese Beschreibung von Diracs Umgang mit dem Telefon.

10. Pais (1997: 211). Viele von Diracs Kollegen an der Florida-State-Universität, unter anderem Steve Edwards (Interview am 27. Februar 2004) und Michael Kasha (Interview am 18. Februar 2003), bestätigten sein Vergnügen am Erzählen dieses Witzes.

11. M. Dirac (2003: 39).

12. Interview mit Barbara Dirac-Svejstrup, 5. Mai 2003.

13. Brief von Manci an Dirac, undatiert, August 1972, Dirac Papers, 2/7/2 (FSU).

14. Brief von Manci an Dirac, 18. August 1972, Dirac Papers, 2/7/2 (FSU).

15. Interview mit Ken van Assenderp, 25. Februar 2003.

16. Interview mit Helaine und Yorrick Blumenfeld, 10. Januar 2004. Helaine Blumenfeld erinnert sich: „Während meiner Schwangerschaft mit meinem zweiten Sohn rief mich Manci immer wieder an, um nach dem Rechten zu sehen." Kurz vor einem der Kontrolltermine von Mrs. Blumenfeld im Addenbrooke-Hospital riet ihr Manci „Du weißt ja, sie haben dort eine Menge schwarzer Doktoren. Lass Dich nicht von ihnen anrühren, sie sind alle dreckig". Monica Dirac erinnert sich, dass ihre Mutter die „schlimmste Antisemitin war, die ich je getroffen habe" – sehr überraschend, da Manci selbst jüdischer Abstammung war. Monica erfuhr von ihrer jüdischen Abstammung erst, als sie einundzwanzig Jahre alt war. Interviews mit Monica Dirac, 7. Februar 2003 und 3. Mai 2006.

17. Interview mit Yorrick und Helaine Blumenfeld, 10. Januar 2004.

18. Interview mit Lily Harish-Chandra, 12. Juli 2007.

19. Zitiert in Chandrasekhar (1987: 65).

20. Die klarste Darstellung von Diracs Forschungsplänen in seinen späten Jahren findet sich in der Zusammenfassung, die er für Joe Lannutti im November 1974 erstellte, Dirac Papers, 2/7/9 (FSU).

21. Halpern (2003: 25). Interview mit Leopold Halpern, 18. Februar 2003.

22. Halpern (2003: 24–25).
23. Leopold Halpern unternahm mit mir am Sonntag, dem 26. Februar 2006, den gleichen Ausflug. Während des Ausflugs schilderte er erneut wie in den früheren Interviews ihre gemeinsamen Flussfahrten und den anschließenden Empfang durch Manci zu Hause. In seinem Interview vom 27. Februar 2004 beschrieb mir Steve Edwards das unfaire Verhalten Diracs, als er Kurşunoğlu in den Wakulla-Fluss stieß.
24. Weinberg (2002).
25. Dieser spezielle Typus einer Eichtheorie wurde zuerst 1954 von Yang und seinem Mitarbeiter Robert Mills aufgestellt. Yang beschrieb die Theorie als „eine ziemlich natürliche Verallgemeinerung der Maxwell-Gleichung" (zitiert in Woolf 1980: 502).
26. Crease und Mann (1986: Kap. 16).
27. In den späten 1970er-Jahren machte Dirac bei der Beschreibung der undurchsichtigen Phase des Universums einen formalen Fehler, der ein falsches Verständnis des Kapitza-Dirac-Effekts beinhaltete (E-Mail von Martin Rees, 27. November 2006). Ein weiterer Irrtum wird in Dalitz und Peierls (1986: 175) beschrieben.
28. Interview mit Leopold Halpern, 18. Februar 2002. Halpern erinnerte sich, dass Dirac die Auffindung ernst nahm und sie verstehen wollte. „Wie kann man dieses Jesusporträt erklären? Wie kann so etwas entstehen?" sagte Dirac mehrere Male. (Das Leichentuch stellte sich später als Fälschung heraus.)
29. Es existiert kein Beleg, dass Dirac irgendein Interesse für die moderne Renormalisierungstheorie gezeigt hat. Er anerkannte jedoch die Brillanz der Physiker, die an der Theorie mitgearbeitet hatten, einschließlich Abdus Salam, Gerard 't Hooft und Edward Witten, die er für Auszeichnungen nominierte. Belege für diese Nominierungen finden sich im Tallahassee-Archiv.
30. Interview mit Rechenberg, 3. Juni 2003.
31. Dirac (1977).
32. Brown und Hoddeson (1983: 266–268).
33. Interview mit Lederman, 18. Juni 2002.
34. Interview mit Lederman, 18. Juni 2002. Vgl. Farmelo (2002b: 48). Einstein kam der Vorhersage der Existenz des Positrons 1925 in seiner Arbeit „Elektron und allgemeine Relativitätstheorie" nahe (*Physica* 5, S. 330–334).
35. Viele weibliche Bekannte von Dirac bestätigen sein Verhalten in dieser Hinsicht, insbesondere Lily Harish-Chandra, Rae Roeder, Helaine Blumenfeld und Colleen Taylor Sen.

36. Kurşunoğlu und Wigner (1987: 26). Vgl. Mill (1869), vor allem Kap. 3 „Über Individualität als eins der Elemente der Wohlfahrt", s. Mill (2009).

37. Interview mit Kurt Hofer, 21. Februar 2004.

38. E-Mail mit Kurt Hofer, 6. März 2004.

39. Brief von Manci an Rudolf Peierls, 23. Dezember 1985, Peierls-Archiv, zusätzliche Unterlagen, D23 (BOD).

40. Interview mit Christine Teszler, 22. Januar 2004, und E-Mail vom 27. März 2004.

41. Diesen Einfall hatte Dirac, als er mit Hofer 1978 an der Mormonenkirche am Stadium Drive in Tallahassee vorbeiging, Interview mit Hofer, 21. Februar 2004.

42. Vortrag über „Fundamental Problems of Physics", 29. Juni 1971 (Tonaufzeichnung in LINDAU). Vgl. Dirac Papers, 2/28/23 (FSU).

43. In dem Vortrag sagte Dirac, dass die Wahrscheinlichkeit für die Entstehung von Leben seiner Meinung nach überwältigend gering sei: Ohne die Annahme eines Gottes sei die Chance eins zu 10^{100} (eine Eins mit 100 Nullen, die auch Googol genannt wird).

44. E-Mail von Kurt Hofer, 28. August 2006.

45. Halpern (1988: 466n.). Siehe auch Diracs Notizen zu seinem Vortrag „A Scientist's Attitude to Religion", ca. 1975, Dirac Papers, 2/32/11A (FSU).

46. Isenstein kontaktierte Dirac, nachdem er ihn im Hause Bohr kennengelernt hatte: Brief von Isenstein an Dirac, 29. Juni 1939, Dirac Papers, 2/3/9 (FSU). Isenstein erneuerte den Kontakt mit Dirac im Jahr 1969, siehe den Brief von Isenstein an Dirac, 29. Juni 1969, Dirac Papers, 2/6/7 (FSU).

47. Zur Büste siehe die Korrespondenz vom Sommer 1971, Dirac Papers, 2/6/11 (FSU).

48. Ich danke Michael Noakes für seine Schilderung der Porträtsitzungen mit Dirac (Interview, 3. Juli 2006). Noakes betonte, Frank Sinatra habe nicht für sein Porträt Modell gesessen, das Resultat aber sehr geschätzt und in seinem Arbeitszimmer aufgehängt.

49. Dirac gefiel das Bild, obwohl er ein bisschen grummelte: „Es lässt mich etwas alt aussehen." Dirac reagierte empfindlich wegen einer Narbe an seiner linken Nasenseite, eine Folge der Entfernung einer präkanzerösen Zyste im Sommer 1977. Aus diesem Grund zeigt Noakes' Porträt nur Diracs rechte Gesichtshälfte. Dirac wirkt auf den beiden Kreidezeichnungen von Howard Morgan aus dem Jahr 1980, die von der Nationalen Porträt-Galerie in Auftrag gegeben worden waren, sehr viel resoluter.

50. Feynmans Zeichnung ist auf der zweiten Titelseite von Kurşunoğlu und Wigner (1987) wiedergegeben. Ein Beleg für Feynmans Ausspruch

„ich bin kein Dirac" findet sich im Interview von Charles Weiner mit Richard Feynman, 28. Juni 1966, S. 187 (CALTECH).

51. Lord Waldegrave weist darauf hin, dass „die Ehrung zum großen Teil auf die Intervention von Victor Rothschild zurückging, dem verstorbenen Lord Rothschild, der damals als Staatssekretär im Kabinett und als Chef der strategischen politischen Planungsgruppe von Premierminister Edward Heath fungierte" (Interview mit Lord Waldegrave, 2. Juni 2004).

52. Brief von Manci an Barbara Gamow, 1. Mai 1973, LC.

53. Salaman und Salaman (1986: 70). Dirac sprach dieses Thema im Zusammenhang mit den persönlichen Erfahrungen seiner Tochter Monica an, die „ihr Geologie-Studium aufgegeben hatte, um ihr Baby zu versorgen".

54. Interview mit Mary Dirac, 21. Februar 2003.

55. Interview mit Leopold Halpern, 18. Februar 2003.

56. Der britische Anteil an dem Projekt wurde schließlich von der British Aircraft Corporation in Kooperation mit der französischen Gesellschaft Sud Aviation nach Vertragsunterzeichnung im Jahre 1962 erfüllt. Die British Aircraft Corporation war 1960 aus der Bristol Aeroplane Company sowie anderen Luftfahrtgesellschaften gebildet worden. Ich danke Andrew Nahum für Details zu diesem Thema.

57. Die Diracs flogen am 5. Mai 1979 von Dulles nach Paris (DDOCS). Briefe an Dirac von Abdul-Razzak Kaddoura, Assistent Director-General for Science der UNESCO, datiert 29. März 1979, in Dirac Papers, 2/9/3 (FSU).

58. *New York Times*, 5. Mai 1979.

59. Eine Kopie der Rede befindet sich in Dirac Papers, 1/3/8 (FSU).

60. Kapitza schrieb an Dirac am 18. Februar 1982 „Zu wissen, dass Du hingehst, spornt mich ebenfalls zur Reise an", Dirac Papers, 2/10/6 (FSU).

61. Eine Life-Aufzeichnung von Diracs Vortrag bei der Lindauer Tagung 1982, „The Requirements of a Basic Physical Theory" (1. Juli 1982) und andere Einzelheiten sind verfügbar unter LINDAU.

62. Einzelheiten über den Aufenthalt finden sich in Dirac Papers, 2/10/7 (FSU).

63. Interview mit Kurt Hofer, 21. Februar 2004; Interview mit Leopold Halpern, 26. Februar 2006.

64. Dirac hielt diesen Vortrag am 15. August 1981, Dirac Papers, 2/29/45 (FSU).

65. Das Erice-Statement ist im Internet zugänglich: http://www.federatiofofscientists.org/WfsErice.asp (aufgerufen 7. Januar 2016).

66. Am 7. Dezember 1982 schrieb Dirac an den Rektor des St. John College, um sich zu entschuldigen, dass er am 27. Dezember nicht persönlich an der nachträglichen Feier zu Diracs achtzigstem Geburtstag im College

teilnehmen könne: „59 Jahre lang war das College der Mittelpunkt meines Lebens und meine Heimat" (STJOHN).

67. Interview mit Peter Goddard, 7. Juni 2006.

29. Herbst 1982 – Juli 2002

1. Die Darstellung der Begegnung von Ramond und Dirac ist dem Interview mit Ramond am 18. Februar 2006 und nachfolgenden E-Mails entnommen. Es sei darauf hingewiesen, dass für die Begegnung hier ein späteres Datum genannt wird als in einer früheren Version der Geschichte (Pais 1998: 36–37); Ramond bestätigte das hier angegebene Datum, nachdem er in seinen Unterlagen in der Abteilung nachgesehen hatte. Es ist leider nicht möglich, das präzise Datum des Treffens anzugeben.

2. E-Mail von Pierre Ramond, 22. Dezember 2003.

3. *Tallahassee Democrat*, 15. Mai 1983, Seite G1.

4. Brief an Dirac und Manci von Diracs Mutter, 8. April 1940, Dirac Papers, 1/4/10 (FSU).

5. Interview mit Dr. Watt am Telefon, 19. Juli 2004.

6. Diracs letzter Vortrag „The Future of Atomic Physics" fand in New Orleans am 26. Mai 1983 statt: Dirac Papers, 2/29/52 (FSU).

7. Diracs Chirurg war Dr. David Miles. Ich danke Dr. Hansell Watt für die Überlassung einer Kopie des Operationsberichts.

8. Solnit (2001: 104).

9. Halpern (1988). Interview mit Halpern, 24. Februar 2006.

10. Die Essenzen, die Halpern verwendete, waren Echinacea, Mariendistel und Ginseng: Interview mit Halpern, 24. Februar 2006.

11. Dirac (1987: 194–198).

12. Brief von Manci Dirac an Lily Harish-Chandra, 30. September 1984 (im Besitz von Mrs. Harish-Chandra).

13. Brief von Manci Dirac an Lily Harish-Chandra, 16. März 1984 (im Besitz von Mrs. Harish-Chandra).

14. Interview mit Barbara Dirac-Svejstrup, 5. Mai 2003.

15. Interview mit Barbara Dirac-Svejstrup, 5. Mai 2003.

16. Interview mit Peter Tilley, 2. August 2005.

17. Auf Diracs Totenschein steht, dass er an einem Atemstillstand verstarb. Der Gerichtsmediziner ermittelte, dass die eigentliche Todesursache nicht Nierenversagen, sondern ein arterieller Verschluss war. Siehe Dirac Papers, 1/9/17 (FSU).

18. Telefongespräch mit Hansell Watt, 19. Juli 2004.

19. Manci wählte den episkopalischen Gottesdienst, weil die amerikanische Episkopalkirche eine anglikanische Kirche in Amerika ist und der

anglikanischen Gemeinde des Erzbischofs von Canterbury unterstellt ist. Diese Information stammt aus dem Interview mit Steve Edwards vom 16. Februar 2006.

20. E-Mail von Pierre Ramond, 23. Februar 2006.

21. Ich danke Mary Dirac, Steve Edwards, Ridy Hofer und Pierre Ramond für ihre Schilderungen des Begräbnisses.

22. Die Details zum Fall Judy stammen von den Behörden im County Mercer. Die Unterlagen zum Abschluss des Falles Judith Thompson tragen das Datum 29. Oktober 1984.

23. Brief von Richard Dalitz an Peter Goddard, 3. November 1986 (STJOHN); Erlaubnis aus diesem Brief zu zitieren: Interview mit Dalitz vom 9. April 2003.

24. Brief von Peter Goddard an den Rektor des St. John College, 26. Mai 1990 (STJOHN).

25. Interview mit Richard Dalitz, 9. April 2003.

26. Brief von Michael Mayne an Richard Dalitz, 20. Mai 1990, STJOHN.

27. Der Gedenkstein wurde von der Werkstatt Cardoza-Kindersley in Cambridge entworfen und ausgeführt, siehe Goddard (1998: xii).

28. Brief von Dalitz an Gisela Dirac, 30. November 1995, im Besitz von Gisela Dirac.

29. Goddard (1998: xiii).

30. Interview mit Richard Dalitz, 9. April 2003.

31. Brief von Dalitz an Gisela Dirac, 30. November 1995, im Besitz von Gisela Dirac.

32. Brief von Manci an Gisela Dirac, 4. Juli 1992, im Besitz von Gisela Dirac. Manci kannte sich mit Lord Byrons Begräbnis nicht richtig aus. Als dessen sterbliche Überreste nach England zurückgebracht wurden, wurde eine Grabstelle in der Abbey verweigert, und er wurde in Hucknall begraben. Danach wurden drei erfolglose Versuche für eine Gedenkplatte für ihn in der Abbey unternommen, der letzte 1924, wobei der Unterstützerbrief die Unterschriften von Hardy und Kipling sowie drei ehemaligen Premierministern trug (Balfour, Asquith und Lloyd George). Die Erlaubnis für eine Gedenkplatte in der Dichterecke wurde schlussendlich 1969 erteilt.

33. Siehe z. B. den Brief von Manci an den Herausgeber des *Scientific American*, August 1993, S. 6.

34. Brief von Manci an Abraham Pais, 25. November 1995, in Goddard (1998: 29).

35. Die Ledermans waren seit Mai 1980 gute Freunde der Diracs, nachdem Dirac ebenfalls an der Konferenz über die Geschichte der Teilchenphysik teilgenommen hatte. Lily Harish-Chandra war mit Harish-Chandra,

einem Mathematik-Kollegen Diracs, verheiratet; Erika Zimmermann war Wigners Tochter aus einer Beziehung in den späten 1920er-Jahren in Göttingen.

36. Interview mit Peggy Lannutti, 25. Februar 2004.

37. Manci hat allerdings dafür gesorgt, dass seine Nobelmedaille und die Urkunde an das St. John College zurückgegeben wurden (Brief von Manci an „Anna", 15. Oktober 1986, Wigner Archiv PRINCETON). Mancis Version der Geschichte vom angeblichen Herauswurf von Elizabeth Cockcroft aus dem Churchill College wird berichtet in Oakes (2000: 82).

38. Brief von Manci an „Anna", 15. Oktober 1986, Wigner-Archiv PRINCETON.

39. Interview mit Kurt Hofer, 21. Februar 2004; Interview mit Leopold Halpern, 26. Februar 2006.

40. Interview mit den Ledermans, 30. Oktober 2003.

41. Brief an Manci von Hillary Rodham Clinton, 12. Februar 1996 (DDOCS). Mrs. Rodham Clinton schrieb: „Es ist immer sehr erfreulich von anderen zu hören, dass sie die Vision eines besseren Lebens für alle Amerikaner teilen. Besonders wohltuend ist es, wenn dabei anerkannt wird, dass diese Vision nicht immer leicht zu realisieren ist." Interview mit Monica Dirac, 1. Mai 2006.

30. Diracs Denkweise und Persönlichkeit

1. Der Preis wurde von Rolls Royce und British Aerospace gestiftet. William Waldegrave erinnert sich, dass Dirac diesen Preis begrüßte und ihn gebeten hat, ihm eine Fotografie der Bishop-Road-Schule zu schicken, in der seine Schulzeit begonnen hatte.

2. Ich danke Laura Thorne (von „Brunel 200") für die Details zum Programm.

3. Diese und weitere Details des vorliegenden Absatzes wurden von John Bendall in einem Telefongespräch am 18. Oktober 2007 bestätigt.

4. Interview mit Mary Dirac, 10. August 2006.

5. Dieser Besuch fand am 22. Juni 2004 statt. Don Carleton, Historiker in Bristol, hatte diesen freundlicherweise arrangiert.

6. Brief von Manci an „Anna", 15. Oktober 1986, in PRINCETON, Wigner-Archiv (Margit Dirac Ordner).

7. Diese drei Charakteristika beruhen auf den ausführlicheren Darstellungen der Autismusexpertin Uta Frith in ihrer maßgeblichen Einführung in das Zustandsbild (Frith 1992: 11–12). Ihre Ausführungen stimmen überein mit dem äußerst detaillierten Schema im *Diagnostic and Statistical Manual* der American Psychiatric Association (2000), 4. Auflage,

Washington, DC, ebenso mit einem ähnlichen Schema der WHO (World Health Organisation), „ICD-10 Klassifizierung der psychischen und Verhaltensstörungen: Klinische Beschreibung und diagnostische Richtlinien" (1992).

8. *Stockholms Dagblad*, 10. Dezember 1933.

9. Walenski et al. (2006: 175); zu den Daten über Depression, s. S. 9.

10. Wing (1996: 47, 65 und 123).

11. Anonymus (2007) „Autism Speaks: The United States Pays Up", *Nature*, 448: 628–629; s. S. 628.

12. Frith (dt. 1992: Kap. 4).

13. Menschen mit dem Asperger-Syndrom zeigen im Gegensatz zu denen mit Autismus keine Verzögerung im Spracherwerb als Kleinkind noch in anderen intellektuellen Entwicklungen. Im Alter haben aber Menschen mit dem Asperger-Syndrom oft ähnliche soziale Beeinträchtigungen wie solche mit Autismus. Vgl. Frith (1992: 17).

14. Frith (2003: 182; dt. 1992: 83–85).

15. Interview mit Simon Baron-Cohen, 9. Juli 2003; Baron-Cohen (2003: Kap. 3 und 5).

16. Fitzgerald (2004: Kap. 1).

17. Frith (2003: 112; dt. 1992: 155).

18. E-Mail von Simon Baron-Cohen am 25. Dezember 2006.

19. Grandin (1995: 137).

20. Park (1992: 250–259); Temple Grandins Zitat stammt aus der *Morning Edition*, US National Public Radio, 14. August 2006. Vgl. http://www. npr.org/templates/story/story.php?storyId=5628476 (aufgerufen 23. Dezember 2015).

21. Dirac (1977: 140).

22. Brief an Dirac von Manci, 2. September 1936 (DDOCS).

23. „Viele Patienten mit Tuberkulose haben Allgemeinsymptome wie Müdigkeit, Krankheitsgefühl, Appetitlosigkeit, Schwäche oder Gewichtsverlust"; siehe Seaton et al. (2000: 516).

24. Einblicke in die Kindheit eines autistischen Kindes geben die Erinnerungen von Gunilla Gerland: *Ein richtiger Mensch sein*. Gerland schreibt eindrucksvoll über die von ihr wahrgenommenen Missverständnisse in ihrer frühen Beziehung zu ihren Eltern, insbesondere zu ihrem Vater. „Mein Vater respektierte überhaupt keine Bedürfnisse anderer Leute […] Oftmals hatte das Verhalten meines Vaters einen geradezu sadistischen Effekt, und das, obwohl er eigentlich kein echter Sadist war. Es war nicht meine Demütigung, die er genoss – die konnte er sich nicht vorstellen." (Gerland 1998: 19); s. a. Grandin (1984).

31. Diracs Vermächtnis

1. Diese Formulierung stammt von Steve Weinberg, der mir auftrug, sie bei der Tagung zum hundertsten Geburtstag von Dirac vorzutragen. Text von Weinberg genehmigt am 22. Juli 2007 (E-Mail).
2. Interview mit Freeman Dyson, 27. Juni 2005.
3. Zitiert in Charap (1972: 332).
4. E-Mail von Sir Michael Atiyah, 15. Juli 2007.
5. Woolf (1980: 502).
6. Brief von Dirac an Abdus Salam, 11. November 1981, abgedruckt in Craigie et al. (1983: iii).
7. 't Hooft (1997: Kap. 14).
8. Stephen Hawking ist in einer Episode von *Star Trek* aufgetreten, die erstmals am 21. Juni 1993 ausgestrahlt wurde, und in Episoden der *Simpsons* (erstmals am 9. Mai 1999 beziehungsweise am 1. Mai 2005).
9. Brief von Nicolas Kurti an den *New Scientist*, 65 (1975), S. 533; Brief von E. C. Stern (1975) an *Science*, 189, S. 251. Siehe auch die Bemerkungen von Dalitz in seinem Artikel „Another Side to Paul Dirac" in Kurşunoğlu und Wigner (1987: 87–88).
10. Freimund et al. (2001). Der Kapitza-Dirac-Effekt war im Jahre 1986 an Atomen, nicht aber an Elektronen nachgewiesen worden (Gould et al. 1986). Ich danke Herman Batelaan für seinen Hinweis auf neue Experimente zu diesem Effekt.
11. Deser (2003: 102).
12. Interview mit Nathan Seiberg, 26. Juli 2007, und E-Mail am 20. August 2007.
13. In seinen Interviews betonte Leopold Halpern häufig, dass für Dirac die Hypothese der großen Zahlen wichtig war (Interview mit Halpern, 26. Februar 2006).
14. Im konventionellen Maßstab beträgt die Gravitationskraft etwa ein Millionstel von einem Millardstel eines Milliardstel eines Milliardstel der Stärke der nächst-stärksten fundamentalen Kraft, der schwachen Wechselwirkung.
15. Rees (2003). Ich danke Martin Rees für seine Einschätzung des Status von Diracs Hypothese der großen Zahlen.
16. E-Mail von James Overduin, 20.–22. Juli 2006.
17. Overduin und Plendl (2007).
18. Ich danke Rolf Landua vom CERN für seine kompetenten Aussagen zum gegenwärtigen Stand der experimentellen Erforschung der Antimaterie.
19. Vgl. Yang (1980: 39).

20. Diese am 27. November 1975 niedergeschriebenen Worte scheinen genau zu Dirac zu passen. Er schrieb sie auf ein einzelnes Blatt Papier und bewahrte es zwischen seinen Vorlesungsnotizen auf: Dirac Papers, 2/29/17 (FSU). Die Worte, die durch [dies eintrat] ersetzt worden sind, lauteten ursprünglich: „Ich fühlte, wie die Mathematik mich sachte an der Hand führte."

21. Die erste Erwähnung von Schönheit in Diracs Arbeiten findet sich anscheinend in dem Paper, das er 1933 gemeinsam mit Kapitza schrieb, „The Reflection of Electrons from Standing Light Waves" (Die Reflektion von Elektronen an stehenden Lichtwellen), in welchem sie auf die Schönheit der Farbfotografie hinwiesen, die von Gabriel Lippmann hergestellt worden war.

22. Die Arbeit von Green und Schwarz ging am 10. September 1984 bei den *Physics Letters B* ein und wurde am 13. Dezember publiziert.

23. Für eine populärwissenschaftliche Darstellung der Stringtheorie vgl. Greene (1999).

24. Persönliche Mitteilung von Juan Maldacena, 18. September 2009.

25. In seinen Notizen weist Dirac lobend auf Wittens „brillante Lösungen eines Zahlenproblems in der mathematischen Physik" hin, Dirac Papers, 2/14/9 (FSU).

26. Interview mit Edward Witten, 8. Juli 2005 und E-Mail am 30. August 2006.

27. E-Mail von Veltman, 20. Januar 2008. Für eine kritische Einschätzung der Stringtheorie siehe Woit (2006), insbesondere die Kap. 13–19.

Abkürzungen

AHQP	Archives for the History of Quantum Physics, an verschiedenen Orten bereitgestellt: Niels Bohr Library & Archives, American Institute of Physics, College Park, Maryland, USA; https://www.aip.org/history-programs/niels-bohr-library (aufgerufen 9. Januar 2016).
AIP	American Institute of Physics, Center for the History of Physics, Niels Bohr Library, Maryland, USA.
APS	Archiv der American Philosophical Society, Philadelphia, USA.
BOD	Bodleian Library, University of Oxford, UK.
BRISTU	Bristol University Archive, UK.
BRISTRO	Bristol Records Office, UK.
CALTECH	California Institute of Technology, Archiv, USA.
CHRIST'S	Old Library, Christ's College, Cambridge University, UK.
CHURCHILL	Churchill Archives Centre, Churchill College, Cambridge University, UK.
DDOCS	Dirac Briefe und Arbeiten, Eigentümerin Monica Dirac.
EANGLIA	Tots and Quots Archive, University of East Anglia, Norwich, UK.
FSU	Paul A. M. Dirac Papers, Florida State University Libraries, Tallahassee, Florida, USA. Alle Briefe, die Diracs Mutter ihm geschrieben hat, befinden sich in diesem Archiv.
IAS	Institute for Advanced Study, Archiv, USA.
KING'S	King's College, Cambridge; unveröffentlichte Schriften von J. M. Keynes.
LC	Library of Congress, Collections of the Manuscript Division.
LINDAU	Archiv der Lindau Tagungen, Deutschland.
NBA	Niels Bohr Archiv, im Niels Bohr Institut, Kopenhagen.

© Springer-Verlag GmbH Deutschland, ein Teil von Springer Nature 2018
G. Farmelo, *Der seltsamste Mensch*, https://doi.org/10.1007/978-3-662-56579-7

PRINCETON	Eugene Wigner Papers, Manuscripts Division, Department of Rare Books and Special Collections, Princeton University Library, USA.
ROYSOC	Archiv der Royal Society, London, UK.
RSAS	Royal Swedish Academy of Sciences, Center for History of Science, Stockholm.
SOLVAY	Archive der Solvay Konferenzen, Free University of Brussels, Belgien.
STJOHN	St. John's College Archive, Cambridge, UK.
SUSSEX	Crowther Archive, Special Collections at the University of Sussex, UK (die Universität besitzt das Copyright des Archivs).
TALLA	Dirac Archive in der Dirac Science Library, Florida State University, USA, https://www.lib.fsu.edu/dirac-science-library (aufgerufen 9. Januar 2016).
UCAM	University of Cambridge Archive, UK.
UKNATARCHI	National Archives of the UK, Kew.
WISC	University of Madison, Wisconsin, Archive, USA.
1851 COMM	Archive der Royal Commission of 1851, Imperial College, London, UK.

Literatur

Verwendete Literatur

Aaserud, F. (1990) *Redirecting Science: Niels Bohr, Philanthropy, and the Rise of Nuclear Physics*, Cambridge: Cambridge University Press.

Anderson, C. D. (1983) „Unraveling the Particle Content of Cosmic Rays", in Brown, L. and Hoddeson, L. (1983) *The Birth of Particle Physics*, Cambridge: Cambridge University Press., S. 131–154.

Annan, N. (1992) *Our Age: Portrait of a Generation*, London: Weidenfeld und Nicolson.

Anonymus (1935) *The Frustration of Science*, Vorwort von F. Soddy, New York: W. Norton.

Anonymus (1993) *Operation Epsilon: The Farm Hall Transcripts,* Bristol: Institute of Physics Publishing

Anonymus (2001) *The Cuban Missile Crisis: Selected Foreign Policy Documents from the Administration of John F. Kennedy, January 1961 – November 1962*, London: The Stationery Office, S. 109–134.

Anonymus (2007) „Autism Speaks: The United States Pays Up", *Nature*, 448: 628–629.

Badash, L. (1985) *Kapitza, Rutherford and the Kremlin*, New Haven, Conn.: Yale University Press.

Baer, H. and Belyaev, A. (Hrsg.) (2003) *Proceedings of the Dirac Centennial Symposium*, London: World Scientific.

Baldwin, T. (1990) *G. Moore*, London and New York: Routledge.

Barham, J. (1977) *Cambridgeshire at War*, Cambridge: Bird's Farm.

Baron-Cohen, S. (2003) *The Essential Difference*, New York: Basic Books.

Barrow, J. (2002) *The Constants of Nature*, New York: Pantheon Books. *(Das 1×1 des Universums: Neue Erkenntnisse über die Naturkonstanten.* Reinbek: Rowohlt, 2006.)

Batterson, S. (2006) *Pursuit of Genius*, Wellesley, Mass.: A. Peters Ltd.

Beller, M. (1999) *Quantum Dialogue: The Making of a Revolution*, Chicago, Ill.: University of Chicago Press.

Bernstein, J. (2004) *Oppenheimer: Portrait of an Enigma*, London: Duckworth.

© Springer-Verlag GmbH Deutschland, ein Teil von Springer Nature 2018
G. Farmelo, *Der seltsamste Mensch*, https://doi.org/10.1007/978-3-662-56579-7

Billington Harper, S. (2000) *In the Shadow of the Mahatma*, Richmond: Curzon.

Bioley, H. (1903) *Les Poètes du Valais Romand*, Lausanne: Imprimerie J. Couchoud.

Bird, K. and Sherwin, M. J. (2005) *American Prometheus: The Triumph and Tragedy of J. Robert Oppenheimer*, New York: Vintage.

Blackett, P. M. S. (1955) „Rutherford Memorial Lecture 1954", *Physical Society Yearbook 1955*.

Blackett, P. M. S. (1969) „The Old Days of the Cavendish", *Rivista del Cimento*, 1 (special edition): xxxvii.

Blackwood, J. R. (1997) „Einstein in a Rear-View Mirror", *Princeton History*, 14: 9–25.

Boag, J. W., Rubinin, P. E. und Shoenberg, D. (Hrsg.) (1990) *Kapitza in Cambridge and Moscow*, Amsterdam: North Holland.

Board of Education (1905) *Suggestions for the Consideration of Teachers and Others Concerned with Public Elementary Schools*, London: Her Majesty's Stationery Office.

Bohr, N. (1950) *Open Letter to the United Nations*, Copenhagen: J. Schultz Forlag.

Bokulich, A. (2004) „Open or Closed? Dirac, Heisenberg, and the Relation Between Classical and Quantum Mechanics", *Studies in the History and Philosophy of Modern Physics*, 35: 377–396.

Born, M. (1978) *My Life: Recollections of a Nobel Laureate*, London: Taylor & Francis. (*Mein Leben – Die Erinnerungen des Nobelpreisträgers*, München: Nymphenburger Verlagsbuchhandlung, 1975.)

Born, M. (2005) *The Born – Einstein Letters 1916–1955*, Basingstoke: Macmillan. (First published 1971.) (*Einstein-Born-Briefwechsel 1916–1955*, München: Nymphenburger Verlagsbuchh. 1969.)

Bowyer, M. J. F. (1986) *Air Raid! The Enemy Air Offensive Against East Anglia*, Wellingborough: Patrick Stephens.

Boys Smith, J. S. (1983) *Memories of St John's College 1919–1969*, Cambridge: St John's College.

Brandt, S. (2011) *Geschichte der modernen Physik*, München: C.H. Beck (Wissen).

Brendon, P. (2000) *The Dark Valley: A Panorama of the 1930s*, New York: Alfred A. Knopf.

Broad, C. (1923) *Scientific Thought*, Bristol: Routledge. Reprinted in 1993 by Thoemmes Press, Bristol.

Brown, A. (1997) *The Neutron and the Bomb*, Oxford: Oxford University Press.

Brown, A. (2005) *J. D. Bernal: The Sage of Science*, Oxford: Oxford University Press.

Brown, L. M. and Hoddeson, L. (1983) *The Birth of Particle Physics*, Cambridge: Cambridge University Press.

Brown, L. M. (1978) „The Idea of the Neutrino", *Physics Today*, September, S. 23–28.

Brown, L. M. and Rechenberg, H. (1987) „Paul Dirac and Werner Heisenberg: A Partnership in Science", in B. N. Kurşunoğlu and E. P. Wigner (Hrsg.), *Reminiscences about a Great Physicist: Paul Adrien Maurice Dirac*, Cambridge: Cambridge University Press, S. 117–162.

Bryder, L. (1988) *Below the Magic Mountain: A Social History of Tuberculosis in Twentieth Century Britain*, Oxford: Clarendon Press.

Bryder, L. (1992) „Wonderlands of Buttercup, Clover and Daisies" in R. Cooter (Hrsg.), *In the Name of the Child: Health and Welfare 1880–1940*, London and New York: Routledge, S. 72–95.

Bukharin, N. (1931) „Theory and Practice from the Standpoint of Dialectical Materialism", available at http://www.marxist.org/archive/bukharin/works/1931/ diamat/ (aufgerufen 15. Januar 2016).

Cahan, D. (1989) *An Institute for an Empire*, Cambridge: Cambridge University Press.

Cannadine, D. (1994) *Aspects of Aristocracy*, New Haven, Conn.: Yale University Press.

Casimir, H. (1983), *Haphazard Reality*, New York: Harper & Row.

Cassidy, D. C. (1992) *Uncertainty: The Life and Science of Werner Heisenberg*, New York: W. Freeman and Co. (*Werner Heisenberg. Leben und Werk*. Heidelberg: Spektrum Akad. Verlag, 1995.)

Cathcart, B. (2004) *The Fly in the Cathedral*, London: Penguin Books.

Chadwick, J. (1984) „Some Personal Notes on the Discovery of the Neutron" in J. Hendry (Hrsg.), *Cambridge Physics in the Thirties*, Bristol: Adam Hilger, S. 42–45.

Chandrasekhar, S. (1987) *Truth and Beauty: Aesthetic Motivations in Science*, Chicago, Ill.: University of Chicago Press

Charap, J. (1972) „In Praise of Paul Dirac", *The Listener*, 14. September, S. 331–332.

Christianson, G. E. (1995) *Edwin Hubble: Mariner of the Nebulae*, Bristol: Institute of Physics Publishing.

Churchill, Randolph (1965) *Twenty-One Years*, London: Weidenfeld and Nicholson.

Conquest, R. (1986) *Harvest of Sorrow: Soviet Collectivization and the Terror-Famine*, New York: Oxford University Press. (*Ernte des Todes. Stalins Holocaust in der Ukraine 1929–1933*, übersetzt von Enno von Löwenstern, München: Langen-Müller, 1988.)

Copeland, B. J. (2006) *Colossus: The Secrets of Bletchley Park's Codebreaking Computers*, Oxford: Oxford University Press.

Cornwell, J. (2003) *Hitler's Scientists*, London: Penguin Books.

Craigie, N. S., Goddard, P. and Nahm, W. (Hrsg.) (1983) *Monopoles in Quantum Field Theory*, Singapore: World Scientific.

Crease, R. P. and Mann, C. C. (1986) *The Second Creation: Makers of the Revolution of Twentieth Century Physics*, New Brunswick, NJ: Rutgers University Press.

Crowther, J. G. (1970) *Fifty Years with Science*, London: Barrie & Jenkins.

Cunningham, E. (1970) „Ebenezer: Recollections of Ebenezer Cunningham", unpublished, Archive of St John's College, Cambridge.

Curtright, T., Mintz, S. and Perlmutter, A. (Hrsg.) (2004) *Proceedings of the 32nd Coral Gables Conference*, London: World Scientific.

Da Costa Andrade, E. N. (1964) *Rutherford and the Nature of the Atom*, New York: Anchor Books. (*Rutherford und das Atom. Die Geburt der modernen Physik*, München: Natur und Wissen Kurt Desch, 1965.)

Dalitz, R. H. (1987b) „A Biographical Sketch of the Life of P. A. M. Dirac", in J. G. Taylor (Hrsg.), *Tributes to Paul Dirac*, Bristol: Adam Hilger, S. 3–28.

Dalitz, R. H. (1987a) „Another Side to Paul Dirac" in B. N. Kurşunoğlu and E. P. Wigner (Hrsg.), *Reminiscences about a Great Physicist: Paul Adrien Maurice Dirac*, Cambridge: Cambridge University Press, S. 69–92.

Dalitz, R. H. (Hrsg.) (1995) *The Collected Works of P. A. M. Dirac 1924–1948*, Cambridge: Cambridge University Press.

Dalitz, R. H. and Peierls, R. (1986) „Paul Adrien Maurice Dirac", *Biographical Memoirs of the Royal Society*, 32: 138–185.

Daniel, G. (1986) *Some Small Harvest*, London: Thames and Hudson.

Darrigol, O. (1992) *From c-Numbers to q-Numbers*, Berkeley, Calif.: University of California Press.

Darrow, K. K. (1934) „Discovery and Early History of the Positive Electron", *Scientific Monthly*, 38 (1): 5–14.

Delbrück, M. (1972) „Out of this World", in F. Reines (Hrsg.), *Cosmology, Fusion and Other Matters: George Gamow Memorial Volume*, Boulder, Col.: Colorado Associated Unversity Press, S. 280–288.

Deser, D. (2003) „P. A. M. Dirac and the Development of Modern General Relativity", in H. Baer and A. Belyaev (Hrsg.) (2003) *Proceedings of the Dirac Centennial Symposium*, London: World Scientific, S. 99–105.

Desser, M. (1991) *Zwischen Skylla und Charybdis. Die „scientific community" der Physiker 1919–1939*, Wien: Böhlau.

Dingle, H. (1937b) „Deductive and Inductive Methods in Science: A Reply", Supplement to *Nature*, 139 (12. Juni), S. 1001–1002.

Dingle, H. (1937a) „Modern Aristotlelianism", *Nature*, 139: 784–786 (8. Mai).

Dirac, Monica (2003) „My Father" in H. Baer and A. Belyaev (Hrsg.) (2003) *Proceedings of the Dirac Centennial Symposium*, London: World Scientific, S. 39–42.

Dirac, Margit (Manci) (1987) „Thinking of My Darling Paul", in B. N. Kurşunoğlu and E. P. Wigner (Hrsg.), *Reminiscences about a Great Physicist: Paul Adrien Maurice Dirac*, Cambridge: Cambridge University Press, S. 3–8.

Dirac, P. A. M. (1936) „Does Conservation of Energy Hold in Atomic Processes?" *Nature*, 22 February, S. 803–804.

Dirac, P. A. M. (1954) „Quantum Mechanics and the Ether", *Scientific Monthly*, 78: 142–146.

Dirac, P. A. M. (1963) „The Evolution of the Physicist's Picture of Nature", *Scientific American*, May, Vol. 208, No. 5, S. 45–53.

Dirac, P. A. M. (1966) *Lectures on Quantum Field Theory*. New York, Belfer Graduate School of Science, Yeshiva University.

Dirac, P. A. M. (1970) „Can Equations of Motion Be Used in High-Energy Physics?", *Physics Today*, April, S. 29–31.

Dirac, P. A. M. (1977) „Recollections of an Exciting Era", in C. Weiner (Hrsg.), *History of Twentieth Century Physics*, New York: Academic Press, S. 109–146.

Dirac, P. A. M. (1978) „The Monopole Concept", *International Journal of Physics*, 17 (4): 235–247.

Dirac, P. A. M. (1982a) „The early years of relativity" in G. Holton and Y. Elkana (Hrsg.) *Albert Einstein: Historical and Cultural Perspectives*, Princeton: Princeton University Press, S. 79–90.

Dirac, P. A. M. (1982) „Pretty Mathematics", *International Journal of Physics*, 21: 603–605.

Dirac, P. A. M. (1987) „The Inadequacies of Quantum Field Theory", in B. N. Kurşunoğlu and E. P. Wigner (Hrsg.), *Reminiscences about a Great Physicist: Paul Adrien Maurice Dirac*, Cambridge: Cambridge University Press, S. 194–198.

Dorozynski, A. (1965) *The Man They Wouldn't Let Die*, New York: Macmillan.

Dukas, H. und B. Hoffmann (Hrsg.) (1981) *Albert Einstein Briefe*. Zürich: Diogenes.

Dyson, F. (1992) *From Eros to Gaia*, Pantheon Books, New York.

Dyson, F. (2005) „Hans Bethe and Quantum Electrodynamics", *Physics Today*, Oktober, S. 48–50.

Dyson, F. (2006) *The Scientist as Rebel*, New York: New York Review of Books.

Earman, J. and Glymour, C. (1980) „Relativity and Eclipses: the British Eclipse Expeditions of 1919 and Their Predecessors", *Historical Studies in the Physical Sciences*, 11: 49–85.

Eddington, A. (1918) „Report on the Meeting of the British Association Held on Wednesday November 27, 1918 at Sion College, Victoria Embankment, E. C.", *Journal of the British Astronomical Association*, 29: 35–39.

Eddington, A. S. (1923) *Mathematical Theory of Relativity*, Cambridge Univ. Press. (*Relativitätstheorie in mathematischer Abhandlung*, übers. Alexander Ostrowski und Harry Schmidt, Berlin: J. Springer 1925.)

Eddington, A. S. (1928) *The Nature of the Physical World*, Cambridge: Cambridge University Press. (*Weltbild der Physik und ein Versuch seiner philosophischen Deutung*, übers. M. Freifrau Rausch v. Traubenberg und H. Diesselhorst, Braunschweig: F. Vieweg, 1931.)

Einstein, A. (1931) „Maxwell's Influence on the Development of the Conception of Physical Reality", in *James Clerk Maxwell: A Commemorative Volume 1831–1931*, Cambridge: Cambridge University Press.

Elsasser, W. (1978) *Memoirs of a Physicist in the Atomic Age*, London: Adam Hilger.

Enz, C. P. (2002) *No Time to Be Brief: A Scientific Biography of Wolfgang Pauli*, Oxford: Oxford University Press. (*Pauli hat gesagt*. Biographie. Zürich: NZZ LIBRO, 2005)

Farmelo, G. (Hrsg.) (2002a) *It Must Be Beautiful: Great Equations of Modern Science*, London: Granta.

Farmelo, G. (2005) „Dirac's Hidden Geometry", *Nature*, 437, S. 323.

Farmelo, G. (2002b) „Pipped to the Positron", *New Scientist*, 10 August, S.48–49.

Feinberg, E. L. (Hrsg.) (1987) *Reminiscences about I. E. Tamm*, Moscow: Nauka.

Fellows, F. H. (1985) „J. H. Van Vleck: The Early Life and work of a Mathematical Physicist", unpublished PhD thesis, University of Minnesota.

Fen, E. (1976) *A Russian's England*, Warwick: Paul Gordon Books.

Fermi, L. (1968) *Illustrious Immigrants: The Intellectual Migration from Europe 1930 – 1941*, Chicago, Ill.: University of Chicago Press.

Feynman, R. P. (1985) *QED: The Strange Theory of Light and Matter*, London: Penguin Books. (*QED: Die seltsame Theorie des Lichts und der Materie*, übers. S. Summerer und G. Kurz, München: Piper Taschenbuch,18. Aufl. 1992.)

Fitzgerald, F. S. (1931) „Echoes of the Jazz Age", *Scribner's Magazine*, November, pp. 459–465.

Fitzgerald, M. (2004) *Autism and Creativity*, New York: Brunner-Routledge.

Fitzpatrick, S. (1999) *Everyday Stalinism*, Oxford: Oxford University Press.

Fitzpatrick, S. (2005) *Tear Off the Masks!*, Princeton, NJ: Princeton University Press.

Fölsing, A. (1997) *Albert Einstein: A Biography*, New York: Viking. (A. Fölsing, *Albert Einstein: Eine Biographie*, Berlin: Suhrkamp Taschenbuch 1995.)

Freeman, J. (1991) *A Passion for Physics*, London: Institute of Physics Publishing.

Freimund, D. L., Aflatooni, K. and Batelaan, H. (2001) „Observation of the Kapitza-Dirac Effect", *Nature*, 413: 142–143.

French, A. P. and Kennedy, P. J. (Hrsg.) (1985) *Niels Bohr: A Centenary Volume*, Cambridge, Mass.: Harvard University Press.

Frenkel, V. Y. (1966) *Yakov Ilich Frenkel: His Life, Work and Letters*, Boston, Mass.: Birkhäuser Verlag.

Frith, U. (2003) *Autism: Explaining the Enigma*, 2nd Edition, Oxford: Blackwell. (*Autismus: Ein kognitionspsychologisches Puzzle*, übers. G. Herbst, Heidelberg: Spektrum Akad., 1992.)

Galison, P. (1987) *How Experiments End*, Chicago, Ill.: University of Chicago.

Galison, P. (2000) „The Suppressed Drawing: Paul Dirac's Hidden Geometry", *Representations*, autumn issue, S. 145–166.

Galison, P. (2003) *Einstein's Clocks, Poincaré's Maps*, London: Sceptre (*Einsteins Uhren und Poincarés Karten: Die Arbeit an der Ordnung der Zeit*, Frankfurt: S. Fischer-Verlag, 2003.)

Gamow, G. (1966) *Thirty Years that Shook Physics*, New York: Doubleday & Co.

Gamow, G. (1967) „History of the Universe", *Science*, 158 (3802): 766–769.

Gamow, G. (1970) *My World Line: An Informal Autobiography*, New York: Viking Press. (*My Worldline: Autobiographie*, Viking Press 1970.)

Gardiner, M. (1988) *A Scatter of Memories*, London: Free Association Books.

Garff, J. (2005) *Søren Kierkegaard: A Biography*, transl. B. H. Kirmmse, Princeton, NJ: Princeton University Press. (*Søren Kierkegaard: Biographie*, übers. H. Zeichner und H. Schmid, Carl Hanser Verlag, 2004)

Gaunt, W. (1945) *The Aesthetic Adventure*, London: Jonathan Cape. (*Das ästhetische Abenteuer*, Hannover 1948.)

Gell-Mann, M. (1967) „Present Status of the Fundamental Interactions", in A. Zichichi (Hrsg.), *Hadrons and Their Interactions: Current and Field Algebra, Soft Pions, Supermultiplets, and Related Topics*, New York: Academic Press.

Gell-Mann, M. (1994) *The Quark and the Jaguar*, London: Little, Brown & Co. (*Das Quark und der Jaguar*, übers. Inge Leipold und Thorsten Schmidt, München: Piper, 1996)

Gerland, G. (1998) *Ein richtiger Mensch sein: Autismus – das Leben von der anderen Seite* (übers. Brigitta Kicherer), Stuttgart: Verlag Freies Geistesleben.

Gleick, J. (1992) *Richard Feynman and Modern Physics*, London: Little, Brown. (*Richard Feynman – Leben und Werk des genialen Physikers*, übers. D. Gerster, München: Droemer-Knaur, 1993.)

Goddard, P. (Hrsg.) (1998) *Paul Dirac: The Man and His Work*, Cambridge: Cambridge University Press.

Goodchild, P. (1985) *J. Robert Oppenheimer: Shatterer of Worlds*, New York: Fromm International.

Gorelik, G. E. and Frenkel, V. Y. (1994) *Matvei Petrovich Bronstein and Soviet Theoretical Physics in the Thirties*, Boston, Mass.: Birkhäuser Verlag.

Gottfried, K. (2002) „Matter All in the Mind", *Nature*, 419, S. 117.

Gould, P. L., Ruff, G., and Pritchard, D. E. (1986) „Diffraction of Atoms by Light: The Near-Resonant Kapitza-Dirac Effect", *Physical Review Letters*, 56: 827–830.

Gowing, M. (1964) *Britain and Atomic Energy 1939–45*, Basingstoke: Macmillan.

Grandin, T. (1984) „My Experiences as an Autistic Child and Review of Selected Literature", *Journal of Orthomolecular Psychiatry*, 13: 144–174.

Grandin, T. (1995) „How People with Autism Think", in E. Schopler and G. B. Mesibov (eds.), *Learning and Cognition in Autism*, New York: Plenum Press: 137–156.

Gray, A. (1925) *The Town of Cambridge*, Cambridge: W. Heffers & Sons Ltd.

Greene, B. (1999) *The Elegant Universe*, New York: W. Norton & Co. (*Das elegante Universum: Superstrings, verborgene Dimensionen und die Suche nach der Weltformel*, übers. H. Kober, München: Goldmann Taschenbuch, 2005.)

Greenspan, N. T. (2005) *The End of the Certain World: The Life and Science of Max Born*, Chichester: John Wiley & Sons Ltd. (N. T. Greenspan, *Max Born – Baumeister der Quantenwelt: Eine Biographie*, übers. A. Ehlers, München: Elsevier-Spektrum, 2006.)

Halpern, L. (1988) „Observations of Two of Our Brightest Stars", in K. Bleuler and M. Werner (Hrsg.), *Proceedings of the NATO Advanced Research Workshop and the 16th International Conference on Differential Geometrical Methods in Theoretical Physics*, Boston, Mass.: Kluwer, S. 463.–470.

Halpern, L. (2003) „From Reminiscences to Outlook", in H. Baer and A. Belyaev (eds.), *Proceedings of the Dirac Centennial Symposium*, London: World Scientific, S. 23–37.

Hardy, G. H. (1940) *A Mathematician's Apology*, Cambridge: Cambridge University Press. (*Apologie eines Mathematikers*, Hrsg. Loki Radoslav, Pon Press, 2012.)

Hayward, F. H. (Hrsg.) (1909) *The Primary Curriculum*, London: Ralph, Holland & Co.

Hearn, L. (1896) *Kokoro: Hints and Echoes of Japanese Inner Life*, London: Osgood & Co. (*Kokoro*: Deutsche Übersetzung dieser Studie der Japanischen Kultur, Frankfurt: Ruetten & Loening, 1907.)

Heaviside, O. (1899) *Electromagnetic Theory, Vol II*, London: Office of „The Electrician".

Heilbron, J. (1979) *Electricity in the 17th and 18th Centuries*, Berkeley, Calif.: University of California Press.

Heisenberg, W. (1925) „Über quantentheoretische Umdeutung kinematischer und mechanistischer Beziehungen". *Z. Phys.* 33, 879–893.

Heisenberg, W. (1967) „Quantum Theory and its Interpretation", in S. Rozental (Hrsg.), *Niels Bohr: His Life and Work As Seen by His Friends and Colleagues*, New York: Wiley, S. 94–108.

Heisenberg, W. (1971) *Physics and Beyond*, London: George Allen & Unwin. (*Der Teil und das Ganze*. München: Piper, 1969.)

Hendry, J. (Hrsg.) (1984) *Cambridge Physics in the Thirties*, Bristol: Adam Hilger Ltd.

Hennessey, P. (2006) *Having It So Good*, London: Allen Lane.

Hennessey, P. (2007) *Cabinets and the Bomb*, Oxford: Oxford University Press.

Hermann, A. (1995) „Das goldene Zeitalter der deutschen Physik und die Emotionen der Physiker". Festvortrag zum 150-jährigen Jubiläum der DFG am 22. März 1995. Phys. Bl. 51 (Nr.7/8), S. 613–619. http://onlinelibrary.wiley.com/doi/10.1002/phbl.19950510709/abstract

Hermann, A., v. Meyenn, K. and Weisskopf, V. F. (Hrsg.) (1979) *Wolfgang Pauli: Scientific Correspondence with Bohr, Einstein, Heisenberg*, 3 vols, Berlin: Springer. (*Wolfgang Pauli: Wissenschaftlicher Briefwechsel mit Bohr, Einstein, Heisenberg* u.a., Band 1, Springer, 1979.)

Hodge, W. V. D. (1956) „Henry Frederick Baker", *Biographical Memoirs of Fellows of the Royal Society*, Vol. II, November, S. 49–68.

Holloway, D. (1994) *Stalin and the Bomb*, New Haven, Conn.: Yale University Press.

Holroyd, M. (1988) *Bernard Shaw*, Vol. I: 1856–1898, New York: Random House.

Howarth, T. E. B. (1978) *Cambridge Between Two Wars*, London: Collins.

Hoyle, F. (1992) „The Achievement of Dirac", *Notes and Records of the Royal Society of London*, 43 (1): 183–187.

Hoyle, F. (1994) *Home is Where the Wind Blows*, Mill Valley, Calif.: University Science Books.

Hughes, J. (2003) *Thinker, Toiler, Scientist, Spy? Peter Kapitza and the British Security State*, Manchester: University of Manchester.

Huxley, A. (1928) *Point Counterpoint*, New York: Random House. (A. Huxley, *Kontrapunkt des Lebens*. Übers. Herberth E. Herlitschka, München: Piper, 1957.)

Huxley, T. H. (1894) *Biogenesis and Abiogenesis: Collected Essays, 1893–1894: Discourses, Biological and Geological*, Vol. 8, Basingstoke: Macmillan.

Infeld, I. (1941) *Quest: The Evolution of a Scientist*, London: The Scientific Book Club.

Ito, D. (1995) „The Birthplace of Renormalization Theory", in M. Matsui (Hrsg.), *Sin-Itiro Tomonaga: Life of a Japanese Physicist*, Tokio: MYU, S. 171–182.

Jeffreys, B. (1987) „Reminiscences at the Dinner held at St John's College", in J. G. Taylor (Hrsg.), *Tributes to Paul Dirac*, Bristol: Adam Hilger, S. 38–39.

Jerome, F. (2002) *The Einstein File*, New York: St Martin's Griffin.

Jerome, F. and Taylor, R. (2005) *Einstein on Race and Racism*, New Brunswick, NJ: Rutgers University Press.

Johnson, G. (2000) *Strange Beauty*, London: Jonathan Cape.

Jones, D. (2000) *Bristol Past*, Chichester: Phillimore.

Jones, R. (1998) *Gender and the Formation of Taste in Eighteenth-Century Britain*, Cambridge: Cambridge University Press.

Jost, Res (1995) *Das Märchen vom Elfenbeinernen Turm*: Reden und Aufsätze, S. 89. Heidelberg: Springer.

Kedrov, F. B. (1984) *Kapitza: Life and Discoveries*, Moscow: Mir Publishers.

Kevles, D. J. (1971) *The Physicists: The History of a Scientific Community in Modern America*, New York: Alfred A. Knopf.

Knight, A. (1993) *Beria: Stalin's First Lieutenant*, Princeton, NJ: Princeton University Press.

Kojevnikov, A. (1993) *Paul Dirac and Igor Tamm Correspondence Part I: 1928–1933*, Munich: Max Planck Institute for Physics.

Kojevnikov, A. (1996) *Paul Dirac and Igor Tamm Correspondence Part II: 1933–1936*, Munich: Max Planck Institute for Physics.

Kojevnikov, A. (2004) *Stalin's Great Science: The Times and Adventures of Soviet Physicists*, London: Imperial College Press.

Kragh, H. (1990) *Dirac: A Scientific Biography*, Cambridge: Cambridge University Press.

Kragh, H. (1996) *Cosmology and Controversy*, Princeton, NJ: Princeton University Press.

Kurşunoğlu, S. A. (1987) „Dirac in Coral Gables" in B. N. Kurşunoğlu and E. P. Wigner (Hrsg.), *Reminiscences about a Great Physicist: Paul Adrien Maurice Dirac*, Cambridge: Cambridge University Press, S. 9–28.

Kurşunoğlu B. N. and E. P. Wigner (Hrsg.) (1987) *Reminiscences about a Great Physicist: Paul Adrien Maurice Dirac*, Cambridge: Cambridge University Press.

Lamb, W. (1983) „The Fine Structure of Hydrogen" in L. M. Brown and L. Hoddeson (Hrsg.) (1983), *The Birth of Particle Physics*, Cambridge: Cambridge University Press, S. 311–328.

Lanouette, W. (1992) *Genius in the Shadows: A Biography of Leo Szilard*, New York: Scribner's.

Lee, S. (Hrsg.) (2007b) *The Bethe-Peierls Correspondence*, London: World Scientific.

Lee, S. (Hrsg.) (2007a) *Sir Rudolf Peierls: Selected Private and Scientific Correspondence*, Volume 1, London: World Scientific.

LoBrutto, V. (1997) *Stanley Kubrick: A Biography*, London: Faber & Faber.

Lützen, J. (2003) „The Concept of the Function in Mathematical Analysis", in M. J. Nye (Hrsg.), *The Cambridge History of Science, Vol. V: The Modern Physical and Mathematical Sciences*, Cambridge: Cambridge University Press, pp. 468–487.

De Maria, M. and Russo, A. (1985) „The Discovery of the Positron" *Rivista di Storia della Scienza* 2 (2): 237–286.

Matthews, G. B. (1914) *Projective Geometry*, London: Longmans, Green & Co.

McCrea, W. H. (1987) „Eamon de Valera, Erwin Schrödinger and the Dublin Institute", in C. W. Kilmister (Hrsg.), *Schrödinger: Centenary Celebration of a Polymath*, Cambridge: Cambridge University Press, S. 119–134.

McGucken, W. (1984) *Scientists, Society and State*, Columbus, Ohio: Ohio State University Press, S. 40–41.

McMillan, P. J. (2005) *The Ruin of J. Robert Oppenheimer and the Birth of the Modern Arms Race*, New York: Penguin.

Mehra, J. (Hrsg.) (1973) *The Physicist's Conception of Nature*, Boston, Mass.: D. Reidel.

Mehra, J. and Rechenberg, H. (1982) *The Historical Development of Quantum Theory*, Vol. IV, New York: Springer-Verlag.

Meyenn, K. von (1985) „Die Faustparodie", in K. von Meyenn, K. Stolzenburg und R. U. Sexl (Hrsg.), *Niels Bohr 1885 – 1962: Der Kopenhagener Geist in der Physik*, Braunschweig: Vieweg, S. 308–342.

Meyenn, K. von (Hrsg.) (1993) *Wolfgang Pauli*. Wissenschaftlicher Briefwechsel Bd. III: 1940–1949. Heidelberg: Springer.

Meyenn, K. von and Schücking, E. (2001) „Wolfgang Pauli", *Physics Today*, February, S. 46.

Meyenn, K. von, A. Hermann, V.F. Weisskopf (Hrsg.) (1985) *Wolfgang Pauli*. Wissenschaftlicher Briefwechsel Bd. II: 1930–1939. Heidelberg: Springer.

Michalka, W. and Niedhart, G. (Hrsg.) (1980) *Die ungeliebte Republik*, München: dtv.

Michelet, H. (1988) in *Les Echos de Saint-Maurice*, Saint-Maurice, Editions Saint-Augustin, S. 91–100.

Mill, J. S. (1869) *On Liberty*, London: Penguin Books. (J. S. Mill, Über die Freiheit, übers. B. Lemke, Stuttgart: Reclam, 2009.)

Mill, J. S (1873) *Autobiography* (posthum) in J. M. Robson (Hrsg.) *Collected Works of John Stuart Mill*, Toronto: University of Toronto Press (*John Stuart Mill's Gesammelte Werke 1869–1880*, Nachdruck: Aalen: Scientia Verlag 1968.)

Mill, J. S. (1892) *A System of Logic*, London: George Routledge and Son. (J. S. Mill, *System der deduktiven und induktiven Logik*, übers. J. Schiel, Braunschweig, 1868.)

Miller, A. I. (2005) *Empire of the Stars*, London: Little, Brown.

Mitton, S. (2005) *Fred Hoyle: A Life in Science*, London: Aurum Press.

Moore, G. E. (1903) *Principia Ethica*, Cambridge: Cambridge University Press.

Moore, W. (1989) *Schrödinger: Life and Thought,* Cambridge: Cambridge University Press. (W. Moore, *Schrödinger: Eine Biographie*, übers. T. Kohl, Darmstadt: Primus Verlag, 2012.)

Morgan, K., Cohen, G. and Flin, A. (2007) *Communists and British Society 1920–91*, London: Rivers Oram Press.

Morley, A. (1919) *Strength of Materials*, London: Longmans, Green and Co.

Morris, A. (1972) *The Florida Handbook 1971–72*, Tallahassee, Fla.: Peninsular Publishing Company.

Mott, N. F. (1986) *A Life in Science*, London: Taylor & Francis.

Møller, C. (1963) „Nogle erindringer fra livet pa Bohrs institute I sidste halvdel af tyverne [Some memories from life at Bohr's Institute in the late 1920s]", in *Niels Bohr, et Mindeskrift [Niels Bohr, a Memorial Volume]*, Kopenhagen: Gjellerup, S. 54–64. S.a. Rechenberg (2010: 540).

Nahin, P. J. (1987) *Oliver Heaviside: Sage in Solitude*, New York: IEEE Press.

Needham, J. (1976) *Moulds of Understanding*, London: George, Allen & Unwin.

Newhouse, J. (1989) *War and Peace in the Nuclear Age*, New York: Knopf.

Nye, M. J. (2004) *Blackett: Physics, War, and Politics in the Twentieth Century*, Cambridge, Mass.: Harvard University Press.

Oakes, B. B. (2000) „The Personal Papers of Paul A. Dirac: Their History and Preservation at the Florida State University", unveröffentlichte PhD thesis, Florida State University.

Oliphant, M. (1972) *Rutherford: Recollections of the Cambridge Days*, Amsterdam: Elsevier Publishing Company.

Orwell, G. (2004) *Why I Write*, London: Penguin, 1st Ed. Gangrel, 1946. (G. Orwell, Warum ich schreibe, in: *Im Innern des Wals*. Erzählungen und Essays, Zürich: Diogenes 1975, 2003.).

Osgood, C. (1951) *Lights in Nassau Hall. A Book of the Bicentennial 1746–1946*, Princeton, NJ: Princeton University Press.

Overbye, D. (1991) *Lonely Hearts of the Cosmos*, New York: Harper Collins.

Overduin, J. M. and Plendl, H. S. (2007) „Leopold Ernst Halpern and the Generalization of General Relativity", in H. Kleinert, R. T. Jantzen and R. Ruffini (eds.), *The Proceedings of the Eleventh Marcel Grossmann Meeting on General Relativity*, Singapore: World Scientific.

Pais, A. (1967) „Reminiscences from the Post-War Years", in S. Rozental (Hrsg.) *Niels Bohr: His Life and Work as Seen by His Friends and Colleagues*, New York: Wiley, S. 215–226.

Pais, A. (1982) *Subtle is the Lord*, Oxford: Oxford University Press. (A. Pais, *Raffiniert ist der Herrgott*, Heidelberg: Spektrum 1982, 2000.)

Pais, A. (1986) *Inward Bound*, Oxford: Oxford University Press.

Pais, A. (1991) *Niels Bohr's Times in Physics, Philosophy and Polity*, Oxford: Clarendon Press.

Pais, A. (1997) *A Tale of Two Continents: A Physicist's Life in a Turbulent World*, Princeton, NJ: Princeton University Press.

Pais, A. (1998) „Paul Dirac: Aspects of His Life and Work", in P. Goddard (Hrsg.), *Paul Dirac: The Man and His Work*, Cambridge: Cambridge University Press, S. 1–45.

Pais, A. (2000) *The Genius of Science*, Oxford: Oxford University Press.

Park, C. (1992) „Autism into Art: a Handicap Transfigured", in E. Schopler and G. B. Mesibov (Hrsg.), *High-Functioning Individuals with Autism*, New York: Plenum Press, S. 250–259.

Parry, A. (1968) *Peter Kapitza on Life and Science*, Basingstoke: Macmillan.

Peierls, R. (1985) *Bird of Passage*, Princeton, NJ: Princeton University Press.

Peierls, R. (1987) „Address to Dirac Memorial Meeting, Cambridge", in J. G. Taylor (Hrsg.), *Tributes to Paul Dirac*, Bristol: Adam Hilger, S. 35–37.

Penny, J. (2006) „Bristol During World War Two: the Attackers and Defenders", unveröffentlicht.

Perkovich, G. (1999) *India's Nuclear Bomb*, Berkeley, Calif.: University of California Press.

Pincher, C. (1948) *Into the Atomic Age*, London: Hutchinson and Co.

Polkinghorne, J. C. (1987) „At the Feet of Dirac", in B. N. Kurşunoğlu and E. P. Wigner (Hrsg.), *Reminiscences about a Great Physicist: Paul Adrien Maurice Dirac*, Cambridge: Cambridge University Press, S. 227–229.

Popplewell, W. C. (1907) *Strength of Materials*, London: Oliver and Boyd.

Pratten, D. G. (1991) *Tradition and Change: The Story of Cotham School*, Bristol: Burleigh Press Ltd.

Rechenberg, H. (2010) *Werner Heisenberg – Die Sprache der Atome*. Leben und Wirken – Eine wissenschaftliche Biographie. 2 Bände. Heidelberg: Springer.

Rees, M. (2003) „Numerical Coincidences and ‚Tuning' in Cosmology", *Astrophysics and Space Science*, 285 (2): 375–388.

Rehm, W. (2003) *Kierkegaard und der Verführer*. Hildesheim: Georg Olms Verlag.

Reines, F. (1972) (Hrsg.) *Cosmology, Fusion and Other Matters: George Gamow Memorial Volume*, Boulder, Col.: Colorado Associated University Press.

Rhodes, R. (1986) *The Making of the Atomic Bomb*, London: Simon and Schuster. (*Die Atombombe oder die Geschichte des 8. Schöpfungstages*, übers. P. Torberg, Greno-Verlag, 1990.)

Robertson, M. (1985) „Recollections of Princeton: The Princeton Mathematics Community in the 1930s", available at http://www.princeton.edu/~mudd/finding_aids/mathoral/pmo2.htm (aufgerufen 18. Januar 2016).

Roqué, X. (1997) „The Manufacture of the Positron", *Studies in the Philosophy and History of Modern Physics*, 28 (1): 73–129.

Ross, S. (1962) „Scientist: The Story of the Word", *Annals of Science*, 18 (June): 65–85.

Russell, B. (1972) *The Collected Stories*, London, George Allen & Unwin.

Salam, A. (1987) „Dirac and Finite Field Theories", in J. G. Taylor (Hrsg.), *Tributes to Paul Dirac*, Bristol: Adam Hilger, S. 84–95.

Salam, A. and Wigner, E. P. (Hrsg.) (1972) *Aspects of Quantum Theory*, Cambridge: Cambridge University Press.

Salaman, E. and M. Salaman (1986) „Remembering Paul Dirac", *Encounter*, 66 (5): 66–70.

Schilpp, P. A. (1959) (Hrsg.) *The Philosophy of C. D. Broad*, New York: Tudor Publishing Company.

Schücking, E, (1999) „Jordan, Pauli, Politics, Brecht, and a Variable Gravitational Constant", *Physics Today*, 52 (10): 26–36.

Schulmann, R. (Hrsg.) (2012) *Seelenverwandte*. Der Briefwechsel zwischen Albert Einstein und Heinrich Zangger (1910–1947). Zürich: Verlag Neue Zürcher Zeitung.

Schulmann, R., A. J. Knox, M. Janssen und J. Illy (Hrsg.) (1993) *Albert Einstein. Collected Papers /Gesammelte Schriften*. Vol. 8A. The Berlin Years: Correspondence 1914–1917. Princeton Univ. Press.

Schultz, B. (2003) *Gravity from the Ground Up*, Cambridge: Cambridge University Press.

Schuster, A. (1898b) „Potential Matter", *Nature*, 59 (27. October): 618–619.

Schuster, A. (1898a) „Potential Matter: A Holiday Dream" , *Nature, 58* (18. August): 367.

Schweber, S. S. (1994) *QED and the Men Who Made It: Dyson, Feynman, Schwinger and Tomonaga*, Princeton, NJ: Princeton University Press.

Seaton, A., Seaton, D. and Leitch, A. G. (2000) *Crofton and Douglas's Respiratory Diseases*, Vol. II, Oxford: Blackwell.

Taylor Sen, C. (1986) „Remembering Paul Dirac", *Encounter*, 67 (2): 80.

Serber, R. (1998) *Peace and War*, New York: Columbia University Press.

Service, R. (2003) *A History of Modern Russia*, Cambridge, Mass.: Harvard University Press.

Shanmugadhasan, S. (1987) „Dirac as Research Supervisor and Other Remembrances" in J. G. Taylor (Hrsg.), *Tributes to Paul Dirac*, Bristol: Adam Hilger, S. 48–57.

Shoenberg, D. (1985) „Piotr Leonidovich Kapitza", *Biographical Memoirs of Fellows of the Royal Society*, 31: 326–374.

Sinclair, A. (1986) *The Red and the Blue: Intelligence, Treason and the Universities*, London: Weidenfeld and Nicolson.

Skorupski, J. (1988) „John Stuart Mill" in E. Craig (ed.), *Routledge Encyclopaedia of Philosophy*, London: Routledge.

Slater, J. (1975) *Solid-State and Molecular Theory: A Scientific Biography*, New York: John Wiley and Sons.

Smith, D. G. (1986) *H. G. Wells: Desperately Mortal: A Biography*, New Haven, Conn.: Yale University Press.

Smith, A. K. and Weiner, C. (Hrsg.) (1980) *Robert Oppenheimer: Letters and Recollections*, Stanford, Calif.: Stanford University Press.

Snow, C. P. (1931) „A Use for Popular Scientists", *Cambridge Review*, 10 June, S. 492–493.

Snow, C. P. (1934) *The Search*, London: Victor Gollancz.

Snow, C. P. (1960) „Rutherford in the Cavendish", in J. Raymond (Hrsg.) *The Baldwin Age*, London: Eyre and Spottiswoode, S. 235–248.

Solnit, R. (2001) *Wanderlust: A History of Walking*, New York: Penguin Books.

Sponsel, A. (2002) „Constructing a ‚Revolution in Science': The Campaign to Promote a Favourable Reception for the 1919 Solar Eclipse Experiments", *British Journal of the History of Science*, 35 (4): 439–467.

Spruch, G. M. (1979) „Pyotr Kapitza, Octogenarian Dissident", *Physics Today*, September, pp. 34–41.

Stanford, H. K. (1987) „Dirac at the University of Miami", in B. N. Kurşunoğlu and E. P. Wigner (Hrsg.), *Reminiscences about a Great Physicist: Paul Adrien Maurice Dirac*, Cambridge: Cambridge University Press, pp. 53–56.

Stanley, M. (2007) *Practical Mystic: Religion, Science and A. S. Eddington*, Chicago, Ill.: University of Chicago Press.

Stansky, P. and Abrahams, W. (1966) *Journey to the Frontier: Julian Bell and John Cornford: Their Lives and the 1930s*, London: Constable.

Stone, G. F. and Wells, C. (Hrsg.) (1920) *Bristol and the Great War 1914–19*, Bristol: J. W. Arrowsmith Ltd.

Szasz, F. M. (1992) *British Scientists and the Manhattan Project*, London: Macmillan.

Taubman, W. (2003) *Khrushchev*, London: Free Press.

Taylor, J. G. (Hrsg.) (1987) *Tributes to Paul Dirac*, Bristol: Adam Hilger.

Tebeau, C. W. (1976) *The University of Miami – a Golden Anniversary History 1926 – 1976*, Coral Gables, Fla.: University of Miami Press.

Thomälen, A. (1907), *A Text-book of Electrical Engineering*, transl. George W. Howe, London: Edward Arnold & Co. (Thomälen, A. [1906] *Kurzes Lehrbuch der Elektrotechnik*, 10. Auflage, Berlin: Springer 1929.)

Thorp, C. and Shapin, S. (2000) „Who was J. Robert Oppenheimer?" , *Social Studies of Science*, 30 (4): 545–590.

Vint, J. (1956) „Henry Ronald Hassé" , *Journal of the London Mathematical Society*, 31: 252–255.

Van Vleck, J. (1972) „Travels with Dirac in the Rockies", in A. Salam and E. P Wigner (Hrsg.) *Aspects of Quantum Theory*, Cambridge: Cambridge University Press, S. 7–16.

Von Kármán, T. (with Edson, L.) (1967) *The Wind and Beyond*, Boston, Mass.: Little, Brown and Company. (T. von Kármán, L. Edson, *Die Wirbelstraße. Mein Leben für die Luftfahrt*, Hamburg: Hoffmann und Campe, 1968.)

Van der Waerden, B. L. (1960) „Exclusion Principle and Spin", in M. Fierz and V. F. Weiskopff (eds.), *Theoretical Physics in the Twentieth Century*, London: Interscience Publishers Ltd, pp. 199–244.

Van der Waerden, B. L. (Hrsg.) (1967) *Sources of Quantum Mechanics*, New York: Dover.

Walenski, M., Tager-Flusberg, H. und Ullman, M. T. (2006) „Language and Autism", in S. O. Moldin and J. L. R. Rubenstein (Hrsg.), *Understanding Autism: From Basic Neuroscience to Treatment*, New York: Taylor & Francis, S. 175–204.

Walters, B. (1970) *How to Talk with Practically Anybody About Practically Anything*, New York: Doubleday & Co., Inc.

Warwick, A. (2003) *Masters of Theory: Cambridge and the Rise of Mathematical Physics*. Chicago, Ill.: University of Chicago Press.

Wattenberg, A. (1984) „December 2, 1942: The Event and the People", in R. G. Sachs (Hrsg.), *The Nuclear Chain Reaction: Forty Years Later*, Chicago, Ill.: University of Chicago Press, S. 43–53.

Weart, S. and Weiss-Szilard, G. (Hrsg.) (1978) *Leo Szilard: His Version of the Facts*, Cambridge, Mass.: MIT Press.

Weinberg, S. (2002) „How Great Equations Survive", in G. Farmelo (Hrsg.), *It Must Be Beautiful: Great Equations of Modern Science*, London: Granta, S. 253–257.

Weisskopf, V. (1990) *The Joy of Insight*, New York: Basic Books.

Wells, H. G. (2005) *The Time Machine*, [first publ. 1895], London: Penguin. (H. G. Wells, *Die Zeitmaschine*, übers. A. Auer und A Reney, München: dtv 2008, 18. Aufl. 2015.)

Wells, J. C. (1982) *Accents of English 2*, Cambridge: Cambridge University Press.

Werskey, G. (1978) *The Visible College*, London: Allen Lane.

Westfall, R. S. (1993) *The Life of Isaac Newton*, Cambridge: Cambridge University Press. (R. Westfall, *IsaacNewton: eine Biographie*, übers. H. Must, Heidelberg: Spektrum-Verlag, 1996.)

Wheeler, J. A. (1985) „Physics in Copenhagen in 1934 and 1935", in A. P. French and P. G. Kennedy (Hrsg.), *Niels Bohr: A Centenary Volume*, Cambridge, Mass.: Harvard University Press, S. 221–226.

Wheeler, J. A. (1998) *Geons, Black Holes, and Quantum Foam*. New York: W. Norton & Co.

Wicker, W. K. (1990) „Of Time and Place: The Presidential Odyssey of Dr Henry King Stanford", Doctor of Education thesis, University of Georgia.

Wigner, E. P. (1992) *The Recollections of Eugene P. Wigner as Told to Andrew Szanton*, New York: Plenum Press.

Wilson, D. (1983) *Rutherford: Simple Genius*, London: Hodder and Stoughton.

Wing, L. (1996) *The Autistic Spectrum*, London: Robinson.

Woit, P. (2006) *Not Even Wrong: The Failure of String Theory and the Continuing Challenge to Unify the Laws of Physics*, London: Jonathan Cape.

Woodhead, M. (1989) „School Starts at Five … or Four Years Old", *Journal of Education Policy*, 4: 1–21.

Woolf, H. (ed.) (1980) *Some Strangeness in the Proportion: A Centennial Symposium to Celebrate the Achievements of Albert Einstein*, Reading, Mass.: Addison-Wesley.

Yang, C. N. (1980) „Beauty and Theoretical Physics", in D. W. Curtin (Hrsg.), *The Aesthetic Dimension of Science*, New York: Philosophical Library, S. 25–40.

't Hooft, G. (1997) *In Search of the Ultimate Building Blocks*, Cambridge: Cambridge University Press.

Weiterführende Literatur

Balashov, Y. and Vizgin V.P. (2002) *Einstein Studies in Russia*. Boston: Birkhäuser.

Batterson, S. (2007) „The Vision, Insight, and Influence of Oswald Veblen", *Notices of the AMS*, 54 (5): 606–618.

Blokhintsev, D. I. and Gal'perin, F. M. (1934) „Gipoteza neutrino I zakon sokhraneniya energii", *Pod znamenem marxisma*, 6: 147–157. [„Neutrino hypothesis and conservation of energy", *Under the Banner of Marxism* 6: 147–157].

Bohr, N. (1972) *The Collected Works of Niels Bohr*, Amsterdam: North Holland.

Budd, M. (2002) *The Aesthetic Appreciation of Nature*, Oxford: Clarendon Press.

Craig, E, (ed.) (1988) *Routledge Encyclopaedia of Philosophy*, London: Routledge.

Cunningham, E. (1956) „Obituary of Henry Baker", *The Eagle*, 57, S. 81.

Eddington, A. S. (1920) *Space, Time and Gravitation*, Cambridge: Cambridge University Press.

Fierz, M and V. F. Weiskopff (Hrsg.) (1960) *Theoretical Physics in the Twentieth Century*, London: Interscience Publishers Ltd.

Gardner, M. (2004) *The Colossal Book of Mathematics*, New York: W. Norton & Co.

Garff, J. (2000) *Søren Kierkegaard*, transl. B. H. Kirmmse, Princeton, NJ: Princeton University Press.

Harap, J. (1972) „In Praise of Paul Dirac", *The Listener*, 14 September, S. 331–332.

Khalatnikov, I. M. (Hrsg.) (1989) *Landau: the Physicist and the Man*, transl. B. J. Sykes, Oxford: Pergamon Press.

Kronig, R. and Weisskopf, V. F. (Hrsg.) (1964) *Collected Scientific Papers by Wolfgang Pauli*, Vol. II, New York: Interscience Publishers. (*Wolfgang Pauli: Gesammelte Schriften und Vorträge*, Braunschweig: Vieweg 1961.)

Lambourne, L. (1996) *The Aesthetic Movement*, London: Phaidon Press.

Lyes, J. (undatiert) „Bristol 1914–19", Bristol Branch of the Historical Association (ohne Datum, etwa um 1920).

Matsui, M. (1995) *Sin-Itiro Tomonaga: Life of a Japanese Physicist*, Tokyo: MYU.

Moldin, S. O. and Rubinstein, J. L. R. (Hrsg.) (2006) *Understanding Autism: from Basic Neuroscience to Treatment*, New York: Taylor & Francis.

Morrell, G. W. (1990) „Britain Confronts the Stalin Revolution: The Metro-Vickers Trial and Anglo-Soviet Relations, 1933", Ph.D. thesis, Michigan State University.

Nye, M. J. (Hrsg.) (2003) *The Cambridge History of Science, Vol. V: The Modern Physical and Mathematical Sciences*, Cambridge: Cambridge University Press.

Raymond, J. (Hrsg.) (1960) *The Baldwin Age*, London: Eyre and Spottiswoode.

Rowlands, P. and Wilson, J. P. (1994) *Oliver Lodge and the Invention of Radio*, Liverpool: PD Publications.

Rozental, S. (Hrsg.) (1967) *Niels Bohr: His Life and Work as Seen by His Friends and Colleagues*, New York: Wiley.

Sachs, R. G. (Hrsg.) (1984) *The Nuclear Chain Reaction: Forty Years Later*, Chicago, Ill.: University of Chicago Press.

Schilpp, P. A. (1970), *Albert Einstein: Philosophy-Scientist*, Library of Living Philosophers, Volume VII, La Salle, Ill.: Open Court Publishing Company. (P. A. Schilpp, *Albert Einstein als Philosoph und Naturwissenschaftler,* Vieweg &Teubner, 1983.)

Spender, S. (1985) *Journals 1939–83,* London : Faber & Faber.

Stoke, H. and Green, V. (2005) *A Dictionary of Bristle*, 2nd edn, Bristol: Broadcast Books.

Tamm, I. E. (1933) „On theWork of Marxist Philosophers in the Field of Physics", *Pod znamenem marxizma (Under the Banner of Marxism)*, 2: 220–231.

Wali, K. C. (1991) *Chandra: A Biography of S. Chandrasekhar*, Chicago, Ill.: Unversity of Chicago Press.

Watson, J. D. (1980) *The Double Helix*, Hrsg. G. S. Stent, New York: Norton & Co. (J. Watson, *Die Doppelhelix*, übers. W. Fritsch, 20. Auflage, Reinbek: Rowohlt-Verlag 2007.)

Weiner, C. (1977) *History of Twentieth Century Physics*, New York: Academic Press.

Wilson, A. N. (2002) *The Victorians*, London: Hutchinson.

Winstone, R. (1972) *Bristol as It Was 1914 – 1920*, Bristol: publiziert vom Autor.

Danksagungen

Kunst ist Ich; Wissenschaft ist Wir.
  Claude Bernard *Einführung in das Studium der experimentellen Medizin*
(1865)

Claude Bernard hatte recht, Biographien von Wissenschaftlern sind auch ein
„Wir"-Projekt: in dem Sinn, dass keine ohne ein gerütteltes Maß an Hilfe
anderer zufriedenstellend geschrieben werden kann. Ich möchte daher mit
meinem Dank an die Wissenschaftler, Historiker, Archivare und Schriftsteller beginnen, die dazu beigetragen haben, dass die Erinnerungen und weitere Informationen über Paul Dirac bewahrt werden. Meine Dankbarkeit
erstreckt sich auf Dirac selbst, der sich offensichtlich bemüht hat, die Unterlagen von vielen entscheidenden Ereignissen in seinem Leben aufzubewahren – bis hinunter zu seiner Parkerlaubnis und seinem Stellplatz für das Auto
in Cambridge.

Aber nun zu den Einzelheiten. An erster Stelle möchte ich Diracs engster
Familie danken. Seine Tochter Monica war ausnahmslos immer hilfsbereit,
freute sich über meine Fragen und tat alles, um mir familiäre Unterlagen
zugänglich zu machen. Ihr Freund John Amy kam mir während des ganzen Projektes in großem Maße entgegen, dafür möchte ich mich herzlich bei
ihm bedanken. Ebenso freundlich war Mary, Diracs andere Tochter, die am
20. Januar 2007 in Tallahassee verstarb. Ihr Betreuer, Marshall Knight, war
mir gegenüber äußerst zuvorkommend, besonders während meiner Besuche
in Florida.

Weitere Familienangehörige, die mir großzügig Zeit und Hilfe schenk-
ten, waren Gisela und Christian Dirac, Leo Dirac, Vicky Dirac, Barbara
Dirac-Svejstrup, Christine Teszler, Pat Wigner, Charles und Mary Upton,
Peter Lantos und Erika Zimmermann. Frühere Familienmitglieder, die mich
mit wertvollen Aussagen versorgten, sind Tony Colleraine und Peter Tilley.
Gisela Dirac, die Ahnenforscherin der Familie, hat mir unermüdlich bei der
Klärung der französischen und schweizerischen Herkunft der Dirac-Familie
geholfen.

© Springer-Verlag GmbH Deutschland, ein Teil von Springer Nature 2018
G. Farmelo, *Der seltsamste Mensch*, https://doi.org/10.1007/978-3-662-56579-7

Vier Institutionen bin ich zu besonderem Dank verpflichtet: dem St. John College in Cambridge, dem Institute for Advanced Study in Princeton, der Florida-State-Universität in Tallahassee und der Universität Bristol.

Das St. John College hat mich mehrere Male zu einem Aufenthalt eingeladen, sodass ich das Alltagsleben dort erleben durfte, seine hervorragenden Einrichtungen nutzen und ausgiebig mit mehreren früheren Kollegen und Bekannten von Dirac sprechen konnte. Ich danke dem Rektor und den Fellows des College für diese Gastfreundschaft und für ihre Unterstützung bei der Nutzung der Einrichtungen, insbesondere auch der Collegebibliothek. Für aufschlussreiche Gespräche bin ich dem jüngst verstorbenen John Crook dankbar; ebenso wie Duncan Dormor, Clifford Evans, Jane Heal, John Leake, Nick Manton, George Watson und Sir Maurice Wilkes. Von der Collegebibliothek erfuhr ich sehr viel Unterstützung, insbesondere von Mark Nicholls, Malcolm Underwood und von Jonathan Harrison, dem Bibliothekar der Spezialsammlungen, von dessen unermüdlichem Fleiß das Buch sehr profitiert hat. Die Universitätsbibliothek war sehr hilfreich, und ich möchte mich bei Elisabeth Leedham-Green und Jackie Cox besonders bedanken, weil sie keine Mühe gescheut haben, um meine Fragen zu beantworten. In Cambridge möchte ich mich auch bei Yorrick und Helaine Blumenfeld, Richard Eden, Peter Landshoff, Sir Brian Pippard, Hochwürden John Polkinghorne, KBE (Knight of the British Empire) und Lord (Martin) Rees herzlich bedanken.

Am Institute for Advanced Study hatte ich das Glück, vier produktive und sehr glückliche Sommer mit Studien und dem Schreiben des Buches verbringen zu dürfen. Ein besonderer Gewinn waren für mich dabei die Gespräche mit Yve-Alain Bois, Freeman Dyson, Peter Goddard, Juan Maldacena, Nathan Seiberg, Morton White und Edward Witten. Die Bibliothekseinrichtungen des Instituts sind einzigartig; ich möchte allen Mitarbeitern dort für ihre grenzenlose Unterstützung danken: Karen Downing, Momota Ganguli, Gabriella Hoskin, Erica Mosner, Marcia Tucker, Kirstie Venanzi und Judy Wilson-Smith. Weitere Arbeitskollegen, die meinen Aufenthalt so bereichert haben, waren: Linda Arntzenius, Alan Cheng, Karen Cuozzo, Jennifer Hansen, Beatrice Jessen, Kevin Kelly, Camille Merger, Nadine Thompson, Sharon Tozzi-Goff und Sarah Zantua. In Princeton danke ich auch Gillett Griffin, Lily Harish-Chandra, Louise Morse (Mutter und Tochter) und Terri Nelson.

Mein spezieller Dank gilt Peter Goddard, der vormals Rektor des St. John College war und nun der Direktor des Institute for Advanced Study ist. Keiner war so hilfsbereit bei dem Projekt und zeigte so reges Interesse an seinem Fortschreiten. Ich schulde ihm einen riesigen Dank.

An der Florida-State-Universität kamen mir die exzellenten Bibliothekseinrichtungen und die unschätzbare Hilfe der Mitarbeiter des Dirac-Archivs zugute. Sharon Schwerzel, die Leiterin der Paul A. M. Dirac Science Library, hätte gar nicht hilfsbereiter sein können – ihr Verständnis für die Herausforderungen, vor denen ich stand, als ich mehrere tausend Meilen von den Primär-Archiven entfernt arbeiten musste, war ein unermesslicher Gewinn.

Es war auch eine große Freude, mit Chuck McCann, Paul Vermeron und mit Lucy Patrick zusammenzuarbeiten, ebenso mit allen Bibliothekaren in den Spezialsammlungen: Burt Altman, Garnett Avant, Denise Gianniano, Ginger Harkey, Alice Motes, Michael Matos und Chad Underwood. Unter den früheren und gegenwärtigen Fakultätsmitgliedern der Universität richtet sich mein Dank an Howie Baer, Steve Edwards, Leopold Halpern (er starb am 3. Juni 2006), Kurt Hofer (er starb am 20. September 2015), Harry Kroto, Robley Light, Bill Moulton und Hans Plendl. Über die Kollegen an der Florida State lernte ich auch weitere Personen in Tallahassee kennen, die ihre Erinnerungen an Dirac mit mir teilten: Ken van Assenderp, Pamela Houmère, Peggy Lannutti, Jeanne Light, Pat Ritchie, Rae Roeder und Hansell Watt.

An der Universität Bristol wurde ich dankenswerterweise unterstützt von Debra Avent-Gibson, Sir Michael Berry, Chris Harries, Michael Richardson, Margaret und Vincent Smith, sowie Leslie Warne. Viele weitere Bewohner Bristols haben viel dazu beigetragen, Licht in Diracs frühe Lebensjahre zu bringen, insbesondere Karen und Chris Benson, Dick Clements, Alan Elkan, Andrew Lang, John Penny und John Steeds. Ich hatte das Glück Don Carleton kennenzulernen, einen ortsansässigen Historiker, der ungeheuer viel Arbeit auf die Erhellung der Geschichte Bristols im frühen zwanzigsten Jahrhundert verwendet hat.

Den folgenden Institutionen möchte ich danken, dass sie mir erlaubten, aus ihren Archiven zu zitieren: American Philosophical Society; Bodleian Library, University of Oxford; University of Bristol Library; Bristol Record Office; British Broadcasting Corporation; Masters and Fellows of Christ's College, Cambridge; The Syndics of Cambridge University Library; Council for the Lindau Nobel Laureate Meetings; Institute for Advanced Study, Princeton; Master, Fellows und Scholars of St. John's College Cambridge; Archives for the History of Quantum Physics, College Park, MD, USA; Archives for the Society of Merchant Venturers, im Besitz des Bristol Records Office, UK; Provost und Scholars of King's College, Cambridge; Niels Bohr Archive, Kopenhagen; Princeton University Library; Royal Commission for the Exhibition of 1851; International Solvay Institutes, Brussels; Special Collections at the University of Sussex; Archives at the United Theological College, Bangalore, India.

Während meiner Recherchen haben mir viele Freunde und Kollegen in Archiven und Instituten wertvolle Unterstützung zukommen lassen. In den Archiven des California Institute of Technology: Shelley Erwin und Bonnie Ludt. Im Center for History of Physics des American Institute of Physics, Maryland: Melanie Brown, Julie Gass, Spencer Weart und Stephanie Jankowski. Am CERN, Genf: John Ellis, Rolf Landua, Esthel Laperrière. Im Archivzentrum: Anita Hollier. Im Christ College, Cambridge: Candace Guite. Bei den Archiven der Royal Commission for the Exhibition of 1851: Angela Kenny und Valerie Phillips. Bei den Archiven im College of Aeronautics der Cranfield University: John Harrington. Bei den Archiven des Imperial College, London: Anne Barrett. In der Lambeth Palace Library, London: Naomi Ward. Bei der Royal Society, London: Martin Carr und Ross MacFarlane. Am Max Planck Institut, München: Helmut Rechenberg. Im Niels Bohr Archiv, Kopenhagen: Finn Aaserud und Felicity Pors. In der Universität Madison, Wisconsin: Vernon Barger, Tom Butler, Kerry Kresse, Ron Larson, David Null und Bill Robbins. In der Firestone Library der Universität Princeton: AnnaLee Pauls und Meg Sherry Rich. Im Solvay-Archiv der Freien Universität Brüssel: Carole Masson, Dominique Bogaerts und Isabelle Juif. Im Science Museum, London: Heather Mayfield, Doug Millard, Andrew Nahum, Matthew Pudney und Jon Tucker. Es ist mir eine besondere Freude den ehemaligen und derzeitigen Mitarbeitern der Bibliothek des Science Museums zu danken: Ian Carter, Allison Pollard, Prabha Shah, Valerie Scott, Robert Sharp, Joanna Shrimpton, Jim Singleton, Mandy Taylor, Peter Tajasque, John Underwood und Nick Wyatt. Dank auch an Ben Whelehan in der Imperial College Library. Im Tata Institute in Bombay: Indira Chowdhury. Im Nationalen Medien Museum, York: Colin Harding und John Trenouth. In der Sondersammlung der Universität Sussex: Dorothy Sheridan und Karen Watson. Für die Hilfe bei der Bestimmung der detaillierten Wetterbedingungen in Städten und Großstädten im Vereinigten Königreich und den USA möchte ich mich bei Steve Jebson vom Met Office und Melissa Griffin an der Florida-State-Universität sehr bedanken.

Es gab noch weitere äußerst hilfreiche Geister, die meine Anfragen beantworteten: Sir Michael Atiyah, Tom Baldwin, John Barnes, Herman Batelaan, Steve Batterson, John Bendall, Giovanna Blackett, Margaret Booth (geborene Hartree), Gustav Born, Olaf Breidbach, Andrew Brown, Nicholas Capaldi, David Cassidy, Brian Cathcart, Martin Clark, Paul Clark, Chris Cockcroft, Thea Cockcroft, Flurin Condrau, Beverly Cook, Peter Cooper, Tam Dalyell, Dick Dalitz, Olivier Darrigol, Richard Davies, Stanley Deser, David Edgerton, John Ellis, Joyce Farmelo, Michael Frayn, Igor Gamow, Joshua Goldman, Jeffrey Goldstone, Jeremy Gray, Karl Hall, Richard Hartree, Peter Harvey, Steve Henderson, Chris Hicks, John Holt, Jeff Hughes,

Lane Hughston, Bob Jaffe, Edgar Jenkins, Allan Jones, Bob Ketchum, Anne Kox, Charles Kuper, Peter Lamarque, Willis Lamb, Dominique Lambert, Ellen und Leon Lederman, Sabine Lee, John Maddox, Philip Mannheim, Robin Marshall, Dennis McCormick, Arthur I. Miller, Andrew Nahum, Michael Noakes, Mary Jo Nye, Susan Oakes, James Overduin, Bob Parkinson, John Partington, Sir Roger Penrose, Trevor Powell, Roger Philips, Chris Redmond, Tony Scarr, Robert Schulmann, Bernhard Shultz, Simon Singh, John Skorupski, Ulrica Söderlind, Alistair Sponsel, Henry King Stanford, Simon Stevens, George Sudashan, Colleen Taylor-Sen, Laura Thorne, Claire Tomalin, Martin Veltman, Andrew Warwick, John Watson, Russell Webb, Nina Wedderburn, John Wheeler, der kürzlich verstorbene David Whitehead, Oliver Whitehead, Frank Wilczek, Michael Worboys, Nigel Wrench, Sir Denys Wilkinson und Abe Yoffe. Mein besonderer Dank gilt Alexei Kojevnikov für seine unermüdliche Beratung und Hilfe, die er mir bezüglich der Entwicklung der russischen Physik im letzten Jahrhundert gegeben hat.

Für ihre Hilfe bei der Suche nach Primärdokumenten geht mein aufrichtiger Dank an Anna Cain, Martin Clark, Ruth Horry, Anna Menzies, James Jackson, Joshua Goldman, Katie Kiekhaefer, Tadas Krupovnickas und Jimmy Sebastian.

Für technische Unterstützung danke ich Paul Chen von Biblioscape (die wundervolle bibliographische Software) und Ian Hart.

Für die Übersetzung von Dokumenten schulde ich Paul Clark, Gisela Dirac, Karl Grandin, Asger Høeg, Anna Menzies, Dora Bobory und Eszter Molnar-Mills Dank.

Für das Lesen von Teilen des Manuskripts und konstruktive Kommentare danke ich: Simon Baron-Cohen, Paul Clark, Olivier Darrigol, Uta Frith, Freeman Dyson, Roger Highfield, Kurt Hofer, Bob Jaffe, Ramamurti Rajaraman, Martin Rees und John Tucker. Und für das Lesen des gesamten Manuskripts und viele Dutzend hilfreiche Bemerkungen danke ich: Don Carleton, Stanley Deser, Alexei Kojevnikov, Peter Rowlands, Chuck Schwager, Marty Schwager und David Ucko. Besonders danke ich meinen Freunden David Johnson und David Sumner, dass sie mehrere Vorversionen des Buches lasen und jedes Mal äußerst durchdachte und konstruktive Verbesserungsvorschläge machten.

Schließlich möchte ich ausdrücklich meinem Verlag Faber und Faber für die großartige Mitarbeit an diesem Buch danken. Kate Ward überwachte mit großer Aufmerksamkeit jedes kleine Detail bei der Herstellung des Buches, und Kate Murray-Brown las das Buch mit sorgsamem und einfühlsamem Blick auf Inhalt und Stil und brachte viele wertvolle Vorschläge und Bemerkungen ein. Liz O'Donnell war für mich der Traum einer Lektorin – genau, einfühlsam, nachfragend und kollegial. Ganz besonderen Dank schulde ich

Neil Belton, der das Projekt von Anbeginn an unterstützt und mir ohne Ende mit Rat und Tat zur Seite gestanden hat und dabei die Messlatte hoch anlegte.

Das Konzept des „Wir" reicht bis hier: Ich übernehme die Verantwortung für alle verbliebenen Ungenauigkeiten und Irrtümer in dem Buch sowie für die Art und Weise, wie Paul Diracs Arbeit und Persönlichkeit porträtiert wurde. In diesem Sinn ist das Buch „Ich."

Graham Farmelo, Juni 2008

Sachverzeichnis[1]

---

[1]PD steht für Paul Dirac.

© Springer-Verlag GmbH Deutschland, ein Teil von Springer Nature 2018
G. Farmelo, *Der seltsamste Mensch*, https://doi.org/10.1007/978-3-662-56579-7

Ihr Bonus als Käufer dieses Buches

Als Käufer dieses Buches können Sie kostenlos das eBook zum Buch nutzen.
Sie können es dauerhaft in Ihrem persönlichen, digitalen Bücherregal
auf **springer.com** speichern oder auf Ihren PC/Tablet/eReader downloaden.

Gehen Sie bitte wie folgt vor:

1. Gehen Sie zu **springer.com/shop** und suchen Sie das vorliegende Buch
   (am schnellsten über die Eingabe der eISBN).
2. Legen Sie es in den Warenkorb und klicken Sie dann auf:
   zum Einkaufswagen / zur Kasse.
3. Geben Sie den untenstehenden Coupon ein. In der Bestellübersicht wird
   damit das eBook mit 0 Euro ausgewiesen, ist also kostenlos für Sie.
4. Gehen Sie weiter **zur Kasse** und schließen den Vorgang ab.
5. Sie können das eBook nun downloaden und auf einem Gerät Ihrer Wahl lesen.
   Das eBook bleibt dauerhaft in Ihrem digitalen Bücherregal gespeichert.

EBOOK INSIDE

eISBN   978-3-662-56579-7
Ihr persönlicher Coupon   Wd4aRAQXY3RwcqA

Sollte der Coupon fehlen oder nicht funktionieren, senden Sie uns bitte
eine E-Mail mit dem Betreff: **eBook inside** an **customerservice@springer.com**.